한국의 중화학공업화: 과정과 내용(Ⅰ)

박영구 지음

도서출판 해남

이 저서는 2007년 정부(교육인적자원부)의 재원으로
한국학술진흥재단의 지원을 받아 수행된 연구임
(KRF-2007-812-B00016)

이 책을 보시는 소중한 분들에게

별로 거론되지 않고 있는 사실이지만, 한국 현대경제사에서 가장 획기적이고 혁명적이었던 1970년대 중화학공업화 과정은 정말 외로운 과정이었다. 미국과 세계은행 등 외부적인 반대는 물론이었고 국내에서도 중화학공업화는 학계, 기업 심지어 관련 정부조직 내에서조차도 환영받지 못하였다. 특히, 1970년대 두 차례 장기적으로 진행된 석유파동은 더욱더 이러한 반대를 강화시켰다. 이런 국내외 비판 속에서 한국의 중화학공업화는 오늘의 한국에 밑거름을 만들면서 한 걸음 한 걸음 외로이 진행되었다. 연구과정에서 저자가 발견한 한국 중화학공업화의 가장 어려운 요인은 바로 이 "끊임없이 지속된" 국내외 비판이었고 한국 중화학공업화의 위대한 점은 수출실적이나 공업생산액이 아니라 이러한 비판을 이겨내었다는 것이었다. 세계경쟁과 견제가 치열하였던 20세기 후반기 1970년대 빈곤 후발공업국으로서의 한국의 중화학공업화는 한 마디로 그런 인고의 과정이었다.

놀라울 정도로, 40년이 지난 오늘날의 중화학공업화 연구도 마찬가지이었다. 이 연구를 20여 년 진행하며 저자가 국내에서 들은 "끊임없이 지속된" 비판 역시 "이 연구를 왜 하느냐"는 것이었으니 중화학공업화 과정과 참으로 닮은 우연이 아닐 수 없었다. 지난 19년 동안 정말 많은 사람들이 저자가 경제학자로서 얼마나 생산성이 낮은 일을 하고 있는지, 얼마나 수익성이 낮은 일을 하고 있는지 비판과 동정심을 아낌없이 보여 주었다. 생각해 보면 중화학공업화 연구가 아닌 이전 저자가 하였던 연구를 계속하고 외부활동도 충실히 한다면 부끄러운 인정과 격려나마 계속 받을 것이었고 저자의 인생도 보다 윤택해질 일이었다. 그러나 이런 비판과 유혹을 이기고 저자의 정상적인 삶을 파괴하며 이 연구를 지속할 수 있었던 이유는 바로 한국의 중화학공업화 과정 그 자체가 이렇게 저자의 연구과정과 닮았다는 생각 때문이었다.

저자가 중화학공업 연구를 시작한 것은 한국의 자동차공업을 이해하기 위한 한 수단이었다. 당시 연구에서 1970년대 중화학공업화에 대한 기존 인식과 다른 여러 사실들을 발견하면서 한국 중화학공업화에 관한 연구를 새로 정리한 것이 1992년 여름이었으니 벌써 만 19년이 지났다. 처음 중화학공업화 10년 장기연구계획서를 만들어 연구를 시작할 때 10년은 매우 오랜 시간으로 생각하였는데, 벌써 19년이 되었다.

연구의 과정에서 첫 시련은 국내외 어디에서도 찾기 힘든 자료이었다. 자료문제는 정말 심각하였다. 연구 도중 저자는 누군가 1970년대 한국 중화학공업화에 관한 자료를 찾아다니면서 없앤 것이 아닌가라는 우스꽝스러운 생각을 하였을 정도였다. 이유는 간단했다. 중화학공업화의 1970년대와 이후 시기는 한국 현대사의 커다란 단절이 있었기 때문이다. 1980년 중화학공업화 비판이 비등하는 가운데 8월 18일 박충훈(朴忠勳) 대통령 권한대행 국무총리서리는 중화학공업추진위원회 설치령 폐지를 공고하였고 9월 17일 직제를 폐지하였는데, 해체와 함께 중화학공업 관련 서류는 폐기처분되었고 이 처분에 자그마치 2주일이 걸렸다는 증언이 있었다. 저자는 김정렴 전 대통령비서실장을 만나 왜 5공화국 사람들이 그렇게 자료를 없애버렸는지 아는 것이 있는가 물어볼 정도이었다. 그나마 그 시대의 자료를 일부 소장하고 있는 인사들도 자료를 내놓고 있지 않았다.

더하여 참으로 어려웠던 것은 소수의 남겨진 자료들은 자료마다 이유 없이 내용과 수치가 다르다는 것이었다. 1950~1970년대 자료들은 다른 자료와의 통일성을 전혀 고려하고 있지 않았고 수치의 정확한 근거, 시점 등을 밝히지 않고 그때그때마다의 수치를 쓰고 폐기하고 있었다. 따라서 저자는 어렵게 구한 이 수치조차도 이용하지 못하고 수치를 만날 때마다 하나씩 검토하고 이유를 알 수 없는 그 수치들의 차이점이 무엇에 있는지 고민에 고민을 거듭하여야 하였다. 여러분이 보는 모든 수치는 한 수치를 보는 것이지만 그것은 그냥 어딘가에서 찾아 옮겨 적은 수치가 아니라 검토하고 비교하고 다시 찾아보며 그 수치의 이유에 너무나 많은 시간과 고민을 소요하여 적은 수치이다. 그러므로 독자들은 이 책에서 독자들이 본 것과 다른 자료와 수치를 발견할 것이다.

이 밖에도 연구의 과정에서 만난 시련은 많았다. '한국 현대경제 발전에서 우리에게 가장 큰 영향을 미친 것은 1970년대의 중화학공업화이다'라고 평가되고 있지만 중화학공업화에 초점을 맞춘 연구는 초라한 수준이었고 더구나 이 연구는 학계에서 인정하려고 하지 않았다. 이런 이해되지 않는 현상의 원인은 단순한 것이었다. 그것은 "박정희시대로 대변되는 1970년대 중화학공업화를 연구할 가치도 필요도 없다"라는 완고한 인식, 더하여 "그 시대는 모두 다 알고 있는 것인데 무슨 새로운 연구가 필요한가"라는 연구자들의 선험적이고 자신감 있는 인식 때문이었다. 1970년대 한국의 중화학공업화, 한국 연구는 이미 전부 알고 있다는 이유로 학자들에 의해 무시되어 왔다. 학회에서는 "왜 이 연구가 필요한지 모르겠다"는 논평이 항상 따라다녔다. 이 "끊임없이 지속된" 완고한 학계의 인식은 연구의 큰 장애요인이었다.

이러한 현실은 이해할 수 없는 오늘을 만들어내었다. 그 동안 한국경제, 한국의 경제발전에 관한 심층적이고 뛰어난 연구는 많으며 한국 중화학공업화 관련 연구 역시 본 책의 3권 35장에서 보듯이 많다. 그러나 이런 속에서도 도저히 상식적으로 상상할 수 없는 지적, 즉 '한국현대사에 가장 중요한 사건이었던 한국의 중화학공업화 전 과정을 제대로 된 문서로, 형식을 갖추어 설명하거나 주장하는 것은 놀랍게도 없다'거나 한국의 중화학공업화를 연구한다면 '그 결심을 한 연구자 개인이 전부 자료를 하나씩 직접 얻어 수집하여야 한다'는 선구자들의 현실에 대한 독백과 독설을 저자는 절실히 공감하여야 하였다. 심지어 저자는 한국 중화학공업화에 계속 등장하는 독일과 일본을 알기 위해 이들에 대한 연구도 직접 챙겨서 진행하고 정리하고 검증하여야 하였다. 오늘날 한국경제와 한국 수출, 한국 경쟁력의 뿌리가 된 그 중화학공업화 과정을 총괄적인 시각에서 연구하지 않고 있었다는 이 믿을 수 없는 사실이 바로 한국에 존재하고 있었던 것이다. 그 결과 오늘날 오히려 한국의 문제를 많은 경우 일본, 미국의 연구에 의존하는 역수입 현상마저 존재하고 있다. 저자는 외국의 학자들이나 언론들로부터 한국의 중화학공업화에 관한 종합 소개서나 연구서를 안내해 달라는 요청을 받고 있으나, 이를 구체적으로 소개할 것이 적음이 안타까웠다. 이는 한국경제를 위해서도, 이 귀중한 경험을 공유하면 비용을 줄일 수 있을 우리를 위해서도 바람직하지 못한 현상이다.

자료를 찾고 만나주지 않으려는 사람을 만나야 하고 이를 확인하는 것은 정말 저자의 능력에 벅찬 일이었다. 휴일까지도 예외 없이 도시락을 싸야만 하였던 知秀와 잠을 늘려야 한다는 부모님의 걱정을 들으면서도 잠을 줄여야 했다. 그러나 저자는 모자라는 능력과 모자라는 시간 때문에 가족과 가르침을 준 선생님·선배·친구·후배들을 멀리하고 이 일에 매달려야만 하였다. 시간을 조금이라도 더 확보하기 위해 휴대전화를 가질 엄두도 내지 못하였고 전화도 몇 년째 받지 않았다. 긴 지난 시간 동안 이 연구를 시작한 것을 하루도 후회하지 않은 날이 없을 정도이었다. 그러더니 국내보다 먼저 일본, 미국에서의 연구를 위해 東京經濟大學 村上勝彦 이사장, 橋谷弘 교수, 拓植大學의 渡辺利夫 총장, 慶應大學의 駒形哲哉 교수, 獨協大學의 全載旭 교수, Univ. of Illinois의 Robert S Chirinko 교수 등의 도움을 받을 수 있었고, 국내에서 한국연구재단의 출간도움을 받을 수 있었다. 저자에게는 너무나 존경스러운 국내외 소수의 분들이 이 연구와 저자를 격려하여 주었고 그 격려가 이 책을 완성시켰다. 인제대학교 박섭 교수는 귀한 마음과 연구시간을 할애하여 이 글을 읽고 중요한 논평을 하여 주었고, 부산대학교 박사과정의 김수진 양은 수정을 하여 주었다. 도서출판 해남과 노현철 대표는 졸고의 출간을 허락하고 향후 연구도 격려해 주었다.

이번 연구서는 한국의 중화학공업화를 그 동안 기존연구에서 나타난 쟁점주제별로 새로운 시각에서 정리한 것에 이어 중화학공업화의 과정과 내용 그 자체를 기록하는데 주안점을 두었다. 그래서 두께가 얇은 책이 베스트셀러가 되고 읽힌다는 것을 잘 알고 있지만, 한국 중화학공업화의 실체를 아는 데 필요한 내용은 가능한 포함시키려고 하였다. 저자의 1970년대 한국 중화학공업화 연구는 이제 대주제를 바꾸어 공업별 연구로 계속되어 2020년까지 계속 순차적으로 연구서로 발간될 계획이다. 그런데 계속 작업을 하여야 하는지, 할 수 있을지, 지치고 아픈 마음이 걱정이다. 저자는 본 내용에서 등장하는 인물들과 저자를 만나 주었던 분들, 그리고 저자의 부모님을 비롯하여 그 시대를 살았던 분들을 존경한다.

그리고 그 분들에게 이 책을 바친다.

2012년
새날을 맞으며 저자 씀

차 례

제1권 한국의 중화학공업화: 과정과 내용 (I)

제1부 한국 중화학공업화의 성격 형성: 중화학공업화선언 전 중화학공업

제2부 중화학공업화선언 이후 중화학공업화의 배경과 목표

제3부 중화학공업화의 생산·투자원칙과 계획

제4부 중화학공업화의 방법과 전략적 선택

제2권 한국의 중화학공업화: 과정과 내용(II)

제3권 한국의 중화학공업화: 과정과 내용(Ⅲ)

1

한국 중화학공업화의 성격 형성: 중화학공업화선언 전 중화학공업

CHAPTER 1
경공업과 종합제철 연계를 위한 중화학공업, 1966~1970. 6

1. 단계구분의 필요성과 시기 구분

한국의 중화학공업화는 장기간에 걸친 과정이었다. 이 과정에서 한국의 중화학공업화 정책 역시 다른 정책과 마찬가지로 계속 논의·수정·발전되었다. 이에 따라 전체적인 원칙이 유지되고 있다고 해도 시간이 지나면서 한국의 중화학공업화는 진화하였고 주요 계기나 세부적인 목적, 수단 등이 그 상황에 따라 달라지고 있었다.

이런 점에서 본 연구서에서는 한국의 중화학공업화에 대한 기존의 총괄적이고 획일적인 이해방식에서 벗어나 한국 중화학공업화 과정에 대한 정확한 이해를 위해 시기별·단계별로 한국 중화학공업의 성격과 그에 따른 내용이 어떻게 변해갔는가를 조사·정리하는 데 많은 중점을 두었다.[1] 이를 위해 우선 1차적으로 한국 중화학공업화선언과 한국 중화학공업화정책을 낳은 배경이 되면서 또 이들 선언과 정책으로 이어지게 되는, 즉 한국 중화학공업화에 영향을 미친 내용을 중심으로 한국 중화학공업화선언 이전의 중화학공업에 대해 살펴보고자 한다.

1) 한국의 중화학공업화를 보는 많은 시각, 논리는 대부분 1970년대 한국 중화학공업화와 당시 시대의 정치·사회·경제에 대해 이미 형성된 선험적인 전체 상에서 출발한다. 그래서 상당한 연구력을 가진 전문가조차 한국의 중화학공업화는 '과잉투자였다', '박정희 대통령의 독재와 연계된 경제발전전략이었다', '군수산업과 연계된 것이었다', '정부주도였다', '수입대체(혹은 수출전략)이었다', '대외의존적이었다' 등의 어떤 한두 가지 결정적인 측면을 강조하는 인식이 강하고, 따라서 한국 중화학공업화에 대한 추가적인 연구는 필요 없는 것으로 치부되는 경향이 강하였다. 학계에서 계속 이런 지적과 비판을 받았던 것은 이런 현실을 그대로 보여 준다. 그런데 연구자들이나 심지어 당시의 증언자들이 가지고 있는 그 내용은 틀린 것은 아닐지라도 사실 어느 시기의 시각, 현상이었고, 시계열적으로 혹은 횡단면적으로 전체적인 변화를 추적하면 실재상이 달라지게 된다.

그 동안의 한국 현대경제, 현대경제정책이나 산업정책의 시기구분은 대체적으로 경제개발5개년계획에 따라 이루어진 것이 일반적이었다. 또 이러한 시기구분에서는 각 계획을 수출정책과 연계시켜 보는 경우가 많은데, 예컨대 장기공업화 발전정책에서 제1차 경제개발5개년계획기간(1962~1966)을 수입대체·수출개발기로 보고, 제2차 경제개발계획시기(1967~1971)를 수출기반 육성기, 제3차 경제개발계획(1972~1976)부터를 수출극대화기, 그리고 제4차 경제개발5개년계획기간(1977~1981)을 수출고도화기간으로 보는 것 등이다.[2] 이런 방식에서는 대부분의 교과서에 실려 있는 것처럼 1964년의 환율 현실화를 정책전환의 시발점으로 두고 본격적으로 제2차 경제개발5개년부터 실질과 형식 내용에서 수출중심의 정책이 취해졌다는 입장이 반영되고 있다.

저자는 한국의 중화학공업화 연구라는 본 연구의 목적에 따라 중화학공업화 과정의 정책과 내용에 초점을 맞추어 시기를 나눈다. 그래서 당연히 큰 구분은 중화학공업화선언 이전과 중화학공업화선언 이후로 나누고 다시 이를 각각 〈표 1-1〉에서 보듯이 조직과 주체, 중화학공업 성격, 중화학공업의 내용과 특징에 따라 1~3단계, 4~5단계로 나누어 1966~1982년을 8시기로 나누었다.

본서 1권 1부에서는 제1, 2, 3단계에 해당하는 1973년 중화학공업화선언 이전 시기의 중화학공업, 즉 한국 중화학공업화의 역사적 배경과 성격형성 과정에 대해 규명한다. 구체적으로 제1장에서는 중화학공업이 육성되기 시작한 후 최초의 중공업정책계획인『한국기계공업육성방향 연구조사보고서』가 경제기획원장관, 상공부장관에게 제출되어 대통령에게 보고되는 1970년 6월까지를 보도록 한다. 이는 〈표 1-1〉에서 보듯이 한국 중화학공업 제1단계와 제2단계 전반부(前半部) 시기로 시기적으로 제1, 2시기가 된다. 제2장에서는 한국 중화학공업화의 성격과 내용에 주요한 영향을 미친 '4대핵심공장사업'('4대핵공장사업')에 대해 집중적으로 보도록 한다. 이는 제2단계 후반부에 해당하는 제3시기, 즉 1970년 7월부터 1971년 11월까지가 된다. 물론 4대핵심공장사업의 내용은 제2시기, 즉 경제기획원장관이 주도하여 한국 기계공업육성방향 조사를 시작할 때부터 시작된 내용을 이어받고 있으므로 제2, 3시기를 합하여 볼 수도 있다. 그러나 1970년 7월부터는 당시 미군철수를 포함한 남북한 간의 긴박한 방위정세 변화 속에서 대통령이 김학렬 경제기획원장관에게 지시하여 방위산업이라는 새로운 중공업사업이 시작되면서 해외와 협력이 논의되는, 이른바 '4대핵공장사업'으로 공식 명명되는 시기적 차별성이 뚜렷이 존재하였다. 이어 제3장에서는 1971년 11월 9일 경제기획원이 대통령에게 4대핵공장사업에 대해 가시적인 성과가 없음을 보고함으로써 대통령이 방위산업을 위해서는, 우선 중화학공업 육성이 필요하다는 전면적인 전략수정을 하게 되고 이후 1973년 1월 12일 중화학공업화선언으로 넘어갈 때까지의 기간, 즉 1971년 11월부터 1973년 1월 중화학공업화선언 이전 기간을 규명

2) 동남지역공업단지관리공단(1996), p. 81.

표 1-1 1966~1982년 한국 중화학공업 시기 구분

(단위: 100만 달러, %)

		시기	조직·주체	중화학공업 성격	주요 내용과 특징
제1단계	제1시기	1966~1969. 5	경제기획원	경공업 원료와 수입대체 위한 중화학공업	수입대체 추구/자립경제 추구
제2단계	제2시기	1969. 6~1970. 6	경제기획원	종합제철 연계를 위한 중화학공업	한국 기계공업 육성방향 연구조사
	제3시기	1970. 7~1971. 11	경제기획원/국방연구소	방위산업으로서의 중화학공업	4대핵공장건설사업
제3단계	제4시기	1971. 11~1973. 1	경제2실/산업진흥실	방위산업을 위한 중화학공업	방위산업 단계론/방위문제와 정부주도에서 산업과 민간기구 우선으로 이행
제4단계	제5시기	1973. 1~1975. 12	기획단/상공부/기업	중점기/수출지향의 중화학공업	진입유도/석유파동과 안정조절론
	제6시기	1976. 1~1978. 11	기획단/(상공부)/대기업집단	중점기/수출지향의 중화학공업	대기업집단의 진입 본격화/발전·구조변화와 발전비용의 대두
제5단계	제7시기	1978. 12~1979. 10	기획단/경제기획원	논쟁대상의 중화학공업	중화학공업 조정론과 안정론으로의 이동
	제8시기	1979. 10~1982	국보위/경제기획원	조정대상의 중화학공업	중화학공업화 비판/중화학공업화 축소와 일부 중단

주: 경제2실: 대통령경제제2비서실, 산업진흥실: 경제기획원 산업진흥관실, 기획단: 중화학공업추진위원회기획단, 중점기: 중화학공업화 중점기.

한다. 이러한 논의 후에 비로소 제2부에서 중화학공업화선언 이후의 1970년대 본격적인 한국 중화학공업화에 대해 다루게 될 것이다.

중화학공업화선언 이전 시기를 보는 것은 그 시대 연구에 목적이 있는 것이 아니고 한국 중화학공업화의 성격형성 과정과 배경 그리고 이후 진행, 결과에 연결되고 있는 고리를 찾아내기 위함이다. 이를 위해 관련 공식·비공식 문서와 보도자료를 발굴하고 동시에 증언을 청취하였는데, 모든 증언은 당시의 신문이나 자료를 대조하면서 검토하였다.[3)]

3) 증언을 하여 주신 분들은 저자가 감사를 표할 수 있는 이상으로 위대한 분들이 대다수였다. 그들은 한국경제의 발전을 위해, 결과적으로 오늘날의 대한민국을 만들어 내는 데 온몸을 바쳤으며 그 중에는 그 대가를 받고 있지 못한 분들도 다수 있었다. 나아가 한국의 현실에서 그 분들이 말하던 그 대학에 재직하고 있지 않은 저자에게 시간을 내어 준 고마움을 평생 간직하고 싶다. 그럼에도 일부 증언은 문제가 있었다. 증언자들은 당시 시대를 살면서 자신의 위치에서 한국의 경제발전을 위해 헌신하였고 이 과정에서 자신의 눈으로 직접 중화학공업화를 보면서 부딪치고 고민하며 회의하였지만 그 과정에서 형성된 상이 그 위치와 관련되어 고착된 것이 많았다. 오랜 시간이 흘러 당연한 것이기도 하지만, 증언은 거의 20여 년에 걸친 긴 시간이 시간적으로 구분되어 있지 못하고 섞여 나타나며 객관적인 역사적 사실과도 자주 틀렸다. 또 증언은 현재에

2. 경공업과 자립경제를 위한 중화학공업, 1966~1969. 5.

1) 중화학공업의 필요성과 서곡

식민지를 장기간 겪어야 하였던 전후 후발공업국들은 자신을 침략하였던 선진국 시장에 의지하지 않는 자립경제, 즉 수입대체전략을 1차적으로 선호하였다. 그러나 이는 역사적 경험에 따른 심리적, 정치적, 국민국가 지향적, 자립경제 지향적 시각이 강한 것이었으며 구체적인 내용의 현실적 성장가능성이나 효율성을 반영한 것은 아니었다. 여기에 1950년대 나온 싱거-프레비시(H. W. Singer-R. Prebish)의 발전도상국 장기악화가설(secular deterioration hypothesis)은 1960년대 모든 후발공업국에서 유행처럼 받아들여졌으며, 특히 혁명적인 지도자나 지식인의 경우 이를 더욱 신뢰하였다. 싱거와 프레비시는 국제교역조건(terms of trade)이 1차 산업 제품을 주로 수출하는 발전도상국에 대하여 매우 불리하게 변동되어 왔으며 앞으로도 계속 불리해질 것이라고 보았다.[4] 이러한 원인은 발전도상국이 수출하는 물건들은 소득탄력성이 낮거나 기술수준이 낮은 생산품이어서 근본적인 수요한계상 제품가격이 별로 오르지 못하는 데 비해, 선진국들이 발전도상국에 수출하는(발전도상국이 수입하는) 물건들은 역으로 가격이 계속 오를 수 있기 때문이었다. 이들의 주장, 특히 유엔(UN)의 활동에 직접 참가한 프레비시의 주장은 『프레비시 보고서』(*Prebish Report*)로 발전해 발전도상국들의 단결과 대 선진국 요구에 이론적 근거로 사용되기도 하였다. 이런 역사적·이론적 면에서 보면 수입대체를 위해서도, 불리한 교역조건을 개선하기 위해서도 1960년대 이후 후발공업국에 필요한 것은, 비록 가능성이라는 현실제약조건이 고려되어야 하기는 하였지만, 바로 중화학공업화이었다.

전후 후발공업국의 다수 지도자들이 선호, 제시하였던 것과 마찬가지로 5.16 직후 박정희 대통령 역시 자립경제를 내세웠다. 이러한 목표는 공업발전단계에서 볼 때 수입대체공업화의 성격이 강한 것이었다.[5] 그러다가 1964년 들어와 수출지상주의가 표명되면서

서 어떤 중요한 이슈가 나오면 이에 따라 그와 관련한 과거의 의도를 너무나 뚜렷하게 새로 증언하고 정책의 중요도나 우선순위, 관여도가 바뀌기도 하였다. 또한 상충되는 다른 내용의 증언도 자주 만났고 어떤 이들은 정부 공식 기록에 나와 있는 것도 사실이 아니며 따라서 "지금 학자들이 보고 규명하는 남겨진 자료들은 사실과 다르다"고까지 지적하기도 하였다. 이런 증언을 만나면 당연히 이를 확인할 자료를 요청하지만 증언자들은 자료인도를 거절하거나 혹은 "자료를 볼 필요가 없다. 내 말, 내가 적은 것만 그대로 믿고 받아들이면 그것이 사실이다"고 말하기도 하였다. 따라서 증언자들은 자신의 주장이나 경험담이 아닌 자료 요청 자체를 불쾌하게 생각하기도 하였고 또 자신의 증언에 이의를 제기하거나 그대로 인용 혹은 주장을 따르지 않는 경우 만남을 거절당하고 격앙된 대응을 받는 경우도 많았다. 심지어 한국의 현대를 규명하는 매우 주요한 부분에서 기존의 공간된 증언내용이 거짓이라는 증언도 다수 있었다. 증언자의 요청에 의해 다수 증언을 실을 수 없었음도 밝혀둔다.

4) H. W. Singer(1949; 1950); R. Prebish(1950; 1959).

수출지향정책이 본격적으로 등장하기 시작하였다. 1964년 5월 3일 환율의 현실화와 단일화, 외환증서제도가 채택되어 환율을 130원에서 255원으로 하고 자유로이 거래되는 거래환시장률로 한국은행이 외환 또는 외환증서를 매입한다는 내용이 발표되었다. 이어 5월 6일에는 환율개정에 따른 경제시책으로 수출입 실적 링크제 폐지와 자동승인제가 발표되었고, 6월에는 '한국수출산업공단'이 설치되어 구로공업단지, 부평공업단지, 주안공업단지 등 총 112만 7,000평에 이르는 수출공업단지가 가동되기 시작하였으며 24일에는 상공부가 「수출진흥종합시책」을 발표하였다. 수출진흥종합시책은 1965년부터 적극 시행되었다.

중화학공업은 이러한 수출을 위한 경공업의 원자재, 중간재 수입대체를 위해 필수적이었다. 당시 자립경제를 위한 원자재, 중간재 수입대체공업으로 가장 우선적이었던 것은 모든 공업의 기초인 제철공업이었다. 그러나 또 다른 한편 1960년대 가장 중요한 산업이었던 경공업, 섬유의류공업의 자립 그리고 지속적인 생산, 수출을 위해 필수적으로 후방연관산업으로 추진되어야 할 것은 석유화학공업이었다. 석유화학공업은 자원이 부족한 국가에서, 섬유공업이 성숙단계에 들어가고 있는 국가에서 반드시 추구되어야 할 우선순위의 중화학공업이었다. 이렇게 중화학공업의 출발은 경공업이 갖게 된 한계를 극복하기 위한 것이었고 이는 바로 수출 경공업의 중간재 수입대체를 의미하는 것이었다. 경공업 완제품 수출에 이어 이를 위한 2차 수입대체전략으로서의 중화학공업화=자립경제의 인식이 바로 한국경제 정책입안자들에게 이 시기에 만들어졌던 것이다.

이에 따라 1966년 7월 상공부에 석유화학과가 신설되었고[6] 이후 석유화학공업이 중점 육성되기 시작하였다. 1966년 11월에는 '석유화학공업개발계획'이 확정되었고 제2차 경제개발5개년계획에서도 역시 원자재, 중간재 수입대체를 위한 철강산업·석유화학산업은 양대 전략사업으로 등장하였다.[7] 1966년 12월 3일 장기영(張基榮) 부총리는[8] 종합제철공장을 1967년 3월에, 석유화학공장을 1967년 상반기에 착공할 것이라는 계획을 발표하였다.[9]

이렇게 한국의 1960년대 중화학공업은 경공업을 위한 그리고 초보적 수준의 자립경제에 대한 욕구에서 시작되었다. 따라서 원자재와 중간재 공급을 위한 석유화학공업 그리고 철강공업이 가장 먼저 고려되고 계획되었다. 이는 당시 한국을 관찰하고 있던 일본 외무성이 "현재 한국은 화학합성섬유(化合纖), PVC, 냉연박판(冷延薄板), 베어링, 기어 등을

5) 木宮正史(1994)는 이를 내포적 공업화 전략(内包的工業化戰略)이라고 말하고 있는 등 여러 명칭상의 차이는 있다.

6) 〈조선일보〉(1966. 7. 14).

7) 한국무역연구소(1974), p. 405; 오원철(吳源哲) 전 중화학공업추진위원회기획단장(한경7, 1999), pp. 124~125; 한국은행산업조사과(1970. 10. 12), p. 24.

8) 1964년 5월 장기영(張基榮) 경제기획원장관이 부총리로 격상되어 경제운용의 중심이 경제기획원으로 재편되었다.

9) 한국기계공업진흥회(한기진 20), 1989, p. 772.

생산하는 기업이 1차 가공원료를 일본에서 수입하고 있는데, 조업 원활화를 위해 많은 양의 재고를 구입하고 이는 원가의 상승으로 나타나 결국 가격경쟁력을 갖지 못하기 때문에 수입대체화를 위한 울산석유화학공업단지와 포항종합제철소 건립을 계획하고 있다"고[10] 지적한 것에서도 확인된다.

제2차 경제개발5개년계획에서 원자재와 중간재의 수입대체산업으로 육성되기 시작한 중화학공업은 여전히 유치(幼稚)단계에 머물고 있었다.[11] 그럼에도 불구하고 이러한 시작은 추가적인 중화학공업화에 대한 인식의 변화와 함께 1967년 「기계공업진흥법」(법률 제1933호), 「조선공업진흥법」(법률 제1937호), 1969년 1월 28일 「전자공업진흥법」(법률 제2098호) 공포를 가져왔고 이어 1970년 1월 1일에는 이미 1966, 1967년부터 논의된 「철강공업육성법」(법률 제2181호), 「석유화학공업육성법」(법률 제2182호) 공포 등으로 중화학공업화 기초작업을 제도적으로 만들어 나가고 있었다.[12]

2) 원자재, 중간재 수입대체를 위한 노력

석유화학공업과 종합제철소의 건설은 경공업이 발달되면서 모든 국가에서 나타나는 일반적인 공업발전 패턴이지만, 한국에게는 특히 후발공업국으로서 단시간에 세계 최고 공업국가로 성장한 독일과 일본의 중화학공업화 경험이 주요한 자극과 계기가 되었다. 일본과 독일은 원자재가 부족한 국가에서 공업발전을 위해서는 1차적으로 원자재와 중간재를 공급하는 석유화학공업과 철강공업이 급선무라는 것을 실증적으로 보여 주었다. 이 두 국가는 초기부터 화학공업과 철강공업을 일으켜 공업의 자립과 국제경쟁력 우위를 얻는데 성공하였는데, 이 두 국가의 경험이 유사한 것은 일본이 독일의 발전방식을 받아들인 때문이었다.

이러한 독일과 일본의 경험은 당시 일본을 잘 알고 있던 한국의 정계, 재계 인사들에게 신뢰가능하고 중요한 실험결과이었고 학습대상이었다. 여기에 일본과 독일에 대한 관심이 많았고 또 방위산업에 관심이 높았던 박대통령은 독일, 일본의 경험으로 보아 석유화학공업과 철강공업이 기간산업이고 또 국방력 증강에도 중요하다고 생각하고 있었고, 특히 남북대결에서 북한이 이미 대규모 화학공장과 종합제철소를 갖고 있다는 점에서 이들 공업에 대한 자립과 건설 의욕을 강하게 갖고 있었다. 여기에 당시 절대과제였던 식량문제 해결을 위한 농업생산성 증대를 위해서도 화학비료와 농기구를 공급할 화학공업과 철강공업의 발전이 필요하였다.

10) 外務省經濟協力局(日, 1969), p. 168.
11) 李晚熙(1993a), pp. 176, 179, 220.
12) 상공부(새공, 1985), p. 21.

여기에서 1차적으로 핵심 중화학공업 건설문제로 등장한 것이 일관제철소 건설이었다. 일관제철소 건설은 이미 1950년대부터 계획되었고 1960년대에도 시도가 이어져[13] 제2차 경제개발계획 구상에서 석유화학공업, 기계요소(機械要素)공업, 종합제철소 건설이 주요 내용으로 등장하였다. 1966년 7월 21일 제40회 경제장관회의는 1단계 연산 50만 톤 규모의 종합제철 건설 기본계획을 확정하였다.[14] 종합제철소 건설을 위해 1966년 12월 6일, 한국에 비협조적 자세를 취한 일본을[15] 제외한 미국 '코퍼스(Coppers Co.)', 서독 '데마그(Demag)' 등 4개국 7개사로 구성된 '대한(對韓)국제제철차관단(Korea International Steel Associates: KISA)'이 공식으로 발족하였다.[16] 1967년 4월 6일「종합제철건설가협정」에 이어 1967년 10월 20일 한국의 박충훈(朴忠勳) 경제기획원장관, 김정렴(金正濂) 상공부장관과 대한국제제철차관단(KISA) 대표 5인 간에「종합제철건설에 관한 기본협정」이 체결되었는데[17] 이는 '1차로 연간 조강(粗鋼) 60만 톤 규모의 공장을 건설하되 장차 300만 톤까지 생산할 수 있도록' 한 것이었다.[18] 그러나 1969년 3월 '카퍼스(Koppers)' 회장 포이가 박충훈 부총리에게 보낸 전문에서 "4월에 만족스런 답변을 얻을 것"[19]이라던 낙관에도 불구하고 1969년 4월 17~18일 열린 제3차 대한국제경제협의체(IECOK) 총회에서 세계은행의 방해로[20] 참가국들은 종합제철 건설에 회의적인 반응을 보였다.[21] 세계은행의 회의론 제기와 서독의 차관 거부에 이어 1969년 4월 29일 미국 수출입은행 컨즈 총재가 박충훈 부총리에게 한국의 종합제철 건설에 차관을 줄 수 없다고 말함으로써 종합제철 건설을 위한 마지막 기대처였던 미국 수출입은행의 차관까지 실패하였다.[22]

1969년 5월 7일 박충훈 부총리는 KISA와의 종합제철사업 추진계획의 백지화를 시사하였고,[23] 대통령은 1969년 6월 2일 부총리를 전격 해임하고 청와대회의에서 가장 신랄하게 KISA안의 추진상황을 비판하던 김학렬 대통령경제제1수석비서관을 부총리 겸 경제기획원장관으로 임명하였다.[24] 김학렬 부총리는 정문도(鄭文道) 전 기획원차관보 증언에 의하면 취임식 직후 바로 집무실에 '제철, 석유화학'이라고 쓸 정도로[25] 석유화학공장과 종

13) 〈서울신문〉(1958. 8. 26); 〈경향신문〉(1962. 5. 12); 〈한국일보〉(1962. 5. 18).
14) 경제기획원(개발, 1982), p. 92; 〈매일경제신문〉(1966. 7. 22; 1966. 7. 23).
15) 포항종합제철주식회사(포건, 1971), p. 26.
16) 프랑스 '앵시드'사가 1966년 12월 11일 참가하고 1967년 1월 16일 공식 참가승인되어 5개국 8개사로 확대되었다. 포항종합제철주식회사(포건, 1971), p. 206; 포항종합제철주식회사(포30발, 1998), p. 14.
17) 〈매일경제신문〉(1967. 10. 20).
18) 총무처의정국의정과(종제기, 1967); 〈동아일보〉(1967. 10. 20); 〈매일경제신문〉(1967. 10. 20).
19) 대통령비서실(종제차9대통령결재문서, 1969. 3. 31).
20) 대통령비서실(종제9대통령결재문서, 1969. 4. 16).
21) 포항종합제철주식회사(포20사, 1989), pp. 136~137.
22) 〈중앙일보〉(1969. 4. 30; 1969. 5. 9).
23) 〈서울경제신문〉(1969. 5. 8); 〈조선일보〉(1969. 5. 8).
24) 〈매일경제신문〉(1969. 6. 3).
25) 주태산 세계일보 기자(1998), p. 65.

합제철 건설에 대한 목표를 뚜렷이 갖고 있었다.

수입대체화 전략으로서의 중화학공업은 대통령의 국방에 대한 집념까지 더하여져 추진되었지만 외자도입의 실패, 일본의 비협조에 이어 인플레이션 우려와 정부개입 확대에 대한 미국·세계은행의 견제와 비협력에 더하여[26] 외화고갈, 내수한계, 수출을 위한 수입대체화가 오히려 수출경쟁력을 잠식하는 문제가 연이어 나타남으로써 전면적인 수정이 필요하게 되었다. 문제점이 제기되면서 경제개발계획은 수정되었고 이 과정에서 수입대체전략은 한계가 있음이 분명해졌다. 핵심 중화학공업계획은 지지부진하였고 새로운 돌파구가 필요하였다.

3. 종합제철과 종합제철 연계를 위한 중화학공업, 1969. 6~1970. 6

1) 종합제철사업

김학렬 부총리는 1969년 6월 3일 '종합제철사업계획연구위원회(실무전담반)(종합제철건설전담반)'를 설치하여 새로이 종합제철사업계획을 작성하였다.[27] 김학렬 부총리는 매일의 작업내용을 보고 받고 이를 대통령에게 보고하였다.[28] 그리고 대한(對韓)국제제철차관단(KISA)계획을 폐기하고 새 차관처 교섭을 구체화하여 영국, 프랑스, 일본을 지목하였다.[29] 종합제철 건설 프로젝트에서 여전히 '큰 문제'는 차관문제이었고 이어 일반기술계획 확보문제가 있었다.[30]

그러나 사실 종합제철소 건설은 1차적으로 국내산업 수요와의 연계 위에서 고려되어야 할 문제이었다. 1971년 한국의 철강수요는 〈그림 1-1〉에서 보듯이 1966년까지는 80만 톤 수준으로 예측되었지만 이미 1968년 이후 수요예측값들은 190~220만 톤으로 대폭 늘어날 것으로 보고 있었다.

종합제철사업계획연구위원회는 1969년 7월 22일 최종적으로 종합제철 신사업계획인 『종합제철 공장건설을 중심으로 하는 한국 제철공업 개발에 관한 연구보고서』를 작성·완료하였다.[31] 최종 작성된 안은 일단 대외적인 협조를 얻을 수 있는 연산 100만 톤 규모의 1단계 안을 갖고 단계적으로 추진해 나가기로 한 원칙에 따라[32] 1단계 규모를 조강 연산

26) 박영구(2006b).
27) 포항종합제철주식회사(포건, 1971), p. 연혁.
28) 중화학공업추진위원회기획단(한공발3, 1979), pp. 144~145.
29) 〈중앙일보〉(1969. 6. 24).
30) 대통령비서실(종제관8대통령결재문서, 1968. 2. 7).
31) 포항종합제철주식회사(포20사, 1989), p. 1089.

그림 1-1 한국 철강재 수요 기존 예측과 신 예측값 (단위: 연간 천M/T)

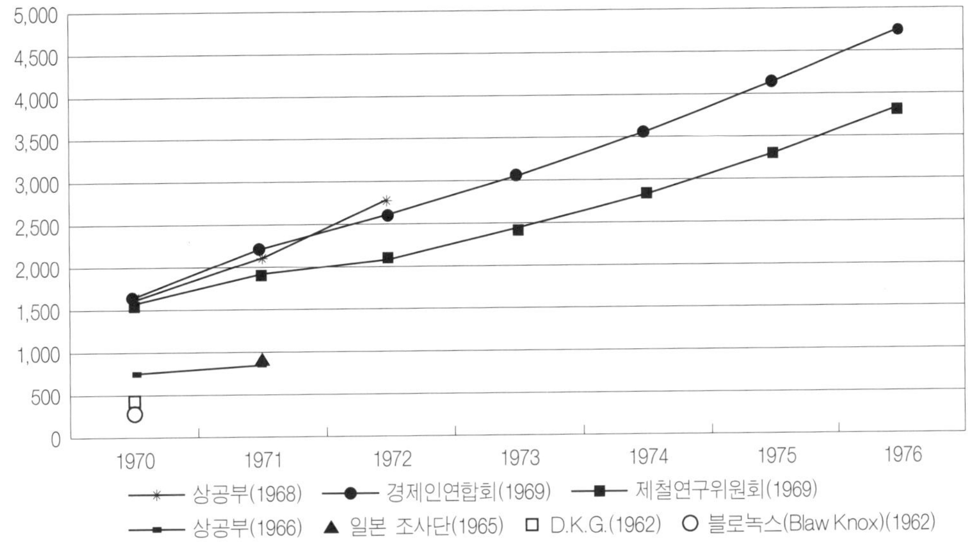

	1970	1971	1972	1973	1974	1975	1976
블로녹스(Blaw Knox)(1962)	280	–	–	–	–	–	–
D.K.G.(1962)	400	–	–	–	–	–	–
일본 조사단(1965)	–	878	–	–	–	–	–
상공부(1966)	708	808	–	–	–	–	–
상공부(1968)	1,578	2,079	2,759	–	–	–	–
경제인연합회(1969)	1,576	2,185	2,559	3,020	3,550	4,140	4,740
제철연구위원회(1969)	1,532	1,877	2,047	2,407	2,820	3,290	3,836

주: 1) 제철연구위원회는 종합제철사업계획연구위원회임.
2) D.K.G.는 '데마그'·'쿠르프'·'GHH'사 연합임.
자료: 경제기획원·종합제철사업계획연구위원회(1969. 6); 한국과학기술연구소(중공, 1970), 상, pp. 195~196.

103만 2,000톤 규모로 하고 투자규모는 외자 1억 600만 달러, 내자 633억 원으로 결정하였다.[33] 문제가 계속되어 온 외자는 대일청구권자금으로 충당한다는 내용도 공식으로 포함되었다.[34] 종합제철사업계획연구위원회가 검토한 수요예측치는 1971년 187만 7,000톤, 1976년 383만 6,000톤이었지만 현실상 단계적으로 접근하기로 하고 103만 톤을 제시한 것이다.

32) 대통령비서실(포철계9대통령결재문서, 1969. 7. 2).
33) 한국과학기술연구원(K30, 1998), p. 190.
34) 포항종합제철주식회사(포30발, 1998), p. 14.

이러한 준비과정을 거쳐 정부는 1969년 8월 26~28일 동경에서 열린 제3차 한일정기각료회의에 종합제철 건설안을 제출하였다. 한일정기각료회의는 종합제철소 건설을 한일경제협력 혹은 청구권자금과 관련하여 집중적으로 검토하였다. 이 회의에서 김학렬(金鶴烈) 경제부총리는 "북한에는 연산 150만 톤의 철강제철소가 있지만 한국에는 없다. 북한의 경제도발에 대항하기 위해서는 경제개발의 심벌로서 제철소의 건설이 반드시 필요하다"라고 말함으로써 제철소 건설의 당위성을 경제효율성이 아닌 북한에 대한 대항수단으로 역설하였다. 8월 28일 아침 일본 언론과의 인터뷰에서도 김학렬 장관은 "한국은 북한과 대치하고 있으며 60만 군대를 가진 아시아 최강인데 강한 군대를 가진 한국과 강한 경제력을 가진 일본이 협력하는 것이 아시아태평양 지역의 평화와 번영을 위해 필요하다"고 말하였다.[35] 북한을 이용한 국방 논리는 일본 설득의 단골메뉴이었는데 박태준 역시 "일본이 청일전쟁 뒤 군비기초로 12만 톤 '八幡製鐵所'를 지었듯이 한국이 전시 중이므로 북한으로부터 한국 나아가 일본을 지키기 위해 제철소가 필요하다"고 일본 방문에서 강조하였다.[36] 실제로 일본의 일반적 인식은 포항제철이 '북한과의 긴장상태에 있는 한국이 중공업화를 진행해 병기국산화를 도모하기 위해 건설에 착수한 것'이라고[37] 믿고 있었다. 한국 정부의 모든 관심은 제철소에 있었다. 한일정기각료회의에서 김학렬 경제기획원장관겸 부총리는 "한일각료회의는 매년 철야에 가까운 교섭을 하지만 이번 각료회담에서는 종합제철 안건 이외에는 철야할 계획이 없다"고[38] 분명히 선언하였다.

계속적인 설득 끝에 1969년 8월 28일 김학렬 경제기획원장관과 일본 정부는 포항종합제철 건립 협력각서에 서명하였다. 그 내용은, 첫째 1973년 완공에 의견접근이 이루어졌으며, 둘째 재원은 추후 결정하고, 셋째 일본 조사단을 9월에 파한하며, 넷째 전반적인 경제 타당성은 있으나 공기, 용량 등에 이견이 있다는 일본철강연맹 보고서의 지적은 함께 검토한다는 것 등이었다.[39] 한국 측의 주장으로 공동성명 18조에 "한국 측은 종합제철소의 건설에 관하여 일본의 대한경제협력에 있어서의 최우선 계획으로서 일본 측의 협력을 요청하였다. 일본 측은 이에 깊은 이해를 표시하고 이에 협력하기 위하여, 본계획의 더욱 구체적이고 또한 실제적인 조정을 위하여 조사단을 파견할 것을 약속하였다"를 넣었다.[40]

1969년 9월 17일부터 26일까지 赤澤璋一 경제기획청 조정국장을 단장으로 일본 경제기획청 2명, 대장성, 통산성, 외무성, '八幡製鐵', '富士製鐵', '日本鋼管' 인력 등 총 13명의 민관합동조사단으로 구성된 일본 정부 파견 조사단이 1, 2진으로 나누어 방한하였다.[41]

35) 〈每日新聞〉(1969. 8. 28), 夕刊.
36) 박태준 전 포항종합제철회장(회고3, 1992. 6), p. 469.
37) 〈日本經濟新聞〉(1972. 11. 15).
38) 赤澤璋一 증언, 日韓經濟協會(日韓, 1991), p. 71.
39) 〈한국일보〉(1969. 8. 28).
40) 합동통신사(1970), pp. 581~582; 外務省(わが外, 1970. 6), 14號, pp. 395~399.

조사단은 한국 일관제철소 건설이 가능성이 있다고 확인하였다. 이에 기초하여 1969년 11월 19일부터 20일까지 동경에서 포항종합제철소 건설에 관한 한일양국 간 협의가 진행되었고 마침내 다음의 공동선언이 나오게 되었다.

① 한국 포항종합제철에 대해 9월 한국에 조사단을 파견하여 조사한 결과 일단 가능성을 확인하였기 때문에 한일사무당국의 검토가 행해졌다. 토의는 한국 측 계획서와 조사단의 조사보고서를 기초로 하여 기술문제, 자금문제에 대해 행하여졌다. 그 결과 사무당국 면에서 다음 결론에 도달하였다.
② 규모, 설비, 건설, 공정에 대해서는 기본적으로 일본 측 보고서의 권고에 따라 실시한다.
③ 소요외자에 대해서는 일본은 7,370만 달러 유상, 무상의 청구자금 및 5,000만 달러를 한도로 輸銀(수출입은행)베이스의 연불수출금융을 사용한다.
④ 생산규모는 조강 생산 103만 톤, 생산품종은 콘크리트바용 빌릿(billet), 후판용(厚板用) 슬래브, 냉간박판용(冷間薄板用) 핫코일, 강관용(鋼管用) 스케일르프, 열연박판(熱延薄板)이며 건설비용은 내자 약 6,500만 달러, 외자 약 1억 3,100만 달러로 한다.
⑤ 착공은 1970년 4월로 하고 완공은 1973년 6월로 한다.

《日韓經濟協會(日韓, 1991), p. 51》

2) 기계공업 및 중공업 육성계획 작성

종합제철소 문제가 해결기미를 보이면서 김학렬 경제기획원장관은 자신감을 갖게 되었고 이를 기회로 종합제철과 연계된 핵심 중공업공장 건설계획을 만들고자 하였다. 김 장관은 중공업은 당연히 소재산업으로서의 제철소 건설 위에 세워져야 하는 것이었고, 종합제철은 기계산업의 발전 없이 성공할 수 없다고 생각하여 종합제철과 중공업공장을 하나로 연계된 것이라고 보고 있었고,[42] 이런 생각은 이후 기계공업 및 소재공업 분석 연구팀에서도 공유되었다.[43]

이렇게 김학렬 장관은 기계공업 등 중공업은 경제기획원이 맡고 있던 종합제철과 직접 관련이 있다고 생각하였고 또 대통령의 의중을 잘 알고 있는 자신이 직접 실현해야 한다고 생각하였으며, 여기에 더하여 당시 상공부를 불신하고 있었기에 이 사업을 자신이

41) 〈조선일보〉(1969. 10. 3); 赤澤璋一 증언, 日韓經濟協會(日韓, 1991), p. 72.
42) 이러한 생각은 김학렬 장관만이 아니라 1960년대부터 이미 일반적으로 공유되고 있었다. 1962년 4월 1일 박정희 최고회의의장의 긴급지시로 한국 공업발전을 위한 민관연석회의가 개최되었는데 여기에서 박 의장은 울산공업센터에 건설될 제철소에 부가하여 철(鐵) 소화를 위한 기계공장이 설치되어야 한다고 강조하였다. 〈동아일보〉(1962. 4. 2).
43) 경제기획원장관에게 제출된 최종보고서 '중공업 발전의 기반'은 1969년 6월의 종합제철건설계획연구위원회 추정치를 제시하면서 "본위원회"라는 말을 사용하고 있으며 또 총철강재수요 장기예측을 그대로 자신의 연구 성과로 사용하고 있다. 한국과학기술연구소(중공, 1970), 상, pp. 195~196, 199~200.

주도하고자[44] 하였다. 그래서 당연히 정부조직상 중공업과 관련된 상공부 직원을 한국 기계공업육성방향 연구조사위원에 포함시키고 연구결과는 경제기획원과 상공부 양쪽에 제출되고 보고되도록 하였지만 사실상의 진행은 자신이 직접 통제하였다. 실제로 1969년 국무회의에 상정된 안건 중 기계공업과 종합제철에 관련한 문제들은 모두 경제기획원장관이 관장하여 제출하였고,[45] 한국과학기술연구소에 한국 기계공업육성방향 연구조사보고서에서 제시된 4대핵심공장 건설을 중심으로 한 중기계공업화 계획 추진을 위한 관련 자료를 경제기획원장관에게 보고서로 제출하도록 하였다.[46]

김학렬 부총리와 최형섭 한국과학기술연구소장은 1969년 11월 한국과학기술연구소와 연구협약을 맺고 있었던 미국 '바텔기념연구소(Battelle Memorial Institute)'의 수석연구원 해리 최(Harry Choi, 崔榮華) 박사를 연구책임자로 선정하여 한국과학기술연구소(KIST)의 연구팀과 공동으로 기계공장 등 중공업공장 건설, 전략산업에 대한 용역을 맡겼다.[47] 김재관 전 상공부차관보의 증언에 의하면 김학렬 장관과 해리 최는 오래 전부터 매우 친한 사이이었는데[48] 이미 김학렬 부총리는 경제기획원 차관이던 시절부터 청와대 경제수석으로 자리를 옮긴 이후에도 계속 해리 최와 만나는 사이로서 김학렬 장관은 해리 최를 믿고 선택하였다.[49] 해리 최는 바로 KIST의 이경서(李景瑞) 박사에게 국내연구반을 편성하도록 하고 12월에는 국외연구반을 편성하여 국내외 연구진 공동연구에 착수하도록 하였다.

1970년 1월 해리 최는 귀국할 때 한국 기계공업 개발을 위해 다음의 4가지 결론을 가지고 왔는데, 이는 전형적인 비교우위론에 따른 후발공업국의 선도부문 견인 불균형 발전전략이었다.

① 한국의 기계공업은 기반이 전혀 없으므로 기존 상황은 감안하지 않는다.
② 유망업종 중 한 가지를 주도업종으로 선정해 집중 육성함으로써 타 산업의 발전을 유발시킨다는 전략을 채택한다.
③ 노동집약업종이 한국의 가장 큰 이점이다.
④ 주력공장의 세부 계획을 설정, 제출한다.

《이경서(李景瑞) 박사 증언, 오원철 전 중화학공업추진위원회기획단장(산군, 1994. 3. 2)》

이 같은 기본방향 아래에서 본격적인 연구가 진행되었다. 준비된 사전연구가 아니었

44) 오원철 전 중화학공업추진위원회기획단장 증언(1993. 12. 11); 오원철 전 중화학공업추진위원회기획단장(한경7, 1999), p. 152; 오원철 전 중화학공업추진위원회기획단장(산군, 1994. 3. 8).
45) 총무처(차회13327840, 1969. 12. 12); 총무처(국무13311, 1969. 12. 10).
46) 한국과학기술연구소(중공, 1970), 제출문, 서문.
47) 최형섭 전 상공부광무국장, KIST소장, 과학기술처장관(1995), p. 138.
48) 김재관 전 상공부차관보 증언(2009. 12. 10).
49) 해리 최 박사의 회고, 오원철 전 중화학공업추진위원회기획단장(산군, 1994. 3. 8).

기에 연구조사비는 일반회계 예비비에서 지출되도록 국무회의에 상정되었다.[50] 연구는 국내연구팀과 국외반이 따로 연구를 진행하고 국외반 연구결과를 1970년 3월에 국내반에서 종합하여 1970년 4월에 육성전략을 수립하고 5월 말에 최종결과를 내게 되었다.[51] 연구결과는『한국 기계공업육성방향 연구조사보고서(韓國機械工業育成方向硏究調査報告書)』로 1970년 5월 31일 경제기획원장관, 상공부장관 앞으로 제출되었고, 이후 KIST는 추가적으로 한국의 기계 및 소재공업의 현황과 전망을 분석하여 '중공업 발전의 기반'으로 9월에 경제기획원장관에게 제출하였다. 연구팀은 집에도 들어가지 못하고 KIST의 외국인 전문가용 연립주택에서 함께 지냈다.[52]

'한국 기계공업육성방향 연구조사사업'은 중공업공장 건설을 위한 핵심 중점 공업을 선정하는 과정으로 진행되었다. 이 과정을 정리하면 〈그림 1-2〉와 같다.

우선 100여 종을 초과하는 기계류 중 노동집약도를 선정기준으로 하여 34개의 1차 육성대상 품목을 선정하였다. 그리고 난 후 ① 선진국 대비 생산원가, ② 파급효과, ③ 선진국에 대한 수출가능성, ④ 한국경제에의 기여도, ⑤ 한국 내 기술로서의 생산용이도, ⑥ 국내시장성, ⑦ 기술축적에의 기여도, ⑧ 개발도상국에의 수출가능성, ⑨ 사업효과기간, ⑩ 중간재로서의 용도, ⑪ 생산공정의 공통성 등 11개의 육성대상 품목 선정기준을 설정하고 이를 기준표로 하여 34개 품목을 평가하여 선정평가표(decision matrix)를 작성하였다. 이렇게 한 후 공업화 목표, 수출목표 그리고 수출과 공업화 공동목표의 세 가지 각각의 목표에 의거한 품목순위를 검토하여 다시 중점 육성대상 품목 9개로 조선공업, 건설기계, 공작기계, 섬유기계, 농업기계, 트럭·버스, 승용차, 이륜차, 중전기계(重電機械)를 선정하였다. 이를 9개 '중점 육성대상 품목' 혹은 '공업화 기간 제품(工業化基幹製品),' '공업화 기준 제품(工業化基準製品)'으로 명명하였다.

여기에 기계공업을 위한 기계소재공업을 더하고 유사공업을 각 분류별로 묶어 기계소재(機械素材), 중기계(重機械), 조선(造船), 자동차, 농업기계, 전기기계 6개 공업안이 개별적으로 검토되었다. 그런데 부문별 분석에서 중기계종합공장 항목으로 건설기계와 공작기계가 34면에 걸쳐 분석되고 농업기계가 따로 10면에 걸쳐 검토되고 있지만 섬유기계는 전혀 검토되고 있지 않다. 보고서는 중기계공업계획과 조선공업을 상호 보완적이라고 지적하였다.[53] 이렇게 6개 공업을 하나씩 세분하여 검토하고 보고서는 산업기계 및 산업차량 생산을 통해 자동차 생산도 포함하는 육성전략 및 장기전망도 동시에 내고 있다. 주요 공업별 과제는 나중에 한국과학기술연구소(KIST)의 최종 보고서에서 각 항목별로 정리되었다(부록의 '〈자료 1-1〉 철강공업, 특수강공업, 주물공업의 과제'와 '〈자료 1-2〉 금속공작기계, 건

50) "의안 1459 기계공업육성을 위한 연구조사비 일반회계 예비비 지출안," 총무처(국무13311, 1969. 12. 10).
51) Harry Y. H. Choi(장관보고, 1970. 5. 31), p. 작업추진 과정.
52) 최형섭 전 상공부광무국장, KIST소장, 과학기술처장관(1995), p. 138.
53) Harry Y. H. Choi(장관보고, 1970. 5. 31), p. 49.

그림 1-2 한국 기계공업육성방향 연구조사사업에서의 9개 중점 육성대상 공업 선정과정

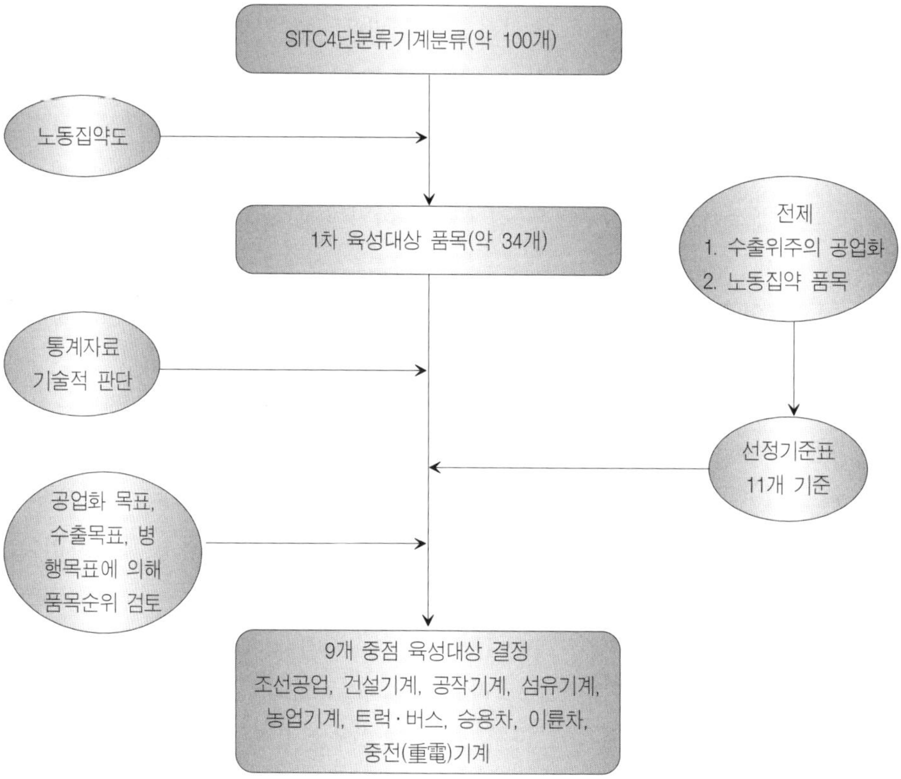

자료: Harry Y. H. Choi(장관보고, 1970. 5. 31), pp. 14~25.

설기계공업, 조선공업의 과제' 참조).

그리고 『한국 기계공업육성방향 연구조사보고서』는 '최종 결론 및 건의' 중 최종 5번에서 다음과 같이 건의하였다.

중공업화의 핵심 사업으로서 다음 4개 공장을 중점으로 건설, 육성할 것을 건의한다.

(단위: 백만 달러)

공장명	소요자금
중기계종합공장	37.52
주물선공장	12.00
특수강공장	9.60
조선소	35.00

자료: Harry Y. H. Choi(장관보고, 1970. 5. 31), p. 280.

표 1-2 김학렬 경제기획원장관 발표 중공업화 종합시책(4대핵심공장 건설계획)

구 분	내 용
내 용	중공업의 핵심이 되는 중기계, 조선소, 주물선, 특수강 등 국제규모의 4개 공장건설을 추진
시 기	1972년 초에 착공하여 3차 5개년계획기간(1972~1976) 초기에 가동할 수 있도록 추진
소요자금	① 외자 5,000만 달러를 합해서 9,500만 달러 내지 1억 달러 정도를 초기 투자규모로 함. ② 필요에 따라 합작투자도 가능
입 지	포항종합제철공장에 가까운 곳(조선소 제외)
공장규모	특수강: 연 약 6만 톤 규모. 주물선: 연 20만 톤 규모. 조선소: 점차 규모 확대하여 50~60만 톤 생산과 최대 능력 10만 톤. 종합기계공장: 공작기계 5,000대 등 모두 국제규모
주 체	① 공장건설 추진의 모체는 원칙적으로 민간으로 함. ② 지원자가 없으면 정부가 맡아서 함.

자료: 〈매일경제신문〉(1970. 6. 27); 〈조선일보〉(1970. 6. 25).

이로써 이후 극비의 방위산업으로 진행되고 한국 중화학공업화의 진행방향과 성격에 큰 영향을 미친 핵심 사업 4개 공장, 즉 4대핵공장이 처음으로 제안되었다.

연구조사보고서는 1970년 6월 초에[54] 경제과학심의회가 끝나고 청와대에서 대통령에게 보고되었다. 그리고 6월 24일 김학렬 경제기획원장관은 이 계획을 중공업화 종합시책으로 발표하였다. 발표내용은 〈표 1-2〉와 같다. 김학렬 장관은 발표에서 이 계획을 통해 한국의 산업고도화를 위한 일대 전진을 기할 수 있다고 자랑스럽게 밝혔다. 4대핵심공장 건설은 3차 5개년계획의 기축사업, 핵심 사업의 하나로까지 발표되었다.[55] 그러나 발표내용에서 보듯이 4대핵심공장사업은 소요자금 총액 9,500만 달러 내지 1억 달러, 생산규모 연산 주물철 20만 톤, 특수강 6만 톤으로 되어 있었던 점에서 규모상 이는 전면적인 중화학공업화라고 보기 어려운 수준이었고 일부 특수목적에 사용될 수 있는 수준이었다.

한국 중화학공업은 정부가 모든 부분을 맡은 것으로 인식되어 왔으나 사실 중화학공업화선언 이전부터 추진주체의 원칙은 해방 이후 지켜진 민간기업 우선이었다. 한국은 1945년 미군의 진주에 의해 미군정이 시작됨으로써 전후 세계 후발공업국 중에서는 가장 미국식에 가까운, 즉 시장기구를 가장 폭넓게 도입한 국가가 되었고 따라서 당연시되어 온 그간의 비판과 인식에도 불구하고 분명히 민간주도경제의 원칙이 가장 폭넓은 범위로 처음부터 적용되었고 유지된 국가이었다. 경제기획원장관의 중공업화 종합시책으로 발표된 4대핵심공장 역시 이 원칙이 적용될 것으로 당연시되었다. 보고서는 민수산업으로 실수요자를 선정하도록 하고 있고, 김학렬 장관은 발표에서 공장건설의 주체는 원칙적으로

54) "4대핵공장사업의 청와대 보고 몇 일 후 6월 5일에 연평도에서 북한 고속정이 한국 경비함을 납치한 사건이 발생하였다"는 증언(오원철 전 수석비서관, 1993. 12. 20)으로 보아 이는 1일과 4일 사이에 이루어졌다.

55) 한국은행산업조사과(1970. 10. 12), pp. 24, 30.

민간으로 한다고 분명히 하였다. 실제로 4대핵심공장 건설계획은 정부주도성이 두드러진 사업이었으면서도 정부는 1970년 6월 26일 이 건설사업에 '현대건설(정주영)', '한진상사(韓進商社, 趙重勳)', '강원산업(江原產業, 鄭寅旭)', '충북(忠北)시멘트(李東寧)', '동국제강(東國製鋼, 張相泰)', '삼미사(三美社, 金斗植)' 계열의 '삼양특수강(三洋特殊鋼, 孫烈鎬)', '조선공사(造船公社, 南宮鍊)' 등 10여 개 민간업체가 참여를 희망해 왔다고 밝혔다.[56] 당시 이 일에 직접 관여하고 있었던 김재관 전 상공부차관보는 '기업들은 능력이나 비용 이런 것을 생각하지도 않고 그냥 내가 하면 좋겠다'고 하여 우선 참여신청부터 하고 보자고 하였고 이것이 나중에 선정에서 문제가 되었다고 증언하였다.[57]

4. 한국 기계공업육성방향 연구조사보고서의 4대핵심공장

1) 4대핵심공장의 선택과 공장건설계획

경제기획원장관과 상공부장관 공동명의로 제출된 보고서 결론에서 중점으로 건설, 육성할 것으로 건의된 주물선(鑄物銑)공장, 특수강공장, 중기계공장, 조선소의 4대핵심공장은 당시 공업연계체계상 중요한 과제들임에는 틀림이 없었다.

우선 〈그림 1-3〉에서 보듯이 공업연계체계상 공작기계와 건설기계를 생산하여 군수산업, 조선공업, 그리고 연관공장 등에 기계를 공급할 중기계종합공장 건설은 시급한 과제이었다.

공작기계공업은 기계공업을 지탱하는 기초적인 산업인데 1968년 공작기계 50여 종 중 80% 이상, 금액기준 연평균 50% 이상 증가율로 수입하고 있고, 특히 정밀공작기계는 거의 전부 수입하고 있었다. 건설용 중장비류 역시 〈표 1-3〉에서 보듯이 생산실적이 없고 전량 수입하고 있었는데, 1968년 건설기계 수입액은 약 5,000만 달러로 1967년에 비해 620%, 1964년의 56배라는 놀라운 증가율을 보이고 있었다.[58] 이러한 건설기계의 수요증가율은 당시 급속히 증가하고 있던 건설공사액 증가율보다도 더 높은 것이었다.[59]

따라서 당시 중기계공장에 대한 열망은 매우 강해 효율성이 낮았음에도 '한국기계공업주식회사' 등은 개별적으로 높은 비용을 지불하고 중기계 기술을 도입하고 있었다.[60] 이에 따라 보고서는 외자 2,644만 달러를 포함하여 총 3,752만 달러로 1972년 1월에 착공

56) 〈조선일보〉(1970. 6. 27).
57) 김재관 전 상공부차관보 증언(2010. 5. 28).
58) 한국과학기술연구소(중공, 1970), 하, pp. 593, 595, 598, 683, 1329~1330.
59) Harry Y. H. Choi(장관보고, 1970. 5. 31), p. 122.
60) 경제기획원총무과(중A7, 1970); 경제기획원총무과(중F0, 1970).

그림 1-3 4대핵심공장 중기계종합공장도

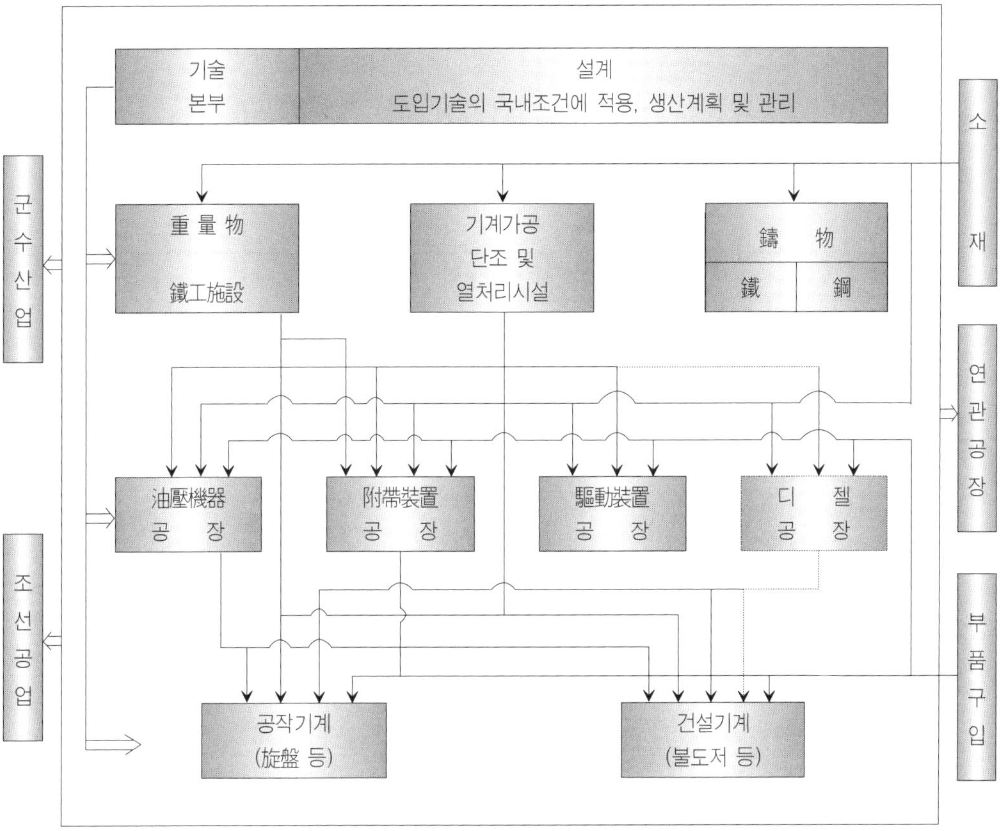

자료: Harry Y. H. Choi(장관보고, 1970. 5. 31), p. 141.

하여 1973년까지 2년간 건설, 1976년 100% 가동에 들어가는 중기계종합공장 건설계획을 건의하였다.[61)]

두 번째로 중기계종합공장에 원자재를 공급할 주물선공장, 특수강공장도 시급한 과제였다.

당시 주물수요는 매년 23%씩 증가하여 1968년 소비량의 28%를 수입하고 있을 정도였는데, 선철주물의 경우 더 심각하여 〈표 1-3〉에서 보듯이 30.5%를 수입에 의존하고 있었으며, 또 주물용 원료는 80% 이상을 고철로 대용하고 있으나 그것도 대부분 수입하고 있으므로 주물선공장의 신설로 국내의 원료공급원을 확보하지 않으면 안 되었다.[62)] 그럼

61) Harry Y. H. Choi(장관보고, 1970. 5. 31), p. 152.
62) 상공부 금속과자료(1970. 5); Harry Y. H. Choi(장관보고, 1970. 5. 31), p. 100; 한국과학기술연구소(중공, 1970), 상, pp. 294, 316, 320.

표 1-3 철강공업, 주물선공업, 특수강공업, 중기계 수급과 자급률(1968)

	수요(M/T)	생산(M/T)	자급률(%)
철 강	1,003,465	730,292	72.8
선 철 수 물	150,733	104,764	69.5
특 수 강	74,946	3,500	4.7
공 작 기 계	–	–	–
건설중장비기계	5,000만 달러	0	0

주: 1) 선철주물은 상공부 금속과 1970년 5월 주물자료에서 합산하여 구함.
2) KIST와 한국기계공업협동조합 170개 업체 조사(1970).

자료: 상공부 금속과(금공, 1970. 5); 한국과학기술연구소(중공, 1970), 상, pp. 186~187, 225, 297, 316, 320; 한국과학기술연구소(중공, 1970), 하, p. 683.

에도 한국의 주물선 관련 생산공급구조는 필요시설 보유율, 용해로 가동률이 불량하고 노동조건, 근로환경이 좋지 않아 이직률도 높은 그야말로 시설상·기술인력상 취약성을 가지고 있었다. 여기에 주물선 수요는 급증하고 있어 수요증가율이 생산증가율보다 크게 높아지고 있었고 수급상황은 악화되고 있었다. 그 결과 주물의 1965~1968년 가격상승률은 일반기계와 함께 일반상품이나 철강제품의 가격상승에 비해 매우 높았고 수입의존도도 점점 더 높아지고 있었다.[63] 특수강은 군수공업과 각종 기계기구의 핵심 부문에 사용되는 소재로 각종 병기, 자동차 및 항공기, 산업기기, 스프링, 공구 등에 다량 사용되는 것이었다. 그러나 〈표 1-3〉에서 보듯이 1968년 국내생산은 3,500톤에 불과하여 자급률이 4.7%로 거의 전량 수입되고 있어 대외의존성이 심각한 상황이었다.

이러한 원자재공업의 시급성은 정부가 종합제철소 건설에 이어 주물선전문공장, 특수강전문공장의 건설에 나설 수밖에 없도록 하였고, 실제로 정부는 다음에서 보듯이 이들 공장건설에 나서기로 결정하고 있었다.

> 총수요의 대부분을 해외에 의존하고 있는 원자재공업의 원활한 문제 해결을 위하여 정부가 우선 기초소재공업, 즉 철강공업 건설에 중점을 둔 것은 극히 타당한 일이다. 또한 금후 정부가 새로이 특수강 및 주물선의 전문 생산공장을 현재 건설도중에 있는 포항제철공장을 중심으로 하여 건설하기로 결정한 것은 원자재의 안정된 공급을 기함으로써 기계공업 발전의 기반을 더욱 확고하게 하는 새로운 계기가 되는 것이다.
>
> 《한국과학기술연구소(중공, 1970), 하, p. 1328》

경제기획원장관에게 제출된 보고서는 주물선, 특수강의 수요를 예측하고 대책으로 포항에 전업공장 신설을 제의하면서 구체적인 주물선공장과 특수강공장 건설계획을 제안하

63) 한국과학기술연구소(중공, 1970), 상, pp. 337, 347.

였다.

마지막으로 제안된 것은 조선공업이었다. 그런데 중기계공장, 주물선공장, 특수강공장의 3공업은 분류상의 애매성 등에도 불구하고 어쨌든 앞서 설명하였듯이 그 시급성이 인정될 수 있었던 반면 조선공업은 약간 달랐다. 심지어 조선공업은 KIST 연구팀이 선정한 원래 기계공업육성계획에는 없는 것이었다.[64] 물론 미래적인 시각에서 조선공업이 "세계적 수요증대, 우리나라의 경제적·지리적 여건과 노동 및 노임수준, 산업발전단계 및 국제분업적 견지에서 볼 때,"[65] 혹은 선정이유로 증언되고 있듯이 "기술적 용이성과 노동집약분야라는 점에서 선정대상"[66]이 될 수 있었던 것은 틀림없었다. 그러나 중요한 공업임에는 틀림없지만 시급성, 현재 수요 및 지원체제 등 여러 면에서 특히 조선공업이 4대핵심공장으로 건의된 이유는 충분히 명확하지 않다. 지적된 정도의 조선공업 성격 때문이라면 다른 공업도 많이 있었다.

사업에 참여하였던 이경서(李景瑞) 박사 역시 조선공업의 선정에 대해 논쟁이 있었고 연구원들 사이에서 조선소 선정에 대해 "마지막까지 많은 문제점이 제기되고," "고민했음"을 증언하고 있다.[67]

> 종합기계공장의 개념은 쉽게 도출되었지요. 종합기계공장의 원자재를 해결한다는 뜻에서 주물선공장과 특수강공장이 제안되었습니다. 마지막까지 많은 문제점이 제기된 것은 조선소였어요. 기술적 용이성과 노동집약분야라는 점에서 선정대상이었습니다. 그러나 문제점은 국제관습상 수출선박은 선가의 대부분을 선박수출국이 재정적 뒷받침을 하여야 한다는 점이었어요. 한창 외화를 도입하여 공장을 건설하고 있는 우리 입장에서 외화를 꾸어 주어 가면서까지 선박수출을 해야 한다는 것이 실제로 가능한 문제인지는 저희 기술자로서는 판단이 서지 않았기 때문입니다. 이 문제를 놓고 얼마나 고민했는지 모릅니다.
>
> 《이경서 박사 증언, 오원철 전 중화학공업추진위원회기획단장(산군, 1994. 3. 2)》

따라서 최종적으로 핵심 공업으로 조선소가 선택된 것에 대해 당시 관련 여러 사람에게 증언을 구했으나 그 이유가 명확하지 않았는데, 이에 대해 직접 이 사업에 관여하였던 김재관(金在官) 전 상공부 중공업차관보가 다음과 같이 결정적으로 주요한 증언을 하여 주었다.

> 처음에 연구팀이 추천할 핵심 공업으로 조선공업은 생각도 못하였다. 남궁연 사장의 '대한조선공사'가 5,000톤 화물선을 만들어도 팔지도 못하고 그대로 두던 시대였기 때문이다.

64) 한국과학기술연구원(K30, 1998), p. 201.
65) 한국과학기술연구소(중공, 1970), 하, p. 1330.
66) 李景瑞 박사 증언, 오원철 전 중화학공업추진위원회기획단장(산군, 1994. 3. 2).
67) 이경서 박사 증언, 〈한국경제신문〉(1994. 3. 2).

중기계공업이 필요하다고 생각되었고 기계공업, 모든 공업의 기초원료인 주물과 특수강이 생각되어 선택되었다. 그런데 조선공업을 담당하고 있던 김훈철(金燻喆) 박사가 조선공업을 적극 주장하고 나섰다. 조선공업의 성격상 당연히 여기에 대해 이의가 분분하였다. 조선공업은 주문시 우선 건조자금이 필요하다. 돈은 주문자로부터 몇 년 후에 받을 수 있다. 그래서 연불수출제도 등 정부지원이 필요하지만 당시 이런 제도조차 갖추어져 있지 않았다.

그러나 김훈철 박사는 전체를 설득하여 나갔다. 김훈철 박사는 우선 수출되는 것, 세계 시장의 수요가 있는 것, 그리고 우리가 할 수 있는 것이 조선공업이라고 주장하였다. 그 근거로 일본이 잘 훈련된 젊은이가 많기 때문에 60%를 점유하는 세계 조선 1위가 되었는데 우리도 일본과 같다는 것이었다. 당시 세계경제 사정도 좋아 조선수출은 충분히 가능하였다. 또 과거 일본이 그러하였듯이 한국은 지금 일자리가 필요한데 조선공업이 일자리 창출효과가 크다는 것을 들었다. 그리고 4대핵공장사업으로 추진하면 정부지원이 가능한 수단이 만들어질 것이므로 거대자본이 들어가는 문제도 이것으로 해결이 될 것이라고 말하였다. 즉, 4대핵공장사업을 돈문제를 뚫어 주는 것으로 이용할 수 있다는 것이다.

그리고 김훈철 박사는 또 좋은 점을 제시하였다. 그것은 조선공업이 군함을 만들 수 있고 모터를 만들 수 있어 방위산업에 바로 연결된다는 것이었다. 배를 만들 수 있으면 전차도 만들 수 있다. 방위산업에 필요하고 중요한 부품들을 한 번에 만들 수 있게 해 주는 것이 조선공업이라고 말하였다. 당시는 정전된 지도 얼마되지 않아 아직 그 분위기가 남아 있었고 국방문제가 가장 최우선이었다. 방위산업은 급박하였다. 그래서 모든 공업전략에서 가장 기본적으로 국방문제, 방위산업 문제가 고려되고 있었다. 이는 기본이었다.

결국 조선공업이야말로 당시 절대명제이었던 수출과 방위산업 문제를 동시에 해결하는 공업이라고 주장하였다. 이렇게 되자 김학렬 장관은 열성적으로 이를 지지하였다. 그래서 조선공업이 채택되었다. 이후 본격적으로 김학렬 장관이 방위산업과 연결하여 주물선, 특수강공업, 조선공업을 생각하였고 '대한중기'에게 대포를 만들라고 하면서 본격적으로 방위산업에 나섰다.

【김재관 전 상공부 중공업차관보 증언(2009. 12. 10; 2010. 5. 28)】

이경서 박사가 증언하고 있는 "고민이 많았다"고 한 것은 바로 이상의 내용이었던 것이다. 여기에서 당시 미군철수 등 급박한 한반도 상황상 방위산업과 바로 연결된다는 점이 조선공업이 최종적으로 선정되었던 이유 중 하나가 되었음을 알 수 있다. 특히, 이런 이유로 김학렬 경제기획원장관이 적극 지지한 것이었다는 것은 4대핵심공장 선택에 김학렬 경제기획원장관의 의지도 간접적으로 영향을 미쳤을 가능성을 보여 준다.

최종 과정에서 수출공업으로서의 조선공업이 선정되었던 또 하나의 이유에는 김훈철 박사도 주장하였듯이 일본의 경험이 크게 작용하였다. 실제로 일본은 지리적 위치상 항상 방위산업의 중심에 조선공업을 놓고 있었으며, 세계가 조선공업에 대해 막대한 재정보조 정책을 취하고 있는 가운데에도 불과 10년 만에 세계조선시장에서 놀라운 두각을 나타내고 있었다. 일본은 1968년 선박 세계총건조량의 50.8%인 956만 4,000톤(G/T)을 건조, 이 중 66%를 수출함으로써 10억 8,400만 달러의 수출고를 올렸으며 매년 증가하는 주문을 세계에서 받고 있었다.[68]

최종보고서는 조선산업이 초기단계에서 최대선 6만 톤 그리고 1976년에는 최대선 10만 톤, 총생산능력을 72만 톤으로 늘리고 1973년부터는 건조량의 2/3를 수출한다는 계획을 제시하였다.[69] 주물선공장과 특수강공장은 자체 생산능력 확보-수입대체라는 차원에서 이루어진 데 비해 조선공업은 일본의 경험을 그대로 배워 생산능력을 확대해 나가면서 1973년부터는 내수보다 수출물량을 2배로 하는 수출계획이 포함되었다.

2) 4대핵심공장의 구조와 성격

처음에는 종합제철소, 중기계종합공장, 주물선공장, 특수강공장, 조선소의 5개 공장이 중점 공장으로 선정되었다.[70] 그런데 종합제철소는 이미 따로 계획되고 추진되고 있었기 때문에 별도로 제외됨으로써 나머지 종합중기계, 선철주조, 특수강, 선박공장의 4개 핵심공장사업이 되었다.[71] 그러나 처음 연구목적 구상에서 그러하였고 또 실제로 만들어진 상호 구성에서 보면 4대핵심공장 건설 구상은 포항에 건설 중인 종합제철을 근거로 하여 각종 기계공장을 육성하는 것과 이것에 필요한 주물선철(鑄物銑鐵), 특수강공장을 건설한다고 하는 것으로,[72] 1976년이 되면 중기계종합공장을 중심으로 다음과 같은 순환연계구조를 가지도록 만들어진 것이었다.

① 중기계종합공장을 중심으로 종합제철에서 철강 6,400톤을 공급하고, 주물선공장은 주물선 2만 1,000톤, 특수강공장은 특수강 3,400톤을 중기계종합공장에 공급한다.
② 그러면 중기계종합공장은 이를 가공해 종합제철에 롤(roll) 2,100톤, 조선소에 보기(補機)철공품 1,000톤, 시중에 완성기계 3,980대, 중간제품 3,870톤, 구조품 1만 7,000톤, 철공품 1,000톤을 공급한다.
③ 조선소에서는 이를 기초로 선박 54만 톤을 건조한다.

---

68) 한국과학기술연구소(중공, 1970), 하, p. 1180.
69) Harry Y. H. Choi(장관보고, 1970. 5. 31), pp. 172, 177, 183, 281.
70) 정주영 회장은 인터뷰에서 "정부가 처음에는 4대핵공장(4大核工場)을 한다고 그랬어요. 4대핵공장이라는 건 핵폭탄을 만드는 공장이 에이구요, 1968년에 박 대통령이 제2차 경제개발5개년계획기간 동안에 제철·종합기계·석유화학·조선을 4대 국책사업으로 설정하고 최대한 정부가 중점적으로 육성하겠다고 밝혔잖아요? 그게 4대핵공장이지요"(이호 중앙일보 객원기자, 2007. 1. 19)라고 말하고 있는데 잘못 말하였거나 잘못 기록정리된 것이다.
71) 4대핵심공장 영문 건설계획에 대해서는 Korea Institute of Science and Technology(PD, 1970), Ⅵ, Ⅶ를 참조.
72) 日韓經濟協會(協會報, 1970. 7. 25), p. 27.

이러한 연계순환구조 구상 때문에 4대핵심공장 중공업단지는 공동사용 및 공동구입 등 공동연계성과 종합제철로부터의 강재조달 및 에너지 활용을 고려하여 포항(浦項)에 조성하는 것이 타당하다는 결론이 내려졌다.[73] 그래서 이를 반영한 포항중공업단지 조성도가 〈그림 1-4〉와 같이 만들어졌다.

한국 기계공업육성방향 연구조사사업은 순수한 기계공업 및 중공업 육성을 위한 목적으로 시작되었다. 그래서 〈그림 1-2〉에서 정리하여 보았듯이 연구내용에서 9개 중점 육성대상 공업 선정과정과 선정방법, 선정품목을 보면 연구조사사업은 노동집약도, 공업화 목표, 수출목표 그리고 비교우위, 파급효과 및 기여도, 생산용이도 및 공통성, 시장성, 사업효과기간 등 11개 경제성 및 효율성 기준에 의한 우선육성품목 선정에 초점이 맞추어진 것으로 방위산업과의 관련성은 거의 나타나고 있지 않다. 물론 〈그림 1-3〉 중기계종합공장도에서 보듯이 이 공장의 공급처로 군수산업이 거론되는 등 당시 모든 산업계획에 그러하였듯이 군수공업이 거론되고 있지만 초기 연구과정에서 그 비중은 작게 기록되었다. 이 계획에 직접 참여하였던 김재관 전 상공부차관보도 증언에서 기계공업육성계획은 처음에 방위산업과 밀접한 관계를 가진 것은 아니었다고 말하고 있고,[74] 연구팀 김훈철 박사, 해리 최 박사도 이렇게 말하고 있는 것 등에서 볼 때,[75] 연구의 시작만이 아니라 연구과정 자체는 그렇게 외부의 개입 없이 순수 기계공업 및 중공업 육성계획에 초점을 맞추어 진행되었음을 짐작할 수 있다.

그런데 한국 기계공업육성방향 연구조사가 막바지로 가면서 한국 방위와 관련된 국내외 환경은 한국에 위기감을 계속 주도록 매우 긴박하게 움직이고 있었고, 이에 따라 박대통령의 국산무기 확보 지시가 관계부처에 내려지고 있었다. 계속되는 주한미군 철수설 속에서 박대통령은 1970년 2월 초에 즉시 국산무기 확보를 지시하였다. 박대통령의 지시로 바로 '헬리콥터까지 동원, 40여 군데의 공장을 시찰한 끝에 탄환생산을 위한 금속부평공장을 지정하는 등 사태는 급박하게 움직였다.'[76] 1970년 2월 17일 닉슨 대통령은 『1970년대 외교백서』에 서명하여 18일 국회에 보냈는데 백서는 "실리와 실효를 근거로 하는 협상을 소련과 중국을 상대로 추진할 것"이라고 밝히고 아시아 국가들의 자조(自助)와 자위(自衛) 방향"을 주장하면서 "아시아 국가들의 성장과 발전에 따라 이들의 책임부담은 늘고 미국의 참여는 성격이 달라질 것"이라고 명시하였다.[77] 미국이 동맹국으로서의 역할은 하되 아시아 국가들에 대해 자주국방론을 원칙으로 당사국은 제1차적 방위책임을 져야 한다고 밝힌 것이다.

---

73) Harry Y. H. Choi(장관보고, 1970. 5. 31), p. 155.
74) 김재관 전 상공부차관보 증언(2010. 5. 28).
75) 오원철 전 중화학공업추진위원회기획단장(산군, 1994. 3. 2).
76) 백영훈 한국산업개발원장 회고, 오원철 전 중화학공업추진위원회기획단장(한경5, 1996), p. 175.
77) 〈동아일보〉(1970. 2. 18; 1970. 2. 19).

그림 1-4 포항중공업단지 구성도와 4대핵공장 관련도(1976)

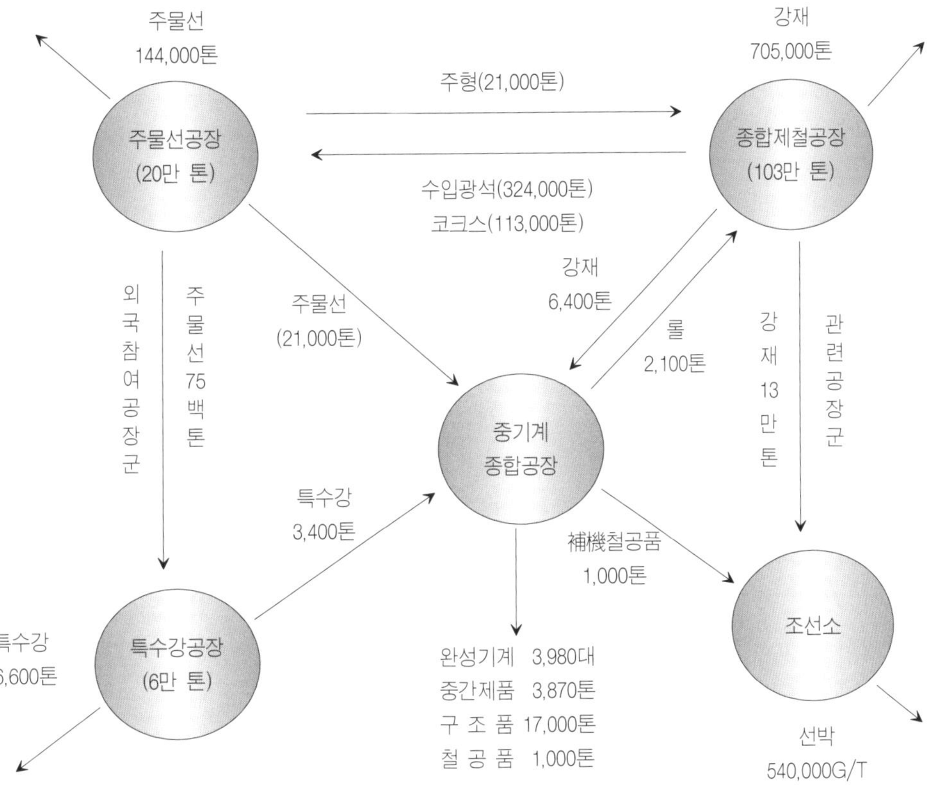

주: 자체소비량 미표시.
자료: Harry Y. H. Choi(장관보고, 1970. 5. 31), p. 156.

이러한 사태진전에 따라 박대통령의 국산병기에 대한 생산필요성 인식은 더욱 확실하게 되어 갔다. 3월 25일에는 박대통령이 정래혁(丁來赫) 국방부장관을 새로 임명하였는데 이러한 교체임명의 배경도 역시 당시 대내외 상황과 연계된 것으로 이는 정래혁 국방부장관 취임 후 첫 기자회견에서 나타난다. 정래혁 장관은 군수산업을 적극 육성하겠다고 말하면서 군사외교 강화로 장비현대화에 계속 노력하고 군수산업 육성문제는 경제개발계획과 병행하여 기본 전투장비인 총포, 탄약은 군이 직접 운영·관리하고 차량, 통신장비, 소형함정 등 군수품은 민간산업과 병행, 계열화하여 육성하겠다고 말하였다.[78] 대통령의 국산병기에 대한 의지는 더욱 강해져 4월 23일 제2차 경제개발5개년계획 제3차연도(1969년) 평가분석 보고 자리에서 박대통령은 빠른 시간 안에 방위산업을 육성하도록 관계부처에 지시하였다.[79] 대통령은 뚜렷이 방위산업 육성을 생각 속에 그리고 있었고 1970년 4월 25

78) 청사(일지, 1984), p. 14.
79) 〈조선일보〉(1970. 4. 25).

일 작성한 것으로 되어 있는 대통령 자신의 메모에서 구체적으로 방위산업 육성의 기본 방향까지 다음과 같이 기록하여 방법까지 구체화시키고 있었다.

> ① 군수공장이나 회포공장을 세우는 접근방법을 택하지 않고 민수산업에 병기생산을 위한 일부 추가시설을 함으로써 민수산업을 바탕으로 병기·기재(器材), 탄약 등의 국산화를 도모한다.
> ② 군수산업은 쉬운 것부터 착수, 차차 어려운 것으로 발전시켜 나간다.
> ③ 추가시설 등 소요자금을 정부에서 지원하되 필요하면 외국차관을 도입한다.
> ④ 기술이 없으면 외국과 기술제휴한다.
> ⑤ 군수산업체에게 자금상의 불이익이 오지 않도록 제품이 비싸도 그대로 사들인다.
> ⑥ 한국과학기술연구소가 중요한 역할을 담당해야 한다.
>
> 《박정희대통령·육영수여사 기념사업회(1990), p. 291》

비록 조사연구사업에 김학렬 장관이나 혹은 다른 정부기관의 직접적인 지시가 없었다고 하여도[80] 이런 상황의 급박한 변화는 다음 증언에서 보듯이 그러지 않아도 모든 공업전략에서 가장 기본적으로 국방문제, 방위산업문제가 고려되고 있었던 상황에서 당연히 최종단계의 보고서 완성과 최종 건의에 영향을 미칠 수밖에 없었다.

> 한국 기계공업육성방향 연구조사사업에서 무엇을 해야 먹고 살 수 있을 것인가에서 경제성, 수출가능성 등 모든 것을 고려했지만 당시는 남북정전(停戰) 후의 분위기가 남아 있었고 국방문제가 가장 최우선이었다. 방위산업은 매우 급박하였다. 그래서 명시적은 아니더라도 모든 공업전략에서 가장 기본적으로 국방문제, 방위산업문제가 고려되고 있었다. 이는 기본이었다. 사실 조선공업은 어려웠다. 그렇지만 조선공업이 선택되었다. 그 이유는 노동집약 분야이고 수출까지 가능하다는 점이었지만 동시에 조선공업은 바로 국방에 절대 필요한 장비를 바로 만들어 공급하는 공업이었다는 점이다. 조선공업에서는 모든 군수장비를 만들 수

80) 대통령의 긴급대응 속에서 부총리였던 김학렬 경제기획원장관은 당연히 이에 대처하여야 하였다. 더욱이 김학렬 장관은 대통령비서관 시절부터 누구보다 대통령의 뜻을 잘 알고 있었고 또 대통령도 가장 믿고 서로 소통하고 있었다. 김정렴 전 대통령비서실장은 대통령과 김학렬 장관 두 사람이 구체적으로 무슨 소통이 있었는지는 알 수 없지만 청와대에서부터 두 사람이 매우 친하여 항상 대통령이 속에 있는 말을 하는 의사소통이 있었을 것이라는 것을 누구나 알고 있었다고 증언하여 주었다(김정렴 전 대통령비서실장 증언, 2008. 12. 22). 이러한 증언은 김재관 전 상공부차관보 등도 동일하게 증언하여 주었다(김재관 전 상공부차관보 증언, 2009. 12. 10). 대통령은 청와대에 불러 비서로서 같이 있었고 이어 포철문제의 위기시 박충훈(朴忠勳) 경제기획원장관 대신 이를 맡길 정도로 신임이 높았던(《조선일보》, 1969. 6. 3), 그리고 두 사람의 개인적인 술자리까지 자주하였던 김학렬 부총리에게 대통령이 마음에 담고 있었던 방위산업의 긴급성과 걱정, 자신의 의지 등을 자주 얘기했을 것은 너무나 당연하였다. 그리고 김학렬 장관과 해리 최는 이전부터 매우 친한 사이였고 또 김장관이 해리 최를 지명하여 불러들인 만큼 항상 의견이 공유되고 있었다. 따라서 직접적인 압력이나 간섭은 없었다 해도 대통령의 의지와 당시 긴박한 방위공장 요구상황이 김장관을 통해 해리 최에게 얘기되었을 것은 충분히 짐작된다. 더구나 대통령은 방위산업 육성의 기본방향에서 한국과학기술연구소가 중요한 역할을 담당해야 한다고 분명히 하고 있었다(박정희대통령·육영수여사 기념사업회, 1990, p. 291).

있었다. 배의 디젤엔진기관은 그대로 군수장비에 사용되고 조선공업에서 탱크 등도 그대로 만들 수 있었다. 앞서 중기계공업종합공장이 선택되었는데 역시 중기계공장은 모든 공업의 기반이 된다는 점에서 선택되었지만 동시에 국방문제를 최우선으로 하는 데 기여할 수 있었다. 예를 들어, 캐터필라사에서 생산하는 건설장비는 바로 전차로 전환할 수 있는 것이었다. 그리고 이들 모든 것의 소재공업으로 철강, 주물선, 특수강이 선택되었다.

《김재관 전 상공부차관보 증언(2009. 12. 10)》

기계공업보고서 최종보고서를 보면 국내조사위원 8명 중 자격 있는 전문가였다고는 하지만 육사소속의 현역중령 이정오(李正五)가 포함되어 있다(부록의 '〈부표 1-1〉 한국 기계공업육성방향 연구조사위원' 참조). 팀의 일원이었던 사람들의 증언에 의하면[81] 이정오는 연구팀에서의 활동이 잘 기억이 나지 않는다고 하였는데[82] 이런 점은 이정오의 순수한 연구역할보다 방위산업에 대한 역할성격이 첨부되고 있었음을 간접적으로 보여 준다.

결국 최종 제출된 보고서의 최종 건의 첫 번째는 "중기계공업 중심의 국가공업화, 수출증대, 국방력 강화를 제3차 경제개발5개년계획의 기본목표로 할 것을 건의한다"[83]로 되었다. 보고서의 전체적 연구내용과 직접 관련 없는 국방력 강화를 연구결과로서, 경제개발계획의 기본목표로, 그것도 건의의 첫 번째에서 건의하고 있는 것이다.

최종 선택된 4개 핵심공장은 방위산업과 직접 관련된 산업이었고 당시 모두가 그렇게 인정하고 있던 것이었으며 대통령이 군수산업으로 생각하고 있던 것이었다.[84] 주물선공장, 특수강공장은 병기도 만들 수 있는 기본 소재공장으로서 여기서 나오는 소재를 종합기계공장에서 가공하면 병기를 만들 수 있었으며, 조선소를 건설하면 군함을 만들 수 있었고, 이들 4개 공장만 건설하면 각종 병기를 제조할 수 있는 것이었다.[85]

1970년 6월에 기계공업육성방안 용역보고서가 경제과학심의회가 끝나고 청와대에서 대통령에게 보고되었을 때 박대통령은 전 국무위원에게 배석하여 이를 듣도록 지시하였고, '박대통령은 군수공업과 직결되는 한국, 일본의 조선능력에 대해 큰 관심을 갖고 질문을 하였다.' 이때 연구팀은 대통령 보고에서 직접 '중공업=군수산업'이라고 보고하였고 중공업을 육성하면 탱크를 만들 수 있다고 설명하였다.[86] 그리고 북한 함정이 해군 방송선을 납치해 가자 대통령은 김학렬 부총리를 불러 자주국방을 위해 병기생산공장의 건설을 서두르라고 지시하였는데, 이때 김부총리는 "해리 최 박사가 건의한 4개의 기계공장만

81) 이름을 밝힐 수 없는 연구사업 관련자 증언(2010. 8. 21; 2010. 11. 20).
82) 최형섭 전 과학기술연구소장 회고에 의하면 천병두(千炳斗)·장경택(張敬澤) 박사 등이 들어갔다고 하는데 최종 명단에는 없다. 최형섭 전 상공부광무국장, KIST소장, 과학기술처장관(1995), p. 138.
83) Harry Y. H. Choi(장관보고, 1970. 5. 31), p. 280.
84) '방위산업,' '군수공업'을 구분없이 사용하고 있는데 1971년 11월까지의 '방위산업'은 엄밀히 말해 오늘날의 '방위산업'이 아닌 '군수공업'의 의미이다.
85) 오원철 전 중화학공업추진위원회기획단장(산군, 1994. 3. 8).
86) 이경서 박사 증언, 이은영(2006. 12. 1), pp. 276~287.

건설하면 무기생산은 가능하다"라고 즉석에서 응답하였다.[87] 김장관은 4대핵심공장을 이미 대통령이 중점적으로 생각하고 있었던 방위산업 대안으로서 생각하고 있었던 것이다. 6월 24일 김학렬 장관은 중공업화 종합시책, 즉 4대핵심공장 건설계획 발표에서 핵심 사업인 중기계종합공장이 필요에 따라 군수공업으로 전환되어 방위산업이 된다는 점에서 자주국방에도 큰 의의가 있다는 점을 부언하였다.[88]

87) 오원철 전 중화학공업추진위원회기획단장 증언(1993. 12. 20); 오원철(한경7, 1999), p. 154.
88) 〈매일경제신문〉(1970. 6. 27).

부　록

1. 부　표

〈부표 1-1〉 한국 기계공업육성방향 연구조사위원

구분	이름	소속, 직위
책임자	Harry Y. H. Choi	Senior advisor, Battelle memorial institute
국 내	이경서(李景瑞)	유체기계연구실장, KIST
	김재관(金在官)	특수기재(特需機材)연구실장, KIST
	남준우(南俊佑)	기계장치연구실장, KIST
	김훈철(金燻喆)	조선해양기술연구실장, KIST
	김연덕(金鍊德)	공작실(工作室)차장, KIST
	이정오(李正五)	중령, 육군사관학교
	이석구(李錫九)	고문, 한국개발금융주식회사
	정종호(鄭宗鎬)	상공부
국 외	고영회(高榮會)	Marine engineering, National Buick Carrier
	이봉서(李鳳瑞)	Economist, IBRD
	이종진(李鍾振)	Senior mech. engineer, American Can Co.
	C. Chilton	Senior advisor, Battelle
	E. S. Cheaney	Chief, Tech. Planning Div., Battelle
	R. D. Leis	Sen. mech. engineer, Battelle
	R. D. Gaggioli	Professor of Mech. Engineeing, Univ. of Wisconsin

자료: Harry Y. H. Choi(장관보고, 1970. 5. 31).

2. 보　　론

〈보론 1-1〉 야츠기(矢次) 시안과 한국의 중화학공업화 관련성

한국 중화학공업화의 시작과 관련하여 저자의 국내외 발표에서 참석자로부터 자주 거론되는 것이 야츠기(矢次) 시안이다. 1970년 4월 22일 열린 '한일협력위원회'에서 일본 측은「韓日長期經濟協力計劃試案」일명 야츠기 시안을 제출하였다. 여기에서 일본은 일본에서 토지이용과 공해문제로 난관에 빠져 있는 철강, 알루미늄, 석유, 석유화학, 조선, 전자공업, 플라스틱 등 중화학공업을 한국 생산으로 넘기기를 희망하면서 한국 남해안과 일본의 관서지역(關西地域)을 하나로 묶는 협력경제권(協力經濟圈) 설치와 가공무역진흥공사(加工貿易振興公社) 설립을 제안하여 한일경제의 분업화·계열화를 제기하였다.

당시 언론은 이 야츠기 시안과 관련하여 다음과 같이 보도하였다.

> 일본 업계는 일본의 철강, 알루미늄, 석유, 석유화학, 조선, 전자공업, 플라스틱 등 주력산업이 토지이용과 공해대책의 난관에 부딪쳐 일본에서의 확대 발전에 한계에 이르렀으므로 이를 한국 측에서 분담하는 방향으로 줄여 나가기를 희망하였다. 이 장기협력시안(長期協力試案)은, 특히 아시아의 EEC를 실현하기 위한 첫 단계로 포항제철 건설지구 이남의 한국 남해안공업지역과 일본의 돗토리(鳥取), 야마구찌(山口), 北九州 등 관서경제권(關西經濟圈)을 하나로 묶어 '협력경제권'을 설치하자는 구상을 제시하였다. 이와 같은 시안은 '아직 일본 재계의 충분한 검토를 거친 것은 아니라'고 조심스러워 하면서도 일본 측은 외국자본에 대한 국민들의 경계심을 풀기 위해 양국의 지식층이 앞장서서 이해증진에 힘써야겠다고 강조하고 앞으로 설치될 특위를 중심으로 긴밀히 협조하자고 말하였다. 시안은 이어 방적(紡績), 섬유제품의 생산, 가공, 수출분야에서 양국이 협정을 체결하고 자본과 노동력의 보다 유용한 활용을 위해 섬유 이외의 특정 산업, 특히 초기에는 중소기업부문에서 한국과 '분업과 협업' 체제를 이룰 수 있기를 희망하였다. 이와 같은 '분업과 협업'을 촉진하기 위한 일환으로 양국에 '가공무역진흥공사(加工貿易振興公社)'를 설치, 이해마찰이 심한 거래의 창구를 일원화하여 교역을 증대하고 두 나라의 지나친 경쟁을 막을 것을 요구하였다. 일본 측의 안은 한국에 半官半民의 公社 또는 회사를 설립하고 일본에서는 민간기구를 두어 신용장 개설, 결제신용보증 업무를 비롯, 상호 신뢰, 거래질서 확립, 거래알선 및 조사활동, 대정부 건의 등 필요사항의 창구 일원화를 꾀하자고 제안하였다. 한편, 이와 같은 일본 재계의 적극적인 접근시도에 대해 국내경제계는 공업화 과정에 있는 한국경제를 일본의 하청계열화 체제로 몰아넣을 위험성이 내포되어 있다고 경계하고 우리 나름의 장기적인 대일협상 방안을 세워 이에 대처해야 한다고 촉구하고 있다.
>
> 《〈동아일보〉(1970. 4. 23)》

그러나 일부에서 여전히 말하여지고 있는 것처럼 이 시안으로 한국의 중화학공업화가 시작되었다는 것은 사실이 아니다. 실제로 한일협력위원회는 이에 대한 별다른 논의와 결정없이 공동성명에서 그냥 보편적인 의미로 '장기적인 양국의 경제협력 관계를 수립하기 위해 경제협력추진특별위원회를 설치하기로 합의하였다'라고 밝히고 끝났으며,[89] 이 시안은 이 날 제안 외에 직접 연관되어 이후 실행된 것이 없다. 사실 이른바 야츠기(矢次) 시안으로 불리는 이 안은 矢次一夫가 시안에 직접 쓰고 있듯이 일본 측 일부 위원 간에 토의하였을 뿐이고 전 위원회의 검토를 거친 것도 아니며 단지 검토상 참고로 제공하기 위해 矢次一夫 개인이 제안한 것이다. 한편, 진실 여부는 확인되지 않고 있지만 矢次一夫는 후에 찾아 온 山本剛士에게 이 시안은 사실은 한국의 안으로 당시 한국의 반일감정이 심해서 한국 측 협력위원회위원인 장기영(張基榮) 장관이 작성해 놓고도 일본에서 제안한 것처럼 제출해 달라고 의뢰해 이루어진 것이었다고 밝힌 바도 있었다.[90] 어쨌든 위의 기사 내용에서 보듯이 당시 한국에서는 '일본의 하청계열화 체제로 몰아넣는 것'이라는 비판이 있었으며 같은 날 신문에는 '일본 70년대 신군국주의화'라는 기사가 나오는 등 비판이 비등하여 이 시안은 더 이상 거론되지 못하였다.

중화학공업 그 자체는 이보다 훨씬 일찍부터 수입대체공업으로 입안되고 진행되었으며 중화학공업화의 본격적인 실행은 그보다 훨씬 뒤인 1973년 중화학공업화선언으로 이루어졌다. 따라서 시기면·내용면·실행면 어느 면에서나 이 「韓日長期經濟協力計劃試案」, 즉 야츠기 시안이 한국 중화학공업의 시작으로 혹은 직접적 관련성이 있었다고 보기 어렵다.

---

89) 〈중앙일보〉(1970. 4. 22); 〈조선일보〉(1970. 4. 23).
90) 山本剛士(1983), pp. 121, 128.

3. 자 료

〈자료 1-1〉 철강공업, 특수강공장, 주물공업의 과제

공 업	과 제
철강공업	1. 노후화되고 영세적인 설비, 특히 압연설비의 갱신·근대화 장려와 아울러 각 부문 간의 불균형을 시정하고 고철의 부족을 선철로 보완하기 위하여 제선부문에의 투자비중을 지원증가시켜야 한다. 2. 선강일관작업체계의 중점적 육성 확립과 동시에 제강부문에 있어서는 순 산소상취(酸素上吹) 전로의 신설에 중점을 두어야 되겠다. 이것이 대형 용광로의 증설에 호응하는 한편, 고철자원의 핍박을 타개하는 길이다. 3. 더 나아가서는 장기적 안목으로 또 하나의 새로운 일관공장의 신설을 미리미리 계획해야 한다.
특수강공장	1. 특수강 전문생산공장의 건설을 조속히 서둘러야 되겠다. 2. 동시에 특수강의 원료인 선철, 합금철, 생산시설의 확충과 특수강제조 기술자의 양성 및 기술도입이 아울러 요청된다.
주물공업	1. 원료의 부족과 불균형의 극복 2. 생산체제의 전문화와 제조작업의 표준화 3. 노후시설의 대체와 부족시설의 보충 4. 기술인력의 확보 및 기술향상 5. 주물공급자와 수요자 간의 상호 이해 6. 주물공업은 생산시설에 대한 투자도가 비교적 적고 노동집약적이며 생산품의 부가가치가 높아 한국 조건에 특히 유리하다.

자료: 한국과학기술연구소(중공, 1970), 상, pp. 217, 236, 348~350.

〈자료 1-2〉 금속공작기계, 건설기계공업, 조선공업의 과제

공 업	과 제
금속공작기계	1. 시설: 공작기계 생산을 위한 성능이 우수하고 정밀도가 높은 공작기계 확보가 요구되고 있다. 2. 기술: 공작기계 제작기술을 향상시키는 방법으로서 가장 빠른 길이 외국의 우수한 제조업체와의 기술협약에 의한 외국기술을 도입하여 국내기술진이 이를 조속히 습득하는 것이 될 것이다. 3. 자금: 정책적으로 자금의 지원방법이 강구되어야 할 것이다. 4. 시험 및 검사시설: 이들의 보강이 요망된다. 5. A. T. Kearney 기술조사단의 공작기계공업의 기업타당성 조사보고에서 지적한 바는 현재의 공작기계 메이커의 육성과는 별도로 독립된 새로운 공장의 건설이 보다 효율적이라고 하였다.
건설기계	건설기계공업은 국내에 기반이 약한 부문으로서 앞으로 예상되는 막대한 수요를 충당하고 또한 자동차공업과 원동기공업의 발전에 발맞추어 기계공업의 기초 및 산업의 핵심으로서 차지하는 비중을 고려하여 정책적으로 개발 성장시켜야 한다.
조선공업	현대식 대형조선소의 설립이 필요하며, 이것은 기존 조선소의 희생을 동반하는 것이 아니고 반대로 한국 조선능력의 과시로 국내외 시장으로부터의 업무량 확보에 도움이 되는 방향으로 계획해야 한다. 그리고 국제경쟁 능력을 확보하기 위해 조선기술 능력이 좋고 시장이 큰 국가와 합작투자 형식으로 설립함을 좋은 것으로 본다.

자료: 한국과학기술연구소(중공, 1970), 하, pp. 637~639, 757, 1217.

CHAPTER 2
방위산업으로서의 중화학공업: 4대핵공장건설사업, 1970. 7~1971. 11

1. 배경: 국내외 환경변화와 군수산업

1968년 1월 21일 북한 무장공비의 청와대 습격사건이 일어났다. 이어 불과 이틀 후 1월 23일에는 미국 군함 푸에블로호가 북한에 억류되는 사건이 발생하였는데, 이는 미국을 '세계 제일의 군사력'으로 믿고 북한에 대한 대항력을 미국에 의존하던 한국에 큰 충격을 주었다. 더구나 미국의 미온적 대응방식은 불안감을 더욱 증폭시켰다. 이에 박대통령은 향토예비군을 만들기로 결정하고 2월 7일 경전선(慶全線) 개통식에서 "금년 내에 250만 예비군을 무장시키는 데 필요한 무기공장을 건설할 방침"이라고 언급하였다.[1] 향토예비군은 1968년 4월 1일에 공식 발족하면서 "싸우면서 일하자", "우리고장 방위는 내 손으로"라는 표어를 내걸었다. 5월에는 제1회 한미국방장관회의가 워싱턴에서 열렸는데 미국이 그 동안 반대해 왔던 군수공장, 소구경화기(小口徑火器) M16 자동소총 생산공장을 한국에 건설할 것을 합의하였지만[2] 이후 진전이 없었다.

북한과의 충돌은 더욱 확대되어 1968년 11월 2일에는 울진·삼척 무장공비 사건으로 연결되었고 국민들의 불안은 더욱 커져 갔다. 그 결과 1968년 처음 국정지표는 '건설의 해'이었고 또 5.16 이후 일관되게 '선진조국 건설'이 제창되었지만 국정지표 자체가 '일면 건설·일면 국방'으로 긴급 전환되었고 1969년 지표로 이는 다시 내걸어졌다.[3] 해를 넘겨

1) 김정렴 전 대통령비서실장(1995), p. 320; 오원철 전 중화학공업추진위원회기획단장(오회, 1994), p. 461.
2) 〈조선일보〉(1968. 5. 21; 1968. 5. 28; 1968. 5. 30).
3) 김정렴 전 대통령비서실장에 의하면 1968년 청와대 습격사건과 푸에블로호 납치 후 대통령이 1968년 국정

서도 북한과의 충돌은 계속되었다. 1969년 4월 15일에는 미군 EC121 항공기가 북한에 의해 격추되어 '군함에 이어 비행기까지'라는 점에서 한국민들을 극도로 긴장하고 불안하게 만들었다. 이런 와중에 1969년 7월에 나온 '닉슨독트린'은 아시아에 대한 미국의 불개입을 공식화함으로써 한국에는 자주국방의 필요성이 분명히 중심명제로 제기되게 되었다.[4] 닉슨독트린은 1969년 7월 25일 괌에서 닉슨 대통령이 발표한 대외정책의 하나로 '아시아의 방위는 아시아인의 힘으로 한다'는 내용을 담고 있었다. 1969년 8월 22~23일 샌프란시스코에서 개최된 한미정상회담에서 "주한미군은 계속 주둔한다"는 미국의 재천명이 있었지만 주한 미지상군의 철수나 감축이 있을 것이라는 암시는 계속 제기되었다. 이런 가운데 1967~1971년까지 진행된 중소 국경분쟁에서 점점 핵무기 사용가능성이 외신에서 흘러나오고 있어 불안감은 확대되어만 갔다.

대통령의 1차적 관심은 자주국방과 이를 위한 방위산업이었다. 우선은 예산을 확보하고 미국의 기술적 도움을 받을 수밖에 없었다. 그래서 대통령의 의지가 반영되어 경제기획원은 1969년 3월 작성한 1970년도 예산편성 지침에서 경제개발과 함께 방위력 강화에 중점을 두었다.[5] 그러나 소구경화기 M16 자동소총 생산공장 설립 하나만 해도 1968년 한미 간 합의 이후 1969년에도 계속적으로 논의되고 실행을 위한 움직임이 있었지만[6] 실질적인 진전은 지지부진하였다. M16 특허권을 가진 미국 '콜트'사의 입장에서는 한국의 자주국방이나 방위산업보다 자사의 이익이 우선이었고 따라서 특허대여 생산보다 제품판매가 유리하다고 생각하였기 때문이었다.[7]

논의가 장기간 지지부진해지자 박대통령은 더 이상 미국에 의존하기보다는 독자적인 방위산업 육성을 결심하였다. 박대통령과 정책관련자들은 M16 소총 하나를 놓고도 이렇게 오랫동안 문제가 계속되자, 더 이상 무기의존을 두고 미국과 협상하는 것은 어리석다는 판단을 내리게 되었고 스스로 무기를 개발해야 한다고 결심을 굳혔다. 이에 대해 김정렴 전 대통령비서실장은 "M16 소총공장의 한미 간 교섭경위를 지켜보면서 무기공장 건설이 얼마나 돈이 많이 들고 교섭상 장기간 시일이 걸리며 교섭 또한 대단히 힘든가를 절감하였다"고 증언하였다.[8]

1969년 9월 24일 대통령은 대구에서 "미국의 주둔이 그 언제인가 종결될 때를 대비

지표를 수정한 것이었다고 한다. 김정렴 전 대통령비서실장(2006), p. 382.

4) 당시 이를 둘러싼 한미일 관계, 이후의 박대통령의 자주국방론과 한국군 현대화 계획 등에 관한 연구로는 다음을 참조. 倉田秀也(2005), pp. 75~132.

5) 〈조선일보〉(1969. 3. 26).

6) 1969년 6월 3일과 4일 서울에서 열린 제2차 한미국방장관회담에서 M16 공장건설이 다시 합의되었고, 6월 19일에는 M16 공장건설을 위한 콜트회사 관계자가 구체적 협상을 위해 내한하였으며, 20일에는 국방부 군 관계자가 M16 공장은 금속기술자를 민간부문에서 대량으로 뽑아 군에서 직영하겠다고 밝히는 등 계속 논의와 대책이 이어졌다. 〈조선일보〉(1969. 6. 21).

7) 김정렴 전 대통령비서실장(1995), pp. 320~321.

8) 김정렴 전 대통령비서실장(1990), p. 321.

해 장기대책으로 국군의 정예화를 위해 노력해야 한다"고 공개적으로 발언하여 자주국방을 강조하였는데,[9] 이는 대통령이 스스로 금기시하였던 "주한미군 철수"를 말하고 있는 것이었으므로 그 긴급성에 대해 정부 내의 모두가 느낄 수 있었다. 1969년 10월 20일 박대통령은 김정렴 상공부장관을 청와대로 불러 북한 관련 위기에 따른 일련의 사태를 설명하고 대통령 자신은 국방·안보외교에 치중하지 않을 수 없게 되었으니 경제를 맡아 달라고 당부하였다.[10] 박대통령은 위기상황에서 경제문제를 직접 옆에서 책임지고 챙길 사람이 필요하게 되었는데 이제까지의 경제수석으로는 경제장관들을 상대하기에 벅차다고 생각하였던 것이다. 그래서 비서실장을 경제통으로 임명하여 경제를 맡기기로 하였고 재무부장관과 상공부장관을 거치면서 행정능력과 의사소통에서 뛰어난 적임자로 검증된 김정렴 장관을 지명하였다.[11] 김정렴 장관을 청와대로 불러 경제문제를 챙길 힘 있는 비서실장으로 앉힘으로써 대통령은 긴급상황이라고 느낀 이 시기에 있어서 가장 믿을 수 있는 김학렬, 김정렴 두 사람을 경제기획원장관과 비서실장으로 임명하고 경제문제를 일임하였다. 그리고 난 후 이제 대통령 자신은 현실적 필요로 긴급 대두된 방위문제에 관심을 집중시켜 나가기 시작하였다.

대통령이 스스로 국내능력으로 방위산업을 육성해야 한다고 결심한 것에는 앞에서 보았듯이 급박한 외부변수적 요인이 작용하였지만, 대통령의 정책판단에는 내부적 요인 또한 작용하고 있었다. 박대통령은 군 출신으로서 북에 대한 군사력 우위를 당연히 추구하였으며 또 일본식 교육을 받아 독일·일본식 발전모델에 관심을 갖고 있었고 이를 벤치마킹하는 데 관심이 높았다. 따라서 박대통령은 집권 초기부터 남북대치 상황에서 대북한 우위를 위한 군수공업 육성과 일본이 그러하였듯이 부국강병의 수단으로서의 군수공업 육성이라는 이중의 목적을 생각하고 있었고 그만큼 군수공업 중화학공업에 관심을 많이 가지고 있었다. 박정희의 조선공업에 대한 관심도 일본의 사례를 보고 배운 것으로 이런 맥락에서 나온 것이었다. 그럼에도 현실적으로 1960년대 이 점이 크게 드러나지 않았던 것은, 즉 대통령이 이러한 군수중공업 육성을 전면적으로 내세우지 않았던 것은 미군의 존재에 대한 믿음, 그리고 미국의 입김 때문이었고, 특히 무엇보다 한국 수준에서 기술적으로 불가능하다는 부정할 수 없는 사실 때문이었다.

그러나 제1차 경제개발5개년계획 성공에 이어 제2차 경제개발5개년계획의 성공적 진행으로 1968년 중화학공업 부가가치의 제조업 내 비중이 38.0%로 35%를 넘어서고,[12] 〈표 2-1〉, 〈표 2-2〉에서 보듯이 석유화학의 PVC·폴리스티렌, 금속공업의 조강·주물, 그

9) 김정렴 전 대통령비서실장(2006), p. 383.
10) 김정렴 전 대통령비서실장(1995), pp. 171~172.
11) 오원철 전 중화학공업추진위원회기획단장(산군, 1993. 6. 8).
12) 중화학공업의 제조업 내 비중은 1964년 30.4%로 30%를 넘어섰고, 1965년 31.4%, 1966년 34.1%, 1967년 34.7%, 1968년 38.0%, 1969년 37.6%를 기록하였다. 특히, 1968년 급속한 상승이 나타났다. 한국은행(70계, 1987).

표 2-1 화학, 금속, 기계의 주요 품목 생산

대분류	소분류	단위	1967	1968
화학 석유화학	판유리	천C/S	558	701
	시멘트	천M/T	2,441	3,574
	염산	천M/T	19	34
	압축산소	천m^3	2,643	3,815
	PVC	M/T	6,832	10,182
	폴리스티렌	M/T	0	1,000
금속	조강	M/T	248,644	418,253
	판재류	M/T	131,142	193,781
	주물류	M/T	76,072	80,964
	아연괴	M/T	2,548	2,454
	연괴	M/T	2,987	3,120
기계류	승용차(트럭)	대	4,983(1,385)	11,629(5,091)
	내연기관	대	13,033	14,827
	선반	대	1,093	1,323
	박용엔진	HP	41,644	41,176
	변압기	KVA	380,000	450,000
	전동기	KW	180,000	220,000
	전선 및 케이블	M/T	4,700	5,400
	조선(조선능력)	천G/T	19,944(87,750)	31,148(123,320)

자료: 경제기획원(경백, 1970), pp. 65~71.

리고 자동차, 기계공업의 내연기관·전동기 등의 부문에서 중화학공업의 태동이 이루어지고 있었다.

여전히 초보적 수준이지만 조립금속공업, 일반기계공업은 1967년에, 1차 금속·전기기계공업과 수송용기계공업은 1968, 1969년도에 수치상으로 확실히 이전 해와 비교해 생산이 눈에 띄게 확대되었다. 한국과학기술연구소의 보고서 역시 1960년대 후반 들어 생산재의 공업성장에 대한 기여율이 증가하고 있으며, 중공업비중이 높아지고 있고 1966년부터 섬유기계, 금속공작기계, 산업기계, 자동차부품, 난방기구분야가 성장하고 있다고 지적하였다.[13] 여전히 초기 성장단계의 진행 정도이었지만 대통령은 이러한 중화학공업의 태동에 우리도 방위산업을 육성해 볼 만하다는 판단을 하게 되었던 것이다.

13) 한국과학기술연구소(중공, 1970), 상, pp. 16~18.

표 2-2 생산액 추이(1965년 불변가격) (단위: 백만 원)

	1965	1966	1967	1968	1969
제조업	457,048	530,559	658,747	848,907	1,039,247
1차 금속	23,415	26,458	33,009	42,602	53,430
금속제조업	9,337	10,721	13,143	16,303	16,171
기계제조업	9,816	9,861	14,134	15,524	14,299
전기기계제조업	11,364	17,699	21,816	30,509	44,460
수송용기계제조업	13,528	18,392	23,859	35,985	58,987
중화학공업	149,135	179,181	226,096	308,594	379,428

자료: 한국과학기술연구소(중공, 1970), 上, pp. 12~13.

이런 판단 위에서 박대통령은 향토예비군 경무장을 중심과제로 내세우며 방위산업을 독려하였다. 대통령이 예비군무장을 이유로 방위산업을 주장한 것은 이유가 있었다. 그것은 당시 방위산업을 위한 중화학공업 추진에 미국은 물론 한국 내의 군(軍)에서도 미국의 무기를 구매해야 한다며 반대가 강력하였기 때문이었다. 이에 대해 김광모 전 중화학공업추진위원회기획단부단장은 다음과 같은 주요한 증언을 하여 주었다.

> 미국은 '닉슨독트린' 이후 한국의 방위는 1차적으로 한국이 책임져야 된다는 애매한 태도를 취하여 왔다. 그러면서도 한국이 방위산업을 육성해야 된다고 하니까 반대하는 입장을 견지하여 왔다. 또한 우리 국군 내부에서도 우리나라의 방위산업 육성에 대하여 불신하는 태도였다. 어떻든 미국의 군사력에 의존하고 미국의 무기를 구매하는 것이 상책이라는 견해를 우리 국군당국에서는 노골적으로 표명하여 왔다. 그래서 대두된 것이 국군의 정규군과 관련이 없는 예비군을 경장비화하기 위하여 방위산업을 육성한다는 논리를 전개하게 되었다. 이렇게 함으로써 미국과 우리군의 반대를 무마 설득하면서 방위산업을 육성할 수 있게 되었다.
>
> 【김광모 전 중화학공업추진위원회기획단부단장(김중화정, 2003. 12. 7)】

1970년 2월 17일 닉슨 대통령은 아시아 국가들의 자위책임을 늘린다는 내용의 『1970년대 외교백서』에 서명하였다.[14] 그러면서 한편으로는 한국이 예비군 병력무장을 위한 방위산업 육성을 공개적으로 피력하고 나오자 미국이 예비군을 무장시켜 주겠다고 나서며 한국의 방위산업, 중화학공업을 반대하였다. 실제로 1970년 3월 29일 〈뉴욕타임즈〉(*New York Times*)는 미국 정부가 한국에 예비군용으로 소총 79만 정을 제공하였다고 보도하였다.[15]

14) 〈동아일보〉(1970. 2. 18; 1970. 2. 19).
15) 청사(일지, 1984), p. 14.

구체적인 공업연계구조와 공업의 발전단계를 정확히 고려하지 않고 우선 방위산업을 바로 육성하고자 하였던 박대통령의 생각은 분명히 한계가 있는 것이었다. 그러나 급박한 대외적 요인과 대내적 요인이 결합되면서 1970년 4월 25일 대통령은 구체적으로 방위산업 육성의 기본방향, 방법까지 이미 구체화시키고 있었다.[16] 대통령의 모든 관심은 방위산업으로 집중되고 있었고 따라서 박대통령의 소신대로 경제와 산업이 모두 방위산업과 결합되고 있었다. 1970년 6월 27일 청와대회의는 방위산업의 효율적 육성을 위해 경제기획원장관, 상공부장관, 국방부장관 그리고 대통령 안보담당특별보좌관으로 구성하는 한국경제공업화위원회를 두고 국방과학연구소를 만들 것을 결정하였다.[17] 이어 8월 6일 대통령령 5267호로 '국방과학연구소(ADD)' 직제가 공포되었다.

2. 4대핵공장건설사업의 전개와 한계

1) 4대핵공장건설사업의 진행과 완성

김학렬(金鶴烈) 경제기획원장관에 의해 주도된 '기계공업육성방향 연구조사 보고'가 청와대에서 이루어진 며칠 후인 1970년 6월 5일에 서해안 연평도에서 북한 고속정이 교전까지 하면서 한국 경비함을 납치한 사건이 발생하였는데 이때 박대통령의 자존심은 크게 상하였다.[18] 6월 22일에는 박대통령을 직접 노린 것으로 보이는 무장간첩에 의한 국립묘지 현충문 폭파사건도 있었다. 박대통령의 분노는 커져 갔고 대안을 찾고 있었다. 1970년 6월 30일 정일권(丁一權) 국무총리는 국회에서 "미군 철수는 한국군의 현대화가 완전히 달성되어 우리의 전투능력이 북한을 훨씬 능가하게 되는 1970년대 후반까지는 있을 수 없다"라고 단언했지만 주한미군 철수는 한국 정부의 의도와 달리 급박하게 흘러가고 있었다.

1970년 7월 초, 박대통령은 믿고 있었던 김학렬 부총리를 청와대로 불러 청와대 대통령 집무실에서 닉슨독트린, 주한미군 1개 사단 철수, 자주국방력 강화의 긴급성을 언급하였다.[19] 이때 김 부총리는 "해리 최 박사가 건의한 4개의 기계공장만 건설하면 무기생산은 가능하다. 건설에 필요한 외자는 대일차관으로 충당하겠다"고 즉석에서 답변하였다.[20]

16) 박정희대통령·육영수여사 기념사업회(1990), p. 291. 본 책 제1장 4. 한국 기계공업육성방향 연구조사보고서의 4대핵심공장사업 2) 참고.
17) 박정희대통령·육영수여사 기념사업회(1990), pp. 291~292.
18) 오원철 전 중화학공업추진위원회기획단장 증언(19934. 12. 20).
19) 김정렴 전 대통령비서실장(1995), p. 321; 김정렴 전 대통령비서실장(2006), pp. 391~392.
20) 오원철 전 중화학공업추진위원회기획단장(한경7, 1999), p. 154.

이미 해리 최박사에 의해 경제기획원장관, 상공부장관에게 제출된 보고서는 중기계종합공장을 설명하면서 "구체적으로 분석 검토된 이 계획서는 외자유치 교섭자료로 사용될 수 있다"[21]라고 적고 있으며, 또 김 장관의 주저 없는 즉석답변으로 보아 김학렬 경제기획원장관의 기계공장 무기생산과 대일차관론은 이미 준비되어 있었음을 알 수 있다.

김학렬 장관의 즉답을 들은 대통령은 그 자리에서 김 장관에게 1968년 이래 계속 확인되고 1970년 4월에는 다시 미국 정부가 수락하여 합의한 소구경화기 M16 자동소총[22] 외의 병기를 생산할 수 있는 공장건설 특명을 내렸다.[23] 이로써 방위산업 총력화가 전면적으로 그리고 분명히 정해졌다. 방위산업으로서의 4대핵심공장 건설계획이 추진되게 된 것이다.[24]

김학렬 경제기획원장관은 우선 군수공업을 위한 '4인 위원회'를 만들었다. 4인은 경제기획원 운영차관보 황병태, 상공부차관보 오원철, 국방부 군수차관보 신원식, 한국과학기술연구소(KIST) 부소장 심문택이었다. 김 부총리는 이미 대통령에게 답변한 대로 추진하고자 하였다.[25] 이에 따라 "방위산업 기반이 될 중공업을 추진하기 위해서는 주물선(鑄物銑)공장, 특수강공장, 중기계공장, 조선소 등 4대공장을 '4대핵공장건설사업'으로 정하고 차관은 일본에서 해결하는 것으로 하였다."[26] 차관을 일본에서 얻기로 한 이상 '4대핵공장건설사업'은 바로 7월에 열리는 한일정기각료회의에 제의되어야 했으므로 일본 측으로부터 차관을 얻기 위한 것을 목표로 하는 4대핵공장 건설계획이 최우선 과제로 만들어져야 하였다.[27]

북한 군사력의 억제라는 측면에서 한국의 자주국방력 강화를 위한 일부 중공업 발전은 미국이나 일본에 분명히 설득력이 있었고 논리적으로 미국과 일본은 그 필요성을 인정하지 않을 수 없었다. 그럼에도 미국이나 일본은 한국의 국방산업이 발전하는 것을 무리라고 보고 있었고 또 국제시장 분업구조상 바라지도 않고 있었다. 따라서 미국과 일본에서 한국으로의 군수공업 기술이전은 계속 한국의 불안정, 낮은 능력 등의 이유로 견제되고 있었고 심지어 미국·일본 기업들은 이러한 거래를 계속 감시받았다.[28] 이러한 태도는 오늘날까지도 선진국이 후발공업국에 대해 일관되게 가지고 있는 것이다. 특히, 일본은 전후(戰後) 헌법에서 전쟁개입이 포기되어 있어 당시 일본 정부의 무기관련산업 협력 및 수출 금지 등 방침이 있었고 이를 한국 비협조의 근거로 삼고 있었다. 1970년 2월 17일

21) Harry Y. H. Choi(장관보고, 1970. 5. 31), p. 153.
22) 〈조선일보〉(1970. 4. 24).
23) 김정렴 전 대통령비서실장(1995), p. 321; 김정렴 전 대통령비서실장 증언(2008. 11. 20).
24) 오원철 전 중화학공업추진위원회기획단장(오회, 1994. 6), p. 462.
25) 오원철 전 중화학공업추진위원회기획단장(산군, 1994. 3. 8).
26) 김정렴 전 대통령비서실장(1997), p. 270.
27) 중화학공업추진위원회기획단(한공발3, 1979), p. 422.
28) 下出道雄 日韓經濟協會理事 증언(2003. 7. 15).

일본 의회에서는 佐藤 수상이 한국이 침략을 받아도 자위대를 파견하지 않으며 대처는 미일안보조약의 사전협의에 따를 것이라고 밝히고,[29] 일본은 한국의 전쟁관련 행위에 일절 개입하지 않겠다는 입장을 되풀이하였다. 결국 한국 정부는 일본과의 차관협상에서 군수공업 개념을 사용하는 것이 오히려 일본의 비협조 주장에 말려들어가는 것이 될 것을 우려하여 이를 극비로 하고 무기생산이라는 말은 완전히 빼고 중공업공장 차관문제를 교섭하기로 하였다.[30]

차관협상을 위한 준비작업을 위해 김학렬 부총리는 황병태(黃秉泰) 경제협력차관보에게 작업반을 편성하고 사업계획서 개요를 시급히 작성하도록 장관특명으로 지시하였다.[31] 주물선, 특수강만이 아니라 포탄을 만드는 데에는 신동(伸銅)이 필요하다는 점에서 신동공장을 하나 더 포함하였다가 현실적으로 포탄생산이 신동생산만으로는 불가능하다는 점이 발견되었고[32] 또 일본에 전달하는 과정에서 신동공장이 들어갈 경우 군수공업이라는 냄새가 나므로 빼게 되었다. 해리 최가 올린 공장은 포철을 제외하고 4개였다가 다시 군수공업으로 본격 진행하기 위해 5개 공장으로 늘어났고, 일본 전달안을 만드는 과정에서 다시 4개로 바뀐 것이다.

이러한 상황은 4대핵공장건설사업이 중화학공업화 자체가 아닌 결국 군수공업이었고 그것도 매우 소극적인 일정 품목의 군수공업이었음을 분명히 보여 준다. 이들 공장을 경제기획원은 무기생산과 직접적 관련이 있고 또한 기계공업 육성에 있어 중추적인 역할을 할 것이라는 기대에서 '4대핵공장'이라고 부르고 있었다.[33]

경제기획원에서 바로 첫 회의가 열렸다. 한일각료회담까지 시간이 별로 없었으므로 4대핵공장 건설계획 작성은 매우 시급을 요하는 작업으로 일단 윤곽설정이 1주일의 시간 안에 진행되었다. 더구나 이것이 군수공업과 연관되어 있다는 것은 실무자들도 모르게 진행되었기에 작업이 완료될 때까지 실무자들도 숙식을 KIST 내에서 하고 일절 외출이 금지되었다.[34] 심지어 중공업을 주관하던 상공부도 계속 소외되었는데 나중에 빠졌지만 신동공장이 긴급추가됨으로써 이유가 설명되지 않은 채 상공부가 이 목적에 한정되어 추가 투입되었다. 당시 직접 참여하였던 오원철 상공부차관보와 조경식(曺景植) 전 외자관리과장의 증언은 이를 보여 준다.

29) 〈동아일보〉(1970. 2. 18).
30) 김정렴 전 대통령비서실장(1995), pp. 321~322.
31) 중화학공업추진위원회기획단(한공발3, 1979), p. 422.
32) 오원철 전 중화학공업추진위원회기획단장(산군, 1994. 3. 8).
33) 4대핵공장은 결국 4대핵심공장이라는 의미인데 4개 공장이라는 수와 내용만이 아니라 '핵심'이라는 말 역시 이미 1970년 5월 31일 경제기획원장관, 상공부장관에게 제출된 『한국 기계공업육성방향 연구조사보고서』에서 사용되고 있다.
34) 중화학공업추진위원회기획단(한공발3, 1979), pp. 423~426.

김학렬 부총리가 오늘 회의는 절대 비밀이다. 일절 함구해라. 앞으로 5개의 공장건설 사업계획서를 작성한다. 주물선공장, 특수강공장, 중기계종합공장, 조선소, 신동(伸銅)공장 등 5개 공장이다. 신동공장의 사업계획서는 상공부, 나머지는 KIST에서 작성해라. 기간은 1주일이다. 기한을 엄수해라. 기한을 넘길 수 없다. 모두 밤샘각오를 하라. 장소는 KIST에서 합숙해서 실시해라. 이상 끝"하고 나가버렸다. 나는 이들 공장은 모두 상공부 소관인데 경제기획원에서 앞장서고 있는 것도 이상하고 더욱이 KIST에서 사업계획서를 만들라고 하는 것도 이해가 안 갔다. 나는 이들 공장이 방위산업을 위한 목적이라는 것을 까맣게 모르는 상태였던 것이다. 상공부로 돌아와 작업을 시켰다. 신동공장은 비교적 간단해서 1주일 만에 사업계획서를 만들어 KIST에 가보니 경제기획원 직원들과 KIST 연구요원들은 계획서를 만드느라고 야단법석이었다. 나는 장기영(張基榮) 부총리 때도 상공부 업무를 빼앗긴 적이 있어 이번에도 바지저고리 신세가 된 것 같은 심정이었다. 상공부와 4대핵공장과의 관계는 이것이 전부이다.

【오원철 전 중화학공업추진위원회기획단장(산군, 1994. 3. 8)】

1970년 7월 중화학공업 육성을 위한 4대핵심공장 건설계획 작업팀(비밀특별작업반)이 차출되었다.[35] ……특별작업반의 인선은 차출 당일까지 당사자도 모르게 진행되었고 모든 업무추진계획은 비밀리에 추진했으며 조경식(曺景植) 과장은 주물선공장, 박성근(朴聖根) 과장은 기계공장과 특수강공장, 김용한(金容瀚) 과장은 조선공장을 각각 맡아 작업하였다.

【조경식 전 장관 증언, 김흥기 전 경제기획원투자진흥국장편(1999), p. 256】

1970년 7월 차출된 특별작업반의 반장은 황병태(黃秉泰) 경협차관보였고 반장 밑에 조장급으로 경제기획원 내 조경식(曺景植) 외자관리과장, 박성근 총무과장, 김용한 투자과장 등 3명 서기관이 뽑혔으며 반원으로는 조성락·최의종·이창보(李昌普)·박정희 사무관과 김재광 KAIST 수석연구원 등이 차출되었다. 인선도 차출 당일까지 당사자도 모르게 모두 비밀리에 추진되었는데 중화학공업의 경험이 없었기에 작업은 매우 어려웠다. 이 과정을 중화학공업추진위원회기획단은 다음과 같이 밝히고 있다.

7월 초 이창보 사무관은 출근하자마자 경협차관보로부터 긴급호출을 받았다. 황병태 경협차관보실에는 이미 조경식·박성근·김용한 서기관과 3명의 사무관이 긴장된 얼굴로 대기중이었다. 이때까지도 아무런 내용도 알지 못하였다. 중화학공업을 정부사업으로 추진해 나가기 위해 우선적으로 전략적인 프로젝트를 선정하고 이를 위해 대일협력을 요청하겠다는 황 차관보의 설명이었다. 이어 앞으로 2개월 후에[36] 있을 한일정기각료회의에 정식 의제로 제의하기 위해 차관신청을 위한 사업계획서 개요를 시급히 작성하고 특별작업반원으로 차출

35) 조경식 전 장관의 증언에 의하면 1970년 6월 외국자본관리과장으로 갔고 11월에 작업팀에 착출되었다"고 되어 있다. 기억이 잘못되었거나 오식으로 보인다.

36) 7월이 잘못 기억되어 기록되었다. p.426에서도 그 해 가을에 한일정기각료회의가 열렸다고 되어 있다.

된 8명은 본연의 업무보다 이 업무를 추진해 나가되 일체를 대외비로 하라는 엄명이 떨어졌다. KIST로 일체의 도구를 옮기되 앞으로 1주일 이내에 사업계획서 개요를 완료하라는 긴급 명령이 잇달아 하달되었다. 작업이 완료될 때까지 숙식을 KIST에서 해결하게 되어 있어 일체의 외출이 금지되었다. 곧이어 서기관들에게 계획서를 마련하기 위한 대상프로젝트가 배정되었다. 조경식 과장은 주물선공장을 맡았고 박성근 과장은 기계공장과 특수강공장을, 김용한 과장은 조선공장을 배정받았다. 반원들은 아찔하였다. 기초자료가 없었기 때문이다. 기초자료는 당시 매사추세츠 공과대학의 해리 최 교수가 만들어 낸 중화학공장 건설을 위한 타당성 조사서가 고작이었다. 그나마 이 조사서는 타이프용지 2장에 6개 중화학공업 공장건설의 타당성 여부에 대한 의견이 실려 있는 보잘 것 없는 것이었다. 큰 도움이 되지 못하였다. ……처음 3일간은 KIST 측과 토론으로 보냈다. 기초적인 수치는 KIST 측과 경제기획원 측이 일치되어야 했기 때문이다. KIST의 장기전망과 경제기획원의 수치는 일치하지 않았고 격렬한 토론이 오고 갔다. 5일이 다 되도록 아무 것도 진전된 것이 없었다. 기술적인 측면과 경제적인 측면 간의 검토가 일치되지 않았기 때문에 사업계획 자체를 재조정해야 하였다. 이 과정에서 특수강과 중기계공장 건설계획은 그 많은 생산품목 중 특정 품목은 생산량이 당초 계획보다 엄청나게 늘어났는가 하면 어느 품목은 형편없이 줄어들기도 하였다. ……그런대로 세계은행, 아시아개발은행(ADB), 미국 정부 등에 차관 프로젝트를 요청해 본 경험이 크게 도움이 되었다. 일주일이 걸려 조선공장 건설계획서가 완성되었다. 이어 2~3일 후에 나머지 3개 공장의 건설계획서도 끝났다. 1개 프로젝트별로 타자지 1백 페이지 정도의 사업계획서가 마련된 것이다.

《중화학공업추진위원회기획단(한공발3, 1979), pp. 423~426》

이 공장 설립을 추진할 민간실수요자로는 '강원산업(江原産業)(주물선)', '대한중기(특수강)', '한국기계(중기계)', '현대건설(조선)'이 선정되었다.[37] 이들 기업들은 정부가 적극 지원할 이 공장건설사업을 새로운 사업에의 기회로 보고 참여를 희망한 '현대건설(정주영)', '한진상사(韓進商社, 趙重勳)', '강원산업(鄭寅旭)', '충북시멘트(李東寧)', '동국제강(東國製鋼, 張相泰)', '삼미사(三美社, 金斗植)' 계열의 '삼양특수강(三洋特殊鋼, 孫烈鎬)', '조선공사(南宮穰)' 등 10여 개 민간업체에서 선택되었다.[38] 그런데 이들 기업들은 일단 기회로 보고 지원부터 하였지만 진행과정에서 정부지원보다 자본충당, 기술도입 등 자신들이 충당해야 할 여러 필요조건이 분명해지면서 주저하였다. 내적으로 기업들은 여전히 능력에서 회의적이었고 시장상황 등 모든 면에서 자신감을 갖고 있지 못하였다. 당시 작업에 직접 참여하고 있었던 김재관(金在官) 전 상공부차관보는 선정과정에 대해 다음과 같이 증언하였다.

당연히 어느 기업이 맡을 것인가가 논의가 되었다. 거의 불모지였기 때문에 원칙은 기

37) 김흥기 전 경제기획원투자진흥국장편(1999), p. 256.
38) 〈조선일보〉(1970. 6. 27).

업들이 적극적으로 열심히 하겠다면 이 기업을 선정해 정부가 도와주겠다는 것이었다. 김학렬 장관은 진짜 하겠다는 기업에게 이를 열심히 도와주었다. 항상 관민협조를 강조하였다.

주물선은 '강원산업'으로 자연히 선택되었다. 주물(쇳물)을 받는 케이스 제작은 그 자체가 큰 주물사업이었는데 당시 삼표연탄을 만들던 '강원산업' 정인욱 사장이 이를 제작하고 있었다. 그래서 제대로 된 거대주물을 만들던 거의 유일한 업체였기에 여기에 낙점되었다. 마찬가지로 '대한중기', '한국특수강'도 능력과 기업의지에 따라 결정되었다.

문제는 조선공업이었다. 조선공업에 대해 처음에 생각한 것은 당연히 '대한조선공사'였다. 그래서 여기에 연락을 하였다. 그랬더니 조선공업으로 고생만 하면서도 성과를 내고 있지 못하였던 남궁연 사장으로부터 자신이 없다고 답변이 왔다. 두 번째로 '한진상사'의 조중훈 사장을 생각하였다. 왜냐하면, 당시 '한진상사'는 화물수송사업을 하고 있었고 지역적으로도 태평양에서 직접 화물운송 활동을 하고 있었다. 그래서 배가 필요하였다. 그랬는데 조중훈 사장은 자신은 수송만 하였지 조선은 한 적이 없어 할 수 없으며 나중에 서울지하철에 참여하겠다고 말하였다. 그래서 세 번째로 '현대건설'을 생각하였다. '현대건설'은 이미 여러 번 경험이 있는 댐, 수력발전소 건설이 조선공업과 유사하다는 것이 착안되었다. 수력발전소에는 물이 있고 모터가 필요하다. 그리고 철구조물이 들어간다. 프로펠러도 동일하다. 즉, 형태만 다르지 수력발전소 건설은 조선공업과 같다. 그래서 정주영 회장에게 말하였다. 그랬더니 조선사업을 오래 전부터 구상하던 정주영 회장은 좋다고 즉각 받았다. 그래서 '현대건설'이 조선에 선정되었다.

이런 얘기를 들은 대통령은 정주영 회장이 기특하여 도와주려고 하였다고 들었다.

《김재관 전 상공부차관보 증언(2010. 5. 28)》

정부의 1차적인 생각은 조선소를 현대가 아닌 선박과 관련되어 있는 '조선공사'나 '한진상사'가 맡는 것이었는데 이를 '현대건설'이 맡은 것은 '조선공사'나 '한진상사'가 이를 최종적인 판단에서 피한 반면, 현대는 이 사업을 오래 동안 마음 속에 두고 준비하고 있었고 또 적극적이었기 때문이었다.

'현대건설'이 조선공업이 가능하고 그리고 조선공업에 진입하여야 한다고 먼저 생각한 것은 바로 현대건설의 정주영 회장이었다. 현대가 조선사업 진입을 위해 추진팀을 만들어 이스라엘 '팬마리타임'사와 접촉한 것은 이미 1969년 10월이었다. '팬마리타임'이 경영권을 요구하면서 현대 정주영 회장은 합작추진을 파기한 바가 있었지만[39] 정주영 회장의 조선공업 준비는 오래된 것이었다. 정주영 회장의 다음 증언 역시 조선산업에의 참여가 현대 정주영 회장의 준비된 생각이었음을 보여 준다.

마침 정부는 4대핵공장 건설에 열을 올리고 있었어요. 당시 김학렬 전 부총리는 핵공장 건설에 미쳐있었습니다. 권유를 하다못해 성화가 대단했습니다. 그 위에 박대통령께서도 열

39) 오원철 전 중화학공업추진위원회기획단장(산군, 1994. 3. 15).

렬한 후원을 아끼지 않았습니다. 마음 속으로 조선(造船)을 생각하고 있던 나에게 커다란 용기와 큰 도움을 주었습니다.

《중화학공업추진위원회기획단(한공발3, 1979), p. 330》

김정렴 전 대통령비서실장 역시 정부가 현대에게 조선을 권한 적은 단 한 번도 없었다고 분명히 말할 수 있으며 항상 현대 정주영 회장이 먼저 적극적이었고 또 대통령에게 말을 꺼냈다고 증언하였다.[40] 최형섭 당시 KIST소장 역시 회고에서 "현대에서 KIST의 연구조사 결과를 토대로 대형조선소의 건립에 착수한 것이다"라고 밝혔다.[41] 정부는 1970년 6월 현대의 사업승인신청서를 받아들였고 조선공업은 처음부터 세계시장을 겨냥한 초대형조선소 건설을 목표로 하였다.[42]

2) 4대핵공장건설사업과 일본, 미국

4대핵공장건설사업 계획서는 황차관보가 수집하여 검토한 후 7월 중순 박대통령, 김학렬 부총리, 남덕우(南悳祐) 재무부장관, 이낙선(李洛善) 상공부장관에게 보고되었고 동시에 일본에 전달되었다. 이 계획서를 받은 일본은 즉시 통산성(通産省) 아카자와(赤澤璋一) 중공업국장을 단장으로 하여 조사단을 한국에 파견하였고 부문별로 조사활동을 벌였다. 赤澤璋一가 단장이 된 이유는 김학렬 경제기획원장관이 赤澤가 1969년 9월에 포항종합제철소 건립 조사단장으로 방한하여 한국의 제철소 계획에 가능성이 있다는 긍정적 의견을 제시하는 등 친한인사라고 생각하여 직접 지명하였기 때문이었다.[43] 그러나 김학렬 장관이 기대하였던 것과 달리 4대핵공장건설사업에서의 赤澤璋一 보고는 긍정적이지 못하였다. 조사단은 귀국 후 한국에서의 대규모 조선소 건설계획은 타당성이 없다고 결론을 내렸다. 아카자와 보고서의 요지는 '한국은 아직 실적이 없으므로 우선 1~2만 톤급을 건조하고 난 다음에 5만 톤급, 10만 톤급으로 경험을 쌓은 다음 20만 톤급[44] 이상을 건조해야지, 처음부터 대형선박을 건조한다는 계획은 무모하다'는 것이었다. 일본 조선협회는 이를 토대로 한국의 조선소 건설은 무모하다는 최종 결정을 내렸다.

---

40) 김정렴 전 대통령비서실장 증언(2008. 12. 22).

41) 최형섭 전 상공부광무국장, KIST소장, 과학기술처장관(1995), p. 139.

42) 한국과학기술연구원(K30, 1998), p. 203.

43) 赤澤璋一는 "조선중기(造船重機)라는 프로젝트를 하기 위해 조사단 파견을 요청하였고 그때 내가 중공업국장을 하고 있었는데 김학렬씨가 나를 보고 이 사람을 단장으로 해 달라고 지명하였다"고 밝혔다. 赤澤璋一 증언, 日韓經濟協會(日韓, 1991), p. 74.

44) 한국 보고서의 단위는 총톤 G/T이었고 일본이 말하는 단위는 중량톤 DWT이었다. 중량톤 DWT(Dead Weight)는 재화중량(載貨重量)이고 총톤 GT(Gross Tonnage)는 선박의 가용용적(加用容積) 100평방피트를 1톤으로 한 용적톤수이다. 대형유조선의 경우 GT=약 1/2 DWT이므로 배로 차이가 난다.

표 2-3 한국과 일본 제조업 현시비교우위지수(RCAs)의 상관계수

		한국
1965	미국	−0.28*
	일본	0.43*
	기타 선진공업국	−0.29*
	동아시아 NICs	0.57*
	동아시아 발전도상국	0.43*
	기타 발전도상국	0.44*
1970	일본	0.47

주: 1) *는 5% 유의수준임.
2) 기타 선진공업국은 오스트레일리아, 오스트리아, 벨지움, 캐나다, 덴마크, 핀란드, 프랑스, 서독, 아이슬란드, 아일랜드, 이탈리아, 일본, 네덜란드, 뉴질랜드, 노르웨이, 스페인, 스웨덴, 스위스, 영국임.
3) 동아시아 NICs는 홍콩, 싱가포르, 대만임.
4) 다른 동아시아 발전도상국은 인도네시아, 말레이시아, 필리핀, 태국임.
5) 기타 발전도상국은 위에 포함되지 않은 83개국임.
자료: P. A. Petri(1988), pp. 52, 55.

일본 조선협회가 이런 결정을 내린 이유는 아카자와 보고서에 기초해 한국의 능력이 부족하다는 것이었다.[45] 그러나 철강에서와 달리 일본 조선협회가 반대한 것에는 다른 이유도 있었다.

전반적으로 당시 한국과 일본의 다수 사람들이 한국과 일본의 공업수준 차이를 근접하기 어려운 정도로 크다고 인식하고 있었던 반면, 일본 재계의 전문가들은 노동집약성이 높은 조선공업, 전자공업 등에서 산업특성상 한국과의 경쟁가능성을 앞서 꿰뚫어 보고 있었다. 이미 1960년대 후반 일본 조선업계는 한일 간 높은 제조업 현시비교우위지수(RCAs) 상관성을 보고 한국 제조업, 한국 조선공업의 잠재성을 경계하게 되었다. 〈표 2-3〉에서 보듯이 이미 제조업에서 한국과 일본과의 비교우위 품목 충돌이 나타나 발전도상국인 한국 제조업 RCAs와 일본 제조업 RCAs와의 정의 상관성이 한국과 발전도상국 간 만큼 높았다. 즉, 한국의 수출구조는 일본과 유사하고 미국, 그리고 다른 선진공업지역과의 유사성은 낮아 한국은 일본 기업에게 신경 쓰이는 대상이 되고 있었던 것이다.

실제로 〈표 2-4〉에서 보듯이 일본의 1960년대 후반 미국 수출은 급증하고 있었지만 1970년대 초 한국은 합판, 의류 등 경공업제품에 이어 트랜지스터 등 일부 전자제품에서까지 이미 미국 시장에서 점유율을 늘리고 있었다. 미국 수입시장에서 한국의 비중은 1967년 0.44%이었지만, 1969년 0.81%, 1971년 1.01%로 급등하였다.[46] 일본의 재계는 이

45) 石崎栄生(2000), p. 37.
46) United Nations(YIT, 1973).

표 2-4 미국 수입시장 내 한국, 일본 점유율

(단위: 백만 달러, %)

	미국 수출액			미국 수입시장 내 점유율 (1971)	
	한국 (1971)	일본			
		1966	1971	한국	일본
목제품(63)	97.7	38.4	80.0	19.7	16.1
합판(631.2)	97.0	27.6	53.9	37.0	20.6
트랜지스터, 진공관(729.3)	31.2	12.3	33.0	12.0	12.7
니트 제외 직물(841.1)	81.4	41.8	137.6	12.9	21.8
의류, 니트(841.4)	92.7	24.3	90.4	13.6	13.2

자료: United Nations(CTS, 1966), Vol. XVI, No. 1-1; United Nations(CTS, 1973), Vol. XXI, No. 1-7.

를 한국이 일본의 기술과 과정, 시장까지 베껴 부메랑효과가 발생하고 있으며 일본의 기술이전 관대함에 기인한 실수라고 생각하게 되었기에, 1960년대 말 이후 한국에 대해 보다 신중히 대응하기 시작하였던 것이다.

이 밖에도 철강공업은 일본이 가장 대표적인 공해산업으로 보고 핵심, 고부가가치부문을 제외하고 이를 축소할 의도를 가지고 있었지만, 조선공업은 노동집약적 공업이라고 하지만 일본이 포기할 정도의 공해산업이 아니었다. 또 한국 내에서 건설되는 조선소의 경영권을 일본에 절대 줄 수 없다는 한국 내 조선공업 합작조건에 대한 논의 역시 일본 조선업계에 부정적 영향을 미쳤다.

조선공업에서 일본의 견제가 심하였기에 제4차 한일정기각료회의에서의 민간조사단 파견 합의사항에 따라 이루어진[47] 1971년 2월의 일본 '對韓資本協力環境調査團' 간담회에서, 한국 측은 "조선공업, 중화학공업부문에 대한 투자를 재계는 바라고 있다"라고 조선공업을 직접 지명하여 거론하였다.[48] 일본 조선업계의 견제는 이후 중화학공업 투자유치를 위한 미일방문단[49]과 중화학공업추진위원회기획단에 계속 감지되고 있었다. 미일방문단은 조선부문에 대해 "일본은 한국에 대하여 경쟁의식이 있어 소형어선 건설에 눈을 돌리고 있음"이라고 대통령에게 보고하고 있고,[50] 중화학공업추진위원회기획단 역시 일본 조선업계의 불가판정에 대해 "조선(造船)의 경우 한국을 장차 경쟁상대로 보고 일본 측이 한국 조선공업 차관제공에 반대했기 때문"[51]이라고 기록하고 있다. 한국과학기술연구원 역시 당시 일본 측 조사단이 한국의 조선소 건설이 불가능하다는 결론을 내린 것은 한국

47) 日韓經濟協會(協20, 1980), p. 27 趣意書.
48) 日韓經濟委員會·日韓經濟協會(對韓, 1971. 2), pp. 35~37.
49) 태완선 부총리를 단장으로 과학기술연구소장 한상준, 현대건설 사장 정인영 등 총 17명으로 구성되었다.
50) 중화학공업추진위원회기획단(중화투626, 1973. 6. 20), 종합-10마.
51) 중화학공업추진위원회기획단(한공발3, 1979), p. 426.

에 대형조선소가 건립되면 일본의 시장을 잠식할 것이라는 생각에서이었다고 판단하였다.[52] 이후 조선공업에서 계속된 일본의 견제는 1970년 한일정기각료회의에서 일본 측의 조선공업 논의 배제, 1971년 일본 측 언론보도,[53] 5월의 정주영 회장 방일협조요청 거절,[54] 그리고 1973년 한국의 중화학공업 투자유치를 위한 미일방문단[55]에서까지 계속 감지된다. 일본은 한국의 조선공업 발흥으로 조선기자재를 수출해서 중단기적으로 이익을 얻는 쪽과 한국의 조선공업 육성으로 장기적으로 시장을 잃는 손해를 저울질한 결과 장기적 시각에서의 선택, 즉 협력불가라는 결론을 냈던 것이다.[56]

이런 와중에 1970년 7월 5일 사이공에서 개최된 월남 참전국회의에 참석한 로저스 미국 국무장관은 최규하(崔圭夏) 외무장관에게 "주한미군 2만 명을 철수하겠다"는 공식 통고를 하였다. 그리고 다음 날 6일 서울에서는 포터 주한 미국대사가 정일권 총리에게, 워싱턴에서는 존슨 미국무차관이 김동조(金東祚) 대사에게 각각 미군철군계획을 통고하였다. 사태는 점점 한국을 압박하고 있었다. 7월 8일에는 정부대변인이 "미국 정부가 미3군 해외기지 축소계획에서 미군병력 일부 철수가 포함되었다고 통보해 왔다"고 공식 인정하였고, 11일에는 정 총리가 국회에서 주한미군 6만 4,000명 중 2만 명이 감축될 것이라고 증언하였다. 정부는 8일에 긴급각료회의를 열고 주한미군 철수계획 철회와 한국군 장비현대화를 강력히 요구할 것을 결의하였는데,[57] 이 날 한국 정부는 미국에 대해 '배신행위'라는 용어까지 처음 사용했을 정도로 사태를 긴박하게 보고 있었다. 그러나 이런 한국의 대응에도 불구하고 주한미군 철수는 점점 분명해지고 있었고 7월 27일에는 다시 미국무성 대변인이 주한미군 철수는 올해 안에 개시된다고 밝혔다. 방위산업으로서의 중화학공업, 4대핵공장건설사업의 필요는 나날이 절박해지고 있었던 것이다.

경제기획원은 1970년 7월 21일부터 7월 23일까지 열린 한일정기각료회의 본회의에서 대일차관을 위한 4대핵공장건설사업을 공식 의제로 상정하였다. 그러나 김학렬 부총리의 "중공업 차관을 비롯한 주요 의제가 이미 비공식 모임에서 타진되어 양해되었다"[58]는 큰 소리에도 불구하고, 일본은 계속 논의에서 조선(造船)부문을 제외하고자 하였고 특수강공장과 중기계공장만을 협의대상으로 삼았다. 심지어 이 두 공장에 대해서도 일본 측은 확실한 답변을 끝끝내 주지 않았다.

한일각료회담에서는 특수강, 중기계공장 건설계획만이 협의의 대상이 되었다. ……특수

52) 한국과학기술연구원(K30, 1998), p. 203.
53) 〈日本經濟新聞〉(1971. 2. 22).
54) 日韓經濟協會(日韓, 1991), p. 101.
55) 중화학공업추진위원회기획단(중화투626대통령결재문서, 1973. 6. 20).
56) 오원철 전 중화학공업추진위원회기획단장(산군, 1994. 3. 8).
57) 청사(일지, 1984), p. 22.
58) 〈조선일보〉(1970. 7. 22).

강, 중기계공장 건설에 대한 차관문제 역시 일본 측의 소극적인 반응으로 시원한 결말이 없었고 그 후 미국 및 유럽으로 차관선이 바뀌었다.

【중화학공업추진위원회기획단(한공발3, 1979), p. 426】

조선공업에서 문제가 계속되고 있었음에도 정부는 4대핵공장건설사업의 추진과 이를 위한 일본에의 기대를 버리지 않았다. 1971년 1월 9일 외국인투자 유치정책이 발표되어 '외국인투자간담회'가 매월 1회 개최되었다. 1971년 2월 8일에는 일본 日韓經濟協會의 '對韓資本協力環境調査團'이 방한하여 다시 기대를 갖게 만들고 있었다. 김학렬 경제기획원장관은 여전히 일본을 믿고 있었고 1971년 3월 24일 연내 종합제철 40개 공장(기 착공 3개) 중 6개 공장, 석유화학공장 10개 공장(기 착공 5개) 중 5개 공장과 함께 4대핵공장의 건설을 연내부터 1972년 초까지 각각 착공하여 1973년부터는 한국도 중화학공업 단계로 들어간다고 낙관적인 입장을 공식 천명하였다.[59] 당시 정부의 일본에 대한 믿음은 한일 군수산업 제휴를 생각할 정도로 컸고, 또한 이 시기 여전히 중화학공업화 자체보다 방위산업으로서의 중화학공업을 생각하고 있었기에 당시 수준에서는 포항제철에 대한 생각도 이런 측면이 강하게 반영되고 있었다. 이는 1970년대 국방정책으로 1971년 2월에 발표된 「70년대의 한국 국방체제」에서 다음과 같이 구체적으로 나타난다.

1976년 6월까지는 미국의 모든 군사원조가 끝나고 한국 국방에 전기가 온다. 그 이후 한국은 연 4~5억 달러의 군수산업을 가지게 될 것이다. ……따라서 일본의 군수산업과의 제휴를 1975년까지 급속히 추진한다. 처음에 정비공장 규모로 시작하지만 우리나라 국군군수산업의 주체는 포항제철이고 여기에 일본의 원조를 높인다.

【〈부산일보〉(1971. 2. 19); 〈赤旗〉(1974. 9. 29)】

그러나 이렇게 한편으로 일본에 대한 기대를 버리지 못하면서도 한국은 한일정기각료회의에서의 일본의 소극적 태도를 확인하자 다른 한편으로 대안을 조금씩 고려하지 않을 수 없었다. 물론 우선 대안은 미국이었다.

일찍부터 한국 정부는 미국 측이 주장하는 자주국방, 주한미군 철수를 명분으로 내세워 군수공업을 위한 자본과 기술을 미국으로부터 얻고자 노력하고 있었다. 정래혁(丁來赫) 국방장관은 한국군의 현대화 보장을 받으면 감군계획 회담의 용의가 있다고 직접 미국 언론에 밝히고도 있었다.[60] 그래서 이미 1970년 8월 16일 극비의 '무기개발위원회(WEC)'와 함께 '국방과학연구소(ADD)'가 창설되자 박대통령은 ADD에 "1976년까지 최소한 이스라엘 수준의[61] 자주국방 태세를 목표로 총포, 탄약, 통신기, 차량 등의 기본병기를 국산화하

59) 청사(일지, 1984), p. 50.
60) 〈조선일보〉(1970. 8. 16).

고, 1980년대 초까지 전차, 항공기, 유도탄, 함정 등 정밀 병기를 생산할 수 있는 기술을 확보하라"고 지시하였다.[62)]

1970년 8월 26일 애그뉴 미국 부통령이 방한 후 대만으로 가는 비행기 안에서 1971년 6월까지 주한미군을 1차 철수하고 한국군 현대화 5개년계획 완료시 최종 철수에 대해서도 기본적 합의를 보았다고 말하였고,[63)] 이 날 미국 국무성대변인은 애그뉴 부통령 발언은 미국의 대한정책이라고 확인하였다.[64)] 원래 박대통령과 애그뉴 부통령은 회담에서 박대통령의 요구로 장비현대화와 장기군사원조, 2만 명 이상 감군불가보장 등에 대한 구체적 문제를 향후 고위외교와 군사회담에서 계속 협의하기로 결정하였었다. 그러나 그 날 오후 애그뉴 부통령은 한국을 떠나는 비행기 안에서 주한미군 완전철수를 말하였고 이를 김정렴 실장으로부터 보고받은 박대통령은 한참 동안 말이 없다가, "미국 측 방침에 일희일비하는 처지를 빨리 초월해야 하겠다. 자주국방에는 막대한 내외자가 소요되므로 경제가 잘 되어야 한다. 외화는 고성능 무기도입에만 충당하도록 하고 기본병기는 하루빨리 국산화해야 하겠다. 실장은 이 점에 각별히 유의해서 추진해 주기 바란다"라고 지시를 내렸다.[65)] 이때부터 박대통령의 대미 강경자세가 나타났다.

박대통령의 병기국산화에 대한 강력한 자세가 나타나자 당황한 것은 오히려 미국이었다. 미국은 긴급히 태도를 바꾸었고 그 결과 3년을 끌어 온 「M16 소총공장 건설을 위한 기술용역제의서」가 1970년 10월에 한국 국방부-미국 콜트(Colt)사 간에 전격 교환되었다.[66)] 그리고 12월 30일 미의회는 M16 소총공장 건설을 위한 대한군사차관자금 2,700만 달러를 최종 확정하였다.[67)] 12월 31일에는 한국의 M16 소총공장 건설을 포함한 제1차 연도 군사차관 1억 5,000만 달러 법안이 미국 상원을 통과하였고, 1971년 2월 4일부터 국방부 실무진이 미국 '콜트'사와 미국 하트포드에서 M16 소화기공장 건설을 위한 협상에 나섰다. 그리고 2월 17일 김동조(金東祚) 주미대사는 국방부 실무진과 미국 '콜트'사와의 M16 소화기공장 건설을 위한 기술협정체결 교섭이 한국 측 주장대로 원만히 이루어졌으며 조만간 한국 정부와 미 '콜트'사 간 공식 조인이 이루어질 것이라고 밝혔다.[68)] 이에 따라 마침내 1971년 3월 13일 정래혁 국방장관과 미 '콜트'사의 벤케 사장 간에 M16 소총공장 건설계약이 정식으로 체결되었다. 10년 계약, 특허료는 생산가격의 6%이었다.[69)]

61) 1970년대를 살았던 사람들은 "전쟁이 나면 아랍인들은 모두 외국으로 도망가는 반면, 외국에 있던 이스라엘 사람들은 거꾸로 귀국하여 자기들의 힘과 기술로 나라를 지키고 그래서 큰 나라들과의 전쟁에서 항상 이겼다"는 이스라엘의 애국심과 자주국방에 대해 지겹도록 들어야 하였는데 이는 바로 박대통령의 철학이었다.

62) 이경서 박사 증언, 이은영(2006. 12. 1), pp. 276~287.

63) 〈조선일보〉(1970. 8. 28).

64) 청사(일지, 1984), p. 26.

65) 오원철 전 중화학공업추진위원회기획단장(오회, 1994), p. 465.

66) 코리아엔지니어링(1970. 10).

67) 청사(일지, 1984), p. 40.

68) 〈경향신문〉(1971. 2. 18).

1971년 2월 6일 최규하 외무부장관과 포터 주한미대사는 「주한미군의 감축에 관한 합의 문서」에 의해 미국이 철군 보완조치로 군사원조와 차관 등 총 15억 달러를 제공하여 '한국군 현대화 5개년계획'을 추진하기로 합의하였다.[70] 원래 박대통령과 애그뉴 부통령과의 회담에서 박대통령은 한국군 현대화를 위해 5개년에 걸친 20~30억 달러가 필요하다고 요구하였지만 미국은 15억 달러로 매듭지었다.[71]

박대통령은 합의문서 후 전 국민의 단결을 촉구하는 특별담화를 발표하였고 정부는 2월 19일 군수사령부를 창설하였다. 군수사령부 창설식에서 박대통령은 "아무리 국군이 강하고 국방이 튼튼하다 하더라도 국가의 경제력, 또는 군수 면에 있어서 군수지원 능력이 따라가지 못하면 국방이라는 것은 오래 지속될 수 없는 것이다. 결국 국방이라는 말과 국가의 경제건설이라는 말은 오늘날에 있어서는 같은 뜻이다. 우리는 이 두 가지 목표에 똑같은 비중을 두고 노력을 해 나가야겠다"[72]고 선언하였다. 대통령 자신이 자주국방을 위해서는 4대핵공장사업과 같은 일회적이고 미시적인 사업에서 나아가 경제력, 산업경제 건설이 필요함을 확인하기 시작한 것이다.

미국이 다시 약속한 6월 말보다 3개월이나 앞당겨 1971년 3월 27일 미 보병 7사단 1개 사단의 주한미군이 철수하자 이에 대응하여 박대통령은 '한국군 현대화 5개년계획(1971~1976)'을 발표하고 '자위(自衛)'라는 용어를 사용하기[73] 시작하였다. 미군이 완전 철수하기 전까지 5년 정도 시간밖에 없었다. 그러나 한국 측의 초조함과 서두름에도 불구하고 미국의 기술이전은 물론 기본 군수물자 이전까지도 미루어져 한국군 현대화 계획은 지지부진하였다. 대통령이 가진 생각은 예비군 20개 사단을 박격포까지 장착시키는 경보병사단 수준으로 무장시킬 계획이었지만,[74] 1971년 11월 경제제2수석비서관으로 임명된 오원철 비서관에게 이후락 중앙정보부장은 "예비군 20개 사단을 무장시켜야 하는데 소총, 수류탄은 물론 철모, 대검도 없어요. 미국이 주기로 했는데 지지부진해요"라고 하소연할 정도였다.[75] 1972년에야 미 국방부는 기술지원팀을 비로소 파견하였지만[76] 이후에도 방위산업 지원에 시간을 끌었다. 방위산업을 위한 국방과학연구소(ADD)의 활동에 가장 큰 제약이 되었던 것도 미국의 비협조였다. 이는 김광모 전 중화학공업추진위원회기획단부단장의 증언에서 확인된다.

---

69) 김정렴 전 대통령비서실장(1995), p. 321.
70) 한국군 현대화를 위해 한국 측도 46%를 부담한다는 조건이 있었다. 김정렴 전 대통령비서실장(1995), p. 319.
71) 청사(일지, 1984), p. 26; 오원철 전 중화학공업추진위원회기획단장(박정, 2006), p. 108.
72) 박정희, 군수사령부창설식 치사(1971. 2. 19); 심융택 편(1972), p. 423.
73) 오원철 전 중화학공업추진위원회기획단장(박정, 2006), p. 109.
74) 오원철 전 중화학공업추진위원회기획단장(한경7, 1999), p. 33.
75) 오원철 전 중화학공업추진위원회기획단장 증언, 金璡(1992), p. 385.
76) 이은영(2006. 12. 1), pp. 276~287.

우리나라의 방위산업에 의한 병기생산은 설계, 시험제작, 성능발사시험의 과정을 거친 후 양산하는 체제를 거의 불문율로 정하여 추진하였다. 그런데 양산에 들어가기 전까지의 시험생산은 국방과학연구소(ADD)가 관장하여 모든 책무를 다하여 왔다. 이를 수행하기 위하여 ADD에서는 병기별로 사계 전문가를 총동원한 분과위원회를 설립하였다. 병기설계는 우리로서는 처음 겪는 일이었기 때문에 민간의 힘으로는 자료를 얻을 수도 없었을 뿐만 아니라 설계자료를 보유하고 있는 미국이 한국의 방위산업 육성에 대하여 반대하고 있는 입장이었기 때문에 설계자료와 도면을 제공하여 주지 않았다. 그래서 우리는 최종제품을 보고 설계도면을 만드는 이른바 '리버스엔지니어링(Reverse Engineering)'의 형식으로 설계자료를 준비하였다.

《김광모 전 중화학공업기획단부단장(김중화정, 2003. 12. 7)》

다수의 증언들이 당시 한국의 급박하였던 위기상황을 전해주지만 사실 세계 전체로 보면 미국의 이러한 일련의 움직임은 오히려 당시 동서화합의 산물이었다. 약속보다 서둘러 3월 말 미군철수가 이루어진 직후인 4월에 미국과 중국의 핑퐁외교가 이루어졌고 곧이어 닉슨 대통령의 중국 방문이 발표되었다. 즉, 주한미군 철수는 중국 방문에 대한 닉슨 대통령의 동서화해 제스처이었으며 동시에 이를 기반으로 하여 이루어진 것이었다. 이런 세계의 상황변화 때문에 사실 한국 역시 한편으로는 공산국과의 교역가능 등 국제환경의 변화를 인정할 수밖에 없었고,[77] 1971년 5월 31일에는 박대통령이 직접 수출진흥확대회의에서 공산국가 경유 선박, 무역업자에의 입국제한조치를 개선하라고 지시하면서 6월 3일 대폭 금지조치가 완화되기도 하였다.[78] 따라서 이미 미국 정부는 냉전논리로 방위산업 협력을 얻으려던 한국의 말을 진지하게 듣고 있지 않았던 것이다.

3) 4대핵공장건설사업의 내재적 한계

미국은 한국의 방위산업, 군현대화 계획을 협조하려고 하지 않았고, 일본은 선별적인 협조라는 소극적 태도를 견지하였다. 사태의 심각성과 흐름을 먼저 깨달은 것은 정부보다 민간기업인 현대 측이었다. 정부는 4대핵공장건설사업계획에 따라 조선공업에서도 합작을 성사시키려고 종용했지만 정주영 회장은 일본이 요구한 경영권을 줄 수 없다며 이 계획을 거절하였다.[79] 또 1971년 3월 18일 방한 중인 三菱그룹 제2차 한국상품수출촉진사절단 中川忍一 단장이 중화학공장 건설, 특히 조선공장 건설에 참여할 의향이 있다고 밝히기도 하였지만[80] 이것도 거절하였다. 1971년 5월 정주영 회장은 일본 조선업계의 도움을 청하

77) 〈동아일보〉(1971. 2. 22; 1971. 7. 1).
78) 청사(일지, 1984), pp. 56~57.
79) 오원철 전 중화학공업추진위원회기획단장(산군, 1994. 3. 15).
80) 청사(일지, 1984), p. 49.

기 위해 방일협조를 요청하였으나 경영참여를 배제당한 일본의 조선업계도 정부도 이를 모두 거절하였다.[81] 현대 정주영 회장은 정부로부터 전권을 넘겨받아 원래의 4대핵공장건설사업과 별개로 독자적인 행보를 시작하였다. 정 회장은 유럽으로 발길을 돌려 1971년 8월 30일부터 9월 22일까지 유럽 7개국을 돌았다.[82]

정회장이 유럽으로 발길을 돌리고 결국 정부 역시 이를 인정하고 대통령까지 나서 적극 지원한 것은 경제기획원과 당시 정부 내 주요 인물들의 주장과 다른 대안을 주장한 한국과학기술연구소 김훈철(金燻喆) 박사의 역할이 컸다. 김재관 전 상공부차관보는 다음과 같이 증언하고 있다.

> 경제기획원이 일본과의 합작을 고전 속에 추진하고 있을 때 조선공업 합작을 어떻게 시작할 것인가 문제를 놓고 논의가 많았다. 일본과 친하였던 이후락 전 실장은 일본과의 협력을 강조하였다. 그러나 일본이 경쟁상대가 될 것인데 협조할 리가 없었다. 중국 대만을 활용하자는 안도 나왔다. 그러나 대만의 부품을 협조 받는 것은 안전성에서 문제가 있고 또 대만이 한국의 생산품을 구매할 것이 아닐 것이므로 역시 안 된다는 의견이었다. 이 중심에는 미시간대학에서 교수를 하던 김훈철 박사가 있었다. 김훈철 박사는 조선공업의 시작에 가장 중요한 것은 결국 판매라는 것이었고 그래서 쓸 사람들과 협조해 만들어 판매할 수 있어야 한다고 주장하였다. 그래서 김훈철 박사는 유럽을 주장하였다. 유럽은 당시 조선공업 박용기계, 내부기계 등에 자신감을 갖고 있었고 먼저 앞서가고 있었기에 자기들 부품을 갖다 쓰라고 말하였고 또 조선수요자였다. 유럽의 부품을 사오면 유럽인들이 그 배를 인수한다는 것이었다. 여기에 더하여 당시 유럽은 조선공업에서 일본에 수위자리를 내주고 있었고 그래서 일본에 대한 경쟁심에서 협조를 할 의욕이 있었다. 그래서 유럽과 협조해 시작하기로 결정을 내부적으로 내렸다. 결정 후 김훈철 박사가 청와대 4대핵공장사업 추진사항 보고가 있을 때 대통령에게 일본 합작은 일본의 하청기업으로 떨어지는 것이고 대만처럼 영원히 종속되는 것이니 일본 합작 제안을 그만 두는 것이 좋겠다고 밝혔고, 대통령이 이 말에 합리성을 느끼고 대안으로 어느 나라가 좋겠느냐고 묻자 영국을 추천하였다. 정주영 회장이 그냥 유럽으로 간 것이 아니고 이런 논리를 정회장은 알아냈다. 대통령은 직접 영국 대사에게 정회장을 도와 줄 것을 요청하였다. 당시 영국은 파이프공장을 건설하겠다며 한국 정부에 허가를 요청하고 있었는데 이 문제로 찾아온 영국 대사에게 대통령은 바터를 제안하였다. 파이프공업을 도와줄 터이니 현대의 조선공업을 도와달라는 것이었다. 그래서 성사되었다. 이후 조선공업이 어렵게 진행되면서 정회장이 조선공업을 포기하는 듯한 태도를 보이자 대통령이 "한다고 할 때는 언제이고 또 도와주었는데"라고 분노하며 "앞으로 일을 현대에 주지 말라고 말하였고" 이를 전해들은 현대는 다시 적극적 태도로 돌아섰다.
>
> 《김재관 전 상공부차관보 증언(2009. 12. 10)》

81) 梅田善司 川崎重工業 相談役 인터뷰, 日韓經濟協會(日韓, 1991), p. 101.
82) 대통령비서실(현조1대통령결재문서, 1971. 10).

경제기획원이 추진하던 4대핵공장건설계획에 대한 일본의 외자와 기술 협조는 여전히 '일본 측의 소극적인 반응으로 인해 시원한 결과가 없었다.'[83] 일본의 소극적 태도는 대외적으로는 실현가능성, 무기수출의 금지원칙 때문이었고, 내부적으로는 부메랑효과, 한국의 중무장화 등을 우려한 것으로 추정되었다.[84] 이런 가운데에도 대통령은 1971년 10월 국군의 날 기념식장에서 "열강의 보장만으로 평화를 구할 수 있다는 견해는 북괴의 전략에 말려드는 언동"이라며 자주적인 방위산업, 4대핵공장건설계획에 대한 신념을 보여 주었다.[85] 일본과의 협상에서 결과를 얻지 못한 경제기획원은 차관처를 일본에 매달릴 것이 아님을 깨닫고 미국 및 노르웨이, 스웨덴 등 유럽으로 발길을 넓혔다.[86] 그러나 이미 조선공업을 시작하기 위해 미리 준비하고 있었고 사업경험이 풍부하였던 정주영 회장에게 모든 사업이 넘어간 조선공업을 제외하고 다른 사업에서는 일본, 미국에 이어 노르웨이, 스웨덴 등 다른 나라의 반응도 부정 일변도이었다.[87]

정주영 회장의 조선공업만이 유럽의 협조를 얻을 수 있었던 것은 유럽 조선업계가 세계 조선시장의 지배자로 나서던 일본 조선업계를 견제하고 아시아시장에 진출할 필요가 있던 차에, 대통령까지 나서는 정부보증이라는 매우 좋은 조건을 정주영 회장이 제시해 시기적으로나 지역적으로나 조건상으로나 잘 맞았기 때문이었다. 그러나 이미 조선공업은 4대핵공장건설사업 계획서와는 다른 형태로 진행되어 나갔다. 거의 모든 것이 바뀌었지만, 특히 민간기업으로서의 '현대건설'이 현대조선을 독자적으로 건설하여 사업을 추진해 나가고 정부는 이를 지원하는 형태로 주·대리인(主·代理人) 역할이 뚜렷이 바뀌어 정립되고 있었다. 청와대 정소영 보고관은 "이(현대조선소 건설사업)는 사업주체가 민간인이라할 지라도 국가적 전략사업이므로 정부의 지원사항에 대하여는 신중한 검토와 책임 있는 집행이 뒷받침되어야 할 것임"이라고 대통령에게 보고하고 있고, 박대통령은 결재문서에서 친필로 "경제기획원에서 검토 후 장차 정부지원방안 등 수립할 것"을 가필하여 지시하고 있었다.[88] 즉, 현대가 주체, 중심이 되고 정부의 역할은 현대의 진행에 따라 검토 후 장차 사후적 지원으로 되고 있는 것이다.[89]

1970년 제출된 『한국 기계공업육성방향 연구조사보고서』에서 조선공업은 다른 공업과 달리 수출산업으로 할 것과 함께 기술수준이 높고 큰 시장을 가진 국가와 합작투자로 설립할 것이 건의되었다(부록의 '〈자료 2-1〉 1970년대 4대핵심공장사업 선정 조선소 건설계획' 참조).[90] 그리고 정부는 4대핵공장건설사업에서 일본과의 합작을 권고하였다. 이러한

83) 김정렴 전 대통령비서실장(1997), p. 270.
84) 김홍기 전 경제기획원투자진흥국장편(1999), p. 257.
85) 〈매일경제신문〉(1971. 10. 1).
86) 중화학공업추진위원회기획단(한공발3, 1979), p. 426.
87) 김홍기 전 경제기획원투자진흥국장편(1999), p. 257.
88) 대통령비서실(현조1대통령결재문서, 1971. 10).
89) 대통령비서실(현조1대통령결재문서, 1971. 10), 보고관의 의견, 3/4.

합작계획과 달리, 현대가 '팬마리타임'사에 이어 일본의 경영권 배분요구를 거부하고 현대의 독자적 의사결정과 진행을 선택한 것은 한국 조선부문이 급성장하고 성공할 수 있는 결정적인 전환점을 만들은 것이었다. 또한 조선공업을 수요에 입각하여 유럽 등으로 조선공업의 활로를 찾은 것은 한국 조선공업의 또 다른 가장 중요한 성공요인의 하나이었다. 한국 조선공업의 성공은 바로 이 두 가지에서 출발하였고 가능하였다.

1971년 11월 10일 경제기획원은 박대통령에게 일본과 미국, 유럽국가 등에 15개월 넘게 외자도입 교섭을 하였지만 필요한 외자를 얻지 못했음을 보고하였다. "진전이 전혀 없었다."[91] 김정렴 실장은 증언을 통해 "이 날 보고를 받고 보니 아무 것도 이루어진 것이 없어 너무나 크게 놀랐다"고 말했는데[92] 이는 그 동안 경제기획원을 대통령과 청와대가 믿고 있었으며 4대핵공장건설사업에 기대가 컸던 것을 보여 준다.

결국 주물선철·특수강·중기계 공장은 계획대로 착공되지 못하였으며 이미 조선부문은 현대가 울산에서 독자적으로 추진해 나가는 형태로 되었다. 이후 주물선공장은 '강원산업'이 내자 30억 원을 감당하지 못해 포기하여 건설주체를 '포항종합제철'로 실수요자를 변경하도록 결정된 후[93] 1972년 2월 3일 적자예상을 안고 포항제철이 떠맡았다.[94] 중기계공장은 창원에서 '한국중공업'으로 출범하게 되었다.[95] 4대핵공장 건설계획의 성과가 없음으로써 1971년 1월 만들어진 「비철금속제련사업법」까지도 바로 실행되지 못하였다.

4대핵공장 건설계획은 다음의 두 가지 면에서 근본적으로 내재적 한계를 가진 것이었다.

첫째, 내부적으로 볼 때 방위산업으로서의 4대핵공장 건설계획은 경제기획원이 주체가 되어 진행되었는데 사실 장관을 비롯하여 경제기획원은 필요성과 긴급성은 이해하고 있었고 책임도 느끼고 있었지만, 방위산업 그 자체의 성격, 중공업의 내용 등을 이해하고 있지는 않았다. 경제기획원은 거시경제의 운용에 역할이 맞추어져 있었고 스스로도 그렇게 생각하고 있었으며, 방위산업이라고 하는 4대핵공장 건설의 미시적 산업성격에 관해 당연히 잘 알 수 없었다. 실제로 4대핵공장 건설계획에서 경제기획원의 활동은 외자도입 등 대외적 변수에 초점을 맞추고 있었고 또 당시 안정과 균형을 강조하였던 미국, IMF, 세계은행의 의견을 믿고 이에 관심을 갖고 있었다.

둘째, 순차적이고 장기적인 진행과 보완계획을 갖고 전체적인 공업구조 속에서 중공업계획을 진행한 것이 아니라, 결과로서의 병기군수공업만을 위한 단기적인 4대핵공장을

90) Harry Y. H. Choi(장관보고, 1970. 5. 31), p. 177.
91) 김정렴 전 대통령비서실장(1995), p. 322.
92) 김정렴 전 대통령비서실장 증언(2008. 11. 20).
93) 〈중앙일보〉(1971. 11. 25); 재무부경제협력국외자관리과(주물공포, 1971); 재무부경제협력국외자관리과(주물공향, 1971); 재무부경제협력국외자관리과(주물공계수2, 1972).
94) 포항종합제철주식회사(포20사, 1989), p. 204.
95) 최형섭 전 상공부광무국장, KIST소장, 과학기술처장관(1995), p. 139.

떼어내 완성한다는 것은 공업연계구조상, 기술상 원천적으로 문제가 있는 것이었다. 1970년대 초 기초적인 주물공업이 시작되고 발전하고 있었지만 아직은 "품질관리의 미숙으로 주물제품의 신뢰도가 낮은 것이 많고 Chilled Ball, 주철관, FC30을 비롯한 대부분이 71.4%, 43.8~80%, 66.7% 수준으로 요구성능에 미달"[96]되는 상황에서 바로 무기생산을 위한 공장건설을 한다는 것은 분명히 그리고 당연히 한계가 있는 것이었다.

이런 한계적 사실은 방위산업을 위해서는 기존 방식이 아닌 새로운 계획과 대안이 필요하다는 사실을 말해 주는 것이었고 또 1971년까지의 4대핵공장건설사업이 이후 중화학공업화와는 성격이 다른 것이었음을 보여 준다.

3. 한국 기계공업육성방향 연구조사사업(1969. 11~1970. 5)과[97] 4대핵공장건설사업(1970. 7~1971. 11)의 성격과 영향

1) 성 격

한국 기계공업육성방향 연구조사사업(1969. 11~1970. 5)과 4대핵공장건설사업(1970. 7~1971. 11)은 1973년 중화학공업화선언에 의해 이후 본격화된 중화학공업화와 대비해 네 가지의 다른 주요한 성격을 가지고 있었다. 이러한 성격 차이는 한국 중화학공업사에서 매우 중요한 성격변화를 보여 주는 것이며, 1973년 이후 중화학공업화의 성격 해석에 그 동안 많은 오해가 있었던 원인이 되었고 또 오해가 있었음을 보여 준다.

첫째, 시기와 배경, 목표기간에서 1971년 11월 이후 방위산업 육성을 위한 중화학공업정책이나 1973년 중화학공업화선언 이후의 중화학공업화와는 구분된다.

1970년 5월 경제기획원장관, 상공부장관에게 제출된 『한국 기계공업육성방향 연구조사보고서』는 그 목적으로 "기계공업의 육성계획을 수립하려면 가용자원의 한계성과 육성규모를 고려 아니할 수 없으며…… 본 보고서는 바로 이와 같은 우선순위 결정의 터전을 마련하려고 한 것이다"[98]라고 밝히고 있다. 즉, 우선순위 결정의 단계, 그것도 '터전'을 마련하려는 단계에 머무르고 있는 것이었다. 특히, 기계공업육성방향 연구조사사업 보고

96) 경제과학심의회의·상공부·대한금융단(1969. 12); 한국과학기술연구소(중공, 1970), 상, pp. 343~344.

97) 넓게 보아 이는 1970년 9월에 경제기획원장관에게 제출된 용역인 한국과학기술연구소의 『중공업 발전의 기반: 한국의 기계 및 소재공업의 현황과 전망분석』 상·하 2권을 포함한다. 2권의 이 보고서는 "본 보고서는 미국의 Battelle 기념연구소의 崔榮華 박사 주도로 본 연구소가 협동하여 작성한 『기업공업육성방향 연구조사보고서』에 제시된 바 중기계종합공장, 조선소, 특수강 및 주물선공장 등의 4개 핵심공장 건설을 중심으로 한 중기계공업화 계획추진을 위한 관련자료로서 작성된 것이다"라고 서문에서 밝히고 있다.

98) Harry Y. H. Choi(장관보고, 1970. 5. 31), 서문.

서는 1976년 기준으로 하여 제3차 경제개발5개년계획의 목표를 건의한 데 머물러[99] 1981년 수출 100억 달러라는 장기적인 목표를 설정한 1973년 이후 중화학공업화와는 분명히 구분된다. 한편, 1970년 7월부터의 4대핵공장건설사업은 장기적인 중화학공업화라는 장기 산업정책, 본격적인 중화학공업화정책이라기보다는 1960년대 말~1970년대 초 주한미군 철수, 북한과의 충돌 등 대내외 위기위식에서 국산 병기생산에 초점이 맞추어진 단기계획이었다. 김정렴 전 대통령비서실장과 김광모 전 기획단부단장은 4대핵공장건설사업과 중화학공업화는 완전 별개의 사업이었다고 지적하고 4대핵공장건설사업은 결국 종합적인 산업체계가 아니고 개별 공장을 한 개씩 세우는 것이었다고 증언하였다.[100] 이러한 차이를 고려하여 한국 기계공업육성방향 연구조사사업(1969. 11~1970. 5)과 4대핵공장사업(1970. 7~1971. 11)을 중화학공업화의 전사로 인식하지 못하고 한국중화학공업화와 혼용하여 봄으로써 그 동안 한국중화학공업화의 성격에 많은 오해가 발생하였다.

둘째, 한국 기계공업육성방향 연구조사사업과 4대핵공장건설사업은 경제적 합리성 검토가 취약하였다.

이들 사업이 이후 중화학공업화의 전사로서 중요한 한 실험이 되었다는 점은 물론 중요하다. 『한국 기계공업육성방향 연구조사사업』과 한국과학기술연구소의 『한국의 기계 및 소재공업의 현황과 전망분석』 사업은 각각 299면, 1,351면에 달하는 보고서로 남게 되어 한국 중공업 발전의 초기 참고서가 되었고, 그 결과로 '원자재공업의 확립과 아울러 더 나아가서는 중기계공업화 계획을 중점적 사업으로 추진하게 되었음은 우리나라 산업발전에 있어서 한 계획적 전기를 마련한 것'이었다.[101] 중화학공업추진위원회기획단은 "4대핵공장 건설계획은 그 후 중화학공업 건설을 추진해 나가는 데 모체가 되었다"고 하여 그 공헌도를 인정하고 있다.[102] 한국 기계공업육성방향 연구조사사업은 기계공업의 중요성을 확인하였고 기계설비의 해외의존도가 높아 국내 기계공업과는 큰 관련을 맺지 못하고 있으며 또 기계공업의 주도적 성장요인인 내구소비재 생산이 아직 본격화하지 못하고 있어, 기계공업이 선진국에 비해 발전하지 못하고 있음을 지적하는 등 주요한 성과를 거두었다.[103]

그러나 4대핵공장건설사업은 어디까지나 자주국방을 위한 일부 병기공장의 건립단계에 머문 계획이었다. 오원철 전 중화학공업추진위원회기획단장의 증언 역시 "4대핵공장이란 바로 국가지상과제로 등장한 방위산업," "4대핵심공장 건설이 방위산업 육성이라는 것"이었다고 분명히 하고 있다.[104] 4개핵심공장 건설을 중심으로 한 중기계공업화 계획추

99) Harry Y. H. Choi(장관보고, 1970. 5. 31), pp. 3, 280, 281.
100) 김정렴 전 비서실장 증언(2008. 11. 20); 김광모 전 중화학공업추진위원회기획단부단장 증언(2010. 2. 10).
101) 한국과학기술연구소(중공, 1970), 下, p. 1331.
102) 중화학공업추진위원회기획단(한공발3, 1979), pp. 422, 426.
103) 한국과학기술연구소(중공, 1970), 上, p. 20 외.

진을 위한 관련자료로서 9월에 정리된 한국과학기술연구소 보고서의 최종 결론도 "우선 장기적인 자주국방의 능력배양 등을 감안한 하나의 종합적이고 일관성 있는 정책으로서 중기계공업화를 중심으로 한 공업화 계획을 추진시키게 되었음"[105]이라고 밝히고 있다. 이런 성격 때문에 4대핵공장건설사업은 장기산업정책과 합리적 정책수단의 구비 없이 진행되었으며 이는 1973년 이후 중화학공업화계획과는 뚜렷이 구분된다.

4대핵심공장 제안과 이를 이은 4대핵공장건설사업은 처음부터 경제적인 합리성 검토가 취약하였다. 해리 최 박사의 4대핵심공장 건설계획을 보면 포항종합제철 생산량 중 6,400톤을 중기계종합공장에서, 13만 톤을 조선소에서 소비할 계획이었지만 이는 생산량 103만 톤의 13%밖에 안 되는 것이었다. 주물선공장의 20만 톤 공장은 국제규모 미달로 경제성이 없었다. 특수강공장은 소량다품종 생산업종이어서 초기 공업발전단계에서 맞지 않았다. 10만 톤급 조선소 건설은 기술축적이 없었음에도 그 구체적 수단이 제시되지 않았다. 그리고 중기계종합공장은 전문성이 없었으며 중소기계공장이 발달하지 않은 상태이어서 건전성이 떨어져 경제성 있는 공장이 되지 못하였다.[106] 이러한 경제적인 합리성 결여는 중화학공업화선언 이전 1960년대와 1970년대 초 추진된 중화학공업의 성격과 한계를 동시에 보여 주는 것으로, 이런 문제점은 일본 외무성이 발간한 1969년 보고자료에서부터 한일경제협력의 문제점으로 지적된 이래[107] 일본의 사업협조 거부의 명분이 되기도 하였다.

셋째, 1970년 6월 24일 김학렬 경제기획원장관은 4대핵심공장 건설의 추진모체는 원칙적으로 민간으로 한다고 발표하는 등[108] 당시에도 민간기업 우선의 원칙이 당연시되고 관철되고 있었지만, 중화학공업화선언 이후 중화학공업화계획과 비교하여 4대핵공장건설사업은 정부주도성이 큰 사업이었으며, 특히 이 사업이 방위산업으로 정부가 비밀리에 진행하면서 그렇게 되었다.

4대핵심공장으로 건설될 중공업단지는 "정부선도형의 중기계종합공장이 핵심이 되어야 하며 이를 중심으로 관련공장들이 유기적으로 결합되고 상호 보완하는 중기계공업단지가 조성"[109]되는 것이었다. 사업에 필요한 차관도 정부가 나서 조달하고자 하였다. 1973년 중화학공업화선언 이후 정부도 전체 목표계획을 세웠지만 각 공업별 내용은 기업들이 만들고 기업들이 중심이 되어 진행하였으며 투자의 책임을 96.3%까지 민간에서 담당하도록 하였던 것과는[110] 구분된다. 이런 점은 한재열 산업진흥관의 증언에서도 나타난다.

---

104) 오원철 전 중화학공업추진위원회기획단장(한경7, 1999), p. 156; 오원철 전 중화학공업추진위원회기획단장(오회, 1994), p. 466.
105) 한국과학기술연구소(중공, 1970), 하, p. 1327.
106) 오원철 전 중화학공업추진위원회기획단장(한경7, 1999), pp. 156~159.
107) 外務省經濟協力局(日, 1969), p. 163.
108) 〈조선일보〉(1970. 6. 25).
109) Harry Y. H. Choi(장관보고, 1970), p. 155.

내가 아는 배경으로는 4대핵심공장은 순수한 민간산업을 육성하기보다는 방위산업의 육성이라는 취지하에 정부가 적극적으로 추진하였다는 점이다.

《한재열 당시 산업진흥관 증언, 김흥기 전 경제기획원투자진흥국장편(1999), p. 257》

넷째, 해외의존적이었고 특히 일본 의존형 구도로 진행되었으며 이는 주요한 한계요인이었다.

『한국 기계공업육성방향 연구조사보고서』가 "기술축적의 부족에 의한 기술의 해외의존"을 기계공업의 내적 발전저해 요인으로 지적하였듯이[111] 당시 한국에는 자본, 기술의 본원적 축적 한계가 존재하였다.[112] 그래서 처음부터 경제기획원은 모든 사업에서 일본을 주요 사업파트너로 내정하여 이에 따른 차관계획서를 작성하였다. 한국은 공장의 입지와 인력을, 그리고 일본은 자본과 기술을 제공하는 것을 기대하였다.[113] 이러한 결합방식은 당시 1960년대 이미 대만의 수출가공구 운영을 통해 그 귀납적 효율성이 인정되고 있었다.[114] 이를 위해 모든 협의도 일본 측에 맞추어 진행하였다. 한 예로 1970년 7월 21일부터 23일까지 서울에서 열린 제4차 한일정기각료회의는 수석대표인 김학렬(金鶴烈) 장관의 "개회사를 제외하고 모두 일본어로 진행되었고 심지어 실무진들까지도 회의장은 물론 로비에서까지도 일본어를 쓰고 있어 용어만으로 보면 마치 일본 국내회의 같은 인상"이었다.[115] 이렇게 김학렬 부총리가 일본을 믿었던 것은 종합제철 건설에서 일본의 도움을 얻었기 때문이었다.[116] 그러나 일본은 포항종합제철에서도 자국의 경제사정을 우선으로 고려한 후에 '일관되게 미국에 대비한 자국의 주도권을 생각하고 있었고 한국이 일본의 이익에 맞게 조건을 제시하였기에'[117] 이를 수락한 것임을 김 부총리는 고려하지 않았다.

당연히 일본의 내면 의도는 달랐다. 이는 한일각료회의에서 4대핵공장건설사업에 대한 5,900만 달러 상업차관 제공과 농수산근대화, 수출산업 육성, 중소기업진흥의 1억 달러 재정차관을 논의했음에도 다음에서 보듯이 일본 측의 반대로 제4차 한일정기각료회의 공동성명에는 이를 명시하지 않았던 것에서[118] 처음부터 분명히 나타난다. 한국 측 포항제철 관련 주물선(鑄物銑), 중기계(重機械), 특수강, 조선 등 4대핵공장사업 협조요청에 대해[119] 일본 측의 확답은 이루어지지 않았고 다음의 공동성명문에서 보듯이 일본 측은 조

110) 국무총리기획조정실(중오, 1973), p. 13; 경제기획원(우장, 1973. 12), pp. 156~157.
111) 한국과학기술연구소(중공, 1970), 下, p. 1326.
112) 박영구(2000).
113) 김흥기 전 경제기획원투자진흥국장편(1999), p. 257.
114) 石田浩(2007), pp. 313~342.
115) 〈조선일보〉(1970. 7. 22).
116) 오원철 전 중화학공업추진위원회기획단장(한경7, 1999), pp. 154~155.
117) 오원철 전 중화학공업추진위원회기획단장(한경7, 1999), pp. 130~131.
118) 金子文夫(1976), p. 13.
119) 日韓經濟協會(日韓, 1991), p. 51.

사 후 필요한 협력을 할 용의가 있다는 것으로 회의를 매듭지었다.

> 한국 측은 기계공업 건설 등 중공업의 육성계획에 관해 일본 측의 협력을 요청하였다. 일본 측도 한국의 중공업 육성이 종합제철공장의 효과적인 활용과 경제발전을 위하여 긴요함을 인식하고 한국의 중공업 육성에 관한 필요한 조사 등 소요의 노력을 행할 용의가 있다고 말하였다. 또한 일본 측은 조사에 기초하여 필요한 협력을 행할 용의가 있음을 약속하였다.
>
> 【외무부(재, 1976), pp. 85~94;
> 고려대학교 아세아문제연구소 일본연구실편(資料集2, 1977), pp. 653~658】

일본은 3달 후 1970년 10월 27일 한국 중공업공장 일본 조사단을 파견하였다. 단장은 赤澤璋一 일본 통상산업성 중공업국장으로 이들은 1주일간 한국에 머물면서 지난 7월 한일정기각료회의 합의에 따라 한국이 세울 4대핵공장의 기술 및 경제적 타당성 조사를 하였다.[120] 그러나 추진은 지지부진하였다. 1년 후 1971년 8월의 5차 한일정기각료회의에서 일본은 이미 합의한 4대핵공장사업에 약 8,000만 달러를 수은(輸銀)융자로 제공하기로 다시 합의하였지만 역시 실행에 적극적이지 않았다.

일본의 입장은 원료판매, 자본판매, 계속적인 시장확대에 있었다. 거부할 수 없는 조건이 없는 이상, 당연히 한국 측에 기술 및 설비 이전에서 좋은 내용과 조건을 제공하지 않으려고 하였다. 따라서 일본은 한국의 공업소유권 미비와 낮은 기술수준, 원활한 원료공급 부족을 들어 첨단기술 이전에 처음부터 소극적이었다. 공업소유권 문제로 기술이전이 어렵다는 일본 측 주장은 1969년 『韓國經濟産業視察團報告書』에서 "기술, 공업소유권의 경제가치에 대한 인식이 부족하여 설비를 도입하여도 그것에 기술이 수반되지 않았다" 등으로[121] 계속되었다. 그 결과 1975년 『韓國經濟協力調査團報告書』에서 일본 스스로 "기술협력과 자금협력의 연계가 불충분하다"고 지적할 정도이었다.[122] 또 일본은 한일경제협력의 문제점으로 원료의 원활한 공급부족을 지적하면서[123] 일본으로부터의 원활한 수입을 계속 제안하였다. 일본은 한국에서 "울산석유화학공업단지와 포항종합제철소 건립을 계획하고 있지만 내수문제로 국제규모가 안 되어 수입가보다 높아진다"고 경고하면서 오히려 수입원료에 보세하여야 한다고 주장하였다.[124] 결국 일본은 한국 진출을 위한 공업소유권협정, 조세협정 등을 요구하고 한국의 공업계획을 아시아 한편에서 광대한 국내연계시장이 탄생하는 것으로만 의미를 한정하고 싶어하였다.

120) 〈조선일보〉(1970. 10. 23).
121) 外務省經濟協力局(日, 1969), p. 164.
122) 外務省經濟協力局(韓, 1975. 8), p. 210.
123) 外務省經濟協力局(日, 1969), p. 164.
124) 外務省經濟協力局(日, 1969), p. 168.

표 2-5 1960년대 한국의 연계가공무역

	1962	1963	1964	1965	1966	1967	1968	1969
총수출(백만 달러)	54.8	86.8	119.1	175.1	250.3	320.2	455.4	622.5
연계가공수출(백만 달러)	1.2	4.9	5.6	19.7	28.0	57.8	87.0	130.7
연계가공수출/총수출(%)	2.2	5.6	4.7	11.3	11.2	18.1	19.1	21.0

자료: T. Takeo(1977).

일본의 이러한 계산으로 일본은 '한국이 임금이 싸서 현지생산이 유리하므로 한국과 일본의 협력도 일본은 자본집약적 공정, 한국은 노동집약적 공정으로 결합할 것'을 권고하고[125] 사실상 신규 혹은 첨단 중화학공업의 설비나 기술이전에는 매우 소극적이었다. 당시 일본의 공무원들은 한일국교 조인 후 1965년 日本經濟調査協議會와 한국생산성본부(韓國生産性本部)가 낸 공동조사보고서에[126] 기초하여 한국의 저렴한 노동력과 일본 자본을 결합시켜 수출하는 위탁가공, 연계가공무역의 확장을 지향하고 있었다. 실제로도 이러한 연계가공무역계획은 〈표 2-5〉에서 보듯이 1965년부터 급속히 확대되고 있었고 또 1969년 한국 수출의 21.0%를 차지하도록 계속 확대되면서, 1970년대 초 검증된 한일 간 성공적인 전략으로 받아들여지고 있었다. 이런 기본적 인식은 계속되어 일본은 중화학공업과 관련한 경제협력에서 언제나 적극적 의지를 갖고 나서지 않고 수동적으로 한국의 요구에 끌려오며 마지못해 대응하였고, 이러한 한국과의 협력에 나타난 일본의 수동적 태도는 이후에 일본 정부 스스로가 미국과 대비한 일본의 문제점으로 지적할 정도이었다.[127] 이런 상황 속에서 당시 한국 4대핵공장 담당자들은 이들 사업의 자본과 기술을 일본에 의존하고자 하였던 것이다.

결국 한국의 중공업 건설에 대한 협력에 부정적인 일본에 의지함으로써 시기적으로도 국제적으로도 한국은 착수기회를 잃었다. 한국 정부는 일본의 비협력이 실패의 원인이 되었음을 깨달았고 나아가 일본과의 경제협력의 한계를 분명히 인식하여 이후 대일관계에서 전략의 변화를 추구하였다. 4대핵공장건설사업에서의 일본 협상을 통해 한국의 관리와 기업들은 절대적으로 믿었던 일본을 새로이 인식하게 되었고, 이때의 학습효과로 이후 일본에 여전히 의존하면서도 절대적인 것이 아니라 타국과의 경쟁을 유도하면서 일본에 보다 정교하고 합리적으로 대처하고자 하는 전략을 1차적으로 배우게 되었다.[128] 아이러니컬하게도 이 점이야말로 이후 한국 중화학공업화에 미친 4대핵공장건설사업의 가장 큰 공헌이었다고 볼 수 있다.

125) 外務省經濟協力局(日, 1969), pp. 170~171.
126) 日本經濟調査協議會·韓國生産性本部(1965. 9).
127) 外務省經濟協力局(韓, 1975. 8), p. 214.
128) 박영구(2008b).

2) 대일의존: 일본의 전략

한국의 일본에 대한 이러한 맹목적일 정도의 의지에는 포철의 경험도 있었고 한국 측의 안이한 판단이 있었던 때문이지만 기저에는 일본의 계속된 한국 전략이 그 원인으로 작용하였다. 1960년대 미국은 역사적으로 일본 시장에 편향된 한국 시장을 미국 시장으로 편입시키고 있었다. 1960~1962년 한국의 미국 수출은 전체 수출의 17%에 불과하였고 일본은 49%를 차지하였으나, 미국은 한국제의 수입을 대폭 늘려 1965년 한국의 미국 수출비중은 35%, 1967년 43%, 1969년 50%로 높아졌고 반면 일본 수출비중은 1965년 26%, 1969년 21%까지 낮아졌다.[129)]

일본은 시장을 내주는 미국에 맞서 한국 시장을 지키기 위한 적극적인 노력을 시작하였다. 우선 한국 기업이 절대 필요로 하는 기술이전을 해 주겠다며 한국 기업에 일본인 기술자의 파견을 늘렸다. 일본어가 금방 가능하였던 한국인에게 일본인 기술자의 초빙은 선진기술을 배우는 가장 빠른 방법이었다. 주한미군으로 파견되는 경우를 제외하고 미국인 기술자들은 한국에 오지 않으려고 한 반면 일본인들은 회사의 이해와 명에 의해 한국에 계속 왔다. 그 결과 〈표 2-6〉에서 보듯이 1962~1967년간 한국 기업이 바라던 중공업에서 외국인 기술자 전체 365인 중 일본인이 82.9%를 차지하게 되었다. 미국인은 6.5%에 불과하였다.

이어 일본은 〈표 2-7〉에서 보듯이 한국이 필요로 하는 자본과 원자재 그리고 기술과 수출시장까지 충족시켜 줄 수 있는 직접투자를 확대하여 나갔다. 한국에 이루어진 외국인 직접투자 중 일본 비율은 1966년까지 중단되어 있었지만 1968년 617만 달러가 되어 이미 미국을 앞질렀고 1969년에는 1,993만 6,000달러로 늘어나 미국의 652만 4,000달러와 격차를 벌렸다.[130)]

한국이 필요로 하는 기술자 파견과 직접투자를 확대하면서 이와 결합하여 일본은 〈표 2-8〉에서 보듯이 1960년대 중반부터 한국 기업의 일본 자재수입, 일본 기계수입을 확대시켰다. 한국의 기계수입 중 일제의 비중은 1963년 28%이었으나 1965년 52%, 1966~1967년 57~58%, 그리고 1968년에는 65%로 확대되었다.

그 결과 〈표 2-9〉에서 보듯이 한국의 제조국별 전체 기계 보유현황을 보면 절삭기계 38.3%, 연삭기계 23.3%, 열처리시설 19.7%, 소석가공기 18.6% 등 한국의 공업은 자본재에서 일본에 압도적으로 의지하게 되었다.

---

129) 한국은행(수출, 1970).

130) 1970년은 한일 마찰 등으로 미국 비중이 급등한 예외적 해이었다. 실제로 다시 1971년이 되면 인가기준 직접투자액은 미국 3,420만 달러, 일본 2,340만 달러로 되었고 1972년에도 미국 3,420만 달러, 일본 8,190만 달러이었다. 격차는 확대되어 1975년에는 미국 847만 달러, 일본 1억 277만 달러가 되어 일본:미국 비중은 100:8이 되었다. 경제기획원(주경지표, 1976).

표 2-6 외국인 기술자 초빙상황(1962~1967)

(단위: 명, %)

	중소기업	대기업	계	국가별			
				일본	미국	유럽	기타
제1차 금속	8	57	65	51	6	8	–
			100	78.5	9.2	12.3	–
금속제품	38	15	53	48	3	1	1
			100	90.6	5.2	2.1	2.1
기계	37	83	120	95	10	6	9
			100	79.2	8.3	5.0	7.5
전기기기	13	73	86	73	3	10	–
			100	84.9	3.5	11.6	–
수송용기기	19	13	32	28	1	1	2
			100	87.5	3.1	3.1	6.3
총괄	115	241	356	295	23	26	12
			100	82.9	6.5	7.3	3.3
업체당 평균	0.3	5.9	0.8	–	–	–	–

주: 중소기업은행 자료로 위는 인원, 아래는 구성비임.
자료: 한국과학기술연구소(중공, 1970), 上, pp. 82~83.

표 2-7 한국에 대한 국가별 직접투자액(허가기준)

(단위: 백만 달러)

	일본	미국	합계
1962~1966	3.9	27.6	32.3
1967	1.3	8.0	13.9
1968	6.2	1.8	13.5
1969	19.9	6.5	37.5
1970	20.7	31.5	58.9

자료: 경제기획원(주경지표, 1976).

문제는 일본이 한국에 전수한 기술은 어디까지나 초기, 표준화된(standardized technology) 기술에 관한 것이었고, 또 수입촉진과 수입자본재의 응용을 위한 기술자의 파견은 이루어졌지만 신규 혹은 첨단기술의 이전은 이루어지지 않고 있다는 것이었다. 기초공업에서 일본의 기술제휴와 기술자 파견은 타국에 비해 압도적이었지만 모두 일본 자본재 수출을 위한 수단이 주목적이었고 한국 역시 기술자가 아직 육성되지 못한 상황에서 당장은 기술이전보다 기계를 돌리는 것에 더 주력하고 있었기에 이는 묵인되고 있었다. 이는 당

표 2-8 한국의 국가별 기계류 수입실적 비중

(단위: %)

	1963	1964	1965	1966	1967	1968
일 본	28	36	52	58	57	65
미 국	21	18	12	25	23.5	18
서 독	10	25	15	9	7.5	8
영 국	1	2	0.5	0.7	0.5	0.5
이탈리아	0	3	0.4	0.3	1.0	0.9
기 타	40	16	20	7	10.5	7.6

자료: 재무부(무, 1965~1966); 재무부세관국(1967~1969).

표 2-9 한국의 제조국별 기계 및 시설 보유 현황(1968년)

(단위: %)

	한국	미국	서독	일본	기타	계
절삭기계	49.58	5.36	6.14	38.28	0.64	100
연삭기계	37.22	33.33	5.46	23.28	0.81	100
소성(塑性)가공기	73.27	2.89	5.08	18.56	0.22	100
주물시설	89.80	0.69	3.27	6.12	0.12	100
열처리시설	66.83	1.44	10.58	19.71	1.44	100
부대시설	47.63	16.78	7.14	28.25	0.20	100

자료: 상공부·한국기계공업협동조합연합회(1968); 한국과학기술연구소(중공, 1970), 상, p. 61.

시 상황을 조사한 자료가 "특히, 한국은 개발계획에 의해 도입된 신기계의 가동률 제고를 위하여 해외기술자의 초빙에 큰 관심을 가져왔다"[131]고 밝히고 있는 점에서도 나타난다.

그럼에도 불구하고 한국의 시급한 필요를 드러나게 충족시켜 줌으로써 한국 시장 진입을 확대해 나가려는 이러한 일본의 적극적 노력으로 한국에서는 1960년대 후반 일본에 대한 의존 분위기가 절대적으로 변하고 있었다. 여기에 1970년 미국의 대한무상원조가 동결되고 잉여농산물 원조도 1972년 평화식량법이 효력을 잃음으로써 종결되는 것에[132] 대한 염려와 우려가 퍼지고 있어 한국의 재계·정계는 미국에 대한 대안으로 일본에의 의존 분위기가 다시 강화되고 있었다. 미국이 해외원조를 줄이려고 하는 경향이 커질수록 일본 자본에 대한 의존은 커져 갔다.[133] 본격적인 움직임이 나타나고 있었던 것은 아니지만 일본이 입지, 공해 등으로 공장이 포화되어 공장건설을 해외로 이전하려는 의도의 출현도

131) 한국과학기술연구소(중공, 1970), 상, p. 82.
132) 林建彦(1986), pp. 282~283.
133) T. Takeo(1977), p. 60.

한국의 재계·정계에 대일 의존 분위기를 미묘하게 형성하고 강화시키고 있었다.

3) 영　향

4대핵공장건설사업이 시행착오를 겪고 있는 동안에 제조업 내 중화학공업비율은 부가가치 기준 1968~1969년 34.8~34.9%에서 1970년에는 오히려 33.1%로 후퇴하였다.[134] 4대핵공장건설사업의 문제는 박대통령이나 김학렬 장관이 생각한 대로 차관문제에만 있지 않았다. 1971년 국방부는 경화기 등 기초무기 시제품 제작을 하였지만 역시 특수강이나 철강, 비철금속공업, 정밀가공의 기계공업, 전자공업 없이 방위산업은 한계가 있다는 것을 확인하고 있었다.[135] 국방부는 방위산업 육성을 위한 개혁에 나서 1971년 7월 16일 방위산업국을 신설하고 방위산업과·생산조달과·연구개발과·공창담당관실·무기체계담당관실의 3과 2실을 두는 내용의 국방부 직제개정안을 법제처 심의에 발송하였다.[136]

중화학공업의 성숙화·산업화 없이 조립가공 무기공업이 성공할 수 없다는 것은 당연하였다. 그러나 한국 기계공업육성방향 연구조사사업팀이 내놓은 현실을 보면 당시 기계공업은 바로 정밀가공의 군수공업을 위한 것으로는 한계가 분명히 있었다. 〈표 2-10〉에서 보듯이 군수공업과 직결된 일반기계와 정밀기계 중 우선 정밀기계를 보면 그 비중이 생산액으로 1.4%에 불과하였고 이것도 영세해서 사업체수가 3.0%인데 비해 종업원수는 2.1%에 불과하며, 더욱이 질적인 지표가 될 유형고정자산 취득액으로 보면 0.2%에 불과하여 상대적으로 노동의존적 기술조직으로 유지되고 있었다. 일반기계의 비중 역시 생산액으로 16.0%, 사업체수 44.5%에 종업원수비중 26.4%, 유형고정자산 취득액 12.8%에 불과해 똑같은 문제점을 가지고 있었다. 기업규모로 조사한 내용을 보아도 일반기계와 정밀기계는 500인 이상 종업원을 가진 사업체가 일반기계는 5개, 정밀기계는 없어 전기기계나 수송기계의 10개, 12개와 뚜렷이 대조를 이루었고 200인 이상으로 확대해도 일반기계가 11개, 정밀기계가 2개에 불과하여 타 전기기계나 운송기계의 24개, 22개와 차이가 컸다.[137]

1960년대 전체적으로 보면 부가가치 구성에서 라디오 등을 포함하는 전기기기, 자동차가 주도한 수송용기계부문의 성장이 높았고 금속공작기계, 일반산업용기계 및 장치, 원동기 등은 오히려 그 비중이 기계공업 내에서 줄고 있어 기계공업의 질적 측면이 문제가 있었다.[138] 공작기계 중에서도 범용기(汎用機)가 91.3%를 차지하고 있었고 정밀 및 사상가공(仕上加工)에 필요한 연삭가공기계 등과 전용기계의 보유비율은 1969년 현재 8.7%에 불

134) 경제기획원(경백, 1970, 1971).
135) 오원철 전 중화학공업추진위원회기획단장(산군, 1993. 6. 19).
136) 〈경향신문〉(1971. 7. 16); 〈동아일보〉(1971. 7. 16).
137) 경제기획원·한국산업은행(1970).
138) 한국과학기술연구소(중공, 1970), 상, pp. 37~41.

표 2-10 기계공업의 구조 및 주요 지표(1968)

	사업체수 (개)		종업원수 (천 명)		생산액 (억 원)		유형고정자산 취득액 (억 원)	
제 조 업	24,109	%	748	%	7,690	%	721	%
기계공업	2,467	100	91	100	918	100	78.2	100
일반기계	1,097	44.5	24	26.4	147	16.0	10	12.8
전기기계	401	16.2	28	30.8	297	32.4	21	26.8
수송기계	895	36.3	37	40.7	461	50.2	47	60.1
정밀기계	74	3.0	2	2.1	13	1.4	0.2	0.3

주: 1) 정밀기계의 생산액은 비중 1.4%로 계산하면 13이므로 131을 수정함. 13으로 하면 합계, 구성비 모두 맞음.
2) 전기기계의 생산액 끝자가 명확하지 않으나 비중으로 계산해 7로 구했고 이를 더하면 합계가 일치함.
3) 유형고정자산 취득액의 기계공업은 782로 되어 있으나 78.2이므로 수정함.
자료: 한국과학기술연구소(중공, 1970), 상, p. 39.

과하였다.[139] 따라서 군수공업의 완성은 단기적인 4대핵공장건설사업이 아니라 전면적이고 새로운 공업체계가 도입되어야 하는 것이었다.

경제기획원의 1971년 11월 대통령 보고 후 이 전환은 두 개로 나뉘어 진행되었다. 우선 전환의 한 축이면서 중심이 된 것은 대통령이 직접 지휘하는 중화학공업을 위한 경제제2비서실의 발족이었다. 전면적인 체제는 '방위산업으로서의 중화학공업'이 아닌 '방위산업을 위한 중화학공업'으로 전환되었다. 이에 대해서는 다음 제3장에서 논의한다. 그리고 중화학공업에 관한 중심은 경제기획원에서 경제제2비서실로 옮겨졌다.

또 다른 하나는 이제 중화학공업에 대해 실질적인 주도체제에서 밀려나고 대통령의 신임과 별도로 진행된 "좌절"된[140] 경제기획원의 새로운 대응이었다. 김학렬 경제기획원 장관은 경제기획원에 실망하고 있는 대통령과 이에 따른 청와대 측의 움직임에 대해 독자적으로 대응하기 시작하였다. 첫째로 1971년 11월 29일 경제기획원은 신속히 중공업종합계획을 확정하여 발표하였다. 그 주 내용은 "그 동안 부진하였던" 중공업 건설계획을 서둘러 다음과 같이 종합제철, 조선소, 신동(伸銅)공장을 1973년 7월까지 완공시키고 중기계, 특수강, 주물선공장을 1974년 6월까지 완공하는 등 총 8개 부문 공장을 완공시킨다는 것이었다.[141]

139) 경제과학심의회의(기계제, 1969); 한국과학기술연구소(중공, 1970), 상, p. 64.
140) 김흥기 전 경제기획원투자진흥국장편(1999)은 경제기획원사를 정리하면서 p. 256에서 '4대핵심공장과 기획원의 좌절'로 제목을 달고 있다. 그 충격은 경제기획원에 큰 것이었다.
141) 〈매일경제신문〉(1971. 11. 29).

【경제기획원 발표 중공업종합계획】

(1) 종합제철, 조선소, 신동(伸銅)공장을 1973년 7월까지 완공시키고 종합제철의 규모를 1973년의 연산 조강 103만 톤에서 500만 톤으로 계속 증설한다.

(2) 중기계, 특수강, 주물선공장을 1974년 6월까지 완공시킨다.

(3) 중공업사업에 자동차엔진공장, 농업기계공장을 포함시켜 1974년까지 완공시킨다.

(4) 자동차엔진과 농업기계공장을 제외한 6개 부문의 건설비는 외자 2억 8,760만 달러, 내자 661억 원(운영비 제외)으로 외자는 금액확보가 끝났고 내자는 정부투융자로 최우선적으로 지원한다. 부문별 계획은 아래와 같다.

① 종합제철: 조강 103만 톤 규모로 10개 공장, 12개 시설을 완공시키고, 3단계로 규모를 5배로 확장, 중공업의 기초원료를 완전 자급화한다.

② 조선: 종합제철과 동시에 완공시키고 철강재 생산량의 70%를 사용하여 연간 1억 4,000만 달러 상당의 탱커를 건조, 전량 수출한다.

③ 중기계: 트럭, 트랙터, 공장용 기계 등을 생산한다.

④ 특수강: 연산 20만 3,000톤, 주물선: 연산 20만 톤, 차관액을 700만 달러에서 1,000만 달러로 늘려 연내에 실수요자를 확보한다.

⑤ 신동: 연간 2만 톤, 1972년 말까지 완공한다.

⑥ 자동차엔진: 신진자동차와 미 GMC, 현대자동차와 미 포드 간의 계약 및 합작투자를 촉진한다.

⑦ 농업기계: 농업용 트랙터를 생산한다.

《청사(일지, 1984), p. 82; 〈매일경제신문〉(1971. 11. 29)》

두 번째로 "4대핵심공장의 건설계획이 좌절된 후 경제기획원은 산업진흥관실을 신설하였다."[142] 경제기획원은 1971년 11월 29일 그 동안 부진하였던 중공업 건설계획을 산업진흥관실을 만들어 전담시키겠다고 밝혔다.[143] 이선기 전 장관의 다음 증언은 구체적으로 산업진흥관실 설치가 기존 방식의 한계를 절감하고 대통령, 김정렴 비서실장, 오원철 비서관이 11월 9일에 의견일치를 본 대로 "중화학공업을 통한 자주국방의 기반마련"이라는, 방위산업을 위한 중화학공업으로의 개편이었음을 보여 주고 있다.

> 당시[144] 중앙정보부 안보회의에 다녀오던 김학렬 부총리가 자동차에서 전화하면서 일대 파란이 일어났다. 그때 아마 북한의 4차 전당대회 모습을 중앙정보부가 입수해서 박정희 대통령 주재하에 관람하고 크게 놀란 것 같다. 그 결과 '이래서는 안 되겠다. 우리가 상당히

142) 김흥기 전 경제기획원투자진흥국장편(1999), p. 257.

143) 〈매일경제신문〉(1971. 11. 29).

144) 북한은 1970년 11월 12일 제5차 전당대회에서 3대 기술혁명 수행과 산업의 체질개선을 목표로 한 6개년계획(1971~1976)을 수립하여 1971년부터 시작하였다. 이를 위해 북한은 해외로부터 자본, 기술 및 자본재 도입에 주력하였고 이 계획의 성공적 진행을 담은 선전자료를 만들어 1971년 각국 외교공관에서 공개하였는데 시기적으로 보아 중앙정보부가 상영한 자료는 이 자료이다.

뒤쳐져 있으니 우리가 북한과 경쟁하려면 이북보다 우위에 서야겠다. 특히, 군사력이 우위에 서야겠다'해서 생각해 낸 것이 중화학공업을 통한 자주국방의 기반마련이었다. 그 날부터 갑자기 참모들을 모아놓고 다그쳤다. 그래서 산업진흥관실을 만들었는데 그것이 중화학공업 개편의 시초였다. 그때는 경제논리보다 우선 이북과의 경쟁에서 우리가 어떻게 우위를 잡느냐, 경제력뿐 아니라 군사력도 우위가 되어야 북한의 전쟁재발을 억제할 수 있다. 그래서 나온 것이 중화학공업의 추진이었다.

《이선기 전 장관 증언, 김흥기 전 경제기획원투자진흥국장편(1999), pp. 257~258》

산업진흥관실이 신설됨에 따라 12월 15일 산업진흥관이 취임하였다. 4대핵공장사업을 추진하였던 경제기획원 내 산업진흥관실 신설 역시 중화학공업이 새로운 단계로 전환되는 것을 의미하였다. 방위산업으로서의 중화학공업, 비공개된 사업으로서의 중화학공업이 아닌 방위산업을 위한 중화학공업, 공개적인 행정조직을 갖추고 지원되는 중화학공업 체계로의 이동을 의미하는 것이었다. 이러한 새로운 단계로의 이행은 국방부의 조직에서도 나타났다. 11월 30일 유재흥(劉載興) 국방부장관은 방위산업 육성을 위한 법제정이 필요하다며, 방위산업촉진법을 이미 성안하여 법제처에 넘겼고 방위산업국을 두는 정부조직법 개정안도 심의에 돌렸으며 우선 임시조치로 방위산업담당관을 두고 있다고 밝혔다.[145] 국회는 12월 2일 1972년 새해 예산안을 통과시켰는데 여기에서 새해 국방예산 증액을 통해 방위산업을 위한 청와대 수석비서관 신설, 산업진흥관실 신설에 이어 국방부 방위산업담당관실을 신설하도록 하였다.[146]

대통령이 중화학공업과 관련된 모든 진행 중심을 경제기획원에서 청와대와 산업계의 직접통로로 옮겨간 이후에도, 경제기획원은 김학렬 장관이 초기 제안하였다가 일본과의 협상에서 무기산업의 냄새가 너무 난다고 제외하였던 신동공장도 포함해 이를 5대중공업사업으로 부르고 〈표 2-11〉에서 보듯이 1973년『경제백서』에 추진현황을 기록하고 주의를 기울였다. 그 결과 이후에도 언론과 기록에서 5대핵공장 혹은 5대핵심공장이라는 용어가 사용되고 있었지만[147] 이는 담당주체나 내용상의 전면적인 변화 위에 사실상 새로이 이루어진 것이었으며 이전 4대핵공장건설사업과는 다른 것이었다.

145) 〈경향신문〉(1971. 11. 30).

146) 〈동아일보〉(1971. 12. 2).

147) 1974년 3월 25일 〈매일경제신문〉은 "5대핵공장사업의 하나로 포항제철이 건설하고 있는 주물선공장이" 10월 1일에 완공될 것이라고 보도하였고, 포항제철의 주물선공장 준공식 날 1974년 10월 1일 〈중앙일보〉는 "5대핵공장의 하나인 포항제철의 주물선공장"이라고 기록하고 있다. 또 포항종합제철주식회사(포30발, 1998), p. 57은 "국가 5대핵심공장 중의 하나"라는 표현을 사용하고 있다.

* 이 장(1장 일부 포함)의 일부는『경제사학』제44호, 경제사학회, 2008. 6에 게재된 졸고「4대핵공장사업의 과정과 성격」의 일부를 수정·확대한 것이다.

표 2-11 『경제백서』에 기록된 5대중공업사업 추진현황

	연간 생산규모	소요자금	건설기간	건설상황
신동(伸銅) 공장 확장	신동: 2만 톤(M/T) 동(銅)가공품: 5천 톤	내자: 29 외자: 10	1971. 1~1973. 12	(52.8%) 1973. 12 준공
대단위 조선소	최대선 70만 톤(G/T)급 30만 톤급 유조선 5척	내자: 115 외자: 40	1971. 11~1973	(60%) 1973. 12 준공
주물선 공장	15만 톤(M/T)	내자: 41 외자: 9.6	1972. 12~1974. 12	1972. 12 착공
특수강 공장	10만 톤(M/T)	내자: 44 외자: 13	1972. 10~1974. 10	–
중기(重機) 공장	중기 350대 유압기기 400톤(M/T)	내자: 113 외자: 74	1973~1974	–

주: 1) 소요자금의 내자는 억 원, 외자는 백만 달러.
2) 건설상황의 ( )는 1972년 말 상황임.
3) 구리나 구리합금을 가공하여 판(板), 관(管), 봉(棒) 등을 만드는 신동공장 확장은 신동생산만이 아니라 '풍산(豊山)금속(주)'의 신동가공공장(경북 安康, 33만 평)에서의 동(銅)가공품 연간 5천M/T 생산을 포함하는 것임.
자료: 경제기획원(경백, 1973), p. 123.

부 록

자 료

〈자료 2-1〉 1970년 4대핵심공장 선정 조선소 건설계획(1976)

신조선소	생산능력	연 540,000G/T
	최대선	연 100,000G/T
	대지	200,000평
	생산방식	대조립, 연속공정방식(Grand Assembly & Continuous Flow Process)
	설립방식	조선기술, 경영기술이 높고 큰 시장을 가진 국가와 합작투자 설립
기존조선소	생산능력	연 123,000G/T→연 180,000G/T
	1, 2급 조선소를 적정 규모(최대선 3만 톤)로 시설확충	
	군소 조선소를 지역별로 통합하여 경쟁단위화하고 선종별(船種別)로 전문화	
	신조선소 가동 전까지 정부가 수출시장 개척지원, 이후 국내시장 보호로 국내선을 주로 공급하도록 육성	
합계	생산능력	연 720,000G/T
	최대선	1차 연 60,000G/T→2차 연 100,000G/T
	국내선 건조능력	연 210,000G/T
	총수출액	1972~1976년 2.82억 달러
	고용인원	9,000명

자료: Harry Y. H. Choi(장관보고, 1970. 5. 31), pp. 172, 177, 183, 281.

CHAPTER 3

방위산업을 위한 중화학공업과 전환, 1971. 11～1973. 1

1. 방위산업의 전략변화와 중화학공업 추진축의 이동

1971년 11월 9일 경제기획원 작업반은 경제기획원에서 박대통령에게 4대핵공장사업에 대해 보고하면서 일본뿐만 아니라 미국, 유럽 어느 나라의 차관도 따내지 못하였고 가시적인 성과가 없음을 보고하였다. 이는 박대통령으로 하여금 경제기획원에 대한 실망을 느끼는 한 계기가 되었다. 박대통령은 경제기획원 보고를 받고 청와대로 돌아오는 길에 김정렴(金正濂) 비서실장에게 실망과 낙담을 솔직히 토로하였다.

이런 박대통령의 생각을 가장 잘 파악하고 있었던 김정렴 실장은 이 날 오후[1] 오원철(吳源哲) 상공부차관보의 전화를 받고 그를 청와대로 불렀다. 오차관보는 당시 공업기술 수준이나 현장의 움직임을 잘 알고 있었고 김정렴 실장은 오래 전부터 이를 인지하고 있었다. 김실장은 오차관보에게서 현 상황을 타개할 방법론과 시장, 민간 이용의 아이디어를 듣고는 다음에 의견일치를 보았다.

첫째, 무기생산을 전문으로 하는 군공창(軍工廠) 설립은 무기수요가 생산능력에 미달할 때의 비경제성 및 고급기술인력, 기능인력의 확보난 때문에 이미 건설에 착수한 M16 자동소총공장 외에는 더 건설하지 않는 것이 좋다.

둘째, 병기생산을 위주로 하는 민영군수공장도 병기수요가 불충분할 때의 전문기계 유휴 등에 따르는 비경제성 때문에 바람직하지 않다.

1) 오원철 전 중화학공업추진위원회기획단장(한경7, 1999), p. 388에는 11월 10일로 되어 있다.

셋째, '여하한 병기도 분해하면 부품이다.' 각 화기에 소요되는 적격소재를 설계대로 정밀가공하여 생산한 부품을 결합시키면 각 부품을 가공하는 공장이 수 개, 수십 개가 되더라도 최종적으로 결합한 병기의 성능은 설계대로 완벽한 것이 이치다.

넷째, 우리가 소요로 하는 현대무기는 선진국 수준의 중화학공업과 기술 및 기능이 절대적인 전제가 된다. 우리나라 경제의 중화학공업화는 우리 경제의 고도성장, 수출의 지속적인 증대, 국제수지의 개선책을 위해 필수적일 뿐 아니라 안보상 시급한 방위산업 육성의 근간이다.

다섯째, 우리나라 방위산업 육성을 중화학공업화의 일환으로 추진하되 부품별 또는 뭉치별로 유관공장에 분담시켜 무기수요의 변동에 따른 비경제성을 극소화시킨다.

여섯째, 무기제조시설은 물론 기본이나 이에 못지않게 기술자, 기능공의 양성, 확보도 긴요하다.

《김정렴 전 대통령비서실장(1995), pp. 322~323》

당시 방위산업은 대통령이 1970년 연두순시에서 국방부장관에게 방위산업 육성 전담부서를 만들라고 지시함으로써 국방부 군수국장 하에 군수산업육성전담관실이 설치되어 이 곳이 중심이 되어 맡고 있었다.[2] 물론 이와 별도로 단기적 목적의 군수중공업으로서 경제기획원장관이 주도한 4대핵공장건설사업이 진행되었다. 따라서 방위산업은, ① 폐쇄적인 구조의 군수병기생산체제로서 운용되었고 ② 일부 국한된 중공업에서 ③ 군수공장을 목적과 대상으로 움직이고 있었다. 오원철 차관보의 아이디어는 이러한 체제를 군공창이 아닌 민간기업에게, 군수공장이 아닌 민간수요용 중화학공업의 일환으로 유관공장에게 부품별 또는 뭉치별로 분담시켜 비경제성을 극소화시키는 공업체제로 개편하자는 것이었다.

이런 방위산업 담당주체의 변경에 대한 아이디어는 이전부터 서서히 만들어지고 있었다. 1970년 3월 25일 정래혁(丁來赫) 국방부장관은 경제개발계획과 병행하여 기본 전투장비인 총포, 탄약은 군이 직접 운영·관리하고 차량, 통신장비, 소형함정 등 군수품은 민간산업과 병행하여 육성하겠다고 밝힌 바 있다.[3] 이런 생각은 대통령과 공감대를 형성하였고 보다 뚜렷해졌다. 한 달 뒤인 1970년 4월 25일 박대통령은 이미 자신이 작성한 방위산업 육성의 기본방향에서 "군수공장이나 화포공장을 세우는 접근방법을 택하지 않고 민수산업에 병기생산을 위한 일부 추가시설을 함으로써 민수산업을 바탕으로 병기·기재(器材), 탄약 등의 국산화를 도모한다"[4]라고 분명히 기록하고 있었다. 그리고 1971년 11월 11일 국방부 소식통이 "방위산업육성위원회가 일반기업체를 대상으로 유사시에 군수산업으로 전환할 수 있는 계열화 기초자료 조사에 나서 중장비분야 등 4개 분야로 분류작업을 완료하였다"고 이미 말하고 있는 것에서[5] 알 수 있듯이 박대통령의 이러한 생각은 이미

2) 박정희대통령·육영수여사 기념사업회(1990), p. 291.
3) 〈경향신문〉(1970. 3. 25); 〈매일경제신문〉(1970. 3. 25).
4) 박정희대통령·육영수여사 기념사업회(1990), p. 291.

1971년 구체적 작업으로 추진되고 있었다.

이런 속에서 제시된 오원철 차관보의 개념은 단계를 한 단계 올려 방위산업 담당주체만이 아니라 방위산업을 모든 선진공업국에서 이루어지고 있는 것과 동일하게 개방된 중화학공업이라는 장기적인 산업체계로 이동시키는 것을 의미하였다. 오늘날에도 동일하지만 당시 이미 방위산업은 공업발전 수준이 높은 국가일수록 발전하고 있었고 방위산업 연구개발(R&D) 지출이 산업 R&D에 대한 정부지원의 국가 간 차이를 설명하는 가장 중요한 변수가 될 정도로 주요 선진국 내 방위산업은 일반화되어 있었다. 심지어 대부분의 선진공업국가들은 일정 발전단계에서 방위산업을 총수요 증대와 경기안정화 수단으로 이용하기도 하였다. 일본은 1930년대 군수공업화를 통해 수요의 안정적 확대를 창출하고 기술의 개발 및 확산효과를 크게 함으로써 중공업의 발전을 실현시켰고,[6] 미국의 경우 이는 시기적 차이 없이 이루어졌으며,[7] 유럽에서는 방위력 경쟁을 목적으로 한 중화학공업화가 공업발전을 선도하였다. 선진공업국일수록 방위산업은 중화학공업, 산업의 한 부분으로서 민간기업에서 발전하고 있었던 것이다.

대통령의 생각을 잘 알고 있었던 김정렴 실장은 대통령의 생각과 합일점이 있는 오차관보의 생각을 듣고 그를 대통령 집무실로 데리고 갔다. 박대통령은 두 사람의 설명을 듣고 대화를 나누었다. 오차관보가 보고한 아이디어는 다섯 가지로 요약되었다.

첫째, 모든 무기는 분해하면 부품으로 이루어지므로 부품을 생산하면 된다. 둘째, 병기는 1/100mm의 정밀도가 필요하므로 이를 목표로 한다. 셋째, 국내기업에게 이들 부품을 부품별로 나누어 생산을 독려한다. 넷째, 무기는 선진국 수준의 중화학공업과 기술 및 기능이 절대적인 전제가 된다. 중화학공업화가 방위산업 육성의 근간이다. 다섯째, 방위산업은 결국 정부가 하는 국방산업이나 민간군수공장이 아니라 민간의 중화학공업사업으로 추진한다.[8]

박대통령은 이미 방위산업 추진주체의 변화에 대해서는 이러한 방향을 인식하고 있었고 또 1971년 이러한 방향을 추진하기 위한 준비를 하고 있던 단계였으므로 분명히 원칙적으로 동의하였다. 하지만 박대통령은 "중화학공업의 일환으로 방위산업을 건설하기 때문에 4, 5년이 걸린다는 점이 불안하고 불만스러워하였다. 그래서 박대통령은 중화학공업 건설과 연관시키지 말고 방위산업만을 2, 3년 내에 건설하는 것을 원하였다."[9] 이러한 박대통령의 반응에 대한 김정렴 전 실장, 오원철 전 수석비서관의 증언은 매우 중요한 의미를 가지고 있다. 그것은 '방위산업으로서의 중화학공업'이라는 4대핵공장건설사업과 같은

5) 〈중앙일보〉(1971. 11. 11).
6) W. J. McPherson(1987), pp. 35~36.
7) 정창영 · 이종욱 · 박영구(2001).
8) 김정렴 전 대통령비서실장 증언(2008. 11. 20).
9) 김정렴 전 대통령비서실장(1997), p. 272.

단기적이고 대증적인 전략의 한계를 찾아내고, 근본적으로 방위산업이 성공하기 위해서는 중화학공업화를 통한 방위산업화, 즉 방위산업을 위해서는 중화학공업화가 먼저 이루어져야 한다는 공업발전단계를 대통령은 이해하려 하지 않았던 것을 의미한다. 이러한 상황은 "당시 박대통령은 방위산업에 대한 관심이 높았지만 중화학공업이 무엇인지 정확히 알지 못했다"는 전 대통령비서관의 증언에서도 확인된다.[10] 이것이 한국의 중화학공업화가 이 시기에 바로 전면적으로 시작되지 못하고 방위산업을 위한 중화학공업화로 진행된 근본 이유이었다. 대통령의 방위산업에 대한 강한 집착과 서두름으로 한국의 전면적인 중화학공업화는 수출목표가 대폭 확대되면서 나타난 1973년 1월의 대통령 중화학공업화선언까지 다시 기다려져야 하였던 것이다.

'대통령은 2~3년 내의 완비를 강력히 희망하였지만 김정렴 실장과 오원철 차관보는 "병기별·부문별 방산전문공장(防産專門工場)을 짓는다면 2, 3년 내 건설이 가능하나 가장 경제적인 방법인 중화학공업의 일환으로 전환하면 적어도 4, 5년이 소요되며 대신 유사시에는 공장마다 민수부문의 능력을 방산부문으로 전용할 수 있어서 대량공급이 단시일 내에 이루어진다"고 재차 설득하였다. 박대통령은 심사숙고 후 마침내 민수산업으로 중화학공업을 우선으로 하고 유사시 민수부문의 전용으로 병기생산 능력을 극대화하는 전략에 찬성하는 결단을 내렸다.'[11] 대통령이 이 전략에 찬성한 근본적인 이유는 믿었던 국방부의 계획과 4대핵공장건설사업이 성과가 없었고 나아가 국방부나 경제기획원이 사실 국내 독자적인 방위산업체제를 반대 혹은 소극적으로 대처하고 있었기 때문이었다. 대통령의 결단으로 이때 개편된 청와대 직제에서 이후 청와대 대통령비서관을 지낸 한 인사는 이를 분명히 증언하고 있다.

> 당시 방위산업 육성에 한국의 방어를 담당하고 있던 미국이 반대함은 물론이고 우리 군 자체에서도 '사오면 됐지, 품질이 떨어지는 국산 제품은 우리는 안 쓴다. 꼭 만들어야 한다면 군이 직접 운영하는 군공장을 건설해서 해야 된다'는 식으로 반대했으며 재경당국에서도 돈도 없는 판국에 방위산업이 뭐냐는 사고방식이었다. 이러한 반대를 무릅쓰고 방위산업을 추진하려면 대통령인 내가 직접 관장하지 않으면 안 된다는 생각에 따라 박대통령 친정(親政)으로 방위산업을 추진하게 되었다
>
> 《이름을 밝힐 수 없는 전 청와대 대통령비서관 증언(2009. 1. 20)》

대통령이 경제기획원이나 국방부를 믿지 못하였던 것은 대통령이 "김정렴, 오원철 안대로 진행하도록" 하고 "방위산업 육성은 물론 그 기본인 중화학공업 건설도 대통령이 직접 챙겨야겠다"고 말하면서 "오원철을 청와대비서실에서 근무하게 하라"고 지시한 것에서

10) 이름을 밝힐 수 없는 전 박정희대통령비서관 증언(2008. 11. 20).

11) 김정렴 전 대통령비서실장(1995), p. 323; 김정렴 전 대통령비서실장(1997), pp. 271~272.

도 나타난다.[12] 오원철 경제제2수석비서관의 임명과 청와대 내 경제제2비서실 재설립의 목적은 대통령 친정체제하의 방위산업 육성에 있었고 실제로 이후 경제제2비서실은 방위산업과 중화학공업을 담당하였다. 이 시기의 최종목표는 대통령의 확고한 의지로 분명히 방위산업 육성이었고 중화학공업은 단계론적 중간목표이었다. 김광모 전 청와대비서관은 이에 대해 1971년 방위산업에 착수하고 1973년에는 중화학공업화정책이 발효되었다고 시기적 차이를 분명하게 구분하면서[13] 다음과 같이 증언하였다.

> 방위산업을 육성하려면 중화학공업 육성이 필요하기 때문에 중화학공업은 자주국방을 향한 당면과제 해결을 위해서도 절실히 필요하였다. 이러한 이유로 경제2비서실이 방위산업과 중화학공업 육성을 전담하게 되었다고 할 수 있다.
>
> 《증언; 김광모 전 중화학공업기획단부단장(김중화정, 2003. 12. 7)》

> 오원철 수석과 나 김광모 등 1970년대 중화학공업화를 추진한 주체들이 청와대에 들어간 것은 결국 최종 목표인 군수방위산업 때문이었다.
>
> 《김광모 전 중화학공업추진위원회기획단부단장 증언(2008. 11. 20)》

박대통령이 최종 동의한 것은 대통령의 바람과 달리 '무기, 방위산업을 그 자체의 사업, 정부사업으로 추진하는 것이 아니라 보다 장기간의 시간을 두고 중화학공업을 우선 민간부문에서 추진한다'는 혁신적인 것이었다. 방위산업을 목표로 하되 이를 성공하기 위해서는 민간부문의 중화학공업화를 시행하고 방위산업으로 전환한다는 것이었다. 이에 따라 11월 11일 국방부는 일반기업체를 유사시에 군수산업으로 전환할 수 있는 계열화를 구체화할 가칭 방위산업촉진법의 제정을 검토하고 있다면서, 3차 5개년계획이 기간산업과 수출산업에 중점을 두고 있지만 내외 여건이 방위산업을 육성할 단계에 이르러 기계산업진흥법을 보완할 촉진법이 검토되고 있다고 밝혔다.[14]

당연히 이러한 전환은 민간기업에게 주요한 기회가 되었다. 박대통령은 4대핵공장건설계획이 성과가 없자 당시 특정 기업, 특정인에 대한 특혜라는 사회적 비판과 함께 이미 정부보증 외자도입기업들의 몰락이라는 경험을 잘 알고 있으면서도 1971년 12월 현대의 정주영 회장에게 현대조선소 건설을 위한 5,000만 달러 이상의 정부보증서를 발행하였다. 이 보증서로 영국의 바클레이즈은행(Barclays Bank)을 중심으로 스페인·프랑스·서독의 은행들이 참여하는 국제차관단이 구성되어 비로소 한국의 대규모 민간조선공업이 시작되었고,[15] 1972년 3월 23일 울산 현대조선소가 기공식을 가졌다.[16] 1971년 11월 구미전자공

12) 김정렴 전 대통령비서실장(1995), p. 323.
13) 김광모 전 중화학공업추진위원회기획단부단장(국군, 2008), p. 65.
14) 〈중앙일보〉(1971. 11. 11).

업기지(龜尾電子工業基地) 1단지도 상공부가 부지를 매입하여 조성하되 전자부품공장 22개, 전자기기공장 11개 등 33개 민간전자업체가 입주하여 생산하도록 하였다.[17] 유재흥(劉載興) 국방부장관은 1971년 11월 18일 국회국방위 국정감사에서 피복창, 병기창 등 군수산업을 단계적으로 민영화할 것이라고 밝혔다.[18]

오원철 차관보의 제안과 김정렴 비서실장·대통령의 수용, 그리고 대통령의 청와대가 직접 챙기겠다는 결심으로 이제 한국 중화학공업의 정책과 실행의 중심 추진축이 두 가지 측면에서 이동하였다. 그것은 첫째, 중화학공업 정책주체가 경제기획원에서 청와대로 이동한 것이었으며, 둘째 방위산업, 그리고 그것을 위한 중화학공업의 실행주체가 국방부·군수창·정부공업에서 민간기업으로 이동한 것이었다.

2. 방위산업을 위한 우선단계로서의 중화학공업

중화학공업은 방위산업이라는 수평적 등식의 사고방식이 이제 방위산업을 위해서는 중화학공업이 우선 필요하다는 시차적인 사고로 전환이 이루어졌다. 이제까지는 방위산업에 바로 연결되는 군수공업의 중화학공업, 따라서 소수의 기계공업에 초점이 맞추어져 있었다. 그러나 이는 비용, 기술단계, 효율, 성능, 경제성 등 모든 면에서 당연히 한계가 있는 것이었고 이것이 바로잡아지면서 결국 사고순위가 바뀌었다.[19] 이런 점에서 1971년 11월 9일은 한국 방위산업과 중화학공업, 나아가 한국 공업전략과 공업구조 변화에서 중요한 의미를 가진 날이었다. 실제로 오원철 전 대통령수석비서관은 이 날을 "방위산업에 관한 기본방침이 결정된 역사적인 날이다. 방위산업만이 아니라 장차 율곡사업(한국군 현대화사업)과 중화학공업화로 이어지고 나아가서는 우리나라의 공업구조 개편의 출발점이 되기도 한다"고 말하고 있다.[20]

그러나 전략적 사고의 변화가 있었다고 하지만 이 시기 분명한 목표와 중심은 방위산업이었고 따라서 중화학공업은 방위산업을 위한, 방위산업 우선순위의 공업이었다. 이는 박대통령이 절대적으로 이를 추구하면서 강조하고 있었고 또 당시 정책입안자들 역시

15) 정주영 증언, 이호 중앙일보 객원기자(2007. 3. 16).
16) 〈문화일보〉(2005. 9. 30).
17) 중화학공업추진위원회기획단(한공발3, 1979), p. 312.
18) 청사(일지, 1984), p. 80.
19) "기술능력에 대한 적절한 준비없이 대규모로 서둘러 진행된 중화학공업은 더구나 경제적 합리성보다 군사적 목적으로 만들어진 중화학공업은 외채를 급증시켰다"는 Linsu Kim(1997, p. 32) 등 그 동안 기존의 다수 시각들은 이렇게 중화학공업화정책이 만들어지면서 이루어지고 있었던 단계적 변화를 보고 있지 않다.
20) 오원철 전 중화학공업추진위원회기획단장(박정, 2006), p. 120.

1960년대 말부터 진행된 대내외 정세변화를 동서냉전의 유화국면에서 보지 않고 위기국면으로 파악하고 있었기 때문이었다.[21] 앞의 2장에서 잠깐 지적한 바와 같이 미군 철수, 1971년 7월 이후 일본의 중국 접근과[22] 1971년 6월 미국의 중국 금수 해제, 7월의 미국 닉슨 대통령 방중(訪中)계획 발표, 10월의 중국 UN가입 등 일련의 정세는 분명히 동서냉전의 완화국면을 동시에 포함하는 것이었지만, 당시 대통령과 정부관료들은 이를 위기국면으로만 보고 있었고 또 그렇게 강조하고 있었다. 1971년 11월 30일 유재흥(劉載興) 국방부장관은 북한의 전쟁도발에 대비하여, 정부시책을 종래의 경제우위정책에서 국방우선주의로 전환시키고 있다고 강조하였다.[23] 이러한 유장관의 발언은 정상적인 상황에서는 국방장관으로서 정도가 넘은 발언으로 이는 당시 박대통령의 의중과 당시 정부 분위기를 그대로 보여 주는 것이다. 실제로 12월 1일 박대통령은 1군사령부를 방문하여 국가비상사태에 대비하라고 지시하였고 2일 국회는 172억 원이 삭감된 대신 수도권 국방비가 53억 원 증액된 새해 예산안을 통과시켰다.[24] 12월 6일 미국무성 대변인이 "미국은 북한의 침략활동에 그 확증을 갖고 있지 않다," "미국은 한국 정부의 견해에 동조할 수 없다"고 발표하는 상황 속에서도 국가비상사태를 선언하고 국가안보를 정부의 최우선 시책으로 한다고 발표하였다.[25] 1972년 1월 11일에는 박대통령이 연두기자회견에서 안보우선의 총력체제 구축을 강조하였다. 김정렴 전 대통령비서실장 등 모든 증언자들은 당시 얼마만큼 대한민국이 풍전등화의 위기에 있었는지 이해 못하면 그 때의 한국을 이해할 수 없다는 공통적인 증언을 여전히 오늘날 하고 있는데, 이는 당시 상황에 대한 정책책임자들의 인식을 그대로 보여 준다. 사실 미국은 한국보다 중국의 눈치를 보고 있었다.

1971년 11월 10일 박대통령은 1969년 11월 폐지한 경제제2비서실을[26] 다시 설치하여 오원철 상공부차관보를 대통령 경제제2수석비서관으로 임명하고 방위산업 개발과 중화학공업을 맡겼다.[27] 신문지상에는 방위산업이라는 용어는 삼가고 중공업담당 경제제2수석비서관실로 발표되었다.[28] 그리고 1979년 박대통령 사망으로 12월 19일 해체될 때까지 오원철 경제제2수석비서관과 경제제2비서실은 중화학공업을 담당하였다. 방위산업과 중화학공업을 책임지는 경제제2비서실의 부활은 대통령이 4대핵공장건설사업을 통해 방위산업에 관한 한 경제기획원에 대한 신뢰감을 상실하고 있고, 이에 따라 방위산업을 위한 중

21) 정부는 1971년 7월 17일 미국과 일본의 중국 접근에 대처하여 대중국정책의 방향전환을 모색 중이라고 언급하는 등 분명히 국제정세의 변화를 인정하고 합리적 대안을 찾고 있었다. 그러나 이러한 합리적 대응 역시 국제정세를 계속 위기국면으로 보는 속에서 이루어지고 있었다.

22) 〈조선일보〉(1971. 7. 29).

23) 〈경향신문〉(1971. 11. 30).

24) 〈매일경제신문〉(1971. 12. 2).

25) 청사(일지, 1984), pp. 84~85; 〈매일경제신문〉(1971. 12. 6).

26) 1960년대 경제제2비서실은 박대통령의 일관된 가장 큰 관심사였던 해사(海事) 및 조선공업을 담당했었다.

27) 김정렴 전 대통령비서실장(1997), p. 51.

28) 〈매일경제신문〉(1971. 11. 10).

화학공업을 경제기획원과 별도로 '대통령이 직접 챙기는' 청와대 추진조직을 편성한 것을 보여 준다. 경제기획원이 방위산업의 중요도를 인식하지 못하여 잘못된 태도와 전략을 가지고 있다고 본 박대통령은 경제기획원이 아닌 청와대 내 직접 챙길 수 있는 라인을 선택한 것이다. 이는 청와대 내 중화학공업추진위원회기획단 설치 구상의 시작이 되었고 이로써 박대통령의 경제기획원과 청와대의 특화, 분리된 라인운용이라는 전략이 형성되기 시작하였다.[29)]

이 모든 변화는 대통령의 방위산업에 대한 의지와 조급함 때문에 즉각적으로 이루어졌지만 박대통령의 주관심은 중화학공업이 아니라 일관된, 오히려 더욱더 강화된 방위산업이었다. 그래서 오원철 경제제2수석비서관 임명장 수여식에도 대통령은 다음과 같이 지시하였다.

첫째, 우선 예비군 20개 사단을 경장비(輕裝備)사단으로 무장시키는 데 필요한 무기를 개발하고 생산하도록 하라. 60mm 박격포까지 포함한다. 둘째, 청와대 안에 설계실부터 만들어서 직접 감독하라. 나도 수시로 가보겠다. 처음 나오는 병기는 총구가 갈라져도 좋으니 우선 시제품부터 만들어라. 필요한 우수한 인원을 동원해서 쓰도록 하라.[30)]

오원철 차관보는 1971년 11월 10일 경제제2수석비서관으로 임명되자 상공부의 김광모·이석표·권광원 과장을 불러 6인의 경제제2비서실을 꾸몄다. 임명 당일 박대통령은 김정렴 실장에게 '국방부장관과 국방과학연구소장에게 대통령지시라고 하고 국산병기 개발계획을 즉시 실행할 수 있도록 하라'고 지시하였다.[31)]

이후 방위산업 논의가 본격화되어 총리실회의에서 방위산업의 정의가 내려지고 '방위산업5개년계획'(1972~1976)에 의거 연차별로 방위산업을 추진하기로 결정되었으며, 이어 경제제2비서실에서 착수할 과제가 선정되었다. 과제에서 1차 시제품을 12월 30일까지, 2차 시제품을 1972년 1월부터 3월 말까지 제작완료하도록 하고 대통령에게 보고를 올렸다. 국방과학연구소는 즉시 기구개편을 하고 11월 17일부터 '번개사업'이라는 암호명으로 작업에 들어 갔다.[32)]

경제제2비서실은 특수강공장이 여전히 없었기에 청계천에서 철물상을 뒤져 자재를 구하여 국방과학연구소가 개발한 M1카빈, M19, A4기관총, 60mm 박격포 등 8종 무기를 불과 한 달 후인 1971년 12월 16일 청와대에서 공개하고 12월 24일 부산의 육군군수기지사령부 총포창에서 박대통령, 신응균 소장의 입회하에 발사시험하여 가능성을 보여 주었다.[33)] 박대통령은 1971년 12월 26일 미사일 개발까지 지시하였고 이후 방위산업은 박대

29) 박영구(2006a).

30) 오원철 전 중화학공업추진위원회기획단장(오회, 1994. 6), p. 468.

31) 이에 따라 11월 22일 국방부는 국방과학연구소에 병기개발 지시 공문을 발송하였다. 오원철 전 중화학공업추진위원회기획단장(오회, 1994. 6), p. 468.

32) 오원철 전 중화학공업추진위원회기획단장(오회, 1994. 6), p. 474.

통령의 계속된 상향지시로 전략무기 개발로까지 확대되면서 1978년 9월 26일 미사일 발사 성공까지 이어졌다.[34] 국방부는 독자적으로 민간업체를 지정하고 중구경(中口徑)화기 등 기초화기의 시제품생산에 착수하였다. 박대통령은 1972년 신년사에서 "만전의 방위태세를 확립해야 하며 우리의 손으로 총을 만들고 국군의 장비를 현대화하여야 하겠다"며[35] 방위산업의 육성을 자신하였다. 방위산업과 중화학공업 추진축의 청와대로의 이동, 그리고 방위산업을 위한 우선단계로서의 중화학공업 육성을 통한 방위산업 성공에 대한 기대와 자신감이 높아지면서 박대통령은 1971년 미 7사단이 떠나면서 사용하기 시작한 '자위(自衛)'라는 말을 1972년부터 사용하지 않고 '자주국방'이라는 용어로 바꾸어 이 용어만을 사용하였다.[36]

이처럼 미국, 외세의존적인 소극적 태도와 달리 방위산업을 스스로 이루기 위해서는 먼저 중화학공업의 산업화·시장화·분업화를 이루어야 한다는 자체적인 대안 제시 속에 방위산업에 대한 노력과 자신감이 커지면서 이와 수반하여 여러 효과와 결과가 뒤따라 나타났다.

우선, 첫 번째 한국의 병기개발, 방위산업 육성에 대해 매우 소극적이었던 미국의 태도가 달라졌다. 1970년 한국은 방위산업으로서의 4대핵공장건설사업에 주력하고 있었지만 미국 국무부는 이에 대해 냉담하게 반응하였다. 월남전 참전대가로 얻은 국군현대화5개년계획도 미국은 약속과 달리 실질적인 도움을 주지 않았다. '한국군 장비의 현대화'에는 당장 시급한 것만도 30억 달러가 소요됨에도 미국은 이 중 15억 달러를 원조해 주기로 하였고 그것도 추진상황은 지지부진하였으며 미국 국무성은 국방과학연구소(ADD) 설립 자체에 대해서도 처음에 반대하였다.[37] 1971년 7월 13일 서울에서 열린 한미국방장관회의에서 ADD 기술지원에 대한 합의가 이루어졌지만 실질적인 진행도, 주요 내용에서의 결과도 없었다. 예비군 무장을 위한 것이라고 한국 정부가 계속 주장하였지만 미국은 무기의 분해도면을 제공하지 않았다.[38]

그러나 한국이 방위산업 전담 청와대 팀을 만들고 도면 없이 무기를 분해해 1971년 말 병기 시제품을 만들어 시험에 들어가면서 방위산업 추진을 계속해 나가자,[39] 미국 국무부는 '한국을 미국 병기의 수리부품 생산기지화함이 세계안보전략상 미국에게 유리하며 한국의 방위산업체를 미국 방위산업체의 계열화 공장으로 이끌면 미국의 방위산업체에 대

33) 김재홍 동아일보 기자(1994), pp. 81~82.
34) 〈조선일보〉(1978. 9. 27).
35) 중화학공업추진위원회기획단(한공발3, 1979), p. 608.
36) 오원철 전 중화학공업추진위원회기획단장(한경7, 1999), pp. 421~422.
37) 오원철 전 중화학공업추진위원회기획단장(한경7, 1999), pp. 402, 406; 오원철 전 중화학공업추진위원회기획단장(오회, 1994), pp. 482~483.
38) 김광모 전 중화학공업추진위원회기획단부단장 증언(2010. 2. 10).
39) 김광모 전 중화학공업추진위원회기획단부단장 증언(2010. 2. 10).

한 피해는 없을 것이다'는 미국 국방부의 견해를 받아들이기 시작하였다. 국방부의 논리는 이미 한국이 오래 전부터 주장해 오던 논리였고 이후에도 계속 주장한 논리이었는데[40] 이때야 비로소 받아들여지지 시작한 것이다. 그래서 미국은 1972년 1월 7일 하딘(Hardin)을 단장으로 하는 미국 하딘팀(ARPA팀)을 파견하였고 이들은 비로소 설계도면을 포함한 각종 기술자료를 제공하기 시작하였다.[41] 그 결과 1972년 4월 3일 보병 26사단에서 국산 8종무기 시연회(2차 병기시제품 시사회)가 열렸다. 대통령이 경제2비서실을 만들어 방위산업을 육성하라고 지시한 지 5개월 후의 일이었다.

미국과 일본의 일관된 입장은 한국의 방위산업을 도와 주지 못한다는 것이었다. 1969년 11월 미일공동성명에서 '한국의 안전은 일본 자신의 안전에 있어서도 긴요하다'라는 것에서 명백히 되었듯이[42] 사실 한국의 방위산업은 동서냉전상의 방위력 구축이라는 측면에서는 미국, 일본 모두에게 유리한 것이었지만, 이들이 도와 주지 않고 있었던 것은 순전히 경제적 이익의 이유가 더 컸기 때문이었다. 따라서 한국이 자체적인 기술진보를 이루는 순간이 되어야만 그때마다 미국과 일본은 그만큼씩 양보를 하였다. 이는 이후 중화학공업화에서도 마찬가지이었다. 한국의 방위산업, 중화학공업화는 내재적 동력체제를 강력하게 갖추기 시작하였고 이로 인해 비로소 기술이전을 받았고 성공할 수 있었다. 이런 사실을 발견하고 박대통령은 1972년 7월 20일 국방대학원 졸업식에서 "미국이 도와 주지 않더라도 우리는 끝내 해 낼 수 있다는 능력을 보여 줄 때 비로소 미국은 협조한다는 사실을 알아야 합니다. 이것이 바로 자주국방입니다"[43]라고 강조하였다.

두 번째, 1971년 말 신설된 산업진흥관실은 새롭게 바뀐 방위산업의 시차적 목표와 운용수단, 체계에 따라 1971년 2월에 발표한 제3차 경제개발5개년계획의 목표 중 하나인 중화학공업 건설을 위한 새로운 세부 계획 작성에 바로 착수하였다. 공식적으로 군수공작창이 아닌 민간 기계산업계에서 방위산업체가 지정되고 산업으로서의 방위산업이 시작되었다. 이러한 변화는 전반적으로 '제2차 경제개발5개년계획은 포괄기획(comprehensive planning), 자원배분기획(resource planning)이었던 데 비해, 제3차 경제개발5개년계획은 그 성

40) 미국은 한국의 방위산업 기술이전에 반대하였고 그래서 한국은 미국이 준 구장비의 정비를 위해 기술이 필요하다고 항상 논리를 세웠다. 유토탄 개발 때도 동일하였다. 구상회 박사는 다음과 같이 밝혔다. "맥도널 더글러스(MD)사에서 기술을 도입하려면 미 정부의 승인을 받아야 했어요. 당시 이경서 박사가 맥도널 더글러스와 교섭해 미 정부의 승인을 받는다는 전제로 기술용역 계약을 체결했습니다. 그런데 이를 미 정부가 알아채고 주한미군사령관과 미 국방부 안보담당차관보까지 나서서 개발중단을 요구하더군요. 박대통령도 상당한 압력을 받았어요. 우리 측은 미 정부에 '허큘리스 유도탄을 개량해 쓰겠다. 향후 한국군이 허큘리스 유도탄을 정비하고 성능을 개량하기 위해서는 기술습득이 절대 필요하다'는 식으로 설득했어요. 박대통령이 강력하게 밀고 나갔죠. 당시 미국은 허큘리스를 신형 유도탄인 패트리어트(Patriot)로 대체하려는 분위기였어요. 우리가 개량해 쓰겠다는 말이 씨알이 먹힌 거죠." 이은영(2006), pp. 276~287.

41) 오원철 전 중화학공업추진위원회기획단장(한경7, 1999), pp. 398~399.

42) 〈朝日新聞〉(1974. 8. 7).

43) 중앙일보 특별취재팀(1998), p. 262.

격이 바뀌어 가격동기에 따라 민간부문 의사결정기구 내에서 바람직한 방향으로 자원배분이 일어나도록 하는 정책기획(policy planning)'으로 바뀌고 있는 것과 맥을 같이 하는 것이기도 하였다.[44)]

실제로 1972년 2월 방위산업육성회의 결정에 따라 10월 방위산업육성회의에서 방위산업체 지정 사항을 확정하였는데 지정된 총 29개 업체는 1. '한국기계', 2. '동양(東洋)위나', 3. '동양정밀(東洋精密)', 4. '대동(大同)공업', 5. '동우정기(東優精機)', 6. '통일산업', 7. '삼선(三善)공업', 8. '대한광학', 9. '대한전선', 10. '대한중기(大韓重機)', 11. '기아(起亞)산업', 12. '한국화성(韓國化成)', 13. '한국베아링', 14. '한국화약', 15. '대원강업(大圓鋼業)', 16. '금성사', 17. '오리엔탈', 18. '국안(國安)산업', 19. '현대양행', 20. '풍산(豊山)금속', 21. '한일단조(韓逸鍛造)', 22. '동양철강', 23. '순홍(順興)금속', 24. '남선(南鮮)알루미늄', 25. '내셔널플라스틱', 26. '드레스정밀', 27. '한국특수금속', 28. '진아(進亞)산업', 29. '국제전광(國際電光)'으로[45)] 사실상의 주요 기계기업을 전부 포함하는 것이었다. 이들은 개발생산업체 19개, 화포시제업체 9개, 포탄 및 신관 시제업체 19개, 한국소총 시제업체 11개 총 58개 방위산업체로 중복업체가 있어 독립된 업체수로는 29개 업체이었다. 이들 29개 업체의 방위산업공장 건설계획은 각 기업이 독자적 생산을 하여 조립함으로써 방위산업을 완성하는 것이었다.

국산 8종무기 시연회 후 박대통령은 1972년 4월 4일 "방위산업계획을 중화학공업육성계획에 포함시킴으로써" 후방지역에 배치하고 경인지역의 방위산업공장도 후방으로 이전시키는 등 본격적인 방위산업을 육성할 것을 지시하였는데, 이는 "예비군 무장용 방위산업과는 근본적으로 차원이 다른…… 대규모 새로운 공장을 건설하는 것으로 바로 중화학공업화 건설로 이어지는 것"이었다.[46)] 그래서 박대통령 지시로 1972년 5월 유럽의 방위산업체를 순방하고 온 후 오원철 수석이 대통령에게 보고하고 만들은 방위산업 육성 기본방향은 "군공창의 건설은 지양하고 민간주도로 하여 방산업체에 의한 방산품 대 민수품의 생산비율을 30:70으로 하여 군수품 생산의 적정이윤을 보장하도록 한다는 것"이었다. 민간주도의 민수품 중심 중화학공업화에 의한 방위산업 완성이라는 원칙을 다시 확인하고 이를 구체화한 것이었다. 군수품 포탄에 꼭 필요한 신관(信管)공장도 따로 건설하는 것이 아니고 신관은 기계공업에 속하므로 창원(昌原)기계공업단지를 먼저 건설하고 이 기지에다 신관공장을 새로 건설하기로 하였다.[47)]

---

44) L. Westphal and I. Adelman, "Reflections on the Political Economy of Planning: The Case of Korea," *Basic Documents and Selected Papers of Korea's Third Five Year Economic Plan*, Sogang University, 1972. W.O (1975), pp. 285~286 재인용.

45) 오원철 전 중화학공업추진위원회기획단장(한경5, 1996), pp. 188~189.

46) 오원철 전 중화학공업추진위원회기획단장(한경7, 1999), pp. 405~407; 오원철 전 중화학공업추진위원회기획단장(박정, 2006), p. 132.

국방부는 방위산업국장에 1972년 1월 5일 군인이 아닌 민간기업 '신진자동차' 이사인 이기현(李基顯)을 기용하여 발령임명하였다.[48] 국방과학연구소(ADD) 소장에도 1972년 2월 1일에는 군장성인 신응균 소장이 건강상 문제로 물러나자 민간과학자 출신 심문택(沈汶澤) 박사가 임명되었다. 이러한 민간부문 인사임명은 방위산업체계가 국방부 군수체계로서가 아닌 중화학공업의 발전에 의해 육성한다는 계획을 실천적으로 보여 준 것으로, 이는 방위산업의 실질적인 전환을 공개적으로 밝힌 상징성이 매우 높은 것이었다. 1972년 ADD[49]에는 두 가지 희망적인 변화가 있었는데, 하나는 미 국방부가 기술지원팀을 파견한 것이고, 또 하나는 군 출신이 소장직에서 물러나고 민간과학자 출신이 소장에 임명된 것이라고 말하여질 정도로 민간소장의 임명은 방위산업의 방법론 전환이라는 면에서 중요한 의미를 지닌 것이었다. 실제로 KIST소장이던 심문택 박사가 ADD소장에 임명되자 MIT에서 기계공학을 전공한 KIST 핵심연구원 이경서 박사를 비롯해 국내외 우수한 과학자들이 KIST에서 나와 ADD 무기개발팀에 합류하였다.[50] 이 체제는 1979년 12.12사태까지 유지되었는데, 전두환 정권이 들어서면서 국방과학연구소의 연구기능을 축소하고 동시에 민간출신 연구원들을 전부 해직시켜 육사 출신 연구원들로 바꿈으로써[51] 다시 방위산업이 1971년 11월 이전의 국방무기생산체제로 환수되기까지, 방위산업은 민간부문이 주역할을 담당하여 진행되었다.

한재열(韓在烈) 당시 산업진흥관의 증언은 산업진흥관실이 만들어진 1971년 말 이후 중공업이 방위산업이라는 '제2목적,' 제2단계 목적 속에 진행되었던 상황을 보여 준다.[52]

> 산업진흥관실에서 포항종합제철에 대한 차관승인을 위해 사업계획서를 검토하는데 김학렬 장관이 이 사람들아 당신들이 무엇을 알아? 포항제철인데 무엇을 검토해? 예산도 무조건 지원이야!라고 말할 정도였다. ……그 당시는 경제여건상 사업성이 있고 외국자본 조달능력이나 상환능력을 고려해서 합리성이 부족하면 승인을 해 주지 않았다. 하지만 중공업분야는 방위산업의 육성이라는 제2의 목적 때문에 매우 적극적으로 지원하였다.
>
> 《한재열 당시 산업진흥관 증언, 김흥기 전 경제기획원투자진흥국장편(1999), p. 257》

47) 오원철 전 중화학공업추진위원회기획단장(한경7, 1999), pp. 476~477, 479.

48) 〈매일경제신문〉(1972. 1. 5).

49) ADD는 1974년 2월 항공사업부를 신설하였고 1976년 5월 해상수상 사업본부를 신설하였으며 다시 1977년 10월에 시험평가단을 신설하였다. 주요 성과로 1978년 9월 지대지유도탄 '백곰'과 다연장로켓 '구룡'을 개발하여 공개 시연하였다. ADD(2006. 5. 11).

50) 이은영(2006), pp. 276~287.

51) 김재홍 동아일보 기자(1994), pp. 78~79.

52) 산업진흥관실은 1971년 12월에 생겼고 한재열은 1971년 9월 2일부터 12월 14일까지 경제조사관으로 있다가 산업진흥관실 신설에 따라 12월 15일부터 산업진흥관으로 취임해 1973년 1월 22일까지 근무하였다. 또 김흥기 전 경제기획원투자진흥국장편(1999), p. 257에서도 산업진흥관실은 4대핵심공장건설계획이 좌절된 후 만들어졌다고 밝히고 있다.

이러한 이 시기 대통령, 정부인식 및 중화학공업정책은 이후, 특히 일본에서 한국의 1970년대 중화학공업화를 방위산업을 위한 중화학공업화로 인식짓는 데 매우 강력한 영향을 미쳤다. 한 예로 한국에 비판적이었던 '赤旗'는 1974년 포항종합제철에 대해 '박정권이 한국 군수산업의 중핵으로 위치지우고 있는 것이다' 등으로 쓰고 있는데[53] 일본의 대다수 연구자들은 저자를 만날 때마다 언제나 이런 인식을 보여 주었다.[54]

3. 조직개편과 중화학공업화의 성격 형성

1) 기업역할의 확대와 조직개편

박대통령이 1971년 11월 10일 중화학공업화를 위한 친정체제로서 청와대 경제제2비서실을 설치하고 오원철 상공부 광공전(鑛工電) 차관보를 경제제2수석비서관으로 임명한 것은 기존의 정상적인 정부조직과 거리를 둔 완전히 새로운 것이었다. 따라서 이는 기존에 많이 거론되고 있듯이 중화학공업화가 정부주도로 이루어졌다는 것과는 상관이 없는 것이며, 오히려 경제기획원 등 정부기관 나아가 군(軍)의 반대와 주도를 탈피하고 민간기업들의 역할을 늘리기 위한 것이었다.[55]

우선, 첫째 이러한 조직개편과 방위산업, 중화학공업 추진팀의 결정이 전격적으로 이루어진 가장 큰 이유는 경제기획원을 정점으로 한 정부조직의 계속적인 소극성이었다. 박대통령은 중화학공업을 이런 기존 정부조직에 맡겨 두면 오히려 방위산업이 제대로 진행되지 못할 것으로 판단하였다. 그래서 박대통령이 청와대에서 방위산업 민간기업들을 직접 독려하겠다는 것이었다. 즉, 조직개편은 절차가 복잡하고 결과가 부진한 정부조직의 개입을 오히려 배제하고자 한 것이었다. 이러한 성격은 이후 중화학공업화선언 이후에도 계속되었다.

둘째, 당시 절대적 발언권을 가지고 있었던 군(軍)이 방위산업과 이를 위한 중화학공업에 반대하고 있었기에 중화학공업은 자율적으로 진행될 수가 없었다. 군은 1971년 '국군장비 현대화 5개년계획'에서 한미연합체계 구성상의 이유 그리고 국산 군수물자의 성능에 대한 회의 등을 들어 국산화를 반대하고 무기를 미국에서 구입하는 것을 선호, 주장하고 있었다. 이런 사정으로 오원철 수석비서관과 김정렴 비서실장은 방위산업을 육성하면서도 군공창(軍工廠) 사용이 어려움을 박대통령에게 설득하였고 박대통령 역시 이를 중요

53) 〈赤旗〉(1974. 9. 29).

54) 한국 현대경제발전 연구에 많은 공헌을 한 연구자 중 일인인 渡辺利夫 총장 역시 1995년 8월 동경에서 면담 시 한국 중화학공업화의 기본적 동기는 방위산업이었다고 말하였다.

55) 김광모 전 중화학공업추진위원회기획단부단장 ·증언(2010. 2. 10).

하게 고려하게 되었다. 국산병기 2차 시사회 준비에서 군지휘관이 "그래도 미국 총이 좋을 텐데 이런 상태로 나가다간 국산무기만 쓰라고 할 것 아니야"[56]라고 발언한 것은 당시 군 지휘부의 생각을 단적으로 보여 준다. 그래서 군(軍)의 반대를 누르고 민간기업의 방위산업 대량생산체제로 바꾸기 위해서는 결국 기존 정부조직이 아닌 대통령 직속체계가 필요하였던 것이다.

셋째, 방위산업을 위한 중화학공업 육성이라는 목표가 있는 이상 기존 정부기관에 맡겨 둘 경우 비밀유지에서 중요한 문제가 있었다. 이는 미국 나아가 일본 등 다른 국가들과 계속 협상을 하고 관련기술을 얻어야 하며 필요한 자본을 구해야 하는 입장에서 절대 문제가 있는 것이었다. 4대핵공장건설사업도 이런 문제로 경제기획원장관은 극비로 진행하였고 관련 공무원들에게 비밀 서약서까지 일일이 받아야 하였다.[57] 따라서 중화학공업을 기존의 방식대로 기존 정부조직에 맡겨 둘 수가 없었다. 특히, 미국이 한국의 방위산업을 위한 중화학공업화 나아가 중화학공업화전략 자체를 비교우위와 경제안정에 어긋난다고 반대하고 있어 이런 상태에서 방위산업을 위한 중화학공업화가 진행될 수 없다는 것은 명백하였다. 심지어 국방상의 필요성에도 불구하고 미국 국무성과 주한미국대사관은 한국의 병기개발을 막으려고 하고 있었고 한국의 중화학공업 상황을 추적하고 있었다.[58] 따라서 박대통령은 국내에서 어느 조직보다도 미국과 깊이 연계되어 있었던 군(軍)과 경제기획원을 믿을 수 없었으며, 미국의 반대를 무릅쓰고 중화학공업화를 시행하기 위해서는 군와 경제기획원을 배제한 청와대 직속실을 설치하지 않을 수 없었다. 이것도 바로 행정부와 군을 배제하고 바로 민간기업에 중화학공업을 독려하고자 하는 것이었다.

넷째, 방위산업을 위한 우선 단계로서의 중화학공업을 적극 추진하기로 한 이상, 이전의 국방부 전담과 달리 중화학공업 업무는 경제기획원, 상공부, 재무부, 과학기술처, 그리고 국방부 등 여러 기관으로 업무가 분산되어 진행될 것이 분명하였다. 물론 경제기획원이 이를 조절한다고 해도 경제기획원의 업무와 관심상 이에 대한 중점이 약화될 것은 분명하였고 이는 4대핵공장건설사업에서 확인되었다. 상공부가 전체를 전담한다는 것은 정부조직 구성상 어려웠고 실제로 포항종합제철과 4대핵공장건설사업은 상공부의 역할이었지만 이러한 정부조직 구성을 알고 걱정한 대통령과 김학렬 경제기획원장관의 결정에 의해 경제기획원이 추진하였다. 결국 기존 정부조직으로는 정부에 맡겨 둘 경우 앞의 비밀유지와 함께 효율성에서 문제가 있었다.

56) 오원철 전 중화학공업추진위원회기획단장(오회, 1994. 6), p. 494.
57) 오원철 전 중화학공업추진위원회기획단장 증언(1993. 9. 20).
58) 미국 국무부와 미국 대사관은 한국에 와 있던 기술고문단에게 "105mm 포 개발을 못하도록 막아라"고 지시하였고, 1973년 국산병기시사회가 끝나자 주한미국군사원조고문단의 몽고메리(Montgomery) 대령은 한국의 병기개발에 대한 상세한 분석자료를 보이며 그 불가성을 강조하였다. 오원철 전 중화학공업추진위원회기획단장(한경7, 1999), pp. 410~412.

이상의 이유 때문에 만들어져야 하였고 또 직접 기업역할을 확대해야 하였기 때문에 경제제2비서실은 통상적인 대통령경제비서실과는 다른 것이 되어야 하였다. 우선 평소 제조업 민간기업과 직접 접촉이 있어 이들 기업을 독려해 직접 중화학공업을 진행할 팀이 필요하였다. 또 앞에서 지적한 여러 이유상 경제제2비서실은 발족시 친미국계 인사, 경제기획원 인사, 군관련 인사 이외의 인사로 조직될 필요가 있었다. 이에 따라 경제제2비서실은 청와대 의전실에서 김병원(金炳源) 비서관(2급)이 온 것을 제외하고는 상공부 과장 김광모·이석표(李奭杓)·권광원(權光遠) 등 5인 모두 상공부 민간인 출신으로 채워졌다. 오원철 전 경제수석비서관은 직접 현장을 알고 현장과 친한 전문가들을 데려왔다.

그러나 경제기획원에 대해 실망하고 방위산업부문을 청와대로 가져 왔지만 방위산업과 중화학공업화의 성공적 출발과 진행을 위해서는 당연히 기획, 예산, 외자배분권을 가지고 있는 경제기획원의 도움이 절대 필요하였다. 그래서 대통령은 김학렬 장관 이후 1972년 1월 경제기획원장관으로 역시 건설부장관을 지냈던 신임가능한 태완선(太完善) 장관을 보내 경제기획원의 정책기조가 성장기조로 되고 협조를 얻을 수 있도록 하였다. 태완선 장관은 3월 6일 경기회복 세부 대책을 세웠고 4월 21일 당면경제대책의 보완을 시행하였다. 그러나 1972년 11월 7일 대통령이 참석한 월간 경제동향보고회의에서 경제기획원은 중화학공업 육성방안을 보고하면서 '시장과 비교우위의 원칙, 점진주의'라는 기존의 미국이나 세계은행의 주장과 같은 이론적·합리적 접근을 강조하였다. 박대통령은 실망하였다. 결국 박대통령은 이 자리에서 장관에 상관없이 중화학공업을 더 이상 경제기획원에 맡길 수 없다고 최종적으로 그리고 분명히 마음을 굳혔다.[59)]

경제기획원의 11월 7일 보고는 그래도 경제기획원의 지도와 협력이 필요하다는 대통령의 생각을 결정적으로 돌려놓았고 결국 한국 중화학공업화 실행조직 구조와 실행방향에서 큰 전환점이 되었다. 경제를 총괄하는 경제기획원장관 부총리와 중화학공업 육성을 전담하는 경제제2수석비서관으로 업무가 분할, 특화되었다. 경제기획원은 방위산업과 관련하여 혹은 중화학공업에 관한 한 이제 의사결정기구에서 상대적으로 멀어지게 되었는데 최창락 전 장관의 증언에 의하면 경제기획원 역시 "기획원이 점점 의사결정의 중심에서 멀어져 간다는"[60)] 것을 의식하고 있었다. 이는 당연히 정부조직과 경제정책을 총괄책임지고 있던 경제기획원에게 비정상적인 것으로 인식되었고 불만과 불안 요인으로 항상 작용하였다고 많은 증언은 지적하고 있다. 다수의 증언들이 이후 중화학공업화에서 나타난 이런 업무의 분할과 갈등에 대해 비판하였고, 김정렴 전 비서실장은 양측을 조화시키기 위해 노력하였던 것을 수 차례 증언해 주었지만, 바로 이 분할은 특화와 견제를 가져다 줌으로써 부정적인 측면만이 아니라 긍정적 측면도 동시에 가져다 주었다.

59) 김정렴 전 대통령비서실장 증언(2008. 11. 20); 김흥기 전 경제기획원투자진흥국장편(1999), p. 213.
60) 김흥기 전 경제기획원투자진흥국장편(1999), p. 216.

2) 경제논리의 강조

이 시기 전환과정에서 주목할 점은 바로 경제논리가 중심논리로 등장하고 있다는 것이었다. 이는 두 가지에서 나타났다.

첫째, 방법론상의 정책전환 논리이었다. 1970년대 초 박대통령은 북한과 비교해 남한이 뒤져 있다는 생각에서 북한보다 앞서야 한다는 경쟁의식을 갖고 있었다. 그래서 박대통령의 관심은 방위산업에 있었고 "방위산업만을 2, 3년 내에 건설하기를 원하였지만" 김정렴 실장, 오원철 차관보는 1971년 11월 9일 중화학공업 우선으로의 전환이라는 박대통령의 결심을 얻어 냈다. 이 과정에서 "무기수요가 생산능력에 미달할 때의 비경제성"과 "병기생산을 위주로 하는 민영군수공장도 병기수요가 불충분할 때의 전문기계의 유휴 등에 따르는 비경제성"이 있음이 지적되었고, "무기수요의 변동에 따른 비경제성을 극소화시킨다"는 원칙이 제시되었다.[61] 또 "가장 경제적인 방법인 중화학공업의 일환으로 전환하면 유사시에는 공장마다 민수부문의 능력을 방산부문으로 전용할 수 있어서 대량공급이 단시일 내에 이루어진다"[62]라고 하여 민수용 중화학공업화가 가장 경제적인 방법이라는 점이 제시되었다. 즉, 자주국방은 경제성이라는 원칙과 효과를 고려하여 민간의 중화학공업 육성에 편승한 방위산업 육성으로 전환되어야 한다는 것이었다. 방위산업의 논의로 출발하였으면서도 그 중요성이나 대통령 의지에 따른 무조건적인 강행이 아니라 경제논리가 분명히 내세워졌던 것이다.

이러한 경제성이 도입되고 강조된 것에는 김정렴 비서실장과 오원철 수석비서관의 경험이 주요하게 작용하였다. 김정렴 실장은 한국은행을 출발점으로 한 경제관료로서 시장을 경험하고 다룬 경험이 있었다. 오수석비서관은 1961년 5.16 후 국가재건최고회의 기획조사위원회 조사과장으로 참여하기 전 1957년 9월부터 시발자동차회사 공장장, 1960년 6월부터는 국산자동차주식회사 공장장으로 일하면서 시장을 직접 경험한 경험이 있었다.

나아가 방위산업에 이런 경제성이 도입된 것은 시기적 산물이기도 하였다. 1971년 2월 6일 「주한미군의 감축에 관한 합의문서」에서 철군 보완조치로 군사원조와 차관 등 총 15억 달러를 지원받아 한국군 현대화 계획을 추진하도록 되었는데, 이에 따라 예산제약과 기술도입, 효율적 자원배분의 경제적 논리와 사고가 도입될 필요가 있었다. 또 무엇보다도 미국의 반대를 무릅쓰고 독자적으로 방위산업을 위한 중화학공업을 추진한다고 하면 비용과 자본의 효율성이 큰 문제가 되었다. 당연히 독자적인 방위산업과 이를 위한 중화학공업을 위해서는 적은 비용을 들여 안정성 있게 최대 효율을 내는 것이 절대 필요하였다.

정부는 1971년 11월 18일, 새해 동구공산권 무역 수출목표액을 1억 2,000만 달러로

61) 김정렴 전 대통령비서실장(1995), pp. 322~323.
62) 김정렴 전 대통령비서실장(1995), p. 323; 김정렴 전 대통령비서실장(1997), pp. 271~272.

책정한 내용을 발표함으로써[63] 냉전대립을 강조하면서도 급변하는 세계현실을 이용하는 태도를 보여 주었는데 정부가 1970년대 초에 나타난 국제시장의 변화를 이용한 것은 분명히 경제합리성이 주요하게 채택된 것이었다.

둘째, 이 시기 중화학공업에 대해 중점 산업화, 경제논리화하면서 1960년대 수입대체에서 나아가 수출화의 구상을 만들기 시작하였다.

박대통령은 1971년 7월 1일 제7대 대통령 취임사에서 다음과 같이 앞으로 중화학공업 시대의 막을 열겠다고 밝히고 또 수출입국의 물결을 일으키겠다고 선언하였지만 이때까지도 중화학공업을 직접 대규모 수출과 연계시키고 있지 못하고 있었다.

> 나는 앞으로 중화학공업 시대의 막을 올리고 한강변의 기적을 4대강에 재현시킬 것이며 수출입국의 물결을 5대양에 일으키며…… 우리나라를 곧 중진국 상위국에 올려놓고야 말 것입니다. ……
>
> 《한국역대대통령취임사편집부(1988), p. 75》

1971년 작성된 제3차 경제개발5개년계획은 제1, 2차 경제개발5개년계획에서 발생한 불균형의 문제를 직시하면서 자립경제구조를 실현한다는 것을 기본방향으로 하였다.[64] 그런데 3차 경제개발계획의 기본방향도 그렇지만 그 구체적 내용을 검토해 보면 전면적인 수출확대를 강조하고 있는 가운데에도 산업 간, 지역 간 불균형과 국제수지 문제로 수입대체적인 중화학공업화를 염두에 두고 있었던 것을 확인할 수 있다.

이미 이 시기 정부나 산업계 모두 국내시장의 협소로 수입대체전략은 한국이 장기적으로 지향할 수 없는 한계가 있음을 알고 있었다. 따라서 모든 것을 수출지향으로 하고 또 바꾸고 있었지만 1971년 말 단계는 여전히 한국의 중화학공업화가 정상적으로 진행될 수 있을까라는 회의(懷疑)가 존재하는 수준이었으므로 중화학공업의 수출화는 직접 언급하거나 목표로 하기 어려운 과제라고 인식되고 있었던 것이다. 이러한 딜레마로 1971년까지 정부의 정책에서 수출우선, 수출지향이 확실히 강조되면서도 중화학공업은 여전히 수입대체공업화라는 형태로 나타나고 있었다. 그러나 1972년이 되면 이행단계에서 중화학공업을 대규모 수출산업화한다는 구상이 나타나고 있다. 이러한 수출산업화 구상은 중화학공업을 국방부의 순수 방위산업이 아닌, 우선 단계로서 민간기업의 민수용 생산중심 중화학공업화로 진행한다고 성격을 바꾼다면 경제적인 효율성에서 볼 때 국내시장 구조와 규모상 필연적인 것이었다.

---

63) 日韓經濟協會(協會報, 1972. 2. 25), p. 9.

64) 기본목표는 ① '성장, 안정, 균형의 조화'를 추구하여 안정된 기반 위에서 고도성장을 계속하는 동시에 국민복지를 향상시킴, ② 산업구조의 근대화와 국제수지의 개선 및 식량의 자급을 꾀하고 '자립경제구조'를 실현함, ③ 4대강 유역의 개발, 도로망의 대폭적인 정비 등 국토의 종합적인 개발을 촉진하고 '지역개발의 균형'을 추진함의 3가지이었다. 경제기획원(제3계, 1971. 2. 9).

1972년 5월 22일 상공부는 수출산업에 대한 재정 및 외화대부에 의한 자금지원을 화학, 기계 등 중화학공업에 집중 배치하고 1차적으로 510억 원의 재정자금을 1973년도 예산에 반영하여 줄 것을 요청하였다.[65] 1972년 5월 30일 수출확대진흥회의를 끝내고 오원철 경제수석비서관은 대통령의 수출 100억 달러 언급에 대해[66] 100억 달러 수출달성은 중화학공업화를 통해 가능하다고 대통령에게 건의하였고 대통령은 이에 중화학공업 육성계획 수립을 지시하였다. 이때 박대통령은 중화학공업 육성계획 수립을 지시하면서 '앞으로 우리나라 공업을 중화학공업으로 일대 개편을 실시하되 수출산업화한다'[67]라고 천명하였다. 그리고 오원철 경제수석은 이를 청와대 자동차공업육성회의에서 '대통령의 말이다'라고 직접 인용하며 강조하였다. 이후 7월 3일 상공부는 조선, 자동차 등 중공업 구조를 전면 개편하고 업종별 수출창구를 일원화하는 내용의 '중공업진흥계획'을 마련하였다. 다시 상공부는 8월 31일에 제3차 경제개발5개년계획기간 중의 전자제품 수출증대 조치를 발표하였다. 이는 21개 전자제품 부품공장을 새로 건설하고 기초원자재에 관세를 면제하여 수출을 증대시키고자 하는 조치이었다.[68]

상공부는 1972년 12월 9일 중화학공업부문별 수출목표를 작성한 총 100억 달러 수출구조 시안을 만들었다. 수출 100억 달러는 1970년 상공부가 작성하고 제8차 수출진흥확대회의에서 확정한 1980년 53억 달러의 중공업수출산업화10개년계획(장기수출계획)과[69] 1972년 2월 20일, 1980년 수출목표로 수정 확정지은 55억 달러계획을 88.7, 81.8%나 상향시킨 것이었다. 1972년 12월 26일에는 구미전자공단 확장 기본계획이 대통령에게 보고되었는데 이때 박대통령은 1980년대 초 100억 달러 수출을 위해서는 대단위 전자공업단지가 필요하다고 보고 200만 평 규모의 공업단지를 산업합리화 자금으로 조성할 것을 지시하였다.[70] 1972년 12월 28일 상공부는 중화학공업부문별 목표를 작성한 총 100억 달러 수출구조 시안을 수출진흥확대회의에 공식 제출하였다. 이는 중화학공업제품의 공산품 수출 내 비중을 1976년 44%, 18억 3,000만 달러, 1980년 60.5%, 56억 3,000만 달러로 하여 무역수지를 1980년 수출 100억 달러, 수입 85억 달러로 하는 것이었다.[71] 이러한 획기적인 변화와 사태진전에 대해 경제기획원은 1973년 발행 『경제백서』에서 '1972년에 1980년

65) 한국기계공업진흥회(한기진20, 1989), p. 778.
66) 불과 2달 전까지 1980년 수출목표 55억 달러가 확정되어 있었는데 왜 갑자기 대통령이 100억 달러 수출목표를 꺼냈을까에 대해 오원철 경제수석비서관은 1980년대 초 50억 달러 수출로는 북한에 대한 완전승리를 장담할 수 없어 남북대결에서의 완전승리를 위한 것이었다고 추측하였다. 오원철 전 중화학공업추진위원회기획단장(박정, 2006), p. 139.
67) 〈한국경제신문〉(1993. 10. 25).
68) 한국기계공업진흥회(한기진20, 1989), p. 778.
69) 이는 1970년 8월 20일 상공부가 중공업수출산업화 10개년계획으로 공개한 것으로 1980년 53억 5,000만 달러 수출을 위해 연평균 18.5% 성장률을 목표로 한 것이었다.
70) 구미수출산업공단(구10, 1981), pp. 65~66.
71) 오원철 전 중화학공업추진위원회기획단장(한경7, 1999), pp. 490~491.

대 100억 달러 수출을 달성하는 데 중화학공업이 주도적 역할을 담당하도록 장기중화학공업 육성계획이 추진되었다'고 기록하였다.

> 1972년 중에는…… 1980년대의 1,000달러 소득, 100억[72] 달러 수출을 달성하는 데 있어서 중화학공업이 주도적 역할을 담당하기 위한 장기중화학공업 육성계획이 추진되었다. 장기중화학공업 육성계획에 의하면 앞으로 우리나라 공업화 내지 경제발전을 주도할 업종의 선정에 있어서는 전후방 산업연관효과가 크고 산업 전반에 걸쳐 성장기여도가 높으며 기술집약적인 산업으로서 국제수준에 이를 잠재력을 가진 것에 우선순위를 두고 있다.
>
> 《경제기획원(경백, 1973), p. 14》

3) 시기적 성격: 중화학공업화의 기초와 성격 형성

총괄적으로 볼 때 중화학공업의 중심조직이 경제기획원으로부터 경제제2비서실로 이행되고 있었던 1971년 11월~1972년 말까지의 이 기간은 한국 중화학공업화의 계획이 작성되고 있었던 시기로 이행의 시기이었다.[73] 이 시기는 여전히 방위산업을 위한 중화학공업화가 기본적 사고틀이었기 때문에 중화학공업화 그 자체를 위한 구체적 내용에 대해서는 경제계뿐만 아니라 경제기획원조차도 잘 알지 못하거나 소극적이었다.[74] 경제기획원은 산업진흥관 자리까지 신설하였지만 경제불황 타개책이 우선이었고 기본적으로 안정적 경제정책 기조, 점진적 중화학공업화를 통한 수입대체와 수출증진을 선호하고 있었다. 특히, 대통령의 의중에 따라 방위산업을 추구하였던 김학렬 장관이 1972년 1월 4일 떠난 이후 경제기획원은 전략적인 장관배치에도 불구하고 중화학공업에는 막대한 자본이 소요되고, 그 회임기간도 길어 효율성을 기대할 수 있는 상태가 아직 아니라는 원칙론을 보이고 있었다. 그래서 이 시기 구체적인 수출과 관련한 중화학공업 문제는 결국 전체적인 합일의 문제가 아니었고 민간기업과 함께 수출과 상공담당 부서인 상공부가 책임을 떠맡는 형태로 되고 있었다. 이런 점은 다음과 같이 증언에서 나타난다.

> 누가 이걸 맡고 누가 저것을 맡은 것이 아니고, 수년 간 관행상 민간이 전자와 조선을 맡았고, 여타 공업부문은 결국 상공부가 실무부서가 아니냐 해서 자동차부터 정유, 기계로

72) 원자료에는 1,000억 달러로 되어 있는데 오자이다.

73) 1974년 2월 오원철 경제제2수석비서관이 중화학공업추진위원회기획단장으로 임명되었다. 그러나 이때까지 기획단장을 맡았던 김용환 전 재무부장관의 증언에 의하면 이미 기획단장으로서 자신은 재원의 확보대책과 소관부처의 계획조정, 산업기지 조성을 효율화하기 위한 제도개혁 등 중화학공업화정책을 뒷받침하는 역할을 맡았고 개별 프로젝트를 기술적 측면에서 검토하는 것은 주로 경제제2수석비서관실이 맡았다고 하여(金龍煥 전 재무부장관, 2002, pp. 115, 112) 이미 내용적으로 경제제2비서실이 역할을 하고 있었음을 알 수 있다.

74) 李晩熙(1993a), p. 221; 주태산 세계일보 기자(1998), p. 117.

올라간 것이다.

〔이선기 전 장관 증언, 김흥기 전 경제기획원투자진흥국장편(1999), p. 260〕

이 시기의 중심은 분명히 방위산업이었다. 그래서 방위산업을 위한 중화학공업 방법론이 만들어졌으며 이에 따라 경제제2비서실이 만들어졌고 민간시장 중심의 중화학공업화, 수출과 비용·효율 등 경제성을 지향하는 중화학공업화가 새로운 방법론으로 대두되었다. 이 시기의 목표는 당시의 방위산업 관련 중화학공업, 즉 여전히 조립가공 수준이었고 특수강공장이나 고급 알루미늄공장이 존재하지 않았기 때문에 소재는 대부분 수입에 의존하였던 당시의 방위산업 중공업을 혁신적으로 발전시키는 것이었다.[75] 그리고 이에 따라 1973년 3월 105mm 대구경화포(大口徑火砲)가 발사 성공됨으로써 대통령이 목적으로 한 1차 목표가 달성되었고, 대통령이 다시 60mm 박격포까지 개발하라고 지시해 6월 25일 무반동포, 박격포, 곡사포에 대한 시사회가 열리는 등 이후 차근차근 진행되어 나갔다.

그럼에도 불구하고 이 시기는 시행착오 속에 경제논리가 도입되면서 방위산업을 위한 중화학공업화가 아니라 오히려 본격적인 중화학공업화, 선진공업국과 같은 순수산업으로서의 중화학공업화에 대한 분명한 필요성과 방향을 확인해 주었다. 이는 김정렴 전 비서실장의 면담 증언(2008. 11. 20)과 다음의 서면 증언에서 공통적으로 나타난다.

1972년 1년간의 시행착오 끝에 자력국방, 국군현대화를 위한 방위산업 육성에는 선진국 수준의 중화학공업의 건설이 필수적이고 기본임을 여러 관계자가 명심하게 되었고, 1년 전에 박대통령에게 건의한 나와 오원철 수석비서관의 생각이 옳다는 것이 입증되었다. 즉, 방산기본소재인 철과 특수강, 그리고 동과 아연 생산을 위해서는 철강공업과 비철금속공업이, 정밀고도가공을 위해서는 기계공업이, 전자무기와 전자부품을 위해서 전자공업이 육성되어야 하고 60만 현역과 250만 이상의 향토예비군의 방대한 수요에 비추어 그 규모도 큰 것이 소요되었다.

〔김정렴 전 대통령비서실장(1995), p. 324〕

이 시기 목표로 하였던 방위산업을 위한 중화학공업화는 한계가 있었다. 중화학공업정책 추진축으로 등장한 경제제2비서실과 박대통령은 이 시기 중화학공업에서 민간주도로의 전환을 시도하고 있었다. 그러나 주체가 될 민간부문은 이에 적극 대응하고 있지 않고 있었다. 중화학공업 진입시의 규모의 비경제에 따른 높은 고정비용과 민간기업의 부정적 인식이 근본원인이었지만, 무엇보다 중화학공업정책의 변화 그 자체를 이해하고 있지 않았고 또 이해하고 받아들이려고 노력하고 있지도 않았기 때문이었다. 정부의 가장 핵심부서인 경제기획원과 다른 정부부서도 마찬가지이었다. 청와대에서는 '자동차공업육성회

75) 오원철 전 중화학공업추진위원회기획단장(오회, 1994. 6), p. 484.

의'가 열려 자동차공업을 중화학공업 육성계획에 포함하여 곧바로 세부 계획을 작성하도록 결정하고 있었고, 반면 경제기획원은 비교우위공업에 의한 중화학공업화 전략을 강조하고 있었다.[76)]

따라서 기업과 나아가 전 국민이 공감하고, 정부조직 전체가 동참할 전면적인 중화학공업화가 필요하였고 이를 위해서는 방위산업을 위한 중화학공업이 아닌 새로운 목표가 필요하였다. 또 중화학공업을 위해서는 당시 한국의 기술, 자본, 시장 수준에서 미국과 일본 등 선진국의 협조가 절대 필요하였으므로 방위산업에 대한 이들 국가들의 반대를 고려해도 방위산업을 위한 중화학공업화가 아닌 보다 범세계적인 보편적 경제논리를 가진 합리적 내용과 전환이 필요하였다. 나아가 방위산업 그 자체를 위해 중화학공업을 진행한다는 것은 무기수출을 할 수 없는 한국의 입장에서 수출우선의 경제논리와 근본적으로 맞지도 않았다. 국제환경의 변화도 방위산업을 목표로 한 중화학공업화 추진이라는 내부적 명제와 위기론의 설득력을 떨어뜨리고 있었다.[77)]

모든 상황에서 볼 때 이제 중화학공업의 발전을 위해서는 기존 방위산업을 위한 구조가 아닌 근본적인 변화가 당연히 요구되었고 이는 합리적인 선택이었다. 이에 따라 본격적인 중화학공업화를 위한 구체적인 계획안이 거론되었으며 준비작업이 진행되어졌다. 뒤에 중화학공업화의 마스터플랜과 목표를 제시한, 중화학공업화를 위한 계획원안인 '공업구조개편론' 작성이 착수되어 대통령에게 보고되었다.[78)] 그리고 1972년 12월 상공부는 '중화학공업 업종별 육성계획 시안' 중 '호남화학공업단지계획', '조선공업육성방안', '일반기계공업육성방안'을 완성하였다. 연말 '자동차공업육성회의'는 상공부가 자동차공업진흥 세부 계획을 작성하도록 결정하였다.

기존의 인식처럼 1973년 중화학공업화선언은 어느 날 갑자기 우연적이거나 돌발적인

76) 김흥기 전 경제기획원투자진흥국장편(1999), p. 259.

77) 1972년 2월 닉슨의 중국 방문과 周恩來 회담, 5월 닉슨의 모스크바 방문, 그리고 9월에는 일본 田中角永 수상이 중국을 방문하여 중일국교정상화가 이루어지는 등 한반도를 둘러싼 세계 동서긴장 완화가 1972년 급속히 나타나기 시작하였다. 한국은 미국, 일본의 중국 접근 등으로 나타나고 있는 국제환경의 변화에 따라 국제사회에서 살아남기 위해서는 냉전·방위논리나 위기론보다 경제적인 논리가 더욱 중요하게 되었다. 다른 한편으로 보면 대통령이나 정부 입장에서 그 동안 일방적으로 강조해 왔던 자주국방 등 구호적인 비경제적 논리와 내수 방위산업의 제약에서 벗어날 수 있는 국제상황이 마련되고 있었다. 결국 한반도를 둘러싼 국제환경의 변화 속에서 남한도 북한도 대응하지 않을 수 없었다. 1972년 7월 4일 이후락 중앙정보부장이 평양을 방문하여 「7.4 남북공동성명」으로 평화통일의 지향, 남북 간의 긴장완화, 남북조절위원회 설치 등을 합의하였다. 1972년 10월 17일 비상계엄과 함께 유신체제가 출범하고 남북대화는 1973년에 중단되었지만 이 시기도 남북관계가 경색되었던 시기는 아니었다. 남한의 비상계엄도 북한에 사전 통보한 것으로 보이며 북한의 사회주의헌법이나 남한의 유신헌법 개정 시일이 같은 것도 이미 남북이 서로 동의하고 있었음을 추측하게 한다.

78) 김광모(金光模) 전 중화학공업추진위원회기획단부단장은 다음과 같이 증언하고 있다. "박대통령이 경제개발방안을 연구하여 보고하도록 지시하였다. 그래서 경제제2비서실이 국내외 자문기관까지 동원하여 중화학공업에 의한 공업구조개편론을 작성하였다. 중화학공업으로 공업구조를 개편하여 선진공업국으로 들어갈 수 있는 안을 만들어 대통령에게 제시하였다. 이는 중화학공업화의 모든 기초가 되었다." 김광모 전 중화학공업추진위원회기획단부단장 증언(2008. 11. 20).

사건으로 이루어진 것이 아니었다. 그 필요성은 분명해지고 있었다. 1973년 중화학공업화 선언 이전의 1970년대 초 시기는 이론·조직 면에서만이 아니라 제도적으로도 중화학공업화의 본격적 가동 기초를 닦은 시기이었다.

2

중화학공업화선언 이후 중화학공업화의 배경과 목표

제4장 중화학공업화의 배경과 목적

제5장 중화학공업화의 경제적 전망과 목표

CHAPTER 4
중화학공업화의 배경과 목적

1. 중화학공업화선언과 당시 중화학공업의 성격: 선택과 비판

1973년 1월 12일 대통령은 연두기자회견에서 1980년대 초 100억 달러 수출 달성을 위해 지금부터 중화학공업 육성에 박차를 가하는 중화학공업화정책을 시행한다는 중화학공업화선언을 발표하였다.

중화학공업은 1970년대까지도 경공업과 비교하여 뚜렷히 대비되는 성격을 갖고 있었다. 중화학공업은 산업 면에서 자본·기술집약적 산업이었고 수요의 소득탄력성이 높으며 부가가치가 높은 산업이었다. 또한 중화학공업은 세계구조 면에서 보면 수직적 분업체계하에서 선진국이 그들의 우위를 가지게 만들은 독점공업이었다. 오원철 대통령경제제2수석비서관이 '일본이 앞서 중화학공업화정책을 택하게 된 이유'로 대통령에게 제시한 것은 바로 이러한 중화학공업의 성격이었다. 즉, 이러한 중화학공업의 성격은 이론적으로 그렇다고 인식된 것이 아니라, 한국 중화학공업화 출발점에서 모델이 되었던 일본 중화학공업이 실제로 경험함으로써 분명히 확인된 것이었다.

바로 이러한 실험된 중화학공업의 산업적·시대적·구조적 특징은 방위산업에 집착하고 있던 박대통령을 설득하여 방위산업을 위한 중화학공업이 아닌 산업경제적 의미에서의 중화학공업화를 본격 시작하게 하는 논리적 배경이 되었다. 실제로 김광모 중화학공업추진위원회기획단부단장도 "일본에서도 1957년부터 중화학공업화정책을 위주로 한 신장기경제계획을 수립하여 이를 완성하여 일본이 오늘의 경제대국으로 성장하였는데, 우리가 중화학공업화정책을 추진한 이유도 일본이 성공을 거둔 이유와 꼭 마찬가지이다"라고 증

언하였다.[1)]

그러나 당시 귀납적 실험결과로서 명시적으로 나타나고 있었고 그래서 중화학공업화 추진의 논리적 이유가 되었던 중화학공업의 성격은 중화학공업화의 시작부터 진행과정을 통해 그리고 중화학공업화를 비판하고 나선 이후 정부에서까지도 계속 논쟁의 대상이 되었다. 중화학공업화를 적극 추진하고자 하였던 쪽은 '중화학공업화선언' 이후 한국이 중화학공업화를 진행하는 기본적인 추진 근거로 그리고 나아가 중화학공업화의 대응전략과 재원조달의 근거로 긍정적인 중화학공업의 성격을 강조하였다. 그러나 중화학공업화 시작부터 계속하여 제시된 비판론, 특히 1970년대 말 집중적으로 제기된 한국 중화학공업화에 대한 대내외 부정과 비판은 한국에 맞지 않는 부정적인 중화학공업의 성격을 집중 거론하였다. 이렇게 중화학공업의 성격은 논쟁의 중심이 되면서 1970년대 중화학공업화의 배경과 목표, 그리고 평가와 연계되어지게 되었고 그리고 현대 한국경제의 변화의 시기마다 새로이 거론되었다.

따라서 현재와 달리 후발공업국으로서의 한국의 중화학공업화와 관련된 위치, 중화학공업화의 시작과 진행과정을 이해하기 위해 그리고 중화학공업화를 둘러싼 배경과 목표, 평가를 이해하기 위해서는 1970년대 중화학공업이 가진 성격을 이해하는 것이 필요하다. 중화학공업의 성격은 시기적으로 산업발전단계에 따라 달라지는데 1970년대 당시 인식, 상황과 관련지으면서 중화학공업추진위원회가 제시한 자료를 중심으로 보면 1970년대 중화학공업은 다음의 성격을 갖고 있었다. 사실 이들은 모두 연관되어져 있는 것이므로 정확히 별도로 분리하는 것이 어렵지만 편의적으로 분리하여 보자.

첫째, 1인당 설비자본액, 즉 자본장비율이 높았다.[2)] 이 점은 중화학공업추진위원회에 의해 다음과 같이 지적되었다.

> 중화학공업은…… 자본의 유기적 구성도가 높고 기술의 집약도 역시 현저하게 크기 때문에 공업 전반에 대한 중화학공업의 비중을 늘리는 구성의 고도화는 공업 전반의 밀도를 높이게 되어 구조의 고도화를 어느 정도 실현시키고 있는 것이 사실이다.
>
> 《중화학공업추진위원회(우해, 1973), p. 51》

실제로 1970년대 한국 공업별 자본집약도를 구해 보면 〈표 4-1〉에서 보듯이 중화학공업의 높은 자본집약도가 확인된다.

이렇게 "자본집약적이고 자원사용적인 성격을 띤 중화학공업"[3)]이었기 때문에 중화학공업은 1970년대 후발공업국가가 접근하기 어려운 것으로 받아들여졌고, 그러한 중화학공

1) 김광모 전 중화학공업추진위원회기획단부단장(김중화정3, 2003. 12. 7).
2) 한국은행(통조, 1973. 8).
3) 중화학공업추진위원회기획단(한공발2, 1979), p. 158.

표 4-1 제조업의 자본집약도(자본/노동 비율, 1979년, 제조업평균=100)

공업	자본집약도	공업	자본집약도
철 및 철강	590	목 제 품	69
비철금속	210	섬유, 의류, 신발	61
비금속광물제품	169	전기제품	53
화 학	168	고무제품	51
운송장비	139	가죽제품	50
기 계	127	가 구	40
금속제품	79	기 타	33

주: 고용은 *United Nations Yearbook of Industrial Statistics* 자료이며 자본스톡의 순가격은 경제기획원 값으로 *Preliminary Data on Korean Capital Stock by Industry, 1960-1979*(KDI, 1987) 자료임.
자료: D. Dollar and K. Sokoloff(1990a), p. 133.

업의 성격은 세계은행(IBRD) 등이 후발공업국의 중화학공업화를 부정적으로 본 근거가 되었다. 한편으로 이런 중화학공업의 성격 때문에 초기 중화학공업화는 언제나 초기 대형 고정자본 투자에 따른 비효율성을 크게 가질 수 있는 가능성이 있었으며 실제로 중화학공업화를 시작하려는 모든 후발공업국은 과잉투자를 일관되게 비판받아 왔다.

하지만 수직적 분업, 정태적 분업체계가 아닌 동태적 견지에서 접근하면 중화학공업 중에서도 상대적으로 노동집약적 중화학공업부문이 존재하며 발전도상국의 경우 이것부터 순차적으로 접근하는 것은 가능하였다. 한국은 우선순위에서 이런 전략을 채택하였다.

둘째, 생산의 우회도가 높고 부가가치가 높다. "산업론적 특징의 하나인 중화학공업의 우회도 심화는 생산에 있어서 가공도를 연장시키고 심화시킨다. 경제학적으로 중화학공업화율을 가지고 그 나라의 경제발전단계를 측정하는 1차적 기준으로 하는 것은 바로 여기에 그 이유가 있다."[4] 이런 중화학공업의 특성으로 중화학공업은 부가가치가 높았다. 또 높은 우회도로 인해 중화학공업은 기술개발을 촉진시켜 노동생산성 향상을 가져오고 전체 경제성장을 유도하고 있었다. 한국 정부와 중화학공업추진위원회기획단 등이 이후 절대적으로 신뢰한 호프만(W. G. Hoffmann)의 공업화 단계론은 이를 반영한 것이다.[5] 중화학공업은 학습상태의 경제성장(economic growth on the learning state)을 유도할 수 있는 기술의 개발, 즉 끊임없는 우회도 심화와 자본집약도, 기술집약적 장치산업의 특성을 가진다.[6] 일본이 중화학공업화를 선택한 이유로 "중화학공업은 수요의 폭과 깊이가 있고 부가가치, 생산성이 높으며 후진국이 따라올 수 없는 산업이라는 데 이유가 있다"[7]고 지적한 것도

4) 한국무역연구소(1974), p. 19.
5) 오원철 전 중화학공업추진위원회기획단장은 저자를 만날 때 여러 번 이 호프만 지수에 대해 수치, 자료들을 제시해 가며 이야기하였다.
6) 한국무역연구소(1974), p. 21.

같은 것이다.

중간가공단계의 연장에 의한 부가가치의 증대를 통해 경제의 질적 변화, 즉 공업구조의 고도화가 나타난다. 그리고 이는 결국 경제의 경쟁력 우위로 발전한다. 동서냉전의 시대였던 1980년대까지의 미국, 러시아의 대결은 이데올로기의 대립으로 그 동안 알려져 왔으나 한 단계 더 들어가 보면 이는 두 나라의 중화학공업이라는 산업 간 대결로 이루어졌다. 동서냉전의 종결도 러시아가 중화학공업에서 1980년대 이후 분명히 뒤짐으로써 급속히 이루어졌다. 일본의 중화학공업화는 수출경쟁력의 향상과 수출구성의 중화학공업화를 이룩하여 국내산업의 한층 더 높은 중화학공업화로 파급효과를 이루었다. 즉, 일본경제의 산업구조와 중화학공업화는 깊은 연계를 가지고 있었다.[8] 결국 이러한 생산과정상의 특징과 높은 부가가치로 1970년대 중화학공업은 특정 기업, 특정 지역에게 첨단기술과 산업의 독점을 이루게 하였고 세계의 부가가치를 창출하는 연구개발도 독점화하게 하였으며, 결국 세계 산업과 경제를 중화학공업과 관련된 자금, 기업에 의해 주도되도록 만들었다. 이는 중화학공업추진위원회의 다음 주장을 만들어 내었다.

> 주요 산업과 주도산업은 동일하지 아니하다. ……주도산업이 될 수 있는 것은 중화학공업이다. 중화학공업의 대부분은…… 성장기여도나 부가가치 유발도가 다른 어떤 산업과 비교되지 아니할 정도로 높고 생산성 향상 역시 신속하기 때문이다.
>
> 《중화학공업추진위원회(우해, 1973), pp. 40, 44》

이러한 공업특성상 중화학공업은 스스로가 선진국과 후진국을 고착화시키는 장벽을 발생시키고 따라서 추격을 위해서는 후발공업국의 경우 이 벽을 깨기 위한 특단의 대책이 필요하였다. 자본의 회임기간이 길고 생산의 우회도가 높기 때문에 중화학공업은 단기간에 이윤이 기대되지 않으며 따라서 장기간의 저이자 금융이 필요하였다.[9] 또 중화학공업의 경우 긴 평균 회임기간으로 경기변동에 대한 대응능력이 상대적으로 약하기 때문에 반드시 보완적 과제로 경기변동에 대한 사전전 대처가 요구되었다.[10]

셋째, 중화학공업은 생산재공업으로 타 산업과의 연관도가 높고 큰 파급효과를 기대할 수 있어 산업발전의 전략산업 역할을 하여 주는 산업이었다. 이 점은 바로 국무총리기획조정실과 중화학공업추진위원회기획단에 의해 강조되었다.[11] 특히, 중화학공업추진위원회

7) 대통령비서실(중선3, 1973. 1. 30).
8) 성병탁(1993), p. 39.
9) Planning Office, Heavy and Chemical Industry Promotion Council, Government of the Republic of Korea(1976), p. 18.
10) 중화학공업추진위원회기획단(한공발2, 1979), p. 293.
11) 국무총리기획조정실(중오, 1973), p. 166; Planning Office, Heavy and Chemical Industry Promotion Council, Government of the Republic of Korea(1976), p. 13.

표 4-2 산업별 부가가치액의 표준소득탄력성

산업	소득탄력성	산업	소득탄력성
농림어업	0.559	요업, 토석품	1.119
제 조 업	1.246	화학공업	1.040
식 료 품	0.998	철, 비철금속	2.127
섬유제품	0.985	금 속	1.637
목 제 품	1.454	일반기계	2.255
펄프, 제지	1.590	전기기계	2.143
피혁, 고무	1.273	수송기계	2.067

주: 13개 선진국과 9개 발전도상국 횡단면 자료를 이용한 업종별 회귀방정식을 이용하여 측정함.
자료: 한국산업은행(조월, 1974. 11), p. 33.

는 중화학공업화의 배경으로 "중화학공업의 대부분은 자본 및 기술이 집약된 산업이므로 전후방 연쇄효과가 방대하다"라고 지적하였다.[12)]

결국 1970년대 초의 상황에서 자립적 생산과 경제구조는 중화학공업화를 통하여 갖출 수 있었다. 1973년 중화학공업화선언 직전 이미 향후 1981년까지 한국 중화학공업의 예상 산업연관효과는 매우 높을 것으로 추정되고 있었다.[13)] 더욱이 중화학공업화를 성공시키면 외부의 충격으로부터 안정성을 높일 수 있었다. 실질적으로 1950년대 선진국만의 중화학공업 발달로 후발공업국들은 상대적 후퇴, 빈곤화 성장을 하게 되는데 그 원인의 하나는 선진국들이 중화학공업화로 후발공업국이 공급하던 1차 산품의 자급화에 나섰기 때문이었다. 그리고 이렇게 되어 중화학공업화를 성공시킨 나라들은 자원의 외부 의존감소와 함께 성장성과의 외부 유출을 막을 수 있었다. 기존에 한국의 중화학공업화가 한국의 대외의존도를 높였다는 비판이 있었지만 한국의 경우도 1970년대 초 대외의존도를 낮추고 자립경제구조를 발전시키기 위해서는 중화학공업화가 필수적이었고 또 중화학공업화를 통해 그렇게 실현시켰다.[14)]

넷째, 당시 중화학공업은 수요의 소득탄력성이 높았다. 세계 산업별 부가가치액의 표준소득탄력성을 구해 보면 〈표 4-2〉와 같았는데 여기에서 중화학공업부문이, 1차 산업은 물론 경공업에 비해서도 소득탄력성이 높음을 확인할 수 있다. 중화학공업은 이렇게 소득탄력성이 높아 장기적으로 자원배분 왜곡기능을 억제하고 시장기능을 활성화시키는 기능이 있었다.

12) 중화학공업추진위원회(우해, 1973), pp. 40, 44.
13) 國際協力問題硏究會(1972), pp. 181~207.
14) 박영구(2000).

다섯째, 충분한 사회간접시설을 갖추지 못하고 있고 민간기업이 이를 전적으로 조달하지 못하고 있는 초기 중화학공업 단계에서 중화학공업은 용수, 전력공급 등 대규모 시설보완이 필요하다.[15] 동시에 중화학공업은 고도장치산업이므로 대규모 시설, 자본, 기술 및 고도의 경영능력을 필요로 하여 자본의 집적, 집중을 가져온다. 이런 점 때문에 중화학공업추진위원회는 "중화학공업은 대규모의 장치산업이며 아울러 부문 사이의 연관관계가 극히 큰 산업이다. 그렇기 때문에 중화학공업은 장기에 걸친 기술집약산업이기도 하며 또한 무한한 기술의 파급가능성을 스스로 내재하고 있는 산업이기도 한 것이다"라고 지적하였다.[16]

이러한 특징으로 중화학공업은 규모의 경제가 많이 작용하는 산업이었다. 기술 면에서도 경공업이 역학(力學)기술을 많이 사용하는데 비해 중화학공업은 기계·화학적인 기술에 많이 의존하기 때문에 더욱 규모의 경제가 크게 작용한다. 따라서 중화학공업은 후기 산업으로 불리고 또한 규모의 경제에 의해 경쟁력이 1차적으로 결정된다. 동시에 규모의 경제가 크게 작용하므로 중화학공업은 독과점화되는 경향이 있었다.[17] 한편, 수반되는 관련시설의 거대성과 규모의 경제로 인해 후발공업국의 기업들은 진입이 원천적으로 봉쇄되므로 이를 해결해야만 진입이 이루어지게 되는 경우가 일반적이었다. 그래서 2차 공업화 국가였던 일본이 그랬던 것처럼[18] 중화학공업에 따른 필수 부대시설의 건설비용 하락과 기업들의 진입유도를 위해 한국 정부는 이 문제를 고심하였고 공업벨트와는 또 다른 세계에 유례가 없는 중화학공업기지라는 독특하고 유일한 구조를 만들어 내었다.

여섯째, 중화학공업화를 통해 국제수지의 근본적 변혁이 가능하였다. 1970년대 공급병목의 후발공업국이면서, 특히 한국과 같은 자원부족국의 경우 경기확대는 바로 국제수지 악화를 가져와 이를 방어하기 위한 금융긴축정책이 필요해지고 그 결과 경기확대가 중단되는 악순환이 존재하였다. 그러나 중화학공업화가 진행되면 이런 악순환을 근본적으로 해결해 준다. 이는 1960년대 일본의 예에서 확인된다. 일본은 1960년대 초까지 경제성장률이 높으면서도 국제수지가 악화되는 악순환을 경험하였고 이것이 일반적이었다. 그러나 중화학공업화로 1963년부터 경기확대와 함께 국제수지가 개선되는 근본적 변화가 일어났고[19] 이는 바로 한국의 정책당국자에게 주요한 시사점이 되었다. 중화학공업은 최종소비재의 수입의존도를 낮추고 가격을 저렴하게 하여 국제경쟁력을 강화시키는 것은 물론[20] 소재 및 중간재의 자급도를 높여 준다. 나아가 가격의 원가반영 능력이 높아져 교역조건

15) Planning Office, Heavy and Chemical Industry Promotion Council, Government of the Republic of Korea(1976), p. 13.
16) 중화학공업추진위원회(우해, 1973), pp. 63~64.
17) 한국산업은행(조월, 1975. 6), p. 18.
18) 日韓經濟協會(日韓, 1991), pp. 72~73.
19) 성병탁(1993), p. 40.
20) 국무총리기획조정실(중오, 1973), p. 166.

개선에 도움이 되며 향후 수출을 지속적으로 대폭 늘려 1970년대 국제수지에 결정적으로 도움을 받을 수 있다는 점이 지적되었다.[21)]

일곱째, 1970년대 중화학공업은 에너지 다소비산업이며 많은 경우 자원다소비형 구조를 갖고 있었다. 또한 다수 중화학공업은 공해를 발생시키므로 대처 수단이 개발되어야만 하였다.[22)]

중화학공업이 에너지 다소비형산업이라는 것은 바로 한국 정부가 많은 부분 벤치마킹하였던 일본의 예에서 드러난다. 일본 제조업을 조사해 보면 중화학공업이 전 에너지소비액의 49.8%를 소비하고 있고, 그 중 철강, 화학공업의 에너지 소비비중이 16.3%, 21.7%로 가장 높았다.[23)] 자원소비 측면에서 보면 중화학공업은 자원다소비형의 가능성이 높았고 그런 것으로 인식되었다. 그러나 중화학공업을 세분류하면 자원다소비형인 소재공업과 화학공업이 있는 반면 기계, 전자, 정밀화학공업의 경우 자원절약적이며 기술집약적 산업이라고 볼 수 있었다. 이 때문에 한국은 먼저 전자공업에 주력해야 한다는 주장이 제기되었다.[24)]

한편, 중화학공업 중에서도 이미 당시의 일본, 독일의 예에서 보듯이 자원가공산업형 중화학공업이 중심이 되는 경우 공해가 심각해지는 문제가 있었다. 실제로 1966년 미국의 경우 부유분진(浮游粉塵) 발생의 80%가 발전 및 공업부문에서 발생하였고 이 중 90%가 중화학공업부문에서 발생하였다.[25)] 따라서 중화학공업은 충분히 사전대응하지 않으면 중화학공업의 발전에 따라 중화학공업 자체가 바로 산업공해 발생의 가장 큰 요소로 진행될 수 있다.

이러한 중화학공업의 성격 때문에 1970년대 세계 선진 각국에서는 중화학공업에 대한 비판이 일어났고 자국 중화학공업의 국외 이전을 허용하였으며 심지어 적극 모색하고 있었다. 한국이 중화학공업화에 진입한 시기는 바로 이때와 일치하였고 또 이 점이 한국의 중화학공업 진입인자로 작용하였다. 중화학공업추진위원회는 다음과 같이 지적하였다.

> 중화학공업 가운데 특히 기계공업, 금속 및 철강공업, 조선공업, 전자공업 등은 비교적 노동사용적인 산업이며 석유화학공업 등은 심한 공해산업이어서 선진국으로서는 경쟁조건 면에서는 물론 산업입지의 면에서도 기피하기 쉬운 면을 지니고 있는 산업들이며……
>
> 《중화학공업추진위원회(우해, 1973), p. 44》

21) 한국산업은행(조월, 1974. 11), p. 33; 한국산업은행(조월, 1975. 6), pp. 18~19.
22) Planning Office, Heavy and Chemical Industry Promotion Council, Government of the Republic of Korea(1976), p. 13.
23) 辛泰坤(1982), p. 39.
24) 金永佑 전경련이사(1978. 9), p. 41.
25) 한국무역연구소(1974), p. 22.

표 4-3 1970년대 초 중화학공업의 성격과 성격에 따른 대응, 영향, 결과

중화학공업의 성격	영향, 대응, 결과
높은 1인당 설비자본액, 즉 높은 자본장비율	① 과잉투자와 자원배분왜곡 비판 지속 ② 공업의 선택순위에 영향을 줌
높은 생산우회도와 고부가가치	① 고부가가치, 생산성 증가, 경제성장 주도함 ② 장기 저이자 금융 필요와 금융배분 문제 발생
장치산업으로 직·간접 대규모 시설 필요	① 규모의 경제작용과 공업기지 건설필요 ② 자본의 집적, 집중 가져옴
높은 산업연관효과	① 경제성장 주도 ② 자립적 생산과 자립경제구조 개선
높은 소득탄력성	① 지속가능한 성장가능 ② 자원배분 왜곡기능 억제와 시장기능 활성화
국제수지 문제의 해결	① 원자재, 중간재 수입의존도를 낮춤 ② 교역조건 개선
자원·에너지 사용형이며 공해발생형	① 지속적인 자원문제와 공해문제 발생 ② 선진국의 중화학공업 이전 기회 획득

한국은 이미 1970년대 초 이러한 중화학공업화에 따른 공해상황을 알고 있었고 지적하고 있었다. 그래서 국무총리기획조정실에 의해 "중화학공업은 공해 때문에 격리된 한 곳에 집결, 입지시키는 것이 바람직스럽다"[26]는 것이 지적되었으며, 정부는 1973년 5월 11일 상공부장관 명의의 '중화학 건설원칙'을 발표하여 "생산공정은 증명된 최신공정을 사용하고 공해발생은 최소화"한다는 것을 천명하였다. 중화학공업기지 건설에서도 이 점이 일단 고려되었다.

이상에서 본 1970년대 당시 중화학공업 성격과 그로 인한 영향, 대응, 그리고 결과를 간단히 요점만 정리하면 〈표 4-3〉으로 정리할 수 있다.

중화학공업의 당시 성격과 영향은 일본이라는 실험결과와 함께 중화학공업화선언의 배경과 목적이 되었으며 동시에 1970년대 초 중화학공업화 추진과 함께 1970년대 내내 지속적으로 비판과 논쟁을 제공하였다. 1970년대 당시 중화학공업의 성격은 기존 경공업과 다른 성격을 가지고 있었고 이는 중화학공업화의 진입과 진행, 결과에 영향을 미쳤을 뿐만 아니라 한국경제에도 새로운 변화를 가져왔다.

26) 국무총리기획조정실(중오, 1973), p. 166.

2. 중화학공업화의 정치사회적 배경과 숨겨진 목적: 방위산업

한국전쟁 이후 휴전이 지속되는 상태에서 남북한 모두에게 1970년대 군사력 우위는 필수적인 요구사항이었고, 중화학공업은 바로 방위산업을 위한 전제가 되는 공업으로 남북한 최고정책결정자에게 깊숙이 자리잡고 있었다. 그래서 1970년대 남북 간 해빙무드가 보인다고 하지만 방위산업 육성은 어느 특정 시기의 문제만이 아니라 1970년대 내내 남북 모두에게 있어서 중화학공업 육성의 보이지 않는 하나의 추진축으로 작용하였다. 한국 중화학공업화 과정을 가장 가까이에서 깊숙이 간여하고 보고 있었던 김정렴 전 비서실장, 오원철 전 중화학공업추진위원회기획단장, 김광모 전 중화학공업기획단기획부단장 모두 "한국 중화학공업화의 목적은 복합적인 것이었지만 언제나 그 밑바탕에 깔려 있는 목적의 하나는 방위산업 육성이었다"고 공통적으로 증언하고 있다.[27] 심지어 김정렴 전 비서실장은 몇 번의 만남 중 "드러나지는 않았지만 방위산업 육성이 기본이었다"고 말한 적도 있었다. 이러한 동일한 확고한 증언은 이들 3인이 1970년대 내내 직접 청와대에서 함께 있으면서 초지일관 자주국방을 얻고자 하였던 박대통령의 마음을 누구보다 잘 알고 있었고, 그것을 항상 명심하는 것을 의무라고 생각하였기 때문에 나온 것이었다.

자주국방, 대북 군사력 우위는 박대통령의 주요한 관심이었고 이는 박대통령 사망까지 계속되었다. 그래서 대통령을 가까이서 보좌하고 중화학공업화를 추진하였던 관료들은 대통령의 뜻을 잘 알고 있었고 이를 관철하기 위해 중화학공업화에서 주의를 기울였다. 그 중심에는 일관되게 한국의 1970년대 경제발전을 만드는 데 가장 크게 공헌한 김정렴 실장이 있었다. 그리고 본격적인 중화학공업화가 진행되기 이전 대통령의 이런 의지를 가장 먼저 실현하고자 나선 김학렬 경제기획원장관이 있었으며 또한 1970년대 중화학공업을 직접 실행한 오원철 기획단장과 김광모 비서관이 있었다.

그래서 방위산업을 위한 중화학공업을 추진하고 있었던 1971~1972년은 물론이고 1973년 중화학공업화선언이 이루어지고 난 후에도 방위산업을 위한 지원은 계속 이어졌다. 1973년 2월 9일 비상국무회의는 「군수조달에 관한 특별조치법」을 의결하여 군수산업에 조세지원, 국민투자기금 금융지원, 장기계약제도 도입, 원가계산에서 연구개발비 인정 등 적정이윤 보장을 위한 지원제도를 만들었다.[28] 또한 산업기지에도 방위산업체를 우선 입주시켜 민간기업으로서 기업성을 유지하도록 배려하였고, 청와대 내에는 무기전시실이

27) 김정렴 전 대통령비서실장 증언(2008. 12. 22); 김광모 전 중화학공업추진위원회기획단부단장 증언(2008. 11. 20).

28) 〈중앙일보〉(1973. 2. 9).

있었으며 대통령이 참석하는 군수산업추진위원회가 열려 대통령이 병역특례와 각종 시상, 포상 등으로 방산인들을 격려하였다.[29] 중화학공업추진위원회기획단도 "중화학공업의 획기적 육성은 수출확대를 위한 수출상품구조의 고도화와 생산의 우회도를 높이고 경제의 자립도를 다지는 발판이 되는 외에 자립국방태세 확립을 위한 방위산업 육성을 위해서도 불가피한 과제로 등장한 것이다"[30]라고 하여 수출확대, 수출상품구조의 고도화, 경제자립도 향상 외에 방위산업 육성이 중화학공업화의 배경과 목적의 하나이었음을 분명히 하고 있다.

이러한 사실을 고려하면 오히려 1970년대 기록과 언급에서 중화학공업과 관련하여 방위산업 육성 관련 내용이 너무 적게 나타나고 있음을 발견할 수 있다. 이유는 물론 방위산업이라는 목적과 배경이 국제적으로 공개되고 공유되기 어려운 것이었기 때문이었지만[31] 그보다 1973년 중화학공업화선언 이후 중화학공업화의 질적인 성격이 분명히 달라지고 있었기 때문이었다. 1973년 이전 중화학공업 논의의 출발은 자주국방을 위한 방위산업 육성이었지만 1973년 중화학공업화선언 이후 이러한 성격은 분명히 변화하여 방위산업은 '숨겨진' 최후의 목적으로 되면서도 중화학공업화 자체의 경제적 목적이 1차적으로 중시되어 사실상 선진 모든 국가와 차이가 없어졌다. 방위산업도 산업으로서 위치되어 국방부가 아닌 상공부의 방위산업국(防衛産業局)이 신설되어 모두 관장하게 되었다. 오원철 전 수석비서관은 이를 두고 "국가전략사업은 1971년 방위산업, 그리고 1973년은 중화학공업 육성이었다"[32]고 양쪽을 뚜렷이 구분하여 증언하고 있고 이러한 구분은 김광모 전 기획단부단장도 동일하게 하고 있다.[33]

따라서 방위산업 육성이 중화학공업화 기간 내내 1970년대를 통해 중화학공업 진행 주체들에게 중화학공업화의 숨겨진 잠재적 목적으로 되고 있었지만, 적어도 1973년 중화학공업화선언과 그 이후 한국의 중화학공업화 과정을 그대로 방위산업 육성으로 등치시키기는 어렵다. 이는 다음의 여러 사실에서 확인할 수 있다.

첫째, 중화학공업화계획 과정에서 처음부터 중화학공업 생산의 주요 요소는 방위산업 수요, 연계성이 아니라 '경제산업적 필요'이었다. 김정렴 전 대통령비서실장은 "중화학공업 프로젝트에 관한 결정시 방위의 필요성과 경제적 고려는 각각 20%와 80%의 웨이트로 고려되었다"[34]고 적고 또 증언하고 있으며,[35] 중화학공업추진위기획단부단장이었던 김광

---

29) 김광모 전 중화학공업추진위원회기획단부단장(국군, 2008), p. 65.
30) 중화학공업추진위원회기획단(한공발3, 1979), p. 322.
31) 1977년 8월 13일 후쿠다(福田赳夫) 일본 수상은 중의원에서 창원공업단지에서 일본의 투자와 관련하여 무기를 생산한다면 한일합작투자를 인정하지 않는다고 답변하고 있듯이(청사(일지, 1984), p. 337) 1970년대 내내 한국의 방위산업은 국제사회에서 견제되고 있었다.
32) 오원철 전 중화학공업추진위원회기획단장(한경7, 1999), p. 102.
33) 김광모 전 중화학공업추진위원회기획단부단장(국군, 2008), p. 65.
34) 김정렴 전 대통령비서실장(1994), p. 182; 김정렴 전 대통령비서실장(1995), p. 327.

모 역시 "방산업체에 의한 방산품(防產品)과 민수품의 생산비율을 30:70으로 하였다"[36]고 말하고 있는 것은 이를 단적으로 보여 준다.

둘째, 중화학공업화선언 후 정부는 중화학공업화의 원인으로 4가지를 들고 그 중 제일 뒤에 국가안보를 들었다. 그리고 여기에서도 중화학공업=방위산업이 아니고 "군수산업의 육성은 중화학공업의 발전이 전제가 되어야 하므로 자주국방의 기반을 확립하기 위해서도 중화학공업의 육성이 우리의 필수적 과제라고 할 수 있다"[37]라고 하여 군수산업은 중화학공업화의 결과, 효과로 보고 있었고 그렇게 진행하고 있었다. 김광모 전 기획단부단장 역시 "방산도 중화학공업의 일부이므로 산업정책 면에서는 중화학공업화 테두리 안에서 병행되었다"고 증언하고 있다.[38] 1979년 중화학공업추진위원회기획단은 중화학공업화를 정리하면서 "현재 우리나라의 중화학공업 건설현황을 보면 이때(1973년) 마련된 기본계획에 극히 부분적인 사업이 부가되고 방위산업이 당초계획보다 앞당겨 성장하는 정도에 지나지 않는다"[39]라고 하고 있는데 이는 방위산업이 우선순위에서 후순위로 처음에 계획되어 진행되었음을 보여 준다.

셋째, 중화학공업화계획안을 보면[40] 그 생산계획 규모가 군수산업에서 향후 예상되는 수요규모와는 전혀 다른 대규모 계획안으로 만들어졌다. 이는 1973년 중화학공업화선언 이후 중화학공업화가 '4대핵공장사업' 등 군수산업으로 일부 중공업을 육성하고자 하였던 이전 사업과는 다르게 처음 계획과 기획에서부터 산업경제적 측면에서 출발하고 있음을 단적으로 보여 준다.

넷째, 전체적으로 중복되는 품목이 있으나 중화학공업화에서 목표로 하고 생산한 생산품목이 군수부문과 관련성이 매우 적었다. 한국이 중화학공업화에서 일본을 이용하는 전략을 처음부터 유지하면서 일본의 한계적인 협조를 계속 얻을 수 있었던 것도 결국 한국의 중화학공업화가 군수공업과의 연계성이 매우 적었기 때문이었다. '4대핵공장사업'을 정부가 극비에 진행한 것에서 보듯이 일본은 한국만이 아니라 특정 국가에서 군수부문과 관련된다고 생각하면 협조를 하지 않았고 이는 미국에 의해서도 감시되고 있었다.[41] 김광모 전 중화학공업추진위원회기획단부단장의 증언 역시 이를 보여 준다.

> 미국은 '닉슨독트린' 이후 한국의 방위는 1차적으로 한국이 책임져야 된다는 애매한 태도를 취하여 왔다. 그러면서도 한국이 방위산업을 육성해야 된다고 하니까 반대하는 입장을

35) 김정렴 전 대통령비서실장 증언(2008. 11. 20).
36) 김광모 전 중화학공업추진위원회기획단부단장(한국산, 1988), p. 299.
37) 대한민국정부(행백, 1974), p. 152.
38) 김광모 전 중화학공업추진위원회기획단부단장(국군, 2008), p. 65.
39) 중화학공업추진위원회기획단(한공발3, 1979), p. 325.
40) 중화학공업추진위원회기획단(중화공, 1973. 6).
41) 日韓經濟協會 익명요청자 증언(2003. 7. 15).

견지하여 왔다.

⟪김광모 전 중화학공업추진위원회기획단부단장(김중화정, 2003. 12. 7); 증언(2010. 2. 10)⟫

따라서 만약 한국의 중화학공업화가 군수산업 육성의 성격을 많이 가지고 있었다면 당연히 일본의 입장에서 이는 매우 중요한 협조거부의 명분이 되었을 것이지만 일본은 이 문제를 공개적으로 거의 거론하지 못하였다. 또한 한국의 중화학공업화가 군수산업 목적이었다면 미국 역시 바로 개입하였을 것이지만 미국 정부는 한국의 중화학공업화에 대한 기본적인 반대 입장에도 불구하고,[42] 한국의 중화학공업화에 직접적이고 강압적으로 개입하지 못하고 자문 등 간접적인 형태로 참여하면서 압력을 행사하였다.

다섯째, 1973년 이후 중화학공업 자체를 방위산업과 동일시 할 수 없다는 것은 1974년 「중요산업 조세감면규제법」(제4조 제8항)이 1976년으로 감면시한을 정한 후 1977년에 연장될 때 중요산업에 방위산업이 추가된 것에서도 알 수 있다. 방위산업과 연계된 방위세의 신설도 중화학공업화와 상관없이 베트남전이 위기에 들어가면서 1975년 3월에서야 이루어졌다.[43] 1976년 10월 30일에야 국회 국방위는 방위산업에 대한 「방위산업 육성지원에 관한 건의안」을 정부에 보냈다.[44] 방위산업을 적극적이고 효율적으로 지원하기 위해 방위세 외에 특별기금을 만들은 것도 1979년이었다. 방위산업과 관련이 높은 기계공업기지인 창원기계공업기지에서 방위업무 담당이사 신설을 위한 정관 개정이 이루어진 것은 1977년 9월 3일의 제16회 임시이사회이었다.[45] 방위산업 육성은 가장 기본적인 목표의 하나이었지만 중화학공업화와 동시에 진행된 것이 아니라 중화학공업화 과정에서 최종적으로 완성해야 할 목표, 최종단계이었던 것이었고, 따라서 긴급상황이나 대응해야 할 상황이 발생하면 중화학공업화와는 별도로 대응책이 만들어졌다.

여섯째, 항상 방위산업 육성이 대통령의 의지로 지속되었지만 이를 위한 중화학공업, 특히 공작기계를 중심으로 한 기계공업 발전은 여전히 현 단계상 한계가 있었으므로 결국 필요로 하는 방위산업 육성은 중화학공업화의 직접적 목표가 아닌 돌아가 나중에 도달해야 하는 목표가 될 수밖에 없었다.

중화학공업화에서 정밀기계공업은 항상 강조되면서도 기술능력 등 현실상 보다 장기적인 과제로 인식되게 되었고 따라서 시급한 순위에서 밀려 나게 되었으며, 이와 연계되어 중화학공업화의 숨겨진 목표인 방위산업은 더욱 숨겨진 뒤의 목표로 후퇴된 채 중화학

42) 박영구(2006b).

43) 전국경제인연합회(전2사, 1983), p. 268.

44) ① 조세감면규제법을 개정하여 기계공업과 전자공업에 한해 면세하고 있는 방위산업의 범위를 화학·섬유·광학·기타 분야의 업체까지 확대하여 1981년까지 소득세와 법인세를 면제하고, ② 방위산업에 대한 금융자금 금리 13%를 수출금융지원자금의 금리와 같은 연 8%로 하향조정하며, ③ 관세법을 개정하여 방위산업체의 수리재생 정비용으로 도입되는 부품에 대해서도 감면대상에 포함시키도록 제의하였다. 〈중앙일보〉(1976. 10. 30).

45) 창원기계공업공단(창기지5, 1979), p. 374.

공업화가 진행되었다. 그래서 1976년 대기업의 진입이 이루어지기 시작할 무렵에야 일반기계공업의 진전에 따라 일반기계공업의 새로운 정책기조가 잡히기 시작하였고 실제로 1977년에야 공작기계산업 육성을 위한 세부 계획이 수립되었다. 이는 익명을 요구한 상공부 관계자의 증언에서도 분명히 나타난다. 1977년 1월 12일 대통령은 연두기자회견에서 4차 5개년계획에 대해 언급하면서 "또 하나의 역점사업은 기계공업의 육성이다. 4차 5개년계획기간 중에 기계공업을 하나의 핵심적인 산업으로 특별히 힘을 기울여 육성하려고 한다. 이 분야가 빨리 육성되어야만 공업구조가 빨리 고도화되고 선진국을 따라갈 수 있다. 또 공업구조의 고도화를 위해서도 대단히 중요할 뿐 아니라 방위산업 육성을 위해서도 중요한 기여를 하는 분야라고 믿고 있다"[46]라고 이때 따로 강조하여 언급하고 있는 것도 이런 상황을 보여 준다.

일곱째, 1970년대 방위산업은 주요 중화학공업 기업과 연계되어 있었는데 주요 방위산업체의 주 생산품과 생산 군수물자를 정리해 보면 〈표 4-4〉와 같다. 그런데 이들 방위산업체기업조차도 그 기업의 생산에서 차지하는 방위산업 군수물자의 비중이 작았다.

실제로 1976년 3월 상공부 방위산업국장으로 부임한 이광덕(李光德)은 방위산업 시찰에서 방위산업 자체로 만족할 만한 기업은 하나도 없었다고 증언할 정도였다.[47] 김광모 전 기획단부단장 역시 1970년대 민간기업들이 방산품을 부산물격으로 생산하고 있었으며 기업운영에 방산생산이 미친 영향은 적었다는 것을 다음과 같이 증언하고 있다.

표 4-4 주요 방위산업체와 생산 군수물자

방위산업체	주 생산	생산 군수물자
대우중공업, 대한중기, 기아기공, 통일산업, 한국중공업 외 12개	기계, 중기	발칸포, 박격포, 무반동포, 곡사포, 한국형 기관총
풍산금속, 한국화약, 산다 외 12개	금속, 화학	소총탄, 대공포탄, 박격포탄, 곡사포탄, 각종 수뢰탄 및 탄약
동양정밀, 대영전자, 금성전기(金星電機) 외 3개	기계, 전자	무전기, 야전교환기, 전송중계장비
현대차량, 아세아자동차 외 3개	운송기계	전차개조, 장갑차, 표준차량
현대중공업, 대한조선, 코리아타고마 외 2개	조선	한국형 경비함, 각종 고속정
대한항공, 삼성정밀공업, 삼양타이어	기계, 수송장비, 화학	500MD 헬리콥터
삼공물산 외 6개	화학	작전용 보트 등
한국종합특수강 외 21개	특수강	특수강 소재 등

자료: 방위관리연구소(1981), p. 10.

46) 대통령비서실(박연7, 1978), pp. 28~29.
47) 중화학공업추진위원회기획단(한공발3, 1979), p. 609.

……방산업체 지정뿐만 아니라 방산업체 전체에 있어서도 가장 중요한 것은 방산품과 민수품을 30:70의 비율로 생산하도록 유지하는 것이었다. ……그러므로 방산품 생산은 민수업체가 방산품을 부산물격으로 생산한다는 기업형태의 철학이 들어 있었다. 70%의 민수품에 대한 생산이 가능한가 하는 요소도 방산업체 지정의 커다란 요소였다. ……따라서 현재까지 방산으로 인하여 기업체가 도산되었다든가 기업체가 도산되어 방산품목 생산에 차질이 생긴 것은 없다. ……

《김광모 전 중화학공업추진위원회기획단부단장(김우, 2003. 11. 22)》

대통령과 비서실의 생각은 중화학공업화의 숨겨진 또 다른 목적은 방위산업 육성이라는 것이었다. 그러나 기본방법으로서 시장기구를 작동시켜 중화학공업화를 진행하기로 한 방침과 함께 이미 기업들은 1973년 이후 한정적 수요에 머물고 또 수출도 어려운 방위산업 자체에 관심을 가지기보다는 수요가 급속히 확대되고 있었던 민수품 생산에 주력하고 있었다. 1973년 이후 중화학공업은 정부의 계획과 선도역할이 있었지만 이미 시장, 기업에 의해 움직이고 있었다. 민간기업이 방산품이 아니라 이렇게 시장경쟁에 노출된 민수품 생산에 주력하였던 것은 효율성 증대를 가져왔고 바로 한국 중화학공업 성공의 주요한 요인이 되었다.

여덟째, 시기적으로도 이는 확인된다. 방위산업의 필요성이 긴급히 제기되었던 시기는 '중화학공업화선언'이 있었던 1973년이 아니라 일련의 북한과의 계속적인 충돌과 미군철수라는 사태가 긴박하게 진행되고 있었던 1960년대 말의 시기였다. 그래서 바로 이 시기에 이러한 긴급한 국방상의 필요로 인해 방위산업 목적의 '4대핵공장사업'이 비밀사업으로 추진되었다. 1968년 1.21사태(청와대 습격사건)와 울진·삼척 무장공비 침투사건, 푸에블로호 피납사건에 이어 1969년 미군정찰기 EC 121기 격추사건이 있었고, 마침내 6월에는 '아시아에서 전쟁이 발발할 경우 그 방위의 1차적 책임은 그 나라에 있다'는 괌독트린(「닉슨독트린」)이 나왔다. 이어 주한미군 철수논의가 계속되었고 1971년 7사단 6만 명 중 2만 명이 철수하였다. 그러나 이러한 '4대핵공장사업'은 방위산업 육성을 위해서는 전면적인 중화학공업화가 필요하다는 진리와 공업발전의 정상적인 단계와 순서를 확인하고 찾아준 채, 추진력이 약화되었다. 중화학공업화선언 전 방위산업으로서의 중화학공업 혹은 방위산업을 위한 중화학공업과, 1973년 이후 장기적 계획하에서 거시적인 자원을 집중하여 산업과 경제논리로 진행되었던 중화학공업화는 방위산업이라는 숨겨진 목표를 공유하면서도 진행 방식과 내용에서 분명히 구분되고 있었다.

아홉째, 방위산업을 위한 중화학공업화는 당시 직접 당사자이고 수요자였던 국방부가 1차적으로 부정적이었고 반대하였다. 당시 미국과 직·간접으로 관계가 깊었던 국방부는 한국의 기계공업 기술을 믿지 못하고 있었고 미국 지향적이었으며 따라서 한국의 방위산업 그리고 이와 연계된 중화학공업화를 반대하였다. 이미 1971년 '국군장비현대화5개년계획'에서도 군은 한미연합체계, 성능에 대한 회의, 전투력 등의 여러 이유를 들어 국산화를 반대하고 미국에서 무기를 구입하는 것을 주장하였고 이는 이후 계속되었다. 이에 대해 김광모 전 기획단부단장은 다음과 같이 증언하고 있고 이를 재차 확인해 주었다.[48)]

> 우리 국군 내부에서도 우리나라의 방위산업 육성에 대하여 불신하는 태도였다. 어떻든 미국의 군사력에 의존하고 미국의 무기를 구매하는 것이 상책이라는 견해를 우리 국군당국에서는 노골적으로 표명하여 왔다.
>
> 《김광모 전 중화학공업기획단부단장(김중화정, 2003. 12. 7)》

국방부의 반대로 당시 가장 시설이 좋았던 군공창(軍工廠) 사용이 어려웠다는 증언[49)] 역시 당시 상황을 단적으로 보여 준다.

이 밖에도 군현대화사업인 율곡사업 자체도 국방부 5인위원회로 운영되다가 1년 후 1975년 7월 방위세가 도입되면서 경제기획원 차관이 들어와 6명 중 국방차관, 합동참모본부장을 제외하고 4명이 군인이 아닌 민간체제로 운영되었다는[50)] 점을 분명히 할 필요가 있다. 이런 사실은 율곡사업이 1973년 중화학공업화선언과 뒤이은 중화학공업화와 달리 1974년 새로운 별도 사업으로 승인되어 만들어지고 있었고 또 그 율곡사업조차도 다시 1년 뒤 1975년 정부 예산경제담당부서에 의해 통제되고 그리고 산업체계의 일부로 편입되고 있었음을 보여 주는 것이다.

점차 경제합리성과 시장체계가 도입되고 있었지만 기본적으로 1971년부터 시작된 군장비현대화5개년계획, 1972년 방위산업5개년계획(1972~1976), 그리고 1976년부터 1980년까지의 제1차 전력증강계획 등 방위산업계획은 경제개발5개년계획이나 중화학공업화계획, 미시적인 공업기지 건설계획처럼 독립적이고 장기적인 예측과 정량적 목표, 그리고 합목적적인 정책수단을 수반하지 못하였다. 심지어 이들 방위산업 관련 계획들은 중첩되고 정확한 검증 없이 연장되고 있었으며 또 국방부에 의해 매년 진행되던 계획도 있어 이들 방위산업계획들은 계획 자체의 무게도 떨어지고 있었다. 1973년 2월 제정된「군수조달에 관한 특별조치법」도 개정이 1979년에야 이루어졌고 1983년에 가서야「군수산업에 관한 특별조치법」으로 군수산업이 체계화되었다.

국방부와 함께 경제기획원 역시 방위산업으로서의 중화학공업화를 반대하였다. 경제기획원은 예산상의 문제와 결부하여 이를 무리한 투자로 보고 있었기 때문이었다.[51)]

결국 1973년 이후에도 방위산업 육성, 대북 군사력 우위확보라는 대통령의 의지가 강

48) 김광모 전 중화학공업추진위원회기획단부단장 증언(2010. 2. 10).
49) 오원철 전 중화학공업추진위원회기획단장 증언(1994. 11. 9).
50) 오원철 전 중화학공업추진위원회기획단장(박정, 2006), pp. 24~25.
51) 김광모 전 중화학공업추진위원회기획단부단장 증언(2010. 2. 10).

고히 계속되었고 이에 따라 방위산업 육성이 잠복된 형태의 최후목적으로 존재하였지만, 적어도 중화학공업화선언 이후 1970년대 중화학공업화는 방위산업 그 자체로 진행되지 않았고 또 중화학공업화선언 이전 방위산업과도 다른 것이었다. 방위산업이 M16, 박격포 등 완성된 군수장비를 생산하는 것이 목적이라면 이제 중화학공업화는 그러한 군수장비가 분해시 모두 부품으로 이루어졌음에 착안하여 민간부품기계공업을 육성하고 부품기계를 생산하는 것으로 전면적으로 체제가 바뀐 것이었다. 계획이 아니라 실제로도 담당 민간기업들은 생산물 다수인 70~80%를 기계공업제품으로 시장에서 판매하도록 하는 계획으로 전면 전환하였다. 이는 다음 증언에서도 나타난다.

> 방위산업이 M16공장, 박격포공장 등 이전 남한과 이후 북한이 오늘날까지 진행해 온 방식대로 소총, 박격포 등 완성된 단일품목의 군수장비를 생산하는 것이 목적이라면, 이제 1973년 이후 중화학공업화는 그러한 군수장비가 분해시 모두 부품으로 이루어졌음을 착안하여 민간부품기계공업을 육성하는 민간기계공업으로 전면적으로 바꾼 것이었다. 문제는 기계공업에 민간기업들이 나서지 않으려 하는 것이었다. 그래서 할 수 없이 30%의 수요를 정부가 보장하기로 하였다. 그래서 민간기업에게 30%의 군수부품으로 수요를 보장하고 나머지 70%는 자생적으로 시장에서 기계공업 생산품으로 생산, 판매하도록 하는 계획으로 진행되었다.
>
> 《김광모 전 중화학공업추진위원회기획단부단장 증언(2010. 2. 10)》

따라서 1973년 중화학공업화선언 이후 한국의 중화학공업화는 김광모 전 기획부단장이 증언하고 있듯이,[52] 박대통령이 처음에 오원철 차관보, 김광모 과장 등을 청와대에 불러들이고 경제제2비서실을 만들었던 목적인 방위산업을 위한 중화학공업 육성과는 방향이 변경되어 전개되었다. 중화학공업화선언으로 중화학공업화의 목적은 수출 100억 달러, 1인당 국민소득 1,000달러, 공업구조의 고도화 등 경제적인 문제가 공개적으로, 방법론상 그리고 실행수단에서 우선순위로 중시되었다. 이러한 사실은 한국의 중화학공업화가 방위산업 육성 자체와 그대로 등치되는 것이 아니며 또 민간기업들이 주체였음을 분명히 보여주는 것이다. 반면 북한은 이후에도 방위산업을 위한 중화학공업화 성격을 유지하였고 이러한 차이가 결국 남한과 북한의 중화학공업화의 궁극적인 성공과 실패의 차이로 나타났다. 남한과 북한의 중화학공업화의 성공과 실패 차이는 바로 1973년 중화학공업화선언 이후 이루어진 이러한 전략수정의 차이에 있었다.

그럼에도 자주국방과 방위산업 육성, 그리고 이를 달성하고자 하는 박대통령의 의지는 중화학공업화의 암묵적 배경 혹은 목적으로 지속되었다는 것은 분명하며, 김정렴 비서실장과 오원철 중화학공업추진위원회기획단장 등은 중화학공업화선언 이후에도 대통령의

52) 김광모 전 중화학공업추진위원회기획단부단장 증언(2008. 11. 20; 2010. 2. 10).

생각을 잘 알고 있었기에 방위산업을 항상 염두에 두고 있었다. 1975년 5월 9일 중화학공업추진위원회기획단 중화학공업추진 차관보급실무회의 제33차 회의는 '중화학공업은 방위산업과 직결되므로 관계부처의 긴밀한 협조로 중화학공업의 1단계 사업을 1978년 이내 조기 완료하도록 다짐'하고 있다.[53] 대통령은 1976년 10월 4일 행한 1977년 예산시정연설에서도 "자주국방의 기반이 되는 방위산업 육성에 박차를 가하여 1978년까지 기본사업을 마무리지을 수 있도록 하겠다"[54]고 언명하고, 1979년 예산시정연설에서도 방위산업 육성을 강조하는[55] 등 방위산업을 계속 독려하였다.[56] 그 결과 중화학공업화의 주요 목표인 100억 달러 수출이 1977년 달성된 2년 후 1979년에는 재래식 무기의 양산체제를 갖추게 되었다.[57]

3. 중화학공업화의 경제적 배경과 목적

1) 1인당 국민소득 1,000달러와 수출 100억 달러

수출지향을 필수불가결로 선택한 한국이 1960년대 후반 직면한 것은 수출품의 구성에 따른 수출증가의 한계였다. 당시 회자되던 말이 "우리가 만들어 수출하는 가발, 와이셔츠는 3~4달러 물건이어서 이를 남산처럼 쌓아도 그 수출액이 얼마 안 된다"고 하는 한탄이었다.[58] 방법은 한국도 선진국들이 생산하는 중화학공업제품으로 구성을 바꾸는 것밖에 없었다. 이미 제3차 경제개발5개년계획에서 이런 점이 인식되고 지적되고 있었지만 그것은 공업구조의 자연적 진화에 의해 달성가능한 1976년 35억 달러 수출이라는 소규모 목표를 향한 것이었다.[59]

그러나 이제 중화학공업화선언으로 자연적인 진전으로는 달성불가능한 100억 달러 수출이라는 인위적이고 전면적인 목표가 이루어진 이상, 구조적이고 본격적인 공업구조 변화를 의미하는 중화학공업화가 진행될 필요가 있었다. 이런 상황은 다음과 같이 정부에

53) 중화학공업추진위원회기획단(중화추차48, 1975. 2. 21).
54) 〈조선일보〉(1976. 10. 5).
55) 〈조선일보〉(1978. 10. 5).
56) 박대통령의 사망 후 1979년 11월 16일 최규하(崔圭夏) 대통령대행에 의해 이루어진 1980년 예산시정연설에서도 이 점이 강조되어 있다. 이 원고는 원래 1979년 10월 4일 박대통령이 최규하 국무총리 대독으로 발표할 예정이었으나 김영삼 신민당총재의 제명 등으로 이루어지지 못하였다. 〈조선일보〉(1979. 9. 30; 1979. 10. 4; 1979. 10. 5).
57) 김정렴 전 대통령비서실장의 세계은행 간담회(1993. 3. 25~26) 연설, 김정렴(2006), p. 18; 김정렴 전 대통령비서실장 증언(2008. 11. 20).
58) 김재관 전 상공부차관보 증언(2010. 5. 28).
59) 대한민국정부(제3경, 1971), pp. 21~22.

의해 정확히 지적되고 있었다.

> 제2차 5개년계획이 시작되면서부터 경공업 발달만으로는 수출의 확대와 자립경제의 성취에 한계점이 있음을 인식하여 중화학공업 건설에 주력하기 시작하였다. 그러나 1980년대 초의 거창한 우리의 개발목표를 달성하기 위해서는 이제까지와는 차원을 달리하는 획기적 육성이 이루어지지 않으면 안 된다. 첫째, 중화학공업은 100억 달러 수출목표 달성에 있어 중추적인 역할을 담당하지 않으면 안 될 부문이기 때문이다. 종래와 같은 경공업제품만으로는 머지않아 한계점에 도달하게 될 것이기 때문에 단일품목 수출가액이 큰 조선, 기계, 철강, 화학, 전자 등의 품목을 집중 개발하여 세계시장에 수출하는 전략이 필요한 것이다. 둘째, 우리나라 공업의 해외의존성을 탈피하고 공업의 자립기반을 확립하기 위해서는 철강, 기계, 화학 등의 중화학공업 육성을 통한 시설재 및 중간재의 자급이 시급한 과제인 것이다.
>
> 【국무총리기획조정실(중오, 1973), pp. 5~6】

'중화학공업은 100억 달러 수출목표 달성에 있어 중추적인 역할을 담당하지 않으면 안 될 부문'이며 이를 위해 '단일품목 수출가액이 큰 조선, 기계, 철강, 화학, 전자 등의 품목을 집중 개발하여 세계시장에 수출하는 전략이 필요'한 것이었다.

100억 달러 수출을 위해 기존과 다른 전면적인 중화학공업화가 필요하다는 것은 일본을 모델로 하여 청와대 내에서 먼저 만들어진 것이었다. 1972년 3월 29일 상공부는 여전히 본격생산에 오르지 못한 중화학공업의 정유, 비료, 자동차, 시멘트, 유리, 화약 등 내수중심 12개 차관기업에 대해 생산량의 20%, 9,000만 달러 상당의 수출의무를 부과할 것이라고 밝혔다.[60] 이런 상공부의 독려를 배경으로 매우 조잡한 형태였지만 1972년 중화학공업의 수출이 이루어지고 있었다. 이런 속에 열린 1972년 5월 30일 수출확대진흥회의에서 박대통령은 중공업제품이 수출되는 것을 보고 중화학공업을 건설해서 수출하자는 뜻을 갖게 되었다.[61] 수출확대진흥회의가 끝난 뒤 박대통령은 오원철 경제수석비서관에게 100억 달러 수출에 대해 묻고 이를 위한 중화학공업 육성계획 수립을 지시하였으며, 며칠 뒤 보고하러 온 오수석비서관에게 "앞으로 우리나라 공업을 중화학공업으로 일대개편을 실시하되 수출산업화한다"라고 언명하였다. 이는 청와대 자동차공업육성회의에서 "대통령의 말이다"라고 오수석비서관에 의해 바로 전달되었다.[62]

대통령의 지시에 의해 계획수립과 보고준비가 진행되어 오수석비서관이 2~3일 뒤 6월 초에 자료를 만들어 김정렴 비서실장과 상의한 결과 두 사람은 이번 기회에 중화학공업을 본격적으로 추진하자는 데 합의하였다. 그리고 김정렴 실장과 오원철 수석비서관이

60) 청사(일지, 1984), p. 97; 〈매일경제신문〉(1972. 3. 29).

61) 이는 오원철 경제제2수석비서관이 이낙선(李洛善) 상공부장관에게 한 이야기이다. 오원철 전 중화학공업추진위원회기획단장(한경7, 1999), p. 483; 오원철 전 중화학공업추진위원회기획단장 증언(1993. 12).

62) 〈한국경제신문〉(1993. 10. 25).

자료를 가지고 대통령에게 이러한 취지의 보고를 함으로써 한국의 중화학공업화가 최초로 그 자체 중심사고로서 나타나게 되었다.[63] 결국 중화학공업추진위원회기획단이 기록에 남기고 있듯이 중화학공업화는 경공업의 수출한계를 돌파하여 1981년에 100억 달러 수출목표를 달성하기 위한 수출전략산업화 시책이었다.[64]

김정렴 실장과 오원철 비서관이 100억 달러 수출을 위한 본격적인 중화학공업화정책의 발진을 대통령에게 건의할 때, "① 이미 종합제철과 석유화학은 시작했으나 국제규모의 1/3이므로 하루속히 국제규모로 해야 수출이 가능함, ② 조선공업과 전자공업도 이미 출발하였으나 현재 수입하고 있는 부품을 속히 국산화하고 이때 국제수준의 공장을 건설하면 수출도 가능함, ③ 나머지 분야가 정밀기계분야인데 방위산업과 자동차공업을 주축으로 해서 부품생산공장을 건설해서 수출도 하겠음"[65]이라고 보고하여 중화학공업 수출방안의 일부도 제시하였다. 대통령의 승인이 이루어지자 상공부에 대통령 월간 경제동향보고 전까지 1980년대 초 100억 달러 수출안을 작성하도록 지시가 떨어졌다.

100억 달러 수출과 함께 제시된 것이 대통령의 1인당 국민소득 1,000달러 언급이었다. 1인당 GNP 1,000달러는 1971년 9월 8일 발표된 종합적인 장기국토발전 구상인 '국토종합개발계획'의 1981년 목표 544달러를 83.3%, 거의 2배 가까이 획기적으로 증대시킨 것이었다.[66]

대통령으로부터 100억 달러 수출과 함께 1인당 1,000달러 소득이라는 획기적인 목표가 언급되었기에 이 1인당 1,000달러 소득에 대한 실현타당성 검토가 1972년 9월부터 정소영(鄭韶永) 청와대 경제1수석을 중심으로 이루어졌다. 이를 먼저 검토한 경제기획원은 1980년대 초 1인당 국민소득 1,000달러, 수출 100억 달러는 불가능하다고 이미 의견을 낸 상태이었다.[67] 청와대 검토팀은 1972년 10월 초순경 끝낸 1차 검토에서 1981년 1인당 GNP를 668달러로 추정하였다. 보고된 수치를 보고 정소영 비서관은 뭔가 잘못되었다고 생각하여 다시 검토한 결과 불변가격으로 추정된 것을 발견하고 세계은행 등 국제기관들이 모두 경상가격으로 추정하고 있는 점을 들어 다시 추정하도록 지시하였고 이런 과정을 거쳐 최종 결과가 1,014달러로 나왔다. 이렇게 하여 1980년대 초 100억 달러 수출과 1인당 국민소득 1,000달러를 달성하기 위해 중화학공업화를 본격적으로 시행한다는 안이 네 차례에 걸친 시안마련 끝에 확정되었다. 1972년 11월 6일 김정렴 실장이 주재한 수석비서

---

63) 오원철 전 중화학공업추진위원회기획단장(한경7, 1999), pp. 458~459; 오원철 증언(1994. 1. 11); 오원철(박정, 2006), p. 140.

64) 중화학공업추진위원회기획단(한공발2, 1979), pp. 246~252, 276.

65) 오원철 전 중화학공업추진위원회기획단장(한경7, 1999), pp. 469~470.

66) 국토종합개발계획은 1981년 경제규모를 GNP 200억 78만 달러, 경제성장률 8.5%, 인구 3,700만 명을 목표로 1972~1981년간 11조 3,780억 원을 투입하는 종합계획이었다. 日韓經濟委員會·日韓經濟協會(韓國土, 1972. 8), p. 155.

67) 김정렴 전 대통령비서실장 증언(2008. 11. 20).

관회의에서 1981년에 1인당 국민소득 1,000달러가 가능하다는 합의가 이루어진 뒤 바로 그 날 이 결론이 박대통령에게 보고되었다. 이 날 김정렴 실장과 정소영 비서관이 보고한 보고내용은 "각하께서 지나가는 말로 하시던 것과 너무나 가까운 숫자가 나왔습니다"이었다.[68] 이렇게 하여 월간 경제동향보고까지 100억 달러 수출안과 1,000달러 국민소득안이 완성되었다.

다음 날 1972년 11월 7일 열린 '월간 경제동향보고'에서 박대통령은 상공부의 100억 달러 수출계획 보고에 기초하여, "연평균 25%의 수출증가를 계속하면 1980년에는 적어도 100억 달러의 수출은 무난히 달성될 수 있고 1981년에는 국민소득 1,000달러 수준으로 증가된다"라며 각료들에게 100억 달러 수출안과 1인당 국민소득 1,000달러 안의 추진을 독려하였다.[69] 이제 100억 달러 수출, 1인당 1,000달러 국민소득이 목표로 분명히 되었다. 상공부는 이 날 장기수출계획을 공개하였는데 역시 그 내용은 대통령에게 보고하고 대통령이 각료들에게 강조하여 말한 대로, 1972년부터 1980년까지 연 수출증가율을 16.6%에서 25%로 상향시켜 1976년 46억 달러 수출, 1980년 100억 달러 수출을 달성하고 이를 위해 중화학공업에 중점을 두어 전자, 선박, 철강, 기계류 4개 제품의 수출을 1975년 15억 달러, 1980년 50억 달러로 올린다는 것이었다.[70]

11월 7일 대통령의 공개적인 목표 제시와 11월 10일 박대통령의 전국토산업권화 구상 발표[71]에 따라 1972년 11월 13일 건설부는 박대통령의 1981년 국민총생산 13조 3,000억 원, 1인당 GNP 1,000달러, 수출 100억 달러, 그리고 농가소득 연간 130만 원 달성 지시를 실현하기 위한 '전국토산업권화를 위한 부문별 개발계획(1972~1981)'을 발표하였다.[72] 상공부 역시 대통령의 지시 후 100억 달러 수출 보고안을 보완하여 〈표 4-5〉와 같이 구체적인 100억 달러 수출을 위한 공산품 수출계획을 12월 9일 완성하였다.[73]

상공부의 계획은 1980년 100억 달러 수출을 위해 중화학공업을 56.3억 달러, 경공업을 36.7억 달러 수출하는 것으로 책정하였다.[74] 이는 부문별 수출계획을 기준으로 집계한 것으로 이전 1970년 8월 20일 작성되어 1970년 8월 24일 제8차 수출진흥확대회의에서 확정된 '중공업수출산업화10개년계획'[75]보다 훨씬 구체적인 것이었다.

상공부의 100억 달러 수출을 위한 공산품 수출계획에 의하면 1973년 중화학공업제품

---

68) 중화학공업추진위원회기획단(한공발3, 1979), pp. 303~309.
69) 경제기획원(개발, 1982), p. 127.
70) 〈매일경제신문〉(1972. 11. 8).
71) 〈중앙일보〉(1972. 11. 10; 1972. 11. 14).
72) 〈중앙일보〉(1972. 11. 13).
73) 상공부(문, 1972. 12. 9)
74) 대통령비서실(중선3, 1973. 1. 30), p. 63.
75) 청사(일지, 1984), p. 26; 오원철 전 중화학공업추진위원회기획단장(한경7, 1999), pp. 484~485; 오원철(박정, 2006), pp. 114, 136, 150~151.

표 4-5 상공부의 100억 달러 수출을 위한 공산품 수출계획(1972. 12. 9) (단위: 백만 달러)

	1973		1978		1980	
	금액	비	금액	비	금액	비
중화학공업제품	650	31.3	3,270	52.5	5,630	60.5
화학제품	85	–	303	–	445	–
금속제품	150	–	570	–	930	–
일반기계류	22	–	202	–	450	–
전기기계류	323	–	1,450	–	2,400	–
운반용 기계류	70	–	745	–	1,405	–
경공업제품	1,430	68.7	2,960	47.5	3,670	39.5

주: 기타 농수산광물이 1980년 7억 달러 수출로 합계 100억 달러가 됨.
자료: 대통령비서실(중선, 1973. 1. 30), pp. 63, 67.

수출비중이 31.3%로 경공업제품 수출비중의 1/2에도 미치지 못하지만 1977년은 중화학공업제품 48.2%, 경공업제품 51.8%, 그리고 1978년에는 중화학공업제품이 52.5%로 경공업제품 수출을 추월하도록 계획되었다. 상공부는 특히 중화학공업 중에서 압도적으로 전기기계류, 즉 전자제품을 중심으로 수출이 증가하도록 계획하였고 뒤를 이어 운반류기계, 그리고 금속제품으로 하여 일반기계류는 수출비중을 낮게 책정하였다. 기계류의 수출이 어렵다는 현실을 처음부터 고려하였기 때문이었다. 계획이 작성된 3일 뒤 12월 12일 심의환 상공부차관은 1980년대의 100억 달러 수출목표 달성은 그 전망이 밝다고 말하고 이를 위한 기본과제는 산업체제의 전환, 수출전략업종의 집중 개발, 산업합리화운동의 본격화 등이라고 밝혔다.[76]

이렇게 1972년 5월부터 시작하여 "1972년 중에는 1980년대의 1,000달러 소득, 100억[77] 달러 수출을 달성하는 데 있어서 중화학공업이 주도적 역할을 담당하기 위한 장기중화학공업육성계획이 추진되었고"[78] 또 일부 발표되었지만, 이는 여전히 정부 내 총괄적 목표 도출, 내용의 가능성 검토, 총괄계획의 입안·수정·확인 단계의 준비과정 성격이 강한 것이었다.

이런 준비과정을 거쳐 1973년 1월 12일 연두기자회견에서 대통령은 중화학공업화선언을 발표하였다. 이 선언에서 대통령은 1980년대 초 100억 달러 수출달성을 위해 지금부터 중화학공업 육성에 박차를 가하는 중화학공업화정책을 시행한다는 것을 분명히 하였다.

76) 〈중앙일보〉(1972. 12. 13).
77) 원자료에는 1,000억 달러로 되어 있는데 오자이다.
78) 경제기획원(경백, 1973), p. 14.

……정부는 이제부터 중화학공업 육성의 시책에 중점을 두는 중화학공업 정책을 선언하는 바입니다. ……80년대 초에 우리가 100억 달러의 수출목표를 달성하려면 전체 수출상품 중에서 중화학제품이 50%를 훨씬 더 넘게 차지해야 되는 것입니다. 그러기 위해서 정부는 지금부터 철강, 조선, 석유화학 등 중화학공업 육성에 박차를 가해서 이 분야의 제품수출을 목적으로 강화하려고 추진하고 있습니다. ……

《대통령비서실(박연3, 1974), pp. 58~59》

중화학공업화는 이렇게 "수출목표를 먼저 수립해 놓고 이를 달성하기 위해서 중화학공업을 건설하게 된 것"이며 따라서 처음부터 중화학공업화는 "수출능력이 있는, 즉 국제경쟁력이 있는 중화학공업을 건설"하는 것으로 되었다. "박대통령은 중화학공업 건설의 목적은 수출에 있다는 지시로 1월 31일 중화학공업 건설에 대한 최종보고를 듣고 이를 재가한 직후[79] '전 산업의 수출화' 휘호를 써서 중화학공업추진위원회기획단에 내려 보냈고 기획단은 이 휘호를 중화학공업추진위원회기획단 단장실 정면에 걸어 두었다. 100억 달러 수출에 대한 박대통령의 집념은 신들린 것과 같이 강력하였다. 이 점을 피부로 느끼기 전에는 1970년대의 박대통령을 이해할 수가 없고 1970년대의 우리나라 실태를 파악하지 못할 것이다"[80]라고 오원철 전 수석비서관은 증언하고 있다.[81] 당시 기획단장실에 걸려 있던 휘호는 〈그림 4-1〉과 같다.

박대통령은 중화학공업화선언 기자회견에서 100억 달러 수출을 달성하기 위해 중화학공업화를 시행한다는 것을 분명히 한 후 이러한 100억 달러 수출을 위해 대규모 공업단지를 조성하여 수출을 독려하겠다는 중화학공업화의 일부 방법론까지 제시하였다.

이러한 대규모의 공장들을 수용하기 위해서 정부는 지금부터 동해안·남해안·서해안 지방에 여러 가지 대단위 국제규모의 공업단지 또는 기지를 조성해 나갈 생각입니다. ……이런 것을 다하였을 때에 100억 달러 수출이 되는 것입니다.

《대통령 연두기자회견(1973. 1. 12)》

실제로 "1980년대 100억 달러 수출체제 정비시책의 일환으로 거점별 중화학공업 생산기반의 확충개발을 위한 기본구상"이 만들어졌다.[82]

공식 문서와 증언에서 일관되게 확인되듯이 1980년 100억 달러 수출, 1981년 1인당 국민소득 1,000달러를 달성하기 위해 본격적인 산업구조정책으로 만든 것이 중화학공업화인

---

79) 대통령 휘호를 보면 이는 1973년 2월 12일이었다.

80) 오원철 전 중화학공업추진위원회기획단장(한경7, 1999), p. 492.

81) 오원철 전 수석비서관은 "100억 달러 수출과 연계시켜 중화학공업화를 보지 않으면 그것은 이미 중화학공업화가 아니다"라고까지 강조하여 말하였다. 오원철 전 중화학공업추진위원회기획단장 증언(2007. 2. 14).

82) 과학기술처(중공개2, 1973), p. 3.

그림 4-1 중화학공업추진위원회기획단에 걸려 있던 대통령 휘호

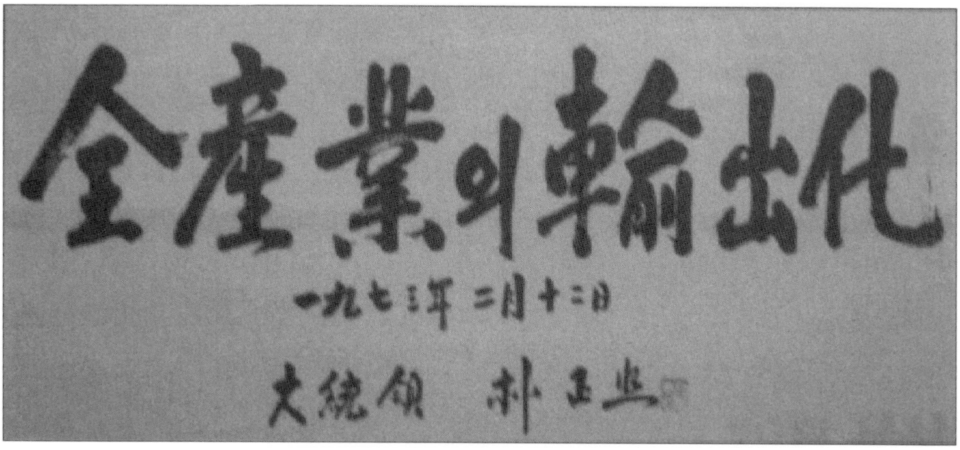

자료: 오원철 전 중화학공업추진위원회기획단장(한경7, 1999), p. 493.

것이며,[83] "처음부터 중화학공업은 산업을 수출화하기 위한 것이었다."[84] 대통령비서실 역시 "1980년대 초 100억 달러 수출, 1인당 국민소득 1,000달러 등을 유신체제의 비전으로 제시하고 그 수단으로 중화학공업의 본격 추진과 과학기술의 개발을 선언한 것이다"[85]라고 밝히고 있다. 김광모 전 대통령경제비서관 역시 "1970년대의 중화학공업화정책선언이라는 것은 1980년대 초 수출 100억 달러, 1인당 GNP 1,000달러를 달성하기 위해서는 여태까지의 경공업만으로는 불가능하고 중화학공업화를 하지 않으면 안 되는 것이었기 때문에 만들어진 국가 최우선의 경제정책이었다"고 증언하고 있다.[86]

중화학공업화선언으로 정부가 "1980년대 수출 100억 달러, 1인당 국민소득 1,000달러 달성을 겨눈 경제개발전략의 하나를 바로 중화학공업화로 삼고 있다"[87]는 점이 기업과 시장에 명확하게 공표되었다. 중화학공업화의 배경, 결국 목적은 1980년대 초 수출 100억 달러, 1인당 국민소득(GNP) 1,000달러 달성에 있다는 것이 공적으로도 정부기관 내에서 분명히 공유되어 인식되었고,[88] 1973년 말 행정부를 총괄하고 총괄 보고서를 내는 국무총리기획조정실은 공식적으로 이를 명시하였다.[89] 정부는 국내에서만 아니라 1973년 6월의 일본 機械工業等韓國産業長期開發計劃調査團에도 "중화학공업화를 추진하는 이유의 가장 주요한 동기는 수출을 목적으로 하고 있다"고 밝혀 이 말이 방문단 총괄검토 발언에서 계

83) 중화학공업추진위원회기획단(한공발3, 1979), pp. 303~308, 368.
84) 김정렴 전 대통령비서실장 증언(2008. 12. 22).
85) 대통령비서실(박연3, 1974), pp. 58~60.
86) 김광모 전 대통령경제비서관 증언(2004. 11. 4).
87) 金立三 전국경제인연합회상임부회장(1973), p. 32.
88) 과학기술처(중공장, 1973. 8), 요약문.
89) 국무총리기획조정실(중오, 1973), p. 187.

속 거론되고 있다.[90] 정부가 중화학공업화를 수출 100억 달러와 직접 연관시킴으로써 일본 외무성조사단은 한국이 1980년도 수출 100억 달러를 달성하기 위해서는 생산·수출 면에서 더욱 일층 중화학공업화를 추진하는 것이 큰 지주로 되고 있다고 적고 있다.[91] 이렇게 수출지향적 중화학공업화가 공언됨으로써 이는 1970년대 일본이 한국에 대해 첨단기술이전에 더욱더 주의하는 한 원인이 되었다.

이후 국내외에서 공식적으로 한국 중화학공업화의 배경과 목적은 1980년대 초 수출 100억 달러, 1인당 국민소득 1,000달러 달성이 되었다. 그리고 1970년대 모든 정부정책은 이것에 맞추어 진행되었다. 중화학공업화의 내막을 가장 잘 알고 있는 김정렴 비서실장 역시 "수출 100억 달러와 1인당 국민소득 1,000달러 달성을 위한, 소위 중진국 수준에 도달하기 위해 중화학공업을 적극 추진하겠다는 중화학공업화선언을 발표하였다"고[92] 증언하고 있다. 일반인들에 있어서도 "정부는 1980년대 초의 1인당 GNP 1,000달러, 수출 100억 달러의 장기경제 목표달성을 위해 중화학공업 건설이라는 새로운 개발전략을 설정, 이를 적극 추진하고 있다"고 인식되어 그렇게 용어가 선택 사용되었다.[93] 심지어 중화학공업화를 통해 여러 목적을 추구하고 있었던 박대통령의 결재문서에서도 중화학공업화선언 이후에는 "한국의 산업발전 및 1980년대 100억 달러 수출달성을 위한 중화학공업화정책(1973년 1월 18일 연두기자회견에서 각하께서 지시하였음)"[94]으로 기록하여 대통령 자신과 비서실 역시 이를 중화학공업화의 배경과 목적으로 받아들이고 사용하였다.

비록 대통령의 자주국방에 대한 집착은 계속되고 있었고 또 중화학공업화를 추진한 청와대 핵심 인물들은 중화학공업화선언 이전 중화학공업의 역사를 잘 알고 있었기에 방위산업 육성을 중화학공업화의 달성해야 할 또 하나의 내면 목적으로 유지하고 있었지만, 그러나 중화학공업화선언 이후 중화학공업화의 목적에서 우선순위상의 큰 질적인 변화가 나타난 것이다. 이런 점에서 1973년은 "경제 미래상으로서의 중화학공업을 발표하고 이에 수반하는 장기경제의 기본목표를 설정하기에 이른"[95] 연도로 한국 현대산업사에 한 획을 긋는 해였다.

산업정책의 새로운 단계로의 질적 변화인 중화학공업화에 맞추어 공업구조의 전반적인 틀도 새로 만들어졌다. 이미 1972년 작성되어 대통령에게 보고되었던 '공업구조개편론'이 중화학공업화선언에 따라 1973년 1월 30일 '중화학공업화정책선언에 따른 공업구조개편론'으로 수정되었다. 수정된 '중화학공업화정책선언에 따른 공업구조개편론'은 그 시

90) M 機械工業等韓國産業長期開發計劃調査團員(1973), p. 7; H 機械工業等韓國産業長期開發計劃調査團員(1973), p. 8.
91) 外務省アジア局(韓通, 1973), p. 91.
92) 김정렴 전 대통령비서실장(1995), p. 396.
93) 〈중앙일보〉(1973. 5. 26).
94) 대통령비서실(예중추3대통령결재문서, 1973. 3. 5).
95) 중화학공업추진위원회기획단(한공발2, 1979), p. 94.

작에서 "대통령각하의 중화학공업화정책선언에 따라 본계획기간 중에 필수적으로 요구되는 공업구조의 개편과 산업의 확대를 가져와야 한다"[96]라고 하여 이 점을 분명히 전제하였다.

중화학공업정책 수행의 지침서로 활용된[97] '중화학공업화정책선언에 따른 공업구조 개편론'은 중화학공업화를 수출 100억 달러, 1인당 소득 1,000달러 목표사업으로 규정하였다.[98] 수출 100억 달러, 1인당 GNP 1,000달러 목표를 달성하기 위해 중화학공업화를 추진한다는 점은 중화학공업화선언과 '중화학공업화정책선언에 따른 공업구조개편론' 이후 경제기획원에 의해 경제개발계획이 수정된 장기전망과 『경제백서』에서 공식화되면서 이어졌다.

> 1980년대 초에 100억 달러 이상의 상품수출을 하기 위해서는 지속적인 수출신장의 노력이 필요하다. ……우리의 수출상품 구조도 점차 중화학공업화하지 않으면 아니 될 것이다.
>
> 《경제기획원(우장, 1973), pp. 93~95》

> 1980년대의 1,000달러 소득, 100억 달러 수출을 달성하는 데 있어서 중화학공업이 주도적 역할을 담당하기 위한 장기 중화학공업육성계획이 추진되었다.
>
> 《경제기획원(경백, 1973), p. 14》

박대통령은 내각에 중화학공업을 획기적으로 육성할 수 있는 방안을 마련하도록 특별지시를 내렸다. 정부가 제시한 1980년대의 1인당 GNP 1,000달러, 수출 100억 달러를 하루빨리 실현하기 위해서는 중화학공업의 획기적인 육성이 긴요하다는 판단에서 나온 것이었다. 그리고 중화학공업추진위원회기획단은 7월에 1980년대 초에 1인당 GNP 1,000달러, 수출 100억 달러를 달성하기 위한 계획을 새로 마련하여 대통령에게 보고하였다.[99] 100억 달러 수출, 1,000달러 국민소득의 달성을 위한 중화학공업화가 획기적으로 시작된 것이다. 김종필 국무총리는 중화학공업 청사진을 제시하면서 "중화학공업의 건설은 우리가 추진 중인 유신과업의 제1단계로 설정한 1980년대 초 100억 달러 수출과 1인당 GNP 1,000달러의 달성 여부를 가름하는 것이라고 해도 과언은 아닐 것입니다. 뿐만 아니라 이는 공업구조를 고도화하고 장기적으로는 수출증대를 구조적으로 뒷받침하며 산업 간의 연관효과를 제고시키는 데 결정적인 역할을 하는 것입니다. 여기에 중화학공업 건설의 역사적 당위성이 있는 것입니다"라고 강조하였다.[100]

---

96) 대통령비서실(중선, 1973. 1. 30), p. 3.
97) 김광모 전 중화학공업추진위원회기획단부단장(김창원4, 2004. 1. 28).
98) 대통령비서실(중선, 1973. 1. 30), p. 4.
99) 중화학공업추진위원회기획단(한공발3, 1979), pp. 321, 323.
100) 국무총리기획조정실(중오, 1973), 김종필 국무총리 발간사.

이로써 이제 100억 달러 수출과 1인당 1,000달러 국민소득을 위한 중화학공업화가 공식적인 중화학공업화의 목적과 목표로 나타내게 되었다. 중화학공업 그 자체가 경제적 이유로 우선 목적이 된 것이다. 중화학공업화선언의 공개적 동기는 1980년대 초 수출 100억 달러, 1인당 국민소득 1,000달러이었고 "또 하나의 숨은 동기는 그 전 방위산업 육성과정에서 본격적인 방위산업은 중화학공업이 전제가 된다는 점을 뼈저리게 느낀"[101] 것이었다.

2) 위기와 발전단계에 따른 공업구조·산업구조의 고도화

1970년대 들어와 나타나기 시작한 내부적 위기는 성장정체와 투자감소, 공업구조에 따른 자본재와 원자재의 수지 악화 그리고 급속한 임금상승에 따른 임금/자본 비율(wage-rental ratio)의 급상승 등 복합적인 것이었다. 이 내부적 위기요인은 바로 대외적 위기요인과 결합되었는데 1970년대 들어와 세계는 노동집약적 제품에 대한 수입장벽을 쌓기 시작하였으며, 특히 한국의 임금/자본 비율 상승은 수출을 지향하는 한국에게는 대외적 위기로 다가왔다. 한국에게는 새로운 대안, 기존의 패러다임을 넘어서는 새로운 단계의 대안이 요구되고 있었다. 이는 장기적이고 동태적인 시각에서 보면 모든 국가, 모든 공업발전단계에서 나타나는 이행의 필연적 단계와 그 필요성이 나타나고 있는 것이었다. 산업발전은 발전단계에서 새로운 단계로의 이행 필요성이 나타나고 필요성 위에서 내재적 역량이 성숙되면 상위단계로 이행한다. 이를 통상 산업구조의 고도화라고 하며 공업 내에서도 역시 공업구조의 고도화가 진행된다. 따라서 위기는 발전단계상의 이행 필연성 대두와 다름이 아니다.

1960년대 말 이후 한국경제의 위기는 서서히 그러나 분명히 나타났다. 1971년 12월 1일 한국산업은행은 국내제조업의 총자본이익률이 1963년 9.5%에서 1969년 3.6%로 급속히 떨어지고 있다고 발표하였다.[102] 이어 1969년 이후 한국경제는 총체적인 근대경제성장의 위기에 직면하였다. 경제성장률은 1969년 13.8%에서 1970년 7.6%, 1972년 5.8%로 1970년대 들어와 정체, 감소하였으며 GNP 중 총투자율은 1969년 28.8%, 1970년 26.8%, 1971년 25.2%, 1972년 21.7%로 일관되게 감소하였다.[103] 총외채는 1970, 1971년 2년간 62.3% 증가한 데 이어 다시 1972년 22.8% 급증하고 있었고 외채/GNP 비율은 1969년 27.2%에서 1971년 31.2%로 30%를 넘은 후 다시 1972년 33.9%로 급등하고 있었으며, 기업들의 이자지불액/순매출액 비율은 1966~1968년 5.6%에서 1969년 7.8%, 1970년 9.2%, 그리고 1971년 마침내 9.9%까지 이르러 1969년 이후 사실상의 한국 최초의 금융위기가 발

101) 김정렴 전 대통령비서실장(1995), p. 324; 김정렴 전 대통령비서실장 증언(2008. 11. 20).
102) 한국산업은행조사부(한산, 1971), 부록「기업경영의 변동과 경영제체 개선의 과제」.
103) 경제기획원(주업무, 1980), pp. 12~14.

생하고 있었다.[104] 이 금융위기는 비록 위기의 절대 정도가 낮았지만, 상대적으로 그만큼 당시 한국경제의 잠재력이 낮았기에 4년여에 걸친, 한국 현대경제사상 가장 오래 지속된 금융위기이었다. 1971년 기업수익률 저하와 재무구조 악화가 뚜렷이 나타났고[105] 1972년 들어서는 섬유, 제분, 제당, 철강, 알루미늄, 비료, 가성소다, 유리, 석탄 등에서 불황으로 인원삭감과 조업단축을 실시하기 시작함으로써 불황은 직접 체감되어 나타났다.[106] "처음에는 이러한 현상을 경기의 일시적 하강이라고 가볍게 보는 견해도 있었으나 이러한 수출 신장률의 현격한 하락, 설비투자의 위축, 재고의 누증, 자금난의 심화, 고용과 수요의 감퇴 등 부정적인 현상들은 한국이 경제개발계획에 착수하여 고도성장을 줄기차게 달려온 10년 이래 일찍이 경험해 보지 못한 일이었다."[107]

1969년 말부터 미국과 AID, IMF의 권고로 시작된 재정·금융·외환 면에서의 안정화 정책 역시 당시 총체적 경제위기를 가져오고 확대시킨 원인의 하나였다. 안정화 정책은 1972년까지 계속되었으며 이로 인한 기업의 자금사정 악화가 사태를 악화시키고 있었다. 이런 점에서 당시 안정화 정책의 문제점은 분명하였지만 사실 내적으로 보면 이전 급속한 산업발전에서 축적되며 발생한 문제점이 해결책을 찾지 못한 채 누적된 것이 문제이었고 이 문제해결은 이제 근본적인 새로운 단계로의 이행이 필요한 것이었다. 즉, 장기화되고 있는 위기 속에서 1960년대 기존 공업화 과정의 문제점인 국제수지, 자본부족, 산업비능률의 문제가 확대되었고 이를 해결하기 위해서는 기존 방식과 구조가 아닌, 공업구조·산업정책의 전면적인 상향전환인 중화학공업화가 필수적인 전략으로 되었던 것이다. 이는 발전의 선행적인 여러 과정과 단계에서 나타나는 문제점을 해결하기 위해 그 필요성이 자연스럽게 그러면서 필연적으로 대두되면서 나타난 것이다. 이에 대해 중화학공업추진위원회기획단과 중화학공업추진위원회는 중화학공업화의 배경으로 다음과 같이 분명히 밝히고 있다.

> ……개발의 과정에서 몇 가지 부작용이 불가피하게 야기되었습니다. 농공 및 지역 간의 불균형, 부족한 국내저축과 대외의존의 심화, 만성적인 인플레이션, 최종소비재 중심의 공업구조와 일부 과다 또는 중복투자로 인한 산업능률의 저위 등 산업구조의 파행성은 자립적 경제성장과 경제적 능률의 향상에 애로요인이 되었습니다. 정부는 이와 같은 문제들을 해결하기 위하여 새마을사업의 적극 추진, 8.3조치 등 안정과 능률의 극대화를 위한 일련의 경제조치를 취하였으나 국제수지, 국내저축 및 산업능률의 근본적 해결은 중화학공업화에 의한 공업구조의 고도화 없이는 달성되기 어려운 것입니다.
>
> 【중화학공업추진위원회기획단(중화공, 1973), p. 2】

104) H-J. Chang and C. G. Yoo(2002), pp. 373~377.
105) 〈매일경제신문〉(1972. 3. 1).
106) 〈동아일보〉(1972. 3. 1); 〈매일경제신문〉(1972. 5. 11; 1972. 5. 31; 1972. 6. 2; 1972. 6. 9; 1972. 6. 19; 1972. 6. 30).
107) 창원기계공업공단(창기지5, 1979), p. 47.

성장을 가속화해 온 우리 경제는 다소의 무리와 조급을 피하지 못하였고 이로 인하여 초래된 갖가지 모순과 마찰이 쌓여 비효율과 비능률을 표면화함으로써 성장의 부담이 커지고 있어 이러한 모순을 제거하거나 해소해야 한다는 것이 하나의 국면으로 나타나고 있으며, 또한 10년 전에 비추어 엄청나게 커진 경제규모나 심히 복잡해진 경제구조로 인하여 지금까지의 체제나 질서로서는 더 이상의 고도성장을 지속하거나 보다 높은 차원의 발전을 꾀하기가 어렵게 됨으로써 구래의 질서와 체제를 확대되고 복잡해진 경제조직에 맞도록 개편해야 한다는 것이 다른 하나의 국면이다.

《중화학공업추진위원회(우해, 1973), p. 5》

제1차 경제개발5개년계획의 급속한 성장과정에서 산업 간·지역 간 불균형, 부족한 국내저축과 높은 해외저축에의 의존, 전근대적 산업구조와 경제 전반의 비효율성이 여전히 내재되어 온 왜곡과 문제로 있는데 이를 해결하는 정책수단으로 ① 새마을운동, ② 1972년 8월 3일의 8.3선언, ③ 1973년 1월 12일의 중화학공업화선언이 추진되었다.

《Planning Office Heavy and Chemical Industry Promotion Council, Government of the Republic of Korea(1976), p. 7》

정부는 구조적으로 발생한 '여러 문제' 중 농공 및 지역 간의 불균형 해소방안으로 새마을운동을 정책과제로 제시하였고, 국제수지, 국내저축 및 산업능률 문제의 근본적 해결을 위해 중화학공업화를 제시하였던 것이다.

이러한 위기의 등장과 이에 따른 문제점 해결을 위해 중화학공업화가 필요하다는 정부의 입장은 1973년 6월 기계공업 등 중화학공업화정책 조사, 시찰을 위해 방한한 외국방문단에게 행한 김용환 중화학공업추진위원회기획단장의 발언에서도 나타난다. 김기획단장은 방문단에게 중화학공업화의 이유, 배경으로 ① 과거 10년간 양적 성장의 과정에서 생긴 부작용으로서의 국제수지 악화, 지역 격차, 산업 간 격차의 해소, ② 자본재 수입의 병목 해결, ③ 국제적 수평분업의 방향 확립 등을 밝혔다.[108] 이제까지 한국이 추구해 온 공업정책, 경공업부문에서의 문제점이 노출됨에 따라 중화학공업화가 필요하게 되었다는 점이 한국 정부에 의해 강조되자 방한 해외방문단은 이에 대해 다음과 같이 부정적 의견도 제시하였다.

한국이 이제까지 경공업에 의해 보틀넥이 발생하였다고 한다면 이것에 대한 반성과 대책이 행해져야 하고 그러한 것 없이 바로 중화학공업은 시기상조의 감이 있다.

《S 機械工業等韓國産業長期開發計劃調査團員(1973. 6), p. 7》

당시 기록에서 보듯이 한국 정부는 기존 발전단계의 문제점-위기를 뛰어넘는 새로운

108) 村手義 富士通取締役通信海外營業部長(1973), p. 32.

단계로서 산업구조의 고도화와 효율성 제고를 위해 본격적인 중화학공업화를 생각하였으며 이를 선언하였다. 물론 이는 경제기획원이 밝히고 있듯이 한국이 이제까지 달성해 온 공업화의 성과를 토대로 중화학공업화를 추진하려고 하는 것이었다.[109)]

대내적 위기 속에서 1970년대 들어 대외 변수도 충격을 확대시켰다. 우선 1970년 8월 닉슨 미대통령의 금태환정지 선언과 12월의 주요국 환율조정에 이은 전반적인 국제시장의 구조적 위기와 혼란이 나타났다. 이는 1969년 닉슨 대통령이 통상교서와 통상법안을 미의회에 제출하여 무역대권을 위임받음으로써 구체화된 무역제한조치와 유럽 EC가 영국, 덴마크, 아일랜드를 가입시키면서 광역경제권의 통합을 실현시키고 역외국가의 수입을 대폭 규제한 조치 등과 함께 한국 수출전략에 타격을 주었다.[110)] 이와 함께 외부 변수 위기의 또 하나의 실체로 등장한 것이 선진국이 아닌 중국, 남아시아 국가 등 발전도상국과의 경쟁위기이었다. 한국이 1960년대 압축성장을[111)] 할 수 있었던 동력산업인 경공업은 1960년대 말부터 본격적인 발전도상국 간 경쟁시장에 노출되었고, 1971년 6월 미국의 중국 금수 해제로 노동집약적 부문에서 경쟁이 예상되었으며,[112)] 당연히 시장과 자본 제약에 있던 한국에게 이런 사태는 위기였다.

경공업의 한계론이 현실화되는 가운데 1971년 한미섬유협정은 결정적으로 한국에 충격을 가져다주었다. 한국은 한국전, 베트남전을 통해 미국을 혈맹이라고 믿고 있었고 대미수출은 단순 경제적 변수, 단순 국익변수 외의 요인이 작용할 수 있다고 믿어 왔다. 그러나 한미섬유협정은 미국 정부가 미국 내의 산업계 이해에 따라 움직이는 것을 보여 주었고 이는 1970년 수출의 40%가 섬유이었던[113)] 한국에 위기감을 주기에 충분하였다. 이미 경공업은 일정 발전단계를 넘어 원자재와 시장의 한계에 부딪히게 되었고, 특히 원자재의 수입의존 때문에 수출이 증가하는 만큼 수입도 증가되는 모순 속에서 한국은 이러한 한계들이 눈에 보이는 경공업이 아닌 중화학공업을 개발하여 세계시장에 나서야 하는 새로운 전략이 필요하였다. 이는 정부의 기록에서 다음과 같이 나타나고 있다.

> 경공업제품만으로는 머지않아 한계에 도달하게 될 것이기 때문에…… 조선, 기계, 철강,

109) 日本貿易振興會(海投1, 1973), p. 82.

110) 창원기계공업공단(창기지5, 1979), p. 48.

111) 호프만 비율이 1단계에서 2단계에 이르기까지 프랑스는 35년, 미국은 30년, 캐나다는 25년, 영국은 20년 걸렸지만 한국은 불과 8년이 걸렸다. 그리고 그 시기는 바로 1960~1967년이었다(한국산업은행조사부(한산, 1976), I, p. 10). 한국의 1960년대는 세계경제발전사에서 매우 드문 정도의 압축성장이었고 성공적인 예를 보여 주고 있다. 그럼에도 불구하고 1960년대 한국경제의 압축성장에 대한 인식은 현재까지도 일부에서만 받아들이고 있는데, 이는 연구가 성숙되고 있는 현대정치사에 비해 뚜렷이 현존하는 현대경제사, 현대산업사의 연구 부실과 나아가 이 시대에 대한 학자들의 선험적인 고정된 인식이 있기 때문이다. 이러한 점은 1970년대 한국 중화학공업화 인식과 연구에도 통용된다.

112) 〈서울경제신문〉(1971. 6. 11); 〈조선일보〉(1971. 6. 11).

113) S-C. Lee(1991), p. 438.

화학, 전자 등의 품목을 집중 개발하여 세계시장에 수출하는 전략이 필요한 것이다.

《국무총리기획조정실(중오, 1973), p. 6》

중화학공업의 육성은 산업의 근대화와 자립경제의 달성을 위한 마지막 단계로서 필요하다. 그 동안 수출증대를 주도하였던 경공업은 이미 일정 단계를 넘어 한계에 부딪치게 되었고, 특히 원자재의 수입의존 때문에 수출이 증가하는 만큼 수입도 증가시키지 않을 수 없는 형편에 있는 것이다. 그러므로 수출산업을 비롯한 모든 국내산업의 원자재의 수입의존도를 감소시키고 수출을 더욱 증대시켜 무역구조를 근본적으로 개선하기 위해서는 중화학공업의 추진이 절대 필요한 것이다.

《대통령비서실(한경, 1975), p. 24》

"산업발전에 따라 필수적으로 요구되는 공업구조의 개편과 산업의 확대를 이룩하기 위한" 중화학공업화정책이라는 강조는 대통령 결재문서에서도 분명히 사용되었다.[114] 이렇게 대내외 위기와 발전단계에 따른 중화학공업화, 즉 1980년대 선진국으로 올라서기 위해서는 과거에서 한 단계 올라선 다른 산업정책으로서 중화학공업화가 필요하였다는 것이 공유되고 있었음은 다음과 같이 증언에서도 확인되고 있다.

과거 1, 2차 5개년계획기간 중에 급진적인 경제성장을 이룩하였지만 1980년대 선진국으로 올라서기 위하여는 과거와는 다른 도약산업정책이 필요한데 이것을 중화학공업화정책으로 이룩하여야 된다는 것이었다.

《김광모 전 중화학공업추진위원회기획단부단장(김창원4, 2004. 1. 28)》

김정렴 전 대통령비서실장 역시 중화학공업화정책선언에 대해 "중화학공업의 이점과 타당성 외에 중화학공업화의 결단을 내리게 된 근본적 이유의 하나가 그때까지 추구해 온 경공업 위주의 수출입국 전도가 밝지 않았기 때문이다. 즉, 노동력의 상대적 저렴이라는 이점의 약화, 선진국의 수입규제 강화 때문에 수출주도에 의한 경제발전을 계속 시도하기 위해서는 중화학공업화로 전환하는 것이 긴요하였다"고 증언하면서 이에 붙여 구체적으로 다음과 같이 중화학공업화로의 단계론을 말하고 있다.

한 나라의 성장과정은 공업화 내지 공업구조의 고도화 과정이라고 할 수 있다. ……당초에는 국내수요 충족과 수입대체 등 내수에 그 기초를 두지만 경공업제품의 대량생산체제가 확립됨으로써 경공업 국가로 부상하는 것이고…… 다음 단계는 자본과 기술축적에 의한 중화학공업화를 이룩해 궁극적으로 선진국형 중화학공업화를 달성하는 데 있다.

《김정렴 전 대통령비서실장(1995), pp. 324~326》

114) 대통령비서실(예중추3대통령결재문서, 1973. 3. 5).

여기에서 당시 정책책임자들 역시 초기 경공업 중심의 공업구조체계가 성숙됨에 따라 이제 한 단계 높은 공업구조의 고도화를 실현시켜 나가야 하는 단계로 보고 있었던 것이 확인된다. 위기의 가장 좋은 극복방법은 이를 이용하여 넘어서는 것이었다. 문제는 내적 역량이었다. 한국은 기존 중화학공업 비판에서 제기된 바와 달리 당연히 불완전한 가운데에도 내적 역량과 조건을 갖추고 있었다. 당시 정부는 무작정 중화학공업화에 매달린 것이 아니라 1960년대 공업화 과정을 통해 중화학공업화의 성장기반이 조성되었다고 다음과 같이 확실하게 선언하고 있었다.

> 1960년대의 공업화 과정은 1970년대 한국을 중화학공업국으로서의 성장시키는 성장기반을 조성하였다.
>
> ① 전력·석탄·석유정제 등 에너지산업의 건설과 항만·수송·통신 및 공업단지의 개발 등 사회간접시설을 확충하여 공업화의 기반이 확립되었다.
>
> ② 중화학공업의 기점으로 되는 종합제철(연산 103만 톤), 석유화학계열의 공장 등이 1차적 기반을 구축하고 대규모적인 조선소(최대선 70만 DWT)가 완성단계에 있으며, 기타 전자·기계공업 등도 이미 초기의 개발과정을 넘어 계속 확장되고 있어 중화학공업화의 선도적인 역할을 담당하고 있다.
>
> ③ 한국의 급속한 수출신장 전망은 공업구조 고도화를 촉진하고 있고 이에 따라 중화학공업의 개발이 필연적으로 요청되고 있다.
>
> ④ 한국의 노동력은 풍부하고 고도의 적응력을 갖춘 높은 생산성을 가진 인력자원으로 대외경쟁력의 확보가 가능하기 때문에 중화학공업 개발을 촉진할 요소로 된다.
>
> 《大韓民國經濟企劃院(日本, 1973. 5), p. 6》

이런 점은 대통령의 언급에서도 나타난다. 박대통령은 1974년 6월 28일 울산 현대조선소에서 열린 25만 9,000톤급 대형유조선 2척의 명명식에 참석하여 "우리나라 공업은 1960년대에 황무지에서 출발하였으나 국민의 노력과 분발로 빠른 속도로 발전, 이를 토대로 1970년대 초부터 중화학공업으로 출발할 수 있게 된 것"이라고 밝혔다.[115]

나아가 정부는 당시의 발전단계에서의 현상과 미래값으로서의 수요상황을 알고[116] 이 위기를 적극 이용하고 넘어서고자 하였다. 특히, 위기 속에서 나타난 일부 해외상황은 후발공업국인 한국의 중화학공업 전환에 기회를 제공하였다. 1970년대 들어 선진국들은 공해·환경 문제의 대두로 탈공업화의 산업구조 전환을 시작하였고 전자·전기 및 금속, 화학 등의 중화학공업을 과노동, 공해산업으로 기피하고자 하였다. 한국으로서는 위기 속에서 중화학공업화를 돌파구로 선택할 수밖에 없었던 차에, 선진국들의 이러한 산업구조 전환은 전환의 낮은 비용을 제공해 주었다. 정부는 이러한 상황도 한국 중화학공업화를

115) 〈중앙일보〉(1974. 6. 28).
116) 박영구(1997a).

가능하게 만드는 것이라고 판단하였다.

결국 위기에 이어 한국이 전면적인 중화학공업화를 선택한 것은 100억 달러 수출과 1인당 국민소득 1,000달러를 위한 도약과 함께 필연적인 산업의 발전과정에서 나타나는 내적인 진화과정이었다. 중화학공업화는 1차 산업이나 3차 산업만을 할 수밖에 없는 경제규모를 갖고 있는 경제를 제외하고 모든 지역의 공업화 과정에서 필연적으로 대두되는 발전과정이었고 한국도 그러하였다. 중화학공업추진위원회기획단이나 정부 역시 중화학공업화는 산업발전단계에서 필연적 요구임을 분명히 하였다.

> 산업근대화와 자립경제 이룩의 마지막 단계는 중화학공업의 발전이었습니다. 수출확대를 이끌어 온 경공업은 이미 분명한 한계에 봉착하였으며 수출증가에 따라 높은 해외원자재 의존으로 수입증가가 필연적으로 되었습니다. 따라서 해외원자재에 대한 의존을 줄이고 수출을 더 늘림으로써 근본적으로 무역구조를 개선하기 위해서는 중화학공업 건설이 요구되었습니다.
>
> 《Planning Office, Heavy and Chemical Industry Promotion Council, Government of the Republic of Korea(1976), p. 142》

> 새로운 개발연대에 대비하는 발전철학으로서 중화학공업화의 정책전환을 선언하기에 이른 것이다.
>
> 《중화학공업추진위원회(우해, 1973), 서문》

> 1980년대 초까지의 목표는……, 둘째 중화학공업의 건설을 통해 자립적 경제구조를 구축하며……, 셋째 ……공업화 과정의 심화를 의미하는 중화학공업의 건설은 다음 단계의 공업화가 필연적으로 추구해야 할 과제이며 국제적인 분업의 동태적 변화에도 상응하는 것이다.
>
> 《경제기획원(우장, 1973), p. 6》

중화학공업추진위원회가 정책전환의 배경으로 들은 것은, 첫째 변모하는 환경조건이었고, 둘째는 이에 따른 고도산업사회의 지향을 들었다.[117] 추진위원회가 정확히 지적하고 있듯이 "정책전환의 요구는 환경조건의 변화라는 사실의 면에서만 제기되는 것은 아니며 발전의 동향에 기초를 둔 당위의 측면에서도 당연히 제기되는 것이다. 다시 말하면, 국내외의 여건이 바뀌었으니 중화학공업정책을 택함으로써 여건변화에 적절히 대응하고 대처할 수 있다는 면 이외에도, 한국경제는 성숙이라는 다음 단계로 넘어가기 위해서는 중화학공업화의 구조개편을 겪지 않으면 안 된다는 면이 있는"[118] 것이었다. 1970년대 모든 정부정책과 백서에 등장하고 있었던 산업구조의 고도화 혹은 공업구조의 고도화란 수출제

117) 중화학공업추진위원회(우해, 1973), pp. 3~14.
118) 중화학공업추진위원회(우해, 1973), p. 9.

품의 부가가치율 제고, 경공업중심제품 수출의존구조의 개선, 균형있는 공업구조의 확립을 의미하는 것이었고,[119] 따라서 이를 위한 중화학공업화는 대외환경의 변화보다 필연적인 내적 과정으로서의 당위성이 우선시되어 고찰될 것이었다. 실제로 『경제백서』는 “공업구조의 고도화를 기함으로써 경제의 자립화 기반을 구축하기 위한 중화학공업의 건설이 착실히 추진되었다”[120]라고 하여 중화학공업화의 목적이 공업구조의 고도화에 있음을 명시하고 있다.

이제 단순한 공업화가 아니라 보다 상위의 목표가 산업발전의 필요에 의해 단계적으로 나타났고 그것을 위해 새로운 전략으로 이행되어야 하였다. 따라서 국가안보, 자주국방은 당시 상황에서 동의를 강제하는, 여전히 매우 중요한 중화학공업화 배경의 하나이었지만 이제 방위산업 육성은 차순위의 추가적인 목적으로 전환되어 갔고 그렇게 다음과 같이 지적되게 되었다.

> 중화학공업화가 이루어져야 하는 원인은, 첫째 중화학공업은 우리의 100억 달러 수출목표 달성에 있어 중추적 역할을 하지 않으면 안 될 부문이기 때문이다. 종래와 같은 경공업제품만으로는 머지않아 한계점에 도달하게 될 것이기 때문에 단일품목 수출가액이 큰 조선, 기계, 철강, 화학, 전자 등의 품목을 집중 개발하여 세계시장에 수출하는 전략이 필요한 것이다. 둘째, 우리나라 공업의 구조적 해외의존성을 탈피하고 공업의 자립기반을 확립하기 위해서는 철강, 기계, 화학 등의 중화학공업 육성을 통한 시설재 및 중간재의 자급이 시급한 과제이다. 셋째, 중화학공업은 사업 전반에 대한 전후방 연관효과가 크기 때문에 중화학공업의 육성은 모든 산업에 크게 기여한다. ……또한 이제까지 이들 기재의 대부분이 외국으로부터 수입되어 온 점을 감안한다면 중화학공업 육성이 가져오는 수입대체효과가 얼마나 클 것인가를 짐작할 수 있다. 넷째, 중화학공업은 국가안보상의 측면에서도 그 중요성이 매우 큰 것이다.
>
> 【대한민국정부(행백, 1974), pp. 151~152】

1974년 정부의 총괄 보고내용인 『행정백서』에 의하면 중화학공업화는 100억 달러 수출 달성, 해외의존성 공업구조의 탈피와 공업구조의 자립기반 확립, 전후방 연관효과를 고려한 산업구조의 효율성 제고를 위해서 필요한 것이었고 그리고 마지막 순서로 국가안보상의 측면에서‘도’ 추가적으로 매우 중요한 것이었다.

이러한 한국의 중화학공업화로의 전환과정은 선진공업국으로 전환성공한 모든 국가에서 시차를 두고 일어난 것이었고 당연히 한국에서도 정당성이 존재하였다. 이에 대해 중화학공업추진위원회기획단은 배경설명에서 “선진국 내 공해, 고임금, 확산되는 레저 경

---

119) 한국개발연구원(산업, 1982), p. 44.
120) 경제기획원(경백, 1975), p. 56.

향의 여러 문제와 또한 후진국의 경공업분야에의 참여 전망 등을 고려할 때 한국의 중화학공업화는 국제분업의 원리에서 정당화되는 것이다"[121]라고 하여 한국이 중간 위치에서 이제 중화학공업화를 하는 것이 단계상 당연하다고 밝히고 있다. 당시 한국무역연구소 역시 "적어도 1,000달러의 1인당 국민소득을 달성할 때까지는 우리나라의 경제발전도 중화학공업이 주도하지 않을 수 없다는 것을 강조하지 않을 수 없다"[122]고 하여 그 전환의 자연성, 필연성을 분명히 하고 있었다.

4. 중화학공업화의 주관적 배경과 목적: 시기적 가능성 확신과 자신감, 그리고 제2일본론

중화학공업화가 대내외적으로 공표되고 본격 추진된 배경과 목적은 100억 달러 수출과 1인당 국민소득 1,000달러 달성이었고, 내재적인 배경과 목적은 한계에 다다른 공업발전단계와 위기상황을 극복하고 공업구조를 고도화하는 것이었으며, 그리고 숨겨진 중요한 중화학공업화의 배경과 목적은 자주국방의 방위산업 육성이었다. 여기에 또 하나의 한국 중화학공업화의 중요한 배경이 된 것은 바로 주관적으로 확신한 시기적 가능성과 이에 따른 자신감 그리고 제2일본론이었다.

1970년대 들어와 한국은 중화학공업화에 대한 조건성숙이 관찰되고 있었다.

우선 첫 번째로 1960년대 공업화와 수출은 크게 성공적이었다. 단계적이지 못하였던 4대핵공장건설사업도 사실 당시의 한국 공업화 성과에 대한 과신에 기초한 것이었다. 박대통령과 김학렬 경제기획원장관은 1960년대의 성과를 보면서 이 단계를 본격적 중화학공업 없이 바로 무기생산을 위한 선택적 공업이 가능하다고 착각하여 마음 속에 오랫동안 생각하고 있었던 군수산업을 위한 공장건설을 실행에 옮긴 것이었다. 이렇게 "1960년대에 제1, 2차 경제개발5개년계획을 수립, 추진해 온 과정에서 경공업부문의 성장은 괄목할 만하였으며 정부는 제철, 석유화학, 시멘트 등 일부 중화학공업부문에서 착실히 중화학공업 개발의 가능성을 키워왔다."[123] 그리고 "1970년대 초 한국경제의 특징은 공업구조의 고도화 추세에 이미 진입하여 공업화의 기반을 확충하였다는 것으로 설명되었다. 공업구조 속에서의 화학, 금속, 기계공업의 구성비는 1960년 대비 2.6, 1.1, 1.8배가 되었다."[124] 특히,

121) Planning Office Heavy and Chemical Industry Promotion Council, Government of the Republic of Korea(1976), p. 8.
122) 한국무역연구소(1974), p. 27.
123) 김정렴 전 대통령비서실장(1995), p. 325.

1950년대부터 오랫동안 좌절을 겪으면서도 계속 추구해 왔던 종합제철사업은 마침내 1970년대 들어와 포항제철 1기 사업으로 순조롭게 진행되어 나가기 시작하였다. 이러한 일련의 성공은 한국 정부로 하여금 중화학공업화에 대한 시기적 성숙과 시장에 대한 자신감을 주었다. 나아가 당시 노동력 문제와 입지·공해 문제 등 선진국 상황과 수급불균형·수요확대 등 세계시장 상황, 그리고 이에 따른 중화학공업화의 조건형성 등의 상황전개는 정부의 이러한 주관적인 가능성 판단과 자신감을 더욱 공고하게 해 주었다. 정부는 이 점들을 다음과 같이 중화학공업화의 배경으로 분명히 하고 있었다.

> 정부의 선견과 용단으로 종합제철공업은 성공적으로 추진되었으며…… 중화학공업을 성공시킬 수 있는 소지는 얼마든지 있다고 본다. 첫째, 1960년대의 눈부신 개발의 성과로 우리 경제는 이미 중화학공업을 흡수 발전시킬 수 있는 성숙도에 도달하였다는 점이다. 둘째, 선진국에 있어서는 노동력 부족과 중노동분야의 취업기피, 고임금 애로에 봉착하고 있는 반면 우리는 저임금의 양질의 노동력을 보유하고 있어…… 유리한 경쟁요소가 될 수 있다. 셋째, 선진국에서 심각한…… 입지부족과 공해문제가 우리에게는 아직 심각한 것은 아니므로…… 선진자본과 공업의 유치에 지장이 없을 것이며 또한 유치의 가능성이 크다. 넷째, 우리는 새로 건설하는 것이기 때문에 성능 좋은 최신시설과 기술을 도입할 수 있는 입장에 있다. ……다섯째, 최근 중화학공업제품에 대한 세계수요는 날로 증가하고 있음에 반하여 공급은…… 이를 따르지 못해 우리의 시장개척 전망도 비교적 밝다.
>
> 【국무총리기획조정실(중오, 1973), pp. 7~8】

당시 대내외적으로 형성된 상황변화와 이에 따라 주관적으로 확신한 시기적 가능성, 그리고 자신감이 중요한 중화학공업화의 배경이 되었음은 증언으로도 확인된다. 김정렴 전 비서실장은 중화학공업화정책선언의 배경으로 "한국은 선진국에 비해 중화학공업 발전에 유리한 경쟁여건을 갖추고 있었고 선진자본과 공장의 유치가 가능한 입장에 놓여 있었다"고 말하면서[125] 구체적으로 100억 달러 수출, 1인당 국민소득 1,000달러, 그리고 숨은 동기로서의 방위산업 전제로서의 중화학공업 그리고 대내외 유리한 조건의 성숙과 자신감을 들었다.[126] 김광모 전 기획단부단장 역시 "제1, 2차 경제개발5개년계획을 성공적으로 완수함으로써 자신감을 갖게 되었고 이때 국내외 여건을 고려하여 이 이상의 고도산업 국가를 구축하기 위하여는 1960년대의 공업화 정책인 공업입국 그리고 수출제일주의보다 격상된 산업정책이 필요하다고 판단되었는데 이 산업정책이 이른바 중화학공업화정책이었다"[127]고 증언하고 있다.

124) 창원기계공업공단(창기지5, 1979), p. 46.
125) 김정렴 전 대통령비서실장(1995), p. 325.
126) 김정렴 전 대통령비서실장(1995), pp. 324~326.
127) 김광모 전 중화학공업기획단부단장(김중화정3, 2003. 12. 7).

당시 이렇게 주관적으로 확신한 가능성과 자신감은 공업화 과정에서의 많은 시행착오가 있었지만 그럼에도 성공적으로 이룩한 성과 때문이었고 또 국제시장의 조건이 그렇게 변하고 있었기 때문이었다. 그러나 이에 더하여 이러한 자신감을 더욱 확대시켜 준 것은 바로 당시 세계의 이론으로 각광받으면서 한국에 상륙한 허쉬만(A. O. Hirschman), 로스토우(W. W. Rostow), 거센크론(A. Gerschenkron), 호프만(W. G. Hoffman) 그리고 체너리(Hollis B. Chenery) 등의 미국 발전경제학 이론이었다.[128] 특히, 체너리는 기존의 신고전학파 이론을 정태적 비교우위이론에 의한 것이라고 보고 발전도상국은 동태적 비교우위에 의한 투자가 이루어져야 한다는 점을 역설하였다.[129] 즉, 발전도상국은 노동집약산업에의 특화를 버리고 동태적 비교우위와 외부효과가 높은 전자, 기계, 자동차, 조선 등 중화학공업에 투자해야 한다고 주장하였는데, 이는 단계 면에서 이제 중화학공업화를 추진하고자 그 이론적 지원을 찾고 있던 정책결정권자들에게 주요한 빛이었다.

1977년 12월 22일 계획보다 4년이나 앞당겨 100억 달러 수출을 달성하자 박대통령은 "하면 된다는 자신감이 새 역사창조의 막강한 추진력이 되고 있다"[130]고 강조함으로써 1970년대 중화학공업화에서 주관적인 자신감이 주요한 배경이 되고 있음을 그대로 드러냈다.

둘째로 한국 중화학공업화의 가능성에 대한 확신과 자신감에 주요한 벤치마크가 되고 그리고 중화학공업화를 해야 한다는 당위성을 준 것은 바로 항상 관찰하고 있었고 그리고 세계 2위의 경제대국으로 성장하고 있던, 성공 그 자체의 일본이었다. 1969년 6월 일본 정부는 일본이 1인당 GNP로 세계 2위로 되었다고 발표하였는데 이는 한국 정부에 크게 영향을 미쳤다. 한국은 1960년대의 성과와 상황을 배경으로 중화학공업화에 대한 자신감을 얻어 나갔지만 실행에 옮기는 확신을 위해서는 이를 검증해 볼 실험실이 필요하였다. 그리고 그 실험실은 바로 일본이었다. 또한 한국이 막연한 경제발전이나 소득증대, 공업화가 아니라 구체적으로 중화학공업화를 해야 하며 이를 통해 경제발전이나 소득증대를 이루어야 한다는 것을 분명히 보여 주고 확신시켜 준 것도 일본이었다. 한국은 일본처럼 같은 아시아 국가로서 세계의 경제대국으로 성장하고 싶었고 제2의 일본이 되고 싶었고 그러기 위해서는 일본이 한 것처럼 중화학공업화를 적극 추진해야 하다는 것이 일본을 알고 있는 정책결정자들에게는 너무나 당연한 것으로 받아들여졌다.

일본은 역사적으로 한국과 경제발전을 공유하고 있었고 한국은 일본식 체제를 많이 가지고 있었다. 또 한국의 공업화에 결정적 제약조건인 자원과 에너지에서 볼 때 일본 역시 해외의존도가 매우 높아 한국과 다를 바 없었다. 일본은 석유 99.7%, 철광석 69.1%,

128) 한국산업개발연구소(한공발2, 1978), pp. 21~31.
129) H. B. Chenery(1961), pp. 18~51.
130) 〈매일경제신문〉(1977. 12. 22).

동 75.4%, 연 54.6%, 아연 53.2%, 알루미늄 100%, 니켈 100%, 원료탄 78.4%를 수입하고 있는 전형적인 자원빈국이었다.[131] 여기에 노동력 조건도 비슷하였다.

이렇게 한국과 유사한 자원과 사고방식, 발전과정을 공유하고 있다고 생각한 일본이 중화학공업화를, 그리고 그 중화학공업화를 통해 1960년대 성공하였다면 한국도 당연히 같은 경로가 가능하다는 생각이 자연스럽게 형성되었다. 중화학공업화의 입안과 출발에서 일본의 경험과 이에 대한 비교, 그리고 모방은 매우 추상적인 것이었고 또 대부분 변형되었지만, 그럼에도 불구하고 이는 중요한 것이었고 또 실질적으로 비용을 줄여주었다. 일본의 여러 방해가 있었지만 결과적으로 일본의 세계적인 철강, 전자, 자동차 공업은 적시의, 그리고 성공적인 모델을 한국에 제공하였다.[132] 유럽에서 독일, 러시아 후발공업국가들의 추격전략은 중공업에 초점을 맞춘 것이었고[133] 이는 일본에 영향을 주었으며 한국은 이런 독일과 일본에 의해 다시 영향을 받았다. 그리고 한국은 일본과 같이 되기 위해 중화학공업화를 선택하였다. 전 청와대 대통령비서관 역시 "첫째, 방위산업 자체가 아닌 부품으로서의 기계공업 육성을 위해, 둘째 한국이 한 단계 높은 단계로 도약하기 위해 그리고 나아가, 셋째 일본의 열도개조론 등 일본처럼 되려면 중화학공업화가 필요하다는 결론에 도달해 이를 비서실이 당시에는 중화학공업화에 대해 지식이 없는 상태이었던 박대통령에게 보고하였고 중화학공업화가 채택되었다"고 증언하고 있다.[134]

그러나 일본과 같이 되기 위해서는, 그리고 될 수 있다는 생각에서 중화학공업화를 한다고 하더라도 과연 일본이 도와줄 것인가라는 것은 다른 문제였다. 제2의 일본이 되기 위해서는 그리고 일본처럼 중화학공업화를 성공적으로 수행하기 위해서는 일본의 도움이 절대적으로 필요하였다. 아무리 한국 측에서 성장에 대한 경험과 주관적 가능성 및 자신감을 얻고 있었다고 해도 일본의 도움이 없는 한국의 중화학공업화는 생각하기 어려웠다. 이 문제는 중요한 문제였다.

1970년 4월 15일 중일(中日)무역회담에서 중국의 저우언라이(朱恩來)는 일본 대표단에 대해 한국의 반공침략을 원조하는 기업이나 상사, 한국에 투자하는 기업이나 상사와는 교역하지 않겠다는 이른바 '주은래4원칙'을 언급하였는데, 1971년 3월 중국은 이 원칙을 재천명하였다. 그리고 실제로 중국 정부가 1971년 9월 한일협력위원회에 출석한 '富士銀行', '三菱銀行'과 '중국은행'과의 관계를 단절시키는 조치를 취하자 일본 기업들은 이를 염두에 두지 않을 수 없었다.[135] 따라서 이 시기, 이 원칙은 공업화에서 일본의 도움이 절대 필요하다고 느끼고 있던 한국 정부에게는 큰 문제가 될 수 있었다. 그러나 1971년 10월에

131) 通商産業省(通白, 1973), p. 229; 辛泰坤(1982), p. 39.
132) World Bank(KMa, 1987), p. 39.
133) J-S. Shin and H-J Chang(2004), p. 29.
134) 이름을 밝힐 수 없는 전 박정희 대통령비서관 증언(2010. 2. 10).
135) 日中經濟協會, 「日中覺書の11年」, 『日中經報』, No. 44, 1977; 磯崎典世(1995), pp. 59~60의 주 30 참조.

국제연합은 투표를 통해 타이완 대신 중국을 국제연합에 가입하는 것을 승인하였고, 1972년에 닉슨 대통령이 중국을 방문해서 저우언라이 총리·마오쩌둥 주석과 회합을 가진 후 양국은 상하이성명을 발표하고 외교관계를 맺었다. 이는 한국에 큰 충격을 가져다주었지만 한편으로는 최고결정권자들에게 있어 산업발전에 필요한 동서화해와 일본의 협력이 촉진될 것이라는 기대를 형성해 주었다. 일본 역시 한국 진출에 대한 기대를 가지면서 분위기가 유리하게 전개되고 있다고 판단하기 시작하였고 일본의 이런 입장변화가 한국 정책결정권자들에게 영향을 미치고 있었다.

'한국이 일본과 같이 중화학공업화를 통해 일본처럼 성장할 수 있을 것이다'라는 생각은 한국의 주관적 판단이었지만 한국과 일본의 일부 정·재계 인사들의 인식공유는 이런 판단을 더욱 강화시켰다. 일본의 재계전문가들은 전문가답게 훨씬 더 이런 가능성을 높게 보고 있었고 이를 한국에 전달하고 있었다. 이런 점은 당시 일본과 가까웠던 한국 측 인사들과 친한파 일본인 기업가들이 공통으로 증언하고 있는데 일본개발은행(The Japanese Development Bankd)의 투자연구소 회장 시모무라 오사무(Shimomura Osamu)의 다음 발언은 당시의 이런 상황을 잘 보여 주고 있다.

> 나는 한국경제가 단지 일본경제가 했던 것과 똑같은 길을 밟음으로써 성장할 수 있을 것이라는 것을 느낄 수 있다. ……일본이 미국의 1인당 GNP 1/9에서 1/2로 되는데 16~17년이 걸렸고 5~10년 후에는 아마 거의 같아질 것이다. ……만약 한국경제가 일본경제와 거의 동일한 길을 따른다면 20여 년 안에 한국의 1인당 GNP는 세계의 가장 선진국의 1/2 정도에 도달할 것이다.
>
> 《O. Shimomura(1975), pp. 66, 68》

일본을 누구보다 잘 알고 있었던 박대통령 역시 이러한 생각을 분명히 갖고 있었다. 물론 대통령보다 더욱 이를 확신하고 중화학공업화를 제시하였던 것은 바로 김정렴 비서실장, 오원철 경제제2수석비서관 등 중화학공업화를 제안, 추진한 정책담당자들이었다. 김실장과 오수석비서관은 방위산업을 위한 중화학공업화의 성공을 위해 유럽과 일본의 사례를 계속 연구·관찰하고 있었고, 일본의 성장과 100억 달러 수출이 중화학공업화에 의해 이루어졌음을 인지하고 있었다. 따라서 한국경제가 일본처럼 발전하기 위해서는 철저한 중화학공업화가 필수적이라는 것을 확신하고 있었고 이를 공유하고 있었다.

그래서 1972년 5월 30일 '수출확대진흥회의'를 끝내고 박대통령이 오원철 수석비서관에게 100억 달러를 수출하자면 무슨 공업을 육성해야 하는지 묻자 바로 일본의 예와 중화학공업화를 답으로 하는 산업구조 고도화에 대한 전략을 밝혔다. 오수석비서관은 "일본이 1957년 20억 달러 수출에 달하였을 때 중화학공업화정책으로 전환하여 10년 후 1967년 100억 달러 수출을 달성하였다"고 말하고 일본과 똑같이 100억 달러 수출을 위해서 중화학공업을 발진해야 한다고 대통령께 건의하였다. 이 해 한국 수출은 18억 달러로 일본의 1957년과 유사하였다. 박대통령은 다시 구체적인 보고를 지시하였고 이렇게 되어 한국의 중화학공업화도 일본의 사례에 맞추어, 일본이 한국과 유사한 수출단계에서 100억 달러 수출을 달성한 기간 10년을 참조하여, 목표를 10개년에 달성하는 과정으로 계획서가 작성되었다.[136)]

> 일본에서는 1957년부터 중화학공업화정책을 명백히 한 신장기경제계획을 수립하여 오늘의 경제대국으로 유도하였다. ……중화학공업정책선언 후 10년 만에 100억 달러의 수출고지를 점령하였다. ……
>
> 《대통령비서실(중선3, 1973. 1. 30), p. 9》

분명히 처음 한국 중화학공업은 방위산업의 필요성이라는 대통령의 인식에서 서둘러졌다. 그러나 이는 방법론과 단계론 등 여러 문제점을 갖고 있었다. 결국 1973년 중화학공업화선언과 1970년대 중화학공업화는 보다 복잡한 구조의 배경 속에서 새로이 탄생되고 진행되었다. 그것은 우선 대내외적으로 공개천명된 100억 달러 수출, 1인당 국민소득 1,000달러 달성이 주요한 배경과 목적이 되었으며, 내재적인 배경으로는 경공업구조 성숙에 따른 대내외 위기와 공업구조의 단계전환 필요성이 있었다. 그리고 중요한 요인의 하나로 이제 비로소 형성되기 시작한 시기적 가능성에 대한 확신과 자신감, 그리고 제2일본론이 배경에 있었다. 물론 여기에 숨은 배경으로서 방위산업, 즉 방위산업의 완성과 고도화를 위한 중화학공업의 완성이 기본적으로 존재하고 있었다. 이러한 중화학공업화의 주요한 4가지 배경은 바로 1970년대 중화학공업화의 목표로 연결되었으며, 이 중 중화학공업화의 전략, 점검, 평가의 면에서 중요한 것은 대내외적으로 천명되었고 우선순위로 발표되었으며 한국인 전체가 목표로 공유하고 있었던 2가지 경제적인 목표이었다.

---

136) 대통령비서실(중선3, 1973. 1. 30), p. 4.

부 록

보 론

〈보론 4-1〉 한국 중화학공업화 배경으로서의 유신체제 연계와 연구시각

본문에서 설명하였듯이 한국 중화학공업화의 배경은 단순히 하나의 요소로 설명할 수 없다. 기존 연구들도 배경에 대해서 볼 때 딱 한 견해로 구분되지는 않으며 대부분 복합적인 이유를 제시하고 있다. 이런 가운데 당시 1970년대 유신, 체제 등과 연계하여 중화학공업화의 배경을 찾는 정치사회적 견해들이 광범위하게 장기간에 걸쳐 제시되어 왔고 현재도 제시되고 있다. 1970년대 유신, 체제 등과 연계되어 중화학공업화의 배경을 찾는 정치사회적 견해는 5.16 쿠데타의 정치적 정당화를 확보하기 위해 공업화가, 10월 유신의 정치적 정당성을 얻기 위해 중화학공업화가 추진되었다는 주장을 기초로 하고 있다.

이러한 견해의 역사는 1970년대 중화학공업화가 진행되던 당시부터 시작하여 매우 오래되었지만 1990년대에 들어와, 특히 일본에서 川上忠雄[137] 등이 다시 주장하였고 이어 磯崎典世 등에 의해 "수출고도화에 의한 국력증강과 방위산업 육성에 의한 자주국방의 달성으로 대외적 위기에 대처할 목적과, 개발을 정통성의 근거로 하여 왔던 체제가 독재의 강화를 중화학공업화 추진에 의해 보완하려고 하는 목적의 두 가지 목적으로 중화학공업화를 추진하였다"[138]는 주장으로 연결되었다. 石崎菜生은 "한국 중화학공업화정책은 경제적 합리성보다 정치적 배려에서 시작하였다"고 말하고 있다.[139] 같은 뿌리로 "중화학공업화의 세부 계획안을 세우는 것은 1972년 5월 '풍년사업'이라는 이름으로 알려진 유신헌법의 초안을 작성하는 것과 동시에 진행되었다. 이로써 박정희는 중화학공업화와 유신헌법이라는 양날의 검을 벼린 것이다"라는 Hyung-A Kim도[140] 들 수 있다.

이런 견해가 힘을 얻고 있는 것은 1970년대 한국의 특수한 사회정치적 요인 때문이며 또한 1970년대 대통령이 유신을 합리화시키기 위해 다음과 같은 표현을 사용하고도 있었기 때문이었다.

137) 川上忠雄(1991), pp. 36, 202.
138) 磯崎典世(1995), p. 36.
139) 石崎菜生(1996), p. 77.
140) H.-A. Kim(2005), p. 290.

> 1980년대 초 100억 달러 수출, 1인당 국민소득 1,000달러 등을 유신체제의 비전으로 제시하고 그 수단으로 중화학공업의 본격 추진과 과학기술의 개발을 선언한 것이다.
>
> 《대통령비서실(박연3, 1974), pp. 58~60》

그러나 대통령의 이러한 언급은 100억 달러 수출, 1인당 국민소득 1,000달러 달성을 위해 중화학공업화를 선언한 것이라는, 언제나 천명하였던 경제적 목적에 유신을 덧붙여 말한 것일 뿐이며 내용상으로는 중화학공업화와 유신체제와의 관련성을 언급한 것도 또 이를 보여 주는 것도 아니다. "대통령은 발전철학으로서의 유신정신을 밑받침으로 한 중화학공업화의 정책전환을 선언하기에 이른 것이다"[141]라는 상공부장관의 말에서 보듯이 유신은 당시 모든 것의 기본정신으로 인용되고 있었고 중화학공업화를 포함하는 당시 모든 정책과 정부의 언급에서 인용되고 있었지만 그 내용을 보면 중화학공업화 내용과는 관련이 없는 것이었다.

이미 1980년대 말 "중화학공업계획과 유신체제는 직접관계가 없다는 견해가 일반적이다"라고 谷浦孝雄이 정리한 바가 있었지만[142] 이 점은 중화학공업화에 대한 관련 자료를 직접 찾아나가면 자연스럽게 확인된다. 중화학공업화의 주요 진행과 내용을 정밀히 조사해 보면 어디에서도 유신이나 체제와의 관련성을 발견하는 것이 무리임을 알 수 있다.

이런 점에서 볼 때 10월 유신을 긍정적으로 평가받기 위해서 중화학공업화를 이용하고자 하는 면이 없었다고 볼 수는 없지만, 오히려 중화학공업화는 당시 비판의 대상이었으며 따라서 유신과 체제유지와 연계시킨 중화학공업화론은 매우 한정적인 시각의 견해로 내용을 과대하게 해석하였다고 볼 수밖에 없다.

중화학공업화에 대한 기존 연구들은 K. S. Kim(1994, p. 345)처럼 중화학공업화에 대한 배경을 복합적으로 제시하고 또 "중화학공업화계획은 1인당 목표연도인 1981년까지 GNP를 1,000달러, 수출을 100억 달러로 늘릴 것으로 기대하였다"고 지적하고도 있다. 그러나 이런 가운데도 많은 연구들이 지면을 정치사회적 요인, 방위산업, 위기론 등에 맞추고 있는 경향을 보여 주고 있다. 즉, 다수 연구들이 중화학공업화의 배경과 목적에 대해서 100억 달러 수출, 1인당 1,000달러 소득, 공업구조의 고도화 등 경제적 요소들을 상당히 축소한 형태 혹은 시각으로 제시하고 한국 중화학공업화의 특수성 나아가 그 왜곡성을 중심으로 지적하고 있다. 이는 그 동안 일반적으로 진행되어 온 한국 중화학공업화에 대한 부정적 평가가 주요한 원인이었다.

한편, 한국의 중화학공업화, 경제발전 과정을 긍정적으로 평가한 연구들은 한국 중화학공업화의 결과를 지적하는 데 머물고 대부분 중화학공업화의 배경, 목적, 목표에 대해

141) 상공부 · 한국기계공업진흥회(980기계, 1973. 10), 상공부장관 李洛善 서언.
142) 谷浦孝雄(1989b), p. 46.

지적하고 있지 않다. 이러한 이유는 긍정적으로 평가한 연구들이 대부분 정량분석 측면에서 접근하고 있어 배경, 원인, 과정 등 역사적 접근방법을 선호하고 있지 않기 때문이다. 그러나 이런 분명한 이유 외에도 좀더 심층적으로 접근해 보면 역시 한국의 중화학공업화, 경제발전에 대한 긍정론조차도 한국 중화학공업화의 배경과 과정에 대해 존재하고 있는 기존의 부정적인 연구 그리고 이로 인한 선험적 인식이 워낙 강하게 작용하고 있고 이를 재고찰하고 있지 않기 때문이다.

CHAPTER 5

중화학공업화의 경제적 전망과 목표

1. 거시적 목표

대통령의 중화학공업화정책선언에 따라 1973년 1월 30일 '중화학공업화정책선언에 따른 공업구조개편론'이 재작성되었다. 여기에서 중화학공업화선언에 의한 중화학공업화란 "수출 100억 달러, 1인당 GNP 1,000달러를 목표로" 하고 "본 목표를 10개년에 달성" 하는 것을 분명히 하고 있다.

> ① 수출 100억 달러, 1인당 GNP 1,000달러를 목표로 한 국가산업기본모델을 작성한다.
> ② ……
> ③ 본 목표를 10개년에 달성하는 과정을 연차별로 풀이한 계획서가 작성되어야 한다.
>
> 《대통령비서실(중선, 1973. 1. 30), p. 4》

1월 31일에는 '청와대 방위산업 및 중화학공업정책회의'에서 "1980년대의 수출 100억 달러 달성을 위하여 필수적으로 요청되는 중화학공업에로의 산업체제 개편을 기본이념으로 하는 상세한 계획을 수립하도록 결정"하였다.[1] 그리고 3월 5일에는 본격적인 중화학공업화를 추진하기 위하여 국무총리를 위원장으로 하는 '중화학공업화추진위원회' 구성과 중화학공업추진 장기종합개발계획 수립계획이 대통령에게 보고되었는데, 역시 1980년대 100억 달러 수출이라는 목표가 분명히 제시되었고 대통령은 다음 날 이를 결재하였다.

1) 대통령비서실(예공입3대통령결재문서, 1973. 2. 22).

한국의 산업발전 및 1980년대 100억 달러 수출달성을 위한 중화학공업화정책에 따라 필수적으로 요구되는 공업구조의 개편과 산업의 확대를 이룩하기 위하여 각하지시에 의하여 국무총리를 위원장으로 하는 '중화학공업추진위원회'를 구성, 중화학공업 추진 장기종합개발 계획 수립을 하고자 하는 바……

《대통령비서실(예중추3대통령결재문서, 1973. 3. 5)》

이후 중화학공업추진위원회기획단은 한국 중화학공업화가 1980년대 초 수출 100억 달러, 국민소득 1,000달러를 실현하기 위한 것임을 항상 분명히 하였고[2] 대외적으로도 그렇게 공언하였다.[3] 그리고 이에 맞추어 정부의 공식 행정문과 대국민 백서 그리고 대국민 언급은 예외 없이 계속하여 중화학공업화를 '1980년대 초까지 100억 달러 수출과 1인당 1,000달러 소득을 달성하기 위한 것,' 그 '수단'임을 분명히 하였다.

1980년대 초에 이르기까지 100억 달러의 수출과 1,000달러의 1인당 소득을 기어코 달성하겠다는 집념은 곧 중화학공업화의 불가피성으로 구체화되었으며…… 중화학공업정책이 국민총생산의 확대 및 1인당 소득수준의 증대를 목적으로 하는 것이므로…… 1980년대 초까지 1인당 국민소득 1,000달러의 실현을 위하여 중화학공업의 획기적 확대를 수단으로……

《중화학공업추진위원회(우해, 1973. 4), pp. 서문, 24~25》

100억 달러 수출과 1,000달러의 1인당 GNP를 기어코 달성하겠다는 집념은 곧 중화학공업화의 불가피성으로 구체화되었다.

《상공부·한국기계공업진흥회(980기계, 1973. 10), 상공부장관 이낙선(李洛善) 서언》

중화학공업화가 이루어져야 하는 원인은, 첫째 중화학공업은 우리의 100억 달러 수출목표 달성에 있어 중추적 역할을 하지 않으면 안 될 부문이기 때문이다.

《대한민국정부(행백, 1974), pp. 151~152》

1980년에 102억 달러 수출산업의 기반형성을 목표로 하는 우리나라에서도 기간산업으로 중화학공업을 추진하고 있다.

《최두열(崔杜烈) 노동청장(1975), p. 18》

이러한 100억 달러 수출, 1인당 국민소득 1,000달러라는 총괄적인 목표를 위해 부문별 계획도 이에 맞추어 만들어졌다. 예컨대, 석유화학공업도 "1981년에 1인당 GNP 1,000

2) 중화학공업추진위원회(우해, 1973. 4), pp. 서문, 24~25; 중화학공업추진위원회기획단(중화추, 1979).

3) 한일관계에 장기간 중요한 역할을 하였던 矢次一夫 역시 "한국 정부는 지금 1980년대 초 수출목표 100억 달러, 국민 1인당 소득 1,000달러를 실현하는 기획을 갖고 있고 이를 위해서는 경공업으로 안 되니까 포항종합제철 확장을 시작으로 중화학공업시대로 매진하지 않으면 안 된다라고 하는 점에 민관일체가 의욕이 충만한 상황이다"라고 밝히고 있다. 矢次一夫(1973), pp. 339~340.

그림 5-1 중화학공업추진위원회기획단의 중화학공업 육성계획 결론: 중화학공업시대의 실현

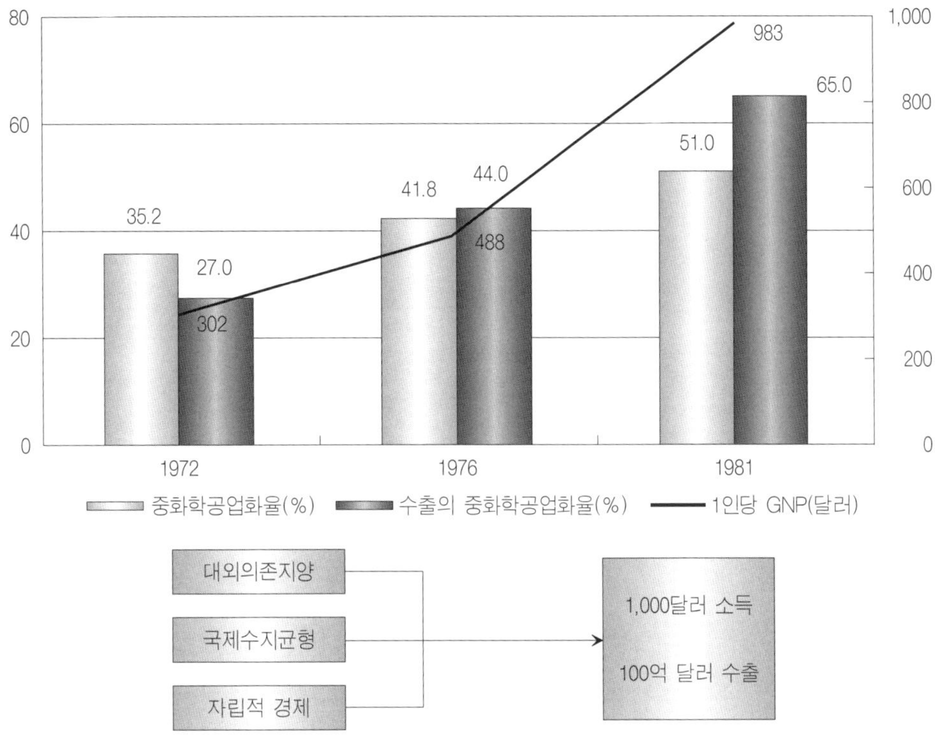

자료: 중화학공업추진위원회기획단(중화공, 1973. 6), pp. 94~95.

달러와 1980년에 수출 100억 달러를 달성하기 위하여 중화학공업의 한 부문을 맡고 있는 화학공업"[4]으로서 고려되었고, 그 수요예측도 전체 목표와 전체 목표시기 설정과 맞추어 "일본이 100억 달러 수출을 달성하였던 1967년을 우리나라 목표연도인 1980년과 동일한 시차로 맞추어 우리나라의 에틸렌 수요는 1981년에 132만 8,000 M/T(연간)으로 보아진다"[5]라는 식으로 정해졌다.

1973년 6월에는 중화학공업추진위원회기획단이 공식적으로 중화학공업육성계획을 발표하였다. 여기에서 기획단은 결론으로 중화학공업시대의 실현을 들고 〈그림 5-1〉과 같이 1981년 수출 100억 달러, 1인당 국민소득 1,000달러(983달러)라는 경제적 목표하의 중화학공업화율, 수출의 중화학공업화율을 밝혔다. 이를 위해서는 향후 10년간 연평균 GNP 실질성장률 10%, 중화학공업의 연평균성장률은 15%가 되어야 한다고 정부는 일본 조사단에 공개하였다.[6] 이러한 거시적 목표는 1973년 10월 이후 상공부 1980년대 전망과 경제

4) 중화학공업추진위원회(우해, 1973), p. 115.
5) 중화학공업추진위원회(우해, 1973), p. 119.
6) 小坂雄太郎 信越化學工業常務取締役(1973. 6), p. 24.

표 5-1 총성장률과 경제규모 장기전망

	GNP(1970년 가격)		GNP(경상)		1인당 GNP(경상)		총수출
	10억 원	성장률(%)	10억 원	백만 달러	천 원	달러	백만 달러
1972	3,027	7.1	3,841	9,773	119	302	1,676
1973	3,359	11.0	4,475	11,187	136	341	2,350
1974	3,662	9.0	5,123	12,807	154	384	2,940
1975	3,991	9.0	5,865	14,658	173	433	3,612
1976	4,351	9.0	6,709	16,772	195	488	4,407
1977	4,829	11.0	7,823	19,558	225	562	5,290
1978	5,360	11.0	9,118	22,795	258	645	6,350
1979	5,950	11.0	10,627	26,567	297	743	7,620
1980	6,605	11.0	12,383	30,959	342	854	9,145
1981	7,331	11.0	14,435	36,087	393	983	10,970

자료: 상공부·한국기계공업진흥회(980기계, 1973. 10); 경제기획원(우장, 1973. 12).

기획원의 장기전망에서 1인당 GNP 983달러, 총수출 109억 7,000만 달러로 고정되었다.[7] 나아가 정부계획과 전망에 등장하는 장기적인 최종 개별 수치들은 당연히 정부가 직접 시장에서 실현할 수는 없었으므로 목표 등으로 사용되지 않았다 해도 기업능력 등 현실성을 반영하여 논의되고 수정된 지향목표를 포함하는 것이었고, 실제로 정책목표수치와 일치하고 있으며 그렇게 받아들여졌다. 이는 전망 자료에서 등장하는 "지향하여야 할 장기적인 좌표를 설정하고 집행과정에서 보완하여야 할 지침을 삼고자 전망을 수립공표하게 되었습니다"라든가 "중화학공업이 차지하는 비중은…… 집중적으로 개발함으로써 높아질 것이며…… 기하게 될 것이다"[8] 등의 언급에서 확인된다.

한편, 국민총생산은 〈표 5-1〉에서 보듯이 1973년 11% 고성장률을 달성하지만 1974~1976년간은 연평균 9.0% 경제성장률로 낮아진 후 1977년부터 다시 11% 고성장을 지속하여 1970년 가격으로 1975년 3조 9,910억 원, 1980년 6조 6,050억 원 그리고 1981년 7조 3,310억 원으로 전망되었다. 그리고 수출은 1972년 16억 7,600만 달러에서 1975년 36억 1,200만 달러, 그리고 1980년 91억 4,500만 달러를 거쳐 1981년 100억 달러를 돌파하도록 계획되었다.

1972년 말 상공부의 1980년 100억 달러 수출계획보다 늦추어지고 있지만 그럼에도 정부는 수출 100억 달러 달성이 1인당 국민소득 1,000달러 달성보다 상대적으로 더 빨리

7) 상공부·한국기계공업진흥회(980기계, 1973. 10), pp. 41~44; 경제기획원(우장, 1973. 12).
8) 경제기획원(우장, 1973. 12), pp. iv, 46.

달성가능한 과제라고 인식하고 있었다. 수출에 대한 자신이 더 높았던 것이며 역으로 말해 정부는 1인당 국민소득 1,000달러 달성을 위한 연평균 10%씩의 실질경제성장률은 매우 높은 것이며 어려운 과제라고 생각하고 있었다.

2. 공업구조

상공부의 1972년 12월 9일 공산품 수출계획에 의하면 1980년 중화학공업 수출은 56억 3,000만 달러로 제조업의 60.5%로 되어 있었다.[9] 대통령은 상공부안에 기초하여 1973년 1월 '중화학공업화정책선언'을 발표하면서 전체 수출의 50% 이상을 중화학공업제품으로 하는 중화학공업 중심 공업구조 개편계획을 발표하였다. 여기에서 나타난 공업별 세부목표 내용을 정리하면 다음과 같다.

【중화학공업화선언의 1980년대 초 정부 구상 중화학공업부문 생산시설 능력】

① 제철분야는 현재의 100만 톤 규모에서 1,000만 톤 규모로 확장
② 조선은 현재 25만 톤의 시설능력을 1980년대 초에 500만 톤 규모로 늘림
③ 정유처리 능력은 현재의 일산 39만 배럴에서 94만 배럴로 늘림
④ 석유화학 원료가 되는 에틸렌 생산은 지금 10만 톤에서 1980년대 초 80만 톤으로 상향
⑤ 발전능력은 현재의 380만KW에서 1,000만KW로 늘림
⑥ 시멘트는 연산 8백만 톤 시설규모를 1,600만 톤으로 올림
⑦ 자동차 생산은 연산 3만 대 규모의 생산능력을 50만 대 규모로 확대
⑧ 이러한 대규모 공장들을 수용하기 위하여 정부는 지금부터 동해안·남해안·서해안 지방에 대단위 국제규모의 공업단지 또는 기지를 조성해 나갈 생각임
⑨ 제2의 포항과 같은 제2의 '종합제철공장' 건설을 앞으로 추진
⑩ 대단위 기계종합공업단지와 제2의 '종합화학공업단지' 조성
⑪ 100만 톤급의 '대규모조선소'를 앞으로 하나 내지 두 개를 더 만듦
⑫ 이런 것을 다하였을 때 100억 달러 수출이 되는 것임

《대통령비서실(박연3, 1974), pp. 58~60》

대통령의 중화학공업화선언 후 본격적인 중화학공업화를 진행하기 위해서는 이 선언에 맞춘 장기적이고 구체적인 새로운 계획이 필요하였다. 이에 경제기획원과 중화학공업추진위원회는 중화학공업화선언의 목표와 수단에 맞추어 새로이 장기경제계획을 작성하였다.

9) 대통령비서실(중선, 1973. 1. 30), pp. 63, 67.

이 과정을 통해 1973년 4월 중화학공업추진위원회는 「우리나라의 중화학공업화정책(해설)」을 만들었다. 이어 5월 24일 서기원(徐基源) 경제기획원대변인은 정리된 정부의 중화학공업육성계획을 공식 발표하였다. 발표된 내용의 원안으로 일본 측에 넘겨진 내용은 '韓國の重化學工業計劃'(大韓民國經濟企劃院, 1973. 5)[10]으로 일본에 남아 있어 이를 통해 경제기획원의 중화학공업계획을 보다 상세히 확인할 수 있다. 중화학공업추진위원회 자료와 경제기획원의 자료를 비교해 보면 앞 자료의 26, 27, 31, 34면에 나와 있는 내용 수치값들이 모두 일치하는 것에서 이 두 자료는 서로 주요 수치에서 공감대를 형성하면서 작성하였음을 알 수 있다. 이 자료들은 상품수출, 해외저축, 국내저축은 경상가격값이며 나머지는 1970년 불변가격값으로 기록되어 있다.

그런데 경제기획원 자료에 의하면 향후 정부는 중화학공업의 개발에 역점을 두고 1980년대의 산업구조를 1971년 농림수산 28.9%, 광공업 22.8%, 사회간접자본 및 기타 서비스업 48.3%에서, 1981년 각각 18.2%, 35.1%, 46.7%로 재편성하고, 특히 공업구조를 중화학공업 중심으로 개편하고자 하였다.[11] 그런데 중화학공업과 경공업의 비중은 경제기획원이나 중화학공업추진위원회가 1981년까지 같이 맞추고 있음에도 중화학공업추진위원회의 계획은 산업구조를 1971년 농림수산 26.5%, 광공업 24.4%(제조업 23.3%), 사회간접자본 및 기타 서비스업 49.1%에서 1981년 산업구조를 각각 16.1%, 43.3%(제조업 42.6%), 그리고 40.5%로 하는 것으로 되어 있다.[12] 기준지표와 추계기준을 달리한 것이지만 결과적으로 발표 자체에서 중화학공업추진위원회가 경제기획원보다 공업화 속도가 더 빠른, 균형발전보다 공업화가 더 강조된 수치를 제시하게 되었음을 알 수 있다. 경제기획원의 자료에 의존하여야 하였던 중화학공업추진위원회는 경제기획원과 기본적인 수치를 계속 맞추고 있었지만 공업화의 속도에 대한 경제기획원과 중화학공업추진위원회의 다른 입장이 발표상에서 차이를 보여 주고 있는 것이다.

중화학공업추진위원회는 중화학공업화선언에 따라 기존 목표나 예상보다 중화학공업화 비율을 대폭 올려 중화학공업 목표를 잡았다. 1972년 과학기술처가 출간한 용역보고서에서 예상된 중화학공업화율은 1976년 33.9%, 1981년 35.3%에 불과하였다.[13] 그러나 1973년 4월 중화학공업추진위원회가 발표한 자료에 의하면, 1972년 말 현재 전체 공업생산 가운데 경공업의 비중이 63.8%이고 중화학공업은 36.2%에 지나지 않으나 연평균 약 1.1%포인트에 이르는 중화학공업의 비중 증대를 꾀함으로써, 1976년에는 경공업과 중화학

10) 이 자료의 발굴에 일본 측 관계자와 獨協大學 全載旭 교수의 도움을 받았다. 全교수는 저자의 연구를 항상 깊이 있게 도와주었다. 감사드린다.

11) 大韓民國經濟企劃院(日本, 1973. 5), p. 6.

12) 중화학공업추진위원회(우해, 1973), p. 27.

13) 이 보고서에 의하면 제3차 경제개발5개년과 제4차 경제개발5개년계획에서의 중화학공업의 연평균증가율은 각각 12.4%, 14.6%로 예측되어 경공업의 11.9%, 13.1%와 차이가 크지 않았다(과학기술처(중공개1, 1972), p. 22). 예측된 각 연도별 중화학공업화율은 〈주표 5-1〉과 같았다.

표 5-2 공업구조(1970년 가격, 생산액 기준) (단위: %)

	1970	1971	1972	1973	1974	1975	1976	1977	1978	1979	1980	1981
중화학공업	34.2	32.5	36.2	37.2	38.3	39.4	40.5	41.4	42.4	43.4	44.6	45.8
경 공 업	65.8	67.5	63.8	62.8	61.7	60.6	59.5	58.6	57.6	56.6	55.4	54.2

주: 경제기획원 자료에는 1973년이 37.5%로 되어 있으나 오자임.
자료: 중화학공업추진위원회(우해, 1973), p. 28.

공업의 비가 59.5:40.5가 되고 1981년에는 54.2:45.8의 비율이 될 것으로 보았다.[14] 이를 연도별로 정리하면 〈표 5-2〉와 같다.[15] 즉, 이 시기 중화학공업추진위원회 계획은 제조업 생산구조에서 중화학공업 비율을 1971년 32.5%에서 1981년 45.8%로 고도화하는 것이었다. 경제기획원의 계획도 동일하다는 점에서 목표를 공유하고 있었다고 보여지는데 경제기획원의 자료에 의하면 제조업 수출구조에서 상공부가 전망한 그대로 중화학공업 비율을 1971년 19.1%에서 1980년 60.5%로 올리는 것이었다.[16]

한편, 경제기획원이 일본에 전달한 문서에서[17] 중화학공업화선언 이후 달라지고 있는 경제전망 내용을 볼 수 있는데 이를 보면 〈표 5-3〉과 같다.

경제기획원은 우선 제3차 경제개발5개년계획의 목표연도 1976년의 전망을 바꾸었다. 이때 〈표 5-3〉에서 보듯이 경제기획원은 중화학공업화에 대해 상공부나 중화학공업추진위원회기획단에 비해 보수적인 시각을 유지하여 일단 중화학공업의 제조업 내 부가가치비중은 제3차 경제개발5개년계획과[18] 같은 40.5%로 그대로 두고, 대신 수출비중을 확대해 제조업 수출 내 중화학공업제품 비중을 33.3%에서 44.0%로 상향하였다. 대통령의 중화학

주표 5-1 1972년 예측 중화학공업화율 진전(1970년 가격, 생산액) (단위: %)

	1972	1973	1974	1975	1976	1977	1978	1979	1980	1981
중화학/제조업	30.0	30.6	31.5	32.6	33.9	34.2	34.5	34.7	34.9	35.3

자료: 과학기술처(중공개1, 1972), p. 18.

14) 중화학공업추진위원회(우해, 1973), pp. 28~29.
15) 1973년 6월 18일부터 26일까지 한국을 방문하여 보고서와 자료를 남긴 日韓經濟委員會·日韓經濟協會의 『機械工業等韓國産業長期開發計劃調査團報告書』 역시 이와 동일하다. 그런데 생산과 수출, 산업구조의 비율과 1973년 중화학공업 생산비율로 보아 보고서에 첨부된 자료는 大韓民國經濟企劃院(日本, 1973. 5)과 동일 자료원임을 알 수 있다.
16) 중화학공업추진위원회기획단(한공발2, 1979, p. 522) 자료를 보면 60.5% 목표연도는 1980년이 아니라 1981년으로 나타난다. 1981년으로의 시기 통일은 경제기획원의 장기전망 이후에 이루어지고 있고 1973년 초기에는 여전히 1980년대 초, 1980년, 1981년이 혼재되어 사용되었다. 大韓民國經濟企劃院(日本, 1973. 5)을 보면 상공부 예측대로 1980년 중화학공업의 제조업 내 수출비중까지 나와 있고 1981년 수출액은 있는데 비중은 공란으로 되어 있다.
17) 이는 『アジア公論』 1973년 9월호에도 소개되고 있다.
18) 대한민국정부(제3경, 1971), pp. 169, 186.

표 5-3 1973년 5월 경제기획원의 장기경제전망(1970년 불변가격)

	1972	1973	1974	1975	1976
GNP(10억 원)	3,026.54	3,314.06	3,612.33	3,937.43	4,291.80
증가율	7.1	9.5	9.0	9.0	9.0
제조업(10억 원)	76.33	899.57	1,043.50	1,210.46	1,404.44
증가율(%)	16.1	17.5	16.0	16.0	16.0
중화학공업 비율(%)	36.2	37.5	38.3	39.4	40.5
1인당 GNP(달러)	302	336	379	427	482
상품수출(백만 달러)	1,644.8	2,148	2,730	3,413	4,186
중화학공업 비율(%)	27.0	31.3	36.2	39.5	44.0
총투자(10억 원)	666.19	789.93	885.16	994.17	1,109.09
투자율(%)	22.0	23.9	24.5	25.2	25.8
제조업(10억 원)	131.31	161.56	230.29	300.53	387.36
해외저축(백만 달러)	628.5	775	681	650	590
국내저축(10억 원)	561.36	687.68	884.50	1,085.11	1,316.73
	1977	1978	1979	1980	1981
GNP(10억 원)	4,763.90	5,287.93	5,869.60	6,515.25	7,231.93
증가율	11.0	11.0	11.0	11.0	11.0
제조업(10억 원)	1,656.89	1,933.56	2,268.11	2,642.35	3,078.34
증가율(%)	18.0	17.0	17.0	16.5	16.5
중화학공업 비율(%)	41.4	42.4	43.4	44.6	45.8
1인당 GNP(달러)	554	637	733	843	970
상품수출(백만 달러)	5,096	6,188	7,508	9,100	10,920
중화학공업 비율(%)	48.2	52.5	56.4	60.5	–
총투자(10억 원)	1,322.79	1,497.69	1,681.92	1,889.66	2,098.33
투자율(%)	27.8	28.3	28.7	29.0	29.0
제조업(10억 원)	505.50	591.51	725.01	860.75	1,002.78
해외저축(백만 달러)	640	547	327	14	−324
국내저축(10억 원)	1,660.72	2,027.74	2,481.22	3,031.98	3,619.12

주: 1) 원자료에 중공업으로 표기되어 있으나 화학공업을 포함하는 것이므로 중화학공업임.
2) 중화학공업 비율은 제조업 내 비율임.

자료: 大韓民國經濟企劃院(日本, 1973), p. 7.

공업화선언에 맞추어 제3차 경제개발5개년계획을 상향 수정하되 1976년까지 경공업과 중화학공업의 균형비율은 그대로 유지하고 대신 가능성이 높다고 생각되는 중화학공업의 수출을 대폭 늘린 것이다.

그러나 한 달 뒤 1973년 6월 중화학공업추진위원회기획단은 중화학공업화율을 대폭 확대하여 제조업 내 중화학공업화 비율을 1976년 41.8%, 1981년 51.0%, 그리고 제조업 내 수출의 중화학공업화율을 1976년 44.0%, 1981년 65.0%로 발표하였다.[19] 기획단은 "중화학공업화계획의 본격적 추진으로 공산품 수출총액에서 차지하는 중화학공업의 비중을 1972년의 27%에서 1981년에는 65%로 증대시킬 계획을 세우고 이에 따라 수출상품구조도 의류, 합판, 잡제품 등 경공업제품 중심에서 기계류, 선박, 전자제품 등 중화학공업 중심으로 전환한다는 기본방향을 정립하였다"고 밝혔다.[20] 이에 따라 상공부를 위시하여 정부 각 부처는 중화학공업화로 제조업에서 중화학공업이 차지하는 구성비를 1972년 35%에서 1981년까지 51%로, 중화학공업제품이 제조업 수출에서 차지하는 비중을 1972년의 27%에서 1981년 65%를 점하도록 수정, 확정하였다.[21] 이러한 공업구조 전망과 계획 변화를 발표시기에 따라 정리해 보면 〈표 5-4〉와 같다.[22]

대통령의 중화학공업화선언과 새로운 경제목표값이 공유됨에 따라 경제기획원은 1972년 시작된 3차 경제개발계획을 중화학공업화선언의 '1인당 1,000달러 소득과 100억 달러 수출' 목표에 맞추어 전면 수정하게 되었다.[23] 그 결과 8월 17일 『우리경제의 장기전망 1972~1981』 내용을 발표하였고[24] 공개 후 최종 수정을 거쳐 12월에 이를 발간하였다. 장기전망은 100억 달러 수출목표 달성으로 국제수지 균형, 중화학공업 건설을 통한 자립적 경제구조 구축, 농어촌 경제를 혁신적으로 개발하는 것을 3대 기본목표로[25] 하였다. 여기에서 경제기획원은 다음과 같이 제조업에서 중화학공업이 차지하는 비율을 1981년까지 51%로 '제고'하고 중화학공업제품이 제조업 수출의 65%를 '점하도록 하여' 중화학공업추진위원회기획단의 6월 발표값과 목표를 공유하였다.

> 중화학공업의 건설은 중간재 및 자본재의 자급도를 높임으로써 성장에 부수되는 국제수지의 구조적 불균형 요인을 제거하게 하고 국내저축의 잠재력을 신장하도록 함으로써 지속적 성장을 뒷받침하는 데 불가결한 과제이다. 이와 같은 국민경제 발전의 핵심적 과제에 대응하기 위하여 제조업에서 중화학공업이 차지하는 구성을 32%에서 1981년까지 51%로 제

19) 중화학공업추진위원회기획단(중화공, 1973), p. 95.
20) 중화학공업추진위원회기획단(한공발2, 1979), p. 254.
21) 상공부 · 한국기계공업진흥회(980기계, 1973), p. 43; 국무총리기획조정실(중오, 1973), p. 14; 대한민국정부(행백, 1974), p. 153.
22) 1973년 8월에 발행된 과학기술처(중공장, 1973. 8), p. 22에 의하면 "중공업(중화학공업)의 비중은 1971년의 32.5%에서 1981년 45.8%로 고도화될 것이며 수출구조 면에 있어서도 중공업(중화학공업)제품의 수출비중을 19.1%에서 60% 이상으로 제고될 것이다"라고 하여, 중화학공업추진위원회기획단의 1973년 6월 이후 값이 사용되지 않고 중화학공업추진위원회의 4월 값이 사용되고 있다. 이렇게 최근 값이 반영되지 못한 시차를 가진 기록은 자주 발견되는데 이런 점이 자료의 시점확인을 어렵게 하고 있다.
23) 경제기획원(개발, 1982), pp. 119~120.
24) 〈경향신문〉(1973. 8. 17); 〈매일경제신문〉(1973. 8. 17).
25) 경제기획원(개발, 1982), p. 128.

표 5-4 1981년 중화학공업의 공업구조계획(제조업) (단위: %)

		생산구조	수출구조
1972. 1	상공부 중공업수출산업화10개년계획안	–	63*
1972. 12	상공부 공산품 수출계획	–	60.5*(56.3**)
1973. 4	중화학공업추진위원회	45.8	–
1973. 5	경제기획원 발표	45.8	60.5*
1973. 6	중화학공업추진위원회기획단	51.0	65.0
1973. 10	상공부 1980년대 한국의 기계공업 발표	51.0	65.0
1973. 12	경제기획원/국무총리기획조정실	51.0	65.0
1974. 3	행정백서	51.0	65.0

주: *은 총수출에서 차지하는 비중이며, *은 1980년 값임.

자료: 상공부(중공, 1972. 1); 상공부(공2, 1972. 12. 9); 중화학공업추진위원회(우해, 1973); 大韓民國經濟企劃院(日本, 1973. 5); 중화학공업추진위원회기획단(중화공, 1973); 상공부·한국기계공업진흥회(980기계, 1973. 10); 국무총리기획조정실(중오, 1973); 대한민국정부(행백, 1974).

고하도록 하여 중화학공업제품이 제조업 수출의 65%를 점하도록 할 것이며, 특히 전자, 조선공업을 계속 확충하고 금속, 기계 및 석유화학공업의 확충에 박차를 가할 것이다.

(경제기획원(우장, 1973), pp. 6~7)

경제기획원이 장기전망으로 최종 작성한 1973~1981년의 생산구조와 수출구조는 〈표 5-5〉, 〈표 5-6〉과 같다. 경제기획원이 8월 이후 수치를 공개하면서 이 값들은 전 정부기관에 배포되어 공유되었고 따라서 10월 상공부의[26] 1980년대 전망, 목표값도 전부 이와 일치한다. 장기전망에 의하면 제조업 생산이 1972년 2조 3,710억 원에서 1981년 9조 5,710억 원으로 4배 증가하고, 제조업/국민총생산 비중이 1972년 23.3%에서 1981년 34.0%로, 중화학공업/제조업 비중이 1972년 35.2%에서 1976년 41.8%, 1981년 51.0%로 증가하며 중화학공업제품의 수출과 제조업 내 수출비중이 1972년의 3억 9,700만 달러, 27%에서 1981년 66억 6,700만 달러, 65%로 증가하도록 되어 있었다.[27]

경제기획원은 1981년 목표연도에 맞추어 지향점을 〈표 5-7〉과 같이 정리하여 '공업구조의 고도화'로 명명하고 이후 『경제백서』 등 주요 정부발행문과 문서에서 이를 강조하였다.

이렇게 하여 경제기획원이 공식 발표하고 5월에 일본 정부에 넘겨준 내용과 8월 발

26) 상공부·한국기계공업진흥회(980기계, 1973), p. 43.

27) 韓國産業經濟硏究所(韓經長, 1974), pp. 44, 46은 경제기획원의 이 장기전망을 그대로 옮겨 놓은 것이므로 일치한다.

표 5-5 경제기획원 장기전망 제조업 생산구조(1970년 가격) (단위: 10억 원, %)

	금액			구성비		
	제조업	중화학공업	경공업	제조업	중화학공업	경공업
1972	2,371	834	1,537	100.0	35.2	64.8
1973	2,846	1,036	1,810	100.0	36.4	63.6
1974	3,300	1,247	2,053	100.0	37.8	62.2
1975	3,828	1,516	2,312	100.0	39.6	60.4
1976	4,441	1,856	2,585	100.0	41.8	58.2
GR1	17.0	22.2	13.9	–	–	–
1977	5,197	2,276	2,921	100.0	43.8	56.2
1978	6,053	2,784	3,269	100.0	46.0	54.0
1979	7,052	3,399	3,653	100.0	48.2	51.8
1980	8,215	4,148	4,067	100.0	50.5	49.5
1981	9,571	4,881	4,690	100.0	51.0	49.0
GR2	16.6	21.4	12.6	–	–	–

주: GR1은 1973~1976년 연평균증가율, GR2는 1977~1981년 연평균증가율.
자료: 경제기획원(우장, 1973), pp. 128~129.

표 5-6 경제기획원 장기전망 수출구조(FOB 기준) (단위: 백만 달러, %)

	제조업		중화학공업		경공업	
	수출액	증가율	수출액	증가율	수출액	증가율
1972	1,470	50.9	397(27.0)	113.3	1,073	36.2
1973	2,080	41.5	651(31.3)	64.0	1,429	33.2
1974	2,628	26.4	951(36.2)	46.1	1,677	17.4
1975	3,247	23.6	1,283(39.5)	34.9	1,964	17.1
1976	3,984	22.7	1,753(44.0)	36.6	2,231	13.6
합계1	13,409	33.0	5,035(37.6)	59.0	8,374	23.5
1977	4,819	21.0	2,323(48.2)	32.5	2,496	11.9
1978	5,816	20.7	3,053(52.5)	31.4	2,763	10.7
1979	7,041	21.1	3,971(56.4)	30.1	3,070	11.1
1980	8,505	20.8	5,146(60.5)	29.6	3,359	9.4
1981	10,257	20.6	6,667(65.0)	29.6	3,590	6.9
합계2	36,438	20.8	21,160(58.1)	30.6	15,278	10.0

주: 1) 수출액의 ( ) 안은 제조업 내 구성비임.
2) 합계1은 1972~1976년, 합계2는 1977~1981년간임.
자료: 경제기획원(우장, 1973), pp. 142~243.

표 5-7 공업구조의 고도화-경제기획원(1970년 가격)

		단위	1972		1981	
			금액	구성비	금액	구성비
부가가치	제 조 업	10억 원	2,371	100.0	9,571	100.0
	경 공 업	10억 원	1,537	64.8	4,690	49.0
	중화학공업	10억 원	834	35.2	4,881	51.0
수 출 액	제 조 업	백만 달러	1,470	100.0	10,257	100.0
	경 공 업	백만 달러	1,073	73.0	3,590	35.0
	중화학공업	백만 달러	397	27.0	6,667	65.0

주: 1) 1972년은 작성시 잠정값으로 되어 있으나 1973년 12월 출간된 『우리경제의 장기전망 1972~1981』에서도 그대로 나타남.
2) 원자료에는 중화학공업이 중공업으로 표기되어 있으나 화학공업을 포함하므로 중화학공업으로 씀.
자료: 경제기획원(경백, 1973), p. 16.

표 5-8 경제기획원 5월 발표안과 장기전망 비교(1970년 가격)

	단위	연도	경제기획원 장기전망 (1973년 12월 간행)	1973년 5월 발표안
GNP 성장률	%	1972~1976	9.0	8.7
		1977~1981	11.0	11.0
수출	억 달러	1976	44.07	41.86
		1981	109.7	109.2
1인당 GNP	달러	1976	488	482
		1981	983	970
중화학공업/ 제조업 부가가치	%	1976	41.8	40.5
		1981	51.0	45.8
중화학공업제품/ 공산품 수출	%	1976	44.0	44.0
		1981	65.0	1980년 60.5

자료: 大韓民國經濟企劃院(日本, 1973); 경제기획원(우장, 1973).

표,[28] 12월에 공식 간행한 내용과는 숫자가 달라지게 되었는데, 이를 정리하면 〈표 5-8〉과 같다. 5월 경제기획원 발표도 정부 합동발표의 성격을 띠었지만 그럼에도 경제기획원의 균형추구, 중화학공업화에 대한 우려가 반영되고 있었던 반면 이후 결국 경제기획원도 중화학공업 목표값을 상향하고 있는 것이다.

경제기획원은 높은 중화학공업화 목표를 균형과 안정을 해칠 수 있는 목표로 우려하

28) 따라서 상공부·한국기계공업진흥회(980기계, 1973. 10)의 내용.

표 5-9 상공부 국회 보고 공업관련 주요 지표(잠정, 1976년 3월)

	단위	1976	1977	1980	1981
GNP	불변: 10억 원	4,368	8,745	11,325	12,345
	경상: 억 달러	225	266	410	473
1인당 GNP	경상: 달러	611	729	1,074	1,221
수출액	불변: 억 달러	–	75	113	127
	경상: 억 달러	65	82	141	165
공업구조	불변: 10억 원	1,495	2,876	4,070	4,547
	경상: 억 달러	77	87	147	174
공업/GNP	%	33.4	33.9	35.9	36.8
중화학공업화율	%	51.2	52.7	56.2	57.1
수출의존도	%	28.9	30.8	34.4	35.1

주: 1) 경제기획원 자료로 밝힘.
2) 1976년은 1970년 불변가격, 1977~1981년은 1974년 불변가격.
자료: 대한민국국회사무처(제95, 1976. 3), p. 9.

여 보다 점진적인 중화학공업화를 추구하고자 바라고 있었고 시종일관 이를 생각하고 있었다. 그러나 경제기획원이 총괄 정부부서로서, 대통령이 적극 나서고 있는 가운데 중화학공업화선언에 맞추어 장기전망을 새로이 작성하면서 1981년 100억 달러 수출, 1인당 국민소득 1,000달러를 목표로 매진하고 있는 중화학공업화의 최종목표를 하향 수정할 수는 없었다.

오히려 중화학공업화가 진행되면서 상공부가 낸 1975년 9월의 자료를 보면 현재 한국의 중화학공업화율은 35% 수준이지만 일본의 중화학공업화율 65.4%에 맞추어 1981년 중화학공업화율을 57.1%까지 달성한다고 계획이 상향되어 있다.[29] 1976년 3월 국회 보고에서도 〈표 5-9〉에서 보듯이 상공부는 1981년 중화학공업화율로 1974년 기준 57.1% 그대로 보고하고 있는데 상공부는 이 자료의 출처를 경제기획원이라고 밝히고 있다.[30] 즉, 1981년 중화학공업화율 57.1%는 경제기획원과 공유한 것이었다. 그리고 이 자료에 의하면 100억 달러 수출목표는 1980년에 이미 141억 달러(불변가격 113억 달러) 달성으로 훨씬 초과하는 것으로 계획이 변경되어 있었다.

그러나 이것이 세계은행과 보조를 맞추면서 안정과 비교우위를 추구하고 과잉속도와 과잉투자를 경계하던 경제기획원의 본 입장은 아니었다. 실제로 1970년대 후반 들어 이를

29) 상공부중공업국(주업, 1975. 9. 26), p. 5; 대한민국국회사무처(제94, 1975. 9. 26), p. 30. 이 두 자료에서는 기준연도가 없고 목표연도와 수치만 제시되고 있다.
30) 대한민국국회사무처(제95, 1976. 3), p. 9.

수정할 기회가 되자 경제기획원은 제4차 경제개발5개년계획에서 1981년 중화학공업제품/공산품 수출비중을 대폭 낮추었다. 1981년 제조업 내 중화학공업 생산비중 역시 두 차례에 걸쳐 57.1%에서 49.5%로 내렸다. 이 2번의 수정에서 전 산업에서 차지하는 제조업 부가가치의 비중은 당초의 1981년 31.6%에서 39.7%로 상향되고 있었지만[31] 중화학공업의 비중만 낮추었던 것이다.[32] 이런 점은 경제기획원이 중화학공업에 대해 가지고 있었던 일관된 입장을 보여 주는 것이다.

3. 부문별 생산능력, 수출목표와 세부 계획

1) 생산능력과 수출목표 총괄

중화학공업화를 진행하면서 생산, 수출과 관련된 계획값과 목표는 작성주체와 시기에 따라 변화하였는데 이를 정리하면 〈표 5-10〉, 〈표 5-11〉과 같다.

여기에서 전후 시기적으로 큰 획이 되면서 이후 모든 계획에서 기준이 되었던 것은 중화학공업화선언 이후 중화학공업추진위원회기획단이 6월 발표한 중화학공업 육성계획이었다. 한편, 중화학공업추진위원회기획단과 경제기획원의 입장을 비교해 보기 위해 1973년 경제기획원이 장기전망 작성과 함께 전망한 각 업종별 1981년 생산을 구체적으로 정리하면 〈표 5-12〉와 같다. 〈표 5-12〉의 수치는 생산전망으로 되어 있으나 1973년 12월 장기전망의 철강, 조선, 자동차, 전자, 에틸렌, 시멘트, 유리 등의 생산능력과 일치한다.

우선 중화학공업추진위원회기획단과 경제기획원의 목표를 비교하기 전에 경제기획원의 장기전망과 1973년 『경제백서』의 세부적인 내용을 보면, 전반적인 생산수준이 〈표 5-10〉에서 보듯이 1971년 작성된 제3차 경제개발5개년계획에 비해 크게 높아져 있음을

31) 상공부중공업계획반·화학 및 경공업계획반(제41, 1976), p. 14.

32) 1981년 중화학공업화율 57.1%로의 상향은 경제지표들이 호전되고 있었고 대통령과 청와대의 의지가 반영된 것이다. 이러한 상향이 기준연도의 차이에 의해 이루어진 것이 아닌 것은 1970년 가격으로 계산한 1976년 수치를 경제기획원 장기계획(1973. 12)과 상공부 제시값으로 비교해 보면 알 수 있다. 그러나 경제기획원이 중화학공업화율 상향에 적극 나섰다고 보기는 어렵다. 1976년 제4차 경제개발5개년계획 7월 대통령 보고안과 12월 확정안 어느 것과 비교해도 너무 차이가 나기 때문이다. 또 본문과 밑에서 보듯이 경제기획원이 이전과 제4차 경제개발5개년 작성과정에서 보여 준 것은 이와 명백히 다르다. 한편, 당시 상공부는 높은 중화학공업화 목표를 자신하고 있었고 초과달성도 가능하다고 생각하고 있었지만, 상공부가 독자적으로 목표수치를 올려 국회에 보고하는 것은 상공부가 명백히 국회에서 경제기획원 자료라고 밝히고 있는 점에서 불가능하다. 그런데 경제기획원의 제4차 경제개발5개년계획 최종 확정안(1976. 12)과 1976년 3월 경제기획원 자료로 밝히고 상공부가 보고한 국회 보고안의 순서로 -을 넣어 연결해 보면 1981년 중화학공업화율은 49.5%(1975년 가격, 대통령 보고안은 51.5%)-57.1%(1974년 가격), 1인당 GNP는 1,512달러(대통령 보고안은 1,284달러)-1,221달러, 수출 141.65억 달러(1975년 가격)-127억 달러(1974년 가격), 경상GNP 587억 달러-473억 달러가 된다. 중화학공업화율만 57.1%에서 49.5%로 낮아지고 나머지는 모두 높아진 것을 알 수 있다.

표 5-10 생산·수출 관련 계획값과 목표, 1971~1973. 6

	제3차 경제개발5개년계획 (1971)		중화학공업화선언 (1973. 1. 12)		기획단육성계획 (1973. 6)	
	연도	계획, 목표	연도	계획, 목표	연도	계획, 목표
GNP 성장률	1972~1976	8.6%	–	–	–	–
수출	1976	35억 달러	1980년대 초	100억 달러	1981	100억 달러
1인당 GNP	1976	389달러	1980년대 초	1,000달러	1976	488달러
					1981	983달러
중화학공업/제조업 부가가치	1976	40.5%	–	–	1976	41.8%
					1981	51.0%
중화학공업제품/공산품 수출	1976	33.3%	–	–	1976	44.0%
					1981	65.0%
조강 (연 생산능력)	1976	359만M/T	1980년대 초	1,000만 톤	1976	409.2만M/T
					1981	1,470만M/T
비철금속 (연 생산능력)	1976	국내수요 수입대체	–	–	동(銅)	10만M/T
					아연(亞鉛)	8만M/T
					연(鉛)	5만M/T
					알루미늄	10만M/T
기계공업 (연 생산능력)	1976	공작기계, 중기계, 농업기계, 중전기 수입대체	1980년대 초	자동차 50만 대/年	1981	48억 달러 (GNP 13.6%)
조선 (연 생산능력)	1976	130만G/T	1980년대 초	500만 톤	생산 1980	545만G/T
					생산 1985	920만G/T
					수출 1980	10억 달러
					수출 1985	29억 달러
전자(연 생산능력)	1976	63품목	수출* 1980*	25억 달러*	수출 1981	25억 달러
화학(생산능력) 석유정제	–	–	1980년대 초	94만 배럴/日	1981	125.5만배럴/日
화학(생산능력) 석유화학 (에틸렌 기준, 연)	1976	10만 톤 규모 나프타분해공장과 9개 계열공장	1980년대 초	80만 톤	1981	60만M/T
					1986	150만M/T
화학(생산능력) 비료공장	–	–	–	–	1975	국제규모
화학(생산능력) 시멘트	–	–	1980년대 초	1,600만 톤/年	–	–

주: 1) *은 대통령비서실(중선, 1973), p. 49.
2) 국무총리기획조정실(중오, 1973), pp. 11, 14에서 1981년에 100억 달러 수출, 1,000달러 소득, 중화학공업화 비율(중화학공업/제조업) 51%, 중화학공업 수출비율(중화학공업제품/공산품) 65%로 나옴.
3) 『경제백서』(1973)에서 1981년 중화학공업/제조업 비중은 51%, 중화학공업 수출은 67억 달러, 중화학공업/공산품 수출액 비중은 65%로 되어 있어 1973년 6월의 중화학공업추진위원회기획단 발표와 일치함.

자료: 대한민국정부(제3경, 1971); 대통령비서실(중선, 1973. 1. 30); 중화학공업추진위원회기획단(중화공, 1973).

표 5-11 생산·수출 관련 계획값과 목표, 1973. 7~1976

	경제기획원 장기전망 (1973. 8. 17 발표, 12월 간행) (상공부 1980년대 전망, 1973)		국무총리기획조정실 (1973. 12)		제4차 경제개발5개년계획 (1976)	
	연도, 구분	계획, 목표	연도, 구분	계획, 목표	연도, 구분	계획, 목표
GNP 성장률	1972~1976	9.0%*	–	–	1977~1981	9.2% 1981년 587억 달러 (499억 달러)**
	1977~1981	11.0%*				
수출	1976	44.07억 달러*	1981	109억 달러	1981	141.65억 달러 (1975년 가격, FOB)
	1981	109.7억 달러*				
1인당 GNP	1976	기획단 동일*	1981	1,000달러	1981	1,512달러(1,284달러)**
	1981	기획단 동일*				
중화학공업/ 제조업 부가가치	1976	기획단 동일*	1976	41.8%	1981	49.5%(1975년 가격). 1977~1981년 연성장률 17.3%(경공업 11.3%). GNP의 19.6%. 기계, 전자, 조선(9.6%), 1차 금속 및 화학(10.0%)
	1981	기획단 동일*	1981	51.0%		
중화학공업제품/ 공산품 수출	1976	기획단 동일*	1981	65%	1981	50.0%(1975년 가격, 65.16억 달러, FOB). 전체 수출의 46.0%
	1981	기획단 동일*				
조강 (연 생산능력, 만M/T)	1976	455.5	1981	1,500만 톤	생산 1981	850, T1
	1981	1,505.5			수출 1981	철강재조강기준 373.7
비철금속 (연 생산능력, 만M/T)	동(전기동) 1976	2.7	–	–	생산 1981	13.42, T1
	동(전기동) 1981	23.6			수출 1981	1.21
	아연	기획단 동일	–	–	생산 1981	8.11, T1(수출 1.81)
	연	기획단 동일	–	–	수출 1981	–
	알루미늄	기획단 동일	–	–	생산 1981	1.75
기계공업	생산능력 1976	자동차 17만 대 공작기계 7.12만 대 변압기 2,725MVA	1981	320여 핵심 공장 16억 달러 수출	생산 1981	4,952백만 달러. 1975년 가격 801.0십억 원, 제조업 부가가치의 12.5%(1975년 7.9%), T2
	생산능력 1981	자동차 62만 대 공작기계 12.13만 대 변압기 21,250MVA			수출 1981 FOB 기준	1975년 가격 14.15억 달러, 전 수출의 10.0%(1975년 2.89억 달러, 5.7%). 1977~1981년 연성장률 31.5%, T3
조선 (연 생산능력, 만G/T)	생산 1976	190	생산 1980	545	생산 1981	425. 1975년 가격 107.7십억 원, 제조업 부가가치의 1.7%(1975년 1.3%), T2
	생산 1981	630	생산 1981	630		
	수출 1981	10억 달러	수출 1980	320	수출 1981 FOB 기준	1975년 가격 9.1억 달러, 전 수출의 6.4%(1975년 1.38억 달러, 2.7%). 1977~1981년 연성장률 27.5%, T3
			수출 1985	620		

표 5-11 계속

구분		경제기획원 장기전망 (1973. 8. 17 발표, 12월 간행) (상공부 1980년대 전망, 1973) 연도, 구분		계획, 목표	국무총리기획조정실 (1973. 12) 연도, 구분		계획, 목표	제4차 경제개발5개년계획 (1976) 연도, 구분		계획, 목표
전자		생산능력	1976	1,975백만 달러	생산	1981	760 공장	생산	1981	4,127백만 달러. 1975년 가격 645.2십억 원, 제조업 부가가치의 10.0%(1975년 5.6%), T2
			1981	6,461백만 달러						
		수출	1981	27.4억 달러	수출	1981	25억 달러	수출	1981 FOB 기준	1975년 가격 19.4억 달러, 전 수출의 13.7%(1975년 4.09억 달러, 8.0%). 1977~1981년 연성장률 21.9%, T3
화학	석유정제(생산능력, 만 BPSD, 일)		1976	110.5		–	–	생산	1981	공칭생산능력 67.5, 최대능력 81.0
			1981	170.5				수출	1981	2,393.7
	석유화학(연 생산능력, 에틸렌 만M/T)		1976	45	생산	1981	100	생산	1981	50. T1
			1981	울산: 15→45 麗川: 60 신설 계 105.0				수출	1981	석유화학제품/전 수출 6.6%(1975년 가격, 1977~1981년 연증가율 28.1%)
	비료(연 생산능력, 만M/T)		–	–		–	–	생산	1981	313.1
								수출	1981	25
	시멘트(연 생산능력, 만M/T)		1976	1,126		1981	1,900	생산	1981	1,966
			1981	1,926				수출	1981	390

주: 1) T1: 1차 금속 및 화학 합으로 1조 5,539억 원(1975년 가격), 1977~1981년 연평균증가율 14.3%.
2) T2: 1975년 가격으로 기계, 전자, 조선의 합으로 1조 5,539억 원, 제조업 부가가치의 24.2%(1975년은 3,827억 원, 14.8%), 3개 공업 합 1977~1981년 연평균증가율 21.6%(중화학공업은 17.3%, 제조업은 14.3%, 경공업은 11.3%).
3) T3: 1975년 가격으로 기계, 전자, 조선의 합으로 42억 6,500만 달러, 전 수출의 30.1%(1975년은 8억 3,600만 달러로 16.5%), 3개 공업 합 1977~1981년 연평균증가율 23.3%(중화학공업은 23.5%, 제조업은 16.5%, 경공업은 11.4%).
4) 경제기획원 장기전망의 금액은 1970년 가격임.
5) *은 상공부·한국기계공업진흥회(980기계, 1973)와 일치하는 수치임.
6) ( )**은 최종 정정되기 전 7월 확정값으로 1976년 경제기획원 『경제백서』와 한국무역협회의 『무역연감』에 실린 내용임. 최종 정정 전 1981년 국민총생산 예측값은 498억 7,800만 달러이었으나 586억 6,000만 달러로 정정되었고, 이에 따라 1인당 GNP는 1,284달러에서 1,512달러로, 1977~1981년간 연평균성장률도 9.0%에서 9.2%로 정정됨.
7) 기획단 동일은 기획단육성계획(1973. 6) 동일임.
8) 각 공업별 항목은 본 책 제6~9장을 참조.

자료: 경제기획원(우장, 1973); 상공부·한국기계공업진흥회(980기계, 1973); 국무총리기획조정실(중오, 1973); 경제기획원(경백, 1976); 대한민국정부(제4경, 1976); 대한민국정부(행백, 1977); 중화학공업추진위원회기획단(한공발1, 1979).

표 5-12 중화학공업제품 생산전망

		단위	1972(A)	1976	1981(B)	B/A
금속 조선 공업	철강	만M/T	75.5	455.5	1,505.5	19.9
	특수강	만M/T	2.4	15.8	64.8	27.0
	알루미늄괴	만M/T	1.5	3.3	13.3	8.9
	아연괴	만M/T	1.7	2.7	18.4	11.0
	전기동	만M/T	1.1	2.7	23.6	21.5
	선박	만G/T	19	190	630	33.2
기계, 전자 공업	자동차	만 대	6.3	17	62	9.8
	공작기계	만 대	0.5	7.1	12.1	27.0
	섬유기계	만 대	1.4	3.2	6.5	4.6
	전자제품	백만 달러	286	1,975	6,461	22.6
석유 화학 공업	에틸렌	만M/T	10	30	60	6.0
	저밀도폴리에틸렌	만M/T	5	10	25	5.0
	고밀도폴리에틸렌	만M/T	–	3.5	8	–
	메탄올	만M/T	6	39	39	6.5
기타 화학 공업	시멘트	만M/T	76.3	1,126	1,926	2.5
	판유리	만C/S	27.0	340	590	2.2
	유류	만kℓ (만BPSD)	2,072.6 (395)	4,223.8 (80.5)	8,946.2 (170.5)	4.3 (4.3)
	질소질비료	만M/T	40.6	72.6	78.9	1.9

자료: 경제기획원(경백, 1973), p. 15.

알 수 있다. 이는 중화학공업화선언으로 전반적인 목표값이 상향된 데 따른 것이다. 경제개발5개년계획에서는 지정되지 않았던 전략 6개 산업을 지정하는 것이나 또 5개년계획에서 없었던 산업기지에 대한 구체적 제안도, 균형을 강조하던 제3차 경제개발5개년계획에서 벗어나 대통령과 중화학공업추진위원회기획단의 전략에 맞추어 수정된 것이다.

이제 중화학공업추진위원회기획단과 경제기획원 발표를 비교해 보면 중화학공업추진위원회기획단의 목표수치가 제3차 경제개발5개년계획 목표값보다 높게 제시되었고 경제기획원의 장기전망은 기획단의 목표값을 공유하고 있음을 앞에서 보았는데, 각 업종별 미시적 지표는 오히려 중화학공업추진위원회기획단 값보다 경제기획원의 수치가 거의 모든 부분에서 높다. 얼른 보면 경제기획원의 입장과 이율배반적인 것으로 보이지만 물론 그렇지 않은 것은 경제기획원의 미시적 수치들은 담당 부서, 즉 상공부에서 작성한 것이고 경제기획원은 관계부처와 협의해 조정만 하기 때문이다. 따라서 이는 두 가지 점을 보여 주는 것이다.

첫째는 중화학공업추진위원회기획단이 1981년 거시적인 목표에 맞추어 거시지표들을 작성하고 난 후 이를 달성할 각 업종별 부문에서 실현가능한 목표값을 책정하고자 하였다는 것이다. 즉, 이후 작성되고 있는 수치와 비교해 볼 때 일부에서 거론되고 있는 것처럼 기획단이 초기에 무리한 값들을 동원하고 있었던 것만은 아니라는 사실이다. 이는 중화학공업추진위원회기획단 자료가 초기에 산업을 잘 알고 있던 상공부 혹은 상공부 출신자들에 의해 주로 작성되었기에 현실적인 산업상황을 상당 부분 고려하고 있었음을 간접적으로 보여 준다. 또 한 가지는 이후 장기계획을 작성하면서 상공부 등 관계부처와 경제기획원이 새 거시목표, 즉 100억 달러 수출과 1인당 1,000달러 소득달성을 위해서는 각 미시적 산업부문이 초기 중화학공업추진위원회기획단이 제시한 값보다 높아져야 한다고 생각하였다는 것이다. 이는 총액목표가 정해져 있었지만 중화학공업화가 추구하는 거시적 목표의 실현가능성, 중화학공업화에 대한 우려가 여전히 존재하고 있어 더욱 미시적 목표를 높여 독려하고 있는 상황을 보여 주는 것이라고 할 수 있다.

2) 업종별 계획과 목표

이제 경제기획원이 중화학공업화선언에 의해 전면적으로 수정하여 8월에 발표하고 12월에 발간한 『우리경제의 장기전망 1972~1981』에 의해 설정된 1972년 대비 1976년과 1981년 업종별 잠재적 목표를 보면 〈표 5-13〉과 같다.[33] 이는 상공부와 공유되어 상공

표 5-13 공업구조(1970년 불변가격) (단위: 10억 원, %)

	1972A		1976B		1981C		B/A	C/A
	금액	구성비	금액	구성비	금액	구성비	금액	구성비
제조업	2,371	100	4,441	100	9,571	100	187.3	403.7
중화학공업	834	35.2	1,856	41.8	4,881	51.0	222.5	585.3
기계공업	208	8.8	624	14.0	1,896	19.8	300.0	911.5
금속공업	152	6.4	395	8.9	1,244	13.0	259.9	818.4
화학공업	242	10.2	444	10.0	928	9.7	183.5	383.5
비금속공업	83	3.5	155	3.5	344	3.6	186.7	414.5
석유 및 석탄	149	6.3	238	5.4	469	4.9	159.7	314.8
경공업	1,537	64.8	2,585	58.2	4,690	49.0	168.2	305.1

주: 기계공업은 요소부품, 가공제품, 조선 및 전자제품을 포함한 총괄 개념이며 금속공업은 철강공업, 비철금속공업임.
자료: 경제기획원(우장, 1973), p. 47.

표 5-14 중화학공업추진위원회기획단에 의해 1974년 수정된 공업지표

공업	단위	1973(a)	1976	1978(b)	b/a
철강공업	연 1,000M/T	2,183	4,100	8,500	3.9
POSCO	연 1,000M/T	1,032	2,600	5,500*	5.3
기타	연 1,000M/T	1,151	1,500	3,000	2.6
조선공업	1,000G/T	250	2,600	4,050	16.2
현대조선소	1,000G/T	–	2,000	2,000	–
옥포조선소	1,000G/T	–	–	1,200	–
죽도조선소	1,000G/T	–	–	150	–
기타	1,000G/T	250	600	700	2.8
화학공업	–	–	–	–	–
메탄올	연 1,000M/T	60	390	390	6.5
비료	연 1,000M/T	1,265	1,886	3,531	2.8
석유화학(에틸렌)	연 1,000M/T	100	100	500*	5.0
비철금속	–	–	–	–	–
아연제련소	연 1,000M/T	14	25	75	5.4
동제련소	연 1,000M/T	11	28	108	9.8
기계공업	백만 달러	724	1,643	2,568	3.5
전자공업	백만 달러	462	1,199	1,761	3.8

주: *은 1979년 초임.

자료: Planning Office, Heavy and Chemical Industry Promotion Council, Government of the Republic of Korea(1976), p. 143.

부·한국기계공업진흥회(980기계, 1973)에도 실렸다.[34)]

1972년 대비 중화학공업화 목표가 달성되는 1981년에는 조선·전자를 포함하는 기계공업이 9.1배, 금속공업이 8.2배, 비금속공업이 4.1배, 화학공업이 3.8배, 석유 및 석탄공업이 3.1배 성장하여 기계공업의 성장률이 가장 높고 이어 금속공업이 타 공업에 비해 높게 성장률이 설정되었다. 이에 따라 경제기획원은 1972년 대비 1981년 특수강 생산능력이 2,700.0배 늘어나고 1인당 철강생산은 366.7배 늘어나며 고밀도폴리에틸렌 생산능력은 397.6배 늘어날 것으로 보았다.[35)] 이 값들은 중화학공업추진위원회기획단의 목표값을 공유하여 작성한 전망값이지만 세분화된 업종별 생산에서의 잠재적 목표이기도 하였다. 정

33) 화학공업, 석유 및 석탄제품, 비금속제품, 금속 및 동제품, 기계공업으로 중공업을 분류한 연도별 1972~1981년 생산구조는 경제기획원(우장, 1973), pp. 128~129와 상공부·한국기계공업진흥회(980기계, 1973), p. 43에 있다.

34) 韓國産業經濟硏究所(韓經長, 1974), p. 45에도 실려 있다.

35) 경제기획원(우장, 1973), pp. 165~167.

부는 이외에 수출에서 1972년부터 1981년 사이에 전자제품은 20배, 폴리프로필렌은 36배의 수출신장을 이루고 선박은 361만 5,000톤(G/T), 철강재는 480만 톤, 자동차는 10만 대 수준의 수출을 실현할 것을 정하고 있었다.[36)]

이러한 공업별 목표들은 추진과정에서 중화학공업추진위원회기획단에 의해 단기목표가 수정되기도 하였는데 이를 정리하면 〈표 5-14〉와 같다.

4. 제4차 경제개발5개년계획과 이후 변화

제4차 경제개발5개년계획이 작성되는 과정에서 중화학공업화의 기존 내용이 재검토되었다. 경제개발5개년계획의 작성도 타 정부계획처럼 상공부 등 관련부처가 참여하고 논의하여 이루어지지만 기본지침이나 조정에서 경제기획원이 주도적 역할을 하는 것은 분명하였다. 경제기획원은 제4차 경제개발5개년계획을 만들어 1976년 6월 15일 대통령에게 보고하고 7월에는 이를 확정하였다. 확정된 제4차 경제개발5개년계획은 1976년 10월에 발간된 『경제백서』에 실렸고 이어 11월 발간된 무역협회의 『무역연감』에 게재되었다. 그러나 대통령 결재까지 받아 확정된 이 값은 재수정이 이루어져 12월에 제4차 경제개발5개년계획으로 다시 발표되고 1977년 4월 『행정백서』와 1976년 말 상공부 중공업계획반·화학 및 경공업계획반의 『제4차 경제개발5개년계획 공업계획(I) 1977~1981』에 수록되었다. 따라서 이러한 사실을 고려하지 않고 확정안으로 기록되어 있는 자료를 기록 자체에 의존하여 이용할 경우 혼란이 있게 된다.

우선, 경제기획원이 7월 확정, 작성한 제4차 경제개발5개년계획의 공업과 공업 내 산업별 생산구조는 〈표 5-15〉와 같고 수출구조는 〈표 5-16〉과 같다.

7월에 경제기획원이 확정하여 최종확정치로 발표한 계획은 중화학공업의 비중을 1981년 제조업 내 부가가치비중 51.5%, 수출 52.4%로 하는 것이었다. 이는 1973년 말 경제기획원이 작성한 1981년 장기전망에서 51.0%, 65.0%로 하였던 것에서 생산비중은 거의 동일하게 유지하되[37)] 수출비중은 12.6%포인트나 대폭 줄인 것이었다. 이러한 수출비중

36) 대한민국정부(행백, 1974), p. 153; 중화학공업추진위원회기획단(한공발2, 1979), pp. 254~255.

37) 경제기획원은 이때 제4차 경제개발5개년계획의 기조와 중점목표를 '경제성장의 자립구조를 확립하고 사회개발에 주력하여 사회적 형평을 증진시키며 기술을 혁신하고 능률을 향상시켜 나가는 데' 두었다. 여기에서 '자립경제의 기반은 ① 국제수지 균형, ② 투자재원의 자력조달, ③ 산업구조 면에서의 자립경제의 기틀 이룩으로 기계, 전자를 중심으로 하는 중화학공업의 제조업에 대한 비중은 51.5%로 높아지고, 이제까지 주로 수입에 의존하던 기계류와 중간재를 점차 국내에서 조달하게 될 것'(경제기획원(경백, 1976), pp. 390~391)을 의미하였다. 즉, 제조업 내 중화학공업 생산비중 역시 1975, 1976년 계획안의 1981년 57.1%에서 대폭 내리고 있지만 그래도 1973년 장기전망과 유사한 수준을 유지하였다.

표 5-15 1976년 7월 확정된 제4차 경제개발5개년계획상의 제조업 부문별 생산구조(부가가치 기준, 1975년 가격) (단위: 10억 원)

<table>
<tr><th colspan="3" rowspan="2"></th><th colspan="2">1975</th><th colspan="2">1981</th><th colspan="2">평균성장률</th></tr>
<tr><th>금액</th><th>구성비</th><th>금액</th><th>구성비</th><th>1971~1975</th><th>1976~1981</th></tr>
<tr><td colspan="3">제조업</td><td>2,536.4</td><td>100.0</td><td>5,460.0</td><td>100.0</td><td>18.8</td><td>13.6</td></tr>
<tr><td rowspan="12">중화학공업</td><td rowspan="3">1차 금속</td><td>철강</td><td>96.7</td><td>3.8</td><td>243.5</td><td>4.5</td><td>–</td><td>–</td></tr>
<tr><td>비철</td><td>14.8</td><td>0.6</td><td>61.0</td><td>1.0</td><td>–</td><td>–</td></tr>
<tr><td>합계</td><td>111.5</td><td>4.4</td><td>304.5</td><td>5.5</td><td>36.8</td><td>18.2</td></tr>
<tr><td colspan="2">기계</td><td>181.0</td><td>7.1</td><td>622.1</td><td>11.4</td><td>–</td><td>–</td></tr>
<tr><td colspan="2">조선</td><td>32.0</td><td>1.3</td><td>110.4</td><td>2.0</td><td>–</td><td>–</td></tr>
<tr><td colspan="2">전자</td><td>121.2</td><td>4.8</td><td>420.5</td><td>7.7</td><td>–</td><td>–</td></tr>
<tr><td rowspan="5">화학</td><td>정유</td><td>265.2</td><td>10.5</td><td>442.3</td><td>8.1</td><td>–</td><td>–</td></tr>
<tr><td>석유화학</td><td>50.8</td><td>2.0</td><td>205.5</td><td>3.8</td><td>–</td><td>–</td></tr>
<tr><td>비료</td><td>44.6</td><td>1.8</td><td>82.5</td><td>1.5</td><td>–</td><td>–</td></tr>
<tr><td>기타 화학</td><td>279.3</td><td>10.9</td><td>621.2</td><td>11.4</td><td>–</td><td>–</td></tr>
<tr><td>합계</td><td>638.6</td><td>25.2</td><td>1,351.5</td><td>24.8</td><td>17.2</td><td>13.3</td></tr>
<tr><td colspan="2">합계</td><td>1,084.3</td><td>42.8</td><td>2,809.0</td><td>51.5</td><td>19.8</td><td>17.2</td></tr>
<tr><td colspan="3">경공업</td><td>1,452.1</td><td>57.2</td><td>2,651.0</td><td>48.5</td><td>18.1</td><td>10.6</td></tr>
</table>

자료: 한국무역협회(무통, 무역연감, 1976), p. 572.

표 5-16 1976년 7월 확정된 제4차 경제개발5개년계획상의 수출구조(1975년 가격) (단위: 백만 달러, %)

<table>
<tr><th colspan="3" rowspan="2"></th><th colspan="2">1975</th><th colspan="2">1981</th><th rowspan="2">1977~1981
평균증가율</th></tr>
<tr><th>금액</th><th>구성비</th><th>금액</th><th>구성비</th></tr>
<tr><td rowspan="9">공산품</td><td rowspan="7">중화학공업</td><td>금속, 철강</td><td>367</td><td>7.2</td><td>1,040</td><td>8.0</td><td>18.9</td></tr>
<tr><td>기계류</td><td>289</td><td>5.7</td><td>1,415</td><td>10.9</td><td>31.3</td></tr>
<tr><td>선박</td><td>138</td><td>2.7</td><td>910</td><td>7.0</td><td>31.4</td></tr>
<tr><td>전자제품</td><td>409</td><td>8.0</td><td>1,700</td><td>13.1</td><td>22.0</td></tr>
<tr><td>석유화학제품</td><td>188</td><td>3.8</td><td>930</td><td>7.1</td><td>28.1</td></tr>
<tr><td>기타</td><td>101</td><td>2.0</td><td>220</td><td>1.7</td><td>12.9</td></tr>
<tr><td>합계</td><td>1,492</td><td>29.4(34.6)</td><td>6,215</td><td>47.8(52.4)</td><td>24.7</td></tr>
<tr><td colspan="2">경공업</td><td>2,819</td><td>55.5</td><td>5,655</td><td>43.5</td><td>10.9</td></tr>
<tr><td colspan="2">총계</td><td>4,311</td><td>84.9</td><td>11,870</td><td>91.3</td><td>16.9</td></tr>
<tr><td colspan="3">총수출</td><td>5,081</td><td>100.0</td><td>13,000</td><td>100.0</td><td>16.0</td></tr>
</table>

주: 1) 통관기준.
2) ( ) 안은 공산품 내 비중.

자료: 한국무역협회(무통, 무역연감, 1976), p. 577.

축소는 경제기획원이 한국 중화학공업 경쟁력에 대해 회의적인 생각을 가지고 있음을 보여 주는 것이다.

제조업 내 부문별 부가가치비중도 중요한 의미를 보여 준다. 제4차 경제개발5개년계획 7월 확정안에서 반영된 제조업 생산구조 변화를 보면 1차 금속부문이 1975년 4.4%에서 1981년 5.5%로 되어 여전히 비중이 낮고 또 증가폭도 1.1%포인트로 작게 책정되었다. 철강부문은 3.8%에서 4.5%로 증가하는데 불과하고 비철금속은 1981년에 제조업 부가가치 비중이 1.0%로 매우 작았다. 또 화학부문에서 정유부문의 비중이 1975년 10.5%에서 1981년 8.1%로 줄어들고 동기간 석유화학공업부문은 증가가 있지만 여전히 2.0%에서 3.8%로 작은 비중에 머무는 것으로 되어 있다. 반면 기계는 1975년 7.1%에서 1981년 11.4%로 대폭 증대되고 전자 역시 동기간 4.8%에서 7.7%로 대폭 증가하는 것으로 계획되었다. 이는 제4차 경제개발5개년계획에서 모든 공업의 기초가 되는 중화학공업 기초소재공업부문에서의 투자는 기존에 충분히 많이 집중되었다고 보아 억제하고 조립기계공업부문에 투자를 늘리는 것을 의미하는 것이었다. 나아가 이러한 조정은 중화학공업화에서 이제 기본 원자재나 중간재라는 장기기반공업의 계속적 설비확대보다 응용공업과 가시적인 성과를 수익으로 확대시키는 데 더욱 주력하는 것을 의미하였다. 실제로 세부적 분류에 따라 달라지므로 정확히 일치하지는 않지만 통상적으로 간단히 보듯이 중화학공업을 소재산업, 조립응용산업으로 나누어 철강, 비철금속, 화학공업을 소재산업으로 하고 기계, 전자, 조선을 조립응용산업으로 보면 〈그림 5-2〉에서 보듯이 1981년에는 기계, 전자, 조선 등 조립응용

그림 5-2 1976년 7월 확정된 제4차 경제개발5개년계획상의 공업구조

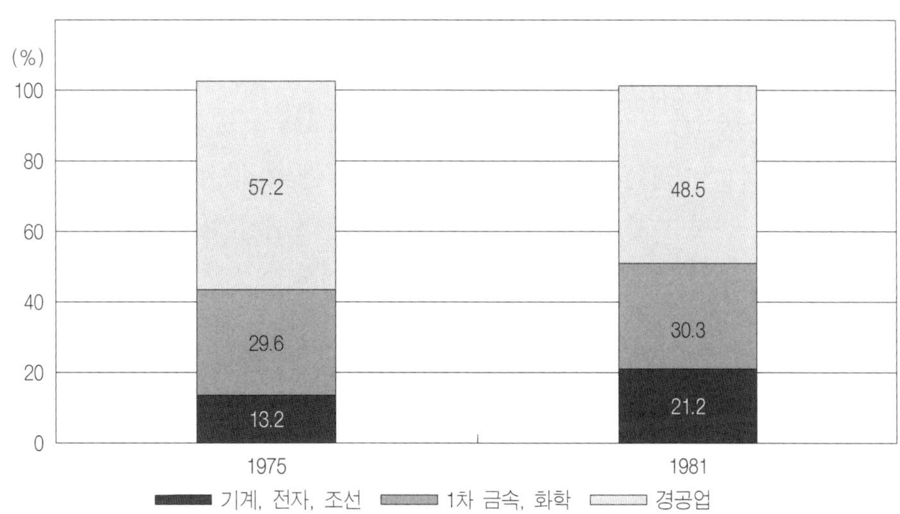

주: 부가가치 기준임.
자료: 경제기획원(경백, 1976), p. 394.

산업부문이 1975년 13.2%에서 21.2%로 크게 증대되지만, 철강 및 비철금속의 1차 금속, 그리고 화학공업은 29.6%에서 30.3%로 변동이 거의 없게 계획되었다.

이러한 인식은 수출에서도 반영되어 〈표 5-16〉에서 보듯이 1981년에는 전체 수출의 13.1%를 전자제품으로 하도록 계획되었고 이어 기계류 수출이 10.9%로, 두 부문이 수출 비중 10%를 넘고 또 두 부문 합이 전 수출의 24.0%, 즉 1/4이 되도록 계획되었다. 특히, 가장 노동집약적인 성격의 전자공업은 생산부가가치 비중으로 제조업의 7.7%임에도 수출 비중이 제조업의 14.3%가 되도록 계획되어 제4차 경제개발5개년계획이 노동집약적 부문, 조립부문, 그리고 비교우위적인 부문의 수출을 중심으로 진행되도록 계획이 이루어지고 있음을 알 수 있다. 이는 바로 세계은행의 일관된 권고와 경제기획원의 인식을 반영하는 것이었다.

그런데 앞서 지적하였듯이 1976년 7월에 대통령 결재까지 맡아 확정된 값은 확정된 이후 다시 8월부터 10월까지 수정이 진행되었다. 그 결과 7월의 확정계획에서 중화학공업의 수출비중 대폭 감소에도 불구하고 유지되었던 제조업 내 중화학공업의 부가가치비중까지 이번에는 삭감되었다. 경제기획원은 1973년 장기전망에서 51.0%로 되어 있던 중화학공업의 제조업 내 부가가치 점유율을 7월 확정안에서 51.5%로 유지하였지만 이후 4개월간의 수정과정에서 중화학공업의 비중을 〈표 5-17〉에서 보듯이 최종적으로 50% 이하 49.5%로 조정한 것이다.

제조업 내 중화학공업제품의 수출비중 역시 1973년 장기전망에서 65.0%이었지만 7월 확정안에서 52.4%로 대폭 삭감된 뒤 〈표 5-18〉에서 보듯이 다시 50.0%로 하향조정되었다. 이렇게 하여 생산과 수출에서 최종 조정된 값이 정부의 '제4차 경제개발5개년계획'(1976)으로 공식화되었다.

정부는 7월 대통령 재가까지 받아 확정되었음에도 이후 다시 수정과정이 이루어지고 수치가 재조정된 이유로 "1975년도 경제지표의 실적치가 확정되고 1976년도 경제전망이 당초 계획하였던 것보다 크게 호전될 것으로 보임에 따라 4차 계획도 상향조정의 필요성이 제기되었기 때문"[38]이었다고 밝혔다. 물론 이것이 수정의 기본적인 원인이 되었음은 틀림없을 것이다. 그러나 자세히 들여다보면 대통령 결재까지 받은 내용의 정정이유가 정부의 발표대로 이것만이었다고 보기는 어려우며, 실제로 진행된 수정과정을 보아도 이러한 공시된 이유를 반영하고자 하는 수정만이 아니라 자본집약적인 중화학공업 목표를 더 낮추고 노동집약적 부문을 더 강화하는, 즉 미국과 경제기획원이 계속 주장한 비교우위론을 더욱더 반영하고자 하는 재수정이 이루어졌음을 다음에서 알 수 있다.

첫째, 정부는 수정이유로 1975년의 실적치가 변화되었기 때문이라고 하였지만 1975년의 실적치는 중화학공업 42.8%에서 42.5%로 크게 차이가 없었다. 즉, 확정값이 미친 영향

38) 상공부중공업계획반·화학 및 경공업계획반(제41, 1976), p. 13.

표 5-17 1976년 12월 확정된 제4차 경제개발5개년계획 중화학공업구조 변화(1975년 가격, 부가가치 기준) (단위: 10억 원, %)

		1975		1981		1977~1981 연평균성장률
		금액	비중	금액	비중	
제조업		2,580.6	100.0	6,432.0	100.0	14.3(14.6)
중화학		1,093.5	42.4(42.4)	3,183.8	49.5(49.0)	17.3(18.1)
1차 금속	철 강	57.9	2.3(3.9)	200.3	3.1(5.1)	23.0
	비철금속	9.0	0.3(0.7)	36.3	0.6(1.1)	26.2
	합 계	66.9	2.6(4.6)	236.6	3.7(6.2)	20.1
기계		205.0	7.9(6.6)	801.0	12.5(10.1)	25.5
전자		144.1	5.6(5.0)	645.2	10.0(8.4)	28.4
조선		33.6	1.3(1.7)	107.7	1.7(2.1)	21.4
정유		247.6	9.6(9.9)	447.0	6.9(7.4)	10.3
석유화학		50.8	2.0(1.8)	205.5	3.2(2.9)	26.2
비료		45.5	1.8(1.3)	76.1	1.2(0.9)	9.0
기타 화학		300.0	11.6(11.5)	664.7	10.3(11.0)	14.2
경공업		1,487.1	57.6(57.6)	3,248.2	50.5(51.0)	11.8(11.7)
경공업 내 섬유		654.4	25.4(25.7)	1,550.2	24.1(24.2)	11.9

주: ( ) 안은 생산액 비중임.
자료: 대한민국정부(제4경, 1976); 상공부중공업계획반·화학 및 경공업계획반(제41, 1976); 중화학공업추진위원회기획단(한공발1, 1979); 중화학공업추진위원회기획단(한공발2, 1979).

이 없어 중화학공업의 비중을 다시 낮출 큰 이유가 없었다. 이는 그렇게 전망된다는 이유도 분명히 들어졌겠지만 표적을 맞추어 보다 적극적인 의도하에 낮추어진 것이었다.

둘째, 수정이유가 "1976년도 경제전망이 당초 계획하였던 것보다 크게 호전될 것으로 보임에 따라 4차 계획도 상향조정"한다는 것이었고 따라서 제조업의 연평균성장률을 13.8%에서 14.3%로 상향조정하였으며 전 산업에서 차지하는 제조업 부가가치의 비중도 이미 상향된 36.3%에서 39.7%로 다시 상향하였다. 그럼에도 중화학공업의 비중만이 51.5%에서 49.5%로 오히려 낮아졌다는 점은 중화학공업을 염두에 두고 조정이 이루어졌음을 의미한다.

셋째, 〈표 5-19〉에서 보듯이 조정으로 수치가 다시 상향된 것은, 이미 7월 확정된 4차 5개년계획에서 1975년 7.1%를 1981년 11.4%로, 1975년 4.8%를 1981년 7.7%로 대폭 올리는 것으로 된 '숙련노동집약적인 기계, 전자부문'과 '경공업 중 섬유부문'이었다.[39]

39) 상공부중공업계획반·화학 및 경공업계획반(제41, 1976), p.14. 수치적으로는 수정에서 철강 0.1%포인트의 상향이 있지만 이는 비철금속을 깎으면서 맞추기 위해 0.1%포인트 올린 것이고 또 1975년 비중이 제조업의 2.6%

표 5-18 1976년 12월 확정된 제4차 경제개발5개년계획 중화학공업 상품수출구조(1975년 가격) (단위: 백만 달러, %)

			1975		1981		1977~1981 평균증가율
			금액	구성비	금액	구성비	
공산품	중화학공업	금속, 철강	367	7.2	1,040	7.3	15.8
		기계류	289	5.7	1,415	10.0	31.5
		조선	138	2.7	910	6.4	27.5
		전자제품	409	8.0	1,940	13.7	21.9
		석유화학제품	188	3.8	930	6.6	28.1
		기타	101	2.0	280	2.0	13.3
		합계	1,492	29.4(34.6)	6,515	46.0(50.0)	23.5
	경공업		2,819	55.5	6,520	46.0	11.4
	합계		4,311	84.9	13,035	92.0	16.5
수출총액			5,081	100.0	14,165	100.0	16.0

주: 1) 통관기준임.
2) ( ) 안은 공산품 내 비중임.
자료: 대한민국정부(행백, 1977), p. 550.

경제기획원이 '숙련노동집약적' 혹은 '기술노동집약적'이라고 직접 언급한[40] 기계공업의 비중도 1975년 대비 1981년 4.3% 증가에서 4.6% 증가로 상향조정되었지만,[41] 특히 노동집약적인 전자공업은 1981년 부가가치액 4,205억 원을 6,452억 원으로 다시 53.4% 증가시켜 제조업 내 부가가치비중을 7.7%에서 10.0%로 대폭 상향수정하였다. 역시 노동집약적인 섬유 역시 1981년 부가가치 1조 1,300억 원에서 1조 5,502억 원으로 37.2% 늘려 비중을 20.6%에서 24.1%로 다시 대폭 상향하였다. 그 결과 7월 확정계획에서는 전자공업이 1975년 대비 +2.9%포인트 증가하는 것으로 되어 되었지만 12월 수정확정계획에서는 1975년 대비 +4.4%포인트 증가하는 것으로 조정되었다.

반면 1차 금속 전체로는 변동이 없으나 비철금속의 경우 7월 확정계획에서는 1975년 대비 0.5%포인트 증가에서 12월 수정확정계획에서는 1975년 대비 0.3%포인트 상향으로 하향조정되었다. 기초·장치산업인 화학공업의 비중은 7월 확정계획에서 이미 1975년 대비 0.4%포인트 하향되었으나 12월 수정확정계획에서는 1975년 대비 3.3%포인트 하향으로 다시 대폭 하향조정되었는데 정유, 석유화학, 비료, 기타 화학 등 모든 부문에서 하향수정되

로 매우 낮은데다가 0.1%포인트 상승이어서 의미가 작다.

40) 상공부중공업계획반·화학 및 경공업계획반(제41, 1976), pp. 7, 14. 경제기획원은 이후 1978년 장기계획에서도 기계공업은 기술노동집약적이라는 용어를 계속 사용하고 있다(경제기획원(장기, 1978. 1), p. 89).

41) 기계공업의 전체 비중 등을 볼 때 기계공업에 대한 중요성이 증대되고 있음을 반영하는 의미도 있었지만 명확히 지적되고 있지는 않다.

표 5-19 제4차 경제개발5개년계획 부가가치 구성비 7월, 12월 값 비교

(단위: %)

		1975	1981	증감
중화학공업 비율	대통령 보고 1차 확정안(1976. 7)	42.8	51.5	+8.7
	최종 수정 수치(1976. 12)	42.4	49.5	+7.1
1차 금속	대통령 보고 1차 확정안(1976. 7)	4.4	5.5	+1.1
	최종 수정 수치(1976. 12)	2.6	3.7	+1.1
1차 금속 내 철강	대통령 보고 1차 확정안(1976. 7)	3.8	4.5	+0.7
	최종 수정 수치(1976. 12)	2.3	3.1	+0.8
1차 금속 내 비철금속	대통령 보고 1차 확정안(1976. 7)	0.6	1.1	+0.5
	최종 수정 수치(1976. 12)	0.3	0.6	+0.3
기계	대통령 보고 1차 확정안(1976. 7)	7.1	11.4	+4.3
	최종 수정 수치(1976. 12)	7.9	12.5	+4.6
전자	대통령 보고 1차 확정안(1976. 7)	4.8	7.7	+2.9
	최종 수정 수치(1976. 12)	5.6	10.0	+4.4
조선	대통령 보고 1차 확정안(1976. 7)	1.3	2.0	+0.7
	최종 수정 수치(1976. 12)	1.3	1.7	+0.4
화학	대통령 보고 1차 확정안(1976. 7)	25.2	24.8	−0.4
	최종 수정 수치(1976. 12)	25.0	21.7	−3.3
화학 내 정유	대통령보고 1차 확정안(1976. 7)	10.5	8.1	−2.4
	최종 수정 수치(1976. 12)	9.6	6.9	−2.7
화학 내 석유화학	대통령 보고 1차 확정안(1976. 7)	2.0	3.8	+1.8
	최종 수정 수치(1976. 12)	2.0	3.2	+1.2
화학 내 비료	대통령 보고 1차 확정안(1976. 7)	1.3	1.5	+0.2
	최종 수정 수치(1976. 12)	1.8	1.2	−0.6
화학 내 기타 화학	대통령 보고 1차 확정안(1976. 7)	11.2	11.4	+0.2
	최종 수정 수치(1976. 12)	11.6	10.3	−1.3
경공업	대통령 보고 1차 확정안(1976. 7)	57.0	48.5	−8.5
	최종 수정 수치(1976. 12)	57.6	50.5	−7.1
경공업 내 섬유	대통령 보고 1차 확정안(1976. 7)	24.5	20.6	−3.9
	최종 수정 수치(1976. 12)	25.4	24.1	−1.3
경공업 내 기타	대통령 보고 1차 확정안(1976. 7)	32.5	27.9	−4.6
	최종 수정 수치(1976. 12)	32.2	26.4	−5.8

자료: 경제기획원(경백, 1976); 상공부중공업계획반·화학 및 경공업계획반(제41, 1976); 상공부(공계); 한국무역협회(무역연감, 1976. 11).

었다. 특히, 철강, 비철금속과 조선 등은 절대 부가가치액까지도 하향조정되었는데 조선공업의 경우 감소액이 크지 않았지만 기초공업인 1차 금속의 경우 1975년 기준값 변동에 맞추었다는 이유하에 그 하향조정폭이 22.2%에 이르렀다. 이렇게 노동집약적 부문으로 강화하는 수정방향은 물론 현실적인 전망치에 기초하였다고 하지만, 분명히 미국과 세계은행이 갖고 있던 일관된 비교우위론과 안정론, 단계론을[42] 반영하여 나가는 것이었다.

〈표 5-19〉를 보면 최종 확정된 제4차 경제개발5개년계획은 부가가치에서 기계가 1975년 7.9%에서 1981년 12.5%로, 전자가 동기간 5.6%에서 10.0%로 높아지고 중화학공업화율은 1975년 42.4%에서 49.5%로 되는 것으로 계획되었다. 1977~1981년간 연평균성장률을 보면 경공업이 11.8%, 섬유공업이 11.9%, 그리고 전체 제조업이 14.3%인데 비해 전자가 28.4%, 기계공업이 25.5%로 되어 있어 이 두 부분이 높은 점유비중과 함께 높은 성장률로 성장의 동력이 되도록 최종 수정확정되었음을 알 수 있다. 물론 성장률 자체로 보면 철강, 비철금속, 석유화학도 높았으나 이들 부문의 제조업 내 부가가치 점유 절대비중이 1975년 2.3%, 0.3%, 2.0%로 낮아 영향력은 낮았다.

마지막으로 수출에 초점을 맞추어 1976년 7월에 확정된 제4차 경제개발5개년계획과 다시 재수정되어 12월에 확정된 계획내용을 비교해 보자. 이는 앞의 〈표 5-16〉과 〈표 5-18〉에서 얻을 수 있다.

우선 수출액의 변화를 보면 1981년 전체 수출액은 130억 달러에서 141억 6,500만 달러로 9.0% 상향조정하였지만 1981년 제조업 수출은 더 크게 118억 7,000만 달러에서 130억 3,500만 달러로 9.8% 상향수정하였다. 경공업은 1981년 56억 5,500만 달러 수출에서 65억 2,000만 달러 수출로 15.3% 대폭 늘려 수정하고 있다. 그런데 1981년 중화학공업 수출은 62억 1,500만 달러에서 65억 1,500만 달러로 4.8%만 상향조정하여 경공업은 물론이고 전체 수출증가 상향조정률보다도 낮게 조정하고 있다. 그래서 중화학공업제품의 수출비중을 1981년 제조업의 52.4%, 전 수출의 47.8%에서 50.0%, 46.0%로 각각 조정하여 내리고 있다. 역시 기본적으로 경제기획원은 자본집약적인 중화학공업화의 경쟁력에 회의를 갖고 있었으며 또 과잉, 과속문제를 걱정하여 이를 완화시키는 방향으로 생각하고 있음을 알 수 있다. 부문별 수출비중을 보아도 이러한 경제기획원의 생각이 그대로 드러난다. 조정에서 1981년 금속, 철강이 8.0%에서 7.3%로, 기계류가 10.9%에서 10.0%로, 선박은 7.0%를 6.4%로, 석유화학제품은 7.1%에서 6.6%로 모두 비중을 낮추고 있는데 비해 다만 노동집약적인 전자제품만은 13.1%에서 13.7%로 오히려 올리고 있다. 경제기획원은 중화학공업의 문제점을 수정하겠다고 나서면서 비교우위론적인 노동집약적 공업 우선의 단계론적 생각을 반영시키고 있음을 알 수 있다. 물론 이에 따라 경공업의 비중이 높아지는 방향으로 수정되어 1981년 중화학공업 대 경공업 수출비중은 52.4:47.6에서 50:50으로 최종 수정되고 있다.

노동집약적 전자공업이나 조립기계장비공업이 아닌 일반기계공업의 중요성에 대한

42) 박영구(2006a); 박영구(2006b).

표 5-20 국가 장기경제사회개발계획(1977~1981)의 수출구조 전망(1975년 가격) (단위: 백만 달러, %)

	1976	1981	1991	1977~1991 연평균증가율
상품수출총액	6,996(100.0)	16,005(100.0)	54,300(100.0)	14.6
1차 산품	325(4.6)	460(2.9)	700(1.3)	5.2
제조업	6,671(95.4)	15,545(97.1)	53,600(98.7)	14.9
경공업	4,295(61.4)	7,785(48.6)	14,200(26.2)	8.3
식음료품 및 연초	335(4.8)	520(3.2)	1,000(1.8)	7.6
섬유, 의류, 신발	2,861(40.9)	4,900(30.6)	8,000(14.7)	7.1
제재제품 및 출판	378(5.4)	700(4.4)	1,000(1.8)	6.7
인쇄 및 출판	29(0.4)	80(0.5)	150(0.3)	11.6
피혁 및 피혁제품	5(0.1)	20(0.1)	70(0.1)	19.2
고무제품	124(1.8)	300(1.9)	700(1.3)	12.2
기타 제조업	563(8.0)	1,265(7.9)	3,280(6.1)	12.5
중화학공업	2,376(34.0)	7,760(48.5)	39,400(72.5)	20.6
제1차 금속제품	353(5.0)	1,140(7.1)	6,200(11.4)	21.1
금속제품	215(3.1)	700(4.4)	2,000(3.7)	16.0
기계류제품	1,375(19.6)	4,700(29.4)	27,000(49.7)	22.0
일반기계류	111(1.6)	800(5.0)	5,500(10.1)	29.7
전기기계류	131(1.9)	700(4.4)	5,000(9.2)	27.5
전자제품	703(10.0)	1,500(9.4)	8,000(14.7)	17.6
수송용기계	310(4.4)	1,300(8.1)	7,500(13.8)	23.7
(선박)	(249)(3.6)	(560)(3.5)	(2,300)(4.2)	(16.0)
정밀기계	120(1.7)	400(2.5)	1,000(1.8)	15.2
제지 및 지류제품	41(0.6)	120(0.8)	200(0.4)	11.1
화학 및 화학제품	97(1.4)	280(1.7)	2,000(3.7)	22.4
석유 및 석탄제품	130(1.9)	340(2.1)	1,000(1.8)	14.6
토석 및 유리제품	165(2.4)	480(3.0)	1,000(1.8)	12.8
(시멘트)	(98)(1.4)	(300)(1.9)	(200)(0.4)	(4.9)

자료: 한국개발연구원(장기, 1977. 12).

각성은 1970년대 말로 가면서 사회 전체적으로 나타났다. 〈표 5-20〉에서 보듯이 1977년 12월 KDI에 의해 경제기획원장관에게 공식 제안되고 1978년 1월 연두순시에서 대통령에게 보고된[43] 1990년대 장기전망에서는 일반기계공업이 강조되어 1977~1991년간 연평균 수출증가율이 29.7%로 가장 높아질 것으로 전망되었다. 동기간 전망된 중화학공업의 연평균 수출증가율은 20.6%, 경공업의 수출증가율은 8.3%, 제조업 전체의 수출증가율은 14.9%에 불과하였고 증가율이 높은 화학제품(22.4%), 1차 금속제품(21.1%)과 전자제품(17.6%), 금속제품(16.0%)과 비교해도 일반기계의 수출증가율이 절대적으로 매우 높아 일반기계의 전 수출 내 수출비중은 1976년 1.6%에서 1991년에는 10.1%로 증가할 것으로 전망되었다.

43) 경제기획원은 1978년 1월 25일 대통령 연두 초도순시에서 '장기경제사회 발전전망'을 보고하였는데, 이는 경제기획원의 의뢰로 KDI가 작업한 것으로 그 내용의 골자는 1991년 GNP 3,498억 달러, 1인당 GNP 7,731달러, 수출 1,146억 달러, 수입 1,102억 달러, 외환보유고 136억 달러 달성(1991년 경상가격)이었다.

3

중화학공업화의 생산·투자원칙과 계획

CHAPTER 6

생산·투자의 원칙과 총괄 생산·투자계획

1. 중화학공업 건설원칙과 육성투자사업 선정원칙

1) 역할의 분할

한국, 일본은 GNP 대비 정부지출 면에서 보면 세계에서 정부의 상대적 크기가[1] 작은 나라이었지만 반면 이 두 국가의 정부지출은 공공투자부문에 집중되어져 있었다. 특히, 한국의 경우 공공자본이 전체 자본스톡의 9%에 불과할 정도로 작았지만 공공자본축적이 경제성장의 10%를 설명할 정도로 그 역할이 높았다.[2] 이러한 정부재정의 공공투자에의 집중과 공공투자의 높은 효율성은 1970년대 중화학공업화를 특징짓는 주요한 방법론이었고 1970년대 시대적 특징이었다.

정부는 중화학공업화 기간을 통해 산업기지를 건설하고 항만, 도로 등 사회간접자본을 대폭 늘려나갔다. 이는 바로 민간기업들이 중화학공업 투자비용을 낮출 수 있도록 하기 위한 것이었고 실제로 민간기업들의 투자비용은 낮아졌다. 이렇게 정부정책은 투자에 영향을 미쳐 개인자본수익률의 대폭 상승을 실현시키도록 해 주었지만,[3] 1970년대 중화학공업화 시기 투자의 기본적인 주체는 어디까지나 민간기업이었다. 정부의 역할은 총괄적인 투자계획의 제시, 그리고 이를 위한 사회간접자본의 건설 등 간접적인 지원에 머무

1) Jisoon Lee는 1953~1986년간의 자료를 이용해 정부의 상대적 크기(개입도)와 성장률 간에는 역의 관계(significant negative relationship)가 존재하지만 정부지출 혹은 GNP에서 차지하는 공공투자의 비중과 성장률 간에는 양의 상관관계가 존재한다는 것을 실증적으로 보여 주고 있다. Jisoon Lee(1990), pp. 281~288.

2) Jisoon Lee(1990), pp. 288~289.

3) D. Rodrik(1994).

르는 것으로 역할이 뚜렷이 구분되어 있었다.

2) 중화학공업 건설원칙과 육성투자사업 선정원칙

중화학공업화선언이 이루어지고 4개월 후 1973년 5월 11일 이낙선(李洛善) 상공부장관은 〈표 6-1〉과 같이 '중화학공업 건설원칙'을 발표하였다.[4)]

이 원칙은 중화학공업화에 대한 핵심 사항을 모두 담고 있었으며 중화학공업화 기간을 통해 기본원칙으로 유지되었다. 예컨대, 1973년 5월 30일 이낙선 상공부장관은 조선공업육성기본계획과 '유공', '호남정유', '경인에너지'에 이어 4번째 정유공장 건설계획을 발표하였는데 실수요자 선정기준에서 이러한 원칙을 그대로 포함하여 발표하고 있다.[5)]

정부는 처음부터 중화학공업화의 원칙으로 '생산된 제품은 내수를 제외하고 전량 수출을 하도록' 설정하였으며 따라서 '국제경쟁력을 고려해 공장규모는 국제단위 이상이어야 하고 제품가격은 국제수준에 맞추도록' 하였다. 이를 위해 생산공정은 증명된 최신공정을 채택하고 이미 해외에서 문제가 된 공해발생을 최소화하도록 하였다. 내외자 문제에

표 6-1 상공부장관 발표 중화학공업 건설원칙(1973. 5. 11)

기 준	원칙 내용
대상	제철, 조선, 금속, 석유화학, 정유, 비철금속, 비료
건설규모	국제규모 이상
투자비 조달	총투자비의 30% 이상은 자기자금
생산공정	증명된 최신공정, 공해발생 최소화
원료조달	장기수입계약 혹은 구체적인 확보책이 있어야 함
제품가격	국제수준에 맞추어야 함
제품수출	내수 제외한 전량 수출
외국자본 합작비율	내국인 투자비율 50% 이상
합작 및 차관 계약조건	① 원료의 장기조달계획 ② 엔지니어링 및 노하우 ③ 제품의 수출보장 규정이 포함되어야 함
공장입지	정부가 지정
부두시설	전용 부두시설 및 준설은 자기자금 혹은 정부 공동분담

자료: 상공부장관(중원, 1973. 5. 11); 〈중앙일보〉(1973. 5. 12).

4) 〈경향신문〉(1973. 5. 11)은 11일 경제기획원 당국자가 이 내용의 일부를 밝힌 것을 싣고 있으며, 〈매일경제신문〉(1973. 5. 12)은 경제기획원이 12일 밝힌 것으로 역시 일부 내용을 싣고 있다. 여기에서는 석유화학과 비료를 합하여 화학으로 하고 있다.

5) 〈중앙일보〉(1973. 5. 30); 〈조선일보〉(1973. 5. 31).

대해서는 최소한 자기자금 30% 이상이 되도록 하고 합작투자시에도 외국인의 투자비율이 50%를 넘지 않도록 하여 능력 없이 참여하는 기업들을 억제함으로써 외채의존에 의한 부실화를 사전에 막고[6] 또 자본, 경영, 생산에서 대외의존도를 낮추도록 하였다.[7]

공장입지는 정부가 지정하여 건설비용 보조와 환경오염 방지 등의 효과를 가지도록 하되 전용 부두시설 및 준설은 원칙적으로 자기자금으로 하도록 하여 수익자부담원칙을 관철하고자 하였다. 마지막으로 당시 심각한 문제였던 원료조달 문제는 기업이 스스로 장기수입계약, 혹은 구체적인 확보책을 마련하도록 하였다. 당시 원료의 조달과 수입의존 문제는 심각하여 정부는 5월 12일 원자재의 수입단가를 낮추기 위해 수입창구를 일원화할 계획을 발표하였고,[8] 7월 12일에는 국무총리 소속의 장단기 '자원대책위원회'를[9] 설치하여야 할 정도이었다.[10]

일본은 합작투자에 대하여 투자비율 50:50, 즉 해외자본의 투자비율을 50% 이내에 억제하는 이러한 한국의 중화학공업 원칙에 대해 불만이었다. 실제로 1973년 6월에 한국 중화학공업화 조사단으로 방문하여 이러한 정부 설명을 들은 일본 방문단은 이에 대해 부정적인 의견발언을 하였다.[11] 물론 당시 한국은 이런 원칙하에서 기술, 자본, 시장의 필요성에 따라 또 기술 및 시장제휴기업의 초기 위험부담을 고려하여 특례로서 100% 단독투자기업체까지 예외로 인정하고 있었다.[12] 즉, 한국은 총괄적으로 대외의존을 줄이고 자기책임의 자기자본비율을 적용하는 원칙을 세웠지만 운용에서 필요한 것은 개방하는 방법을 택하고 있었다. 그러나 일본은 이런 원칙의 특례 역시 100% 단독투자기업체가 6개로 총 인가기업체 610개사의 1%에 불과하다는 점을 거론하였다.[13] 한국에서 주도적인 자기자본 참여와 자기경영을 하려는 해외투자 측의 의도와 50% 내 합작투자, 나아가 외국경영 참여를 제한하려는 한국 측의 중화학공업 건설원칙은 사안별로 한국의 필요에 따라 해결점을 찾아나가고 있었지만 그럼에도 그 자체로 계속 갈등의 한 요소가 되었다.

---

6) 〈경향신문〉(1973. 5. 11); 〈조선일보〉(1973. 5. 12).

7) 정부는 산업기반을 확대하기 위한 1973년 투자소요액 3,878억 5,000만 원에 대해서도 외자 33.5%, 자기자금 39.3%로 하고 나머지 27.2%를 정부가 지원한다고 밝혔다. 日韓經濟協會(協會報, 1973. 6. 25), p. 26.

8) 〈조선일보〉(1973. 5. 12).

9) 장기대책위원회의 역할은 ① 주요 자원별 국내외 장기수요예측 및 공급방안 마련, ② 국제시장 정보의 수집 및 분석, ③ 수급전망에 입각한 장기정책의 입안, ④ 주요 자원의 국내개발방안 강구, ⑤ 해외의존도가 높고 불요불급한 물자의 국내소비 억제방안 수립이며, 단기대책위원회의 역할은 ① 긴급한 주요 물자확보를 위한 정부지원 방안의 수립, ② 긴급한 주요 물자확보를 위한 민간단체 건의사항에 대한 검토 및 지도, ③ 긴급한 주요 물자확보를 위한 대외교섭 방안의 수립(자원확보를 위한 사절단, 구매단 파견 등), ④ 장기자원대책위원회에서 건의한 사항에 대한 당면 집행방안의 수립, ⑤ 상기 각 방안 및 대책의 실천 촉구와 확인이었다.

10) 〈매일경제신문〉(1973. 7. 12).

11) N 機械工業等韓國産業長期開發計劃調査團員(1973), p. 8.

12) 경제기획원은 이미 5월에 중화학공업 건설원칙 중 자기자금비율과 외자비율 제한을 전자공업과 방위산업 등 특수한 경우에는 예외로 한다고 밝히고 있었다. 〈매일경제신문〉(1973. 5. 12).

13) 日韓經濟協會(協會報, 1974. 3. 25), pp. 28~29.

1973년 5월 11일 상공부장관의 '중화학건설원칙'이 발표되고 2주일 후인 5월 24일 서기원(徐基源) 경제기획원대변인은 중화학공업 건설계획을 발표하였다. 정부는 산업부문별 연관효과를 높이고 기능노동력의 확보가 가능하며 공해방지 등에서 투자효율성을 극대화할 수 있는 데에 중화학공업 입지선정의 기준을 두었다고 밝혔다.[14] 투자사업의 선정원칙은 6월에 중화학공업추진위원회기획단에 의해 구체적으로 다음과 같이 공표되었다.

【중화학공업 육성 투자사업 선정원칙】

① 전후방 연관효과
② 성장기여도 및 부가가치 유발효과
③ 외화가득 및 절약효과
④ 국가자원 활용도
⑤ 외자유치성

이를 잘 만족하는 업종으로 철강, 금속, 기계, 조선, 전자, 화학 6개 업종을 주도업종으로 선정한다.

《중화학공업추진위원회기획단(중화공, 1973), pp. 6~7》

이후에도 중화학공업 투자결정, 투자유치에는 이 5가지 점이 계속 고려되었다. 전후방 연관효과, 성장기여도, 부가가치 유발의 효율성은 물론이고 가능한 국내부존자원을 활용하고 필요한 외자를 유치할 수 있는 것이 중요한 기준이 되었다.

이상의 전체적인 중화학공업 건설원칙과 투자사업 선정원칙 위에서 투자사업을 위한 구체적인 중화학공업 투자사업 건설원칙이 1975년 6월 서울에서 열린 제7회 한일민간합동경제위원회에서 밝혀졌다.

【중화학공업 투자사업 건설원칙】

① 가능한 건설기간을 단축한다.
② 최신의 기술을 가진 국제경쟁력을 가지고 싶다.
③ 이를 위해 정부는 각종의 지원시설 비용을 부담하고 필요한 조치를 한다.
④ 특히, 국토의 효율적 이용과 사회간접자본의 집중 견지에서 공업단지화를 진행한다.

《日韓經濟協會(日韓, 1991), p. 87》

즉, 중화학공업 투자사업 건설은 가장 최신설비로 건설하되 가능한 건설기간을 단축하고 효율적 건설을 위해 정부가 지원시설 비용을 부담하는 집중화된 공업기지를 만들어 건설한다는 것이다. 이 투자사업 건설원칙은 중화학공업화 기간 중 계속 추구되었다.

14) 〈경향신문〉(1973. 5. 24).

2. 초기 생산·투자계획: 1973[15)]

1973년 1월 12일 박대통령은 중화학공업화선언을 통해 다음과 같이 1980년대 초까지의 중화학공업 생산투자계획의 대강을 발표하였다.

> 이러한 대규모의 공장들을 수용하기 위해서 정부는 지금부터 동해안·남해안·서해안 지방에 여러 가지 대단위 국제규모의 공업단지 또는 기지를 조성해 나갈 생각입니다. 첫째는 포항과 같은 제2의 종합제철공장 건설을 앞으로 추진해야 하겠고 또 대단위 기계종합공업단지도 만들어야 되겠습니다. 지금 울산에 있는 석유화학공업단지와 같은 제2의 종합화학공업단지를 또 만들어야 되겠습니다. 또 100만 톤급의 대규모 공업단지를 하나 내지 두 개 더 만들어야겠고 대단위 전자부속품 생산단지도 지금 추진하고 있으며 마산에 있는 수출자유지역과 같은 단지를 앞으로 제2, 제3을 더 만들어야 되겠습니다. 이런 것을 다하였을 때에 100억 달러 수출이 되는 것입니다.
>
> 《대통령비서실(박연3, 1974), pp. 59~60》

이를 구체화하여 1973년 5월 24일 경제기획원대변인은 소요자금 동원계획을 제외하고 업종, 공장설립 규모, 입지, 건설기간 등 마스터플랜을 제시하는 중화학공업 건설계획을 발표하였다. 동시에 같은 내용을 태완선(太完善) 경제기획원장관 등 미국 민관합동경제사절단이 아시아협회가 마련한 뉴욕 대한투자심포지엄에서 밝혔는데, 발표된 구체적인 중화학공업 생산·투자계획의 부문별 내용은 다음과 같다.

【중화학공업 생산·투자계획의 부문별 내용】

① 철강: 포항제철을 연산 500만~700만 톤으로 늘리고 1,000만 톤 규모의 제2제철을 1980년 말까지 새로 추진한다.

② 화학: 현재의 13개 계열공장을 1976년까지 대폭 확장하고 HD, 폴리에틸렌 등 5개 공장을 새로 건설하며 이에 앞서 대단위 비료공장(7비료), 메탄올공장을 연내에 착공하여 1975년 말에 완공한다.

③ 비철금속: 대단위 동, 아연, 연(鉛), 알루미늄 제련소를 건설하는 한편 단계적으로 제품가공 등의 계열공장과 특수금속 제련공장을 병행 건설한다.

④ 기계: 공장설치 방법을 내륙형(內陸型)과 임해형(臨海型)으로 구분하여 기능별로 배치하고 소재건설과 요소부품공업을 우선 추진한다.

15) 전체적인 공업입국 장기계획(건설부)과 중화학공업육성계획은 2권 17장「중화학공업화선언과 위기 그리고 중화학공업화, 1973~1976」참조.

⑤ 조선: 연산 100만 톤 규모의 대단위 조선소를 5개 이상 건설하고 중형(中型), 원양어선, 조선소 건설 등도 병행하여 1981년 연간 조선능력을 545만 톤으로 늘린다.

⑥ 전자: 부품 및 소재의 국산화를 적극 추진하고 300개의 연관공장을 건설하며 내수전자기기(內需電子機器)부문을 수출산업으로 개발한다.

【大韓民國經濟企劃院(日本, 1973. 5); 〈매일경제신문〉(1973. 5. 24); 〈조선일보〉(1973. 5. 25); 〈중앙일보〉(1973. 5. 26)】

이러한 투자계획을 중화학공업추진위원회기획단은 세부적으로 정리하여 6월에 '중화학공업 육성계획'으로 내놓았다. 이 육성계획에 의한 1973~1981년간 중화학공업 생산·투자계획의 부문별 투자내용을 총괄해 정리해 보면 〈표 6-2〉와 같다. 투자계획을 보면 〈표 6-2〉에서 보듯이 총외자는 57억 7,300만 달러로 처음부터 총소요액의 60.2%, 즉 60%가 되도록 계획되었다. 정부는 비록 자본의 본원적 축적 실패에 따라 외자가 불가피하다고 인정하지 않을 수 없었지만, 이미 1970년대 초 부실외자기업문제의 발생으로 곤혹을 치루었고 또 외자도입에 따른 추후의 재무구조 취약, 추가적인 기업부실화를 예상할 수 있었기에 외자도입을 가능한 억제하고자 하였고, 이를 중화학공업 건설원칙(1973. 5. 11)과 중화학공업 투자계획에서 분명히 하고 있었던 것이다. 한편, 공업별로 보면 기계공업, 화학공업, 철강공업에 전체 투자액의 22.8%, 22.8%, 22.7%가 투입되도록 계획되었고 다음이 전자공업으로 12.4%, 그리고 조선공업(8.0%), 비철금속공업(3.6%)의 순이었다.

그런데 중화학공업추진위원회기획단이 내놓은 투자계획은 같은 6월인 1973년 6월 18~26일간 일본의 機械工業等韓國産業長期開發計劃調査團이 한국을 방문하였을 때 한국 정부가 제시한 투자계획의 투자액과 차이가 있다. 〈표 6-3〉은 이를 정리한 것이다.

표 6-2 중화학공업부문별 투자 종괄계획(1973~1981)

(단위: 백만 달러, %)

구분	외자	내자	합계	구성비
철강	1,502	674	2,176	22.7
비철금속	222	123	345	3.6
기계	1,049	1,137	2,186	22.8
조선	416	352	768	8.0
전자	593	599	1,192	12.4
화학	1,523	662	2,185	22.8
기타	468	273	741	7.7
합계(구성비)	5,773(60.2)	3,820(39.8)	9,593(100.0)	100.0

주: 대한민국정부(행백, 1974), p. 161에서 철강 2,136백만 달러는 오기임.
자료: 중화학공업추진위원회기획단(중화공, 1973), p. 15.

표 6-3 일본 조사단에 제시한 중화학공업부문별 투자 총괄계획(1973~1981)

	위치, 면적	목표	투자액(억 달러)
철 강	낙동강 하구 121.51km²	500만, 최종 1,000만(M/T)	10.4
비철금속	온산 185.80km²	銅 10만, 알루미늄 10만, 아연 8만, 鉛 5만(M/T)	2.1
기 계	창원 339.72km²	일반, 수송기계	22.0
조 선	거제도 175.60km²	연간 140만G/T 능력	8.0
전 자	구미 140.53km²	–	12.0
화 학	여수·광양 726.72km²	에틸렌 30만M/T 2계열 중심	13.4

주: 조선의 총톤 GT(Gross Tonnage)는 선박의 가용용적(加用容積) 100평방피트를 1톤으로 한 용적톤수이며 대형유조선의 경우 1GT=약 1/2DWT(중량톤 Dead Weight, 載貨重量)이 됨.
자료: 日韓經濟委員會·日韓經濟協會(機械, 1973), p. 4.

중화학공업추진위원회의 투자액과 정부가 일본 조사단에 설명한 투자액의 차이가 크게 있는 공업은 철강, 비철금속, 화학공업이다. 기획단은 투자액으로 각각 21.76억 달러, 3.45억 달러, 21.85억 달러로 계획하였으나 일본 조사단에 설명한 것은 10.4억 달러, 2.1억 달러, 13.4억 달러이다. 다른 기계, 조선, 전자공업부문의 투자액은 차이가 없다. 그런데 日本鋼管重工本部付部長 鈴木正達의 보고서에 나타난 상공부의 계획을 보면 이와 또 다르다. 여기에서는 외자 100억 달러를 포함한 총액 400억 달러의 1973~1981년 9년간 투자계획 중 중화학공업 일반기계, 조선, 전자 투자계획은 역시 같지만 제철, 비철금속, 석유화학은 합계투자계획으로 18억 달러로 되어 있어[16] 중화학공업추진위원회기획단의 47.06억 달러, 일본 조사단에 제공한 자료의 25.9억 달러보다도 더욱 적은 투자계획금액이 기록되어 있다.

이렇게 투자계획의 금액 차이가 있는 것은 여전히 철강, 비철금속, 화학 등 일부 부문 투자계획이 정부 내 의견조정 중에 있어 이를 넣기도 하고 빼기도 하였기 때문이었다. "그간 정부 각 부처에는 산발적으로 1980년대 초의 우리 경제의 비전을 발표하였는 바 이를 검토·조정함으로 전망을 작성·제시하기 위하여"[17] 라는 4월의 대통령 결재문 내용은 이런 점을 확인해 준다. 정부는 투자계획을 놓고 각 부처 간 의견이 다르고 이는 정책의 대립으로까지 보일 수 있었기 때문에 통합적인 조정계획을 내려고 하였던 것이다. 투자계획이 통합, 논의되어 나가는 과정에서 중화학공업추진위원회기획단은 타 부서보다 높은 투자계획, 즉 보다 공격적인 투자계획을 제시하고 있었고 경제기획원은 투자를 분산시키고자 하는 생각을 가지고 있었다.

1973년 8월 경제기획원은 1월의 대통령 중화학공업화선언에 따라 이의 목표달성을

16) 鈴木正達 日本鋼管重工本部付部長(1973), p. 17.
17) 대통령비서실(예장경3대통령결재문서, 1973. 4. 3).

표 6-4 1972년 말 대비 1981년 생산능력 확대(1970년 가격)

		1972	1981	증가율(%)
국민총생산	백만 달러	9,773	36,087	269.3
1인당 국민총생산	달러	302	983	225.5
중화학공업 비율	%	35.2	51.0	–
철강재 생산능력(조강)	천M/T	755	15,055	1,894.0
특수강 생산능력	천M/T	24	648	2,600.0
전기동 생산능력	천M/T	11	236	2,045.5
자동차 생산능력	천 대	63	620	884.1
조선 생산능력	천G/T	190	6,300	3,215.8
공작기계 생산능력	천 대	4.5	121.3	2,595.6
변압기 생산능력	MVA	2,150	21,250	888.4
전자제품 생산능력	백만 달러	286	6,461	2,159.1
에틸렌 생산능력	천M/T	100	1,050	950.0
시멘트 생산능력	천M/T	7,630	19,260	152.4
유류 생산능력	천BPSD	395	1,705	331.6
소다회 생산능력	천M/T	83	330	297.6
1인당 철강소비	kg	0.06	0.22	266.7
100인당 전화	대	2.0	5.4	170.0
1,000인당 자동차	대	4.6	16.7	263.0

자료: 경제기획원(우장, 1973), pp. 164~167.

위한 한국경제의 장기전망을 정리하여 발표하고 이를 정리해 12월에 간행하였다. 정부는 1972년 대비 중화학공업 생산을 1981년에는 4조 8,810억 원으로 585.3% 증가시켜 제조업 중화학공업의 부가가치비율을 1971년 35.2%에서 1981년 51.0%로 고도화할 계획이었고,[18] 이러한 생산계획을 위해 투자자원을 집중하고 효율적으로 관리하고자 6개 주도전략산업과 집중 공업입지를 선정하였다. 중화학공업화율 51%의 중화학공업 생산확대 목표를 위해 이루어질 각 공업별 1972년 대비 1981년 생산능력 확대를 보면 〈표 6-4〉와 같다.

1973~1981년간 가장 크게 생산규모 확장이 이루어질 공업은 조선공업으로 조선공업의 건조능력은 1972년 19만 톤(G/T)에서 1981년 630만 톤(G/T)으로 확장되어 동 기간 3,215.8% 증가될 것으로 보았다. 다음으로 동 기간 20배 이상 생산능력이 확대될 부문은 27.0배의 특수강과 공작기계, 22.6배의 전자제품, 그리고 21.5배의 전기동(銅)과 19.9배의

18) 경제기획원(우장, 1973), pp. 47, 129; 경제기획원(개발, 1982), pp. 128~129.

표 6-5 총투자의 산업별 배분(자본형성 기준, 1970년 가격)

(단위: 10억 원)

	1973~1981		1973~1976		1977~1981	
	금액	%	금액	%	금액	%
총투자	13,120	100.0	3,976	100.0	9,144	100.0
농림수산업	1,323	10.1	485	12.2	838	9.2
광공업	4,786	36.5	1,394	35.1	3,392	37.1
(제조업)	(4,661)	(35.5)	(1,349)	(33.9)	3,312	(36.2)
(중화학공업)	(2,980)	(22.7)	(975)	(24.5)	(2,005)	(21.9)
사회간접자본·기타	7,011	53.4	2,097	52.7	4,914	53.7

주: 1973~1981년 중화학공업투자액은 아래 자료 pp. 152~159의 부문별 투자계획에서 정확히 2조 9,796억 9,500만 원으로 되어 있음.
자료: 경제기획원(우장, 1973), pp. 20, 150~151.

철강재가 있었다. 자동차 생산능력은 1981년까지 9.8배, 화학공업에서 에틸렌 생산능력은 1981년까지 105만 톤(M/T)으로 10.5배 증대될 것으로 전망되었다.

이러한 생산계획을 달성하기 위한 중화학공업화(1973~1981년) 투자계획은 다음과 같았다.

첫째, 경제기획원은 일단 총투자는 국내저축으로 89.7%, 나머지 10.3%는 해외저축으로 조달한다고 계획을 세웠다.[19] 그러나 이 계획은 다시 변경되어 총투자액의 88%인 11조 5,520억 원은 내자(국민저축)로 충당하고 나머지 12%인 1조 5,680억 원(50억 4,900만 달러)은 해외저축으로 조달하기로 최종 수정되었다.[20] 확정된 1973~1981년 장기계획에서의 "해외저축 의존율 12%는 과거 1960년대 해외저축률이 40%선에 이르렀던 것과 비교하면 크게 줄어든 것이고 상대적으로 자립도는 향상"[21]되도록 계획된 것이다.

둘째, 1973~1981년 총투자의 산업별 배분은 〈표 6-5〉와 같이 하였다. 1973~1981년간에 중화학공업부문에 이루어질 투자액은 2조 9,800억 원(1970년 불변가격), 달러로 96억 달러로 이 규모는 1973년부터 1981년까지 1인당 1,000달러 국민소득과 100억 달러 수출을 위해 투자할 총 13조 1,200억 원의 22.7%에 해당하는 것이었다.[22]

셋째, 중화학공업에의 1973~1981년간 투자계획액 96억 달러의 조달은 외자가 58억 달러로 60%, 내자가 38억 달러로 40%로 계획되었으며 기업의 소요자금 조달은 자기자본

19) 경제기획원(우장, 1973), p. 15.
20) 국무총리기획조정실(중오, 1973), p. 12; 중화학공업추진위원회기획단(한공발2, 1979), p. 258.
21) 중화학공업추진위원회기획단(한공발2, 1979), p. 258.
22) 경제기획원(우장, 1973), pp. 152~159에서 부문별·투자주체별 투자계획으로 되어 있는 투자지출계획 총계는 13조 4,600억 원이다. 이 총계로 하면 중화학공업 투자비중은 22.7%가 아니고 22.1%로 된다. 중화학공업 관련 값은 양쪽 동일하다.

표 6-6 부문별·투자주체별 투자계획(1970년 가격, 1973~1981) (단위: 10억 원)

	세부 투자내용	합계	정부	민간
총투자지출	–	13,457	4,360	9,098
제 조 업	–	4,661	321	4,339
중화학공업	–	2,980	109	2,871
금 속 공 업	포항종합제철 확장(조강 103만→700만M/T) 제2종합제철 건설(조강 500만M/T) 특수강공장 건설(특수강 50만M/T) 동제련소 건설(동괴 10만M/T) 등	913 (30.6)	79	834
기 계 공 업	공작기계공장(선반, 드릴반 등 10만 대/연) 섬유기계공장(紡績機 등 35천 대/연) 조선능력 확장(19만→630만G/T) 전자제품 및 부품공장 건설	1,336 (44.8)	13	717
화 학 공 업	석유화학공장(에틸렌 기준 30만M/T 확장 및 30만M/T 건설) 정유공장(30만BPSD 증설 및 101만BPSD 건설. 전량수출분 45만BPSD 포함) 시멘트공장 증설, 7肥, 판유리공장, 소다공장 증설 등	731 (24.5)	13	717
경 공 업	–	1,681	212	1,469

자료: 경제기획원(우장, 1973), pp. 152~159.

30% 이상으로 하고 외국인 투자비율은 50% 이하라는 원칙을 세워서 투자의 건실성을 기하도록 하였다.[23)]

넷째, 〈표 6-5〉에서 보듯이 투자계획을 시기별로 나누어 보면, 1976년까지 전기 중화학공업화에서는 중화학공업의 투자비중이 24.5%로 되다가 1977~1981년의 후기 중화학공업화에서는 21.9%로 감소하도록 계획되었다. 초기 산업으로서의 중화학공업 시설투자가 투자의 진행과 함께 시간이 지나면서 비중이 줄어들도록 계획이 만들어졌다.

다섯째, 1973~1981년 중화학공업 투자의 주체별 투자계획을 보면 〈표 6-6〉에서 보듯이 정부투자가 1,089억 500만 원(1970년 불변가격)으로 중화학공업부문별 투자합계액의 3.65%에 불과하고 나머지 96.35%를 민간부문이 맡도록 투자가 계획되었다.[24)] 중화학공업은 초기 계획에서 민간주도형 생산·투자계획으로 작성되었다.

여섯째, 공업부문별 투자내역을 보면 〈표 6-6〉에서 보듯이 포항종합제철 확장(조강 103만M/T→700만M/T), 제2종합제철 건설(조강 500만M/T), 특수강공장 건설(특수강 50만M/T), 동제련소건설(동괴 20만M/T) 등의 철강 및 비철금속공업부문에 9,130억 원, 공작 기계

23) 경제기획원(개발, 1982), pp. 128~129.
24) 경제기획원(우장, 1973), pp. 156~157.

공장(선반 등 10만 대/연), 섬유기계공장(紡績機 등 35천 대/연), 조선능력 확장(19만G/T→630만G/T) 및 전자제품과 그 부품공장 건설 등에 1조 3,357억 원, 그리고 석유화학공장(에틸렌 기준 30만M/T의 확장 및 30만M/T 신규건설), 정유공장, 7비료(7肥) 건설 등에 7,309억 원이 투입되도록 계획되었다.[25]

이러한 계획들은 경제기획원이 제3차 경제개발5개년계획으로 작성한 목표보다 전체적으로 상향된 것이었다.[26] 즉, 중화학공업화선언으로 제3차 경제개발5개년은 사실상 취소되고 전면적으로 생산·투자계획이 새로 작성된 것이다.

3. 생산·투자계획의 변화: 1974~1976

중화학공업화는 대통령의 높은 관심을 받고 있었고 따라서 1973년 이후 대통령의 시정연설과 시정방침에는 중화학공업의 주요 투자사항이 항상 총괄적으로 정리되어 포함되었다. 따라서 대통령의 연도별 시정방침은 중화학공업의 연도별 생산·투자계획의 전개를 보여 주는 좋은 1차 자료가 된다. 대통령의 국회 새해 시정연설은 1973, 1974, 1975년 모두 10월 4일에 이루어졌다. 새해 중화학공업 투자계획이 예산국회에서 보고되고 난 후 3월에 열리는 국회에서 상공부는 그 해의 중화학공업 투자계획을 상공위원회에 보고한다. 따라서 국회 보고자료는 중화학공업의 투자계획이 당해 어떻게 바뀌고 있는가를 보여 주는 1차 자료가 된다. 이 두 자료를 이용해 1974~1976년간 변화하고 있는 중화학공업 생산·투자계획을 살펴보자.

1973년 10월 4일 대통령은 국회에서 새해 예산안에 대한 1974년 시정연설을 하였다. 이때 10가지 1974년 경제시책 방향 중 3번째로 중화학공업의 건설 촉진을 들었는데 그 내용을 정리하면 〈표 6-7〉과 같다.

대통령은 1974년 10대 경제시책 방향 중 하나가 중화학공업의 건설 촉진이라는 것을 먼저 분명히 하고 이의 구체적 투자계획으로 1,000만 톤 규모의 제2제철 계획, 대단위 국제규모의 동, 연 및 아연 제련소 건설, 대단위 조선소 건설, 구미공단 내 전자부품공장 건설, 창원의 대단위 기계공업단지 건설 등을 밝힌 것이다. 이를 기초로 1974년 중화학공업 공장건설계획에서는[27] 중화학공업 6대 전략산업에 대한 내자 1,884억 원, 외자 4,300억

25) 이는 다음에도 실려 있다. 국무총리기획조정실(중오, 1973), p. 11; 중화학공업추진위원회기획단(한공발2, 1979), pp. 257~258.

26) 경제기획원(경백, 1973).

27) 계획의 작성시기는 1975년 3월 국회 상공위원회 보고에서 시멘트공업의 시설확장계획이 1974년 1월 계획의 1,026만 톤으로 되어 있는 점에서(대한민국국회사무처(제91, 1975. 3. 13), pp. 9~25) 1974년 1월로 추정된다.

표 6-7 1974년 새해 예산 주요 시책의 중화학공업 투자계획(대통령 1974년 새해 예산안 국회 시정연설)

공업	투자계획 및 지원내용
철강공업	포항제철의 확장과 더불어 최종 규모 1,000만 톤의 제2제철을 계획하고 있다. 1981년에는 현 조강능력 13배인 1,320만 톤을 생산한다.
비철금속	1974년에는 중화학공업화에 필수자원인 비철금속류의 자급을 위해 대단위 국제규모의 동, 연 및 아연 제련소 건설을 착공한다.
조선공업	대단위 조선소를 계속 건설하여 1974년에 1억 3,000만 달러의 선박을 수출하고 거제에 대규모 조선소 착공으로 1981년 630만 톤 조선능력, 10억 달러 수출을 달성해 세계 10위 조선국으로 성장한다.
화학공업	울산석유화학단지를 에틸렌 기준 45만 톤 이상 규모로 늘리고 여수·광양에 대단위 공장건설로 1981년에 100만 톤의 화학공업국가로 비약시킨다.
전자공업	구미공단 내에 주로 전자부품공장을 건설하여 현재의 제품조립 위주에서 부품 및 제품을 동시에 수출할 수 있도록 하겠으며 전자공업의 수출전략산업화의 기반을 확충해 나가겠다.
기계공업	기계공업은 창원(昌原) 지역에 대단위 기계공업단지를 건설하여 소재공장, 부품공장, 제품공장, 전기기계, 정밀기계 공장군으로 구분 입주시켜 공장규모는 대단위화하고 기계공업 육성의 전환점을 마련하겠다.

자료: 대통령비서실(박연3, 1974), pp. 226~227.

표 6-8 1974년 중화학공업 6대전략산업 투자 및 지원계획

산업	투자계획 및 지원내용
철강공업	제2종합제철 건설계획(조강 500만 톤 규모)의 확장 및 지원시설 착공
비철금속	동제련소 착공(1974. 7~1976. 12), 아연제련소 건설 추진
기계공업	창원기계공업기지 내 주물공장, 정밀단조공장, 밸브공장, 자동차 부품공장, 화학기계공장 등 4업종 13공장, 울산에 자동차 엔진공장과 프레스공장 착공
조선공업	현대조선소 확장, 삼성안정(安井) 대형조선소(초대선 건조능력 100만 톤), 고려중형(高麗中型)조선소 착공
전자공업	민생용 기계공장 6개, 산업용 기계공장 3개, 전자부품 및 관련제품공장 9개 등 주요 공장 착공
화학공업	① 울산석유화학공단 내 나프타분해센터와 카프로락탐 등 7개 계열공장 확장, DMT 등 5개 신규 공장 착공 ② 제3정유공장 신설계획(일산 15만 배럴 규모)의 추진결과에 따라 여수·광양지구 석유화학계열 공장건설계획을 재조정 ③ 시멘트 생산시설을 현재의 연산 827만 톤에서 1,026만 톤으로 확장 ④ 기존 소다회공장 확장 및 신규 공장 착공, 대규모 펄프공장 착공, 자동차 타이어공장의 대형화 추진

자료: 日韓經濟協會(協會報, 1974. 3. 25), p. 32.

원의 투자 및 지원계획이 〈표 6-8〉과 같이 만들어졌다.

1974년에는 철강, 비철금속, 기계, 조선, 전자, 화학 등 중화학공업의 주요 부문에서 모두 대단위 공장 착공계획이 있음을 알 수 있다. 다만 여수·광양지구 석유화학계열 공장 건설계획은 제3정유공장 신설계획(일산 15만 배럴 규모)의 추진결과에 따라 재조정하는 것으로 계획되었다.

1974년 10월 4일 국회 시정연설에서 대통령은 경제분야 8가지 경제부문 중점 시책방향을 밝혔는데 여기에서 네 번째로 '중화학공업의 계속 추진'을 밝혔다. 중화학공업 건설이라고 하지 않고 '계속 추진하겠다'고 표현한 것은 1차 석유위기를 통과하면서 재계와 심지어 경제기획원으로부터 중화학공업화정책 조정에 대한 의견이 커졌기 때문이었다. 대통령이 1974년 10월 4일 국회 시정연설에서 밝힌 1975년 시정방침 중화학공업부문 투자계획을 정리하면 〈표 6-9〉와 같다.

1975년 시정방침 중화학공업부문 투자계획에 의하면 1975년 신규투자사업으로 연산 10만 톤 규모의 동제련소와 8만 톤 규모의 아연제련소 착공, 75만 톤 규모의 안정(安井)조선소와 15만 톤 규모의 죽도(竹島)중형조선소 착공, 그리고 여천지구의 에틸렌 기준 연산 35만 톤 규모의 석유화학기지 착공 등이 계획되었다. 이와 함께 1975년 투자계획에서는 1973, 1974년 사업의 계속사업, 증설사업, 사업완공이 많이 등장하게 되었다. 또한 중화학공업 건설지원을 위한 중화학공업기지에의 도로, 항만, 공업용수 등 사회간접자본 건설이 강조되었다. 전력 면에서는 설비용량 1,645만 3,000KW, 최대수요 1,284만 4,000KW를 목표로 1975년에 원자력 2, 3호기 착공 등 1986년까지 30개소의 발전소를 건설하기 위해 총 5조 8,759억 원을 투입하는 전원개발장기계획(電源開發長期計劃)을 세우고,[28] 이를 단계적으로 추진해 나아가 1981년도에는 약 1,000만KW의 발전시설 용량을 갖출 것이라고 밝혔다.[29]

1975년 3월 제91회 국회 상공위원회에 보고된 중화학공업 건설투자계획은 〈표 6-10〉과 같다.

1974년 10월 4일 국회 시정연설 불과 5개월 후 1975년 3월의 국회 상공위원회 보고의 중화학공업 투자계획을 보면 뚜렷한 변화가 발견된다. 우선 조선공업은 1975년 계획에서 발표된 세계 10위권 조선국 계획이 1975년 3월 국회 상공위원회 보고에서도 구체적 투자계획 없이 반복되고 있고 울산공단 신증설계획도 계획이 그대로 유지되었다. 그러나 비철금속공업에서 동제련소 계획이 빠지고 아연제련소만 1976년 말까지 건설한다고 보고되었다. 여천지구는 1975년 3월 국회 상공위원회 보고에서 여천지구 선발사업 추진 중과 함께 나프타분해공장 및 계열공장의 수 10개 계열공장이 구체적으로 보고되었으나 여천지구의 구체적 건설시기는 삭제되어 투자계획이 늦추어지고 있음을 보여 주었다. 비료공업 역시 1975년 3월의 국회 상공위원회 보고에서는 준공시기가 1977년 2월로 늦추어졌다.

28) 日韓經濟協會(協會報, 1975. 3. 25), p. 3.
29) 대통령비서실(박연4, 1975), p. 229; 〈조선일보〉(1974. 10. 5).

표 6-9 1975년 새해 경제시책 방향의 중화학공업계획(대통령 1975년 새해 예산안 국회 시정연설)

공업	투자계획 내용과 지원시책
철강	① 포항종합제철은 작년 완공된 103만 톤 규모에서 260만 톤 규모로 증설 ② 연산 700만 톤 규모의 한국종합제철공장 건설을 단계적으로 추진
비철금속	① 기존 시설의 확장을 계속 추진 ② 온산(溫山)비철단지에 연산 10만 톤 규모의 동제련소와 8만 톤 규모의 아연제련소를 각각 연내에 착공하여 1976년까지 완공
조선	① 6월에 준공한 연산 75만 톤 규모의 1개 조선소를 연산 200만 톤 규모로 확장 ② 옥포(玉浦)조선소 건설 본격화 ③ 75만 톤 규모의 안정(安井)조선소와 15만 톤 규모의 죽도중형(竹島中型)조선소를 각각 착공 ④ 이 밖에 중소형조선소를 더 건설할 계획 중에 있음 ⑤ 따라서 1980년대 초 조선능력은 연간 10억 달러 조선수출을 이룩할 수 있는 세계 10위권의 조선국으로 도약할 것임
기계	① 창원기지 내에 각종 대단위 기계공업이 이미 일부 입주 중 ② 총 27개의 공장을 건설하여 수입에 의존하던 각종 기계류를 국산으로 대체하고 수출증진에 크게 기여하도록 함
전자	① 구미전자공단에 새로이 21개 전자공장을 가동하여 수출전략산업으로 육성 ② 금년 수출목표는 7억 8,000만 달러
석유화학	① 현재 건설 중인 에탄올 및 아세트알데히드 2개 공장을 금년(1974년) 말까지 완공 ② 1975년에 연산 33만 톤의 대단위 메탄올공장과 고밀도폴리에틸렌공장의 준공을 서두름 ③ 계속 증가하는 석유화학제품 수요에 대비해 울산의 기존 나프타분해공장을 확장하는 한편 울산지구 및 여천(麗川)지구에 신규로 나프타분해공장과 그 계열공장의 건설을 추진 ④ 세계적 규모의 암모니아 기준 연산 60만 톤 규모의 대단위 제7비료 공장은 1976년 준공목표로 계속 건설을 추진 ⑤ 여천지구의 에틸렌 기준 연산 35만 톤 규모의 석유화학기지는 1975년부터 착공하여 1977년도까지 대부분의 공장을 준공하여 자원위기시마다 곤란을 겪어 온 합성수지 및 합성섬유 등의 원료를 공급함으로써 화학공업 및 섬유공업의 해외의존성을 탈피 ⑥* 36만 톤 규모의 영남화학을 완성 ⑦* 대단위 펄프공장 착공
사회간접자본	① 영동·동해 고속도로 완공과 북평(北坪)·군산·울산 등 항만 중점 개발 ② 중화학공업 건설을 지원하기 위해 창원·온산·여수·아산·옥포 등 중화학공업기지에 항만, 공업용수, 도로 등 지원시설을 계속 확충

주: 1) *은 日韓經濟協會(協會報, 1974. 11. 25), p. 4에 포함되어 있는 내용임.
2) 한국종합제철공장은 제2종합제철임.
자료: 대통령비서실(박연4, 1975), pp. 227~229; 日韓經濟協會(協會報, 1974. 11. 25), p. 4.

반면 시멘트는 1975년 새해 경제시책에서는 언급되지 않았으나 1975년 3월 국회 상공위원회 보고에서 시설확장계획이 1974년 1월 계획의 1,026만 톤에서 1975년 1,406만 톤으로 확장되었고 대단위 화학펄프공장 건설도 1977년 12월 완공으로 구체화되었다. 전자공업 역시 1975년 3월 국회 상공위원회 보고에서 부품의 국산화를 촉진한다는 계획이 포함되

표 6-10 1975년 중화학공업 건설투자계획(1975년 3월 국회 상공위원회 보고)

<table>
<tr><th></th><th colspan="3">투자계획 및 지원내용</th></tr>
<tr><td>철 강</td><td colspan="3">① 자급자족 기반 구축
② 국제규격화</td></tr>
<tr><td>비철금속</td><td colspan="3">대단위 아연제련소 건설(1976년 12월 완공)</td></tr>
<tr><td>조선공업</td><td colspan="3">세계 10위권 조선국 기반구축</td></tr>
<tr><td rowspan="4">화 학</td><td>석유화학</td><td colspan="2">① 울산지구 신·증설
② 여천지구 선발사업으로 대단위 메탄올공장 건설 중
③ 나프타분해공장 및 10개 계열공장 건설 추진</td></tr>
<tr><td rowspan="3">기타 화학</td><td>비료공장</td><td>제7비료공장 건설(1977년 2월 완공)</td></tr>
<tr><td>펄프공업</td><td>대단위 화학펄프공장 건설(1977년 12월 완공)</td></tr>
<tr><td>시 멘 트</td><td>시설확장(1974년 1월: 1,026→1975년 1,406만 톤)</td></tr>
<tr><td>전자공업</td><td colspan="3">① 수출 7억 8,000만 달러 달성함
② 부품의 국산화 촉진</td></tr>
</table>

자료: 대한민국국회사무처(제91, 1975. 3. 13), pp. 9~25.

었다.

1975년 10월 4일 국회에서 행해진 1976년도 예산안 제출 대통령 시정연설에서 밝힌 1976년도 중화학공업 관련 투자계획과 지원시책 내용을 정리하면 〈표 6-11〉과 같다.

1975년 발표한 1976년 중화학공업 투자계획을 보면 세계적인 경제불황을 겪으면서 중화학공업화에 대한 반대여론이 강해지는데 따른 고심과 대응을 읽을 수 있다. 그래서 대통령은 다시 한 번 전체적으로 '중화학공업의 건설을 촉진'한다고 분명히 밝히면서도 이전과 달리 '중화학공업'만을 따로 떼어 내어 주요 경제시책으로 하지 않고 "중화학공업의 건설을 촉진하고 수출산업 및 중소기업 육성을 지원하겠습니다"로 범위를 넓혀 말하고 있다. 또 주요 시책으로 발표한 사회간접자본의 계속적 확충에서도 1975년 10월 새해 시정연설에서와 달리 "중화학공업 건설을 지원하기 위해"[30]를 빼고 "포항, 여수, 창원, 온산에 항만, 공업용수 등 지원시설도 계속 확충해 나가겠습니다"라고만 하였다. 투자내용에서도 일부 공업투자계획을 없애고 있으며 구체적인 대규모 신규사업보다 계속성을 강조하고 있고 또 기계, 조선, 전자공업이 가진 장점과 추진해야 하는 당위성을 강조하고 있다. 공업별로 보면 철강공업에서 제2제철에 대한 계획이 삭제되어 없어졌으며 조선공업에서는 강행이 아니라 "해외수요 동태에 맞추어" 등의 투자조정 유연성을 밝히고 있다.

1976년 들어와 상공부는 1975년 말 대비 1981년 생산능력 확장계획을 국회 상공위원회에 보고하였다. 이 내용과 1973년 경제기획원이 총괄 정리한 장기전망을 비교해 정리하

30) 대통령비서실(박연5, 1976), pp. 213~214.

표 6-11 1976년 새해 예산 주요 시책의 중화학공업 투자계획(대통령 1976년 새해 예산안 국회 시정연설)

공업	투자계획 및 지원내용
전 체	건설을 촉진한다.
철 강	① 포항제철의 제2기 확장공사를 1976년 내에 완공하도록 한다. ② 이어 550만 톤 규모로 확장하는 제3기 확장공사도 추진한다.
기 계	① 기술 및 노동집약산업으로 수출산업 고도화와 수입대체의 근간이 되므로 중점 육성한다. ② 이를 위해 창원기계공업기지 내 공장건설을 본격화하고 인력 확보와 소재(素材) 공급 원활화를 위한 시책을 펴나간다.
전 자	① 수출전략산업으로 계속 육성한다. ② 기술진보가 빠르다는 점을 감안하여 선진국 신기술 도입과 국내기술개발 노력을 병행하여 해외시장에서 경쟁력을 계속 강화한다.
조 선	① 금년 들어 국제적인 해운불황으로 적지 않은 어려움을 겪고 있지만 노동집약적이고 장래 한국 국제비교 우위성이 확실한 부문이므로 선박규모 등 해외수요 동태에 맞추어 계속 육성한다. ② 시설능력을 최대한 활용하기 위해 수출선 수주 등 시장개척 노력도 병행한다.
석 유 화 학	① 여천석유화학기지에 나프타분해센터 및 동 계열공장 건설을 추진한다. ② 제7비료를 1977년도 완성예정으로 추진한다. 이에 따라 비료는 국내공급은 물론 수출 여력을 가지도록 한다.
사회간접자본	① 포항, 여수, 창원, 온산에 항만, 공업용수 등 지원시설도 계속 확충해 나간다. ② 철도는 충북선, 호남선 복선건설을 계속 추진한다. ③ 전력은 건설 중인 원자력발전소 1호기 건설에 이어 2호기, 3호기 건설을 추진하고 새해에는 1개 화력, 1개 수력발전소가 준공되어 511만KW 발전시설 용량을 보유한다. ④ 통신시설 확충과 시내전화 21만 6,000회선 증설, 장거리 자동전화 시설을 계속 확충한다.
과학기술진흥	① 기존의 한국과학기술연구소와 한국과학원을 계속 육성한다. ② 선박연구소, 해양개발연구소, 기계기술연구소 설립을 본격적으로 추진한다. ③ 국가기술자격제도의 확대와 실업교육 및 기능공 양성의 확충으로 기능공 수요를 원활히 하고 기술입국의 기반을 공고히 한다.

자료: 대통령비서실(박연5, 1976), pp. 213~215.

면 〈표 6-12〉와 같다.

〈표 6-12〉에서 보듯이 1973년 말 경제기획원의 장기전망과 비교해 1976년 계획에서의 1981년 생산능력은 철강 조강 1,505만 5,000톤(M/T)에서 1,150만 톤으로, 조선은 630만 톤(G/T)에서 425만 톤으로, 자동차는 62만 대에서 30만 대로 축소되고 있다. 반면 석유화학의 에틸렌 생산능력은 105만 톤(M/T)에서 147만 6,000톤으로, 시멘트의 생산능력은 1,926만 톤(M/T)에서 2,136만 톤으로 확대되고 있다. 즉, 중공업의 생산능력 확대는 줄고 화학공업의 생산능력 확대는 더 늘어나는 것으로 되고 있다. 이런 속에서 1976년 상공부가 제출한 투자계획에 의하면 1975년 대비 1981년 기계의 생산능력이 5.0배로 가장 많이 늘어나도록 계획되었고 다음이 전자, 비철금속으로 4.5배 증가이었다. 철강은 4.0배의 생

표 6-12 1976년 상공부 국회 상공위원회 제출안과 1973년 장기전망 비교(1981년 생산능력 확장)

	단위	1975	1981		증가율 (1981/1975)
			장기전망(1973. 12)	95회 국회(1976. 3)	
철강(조강)	천M/T	2,880	15,055	11,500	4.0
비철금속	천M/T	79	–	359	4.5
선 박	천G/T	2,390	6,300	4,250	1.8
자 동 차	천 대	96	620	300	3.1
기 계	10억 원	753	–	3,764	5.0
전 자	10억 원	668	6,461*	3,020	4.5
석유화학	천M/T	403	1,050	1,476	3.7
비 료	千성분M/T	841	–	1,632	1.9
시 멘 트	천M/T	11,860	19,260	21,360	1.8

주: 1) *은 1970년 가격 백만 달러임.
2) 석유화학은 에틸렌 기준임.

자료: 경제기획원(우장, 1973), pp. 164~167; 대한민국국회사무처(제95, 1976. 3), p. 16.

그림 6-1 중화학공업 1단계 건설계획과 건설계획기간

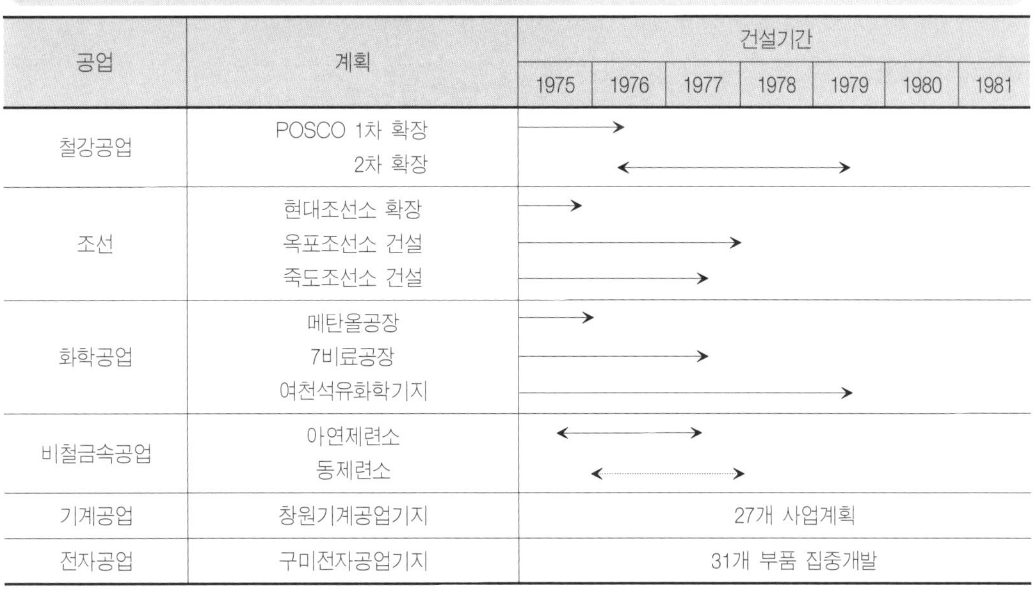

자료: Planning Office, Heavy and Chemical Industry Promotion Council, Government of the Republic of Korea(1976), p. 141.

산능력 확장이 계획되었다.

1976년 들어와 중화학공업추진위원회기획단은 중화학공업 건설계획을 전체적인 계획

표 6-13　1976년 중화학공업 주요 공장건설계획

<table>
<tr><th>산　업</th><th>계　획</th><th>구체적 내용</th></tr>
<tr><td rowspan="4">철　강</td><td rowspan="2">포항제철</td><td>제2기 건설완공(260만M/T): 1976. 6 완공</td></tr>
<tr><td>제3기 건설착공(550만M/T): 1976. 3 착공</td></tr>
<tr><td rowspan="2">종합특수강공장</td><td>제1기 건설(1976. 12 완공): 고급특수강 45천M/T, 압출강관(押出鋼管) 20천M/T</td></tr>
<tr><td>제2기 건설(1976. 12 착공): 특수강판재(特殊鋼板材) 155천 M/T, 압출강관 30천M/T</td></tr>
<tr><td>비철금속</td><td>아연제련소</td><td>공정 76% 달성</td></tr>
<tr><td rowspan="3">조선공업</td><td>신조선능력 확대</td><td>239만→270만G/T
죽도(竹島)조선소: 1976. 9 완공, 옥포조선소: 83% 건설</td></tr>
<tr><td>선박수리능력 증대</td><td>156만→1,040만G/T
현대미포수리조선소(800만G/T): 1976. 6 완공</td></tr>
<tr><td>국제선박불황대책 적극 추진</td><td>계획조선 확대
중소형선 및 선박수리수주 증대</td></tr>
<tr><td>전자공업</td><td>부품공장</td><td>31개 부품공장 건설</td></tr>
<tr><td rowspan="3">차　량</td><td rowspan="3">차량의 수출산업화</td><td>철도차량: 화물수출, 객차수출, 전동차 개발</td></tr>
<tr><td>승용차: 부품공업 국제수준화, 부품-중간조립품 및 완성차 수출(피스톤, 스프링, 엔진, 승용차, 픽업트럭)</td></tr>
<tr><td>특수차량: 이륜차 부품 수출촉진, 특장차 생산</td></tr>
<tr><td rowspan="2">석유화학</td><td>울산지구 콤비나트 확충</td><td>무수마레인산공장 1979. 9 완공
아크릴로니트릴공장 확장 기자재 도입 및 착공
TPA공장 차관 확정 및 착공</td></tr>
<tr><td>여천지구 공장건설</td><td>대성메탄올공장 가동 개시
나프타분해공장 및 7개 계열공장 건설(1976~1979): 1976년에 차관 확정, 공장설계, 기기발주 및 구매, 토목 및 기초공사 착수</td></tr>
<tr><td>비　료</td><td>제7비료공장 건설 촉진</td><td>공장건설: 50→90%
정부지원사업: 완공(항만, 철도, 용수)</td></tr>
<tr><td rowspan="2">시 멘 트</td><td>2개 공장 확장공사 완공(1976. 5)</td><td>한일시멘트: 100만→210만M/T
아세아시멘트: 40만→150만M/T</td></tr>
<tr><td>시멘트</td><td>총생산능력 1,186만→1,406만M/T</td></tr>
</table>

자료: 대한민국국회사무처(제95, 1976. 3), pp. 16~17.

과 건설기간별로 〈그림 6-1〉과 같이 조정하여 정리하였다.

이에 의하면 철강공업은 포항제철 1, 2차 확장을 1976년을 연결점으로 순차적으로 진행해 각각 1976, 1979년까지 건설하도록 계획되었다. 조선공업에서 대형조선소 건설은 동시다발적으로 진행하도록 하여 현대조선소 확장은 1975년까지, 죽도(竹島)조선소와 옥포

(玉浦)조선소는 1977년까지 건설하도록 하였다. 화학공업에서는 메탄올공장을 먼저 1975년까지 완공하고 제7비료공장을 1977년까지 그리고 본 계획인 여천석유화학기지를 1979년까지 완공하는 것으로 계획하였다. 1974년 10월 대통령의 1975년 새해 경제시책 방향 시정연설에서 동제련소와 아연제련소를 각각 1975년에 착공하여 1976년까지 완공한다고 한 비철금속공업은 아연제련소를 1975년부터 1977년간에 먼저 건설하고 동제련소는 1976년부터 건설하기 시작하여 1977년 말까지 완공하는 것으로 변경되었다. 여천지구의 에틸렌 기준 연산 35만 톤 규모의 석유화학기지 역시 1975년도 새해 경제시책 방향에서는 1975년부터 착공하여 1977년도까지 대부분의 공장을 준공하는 것으로 되어 있었으나 완공시기가 연장되고 있었다.

구체적으로 상공부가 1976년 3월에 제95회 국회 상공위원회에 제출한 1976년 중화학공업 투자계획을 보면 〈표 6-13〉과 같다.

각 연도별로 1974년 중화학공업 투자계획과 비교하여 1975년도 중점 시책방향 투자계획(1974년 10월 국회), 1976년도 중점 시책방향 투자계획(1975년 10월 국회), 그리고 제95회 국회 상공위원회 보고(1976년 3월)의 투자계획을 비교해 보면 변화가 발견된다. 대통령 시정연설이나 국회 보고에서 특정 사업이 빠져 보고되고 있다고 하여 반드시 그 투자사업이 취소된 것은 아니다. 하지만 주요 계획 등의 용어에서 알 수 있듯이 보고에서 빠지고 있다는 것은 그 투자계획 자체의 중요도의 변화를 반영하는 것이며 또 재원배정이나 착수순위에서 우선도가 낮아진 것을 반영하는 것이다.

4. 후기 생산·투자계획: 제4차 경제개발5개년계획과 이후, 1977~1981[31]

제4차 경제개발5개년계획에서 1981년 목표치를 보면 중화학공업은 전체 국민총생산의 19.6%(기계, 전자, 조선 9.6%, 1차 금속 및 화학 10.0%)로[32] 중화학공업과 경공업의 비율은 1975년 불변가격 부가가치 기준 49.5:50.5, 생산액 기준 49.0:51.0 비율로 높이도록 계획되었다.[33] 그리고 이를 위한 각 공업별 생산·수출계획을 보면 〈표 6-14〉와 같다.

31) 제4차 경제개발5개년계획과 관련하여 당시 정부의 자료를 보면 부가가치와 생산액을 섞어 쓰고 있고 숫자도 다르게 나오는 경우가 있으며 그 다른 근거가 정확히 되어 있지 않다. 또 숫자의 출처가 불분명한 경우도 있다. 이러한 모든 경우를 최대한 고려하여 수정하였다.

32) 대한민국정부(행백, 1977), p.548.

33) 상공부중공업계획반·화학 및 경공업계획반(제41, 1976), pp.43~45.

표 6-14 제4차 경제개발5개년계획 중화학공업 생산·수출계획(1975년 기준)

		목표 생산·수출계획		
		1975	1981	배수
철강 (조강기준)	생산능력(만 톤)	285.2	850	3.0
	수출(만 톤)	123.5	373.7	3.0
비철금속 (1차 가공제품)	생산(백만 원)	25,633	93,637	3.7
	수출(천 달러)	4,509	42,660	9.5
기계	생산액(백만 달러)	1,237.0	4,952.5	4.0
	수출(백만 달러)	289.0	1,415.0	4.9
전자	생산액(백만 달러)	942.1	4,127	4.4
	수출(백만 달러)	409.0	1,940	4.7
조선	시설능력(만G/T)	239	425	1.8
	수출(만G/T)	58.8	114	1.9
석유화학	에틸렌 생산(만 톤)	10	50	5.0
	프로필렌 생산(만 톤)	5.8	26.8	4.6
석유정제	처리능력(만BPSD)	43.5	67.5	1.6

자료: 대한민국정부(제4경, 1976); 상공부중공업계획반·화학 및 경공업계획반(제41, 1976).

전체적으로 생산계획을 보면 규모의 경제, 수출을 목적으로 하는 시설투자가 계속 추구되고 있음을 알 수 있다. 공업별로 생산능력이 비교가능한 철강과 조선의 생산능력을 보면 철강은 1973년 장기계획의 1981년 목표 1,505만 5,000톤(M/T)이 1976년 제95회 국회 상공위원회 보고에서 1,150만 톤으로 줄은 데 이어 다시 850만 톤으로 축소되고 있음을 알 수 있다. 조선은 축소된 건조능력 425만 톤(G/T)이 그대로 유지되고 있다.

이러한 생산계획을 달성하기 위하여 제4차 경제개발5개년계획상 중화학공업 투자계획을 전체와 공업별로 나누어 내자, 외자, 민간, 정부부문 투자계획으로 보면 〈표 6-15〉와 같다. 계획의 두 번에 걸친 조정과정에서 1977~1981년간 중화학공업 투자계획은 3조 2,731억 원(1975년 불변가격)으로 원래 확정치보다 금액이 확대 조정되었지만, 이는 제조업 전체 투자계획액 5조 878억 원의 64.3%로 비율 면에서 처음과 차이가 별로 없었고[34] 오히려 중화학공업화율은 상공부가 제시한 안보다 두 번의 수정에서 낮아진 것이다. 제4차 경제개발5개년계획은 총투자액의 17.2%를[35] 중화학공업에 배정하고 26.7%를 제조업에

34) 대한민국정부(제4경, 1976), p. 171; 상공부중공업계획반·화학 및 경공업계획반(제41, 1976), p. 15.

35) 李甲燮(1980. 12), p. 26에서처럼 비율이 일부 다르게 나오고 있는 자료들이 발견되고 있는데, 이것은 최초 상공부안과 대통령 결재 후 최종안으로 발표되었던 경제기획원 수정안, 이후 다시 수정된 최종수정안의 차이

표 6-15 제4차 경제개발5개년계획(1977~1981) 중화학공업 투자계획(투자지출 기준, 1975년 가격) (단위: 10억 원)

	합계	내자	외자	민간	정부
철 강	677.3(20.7)	269.2	408.1	635.7	41.6
비철금속	115.9(3.54)	60	56	115.9	0
기 계	895.9(27.4)	618.6	277.3	891.0	4.9
전 자	385.7(11.8)	278.4	107.3	380.6	5.1
조 선	84.9(2.6)	42.8	42.1	84.9	0
석유화학	471.6(14.4)	197.6	274.4	434.7	36.9
석유정제	161.0(4.9)	69.0	92	161.0	0
기타 화학	480.9(14.7)	295	186	480.9	0
중 화 학	3,273.1(100)	1,830.9(55.9)	1,442.2(44.1)(2,979.8*)	3,184.6(97.3)	88.5(2.7)
경 공 업	1,814.6	1,352.8	461.8	1,789.9	24.7
제 조 업	5,087.8	3,183.7	1,904.1(3,934.1*)	4,974.6	113.2
투자총액	19,028.0	14,188.0	4,840.0(10,000.0*)	13,229.7	5,798.3

주: 1) ( ) 안은 합계를 100으로 한 비중.
2) 외자의 (*)은 단위 백만 달러임.
자료: 대한민국정부(제4경, 1976); 상공부중공업계획반·화학 및 경공업계획반(제41, 1976); 대한민국정부(행백, 1977).

배정하였으며 계획에서 전 투자율을 26.2%로[36] 한 것이었다.

그런데 〈표 6-15〉에서 후기 중화학공업화 투자계획의 두 가지 특징을 발견할 수 있다.

우선, 첫째는 1977~1981년 중화학공업의 투자계획을 보면 정부투자액이 885억 원으로 전체 중화학공업 투자액의 2.7%에 불과하였다. 1973~1981년의 초기 중화학공업화계획에서 민간부문 투자부담액은 96.35%로 절대적이었지만[37] 그 비중이 1970년대 후기에 들어와 더욱더 높아져 97.3%가 되도록 투자계획이 이루어진 것이다. 이는 고가의 기술, 자본재 도입과 대규모 시설 건설 필요성이 낮았던 경공업의 민간부문 투자비중 98.6%와 사실상 차이가 없었다. 중화학공업화에서 정부의 투자주체로서의 역할은 작았으며 후반기에 그 역할은 더욱더 작아졌음을 알 수 있다. 즉, 중화학공업화계획은 투자로 볼 때에는 철저히 민간시장기구에 의한 투자계획이었다.

둘째, 후기 1977~1981년 계획에서 중화학공업 투자액의 내외자 비율은 55.9:44.1로 외자가 29억 7,980만 달러, 한화로 1조 4,422억 원으로 44.1%를 차지하도록 계획되었다. 이는 중화학공업 투자에서의 외자원칙 60%는 물론이고 1973~1981년 투자계획에서의 외

와 총투자와 고정자본형성분의 차이 등에서 오는 것이다.

36) 결과는 1979년 35.4%를 피크로 33.5%로 되었다. 대한민국정부(제4경, 1976); 대한민국정부(제5경, 1981).

37) 경제기획원(우장, 1973), pp. 152~159.

자투입비중 60.2%에[38] 비해 현저히 낮아진 것이다. 외자비중이 높게 책정된 것은 철강공업과 석유화학공업이었는데 이 두 공업도 외자투입비중이 각각 60.3%, 58.2%로[39] 책정되어 총기간 외자 60% 이내의 원칙이 지켜지도록 작성되었다.

중화학공업화는 내자동원에 성공하고 있었다. 실제로 1976년 10월 1일 정부는 1976년 9월 말 현재 자본시장을 통한 내자동원 실적이 2,339억 원으로 이미 1976년 목표 2,000억 원을 돌파함에 따라 목표를 2,700억 원으로 확대 조정할 방침이라고 밝혔고,[40] 1977년 1월 12일 연두기자회견에서 대통령도 1976년 투자자립률이 86%이고 1981년에는 자립도 100%를 달성하겠다고 하는[41] 등 내자조달은 성공하고 있었다. 중화학공업화는 대외의존성을 고려하여 계획되었고 이는 중화학공업이 진행될수록 더욱 그러하였다. 이상의 두 가지 점에서 볼 때 1970년대 중화학공업화가 외자의존적이고 또 정부주도이었다고 일률적이고 총체적으로 평가하는 것은 과도한 것이다.

〈표 6-15〉의 투자계획을 다시 각 공업별 제조업과 중화학공업 내 비중으로 정리하고 이를 중화학공업추진위원회기획단이 1973년 발표한 1973~1981년 투자계획과 비교해 보면 〈표 6-16〉과 같다.

투자계획액으로 보면 비록 조선, 전자를 제외한 기계류 전체를 포함하는 것이지만[42] 어쨌든 기계부문이 제조업 투자계획액의 17.6%(중화학공업 투자계획액의 27.4%)로 가장 높고 포항제철 확장을 중심으로 하는 철강공업이 13.3%(중화학공업 투자계획액의 20.7%)로 두 번째로 높으면서 이 두 부문이 각각 제조업투자액의 10% 이상의 비중을 차지하고 있다. 기계공업은 1970년대 후기로 갈수록 생산·투자계획에서 높은 투자 중요성을 부여받고 있었다. 이는 기계공업의 증대되는 중요성에도 불구하고 낙후되어 있는 현실에 따른 것이다. 철강 역시 계속적인 규모 확대의 요구로 투자비중이 높았다. 이어 투자계획액으로 보아 석유정제, 석유화학을 제외한 시멘트·화학펄프·기계제염 등 기타 화학부문 투자가 제조업 투자액의 9.4%(중화학공업 투자계획액의 14.7%), 석유화학부문 투자가 9.3%(중화학공업 내 14.4%)로 뒤를 잇고 있으며, 전자공업부문 투자는 제조업 투자액의 7.6%(중화학공업 투자계획액의 11.8%)를 차지하고 있다. 석유정제는 따로 분류되어 제조업 투자액의 3.2%(중화학공업 내 4.9%)를 차지하고 있다. 다른 공업은 투자액비중이 매우 낮은데, 예컨대 조선공업의 경우도 제조업 투자액의 1.7%(중화학공업 내 2.6%), 비철금속이 2.3%(중화학공업 내 3.5%)에 불과하다. 1970년대 후반 기계부문 투자가 강조되었고 시멘트·화학펄프·기계제염 등 기타 화학부문도 투자계획에서 상당히 중요한 비중을 차지하고 있었음을 발견할 수

38) 중화학공업추진위원회기획단(중화공, 1973), p. 15.
39) 경제기획원(제4경, 1976); 상공부중공업계획반·화학 및 경공업계획반(제41, 1976), pp. 47~51.
40) 〈중앙일보〉(1976. 10. 1).
41) 〈조선일보〉(1977. 1. 13).
42) 이런 이유로 경제기획원은 제4차 경제개발5개년계획 최종 수정에서 이 부문을 늘리고자 하였다.

표 6-16 제4차 경제개발계획기간(1977~1981년) 각 공업의 투자비중(1975년 가격) (단위: %)

구분	구성비		
	제조업 기준	중화학공업 기준	
		4차 계획(1976)	기획단(1973)
제조업	100.0	–	–
중화학공업	64.3	100.0	(100.0)
철강	13.3	20.7	24.6
비철금속	2.3	3.5	3.9
기계	17.6	27.4	24.7
전자	7.6	11.8	13.5
조선	1.7	2.6	8.7
석유화학	9.3	14.4	24.7
석유정제	3.2	4.9	
기타 화학	9.4	14.7	
경공업	35.7	–	–

주: 기획단(1973)은 중화학공업추진위원회기획단(중화공, 1973)의 값으로 중화학공업 합계는 기타를 제외한 철강, 비철금속, 기계, 조선, 화학의 소계합인 88억 5,200만 달러로 계산한 값임.
자료: 상공부중공업계획반·화학 및 경공업계획반(제41, 1976); 중화학공업추진위원회기획단(중화공, 1973).

있다.

이를 중화학공업추진위원회기획단의 1973년 발표 1973~1981년 투자계획과 비교해 보면 철강, 비철금속, 전자, 조선 부문의 투자비중이 줄어들고, 대신 기계가 24.7%에서 27.4%로, 화학공업이 24.7%에서 34.0%로 증가하였음을 알 수 있다. 이러한 변화는 기계공업의 중요성이 중화학공업화 후기로 갈수록 강조되고 있고 화학공업 역시 동일하였던 사정을 반영하고 있는 것이다.

제4차 경제개발5개년계획기간의 투자계획을 구체적으로 고정자본형성만 추출하여 보되 그 성격을 뚜렷이 보기 위하여 제3차 경제개발5개년계획의 고정자본형성 계획과 비교해 보면 〈표 6-17〉과 같다.

고정자본형성으로 보아 중화학공업의 고정자본형성 비중이 제조업의 64.1%이고 경공업이 35.9%이다. 중화학공업이 장치산업의 성격이 강하고 자본집약적이며 또 한국의 경우 신규공업이었기 때문이었다. 중화학공업 중에는 기계부문의 고정자본형성액이 가장 많도록 계획되어 제조업 고정자본형성의 16.9%를 차지하고 있고, 다음으로 철강 13.9%, 석유화학 9.8%의 비중으로 고장자본형성 계획이 만들어졌다. 경공업의 대표공업인 섬유공업의 고정자본형성 비중은 제조업 내 19.9%이었다. 1970년대 후반 제4차 경제개발5개년계획

표 6-17 제3, 4차 경제개발5개년계획 중화학공업부문별 고정자본형성 계획(고정자본형성, 1975년 가격) (단위: 10억 원)

	3차(1972~1976)		4차(1977~1981)		B/A(배수)
	금액(A)	구성비	금액(B)	구성비	
제조업	2,539.9	100	4,513.1	100	1.78
중화학	1,558.6	61.4	2,892.5	64.1	1.86
철강	470.4	18.5	625.5	13.9	1.33
비철금속	21.3	0.8	105.4	2.3	4.95
기계	243.9	9.6	761.4	16.9	3.12
전자	114.4	4.5	312.9	6.9	2.74
조선	109.4	4.3	70.7	1.6	0.65
석유화학	150.0	5.9	442.9	9.8	2.95
정유	72.96	2.9	156.0	3.5	2.14
비료	176.1	6.9	18.4	0.4	0.10
기타 화학	200.2	7.9	399.3	8.8	1.99
경공업	981.4	38.6	1,620.6	35.9	1.65
섬유	567.8	22.4	899.9	19.9	1.58
기타 경공업	413.6	16.2	720.7	16.0	1.74

자료: 상공부중공업계획반·화학 및 경공업계획반(제41, 1976), p. 46.

총량계획에서 "중화학공업의 비중이 1975년 42.4%에서 1981년에는 49.5%로 높아지고 경공업은 연평균 11.8% 신장, 중화학공업은 연평균 17.3% 신장"하도록 계획되었으나,[43] 제3차 경제개발5개년계획과 비교해 제4차 경제개발5개년계획의 중화학공업 고정자본형성액 증가는 1.86배로 경공업의 1.65배와 큰 차이가 없었다.

특징적인 것은 제4차 경제개발5개년계획에서 조선공업부문의 고정자본형성이 제조업 고정자본형성의 1.6%에 불과해 제3차 경제개발5개년 당시의 비중 4.3%와 비교해도 매우 낮게 되었다는 것이다. 제3차 경제개발5개년계획과 비교하여 절대금액의 증가에서 가장 높은 증가를 보인 것은 비철금속공업이다. 비철금속공업은 제조업 고정자본형성의 2.3%이지만 제3차 경제개발계획에서는 비중이 0.8%로 매우 작았기 때문에 절대금액 증가가 4.95배가 되어, 높은 증가율의 기계 3.12배보다도 높았다.

1976년에는 국제경기의 회복, 교역 확대, 수출 신시장 확대 등 유리한 환경조건이 형성되어 나갔다. 이러한 환경변화에 기초하여 1976년 10월 2일 박대통령은 국회에 총 2조 6,750억 원의 1977년 일반예산안을 제출하고 10월 4일에 1977년 시정연설을 하였는데,[44]

43) 상공부중공업계획반·화학 및 경공업계획반(제41, 1976), p. 42.

표 6-18 1977년 새해 예산 주요 시책의 중화학공업 투자계획(대통령 1977년 새해 예산안 국회 시정연설)

산 업 별	주요 내용
전 체	중화학공업을 계속 확충하여 공업구조의 고도화를 실현한다.
철 강	① 1976년 5월에 조강능력 260만 톤 규모 2기 설비는 완성하였다. ② 550만 톤 규모의 제3기 확장공사를 예정대로 1979년 완성한다. ③ 대단위 종합 특수강공장을 1977년에 완성시켜 철강재 소재 공급 원활화로 기계공업 육성기반을 구축한다.
비철금속	① 1976년 6월에 착공한 연산 5만 톤 규모 대단위 아연제련소를 1977년 말까지 준공한다. ② 연산 8만 톤 규모의 대단위 동(銅)제련소를 1979년에 완공한다. ③ 완성 후 수출도 가능하게 된다.
조 선	① 옥포조선소, 고려죽도(高麗竹島)조선소 건설과 부산조선공사 시설확장공사를 본격적으로 진행하여 완성을 서둘러 나간다. ② 1981년 조선능력을 현재의 2배인 425만 톤으로 확대한다.
기 계	① 제4차 경제개발계획의 핵심 업종으로 중점 육성한다. ② 대기업형 기계공장 육성과 병행하여 중소기업형 부품전문공장을 획기적으로 육성하기 위해 500개의 시범공장을 선정하고, 우선 1977년에 100개 공장을 지정하여 금융, 세제 등 적극 지원한다. ③ 1976년부터 강력 추진하고 있는 '기계류 국산화 시책'을 더욱 실용성 있게 추진한다. 이를 위해 시멘트를 비롯한 6개 업종에 대하여 공장건설시의 표준국산화율을 책정하였고 더욱 확대한다. ④ 특히, 기계공업 전진기지로서 기능을 담당할 창원기계공업기지 건설을 촉진하여 1981년에는 완료하도록 박차를 가한다.
자 동 차	지금까지 이루어 놓은 국산화를 바탕으로 수출산업으로 육성한다.
전 자	① 조립의 형태를 탈피하여 소재 및 부품생산으로 전환한다. ② 고도의 기술개발을 통하여 노동집약적 공업에서 기술집약적 공업으로 발전시켜 국제경쟁력을 강화하는 데 역점을 둔다.
석유화학	① 여천화학공업기지의 나프타분해공장 및 계열공장을 1979년 완공목표로 추진한다. ② 병행하여 울산석유화학단지에도 나프타분해공장과 몇 개의 계열공장을 증설한다. ③ 제7비료공장은 1977년 2월에 준공함으로써 비료 생산능력을 300만 톤으로 확장하여 연간 50만 톤 이상의 수출 여력을 가지게 된다.

자료: 〈매일경제신문〉(1976. 10. 4); 日韓經濟協會(協會報, 1977. 1. 1), pp. 2~3.

이때 새해 경제시책 7가지 중 4번째로 '중화학공업을 계속 확충하여 공업구조의 고도화 실현'을 제시하였다. 이 날 제시된 중화학공업 관련 생산·투자계획을 정리해 보면 〈표 6-18〉과 같다.

이 밖에도 중화학공업과 관련된 투자계획이 새해 경제시책 7가지 중 '② 수출증대와 수입 적정화를 통해 국제수지 계속 개선, ⑤ 사회간접자본을 계속 균형적으로 확충, ⑥ 중소기업 중점 지원, ⑦ 과학기술의 개발과 진흥'의 4부문에서도 언급되었다. 이 시정연설의

44) 〈중앙일보〉(1976. 10. 2; 1976. 10. 4).

새해 경제시책은 제4차 경제개발5개년계획의 최종 수정이 거의 완성되던 단계이어서 수정된 투자계획을 다수 공유하고 있다.

1977년 1월 12일 박대통령은 연두기자회견에서 다시 중화학공업에 대한 주요 투자계획을 밝혔다. 이를 정리하면 〈표 6-19〉와 같다. 연두기자회견에서 대통령은 금년도에 추진할 주요 사업으로 먼저 중화학공업화의 계속적 추진을 들었다. 그리고 제4차 경제개발5개년계획을 자세히 언급하며 중화학공업 투자계획과 관련 계획을 밝혔다. 구체적으로 포

표 6-19 1977년 대통령 연두기자회견의 중화학공업 투자계획

공업별	주요 내용
전 체	금년 중에 우리가 추진할 주요 사업을 설명하겠다. 첫째는 중화학공업화의 추진이다.
철 강	① 마산에 건설 중인 특수강공장 1단계 공사가 1977년 중 완료되어 약 14만 톤 규모의 특수강이 생산될 것이다. ② 제2차 확장공사를 계속할 예정이다.
비철금속	① 아연제련소를 10월에 완성한다. ② 1976년 가을에 착공한 동제련소는 1979년 가을에 8만 톤 규모로 준공한다.
기 계	① 기계공업의 획기적 발전을 가져올 기계공업의 요람인 창원기지는 1974년 착수 후 순조롭게 진행 중이다. 현재 입주한 공장은 49개이고 1977년 말에 70개 공장으로, 1981년에는 104개 공장이 입주한다. ② 그 밖에 연관공장이 주변에 서게 되면 완성 후 창원기지 일대 공원은 10만 명을 넘을 것이다. ③ 작년 시작한 중소기업형 전문기계공장을 매년 100개 정도 중점 육성하여 대기업과 계열화를 시켜 중공업 발전에 기여시키고자 한다.
조 선	① 고려죽도조선소는 1977년 6월에 완성 예정이며 옥포(玉浦)조선소는 연말, 늦어도 1978년 봄에 준공하여 연간 120만 톤 건조능력을 갖춘다. ② 1977년 말에 한국은 조선능력 400만 톤을 훨씬 넘을 것이며 이는 1973년 19만 톤에 비해 3, 4년 만에 20배로 신장되는 것이다.
전 자	금년부터 반도체의 개발과 57종이 넘는 전략적 부품을 국산화하기 위해서 여러 개의 공장이 금년부터 구미공단을 위시하여 속속 착공될 예정으로 있다.
화 학	① 제7비료를 2월에 준공한다. 여기에서 비료 연산 100만 톤, 무기산 100만 톤을 생산한다. 이는 북한의 전 비료생산량을 넘는다. ② 여천석유화학단지를 계속 추진하여 1979년 봄에 완성 예정이다. 여기에서 에틸렌 규모로 약 35만 톤 규모의 석유화학제품이 생산될 것이다. ③ 1977년 말 완공예정의 울산 기존 석유화학단지 확장공사로 에틸렌 10만 톤 생산규모는 15만 톤으로 확대된다. ④ 1979년 봄 정도면 석유화학은 에틸렌 50만 톤 규모가 되어 현재의 10만 톤에 비해 5배가 증산될 것이고 그러면 석유화학원료를 완전 자급자족할 수 있는 단계로 들어가게 된다. ⑤ 이란과의 합작에 의한 온산 정유공장이 작년 가을 착공되어 내년 완공을 목표로 공사 중에 있다.

자료: 대통령비서실(박연7, 1978), pp. 36~38.

항종합제철 확장공사, 아연제련소·동제련소 건설과 함께 기계공업의 중점으로서의 창원 기계공업기지 건설상황을 설명하고 1977년 한국의 조선능력은 400만 톤을 훨씬 넘을 것이라고 언급하였다. 구미전자공업기지와 여천석유화학공업기지, 비료공업,[45] 정유공장 등에 대한 계획도 밝혔다.

1977년 10월 4일 대통령의 1978년 예산 시정연설이 있었다. 1978년 예산에서 중화학공업 투자와 관련된 내용을 정리하면 〈표 6-20〉과 같다.

대통령은 1978년 예산안 시정연설에서 "경제의 국제경쟁력 강화를 위하여 중화학공업을 계속 확충함으로써 산업구조의 합리적 재편을 서두른다"고 먼저 밝힌 후 중화학공업 건설을 주요 항목으로 구분하여 각 공업 하나하나에 대한 투자계획을 설명하였다. 연산 550만 톤의 포항제철 제3기 공사는 1978년 말 완공으로, 동제련소 건설 역시 1979년 초 완공으로 당겨졌고 기계공업이 강조되었다. 조선공업과 전자공업 등은 양적 성장을 넘어 기술개발이 강조되었으며 전자공업은 반도체 및 컴퓨터 공업단지의 건설 본격화가 천명되었다.

1978년 설비투자계획의 특징은 한국산업은행 기업실사 자료를 정리한 日本貿易振興會機械部(韓化, 1978)에서 구할 수 있다. 이에 의하면[46] 1978년 중화학공업 설비투자는 1조 1,000억 원으로 전년 대비 1.0% 증가로 되어 있으나 경공업 설비투자는 1,200억 원으로 52.5% 감소로 되어 있다. 자금구성을 보면 외자자금은 제조업 설비투자의 53.7%로 계획되어 있는데 1차 금속공업 설비투자의 50%, 기계공업 설비투자의 64%, 공업용석유화학공업 설비투자의 65%, 전기기기공업 설비투자의 18%가 외자로 계획되어져 있어 1978년 기계공업과 공업용석유화학공업 설비투자의 외자비중이 60% 이상으로 높았다.

1978년 설비투자계획을 1976, 1977년 값과 비교하면서 보면 〈표 6-21〉과 같다. 1차 금속공업의 경우 전체적인 설비투자 감소 속에 신규투자·공해방지 투자가 증가하고, 1977년에는 투자비중의 88.1%까지 차지하는 등 절대적 비중을 차지하던 설비의 확장투자는 대폭 감소하도록 계획이 작성되었다. 일반기계공업의 경우 1978년 전체적인 설비투자 증가 속에서도 설비확장 투자비중이 1976년 55.1%, 1977년 36.2%에 이어 다시 22.8%로 축소되도록 계획되고 있고, 대신 신규설비투자의 비중이 1976년 43.3%에서 1977년 60.8%에 이어 1978년에는 76.8%로 늘어나도록 계획되었다. 반면 전기기기공업의 경우 1978년

45) 대통령은 제7비료를 언급하면서 여기에서 생산되는 비료량이 북한의 전 비료생산량을 넘는다고 언급하고 있다. 이와 관련하여 김정렴 전 비서실장의 다음 증언은 흥미롭다. "당시 7비는 국내소비 50%, 수출이 50%가 되어야 할 정도로 대규모였다. 그래서 경제기획원 역시 반대하였다. 그러나 당시 절대 필요하였던 산림녹화에도 비료가 필요하였다. 아마 세상에 산에 나무를 심어놓고 비료를 준 나라는 대한민국밖에 없을 것이다. 그리고 7비를 만들면서 북한의 산림이 황폐화되어 있는데 통일되면 사방공사부터 하고 식수를 해야 한다고 생각하였고 이를 위해 비료가 필요하다고 생각하였다. 멀리 내다본 것이다." 김정렴 전 대통령비서실장 증언(2008. 12. 22).

46) 日本貿易振興會機械部(韓化, 1978), p. 21.

표 6-20 1978년 새해 예산 주요 시책의 중화학공업 투자계획(대통령 1978년 새해 예산안 국회 시정연설)

공업별	주요 내용
전　체	경제의 국제경쟁력 강화를 위하여 중화학공업을 계속 확충함으로써 산업구조의 합리적 재편을 서두른다.
철　강	① 조강능력 연산 550만 톤 규모의 포항종합제철 3기 확장공사를 내년 말까지 완공한다. ② 1977년 말까지 완공되는 대단위 종합특수강공장의 생산을 1978년부터 본격화하여 철강재 소재 공급의 원활화를 기한다.
비철금속	1977년 말 완공 아연제련소 건설에 이어 1978년에는 연산 8만 톤 규모 동제련소 건설을 1979년 초 완공목표로 추진한다.
기　계	① 먼저 기계공업의 기반을 구축하기 위해 전략품목의 지원을 강화하고 종합기계공장의 건설 등 기계공업에 대한 투자를 더욱 촉진한다. ② 시설근대화를 도모하기 위하여 계속 중소기업형 전문기계공장을 선정 육성하여 전문화와 계열화를 촉진하겠으며 중소기계공업체의 노후시설 개체를 위한 지원을 강화한다. ③ 기계류 수요를 확대하기 위해 기계 국산화 자금을 늘리는 한편, 수출금융과 수출보험을 확대하고 선진공업국가와의 합작을 통한 플랜트수출 등 해외판매 활동을 강화해 나간다.
조　선	① 국내수요를 증대하기 위해 1975년부터의 계획조선을 1978년에도 적극 추진하며 자금지원을 확대한다. ② 선박수출을 장려하기 위해 해외시장 정보망을 넓히고 연불수출자금 공급을 늘려감으로써 선박수주를 최대한 확보한다. ③ 조선능력을 확충하기 위해 건설 중인 민간조선소의 완공을 촉진한다. ④ 선박해양연구소를 통해 설계기술 및 조선기술 개발을 촉진한다.
전　자	① 반도체 및 컴퓨터 관련제품 등 전략품목을 계속 육성한다. ② 기술개발을 더욱 촉진하기 위해 제품개발 지원자금을 확보하고 민간연구활동에 대한 지원을 강화한다. ③ 이를 효율적으로 뒷받침하기 위해 1978년에는 현재 추진 중인 칠곡(漆谷)의 반도체 및 컴퓨터 공업단지의 건설을 본격화한다.
석유화학 및 화학	① 연산 100만 톤 규모의 제7비료공장이 7월에 완공되어 비료생산 능력은 300만 톤으로 증대되었으며 연간 50만 톤의 수출이 가능하게 되었다. ② 적극 추진해 온 울산석유화학공업단지의 나프타분해센터 확장과 계열공장을 1977년 말까지 완공시킨다. ③ 여천화학공업기지의 나프타분해센터 및 계열공장을 1979년 가동 목표로 추진한다.

자료: 〈매일경제신문〉(1977.10.4); 〈조선일보〉(1977.10.5).

신규설비투자의 비중은 0.9%로 오히려 1977년 10.2%보다 주는 반면 설비확장 투자비중이 1976년 81.1%, 1977년 77.4%에 이어 1978년 79.0%로 되고 투자형태별로 건물이 1976년 27.6%, 1977년 32.4%에서 1978년 27.1%로 계획되어 다른 투자형태를 보여 준다.

1978년 10월 4일 대통령의 1979년 예산 시정연설이 있었다. 1979년 예산에서 중화학공업 투자와 관련된 내용을 정리하면 〈표 6-22〉와 같다.

1979년 예산 시정연설에서 1979년 새해에도 중화학공업 건설투자를 계속 추진하여

표 6-21 한국산업은행 집계 1978년 설비투자계획

(단위: 백만 원, %)

구분	연도	총투자액	구성비				
			신규투자	설비확장 투자	설비개보수 투자	공해방지 투자	기타
1차 금속공업	1976	200,852	8.4	85.8	5.1	0.3	0.4
	1977	470,124	10.8	88.1	0.9	0.1	0.1
	1978	341,840	16.8	81.7	1.2	0.3	0.0
일반 기계공업	1976	47,852	43.3	55.1	1.3	–	0.3
	1977	80,596	60.8	36.2	3.0	0.0	0.1
	1978	192,001	76.8	22.8	0.4	–	0.1
전기기기 공업	1976	44,652	0.9	81.1	16.0	0.3	1.7
	1977	82,812	10.2	77.4	15.6	0.6	4.1
	1978	19,873	0.9	79.0	15.6	0.6	4.1

자료: 日本貿易振興會機械部(韓化, 1978), pp. 22~27.

공업구조를 고도화해 나가겠다는 점이 대통령에 의해 우선 천명되고 있지만, 실질적인 내용에서 새로운 투자사업의 중요성과 비중은 대폭 감소하였고 중화학공업 투자관련 언급내용도 줄어들었다. 계속사업 외 신규투자사업으로는 계속 계획이 거론되던 포항제철 4기공사 착공, 비철금속공업의 연제련소 건설, 석유화학의 제3석유화학단지 건설투자계획 등이 등장하는 정도이었다. 다만 한국도 종합적인 대단위 기계공장이 필요하게 됨에 따라 대단위 기계공장 건설이 촉진되고 있으며 기계공업 투자가 보다 세분화되어 업종별로 전문 계열화하도록 계획되었다. 이러한 경향은 1980년도 새해 예산 시정연설에서도 계속되었다.[47)]

중화학공업추진위원회기획단은 1979년 1월 중화학공업 추진현황을 정리하면서 1980년대 중반 선진한국의 모습이라며 이후 중화학공업의 주요 투자사업과 예상결과를 밝혔다. 이를 정리하면 〈표 6-23〉과 같다.

47) 〈매일경제신문〉(1979. 11. 15); 〈조선일보〉(1979. 11. 16).

표 6-22 1979년 새해 예산 주요 시책의 중화학공업 투자계획(대통령 1979년 새해 예산안 국회 시정연설)

공업별	주요 내용
전 체	중화학공업 건설을 계속 추진하여 공업구조를 고도화해 나가겠다.
철 강	① 급격히 증가하는 철강재 수요 충족을 위해 포항제철 3기 확장공사를 완료한다. ② 이어 내년(1979년)에 연산 850만 톤 규모의 4기 확장공사를 착공한다. ③ 기존 제철소를 확장하도록 한다.
비철금속	① 연산 8만 톤 규모의 동제련소를 완공한다. ② 연제련소 건설을 1980년 완공목표로 추진한다.
기 계	① 대단위 기계공장의 건설을 촉진한다. ② 창원기계공업기지 건설을 촉진한다. ③ 중소기업형 전문기계공장, 자동차부품공장, 선박용 기계전문공장 등을 선정하여 이를 업종별로 계열화해 나간다.
조 선	① 최근 국제조선업계의 불황에 비추어 조선소의 안정조업이 유지될 수 있도록 수출선박의 수주활동을 지원하고 계획조선을 추진한다. ② 선진설계 및 건설기술을 적극 도입하도록 한다.
전 자	① 구미제2전자단지의 건설을 촉진한다. ② 산업용 전자기기 및 전자부품의 국산화를 추진한다. ③ 반도체 및 컴퓨터 관련제품 등 전략품목을 계속 육성한다. ④ 선진기술의 도입, 연구개발의 촉진 등을 통해 전자기술의 국제수준화를 기한다.
석유화학 및 화학	① 여천(麗川)지구에 에틸렌 기준 연산 35만 톤 규모의 나프타분해공장과 8개 계열공장을 완공하겠다. ② 제3석유화학단지 건설에 착수한다. ③ 시멘트공업에서 내년(1979년)에 5개 공장의 신설 및 증설공사를 추진하여 이 중 2개 공장을 완공하여 현재의 총시설능력 1,600만 톤을 1,990만 톤으로 제고한다. ④ 정유공장의 신설 및 증설을 추진하고 석유개발공사를 설립한다.

자료: 〈매일경제신문〉(1978. 10. 4); 〈조선일보〉(1978. 10. 5).

표 6-23 1979년 이후 중화학공업 주요 투자사업과 예상 결과

공업별	주요 내용
철 강	① 1981년 말 포철 4기 사업 완공으로 철강생산 1,300만 톤, 세계 12위 목표 ② 1986년 말 포철 제2공장 2기 사업 완공으로 철강생산 2,000만 톤, 세계 8위 목표
기 계	1980년대 중반 기계공업 목표는 원자력발전소를 비롯한 대형플랜트 설비 생산능력 보유-에너지플랜트 설비/ 석유화학·시멘트공장 등 산업설비/ 중장비류/ 컴퓨터 등 두뇌 정보산업기기
조 선	세계상위의 조선강국 구축, 1981년 말 약 425만 톤, 1986년 말 800만 톤 조선능력 보유
자 동 차	① 1981년 말 100만 대 생산능력(세계 11위권) ② 1986년 말 200만 대 생산능력(세계 9위권)
석유화학 (에틸렌 기준)	① 1981년 말 100만 톤 생산능력(세계 10위권) ② 1984년 말 150만 톤 생산능력(세계 8위권)

자료: 중화학공업추진위원회기획단(중화추현, 1979. 1), pp. 284~285.

CHAPTER 7

철강공업, 비철금속공업의 생산·투자계획

1. 철강공업

1) 철강공업(특수강 제외)의 생산·투자계획과 변화[1]

(1) 경제기획원 발표의 중화학공업 건설계획, 중화학공업추진위원회기획단의 중화학공업 육성계획, 상공부의 철강공업 시설투자계획

1961년 상공부는 동해안에 외자 3,200만 달러, 내자 300억 환을 들여 선철 25만 톤, 강재 17만 톤 생산규모의 선강일관(銑鋼一貫)제철소를 건설한다는 계획을 포함한 산업개발계획안을 성안하였다.[2] 이후 일관제철소 건설을 위한 노력이 계속되어 마침내 1970년 4월 1일 조강(粗鋼) 연산 103만 톤 규모의 종합제철 본공장 1기 설비건설 착공식이 이루어졌다.

1973년 들어와 중화학공업화선언과 함께 본격화된 중화학공업화계획에 의한 철강공업의 투자규모는 규모의 경제에 입각한 국제경쟁력이 계속 고려되었다. 그래서 중화학공업화의 기본지침이 된 '중화학공업화정책선언에 따른 공업구조개편론'에서 이미 포항제철은 적어도 연산 500만 톤 규모로 확장계획되어야 한다는 점이 지적되었다.[3] 한편, 대통령

1) 이 장에서는 철강공업의 생산·투자계획 변화 모두를 고찰하는 것이 아니라 큰 변화가 이루어진 주요 생산·투자계획만을 정리하도록 한다. 전체적인 계획의 변화는 본 책에 이어 진행되는 각 공업별 연구에서 상세히 고찰한다. 철강공업만이 아니라 제7, 8, 9장의 공업에서도 마찬가지로 이와 같은 원칙으로 정리한다.
2) 포항종합제철주식회사(포20사, 1989), p. 94.
3) 대통령비서실(중선, 1973. 1. 30), p. 52.

표 7-1 중화학공업 건설계획의 철강공장 건설계획(1973. 5. 24)

		포항제철 확장	제2종합제철
생산규모(만 톤/연간)		조강 700(초기 103)	조강 500(최종 1,000 이상)
투자규모 (천 달러)	총계	977,700	1,040,000
	내자	335,400	293,830
	외자	642,300	746,170
건설기간		1973. 12 ~ 1980. 12	1976. 1 ~ 1980. 12
기술성		① 용광로 및 순 산소(酸素)식 전로(轉爐)제강법 채택 ② 기술용역 필요	① 용광로 및 순 산소식 전로제강법 채택 ② 기술용역 필요 미정
차관대상국		일본, 미국, 기타	미정

자료: 大韓民國經濟企劃院(日本, 1973), p. 16.

표 7-2 중화학공업추진위원회기획단 철강공업 시설투자계획(1973. 6)

	규모	건설기간	소요자금
포철확장	① 1973년 103만→1976년 260만(M/T) ② 1976년 260만→1979년 700만(M/T)	1973 ~ 1979	1,028백만 달러
제2종합제철	① 1976년→1979년 250만→1980년 500만(M/T) ② 최종 1,000만M/T 이상	1976 ~ 1980	1,094백만 달러

자료: 중화학공업추진위원회기획단(중화공, 1973), pp. 28 ~ 29.

의 1월 중화학공업화선언을 내용 면에서 구체화하는 작업이 진행되어 1973년 5월 24일 경제기획원은 중화학공업 건설계획을 발표하면서 구체적이고 장기적인 철강공장 건설계획을 밝혔다. 이를 정리하면 〈표 7-1〉과 같다.

중화학공업추진위원회기획단은 1973년 6월에 공식적으로 중화학공업 육성계획을 완성하였다. 여기에서 포항종합제철의 확장과 제2종합제철의 건설로 조강 생산능력은 1972년의 75만 5,000톤(M/T)에서 1976년 409만 2,000톤, 그리고 1981년에는 1,470만 톤으로 확장되도록 계획되었다.[4] 주요 철강공업 시설투자계획은 〈표 7-2〉와 같다.

이미 조강 생산능력 103만 2,000톤(M/T)의 포항종합제철 1기 공사는 내외자 총투자비 1,135억 5,300만 원으로 건설되어 1973년 6월 8일 첫 화입식(火入式)을 거행하고 있었다.[5] 여기에 중화학공업추진위원회기획단은 1979년까지 약 10억 2,800만 달러를 투자하여 현재의 생산능력을 1979년에는 700만 톤으로 확장하고자 하였다. 이와 동시에 제2종합제

4) 중화학공업추진위원회기획단(중화공, 1973), p. 26.
5) 포항종합제철주식회사(포20사, 1989), pp. 195~196.

표 7-3 상공부 정리 철강공업 시설투자계획 (단위: 내자 백만 원, 외자 천 달러)

구분	공장명	위치	규격	총투자액		기간
				내자	외자	
건설중	포항종합제철	포항(浦項)	조강(粗鋼) 260만 톤	106,400	219,400	1973. 12 ~ 1976. 6
계 획	제2종합제철	낙동강 하류 혹은 아산만	조강 500만 톤 최종 1,000만 톤	103,830	746,170	1976 ~ 1980

자료: 국무총리기획조정실(중오, 1973), p. 16.

철은 총 10억 9,400만 달러를 투자하여 1979년까지 연 조강 생산규모 250만 톤으로 하고 그 후 1980년까지 500만 톤 생산규모로 생산시설을 확장한 후 최종적으로 1983년까지는 1,000만 톤 이상 생산규모로 확장할 계획이 세워졌다.

이러한 계획은 상공부의 안을 바탕으로 하고 있으면서도 상공부 정리안과 약간의 차이가 있다. 상공부가 정리한 1973년 철강공업 시설투자계획을 보면 〈표 7-3〉과 같다.[6)]

상공부가 정리한 계획은 포항제철 2기 확장공사가 끝나면 이후 진행할 계획사업 중 포항종합제철 3기 확장공사를 명확히 하지 않고 제2제철 착공계획만을 기록하고 있다. 이런 점은 제2종합제철을 조강능력 700만 톤 규모로의 포철 3기 확장공사와 겹쳐서 동시에 진행하도록 한 중화학공업추진위원회기획단과는 차이를 보여 주는데, 물론 상공부와 기획단의 의견차이를 보여 주는 것은 아니고 이는 당시 투자계획이 계속 논쟁 중에 있었음을 반영하는 것이다. 이러한 논쟁은 김재관 초대 상공부 중공업차관보에 의하면 공업발전전략과 대내외 환경에 대한 인식 차에 따른 것이었다.[7)]

1974년 들어와 석유파동의 영향 속에서 논란은 가중되었다. 1974년 10월 4일 대통령은 1975년 새해 예산안 국회 시정연설 중 중화학공업 투자계획 내용과 지원시책에서 포항종합제철을 1973년 완공된 103만 톤 규모에서 260만 톤 규모로 증설하고 연산 700만 톤 규모의 한국종합제철공장 건설을 단계적으로 추진하겠다고 밝혔다.[8)]

(2) 제2제철 투자계획의 취소와 철강공업 생산·투자계획 변경

1975년 3월 19일 남덕우(南悳祐) 부총리는 제2제철 건설 백지화를 발표하고 포항제철 확장투자에 전념하겠다고 밝혔다.[9)]

전반적인 대내외 환경변화와 포항제철 투자계획 변경에 따라 상공부는 철강공업 전체

6) 1974년 발행된 한국무역연구소의 『세계 중화학공업의 변천과 한국 중화학공업의 전망』의 내용은 상공부의 초기 철강공업투자안인 철강공업 시설투자계획을 공유하고 있다.
7) 김재관 전 상공부차관보 증언(2010. 5. 28).
8) 〈조선일보〉(1974. 10. 5).
9) 〈서울경제신문〉(1975. 3. 20); 〈동아일보〉(1975. 3. 21); 중화학공업추진위원회기획단(한공발3, 1979), p. 345.

표 7-4 상공부의 국회 상공위원회 보고 철강공업 투자계획(연 생산능력, 1975~1976)

<table>
<tr><th>보고일</th><th colspan="4">공장별</th><th>연도별</th></tr>
<tr><td rowspan="6">1975. 9. 26</td><td rowspan="3">포항제철
(103→850만 톤)</td><td colspan="3">2기(260만 톤)</td><td>1973. 12.1~1976. 6</td></tr>
<tr><td colspan="3">3기 1단계(550만 톤)</td><td>1976. 1~1978. 12</td></tr>
<tr><td colspan="3">3기 2단계(850만 톤)</td><td>1978. 1~1981. 6</td></tr>
<tr><td rowspan="2">특수강공장</td><td colspan="3">대한중기(大韓重機)(10만 톤)</td><td>1972. 10~1976. 12</td></tr>
<tr><td colspan="3">한국특수강(25만 톤)</td><td>1974. 11~1979. 6</td></tr>
<tr><td colspan="4">기존 공장(150만 톤→300만 톤)</td><td>1974~1981. 12</td></tr>
<tr><td rowspan="5">1976. 9. 27</td><td rowspan="4">포항제철
제3기 건설</td><td>규모</td><td colspan="2">550만 톤</td><td rowspan="4">1976. 3~1979. 4</td></tr>
<tr><td rowspan="3">소요
자금</td><td>내자</td><td>257,036백만 원</td></tr>
<tr><td>외자</td><td>766,300천 달러</td></tr>
<tr><td>계</td><td>628,691백만 원</td></tr>
<tr><td colspan="4">한국특수강공장 1단계 건설</td><td>1974. 11~1977. 3</td></tr>
</table>

자료: 상공부중공업국(주업, 1975. 9. 26), p. 13; 대한민국국회사무처(제94, 1975. 9. 26), p. 32; 대한민국국회사무처(제96, 1976. 9. 27), p. 41.

건설계획을 새로이 작성하였는데, 1975년 9월과 1976년 국회 상공위원회에 보고된 철강공업 투자계획을 정리하면 〈표 7-4〉와 같다.

1975년 상공부는 조강 연 생산능력 260만 톤 규모로의 2기 확장계획은 1976년까지 완공하고 이후 850만 톤 규모의 확장은 1, 2단계로 나누어 550만 톤 규모는 1978년까지로 하되 최종 850만 톤 규모로의 확장은 1981년 완공하기로 하였다. 그리고 1981년까지 기존 공장의 조강 생산능력도 150만 톤에서 300만 톤으로 늘리기로 하였다. 그러나 1년 뒤 1976년에는 전체적으로 1975년 계획의 포항제철 확장 550만 톤 3기 1단계, 850만 톤 3기 2단계 계획이 제3기, 제4기 계획으로 완전히 투자계획이 분리되어 계획이 세워졌다. 그리고 550만 톤 규모로의 3기 건설을 2개월 늦게 착공된 데 따라 완공은 더욱 기간을 연장하여 1979년 4월까지로 4개월 연기하였다. 한국특수강공장 건설은 1, 2단계로 분리되고 우선 1단계 14만 5,000톤 규모만 1977년 3월에 앞당겨 준공하기로 하였다.

(3) 제4차 경제개발5개년계획의 철강공업 생산·투자계획

1976년 최종 확정된 제4차 경제개발5개년계획의 1977~1981년간 철강투자액은 외자 4,081억 원을 포함하여 6,773억 원으로 이는 중화학공업 전체 투자액의 20.7%를 차지한다. 철강공업의 투자목표와 투자계획을 정리하면 〈표 7-5〉와 같다.[10)]

10) 구체적인 제4차 경제개발5개년계획의 철강공업 투자계획(1977~1981)은 다음에 실렸다. 한국산업은행조사부

표 7-5 제4차 5개년계획상의 철강공업 투자목표와 투자계획(투자지출 기준, 1975년 가격)

	목표(조강기준)			투자액(1977~1981, 10억 원)			
	1975	1981	배수	합계	내자	외자	민간
생산능력(만 톤)	285.2	850	3.0	677.3 (제조업 내 20.7%)	269.2	408.1	635.7
생산량(만 톤)	245.4	850	3.5				

注: 제품기준으로 생산목표는 1975년 299만 3,000톤에서 1981년 768만 4,000톤으로 증가시켜 2.6배 증가로 함.
자료: 대한민국정부(제4경, 1976); 상공부중공업계획반·화학 및 경공업계획반(제41, 1976).

(4) 제2제철계획의 재등장과 상공부의 철강공업 기본육성계획

1977년에 들어와 현대그룹은 제2제철을 맡아 건설하겠다고 발표하였다.[11] 정부 역시 제2제철의 건설을 다시 추진하기로 하고[12] 1977년 하반기에 KIST에 철강재 수요 추정을 의뢰하였고, 일본 '三井共同컨설턴트', 한국 '都和綜合設計'에 용역을 의뢰하였다.[13] 1978년 들어와 1985년 철강 부족분은 630만 톤으로 예측되면서 제2제철 건설이 시급하게 요청되었다. 이에 정부는 6월 말까지 입지조사를 끝내고 이 무렵 건설주체도 함께 결정하기로 하였다.[14]

이러한 변화된 환경에서 상공부는 다시 수정한 '철강공업 기본육성계획'을 발표하였다. 상공부의 수정된 철강공업 기본육성계획은 현실적인 긴박한 수요문제를 고려하여 건설기간을 앞당기면서도 투자의 분산, 그리고 기존에 유지되어 온 단계론적 접근을 분명히 하였고 또 지역도 다른 지역을 함께 고려하는 것으로 하여 보다 효율성을 고려하면서 추진하고자 하는 것이었다. 동시에 상공부의 입장에서 "철강공업과 함께 종합특수제강공장과 제철연관산업의 발전을 도모하도록 하는 것이었다."[15] 제2제철계획을 포함하여 만들어진 철강공업 기본육성계획의 구체적 내용을 정리하면 〈표 7-6〉과 같다.

우선 포항종합제철 확장투자계획에서 같은 상공부의 1977년 1월 상공부 계획과[16] 비교하여 보면, 조강 생산규모는 단계별로 동일하게 유지하되 완공시기는 제3기 공사부터 시기가 당겨져 1979년 4월 완공이 1978년 11월 완공으로 당겨졌고[17] 최종 4기의 1982년 종결이 1981년 6월 완공으로 당겨졌다. 전체 계획기간의 단축은 1975년 12월 제4차 경제

(한산, 1976), I, p. 154.
11) 중화학공업추진위원회기획단(한공발3, 1979), p. 346.
12) 유신정우회(내한, 1977), p. 76.
13) 포항종합제철주식회사(포20사, 1989), p. 297.
14) 〈조선일보〉(1978. 3. 8).
15) 김광모 전 중화학공업추진위원회기획단부단장(한국산, 1988), p. 242.
16) 상공부중공업국(중요, 1977. 1).
17) 1978년 예산안에서도 1978년 말까지로 당겨지고 있다. 〈경향신문〉(1977. 10. 4).

표 7-6 상공부 철강공업 기본육성계획(조강기준)

(단위: 연 만M/T)

<table>
<tr><th></th><th></th><th>생산능력 규모</th><th colspan="2">건설기간</th></tr>
<tr><td rowspan="4">포항종합제철 확장</td><td>1기 사업</td><td>103.2</td><td colspan="2">1970. 4. 1 ~ 1973. 7. 3</td></tr>
<tr><td>2기 사업</td><td>103.2→260</td><td colspan="2">1973. 12. 1 ~ 1976. 5. 31</td></tr>
<tr><td>3기 사업</td><td>260→550</td><td colspan="2">1976. 8. 2 ~ 1978. 11. 30</td></tr>
<tr><td>4기 사업</td><td>550→850</td><td colspan="2">1979. 1. 10 ~ 1981. 6. 20</td></tr>
<tr><td rowspan="4">포항종합제철 제2공장</td><td>1기 사업</td><td>300</td><td colspan="2">1982. 2 ~ 1984. 11</td></tr>
<tr><td rowspan="3">2~4기 사업</td><td rowspan="3">300→1,200</td><td>2기</td><td>1984. 2 ~ 1986. 7</td></tr>
<tr><td>3기</td><td>1986. 5 ~ 1989. 2</td></tr>
<tr><td>4기</td><td>1989. 1 ~ 1991. 6</td></tr>
<tr><td colspan="2">종합특수강공장(고급특수강 등)</td><td>25</td><td colspan="2">1977. 12 완공</td></tr>
</table>

자료: 중화학공업추진위원회기획단(중화추현, 1979. 1), pp. 5, 25.

개발5개년계획 투자사업계획 작성시 이미 상공부가 제안하였지만, 경제기획원이 철강공업에 있어서 포항제철 4기 확장공사를 1년 연기하여 1982년에 준공하도록 상공부의 사업계획을 변경한 바가 있었다.[18]

이어서 시기가 겹치지 않게 1982년 2월부터 최종규모 1,200만 톤의 제2제철공장이 1991년 6월까지 9년간 건설되도록 계획되었다. 착수시기도 상공부의 1977년 1월 상공부 계획과[19] 비교하여 4기 확장공사의 경우 1979년에서 1978년 2월로 당겨졌지만, 3기 확장공사의 착수시기는 1976년 3월에서 1976년 8월 2일로 늦추어졌다. 실제로 이는 3기 확장공사가 착수된 날짜이다.[20]

제2제철 경우도 수정된 포항제철 확장계획에서와 동일한 원칙이 적용되었다. 포항종합제철 제2공장으로 명명된 제2제철 1기 사업에의 투자금액은 내자 5,053억 7,000만 원, 외자 9억 5,000만 달러 계 9,661억 2,000만 원, 달러로 19억 9,200만 달러이었다.[21] 건설규모는 일단 1기 사업으로 1984년까지 300만 톤 규모로 건설하고 이후 완공시기를 단계별로 1986년, 1989년, 1991년으로 하여 4단계 다단계론적으로 접근하였다. 최종규모는 조강 생산능력 1,000만 톤에서 1,200만 톤으로 계획이 상향되어 작성되었다.

18) 상공부중공업계획반·화학 및 경공업계획반(제41, 1976), pp. 5~7.
19) 상공부중공업국(중요, 1977. 1).
20) 〈일간내외경제〉(1976. 8. 3).
21) 중화학공업추진위원회기획단(중화추현, 1979. 1), p. 25.

2) 특수강공업의 생산·투자계획과 변화

각종 기계와 기구의 가장 중요한 소재로 다량 사용되는 특수강은 물론 철강공업의 한 부분이지만 특성상 따로 분류해 볼 필요가 있다. 정부는 제3차 경제개발5개년계획에서 6만 톤(M/T) 규모의 특수강공장을 건설하여 기존 공장과 계열화시킨다는 투자계획을 작성하였다.[22)]

1972년 9월 '대한중기(大韓重機)'가 특수강공장의 실수요자 지정을 받아 바로 10월에 영등포에서 일반특수강공장 건설을 위한 기초작업에 착수하였다. 투자재원은 일본 '東京産業'의 차관과 내자를 합해 건설하기로 되어 있었다. 이에 따라 1973년 3월 초에는 특수강공장 건설을 위한 외자도입이 인가되는 등[23)] 국내에서의 활발한 건설준비 움직임이 있었지만 '대한중기'의 계획은 원만하게 진행되지 못하였다. 기초작업 착수 이후 도입하기로 되어 있었던 일본 차관이 일본 정부의 E/L 미발급으로 계속 지연되고 있었던 것이다.

상공부와 경제기획원이 1973년 현재 정리한 주물선공장 포함 특수강공장 시설투자계획은 〈표 7-7〉과 같다.

완공시기와 투자액 그리고 투자의 우선순위에 대해서는 차이가 있었다. 상공부의 1973년 당시 특수강공장 투자계획은 연산 10만 톤 규모의 공장을 내자 44억 2,600만 원, 외자 1,295만 7,000달러를 투입하여 1974년 10월에 완공하는 것이었다.[24)] 그러나 경제기획원이 정리한 주물선, 특수강 건설계획에서의 투자액은 특수강공장이 내자 37억 9,100만 원, 외자 994만 9,000달러였고 주물선공장이 내자투자액 37억 9,800만 원, 외자투자액 959

표 7-7 특수강, 주물선공장 시설투자계획 (단위: 내자 백만 원, 외자 천 달러)

구분	공장명	위치	사업주	연간 생산능력	총투자액		기간
					내자	외자	
상공부 정리안	특수강공장	영등포	대한중기	10만 톤	4,426	12,957	1972. 10 ~ 1974. 10
	주물선공장	포 항	포항제철	15만 톤	4,141	9,595	1972. 10 ~ 1974. 12
경제기획원 정리안	특수강공장	영등포	대한중기	구조용탄소강 5만 톤 구조합금강 2만 톤 특수용도강 3만 톤 합계 10만 톤	3,791	9,949	1973. 7 ~ 1974. 9
	주물선공장	포 항	포항제철	–	3,798	9,595	1972. 12 ~ 1974. 12

자료: 국무총리기획조정실(중오, 1973), p. 16; 한국산업은행조사부(한산, 1973), I, p. 151.

22) 최종명 상공부기획관리실장(1972), p. 21.
23) 〈조선일보〉(1973. 3. 9).
24) 한국무역연구소(1974), p. 427의 내용은 상공부 정리안을 옮긴 것이다.

표 7-8 상공부 특수강공장 건설계획 제91회 국회 상공위 보고(1975. 3)

사 업	일반특수강		고급특수강	
구 분	규 모	건설기간	규 모	건 설
내 용	10만 톤/연	1975년 12월 완공	20만 톤/연	착 공

자료: 대한민국국회사무처(제91, 1975. 3. 13), p. 19.

만 5,000달러로 상공부 정리안보다 적었다. 또한 건설기간을 보면 경제기획원 정리안이 특수강공장의 착공시기를 1973년 7월, 주물선공장의 착공시기를 1972년 12월로 하여 상공부보다 착공시기가 늦게 되어 있다. 나아가 경제기획원은 1973년 장기전망에서 "현재 건설중인 봉강(棒鋼) 10만 톤(M/T) 규모의 특수강공장을 1975년 중에 완공하고, 새로 50만 톤 규모의 공장을 건설하여 특수강 생산을 1972년의 2만 4,000톤에서 1981년 64만 8,000톤으로 크게 늘려 기계공업 소재의 자급화가 이룩될 것이다"[25]고 밝혔다. 진행중인 특수강공장의 완공시기가 1974년에서 1975년으로 늦추어지고 새로운 대규모 특수강 생산공장이 1981년까지는 건설되는 장기안으로 계획이 바뀌고 있는 것이다. 경제기획원은 투자의 단계적인 속도조절론을 선호하였다.

1974년 들어 10만 톤 규모의 일반특수강공장 건설사업은 경제기획원이 발표한 계획안대로 역시 공사가 지연되고 있었고 또 1973년 '우리경제의 장기전망'에서 제기된 새로운 특수강공장 건설투자계획은 1974년 11월에 착수하도록 되어 있었지만 연말이 되어도 착수되지 못하고 있었다.[26]

이에 1975년 들어와 상공부는 특수강공장 건설투자계획을 구체적으로 재조정하기로 하였다. 그 1차 조정계획 내용이 1975년 3월 국회 상공위원회에서 보고되었다. 주요 내용은 〈표 7-8〉과 같다. 상공부는 이 시기까지만 해도 ① 1975년 12월까지 연산 10만 톤 규모의 일반특수강공장을 완공한다는 장기전망에서의 계획은 그대로 유지하되, ② 고급특수강공장에 대해서는 규모를 연산 20만 톤 정도로 축소하여 실현성을 우선 고려하고자 하였다. 하지만 여전히 고급특수강공장에 대해서는 이미 투자계획상의 공사시작기간이 4개월이 지나고 있음에도 착수되지 못하고 있었기에 공사시작기간을 정확히 확신하지 못하고 있었다.[27] 3월 국회 상공위원회 보고에서 착공이라고 보고한 것은 계획상의 내용을 그대로 보고한 것이었다.

이후 계속 논의와 수정이 이루어져 수정완성된 투자계획이 1975년 9월 제94회 국회 상공위원회에 다시 제출되었는데 그 내용은 〈표 7-9〉와 같다.

25) 경제기획원(우장, 1973), p. 101.
26) 상공부중공업국(주업, 1975. 9. 26), pp. 17~18; 대한민국국회사무처(제94, 1975. 9. 26), p. 35.
27) 대한민국국회사무처(제91, 1975. 3. 13), p. 19.

표 7-9 상공부 특수강공장 건설계획 제94회 국회 상공위 보고(1975. 9)

<table>
<tr><th>사 업</th><th colspan="2">구 분</th><th>내 용</th></tr>
<tr><td rowspan="8">일반특수강
('대한중기')</td><td colspan="2">규 모</td><td>각종 특수강 10만 톤/연</td></tr>
<tr><td colspan="2">건설기간</td><td>1972. 10 ~ 1976. 12</td></tr>
<tr><td colspan="2">입 지</td><td>영등포</td></tr>
<tr><td rowspan="3">자 금</td><td>내자</td><td>4,769백만 원</td></tr>
<tr><td>외자</td><td>882만 달러(일본 '東京産業' 借款)</td></tr>
<tr><td>계</td><td>9,046.7백만 원</td></tr>
<tr><td colspan="2">건설효과</td><td>수입대체 13,720천 달러</td></tr>
<tr><td colspan="2">進 陟</td><td>일본 정부의 E/L 미발급으로 사업지연(1975. 10 中 E/L 발급전망)</td></tr>
<tr><td rowspan="9">고급특수강
('한국특수강')</td><td colspan="2">규 모</td><td>고급특수강 25만 톤/연</td></tr>
<tr><td rowspan="2">건설기간</td><td>제1기간</td><td>1974. 11 ~ 1976. 12</td></tr>
<tr><td>제2기간</td><td>1974. 11 ~ 1978. 9</td></tr>
<tr><td colspan="2">입 지</td><td>창원기지</td></tr>
<tr><td rowspan="3">자 금</td><td>내자</td><td>29,506백만 원</td></tr>
<tr><td>외자</td><td>2,200만 달러</td></tr>
<tr><td>계</td><td>40,176백만 원</td></tr>
<tr><td colspan="2">건설효과</td><td>기계공업 소재공급, 방위산업지원</td></tr>
<tr><td colspan="2">진 척</td><td>1975. 5. 23 착공(敷地조성 중)</td></tr>
</table>

주: 같은 날 작성된 같은 자료이면서도 상공부중공업국(주업, 1975. 9. 26), p. 13과 대한민국국회사무처(제94, 1975. 9. 26)의 기록이 다르지만 상공부중공업국의 p. 18에서는 대한민국국회사무처의 기록과 같아 p. 13의 기록으로 함.
자료: 상공부중공업국(주업, 1975. 9. 26), pp. 17 ~ 18; 대한민국국회사무처(제94, 1975. 9. 26), p. 35.

9월에 제출된 계획은 ① 영등포에 건설하고 있는 10만 톤 규모의 특수강공장 준공을 현실적인 진행을 고려하여 1976년 말까지로 1년 더 연장하고, ② 대신 이미 계획보다 6개월 늦게 착수되었지만 창원기계공업기지에 새로 건설하고 있는 '한국특수강'공장의 규모는 25만 톤으로 하여 공사완공시기를 1978년으로 하는 것이었다. 이를 위해 연산 25만 톤의 신규 고급특수강공장은 우선 1차적으로 1976년 12월까지, 그리고 이어 1978년 9월까지 2단계로 나누어 창원기지에서 건설하도록 하였다. 건설투자자금은 내자 295억 600만 원, 외자 2,200만 달러로 내자비율 73.3%로 하였다. 그리고 각종 일반특수강을 생산하게 될 '대한중기(大韓重機)'는 일본 '東京産業'의 차관 882만 달러를 포함하여 내외자 총 90억 4,670만 원으로 건설되도록 계획되었는데, 그 동안 문제가 된 일본 정부의 E/L 발급도 1975년 10월 중으로 이루어질 것으로 기대되었다.

한편, 경제기획원은 현실적인 진행상황과 불확실성을 고려한 위에 종합특수강공장의

표 7-10 철강공업 건설계획

사업명	시설규모	건설기간
주물선공장	연 20만M/T	1976
종합특수강	연 6만M/T	1976

자료: 경제기획원(경백, 1975), p. 399.

표 7-11 특수강공장 건설계획(1976)

(단위: 연 만M/T)

	1단계	2단계
건설기간	1974. 11 ~ 1977. 3	1976. 4 ~ 1978. 2
생산능력	14.0	25.0
특수강 봉재(고합금강, high alloy steel)	4.5	4.5
무계목(無繼目)강관(seamless steel pipe)	2.0	5.0
스테인리스강판(stainless steel sheet)	7.5	15.5
열간 압연강(hot rolled)	—	8.0
냉간 압연강(cold rolled)	7.5	7.5

자료: Planning Office, Heavy and Chemical Industry Promotion Council, Government of the Republic of Korea(1976), p. 31.

건설을 단계적이고 장기적인 면에서 접근하기를 바라고 있었고, 이에 따라 이미 진행 중인 연산 10만 톤 규모 일반특수강공장은 1975년 완공하고[28] 이어 우선 1976년까지 종합특수강공장을 연산 6만M/T 규모까지 건설한다는 내용만을 넣어 공표하였다(〈표 7-10〉 참조).

상공부는 경제기획원의 단계적이고 장기적인 시각에서의 건설투자 의도를 반영하여 1975년 12월 제4차 경제개발5개년계획 종합특수강공장 건설계획 상공부안을 제시할 때 연산 25만 톤의 고급특수강공장 규모는 유지하되 기간을 1978년 9월까지가 아니라 1979년 말까지 건설하도록 기간을 늦추어 제출하였다.[29]

그러나 1976년이 되어도 '대한중기'의 특수강공장 건설은 순연되는 등 특수강공장 건설계획은 예정대로 진행되지 못하였고 종합특수강공장 투자계획은 다시 변경되어야 하였다. 변경된 계획은 1976년 중화학공업추진위원회 해외안내서 영문판에 수록되어 〈표 7-11〉과 같이 공개되었다. 변경된 구체적인 투자내역은 1976년 9월 제96회 국회 상공위원회에서 보고되었다.

수정계획은[30] '한국종합특수강'의 투자계획이었다. 우선 1단계 건설완공은 1975년 9

28) 경제기획원(경백, 1975), p. 399.
29) 상공부중공업계획반·화학 및 경공업계획반(제41, 1976), p. 5.

표 7-12 주요 계획사업 중 한국종합특수강공장 1단계 건설계획 (단위: 연 만M/T)

구 분		계획내용
건설기간		1974. 11 ~ 1977. 3
생산능력		14.0
규 모	특수강 봉재	4.5
	무계목(無繼目)강관(seamless steel pipe)	2.0
	스테인리스냉연강판	7.5
소요자금	내 자	29,506백만 원
	외 자	22,000천 달러
	합 계	40,176백만 원

자료: 대한민국국회사무처(제96, 1976. 9. 27), p. 41.

월 국회 상공위원회 보고 투자계획보다 3개월 늦추어졌지만 2단계 완공은 1975년 9월 국회 상공위원회 보고 투자계획에 비해 오히려 7개월 단축하도록 계획이 세워졌다. 이는 물론 현 단계에서 특수강 건설이 늦어지고 있지만 수요증가로 최종적인 완공은 서둘러야 하였기 때문이다. 단계별 접근에 따라 우선 1단계의 구체적인 투자자금은 내자, 외자로 〈표 7-12〉와 같이 계획되었다. 연 생산능력 14만 톤의 신규 특수강공장을 건설한다는 이 수정계획은 1977년 1월 12일 대통령 연두기자회견에서 "마산에 건설 중인 특수강 생산공장 1단계 공사가 1977년 중 완료하여 약 14만 톤 규모의 특수강을 생산한다"는 선언으로 나타났다.[31)]

그러나 이 계획수정은 1차적으로 투자착수가 순연되는 데 따른 현실을 반영하는 것에 초점이 맞추어진 수정이었고 전면적인 수정은 제4차 경제개발5개년계획 작성과 함께 이루어졌다. 우선 4차 5개년계획은 철강공업 정책수단에서 철강자급률 향상, 설비대형화를 통한 국제경쟁력 향상, 취약부문 특수강 생산 지원, 일관제철소와 민간제철소 간의 계열화·전문화 생산체계 확립, 제철원료의 안정적 확보 등을 거론하여[32)] 특수강부문이 취약하다는 점을 지적하였다. 이어 구체적으로 4차 5개년계획상의 특수강공장 생산투자계획을 제시하고 있는데 이를 정리하면 〈표 7-13〉과 같다.

1976년 중화학공업추진위원회기획단 계획과 비교하여 보면 제4차 경제개발5개년계획은 '한국종합특수강' 공장건설을 1978년 2월까지에서 본 공사를 1977년 12월까지로 2개월 당기고, 이어 1978년부터 1979년까지 2단계 33만 톤으로의 확장공사를 하는 것으로

30) 재무부경제협력국경제협력과(종특, 1976).
31) 대통령비서실(박연7, 1978), p. 36; 〈조선일보〉(1977. 1. 13); 〈중앙일보〉(1977. 1. 13).
32) 상공부중공업계획반·화학 및 경공업계획반(제41, 1976), p. 36.

표 7-13 제4차 경제개발5개년계획의 한국종합특수강공장 생산·투자계획

분 류		생산·투자계획 내용
장 소		창원기계공업기지 내
건설주체		한국종합특수강
규 모	1단계	연산 25만M/T 규모
	2단계	연산 33만M/T 확장공사
시 기	1단계	1977년 말
	2단계	1978~1979
투자금액		2단계 내자 586억 원, 외자 6,800만 달러, 총 916억 원

주: 운전자금 포함 투자금액임.
자료: 상공부중공업계획반·화학 및 경공업계획반(제41, 1976), pp. 83~85.

계획되었다. 상공부가 1975년 12월에 경제기획원에 제시한 1979년까지 건설투자계획의 연산 25만 톤 고급특수강공장이 이미 1975년 5월 착수가 이루어졌으므로[33] 그대로 2년 앞당겨 1977년 말까지 완공하기로 결정된 것이다.

'한국종합특수강'은 1단계 목표 고급특수강 생산규모 15만 톤(M/T)을 다시 1, 2차로 나누어 1차로 4만 5,000톤 규모 공장을 1977년 3월까지 준공하고 이어 2차로 10만 5,000톤 규모 공장을 추가로 1977년 말까지 준공하도록 계획하였다. 그리고 이에 맞추어 연산 7만 5,000톤의 스테인리스냉연판(冷延板)과 연산 2만 톤 규모에서 2만 5,000톤 규모로 변경된 무계목강관(無繼目鋼管) 공사 역시 1977년 3월까지 준공되도록 계획하였다.[34] 1975년 말부터 상공부와 중화학공업추진위원회기획단은 일관되게 '1977년 3월까지 고급특수강 4만 5,000톤 규모 건설'계획을 공유하고 있었다. 그래서 이미 제4차 경제개발5개년계획 한국종합특수강 상공부안 제출 때에도 그러하였고 4차 5개년계획 작성시 제4차 경제개발5개년계획(1977~1981) 철강부문 주요 사업개요에서도 특수강 생산규모를 1977년 14만 5,000톤 기준으로 하였다.[35]

이러한 투자계획의 실천을 위해 '한국종합특수강'은 1단계 사업 자본동원계획을 〈표 7-14〉와 같이 수정하였다.

25만 톤 규모 건설을 위해 수정된 투자금액은 1975년 9월 제96회 국회 상공위원회에 보고되었던 14만 톤 규모 당초예산 401억 7,600만 원(〈표 7-12〉 참조)보다 314억 6,400만

33) 대한민국정부(행백, 1977), p. 203에는 6월로 되어 있으나 상공부중공업국 자료 상공부중공업국(주업, 1975. 9. 26), pp. 17~18에 의하면 5월 23일 착공으로 정확히 기재되어 있다.
34) 상공부중공업국(중요, 1977. 1), p. 12.
35) 대한민국정부(제4경, 1976); 권일상(權一相) 상공부공업기획국 종합계획과장(1977. 1), p. 35; 상공부중공업계획반·화학 및 경공업계획반(제41, 1976), pp. 5, 47~51.

표 7-14 한국종합특수강공장 투자계획과 자본동원계획(1977. 1) (단위: 내자 백만 원, 외자 천 달러)

소요자금		당초	수정	증감	확보	잔액
내자	자기자금	5,180	8,100	2,920	5,550	2,550
	전환사채	2,000	2,000	–	2,000	–
	국투(國投)기금	9,587	17,295	7,708	10,573	6,722
	외화대부	6,440	3,806	−2,634	3,806	–
	전화(轉貨)차관	2,758	6,194	3,436	6,194	–
	기타 차입	3,541	4,032	491	4,032	–
	소계	29,506	41,427	11,921	32,155	9,272
외자	차관	8,000	21,800	13,800	8,925	12,875
운영자금		당초	수정	증감	확보	잔액
내자	국투기금	–	8,000	8,000	–	8,000
외자	현금차관	4,000	14,000	10,000	–	14,000
	물자차관	10,000	10,000	–	10,000	–
	소계	14,000	24,000	10,000	10,000	14,000
합계		40,176	71,640	31,464	–	–

자료: 상공부중공업국(중요, 1977. 1), p. 12.

원이나 대폭 증가하여 내자 494억 2,700만 원과 외자 4,580만 달러 합계 716억 4,000만 원이 되었다. 특히, 내자가 67.5% 증가한 데 비해 외자가 108.2%로 배 이상 대폭 증가하였다. 그러나 이것도 제4차 경제개발5개년계획에서 2단계 33만 톤으로의 확장공사 투자액 내자 586억 원, 외자 6,800만 달러 총 916억 원에 비하면 낮은 것이었다. 소요자금 중 외자 892만 5,000달러는 차관 550만 달러, 외화 342만 5,000달러로 이미 확보되어 있었다. 정부는 소요자금 내자 중 국민투자기금 미확보 분 67억 2,200만 원을 제48차 간담회에서 승인하였으며 또 소요자금 내자 중 자기자금 미확보잔액 25억 5,000만 원 역시 문제가 없다고 보았다. 또 소요자금 외자 미확보액 1,287만 5,000달러는 연내 일본수출입은행 차관이 안 되면 외화대부로 하기로 하고 운영자금 내자 중 국민투자기금 미확보분 80억 원은 정부지원하기로 하였으며 외자 현금차관에는 CMB 차관 1,000만 달러를 포함하기로 하였다.[36] 1977년 『행정백서』는 이 수정계획을 공표하였다.[37]

36) 상공부중공업국(중요, 1977. 1), p. 12.

37) 대한민국정부(행백, 1977), p. 203. 1977년 『행정백서』는 '1977년 시책'으로 "특수강공장의 1기공사(25만 톤/년)가 완공될 예정이다"라고 하고 주요 공장건설계획을 소개하고 있는데 투자금액이 내자 494억 2,700만 원과 외자 4,580만 달러 합계 716억 4,000만 원, 생산능력 규모는 25만 톤으로 모두 상공부가 밝힌 수정계획과 일치한다. 그런데 계획표에서 '한국종합특수강 1기', '건설기간 1975년 6월부터 1977년 1월'로 되어 있는데 완

표 7-15 철강공업 기본육성계획에서의 '한국종합특수강공장' 투자사업 변경계획(1978)

구 분	내 용			
규 모	고급특수강		연 15만M/T	
	무계목강관(無繼目鋼管)		연 2.5만M/T	
	스텐레스강판		연 7.5만M/T	
	합계		연 25만M/T	
입 지	창원기지 적현(赤峴)단지(부지 331천 평)			
자금계획		소요자금	조달자금	
	내자	64,333백만 원	자기자금	13,610백만 원
			투자기금	22,421백만 원
			전대(轉貸)	3,768백만 원
			외화대부	15,712백만 원
			기타 차입	8,822백만 원
			합 계	64,333백만 원
	외자	550만 달러	시설차관	550만 달러
	합계	67,000백만 원	합 계	67,000백만 원
건설기간	본공사		1975. 6 ~ 1977. 12	
	보완공사		1976. 9 ~ 1978. 12	

자료: 중화학공업추진위원회기획단(중화추현, 1979. 1), p. 26.

'한국종합특수강공장' 사업은 1978년 '대한중기' 사업이 확정되고 다시 변경되었다. 변경된 철강공업 기본육성계획 투자사업계획서는[38] 〈표 7-15〉와 같다.

변경된 '한국종합특수강공장' 투자계획은 투자금액을 줄이고 내자동원 능력이 확대되면서 내외자 투자금 구성을 바꾸었으며, 특히 자기자본을 확대시키는 데 초점을 둔 것이었다. 구체적으로, 첫째 투자자금을 보면 내자를 494억 2,700만 원에서 643억 3,300만 원으로 상향하고 외자는 4,580만 달러에서 550만 달러로 대폭 하향하였다. 즉, 투자금의 구성에서 신규외자를 줄이고 내자동원 확대구조로 바꾼 것이다. 물론 이를 위해 대신 내자동원 중 외화대부를 157억 1,200만 원으로 증가시켰다. 둘째, 총공사투자비를 716억 4,000만 원에서 670억 원으로 낮추었다. 셋째, 내자조달에서 자기자금을 81억 원에서 136억 1,000만 원으로 대폭 상향하였다. 동시에 국민투자기금 투입액을 252억 9,500만 원에서 224억 2,100만 원으로 낮추었다.

공 1월은 12월의 오기이다.

38) 중화학공업추진위원회기획단(중화추현, 1979. 1), p. 5.

표 7-16 철강공업 기본육성계획 '한국종합특수강공장' 투자사업 변경계획(1978)의 추진계획

			1975	1976	1977	1978
특수강공장	본공사	제강공장	6월 ⟶	⟶	⟶ 12월	–
		봉압연공장	6월 ⟶	⟶	⟶ 12월	–
		단조공장	6월 ⟶	⟶ 9월	–	–
		제1후 처리공장	6월 ⟶	⟶	⟶ 12월	–
		제2후 처리공장	6월 ⟶	⟶ 9월	–	–
	각 공장 보완공사		–	9월 ⟶	⟶	⟶ 말

자료: 중화학공업추진위원회기획단(중화추현, 1979. 1), p. 28.

표 7-17 '대한중기' 특수강공장 건설 사업개요(1978)

<table>
<tr><th></th><th colspan="6">내 용</th></tr>
<tr><td>규 모</td><td colspan="6">특수강 연 10.8만M/T</td></tr>
<tr><td>입 지</td><td colspan="6">경기 남양만(南陽灣) 화성군 우정면 이화리(華城郡 雨汀面 梨花里) 17만 평</td></tr>
<tr><td rowspan="6">자금계획</td><td colspan="2">소요자금</td><td colspan="3">조달계획</td></tr>
<tr><td rowspan="3">내자</td><td rowspan="3">18,139백만 원</td><td rowspan="3">내 자</td><td>자기자금</td><td>8,639백만 원</td></tr>
<tr><td>국투기금</td><td>9,500백만 원</td></tr>
<tr><td>합 계</td><td>18,139백만 원</td></tr>
<tr><td>외자</td><td>1,267.6만 달러</td><td>외 자</td><td colspan="2">1,267.6만 달러</td></tr>
<tr><td>계</td><td>24,287백만 원</td><td></td><td colspan="2"></td></tr>
<tr><td>건설기간</td><td colspan="6">1979. 1 ~ 1981. 6</td></tr>
</table>

자료: 중화학공업추진위원회기획단(중화추현, 1979), p. 29.

이렇게 변경된 1978년 신 투자계획의 추진계획은 〈표 7-16〉과 같다.

'한국종합특수강(주)' 건설계획 외에 특수강공장의 실수요자 지정을 1972년에 받은 '대한중기(大韓重機)'의 투자계획은 일본의 비협조 등과 대외 환경의 불확실성 확대에 따라 진행이 미미하였다. 그러다가 1978년 정부의 뒷받침과 여건 호전에 따라 공장건설에 따른 차관, 투자계획의 확립, 부지확보 등을 1978년에 완료하여 마침내 1979년 1월 공장건설에 착수하였다.[39] '대한중기' 특수강공장 건설사업의 구체적 투자계획의 내용은 〈표 7-17〉과 같다. 동 계획의 주요 내용은 특수강 연산 10만 8,000톤의 생산규모를 갖추기 위해 내자 181억 3,900만 원, 외자 1,267만 6,000달러 합계 소요자금 242억 8,700만 원을 투자하여 1981년 6월에 공장을 완공하는 것으로 이루어져 있다.

39) 국무총리기획조정실(제422산, 1979), p. 225.

2. 비철금속공업

1) 비철금속공업의 초기 생산·투자계획, 1973

중화학공업화의 기초가 된 '중화학공업화정책선언에 따른 공업구조개편론'은 비철금속제련소 건설에 대해 구체적인 안을 제시하고 있었다. 이를 정리하면 〈표 7-18〉과 같다.

이 계획에서 비철금속제련소는 1978년까지의 1기와 1982년까지의 2기로 나누어 투자를 진행하도록 계획되었다. 먼저 1기에서 동과 알루미늄제련소는 연산 10만 톤 규모, 아연은 연산 7만 8,000톤 규모로 책정되었고 연제련소 건설은 계획되지 않았다. 공장규모 배가확장계획인 1982년까지의 제2기 계획에서는 동제련소와 알루미늄제련소가 각각 20만 톤으로, 아연제련소는 15만 톤 규모로 확장되고 연제련소는 연산 4만 8,000톤 규모로 건설되기로 계획이 마련되었다.

1973년 4월 27일 중화학공업추진위원회가 대통령 참석하에 청와대에서 열려 비철금속제련소 건설계획을 확정하였다. 확정된 계획은 〈표 7-19〉와 같다.

4월 28일 이낙선(李洛善) 상공부장관이 대통령의 재가를 얻어 확정하였다고 발표한 이 날 확정내용은 온산공업단지 내 대단위 비철금속단지를 건설한다는 것과 연산 10만 톤 규모의 동제련소부터 착공해 순차적으로 1980년까지 모든 비철금속 제련소를 완공한다는

표 7-18 비철금속 건설예정공장군(群) 생산규모 목표(연산)

	제1기 1978년까지	제2기 1982년까지
동제련소	(신규공장규모) 동괴 10만 톤, 황산 24만 톤, 금 2천kg, 은 2만kg	(배가확장 규모) 동괴 20만 톤, 황산 48만 톤, 금 4천kg, 은 4만kg
아연제련소	(신규공장규모) 아연괴 78,000톤, 황산 13만 톤, 카드뮴 300톤	(배가확장 규모) 아연괴 15만 톤, 황산 26만 톤, 카드뮴 600T
연제련소	–	(신규공장규모) 연괴 48,000T, 황산 2만 톤, 은 48,000kg
알루미늄제련소	(신규공장규모) 알루미늄괴 10만 톤	(배가확장계획) 알루미늄괴 20만 톤
텅스텐제련소	(신규공장규모) 텅스텐 Powder 200톤, 텅스텐 Carbide 60톤, Cemented Tungsten Carbide 36톤	–

자료: 대통령비서실(중선, 1973. 1. 30), p. 55.

표 7-19 대단위 비철금속제련소 건설계획(1973. 4)

<table>
<tr><th>구 분</th><th colspan="3">생산·투자계획</th></tr>
<tr><td>위 치</td><td colspan="3">울주(蔚州)군 온산공업단지 내 대단위 비철금속단지 건설</td></tr>
<tr><td>투자금액</td><td colspan="3">내외자 3억 5,000만 달러</td></tr>
<tr><td>외 자</td><td colspan="3">① 합작투자 혹은 유리한 차관으로 조달하되 총투자비의 70%를 넘을 수 없음
② 외국과의 합작비율은 내국인 투자가 50%를 넘어야 함</td></tr>
<tr><td>실수요자 선정기준</td><td colspan="3">① 총투자비의 30% 이상을 자기자금으로 조달
② 전용부두와 준설공사도 자기부담하에 실시
③ 생산공정은 공해를 최소로 줄일 수 있는 최신공정이어야 함
④ 원광석의 확보대책 마련
⑤ 동제련자는 1개월 이내 선정, 1974년에 착공
⑥ 경합 경우 자기자금 조달능력, 차관조건, 판매가격 등을 기준</td></tr>
<tr><td rowspan="7">공장규모</td><td rowspan="2">동제련소</td><td>초기</td><td>연산 10만 톤 이상</td></tr>
<tr><td>확장 후</td><td>연산 20만 톤 이상</td></tr>
<tr><td rowspan="2">아연제련소</td><td>초기</td><td>연산 8만 톤 이상</td></tr>
<tr><td>확장 후</td><td>연산 16만 톤 이상</td></tr>
<tr><td rowspan="2">알루미늄제련소</td><td>초기</td><td>연산 10만 톤 이상</td></tr>
<tr><td>확장 후</td><td>연산 20만 톤 이상</td></tr>
<tr><td>연제련소</td><td>초기</td><td>연산 5만 톤 이상</td></tr>
</table>

자료: 〈매일경제신문〉(1973. 4. 28).

표 7-20 중화학공업 건설계획의 비철금속공업 건설계획(1973. 5)

<table>
<tr><th colspan="2"></th><th>동제련소</th><th>아연제련소</th><th>연제련소</th><th>알루미늄제련소</th></tr>
<tr><td colspan="2">규모(M/T)</td><td>100,000</td><td>80,000</td><td>50,000</td><td>100,000</td></tr>
<tr><td rowspan="3">투자액
(천 달러)</td><td>총액</td><td>80,000</td><td>25,000</td><td>12,500</td><td>88,000</td></tr>
<tr><td>외자</td><td>55,000</td><td>15,000</td><td>6,500</td><td>68,000</td></tr>
<tr><td>내자</td><td>25,000</td><td>10,000</td><td>6,000</td><td>20,000</td></tr>
<tr><td colspan="2">건설기간</td><td>1974. 6 ~ 1976. 2</td><td>1975. 4 ~ 1977. 6</td><td>1979. 1 ~ 1980. 6</td><td>1976. 3 ~ 1978. 9</td></tr>
<tr><td colspan="2">원료조달</td><td>전량 수입</td><td>50% 국내조달</td><td>전량 수입</td><td>전량 수입</td></tr>
</table>

자료: 大韓民國經濟企劃院(日本, 1973. 5), p. 28.

것이었다.

보다 구체적인 내용은 1973년 5월 24일 경제기획원대변인이 발표한 중화학공업건설계획에서 밝혀졌는데 발표된 비철금속공업의 생산·투자계획을 정리하면 〈표 7-20〉과 같다.

중화학공업 건설계획에 의하면 우선 동제련소를 1974년 6월에 착공하고 이어 1975년

표 7-21 비철금속 시설투자계획 종합(상공부, 1973년 말)

<table>
<tr><th colspan="3" rowspan="2">공장명</th><th rowspan="2">위치 및 부지면적(평)</th><th rowspan="2">규모(연간 생산능력, M/T)</th><th rowspan="2">건설기간</th><th colspan="2">소요자금</th></tr>
<tr><th>내자(백만 원)</th><th>외자(천 달러)</th></tr>
<tr><td rowspan="5">건설중</td><td colspan="2">영풍(永豊)상사(주)
아연제련공장 확장</td><td>경북 奉化
30,000</td><td>6,000→21,000</td><td>1973. 1~1974. 8</td><td>1,487</td><td>2,150</td></tr>
<tr><td colspan="2">영풍상사(주)
연제련공장</td><td>경북 봉화
10,000</td><td>9,000</td><td>1973. 1~1975. 6</td><td>559</td><td>1,385</td></tr>
<tr><td colspan="2">풍산(豊山)금속(주)
신동원료공장 확장</td><td>인천
12,000</td><td>신동제품
6,000→12,000</td><td rowspan="2">1972. 3~1973. 12</td><td rowspan="2">2,989</td><td rowspan="2">10,084</td></tr>
<tr><td colspan="2">풍산금속(주)
신동가공공장</td><td>경북 安康
330,000</td><td>동가공품
5,000</td></tr>
<tr><td colspan="2">한국광업(韓國鑛業)(주)
동제련공장</td><td>충남 長項
160,000</td><td>7,000→14,000</td><td>1972. 12~1973. 12</td><td>899</td><td>673.5</td></tr>
<tr><td rowspan="8">계획</td><td colspan="2">대한알루미늄(주)
알루미늄 제련공장</td><td>경남, 울산
154,264</td><td>16,500→33,000</td><td>1974~1975</td><td>6,849</td><td>15,476</td></tr>
<tr><td rowspan="4">대단위 공장건설</td><td>동제련소</td><td>경남, 온산
300,000</td><td>100,000</td><td>1974. 7~1976. 12</td><td>10,000</td><td>55,000</td></tr>
<tr><td>아연제련소</td><td>경남, 온산
200,000</td><td>80,000</td><td>1974. 7~1976. 12</td><td>4,000</td><td>15,000</td></tr>
<tr><td>연제련소</td><td>경남, 온산
100,000</td><td>50,000</td><td>1979. 1~1980. 6</td><td>2,500</td><td>6,250</td></tr>
<tr><td>알루미늄제련소</td><td>경남, 온산
200,000</td><td>100,000</td><td>1976. 3~1978. 9</td><td>8,060</td><td>68,000</td></tr>
<tr><td rowspan="3">장기확장</td><td>동제련소</td><td>경남, 온산</td><td>200,000</td><td>1978. 3~1980. 6</td><td>–</td><td>–</td></tr>
<tr><td>아연제련소</td><td>경남, 온산</td><td>160,000</td><td>1978 이후</td><td>700만 달러</td><td>9,000</td></tr>
<tr><td>알루미늄제련소</td><td>경남, 온산</td><td>200,000</td><td>1980 이후</td><td>1,500만 달러</td><td>47,000</td></tr>
</table>

주: 1) '풍산(豊山)금속(주)' 신동(伸銅)원료공장 확장의 연간 생산능력은 신동제품 6천~2천 톤으로 적혀 있으나 신동제품 6,000~12,000의 오기이므로 바로 잡음.

2) 신동(伸銅)이란 구리나 구리합금을 가공하여 판(板), 관(管), 봉(棒) 등을 만드는 것임.

자료: 중화학공업추진위원회와 상공부 자료를 정리한 국무총리기획조정실(중오, 1973), pp. 140, 146, 148, 198~199; 국무총리기획조정실(중조, 1974), p. 568.

에 아연제련소, 1976년 알루미늄제련소를 착공하여 모두 1978년 9월까지 완공하도록 하고 이어 1979년부터 연제련소를 1980년 6월까지 건설하는 것으로 계획되었다. 그 규모는 수요예측에 따라 동제련소, 알루미늄제련소는 10만 톤 생산규모로 하고 아연, 연제련소는 각각 8만 톤, 5만 톤 규모로 하기로 하였다. 투자규모는 알루미늄제련소가 가장 커서 8,800만 달러이고 동제련소가 8,000만 달러, 그리고 아연제련소와 연제련소가 2,500만 달러, 1,250만 달러로 하되 외자의 비율이 내자보다 높게 계획되었다. 이 건설계획은 6월 방한 일본 조사단에게도 제안 설명되었다.[40)]

온산비철금속기지에서의 대규모 비철금속제련소 투자계획 외에 비철금속 기존 업체들도 중화학공업화선언과 함께 생산규모 확장을 위한 신증설 투자계획을 입안하였다. 1973년 말 상공부가 비철금속공업에서의 투자계획을 종합적으로 정리하여 밝힌 비철금속공업 건설중사업과 계획사업을 정리하면 〈표 7-21〉과 같다.

연제련소는 1978~1980년 계획도 거론되었으나 1979년 착수로 유지되었다. 1975~1980년간 장기계획으로도 거론된 아연제련소 건설은 동제련소와 같은 기간인 1976년까지로 당겨졌다. 이들 대단위 비철금속제련소의 착공계획은 동시착공이 아니고 1차 1974년, 2차 1976년, 1979년으로 시차를 두고 착공되도록 건설기간을 설정하고 있음을 알 수 있다. 동제련소(연산 10만 톤), 아연제련소(연산 8만 톤), 연제련소(연산 5만 톤) 및 알루미늄제련소(연산 10만 톤) 등 비철금속제련소를 국제규모의 공장으로 일단 건설하고 이어서 이를 배가 확장한다는 계획은 경제기획원의 장기전망 등[41)] 1973년 계속 유지되었다. 그러나 동제련소만 1980년까지 확장계획이 분명이 되어 있고 아연제련소는 1978년 이후, 알루미늄제련소는 1980년 이후 확장공사 착공만이 계획되어 있었다. 동제련소도 여전히 투자금액이 명확히 산정되어 있지 못하였다. 연제련소는 확장계획에서 제외되어 있었다.

1973년 12월 26일 정부는 석유파동에 따른 국내외 환경변화로 중화학공업의 1981년 목표연도를 조금 늦추고 6개 주도부문 사업추진 방향을 재조정한다고 밝혔다. 여기에서 비철금속공업의 경우 에너지 다소비공업이기는 하나 일본과 캐나다가 원광(原鑛) 공급을 보장하고 있으므로 당초 연산 10만 톤 규모의 대단위 동제련소 1개소를 건설하려던 계획을 변경하여 오히려 2개소로 늘릴 것을 검토하고 있다고 밝혔다.[42)]

2) 비철금속공업의 생산·투자계획 변화, 1974~1976

1974년 10월 4일 대통령은 1975년 새해 예산안 국회 시정연설에서 비철금속제련소의 기존 시설 확장을 계속 추진하고 온산비철단지에 연산 10만 톤 규모의 동제련소와 8만 톤 규모의 아연제련소를 각각 연내에 착공하여 1976년까지 완공하겠다고 밝혔다.[43)] 아연제련소를 동제련소와 함께 일찍 착수하여 동시에 끝내는 것으로 1973년 하반기에 변경된 계획을 밝힌 것인데, 이는 대통령비서실에 의해 1975년 1월에도 유지되었다.[44)] 즉, 1975년

40) 日韓經濟委員會·日韓經濟協會(機械, 1973), p. 4.
41) 경제기획원(우장, 1973), pp. 49~50.
42) 〈경향신문〉(1973. 12. 26); 〈조선일보〉(1973. 12. 27).
43) 〈조선일보〉(1974. 10. 5).
44) 대통령비서실(한경, 1975. 1), p. 65.

4월에 착공하려던 아연제련소를 동제련소와 같이 1974년 7월에 동시에 착공하여 1976년 12월에 동시에 완공하고, 다음 2차로 알루미늄제련소를 완성하며 그리고 난 후 연제련소를 착공하는 것이었다. 투자금액은 아연공장에 내외자 100억 원, 연 및 알루미늄 공장에 각각 50억 원 및 350억 원으로 계획되었다.[45)]

이후 정부는 달라진 아연제련소 건설에 주력하였다. 상공부는 1975년 3월 13일 제91회 국회 상공위원회에서 계획대로 1976년 12월 완공의 아연제련소 건설계획을 보고하였다.[46)]

1975년 3월 19일 남덕우(南悳祐) 부총리는 '캐나다의 '노란다'사가 3억 달러를 투입, 건설하기로 되어 있던 연산 10만 톤 규모의 동제련소 건설계획을 철회하여 차질을 빚고 있으며, 연산 10만 톤 규모의 알루미늄제련소, 5만 톤 규모의 연제련소도 1976년 이후에 건설하는 방안을 검토 중이라고 밝혔다.[47)] 3월 28일 정부는 1973년 말 석유파동 이후 국내외 여건변화로 제2제철소, 동제련소 건설이 백지화 내지 연기됨에 따라 조선, 비철금속, 기계공업을 비롯한 중화학공업 전반에 걸친 재조정을 추진하기로 하였다고 발표하였다. 그 내용은 1975년 제2제철 투자재원 28억 원과 동제련소 30억 원 등 58억 원의 잉여재원을 투자재원이 부족한 7비료(肥料), 여천석유화학, 창원기계 공업단지 건설사업 등에 활용하는 등 투자계획을 새로 마련하는 것이었다.[48)]

대내외 상황이 더욱 어려워지면서 상공부는 다시 정정된 1975년 하반기 아연제련소 투자계획을 1975년 9월 주요 업무 추진현황 작성과 국회 보고를 통해 〈표 7-22〉와 같이 밝혔다.

달라진 내용은 순차적 단계도입에 따른 연기이었다. 아연제련소의 건설을 2단계로 나누어 1단계로 우선 연산 5만 톤 규모로 1977년 6월에 완공하고 대신 1차적 목표인 8만 톤 규모를 10만 톤으로 늘리되 그 완공시기를 1976년 12월에서 1981년 중으로 대폭 늦추는 것으로 하였다.[49)] 1단계 생산규모가 8만 톤에서 5만 톤으로 축소되고 있지만 기간은 1973년 5월 경제기획원이 발표하였던 원안대로 아연제련소 1단계 건설기간을 1977년 6월로 환원한 것이었다. 투자금액에서 보면 1단계 생산규모가 8만 톤에서 5만 톤으로 줄었음에도 내자 40억 원에서 158억 8,000만 원으로, 외자가 1,500만 달러에서 2,671만 7,000달

45) 중화학공업추진위원회기획단(한공발2, 1979), p. 274.

46) 대한민국국회사무처(제91, 1975. 3. 13), p. 20.

47) 〈매일경제신문〉(1975. 3. 19); 〈동아일보〉(1975. 3. 21).

48) 〈조선일보〉(1975. 3. 29).

49) 출간시차가 있다고 하여도 1975년 12월 1일 발간된 『경제백서』는 9월의 변경을 반영하지 못하고 있을 뿐만 아니라 심지어 1975년의 논의, 변경 자체를 반영하고 있지 못하다. 경제기획원은 연산 8만 톤 규모의 아연제련소를 1976년까지 건설하고 동, 연 및 알루미늄 제련소의 건설을 1970년대 말까지 완공할 계획이라고 밝히고 있다(경제기획원(경백, 1975), p. 399). 그렇게 할 수밖에 없는 이유도 있었겠지만, 이런 점이 자료의 전후시점 확인을 어렵게 하고 나아가 한국 공업발전 과정과 경제발전 과정에 대한 잘못된 인용, 오해, 오류를 가져다 준 원인이 되었고 되고 있다.

표 7-22 상공부중공업국의 '고려아연(高麗亞鉛)' 아연제련소 투자계획 변경 보고(1976)

구 분	내 용		
규 모	아연 100천 톤/연		
입 지	온산(80천 평)		
자금계획 (1단계 5만 톤)	소요자금	내자	15,880백만 원
		외자	26,717천 달러
		계	28,704백만 원
건설기간	1단계 5만 톤: 1975~1977. 6/ 2단계 5만 톤: 1980~1981		
원료조달	전량 국내조달		
진 척	건설추진법인체 '고려아연(주)' 설립(1974. 8. 1)		
	'日本東邦亞鉛'과 기술계약 체결(1975. 7)		
	공장부지 조성 착공(1975. 9. 1)		

자료: 상공부중공업국(주업, 1975. 9. 26), p. 22; 대한민국국회사무처(제94, 1975. 9. 26), p. 37.

러로 급등하였다. 즉, 전체적으로 생산투자계획이 늦추어지면서 투자비용이 급등하고 있는 것이다. 비철금속공업에 한정된 것이 아니지만 1970년대 초가 투자비용이 낮은 시기이었고 이후 투자비용이 급등하였다. 한편, 수정계획은 원료를 전량 국내조달하도록 계획되었다.

1975년 9월 27일 '고려아연(주)'의 모회사인 '영풍상사(永豊商事)'는 철강, 화학공업의 발전에 따라 아연수요가 크게 늘어날 것으로 보고 석포(石浦)제련소의 2차 증설을 시작하여 1976년 4월까지 7,000톤 생산능력 설비를 완공함으로써 연 2만 8,000톤 생산체제를 계획하였다. 이렇게 되면 한국의 아연생산 능력은 '동신화학(東信化學)'의 연 3,000톤을 포함하여 2만 4,000톤에서 1976년 4월 3만 2,000톤 생산규모가 되고 '고려아연(高麗亞鉛)'의 온산공장이 1차 완공되는 1977년에는 5만 톤 규모가 더 늘어나게 되어 총 8만 2,000톤 규모가 될 것으로 전망되었다.[50)]

전반적인 재조정에 따라 1975년 12월 상공부는 제4차 경제개발5개년계획 비철금속공업부문 투자계획을 〈표 7-23〉과 같이 경제기획원에 제출하였다. 상공부는 ① 아연제련소는 이미 수정한 대로 1단계로 5만 톤 규모로 1977년까지 건설하고, ② 동제련소 역시 생산능력을 8만 톤 규모로 줄이며 건설기간도 1978년까지로 연기하였고, ③ 알루미늄제련소는 규모는 유지하되 건설기간을 미확정 연기하기로 투자계획을 제출하였다. 역시 연제련소는 계획에 포함시키지도 않았다.

1976년 중화학공업추진위원회기획단은 이 계획에 따르되 아연의 생산능력 10만 톤

50) 〈매일경제신문〉(1975. 9. 2).

표 7-23 상공부의 제4차 경제개발5개년계획 비철금속공업부문 제출안(1975. 12)

공 장	주요 제품 생산능력	건설기간
온산동제련소	연산 80,000톤(M/T)	1977 ~ 1978
고려아연제련소	연산 50,000톤(M/T)	1974 ~ 1977
알루미늄제련소	연산 100,000톤(M/T)	–

자료: 상공부중공업계획반·화학 및 경공업계획반(제41, 1976), p. 5.

표 7-24 중화학공업추진위원회 비철금속공업 개발계획(1976)

			생산능력(연 M/T)	건설기간
1단계	아연	1차	50,000	1975 ~ 1977
		2차	100,000	1981 ~ 1982
	동		80,000	1976 ~ 1977
2단계	알루미늄		100,000	–
	연		50,000	–

자료: Planning Office, Heavy and Chemical Industry Promotion Council(1976), p. 117.

완성의 2차 단계를 1981년에서 다시 1982년으로 늦추었다. 대신 〈표 7-24〉에서 보듯이 8만 톤 생산규모의 동제련소계획은 1977년 완공으로 기간을 당기고 연제련소계획을 기한을 정하지 않되 포함시켜 놓아 건설의지를 포기하지 않았다.

상공부는 1976년 9월 제96회 국회 상공위원회 보고를 통해 〈표 7-25〉의 비철금속투자 계획안을 보고하였다. 〈표 7-25〉에서 보듯이 이때 상공부 보고에서 알루미늄과 연제련소 계획은 불확실성으로 인해 보고에서 빠지고 있다. 공식적으로 1976년 제4차 경제개발5개년계획 작성에서도 경제기획원은 '비철금속에 있어서 알루미늄제련소(10만M/T)는 원료조달 면, 총원가 면에서 차지하는 에너지의 소비량 등을 감안하여 경제성이 없는 것으로 판단하여 건설을 제외하였다'고 밝혔다.[51] 그리고 규모가 축소된 동제련소의 건설기간은 다시 1979년 3월로 대폭 연기되고 있다. 투자금액으로 보면 경상가격으로 단순비교는 어렵지만 우선 아연제련소의 경우 1975년 9월 같은 5만 톤 규모의 상공부 계획과[52] 비교해 내자는 158억 8,000만 원에서 206억 7,800만 원으로 대폭 증가하고 외자는 2,671만 7,000 달러에서 2,500만 달러로 약간 감소하도록 되어 전체적으로 합계 금액은 287억 400만 원에서 328억 300만 원(6,760만 달러)으로 대폭 증가하는 것으로 되었다. 동제련소의 경우 비교가 더욱 어렵지만 일단 연 생산능력 10만 톤 규모의 건설계획이었던 1973년 계획과[53]

51) 상공부중공업계획반·화학 및 경공업계획반(제41, 1976), p. 7.
52) 상공부중공업국(주업, 1975. 9. 26), p. 22.

표 7-25 1976년 상공부 제96회 국회 상공위원회 보고 투자계획

		온산동제련	아연제련소
규모	규모	연산 전기동 8만 톤(10만 톤 확장)	연산 아연괴 5만 톤(10만 톤 확장)
	입지	경남 온산 23만 평	경남 온산 8.5만 평
건설기간		1976. 10 ~ 1979. 3	1975. 9 ~ 1977. 12
소요자금	외자	1억 363.4만 달러	2,500만 달러
	내자	38,898백만 원	20,678백만 원
	합계	1억 8,360만 달러	6,760만 달러(32,803백만 원)
차관처 혹은 합작투자		차관처 벨기에: Banque Bruxelles Lambert(28.234천 달러) 영 국: Lazard Brothers(40,956천 달러) 핀란드: Outokumpu Oy(26,701천 달러)	합작투자 한국 84%('永豊' 59%, KDFC 4%, 공모 21%) 국제금융공사(IFC) 16%
추진상황		① Outokumpu-D.P.G-Sybetra 건설업체 선정 (1976. 8. 3) ② 차관 및 기술도입 등 계약 체결(1976. 9. 6) ③ 부지조성 착공예정(1976. 10월경)	① 공장부지조성 완료(1976. 4) ② 합작투자 및 차관계약 체결(1976. 6) ③ 건설 및 구조물공사 진행중(진도 33%)

자료: 대한민국국회사무처(제96, 1976. 9. 27), p. 43.

비교해 보면 규모가 8만 톤으로 줄고 있음에도 내자는 100억 원에서 388억 9,800만 원으로, 외자는 5,500만 달러에서 1억 363만 4,000달러로 대폭 증가하고 있다.

3) 비철금속공업의 후기 생산·투자계획, 1977~1979

제4차 경제개발5개년계획이 1976년 말 확정되었다. 비철금속공업의 투자계획은 〈표 7-26〉과 같이 결정되었다.

제4차 경제개발5개년계획은 비철금속공업부문에 내자 602억 원, 외자 1억 1,500만 달러 합계 1,159억 원을 투자하도록 계획하였다. 투자금은 100% 민간부문 투자로 계획되었고 전체 중화화공업 투자계획의 3.54%에 해당되었다.[54] 부문별로 동제련과 아연제련이 중심이 되어 고려되었는데 온산동제련의 경우 상공부가 제4차 경제개발5개년계획 비철금속공업부문 상공부안으로 제출한 것보다 건설기간이 늦추어져 1979년 완공하도록 변경되었다. 이에 따라 1977년 1월 12일 대통령 연두기자회견에서 대통령은 아연제련소를 1977년 10월에 완성하고 1976년 가을에 착공한 동제련소는 1979년 가을에 8만 톤 규모로 준공한다고 밝혔다.[55] 상공부가 1977년 1월 작성한 주요 업무현황을 보면 온산동제련소는

53) 국무총리기획조정실(중오, 1973), pp. 140, 146, 148, 198.
54) 경제기획원(제4경, 1976); 상공부중공업계획반·화학 및 경공업계획반(제41, 1976).

표 7-26 제4차 경제개발5개년계획 비철금속공업부문 투자계획 (단위: 내자·계 백만 원, 외자 천 달러)

		온산동제련	고려아연	기타	합계
시설규모		8만M/T	5만M/T	–	–
설치기간		1977~1979	1974~1977	–	–
1977	내자	6,532	11,749	940	19,221
	외자	14,616	23,621	996	39,233
	계	13,606	23,181	1,423	38,210
1978	내자	11,333	–	1,601	12,934
	외자	25,358	–	1,700	27,058
	계	23,606	–	2,424	26,080
1979	내자	14,403	–	4,444	18,847
	외자	32,226	–	5,580	37,806
	계	30,000	–	7,145	37,145
1980	내자	–	–	5,180	5,180
	외자	–	–	6,124	6,124
	계	–	–	8,145	8,145
1981	내자	–	–	4,049	4,049
	외자	–	–	4,800	4,800
	계	–	–	6,372	6,372
합계	내자	32,268	11,749	16,215	60,232
	외자	72,200	23,621	19,200	115,021
	계	67,213	23,181	25,508	115,902

자료: 상공부중공업계획반·화학 및 경공업계획반(제41, 1976), p. 98.

1976년 11월 11일에 착공되었다.[56)]

투자재원의 구체적인 조달계획은 1977년 1월 상공부의 대단위 제련소 건설 사업계획에서 얻을 수 있는데 이를 정리해 보면 〈표 7-27〉과 같다.

1976년 9월 27일 상공부 국회 상공위원회 보고와 비교해 보면 동제련소 부지가 23만 평에서 15만 8,000평으로 줄고 동제련소 건설의 시작이 11월로 된 것을 반영하고 있으며 아연제련소 건설의 완공기간이 2달 당겨지고 있다. 또 국회 보고와 달리 동제련소 부산물 황산(黃酸) 26만 5,000톤, 금 1.5톤, 은 23.5톤, 아연제련소 부산물 황산 10만 톤, 카드뮴

55) 〈조선일보〉(1977. 1. 13); 〈중앙일보〉(1977. 1. 13); 日韓經濟協會(協會報, 1977. 2. 1), pp. 2~4.
56) 상공부중공업국(중요, 1977. 1), p. 35. p. 34의 수치는 오자이다.

표 7-27 대단위 제련소 건설사업계획의 조달계획(1977. 1)

<table>
<tr><th colspan="2"></th><th>온산동제련</th><th>아연제련소</th></tr>
<tr><td rowspan="2">규모</td><td>생산능력
(톤/연)</td><td>주제품: 전기동 8만(10만 확장)
부산물: 황산 26.5만, 금 1.5, 은 23.5</td><td>주제품: 아연괴 5만(10만 확장)
부산물: 황산 10만, 카드뮴 300ℓ</td></tr>
<tr><td>부지</td><td>15.8만 평(온산공업단지 내)</td><td>8.5만 평(온산공업단지 내)</td></tr>
<tr><td colspan="2">건설기간</td><td>1976. 11～1979. 3(28개월)</td><td>1975. 9～1977. 10</td></tr>
<tr><td rowspan="3">소요
자금</td><td>외자</td><td>104백만 달러(504억 원, 56.4%)</td><td>2,500만 달러(12,125백만 원, 62%)</td></tr>
<tr><td>내자</td><td>80백만 달러(388억 원, 43.5%)</td><td>4,263.5만 달러(20,678백만 원, 38%)</td></tr>
<tr><td>합계</td><td>184백만 달러(892억 원)</td><td>6,763.5만 달러(32,803백만 원)</td></tr>
<tr><td rowspan="3">자금
조달</td><td>자기자금</td><td>46백만 달러(22,310백만 원, 25%)</td><td>24.2백만 달러(11,737백만 원, 35.8%)</td></tr>
<tr><td>국민투자기금</td><td>42백만 달러(20,370백만 원, 22.8%)</td><td>22백만 달러(10,670백만 원, 32.5%)</td></tr>
<tr><td>차관, 기타</td><td>차관 96백만 달러(46,560백만 원, 52.2%)</td><td>차관 21백만 달러(10,185백만 원, 31.0%)
기타 금융 43.5만 달러(211백만 원, 0.6%)</td></tr>
<tr><td colspan="2">차관선
(백만 달러)</td><td>벨기에: Banque Bruxelles Lambert 28.2
영국: Lazard Brothers 41.0
핀란드: Outokumpu Oy 26.7</td><td>IFC(국제금융공사) 13(62%)
KDFC(한국개발공사) 전대(轉貸)차관 4(19%)
산업은행 전대차관 4(19%)</td></tr>
<tr><td colspan="2">차관조건</td><td>현금차관
외자의 15～20%, 연리 리보+2% 거치 2.5년
상환 2.5년
수출금융
외자의 80～85%, 연리 8%, 거치 3년, 상환 8년</td><td><table><tr><th>차관선</th><th>연리</th><th>거치</th><th>상환</th></tr><tr><td>IFC</td><td>10.75</td><td>3년</td><td>8년</td></tr><tr><td>KDFC</td><td>11.1</td><td>13년</td><td>7년</td></tr><tr><td>KDB</td><td>11%</td><td>3년</td><td>10년</td></tr></table></td></tr>
<tr><td colspan="2">사업주체 출자비율</td><td>'온산동제련주식회사'
'산업은행' 50%, '풍산금속(豐産金屬)' 17%,
'금성전선(金星電線)' 16.5%, '대한전선' 16.5%</td><td>'고려(高麗)아연주식회사'
'영풍상사' 58.76% 1,422만 달러,
'IFC' 16.53% 400만 달러,
'KDFC' 4.13% 100만 달러,
일반공모 20.58% 498만 달러</td></tr>
</table>

자료: 상공부중공업국(중요, 1977. 1), pp. 34～37.

300ℓ 등의 생산계획과 자금구성, 건설참여 외국업체, 차관조건, 공법, 사업주체, 출자비율 등의 자금조달 내용이 보다 구체적으로 나와 있다. 이에 의하면 자기자금비율이 '온산동제련'의 경우 25.0%, '고려아연'은 35.8%에 이르도록 계획되었다.

중화학공업추진위원회기획단은 1978년 중화학공업을 전체 점검하면서 비철금속 기본계획을 수정하였다. 수정은 1차 수정이 이루어진 후 다시 수정이 이루어져 두 차례에 걸쳐 이루어졌다. 첫 수정계획은 작성시기가 없지만 총공정의 41.4%가 추진되었다고 되어 있어 1978년 중이었음을 알 수 있고, '울산알루미늄공장'의 진척도를 보면 조립식 주택이 1978년 6월 18일 완공되었고 압출공장이 1978년 9월 완공으로 80% 추진되었다고 되어

표 7-28 비철금속 기본계획의 동제련소 사업계획 수정계획 1 (1978)

<table>
<tr><td colspan="3">위치, 부지면적</td><td colspan="4">경남, 온산기지 부지 15.8만 평 건평 11,095평</td></tr>
<tr><td colspan="3">규 모</td><td colspan="4">연간 생산능력 8만M/T</td></tr>
<tr><td colspan="3">건설기간</td><td colspan="4">1976. 11 ~ 1979. 4</td></tr>
<tr><td rowspan="7">자금계획</td><td rowspan="3">소요자금</td><td>내자</td><td colspan="4">50,991백만 원</td></tr>
<tr><td>외자</td><td colspan="4">9,821.4만 달러</td></tr>
<tr><td>계</td><td colspan="4">98,623백만 원</td></tr>
<tr><td rowspan="4">조달자금</td><td rowspan="2">내자</td><td colspan="2">자기자금</td><td colspan="2">27,151백만 원</td></tr>
<tr><td colspan="2">국민투자기금 등</td><td colspan="2">23,840백만 원</td></tr>
<tr><td>외자</td><td colspan="4">시설차관 9,728.5만 달러</td></tr>
<tr><td>계</td><td colspan="4">98,623백만 원</td></tr>
<tr><td colspan="2" rowspan="3">추진계획</td><td>연도</td><td>1976</td><td>1977</td><td>1978</td><td>1979</td></tr>
<tr><td>진도</td><td>3.2</td><td>27.7</td><td>60.5</td><td>8.6</td></tr>
<tr><td>누진</td><td>3.2</td><td>30.9</td><td>91.4</td><td>100.0</td></tr>
</table>

자료: 중화학공업추진위원회기획단(온산, 1978).

있어 작성시기가 1978년 7~8월임을 알 수 있다.

우선 동제련소부터 보면 1차적으로 수정된 내용은 〈표 7-28〉과 같다. 이 계획은 다시 〈표 7-29〉처럼 수정·변경되었다. 건설규모는 초기 8만 톤, 최종 10만 톤으로 구분되어 있지만 건설기간은 구분 없이 1979년 7월로 되어 있는데 1979년 중화학공업추진위원회기획단의 추진현황 자료에서의[57] 규모로 보아 초기 완성연도이다.

우선 1977년 1월 상공부의 대단위 제련소 건설사업계획과[58] 달라진 것을 확인해 보면 목표인 생산능력은 동일하지만 투자금액에서 외자는 1억 400만 달러에서 9,700만 달러로 줄어들고 내자는 8,000만 달러, 388억 원에서 514억 4,000만 원으로 늘어나고 있음을 알 수 있다. 국내사업주체 출자비율은 1979년에 정리된 계획에서도 계속 동일하다.[59]

1978년 1차 수정되고 있는 계획과 2차 수정계획 2와 비교해 보면 수정계획 2에서 건평 1만 3,403평으로 조금 규모가 커지고 있고 건설계획이 10만, 초기 8만 톤의 2단계로 기록되어 확장을 분명히 하고 있다. 또 수정계획 2에서 건설기간이 1976년 10월부터 1979년 7월로 바뀌어 앞당겨 착공되고 늦게 완성되는 것으로 되어 있지만 사실 공장완공은 1979년 4월이고 이후 시운전기간이며, 시작시점 역시 1976년 10월이나 실제 착공은 1976

57) 중화학공업추진위원회기획단(중화추현, 1979. 1), p. 33.

58) 상공부중공업국(중요, 1977. 1), pp. 34~37.

59) 공부, 각 회사. 중화학공업추진위원회기획단(한공발1, 1979), p. 373.

표 7-29 비철금속 기본계획의 동제련소 사업계획 수정계획 2(1978)

<table>
<tr><td colspan="3">위치, 부지면적</td><td colspan="3">경남, 온산(溫山)기지 부지 15.8만 평 건평 13,403평</td></tr>
<tr><td colspan="3">규 모</td><td colspan="3">연간 생산능력 전기동(電氣銅) 10만M/T(초기 8만M/T)</td></tr>
<tr><td colspan="3">건설기간</td><td colspan="3">1976. 10～1979. 7</td></tr>
<tr><td rowspan="7">자금
계획</td><td rowspan="3">소요
자금</td><td>내자</td><td colspan="3">51,440백만 원</td></tr>
<tr><td>외자</td><td colspan="3">9,728.5만 달러</td></tr>
<tr><td>계</td><td colspan="3">98,623백만 원</td></tr>
<tr><td rowspan="4">조달
자금</td><td rowspan="2">내자</td><td colspan="2">자기자금</td><td>27,600백만 원</td></tr>
<tr><td colspan="2">국민투자기금 등</td><td>23,840백만 원</td></tr>
<tr><td>외자</td><td colspan="3">시설차관 9,728.5만 달러</td></tr>
<tr><td>계</td><td colspan="3">98,623백만 원</td></tr>
<tr><td rowspan="6">차관
계약
내용</td><td colspan="2"></td><td>차관처</td><td>차관액</td><td>차관조건</td></tr>
<tr><td colspan="2" rowspan="3">수출금융</td><td>벨기에: Banque Bruxelles Lambert</td><td>29,629천 달러
(28.2백만 달러)</td><td>연리 8%
3.5년 거치(3년)/7.5년 상환(8년)</td></tr>
<tr><td>영국: Lazard Brothers</td><td>22,635천 달러</td><td>연리 8%
3.5년 거치(3년)/7.5년 상환(8년)</td></tr>
<tr><td>핀란드: Outokumpu Oy</td><td>26,701천 달러</td><td>연리 8%
3.5년 거치(3년)/7.5년 상환(8년)</td></tr>
<tr><td colspan="2">현금차관</td><td>영국: Lazard Brothers 외 6개 은행</td><td>18,320천 달러</td><td>연리 리보+1.25%(2%)
4.5년 거치(2.5년)/2.5년 상환(2.5년)</td></tr>
<tr><td colspan="2">계</td><td>–</td><td>97,285천 달러</td><td>–</td></tr>
</table>

주: ( ) 안은 앞 〈표 7-28〉의 사업계획 수정계획 1의 계획값으로 원자료에는 없으나 저자가 적어 놓은 값임.
자료: 중화학공업추진위원회기획단(중화추현, 1979. 1), pp. 38, 41.

년 11월이므로 동일하다. '온산동제련주식회사' 공장은 1979년 4월 30일 전련(電鍊)공장 기계설치를 완료하였고 7월 31일 제련공장 기계설치를 완료하였으며 11월 5일 제련공장 시운전을 개시하였다. 그리고 1979년 12월 11일 연간 8만 톤 규모의 전기동 생산시설을 갖추고 종합 준공되었다.[60] 소요자금을 보면 수정계획 2에서 514억 4,000만 원으로 내자가 조금 확대되고 대신 9,728만 5,000달러로 외자가 조금 줄어 총계는 986억 2,300만 원으로 동일하다. 조달자금은 내자 자기자금에서 수정계획 2는 276억 원으로 차이가 거의 없다. 국민투자기금 역시 동일하며 조달자금 외자에서 시설차관 9,728만 5,000달러는 동일하나 '오토쿰푸(Outokumpu)'사 92만 9,000달러 조달계획은 삭제되었다. 차관액과 차관조건이 약간씩 바뀌었는데 이는 〈표 7-29〉에 ( )로 표시한 바와 같다. 차관처와 차관액을 보면 다른 곳은 동일하나 벨기에의 Banque Bruxelles Lambert사 차관액이 약간 증가하고 있

60) 중화학공업추진위원회기획단(중화추현, 1980), p. 40. 이 자료의 표지에 1979라고 표기되어 있다.

표 7-30 비철금속 기본계획의 아연제련소 사업계획 수정계획(1978)

<table>
<tr><th colspan="3"></th><th colspan="2">1단계</th><th>2단계</th></tr>
<tr><td colspan="3">위치, 부지면적</td><td colspan="2">경남, 온산기지 부지 9만 평 건평 14,500평</td><td>–</td></tr>
<tr><td colspan="3">규모(M/T)</td><td colspan="2">연간 생산능력 아연괴 5만, 황산 10만, 카드뮴 30만</td><td>10만</td></tr>
<tr><td colspan="3">건설기간</td><td colspan="2">1975. 9 ~ 1978. 2</td><td>1981년 이후</td></tr>
<tr><td rowspan="9">자금 계획</td><td rowspan="3">소요 자금</td><td>내자</td><td colspan="2">20,678백만 원</td><td>–</td></tr>
<tr><td>외자</td><td colspan="2">2,500만 달러</td><td>–</td></tr>
<tr><td>계</td><td colspan="2">32,803백만 원(6,763.5만 달러)</td><td>–</td></tr>
<tr><td rowspan="6">조달 계획</td><td rowspan="2">내자</td><td>자기자금</td><td>9,797백만 원</td><td rowspan="2">–</td></tr>
<tr><td>국민투자기금 등</td><td>10,881백만 원</td></tr>
<tr><td rowspan="4">외자 계</td><td>IFC 차관</td><td>1,300만 달러</td><td rowspan="4">–</td></tr>
<tr><td>IFC 출자</td><td>400만 달러(투자지분 16.53%)</td></tr>
<tr><td>산은전대차관(轉貸借款)</td><td>400만 달러</td></tr>
<tr><td>한국개발금융</td><td>400만 달러</td></tr>
</table>

자료: 중화학공업추진위원회기획단(온산, 1978); 중화학공업추진위원회기획단(중화추현, 1979. 1).

다. 차관조건은 현금차관 거치기간이 2.5년에서 3.5~4.5년으로 늘어나는 등 전체적으로 거치기간이 늘어나고 대신 상환기간은 단축되고 있다.

아연제련소를 보면 수정된 내용은 〈표 7-30〉과 같다. 아연제련소는 1978년 1차 수정값과 2차 수정값이 동일하다. 즉, 1978년 들어와 한 번 수정이 이루어진 후 재수정 내용이 없었다. 1977년 1월 상공부의 대단위 제련소 건설 사업계획과[61] 달라진 것을 확인해보면 역시 목표의 생산능력은 동일하다. 투자 완공시기는 1977년 10월에서 1978년 2월로 연장되고 있고 실제 공사는 더 늦어져 1단계가 1978년 11월 24일 종합 준공되었다. 투자금액은 외자, 내자 모두 일치하고 당연히 총계도 일치한다.

비철금속 기본계획의 연제련소 1978년 수정계획을 보면 〈표 7-31〉과 같다. 연제련소 투자계획 역시 7, 8월경 작성내용과 연말 작성내용이 동일하다.

수정된 추진계획을 보면 설치공사를 1979년 9월부터 1980년 7월까지 끝내고 조정을 1980년 6월부터 8월까지 하며 시운전은 1980년 7월부터 12월까지 하는 것으로 되어 있다. 1979년에는 부지조성을 완료하고 토건공사를 70% 시행하며 기자재 설치공사를 20% 진행하도록 연간 계획되었다.[62]

비철금속 기본계획의 알루미늄제련소 수정계획은 〈표 7-32〉와 같다. 1978년 수정계

61) 상공부중공업국(중요, 1977. 1), pp. 34~37.
62) 중화학공업추진위원회기획단(중화추현, 1979. 1), p. 43.

표 7-31 비철금속 기본계획의 연제련소 사업계획 수정계획(1978)

<table>
<tr><th colspan="2">구 분</th><th>내 용</th></tr>
<tr><td colspan="2">위치 및 부지면적</td><td>경남, 온산기지 부지 5.64만 평</td></tr>
<tr><td colspan="2">규모(연간 생산능력, M/T)</td><td>전기연괴(電氣鉛塊) 3만, 전기은괴(電氣銀塊) 64,
조금(粗金) 25kg, 전기비스머스 60, 황산 2.1만</td></tr>
<tr><td colspan="2">건설기간</td><td>1978~1980</td></tr>
<tr><td rowspan="3">소요자금</td><td>내자</td><td>14,597백만 원</td></tr>
<tr><td>외자</td><td>1,491.8만 달러</td></tr>
<tr><td>계</td><td>21,832백만 원</td></tr>
</table>

자료: 중화학공업추진위원회기획단(온산, 1978); 중화학공업추진위원회기획단(중화추현, 1979. 1).

표 7-32 대단위 알루미늄제련소 건설방안(1978)

<table>
<tr><th>구 분</th><th colspan="4">건설방안 내용</th></tr>
<tr><td rowspan="7">대단위
알루미늄제련소</td><td colspan="2">규 모</td><td colspan="2">온산 연 210,000M/T
1기: 연 70,000M/T, 2기: 연 70,000M/T, 3기: 연 70,000M/T</td></tr>
<tr><td colspan="2" rowspan="3">소요자금</td><td>내자</td><td>107,361백만 원</td></tr>
<tr><td>외자</td><td>262,612천 달러</td></tr>
<tr><td>합계</td><td>234,728백만 원</td></tr>
<tr><td colspan="2" rowspan="3">건설기간</td><td>1기</td><td>1981. 12 완공</td></tr>
<tr><td>2기</td><td>1982. 6 완공</td></tr>
<tr><td>3기</td><td>1982. 12 완공</td></tr>
<tr><td rowspan="6">발 전 소</td><td colspan="2">용 량</td><td colspan="2">온산 1,000MW(1기 500MW, 2기 500MW)</td></tr>
<tr><td colspan="2" rowspan="3">소요자금</td><td>내자</td><td>91,230백만 원</td></tr>
<tr><td>외자</td><td>222,000천 달러</td></tr>
<tr><td>계</td><td>198,900백만 원</td></tr>
<tr><td colspan="2" rowspan="2">건설기간</td><td>1기</td><td>1981. 9 완공</td></tr>
<tr><td>2기</td><td>1982. 9 완공</td></tr>
<tr><td rowspan="5">석탄개발수입</td><td colspan="4">연 5,000천M/T(발전용 연 2,000천M/T, 내수 연 3,000천M/T)</td></tr>
<tr><td rowspan="4">석탄개발</td><td rowspan="3">소요자금</td><td>내자</td><td>37,051백만 원</td></tr>
<tr><td>외자</td><td>74,939천 달러</td></tr>
<tr><td>계</td><td>151,330백만 원</td></tr>
<tr><td>생 산</td><td colspan="2">1981. 1</td></tr>
</table>

자료: 중화학공업추진위원회기획단(온산, 1978).

획은 알루미늄 생산규모를 최종 연산 21만 톤으로 하되 3단계로 나누어 1981년 12월까지 1단계로 7만 톤, 1982년 6월까지 2단계로 14만 톤, 그리고 최종 1982년 12월에 총 21만 톤 생산능력을 갖추도록 하였다. 이는 1975년 제4차 경제개발5개년계획을 위해 상공부가 제출하고 1976년 중화학공업추진위원회기획단이 영문 투자유치 자료로 작성한 계획의[63] 연산 10만 톤 규모에 비해 대폭 확대된 것이다. 더구나 상공부 제출안과 중화학공업추진위원회기획단 영문자료상의 두 계획은 대내외 투자 불확실성으로 기간도 설정하지 못하고 있었다. 앞서 알루미늄제련소 건설기간이 투자계획에서 설정되어 있던 것은 1973년과 1975년에 10만 톤 규모의 알루미늄제련소를 1978년 9월까지 건설한다고 한 것이었는데,[64] 이와 비교해 보면 10만 톤 규모의 알루미늄제련소 건설은 완성이 3년 이상 지연되도록 새로이 투자계획이 만들어졌음을 알 수 있다. 수정계획은 총 3기에 걸친 투자계획을 위해 내외자 2,347억 2,800만 원을 투입하고 그 밖에 2단계 발전소 건설계획과 석탄개발계획도 동시에 고려하고 있었다.

김광모 전 중화학공업추진위원회기획단부단장의 증언에 의하면 중화학공업추진위원회기획단은 최종적으로 1980년대 중반까지 비철금속공업 제련소를 준공하여 1986년 자급률 아연 100%, 동 96%, 연 100%, 알루미늄 27%의 생산기반을 구축하는 것으로 계획하였다.[65]

63) Planning Office, Heavy and Chemical Industry Promotion Council(1976), p. 117.
64) 대통령비서실(한경, 1975. 1), p. 65.
65) 김광모 전 중화학공업기획단부단장(김중비, 2004. 9. 23).

부 록

〈자료 7-1〉 철강, 비철금속공업 주요 업종별·기업별 투자액과 투자계획
(1978년 현재, 내자 백만 원, 외자 천 달러, 합계 백만 원)

업종	기업별	투자액		투자계획		설비능력(톤/연)	비고
종합제철	포항종합제철	내자	289,129	내자	44,904	550만	1981년까지 850만 톤으로 확장하고 이어 1,200만 톤 규모의 제2제철 건설 착수
		외자	766,300	외자	670,000		
		합계	660,784	합계	670,854		
특수강	한국종합특수강	내자	64,332	–		250,000	1978년 말 완공
		외자	5,500				
		합계	67,000				
	대한중기(大韓重機)	–		내자	18,139	100만	1976년 착공 1981년 준공
				외자	12,676		
				합계	24,287		
조강류	동국제강(東國製鋼)	내자	2,500	–		770천→1,170천	1979년 말 완공
		외자	3,300				
	인천제철(仁川製鐵)	–		내자	22,830	600천→900천	1979년 말 완공
				외자	35,000		
	강원산업(江原産業)	내자	5,000	내자	2,890	440천→560천	1980년 6월 확장공사 준공
		외자	10,000	외자	4,700		
	호남산업(湖南産業)	내자	4,500	내자	6,000	230천→520천	1979년 7월 확장공사 준공
		외자	22,000	외자	7,000		
판재	연합철강(聯合鐵鋼)	내자	4,890	내자	3,790	100만→230만	1979년 말 확장공사 완공
		외자	10,400	외자	19,400		
	일신제강(日新製鋼)	내자	4,680	내자	3,841	36만→136만	1979년 6월 확장공사 완공
		외자	17,100	외자	1,750		
강관	일신제강	내자	632	내자	15,837	350천→750천	1980년 12월 확장공사 완공
		외자	3,934	외자	14,665		
	한국강관(韓國鋼管)	내자	2,104	내자	655	230천→430	1982년 말 준공
		외자	2,849	외자	6,237		
	부산파이프	내자	6,700	내자	–	380천	–
		외자	13,000	외자	–		
비철금속	온산동제련(溫山銅製錬)	내자	34,206	내자	17,234	동 80천	계속사업으로 1976년 4월 준공
		외자	95,850	외자	1,435		
	고려아연(高麗亞船)	내자	20,678	내자	14,597	아연 50천	아연은 1978년 11월 준공
		외자	25,000	외자	14,918	연(鉛) 30천	연은 1980년 6월 준공
	대한알루미늄	–		–		17.5천	10만 톤/연 규모 증설계획 추진 중

자료: 日韓經濟協會(急, 1979).

CHAPTER 8
기계공업, 조선공업의 생산·투자계획

1. 기계공업

1) 기계공업의 초기 생산·투자계획

중화학공업추진위원회는 중화학공업화선언에 따라 작성하여 1973년 4월 발간한 중화학공업화 공개 설명자료에서 기계공업에 대한 생산·투자계획을 다음과 같이 밝혔다.

> 기계공업의 생산은 1981년에는 제조업 생산의 약 20%로 비중을 증대하게 될 것이며 그 생산액은 1972년에 비하여 무려 7배에 이르는 2조 2,100억 원에 이를 것으로 잡고 있다.
> 《중화학공업추진위원회(우해, 1973. 4), p. 29》

한 달 뒤 1973년 5월 24일 경제기획원은 중화학공업 건설계획을 발표하였다. 여기에서 정부는 기계공업기지에 대해 공장설치 방법을 내륙형(內陸型)과 임해형(臨海型)으로 구분하여 기능별로 배치하고 소재건설과 요소부품공업을 우선 추진한다고 말하면서[1] 구체적인 종합기계공장 투자유치계획을 〈표 8-1〉과 같이 밝혔다.

이런 위에 중화학공업추진위원회기획단은 6월에 발표한 중화학공업 육성계획에서 기계공업의 1인당 부가가치를 1,400달러에서 7,000달러로, 생산액을 3억 3,700만 달러에서 48억 300만 달러로, 국민총생산 내 부가가치비중을 2.5%에서 13.6%로 올리겠다는 기계공업 생산계획을 분명히 하고[2] 나아가 이를 위한 창원기계공업기지 투자계획도 밝혔다. 이

1) 〈매일경제신문〉(1973. 5. 24); 〈조선일보〉(1973. 5. 25); 〈중앙일보〉(1973. 5. 26).

표 8-1 1973년 5월 중화학공업 건설계획에서의 기계공장 유치계획

그룹별	업 종
소재공장	특수강, 주강, 주물, 밸브, 작업공구
부품 및 요소	볼트, 너트, 베아링, 스프링, 기아, 정밀소형나사, 정밀주조, 전용부품가공
일반기계공장	공작기계, 금속가공기계, 압축기, 냉동기계, 갑판(甲板)기계, 주압기기, 금형, 절삭공구, 초경(超硬)공구, 재봉기, 섬유기계, 농업기계, 엔진, 화학기계, 토목광산기계, 운반기계, 플라스틱기계, 펌프, 포장기계, 토목기계, 식품가공기계, 인쇄제본기계
전기기기공장	변압기, 전력콘덴서, 전동기, 전선 및 케이블, 배전반, 가정용전기기기
정밀기계공장	계측기, 재료시험기, 시계, 광학기계, 계량기, 사무용기계, 타자기, 의료기구
관련공장	플라스틱, 고무, 유리가공, 포장재, 도장, 목재가공 등

자료: 大韓民國經濟企劃院(日本, 1973. 5), p. 34; 〈조선일보〉(1973. 5. 25).

러한 생산·투자계획을 실현하기 위해 정부는 대외협력을 바라고 있었고 이에 따라 1973년 6월 18일부터 일본의 '機械工業等韓國產業長期開發計劃調査團'이 방한하여 '大韓重機', '利川電機', '韓國機械工業', '湖南精油'와 창원지구공업기지, 온산(溫山)공업기지, 울산공업기지의 석유화학콤비나트와 현대조선소, 포항공업기지 등을 6월 26일까지 시찰하였다.[3]

중화학공업 육성계획이 마련되자 세부적으로 기계공업에 대한 육성계획이 만들어졌다. 1973년 9월 17일 이낙선 상공부장관은 창원기계공업기지의 건설을 골자로 하는 '장기기계공업육성계획'을 확정하여 9월 19일에 발표하였다.[4] 자동차공업을 포함하는 장기기계공업육성계획은, 첫째 1981년 기계생산 52억 4,400만 달러(1971년의 12배) 달성, 둘째 1981년 기계수출 16억 2,600만 달러(1971년의 46배)·수입 14억 6,600만 달러로 1억 6,200만 달러의 흑자 달성, 셋째 기계공업 생산기술의 향상과 전문화·계열화 체제의 확립을 3대 목표로 들었다.[5] 이를 위한 기계공업의 생산, 수출, 투자 시책은 〈그림 8-1〉의 체계로 구상되었다.

즉, 중화학공업화에서 기계공업의 핵심 목표와 계획은 기계공업에 1973년부터 1981년까지 21억 8,600만 달러를 투입해 1981년 생산능력을 64억 4,900만 달러로 하고 생산목표 52억 4,400만 달러, 수출목표 16억 달러를 달성하는 것이었다. 1981년 자동차 수출 10만대 목표도 만들어졌다.[6]

이 가운데 창원공업기지계획과 공업별 계획도 정비되었다. 공업별 계획은 정정이 한

2) 중화학공업추진위원회기획단(중화공, 1973. 6).
3) 日韓經濟協會(協會報, 1973. 9. 25), No. 58, pp. 9~12.
4) 중화학공업추진위원회기획단(한공발1, 1979), p. 478; 〈경향신문〉(1973. 9. 19).
5) 상공부(장기8, 1973. 10), p. 19.
6) 국무총리기획조정실(중오, 1973), p. 9.

그림 8-1 기계공업의 생산, 수출, 투자 시책 구상도

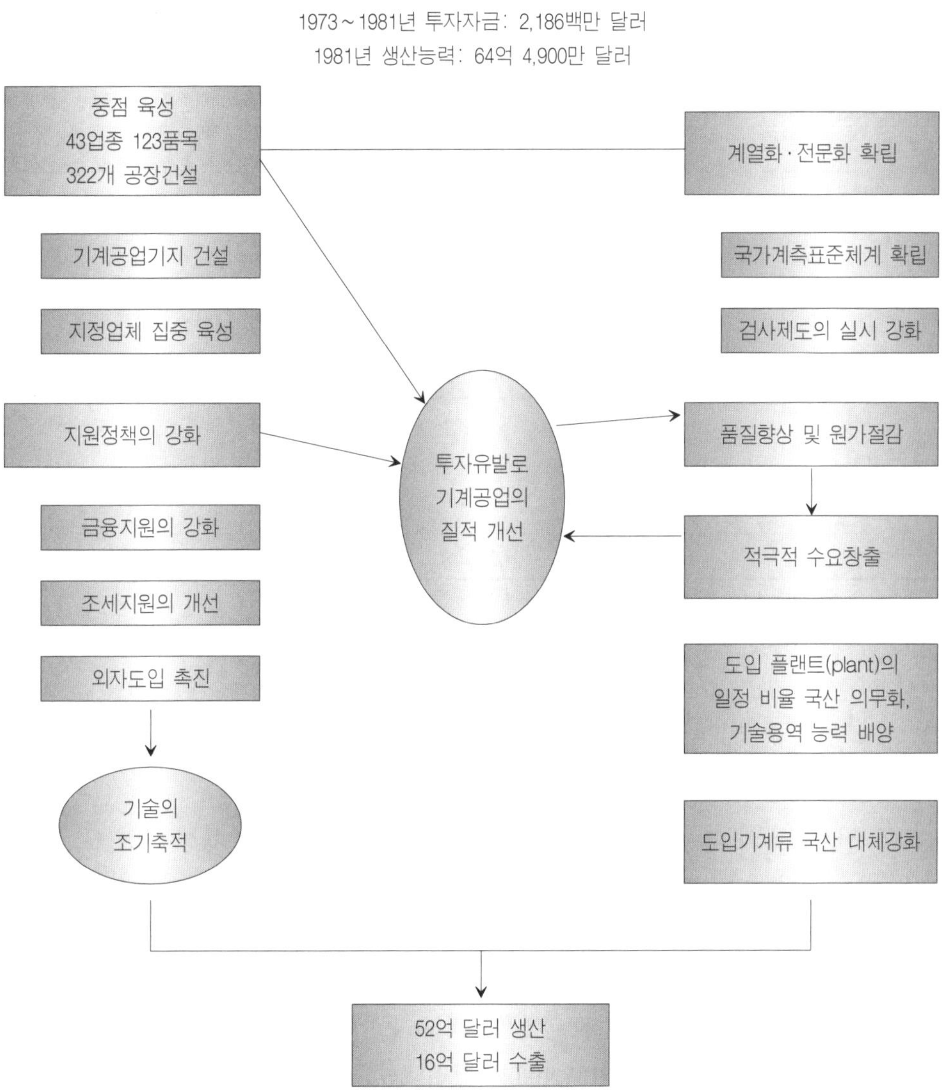

자료: 국무총리기획조정실(중오, 1973), pp. 81, 83.

번 이루어졌는데[7] 정정의 방향은 신설의 경우 창원기지를 중심으로 사업을 진행하고 창

7) 본 내용에 국한된 것이 아니지만 정부에서 사용되는 자료들은 계속 정정이 일어나고 있음에도 그 정정의 전후 단계를 밝혀 놓은 자료는 거의 대부분 없다. 정부 각 부처는 자신들이 얻은 그 자료만을 정확한 시기를 밝히지 않고 그냥 인용하고 있는 것이다. 예컨대, 정부 한 부처가 상공부로부터 공업자료를 받을 때 이미 수정되었음에도 이전 자료를 받을 수도 있고 또 이미 받아 놓은 자료를 수정 후의 자료로 대체하지 않고 이용할 수도 있다. 따라서 정부자료의 발간시기만으로는 그 자료에서 사용한 수치자료의 시기적 전후관계를 밝히기가 사실상 불가능한 경우가 대부분이고 당시 작업에 직접 참여한 당사자들도 이를 가려낼 정도로 기억하는 사람은 없었다. 그래서 이를 알기 위해서는 당시 언론 및 비관련 자료까지 전부 찾아나가고 수

표 8-2 상공부 장기기계공업 육성계획 업종별 시설투자계획(수정 후 계획, 1973~1981) (단위: 개, 백만 달러)

부문	업종(품목)	공장수	투자액	창원기지 생산액
총괄	43(128)	322(2,293)	2,186	–
창원기지	37(117)	〈104〉	968	2,149
기지 외 신설	5(7)	(13)	206	–
지정업체 외 증설	40(122)	205	819	–
기타	–	–	193	–
소재	4(4)	36〈26〉	125[121]	298
요소부품	6(14)	36〈16〉	193[162]	370
산업기계	18(61)	97〈29〉	581[374]	950
정밀기계	4(15)	37〈24〉	168[148]	241
전기기계	6(24)〈4(21)〉*	69〈7〉(9)	364[135]	229
수송기계(선박 제외)	4(8)	32(4)	694	–
선박용기계	1(2)	15〈2〉	61[28]	61

주: 1) 공장수 중 〈 〉 안은 창원 내 신설공장수이고 ( ) 안은 창원 외 신설공장수임.
2) 투자액 중 [ ] 안은 창원기지 내 공장건설 투자액만임.
3) 수송기계부품은 요소부품에 포함시킴.
4) * 전기기계의 창원기계기지 내 업종수는 4개, 품목수는 21개로 차이가 있고 수송기계는 창원기지 내에 없으며 나머지 공업의 업종수, 품목수는 창원기지 내와 일치함.

자료: 상공부(장기8, 1973), p. 21; 상공부(창기, 1974. 4), p. 4.

원기지 외 신설공장의 경우도 창원기지처럼 대단위로 건설하도록 하여 규모의 경제를 이루고자 하는 것이었다. 정정이 이루어진 후의[8] 업종별 시설투자계획을 정리하면 〈표 8-2〉와 같다.

장기기계공업육성계획은 1981년까지 총투자액 21억 8,600만 달러 중 중심이 되는 창원기계공업기지에 380만 평의 대지를 조성하여 9억 6,800만 달러를 투자하고[9] 업종별로는 선박을 제외한 수송기계에 6억 9,400만 달러 등을 투자하도록 계획하였다. 기계공업 43개 업종, 128개 품목이 집중적인 육성대상이 되며 창원기계기지와 그 외의 지역으로 구

치 하나하나 대조해 보는 원시적 방법을 동원하지 않으면 안 된다. 이는 엄청난 시간을 요구하지만 그래도 확인 안 되는 것이 다수이다. 한 가지 지적할 것은 정부 내에서 타 부서에 제공하는 자료나 혹은 정부가 외부에 제공한 자료가 최종수정된 자료가 아니고 이전 자료를 제공하는 경우가 매우 자주 발견된다는 것이다. 특히, 외국인 연구자에게 제공한 자료의 경우 대부분 그러하다. 자료담당관이 상부로부터의 제공지시가 있거나 외부로부터 자료요청이 있을 경우 이미 극비사항이 될 수 없는 이전 자료를 제공한 것이 상당히 많았다고 생각된다.

8) 당시 신문 그리고 같은 상공부가 1974년 4월에 창원기지투자유치 설명회 자료를 만들 때 사용한 수치를 대조함으로써 수정의 전후 단계를 알 수 있다.

9) 국무총리기획조정실(중오, 1973), p. 80.

그림 8-2 장기기계공업육성계획 업종별·연도별 투자계획(1973~1981) (단위: 백만 달러)

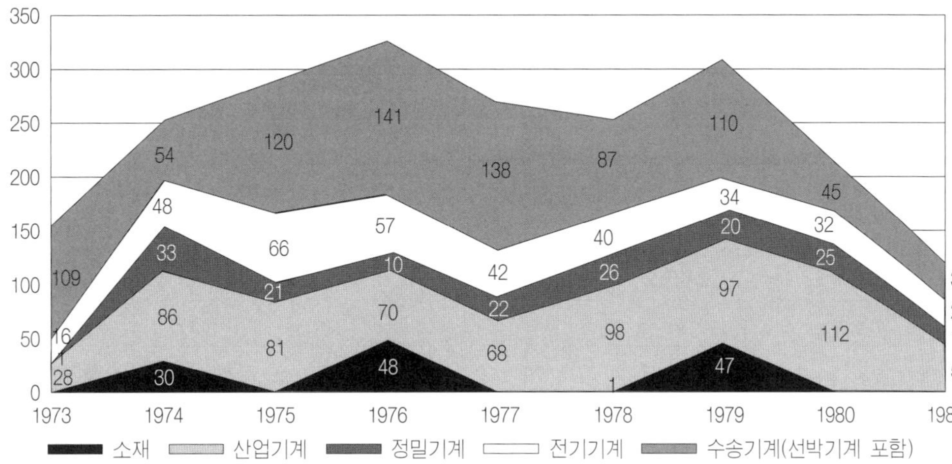

자료: 국무총리기획조정실(중오, 1973), p. 84.

분되어 1981년까지 건설될 322개 공장 중 104개 공장이 창원지역에 세워지고 나머지 218개 공장은 창원기지 이외 지역에 13개 공장이 신설, 205개 공장이 증설되도록 기획되었다. 창원기지에 세워질 공장의 대상업종 및 품목은 37업종, 117품목이었다. 확정계획은 1974년에도 이어져 대통령비서실에 의해서 1975년 초에도 소개되었다.[10)]

1970년대 초 기계공업은 수송기계, 전기기계, 일반기계의 3개 부문으로 나눌 때 수송기계비중이 가장 높고 다음이 전기기계, 그리고 매우 낮은 비중의 일반기계로 되어 있는 기형적 구조를 가지고 있었다. 장기기계공업육성계획은 일반산업기계부문을 대폭 확장시켜 전체의 약 1/3인 17억 8,000만 달러로 생산액을 늘림으로써 기계공업의 3개 부문을 균형적인 선진국형 기계공업구조로 바꾸는 것을 기본구상으로 하고 있었다.[11)]

장기기계공업육성계획의 업종별·연도별 투자계획을 정리하여 보면 〈그림 8-2〉와 같다. 여기에서 공업별로 정리한 것은 〈표 8-2〉와 달리 요소부품을 각 관련 공업에 포함시킨 것이다.

업종별·연도별 투자계획을 보면 1974년 특정 사업에 따른 예외도 있지만 전반적으로 보아 초·중기에는 수송기계의 투자비중이 높고 후기에는 산업기계의 투자비중이 높아지도록 계획되었다. 이는 필요성이 아니라 산업기계 제조의 현실능력을 우선 고려한 것이었다. 1973~1981년간 전체 합계로는 수송기계의 투자액이 가장 많아 8억 3,800만 달러, 다음이 산업기계의 투자액으로 6억 9,100만 달러, 이어 전기기계 3억 6,300만 달러, 정밀기

10) 대통령비서실(한경, 1975), p. 74.
11) 국무총리기획조정실(중오, 1973), pp. 77, 83.

표 8-3 장기기계공업육성계획 건설투자 소요자금(1973~1981) (단위: 백만 달러)

구 분		합 계	창원기지 내	기지 외 지정업체		기 타
				신 설	증 설	
총투자		2,186(100%)	968	206←121	819←875	193←222
내자	자기자금	328(15%)	145	31←18	123←131	29←34
	타인자금	809(37%)	358	76←45	303←324	72←82
	합 계	1,137(52%)	503	107←63	426←455	101←116
외자	자기자금	328(15%)	145	31←18	123←131	29←34
	차관 등	721(33%)	320	68←40	270←289	63←72
	합 계	1,049(48%)	465	99←58	393←420	92←106

자료: 상공부(장기8, 1973), pp. 21~22; 국무총리기획조정실(중오, 1973), p. 85.

계 1억 6,800만 달러, 그리고 소재부문 1억 2,600만 달러로 투자계획이 정하여졌다. 전반적으로 소재와 정밀기계에 대한 투자가 타 부문에 비해 낮음을 알 수 있다. 연도별 투자액을 보면 1976년이 3억 2,600만 달러로 기계공업투자가 정점에 이르고, 이후 1979년을 제외하고 오히려 약간씩 감소하는 경향으로 1981년 1억 2,300만 달러가 되어 1980년대에는 확연히 투자가 감소하는 것으로 계획이 만들어졌다. 업계와 정부는 계획단계에서 1970년대를 기계공업의 투자중점기간으로 보고 있었던 것이다.

장기기계공업육성계획 건설투자 내외자 소요자금 내역도 전체 내외자 총계와 구성비는 변함이 없지만 1973년 9월 공식 발표 이후 계획의 항목별 조정이 있었다. 〈표 8-3〉은 수정 전 발표안과 수정 후 계획을 동시에 정리한 것으로 화살표가 있는 부분은 투자금액이 변동한 것이다. 역 화살표 앞이 수정 후 발표계획, 역 화살표 뒷부분 출발지가 수정 전 발표계획의 건설투자금액이다.

〈표 8-3〉에서 보듯이 장기기계공업육성계획은 총투자액 21억 8,600만 달러 중 내자를 52%인 11억 3,700만 달러, 외자를 48%인 10억 4,900만 달러로 하여 내자를 많게 하고 있었고 합작투자의 경우는 내외국인의 투자비율을 50:50 원칙으로 하였다. 계획의 수정에서도 이 전체 금액과 내외자 구성, 금액은 달라지지 않고 유지되었고, 특히 계획의 핵심부문인 창원기계공업기지의 투자내용은 변동이 없었으며 기지 외 부분의 부문 간 배분만 조정이 이루어졌다. 수정된 내용을 보면 앞서 지적하였듯이 기지 외 신설공장의 경우 규모의 경제를 살리기 위해 70.2% 투자금액을 대폭 늘리고 기지 외 업체와 기타 업체의 증설은 대폭 줄이고 있다. 이에 따라 창원기지 외 투자의 내자 역시 신설공장에서는 6,300만 달러에서 1억 700만 달러로 대폭 늘어나고 있으며 이는 외자배분에서도 동일하다.

1973년 9월 19일 건설계획이 확정되어 발표된 창원기계공업기지는 수요에 따른 계속

표 8-4 창원종합기계공업기지 투자계획

	투자내용			
공업용지	1차	105만 평(1973. 11 ~ 1974. 8)		
	2차	131만 평(1975 ~ 1977)		
	3차	162만 평(1978 ~ 1981)		
	총괄	총 398만 평(1973 ~ 1981)		
	추가	가용면적이 1,200만 평이므로 수요에 따라 단지조성을 계속 확장		
	자금 176억 5,400만 원			
토지이용 계획표 (만 평)	공업용지	398	연구·교육 시설용지	30
	주거용지	245	공원 및 녹지	370
	유통공급 시설용지	23	유보지역	67
	업무서비스 시설용지	27	기타 공공용지	40
	합계	1,200		
간선도로	1차	10.5km(1973년 9월 1일 착공)		
	2차	14.5km(수요에 따라 시행)		
	자금 31억 9,800만 원			
공업용수	취수·수송시설. 마산지구 전용(轉用)공사 관로(管路) 10.2km, 펌프 660HP 2대 설치			
기타 시설	항만시설, 외국인아파트 건립			

자료: 상공부(창원, 1973. 10); 국무총리기획조정실(중오, 1973).

적인 확장가능성을 염두에 두었고 공업용수와 항만시설 그리고 기술도입을 위한 외국인아파트 등을 갖춘 종합적인 기지로 계획되었다.[12] 이후 상공부는 전체 계획은 유지하되 기지조성계획을 1, 2, 3차로 나누어 보다 구체적으로 확정한 후 10월에 자료로 내었는데 이를 정리하면 〈표 8-4〉와 같다.

2) 기계공업의 생산·투자계획 변화[13]

1974년 2월 4일 창원종합기계공업기지가 착공되었는데 착공 투자계획은 수정되어

12) 국무총리기획조정실(중오, 1973), p. 194.

13) 1970년대 중반부터 상공부와 경제기획원, 중화학공업추진위원회에 의해 통상적으로 사용된 기계공업은 전자, 조선공업을 제외한 기계공업을 의미한다. 그 예는 경제기획원(경백, 1975)과 상공부중공업계획반·화학 및 경공업계획반(제41, 1976), 중화학공업추진위원회기획단(중화추현, 1979) 등에서 볼 수 있다. 그런데 상공부 직제상 기계공업국이 있고 이와 다른 중공업국에 차량과, 조선과가 있어 보고·자료에서 조선만이 아니라 자동차가 제외되기도 한다. 정부 직제편성은 공업 분류를 정확히 적용하였다기보다는 업무를 균형 있게 배분한 성격이 강하였다. 당시 정부는 중화학공업의 정의를 정확하게 하고 사용하고 있지 않았고 기계공업 역시 정의를

표 8-5 상공부 기계공업육성 종합지원대책의 연도별 기계류 생산 및 투자 계획(1975) (단위: 백만 달러)

		(1974)	1975	1976	1977	1978	1979	1975~1979 합계
생산	생산액(전자, 조선 제외) (증가액)	1,051 327	1,354 303	1,808 454	2,455 647	3,322 867	4,467 1,145	13,406 3,416
	창원기지 (증가액)	–	22 22	166 144	383 217	763 380	1,223 460	2,557 1,223
	창원기지 외 (증가액)	1,051 327	1,332 281	1,642 310	2,072 430	2,259 487	3,244 685	9,489 2,193
투자	투자액 (억 원)	165 660	291 1,397	396 1,901	474 2,275	603 2,894	724 3,475	2,488 11,942
	창원기지 (억 원)	24 96	136 653	181 869	230 1,104	260 1,248	295 1,416	1,102 5,290
	창원기지 외 (억 원)	141 564	155 744	215 1,032	244 1,172	343 1,646	429 2,059	1,386 6,652

자료: 日韓經濟協會(協會報, 1975. 10. 1), No. 70, p. 27.

1981년까지 1,120억 원을 투입하여 총 1,416만 평의 기지를 건설하는 것이었다.[14] 1975년 4월 14일 정부는 기계공업육성사업추진계획을 발표하였고 그 내용은 국내기계류 수요증대에 대응하여 1975년 중 2억 8,800만 달러를 투입한다는 것이었다.[15]

상공부는 1977년까지 국내에서 사용되는 모든 기계의 50%를, 1979년까지 70%를 국산화하라는 박대통령의 상공부장관 지시에 따라[16] 1975년에 기계공업육성 종합지원대책을 마련하였다. 기계공업육성 종합지원대책의 연도별 생산·투자계획을 정리하면 〈표 8-5〉와 같다.

상공부 기계공업육성 종합지원대책의 연도별 생산·투자계획에 의하면 1975년부터 1979년까지 24억 8,800만 달러를 투자하여 1979년 전자, 조선을 제외한 기계류 생산액을 44억 6,700만 달러, 수출을 11억 6,300만 달러로 늘려 자급률을 70%로 올리고 제조업 내 기계공업비중을 20%로 높인다는 것이었다. 이러한 생산·수출목표는 1970년대 말의 생산과 수출이 각각 1973년 생산 7억 2,400만 달러의 6.2배, 1973년 수출 1억 2,600만 달러의 9.2배로 대폭 증가하는 것을 의미하는 것이었다. 기계공업육성 종합지원대책은 1979년까지의 24억 8,800만 달러 투자 중 창원기계공업기지에 11억 200만 달러를 투입해 창원기계공업기지가 1974~1979년간 25억 5,700만 달러의 생산을 담당하는 내용을 포함하였다.

여러 자료에서 다르게 쓰고 있는 경우가 계속 발견된다. 수치상의 큰 차이가 자주 발견되는 것은 이러한 분류상의 차이가 주요한 이유이었다.

14) 한국기계공업진흥회(기육1, 1979), pp. 95~96.

15) 청사(일지, 1984), p. 230.

16) 〈중앙일보〉(1975. 7. 28).

표 8-6 기계공업 1976년 생산·투자목표

	1974년 실적	1976년 계획
동력경운기	30,000대	100,000대
자동차 생산	30,290대	82,500대
종합자동차공장 준공예정 창원종합기계공업기지 건설	25개 업체 입주확정, 3개 공장 완공	380만 평 6개 부문 27개 대단위 공장

주: 종합자동차공장은 연산 15만 4,000대 규모로 계획.
자료: 경제기획원(경백, 1975), p. 400.

경제기획원은 1975년 『경제백서』를 통해 1976년 기계공업 생산·투자계획을 〈표 8-6〉과 같이 3항목에 대해 밝혔다. 자동차공업이 기계공업의 생산·투자계획에서 독립적으로 되어 갈 정도로 비중이 커지고 있으며 창원기계공업기지 건설이 투자의 핵심이 되고 있음을 간접적으로 보여 준다고 할 수 있다. 실제로 정부는 창원기계공업기지 건설에 주력하고 있었고 차량과가 상공부 중공업국에 설치되어 운용되고 있었다.[17]

1976년 6월 2일 상공부는 기계공업을 중화학공업의 기본 전략산업으로 육성하여 현재 55% 수준에 머물러 있는 국산화 비율을 1981년까지 70%로 제고하고 제5차 경제개발5개년계획이 끝나는 1986년까지는 수출주도산업으로 육성하는 '기계공업육성5개년계획'(기계공업기본육성계획)을 발표하였다. 이를 위해 정부는 1981년까지 16억 8,600만 달러를 투자하여 기계공업의 시설규모를 확대하고 기계류의 생산액도 1975년의 13억 1,400만 달러 수준에서 1981년에는 3.7배가 늘어난 48억 7,000만 달러 규모로 늘려 기계류의 자급률을, 수출분을 고려하지 않는다면 현재의 62%에서 88%까지 제고하고자 하였다.[18]

1976년 9월 27일 상공부는 제96회 국회 상공위원회에서 전자, 조선을 제외한 1981년 기계공업의 장기생산계획과 이를 위한 1977~1981년 투자계획을 밝혔다. 이를 정리하면 〈표 8-7〉, 〈표 8-8〉과 같다.

1976년 국회에 보고한 상공부의 기계공업 생산·수출계획은 생산을 1981년 43억 9,300만 달러로 늘려 1975년 대비 1981년 기계자급도를 50%에서 70%로 올리고 수출은 1981년 14억 1,500만 달러로 올린다는 것이다. 이를 위해 1977~1981년간 내자 3,584억 5,300만 원, 외자 6억 3,296만 달러, 합계 6,744억 8,300만 원의 투자가 계획되었다.

제3차 경제개발5개년계획까지 후방연관적인 기계공업의 생산·투자계획은 항상 강조되고 중요성이 인식되고 있었지만 그럼에도 불구하고 현실에서는 상대적으로 소외되어져 있었다. 그래서 "우리의 공업화 노력에서 가장 큰 역점을 두고 있는 중화학공업부문의 핵

17) 대한민국국회사무처(제96, 1976. 9. 27), p. 35.
18) 〈중앙일보〉(1976. 6. 2).

표 8-7 기계공업(전자, 조선 제외)의 장기생산·수출계획

(단위: 백만 달러)

		1975	1976	1979	1981
공 급	생 산	1,281	1,573	2,913	4,393
	수 입	1,068	1,206	1,968	2,088
계		2,349	2,799	4,881	6,481
수 요	내 수	2,080	2,429	4,081	5,066
	수 출	269	350	800	1,415

자료: 대한민국국회사무처(제96, 1976. 9. 27).

표 8-8 기계공업(전자, 조선 제외)의 장기투자계획

(단위: 내자 백만 원, 외자 천 달러)

		1977	1979	1981	1977~1981
소 요	내 자	59,125	71,045	86,008	358,453
	외 자	107,701	129,415	156,673	632,957
합 계		111,252	133,681	161,838	674,483

자료: 대한민국국회사무처(제96, 1976. 9. 27).

심은 역시 기계공업분야이지만 지금까지 이룩된 기계공업의 발전이 여타 중화학공업에 비해 상당히 처지고 있다"[19]는 지적을 자주 가져왔다. 그러나 기술의 발전과 함께 기계공업에 대한 수요가 증대되고, 특히 경제기획원이 기계공업을 전자공업과 함께 '숙련노동집약적'인 공업이라고 보고[20] 이것을 적극 확대하고자 함으로써 제4차 경제개발5개년계획에 들어가면서 기계산업에의 지원이 확대되고 기계국산화, 나아가 기계류 수출촉진이 보다 적극적으로 추진되는 등 기계공업은 제4차 경제개발5개년계획의 최우선 사업으로 되었다.[21] 1976년 말 최종 확정된 제4차 경제개발5개년계획에서 기계공업의 생산·수출·투자계획과 관련된 내용을 정리하면 〈표 8-9〉와 같다.

우선 제4차 경제개발5개년계획에서 기계공업의 생산과 수출 목표는 1981년 각각 2조 3,970억 원, 14억 1,500만 달러로 되어 1975년 대비 4.0배, 4.9배로 책정되었다. 제4차 경제개발5개년계획은 1976년 7월에 대통령 결재까지 맡아 1976년 『경제백서』와 『무역연감』에 공표까지 되었으나 사실은 7월 확정된 이후 바로 1976년 8월부터 10월까지 수정이 진행되었다.[22] 이 최종수정 과정에서 기계공업의 수요는 69억 7,300만 달러에서 70억 4,050만 달러로 소폭 늘었지만 생산은 44억 200만 달러에서 49억 5,250만 달러로 대폭 늘리는

19) 〈중앙일보〉(1975. 7. 29).
20) 상공부중공업계획반·화학 및 경공업계획반(제41, 1976), pp. 7, 14; 경제기획원(장기, 1978. 1), p. 89.
21) 권일상(權一相) 상공부 공업기획국종합계획과장(1977. 1), p. 34.
22) 상공부중공업계획반·화학 및 경공업계획반(제41, 1976), p. 13.

표 8-9 제4차 경제개발5개년계획 기계공업(조선, 전자 제외) 생산·수출 목표 및 투자액(투자지출 기준) (1975년 가격)

구　분	연도 및 구성	목표, 계획
생산 (억 원)	1975	5,987
	1981	23,970(49억 5,250만 달러)
	배수	4.0
수출 (백만 달러)	1975	289
	1981	1,415
	배수	4.9
투자액 (1977~1981, 10억 원)	합계	895.9(중화학공업의 27.4%)
	내자	618.6
	외자	277.3(5억 7,290만 달러)
	민간	891.0(99.5%)

주: 한국무역협회의 『무역연감』(1976)에 기재된 값은 최종수정 전의 값이며 최종수정값은 대한민국정부(행백, 1977)에 실려 있음.
자료: 대한민국정부(제4경, 1976); 상공부중공업계획반·화학 및 경공업계획반(제41, 1976).

것으로 수정되어 기계공업의 생산확대가 더욱 강조되었다. 전자, 조선을 제외한 기계공업부문의 수출확대와 생산확대에 따른 수입감소로 기계류의 수출비율은 28.6%로 높아지고 수입의존도는 35.7%로 낮아질 것으로 계획되었다.[23)]

기계공업 투자액은 1977년부터 1981년간 8,959억 원이 투입되는데 내자가 6,186억 원, 외자가 2,773억 원으로 내자의 비중이 69.0%로 계획되었다. 기계공업부문의 투자액은 중화학공업 중 가장 높아 중화학공업 투자액 계획의 27.4%를 차지하였는데 뒤를 이어 포항제철 확장이 중심이 된 철강공업부문이 20.7%이었다. 동태적으로 보아도 〈표 8-10〉에서 보듯이 제4차 경제개발5개년계획에서 전자, 조선을 제외한 기계공업투자는 제조업 전체 투자의 17.6%를 차지하게 되어 제3차 경제개발5개년계획 때의 제조업 내 투자비중 9.9%에 비해 대폭 증가함으로써 기계공업에 대한 중요성이 증대되고 있음을 반영하였다.

고정자본형성 기준 공업별 증가배수로 보아도 〈표 8-11〉에서 보듯이 기계공업은 제3차 경제개발5개년계획 기간의 2,439억 원에서 7,614억 원으로 3.12배 늘고 있다. 이는 조선이 1,094억 원에서 707억 원으로 감소하고 있고, 특히 경제기획원이 노동집약적 공업이라고 강조하고 있었던 전자공업이 1,144억 원에서 3,129억 원으로 2.73배 증가하고 있는 것과 비교해도 큰 폭의 증가를 보이고 있는 것이다.

한편, 기계공업 투자계획을 투자주체로 보면 민간부문이 투자의 99.5%를 담당하도록 계획되었다. 정부는 중화학공업화를 통해 민간부문의 투자역할을 계속 강조하고 확대하였

23) 대한민국정부(행백, 1977), p. 212.

표 8-10 제4차 경제개발5개년계획(1976~1981) 기계, 조선 등 기계공업 관련 부문 투자 (단위: 1975년 가격, 10억 원)

		3차(1972~1976) 계획		4차(1977~1981) 계획		B/A
		금액(A)	구성비(%)	금액(B)	구성비(%)	
제 조 업		2,805	100.0	5,088	100.0	1.8
중화학공업		1,693	60.4	3,273	64.3	1.9
기계류공업	전 체	542	19.3	1,367	26.9	2.5
	기 계	278	9.9	896	17.6	3.2
	전 자	137	4.9	386	7.6	2.8
	조 선	127	4.5	85	1.7	0.7

자료: 유신정우회(내한, 1978), p. 79.

표 8-11 제4차 경제개발5개년계획 고정자본형성 기준 기계공업 투자계획 (단위: 1975년 가격, 10억 원)

	3차 계획	4차 계획	증가(%)
기계공업	243.9	761.4	312.2
조선공업	109.4	70.7	−35.4
전자공업	114.4	312.9	273.5

자료: 상공부중공업계획반·화학 및 경공업계획반(제41, 1976).

으며 민간대기업에 의한 기계공업의 획기적 발전을 촉구하였다. '현대양행', '삼성중공업', '대우중공업', '강원산업', '한영공업(韓永工業)' 등 주요 대기업에 의한 대형기계공장의 건설계획을 보면 〈표 8-12〉와 같다.

구체적으로 전자, 조선공업을 제외한 기계공업의 연도별 생산, 수출과 자급화율 계획을 보면 〈표 8-13〉과 같다. 기계공업의 생산은 1977년 21억 달러, 1979년 32억 달러, 그리고 1980년 40억 달러를 돌파하도록 계획이 세워져 기계공업의 자급도는 1975년 61.4%에서 1978년 72.9%로 높아지고 1980년에는 82.0%로 80%를 돌파한 뒤 1981년에는 88.0%로 제고하도록 계획이 만들어졌다. 수출은 내수보다 더 급속히 증가하면서 1977~1981년간 연평균 31.5%의 고성장을 달성할 것이고 1975년 4억 달러, 1978년에는 7억 달러, 1979년 9억 달러를 돌파하도록 목표가 세워졌는데 기계류의 연평균 수출증가율은 생산의 연평균증가율 23.5%보다도 높게 책정된 것이다.

1977년 2월 24일 상공부는 '기계공업진흥기본계획'을 발표하였다. 계획의 기본목표는 1981년 기본목표 국산화율 70% 이상, 기계류 자급, 14억 달러 수출달성이었으며 이를 위한 기본시책으로 플랜트 국산화 추진, 소재산업의 적극 육성, 요소부품의 국산개발 촉진, 국산기계 수요창출제도의 강화 등이 제시되었다.[24] 국산화율 70% 이상은 시기가 늦추어

표 8-12 주요 대기업에 의한 대형기계공장 건설계획

	사업규모(백만 달러)		주요 생산제품	가동예정
현대양행	내자	151	발전설비, 제철·제강 설비, 시멘트기계, 석유화학설비, 공작기계, 방적기계(紡績機械) 등	1979년 초
	외자(IBRD)	137		
	합계	288		
삼성중공업	내자	69	환경보전설비, 건설수출장비, 석유화학설비 등	미정
	외자	34		
	합계	103		
대우중공업	내자	13	공작기계	1977년 7월
	외자	20		
	합계	33		
강원산업(江原産業)	내자	28	대형주철, 철강, 주형(鑄型), 운반하역기계, 광산기계, 플랜트기계, 대형에일 및 형강(形鋼)	1978년 6월
	외자	15		
	합계	43		
한영공업(韓永工業)	내자	21	대형변압기, 차단기, 배전판, 전동기, 발전기 등	1977년 7월
	외자	25		
	합계	46		

자료: 상공부(문, 1977. 1).

표 8-13 기계공업(전자, 조선 제외) 생산, 수출, 자급화율 계획

(단위: 100만 달러, %)

	1975	1976	1977	1978	1979	1980	1981
생 산	1,237.0	1,723.1	2,128.2	2,628.5	3,246.5	4,009.8	4,952.5(23.5)
수 출	289.0	360.0	522.0	704.0	918.0	1,158.0	1,415.0(31.5)
수출비율	23.4	20.9	24.5	26.8	28.3	28.9	28.6
수입비율	53.0	46.9	47.2	46.6	45.8	41.7	37.1
자급화율	61.4	67.1	69.9	72.9	75.6	82.0	88.0

주: 1) 1975년 가격기준.
2) 생산, 수출의 ( ) 안은 1977~1981년 증가율.
자료: 상공부중공업계획반·화학 및 경공업계획반(제41, 1976).

지고 있었지만 1975년 7월 29일 박대통령의 상공부장관 지시각서 이래 주요 목표수치가 되고 있었다. 1977년 7월 31일에도 정부는 제4차 경제개발5개년계획 기간 중 기계공업에 6,750억 원을 투자하여 기계류 자급률 70%를 달성하겠다고 발표하였다.[25)]

24) 한국기계공업진흥회(한기진20, 1989), p. 788.

표 8-14 공업구조(생산액 기준) (단위: %)

	1976	1981	1991	1974년 일본
기계류공업	15.1	22	34	38.2
기타 중화학공업	30.3	32	31	30.3
경공업	54.6	46	35	31.5

자료: 경제기획원(장기, 1978. 1), pp. 86~87.

창원기계공업기지에 대한 투자계획은 계속 진행되어 1978년 3월 12일, 정부는 중화학공업 설비 자체를 공급하기 위해 창원기계공업단지 내에 내외자 784억 원을 들여 대단위 기간산업기계 제작공장을 건설할 계획을 수립하였다.

경제기획원은 1978년 작성한 1991년까지의 장기경제사회 개발 전망과 계획에서 공업구조는 중화학공업, 특히 기계류공업의 성장이 급속히 일어나 기계류공업의 비중이 1976년 15.1%에서 1981년 22%, 그리고 1991년에는 34%가 됨으로써 일본의 1974년 수준인 38.2%에 근접할 것이라고 밝혔다(〈표 8-14〉 참조).

1979년까지를 정리하면서 중화학공업추진위원회기획단은 1980년대 중반에는 기계류 국산화를 달성하고 전자, 조선을 제외한 기계류 수출이 100억 달러에 이를 것으로 전망하였다.[26]

2. 조선공업

1) 조선공업의 초기 생산·투자계획, 1973

제3차 경제개발5개년계획에서 1976년까지의 선박생산과 생산능력계획을 뽑아 정리하면 〈표 8-15〉와 같다.

제3차 경제개발5개년계획은 기간 중 50만 톤급 조선시설을 갖춘 신규 대단위조선소를 건설하여 130만 톤(G/T)의 조선능력을 확보하고, 조선공업을 국제선박수요의 증대 등을 고려하여 수출특화산업으로 중점 육성시켜 1976년에는 2억 달러 수출목표 달성과 세계조선대국에 들 수 있도록 계획하였다.[27] 상공부는 1972년 12월 28일 수출진흥확대회의에서 상공부 보고를 통해 선박수출 목표로 1973년 5,000만 달러, 1976년 3억 달러, 1980

25) 한국기계공업진흥회(한기진20, 1989), p. 789.
26) 중화학공업추진위원회기획단(중화추현, 1980), p. 256.
27) 최종명 상공부기획관리실장(1972), p. 22.

표 8-15 제3차 경제개발5개년계획의 선박 국내생산과 조선능력

(단위: 만G/T)

	국내생산	조선능력
1972	23.0	35.0
1973	30.7	110.0
1974	67.6	120.0
1975	85.6	125.0
1976	80.0	130.0

주: 총톤 GT(Gross Tonnage)는 선박의 가용용적(加用容積) 100평방피트를 1톤으로 한 용적톤수로 중량톤 재화중량(載貨重量) DWT(Dead Weight)와 다르며 대형유조선의 경우 GT=약 1/2DWT가 됨.
자료: 국무총리기획조정실(중조, 1974), p. 70; 최종명 상공부기획관리실장(1972), p. 22.

년에 9억 8,500만 달러를 밝혔다.[28]

1973년 1월 12일 대통령은 연두기자회견에서 중화학공업화선언을 통해 "100만 톤급의 대규모 조선소를 앞으로 하나 내지 두 개를 더 만들" 것이라고 밝혔다. 대통령의 선언에 따라 상공부는 구체적인 장기조선공업진흥계획을 작성하였는데 생산·투자계획의 측면에서 계획내용을 정리하면 〈표 8-16〉과 같다.

장기조선공업진흥계획의 생산계획은 선박생산 능력을 1976년까지 190만 톤으로 늘리고 1981년까지 630만 톤, 그리고 1985년에는 920만 톤으로 늘리는 것이었다. 직접 생산은 1976년 내수선 31만 5,000톤 수출선 121만 5,000톤 합계 153만 톤, 1978년 내수선 40만 톤 수출선 251만 5,000톤 합계 291만 5,000톤, 1981년 내수선 70만 톤 수출선 361만 5,000톤 합계 431만 5,000톤으로 계획하였다. 이는 비교가능한 목표연도 1976년 목표만 놓고 보아도 제3차 경제개발5개년계획상의 목표연도 1976년 국내조선능력 130만 톤, 국내생산 80만 톤에 비해 대폭 증대된 계획이었다. 진흥계획은 계획기간을 통해 수출을 1974년 건조량의 75.7%, 건조금액의 62.7%이었던 것을 1981년 건조량의 83.8%, 건조금액의 78.9%로 상향시키고자 하였다.

1973년 3월 29일에는 제2 대단위 조선소 건설계획이 확정되었다. 이는 규모를 최대조선능력 80만DWT급, 연간 조선능력 35만DWT급 5척 생산으로 하여 50만 평의 부지에 550m×80m×14m의 도크를 갖추는 조선소 건설계획으로 투자액은 7,400만 달러로 책정되었다.[29] 중화학공업추진위원회는 1973년에 1980년 10억 달러 선박수출을 목표로 앞으로 1972~1981년 10년간에 총 1,646억 4,000만 원을 시설투자하여 1,956만 2,000톤(G/T)에 이르는 선박을 건조하고 이 가운데 303만 5,000톤은 국내선으로 공급하며 나머지 1,652만 7,000톤은 수출선으로 공급할 계획을 수립하였다.[30] 이를 연도별로 정리하면 〈표 8-17〉과

28) 오원철 전 중화학공업추진위원회기획단장(한경7, 1999), pp. 490~491.
29) 국무총리기획조정실(중오, 1973), p. 192.

표 8-16 상공부 장기조선공업진흥계획(1973. 3. 3)

분류	1974	1975	1976	1977	1978	1979	1980	1981	1982	1983	1984	1985
생산능력(만G/T)	99	120	190	310	380	470	545	630	700	800	860	920
수출량(만G/T)	38.3	71.2	121.5	166.5	251.5	286.5	321.5	361.5	456.5	526.5	571.5	616.5
수출액(억 달러)	1.30	2.39	3.98	5.48	8.28	9.38	10.48	11.78	14.68	66.28	18.23	20.10
건조비(대능력 %)	51.1	86.0	80.5	90.8	76.7	69.5	68.2	68.5	76.6	78.3	78.1	77.9
수출비(대능력 %)	38.7	59.3	63.9	53.7	66.2	61.0	59.0	57.4	65.2	65.8	66.5	67.0

			1973	1974	1975	1976	1977	1978	1979	1980	1981
건조계획	내수선	양	4.2	12.3	32.0	31.5	40.0	40.0	40.0	50.0	70.0
		금액	29.8	77	139	144	180	180	180	225	315
	수출선	양	–	38.3	71.2	121.5 (5.0)	166.5 (35.0)	251.5 (90.0)	286.5 (125.0)	321.5 (155.0)	361.5 (185.0)
		금액	–	129.6	239.4	398 (20)	548 (125)	828 (315)	938 (425)	1,048 (515)	1,178 (605)
	합 계	양	4.2	50.6	103.2	153.0	281.5	291.5	326.5	371.5	431.5
		금액	29.8	206.6	378.4	542	728	1,008	1,118	1,273	1,493
수출/건조량(%)			–	75.7	69.0	79.4	59.1	86.3	87.7	86.5	83.8
수출/건조금액(%)			–	62.7	63.3	73.4	75.3	82.1	83.9	82.3	78.9

주: 1) ( ) 안은 충무권(忠武圈) 지역.
2) 건조계획의 단위는 양은 만G/T, 금액은 백만 달러.
자료: 국무총리기획조정실(중조, 1974), p. 69.

표 8-17 중화학공업추진위원회 선박생산 및 수출목표계획 (단위: 만G/T)

	1973	1974	1975	1976	1977	1978	1979	1980
총생산	9.55	46.4	82.0	131.45	190.0	240.0	320.0	450.0
수 출	5.35	34.0	50.0	100.0	150.0	200.0	280.0	400.0
내 수	4.2	12.3	32.0	314.5	40.0	40.0	40.0	50.0

자료: 중화학공업추진위원회(우해, 1973), p. 147.

같다.

중화학공업추진위원회의 계획은 상공부 '장기조선공업진흥계획'(1973. 3. 3)과 비교해 내수는 동일하게 잡고 있으나 수출구조를 대폭 개선하고 목표를 상향시켜 1980년 321만 5,000톤 수출계획을 24.4% 늘려 400만 톤으로 하였다. 이에 따라 전체 총생산계획도 1980년 371만 5,000톤보다 대폭 늘어난 450만 톤으로 되고 있다. 이 수출계획은 상공부가

30) 중화학공업추진위원회(우해, 1973), p. 142.

표 8-18 상공부 장기조선공업육성계획 연차별 시설확충과 투자계획(1973. 4)

	1973	1974	1975	1976	1977	1978	1979	1980
조선시설(만G/T)	110	170	225	300	330	410	470	500
투입금액(억 원)	195	194	273	239	209	239	109	0

주: 서로 다른 수치들은 대조를 통해 정정함.
자료: 〈조선일보〉(1973. 4. 24); 전국경제인연합회(전2사, 1983), p. 649; 日韓經濟協會(協會報, 1973. 6. 25), No. 57, p. 41.

1973년 장기선박수급계획 중 선박공급계획으로 세운 내용의 1980년 수출선 건조계획량과 일치한다.[31)]

1973년 4월 23일에는 상공부가 1976년까지 국내수요 선박을 완전 자급하고 1980년대 세계 10위권의 조선국이 되도록 내외자 총 1,458억 원의[32)] 자금을 집중 투입하는 '장기조선공업육성계획'을 마련했다고 발표하였다.[33)] 그 구체적인 연도별 조선시설 확충과 투자계획을 정리하면 〈표 8-18〉과 같다.

4월 마련된 장기조선공업육성계획은 대단위 조선단지 조성을 통해 1973년 하반기 삼천포에 '極東造船'에 의한 80만 톤급 대형조선소 건설에 착공하고 1974년부터 50만 톤, 30만 톤, 10만 톤급 중형조선소를 집중 건설하여 조선시설 능력을 1972년 말의 25만 톤에서 1976년 300만 톤, 1979년 470만 톤, 그리고 1980년 20배인 500만 톤 규모로 대폭 확대한다는 것이었다. 조선소 확충을 통해 1980년 선박수출을 11억 달러로 높이도록 조선공업의 수출산업화를 추구하고 이러한 조선시설 확충과 병행하여 중소조선소를 대폭 정비·통합하여 규모의 대형화와 시설의 근대화를 추진하도록 계획하였다.[34)] 4월의 상공부 장기조선공업육성계획을 3월 상공부 '장기조선공업진흥계획'과 비교해 보면 1979년 조선능력 470만 톤을 기준으로 하여 단기적으로 1973~1978년간 조선시설 확장은 더욱 빠르게 단축적으로 이루어지도록 하고 장기적으로 1979년부터는 확장속도를 줄이도록 한 것이 특징이다.

정부는 1980년도 100억 달러 수출목표 달성책의 일환으로써 공업단지 조성을 지원하기 위해 거제, 충무 지역 내 죽도·덕곡(德谷)지구(89.24km^2)와 옥포(玉浦)·지세포(知世浦)지구(90.36km^2)를 조선기지로 지정, 동 지구를 지가고시대상지역으로 지정하였다.[35)] 1973년 5월 24일 발표된 중화학공업 건설계획에서 정부는 '조선공업은 종합기계공업으로서 기계, 철강 등 연관공업 발전에 크게 기여하는 중화학공업화의 선도산업이고 동시에 금후 우리

31) 한국산업은행조사부(한산, 1973), I, p. 357.
32) 1973년 4월 24일 〈중앙일보〉가 1980년까지 내외자 1,200여억 원을 투입한다는 것은 총계가 아니다.
33) 〈중앙일보〉(1973. 4. 24); 〈조선일보〉(1973. 4. 24).
34) 〈조선일보〉(1973. 4. 24).
35) 日韓經濟協會(協會報, 1973. 6. 25), p. 41.

표 8-19 1973년 5월 경제기획원 발표 조선소 건설계획(1973~1980) (단위: 만G/T)

공장별	규 모		조선소수
원양어선조선소	연간 능력	1.5	2개소
	평 균 선	0.1	
	최 대 선	0.3	
中 型 조 선 소	연간 능력	25	2개소
	평 균 선	5	
	최 대 선	10	
대 형 조 선 소	연간 능력	100	5개소
	평 균 선	10	
	최 대 선	20	
합 계			9개소

주: 1) 日韓經濟協會(協會報, 1973. 6. 25), No. 57, p. 26에서는 대형조선소 연간 능력을 '1,000'(백만)으로 기록하고 있으나 '100'의 오자임.
2) 연간 능력은 각 조선소 능력임.
자료: 大韓民國經濟企劃院(日本, 1973. 5), p. 39; 〈조선일보〉(1973. 5. 25).

나라 수출의 첨탑으로 될 수 있는 전략산업으로 중점 육성할 계획이다'[36]고 밝히고 조선소 건설계획을 배포하였다. 그 내용은 〈표 8-19〉와 같다.

발표된 조선소 건설계획은 1980년까지 연산 100만 톤(G/T) 규모의 대형조선소 5개소 이상을 건설하고 이와 함께 중형조선소 및 원양어선 전문의 조선소를 건설한다는 것이었다.[37] 당연한 이야기지만 발표된 내용은 당시 상공부에 의뢰해 자료를 구한 수치와[38] 일치하고 있는 점에서 확인되듯이 조선공업을 담당하고 있는 상공부가 작성한 안이다. 그런데 발표된 장기조선소 건설계획을 보면 연간 조선능력, 건조계획의 구성과 총계 등이 모두 상공부 4월안이 아닌 3월의 상공부 '장기조선공업진흥계획'(1973. 3. 3)과 일치한다.[39] 결국 상공부의 3월안과 4월안 2안 중에서 이후 기본골격으로 채택된 것은 3월안이었다. 조선업계와 정부는 3월 계획과 4월 계획에서 단기적으로 일단 시설확대를 완만하게 해 나가고 장기적으로는 더욱 시설규모를 확장하는 3월안이 더욱 현실적이라고 판단한 것이다. 이후 1974년에 발행된 국무총리기획조정실의 『중화학공업에 대한 조사연구보고서』나[40]

36) 大韓民國經濟企劃院(日本, 1973. 5), p. 38.
37) 〈조선일보〉(1973. 5. 25); 大韓民國經濟企劃院(日本, 1973. 5), p. 38.
38) 韓基春(1973. 12), p. 130.
39) 5월 24일 발표에서 연간 조선능력 545만 톤 시기를 1980년이 아니라 1981년이라고 하고 있다(〈조선일보〉, 1973. 5. 25). 6월의 방한 일본 방문단 자료에서도 동일한 부분이 있다(堀川運平 川崎重工業總合企劃室企劃部長(1973. 6), p. 20). 1973년 6월까지도 목표연도가 1980년대 초, 1980년, 1981년이 통일되지 못하고 발표시기와 기관에 따라 혼용되고 있었다.

한국개발연구원의 연구보고서[41] 역시 이 내용을 싣고 있다.

1973년 5월 21일 김종필(金鍾泌) 국무총리가 함부르크에서 4개 대단위 조선소를 신설하겠다고 해외에서 공개적으로 밝히는[42] 등 정부가 연산 100만 톤 규모의 대단위 조선소 5개 이상 건설방침을 발표하자 '조선공사'(대표 남궁련), '극동조선', '동아건설' 등 대기업들이 대거 참여할 움직임을 보였다.[43] 조선공업의 성공은 이미 일본의 전례가 있었고 또 이 시기 세계의 해운업계는 유례 없는 호경기에 들어가고 있었으며[44] 한국에서도 이미 현대그룹의 성공적 진입이 있었기에 모든 조건에서 조선공업은 대기업이 가장 선호하는 것이 되고 있었다.

1973년 5월 29일 조선공업의 생산·투자계획이 '조선공업육성기본계획'으로 대통령의 재가를 받았다. 이는 3월 상공부의 '장기조선공업진흥계획'과 기본내용이 동일하며 이를 기초로 정교하게 다듬고 장기적인 내용을 분명히 한 뒤, 5월 24일 중화학공업 건설계획의 일부로 발표하고 그리고 대통령 재가를 받아 확정한 것이다. 따라서 국무총리기획조정실은 동 내용을 상공부 '장기조선공업진흥계획'(1973. 3)의 '조선공장건설계획'으로도 싣고 있고,[45] 5월 24일 경제기획원 발표와[46] 중화학공업추진위원회기획단의 각종 조선공장 건설계획, 조선공업육성계획의 목표, 조선공업 투자자금 내역은 모두 일치한다.[47] 확정된 내용은 다음 날 1973년 5월 30일 이낙선(李洛善) 상공부장관에 의해 발표되었다. 그 내용은 〈표 8-20〉과 같다. 상공부는 실수요자 선정원칙으로 ① 투자액의 30% 이상 자기자금 조달, ② 외국인 합작투자비율 30% 이하 ③ 경영권 한국 측 보유, ④ 준설비 자기부담, ⑤ 조선소 건설 및 운영에 필요한 기술자의 훈련 또는 확보계획 수립실시 등을 들었다.

'조선공업육성기본계획'의 시설투자계획을 정리하면 〈표 8-21〉과 같다. '조선공업육성기본계획'은 1973년부터 1980년까지 총건조시설 규모 545만 톤의 9개 조선소를 건설하고 다시 1985년까지 총조선능력 920만 G/T의 총 14개 각종 조선소를 건설하는 것이었다. 계획은 이 밖에도 수요에 따라서 1981~1985년 중 원양어업조선공장도 건설하기로 하였다. 정부가 6월에 방문한 일본 측에게 설명된 내용도 이 계획내용에 기초한 것이었다.[48]

40) 국무총리기획조정실(중조, 1974. 5), p. 69.

41) 司空壹·兪焄·朴英哲·Leroy P. Jones(1974), p. 79.

42) 〈조선일보〉(1973. 5. 22).

43) 〈중앙일보〉(1973. 5. 26); 〈조선일보〉(1973. 8. 1).

44) 〈중앙일보〉(1973. 8. 1).

45) 국무총리기획조정실(중오, 1973), p. 59.

46) 경제기획원 5월 발표와 연간 조선능력, 수출계획 등 모두 같다. 부문별로 원양어선조선소 최대선 건조능력이 3,000G/T 혹은 6,000DWT으로 다르게 나오는 것은 단위의 차이로 이를 환산하면 동일하다(국무총리기획조정실(중오, 1973), p. 59). 다만 대형조선소의 경우 연간 능력을 100만 톤에서 75만~100만 톤급으로 유동성 있게 쓰는 차이가 있고 경제기획원 발표에서 최대선을 20만G/T으로 쓰고 있다. 대형조선소 건설에서 최대선 규모에 대해 경제기획원, 상공부 등 부처에 따라 약간의 이견이 있었다.

47) 중화학공업추진위원회기획단(한공발2, 1979), pp. 263~264.

48) 日韓經濟委員會·日韓經濟協會(機械, 1973), p. 4; 堀川運平 川崎重工業總合企劃室企劃部長(1973), p. 21.

표 8-20 상공부장관 발표 조선공업육성기본계획(1973. 5. 30)

구 분	계획내용
작성이유	조선공업이 중화학공업을 선도하는 대단위 종합공업이며 해운, 수산업의 원동력이 되고 공해가 거의 없기 때문에 중점지원, 육성하기로 함.
목 표	가. 국내수요 선박의 자급 나. 선박수출 1980년 10억 달러, 1985년까지 20억 달러 달성
방 침	가. 거제도 일대 대조선단지에 중형·대형조선소 등 9개소 이상, 1985년까지 14개 조선소 건설: 조선능력 920만G/T 나. 대형조선소를 일정 지역에 집단 건설하여 정부 및 기업의 시설투자 비용을 절감하고 조선소 간의 협업과 기술인력을 조직적으로 활용하도록 함으로써 경제적 효과 증대
조선소건설 실수요자 선정원칙	가. 자금: 1) 투자액은 이미 건설한 동일규모 조선소와 비교하여 적정하여야 함. 2) 투자액의 30% 이상을 자기자금으로 조달함을 원칙으로 함. 3) 외자는 유리한 조건의 차관에 의하여 조달함을 원칙으로 하고 기술, 판로 또는 자금조달을 위하여 필요한 경우 합작투자를 인정하되 다음 ①~③ 조건을 충족해야 함. ① 외국인 투자비율은 30% 이하이어야 하며 경영권은 한국 측이 보유함. ② 알선된 차관에 대한 대외 지급보증은 하지 않음. ③ 외자의 구매, 용역 또는 선박의 수출 등에 있어서 국제적 기준에 비하여 불리한 조건을 요청할 수 없음. 나. 조선소는 정부가 지정하는 지역에 건설하여야 하며 준설비는 자기부담. 단, 조선소 부지를 이미 확보한 경우에는 사업계획서 제출 이전에 정부의 별도 승인을 받아야 함. 다. 시설기자재 국내조달 가능품목은 최대한 사용하여야 함. 라. 조선소 건설 및 운영에 필요한 기술자의 훈련 또는 확보계획을 수립 실시하여야 함.
장기조선소 건설계획	'옥포조선소(玉浦造船所)' 건설계획 확정

자료: 〈중앙일보〉(1973. 5. 30); 〈조선일보〉(1973. 5. 31); 국무총리기획조정실(중오, 1973), p. 192.

'조선공업육성기본계획'의 투자소요자금은 총 9억 3,000만 달러로 4억 2,500만 달러는 내자로 충당하고 5억 500만 달러는 외자로 충당하여 내자비율을 45.7%로 책정하였다. 그리고 9억 3,000만 달러 중 5억 7,000만 달러를 1973~1980년간의 투자에 소요하고 나머지는 1981~1985년에 소요하는 것으로 하여 1973~1980년에 전체 금액의 61.3%를 투자하는 것으로 계획하였다. 특히, 합작의 경우 경영권을 한국이 확보하도록 명시하였다.

당연히 같은 내용인 '장기조선공업진흥계획'은 물론이고 1974년 발행된 한국무역연구소 자료[49] 등도 '조선공업육성기본계획'과 같이 조선공업의 생산·투자계획 소요자금을 9억 3,000만 달러로 하고 있다. 그런데 중화학공업추진위원회기획단의 6월 중화학공업육성계획을 보면 조선공업을 1973~1985년간 2단계로 분리하여 투자한다는 동일계획하에 총소요자금이 9억 7,800만 달러로 약간 높여져 있다.[50] 하지만 중화학공업 육성계획이 명기하고 있는 자금 조달방법, 즉 ① 소요자금의 30% 이상을 자기자금으로 하고, ② 외자는 유

49) 한국무역연구소(1974), pp. 432~433.
50) 중화학공업추진위원회기획단(중화공, 1973), p. 67.

표 8-21 '조선공업육성기본계획' 시설투자계획(조선소 건설계획)

공 장 별	규 모	건설기간별 수(개)		
		1973~1980	1981~1985	합 계 수
원양어선조선소	연간 능력 1.5만G/T 최대선 0.6만DWT	2	수요에 따라 건설	2
中型조선소	연간 능력 25만G/T 최대선 10만DWT	2	2	4
대형조선소	연간 능력 75~100만G/T 최대선 100만DWT	5	3	8
합 계		9	5	14

소요자금(백만 달러)			
	1973~1980	1981~1985	합 계
내 자	260(1,040억 원)	165(680억 원)	425(1,720억 원)
외 자	310	195	505
합 계	570	360	930

자료: 국무총리기획조정실(중오, 1973), pp. 59~60; 중화학공업추진위원회기획단(한공발2, 1979), pp. 263~264.

리한 조건의 차관으로 하며, ③ 합작투자시 외국인투자비율은 30% 이내로 한다는 것은[51] 모두 이낙선 상공부장관이 5월 30일 발표한 조선소 건설 실수요자 선정원칙과 일치한다.

'조선공업육성기본계획'이 발표된 5월 30일 오전 중앙청회의실에서 열린 수출진흥확대회의에서 박대통령은 대외교역량 증대에 따라 국내선박을 더욱 활용해야 한다고 말하면서 관계기관은 증대되는 해운수요에 차질이 없도록 선복(船腹)을 늘리는 문제에 노력을 기울여야 한다고 지적하였다.[52] 상공부는 이미 장기조선공업진흥계획(1973. 3)에 의해 각 조선소 건설 프로젝트를 진행하고 있었지만 대통령의 결재에 따라 확정된 조선공업육성기본계획과 대통령의 지시에 따라 조선소 프로젝트별 구체적인 우선계획을 검토하였다. 검토과정과 검토의 큰 전제는 차관을 얻고자 하는 일본 측에 다음과 같이 언급되고 있었다.

> 현재 자국선 수송비는 20~25%(일본은 64%)인데 1980년에는 60%까지 올릴 목표이다. 현재 100만 톤의 상선대를 600만 톤으로 할 필요가 있고 이를 위해 건조자금 22억 달러가 필요한데 반액은 차관으로 채운다. 1976년에는 일본에서 4억 달러를 빌리고자 한다. 프로젝트의 구체적 진행은 6월 말까지 전체 계획의 윤곽을 결정하고, 7월 말에는 계획을 결정하며 9~10월에 상공부가 프로젝트별로 발표한다.
>
> 《鈴木正達 日本鋼管重工本部付部長(1973), p. 17》

51) 중화학공업추진위원회기획단(중화공, 1973), pp. 62, 67.
52) 〈조선일보〉(1973. 5. 31).

표 8-22 장기조선공업진흥계획 선발사업에 의한 대형조선소 건설과 계획

	현대조선소		대한조선공사 옥포(玉浦)조선소
	현재	확장계획	
소재지	경남	울산	거제
건설기간	1971. 10 ~ 1973. 12	1973. 12 ~ 1975. 12	1973. 9 ~ 1974. 8
공장부지(평)	55만	55만	100만
공장건평(평	42,818	78,157	58,000
도크크기(m)	650 × 80 × 12	900 × 80 × 12 400 × 80 × 14	990 × 100 × 13 300 × 60(조선대(臺)) 400 × 80 × 14(수리용)
조선능력(DWT)	· 최대선 70만 · 연간 150만(30만 5척)	· 최대선 100만 · 연간 300만(30만 10척)	· 최대선 100만 · 연간 240만(30만 5척, 15만 6척) · 수리 900만
의장안벽장(艤裝岸壁長)(m)	1,050	1,050	2,440
인원계획(명)	–	4,500	4,600

자료: 국무총리기획조정실(중오, 1973), p. 63.

정부는 이미 상공부의 '장기조선공업진흥계획'(1973. 3)에 의해 거제도를 조선기지로 지정·공고하였고, 1973년 9월 현재 그 선발사업으로 '현대건설' 조선소 확장사업과 '대한조선공사' 옥포조선소 건설사업이 〈표 8-22〉에서 보듯이 추진되고 있었다.

이 계획은 대통령 보고에 의해 확정되고 대통령 지시가 있은 후 조선소 프로젝트별 구체적인 우선계획 검토과정에서 현실적인 변화를 반영하여 약간의 수정이 이루어졌는데 이는 〈표 8-23〉과 같다.

'현대건설'의 조선소나 '대한조선공사' 옥포조선소는 목표, 즉 생산규모를 그대로 유지하면서도 3월 계획 발표 후 구체적인 검토과정에서 투자비용과 건설기간에 나타난 현실적 문제를 반영하여 수정을 행하고 있었다. 수정된 내용을 이전 내용과 비교하여 정리하여 보면 〈표 8-24〉와 같다.

투자비용이 더욱 늘어나고 있는 것을 반영하여 울산조선소 시설확장은 원계획 1억 980만 달러에서 1억 8,827만 달러로 변경되었고, 옥포조선소는 1억 280만 달러에서 1억 6,508만 달러로 증대되었다. 여기에서 투자비용이 늘어나고 있지만 가능한 도입외자액은 유지하고 내자확대로 충당하고자 하는 노력이 보인다. 하지만 이후 도입외자액은 늘어났다.[53] 둘째는 건설기간이었다. 현실적으로 여러 문제가 발생하고 있는 옥포조선소는 완공

53) 1973년 8월 16일 외자도입심의위원회는 '대한조선공사'의 옥포조선소 건설을 위한 8,280만 달러의 차관 등 총 10건 2억 3,972만 달러의 차관과 22건 1,314만 달러의 외국인투자 4건의 기술도입 등 합계 32건 2억 5,286

표 8-23 프로젝트별 단기시설투자계획(DWT)

	규 모	기 간	투 자 액
현대건설 울산조선소(울산)	·최대선 100만 ·연간 건조 300만(대형유조선)	1971. 11 ~ 1975. 6	내자 523억 900만 원 외자 5,800.4만 달러
대한조선공사 옥포조선소 건설(거제)	·최대선 100만 ·연간 건조 240만 ·수리능력 900만	1973. 10 ~ 1975. 12	내자 414억 5,000만 원 외자 6,135만 달러

주: 1) 한국무역연구소(1974), p. 433에 의하면 같은 투자금액으로 기간이 각각 1973. 9. 25 ~ 1975. 6, 1973. 10. 11 ~ 1975. 12로 되어 있음. 현대조선소의 자체 기업계획서를 찾아 확인해 보면 1971년 10(11)월부터 1973년 12월까지 현재의 시설을 건설하는 기간으로 되어 있고, 시설확장공사는 1973년 9월 25일 착공(1975년 6월 완공 예정)으로 되어 있어 이를 연결하는가 따로 분리하는 것인가에 따른 차이임.
2) 현대건설 울산조선소의 규모는 확장공사를 포함한 것으로 확장은 연간 30만 5척에서 30만 10척, 총 300만 DWT으로 확장하는 것임.

자료: 상공부(문, 1973); 국무총리기획조정실(중오, 1973).

표 8-24 투자계획 비교

(단위: 백만 달러)

	장기조선공업진흥계획하 선발사업(1973. 3)		수정계획(1973년 하반기)	
울산조선소 시설확장 (蔚山)	내자	52.3(210억 원) 기투입 28.7(115억 원)+추가 23.6(95억 원)	내자	130.27 (523.09억 원)
	외자	57.5(기투입 39.5+추가 18)	외자	58.004
	계	109.8(기투입 68.2+추가 41.6) (1971. 10 ~ 1973. 12 ~ 1975. 12)	계	188.27 (1971. 11 ~ 1975. 6)
옥포조선소 건설 (巨濟)	내자	45.8(183억 원)	내자	103.73(414.5억 원)
	외자	57.0	외자	61.35
	계	102.8(1973. 9 ~ 1974. 8)	계	165.08(1973. 10 ~ 1975. 12)

주: 합계는 장기조선공업진흥계획에서 계산한 환율로 환산한 것임.
자료: 상공부(장조, 1973. 3); 국무총리기획조정실(중오, 1973).

을 1974년 6월이 아닌 1975년 말 준공으로 늦추었다. 현대가 총력 추진하고 있던 울산조선소는 시설확장을 1975년 말에서 1975년 6월로 당기는 것으로 바꾸었다.

경제기획원은 〈표 8-25〉와 같이 1981년 선박의 수요가 내수는 99만 1,000톤(G/T), 수출수요는 361만 5,000톤에 달해 총수요는 1972년의 27.7배로 증가할 것으로 내다보았다.

경제기획원은 이와 같은 장기수요증가에 대비하여 ① 1973년 말에 완공될 75만 톤(G/T) 규모의 울산조선소와 거제도 일대 조선기지를 건설하고, ② 최대선 100만DWT 규모의 대형조선소를 비롯한 중형조선소 및 원양어선조선소 등의 건설과 조선자금의 확보 등 제반 정책을 강화하는 한편, ③ 기존 조선소를 확장하여, ④ 1981년에는 총 630만G/T의

만 달러의 도입을 인가하였다. 〈중앙일보〉(1973. 8. 17); 〈조선일보〉(1973. 8. 17).

표 8-25 경제기획원의 조선수급 장기전망 (단위: 천G/T)

	1972(A)	1976(B)	1981(C)	B/A	C/A
수 요	166	1,723	4,606	10.4	27.7
내 수	166	508	991	3.1	6.0
수 출	–	1,215	3,615	–	–
조선능력	190	1,900	6,300	10.0	33.2

자료: 경제기획원(우장, 1973), p. 50.

조선능력을 확보하도록 할 것이며 이는 1972년 조선능력 19만G/T의 33.2배가 된다고 밝혔다. 경제기획원은 이로써 1981년에는 연간 10억 달러 이상의 조선수출이 가능할 것이며 조선국으로서의 기반이 이룩될 것이라고 밝혔는데,[54] 경제기획원이 사용한 모든 계획과 목표값 역시 상공부 '장기조선공업진흥계획'(1973. 3. 3), 즉 5월 30일 이낙선 상공부장관이 공식 발표한 '조선공업육성기본계획'에 기초한 것이었다.

1973년 12월 26일 상공부는 '현대', '대한조선공사'에 이은 제3대형조선소(거제도) 건설계획을 확정하여 발표하였다. 이는 '삼성물산'과 일본의 '石川島播磨重工業(IHI)'이 합작으로 내외자 1억 4,950만 달러를 투입하여 1976년까지 100만 톤급 도크를 갖춘 대형조선소를 건설하여 최대선 건조능력 100만 톤급의 생산능력을 갖추는 계획이었다.[55]

2) 조선공업의 생산·투자계획 변화, 1974~1976

상공부가 제3대형조선소 건설계획을 발표한 1973년 12월 26일 경제기획원은 석유위기에 따른 국내외 환경변화로 중화학공업의 1981년 목표연도를 조금 늦추고 6개 주도부문 사업추진 방향을 재조정하겠다고 말하면서 조선공업은 철강재 수급전망에 따라 약간씩 조정할 계획이라고 밝혔다.[56]

하지만 여전히 조선공업은 무공해 중공업으로 에너지 의존도가 낮고 노동집약성 등에서 한국의 비교우위가 상당히 큰 산업이었기에,[57] 에너지 절약형 산업 육성에 중점을 두어 나갈 것이라는[58] 정부방침과 함께 기업 측에서도 조선공업 조정에 적극적이지 않았다. 그래서 1974년 들어 중화학공업 육성계획 2차 연도 중화학공업 공장건설계획에서도 조선공업의 경우, 현대는 조선소를 확장하겠고 밝혔고 삼성안정(安井) 대형조선소(초대선 건조

54) 경제기획원(우장, 1973), pp. 50~51, 101.
55) 〈중앙일보〉(1973. 12. 26); 〈조선일보〉(1973. 12. 27).
56) 〈조선일보〉(1973. 12. 27).
57) 한국개발연구원(장기, 1977. 12), p. 257.
58) 대한민국정부(행백, 1974), p. 153.

표 8-26 조선공업육성계획(기본목표, 1974) (단위: 천G/T)

			1973	1974	1975	1976	1977	1978	1979	1980
조선소 건설계획	대형 조선소	현대조선중공업	———	———	——→					
		옥포조선소*	←——	———	——→					
		삼성중공업		←——	———	——→				
		(삼성 확장)					←⋯⋯	⋯⋯→		
	중형 조선소	고려조선(주)		←——	———	—→				
		(확장)						←⋯⋯	⋯⋯→	
	소형 조선소	제1소형조선소		←——	—→					
		제2소형조선소			←—	——→				
조선 능력	신규공장		–	750	1,050	2,170	3,180	3,410	4,450	5,400
	기존 조선소		250	350	390	430	480	540	540	550
	합계		250	1,100	1,440	2,600	3,660	4,050	4,990	5,950
조선 계획	수출	건조량	148	544	930	1,300	1,700	2,500	3,000	3,200
		금액(백만 달러)	87	260	300	400	550	800	950	1,000
	국내 수요선박		15	46	84	95	166	384	510	530
	합계		163	590	1,014	1,395	1,866	2,884	3,510	3,730

주: *은 주식회사 조선공사 옥포조선소임.
자료: 상공부(조선공현, 1974); 과학기술처·산업기지개발공사(1974. 12); 대통령비서실(한경, 1975. 1).

능력 100만 톤)와 고려조선(高麗造船) 중형조선소 역시 조선소를 착공하겠다고 밝혔다.59)

이에 따라 1974년 조선공업의 생산·투자계획은 오히려 건조능력이 확대되었는데 1974년 수정된 조선공업육성계획은 〈표 8-26〉과 같다.

수정된 육성계획은 1974년 6월에 준공된 현대울산조선소를 1975년 9월까지 200만 톤 규모로 확장하고 120만 톤 규모의 '대한조선공사' 옥포(玉浦)조선소와 75만 톤 규모의 '삼성중공업' 안정(安井)조선소는 1976년까지 건설하도록 하였다. 이들 조선소가 완공되면 한국 조선건조능력은 최대선 건조규모가 50만 톤에 달하고 건조능력은 현재의 110만G/T에서 1980년대에는 595만G/T으로 늘어나게 되며 건조량도 1980년대에는 373만G/T에 이르게 되어 10억 달러 상당을 수출할 수 있도록 계획되었다.60)

이는 상공부 1973년의 '장기조선공업진흥계획'과 '조선공업육성기본계획'의 목표 건조능력값보다도 1976년은 70만 톤, 1980년은 50만 톤 증가한 것이다. 그러나 조선계획은 오히려 1973년 작성한 계획값에 비해 1975, 1976년 목표값이 약간 줄어들도록 하고 1980

59) 日韓經濟協會(協會報, 1974. 3. 25), No. 61, p. 32.
60) 대통령비서실(한경, 1975), pp. 48, 80.

년에는 원계획값과 수정값이 371만 5,000톤, 373만 톤으로 거의 같게 하여 최근의 내수 현실을 반영하고자 하였다. 수출은 당장 1974년에 2배인 2억 6,000만 달러로 대폭 늘리고 1975~1980년간은 차차 그 차이를 좁혀 1980년 10억 달러로 하여 1973년 계획 10억 4,800만 달러와 큰 차이가 없도록 하였다. 이는 장기적으로는 계획대로 진행하되 당장 닥친 석유파동의 영향을 수출로 적극 돌파하겠다는 의지를 반영한 것이다. 1980년 수출량도 중화학공업추진위원회 4월 자료에서의 수출량 400만 톤에서는 줄고 있지만 상공부 장기조선공업진흥계획(1973. 3. 3) 수준의 321.5톤과 가까운 320톤으로 하고 있다.

이러한 수정 육성계획은 1975년 예산에 반영되었고 1974년 10월 4일 대통령의 1975년 예산 시정연설을 통해 다음과 같이 공개되었다.

【1975년 예산관련 조선부문계획】

1. 6월에 준공한 연산 75만 톤 규모의 1개 조선소를 연산 200만 톤 규모로 확장한다.
2. 옥포(玉浦)조선소 건설을 본격화한다.
3. 75만 톤 규모의 안정(安井)조선소와 15만 톤 규모의 죽도(竹島) 중형조선소를 각각 착공한다.
4. 이 밖에 중소형조선소를 더 건설할 계획 중에 있다.
5. 따라서 1980년대 초 조선능력은 연간 10억 달러 조선수출을 이룩할 수 있는 세계 10위권의 조선국으로 도약할 것이다.

《대통령비서실(박연4, 1975), p. 227》

1974년에도 1980년에는 세계조선실적이 3,400만G/T으로 증가할 것으로 전망되었고 국내수요도 1976년 9만 5,000G/T, 1980년 53만G/T으로 증가할 것이라는 전망이 여전히 이루어지고 있었다. 여기에 1974년 9월 24일 정부는 향후 7년간 해운 500만 톤을 증가시키겠다는 내용의 외항해운육성방안을 발표하였는데[61] 이 방안 역시 조선공업의 수요견인을 가져다 줄 것으로 기대되었다. 그러나 긍정적인 장기전망과 달리 현실은 1973년 석유위기로 세계적인 조선수요가 감소하기 시작하여 회복되지 못한 채 1975년 들어서도 여전히 선박수요는 정체되어 있었다.

이에 따라 1975년 3월 13일의 제91회 국회 상공위원회에서 상공부는 "세계 10위권 조선국 기반구축"이라는 원칙론은 계속 제시하였지만, 정확하고 자세한 조선공업의 생산·투자목표를 보고하지 못하였다.[62] 1975년 3월 28일 정부는 석유파동에 따라 제2종합제철과 동제련소 건설에 차질이 있고 조선공업 역시 대단위 조선소 건설사업이 상당 기간 지연될 형편에 있다고 밝혔다.[63] 이어 1975년 6월 11일 상공부장관은 조선계획 조정을 발표

61) 한국기계공업진흥회(한기진20, 1989), p. 782.
62) 대한민국국회사무처(제91, 1975. 3. 13), p. 20.

표 8-27 상공부 조선공업투자계획(1975년 6월 제93회 국회 보고)

구 분	투자계획
울산조선소(현대)의 확장	· 최대선 100만 톤 · 완공 1975. 9 · 1977년까지 선박건조 업무량 확보 32척 815백만 달러
옥포조선소(조공) 건설	· 최대선 100만 톤 · 완공 1975. 12
죽도조선소(고려) 건설	· 최대선 10만 톤 · 완공 1976. 4
삼성조선소 건설	· 최대선 100만 톤 · 완공 1977. 5 · 대일재원 확보 교섭 중
기 타	선박수급 전망에 따른 선박계획의 전반적 재조정작업 병행 중

자료: 대한민국국회사무처(제93, 1975. 6. 30), p. 15.

하였는데 '대한조선공사'의 옥포조선소는 선박수리 겸용으로 하고 '고려조선'은 1차 규모를 8만 톤 조선규모로 조정한다는 것이었다.[64)]

1975년 중반의 6월 30일 상공부는 제93회 국회 상공위원회 보고를 통해 〈표 8-27〉과 같이 조선공업의 향후 투자계획을 밝혔다. 6월이 되어 투자계획이 다시 구체화되고 있지만 여전히 상공부는 불투명한 세계시장 상황 속에서 수급전망에 따른 계속적인 조정을 강조하고 있었다.

6월 30일 국회에 보고한 조선공업투자계획에 의하면 건설기간이 울산조선소의 경우 1975년 6월 완공에서 9월 완공으로 늦추어지고 있지만, 옥포조선소는 수정된 그대로 1975년 말까지 건설로 되어 있고, 죽도조선소와 삼성조선소는 각각 1976년과 1977년에 완공하는 것으로 되어 있다. 울산조선소와 옥포조선소의 최대선 규모는 변화가 없으며 죽도조선소와 삼성조선소는 각각 최대선 10만 톤, 100만 톤 규모로 건설이 계획되었다.

1975년 9월 들어 투자계획의 조정이 보다 분명해졌다. 상공부는 이미 계획을 수정하여 보고한 1975년 6월까지의 조선공업 생산·투자계획을 다시 조정한 생산·투자계획을 1975년 9월 주요 업무 추진현황 작성과 제94회 국회 상공위원회 보고를 통해 밝혔다. 수정된 계획내용을 이전 내용과 대조하여 정리하면 〈표 8-28〉과 같다.

1975년 9월 수정조선공업육성계획의 가장 큰 특징은 석유파동의 장기화에 따라 '삼성조선소' 건설계획이 삭제된 것이었다. 이에 따라 1974년의 조선공업육성계획에 비하여 1975년 생산능력을 144만G/T에서 239만 톤으로 대폭 상향하면서도 1980년 생산능력은

63) 〈조선일보〉(1975. 3. 29).
64) 한국기계공업진흥회(한기진20, 1989), p. 783.

표 8-28 상공부 수정 조선공업육성계획(1975년 9월 제94회 국회 보고)

구 분				계획내용		
능력확충(만G/T)	연도			1975	1980	
	생산능력			239	425	
	수리능력			156	1,420	
옥포(玉浦) 조선소				당초	조정	
	규모	공장부지		951천 평	좌동	
		도크		1,100m×100m×13.5m	500m×126m×13.5m	
		조선능력	최대선	1,000천DWT급	좌동	
			연간	1,200천G/T (대형탱커 양산 건조)	좌동(대형탱커, 중소형선박 대량 건조, factory on barge)	
	자금계획	내자		24,524백만 원	29,524백만 원	
		외자		87,450천 달러	좌동	
		계		66,500백만 원	71,500백만 원	
	건설기간			1973. 10~1975. 12	1973. 10~1977. 6	
	공사 진도			13.7%		
죽도(竹島) 조선소				당초	조정	
					제1기 공사	제2기 공사
	규모	공장부지		152천 평	좌동	
		도크		345m×46m×11.5m	240m×46m×11.5m	길이 10.5m 연장
		조선능력	최대선	100천DWT	65천DWT급	100천DWT급
			연간	150천G/T	100천G/T	150천G/T
	자금계획	내자		16,288백만 원	13,749백만 원*	2,528백만 원
		외자		17,400천 달러	11,189천 달러*	6,233천 달러
		계		24,640백만 원	19,120백만 원	5,520백만 원
	건설기간			1974. 12~1976. 4	1974. 2~1976. 9	1978. 3~1978. 12
	공사 진도			13.6%		
삼성조선소	삭제					

주: * 죽도조선소의 자금계획은 자료에서 내자 137억 6,000만 원, 외자 1,116만 7,000달러로 기록되어 있지만 상공부 중공업국(중요, 1977. 1), p. 59에서 당초계획으로 내자 137억 4,900만 원, 외자 1,118만 9,000달러로 정정되어 있어 후년도 정정값에 따라 정정된 값으로 기록함.

자료: 대한민국국회사무처(제94, 1975. 9. 26), pp. 43~45; 상공부중공업국(주업, 1975. 9. 26), pp. 30~34.

425만 톤(G/T)으로 1974년 계획의 595만G/T에서 대폭 낮춘 것이다. '장기조선공업진흥계획'(1973. 3. 3)과 비교해 보아도 1975년 생산능력을 높게 하고 1980년 생산능력을 대폭 낮춘 것은 동일하였다. 석유위기 후 급속히 감소한 수요와 이에 따른 수요예측,[65] 그리고 삼성조선 건설계획의 취소가 영향을 미친 것이지만 그럼에도 여기에서 현재 진행 중인 생산능력 증강시설은 오히려 강화하겠다는 조선공업계의 의지를 확인할 수 있다.

부문별로 옥포조선소 건설계획을 보면 우선 건설기간이 1973년 하반기에 조선소 프로젝트별 구체적인 우선계획 검토과정에서 현실적인 변화를 반영하여 수정된 '1973년 10월~1975년 12월'에서 다시 '1973년 10월~1977년 6월'로 건설기간이 연장되었다. 조선소의 규모는 최대선 생산능력 100만 톤이 유지되고 있지만 이미 연간 건조능력이 120만 톤(G/T)으로 하향조정된 데 이어 석유파동에 따라 다시 대형탱커 외에 중소형선박과 바지선공장(factory on barge) 건설 등에 대한 관심이 높아지고 도크규모는 1,100m×100m×13.5m에서 500m×126m×13.5m로 축소되었다. 투자액을 보면 먼저 내자 414억 5,000만 원, 외자 6,135만 달러 계획에서 내자 245억 2,000만 원, 외자 8,745만 달러 계획으로 바뀐 후 다시 외자는 그대로 하되 내자를 늘려 총투자자금이 665억 원에서 715억 원으로 늘어나고 있다.

죽도(竹島)조선소의 경우 건설기간을 1974년 12월~1976년 4월에서 1단계 1974년 2월~1976년 9월, 2단계 1978년 3월~1978년 12월로 단계를 나누어 전체적으로 기간을 2년 8개월 늦추었다. 최대선 건조능력은 1단계 6만 5,000톤 그리고 2기 공사에 맞추어 원계획대로 10만DWT 규모를 갖추도록 하였다. 연간 조선능력은 1974년 10월 4일의 1975년도 시정연설에서 밝힌 대로 15만 톤 규모를 최종적으로 유지하되 1975년 6월 11일 상공부장관이 조선계획 조정에서 발표한 축소 1차 규모 8만 톤을 10만 톤으로 다시 올리고 최종적으로 15만G/T 생산능력을 갖추도록 하였다. 투자자금 역시 총액 246억 4,000만 원을 유지하되 1단계 191억 2,000만 원, 2단계 55억 2,000만 원으로 나누어 집행하기로 하였다. 도크는 345m×46m×11.5m에서 1단계 240m×46m×11.5m로 축소하고 2단계에서는 길이만 10.5m 연장하는 것으로 하였다.

상공부는 1975년 12월 제4차 경제개발5개년계획 작성을 위한 조선공업 생산·투자사업계획을 경제기획원에 제출하였는데 그 내용은 바로 1975년 9월 제94회 국회 상공위원회에 보고한 내용과 동일하였다. 다만 여기에는 기존 연간 20만G/T급 시설의 '대한조선공사' 부산조선소를 1974~1977년간 추가로 15만G/T 규모로 확장하는 사업과 1976~1978년간 대선(大鮮)수리조선소의 시설규모를 연간 300만G/T 규모로 하는 사업이 추가로 포함되었다.[66]

그런데 상공부안을 받아 경제기획원에서 제4차 경제개발5개년계획 작성작업이 본격 시작되면서 이미 처음 검토단계에서부터 425만 톤 규모의 조선능력 달성시기가 상공부가 1975년 만들고 12월에 제안한 1980년에서 1년 늦추어 1981년까지 달성하는 것으로 바뀌

65) 상공부중공업국(주업, 1975. 9. 26), p. 29.
66) 상공부중공업계획반·화학 및 경공업계획반(제41, 1976), p. 6.

었다. 1981년 조선능력 425만 톤 규모로 한다는 내용은 바로 1976년 3월의 제95회 국회 상공위원회 상공부 보고에서 그대로 이용되었고,[67] 7월 제4차 경제개발5개년계획안이 대통령의 결재를 받아 확정(뒤에 다시 수정됨)된 후에도 유지되어 1976년 『경제백서』와 『무역연감』에 게재되었다.[68] 이 단계까지도 일단 단기계획대로 1976년 신조선능력을 연산 270만G/T, 1977년 397만G/T으로 확대한다는 것으로 계획되고 있었다.[69]

그러나 상황은 점점 어려워져 갔고 결국 1976년 바뀐 1981년까지의 생산능력 425만 G/T 장기목표값에는 맞추면서도 계획기간을 순연시켜 나가도록 상공부는 중화학공업추진위원회기획단 등과 협의를 진행하였다. 조정방향은 세계해운 조선불황에 따라 조정하는 것은 1975년과 동일하나 건설 초기 업무량을 감안하여 건설공사기간를 신축성 있게 조정하기로[70] 하는 것이었다. 그 결과 새로운 1976년 수정계획안 장기조선소 확장계획이 만들어졌다. 수정계획은 1976년 9월 27일 상공부에 의해 제96회 국회 상공위원회에 보고되었고 중화학공업추진위원회기획단은 영문자료에서 이 내용을 넣어 해외투자자들에게 배포하였다.

제4차 경제개발5개년계획에 맞추어져 1976년 정부 공동으로 수정, 작성되어진 조선공업 생산·투자계획은 〈그림 8-3〉에서 보듯이 조선능력을 1974년에 수정된 1976년 260만 G/T 규모 기준에서 옥포조선소, 죽도(竹島)조선소를 신설하고 현대조선소를 확장하며 여기에 기존 조선소를 확장하여 이미 정해진 1981년 총 425만G/T 규모로 증가시키도록 하는 것이었다.[71] 이 목표는 1976년 8월부터 10월까지 제4차 경제개발5개년계획의 수정이 진행되어 경제기획원, '제4차 경제개발5개년계획'(1976)으로 공식화될 때에도 변동이 없었다. 이러한 장기조선소 확장계획 목표를 달성하기 위한 주요 조선소의 건설투자계획은 〈표 8-29〉와 같다.

1년 전 1975년 9월의 국회 상공위원회 상공부 보고와 비교해 보면 옥포조선소는 건조능력이 동일하지만 건설완료가 1975년 말에서 1977년 6월로 연기된 후 다시 1977년 말로 연기되어 결국 처음 계획에서 총 2년이 연기되고 있다. 대신 도크규모를 500m×126m×13.5m에서 조금 더 늘리고 있다. 죽도조선소의 경우 1기 규모가 그대로 유지되고 있지만 1976년 4월 준공에서 9월 준공으로 1차 연기된 데 이어 다시 완공기간이 1977년 6월로 연기되고 있고, 연간 생산능력 15만 톤으로의 확장공사인 2기 공사내용은 삭제되었다. 1975년 9월의 상공부 제94차 국회 보고에서 계획이 보류되어 보고에서 제외되었던 삼성 안정(安井)조선소는 1976년 5월 11일 공식적으로 삼성이 전체 사업계획을 포기하였다. 현대미포수리조선소도 연간 80척의 수리능력을 갖추고 원래 완공계획이 1976년 6월이었으

67) 대한민국국회사무처(제95, 1976. 3), p. 16.
68) 경제기획원(경백, 1976); 한국무역협회(무통, 『무역연감』, 1976).
69) 기업체별·연도별 구체적 내용은 다음에 실렸다. 한국산업은행조사부(한산, 1976), I, p. 351.
70) 대한민국국회사무처(제96, 1976. 9. 27), p. 48.
71) 대한민국국회사무처(제96, 1976. 9. 27), pp. 46~48.

그림 8-3 장기조선소 확장계획(생산능력, 1976) (단위: 만G/T)

	1974	1975	1976	1977	1978	1979	1980	1981
현대 확장	────	──→						
옥포 건설	────	────	────	──→				
죽도 건설	←───	────	────	──→	←→			
기존 조선소 확장	────	────	────	────	────	────	────	──→
합 계	110	239	260	277	405	411	415	425

자료: Planning Office, Heavy and Chemical Industry Promotion Council, Government of the Republic of Korea(1976), p. 37.

표 8-29 1976년 조정 주요 조선소 건설투자계획

	도크설비	조선건조(수리) 능력	소요투자	건설기간
옥포(玉浦) 조선소	530m×131m×14.3m	최대 1백만DWT 연간 120만G/T	71,500백만 원 (외자: 8,745만 달러, 내자: 29,524백만 원)	1973. 10~1977. 12
죽도(竹島) 조선소	240m×46m×11.5m	최대 65,000DWT 연간 100,000G/T	17,374백만 원 (외자: 458.3만 달러, 내자: 15,174백만 원)	1974. 12~1977. 6
현대미포(尾浦) 수리조선소	1: 420m×80m×13.2m 2: 305m×50m×12.7m	최대 700,000DWT 연간 80척(150,000~400,000DWT)	20,006백만 원 (외자: 1,082.9만 달러, 내자: 14,808백만 원)	1975. 4~1976. 12
삼성안정(安井) 조선소	–	–	71,562백만 원 (외자: 8,750.7만 달러, 내자: 29,559백만 원)	1976. 5. 11 포기

주: 1) 현대수리조선소는 '현대중공업'과 '카와사키중공업' 합작으로 건설 중임.
2) Planning Office, Heavy and Chemical Industry Promotion Council(1976)에서는 삼성안정조선소가 애초에 빠져 있음.

자료: 대한민국국회사무처(제96, 1976. 9. 27), p. 48; Planning Office, Heavy and Chemical Industry Promotion Council, Government of the Republic of Korea(1976), pp. 45~46, 49.

나 12월로 연기되었다. 그 결과 수정 이전, 즉 1976년 3월 국회 상공위원회에 보고된 상공부안과 비교하면 신조선능력은 1978년부터 1981년까지는 동일하지만 1976년과 1977년이 줄어 1977년은 120만 톤이 줄어들었다. 계획조정에 따른 투자자금 변동을 보면 옥포조선소는 동일하게 유지하였지만 죽도조선소는 내자를 137억 4,900만 원에서 151억 7,400만 원으로 늘리고 대신 외자를 1,118만 9,000달러에서 458만 3,000달러로 대폭 줄여 총투입 금액을 191억 2,000만 원에서 173억 7,400만 원으로 줄이고 있다.[72)]

72) 상공부중공업국(중요, 1977. 1), p. 59.

표 8-30 '대한조선공사' 생산·투자계획(1977년 1월)

<table>
<tr><th colspan="2"></th><th colspan="5">계획내용(내자·계 백만 원, 외자 천 달러)</th></tr>
<tr><td rowspan="8">옥포조선소</td><td rowspan="3">규모</td><td colspan="2">공장부지</td><td colspan="3">공장부지 951천 평</td></tr>
<tr><td colspan="2">도크시설</td><td colspan="3">76수정안과 동일</td></tr>
<tr><td colspan="2">조선능력</td><td colspan="3">최대선, 연간 모두 76수정안과 동일</td></tr>
<tr><td>입지</td><td colspan="5">경남 거제군 장승포읍 옥포리</td></tr>
<tr><td rowspan="2">자금계획</td><td colspan="2">소요자금</td><td colspan="3">조달방법</td></tr>
<tr><td colspan="2">내자, 외자 76수정안과 동일</td><td colspan="3">증자: 4,500, 자기자금: 2,000, 전환사채: 2,000, 주식공모: 2,000,
국민투자기금: 13,000, 산업합리화 자금: 2,000, 현금차관: 5,024
외자차관: 87,450</td></tr>
<tr><td>차관</td><td colspan="5">미국 EXIM BANK 32,400천 달러, 미국 M.G.T. Co. 50,400천 달러, 계 82,800천 달러</td></tr>
<tr><td>기간</td><td colspan="5">76수정안과 동일</td></tr>
<tr><td rowspan="15">부산조선소 시설확장</td><td rowspan="3">규모</td><td colspan="2">공장부지</td><td colspan="3">공장부지 9,300평</td></tr>
<tr><td colspan="2">도크시설</td><td colspan="3">270m×50m×11.5m</td></tr>
<tr><td colspan="2">조선능력</td><td colspan="3">최대선 10만DW급, 연간 15만G/T(증가분)</td></tr>
<tr><td>입지</td><td colspan="5">조선공사 부산공장 내</td></tr>
<tr><td rowspan="4">자금계획</td><td colspan="2">소요자금</td><td colspan="3">조달방법</td></tr>
<tr><td colspan="2">내자: 7,008</td><td colspan="3" rowspan="3">자기자금: 2,108, 금융지원: 4,900
차관: 16,583</td></tr>
<tr><td colspan="2">외자: 16,583</td></tr>
<tr><td colspan="2">계: 15,050</td></tr>
<tr><td>차관</td><td colspan="5">재정차관 서독 K.F.W.: 12,417천 달러(29,800천DM)
상업차관 C.C.C.: 4,166천 달러(10,800천DM)</td></tr>
<tr><td>기간</td><td colspan="5">1974. 9～1977. 6</td></tr>
<tr><td rowspan="5">시설규모비교</td><td colspan="2">구분</td><td>기존 시설</td><td>확장분</td><td>확장 후</td></tr>
<tr><td rowspan="2">조선능력</td><td>최대선</td><td>6만DW급</td><td>10만DW급</td><td>10만DW급</td></tr>
<tr><td>연간</td><td>20만G/T</td><td>15만G/T</td><td>35만G/T</td></tr>
<tr><td colspan="2">의장안벽(艤裝岸壁)</td><td>1,177m</td><td>–</td><td>1,427m</td></tr>
<tr><td colspan="2">기계공구</td><td>1,700대</td><td>–</td><td>2,543대</td></tr>
</table>

자료: 상공부중공업국(중요, 1977. 1), pp. 55, 57.

박대통령은 1976년 국회에 총 2조 6,750억 원의 1977년 일반예산안을 제출하고 10월 4일 시정연설을 통해 옥포조선소, 고려죽도조선소 건설과 부산조선공사 시설확장공사를 본격적으로 진행하여 완성을 서두르고 1981년 조선능력을 현재의 2배인 425만 톤으로 확대한다고 밝혔다.[73] 1976년 12월에는 옥포 및 죽도조선소의 공업용수시설 사전조사 예비

표 8-31 죽도(竹島)조선소('고려조선'), '현대미포수리조선소' 생산·투자계획(1977년 1월)

<table>
<tr><th colspan="2"></th><th colspan="5">계획내용(내자·계 백만 원, 외자 천 달러)</th></tr>
<tr><td rowspan="14">죽도
조선소
(고려
조선)</td><td rowspan="3">규모</td><td>공장부지</td><td colspan="4">공장부지 152천 평</td></tr>
<tr><td>도크시설</td><td colspan="4">76수정안과 동일</td></tr>
<tr><td>조선능력</td><td colspan="4">최대선, 연간 모두 76수정안과 동일</td></tr>
<tr><td>입지</td><td colspan="5">경남 거제군 신현(新縣)읍 장평(長坪)리</td></tr>
<tr><td rowspan="3">자금
계획</td><td>소요자금</td><td colspan="4">조달방법</td></tr>
<tr><td rowspan="2">내자, 외자 76수정안과
동일</td><td colspan="2">항목</td><td>당초</td><td>수정</td></tr>
<tr><td colspan="2">자본불입
국민투자기금
차관
(자본재)
(현금)
외화대부 또는 설비금융
산은 알선 현금차관, 설비금융
주택자금</td><td>4,800
4,800
18,951
(8,951)
(10,000)
–
–
423</td><td>5,400
5,300
–
–
–
2,200
4,224
250</td></tr>
<tr><td rowspan="6">합작
투자</td><td rowspan="2">투자자</td><td colspan="2">당초</td><td colspan="2">수정</td></tr>
<tr><td>출자액</td><td>%</td><td>출자액</td><td>%</td></tr>
<tr><td>고려원양(高麗遠洋)</td><td>1,440</td><td>30</td><td>1,890</td><td>35</td></tr>
<tr><td>진로(眞路)</td><td>1,200</td><td>25</td><td>1,890</td><td>35</td></tr>
<tr><td>하끄다데</td><td>1,440</td><td>30</td><td>810</td><td>15</td></tr>
<tr><td>마루베니</td><td>720</td><td>15</td><td>810</td><td>15</td></tr>
<tr><td>기간</td><td colspan="5">76수정안과 동일</td></tr>
<tr><td rowspan="9">현대
미포
수리
조선소</td><td rowspan="3">규모</td><td>공장부지</td><td colspan="4">–</td></tr>
<tr><td>도크시설</td><td colspan="4">1: 76수정안과 동일(70만DW급)
2: 76수정안과 동일(15만DW급)</td></tr>
<tr><td>조선능력</td><td colspan="4">최대선: 76수정안과 동일
연간: 80만G/T(76수정안과 동일 80척)</td></tr>
<tr><td>입지</td><td colspan="5">경남 울산시 田下동</td></tr>
<tr><td rowspan="2">자금
계획</td><td>소요자금</td><td colspan="4">조달방법(백만 원, 천 달러)</td></tr>
<tr><td>내자, 외자
76수정안과 동일</td><td colspan="4">내국인투자: 3,840, 외국인투자: 960, 주주차입: 2,808,
금융지원: 7,200, 차관: 10,827</td></tr>
<tr><td>건설
기간</td><td colspan="5">영국 Barclays 은행 1,275,000파운드(3,187천 달러)
프랑스 SUEZ 은행 7,642천 달러</td></tr>
<tr><td>합작</td><td colspan="5">현대조선: 3,840백만 원(80%), 일본 川崎: 960백만 원(20%)</td></tr>
<tr><td>기간</td><td colspan="5">76수정안과 동일</td></tr>
</table>

자료: 상공부중공업국(중요, 1977. 1), pp. 59, 61.

비 지출까지 대통령 결재가 이루어졌다.[74]

상공부는 1976년 수정된 내용을 정리하여 1977년 1월 '중요 업무현황'을 작성하였다. 당연히 생산시설 규모, 도크시설 규모, 내자·외자·합계의 소요자금 내역, 건설기간 등 전체적인 주요 값들은 1976년 조정된 계획값(〈표 8-29〉 참조)과 동일하므로 이 값들은 '76수정안과 동일'이라고 적고 기타 구체적인 공장부지, 입지, 자금조달 방법, 차관 등 세부 내용들을 정리하면 〈표 8-30〉~〈표 8-31〉과 같다.

상공부가 1977년 1월 정리한 총괄적인 1981년까지의 연도별 조선능력 증강계획은 〈표 8-32〉와 같다. 이는 1976년 말 최종 확정된 제4차 경제개발5개년계획 연도별 조선시

표 8-32 조선능력 증강계획(1977. 1) (단위: 천G/T)

구분			1975	1976	1977	1978	1979	1980	1981
신조능력	대형	현대조선	1971. 11. 9 2,000	2,000	2,000	2,000	2,000	2,000	2,000
		주공옥포	(150*6척) (275*4척) 1973. 10 →	→	12 →	1,200	1,200	1,200	1,200
	중형	고려죽도 (高麗竹島)	1974.12 →	→	→ 6 100	(확장) 3 → 12 150 (50*3척)	150	150	150
	능력증강	신설 공장	2,000	2,000	2,100	3,350	3,350	3,350	3,350
		기존 공장	390	600	670	700	760	800	900
		계	2,390	2,600	2,770	4,050	4,110	4,150	4,250
수리능력	대형	현대미포 (現代尾浦)	4 →	→ 6 8,000 (100*8척)	8,000	8,000	8,000	8,000	8,000
	중형	대선(大鮮) 중공업		5 →	→	→ 11 3,000 (30*10)	3,000	3,000	3,000
	능력증강	신설 공장		8,000	8,000	11,000	11,000	11,000	11,000
		기존 공장 (신조능력 4배)	1,560 (390*4)	2,400 (600*4)	2,680 (670*4)	2,800 (700*4)	3,040 (760*4)	3,200 (800*4)	3,600 (900*4)
		계	1,560	10,400	10,680	13,800	14,040	14,200	14,600

자료: 상공부중공업국(중요, 1977. 1), pp. 53~54.

73) 〈조선일보〉(1976. 10. 5).

74) 대통령비서실(예사전6대통령결재문서, 1976. 12. 9).

설 확장계획과[75] 완전히 동일하다.

상공부가 1977년 1월 정리한 조선능력 증강계획을 보면 연간 800만G/T 수리능력의 현대미포조선소 건설공사가 예정과 달리 1976년 완공되지 못하고 순연되어 1977년 6월 완공되었으나 여기에는 계획 그대로 표시되어 있음을 알 수 있다. 수리능력은 1975년 9월 상공위원회 보고에서 이미 결정된 목표와 같이 1980년 연간 1,420만G/T 규모를 달성한 후 1981년 1,460만G/T 규모를 달성하도록 계획되었다. 신조선건조 능력은 1976년 경제기획원이 1975년 상공부 계획의 목표연도를 1년 늦추어 수정한 대로 1981년 425만G/T 규모를 달성하고 이는 신설공장 335만G/T 건설과 기존 공장들의 90만G/T 규모로의 확장에 의해 이루도록 되어 있었다.

3) 조선공업의 후기 생산·투자계획, 1977~1979

1976년 말 확정된 제4차 경제개발5개년계획에서 설정된 조선공업 목표와 이러한 목표를 달성하기 위한 투자사업과 투자지출의 구성을 정리하면 〈표 8-33〉과 같다.

우선 조선공업의 수출목표는 1981년 114만 톤(G/T)으로 1975년 수출 58.8만G/T의 1.9배에 해당하는 것이었는데 이 시기 조선 생산능력 증강이 1.8배로 계획된 것과 유사하다. 그런데 7월의 확정 후 다시 수정이 일어나는 과정에서 경제기획원은 조선공업의 생산능력 목표는 그대로 두되 1981년 생산을 153만G/T에서 138만 9천G/T으로, 수출목표를 130만G/T에서 114만G/T으로 각각 줄이고 있다. 정부는 수정에서 조선공업의 향후 전망에 대해 낙관적 전망을 줄이고 있음을 알 수 있다.

투자를 보면 제4차 경제개발5개년계획에서 중화학공업 전체에 대한 투자액은 3조 2,731억 원이었다. 그런데 조선공업은 중화학공업 중에서 가장 투자액비중이 낮아 중화학공업 투자액의 2.6%에 불과하였다. 투자주체로 보면 조선공업에서 정부 투자액은 전혀 없었고 100% 민간자본으로 투자가 계획되었다. 내외자 구성으로 보면 투자액 중 외자의 비중은 49.6%로 전체 중화학공업 평균 44.1%보다는 약간 높은 편이었다.

1977년 1월 12일 대통령은 연두기자회견을 통해 제4차 경제개발5개년계획의 내용인 조선능력 증강계획의 생산·투자계획 내용을 발표하였다. 그것은 고려죽도(高麗竹島)조선소가 1977년 6월에 완성 예정이며 옥포조선소는 늦어도 1978년 봄에 준공하여 연간 120만 톤의 건조능력을 갖추어 1977년 말에[76] 한국은 조선능력 400만 톤 돌파로 1973년 19만 톤에 비해 4년 만에 20배로 조선능력이 신장된다는 것이었다.[77]

---

75) 상공부중공업계획반·화학 및 경공업계획반(제41, 1976), p. 162.

76) 1977년 말이라고 한 것은 옥포조선소의 건설완료와 가동의 시점 차이에 따른 것이다.

77) 〈조선일보〉(1977. 1. 13); 〈중앙일보〉(1977. 1. 13); 日韓經濟協會(協會報, 1977. 2. 1), No. 82, pp. 2~4. 대통령비서

표 8-33 조선공업 제4차 경제개발5개년계획 투자사업 개요

	투자내용과 목표			
목표(생산, 수출)	연도	1975	1981	배수
	생산능력(만G/T)	239(239)	425(425)	1.8
	생산(만G/T)	61.2(61.3)	138.9(153.0)	2.3
	수출(만G/T)	58.8(58.8)	114(130)	1.9
주요 사항 및 사업내용(G/T)	조선공사 옥포(玉浦)조선소 건설		생산능력 120만	
	고려(高麗)죽도(竹島)조선소 건설		생산능력 15만	
	조선공사 부산 확장		15만	
	계획조선의 추진에 의한 조선소 안정조업 유지		계획기간 중 110만	
총투자지출 (1975년 가격, 내자 10억 원, 외자 백만 달러)	내자		42.8	
	외자		86.9	
	정부		–	
	민간		84.9	
	합계		84.9(중화학공업의 2.6%)	
	(고정자본형성)		70.7	

주: 목표의 ( ) 안은 1976년 7월 대통령에게 결재 받고 확정된 값.
자료: 대한민국정부(제4경, 1976); 권일상(權一相) 상공부공업기획국 종합계획과장(1977. 1); 상공부중공업계획반·화학 및 경공업계획반(제41, 1976).

그러나 방어적 시각으로 만들어진 제4차 경제개발5개년계획상의 조선공업 목표는 1977년 세계시장의 전면적 경기전환에 따라 수정되었다. 1977년 들어 정부는 1981년 건조계획을 수출 114만 톤(G/T), 총생산 138만 9,000톤에서 국내선 63만 6,000톤, 수출선 140만 톤 계 203만 6,000톤으로 변경하였다.[78] 1977년 총수리능력은 1976년 240만 톤(G/T)에서 예정과 달리 완공되지 못한 연간 800만 톤 수리능력의 현대미포조선소 건설공사가 1977년 6월 완공되고 여기에 기존 조선소의 수리능력 확장으로 비로소 1977년 1월 상공부중공업국의 계획[79]대로 1977년 1,068만 톤으로 확장되도록 계획되었다.[80] 1977년 4월 20일 정부는 계획조선 및 준계획조선을 확대하여 1981년까지 조선능력 425만 톤 목표하에 수출을 12억 달러로 대폭 확대하기로 계획을 변경하였다.[81] 1975년 새해 경제시책 방

실(박연7, 1978), pp. 36~37.
78) 대한민국정부(행백, 1977), p. 206.
79) 상공부중공업국(중요, 1977. 1).
80) 대한민국정부(행백, 1977), pp. 206~207.
81) 한국기계공업진흥회(한기진20, 1989), p. 789.

표 8-34 조선부문 생산·투자·수출계획(1978) (단위: 백만 달러)

		1978	1979	1980	1981
생산(백만 달러)		928	822	1,364	1,884
수 출	선 박	581	380	730	1,100
	요 트	2	20	60	100
	기 타	217	110	200	300
	합 계	800	510	993	1,500
투자(백만 달러)		89	216	33	102

자료: 한국기계공업진흥회(기육1, 1979), p. 343.

향의 국회 시정연설에서 대통령이 "1980년대 초 조선능력은 연간 10억 달러 조선수출을 이룩할 수 있는 세계 10위권의 조선국으로 도약할 것"[82]이라고 추상적으로 천명한 바가 있지만, 1976년 당시까지 수출계획은 1981년 8억 5,000만 달러이었고[83] 1977년에[84] 계산한 상공부의 수급전망에 의해서 보아도 1981년에는 제4차 경제개발5개년계획에서 확정된 대로 선박 114만G/T 수출로 하되 수출금액 수정으로 9억 1,000만 달러 수출이 이루어질 것으로 보고 있었다.[85] 이후 1981년 선박(요트 포함) 12억 달러 수출은 1978년에도 유지되었다(〈표 8-34〉 참조).

100% 민간자본에 의해 이루어지고 있었던 조선공업에 대한 시설투자는 1977년부터 기업 측의 사정에 의해 지체되고 있었고 과잉투자에 대한 비판도 제기되고 있었다. 1977년 2월 23일 진로(眞露)그룹은 '고려조선(高麗造船)(주)'을 인수하여 '우진조선(宇進造船)(주)'을 설립하였지만 다시 4월 22일 삼성그룹이 '우진조선(宇進造船)(주)'을 인수하여 '삼성조선(三星造船)(주)'을 설립하였다. 1978년 8월 31일에는 대우그룹이 은행소유로 넘어가 투자가 중지되고 있었던 옥포(玉浦)조선소를 인수하여 옥포조선소를 중공업단지로 건설한다는 원칙이 결정되었다.[86] 이에 따라 1978년 조선공업기본계획 연도별 조선소 확장계획이 〈표 8-35〉와 같이 수정되었다.

'삼성조선(주)'은 인수와 출범 후 새로운 투자계획을 발표하였다. 대우조선소 역시 인

82) 〈조선일보〉(1974. 10. 5).
83) 대한민국정부(행백, 1977. 4).
84) 1977년부터의 전망치가 실려 있고 1977년 전망치부터 실적치와 맞지 않는다. 1977년에 작성된 것인데 1976년 말 확정된 제4차 경제개발5개년계획의 수출량은 8.5억 달러였는데 이 내용을 그대로 실은 『행정백서』(1977. 4)에서는 본문에서는 8.5억 달러로 하고 뒤의 표에서는 9.1억 달러로 수정되어 있다. 1977년 들어와 금액수정이 일어나고 있음을 알 수 있다.
85) 중화학공업추진위원회기획단(한공발1, 1979), p. 711. 유정회유신정우회(내한, 1978), p. 87은 상공부의 자료를 이용해 발표하고 있다.
86) 중화학공업추진위원회기획단(중화사10대통령결재문서, 1978. 10).

표 8-35 조선공업기본계획 연도별 조선소 확장계획(1978)

		1974	1975	1976	1977	1978	1979	1980	1981
조선소 건설	현대중공업 확장	←	→9월						
	대우조선	←						→12월	
	삼성거제조선	12월←				→6월←	확장	→12월	
선박건조 능력(만G/T)		110	239	260	267	400	400	420	425
수리조선소 건설*			2월←		→12월				
선박수리 능력(만G/T)		156	156	1,040	1,068	1,380	1,404	1,420	1,460

주: 1) '현대중공업' 확장은 기존이 1971년 11월부터 1974년 6월까지 건설되었고 확장은 1973년 7월부터 착수되었음.
2) *은 현대미포조선소 계획임.
자료: 중화학공업추진위원회기획단(중화추현, 1979. 1), pp. 75~84.

표 8-36 중간시기 조정 조선능력 확장계획(1979)

(단위: 만G/T)

	1977	1978	1979	1980	1981
현대조선	200	200	200	200	200
조선공사	35	35	35	35	35
대우조선	–	–	–	120(3월)	120
삼성조선	–	10	10	10	30
기 타	32	32	35	35	40
합 계	267	277	280	400	425

자료: 중화학공업추진위원회기획단(한공발1, 1979), pp. 707~711.

수와 출범에 따른 새로운 투자계획을 작성하였다. 1979년 현재 변경된 각 조선기업체의 조선능력 확장계획을 정리하면 〈표 8-36〉과 같다.

새로 작성된 조선업체들의 계획을 정리해 보면 1981년 최종 종합 조선능력은 계획 420만 톤(G/T)에 가까운 425만 톤으로 되고 있지만 기업들의 조선공업 설비확장이 순연되면서 계획이 연기되어 이루어지는 것을 알 수 있다. 원래 제4차 경제개발5개년계획에서는 조선능력 120만 톤의 옥포조선소 준공으로 조선능력이 1977년 277만 톤에서 1978년 405만 톤으로 급등하게 되어 있었으나, 옥포조선소는 대우가 인수하여 1980년 준공으로 연기되었다. 삼성으로 인수된 고려죽도조선소 역시 15만 톤으로의 확장공사가 1978년 완공에서 1980년 30만 톤 규모로 확장되면서 순연되었다가 다시 1981년 완공으로 미루어졌고, 기존 조선소 확장 역시 순연되었다. 이에 따라 조선능력 규모는 1978년 405만 톤(G/T)에서 277만 톤으로, 1979년 411만 톤에서 280만 톤으로, 그리고 1980년 415만 톤에서 400만 톤으로 변경되었다.

중화학공업추진위원회기획단이 1979년에 정리하여 수록한 조선공업 발전전망에 의하면 한국은 1981년 건조능력 425만 톤(G/T), 수출 114만 톤(G/T)을 달성하는데 이어 제5차 경제개발5개년계획이 끝나는 1986년에는 건조능력과 수출이 각각 700~800만 톤, 200만 톤으로 증가하여 세계 2위 조선국가로 성장하는 것으로 전망되었다.[87)]

87) 중화학공업추진위원회기획단(중화추현, 1979. 1), p. 90; 중화학공업추진위원회기획단(한공발1, 1979), p. 715.

부 록

자 료

〈자료 8-1〉 1970년대 말 강조되는 일반기계공업: 국가 장기경제사회개발계획 (1977~1991)의 수출구조

자료표 8-1-1 국가 장기경제사회개발계획(1977~1991)의 수출구조(1975년 가격) (단위: 백만 달러, %)

	1976	1981(계획)	1991(계획)	1977~1991 연평균증가율
상품수출총액	6,996(100.0)	16,005(100.0)	54,300(100.0)	14.6
제조업	6,671(95.4)	15,545(97.1)	53,600(98.7)	14.9
경공업	4,295(61.4)	7,785(48.6)	14,200(26.2)	8.3
중화학공업	2,376(34.0)	7,760(48.5)	39,400(72.5)	20.6
제1차 금속제품	353(5.0)	1,140(7.1)	6,200(11.4)	21.1
금속제품	215(3.1)	700(4.4)	2,000(3.7)	16.0
기계류제품	1,375(19.6)	4,700(29.4)	27,000(49.7)	22.0
일반기계류	111(1.6)	800(5.0)	5,500(10.1)	29.7
전기기계류	131(1.9)	700(4.4)	5,000(9.2)	27.5
전자제품	703(10.0)	1,500(9.4)	8,000(14.7)	17.6
수송용기계	310(4.4)	1,300(8.1)	7,500(13.8)	23.7
(선박)	249(3.6)	560(3.5)	2,300(4.2)	16.0
정밀기계	120(1.7)	400(2.5)	1,000(1.8)	15.2
제지 및 지류제품	41(0.6)	120(0.8)	200(0.4)	11.1
화학 및 화학제품	97(1.4)	280(1.7)	2,000(3.7)	22.4
석유 및 석탄제품	130(1.9)	340(2.1)	1,000(1.8)	14.6
토석 및 유리제품	165(2.4)	480(3.0)	1,000(1.8)	12.8
(시멘트)	(98)(1.4)	(300)(1.9)	(200)(0.4)	(4.9)

자료: 한국개발연구원(장기, 1977. 12).

한국개발연구원은 경제기획원이 의뢰한 장기경제사회발전계획 답신보고서에서 1991년에는 전자공업 제외 기계류공업이 제조업에서 차지하는 비중은 1975년의 10.0%에서 20.2%로 증대될 것이라고 밝혔다.[88] 수출에서도 〈자료표 8-1-1〉에서 보듯이 일반기계공업은 1977~1991년간 수출성장률 연평균 29.7%로 가장 높아 1991년에는 전체 수출의 10.1%(제조업의 10.3%, 중화학공업의 14.0%)가 될 것이라고 전망하였다. 전기기계와 수송기기의 연평균 수출성장률은 각각 27.5%, 23.7%이었다. 1977~1991년 동 기간 제조업의 수출 연평균증가율은 14.9%, 경공업은 8.4%이며 중화학공업 중 높은 연평균 수출증가율을 보일 화학제품 22.4%, 제1차 금속제품 21.1%와 전자제품 17.6%, 금속제품 16.0% 등에 비해서도 일반기계공업의 수출증가율은 매우 높았다. 이로써 1991년에는 일반기계류, 전기기계류, 전자제품, 수송용기구, 정밀기기 등의 기계·기구 관련 수출이 전체 수출의 49.7%가 될 것으로 전망되었다.

88) 한국개발연구원(장기, 1977), p. 101.

〈자료 8-2〉 기계, 조선공업의 개별 업종별 기업체 투자계획(1978년 말 현재)
(내자 백만 원, 외자 천 달러, 합계 백만 원)

업종	기업별	투자액		투자계획	설비능력	비고
자동차	현대자동차	내자	151,000	–	81,000대/연	1986년까지 73만 대 수준으로 확장
		외자	71,000			
	기아산업(起亞産業)	내자	9,300	–	56,000대/연	1986년까지 연 31만 대 수준으로 확장
		외자	22,000			
	새한자동차	내자	22,000	–	68,000대/연	50만 대 수준으로 확장
		외자	2,100			
	동아(東亞)자동차	–		–	–	버스 특수차 생산부문에 신규참가
조선	현대중공업	내자	52,300	–	200만G/T	1980년대 중까지 조선건설 능력
		외자	15,000			
	삼성조선	–		–	30만G/T	600만 G/T으로 확장계획 대우조선은 2,000억 원을 추가 투자하여 종합기계공장으로 확충예정
	조선공사	–		–	20만G/T	
	대우조선	내자	87,500	–	120만G/T	
		외자	12,800			
엔진	쌍용중기(雙龍重機)	내자	14,400	내자 14,900	50만H/P	600~6,000마력 중형엔진 전문업체
		외자	2,500			
	대우중공업	내자	190,100	내외자 112,000	7만 2,000대	소형엔진 전문업체
		외자	21,900			
	현대엔진공업	내자	17,100	–	90만H/P	6,000마력 이상 대형엔진전문업체 DDA와 제휴하여 중형도 참가
		외자	49,900			

자료: 日韓經濟協會(急, 1979. 2).

〈자료 8-3〉 종합기계공업 기업체의 투자계획(1978년 말 현재)

(내자 백만 원, 외자 천 달러, 합계 백만 원)

기업	투자계획		건설기간	입지	주요 설비	연간 생산능력	품목
현대양행	기투입	34,800	1976. 11～1979. 12	군포 창원 토지 128만평 건평 18만 평	발전설비	500MW 4기	터빈, 발전기, 원자로, 보일러
	금후 투자액	내자 51,100 외자 154,000 합계 160,500			제철설비	300만 톤	고로, 전로, CCM, 압연기
					화학, 석유	30만 톤	대형콤프레셔, 대형반응로
					화학설비	에틸렌공장	열교환기, 대형펌프, 대형원심분리기
					시멘트설비	100만 톤 3기	kiln, 파쇄기, mill, cooler
					건설중장비	2만 대	불도저, loader, 모터, grader
					운반하역설비	600대	excavator, 트럭, 크레인, fork litt
					공해방지설비	–	천정크레인, transtainer 등
					광산기계	500대	집전기, 탈황장치, 수처리장치, 착암기 등 3종
대우중공업	기투입	112,000	1978. 2～1981. 12	창원, 인천, 안양 토지 84만 평 건평 26만 평	발전설비	500MW 4기	터빈발전기, 보일러
	금후 투자액	내자 105,900 외자 161,000 합계 296,200			시멘트설비	100만 톤 4기	kiln, dryer, 파쇄기, mill
					석유화학설비	35만 톤 에틸렌공장	압력용기, 열교환기
					공해방지설비	–	집전기, 폐수처리, 방진방음기
					디젤엔진	118,200대	산업용(50～600HP), 선박용(30～600HP)
					철도, 차량	8,000대	객화차, 전동차, 전기디젤기관차
					건설중기	14,700대	fork lift, excavator, 불도저, 크레인, loader, 덤프트럭
					일반산업기계	–	전로, 전기로, 반응로 펌프, 컴프레셔
삼성중공업	기투입	13,700	1976. 12～1981. 12	창원 토지 35만 평 건평 7만 평	발전설비	600MW 1기	개스터빈, 전기터빈, 보일러, 발전기, 핵반응로, 원자력격납용기
	금후 투자액	내자 66,100 외자 125,000 합계 140,300			제철설비	100만 톤	고로, 전로, CCM, 압연기, 소결로, 전기로
					시멘트설비	200만 톤	kiln, 파쇄기, mill, 천정크레인
					운반설비	–	포크레인, 컨베어
					석유화학설비	에틸렌 기준 10만 톤	열교환기, 컴프레셔, 탑조류, 냉동기, 반응로, 압력용기
					환경보존설비	–	집전기, 탈황설비, 폐수 및 폐기물처리, 해수담수화설비
					건설광산설비	–	pile hammer, excavator, kiln, batching 설비, 파쇄기

기업	투자계획		건설기간	입지	주요 설비	연간 생산능력	품목
현대중공업	기투입	270,700	1977. 6 ~ 1980. 12	창원 울산 토지 227만평 건평 20만 평	발전설비	화력, 수력 600MW 2기 원자력 1,200MW 5기(基)	보일러, 터빈, 발전기, 원자로, 핵증기발생장치, 탑조류(塔槽類)
					제철설비	300만 톤 2기	고로(高爐), 전로(轉爐), 열풍로(熱風爐), 압연
					화학설비	35만 톤 에틸렌공장 2기	열교환기, 가열로, 증류탑, 반응탑, 압력용기
	금후의 투자액	내자 86,000 합계 356,700			시멘트설비	100만 톤급 2기	Kiln분쇄기 Mill Dryer
					공해방지	3만 톤	탈황폐수처리, 집진기, 해수담수
					중전기(重電機)	7,050MVA(변압기 기준)	변압기, 중전기, 배전반, 차단기, 제어판, 각종 펌프
					기관차	50량(輛)	디젤 혹은 전기기관차, 동차(動車)
					주강(鑄鋼)	65톤	각종 엔진과 부품
					건설설비	120대(臺)	아스팔트플랜트파쇄기, Batcher Plant Roller Winch
					승강기	282대	승객 및 화물용 에스컬레이터
					디젤엔진	대형 47대 중형 280대	대형 및 중고속 디젤 엔진, 각종 산업용 터빈
					운반설비	260대	크레인, 컨테이너, 컨베이어
					철구조물	23만 톤	Gate Penstock, 해상부상물, 철탑, 철골
					조선	200만DWT	유조선, 화물선 등
조선공사	기투입	22,300	1976. 12 ~ 1980. 12	창원 옥포 (옥포조선소 ↓ 대우조선소로 개명) 토지 102만평 건평 6만 평	발전설비	300MW 1基	콘덴서, 대형펌프, 원자력격납용기
					철강설비	100만 톤급	
	금후 투자액	내자 18,300 외자 100,000 합계 89,400			화학설비	1만 톤 에틸렌 1기	열교환기, 컴프레서, 화학반응기
					시멘트설비	1만 톤급 1기	Kiln, 파쇄기, Mill
					건설장비	600대	Bulldozer, Excavator, Roller, Loader
					철도차량	1,700량	Paver, 객차, 화차, 전동차
					제지설비	1,000톤/일급(日級)	Dryer, Chilled Roll
					운반하역	300대	天井Crane, Mobile 크레인, 컨테이너 등
					광산기계	200대	시추기, 파쇄기 등 4종
					해상구조물	—	부상호텔, 부상원자력발전소, 부상제지플랜트

기업	투자계획		건설기간	입지	주요 설비	연간 생산능력	품목
강원산업	기투입	27,400	1977. 1 ~ 1981. 12	포항 토지 12만 평 건평 3만 평	주철주강	75,200톤	대형철강, 대형주철, 灰주철, 강인주철, roll 주조
					발전설비	450MW	수력터빈, 콘덴서, 보일러
	금후 투자액	내자 12,800 외자 17,000 합계 48,400			제철설비	60만 톤	CCM, 압연기, cokes oven
					시멘트설비	100만 톤 1기	kiln, floater
					화학설비	–	열교환기, 압력용기
					공해방지설비	350톤/일	집전기, 水처리시설
					운반하역기계	81대	천정크레인, 보드크레인, 컨베이어 등 6종
					광산기계	4,000톤	분쇄기, 선별기, 磨碎機, 기타 선광기계
					갑판기계	3,000톤	winch, anchor, chain
					일반산업기계	3,000톤	레이들, 레이들카, 밸브, 컴프레서
					기계소재	63만 톤	철도, 레일, 形鋼
대한중기	금후 투자액	내자 15,000 외자 34,000 합계 31,500	1978. 1 ~ 1981. 12	영등포 창원 인천 토지 30만 평 건평 12만 평	발전설비	3만 톤	터빈, 원자력용펌프 및 파이프, 수문
					제철설비	3만 톤	압연기, CCM, 造管機, 전기로
					시멘트설비	3만 톤	kiln, 파쇄기, mill
					광산기계	3만 톤	loader, unloader, hoist
					화학플랜트	3만 톤	열교환기, tank, 컨덴서
					공해방지설비	3만 톤	집전기, 폐수 및 폐기물처리설비
					운반하역	3만 톤	크레인, 선적기, 컨덴서, 포크리프트
					특수건설장비	3만 톤	준설장비, 터널장비, 타워크레인
					기초소재	38.5만 톤	제강품, 압연기, 단조품, 주강품
					철도차량	3.5만 톤	차량, 台車, 차량
					특수강	10만 톤	각종 특수강
					산업기계	1만 톤	공작기계, 금속가공기계, 펌프, 컴프레서
효성중공업	기투입	22,400	1976. 7 ~ 1981. 10	창원 토지 20.9만 평 건평 6.6만 평	발전설비	350MW 1기	터빈, 발전기, 열교환기, 보일러
					송변전설비	3,000MW	변압기, 차단기, 단로기(斷路機), 배전판
					제철설비	50만 톤	압연기, 전기로(電氣爐)
					운반하역	5,000톤	크레인, 컨베이어, Hoist
	금후 투자액	내자 24,300 외자 50,000 합계 70,900			공해방지	–	집진기(集塵機), 수(水)처리, 철구조물
					수문, 철구조	12,000톤	Gate, Tank, 철구조물
					공작기계	6,500대	Lathe, Milling & Drilling M/C Grinding
					섬유기계	1,600대	M/C, Rapier기계, Jet기계

<table>
<tr><th>기업</th><th colspan="2">투자계획</th><th>건설기간</th><th>입지</th><th>주요 설비</th><th>연간 생산능력</th><th>품목</th></tr>
<tr><td rowspan="3">쌍용전기</td><td>기투입</td><td>14,900</td><td rowspan="3">1976. 12～
1978. 9</td><td rowspan="3">창원
토지
8만 평
건평
2.2만 평</td><td>송변배전기</td><td>4,000MWA</td><td>변압기, 차단기, 변성기, GIS 단로기, 피뢰기, 보호단전기</td></tr>
<tr><td rowspan="2">금후
투자액</td><td rowspan="2">내자
8,700
외자
6,000
합계
26,500</td><td>산업용
전기기기</td><td>2,000개</td><td>제어판, 발전기, 전동기, 전기로, 전자접속기</td></tr>
<tr><td>유체기
(流體器)</td><td>300대</td><td>대형펌프</td></tr>
<tr><td rowspan="2">쌍용중기</td><td>기투입</td><td>1,200</td><td rowspan="2">1978. 6～
1982. 6</td><td rowspan="2">창원
토지
2.3만 톤
건평
1.1만 평</td><td>엔진제작설비</td><td>46만BHP</td><td>선박, 발전기, 기관차 및 특수용 엔진 (400～6,000 마력 각종 엔진)</td></tr>
<tr><td>금후
투자액</td><td>내외자
31,800</td><td>철구조물</td><td>15,000톤</td><td>각종 주철 및 주강(鑄鋼)</td></tr>
</table>

자료: 日韓經濟協會(急, 1979. 2).

CHAPTER 9
전자공업, 화학공업의 생산 · 투자계획

1. 전자공업

1) 전자공업의 초기 생산 · 투자계획, 1973 전반부

상공부는 1972년 12월 9일 100억 달러 수출구조 시안을 작성하였는데 그 내용은 〈표 9-1〉과 같다.

100억 달러 수출구조 시안은 중화학공업 중 전기기계류, 즉 당시 내용상 사실상의 전

표 9-1 상공부의 공산품 수출계획(1972. 12. 9)

(단위: 백만 달러)

	1973		1978		1980	
	금액	비	금액	비	금액	비
중화학공업제품	650	31.3	3,270	52.5	5,630	60.5
화학제품	85	–	303	–	445	–
금속제품	150	–	570	–	930	–
일반기계류	22	–	202	–	450	–
전기기계류	323	–	1,450	–	2,400	–
운반용 기계류	70	–	745	–	1,405	–
경공업제품	1,430	68.7	2,960	47.5	3,670	39.5

자료: 대통령비서실(중선, 1973. 1. 30), p. 67.

표 9-2 전자공업 연도별 공장건설계획(1973년 4월) (단위: 개)

구분	품목수	건설계획 공장수								
		1973	1974	1975	1976	1977	1978	1979	1980	계
민생용 기기공장	13	10	12	12	17	16	26	46	63	202
산업용 기기공장	24	9	19	4	12	7	22	3	3	79
전자부품공장	40	45	56	36	53	51	66	71	84	462
관련공업부품공장	11	–	–	1	5	3	4	3	2	18
전자재료공장	7	–	–	–	4	–	–	–	–	4
합 계	93	64	87	53	91	77	118	123	152	765

자료: 중화학공업추진위원회(우해, 1973), p. 130.

자공업이 24억 달러로 압도적인 중심을 이루고 있었다. 여기에서 보듯이 한국은 전자공업을 처음부터 수출지향적인 공업으로 하도록 투자계획을 작성하였다. 이는 1973년 1월 4일 상공부의 1973년도 전자제품 수출목표 3억 달러 책정 발표로 연결되었다.[1] 이러한 상공부의 초기 제안값 위에서 청와대비서실은 전자공업의 수출목표를 더욱 올려 "전자공업을 수출전략업종으로 육성하여 수출 25억 달러를 달성하려면 부품 및 제품의 신장과 신제품의 추가가 있어야 한다. 즉, 현재 부품의 단순조립에서 부품 및 소재를 완전 자급하고 부품을 수출하는 선진 제국이 되어야 하며 새로운 고급제품의 생산을 가져와야 한다"[2]라고 하여 10개년 안에 수출 100억 달러의 1/4에 해당하는 25억 달러를 전자공업제품으로 달성할 것을 목표로 책정하였다.

이에 따라 높아진 목표달성을 위해 중화학공업추진위원회가 작성한 전자공업의 1973~1980년 연도별 공장건설계획을 정리하면 〈표 9-2〉와 같다.

중화학공업추진위원회는 전자부품공장 40개 품목, 462개 공장, 산업용 기기공장 24개 품목 79개 공장, 민생용 기기공장 13개 품목에 202개 공장, 기타 18개 품목 22개 공장 등 총 93개 품목에 대해 총 765개의 공장을 1980년까지 건설할 계획을 세웠다. 이를 1969년 3월 24일 발표된 전자공업진흥기본계획('전자공업진흥 8개년계획(1969~1976)')의 전자기기 54개 품목과 전자부품 29개 품목 등 95개 품목을 중점 개발하는 것과[3] 비교해 보면 시기는 다르고 전체 품목수는 유사하지만 역시 1970년대 들어와 전자부품 부분을 늘리고 있는 것이 1960년대와 구분되어 나타난다.

이를 위한 투자는 1973~1980년간 내자 4,992억 원, 외자 8억 200만 달러, 합계 8,345

1) 〈중앙일보〉(1973. 1. 4).
2) 대통령비서실(중선, 1973. 1. 30), p. 49.
3) 한국전자공업협동조합(전조2, 1987), pp. 73~74.

표 9-3 전자공업 연도별 공장건설 투자계획(1973년 4월)

		1973	1974	1975	1976	1977	1978	1979	1980	누계
내자	백만 원	27,542	25,681	34,533	52,146	59,834	74,833	96,438	128,195	499,202
외자	백만 원	18,382	17,156	23,023	34,862	41,144	49,896	64,290	86,616	335,369
	천 달러	46,500	42,776	58,204	73,397	92,195	120,594	156,006	205,199	801,999
합계	백만 원	45,924	42,837	57,556	87,008	100,978	124,729	160,728	214,811	834,571

자료: 중화학공업추진위원회(우해, 1973), p. 130.

표 9-4 구미공업단지 내 전자공업 공장건설(유치)계획

(단위: 개)

	현 황	계 획				계
	1972년 말 입주청약기준	1973	1974	1975	1976	
전자기기공장	3	5	5	10	7	30
전자부품공장	16	34	50	60	60	220
전자재료공장	–	2	3	3	2	10
관련공업공장	8	7	5	10	10	40
계	27	48	63	83	79	300

자료: 大韓民國經濟企劃院(日本, 1973), p. 43; 日韓經濟協會(協會報, 1973. 6. 25), No. 57, p. 26.

억 7,100만 원으로 하였는데 연도별 투자계획은 〈표 9-3〉과 같다. 연도별로 보면 1976년 51.2% 대폭 투자액이 증가하고 다시 1980년 33.6% 크게 증가하는 것으로 계획되었다.

경제기획원은 대통령의 중화학공업화선언에 따른 중화학공업 건설계획을 1973년 5월 24일 공식적으로 발표하면서 "행정수속을 간소화하여 외국투자가에 불편이 없도록 특전을 줄 계획이다"라고 밝혔다.[4] 여기에서 전자공업과 관련된 내용 중 구미공업단지 내 전자공업 공장건설계획을 발표하였는데 그 내용을 정리하면 〈표 9-4〉와 같다.[5] 발표에서 알 수 있듯이 당시 정부가 생각하고 있었던 전자공업의 생산·투자계획은 구미전자공업기지를 중심으로 하여 지칭하는 경우가 많았다.

경제기획원이 정리하여 발표한 5월 계획을 보면 공장건설 대상 95개 품목의 각 구분별 품목수 등은 중화학공업추진위원회가 4월에 제시한 내용과[6] 동일한데 가정용 전자기구 13개, 산업용 전자기기 24개, 전자부품 40개, 전자재료 7개, 관련 공업제품 11개이었다(구체적인 주요 공장건설 대상품목은 부록의 '〈자료 9-1〉 1973년 5월 경제기획원 발표 공장건설

4) 大韓民國經濟企劃院(日本, 1973), p. 43.
5) 이는 한국산업은행(한산, 1973), I과 과학기술처(중공장, 1973. 8) 등에 사용되고 있다.
6) 중화학공업추진위원회(우해, 1973), p. 130.

표 9-5 전자제품 생산과 공급계획

(단위: 천 달러)

	생 산	수 출	내 수
1971	138,000	88,600	49,400
1972	179,600	142,000	37,600
1973	482,778	293,885	188,893
1974	700,784	440,921	259,863
1975	1,050,100	592,303	457,797
1976	1,435,968	847,741	588,227
1977	1,897,968	1,103,445	789,523
1978	1,547,328	1,453,691	1,093,637
1979	3,360,335	1,903,465	1,456,870
1980	4,636,680	2,491,200	2,145,480

자료: 大韓民國經濟企劃院(日本, 1973), p. 44.

대상품목(95개 품목)' 참조).

이 계획에서 구미공장건설 투자계획의 300개 공장 중 77.3%에 해당하는 220개 공장이 전자부품공장에 집중되어 있는데, 이는 1980년 수출의 대폭적 증가를 달성하기 위해서는 기존의 조립품이 아니라 수입전자부품공장을 대량으로 건설하여야 한다는 것과, 나아가 전자부품 생산 강화에 중점을 둘 것을 분명히 하는 것이었다. 1973년 5월 에어컨의 공급능력 부족문제가 심각해졌는데 이때 에어컨 제조업체인 '금성사'가 주요 부품수입원인 'GE'로의 부품발주기간이 최소 10개월 걸리므로 공급능력 배가는 불가하다고 밝힐 정도로 당시 전자부품 생산능력에는 문제가 있었다.[7)]

이러한 생산·투자계획을 통해 정부는 1980년 전자제품 생산 46억 달러, 수출 25억(24억 9,120만 달러) 달러를 달성하려고 하였는데 구체적인 연도별 생산과 수출계획을 보면 〈표 9-5〉와 같다.

5월 발표 계획안과 4월에 중화학공업추진위원회가 밝힌 내용을 비교해 보면 일단 똑같은 수치가 많이 발견된다. 중화학공업추진위원회와 경제기획원 자료가 상공부 자료에 의존하고 있음을 짐작할 수 있는데 실제로 이는 韓基春이[8)] 상공부가 작성한 안이라고 밝힌 자료와의 대조에서도 확인된다. 구체적으로 보면 수출은 중화학공업추진위원회가 밝힌 1977년 11억 100만 달러, 1980년 24억 7,100만 달러를 각각 11억 300만 달러, 24억 9,100만 달러로 정정하였고 내수의 경우는 1975~1980년 경우 조금씩 수정되어 전체적으로 수

7) 〈매일경제신문〉(1973. 5. 23).

8) 韓基春(1973. 12), p. 131.

출과 내수 모두 미미한 수준의 상향 수정이 이루어졌다. 계획이 만들어지면서 방향에서 계속적으로 목표상향이 추구되고 있는 것은 분명하였다.

2) 1970년대 전자공업의 생산·투자계획 성격 형성, 1973 후반부

중화학공업추진위원회기획단은 1973년 6월 중화학공업육성계획을 통해 전자공업에 1973년부터 1981년까지 내자 5억 9,900만 달러, 외자 5억 9,300만 달러, 합계 11억 9,200만 달러, 중화학공업 투자액의 12.4%를 투자하겠다고 밝혔다.[9] 중화학공업추진위원회기획단은 이전 계획별로 목표시기가 다르던 것을 5개년계획시기에 맞추어 1981년을 종점연도로 작성하였고 이후 1981년은 모든 중화학공업의 목표연도로 통일되어 사용되었다.

1973년 9월 25일 '장기전자공장건설계획(1973~1981년)'이 수립되었다. 이 계획은 건설공장수가 767개로 중화학공업추진위원회가 4월에 발표한 '우리나라의 重化學工業化政策' 상의 계획과 2개밖에 차이가 없지만 4월 발표계획이 1978~1980년 3년에 393개의 공장건설을 집중하여 1980년까지 계획으로 작성한 것을 1981년까지 투자목표기간을 늘리고 공장건설을 분산시킨 것이다. 구체적인 공장건설 투자계획을 연도별로 정리하면 〈표 9-6〉과 같다.[10]

장기전자공장건설계획은 전자공업을 수출전략산업으로 계속 육성함을 분명히 하면서 94개 품목 767개 공장에 대해 11억 9,200만 달러를 투자하여[11] 총 527개의 부품공장을 세우고 1981년에는 부품 및 원자재를 80% 이상 자급하도록 기획되었다.[12] 즉, 1973년 하반기에 들어와 상반기보다 품목수가 1개, 공장을 2개 더 추가한 확장계획으로 되면서 동시에 수출과 부품자급률을 대폭 올리는 것에 초점이 맞추어졌다.

〈표 9-6〉에서 보듯이 장기전자공장건설계획은 정부가 1970년대에 부품공장을 전기기기(機器)공장에 비해 많이 건설하고 1980년대에는 이를 응용하는 전기기기공장의 건설이 많아지는 것으로 계획한 것이다.[13] 4월의 중화학공업추진위원회 계획에 의하면 총공장수 765개 중 기기공장이 281개, 부품공장이 전자재료 4개 공장 포함 484개였다. 이러한 사실은 1969년 전자공업진흥기본계획(전자공업진흥8개년계획)의 1960년대 계획과 달리 1973년 중화학공업화선언 이후 업계와 정부는 부품공장의 비중을 대폭 늘리고 있고 후반기 들어이는 더욱 강화되고 있음을 보여 준다. 이렇게 하여 한국 전자공업의 수출·생산계획은

9) 중화학공업추진위원회기획단(중화공, 1973), pp. 15, 72~73.
10) 국무총리기획조정실(중오, 1973), p. 101에서도 소개되고 있는데 1974~1976년 3년 일부 수치가 다르다. 그런데 역으로 합으로 맞추면 중화학공업추진위원회기획단 자료가 맞음을 알 수 있다.
11) 국무총리기획조정실(중오, 1973), p. 195.
12) 중화학공업추진위원회기획단(한공발2, 1979), p. 270.
13) 한국무역연구소(1974), p. 439.

표 9-6 장기전자공장건설계획의 연차별 건설계획(1973년 9월) (단위: 개)

구 분	공장건설계획									
	1973	1974	1975	1976	1977	1978	1979	1980	1981	계
기기공장	19	8	8	19	23	28	32	50	53	240
부품공장	45	79	75	72	59	55	54	52	36	527
합 계	64	87	83	91	82	83	86	102	89	767

자료: 중화학공업추진위원회기획단(한공발2, 1979), p. 270.

1970년대 초까지 조립기기 중심에서 단계를 달리하여 중화학공업화를 통해 후방연관적인 부품공업의 비중을 늘려나가고 이를 기초로 1980년대 전자기기의 생산, 수출을 늘리는 것으로 일단 1973년 방향이 전환되었고, 그리고 이런 계획이 분명히 더욱 강화되도록 1973년 하반기에 다시 한 번 더 방향이 정비되었다.

정부는 구미전자기지 건설에서 제1단지에 이어 제2전자공업단지를 건설하여 1단지가 노동집약적 단지인데 비해 제2단지는 기술집약적인 단지로 육성할 것을 계획하였다.[14] 이를 위해 제2전자공업기지에는 외국인투자를 우선적으로 유치하고 외국인과의 합작투자를 적극 추진하는 방향을 정하였다.[15] 이미 경제기획원은 5월에 중화학공업 건설원칙 중 자기자금비율과 외자비율 제한을 전자공업에서 예외로 할 수 있음을 밝힌 바 있었고,[16] 실제로 1973년 8월 29일 상공부는 제7차 수출진흥확대회의에서 100% 단독 외국인투자도 허용하겠다고 대통령에게 보고하였다.[17] 이에 따라 '내외자 각각 50%를 원칙으로 하고 제품은 수출 52%, 내수 48%를 목표'로 하였지만,[18] 장기전자공업육성시책에 따른 외국인투자 유치를 위해 정부는 구미전자공단에 외국인투자 100%를 허용하였다.[19] 정부의 계획은 1970년대 전반부에는 수출전략상품을 중점적으로 개발하고 후반부에는 품질을 고급화하는 것이었다(〈그림 9-1〉 참조).

1973년 10월 2일 상공부는 장기전자공업육성계획, 즉 장기전자공장건설계획에 따라 컬러TV 수상기 등 민생용 전자기기 4개 품목, 전자계산기 등 산업용 전자기기 12개 품목, 컬러TV 브라운관 등 전자부품 11개 품목, 반도체소자(半導體素子) 등 전자재료 14개 품목 등의 신규전자제품 개발 생산계획을 수립하였다.[20]

경제기획원은 중화학공업화선언으로 새로운 생산·투자계획이 필요하고 또 만들어지

14) 국무총리기획조정실(중오, 1973), p. 101.
15) 국무총리기획조정실(중오, 1973), p. 96.
16) 〈매일경제신문〉(1973. 5. 12).
17) 〈중앙일보〉(1973. 8. 29).
18) 국무총리기획조정실(중오, 1973), p. 99; 중화학공업추진위원회기획단(한공발2, 1979), p. 271.
19) 중화학공업추진위원회기획단(한공발3, 1979), p. 312.
20) 한국개발연구원(한반, 1995); 한국기계공업진흥회(한기진20, 1989), p. 779.

그림 9-1 전자공업 제품개발 및 생산확대 계획

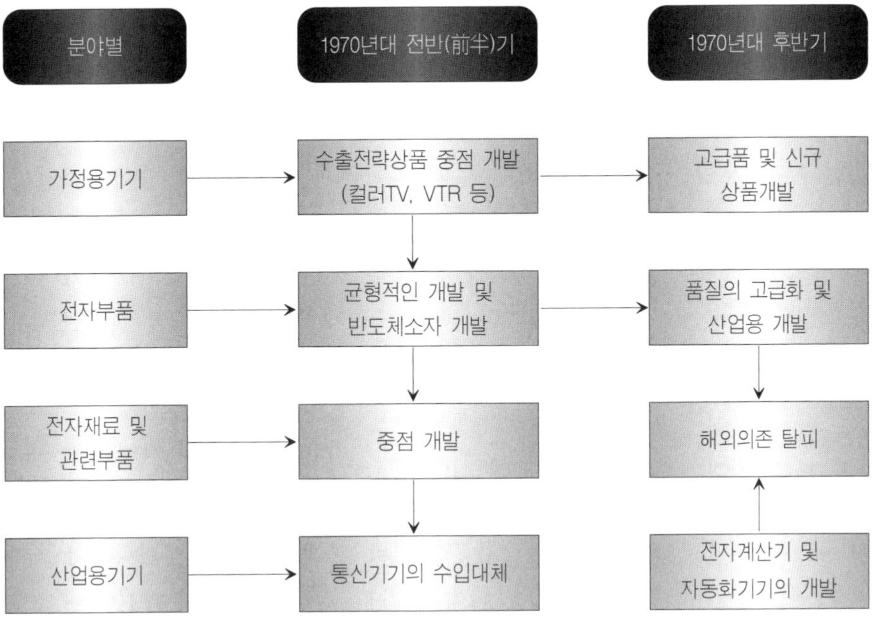

자료: 국무총리기획조정실(중오, 1973), p. 100.

표 9-7 경제기획원 장기전망의 전자제품수급

(단위: 백만 달러)

	1972(A)	1976(B)	1981(C)	B/A	C/A
수 요	207	1,427	4,970	6.9	24.0
내 수	65	588	2,229	9.0	34.3
수 출	142	848	2,740	6.0	19.3
시설능력	286	1,975	6,461	6.9	22.6

자료: 경제기획원(우장, 1973), p. 52.

고 있었으므로 기존의 경제개발5개년계획을 전면 수정하여 1981년까지 장기전망을 새로이 작성하였다. 여기에서 경제기획원은 전자공업제품의 1981년 수요는 1972년 수요 2억 700만 달러의 24배로 49억 7,000만 달러가 예상되며 수출은 1972년 1억 4,200만 달러에서 1976년 8억 4,800만 달러, 1981년에는 27억 4,000만 달러 수준으로 크게 늘어날 것이라고 밝혔다(〈표 9-7〉 참조). 수출계획이 25억 달러에서 다시 확대되고 생산시설 능력도 64억 6,100만 달러로 대폭 확대된 것이다.

이를 위해 경제기획원은 현재의 구미공업단지를 중심으로 187만 평 규모의 전자공업기지를 조성하고 지금까지 수입의존도가 높았던 소재 및 관련공업제품과 트랜지스터, 집적회로(集積回路) 등 전자부품을 개발하여 국산을 공급하도록 할 것이며 텔레비전, 녹음기 등 가정용기기는 수출전략산업으로, 중형전자계산기·레이더장치 등 산업용 전자기기는 수출 및 수입대체산업으로 개발하겠다고 밝혔다. 또한 수출시장의 확대를 위하여 외자 및 고도의 기술도입을 촉진할 것이며 외국인투자 환경조성 및 기술인력의 확보 등 지원정책을 강화할 것이라고 분명히 하였다.[21)]

1973년 12월 26일 정부는 석유위기에 따른 국내외 환경변화로 중화학공업의 부분적 조정을 검토 중이라고 밝혔는데, 여기에서도 전자공업은 에너지 의존도가 낮고 선진국의 노동력 부족으로 대외경쟁력에 유리하므로 원자재 확보 사정을 보아가며 최대한 확장할 계획이라고 밝혔다.[22)] 1973년 전자공업의 생산·수출계획 속에서 한국 전자공업의 지향성격이 만들어졌다.

3) 전자공업의 생산·투자계획 변화, 1974~1979

1974년 1월 10일 상공부는 장기전자공업진흥기본계획을 작성하였다. 이 계획은 1차 석유파동을 반영해 1981년 수출목표를 25억 달러로 다시 회귀시키고 1981년 전자제품의 생산목표도 47억 달러로 축소하였다.[23)] 이미 전자공업기본계획은 1969년 전자공업진흥기본계획(전자공업진흥 8개년계획)으로 작성되고 있었지만[24)] 1973년 중화학공업화로 전면 보완·개정되면서 육성계획이 수정되고 있었고 이에 따라 기간, 목표, 방안 등이 재설정되어 1974년 다시 작성된 것이다.

장기전자공업진흥기본계획은 전자제품 수출극대화, 부품의 자급화, 생산 및 유통구조의 정상화 등으로 목표를 재설정하고 방안으로 개발지원시책의 강화, 전자공업기지의 건설, 외국인투자의 적극 유치, 품질 제고와 원가절감 등을 제시하였다.[25)] 1974년에는 중화학공업육성계획 2차 연도 중화학공업 공장건설계획에 따라 전자공업은 민생용기기공장 6개, 산업용기기공장 3개, 전자부품 및 관련 제품공장 9개 등 주요 공장을 착공하도록 하였다.[26)] 석유파동에 따른 전 세계적인 대내외 위기에서 일단 직접 노동력을 많이 사용하는 기기공장보다 투자 불확실성이 높은 부품공장 건설을 줄이고 있는 것이다. 이는 부품공업의 비중을 늘려 나가고 이를 기초로 1980년대 전자기기의 생산, 수출을 늘리는 것으로 1973년 방향이 전환되었던 것을 일단 중단시키는 것이었다.

---

21) 경제기획원(우장, 1973), pp. 52~53.
22) 〈조선일보〉(1973. 12. 27).
23) 한국기계공업진흥회(한기진20, 1989), p. 780.
24) ① 1976년까지 140억 원을 투입하여, ② 51개의 기술개발 품목과 65개의 양산화 품목 등을 진흥해서, ③ 목표연도에 4억 달러 수출한다는 것으로 되어 있다. 〈조선일보〉(1969. 6. 21).
25) 한국전자공업협동조합(전조2, 1987), p. 74.
26) 日韓經濟協會(協會報, 1974. 3. 25), No. 61, p. 32.

표 9-8 1975년 상공부 전자공업건설 촉진계획

	전자공업건설 촉진계획 내용
목 표	수출 7.8억 달러 달성
	부품의 국산화 촉진
공장건설 촉진	구미전자공업기지: 21개
	기타: 30개
부품 및 원자재 개발 촉진	목표: 61개, 1975년 중: 8개(연말 누계 48개)
신규수출상품의 개발	5개: 반도체 및 집적회로소자, 탁상용전자시계, 계수표시측정기, 고급 앰프 및 전축, 녹음테이프

자료: 대한민국국회사무처(제91, 1975. 3. 13), p. 21.

단순조립가공을 탈피하기 위해 중화학공업화선언 이후 집중 육성하기로 1973년 방향이 전환, 설정된 부품공업은 이렇게 계속 1970년대를 통해 위기적인 외부 변수가 발생할 때마다 논쟁이 되었고 비판·축소 논의의 대상이 되었다. 물론 이들 비판의 주장은 한국은 비교우위상 부품공업보다 조립가공업이 맞다는 것이었고 이러한 이론적 비판으로 한국 전자공업의 부문 간 불균형과 저부가가치를 가져다 주고 있는 '낙후된 부품공업'은 그만큼 발전시기가 늦어져 한국 전자공업의 고질적 문제로 지속되었다. 현장경험에서 만들어진 '부품공업의 육성을 통한 고부가가치화, 자립성 제고'라는 1973년 중화학공업화선언 이후 새로운 목표는 계속 외부 충격에 따라 이론적 정당성에서 비판받고 논쟁되었으며 그리고 수정을 강요받았다.

1974년 말 12월 20일에 상공부는 1975년 전자공업진흥계획을 발표하였는데 여기에서 기술개발을 위해 93개 품목을 전문화·계열화하고 양산화 대상 102개 품목을 지정하였다.[27] 1975년 3월 13일 상공부는 91회 국회 상공위원회 1975년 상공시책 보고에서 〈표 9-8〉과 같이 전자공업건설 촉진계획을 밝혔다. 보고된 촉진계획은 계속적인 공장건설과 부품개발 그리고 수출로 요약되었다. 현장을 직접 관할하며 미시적으로 산업을 들여다보고 있던 상공부는 부품 및 원자재 개발 촉진으로 부품공업의 중요성을 다시 강조하였다. 이는 경제기획원, 학계 등에서 폭넓게 형성되어 있던 거시적 위기 속의 안정론, 비교우위론과는 시각적 차이가 있는 것이었다.

1975년 10월 9일 상공부는 1981년 전자공업 수출 25억 달러 달성을 위한 공장건설 5개년계획을 확정하였다. 이는 반도체부품 등 31개 주요 부품공장을 건설하는 계획이었다.[28]

대통령 지시에 따라 수출주도형의 계속 추구를 표방하면서 1976년 3월 11일 상공부

27) 한국기계공업진흥회(한기진20, 1989), p. 782.
28) 한국기계공업진흥회(한기진20, 1989), p. 784.

공고 제76-16호로 다시 작성된 '전자공업진흥기본계획'(전자공업진흥장기계획)이 3번째[29] 전자공업기본계획으로 발표되었다.[30] 계속 작성된 전자공업진흥기본계획은 '국산화를 뒷받침한 청사진이었으며 이 기본계획에 따라 개발품목이 지정되고 계열화와 전문화가 추진되었으며 전자공업기지와 자금이 조성되었다.'[31]

1976년 전자공업진흥기본계획은 1981년까지 수출목표 25억 달러를 달성하기 위해 56개 중점 육성품목 대상품목별 기본계획을 수립하도록 하고 수출주도형 산업으로 육성해야 할 품목의 질적 고급화를 통한 국제경쟁력 강화에 역점을 두었다.[32] 이들 56개 육성지정품목은 국산화가 중점 지원되도록 계획되었다.[33]

1973년 4월 중화학공업추진위원회는 93개 품목 공장건설을 계획하였고 1973년 9월 25일 상공부의 '장기전자공장건설계획(1973~1981년)'은 94개 품목으로 확대하였다. 1974년 12월 20일 상공부는 1975년 전자공업진흥계획을 발표하면서 양산화를 위한 102개 품목을 지정하였고[34] 이후 1975년 6월 30일 중화학공업의 건설촉진시책 상공부 국회 보고에서도 중점 진흥품목 개발목표는 1981년까지 원자재 61개, 부품 45개, 재료 13개, 부자재 3개, 완제품 41개, 민생용기품(民生用機品) 16개, 산업용기품 25개의 102개 품목으로 유지되었다.[35] 다시 1975년 10월 9일 상공부가 전자공업 공장건설 5개년계획에서 발표한 것은 반도체부품 등 31개 주요 부품 공장건설계획이었다. 그러다가 내부적 논쟁을 거치면서 1976년 들어 중점 육성품목이 56개 품목으로 된 것이다. 당시 유학파를 중심으로 한 정부 내 인사들과 학계는 선택과 집중을 강조하였고, 청와대, 중화학공업추진위원회기획단은 총력계획을 주장하였는데,[36] 이러한 시각 차이는 품목수에 영향을 미쳤다. 이런 가운데 석유파동 등 외부 충격을 겪으면서 논쟁이 격화되었고 안정에 대한 시각이 강해지면서 1976년 이후 단계론과 비교우위론으로 정책전환이 이루어지고 있었다.

1976년 9월 27일 1차 확정된 제4차 경제개발5개년계획상의 전자공업육성계획이 국회에서 보고되었다. 내용은 1981년도 17억 달러(1975년 기준)의 수출목표를 달성하기 위해 반도체 등 부품의 국산화, 고급정밀전자기기 생산에 주력한다는 것이며 1977~1981년간 생산 및 수출계획은 〈표 9-9〉와 같이 설정되었다.

이에 대해 다시 상공부·경제기획원을 중심으로 한 관련부처 간 내부 조정이 제기되었고 결국 제4차 5개년계획 최종확정계획에서는 다른 중화학공업부문과 달리 비교우위론

29) 1차 1969년 전자공업진흥 8개년계획과 2차 1974년 기본계획이 있었다.
30) 한국전자공업협동조합(전조2, 1987), p. 74; 〈매일경제신문〉(1976. 3. 11).
31) 배병휴(裵秉烋) 전 매일경제신문 주간(회고, 1987), p. 355.
32) 한국전자공업협동조합(전조2, 1987), p. 74.
33) 〈매일경제신문〉(1976. 3. 11).
34) 한국기계공업진흥회(한기진20, 1989), p. 782.
35) 대한민국국회사무처(제93, 1975. 6. 30), p. 15.
36) 전 상공부 관리 증언(2009. 12. 8).

표 9-9 1차 확정 제4차 경제개발5개년계획 전자공업육성계획 생산·투자계획(1976. 9) (단위: 백만 달러)

연 도	1975	1977	1978	1979	1980	1981
수 요	1,414	2,074	2,425	2,798	3,185	3,560
생 산	860	1,394	1,681	2,008	2,362	2,715
수 출	582	950	1,135	1,327	1,523	1,700
수 입	554	681	744	790	823	845
투 자	–	94	106	119	134	147

자료: 대한민국국회사무처(제96, 1976. 9. 27), p. 34.

표 9-10 최종 확정 제4차 경제개발5개년계획 전자공업 주요 지표(확정값, 1975년 가격) (단위: 백만 달러)

	1975(A)	1981(B)	배수(B/A)
수요	1,486.1(1,414)	5,056.4(3,560)	3.4
(내수)	1,077.1(892)	3,116.4(1,860)	2.9
(수출)	409.0(582)	1,940.0(1,770)	4.7
생산	942.1(860)	4,127.3(2,715)	4.4

주: 1) ( ) 안은 7월 1차 확정값으로 대한민국국회사무처(제96, 1976. 9. 27), p. 34.
2) 1975년 값은 수정된 값임.
자료: 대한민국정부(제4경, 1976); 대한민국정부(행백, 1977).

에 따라 노동집약적 성격을 인정받은 전자공업은 〈표 9-10〉에서 보듯이 1981년 생산 41억 2,730만 달러, 수출목표 19억 4,000만 달러로 확대 조정되었다.[37] 이론적으로 이를 경상가격으로 환산하면 1981년 30억 달러가 넘는 수출계획이 되는 것이다.[38]

이를 위해 투자는 내자 2,784억 원, 외자 1,073억 원을 포함한 총 3,857억 원으로 계획되었고 이 중 민간부문의 투자가 3,806억 원으로 전체 비중의 98.7%를 차지하도록 하여 사실상 민간주도로 전자공업 투자가 이루어지도록 하였다(〈표 9-11〉 참조). 1970년대 외자유치를 위해 개방에 가장 적극적이었던 전자공업에서 1970년대 후반 1977~1981년 중화학공업 전체 평균의 외자비중 44.1%에 비해 더 작은 27.8%의 외자비중을 계획한 것은 특징적인 것이다. 제4차 경제개발5개년계획에서 나타난 이러한 전자공업의 투자규모와 내용은 세 가지 의미를 갖는다. 첫째, 정부와 기업은 필요에 따라 중화학공업화를 개방 속에 진행시키면서도 내면적으로는 자립성 추구라는 엄격한 자체 기준을 갖고 대응하고자 하였음을 보여 준다. 둘째, 〈표 9-3〉에서 보았듯이 1973년 중화학공업추진위원회가 1980년까지 밝

37) 대한민국정부(제4경, 1976); 권일상(權一相) 상공부공업기획국 종합계획과장(1977. 1), p. 35; 상공부중공업계획반·화학 및 경공업계획반(제41, 1976), pp. 47~51.
38) 유신정우회(내한, 1978), p. 84.

표 9-11 제4차 경제개발5개년계획상 전자공업 투자액(투자지출 기준, 1975년 가격) (단위: 10억 원)

	투자액(1977 ~ 1981)			
	합계	내자	외자	민간
전 자	385.7	278.4	107.3(27.8%)	380.6(98.7%)
중 화 학	3,273.1(100%)	1,830.9	1,442.2(44.1%)	3,184.6(97.3%)
경 공 업	1,814.6	1,352.8	461.8	1,789.9

자료: 대한민국정부(제4경, 1976); 상공부중공업계획반·화학 및 경공업계획반(제41, 1976).

힌 투자계획에서도 내자의 비중이 59.8%이었지만 이는 1970년대 후반 1977~1981년간 72.2%로 더욱더 확대되었다. 내자확대, 투자의 자립성은 시간이 지나면서 더욱 추구되었다. 셋째, 한편 중화학공업 내 투자비중으로 보면 전자공업부문이 11.8%로 이는 기계 27.4%, 철강공업 20.7%, 석유화학 14.4% 등에 비해 낮은 것이었지만 수출목표는 19.4억 달러로 중화학공업 수출액 내 27.4%를 차지하여[39] 전자공업이 수출에서 주요한 역할을 하도록 계획되고 있었다.

전자공업 부분별 투자계획을 보면 최종 확정된 제4차 경제개발5개년계획은 부품부문의 투자비중을 29.7%, 소재부문을 7.4%로 하고 가정용기기부문과 산업용기기부문의 투자비중을 33.8%, 29.1%로 책정하였다.[40]

정부는 1976년 제4차 경제개발5개년계획 전자공업부문에서 57개 중점 개발품목을 밝혔다.[41] 57개 개발전략품목은 제품의 수명주기와 비교우위를 고려하여 반도체 및 컴퓨터 관련제품 등으로 선정되었다[42](구체적인 품목명은 부록의 '〈자료 9-2〉 제4차 경제개발5개년계획에서의 전자공업 57개 중점 개발품목' 참조).

1976년 10월 1일[43] 상공부는 제4차 경제개발5개년계획 기간 중의 전자공업육성계획을 다시 수정하면서 중점 육성개발품목 생산공장 건설계획을 확정하였다. 이는 ① 1977년부터 5개년계획으로 내외자 6억 달러를 투입하여, ② 앞서 지적한 57개 품목 151개 공장을 건설하며, ③ 특히, 반도체와 컴퓨터 관련 9개 품목은 정부주도로 개발·육성한다는 계획이었다.[44] 이 내용은 제4차 경제개발5개년계획에 〈표 9-12〉와 같이 포함되었다. 생산·

39) 대한민국정부(제4경, 1976); 대한민국정부(행백, 1977), pp. 546~567.
40) 상공부중공업계획반·화학 및 경공업계획반(제41, 1976), p. 141; 중화학공업추진위원회기획단(한공발1, 1979), pp. 612~614.
41) 중화학공업추진위원회기획단(중화추현, 1979. 1), p. 178.
42) 유신정우회(내한, 1978), p. 84. 중화학공업추진위원회기획단은 『한국공업화발전에 관한 조사연구(Ⅲ)』(1979, p. 560)에서 57개 중점 품목은 1975년 10월 9일 상공부가 발표한 전자공업 공장건설 5개년계획에서 발표한 반도체부품 등 31개 주요 부품공장 건설계획을 대폭 확대시킨 것이었는데 이로 인해 기업들 간 31개 공장건설 실수요자 쟁탈전은 57개 쟁탈전으로 바뀌었다고 적고 있다.
43) 상공부는 9월 30일 이 내용을 밝혔다.
44) 한국기계공업진흥회(한기진20, 1989), p. 787.

표 9-12 제4차 경제개발5개년계획 전자공업 57개 중점 육성개발품목 생산공장 건설계획 (단위: 백만 달러)

공장수	생산능력	소요자금			고용	효과	
		시설	연구개발	계		생산	수출
151개	1,591	487	113	600	31,160명	1,273	828

주: 9개 품목은 정부개발, 48개 품목은 민간주도 품목임.
자료: 상공부중공업계획반·화학 및 경공업계획반(제41, 1976), p. 142.

표 9-13 제4차 5개년계획 전자공업부문 투자계획(1975년 가격) (단위: 내자, 합계는 백만 원, 외자 천 달러)

		1977	1978	1979	1980	1981	1977~1981 합
투자소요액	내자	28,193	35,372	42,084	49,386	57,280	212,315
	외자	45,665	58,914	70,995	84,070	98,520	358,164
합 계		50,295	63,886	76,446	90,076	104,964	385,668
조달	재정	900	1,100	1,000	1,000	1,100	5,100
	국민투자기금	8,673	11,022	13,537	16,243	18,817	68,297
	자기자금	13,073	17,097	20,377	23,944	28,313	102,804
	금융기관	15,874	17,785	20,269	22,948	25,322	102,200
	차관	16,800	24,923	31,445	38,404	47,058	158,630
	외국인투자	7,519	9,957	12,487	15,192	17,842	62,997

자료: 중화학공업추진위원회기획단(한공발1, 1979), p. 614.

투자계획의 목표는 151개 공장의 생산능력을 15억 9,100만 달러로 하고 생산 12억 7,300만 달러, 수출 8억 2,800만 달러를 달성하는 것이었다.

이는 이전의 상공부가 제4차 5개년계획의 1차 확정안으로 1976년 9월 27일 제96회 국회 상공위원회에 보고한 내용과[45] 일치하며 이후 1979년 중화학공업추진위원회기획단이 정리한 내용과도 일치한다.[46] 즉, 1976년 하반기 이후 전자공업 중점 육성개발품목의 공장건설계획은 유지되었다.

1977년 이후 석유파동이라는 외부 충격이 사라짐으로써 생산과 수출계획은 다시 전면적으로 확대되기 시작하였다. 수출 30억 달러와 생산 40억 달러가 목표로 제시되었고 심지어 1978년 3월 3일 정부는 1981년 50억 달러 수출을 위해 전자업계의 전문화를 유도하고 시설재 도입의 관세감면과 투자의 적극적 지원을 시행한다고 발표하였다.[47] 1986년의 전자제품 수출목표는 100억 달러로까지 상향되었다.[48] 이런 가운데 제4차 경제개발5개

45) 대한민국국회사무처(제96, 1976. 9. 27), p. 35.
46) 중화학공업추진위원회기획단(중화추현, 1979. 1), p. 178.
47) 한국기계공업진흥회(한기진20, 1989), p. 791.
48) 유신정우회(내한, 1978), pp. 85~86.

년계획이 진행되면서 기술도입의 필요에 따라 외자가 급증하자 투자총액은 그대로 유지하면서 내자를 줄이는 부분 조정이 있었다. 수정된 내용을 반영한 제4차 경제개발5개년계획 전자부문의 투자계획은 〈표 9-13〉과 같다.

2. 석유화학공업

1) 석유화학공업의 초기 생산·투자계획, 1973

정부는 종합비료공장의 건설이 필요하였다. 이를 위한 제7비료의 건설은 대량의 메탄올(Methanol)을 소요하기 때문에 메탄올공장을 건설하기로 하였다. 제7비의 암모니아공장 및 메탄올공장은 나프타 투입이 필요하므로 '호남정유(湖南精油)'로부터 공급받을 수 있도록 여수지구에 입지를 확정하였다.[49] 1973년 4월 27일 중화학공업추진위원회는 청와대에서 대통령 참석하에 메탄올공장 건설계획을 확정하였고 다음 날 28일 이낙선 상공부장관은 확정된 대규모 비철금속정련소, 제7비료공장과 함께 메탄올공장 건설계획을 발표하였다. 그 내용은 〈표 9-14〉와 같다.

선발사업인 비료와 메탄올은 이 둘의 수요가 국내는 물론 해외에서 연평균 6% 증가세를 보이고 있고 일본과 기타 선진국에서는 인건비 및 공해문제로 수출경쟁력이 약화되고 있으므로 수출전략업종으로 개발할 계획이었다.[50] 그래서 '제7비료'도 49만 5,000톤의 암모니아공장을 만들기로 하였고 메탄올공장의 경우도 세계최대 규모인 연산 33만 톤으로 건설하기로 계획을 세웠다. 투자는 어디까지나 희망자만 있다면 민간주체를 우선으로

표 9-14 중화학공업추진위원회 발표 메탄올(7비료) 공장 건설계획(1973. 4)

구 분	건설계획 및 조건
제7비료, 메탄올공장 건설계획	① 전남 여수·광양단지를 호남종합화학기지로 만들어 그 안에 '7비료', 메탄올공장 건설, ② 정부소유 '3비료(영남화학)', '4비료(진해화학)', '동서화학(東西化學)', '한양화학(韓洋化學)', 메탄올 및 카프로락탐 공장시설 등을 민간에게 불하하여 이 재원으로 '한국종합화학'이 '제7비료'와 메탄올공장 건설, ③ '제7비료'는 49만 5,000톤의 암모니아공장을 비롯하여 연초용 비료, 질산 및 유안 등 5개 공장으로 구성, ④ 메탄올공장의 경우는 세계최대 규모인 연산 33만 톤으로 건설, ⑤ 민간업자가 참여를 희망할 경우 조건만 맞으면 허용
민간참여 조건	소요자금 3,000만 달러의 메탄올공장은 민간에서 실수요자를 선정하되 내수용을 제외하고 전량 수출조건으로 합작투자도 고려

자료: 〈매일경제신문〉(1973. 4. 28); 〈조선일보〉(1973. 4. 29); 〈매일경제신문〉(1973. 4. 30).

49) 상공부(문, 1974. 4. 16); 韓基春(1973. 12), pp. 126~127.
50) 大韓民國經濟企劃院(日本, 1973), p. 23.

표 9-15 (석유)화학공장 건설현황 및 계획 제1단계 건설사업(1973. 5)

(단위: 천 달러)

	공장종류	업체명		규모(톤/연)	총투자액
	정유공장	대한석유공사, 호남, 경인		395,000BPSD	218,222
	암모니아 (비료공장)*	충주비료, 호남비료, 영남비료, 진해비료, 한국비료		질소 137,450 복비 361,200	213,213
제1단계 건설사업 (1974 완성 예정)	석유화학 원료공장	대한석유공사(에틸렌)*		150,000	60,000
		석유화학지원공단*	전기	35,000KW	17,048
			수증기	8,370톤/일	
		한양(韓洋)화학(염화비닐모노머(VCM))*		50,000	26,000
		한양화학(폴리에틸렌)*		60,000	15,000
		대한유화(폴리프로필렌)*		30,000	15,845
		동서(東西)석유(아크릴로니트릴)*		27,000	26,935
		이수(梨樹)화학(알킬벤젠)*		13,000	3,504
		한국합성고무(SBR)*		25,000	13,850
		한국카프로락탐(카프로락탐)*		33,000	36,400
		삼경화성(三敬化成)(무수프탈산)**		8,400	2,617
		대성목재(大成木材) 외 1사(메탄올)**		60,000	13,485
		한국에탄올(에탄올)**		20,000	19,500
		한국에탄올(아세트알데히드)**		24,000	
		충주(忠州)비료(암모니아)**		231,000	46,619
		한국플라스틱(PVC)**		60,000	28,888
		미원 외 1사(폴리스티렌)**		42,300	2,250
		계		–	327,942
	합성섬유 공장	한국나일론공업(나일론)		12,600	31,660
		동양(東洋)나일론공업(나일론)		21,000	35,500
		고려흥업(高麗興業)(나일론)		7,500	13,000
		고려합섬(高麗合纖)(나일론)		7,500	7,500
		선경(鮮京)합섬(폴리에스텔)		53,400	109,380
		한국폴리에스텔(폴리에스텔)		28,700	102,546
		삼양사(三養社)(폴리에스텔)		32,600	56,000
		대한화섬(大韓化纖)(폴리에스텔)		11,200	36,000
		동양나일론공업(폴리에스텔)		10,500	37,000
		한일(第一)합섬(폴리에스텔)		12,500	23,689
		한일합섬(아크릴)		57,200	74,000
		태광(泰光)산업(아크릴)		21,000	37,300
		고려합섬(폴리프로필렌)		18,000	10,000
		계		–	573,575
	기타 공장	한국컨티넨탈카본(카본블랙)		10,000	3,000
		유진(裕進)화학(펜타에리트리톨)		1,500	500
		락희(樂喜)화학(DOP, DBP)		3,000	250
		한국화성(化成)(DOP, DBP)		7,000	1,550
		애경유지(敬愛油脂)(DOP, DBP)		3,600	170
		신아(信亞)화학(DOP, DBP)		2,500	230
		계		–	5,700

주: 1) *는 국무총리기획조정실(중오, 1973)에서는 기록되어 있지 않음.
2) *과 **는 국무총리기획조정실(중오, 1973)에서 석유화학계열공장과 석유화학원료공장으로 분리되어 있음.
3) DOP: 디옥틸프타레이트, DHP: 디헵틸프타레이트.

자료: 大韓民國經濟企劃院(日本, 1973), pp. 20~22; 국무총리기획조정실(중오, 1973), pp. 127~129.

표 9-16 (석유)화학공장 건설현황 및 계획 제2·3단계 건설사업(1973. 5) (단위: 천 달러)

<table>
<tr><th rowspan="2"></th><th rowspan="2"></th><th rowspan="2" colspan="2">업체명</th><th colspan="2">규모(톤/연)</th></tr>
<tr><th>기존</th><th>확장 후</th></tr>
<tr><td rowspan="15">제2단계
건설사업
(~1975년
예정)</td><td rowspan="9">기존
단지 내
기존
시설확장</td><td colspan="2">나프타분해(에틸렌 기준)</td><td>기존 1차 100,000
기존 2차 150,000</td><td>150,000
300,000</td></tr>
<tr><td colspan="2">저밀도폴리에틸렌</td><td>50,000</td><td>100,000</td></tr>
<tr><td colspan="2">폴리프로필렌(Poly Propylene)</td><td>30,000</td><td>60,000</td></tr>
<tr><td colspan="2">아크릴로니트릴(Acrylonitrile)</td><td>27,000</td><td>113,000</td></tr>
<tr><td colspan="2">카프로락탐(Caprolactam)</td><td>33,000</td><td>75,000</td></tr>
<tr><td colspan="2">염화비닐모노머(VCM)</td><td>60,000</td><td>120,000</td></tr>
<tr><td colspan="2">부타디엔스티렌고무(SBR)</td><td>25,000</td><td>50,000</td></tr>
<tr><td colspan="2">무수(無水)프탈산(酸)</td><td>8,400</td><td>20,000</td></tr>
<tr><td colspan="2">스티렌모노머(Styrene Monomer)</td><td>–</td><td>50,000</td></tr>
<tr><td rowspan="6">기존
단지 내
신규
공장
추가건설</td><td colspan="2">에틸렌글리콜(Ethylene Glycol)</td><td>–</td><td>60,000</td></tr>
<tr><td colspan="2">디메틸트립타민(DMT)</td><td>–</td><td>120,000</td></tr>
<tr><td colspan="2">테레프탈산(TPA)</td><td>–</td><td>70,000
100,000</td></tr>
<tr><td colspan="2">폴리스티렌(Poly Styrene)</td><td>–</td><td>30,000</td></tr>
<tr><td colspan="2">고밀도폴리에틸렌</td><td>–</td><td>35,000</td></tr>
<tr><td colspan="4"></td></tr>
<tr><td rowspan="2">제3단계
건설계획
(1973년 말
~)</td><td rowspan="2">신규
화학단지
건설</td><td>선발사업
(1973~1975)</td><td>제7肥
메탄올공장</td><td>암모니아 495,000
메탄올 330,000</td><td>–</td></tr>
<tr><td>후발사업</td><td>나프타분해공장, 저밀도폴리에틸렌공장, 염화비닐모노머(VCM)공장*, 고밀도폴리에틸렌공장*, 스티렌모노머공장, 폴리프로필렌공장, 폴리스티렌공장*, PVC공장, DMT 및 TPA 공장, 폴리부타디엔공장, 무수프탈산공장, 기타 국제단위 공장*</td><td>–</td><td>–</td></tr>
</table>

주: 1) 〈표 9-15〉와 동일.
2) TPA는 폴리에스텔 연료이며, DMT는 폴리에틸렌 연료임.
자료: 〈표 9-15〉와 동일.

하여 소요자금 3,000만 달러의 메탄올공장은 민간에서 실수요자를 선정하되 내수용을 제외하고 전량 수출조건으로 합작투자도 고려하기로 하였다. 여기에서 향후 화학공업에 대한 정부의 주요한 시각을 발견할 수 있다. 첫째, 수출전략업종으로 개발한다는 것이며, 둘째 투자주체는 어디까지나 민간을 우선으로 하고, 셋째 내수용을 제외하고 전량 수출조건으로 하되 합작투자도 고려한다는 것이다. 이러한 세 가지 내용은 이후 기본적으로 화학공업 생산·투자계획에 계속 적용되었다.

1973년 5월 경제기획원은 석유화학공장을 포함한 화학공업의 공장건설 현황과 함께 향후 계획을 발표하였다. 이를 정리하면 〈표 9-15〉, 〈표 9-16〉과 같다. 계획은 1974년 완성 예정의 제1단계 건설사업, 1975년 말까지의 완공인 제2단계 건설사업, 그리고 완공일 미정의 제3단계 건설사업으로 나뉘어져 있었다.

선발사업인 7비와 메탄올센터의 투자금액은 바로 결정되었는데 비료센터 1억 5,200만 달러, 메탄올센터 3,000만 달러로 되었다.[51] 기간은 우선 연산 33만 톤 규모의 메탄올공장을 1975년까지 건설하기로 하였다. 그러나 착공이 늦어져 호남종합화학기지의 제1단지 건설 이전(以前) 선발사업은 1973년 10월 13일에 착공되었다.[52]

정부는 〈표 9-15〉, 〈표 9-16〉에서 보듯이 울산지구 석유화학단지를 1975년까지 연산 30만 톤 규모까지 확장할 계획이었다. 그리고 이후 입지조건이 뛰어난 여수·광양(光陽)지구로 옮겨 동 지구에서 에틸렌 기준 연산 30만 톤 규모의 센터를 2개 만들고 이것에 수반하는 계열공장도 2개 계열화하여 만일의 경우에 상호양폐(相互兩肺)이면서 동시에 심장의 역할을 할 수 있도록 계획하였다. 우선 에틸렌 기준 30만 톤(M/T) 규모로 모두 정한 것은 30만 톤이 경제적인 국제단위로 대량생산을 통한 가격인하효과가 기대되는 수준이었기 때문이다.[53] 나아가 여천·광양지구 종합화학기지 석유화학공장은 유틸리티를 집중 단일화하여 투자비 절감을 꾀하면서 단지 내에 관련 합성공장을 육성하여 부가가치를 높이도록 하였다. 구체적인 여수·광양 화학공업기지 계획을 보면 〈표 9-17〉과 같다.

여수·광양기지계획은 1973년 6월 초까지만 해도 이 사업의 거대성으로 인해 여전히 착공, 완성, 조업 등의 시기는 명확하게 되고 있지 않았지만 정부는 이 2계열의 석유화학 그룹을 더욱 확장하여 에틸렌 100만 톤의 세계적 석유화학기지로까지 육성하는 구상을 중화학공업 화학공업프로젝트로 생각하고 있었다.[54] 즉, 1973년 6월 초 정부의 생각은 에틸렌 연산기준 울산 30만 톤, 여수·광양 30만 톤 2개 60만 톤의 총 90만 톤 건설규모를 생각하고 있었고, 장기적으로는 여수·광양지구를 100만 톤 규모로 만들어 에틸렌 기준 생산규모 총 130만 톤을 고려하고 있었다.

1973년 6월 중화학공업추진위원회기획단은 울산석유화학공장과 여수·광양의 호남종합화학기지 시설투자계획을 보다 구체적으로 정리하여 밝혔다. 이를 정리하면 〈표 9-18〉과 같다.

51) 小坂雄太郎 信越化學工業常務取締役(1973), p. 24.
52) 국무총리기획조정실(중오, 1973), p. 197.
53) 국무총리기획조정실(중오, 1973), p. 117.
54) 小坂雄太郎 信越化學工業常務取締役(1973), pp. 23~24.

표 9-17 여수(麗水)·광양(光陽) 지역 화학공업기지계획(1973. 5)

<table>
<tr><th>구 분</th><th colspan="4">기지계획 내용</th></tr>
<tr><td rowspan="7">기지내용</td><td>제1/제2/제3지구</td><td colspan="3">5,089/5,683/4,695에이커(acre)</td></tr>
<tr><td>제7비료지구</td><td colspan="3">741에이커</td></tr>
<tr><td>주택지구</td><td colspan="3">247에이커</td></tr>
<tr><td>메탄올지구</td><td colspan="3">49에이커</td></tr>
<tr><td>전체 산업단지</td><td colspan="3">4,084~12,253에이커</td></tr>
<tr><td>수심/산업용수</td><td colspan="3">−19m/산업용수 일 1,650,000M/T</td></tr>
<tr><td>조건</td><td colspan="3">일반조건 양호, 항만조건 양호</td></tr>
<tr><td>국제적 단위의 화학공장 건설계획</td><td colspan="4">① 개발계획은 공구별로 석유화학공업을 시작으로 기초화학공업인 산(酸)알카리공장, 고급화공약품의 합성공장, 기타 화학공장을 유치하고 유틸리티 및 정비용역 등은 집중 단일화하여 투자비 절감
② 특히, 석유화학단지는 울산과 달리 각 공구별로 나프타크래킹센터, 즉 에틸렌 기준 30만 톤 연산규모의 시설을 2개 라인(연산 60만 톤)으로 건설하고 이것에 수반하는 계열공장도 2개 계열화하여 만일의 경우에 대비하여 상호양폐이고 심장의 역할을 할 수 있도록 함. 또 외국투자도 계열공장별로 유치하지 않고 그룹단위(나프타 30만 톤 및 동 계열공장) 유치
③ 우선 선발사업으로서 대단위 비료공장(7비)과 메탄올공장을 연내에 착공하여 1975년 말에 완공</td></tr>
<tr><td rowspan="4">메탄올공장 건설</td><td>위치</td><td colspan="3">석유화학단지 외 선발사업</td></tr>
<tr><td>생산규모</td><td colspan="3">330,000톤</td></tr>
<tr><td rowspan="2">소요자금(천 달러)</td><td>외자</td><td>내자</td><td>계</td></tr>
<tr><td>21,000</td><td>9,000</td><td>30,000</td></tr>
</table>

주: 기지내용에 기존 지구도 있으나 필요면적이 추가되지 않음.
자료: 大韓民國經濟企劃院(日本, 1973), pp. 23~25.

석유화학공장 건설계획은 중화학공업추진위원회의 4월 발표, 경제기획원의 5월 발표, 중화학공업추진위원회기획단의 6월 발표로 가면서 조금씩 더 내용이 구체적으로 되고 있다. 그런데 6월 기획단의 계획에서 발견되는 것은 울산지구 최종 2차 단계 확장공사를 5월 계획의 1975년까지에서 1976년으로 늦추고 있고, 대신 울산석유화학공장의 에틸렌 연산규모를 30~35만 톤 규모로 조금 더 확대할 수 있도록 한 것이다. 국무총리기획조정실 역시 "울산 1차 확장은 1974년 초 기존 10만 톤(M/T)을 15만 톤으로 확장하는 것이고 2차 확장은 1976년까지 30만 톤 규모로 확장하는 것이다"[55]라고 밝히고 있다. 계획을 늦추어 경제에 주는 충격을 줄이면서 진행하자고 하는 것은 경제기획원, 그리고 이와 뜻을 같이 하면서 1973년 5월 14일부터 1974년 2월 25일까지 초대 중화학공업추진위원회기획단장으로 재임한[56] 김용환(金龍煥) 대통령경제담당특별보좌관의 뜻과 일치한다.

55) 국무총리기획조정실(중오, 1973), p. 116.
56) 총무처(인중화3대통령결재문서, 1973. 5. 14).

표 9-18 중화학공업추진위원회기획단 발표 시설투자계획(1973. 6)

		규 모	건설기간	소요자금
석유화학 (울산공장)	확장	1차 확장: 에틸렌 15만M/T 2차 확장: 에틸렌 30~35만M/T 동기간 중 기존 계열 공장인 저밀도폴리에틸렌공장 등 7개 공장과 지원시설인 유틸리티센터를 배가 내지 3배가 하는 한편, 고밀도 폴리에틸렌 등 4개 신규공장을 국제단위 규모로 완공하여 1976년부터 가동	1차: 1973~1974 2차: 1974~1976	3억 4,200만 달러
	계속	3개 계열공장 건설	1973~1974	2억 4,600만 달러
호남종합화학기지 (여수·광양)		① 처음부터 국제경쟁 규모로 건설 에틸렌 30만 톤(M/T) 규모의 나프타분해공장과 양 계열 공장을 양 계열로 병설 ② 단지 내 고도합성제품공장을 유치 육성	제1계열공장: 1976~1978 제2·3계열공장: 수요전망에 따라 건설	에틸렌 양 계열 30만 톤(M/T) 중 1계열에 4억 8,100만 달러

자료: 중화학공업추진위원회기획단(중화공, 1973), pp. 82, 84~85.

정부는 1976년 2차 단계 사업이 끝나면 수입에 의존하였던 석유화학제품의 국내조달은 가능하게 된다고 보았다.[57] 소요자금은 규모확장에 3억 4,200만 달러, 계열공장 건설에 2억 4,600만 달러가 계획되었다. 호남종합화학기지는 양 계열로 병설하되 3계열공장까지 건설을 염두에 두고 우선 제1계열공장을 1976년부터 1978년까지 건설하기로 하고 4억 8,100만 달러를 계획하였다. 기획단은 "여천석유화학단지에 1976~1977년까지 에틸렌 기준 30만 톤 규모의 나프타분해공장 및 계열공장을 건설함과 동시에 각종 정밀화학공업 및 약품공업을 육성하기로 하였고, 이 밖에도 여천석유화학기지 건설을 2단계로 구획하여 폴리에틸렌, 염화비닐모노머(VCM), 폴리프로필렌, SBR 등 14개의 계열공장을 세우기로 하였다"[58]고 하여 여천 1계열 완성을 1977, 1978년 유동적으로 보았다. 특히, 여수·광양 2개의 석유화학센터는 기업유치방식에서 울산지구에서 실시한 것과 같은 각 유도품(誘導品)마다의 기업별 유치방식을 피하고 나프타센터에서 각 유도품 단계까지 일관체계로 그룹별 단위 유치계획으로 되어 있다. 즉, 각각의 나프타분해센터를 중심으로 하여 각종 유도품의 밸런스를 가진 2개의 종합석유화학 집단이 탄생할 수 있는 체계로 구상되었다.[59] 생산과 비용 효율성이 산업조직 등 다른 어떤 요소보다 우선시되어 고려되고 있는 것이다.

이렇게 울산지구 확장과 함께 여수·광양기지 1계열 30만 톤 기준으로 우선 건설계획이 만들어지면서 초기에 작성된 상공부의 1차 석유화학제품 생산계획을 보면 〈표 9-19〉

57) 국무총리기획조정실(중오, 1973), pp. 127~128.
58) 중화학공업추진위원회기획단(한공발2, 1979), p. 272.
59) 小坂雄太郎 信越化學工業常務取締役(1973), p. 24.

표 9-19 상공부 집계 1차 석유화학제품 생산계획(1973) (단위: 연산 만M/T)

	원료별		기존	울산 확장	신설	소계	여수·광양 신규	합계
계열 공장	에틸렌계	나프타분해센터(에틸렌 기준)	10	20	–	30	30	60
		LD 폴리에틸렌	5	5	–	10	15	25
		HD 폴리에틸렌	–	–	3.5	3.5	4.5	8
		염화비닐모노머(VCM)	6	6	–	12	10	22
		PVC	0.84	–	–	0.84	10	11
		에틸렌글리콜	–	–	6	6	–	6.84
		스티렌모노머	–	–	5	5	7	12
		폴리스티렌	–	–	3	3	6	9
		에탄올(Ethanol)	–	–	3	3	–	3
		아세트알데히드	0.24	–	–	0.24	–	0.24
	프로필렌계	폴리프로필렌	3	6	–	9	10	19
		아크릴로니트릴	2.7	5	–	7.7	5	12.7
	부타디엔계 및 기타	카프로락탐	3.3	4.2	–	7.5	–	7.5
		SBR	2.5	5	–	7.5	–	7.5
		무수프탈산	0.84	1.16	–	2	2	4
		폴리부타디엔	–	–	–	–	2	3
		DMT 및 TPA	–	–	15	15	10	25
		알킬벤젠	1.3	–	–	1.3	8.1	9.4

주: 아세트알데히드는 Acetaldehyde, 무수프탈산은 Anhydride Phthalin Acid, 폴리부타디엔은 Poly Butadiene, 알킬벤젠은 Alkyl Benzene의 표기임.
자료: 상공부 자료인 한기춘(1973. 12), p. 124.

와 같다.

상공부는 초안에서 우선 에틸렌 생산기준 60만 톤(M/T)을 목표로 하여 건설계획을 작성하였다. 상공부는 이 계획이 확정된 것이 아니며 '규모의 경제를 추구하는 국제적인 대형화의 추세에 따른 규모확대는 물론 1966~1972년 지난 5개년간의 합성수지, 합성섬유, 합성고무, 기타 제품이 격증하고 있는 수요의 추이를 감안한다면 더욱 확대계획될 전망이 크다'라고 하여 계속 규모, 계획이 확대되는 것을 염두에 두고 있었다.[60] 실제로 상공부에 접수된 '동양다이아몬드화학', '한양화학(韓洋化學)', '한국카프로락탐', '동서(東西)화학' 등의 계획은 계속적인 생산시설 확장계획을 보여 주고 있었다.[61]

60) 상공부 자료, 한기춘(1973. 12), p. 125.
61) 한양화학(韓洋化學)(1973. 7); 동양다이아몬드화학(1973. 6); 국무총리기획조정실(중조, 1974), pp. 273, 357.

표 9-20 '석유화학 시설확장 기본계획'의 시설투자계획 목표(1973. 8) (단위: 연산 만M/T)

	1972	1976	1981 목표
나프타분해공장(신설공장)	–	–	연산 30만 톤 분해공장 신설
나프타분해공장(울산공장)	10	–	60
메탄올	6	39	–
폴리에틸렌(저밀도)	5	–	25

자료: 국무총리기획조정실(중오, 1973), p. 196.

1973년 7월 24일에는 격증하는 수요를 맞추기 위해 1980년까지 에틸렌 기준 생산능력을 연산 60만 톤 이상으로 확보하고 1986년까지는 150만 톤 생산능력을 확보한다는 계획의 '석유화학공업육성 기본계획'이 확정되었다.[62] 우선 가능한 울산기지를 기존 1차 확대계획에서 더욱 확장함으로써 생산능력을 대폭 확대한다는 취지에 따라 1973년 8월 21일에는 1981년까지 석유화학제품 원료자급을 목표로 한 '석유화학 시설확장 기본계획'이 만들어졌는데 그 내용을 정리하면 〈표 9-20〉과 같다.

1973년 8월 21일 확정된 석유화학 시설확장 기본계획은 울산지구를 현행 에틸렌 기준 10만 톤 생산규모에서 1981년 60만 톤 규모로까지 대폭 확장하고 여수·광양을 순차적으로 우선 30만 톤 한 개만 건설하여 1981년까지 총 90만 톤으로 하는 계획으로 수립되었다.

1973년 11월 8일 제14차 중화학공업추진위원회에서 1차 수정된 '석유화학공업육성추진계획'이 확정되었다. 이를 정리하면 〈표 9-21〉과 같다.

11월에 새로 수정되어 대통령 결재까지 받은 이 석유화학공업 추진계획은 1976년까지 울산공장을 에틸렌 기준 확장 15만 톤, 신규 30만 톤 건설을 통해 연산 45만 톤 규모로 하고 여천지구는 30만 톤 규모의 나프타분해공장 2개를 동시에 착공하여 60만 톤 규모로 함으로써 총 105만 톤 규모로 대거 확장한다는 것이다. 이 계획은 얼른 보면 비판을 고려하여 울산 60만 톤에서 45만 톤으로 줄이고 있지만 사실 이 계획은 기존 계획과 비교하여 시기도 1976년까지로 대폭 당긴 것이고 또 규모에서 여천지구의 나프타분해공장 건설을 우선 연산 30만 톤 1기를 건설하고 수요에 따라 단계론적으로 건설하는 것에서 동시적으로 30만 톤 2기를 추진하는 것으로 바뀐 것이다. 또한 계열공장 역시 바뀐 계획에 따라 건설되도록 수정되었고 구체적으로 여천지구의 석유화학 계열공장 건설을 촉진하기 위해 이를 담당할 지주회사를 '종합화학'이 우선 출자하여 설립하도록까지 규정하였다.

'격증하는 수요를 충족하고자' 석유화학제품의 생산능력을 우선 1976년까지 에틸렌 기준 105만 톤/연으로 확장한다고 기간단축과 규모확대의 합리적 이유가 제시되었지만,[63]

62) 국무총리기획조정실(중오, 1973), p. 196.
63) 국무총리기획조정실(중오, 1973), p. 197; 한국개발연구원(한반, 1995), p. 313.

표 9-21 1차 수정안: '석유화학공업육성 추진계획'(1973. 11. 8)

<table>
<tr><th></th><th colspan="3">규모(에틸렌 기준, 연산 톤)</th><th>건설기간</th></tr>
<tr><td rowspan="2">울산공장 확장</td><td>나프타분해공장</td><td>·기존 시설(10만)은 15만으로 확장
·신규로 30만 건설</td><td>현 10만 →45만</td><td rowspan="2">1973~1976</td></tr>
<tr><td>계열공장</td><td colspan="2">에틸렌 45만 나프타분해공장의 범주 내에서 기존 공장 확장 또는 신설</td></tr>
<tr><td rowspan="3">여천(麗川)지구 신설</td><td>나프타분해공장</td><td>에틸렌 기준 30만 규모 2기 건설</td><td>60만</td><td rowspan="3">1973~1976</td></tr>
<tr><td>계열공장</td><td colspan="2">2개의 계열공장군을 일괄 건설함</td></tr>
<tr><td>기타</td><td colspan="2">여천지구의 석유화학 계열공장 건설을 담당할 지주회사를 '종합화학'이 우선출자하여 설립함</td></tr>
<tr><td>계</td><td>나프타분해공장</td><td colspan="2">105만</td><td>1973~1976</td></tr>
</table>

자료: 중화학공업추진위원회기획단(제14대통령보고문서, 1973. 11. 8), p. 의안 4.

그럼에도 불구하고 1973년 11월 중화학공업추진위원회가 결정한 '석유화학공업육성 추진계획'의 내용은 파격적인 것이었다. 중화학공업추진위원회 역시 이 안이 가지는 혁신성을 잘 알고 있었고 그래서 "본 안은 정부의 기본적인 추진계획으로 일단 결정하되 사업추진을 위한 지주회사 설립, 단지조성 기공시기 등 구체적 집행은 외국투자가의 확고한 의사를 더욱 타진한 후에 결정하도록 할 것"이라고 결론으로 첨부하고 있다.[64)]

석유화학공업육성 추진계획의 중화학공업추진위원회 결론은 당시의 혁신성에 대한 우려 외에도 두 가지의 당시 상황을 보여 준다. 첫째는 정부가 당시 자본병목을 매우 걱정하고 있었고 이에 따라 외국투자를 주시하고 있었다는 점이다. 그래서 구체적 계획집행은 외국투자가의 의지를 먼저 타진하도록 하고 있다. 둘째는 당시 수요가 계속 확대될 것으로 예측되고 있고 거론되고 있음에도 민간기업들의 진입이 적극적이 아니었고, 그래서 여천지구 투자를 먼저 국영기업으로 하도록 하여 민간기업의 진입을 유도하고 있다는 점이었다.

이러한 혁신적인 계획내용은 당연히 경제기획원 등 관련 부처와 사회의 비판을 받았다. 이미 경제기획원은 수차에 걸쳐 경제안정을 해치지 않는 완만하고 단계적인 중화학공업화 투자를 주장하고 있었다. 이러한 견해의 대립은 중화학공업화 기간 내내 계속되었지만 1973년 석유화학공업 투자에 대해서도 단계론적 투자와 일괄 단기건설론이 대립되고 있었던 것이다.

계속적인 논의와 중간발표 과정을 거쳐 경제기획원은 1973년 12월에 한국경제의 장기전망과 계획을 발표하면서 일괄 기간단축론이 아닌 단계론을 다음과 같이 분명히 하였다.

64) 중화학공업추진위원회기획단(제14대통령보고문서, 1973. 11. 8), p. 의안 4.

단위공장의 규모의 이익을 기하고 제품을 국제가격선으로 공급하기 위하여 울산지구는 1976년까지 기존 공장 확장을 포함하여 에틸렌 기준 45만M/T으로 늘릴 계획이며 계열공장으로는 고밀도폴리에틸렌공장, DMT공장, 스티렌모노머공장, 폴리스티렌공장 등을 새로 건설하는 한편, 기존 계열공장을 국제규모화 할 것이다. ……이를 통해 기초화학, 섬유 및 합성수지류 등의 원료가 자급될 것이다. ……또한 증가하는 석유화학제품의 수요에 대비하여 1970년대 후반기까지 여수·광양지구에 에틸렌 기준 30만M/T 규모의 나프타분해공장 2기와 계열공장을 단계적으로 건설할 것이다. 그래서 에틸렌 생산시설이 1972년 10만M/T에서 1976년에는 45만M/T으로 되고 1981년에는 105.0만M/T으로 10.5배 증대될 것이다.

⟪경제기획원(우장, 1973), pp. 53~54, 102⟫

경제기획원의 장기계획은 단계론적으로 건설하는 것이었지만 그래도 울산지구를 45만 톤으로 확장하고 여수·광양지구에는 30만 톤 규모의 나프타분해공장을 1981년까지 2기 건설한다는 것은 여전히 유효하게 유지하고 있었다. 이로써 여천지구 석유화학공업의 나프타분해공장 건설계획은 10월까지 단계론이 우위에 있다가 11월 들어 1976년까지의 일괄 단기건설론이 힘을 얻어 통과되었던 것이지만, 이는 다시 경제기획원 등의 조정요청을 불러와 결국은 분리, 단계론으로 회귀하게 되었다.

단계적인 건설론 위에 다시 석유파동의 영향이 커지면서 1981년 목표 건설시기마저 후퇴시키고자 하는 움직임이 나타났다. 1973년 12월 26일 정부는 석유위기에 따른 국내외 환경변화로 중화학공업의 부분적 조정을 검토 중이라고 밝히면서 여기에서 1981년 목표연도를 조금 늦추고 석유화학공업은 원유도입 전망이 불투명하므로 3개 신규정유공장과 석유화학 계열공장 건설 등은 약간 늦출 수밖에 없을 것으로 본다고 밝혔다.[65)]

2) 석유화학공업의 생산·투자계획 변화, 1974~1976

정부는 1974년 들어서서 입지와 원료사정에 따라 여천석유화학콤비나트의 중심이 되는 에틸렌공장은 三井, 三菱, 한국 측 럭키(樂喜)그룹, 그리고 미국 '칼텍스' 공동투자로 건설하는 것으로 하고 1976년 여름에 30만 톤 규모의 에틸렌공장 완공을 중심으로 건설할 계획을 세웠다. 한국 정부는 이 내용을 일본에 통보하였는데 일본 〈讀賣新聞〉에 보도된 내용을 요약하면 다음과 같다.

여수지구 대형석유화학 콤비나트에 이제까지 '三菱油化' 중심의 三菱그룹과 '三井石油化學', '三井東壓化學' 등 三井그룹이 경합하여 왔지만 한국 측의 입지와 원료사정에 따라 석유화학콤비나트의 중심이 되는 에틸렌공장은 三井, 三菱, 한국 측 樂喜그룹, 그리고 미국

65) 〈조선일보〉(1973. 12. 27).

'칼텍스'의 공동투자로 건설하는 것으로 되었다. 1976년 여름에 30만 톤 규모의 에틸렌공장 완공을 중심으로 건설한다. 폴리에틸렌, 폴리프로필렌, 스티렌모노머 등은 三井, 三菱그룹 단독참가로 되었지만 다른 것은 합작으로 이루어질 전망이다. 이에 따라 三菱그룹은 '三菱商事', '三菱油化', '三菱石油', '旭硝子', '信越化學'이 '日本總合化學'을 세우고 三井그룹은 '三井物產', '三井東壓', '三井石油化學'이 '第一化學'을 세우며 한국 기업과 칼텍스는 '여수석유화학'을 설립하여 에틸렌센터를 합작으로 건설할 계획이다.

(〈讀賣新聞〉(1974. 1. 4))

이와 함께 정부는 중화학공업육성계획 2차 연도 중화학공업 공장건설 화학공업계획에서 울산석유화학공단 내 나프타분해센터와 카프로락탐 등 7개 계열공장 확장, DMT 등 5개 신규공장 착공은 하되 여수·광양지구 석유화학계열 공장건설계획은 일산 15만 배럴 규모 제3정유공장 신설계획의 추진결과에 따라 재조정한다고 밝혔다.[66] 1974년 3월 발행된 『행정백서』는[67] 석유화학공업의 목표로 1981년 60만 톤(M/T),[68] 1986년 150만 톤을 들었는데 이는 석유파동으로 계획이 전면 흔들리면서도 아직 이에 따른 대응값이 만들어지지 못한 상태에서 일단은 1973년 석유위기 이전 만들어져 1973년 10월 『경제백서』에 게재되었던 전망값을 그대로 제시한 것이었다.

정부는 1974년 들어 급변하고 있는 상황을 살피면서 석유파동을 반영하여 보다 합리적인 계획을 새로 작성하고 있었다. 이 결과로 1974년 5월, 정부는 석유파동을 고려하여 '여천석유화학단지'의 나프타분해공장을 30만 톤 2기에서 35만 톤 1기로 축소하고 대신 완공시기를 1976년이나 이후론에서 앞당겨 1975년까지 완성시키기로 목표를 잡았다.[69] 나아가 석유파동으로 三井과 三菱 등 일본 합작기업들이 투자에 소극적 태도를 가지고 있는 점을 고려하여 1974년 8월 중화학공업추진위원회는 제2석유화학단지 건설계획 일부를 변경하였다. 그 내용은 합작투자계약의 나프타분해공장은 증자하여 한국인 사장에게 경영권을 주고 단독으로 건설하며[70] 계열공장만 외국인투자자 합작방식으로 변경한다는 것이었다.

1974년 10월 4일 대통령은 1975년 새해 예산안 국회 시정연설 중 중화학공업 투자계획 내용과 지원시책을 밝혔는데, 여기에서 석유화학공업에 대해 ① 현재 건설 중인 에탄올 및 아세트알데히드 2개 공장을 1974년 말까지 완공하고, ② 1975년에 연산 33만 톤의 대단위 메탄올공장과 고밀도폴리에틸렌공장의 준공을 서두르며, ③ 계속 증가하는 석유화학제품 수요에 대비해 울산의 기존 나프타분해공장을 확장하는 한편 울산지구 및 여천지

66) 日韓經濟協會(協會報, 1974. 3. 25), No. 61, p. 32.
67) 대한민국정부(행백, 1974), p. 158.
68) 1973년 12월에 발간된 국무총리기획조정실(중오, 1973)에서는 이 시기가 1980년 말로 당겨져 있다.
69) 대통령비서실(한경, 1975), p. 48.
70) 청사(일지, 1984), p. 196.

구에 신규로 나프타분해공장과 그 계열공장의 건설을 추진한다고 밝혔다. 나아가 ④ 세계적 규모의 암모니아 기준 연산 60만 톤 규모의 대단위 제7비료공장은 1976년 준공목표로 계속 건설을 추진하고, ⑤ 여천지구의 에틸렌 기준 연산 35만 톤 규모의 석유화학기지는 1975년부터 착공하여 1977년도까지 대부분의 공장을 준공하여 자원위기시마다 곤란을 겪어 온 합성수지 및 합성섬유 등의 원료를 공급함으로써 화학공업 및 섬유공업의 해외의존성을 탈피하겠다고 밝혔다.[71] 여기에서 울산지구의 건설계획에 대해 여천지구와 달리 정확한 시기와 규모를 밝히지 않음으로써 울산지구의 확장과 신설계획이 다시 흔들리고 있음을 알 수 있다. 하반기 이후 지속되고 있는 경제 불황으로 산업 생산·출하는 계속 둔화되었고 산업재고는 증가하고 있었다.[72]

1974년 12월 3일 상공부는 현재 연간 10만 톤인 나프타 생산규모를 1978년까지 70만 톤으로 확대하겠다는 '제2단계 석유화학공업육성계획'을 확정하여 발표하였다.[73] 이제까지 울산지구의 건설계획은 1973년 12월 경제기획원의 『우리경제의 장기전망 1972~1981』에서 보듯이 울산지구를 45만 톤으로 확장한다는 것이었지만, 여천지구의 에틸렌 기준 연산 35만 톤 규모로의 축소 우선 준공에 이어 울산지구 역시 규모가 연산 35만 톤 규모로 축소되고 있는 것이다. 세계적 위기의 1차 석유파동은 적극적인 입장을 취하던 상공부와 중화학공업추진위원회기획단(경제제2비서실)의 입장을 후퇴시키고 안정론과 단계적 건설을 당연시하도록 만들었다. 제2단계 석유화학공업육성계획으로 축소 변경된 울산지구 석유화학공장 신·증설계획은 〈표 9-22〉와 같다.

심지어 축소된 이 계획도 1975년 초 대통령비서실은 "울산지구에서 총 8개 공장의 확장이 추진되고 있고 연산 15~20만 톤 규모의 새로운 나프타분해공장 건설을 비롯하여 고밀도폴리에틸렌, 스티렌모노머, 폴리프로필렌글리콜 등 10개 공장의 신설을 추진하고 있다"[74]라고 하여 신설 나프타공장이 20만 톤 규모에도 미치지 못하고 다시 축소될 가능성을 보여 주었다.

축소되고 있지만 1974년 말 전남 여천지구에 제2석유화학콤비나트의 건설은 추진되고 있었다. 정부는 ① 여천 제2석유화학지구에 129만 평의 단지조성을 위한 정지공사가 진행 중이며 그 중 핵심체인 '여수석유화학(麗水石油化學)'으로 하여금 건설을 추진하게 하였다는 것과, ② 1977년까지 11개 계열공장의 건설을 완료할 예정인데 이에 소요되는 자금은 약 10억 달러로 추정되며 정부는 이러한 막대한 자금의 원활한 조달을 위하여 국내 대기업의 적극적인 참여와 외자기업의 유치를 추진하고 있다는 것, 그리고 ③ 여천지구 석유화학콤비나트가 완공되면 석유화학공업의 완전 자급이 실현되고 나아가 수출도 가능

71) 대통령비서실(박연4, 1975), p. 228.
72) 〈중앙일보〉(1974. 12. 6).
73) 청사(일지, 1984), p. 211.
74) 대통령비서실(한경, 1975), p. 93.

표 9-22 '제2단계 석유화학공업육성계획' 울산지구 석유화학계열공장 신·증설 계획(1974. 12)

		사업주체	생산능력(천 톤)		준공연도
			현재	확장 후	
증설	나프타분해공장	대한석유공사	100	150	1977
	저밀도폴리에틸렌공장	한양(韓洋)화학	50	100	1978
	염화비닐모노머(VCM)공장	한양화학	60	120	1978
	폴리프로필렌공장	대한유화(油化)	45	90	1978
	아크릴로니트릴공장	동서(東西)석유	27	113	1978
	카프로락탐공장	한국카프로락탐	33	133	1978
	부타디엔스티렌고무(SBR)공장	한국합성고무	25	75	1978
	무수프탈산공장	삼경화성(三敬化成)	8.4	20	1978
신설	나프타분해공장	–	–	200	1978
	고밀도폴리에틸렌공장	대한유화	–	35	1975
	스티렌모노머공장	울산석유화학	–	60	1978
	폴리프로필렌글리콜공장	한국폴리올	–	5	1978
	이염화에틸렌(EDC)공장	동양다이아먼드	–	110	1978
	옥탄옥부타놀공장	럭키	–	45/5	1978
	디메틸트립타민(DMT)공장	선경(鮮京)유화	–	120	1978
	테레프탈산(TPA)공장	삼성석유	–	100	1978
	무수마레인산공장	대농(大農)유화	–	10	1978

자료: 대통령비서실(한경, 1975), p. 93.

하게 될 것이라는 점을 밝혔다.[75)]

상공부는 1975년 3월 13일 제91회 국회 상공위원회에서 1975년 상공시책을 보고하였고, 6월 30일에는 제93회 국회 상공위원회에서 상공부 관련 업무를 보고하였으며, 9월 26일에는 제94회 국회 상공위원회에서 다시 상공업무 보고를 하였다. 1975년 보고내용 중 우선 울산지구 석유화학공업의 신·증설계획과 관련된 부분을 모아 변화과정과 함께 정리하면 〈표 9-23〉과 같다.

1974년 말의 '제2단계 석유화학공업육성계획'에 비해 1975년 들어와 울산지구 신·증설계획은 축소되고 있다. 증설공장은 8개에서 3개만 나타나고 있고 신설도 10개에서 5개만 나타나고 있다. 특히, 나프타분해공장은 15만 톤 규모로의 증설만 나타나고 20만 톤 규모의 신설은 없어졌다. 남아 있는 공장계획의 규모도 증설계획인 아크릴로니트릴('동서

75) 대통령비서실(한경, 1975), p. 93.

표 9-23 상공부 보고 1975년 울산지구 석유화학공업 신·증설계획

구분	공장명	규모 (천 톤/연)	사업주체 및 관련 (소요자금: 천 달러)	건설기간		
				75상공시책 (3. 13)	93회 국회 (6. 30)	94회 국회 (9. 26)
완공	고밀도폴리에틸렌	35	대한유화(大韓油化)(11,784)**	1973～1975. 7	～1975. 10	1973 .9～ 1975. 10
	폴리프로필렌 글리콜	5	한국폴리올(3,630)**	1974～ 1975. 12	～1975. 11	1975. 5～ 1975. 10
확장	나프타분해	100→150	대한석유공사(유공)	1975～1976	–	–
	카프로락탐*	33→133	'스탠리카본'(화)과 기본 설계계약 체결(1974. 5. 29) 후 '한국카프로락탐'에서 인수(1974. 8. 30)하여 확장계획 방안 검토 중	–	–	–
	아크릴로니트릴*	27→77	'마르베니'(日)와 차관계약 체결(1975. 2. 10)에 이어 인가신청서(E.P.B. 3. 20) 검토 중	–	–	–
신설	디메틸트립타민	120	'선경유화(鮮京油化)'설계작업 진행 중	1975～1976	–	–
	테레프탈산	100	'삼성석유화학' 기본 설계완료(1974. 12. 20), 차관계약정부인가(三井, 1975. 5. 29)	1975～1976	–	–
	무수마레인산	10	대농유화(大農油化)(11,865)**	1975. 4. 15～ 1976	–	1975. 4. 15～ 1976. 12
	펜타메리스리톨*	6	사업계획서 검토 중	–	–	–
	스티렌모노머	–	당초 합작투자계획(1973. 11. 17), 변경허가(1975. 4. 16). 기본 설계작업 진행 중	–	–	–

주: 1) *은 6월 보고, **은 9월 보고내용임.
2) '스탠리카본'은 Stanricarbon임.

자료: 대한민국국회사무처(제91, 1975. 3. 13), p. 22; 대한민국국회사무처(제93, 1975. 6. 30), pp. 16～17; 대한민국국회사무처(제94, 1975. 9. 26), pp. 75～78.

석유')이 11만 3,000톤에서 7만 7,000톤으로 감소되었다. 건설기간은 1975년 3월 보고까지는 고밀도폴리에틸렌공장은 예정대로 1975년 완공되고 나프타분해공장 확장은 1977년에서 1976년 완공으로, 폴리프로필렌글리콜공장은 1978년에서 1975년 완공으로, 디메틸트립타민(DMT)공장, 테레프탈산(TPA)공장, 무수마레인산공장의 경우 1978년에서 1976년으로 오히려 단축되었지만, 이미 1978년 완공계획의 아크릴로니트릴공장, 카프로락탐공장은 완공기간이 불분명하게 되었고 6월, 9월로 갈수록 1975년 완공과 1976년 완공의 무수마레인산공장을 제외하고 나프타분해공장 15만 톤(M/T)으로의 확장을 포함하여 전 공장에 걸

표 9-24 상공부 보고 1975년 여천지구 석유화학공업 신·증설계획

<table>
<tr><th></th><th colspan="7">신·증설 계획내용</th></tr>
<tr><td rowspan="8">선발사업</td><td>규 모</td><td colspan="6">메탄올 330천 톤/연</td></tr>
<tr><td>공 장 명</td><td colspan="6">대성(大成)메탄올</td></tr>
<tr><td>위 치</td><td colspan="6">전남 여천군 60천 평</td></tr>
<tr><td rowspan="3">소요자금</td><td>내자</td><td colspan="5">13,000천 달러(대성 50%, 三菱 37.5%, 信越 12.5%)</td></tr>
<tr><td>외자</td><td colspan="5">29,458천 달러(차관)</td></tr>
<tr><td>합계</td><td colspan="5">42,458천 달러</td></tr>
<tr><td>건설기간</td><td colspan="6">1973. 10. 13 ~ 1975. 12</td></tr>
<tr><td>추진상황</td><td colspan="6">① 1973. 8. 21 정부, '대성메탄올' 여천 메탄올공장 차관(2,945.8만 달러) 인가
② 1973. 10. 13 정부, 여천 메탄올공장 착공</td></tr>
<tr><td rowspan="17">나프타분해공장 및 10개 계열공장건설 추진계획</td><td>소요자금</td><td colspan="6">내자 285백만 달러, 외자 658백만 달러, 계 943백만 달러**</td></tr>
<tr><td>건설기간</td><td colspan="6">1978년 완공</td></tr>
<tr><td>부 지</td><td colspan="6">70만 평 조성은 완료</td></tr>
<tr><td>구분</td><td colspan="2">공장명</td><td>규모
(천 톤/연)</td><td colspan="2">사업주체 및 관련
(소요자금: 달러)</td><td>건설기간</td></tr>
<tr><td>제1군
(1)</td><td colspan="2">나프타분해</td><td>에틸렌 350</td><td colspan="2">영국 'Lummus' 기술도입계약체결(1974. 8. 26).
한국 단독의 나프타분해공장 '호남에틸렌주식회사' 설립(1975. 4. 16). 일본 '三井物産'과 차관계약(1975. 4. 16: 110백만 달러**), 영국 'Lummus' 및 'Lazard'와 차관계약(1975. 5. 30)
(237백만)**</td><td>1975 ~ 1978</td></tr>
<tr><td rowspan="4">제2군
(4)</td><td colspan="2">고밀도폴리에틸렌(a)</td><td>70</td><td colspan="2" rowspan="4">여수(麗水)석유화학(三井)
합작투자계약체결(1974. 10. 15), 외국인투자 인가(1975. 2. 1), 설계용역회사의 예비선정(1975. 2. 7), 일본 '第一化學' 일본 정부에 합작투자인가신청(1975. 6. 15)
(a112+b127+c99+d29=367백만)**</td><td rowspan="4">1975 ~ 1978</td></tr>
<tr><td colspan="2">폴리프로필렌(b)</td><td>80</td></tr>
<tr><td colspan="2">에틸렌글리콜(c)</td><td>80</td></tr>
<tr><td colspan="2">부타디엔(d)</td><td>50</td></tr>
<tr><td rowspan="3">제3군
(3)</td><td colspan="2">저밀도폴리에틸렌(a)</td><td>100</td><td colspan="2" rowspan="3">한양(韓洋)화학(DOW)
정부에 사업계획서 제출(1974. 9. 25),** 사업계획서 내인가(1974. 10. 28)**, 외자도입인가(1975. 1. 31), 차관교섭 중
(a,b127+c109=236백만)**</td><td rowspan="3">1975 ~ 1978</td></tr>
<tr><td colspan="2">EDC/VCM(b)</td><td>EDC 286
VCM 150</td></tr>
<tr><td colspan="2">전기분해(c)</td><td>염소 210
가성소다 231</td></tr>
<tr><td rowspan="2">제4군
(2)</td><td colspan="2">산화프로필렌</td><td>40</td><td colspan="2">미정
(70백만)**</td><td>후발 추진</td></tr>
<tr><td colspan="2">옥탄올</td><td>40</td><td colspan="2">미정
(33백만)**</td><td>후발 추진</td></tr>
</table>

주: 1) *은 6월 보고에서 나타난 것임. 2) '여수석유화학'은 이후 '호남석유화학'으로 발전함. 3) **은 9월 보고내용임.
자료: 대한민국국회사무처(제91, 1975. 3. 13), p. 22; 대한민국국회사무처(제93, 1975. 6. 30), pp. 16~17; 대한민국국회사무처(제94, 1975. 9. 26), pp. 75~78.

쳐 완공시기가 불분명해지고 있다. 1975년 들어 계획을 축소하여 핵심 부분 우선으로 좁히고 해당 부분의 준공은 준공기간을 단축하고자 하였지만 이것도 시간이 지날수록 점점 어려워지고 있음을 알 수 있다.

1975년 3회의 국회 보고내용 중 여천지구 석유화학공업의 신·증설계획과 관련된 부분을 모두 모아 표로 정리해 보면 〈표 9-24〉와 같다.

1975년 들어 여천지구 석유화학공단에 대한 건설기간은 1977년에서 1978년으로 연기되었다. 사업이 축소되고 있고 소요자금은 9억 4,300만 달러로 1974년 계획 10억 달러보다 약간 축소되는 것이 시사되고 있다. 부지는 1974년 계획에서 총 129만 평 단지 조성을 위한 정지공사가 공표되었으나 70만 평 조성공사 완공만이 보고되었다.

울산지구의 신규착공만이 아니라 계획상 남아 있던 '유공' 확장도 계획대로 1975년 착공되지 못하였다. 분리되어 일단 연산 35만 톤 규모의 나프타분해공장 1개만 먼저 건설하기로 한 여천지구 나프타분해공장 역시 1975년 착공될 예정이나 착공되지 못하였다. 1975년 10월 4일 대통령은 1976년도 예산안 제출 시정연설을 국회에서 행하였는데 그 때 석유화학공업에 대해 여천석유화학기지에 나프타분해센터 및 동 계열공장 건설을 추진한다는 원칙론만 밝혔다.[76] 1975년 12월 발행된 경제기획원의 『경제백서』 역시 1976년 석유화학공업의 에틸렌 기준 생산규모 목표는 1974년과 변동이 없는 10만 톤(M/T)이 될 것이라고 말하고 더 이상의 확장계획을 밝히지 못하였다.[77] 1976년 3월의 제95회 국회 상공위원회 보고에서도 석유화학공업의 생산투자계획에 대한 구체적 언급은 없었다.[78]

1975년 말 상공부는 제4차 경제개발5개년계획안을 경제기획원에 제출하였는데 이를 요약하면 〈표 9-25〉와 같다. 여기에서 상공부는 울산기지의 나프타분해센터 5만 톤 확장계획을 1975년 3월 계획에서만도 1976년 완공으로 되어 있었던 것에서 다시 1979년까지로 대폭 연기하였으며, 여천지구 연산 35만 톤의 나프타분해센터도 1978년까지에서 다시 1979년까지로 연기하였다. 동시에 다수 계열공장들의 사업도 여천석유화학기지의 고밀도폴리에틸렌공장, 에틸렌글리콜공장, 폴리프로필렌공장, 부타디엔공장, 저밀도폴리에틸렌공장, 염화비닐모노머(VCM)공장, EDC공장, 전해공장 등이 시설규모는 유지하되 1978년 완공에서 1979년으로 미루어지고 울산석유화학기지의 경우도 신설, 확장계획 7개 중 3개 공장이 삭제된 채 TPA공장, 스티렌모노머공장, 카프로락탐공장이 1978년 혹은 1979년 완공으로 미루어졌다. 계획들이 계속하여 다시 축소, 순연되고 있는 것이다.

세계적 불황 속에서 중화학공업추진위원회기획단은 상공부와의 협의를 거치면서 1976년 들어 새로운 여천지구 석유화학공업계획을 만들었는데, 이 내용은 영문으로 정리

76) 대통령비서실(박연5, 1976), p. 213.
77) 경제기획원(경백, 1975), p. 401.
78) 대한민국국회사무처(제95, 1976. 3. 18), pp. 22~23.

표 9-25 1975년 12월 제4차 5개년계획 투자사업계획 상공부 제출안

사업명	시설규모	건설기간
여천나프타분해센터	연간 350천M/T	1976~1979
고밀도폴리에틸렌(HDPE)	70천M/T	1976~1979
에틸렌글리콜(EG)	80천M/T	1976~1979
폴리프로필렌(PP)	80천M/T	1976~1979
부타디엔	50천M/T	1976~1979
저밀도폴리에틸렌(LDPE)	100천M/T	1976~1979
염화비닐모노머(VCM)	150천M/T	1976~1979
이염화에틸렌(EDC)	286천M/T	1976~1979
전해공장	210천M/T	1976~1979
테레프탈산(TPA)	100천M/T	1976~1978
스티렌모노머(SM)	60천M/T	1976~1978
카프로락탐	100천M/T	1976~1979
무수프탈산	15천M/T(확장)	1976~1977
울산나프타분해센터	50천M/T(확장)	1977~1979

자료: 상공부중공업계획반·화학 및 경공업계획반(제41, 1976), p. 6.

하여 해외투자자들에게 배포한 자료에서 발견된다. 중화학공업추진위원회기획단이 발간한 내용 중에서 이를 정리하면 〈표 9-26〉과 같다.

1976년 작성된 이 계획은 1975년 계획과 비교하여 염화비닐모노머(VCM)공장처럼 연산 규모 15만 톤에서 16만 톤으로 약간 증대된 것도 있지만 대체로 1975년 계획의 생산능력을 유지하면서 완공시기는 제2군, 제3군 공장의 경우 모두 현실을 반영하여 1975년 말 경제기획원에 제출하였듯이 1979년 완공으로 연기하는 것이었다. 중화학공업추진위원회기획단의 자료에 의하면 여천지구 35만 톤 규모의 나프타분해공장만이 1978년까지 완공으로 되어 있어 상공부가 경제기획원에 제출한 1979년 완공과 차이가 있게 되어 있는데 이는 기획단의 의중이 반영된 것으로 볼 수 있지만 이미 이 계획도 사실상 1979년 완공으로 늦추는 것으로 받아들여지고 있었다.

대통령은 1976년 10월 2일 국회에 총 2조 6,750억 원의 1977년 일반예산을 제출하고 10월 4일 시정연설을 하였다. 여기에서 석유화학공업에 대해 "여천석유화학기지의 나프타분해센터 및 동 계열공장 건설을 1979년 완공목표로 추진해 나가겠으며, 이와 병행하여 울산석유화학단지에도 나프타분해공장과 몇 개의 계열공장을 증설하겠습니다"라고 밝혔다.[79] 여천석유화학기지의 나프타분해공장 완공도 분명히 1979년으로 연기되고 있는 것이

표 9-26 여천석유화학단지 투자 개요(1976)

	생산능력(연 천M/T)	투자액(백만 달러)	완공시기	합작처
에틸렌(N/C)	350	237	1978	KGCC(100%)
고밀도폴리에틸렌	70	112	1979	三菱(50%)
에티렌글리콜	80	127	1979	三菱(50%)
폴리프로필렌	80	99	1979	三菱(50%)
부타디엔	50	29	1979	三菱(50%)
저밀도폴리에틸렌	100	56	1979	Dow(50%)
이염화에틸렌	286	71	1979	Dow(50%)
염화비닐모노머	160		1979	Dow(50%)
전해(電解) 염소	210	109	1979	Dow(50%)
전해 수산화나트륨	231			
옥탄올	40	70	–	미정
산화프로필렌	40	33	–	미정

자료: Planning Office, Heavy and Chemical Industry Promotion Council, Government of the Republic of Korea(1976), p. 105.

며 울산석유화학기지에 대한 완공시기는 확정하지 못하였다.[80]

3) 석유화학공업의 후기 생산·투자계획, 1977~1979

1976년 말 확정된 제4차 경제개발5개년계획의 석유화학공업은 "여천지구에 에틸렌 생산기준 35만 톤 규모의 나프타분해센터 등 9개 계열공장을 건설하고 울산지구에 나프타분해센터를 10만 톤에서 15만 톤으로 확장하여 4개 계열공장을 신설 또는 확장하여 일관생산체제를 확립한다"고 목표를 밝혔다.[81] 에틸렌 기준 50만 톤은 이미 축소된 내용과 차이가 없었으며 1973년 계획에서 여천석유화학기지에 폴리에틸렌 염화비닐모노머(VCM), 폴리프로필렌, SBR 등 14개의 계열공장을 세우기로 한 것에서[82] 출발하여 계열공장수가 9개로 된 것이다. 이러한 목표를 위한 주요 생산투자계획을 정리하면 〈표 9-27〉과 같다.

제4차 경제개발5개년계획은 에틸렌 외에 프로필렌 생산능력을 1975년 5만 8,000톤에서 1981년까지 26만 8,000톤 규모로 확대하며 테레프탈산(TPA)을 연산 10만 톤 규모, 스

79) 대통령비서실(박연6, 1977), p. 175.
80) 〈조선일보〉(1976. 10. 5); 日韓經濟協會(協會報, 1977. 1. 1), No. 81, pp. 2~3; 日韓經濟協會(協會報, 1977. 2. 1), No. 82, pp. 2~4.
81) 상공부중공업계획반·화학 및 경공업계획반(제41, 1976), p. 39.
82) 중화학공업추진위원회기획단(한공발2, 1979), p. 272.

표 9-27 석유화학공업 제4차 경제개발5개년계획 주요 투자계획(1975년 가격) (단위: 10억 원)

구 분	내 용	
주요 사항 및 사업내용 (M/T)	시설능력의 확충	에틸렌 기준 10만→50만
	국제경쟁력 강화: 시설규모의 적정화	–
	여천지구 나프타분해센터 및 9개 계열 준공	에틸렌 기준 연산 35만 톤 '三井'과 '다우케미컬' 합작
	테레프탈산(TPA)	연산 10만
	스티렌모노머(SM)	연산 6만
	ABS	연산 6천
	SBR 증설	연산 2.5만→5만
	무수프탈산 확장	연산 840만→2,340만
	울산 납사분해센터 확장	에틸렌 기준 10만→15만
고정자본형성	442.9	
총투자지출	내자	197.2
	외자	274.4(567.0백만 달러)
	정부	36.9
	민간	434.7
	합계	471.6(중화학공업 내 14.4%)

자료: 대한민국정부(제4경, 1976); 권일상(權一相) 상공부공업기획국종합계획과장(1977. 1); 상공부중공업계획반·화학 및 경공업계획반(제41, 1976).

티렌모노머(Styrene Monomer: SM)와 ABS(Acrylonitrile Butadiene Styrene)를 각각 연산 6만 톤, 6000톤으로 하고 SBR(Styrene Butadiene Rubber)과 무수프탈산을 확장하는 것이었다.[83] 이를 위해 고정자본형성 4,429억 원이 이루어지고 내자 1,972억 원, 외자 5억 6,700만 달러 총 4,716억 원이 투입되도록 계획되었다. 이는 중화학공업 투자금액의 14.4%에 해당하는 수준이었는데 외자의 비중이 58.2%로 되고 있지만 내자비중 역시 매우 높음을 알 수 있다. 투자주체로 보면 민간부문이 92.2%를 부담하도록 계획되어 민간중심으로 계획되었다. 석유화학공업의 중화학공업 내 투자비중은 기계 27.4%, 철강 20.7%, 시멘트·화학펄프·기계제염 등 기타 화학 14.7%에 이은 비교적 높은 수준이었다. 한편, 중화학공업 전체로 보아 민간투자비중이 97.3%이므로[84] 석유화학부문 역시 민간중심의 투자라는 중화학공업화의 원칙을 그대로 보여 주는 것이었지만 상대적으로 정부투자 역할이 컸던 부분이었음을 알 수 있다.

제4차 경제개발5개년계획의 부문별 주요 목표를 정리하면 〈표 9-28〉과 같다. 제4차

83) 대한민국정부(제4경, 1976), pp. 47~51.

84) 상공부중공업계획반·화학 및 경공업계획반(제41, 1976), pp. 47~51.

표 9-28 제4차 경제개발5개년계획의 부문별 주요 목표

		단위	1975(A)	1981(B)	B/A
에틸렌	생 산	천M/T	96.0	500.0	5.2
	시설능력	천M/T	100.0	500.0	5.0
저밀도폴리에틸렌	생 산	천M/T	63.8	166.0	2.6
	시설능력	천M/T	50.0	150.2	3.0
고밀도폴리에틸렌 및 폴리프로필렌	생 산	천M/T	61.6	239.0	3.9
	시설능력	천M/T	80.0	230.3	2.9
카프로락탐	생 산	천M/T	28.0	133.0	4.8
	시설능력	천M/T	33.0	133.0	4.0
테레프탈산	생 산	천M/T	–	100.0	–
	시설능력	천M/T	112.3	249.3(236.4)	–
부타디엔스티렌고무	생 산	천M/T	24.3	50.0	2.1
	시설능력	천M/T	25.0	50.0	2.0
메탄올	생 산	천M/T	85.0	390.0	4.6
	시설능력	천M/T	85.0	390.0	4.6
아크릴로니트릴	생 산	천M/T	33.2	83.0	2.5
	시설능력	천M/T	27.0	77.0	2.9
에틸렌글리콜	생 산	천M/T	–	80.0	–
	시설능력	천M/T	–	80.0	–

주: ( ) 안은 수정이 일어나기 전 7월 대통령 결재 확정안임.
자료: 대한민국정부(행백, 1977. 4).

경제개발5개년계획이 확정되어 대통령 결재까지 받고 난 후 다시 이루어진 수정에서 카프로락탐, 아크릴로니트릴, 에틸렌글리콜 등의 내수조정이 이루어졌다. 제4차 경제개발5개년계획은 계획기간 중 전남 여천지구에 129만 평의 부지를 확보하여 늦어도 1979년까지는 35만 톤(M/T) 규모의 에틸렌공장을 완공, 1979년의 에틸렌 자급률을 86.3%로 높일 전망이었고, 폴리에틸렌은 1979년까지 연산 10만 톤 규모의 공장 가동, 시설능력 3배 확대, 자급률 70.5%로, 카프로락탐은 1978년 말까지 연산 10만 톤 규모의 계열공장 신설, 시설능력 4배 확대, 자급률 96%까지로 신장시킬 계획이었다.[85)]

1977년 1월 12일 대통령 연두기자회견에서 박대통령은 여천기지가 1979년 봄에 에틸렌 연산 약 35만 톤 규모 단지로 만들어질 것이라고 언급하면서, 울산 기존 석유화학단지 확장공사가 1977년 말에 완공될 것이라고 밝혀 상공부가 1975년 말에 1976년에서 1979년

85) 유신정우회(내한, 1978), pp. 89~90.

표 9-29 1970년대 후반 석유화학공업 지역별·부문별 생산·투자계획(1977년 초)

<table>
<tr><th colspan="2" rowspan="2"></th><th rowspan="2">생산품</th><th>규모</th><th colspan="3">소요자금(천 달러)</th><th rowspan="2">건설기간</th></tr>
<tr><th>(천 톤/연)</th><th>내자</th><th>외자</th><th>합계</th></tr>
<tr><td rowspan="9">울산지구</td><td>(주)대한석유공사</td><td>나프타유분</td><td>에틸렌
100→150</td><td>10,229</td><td>10,250</td><td>20,549</td><td>1976~1977</td></tr>
<tr><td>삼성석유화학(주)</td><td>테레프탈산</td><td>100</td><td>35,255</td><td>54,745</td><td>90,000</td><td>1977~1978</td></tr>
<tr><td>울산석유화학(주)</td><td>스티렌모노머</td><td>60</td><td>12,936</td><td>17,000</td><td>29,936</td><td>1976~1978</td></tr>
<tr><td>코오롱유화(주)</td><td>석유수지</td><td>5</td><td>2,230</td><td>1,070</td><td>3,300</td><td>1976~1977</td></tr>
<tr><td rowspan="2">고려합섬(주)</td><td>파라크실렌</td><td>70</td><td rowspan="2">14,940</td><td rowspan="2">5,250</td><td rowspan="2">20,190</td><td rowspan="2">1977~1979</td></tr>
<tr><td>올소크실렌</td><td>30</td></tr>
<tr><td>동서석유화학(주)</td><td>아크릴로니트릴</td><td>27→77</td><td>16,728</td><td>30,581</td><td>47,309</td><td>1976~1978</td></tr>
<tr><td>한국합성고무공업(주)</td><td>SBR</td><td>25→50</td><td>7,016</td><td>3,166</td><td>10,182</td><td>1975~1978</td></tr>
<tr><td>삼경화성(주)</td><td>무수프탈산</td><td>23.4→38.4</td><td>3,701</td><td>7,020</td><td>10,721</td><td>1976~1977</td></tr>
<tr><td rowspan="9">여천지구</td><td>호남에틸렌(주)</td><td>나프타유분</td><td>에틸렌 350</td><td>106,300</td><td>172,440</td><td>278,740</td><td>1976~1979</td></tr>
<tr><td rowspan="3">호남석유화학(주)</td><td>HDPE</td><td>70</td><td rowspan="3">123,000</td><td rowspan="3">177,000</td><td rowspan="3">300,000</td><td rowspan="3">1976~1979</td></tr>
<tr><td>PP</td><td>80</td></tr>
<tr><td>EG</td><td>80</td></tr>
<tr><td rowspan="3">한양화학(주)</td><td>LDPE</td><td>100</td><td rowspan="3">40,451</td><td rowspan="3">86,161</td><td rowspan="3">126,612</td><td rowspan="3">1976~1979</td></tr>
<tr><td>EDC</td><td>286</td></tr>
<tr><td>염화비닐모노머</td><td>150</td></tr>
<tr><td rowspan="2">한국다우케미컬(주)</td><td>염소</td><td>210</td><td rowspan="2">37,600</td><td rowspan="2">89,157</td><td rowspan="2">126,757</td><td rowspan="2">1976~1979</td></tr>
<tr><td>가성소다</td><td>231</td></tr>
</table>

주: '삼경화성'의 무수프탈산은 84→23.4로 되어 있으나 원본 자료에서 찾아 정정함.
자료: 대한민국정부(행백, 1977), pp. 218~219.

까지로 늦추었던 것을 일부 당기고 있지만 역시 그 규모는 에틸렌 10만 톤 생산규모를 15만 톤으로 확대한 것이었을 뿐이었다.[86)]

1977년 초 정부가 공개한 1970년대 후반 석유화학공업 각 지역별 부문별 생산·투자계획은 〈표 9-29〉와 같다. 대통령이 밝힌 대로 울산지구 나프타분해공장을 2,054만 9,000달러를 투입해 15만 톤 생산규모로 1977년까지 완공하고 여천지구 '호남에틸렌'의 나프타분해공장은 2억 7,874만 달러를 투입해 연산 35만 톤 규모로 1979년까지 건설하는 것이 핵심 내용으로, 이와 관련된 각 계열공장들의 생산투자계획이 포함되어 있었다. 여기에서 제4차 경제개발5개년계획으로 수정, 최종 확정된 것보다 외자액이 15.3% 늘고 있는 점이

86) 대통령비서실(박연7, 1978), pp. 36~37.

특징적으로 발견된다. 이는 정부, 기업들이 중화학공업의 모든 투자계획에서 1970년대 후반 계획수정시 외자의 비중을 줄이고 내자의 비중을 늘리던 의지와 대조가 된다. 작성시기의 차이가 없었고 내자의 변동이 거의 없음에도 외자가 대폭 변화하고 있는 것은 외자측의 요구에 의한 원인으로밖에 볼 수 없다. 당시 중화학공업화 과정을 통해 석유화학공업에서 다국적기업의 영향력이 그만큼 컸음을 알 수 있다.

그러나 1976년 착공이 계획되어 있던 이 공장들은 착공되지 못하였으며 이에 따라 일부 투자사업이 취소되었고 투자소요자금의 변화가 있었다. 1차 석유파동이 해소되고 다시 세계적인 경기회복에 힘입어 취소되었던 석유화학공업의 생산규모 확대가 요청되고 있었지만 여전히 두려움과 부정적 인식이 지배하였다. 경기순환주기와 석유화학공업의 투자주기가 역방향으로 움직이고 있었으며 이는 이후에도 계속되었다. 변화에 따른 합리적 기대(rational expectation)형성에서 실패하고 있는 것이었다.

부정적 인식은 경기순환이 이미 정점에 접근하고 있던 1978년이 되어서야 전환되었다.[87] 1978년 4월 17일 상공부는 전남 여천에 제3석유화학단지를 1978~1982년간 10억 달러를 투입하여 건설하기로 하였다고 발표하였다.[88] 이에 따라 1978년 여천 제3석유화학지구 건설을 새로이 포함하고 '울산석유화학'의 스티렌모노머공장, '코오롱유화'의 석유수지공장 등의 증설을 추가로 넣은 석유화학공업 각 지역별·부문별 생산·투자계획이 만들어졌다. 이를 총괄 정리하면 〈표 9-30〉과 같다.

1978년 수정된 석유화학공업기지 투자계획은 총괄적으로 에틸렌 기준 울산기지에 연산 15만 톤 규모 공장을 1977년 12월까지 완공하고 여천 제2석유화학단지와 제3석유화학단지에 각각 연산 35만 톤 규모로 공장을 건설하되 준공시기는 1979년과 1981년으로 하였다. 이들 단지의 실최대생산능력은 연산 42만 톤 규모로 하였다. 이로써 울산지구와 여천지구를 합하여 1981년 연산 99만 톤 규모의 석유화학기지를 건설하는 신투자계획이 만들어졌다. 1977년에만 해도 에틸렌 기준 1975년 10만 톤에서 1981년에는 50만 톤 그리고 1986년에야 일본의 1975년 말 수준인 연간 100만 톤 규모가 될 것이라고 예상되고 있었으므로[89] 2배로 확대시키고 시기를 대폭 당긴 것이었다.

그런데 중화학공업추진위원회기획단이 생산규모의 총계를 구하면서 각 단지의 생산규모 자체를 합산하지 않고 실최대생산능력을 합산하여 적고 있는 것은 자신감과 향후의 확대계획을 염두에 둔 것인 동시에 석유화학공업의 추가적인 확장 필요성을 호소하는 것이기도 하였다. 실제로 〈서울경제신문〉은 신년호에서 "석유화학 에틸렌 기준 연산 40만 톤의 여천 제2단지가 올해 3월에 준공하고 45만 톤 규모의 제3단지가 1월에 착공, 1981년

87) 1975년 6월을 최저점으로 하여 1979년 2월이 정점으로 관찰되었다. 한국은행(통조, 조사월보, 1973. 1~1981. 11); 한국은행(경제지, 1990).
88) 전국경제인연합회(전2사, 1983), p. 674.
89) 유신정우회(내한, 1978), pp. 89~90.

표 9-30 석유화학공업기지 투자계획(시설확장계획, 1978) (단위: 에틸렌 생산기준 M/T)

사업별		규모	기간		비고
			착공	준공	
울산	유공 기존	100,000	1970. 11	1972. 11	–
	유공 확장*	50,000	1976. 8	1977. 12	–
	소계	150,000	–	–	–
여천	제2석유화학단지*	350,000	1976. 11	1979. 3	실최대생산능력 420,000
	제3석유화학단지**	350,000	1979. 1	1981. 12	실최대생산능력 420,000
울산, 여천 계		990,000	–	–	세계 10위권(1981년 말)
신규 제4석유화학단지		500,000	1981. 1	1984. 12	–
합계		1,490,000	–	–	세계 7~8위권(1985년)

주: 1) 원자료에는 제2단지, 제3단지, 제4단지로 되어 있으나 제2석유화학단지, 제3석유화학단지, 제4석유화학단지를 의미하므로 정확히 기록함.
2) 합산이 실최대생산능력으로 기록되어 있음.
3) *은 제1단계 계획, **은 제2단계 계획으로 자료 p. 229에 분류되어 있음.
자료: 중화학공업추진위원회기획단(중화추현, 1979. 1), pp. 230, 284~285.

에 준공하면 본격적인 국제단위의 산업으로 정착한다. 울산의 기존 설비 15만 톤을 합하면 1981년 에틸렌 생산능력은 연산 100만 톤이 된다"고 적고 있다.[90] 나아가 중화학공업추진위원회와 상공부는 1978년의 신투자계획에서 신규로 1984년까지 에틸렌 기준 연산 50만 톤 규모의 제4석유화학단지 건설도 고려하였다. 이를 통해 여천 제3석유화학공업단지가 완성되는 1981년에는 석유화학공업 생산규모 세계 10위권에 진입하고 제4석유화학공업단지가 완성되는 1984년 후에는 총에틸렌 생산규모 149만 톤으로 세계 7~8위권이 되도록 계획하였다.

1978년에 새로 작성된 목표, 즉 1981년 연산규모 99만 톤, 1978년 당시 에틸렌 기준 생산능력이 연산 15만 5,000톤이었으므로[91] 정확히 말해 1981년 99만 5,000톤 규모를 목표로 한다는 계획은 결국 1973년에 설정한 1981년 90만 톤으로 한다는 석유화학 시설확장 기본계획이나[92] 105만 톤으로 한다는 장기진망계획[93] 규모로 회귀하는 것을 의미하는 것이었다. 심지어 1973년 계획과 비교하여 울산 신규착공이 취소되면서 여천기지의 역할이 커지고 있지만, 신규 제4단지(제4석유화학단지)를 1984년까지 건설함으로써 1985년 생산시설 규모 149만 톤이 되어 150만 톤의 장기목표를 1986년에서 앞당기는 것으로 계획

90) 〈서울경제신문〉(1979. 1. 1).
91) 김광모 전 중화학공업추진위원회기획단부단장(한국산, 1988), p. 323.
92) 국무총리기획조정실(중오, 1973), p. 196.
93) 경제기획원(우장, 1973), pp. 53~54, 102.

표 9-31 1970년대 후반 울산석유화학공업부문별 생산·투자계획(1978년 수정계획)

	사업주체	생산품	규모 (천 톤/연)	소요자금(천 달러)			건설기간
				내자	외자	합계	
울산지구	삼성석유화학	TPA	100	34,511	56,474	90,985	1977. 10 ~ 1979. 1
	고려합섬(高麗合纖)	파라크실렌	85	11,177	26,000	37,177	1977. 8 ~ 1979. 12
		올소크실렌	30				
	이수화학(梨樹化學)*	알킬벤젠	경성 13→연성 20	3,297	4,000	7,297	1978. 6 ~ 1979. 6
	대한석유공사*	벤젠(2)	56→198	38,400	46,800	85,200	1978. 8 ~ 1980. 12
		톨루엔	72→142				
		크실렌	88→120				
	울산석유화학*	스티렌모노머	60→120	11,000	10,000	21,000	1979. 7 ~ 1980. 12
	코오롱유화*	석유수지	5→20	2,115	650	2,765	1979. 9 ~ 1980. 5
	한국폴리올**	PPG	5→20	706	206	912	1978. 10 ~ 1979. 10
	미원*		5	2,062	–	2,062	1978. 11 ~ 1979. 2
	제철(製鐵)화학*	카본블랙	30	8,351	2,907	11,258	1978. 10 ~ 1980. 9
	제철화학*	무수프탈산	15	5,299	3,650	8,949	1978. 10 ~ 1980. 9
	삼경화성(三敬化成)*		23.4→38.4	4,099	4,718	8,817	1978. 8 ~ 1980. 4
	석유화학지원공단*	공단지원시설	–	14,433	30,000	44,433	1978. 8 ~ 1980. 12
	합계	–	9개 공장	135,450	185,405	320,855	–

주: 1) TPA는 폴리에스텔 연료이며 카본블랙은 고무공업 부원료임.
2) *은 기존 공장 증설임.
3) *은 석유화학단지 외로 '한국폴리올'은 울산, '미원'은 부산, '제철화학'은 모두 포항임.
자료: 국무총리기획조정실(제422산, 1979), p. 273; 중화학공업추진위원회기획단(한공발1, 1979), p. 757.

이 만들어졌다.

1978년 새로 작성된 계획을 부문별로 세분하여 보자. 정부가 1978년 작성한 계획은 세부적인 내용에서 기간과 금액에 약간의 정정이 있었다. 이를 반영하여 첫 번째로 울산지구를 석유화학공업부문별로 정리하면 〈표 9-31〉과 같다.

1978년 수정되어 새로 작성된 생산·투자계획은 건설기간이 전부 1979년과 1980년 완공으로 미루어졌으며 소요자금이 대폭 증대되었다. '삼성석유화학'의 테레프탈산(TPA) 공장을 보면 같은 연산 10만 톤 규모를 유지하면서도 건설기간이 1978년까지에서 1979년 1월로 연기되었고 소요자금이 9,000만 달러에서 9,098만 5,000달러로 늘어났다. 국내생산 혼합크실렌을 용도에 따라 올소(prtho), 파라(para)크실렌으로 분리하는 시설인 크실렌 분류(分溜)시설이 연산 11만 5,000톤 규모로 '고려합섬'에 의해 건설되고 있었는데, 파라크실렌의 규모가 원계획 7만 톤에서 8만 5,000톤으로 늘어나면서 투자금액이 2,019만 달러에서 3,717만 7,000달러로 대폭 늘어났다. '삼경화성'의 무수프탈산공장처럼 1977년에서 1980년 4월로 완공시기가 연기되면서 외자를 702만 달러에서 472만 달러로 줄여 오히려 총투자금액을 1,072만 1,000달러에서 881만 7,000달러로 줄이고 있는 경우도 있었다. 새로 수정되어 작성된 계획은 파라크실렌과 올소크실렌공장('고려합섬'), 연성알킬벤젠공장('이수화학'), 염소(鹽素), 가성소다공장('한국다우')을 제외하고 1978년에 모두 계획대로 진전되었는데 이들 지연된 공장들은 투자의 문제보다 기자재 발주가 늦어서였다.

두 번째로 1978년 작성된 계획에서 여천지구의 석유화학공업 생산·투자계획을 부문별로 정리하면 〈표 9-32〉와 같다.

우선 여천 제3석유화학단지 공장건설계획이 새로 작성되었다. 여기에는 '럭키석유화학'에 의해 에틸렌 기준 연산 38만 5,000톤 규모의 에틸렌분해공장이 하나 더 만들어지고 이외에 '한양화학(韓洋化學)'의 염화비닐모노머(VCM)공장, '진양화학(進洋化學)'의 PO공장, 그리고 VAM공장, 부타디엔공장, SBR공장, AN모노머공장, 테레프탈산(TPA)공장, PS공장 등 계열공장이 새로이 건설되도록 계획되었다. 이 여천 제3석유화학단지의 투자금액은 신규 나프타분해공장에 내자 1억 4,619만 8,000달러, 외자 1억 3,495만 1,000달러 계 2억 8,114만 9,000달러 등 총 내자 3억 6,360만 달러, 외자 3억 1,312만 5,000달러, 총합계 6억 7,672만 5,000달러였다. 또한 계획은 사업주체가 확정되지 않은 VAM공장을 제외하고 모두 합작처까지 분명하게 되어 있어 계획이 구체적인 확정단계에 있음을 보여 주고 있다.

두 번째로 기존 계획에 있었던 여천 제2석유화학단지를 1977년 계획과 비교해 보면 우선 계획에 있던 공장으로 '호남에틸렌'의 나프타분해공장은 에틸렌 기준 35만 톤 규모로 동일하였지만 투자액이 내외자 모두 증가하여 총액이 2억 7,874만 달러에서 3억 4,954만 6,000달러로 증가하였다. 그러나 '호남석유화학'의 경우 모든 품목의 생산규모를 동일하게 유지하고 있으면서도 외자를 1억 7,700만 달러에서 1억 3,502만 9,000달러로 줄여 총투자금액이 3억 달러에서 2억 6,486만 7,000달러로 줄어들었다. '한양화학' 역시 동일품목, 동일 생산규모를 유지하면서도 외자를 8,616만 1,000달러에서 7,770만 달러로 줄여 전체 금액을 1억 2,661만 2,000달러에서 1억 2,320만 달러로 줄이고 있다. '한국다우케미컬'의 경우 건설기간을 1976~1979년에서 1977~1979년으로 줄이면서 외자를 줄이고 있으나 내자가 대폭 늘어나 총액은 1억 2,675만 7,000달러에서 1억 3,350만 달러로 변하고 있다. 이 밖에 1977년 계획에서 구체적으로 투자계획이 밝혀지지 않았던 '한국합성고무'의 부타디엔공장, '금호화학(錦湖化學)'의 페놀, 아세톤공장, '현대양행'의 카프로락탐공장, '진양(進洋)화인케미칼'의 TDI공장, '효성석유화학'의 싸이크론핵산공장, '럭키콘티넨탈카본'의 카본블랙공장 등의 투자계획이 분명히 확정되어 제시되었다.[94)]

94) 카프로락탐공장의 경우 상공부 기초공업국 석유화학과의 관련문서 상공부기초공업국석유화학과(카수, 1978)

표 9-32 1970년대 후반 여천지구 석유화학공업부문별 생산·투자계획(1978년 수정계획)

	사업주체	생산품	시설규모 (천 톤/연)	소요자금(천 달러)			건설기간
				내자	외자	합계	
여천2석유화학지구	호남에틸렌	에틸렌/PP	350/187	163,429	186,117	349,546	1976. 11 ~ 1979. 3
	호남석유화학(주)	HDPE/PP/EG	70/80/80※	129,658	135,029	264,867	1976. 11 ~ 1979. 3
	한양화학(주)	LDPE/EDC	100/286※	45,500	77,700	123,200	1976. 11 ~ 1979. 3
		염화비닐모노머	150※				
	한국다우케미컬(주)	염소/가성소다	210/231※	48,200	85,300	133,500	1977. 10 ~ 1979. 10
	한국합성고무	부타디엔	50	8,301	11,450	19,751	1978. 3 ~ 1979. 3
		폴리부타디엔	25	13,419	17,174	30,593	1978. 3 ~ 1980. 3
	금호(錦湖)화학	페놀, 아세톤	25/15	13,367	12,324	25,691	1977. 10 ~ 1979. 10
	현대양행	카프로락탐	100	80,206	78,700	158,906	1978. 4 ~ 1981. 5
	진양화인케미칼	TDI	10	11,500	7,500	19,000	1979. 3 ~ 1980. 10
	효성석유화학*	싸이크로핵산	10.4	4,268	–	4,268	1978. 11 ~ 1979. 9
	럭키콘티넨탈카본*	카본블랙	50	12,297	2,136	14,433	1978. 8 ~ 1980. 12
	합계	–	–	530,145	613,430	1,143,755	–
	사업주체	생산품	시설규모 (천 톤/연)	소요자금(천 달러)			합작 또는 외자도입체
				내자	외자	합계	
여천3석유화학지구	럭키석유화학	에틸렌	385	146,198	134,951	281,149	라모스, 유니버셜오일
		프로필렌	187				
	럭키석유화학	LDPE	150	47,888	29,350	77,238	유카**
	한양(韓洋)화학	염화비닐모노머	200	24,177	37,265	61,442	다우케미컬
	진양(進洋)화학	PO/SM	40/100	28,080	23,920	52,000	할콘
	미정	VAM	30	–	–	–	–
	한국합성고무	부타디엔	50	3,899	4,396	8,295	바스프(독)
	한국합성고무	SBR	50	16,000	–	16,000	바스프(독)
	동서(東西)석유	AN모노머	100	19,800	29,700	49,500	소하이오
	삼성석유화학	테레프탈산	100	24,950	24,950	49,900	아모코
	한남(韓南)화학	PS	100	10,241	4,205	14,446	다우케미컬
	대한전선		100	13,830	–	13,830	바저
	동양(東洋)나이론		60	11,592	5,208	16,800	바저
	한양(韓洋)화학		68	16,945	19,180	3,6125	다우케미컬
	합계	–	–	363,600	313,125	676,725	–

주: 1) 국가 표시가 없는 업체는 미국 업체임.
2) *은 화학단지 외 관련단지 공장임.
3) ※은 수정 이전과 동일함을 의미함.
4) 여천 2석유화학단지까지는 1978년 말까지 확정된 계획임.
5) 중화학공업추진위원회기획단(중화추현, 1979. 1), pp. 246 ~ 255에서는 '호남석유화학'의 고밀도폴리에틸렌(HDPE), 폴리프로필렌(PP), 에틸렌글리콜(EG) 공장건설기간이 1976. 3 ~ 1979. 3으로 되어 있고, '한국다우케미컬'의 공업염전해공장 건설기간이 1976 ~ 1979. 6으로 되어 있으며, 소요자금에서 일부 약간 차이가 있는데 정정되었음.
6) **유카는 '유니언스카바이트'임.

자료: 국무총리기획조정실(제422산, 1979), p. 274; 중화학공업추진위원회기획단(한공발1, 1979), pp. 757, 761 ~ 762.

표 9-33 1979년 수정 추진계획

(단위: 에틸렌 생산기준, 연산 만M/T)

		규 모	기 간		비 고
			착 공	완 공	
울산	유공 기존	10	1970. 11	1972. 11	–
	유공 확장	5	1976. 8	1977. 12	–
	소계	15	–	–	–
여천	제2단지	35	1976. 11	1979. 6(1979. 3)	최대생산능력 42
	제3단지	35	1979년 초(1979. 1)	1982년 말(1981. 12)	최대생산능력 42
울산·여천 계		85(99)	–	–	(세계 10위권, 1981년 말)
신규 제4단지		50 65(50)	1981. 1	1986(1984. 12)	–
합계		150(149)	–	–	세계 10위권 목표, 1986년 (세계 7~8위권, 1985년)

주: 1) 제2단지, 제3단지, 제4단지로 되어 있으나 제2석유화학단지, 제3석유화학단지, 제4석유화학단지를 의미함.
2) ( ) 안은 중화학공업추진위원회기획단(중화추현, 1979. 1)에 기록된 것임.
자료: 중화학공업추진위원회기획단(중화추현, 1980), p. 187.

1979년 들어와 중화학공업 과잉투자에 대한 논의가 일어나면서 당시 논란을 반영하여 기본적으로 투자시기를 늦추는 석유화학공업의 투자계획 변경이 이루어졌다. 이를 정리하면 〈표 9-33〉과 같다. 우선 수정계획은 생산규모를 기본적으로 유지하고 있지만 합산에서 이전과 달리 울산·여천 합계가 실최대생산능력이 아닌 순규모의 합계로 하고 있다. 이는 과잉투자에 대한 당시의 비판적 시각을 반영하는 것이다. 그리고 수정의 가장 중요한 점으로, 둘째 건설기간은 신규 제4석유화학단지의 경우 1984년 12월 완공에서 1986년 완공으로 연기하고 제2석유화학단지 완공 역시 1979년 3월에서 6월로 늦추었으며 제3석유화학단지도 1981년 말 완공에서 1982년 말 완공으로 늦추었다. 즉, 1979년 계획수정은 계획기간의 순연에 초점이 맞추어졌다. 이에 따라 중화학공업추진위원회기획단은 1981년 말 세계 10위권이나 1985년 7~8위권이라는 목표를 포기하고, 1986년 말에 가서 에틸렌 연산 150만 톤(M/T) 규모로 세계 10위 석유화학공업국가가 되고 국내수요 100% 자급이 가능하다고 보았다.[95] 1979년 수정안은 2년 연기한 장기계획인 신규 제4석유화학단지를 50만 톤 규모에서 상황에 따라 65만 톤 규모까지 확장할 수 있는 가능성도 열어 두었지만 일단 기본적으로 모든 석유화학단지를 순차적으로 짓는 것으로 하였다.

이러한 계획변경의 내용과 관련증언은 당시 중화학공업화에 대한 과잉투자와 안정론

가 존재하는 등 이들 공장과 관련된 다수의 구체적인 진행관련 문서가 존재하고 있다.
95) 중화학공업추진위원회기획단(한공발1, 1979), p. 724.

에 대한 논의가 격렬하였음을 보여 준다. 이에 따라 제3석유화학단지는 기지 내 유보지에 민영(합작투자 허용)을 원칙으로 하고 1차로 '럭키석유화학', '진양(進洋)화학'이 각각 공장 부지를 분양받은 것은 1979년 9월이었다.[96)]

그러나 이후에도 중화학공업화 속도조정과 안정화에 대한 논란은 더욱 확대되었고 2차 석유위기로 상황은 더욱 악화되었다. 결국 중화학공업추진위원회기획단은 석유화학공업에 대한 투자계획을 다시 1979년 들어 내부적으로 조금 더 수정하였다.[97)] 기획단이 내부적으로 다시 수정한 것은 전체적인 규모는 대체로 유지하되 부정적인 현실을 반영하여 세부적 조정을 한 것이었다. 그것은 ① 장기적으로 1981년 1월에 착공하기로 되어 있었던 신규 제4단지를 여천 2, 3단지가 완공된 이후 착공으로 다시 2년 이상 연기하면서, ② 이것도 동시에 대규모로 하지 않고 조금씩 순차적이고 단계적으로 하는 것이었다. 즉, 신규 제4석유화학단지를 65만 톤으로 동시 착공하는 것이 아니라 1983년과 1985년에 각각 35만 톤으로 단계적으로 착공하는 것이다. 그리고 여천 2개 단지의 실최대생산능력을 각 42만 톤에서 각 40만 톤으로 낮추었고 총합계의 세계목표도 여전히 세계 10위권으로 하되 기간을 1986년으로 명확히 규정하지 않았다.[98)]

1979년 10월 20일 제2석유화학공업단지(여천석유화학공업)가 계획보다 늦추어져 완공되었다.[99)] 그리고 이 이상의 1978년 수정된 석유화학공업기지 투자계획(시설확장계획)이나 수정 혹은 내부적으로 재수정되고 있었던 기획단계획은 모두 10.26 이후 중화학공업에 대한 비판 속에서 순연 또는 취소되었다. "중화학공업계획에서 여수에 35만 톤짜리 두 개를 순차적으로 지을 계획이었고 두 번째 공장은 '럭키석유화학'에 인가까지 하였으나 10.26 후 과잉투자라고 비판받고 취소되었다."[100)] 추가단지는 연기되었다가 1980년대 들어 계획 자체가 취소되었다.[101)] 1980년 국가보위입법회의는 "제3기 석유화학단지 건설이 필요시되나 원료수급 전망을 감안하여 신중한 검토를 거쳐 그 규모와 착공시기를 결정하겠습니다"라고 보고하였다.[102)]

---

96) 한국공단연구소(총람, 1980), p. 136.
97) 이는 부단장을 마지막 역임한 김광모(金光模) 전 중화학공업추진위원회기획단부단장의 자료에서 확인된다.
98) 김광모 전 중화학공업추진위원회기획단부단장(한국산, 1988), p. 269.
99) 한국공단연구소(총람, 1980), p. 136.
100) 오원철 전 중화학공업추진위원회기획단장(오당, 1991. 12), p. 512; 오원철(한경2, 1996), p. 63.
101) 김광모 전 중화학공업추진위원회기획단부단장(한국산, 1988), p. 274.
102) 국가보위입법회의(경제제1, 1980. 11. 5), p. 7.
* 이 장의 일부는 『경제사학』 제48호, 경제사학회, 2010. 6에 실린 졸고 「1970년대 한국의 석유화학공업계획」과 『사회과학연구』 제49집 제2호, 2010. 12에 게재된 졸고 「1970년대 전자공업과 생산, 수출계획」의 일부를 수정·확대한 것이다.

부　록

자　료

〈자료 9-1〉 1973년 5월 경제기획원 발표 공장건설 대상품목(95개 품목)

구　분	대상품목
가정용전자기구 (13개)	1. 일반라디오, 2. 자동차용라디오, 3. 흑백TV수상기, 4. 녹음기, 5. 전축, 6. 앰프, 7. 녹음테이프플레이어, 8. 레코드플레이어, 9. 스리카시스템, 10. 컬러TV수상기, 11. 보청기, 12. 녹화기, 13. 전자렌지
산업용전자기기 (24개)	1. 전화기, 2. 자동전화교환기, 3. 수동전화교환기, 4. 간이교환전화장치, 5. 인터폰, 6. 전신장치, 7. 반송(搬送)통신장치, 8. 방송장치, 9. 무선송신기, 10. 트랜시버, 11. 테이블용전자계산기, 12. 회로시험기, 13. 레이터장치, 14. X선장치, 15. 어군(魚群)탐지기, 16. 초음파전자장치, 17. 중형전자계산기, 18. 고주파장치, 19. 의료용측정기장치, 20. 계수표시측정기, 21. 오시로스로프, 22. 회로소자(回路素子)측정기, 23. 신호발생기, 24. 자동제어장치
전자부품 (40개)	1. 고정저항기, 2. 가변저항기, 3. 고정축전기, 4. 가변축전기, 5. 중간주파변성기, 6. TV브라운관, 7. TV용편향코일, 8. 수신용전자관, 9. 표시방전관, 10. 흑백TV브라운관, 11. 트랜지스터, 12. 다이오드, 13. 집적회로, 14. 스피커, 15. 이어폰, 16. 송수화갑(送受話匣), 17. 스위치, 18. 리레, 19. 기억소(記憶素)플러그 및 비쟉, 20. TV튜너, 21. 인쇄회로기판, 22. 수정진동자, 23. 기억소자, 24. 건전지, 25. 안테나, 26. 자기헤드, 27. 헤라이트코아, 28. 전자총, 29. 헤다, 30. 송신관, 31. 마이크로웨이브관, 32. 정류관(整流管), 33. 컬러TV브라운관, 34. 정류소자, 35. 더미스터, 36. 미이크로팬, 37. 피크업, 38. 소평모터, 39. 커넥터, 40. 자기녹음테이프
전자재료 (7개)	1. 영구자석, 2. 페라이트마그네트, 3. 절연지, 4. 실리콘적층판, 5. 치탄산바리움, 6. 플라스틱필름, 7. 알루미늄
관련공업제품 (11개)	1. 연, 2. 강심동(鋼芯銅)누리석도금선(錫鍍金線), 3. 특수코일, 4. 각소강판, 5. 브라운관유리밸브, 6. 금형재료, 7. 연도금강선 8. 자기소자, 9. 인수동판(隣壽銅版), 10. 황동봉(棒) 및 대(帶), 11. 알루미늄 봉 빛 대

자료: 大韓民國經濟企劃院(日本, 1973), p. 44.

〈자료 9-2〉 제4차 경제개발5개년계획에서의 전자공업 57개 중점 개발품목

분 류	부 품
반도체류(2개)	가공규소 웨이퍼, 발광다이오드용 가공웨이퍼
컴퓨터류(5)	미니·마이크로 컴퓨터, 마이크로프로세서(Micro Processor) 컴퓨터 주변장치, 컴퓨터 단말기(CRT Display), 소프트웨어
통신기기류(3)	전송장치, 전자교환기, 무선통신장치
음향기기류(11)	녹음기, 레코드플레이어(Record Player), 음성증폭기, 덱메카니즘(Deck Mechanism), 마그네틱헤드(Magnetic Head), 미니/마이크로 모터(Mini/Micro Motor), 카트리지(Catridge), 톤암(Tone Arm), 자기테이프(tape), 마이크로폰(Microphone), 스피커(Speaker)
컬러TV류(6)	컬러TV, CTV용 브라운관, CTV용 편향 Coil, CTV용 Tuner, CTV용 브라운관유리
전자계기류(5)	전자시계, 녹화재생기, 전자레이저, 전자계측기
기타 부품(25)	레이저, 고순도 규소(硅素), 웨이퍼, 세금선(細金線), 리드프레임, 전자급개스, 액정표시기, 수정발진소자(水晶發振素子), 특수건전지, 인공수정(人工水晶), 고밀도집적회로, 기억소자, 고밀도인쇄회로기판, 키보드(Keyboard), 스위치와 컨넥터(Switch & Connector), 쉐도마스크(Shadow Mask), 자성재료, 저항체재료, 유전체(誘電體)재료, 도전(導電)재료, 다층프린트 기판, 리플레이(Replay), 플렉서블(Flexible) 배선판, 여파기(濾波器), 자동차용 전자부품

자료: 중화학공업추진위원회기획단(중화추현, 1979. 1), p. 178.

〈자료 9-3〉 전자공업의 주요 업종, 기업의 투자계획(1978년 말 현재)
(내자 백만 원, 외자 천 달러, 합계 백만 원)

업종별	기업별	투자액		투자계획	설비능력	비고
중전기기	효성중공업(曉星重工業)	내자	11,000	1979～1982년간 518억 투입	변압기 7,680MVA 차단기 750대 전동기 1,700MV	중화학공업 육성을 위해 설비투자 증대로 수요가 계속 증대하고 있으며 1981년도 중전기기 자급률은 50%로 보임.
		외자	27,000			
	쌍용중기(雙龍重機)	내자	2,300	1979～1972년간 354억 투입	변압기 4,000MVA 차단기 400대 배전반 800면	
		외자	–			
	현대중공업(現代重工業)	내자	13,200	1979년 중 63억 추가 투입	변압기 2,500MVA 차단기 10대 배전반 290면	
		외자	–			
전선	대한전선(大韓電線)	내자	9,600	1979년 중 160억 투자	전선 46,000M/T	'국제전선(國際電線)' 흡수 합병
		외자	28,000			
	금성전선(金星電線)	내자	17,400	1979년 중 124억 투자	전선 47,000M/T	
		외자	20,000			
전화기	금성통신(金星通信)	18,129(자산총계)		–	EMD交換機 240천 대 회선전화기 600천 대	전화교환시스템이 기계식에서 전자식으로 전환함에 따라 전자교환기 생산
	동양정밀(東洋精密)	27,872(자산총계)		–	ST교환기 180천 회선 전화기 340천 대	업체가 신규로 출현할 것이 예상 금성, 동양, 대한, 삼성 등은 사설교환기 부문에서 경합
	한국전자통신	–		1984년까지 660억 투자계획	전자교환기 연 66만 회선	
반도체	삼성반도체(三星半導體)	내자	2,400	1979년 중 20억 투자	IC 7,600천 개 TR 60,000천 개	–
		외자	5,000	–		
	모토로라	–			IC 200,000천 개	–
	대한(大韓)반도체	외자	5,000		TR 767,000천 개 IC 5,300천 개	반도체부문은 아직 개발단계
		내자	1,700	1979년 중 10억 투자		

자료: 상공부 자료의 日韓經濟協會(急, 1979. 2).

〈자료 9-4〉 석유화학공업의 주요 업종, 기업의 투자계획(1978년 말 현재)
(내자 백만 원, 외자 천 달러, 합계 백만 원)

업종별	기업별	투자액		투자계획	설비능력	비고
석유화학에틸렌	대한석유공사	내자	12,422	–	155천	1983년 수요 76만 톤/年 전망 제3석유화학 추진 중
		외자	43,793			
	호남에텔렌	내자	79,263	–	350천	
		외자	186,117			
PVC	한국플라스틱	내자	7,193	1979~1982년 156억 투자	150천	1983년 수요 452천 톤에 공급부족
		외자	21,722			
	럭키	내자	5,553	1979년 중 25억 투자	50천	
		외자	5,057			
	대한전선	–		1979년 중 97억	100천	신규추진 중
AN모노머	동서석유	내자	18,736	1979~1980년간 240억 투자	77천	1982년 수요 154천 톤/年
		외자	51,389			
카프로락탐	한국카프로	내자	6,200		33천	
		외자	25,000			
	현대양행 (現代洋行)	–		내외자 770억 투입 1982년 완성	100천	1983년 수요 120천 톤/年
PE(VCM병설)	한양화학 (韓洋化學)	내자	28,033	1980년까지 29.3억 추가 투자	150천	1983년 수요 326천 톤/年
		외자	106,468			
PP	대한유화	내자	2,099	내외자 8,608	45천	1983년 수요 252천 톤/年
		외자	14,289			
	호남석유	내자	62,884	–	80천	
		외자	135,029			
SBR	한국합성고무	내자	2,066	내외자 7,760	50천	1983년 수요 133천 톤/年
		외자	15,705			
PS	한남화학 (韓南化學)	내자	1,028	내자 78,696	50천	1983년 수요 232천 톤/年
		외자	135			
타이어	한국타이어	내자	12,401	1979~1982년간 내외자 406억 투입	3,600천 本	1983년 수요 26,400천 本
		외자	18,555			
	호남타이어	내자	13,343	1979~1982년간 내외자 393억 투입	3,630천 本	
		외자	19,784			

자료: 상공부 자료의 日韓經濟協會(急, 1979. 2).

4

중화학공업화의 방법과 전략적 선택

CHAPTER 10
중화학공업화의 방법: 한국식 모델의 창출

1. 제약조건과 선택

중화학공업추진위원회는 중화학공업화를 정리하면서 공업화 과정에서 정책당국은 주어진 상황으로서 혹은 주어진 제약조건으로서 네 가지 어려운 선택문제에 직면하였었다고 밝혔다. 그것은 첫째 계획사업을 선정하는 과정에서의 선택, 둘째 선정된 계획사업의 규모(scale)를 결정하는 선택, 셋째 동종제품을 생산하는 기업체의 수에 대한 선택, 넷째 실물계획인 사업목록의 작성과정에서 계획사업의 국내외 시장범위를 선택하는 문제이었다.[1)]

이 문제를 해결하기 위해 한국의 중화학공업화는 기존 선발공업국과 다른 수단을 선택해야 하였다. 이는 한국 중화학공업화의 주요한 방법으로 1970년대 내내 유지되었다. 그 선택은 9가지였다.

첫째, 사전적으로 중화학공업화를 위한 법률과 제도를 갖추었다. 이를 통해 한국은 후발공업국의 초기 병목으로 존재하는 '부족한 자원'의 효율적 배분과 비용절감을 추구하였다.

둘째, 1970년대 한국의 공업화 수준에서 중화학공업화는 무리라고 일반적으로 인식되고 있었기에 중화학공업화를 출발시키기 위해 정부의 적극적 진입유도가 있었다. 이를 위해 정부는 개방과 보호를 조화롭게 선택해야 하였다.

셋째, 민간주체와 민간역할을 최대한 이용하였다. 한국은 이를 통해 지속적 인센티브와 효율성의 추구가 가능하였으며 지속가능한 성장모형을 세울 수 있었다.

1) 중화학공업추진위원회기획단(한공발2, 1979), pp. 196~202.

넷째, 내수의 상호 연계적 창출과 연관효과 극대화를 추구하였으며 수출이 동시에 추구되었다. 이는 한국이 부족한 시장규모라는 중화학공업화의 근본적 한계를 돌파하기 위한 전략이었고 독일의 중화학공업화에서 배운 주요한 교훈이었다. 이를 위해 중화학공업화계획은 처음부터 유기적 연관성을 중시하여 조립가공형 우선에서 부품으로의 역방향 발전이라는 한국식 발전모델을 선택했으며 계열화·협회화가 추구되었고 방위산업과 수출 100억 달러, 그리고 공업구조 고도화라는 삼위일체론적 목표의 결합이 지속적으로 추구되었다.

다섯째, 단계적 접근전략이었다. 이는 자원과 자본이 부족한 한국이 찾아 내야만 했던 수단이었다.

여섯째, 규모의 경제 추구였다. 이는 원인, 동기와 결과 모두에서 수출지향과 이를 통한 효율성 제고 추구로 연결되었고 중화학공업화 성공의 주요한 요소가 되었다.

일곱째, 공업기지화 전략을 채택하였다. 이는 자유무역시대가 사실상 사라진 세계시장에서 소외된 후발공업국 한국이 선발공업국을 따라잡기 위해 필요한 최소비용과 최대효과를 얻기 위한 필수적인 전략으로 찾아 낸 것이었다.

여덟째, 부존생산요소의 우위상 노동집약적 생산방법을 우선하였고 동시에 현실 제약조건을 고려한 합리적 기술과 기능공급 문제를 중시하였다. 따라서 정책적으로 교육을 통한 기술인력 공급과 연구개발기능 확대를 위해 노력하였다. 이는 중화학공업화에 필요한 생산요소 중 한국이 내재적으로 제공할 수 있는 생산요소의 활용을 위한 최대한의 노력이었다.

아홉째, 시간단축을 위해 해외자원을 적극적·합리적으로 도입하고 이용하였다. 1970년대 한국은 중화학공업화 자체와 시간단축을 위한 기술과 자금, 그리고 경험이 절대 부족한 단계이었고 따라서 해외, 특히 일본에 의존하고자 하였다. 그러나 대외의존은 한국의 의도대로 순탄하지 못하였고 이에 한국은 합리적 대응방식을 찾아 나감으로써 해외와 전략적인 관계를 형성해 후발공업국으로서는 거의 예외적인 성공을 거두었다.

2. 중화학공업화의 방법: 한국식 모델의 창출

1) 법률과 제도의 구비: 부족한 자원의 효율적 배분과 비용절감

한국이 공업화를 진행하면서 그 방법을 찾으려고 한 국가는 독일과 일본, 특히 독일을 벤치마킹한 일본이었다. 일본은 1955년 '석유화학공업육성 5개년계획', 1956년의 「기계공업진흥임시조치법」, 1957년의 「전자공업진흥임시조치법(電振法)」을 중심으로 「일본합

표 10-1 주요 중화학공업 관련 육성법 제정 및 공포

연월일		내용
1967	3. 3	조선공업진흥법 제정: 조선장려법 대체
	3. 30	기계공업진흥법(법률 제1933호) 공포
	3. 30	조선공업진흥법(법률 제1937호) 공포
	6. 17	조선공업진흥법시행령 공포
	7. 15	과학기술진흥법시행령 공포
	8. 11	기계공업진흥법시행령 공포
	11. 10	기계공업진흥법시행세칙 공포
1968	9. 12	전자공업진흥법, 경제장관회의에서 의결
	12. 20	철강공업육성법, 국회 통과
	12. 28	전자공업진흥법 제정
1969	1. 28	전자공업진흥법(법률 제2098호) 공포
1970	1. 1	철강공업육성법(법률 제2181호) 공포
	1. 1	석유화학공업육성법(법률 제2182호) 공포
	1. 1	수출자유지역설치법(법률 제2180호) 공포
	10. 20	철강공업육성법시행령(대통령령 제5366호) 공포
1971	1. 22	비철금속제련사업법 공포
	10. 2	석유화학공업육성법시행령 공포
1972	1. 22	기계공업진흥법 개정

자료: 상공부(새공, 1985), p. 21; 〈조선일보〉(1961. 1. 2~1978. 12. 30); 〈중앙일보〉(1965. 9. 30~1978. 12. 30).

성고무주식회사에 관한 임시조치법」(1950), '합성수지공업 5개년계획'(1955), 「항공기공업진흥법」(1959) 등 공업 관련 특별입법이나 통산성 산업정책제도를 만든 후 재정·금융지원, 수입제한, 관세보호 등의 방법으로 산업을 육성, 발전시키고자 하였다.[2] 이는 바로 한국의 공업화 정책 입안에서 이용되었다.

한국 정부는 이미 공업화가 본격화된 제2차 경제개발5개년계획에서부터 외화가득률이 높고 수출산업으로서 개발, 육성이 비교적 용이하며, 다른 산업과의 연관효과 및 고용효과가 높아 장래 자립경제 달성의 기초가 되는 공업의 육성, 강화를 위해 공업별 진흥책을 입법화하기 시작하였다.[3] 공업발전전략을 제도적으로 뒷받침하겠다는 취지로 만들어지기 시작한 이러한 공업육성법 중 중화학공업 관련 육성법안은 1972년까지 제정·공포·

2) 大島淸(1978), p. 22를 기초로 하여 보완함.
3) 日本貿易振興會機械部(韓化, 1978), p. 32.

개정이 계속 이루어지면서 보완, 완비되었다. 이를 정리하면 〈표 10-1〉과 같다.

중화학공업화선언이 이루어진 1973년 1월 이전까지 기간 중 1967년 제정된 「섬유공업시설에 관한 임시조치법」을[4] 포함하여 7개 공업육성법안이 만들어졌는데, 이 중 경공업은 섬유 하나뿐이고 그것도 임시조치법인 반면 1971년까지 만들어진 6개 공업육성법안은 전부 중화학공업 관련 법안이었다. 즉, 정부는 중화학공업을 효율적으로 육성하기 위해 공업육성법을 만든 것이다. 이들 법안은 모두 '해당 공업을 육성하여 국민경제의 발전에 기여함을 목적'으로 한다고 제정목적을 밝히고 있다. 이들 관련법에 의해 법률이 정한 기준에 맞는 대상기업은 보조금 지급, 금융지원, 조세감면, 공공요금 할인, 단지조성 지원, 원자재 공급자에 대한 지원 중 일부를 받을 수 있었다.

이러한 제도적 사전보완 내용에 대해 세계은행(World Bank) 등은 과대한 해석을 하기도 하였고 또 비판의 근거로 삼기도 하였지만,[5] 그러나 분명해 해야 할 것은 이 법들이 단순히 "관련 공업들을 보호하기 위해 특혜적이고 차별적인 자원부어넣기 장치를 만드는 것"이 아니었다는 것이다. 이 법률들은 당시 후발국으로서 공급병목에 있었던 한국의 현실을 분명히 직시하여 "우리의 부족한 자원을 효율적으로 쓰도록 배분하기 위해 특정 업종의 경우에 일정한 기준을 정하여 그 자격에 달한 자만을 대상으로 집중적인 육성정책을 펴는 것"[6]으로 합리적 조건과 합리적 목적이 분명히 있었다.

각 공업별로 육성법안의 관련내용을 정리해 보면 다음과 같다.[7] 우선 「철강공업육성법」은 ① 일정 기준 이상 시설의 철강공업자는 재정, 세제상의 지원을 받으며 시설기준, 기술개발 등에 지원과 감독을 받는다. ② 조강(粗鋼) 기준 연 100만 톤 이상 생산할 수 있는 제선, 제강, 압연의 일관공정 시설을 갖춘 철강공장에 대해 정부는 장기저리의 외자도입 및 그 부대사업, 원료구입, 기자재의 공급, 항만시설, 용수시설, 전력시설, 도로·철도시설 등의 행정 및 재정지원을 할 수 있다. ③ 철강공업자에 대해 철도운송료의 3할, 항만사용료의 5할, 용수료의 3할, 전기료의 5할, 가스료의 2할을 할인해 준다 등을 주요 내용으로 하며 1970년 1월 1일 10년 한시법안으로 공포되었다.

두 번째로 「비철금속(非鐵金屬)제련사업법」은 비철금속제련사업의 촉진과 발전을 위해 1971년 1월 22일에 6대 주요 중화학공업 중 가장 나중에 제정되었다. 이는 그만큼 초기에 비철금속공업의 성공가능성이 회의적이었기 때문이다.[8]

세 번째로 「기계공업육성법」은 기계공업진흥을 위한 기본계획을 작성하고 기계공업

4) 이는 1979년 12월 28일 「섬유공업근대화촉진법」으로 개편되었다.

5) World Bank(KMa, 1987). 예컨대, World Bank(KMa, 1987), p. 107에서 지적한 내용들은 조건과 제한에 상관없이 관련 내용과 연계될 수 있는 것은 전부 포함한 것으로 이렇게 할 경우 시대를 막론하고 다른 선진공업국도 거의 유사한 수준의 내용표를 만들 수 있다.

6) 상공부(새공, 1985), p. 22.

7) 日本貿易振興會機械部(韓化, 1978), pp. 32~37.

8) 오원철 전 중화학공업추진위원회기획단장 증언(1993. 12. 4).

의 합리적인 육성을 위해 재정적 지원을 할 수 있도록 공포된 것이다. 이에 따라 정부는 국산화, 기술향상, 전문 계열화, 수출촉진 등에 역점을 두고 이를 위해 기계공업진흥기금으로 장기저리의 융자를 할 수 있으며 동시에 기술 및 시설에 대한 합리적인 기준을 세우고 기계공업자들에게 일정한 지시를 할 수 있도록 되어 있었다.[9] 이 법에 의해 1968년 제1차 '기계공업진흥기본계획' 및 연도별 시행계획이 수립되었고 이후 계속 실시되었다.

네 번째로 「조선공업진흥법」이 「조선장려법」을 대체하여 법률 제1937호로 1967년 3월 30일 공포되었다. 이 법은 선박수급 안정과 표준선형(標準船型)의 제정, 조선용기재(造船用機材)의 규격제정 및 국산화, 조선자금의 조달 및 운용, 조선기술의 향상 및 지도, 조선기술 근대화를 촉진하는 데 주의를 두었다. 「조선공업진흥법」에 의해 매년 '조선공업진흥기본계획'이 발표되었다.

다섯 번째로 「전자공업진흥법」이 법률 제2098호로 1969년 1월 28일 제정·공포되었다. 이는 전자공업의 진흥을 위해 제조기술의 개발, 전문화·계열화 및 양산화, 성능 및 품질의 개선과 생산비의 절감에 중점을 두었다. 전자공업진흥법이 장기발전 목적을 지향하는 것은 이와 동시에 '전자공업진흥 8개년계획'이 수립된 것에서 알 수 있다.

여섯 번째로 「석유화학공업육성법」이 1970년 1월 1일 법률 제2182호로 제정·공포되었는데 이 법에 의해 정부는 ① 석유화학공업육성 기본계획을 세우고, ② 제품 및 원료의 수급, 시설규모, 계열화, 기술개발, 단지조성과 운영 등의 사항을 관장하며, 특히 제품가격의 승인제도를 실시하였다.[10]

6대 주요 중화학공업 업종별 육성법안과 별도로 중화학공업과 관련된 법안 역시 1972년까지 정비되어 만들어졌다. 중화학공업화를 위해 필요한 것은 입지와 기술과 자본으로 대표되는데 이와 관련된 내용이었다. 우선 공업입지를 위해 1970년 1월에는 「수출자유지역설치법」, 「지방공업개발법」이 제정·공포되었다. 1972년 12월 30일에는 국토의 이용과 관리를 효율적으로 하기 위한 「국토이용관리법」이 법률 제2408호로 제정·공포되었다.

두 번째로 기술의 개발과 촉진을 위한 제반 법률이 제정되었다. 1972년 12월 28일에는 신기술의 개발을 촉진하고 그 성과를 보급하여 기업의 국제경쟁력을 강화함으로써 국민경제 발전에 이바지하기 위해 「기술개발촉진법」이 법률 제2399호로 제정·공포되었다.[11] 「기술용역육성법」도 제정되었다.[12]

세 번째는 부족한 자본과 관련된 법률의 정비가 이루어졌다. 1966년에는 「외자도입법」을 제정하였고 1967년 4월에는 '한국개발금융회사'를 설립하여 외자확대를 추진하였다. 1968년 6월과 1972년 8월 등 「외자도입법시행령」의 개정이 계속 이루어졌는데 「외자

9) 한국무역연구소(1974), pp. 391~392.
10) 한국무역연구소(1974), p. 416.
11) 〈매일경제신문〉(1972. 12. 22)에 전문이 실렸다.
12) 중화학공업추진위원회기획단(한공발2, 1979), p. 602.

도입법」의 시행으로 외국자본의 직접투자는 1967년부터 증가하여 1972년에는 1억 달러를 넘어섰다.[13] 정부는 여기에 더하여 보다 장기적이고 안정적인 투자재원 확보를 위한 제도적 장치를 마련하였다. 우선 대외적으로 1967년에는 GATT에 가입함으로써 안정적인 해외자본의 공급을 위한 주요 계기를 만들었다. 1972년에는 「AID 개발차관협정」을 맺었다. 내부적으로는 1968년 「자본시장 육성에 관한 법률」, 1969년 「주식대중화를 위한 종합대책 요강 및 법」 시안을 공포하고, 나아가 1970년대 들어서는 1972년 「단기금융업법」과 「상호신용금고법」, 「신용협동조합법」을 제정하여 내자공급의 확대와 안정성을 보완하였다. 1972년 말에는 「기업공개촉진법」을 제정하여 정부의 기업공개권 발동을 규정함으로써 내자동원체제를 확립시켰다.[14] 심지어 "8.3조치 이후 모든 상장주식의 시가가 액면을 상회하고 있고 발행시장에도 왕성한 투자수요를 보이고 있으므로 우량기업은 자본시장을 통하여 필요한 자금조달을 할 수 있는 여건이 조성"[15]되었다는 대통령 대외비 보고에서 보듯이, 사채동결의 8.3조치까지도 내자동원 여건 조성을 위한 조치로 자리잡았다.

1970년대 중화학공업화는 중화학공업화선언과 바로 연계된 직접적인 준비는 아니었지만 이렇게 사전적인 법률과 제도, 장치를 이미 가진 위에서 선언되고 진행되었다. 1973년 6월 중화학공업기획단의 중화학공업 육성계획이 발표되었는데 비록 총괄작업은 대통령의 중화학공업화선언 이후에 이루어졌지만 1972년 11월부터 1973년 1월까지 상공부는 중화학공업 업종별 육성계획시안을 주도하여 이미 만들고 있었다. 이는 '호남화학공업단지계획(1972. 12)', '조선공업육성방안(1972. 12)', '일반기계공업육성방안(1972. 12)', '기계소재공장건설안(1973. 1)', '철강재수출계획(1973. 1)', '정밀기계공업육성방안(1973. 1)', '전자공업장기육성방안(1973. 1)', '비철금속제련단지계획(1973. 1)' 등으로 나왔다.[16] 청와대에서도 경제제2비서관실이 방위산업을 중심으로 한 주요 전략산업과 과학기술 개발문제 등의 기본계획을 준비하고 있었다.[17] 이렇게 육성계획, 기본계획이 이미 가능하였고 그래서 중화학공업화선언 이후 단기적으로 성과를 거둘 수 있었던 것은 바로 관련 법률과 제도가 정비되고 마련되어 있었기 때문이었다. 중화학공업화가 아무 준비나 기초없이 순수하지 못한 목적을 위해 갑자기 선언되고 시작된 것은[18] 아니었던 것이다.

나아가 중화학공입화선언 이후에도 중화학공업화를 위한 이러한 기초적인 법률적·제도적 보완과 정비가 계속 이루어졌다. 1973년 중화학공업화선언 후 보완 작성된 공업구조개편론은 "정부 각 부처 간 원활한 협조가 이루어지고 민간이 자발적으로 정부시책에 따

13) 경제기획원(경백, 1973).

14) 이는 1974년 대통령의 '5.29 특별지시'로 연결되고 나아가 재무부의 「기업공개촉진법」에 의한 공개지정권 발동, 1975년 8월 8일의 '기업공개보완시책'에 의한 대기업주력기업의 공개지향 권유로 이어졌다.

15) 경제제1수석(중화추8대통령결재문서, 1973. 8. 27).

16) 김광모 전 중화학공업추진위원회기획단부단장(김중화선, 2004. 1. 28).

17) 중화학공업추진위원회기획단(한공발3, 1979), p. 326.

18) 학회 투고시 심사자들의 이러한 지적이 많이 있었다.

르는 관민협조의 국민총력체제가 구축되어야 한다"고 말하면서 "법령, 제도 및 기구의 보완"을 지적하였다.[19] 이에 따라 6대 중화학공업 육성법안에 이어 관련 법률과 제도, 기구가 보완되었다.

우선 입지에서 단순 공업지구나 공단이 아니라 중화학공업을 산업기지로서 발전시키는 전략이 수립됨에 따라 1973년 12월에는[20] 산업기지개발을 촉진하여 국민경제의 발전에 기여함을 목적으로 하는 「산업기지개발촉진법」이 발효되었다.[21] 두 번째로 기술과 관련된 법률과 제도도 계속 정비되었다. 1973년 1월 '공업진흥청'이 발족하여 중화학공업의 육성 및 공산품의 품질관리를 제도적으로 강화시켰다.[22] 1973년에 「국가기술자격법」이 제정되었으며 나아가 정부는 전문연구기관의 발전을 유도하기 위해 연구기관 등의 특수법인화제도를 발전시켜 나갔다.[23] 또한 1973년부터 기술개발준비금제도를 실시하여 기업의 기술개발을 촉진하기 위한 세제상의 지원제도를 만들었다.[24] 세 번째로 자본동원을 위해서도 중화학공업화선언에 이은 법률과 제도의 본격적인 보완이 이루어졌다. 1973년에는 중화학공업에 필요한 장기개발자금을 확보하고 이를 효율적으로 활용할 수 있도록 「외자도입법」과 동 시행령을 다시 개정하였다. 또한 1973년에는 '외국인투자비율에 관한 원칙'을 제정하였다.[25] 내자동원을 위해 1973년 「국민투자기금법」(법률 제2635호)이 제정되었다. 이 밖에 1973년 기업의 중화학공업 진입유도를 위해 「조세감면규제법」 개정이 이루어졌고 기술인력 공급확대를 위한 직업훈련법 개정법률안도 마련되었다.

중화학공업화선언은 기본적으로 필수적인 법률과 제도, 계획 등의 상부구조가 있던 위에 이루어진 것이었으며 또 중화학공업화선언 이후 중화학공업화를 보다 효율적이고 적은 비용으로 추진하기 위해 다시 제도와 법률이 보완된 위에 진행되었다. 이러한 법률과 제도에 의해 중화학공업화는 성공적으로 진행될 수 있었으며 짧은 시간에 괄목할 발전을 이룩할 수 있었다. 그렇기에 한국 중화학공업화 성공의 주요한 원인의 하나로 중점 산업육성법이 지적될 수 있는[26] 것이었다.

2) 진입유도: 개방과 보호의 조화

중화학공업화가 시작되면서 정부는 정부의 역할로 '기업의 진입유도와 문제점 해결'

---

19) 대통령비서실(중선, 1973. 1. 30), p. 31.
20) 9월, 11월 등 자료에 따라 날짜가 다른데 9월 21일 제정되었고 11월 30일 국회가결되었다.
21) 日韓經濟協會(協會報, 1974. 1. 25), No. 60, p. 39.
22) 중화학공업추진위원회기획단(한공발2, 1979), p. 639.
23) 중화학공업추진위원회기획단(한공발2, 1979), p. 602.
24) 과학기술처(과기감, 1981), p. 24.
25) 대통령비서실(한경, 1975), p. 33.
26) 日本貿易振興會機械部(韓化, 1978), p. 2.

을 분명히 하였다.

1970년대 초 4대핵공장사업의 실패에서 정부는 중화학공업화를 위해 정부의 역할을 줄여야 한다는 교훈을 얻어 실행하고 있었고 이는 1970년대 한국의 중화학공업화에서 계속 관철되었다. 이러한 정부의 인식은 중화학공업추진위원회기획단이 1차 석유파동이 터지자 가장 긴급하였던 중앙집유(集油)기지(CTS) 건설에서도 "소요자금은 전액 투자가(投資家) 책임하에 조달하고 차관의 경우 지불보증이 없어야"[27]한다고 대통령에게 보고하고 있듯이, 각종 대규모 주요 투자사업에서 투자자 자신의 책임을 강조하고 차관에서의 정부보증을 축소하는 노력으로 직결되고 있었다. 그럼에도 중화학공업화의 방법으로 정부가 진입유도에 적극 나섰던 것은 장기간에 걸친 중화학공업으로의 이행이라는 선진공업국의 경우와 달리 한국의 당시 경제발전단계에서는 여전히 검증되지 못하였던 여러 위험과 한계가 있었고, 이로 인해 중화학공업화의 주체가 되어야 할 기업들이 진입투자를 꺼리고 있었기 때문이었다.[28]

중화학공업화가 시작될 1970년대 초기 한국의 대기업들은 중화학공업이 '실질적으로' 시기상조라는 생각 또는 자체 자원배분 선택에 의해 중화학공업에의 진입을 꺼리거나, 혹은 자본부족으로 진입 고려를 하고 있지 않았다.[29] 또한 1960년대 서울로의 집중이 시작된 이래 한국을 방문한 韓國馬山輸出入自由地域調査團이 "한국 민간부문의 마산에 대한 관심이 낮은 것이 불안하다"고 말할 정도로[30] 비수도권 지역 투자확대를 꺼리고 있었다. '호남비료' 예에서 보듯이 극소수 민간자본이 초기수요가 안정적으로 확보되는 일부 공업에 진입하고자 하는 시도는 일찍부터 있었지만, 이들도 정상적인 기업회계, 재무관리나 합리적인 진입, 성장계획을 실행하지 못해 투자자금조차 제대로 조달하지 못한 채 국영화되거나 지지부진한 상태로 있었다.[31] 한국은 "국제적 차원에서는 아직 훨씬 못 미치는 규모일 뿐 아니라 기술축적이 미약하기 때문에 실질적으로는 중화학공업화에 어느 정도 준비기간이 필요하다"는[32] 것이 대기업들의 생각이었다. '한국경제의 내부 기반은 중공업화 의욕에 비해서는 제 조건이 구비되어 있는 상태가 아니다"라고 생각하고 있었다.[33] 여기에 1973년 1차 석유파동이 오자 '기술지향적 산업으로서 노동계수가 비교적 높은 부분에 대한 집중적 투자와 정책적 지원이 이루어져야 한다'고 주장하고 나아가 '신규투자를 가급

27) 중화학공업추진위원회기획단(제14, 1973. 11. 8), 의안 6. CTS건설 추진계획.

28) 김광모(金光模) 전 중화학공업추진위원회기획단부단장(한국산, 1988), p. 238.

29) 전국경제인연합회(전2사, 1983), pp. 267~268, 271, 274; 박병윤 서울경제신문 기자(1980. 5); 김광모 전 중화학공업추진위원회기획단부단장(한국산, 1988), pp. 238, 271; 김흥기 전 경제기획원투자진흥국장편(1999), p. 149.

30) 日韓經濟協會(協會報, 1970. 5. 25), No. 40, p. 29.

31) 중화학공업추진위원회기획단(한공발1, 1979), pp. 729~733, 751~752; 한국비료공업협회(비연, 1979~1980); 김광모 전 중화학공업추진위원회기획단부단장(한국산, 1988), p. 39.

32) 전국경제인연합회(전2사, 1983), pp. 267~268. 정부역할 확대 우려도 제기하였다.

33) 전국경제인연합회(전2사, 1983), p. 271.

적 억제해야 한다'는 등의[34] 의견을 내면서 더욱더 투자를 꺼리고 있었다. 한국을 방문한 일본 조사단의 일원은 중화학공업화에서 석유화학 등 대형프로젝트를 추진하기 위해 중핵기업의 선정이 중요하다고 지적하였는데[35] 이는 글 뜻 그대로 외에도 중화학공업화를 적극 담당할 중핵기업이 여전히 없는 상황을 동시에 반영하고 있는 것이었다. 1974년 창원기계공업단지의 분양에는 대기업 중에서는 '금성사'만이 소형모터공장으로 신청하는 등 1974년이 다 가도록 대기업들의 중화학공업, 지역 진입기피가 계속되었다.[36] 이런 점은 사실 중화학공업화에서 한국만의 문제는 아니었다. 모든 후발공업국 경제가 겪는 '공통적 문제는 고부가가치 산업이나 유치산업에 대한 사회적 투자수익률과 개인적 투자수익률이 다양한 원인으로 일치하지 않아 경제발전의 관건인 고부가가치 산업으로의 전환이 자연스럽게 이루어지지 않는다는 것이며, 특히 정부가 아무리 투자조건을 유리하게 만들어도 이를 이용할 민간부문의 기업가가 존재하지 않는 경우가 많다'는 것이었다.[37]

정부가 "(산업계가) 경공업에만 매달려 있다면 그것은 산업계를 지금처럼 길러 준 국민과 정부의 지원에 대한 보답이 아닐 뿐 아니라 어떤 면에서는 국민과 국가의 기대와 소망을 저버리는 비도덕적 행위로 해석될 수도 있는"[38] 것이라는 견해를 피력하고 있음에도 불구하고 대기업들은 계속 소극적으로 대처하였다. 기업들의 투자기피는 '경제발전의 선도적 역군이 될 것을 다짐하는 전국경제인대회 개최'[39]라는 형식을 정부가 추진해야 할 정도였다. 민간기업들이 참여를 꺼리고 있어 당장 해야 할 '여천지구의 석유화학 계열공장 건설 담당지주회사'도 국영인 종합화학이 우선출자하여 설립하도록[40] 중화학공업추진위원회가 결정해야 하였다. 거시경제로 보면 반드시 그 산업이 필요하면서도 의사결정 주체인 기업의 진입이 이루어지지 않자 '정부가 각종 지원을 함으로써 국내민간기업으로 하여금 기계공업에 진출하도록 적극 유도할 필요성이 있다'거나 '민간기업인의 이니시어티브에만 의존할 경우 중화학공업부문의 투자는 적정한 수준에 미달할 것이므로 정부의 개입이 필요하다'는[41] 의견들이 제안되고까지 있었다.

'정부는 제반 노력을 아끼지 않았으나 결과는 기대치에 미치지 못하였다. 이러한 상황은 비단 기계공업만이 아니라 전자 등 타 부분의 사정도 마찬가지였다. 기업들의 참여할 것이냐 말 것이냐 하는 눈치보기와 망설임은 여전하였다.'[42] 한국의 중화학공업화에

34) 전국경제인연합회(20, 1983), pp. 552, 548.
35) 小坂雄太郎 信越化學工業常務取締役(1973), p. 26.
36) 창원기계공업공단(1979).
37) H.-J. Chang(2004), pp. 230~232, 288.
38) 중화학공업추진위원회(해, 1973), p. 87.
39) 대통령비서실(예전19730403).
40) 중화학공업추진위원회기획단(14), 1973. 11. 8, 의안 4.
41) 한국무역연구소(1974), p. 494; 司空壹·兪君·朴英哲·L. P. Jones(1974), p. 81.
42) 동남지역공업단지관리공단(1996), p. 282.

비판적인 세계은행의 보고서도 "중화학공업 투자에 당시 정부의 지원이 없었다면 어떠한 민간기업들도 위험을 감수하려고 하지 않았을 것이다"[43]고 단언하고 있고, 1970~1984년간 경제기획원과 청와대에서 근무한 인사 역시 증언에서 '단순히 민간기구 혹은 시장에 맡겨 두었다면 어떤 투자도 불가능하였을 것이다'[44]라고 지적하고 있듯이, 정부의 진입지원이 없었다면 당시 민간주도의 중화학공업화 출발은 불가능하였다.

이에 정부는 기업이 객관적·주관적으로 평가하고 있는 위험(risk)을 약화 혹은 분산시켜 줄 사회적 보험장치를 마련하여 진입을 적극 유도하였다. 자본, 자원 및 기술과 같은 공급요소가 원시적으로 결핍되어 있고 수요 역시 충분히 형성되지 않았을 뿐만 아니라, 민간기업의 이윤동기를 바탕으로 가격구조의 조절기능에 맡겨 공업화를 이룩하도록 기대하기도 어려운 실정이었기에 계획당국이 개발계획을 만들어 민간기업을 유도하는 과정을 밟은 것이다.[45] 위험기피적 투자행위가 있을 경우 "과거 10년간의 경험으로 보면 정부에서 구체적 공장건설 일람표, 단지계획 등을 작성하여 추진하고 강력한 정부의 지원이 있을 때 민간이 따라 왔고 성과가 있었다"[46]는 경험도 진입유도를 촉진시켰다.

우선, 정부는 기업들을 설득하였다. 대통령경제수석비서관까지 나서서 "기업들을 직접 찾아가 설득"하였다.[47] "정부는 반신반의에 찬 기업인들을 상대로 기계공업의 중요성을 역설, 설득하고 그들로 하여금 어떤 확신을 갖도록 하는 데 온갖 노력을 기울였다."[48] "당국에서 중화학공업에의 참여를 종용하기도 했었던 것으로 전문되고 있다"[49]라는 전경련의 증언내용은 이와 관련된 것이다.

둘째, 정부는 기업들의 진입비용을 낮추기 위한 중화학공업기지 건설에 착수하였고 사회간접자본 건설에 주력하였다. 1973년 6월 중화학공업추진위원회기획단은 중화학공업화의 장기계획서인 '중화학공업 육성계획'을 발표하였는데 '중화학공업은 대형화·기지화·수출화 전략으로 추진한다'[50]고 분명히 하였다. 그리고 정부는 산업기지 입주를 독려하고 각종 혜택을 제시하고 기업이 필요로 한 각종 사회간접시설을 확충하는 등의 제반 노력을 아끼지 않았다.[51] 정부는 1973년 창원기계기지 건설의 기본방침 5가지에서 공공투자 선행과 사회간접자본 시설건설을 들고 "정부는 창원기계기지 건설에 있어서 사회간접자본 시설에 최우선적으로 투자할 계획이다. 전기, 공업용수 및 도로 등의 시설은 최단시

43) World Bank(KMa, 1987), p. 47.
44) S.-C. Lee(1991), p. 458.
45) 중화학공업추진위원회기획단(한공발2, 1979), p. 196.
46) 대통령비서실(중선, 1973. 1. 30), p. 4.
47) 오원철 전 경제수석비서관, 중화학공업추진위원회기획단장 증언(1993. 6. 2).
48) 동남지역공업단지관리공단(1996), p. 282.
49) 전국경제인연합회(전2사, 1983), p. 274.
50) 중화학공업추진위원회기획단(중화공, 1973), pp. 8~11.
51) 동남지역공업단지관리공단(1996), p. 282.

일 안에 완성할 예정이며 입주자를 위해 주택, 의료시설, 교육시설, 통신시설 및 기타 오락 등 문화시설을 우선적으로 건설할 계획이다"[52]라고 밝혔다. 또 1974년 10월 4일 대통령은 1975년 예산안 국회 시정연설에서 고속도로와 항만을 중점 개발하고 중화학공업 건설을 지원하기 위해 창원(昌原), 온산(溫山), 여수(麗水), 아산(牙山), 옥포(玉浦) 등 중화학공업기지에 항만, 공업용수, 도로 등 지원시설을 계속 확충하겠다고 밝혔다.[53] 기업의 진입비용을 낮추는 공용시설 건설도 동시에 진행되었다. 한 예로 당시 대형변압기는 국내에서 생산되지 않았고 출고되기 전에 엄격한 시험을 거쳐야 되었는데 민간기업으로서는 담당할 수 없는 막대한 비용이 소요되었다. 이에 정부는 창원공업기지 내에 정부예산으로 전기시험연구소를 건설하기로 방침을 세웠다.[54]

셋째, 진입유도를 위한 금융·재정상의 여러 조치를 취하였다. 1973년 10월 1일 "1975년도 중화학공업 건설지원 규모를 1974년 390억 원에서 46% 증액하여 총 570억 원 투입하겠다"는 계획을 발표하는 등 정부는 국민투자기금, 한국산업은행 등을 통한 금융편의와 제공을 선언하였다. 12월에는 광범위한 조세감면규제법까지 개정해야 하였다. 이를 통해 조세감면규제법상의 중요산업 특례와 시설재 수입에 대한 관세법상의 중요산업 감면을 선언하였다. 특히, 중화학공업화에서 처음부터 국내시장을 대상으로 하는 소극적 사업보다는 고용흡수효과가 큰 수출사업의 순위가 높게 다루어졌고 이렇게 수출시장 지향적인 사업이 선택되면서 정부의 유인기능은 더욱 커지지 않을 수 없었다.[55] 이러한 금융·재정상의 조치는 정부의 의지선언 성격이 강한 것이었고 이미 선진공업국 역시 초기 중화학공업화에서 시행하였던 것을 학습한 것이었다.

넷째, 상공부 수출입 기별공고로 수입제한승인 품목을 정해 수입자유화율을 낮게 유지하고 높은 실효보호율(1978년 제조업 32%, 농업 57%)을 유지하였으며, 1976년에는 기계국산화 촉진을 위한 일부 기계시설 도입승인제 등 간접적 수입규제도 시행하였다.[56] 당시 세계시장은 중화학공업 등 소득탄력성이 높은 제품의 시장진입에 대해 선발 중화학공업국가들이 약탈가격(predatory price)을 설정하여 발전도상국의 초기 진입을 억제하고 있었으므로 해당 공업이 국가공업구조상 꼭 필요하다면 정부의 진입유도는 필수적인 부분이 있었다. 한 예로 한국 공업을 위해 필수적이었던 메탄올을 한국이 생산하기 시작하자 바로 톤당 70달러에서 40달러로의[57] 약탈가격으로 변경되었다. 이런 경우 경쟁규모에 이르기까지 진입유도를 위한 보호는 후발공업국에서는 어느 국가에서든 불가피하고 필수적인 것이

52) 상공부(창원, 1973. 10), pp. 30, 32.
53) 〈조선일보〉(1974. 10. 5).
54) 오원철 전 중화학공업추진위원회기획단장(박정, 2006), p. 536.
55) 중화학공업추진위원회기획단(한공발2, 1979), p. 202.
56) 한국개발연구원(산업, 1982).
57) 중화학공업추진위원회기획단(한공발2, 1979), pp. 199~200.

다. 그러나 한국에서의 이러한 해외부문으로부터의 보호는 미국과 세계은행 등 국제기구의 압력, 그리고 한국의 수출지향전략 및 기술·자본도입 필요에 따른 개방불가피성 때문에 원천적으로 조화와 제한을 갖고 시행되었고 그 결과 보호조치 속에서도 한국의 개방도는 발전단계를 고려할 때 동일 수준단계의 타국에 비해 매우 높은 수준이었다.

이 밖에 정부는 진입유도를 위해 앞서 본 관련 법 정비, 교육을 통한 인력공급과 연구개발 기능의 정부부담 확대 등 다방면의 노력을 실시하였다. 이론적으로도 실증적 증거로도 ① 큰 규모의 경제가 존재하고, ② 초기 고정비용이 과다하며, ③ 학습비용, 기술과 경험을 반영하는 학습커브(learning curve)가 높은 기울기를 가지면 정부의 초기 보조정책은 필요하다. 특히, 여기에 동태적 규모의 경제(dynamic scale economies)가 존재하고, 자본시장이 불완전하며 외부성(externality)이 존재하는 등 시장기능의 불완전성이 클 경우 초기 정부의 유도는 합리적이다. 또한 기술집약적 최첨단산업의 초기 육성은 물론이고 국제경쟁력 확보를 위한 특정 산업의 한시적 정부지원의 정당성은 확인된다.[58)]

김정렴 전 비서실장이 1993년 세계은행 간담회(3. 25~26) 연설에서 "박대통령 시대의 한국은 강력한 정부주도가 있었다"고 말하는 등[59)] 기존 정부개입에 대한 증언도 내용을 검토해 보면 바로 정부의 선도역할을 지적하는 것임을 알 수 있다. 실제로 정부가 모든 중화학공업화를 직접 추진해 나갔다고 한다면 진입유도를 위한 제반 인력, 재정, 금융 그리고 사회간접자본상의 여러 유인을 만들어 줄 필요도 없었다. 이런 점은 중화학공업추진위원회기획부단장을 지낸 김광모가 중화학공업화의 전부를 담았다고 말하고 있는 '중화학공업화정책선언에 따른 공업구조개편론'이 계획과 당면과제에서 반복하여 출발방식의 연구를 강조하고 있는 점에서도[60)] 분명히 나타난다.

정부가 개입한다고 하면서도 규정된 정부의 역할은 출발방식 연구, 발전도상국가의 공업화 문제점 해결 등 진입유도에 초점이 맞추어져 있었던 것이다. 다만 한국은 이행의 문제에서 발전도상국에 요구되는 방법상, 선발공업국들처럼 점진적인 이행에 맡겨 두면서 정부가 지원하는 것이 아니고 정부가 의도적이고 계획적인 자극에 의하여 급속히 이행시킨 차이가 있었다.[61)]

그럼에도 불구하고 한국 중화학공업화에서 방법론으로 사용된 진입유도는 긍정적인 특징이 있다. 첫째, 정부는 진입유도를 위해 중화학공업화계획의 목표와 내용을 명확히 하여 모든 주체들이 정보를 공유하고 경쟁을 하도록 유도했으며 정보의 공유로 비용을 낮추려고 하였다는 점이다.

58) A. K. Dixit and A. S. Kyle(1985); G. M. Grossman(1991).
59) 김정렴 전 대통령비서실장(2006), pp. 16, 23.
60) 대통령비서실(중선, 1973. 1. 30), pp. 4~6.
61) 중화학공업추진위원회기획단(한공발2, 1979), p. 103.

【중화학공업화계획 작성】

1. 수출 100억 달러, 1인당 GNP 1,000달러를 목표로 한 국가산업기본모델을 작성한다.
2. ……
3. 본 목표를 10개년에 달성하는 과정을 연차별로 풀이한 계획서가 작성되어야 한다.
4. ……
5. 계획의 목표와 내용은 명확해야 하며 조기에 확정시켜 공표하여야 한다.

《대통령비서실(중선, 1973. 1. 30), pp. 4~5》

둘째, 한국 정부는 진입유도에서 개별 산업이나 개별 사업 직접지원보다 사회간접자본 등으로 사회적 비용을 낮추어 진입비용을 낮추어 주는 간접적 방식을 선호하였다. 이는 타국과 차별적인 특징인 한국적 모델로 나타났다. 이에 대한 보다 자세한 내용은 뒤의 '7. 공업기지화: 소외된 후발공업국의 전략'에서 다룬다.

셋째, 진입유도는 진입이 이루어지면서 1970년대 말로 갈수록 약화되어 진입유도의 원래 역할에 충실하고자 하였다. 1976년 제4차 경제개발5개년계획 작성에 이르러서는 진입유도 유인체계에 대해 '현재의 산업유인체제는 지나치게 차별적이고 또 그 효과가 평가되기에는 너무 복잡한 체계를 이루고 있다'고[62] 과도할 정도로 냉철하게 지적되었다. 한국 정부에 의한 진입유도는 초기에는 대만이나 싱가포르보다 훨씬 더 광범위했지만, 훨씬 빨리 축소되었다.[63]

넷째, 진입유도정책은 국내외 자본에 대해 차별적이지 않았다. 즉, 한국의 중화학공업화에서 진입유도는 폐쇄적인 일반보호정책과는 다르게 시행되었다. 또 발전단계로 볼 때 한국은 진입유도를 위한 보호를 많이 시행한 것이 아니었다. 이는 후발공업국이 공통적으로 시행한 것으로 한국의 중화학공업화에는 후발성 이익만이 아니라 후발성에 따른 불리함이 함께 했음을 의미한다.

한국의 중화학공업화 초기는 개방과 보호가 조화되면서 진입유도가 이루어졌다.

3) 민간주체와 민간역할을 최대화: 지속적 인센티브와 효율성의 추구

한국은 해방 이후 미국이 진주함으로써 북한과 완전히 다른 발전경로와 기구를 처음부터 가지게 되었다. 그것은 1차적으로 경제가 미국식 제도대로 시장의 기능을 중심으로 정착된 것이었다. 이는 제2차 세계대전 이후 미국이 진주하지 않은 발전도상국이나 사회주의 국가와는 다른 특징적인 것이었다. 그래서 이후 정부의 역할이 아무리 강조된다고 하여도 근본적으로 한국경제는 미국식 시장우선의 기구로 운영되었다. 기본적으로 한국경

62) 경제기획원(경백, 1976), p. 454.
63) J.-S. Shin and H.-J. Chang(2004), p. 53.

제는 해방 이후 적산처리부터 시작해 이후 계속 시장기능을 강조하는 정책이 그 중심에 있었으며 이는 이승만정부에서나 이후 장면, 박정희정부에서 모두 마찬가지였다. 정부계획에서도 이미 1962년 제1차 경제개발5개년계획 보완계획이 작성되면서 22개의 프로젝트를 계획사업으로 선정할 때 투자기준에서 "민간기업이 담당할 수 있는 사업은 민간기업에 이관한다"는 원칙을 분명히 하고 있었다.[64] 너무나 기본적으로 존재하였던 이 점이 그 동안 국내외 한국 현대경제연구에서 거의 지적되지 않은 채 한국은 정부가 모두 진행하였다는 논리가 강하게 공유되고 있는 것은 흥미로운 일이다.

중화학공업과 관련하여서도 처음부터 이러한 원칙은 그대로 관철되었다. 정부는 1968년 4월 1일 창립한 '포항종합제철(POSCO)'을 대외협상과 비용, 규모의 경제 필요성 등 모든 면에서 당연히 공사로 할 생각이었으나 미국은 물론 추진위원회를 비롯한 전체적인 분위기가 주식회사를 지지해 정부지배주주의 주식회사로 바뀌었다.[65] 이미 1969년 4월 18일 김정렴 상공부장관은 국회에서 한국무역진흥공사와 광업진흥공사를 제외한 나머지 국영기업체를 모두 불하하여 민영화할 방침이라고 밝힌 바 있었다.[66] 석유화학공업에서도 마찬가지였다. 1969년 11월 29일 상공부는 석유화학공업계획의 최초 종합완성판인 석유화학공업육성 5개년계획(1972~1976)을 발표하면서 "민영을 원칙으로 한다"라는 입장을 분명히 천명하였다.[67] 1970년 들어서도 이는 공개적으로 계속 강조되었고 천명되었다. 1970년 12월 11일 정부와 재계는 1970년대 경제정책 기조를 민간주도형으로 하기 위한 4개 원칙을 작성하였고, 12월 19일 국무총리에 임명된 백두진 총리는 개각 직후 금후 경제정책방향은 민간주도형의 개발로 달성한다고 기자회견에서 천명하였으며, 다시 1971년 2월 22일 민간주도형 경제로 전환시킬 방침을 분명히 하고 국공유사업의 민영화를 추진할 것이라고 말하였다.[68] 1971년 12월 2일 국회를 통과한 1972년 새해 예산안에서 재정투융자는 1971년 32.6%에서 30.1%로 줄어들었다.[69]

심지어 오늘날과 달리 당시 절대 군수비밀화되어 있었던 방위산업에서조차도 1971년 11월 9일 방위산업을 중화학공업의 일환으로 추진하도록 전환하면서 민간주도원칙은 분명히 되었고, 11월 18일 유재흥 국방부장관은 국회 국방위 국정감사에서 군수산업을 단계적으로 민영화할 것이라고 답변하였다. 김용환 초기 중화학공업추진위원회기획단장의 증언 역시 국방부의 반대에도 불구하고 방위산업조차도 민간중화학공업, 민간주도형으로 추진되었고 또 중화학공업은 민간기업이 주도하여 나가게 되었던 현실을 확인해 준다.

64) 대한민국정부(제1경, 1962).
65) 이와 관련하여 흥미로운 그러나 일치하는 복수의 증언이 있었다. 초기 인식에서 포항제철은 실패가능성이 큰 상황이었으므로 사후 정부가 책임을 벗기 위해 주식회사로 출범시키는 데 동의하였다는 것이다.
66) 〈매일경제신문〉(1969. 4. 19).
67) 청사(일지, 1984), pp. 82~83.
68) 청사(일지, 1984), pp. 37, 47.
69) 〈동아일보〉(1971. 12. 2).

방위산업을 국방예산과 직결된 공기업 형태의 '국가주도형'으로 추진할 것인가, 아니면 민수산업과 관련시켜 민간기업 형태의 '민간주도형'으로 추진할 것인가 하는 논쟁이 뜨겁게 달아올랐다. 국방부는 전자를, 청와대비서실과 경제부처에서는 후자를 선호하여 좀처럼 합의가 이루어지지 못하였다. 이 논쟁은 박정희 대통령이 방위산업은 민수산업과 연관시켜야겠다고 결단을 내리고 나서야 비로소 종식되었다. 대통령은 "방위산업은 중화학공업과 직결될 뿐만 아니라 공기업형으로 육성하면 수요가 포화상태에 이를 때, 그 기업의 채산성은 한계에 부딪치기 마련이다. 기업의 존립과 생존을 위해서 자칫 잘못하면 전쟁불가피론을 유발할 가능성조차 있을 수 있다"고 판단했기 때문이다. ……대통령의 정책선언 이후 중화학공업의 건설은 민간기업이 맡아 주도하고, 정부가 이를 정책적으로 뒷받침하는 체제로 추진되기 시작하였다.

《김용환(金龍煥) 전 재무부장관(2002), pp. 111~112》

따라서 항상 그렇게 지적되어 왔듯이 한국의 경제발전, 중화학공업화를 비교단계가 다른 1970년대 동일 시기의 미국, 일본, 독일 등 장기적인 중화학공업화의 역사를 통과한 최선두 선진공업국과 절대수치대로 평면적으로 비교하여 정부주도형이었다고 보는 것은 근본적으로 문제가 있다. 또 당시 정책책임자들은 구상과 계획단계에서 정부, 자신들의 능력을 믿고 있었고 그래서 실질적인 세부 내용과 달리 총괄내용에서 그렇게 적었으며, 여기에 문서를 일일이 챙기며 결재하고 있었던 대통령이 계속 부지런한 공무원을 강조하고 있었고 이를 높이 평가하고 있었기에 그렇게 정부와 담당자의 역할을 강조하여 적고 있었다. 나아가 당시 정책책임자들이 증언에서 한국이 정부주도이었다고 강조하고 있는 것은 경제성장에서 자신들의 역할을 강조하기 위한 설명구조상 이루어지고 있는 점이 크다. 심지어 기업의 노력과 성공을 강조하는 기업사사에서조차 1970년대를 정부주도이었다고 적고 있는 경우가 발견되는데, 그 내용을 파고 들어가 보면 '비판되고 있는 1970년대의 문제'는 기업의 책임이 아니었다는 것을 의미하기 위한 것임을 확인할 수 있다.

물론 앞서 지적하였듯이 1970년대 동 시대 선진공업국, 그리고 오늘날의 기준에서 볼 때 1970년대 한국 중화학공업화에서 정부의 역할은 컸다. 그러나 이는 추격을 하고 있었던 후발공업국가에서는 범역사적·범지역적으로 나타나는 것이었다. 대다수 발전도상국은 물론 초기 공업화 단계에 있었던 일본의 경사제도(傾斜制度)나 독일, 미국의 경우에서도 동일하였다. 마찬가지로 한국 역시 민간주도이되 후발추격국으로서 정상적인 성장궤도의 진입을 위해서는 시장의 실패 해결, 그리고 자원부족 등 공급병목 문제 해결, 특히 현실에서 존재하는 실패한 자본의 본원적 축적문제의 우선적 해결이 시급히 요청되고 있었다. 이는 당시 중화학공업추진위원회에 의해 분명히 다음과 같이 지적되고 있었다.

정부의 역할은 너무나 크다. 우선 중화학공업화의 구체적인 방향을 조기에 확정하고 이를 뚜렷이 제시함으로써 민간부문의 예측과 결단을 선도해야 하며 치밀한 실천계획을 수립하여 제시함으로써 산업계의 참여를 이끌어야 한다. 둘째, 주도산업 내의 각 주요 사업부문을 확립하고 사업단위를 결정하는 일에서부터 단위사업의 규모, 생산방법, 기술형태 등 사업착수에 필요한 모든 세부적인 사항을 결정하는 일에 이르기까지 산업계와 기술계 등과 협의해야 한다. 셋째, 사업별 정착대상지역을 정하고 실질적인 사업착수에 선행되어야 할 용지, 용수, 동력, 지원시설 등 각종 사회간접자본을 조성해 주어야 하며 나아가 산업계의 자본동원 능력을 보완하여 내자나 외자의 적정 조달을 가능하게 하거나 또는 기술 시설재 등의 도입 및 국내조달체제를 갖추기 위하여, 재정, 금융 및 조세상의 모든 조치를 강구하여 외부비경제를 배제시켜 주어야 한다. 그러나 정부는 단지 선도하고 조정하는 데 지나지 않으며 실제 중화학공업화라는 거대한 사업을 이끌어 가는 공업구조 개편의 실질적 수행자는 산업계이다. 그러므로 산업계의 역할은 가장 중추적이고 실무적인 것이라고 하겠다.

《중화학공업추진위원회(우해, 1973), p. 87》

두 번에 걸친 경제개발5개년계획에서…… 요소효율에 대한 경시는 곧 자본, 투자의 부족을 더욱 가중시켰다. ……따라서 이번에 제시된 중화학공업화정책선언은…… 능률의 극대화라는 조건을 동반하고 있는 것이다. ……특히, 우리나라와 같이 본원적인 자본축적이 없고 자원의 부존량이 충분하지 못한 개발도상국에 있어서는 모든 부문, 모든 산업에 대한 동시적인 투자나 동시적인 자원배분을 통하여 균형적인 성장을 추구한다는 것은 모든 부문 또는 모든 산업을 거의 성장시키지 못하거나 극히 완만한 속도로 성장시킬 수 있을 뿐이므로 이러한 개발전략은 소극적이고 비효율적인 것에 지나지 않는다. 그러므로 산업이나 부문은 중요도에 따라 우선순위를 정하고 긴급하고 중요한 부문에 대하여 집중적으로 투자하고 개발하는 이른바 중점적인 성장전략이 불가피하다.

《중화학공업추진위원회(우해, 1973), pp. 39~40》

중화학공업추진위원회는 정부의 역할은 선도하고 조정하는 데 지나지 않으며 실제 중화학공업화라는 거대한 사업을 이끌어 가는 공업구조 개편의 실질적 수행자는 산업계이고, 정부의 역할은 산업계의 참여 유도, 그리고 각종 사회간접자본 조성과 외부비경제 배제라는 당연한 정부의 역할에 머물러야 한다고 분명히 하고 있다. 그러면서도 정부의 결정은 세부적인 일까지 산업계·기술계 등과의 협의에 의해야 한다고 규정하고 있다. 또 중화학공업추진위원회는 정부개입이 공급병목 상태에 존재하고 있었던 한국에서 기존의 요소효율 경시로 인한 여러 문제점을 합리적으로 개선하기 위해 필요한 것임을 밝히고 있으며, 국가의 개입은 어디까지나 시장경제가 추구하는 능률의 극대화라는 조건을 동반하는 것임을 분명히 하고 있다. 진입과 공급병목의 해결이라는 두 가지의 문제를 해결하지 못하면 후발공업국에서 중화학공업화 자체가 이루어질 수 없는 현실을 명확히 인식하고 있는 것이다.

이러한 합목적성이 있었던 한국 정부의 개입 정도는 공업발전단계에서 볼 때 다른 선진국 초기 단계보다 큰 정도가 아니었으며 근본적으로는 한국 중화학공업화에서 실질 투자주체는 민간 개별 기업이었다. 민간주체로 중화학공업화가 진행된다는 것은 투자와 운용 등 모든 부분에서도 확인되고 일관되게 강조되었다. 중화학공업추진위원회기획단은 중화학공업화의 청사진을 밝히면서 다음과 같이 민간주도를 추진모체로 함을 전제로 한다는 것을 분명히 하였고, 이는 정부의 행정백서와 경제기획원의 장기전망 등에서 계속 공식적으로 기록, 공표되었다.

> 중화학공업화를 조속히 성취시키기 위해서는 민간의 주도와 창의성을 추진모체로 하되 정부가 앞장서서 재원조달계획, 입지계획, 사회간접자본 시설의 확충, 기술인력의 개발 등 합리적인 정책을 제시하고 계획을 조직화함으로써 소수의 주도업종에 대한 집중적 투자를 실현시키고 다시 관련산업의 투자를 유발시키는 방식을 채택할 것입니다.
>
> 【중화학공업추진위원회기획단(중화공, 1973. 6), p. 6 ; 대한민국정부(행백, 1974), p. 154】

> 중화학공업계획의 추진은 1960년대의 공업화 기반을 토대로 하여 민간의 주도와 창의성을 추진모체로 하되 정부에서는 재원조달계획, 입지계획, 기술인력의 개발 등 종합적이고 합리적인 시책을 수립 실시할 것이다. ……중화학공업의 건설은 기술의 집중화와 관련공업의 유기적 육성 및 국제규모화의 원칙 아래 민간주도로 이를 촉진하며 대규모 공업기지의 조성과 조세정책 등 합리적인 정부의 지원정책을 발전시킬 것이다.
>
> 【경제기획원(우장, 1973. 12), pp. 47, 97】

증언에서도 이는 확인된다. 중화학공업화에서 해당 기관(주로 상공부)은 공업구조개편론의 5가지 기본방침에 의거하여 업종별 사업계획을 수립하였는데, 5가지 기본방침은 다음과 같이 민간기업을 위주로 한 중화학공업화에 대한 의지를 분명히 하고 있었다.

> 1. 기업성이 있는 것부터 착수한다. 처음부터 품질·가격 면에서 수출능력을 갖추도록 한다.
> 2. 경제단위 규모에서 국제 최대급 단계로 격상한다.
> 3. 중화학분야에서 가장 취약한 기계공업 발전에 심혈을 기울인다.
> 4. 민간기업을 위주로 한다. 단, 국가적 관점에서 운영되어야 한다. 민관 협조체제를 유지한다.
> 5. 공장입지는 정부가 건설하는 산업기지에 입주시키는 것을 원칙으로 한다.
>
> 【김광모 전 중화학공업추진위원회기획단부단장 증언(2009. 2. 3)】

1973년 6월 18일부터 6월 26일까지 한국의 요청에 의해 일본의 '機械工業等韓國産業長期開發計劃調査團'이 방한하였는데 여기에서도 한국 정부는 "중화학공업 건설과 운영은 민간의 창의를 활용한다"는 점을 "강조"하였고 이에 대해 일본 조사단은 "건설과 운영의 주체를 민간의 창의활용에 구하고 정부는 지원과 추진의 제도, 국토개발 등 조건정비에 한정하는 것은 이미 경제중진국 레벨로 이행한 국가로서 당연하다"고 밝히고 있다.[70] 무엇보다도 추진주체를 명확히 보여 주는 투자계획을 보아도 정부는 처음부터 중화학공업화 기간 1973~1981년간 중화학공업 총투자 2조 9,800억 원 중 정부투자분은 1,089억 원으로 3.65%에 불과하게 하고 나머지 96.3%인 2조 8,700억 원을 민간에서 담당하도록 하였다.[71] 절대액에서만 아니라 경공업부문 투자액의 12.6%를 정부가 담당하고 총투자액의 32.4%를 정부가 담당하도록 계획되어 있었던 것과[72] 비교해도 중화학공업에서 정부의 역할이 작게 계획되었음을 알 수 있다. 나아가 이미 중화학공업화를 시작하면서 대통령과 청와대비서실은 소유 그리고 경영에서까지도 중화학공업은 전문 민간경영인에 의한 경영독립성이 보장되어야 한다고 시책으로 정하고 있었다. 이는 경제제1수석이 중화학공업 추진을 위한 기업경영시책을 대통령에게 보고하고 대통령이 결재한[73] 문서에서도 확인되고 있다.

【1973년 8월 27일 대통령 결재의 시책내용】

가. 중화학공업은 공모증자 또는 유능한 경영자를 중심으로 모집설립에 의하여 추진함을 원칙으로 한다.

……

아. 위와 같은 제 시책의 추진과 더불어 유능한 경영자에 의한 기업경영의 전문화와 그 독립성을 보장하도록 하는 방안을 강구함과 동시에 기업의 공시제도를 확립하여 기업에 대한 사회적 신인을 높이도록 한다.

《경제제1수석(중화추8대통령결재문서, 1973. 8. 27)》

이에 따라 심지어 정부가 지배주주인 포항제철도 정부의 형식적 사후승인이 있었지만 모두 자체적으로 운영되었다.[74] 이렇게 민간주도, 민간이 추진모체가 되어 중화학공업화를 시행한다는 것이 일관되게 공표됨으로써 민간학계에서도 이를 기본방향으로 받아들이고 있었다.[75]

1970년대 권위주의 정부들이 직접 개입하고 운용한 경제의 성장은 단기간에 머물고

---

70) 韓經濟協會(協會報, 1973. 9. 25), No. 58, pp. 9~11.

71) 국무총리기획조정실(중오, 1973), p. 13; 경제기획원(우장, 1973. 12), pp. 156~157.

72) 경제기획원(우장, 1973), pp. 152~163.

73) 김용환(金龍煥) 전 재무부장관은 박대통령 역시 "경제개발 초기단계에서는 정부의 개입이 불가피하나, 궁극적으로는 '민간주도형의 경제를 건설해야 한다'는 철학을 실천하기 위해서 군부나 정치권의 경제에 대한 간섭을 배제해야 한다는 것을 잘 알고 있었던 것이다"라는 흥미로운 증언을 하고 있다. 김용환 전 재무부장관(2002), pp. 111~112.

74) 이러한 사후절차는 중화학공업추진위원회기획단(중화추현, 1979. 1)에서 전체적으로 보인다.

75) 한국무역연구소(1974), pp. 419, 461.

장기간 지속되지 못하였지만 한국은 권위주의적이고 직접적인 정부 개입과 운용이 아니었기에 지속적인 경제성장을 이룩하였다. 한국 중화학공업화에서 정부의 역할이 컸다고 하지만 근본적으로는 민간경제, 시장경제가 논리적으로나 현실구조적으로 기초를 이루고 있었으며 또한 민간기업을 중심으로 운용된 체제였다. 산업발전단계상으로 볼 때 한국은 세계에서 가장 민간의 역할이 컸던 국가 중 하나였다.

4) 수요의 상호 연계적 창출: 시장규모 극복을 위한 한국식 모델

한국 중화학공업화를 위해 필요한 요소는 기술, 자원, 자금, 경영능력 등이었다. 그러나 후발공업국으로서 근본적인 문제는 중화학공업화를 진행할 때 진입유인이 되고 또 이를 지속가능하게 만들 안정적인 내수가 없다는 것이었다. 물론 수출이 충분하다면 내수가 적어도 가능하지만 당연히 후발공업국의 경쟁수준은 수출수요가 초기 단계에서 충분히 확보되지 못하는 문제가 있고 또 수출이 가능하다고 해도 수출은 중화학공업화가 지속적으로 이루어지도록 하는 안정수요가 될 수는 없으므로 당연히 성공적인 중화학공업화를 위해서는 안정적인 내수가 필요하였다. 이 점은 한국 정부가 잘 알고 있었고 또 일본 방문단이 쓴 의견에서도 다음과 같이 지적되었듯이 일반적이고도 가장 어려운 근본문제로 독일과 일본이 직면하였던 문제였고 또 한국이 직면하고 있는 문제였다.

> 한국이 중화학공업화를 추진하는 이유의 가장 주요한 동기는 수출을 목적으로 하고 있지만 수출은 시장변동으로 안정수요가 아니다. 오히려 국내수요를 확립하는 것이 선결과제이다.
>
> 《M 機械工業等韓國產業長期開發計劃調査團員(1973), p. 7》

그러나 1960년대 공업화의 성공적 진행으로 산업부문에서 중화학공업에 대한 신규수요가 생겨났고,[76] 1970년대 들어와 방위산업 육성이 시작됨으로써 이 문제는 해결의 단초를 찾게 되었다. 오원철 전 중화학공업추진위원회기획단장의 증언은 이런 상황을 요약하여 보여 준다.

> 후진국이 중화학공업을 육성할 수는 없는 것입니다. 돈과 기술이 없다는 것도 문제지만 가장 큰 애로점은 수요가 없다는 것입니다. ……지금 우리나라에서는 수요가 생겨난 것입니다. 산업기계 쪽에서 수요가 생겨났고 방위산업 쪽에서도 수요가 나왔습니다. ……지금 중화학공업과 방위산업은 상부상조하는 역사적인 절호의 기회입니다.
>
> 《오원철 전 중화학공업추진위원회기획단장(박정, 2006), pp. 218~221》

76) 박영구(1997a).

실제로 1972년 김정렴 대통령비서실장은 "방위산업 쪽에서 앞으로 상당기간 대량의 수요가 발생하게 될 것입니다. 그러니 지금이야말로 중화학공업을 본격적으로 추진할 수 있는 절호의 기회라고 생각됩니다"라고 보고하고 있다.77) 방위산업은 1975년 1만 33개의 미국 회사들이 정부 승인을 받아 무기생산 또는 무기수출에 관여하고 있다는 〈뉴욕타임스〉의 보도나,78) 상공부의 1975년 기계공업육성종합지원대책 기본방향이나 세부 시책 등에서 보듯이79) 국내외적으로 분명히 중화학공업의 가장 큰 수요창출 도구이었다.

당시 절대 요구되었던 방위산업과 수출을 중화학공업의 수요확충책으로 이용한다는 것, 즉 중화학공업화에서 제시된 3가지 주요 목표인 방위산업 육성, 수출 100억 달러와 1인당 국민소득 1,000달러 달성, 공업구조의 고도화를 별개로 놓지 않고 결합하여 한 시스템으로 추구한다는 것은 중화학공업화가 성공하기 위한 획기적인 방법론상의 아이디어이었다. 이렇게 하면 자원공급병목과 관련하여 중복투자 방지, 투자비용 감소가 가능하고 수요와 관련하여 작업량 확보와 가동량 증가, 평시 때와 전시 때의 분산적인 시설의 활용이 모두 가능해진다. 이미 1972년 '중화학공업화와 80년대 미래상'이라는 대통령 보고에서 "중화학공업 건설은 그 공업의 생산급증만이 아니라 관련 모든 산업의 생산을 가속화시키고 따라서 전체 제조업 구조를 개선시킬 것입니다"라고 내수 상호 연계적 발전이 대통령에게 보고되었다.80)

이후 이러한 수요의 상호연계, 즉 내수창출, 연관효과 극대화 노력은 방위산업을 넘어서 모든 산업에서 추구되었다. 중화학공업추진위원회는 정부의 엄밀한 주도를 말하면서 "종적 심화를 통하여 산업업종 사이의 관련성을 명백히 하고 산업구조 변화에 따른 생산 및 기술의 관련모형을 치밀하게 짜야 하며 목적적 생산부문 모형을 선행하고 이에 종속하여 투자범위, 재원조달의 방법 및 자원의 가용성을 검토해야 할 것이다"라고 밝혔다.81) 중화학공업추진위원회는 중화학공업화의 당위성을 설명하면서 "산업피라미드의 정상을 보충하여 삼각형꼴의 정상적인 피라미드를 만드는 것이 고도산업사회로 성숙하는 필수적인 과제라고 하겠다. 그것은 곧 기계공업, 금속공업, 화학공업, 조선공업과 같이 연관효과가 극히 크며 내생적인 성장추진력이 강한 주도업종을 집중적으로 개발하는 일이다"82)라고 천명하였다. 경제기획원 역시 1973년에 장기경제발진 구상인 장기전망에서 중화학공업 건설원칙의 하나로 관련공업의 유기적 육성을 들었다.83)

이런 전략에 따라 공업별로 내수확대를 위한 상호 연관효과가 언제나 고려대상이 되

77) 오원철 전 중화학공업추진위원회기획단장(박정, 2006), p. 146.
78) 〈중앙일보〉(1975. 10. 22).
79) 日韓經濟協會(協會報, 1975. 10. 1), No. 70, p. 27.
80) W.-c. O(1975), p. 286.
81) 중화학공업추진위원회(우해, 1973), p. 22.
82) 중화학공업추진위원회(우해, 1973), p. 10.
83) 경제기획원(우장, 1973), p. 97.

었고 선택되었다. 철강공업에서는 관련제품과의 통합화가 요구된다고 지적되었다.[84] 기계공업 발전에 따라 대규모 기계단지인 창원공업기지 내에 한국종합특수강공장이 세워졌다. 또 기계공업과 전자공업 등 이들 산업부문이 소요하는 비철금속류의 여러 가지 소재에 대한 수요가 급증함으로써 이에 따라 비철금속류의 원료재산업도 1970년대 중반 이후부터 집중 개발되었다.[85] 기계공업에서는 수요가 생산을 창출한다는 원리가 군수산업과 기계공업의 상관관계에 그대로 적용되어 군수산업의 수요증가는 기계공업의 발전을 자극하였다.[86] 1975년 9월 27일 상공부는 내수시장 확보를 통한 국산화 촉진을 위해 시멘트, 비료, 화력발전, 정유, 포르말린 등 5개 품목의 플랜트 수입시 일정 국산화율을 공고하여 주요 기계국산화 대체를 촉진시키겠다고 밝혔다.[87] 조선공업은 철강공업의 수요창출로서 처음부터 고려되었고 후에 조선공업의 발전은 철강공업의 후판공업 생산을 유도하였다.[88] 조선공업에서 기계, 금속, 전기 및 전자공업의 발달과 병행하여 선박, 의장품을 국산화하고 이러한 관련공업은 조선공업의 성패를 좌우하므로 선박의 의장품은 각 공업기지에서 생산 공급하도록 처음부터 계획하였다.[89] 화학공업에서는 기본지침에서 "화학공업은 기계공업, 중소기업 등 경공업에 연료를 제공하는 모체공업으로 계속 강화하여야 하고 화학공업을 기계공업 유발의 주도업종이 되게끔 하며 기계장치는 점차 국산으로 대체"하도록 계획되었다.[90] 이러한 상호 연계, 즉 내수창출, 연관효과 극대화를 위해 모든 공업의 매년 주요 추진계획에는 수요창출이 항상 들어 갔다.

정부는 이러한 상호 연계적 공업구조의 촉진과 완성을 위해 계열화를 항상 주요 계획에 포함하였으며 나아가 관련부문 간 협의체도 중요하게 장려하였다.

> 중화학공업화는…… 생산과 기술 면에서 혹은 수평적으로 혹은 수직적으로 연관성을 확대시켜야 하는 종합적 사업의 성격을 띠고 있기 때문에 생산 및 기술의 전문화와 계열화의 원칙에 입각하여 항상 관련된 산업이나 부문 사이에 조화와 협조가 갖추어지도록 해야 한다. 혹은 관련된 부문 사이에 협의체를 구성하거나 혹은 상호 직원의 교류를 통하여 관련 부문 전부의 균형 있는 발전이 가능하도록 해야 할 것이다.
>
> 【중화학공업추진위원회(우해, 1973), p. 87】

한국은 19세기 독일 철강산업이 사실은 철강관세율이 미국, 프랑스 등에 비해 여전히 낮으면서도[91] 보호라는 상징적 보호수단을 갖고 내실은 수요연계형 공업구조를 형성하여

84) 대통령비서실(중선, 1973. 1. 30), p. 52.
85) 중화학공업추진위원회기획단(한공발2, 1979), pp. 123~124.
86) 동남지역공업단지관리공단(1996), p. 115.
87) 〈매일경제신문〉(1975. 9. 27).
88) 김광모 전 중화학공업추진위원회기획부단장 증언(2010. 2. 10).
89) 대통령비서실(중선, 1973. 1. 30), p. 53.
90) 대통령비서실(중선, 1973), pp. 44~45.

성공하였듯이,[92] 비교우위 생산요소인 노동요소를 최대한 이용하는 수요연계형 공업구조, 그리고 단계적 연계공업 형성이라는 접근방식으로 성공하였다. 이러한 방법에 의해 1970년대 후반부터는 완전히 원료재 생산과 중간재 생산 및 최종생산재 생산이 상승작용을 하는 단계로 정착하여 가게 되었다.[93] 오원철 전 중화학공업추진위원회기획단장은 중화학공업화 성공요인의 하나로 "공업입국의 장기계획을 세우고 어느 것부터 해야 가장 효과가 높은가를 따지는 임팩트폴리시를 채택하였던 것이다"[94]라고 견해를 밝혔다. 임팩트폴리시는 이러한 내수의 상호 연계적 창출을 의미하는 것이었다. 한국의 중화학공업화정책은 일관되게 유기적이고 합리적인 내수연계계획을 갖고 시작되었고 진행되었다. 그리고 이와 연관하여 규모의 경제와 함께 범위의 경제 그리고 시너지효과(synergy effect)를 이용하기 위한 계획이 항상 포함되었으며 산업기지도 이런 효과를 고려하였다. 이런 위에서 가능한 수요확대책으로서의 수출이 동시에 주요 전략으로 추구되었다. 독일과 일본의 교훈이 적용되었던 것이다.

5) 단계적 접근: 부족한 자원과 자본의 해결

중화학공업화를 계획하면서 바로 한국이 직면한 문제는 자원과 자본부족이었다. 이를 해결하는 방법으로 한국은 모든 계획내용을 단계적으로 작성하였다. 이는 업종, 진행시기, 재화성격과 생산방법, 산업단지 개발, 투자사업, 자본도입과 합작, 경쟁체제 등 중화학공업과 관련된 모든 부분에서 적용되었다. 단계적 접근은 시차적인 선택과 집중이었다.

(1) 업 종

1972년 6월 초 오원철 경제수석비서관은 대통령에게 100억 달러 수출을 위한 중화학공업의 발진을 건의할 때, "중화학공업의 전 분야를 일시에 출발시키는 것이 아닙니다"라고 보고하였다.[95] 자원이 부족한 독일이 그러했듯이[96] 단기간의 압축된 공업발전전략 속에서도 부족한 자본을 연차적으로 집중하고 위험을 최소화하기 위한 것이었다. 그래서 "정부부처 협조하에 설립된 중화학공업추진위원회에서도 중화학공업의 개념이나 범위를 정하지 않고" 있었지만, "경제개발계획을 적극 추진하기 위한 주도업종으로 철강공업, 비철금속공업, 화학공업 등 6개 부문의 제조업을 들었다."[97]

---

91) T. H. Burnham and G. O. Hoskins(1943), p. 294.
92) 박영구(1999), 10장; Y. G. Park(1996).
93) 중화학공업추진위원회기획단(한공발2, 1979), p. 125.
94) 『월간조선』(1994. 6), p. 501.
95) 오원철 전 중화학공업추진위원회기획단장(박정, 2006), p. 145.
96) Y. G. Park(1996).
97) 과학기술처·산업기지개발공사(1974. 12), p. 25.

시차적인 선택과 집중이 이루어져야 한다는 원칙은 정해졌지만 초기에 이러한 의도는 혼란을 겪었다. 그래서 중화학공업추진위원회 1973년 4월 발표에서는 주도업종이 기계, 금속 및 철강, 조선 및 전자부문, 화학 및 석유화학으로 거론되기도 하는 등[98] 공업명도 명확하지 못하였다. 또 업종도 6업종이라고 하지만 1973년 6월 중화학공업추진위원회기획단이 발행한 '중화학공업육성계획' 등 기획단 다수 자료와 정부자료, 또 실제 진행을 보면 분명히 단계적으로 그리고 업종별로 중점이 주어지면서도 중화학공업이 폭넓게 포함된 것으로도 볼 수 있어 실효논쟁도[99] 가져왔다.

1973년 5월 경제기획원은 중화학공업 건설계획에서 1973년부터 제4차 경제개발5개년계획이 완료되는 1981년까지 철강, 화학, 비철금속, 기계, 조선, 전자 등 주요 업종을 연차적으로 모두 완공시키겠다고 발표하였다.[100] 이 주요 6업종은 중화학공업추진위원회기획단의 6월 중화학공업육성계획 자료에서도 실렸고[101] 6월의 일본 측 한국 방문단에게도 설명되었으며[102] 경제기획원의 『경제백서』와[103] 장기전망계획,[104] 그리고 1974년 정부의 『행정백서』 등에서도 실렸다. 다만 뒤로 갈수록 화학이 뒷부분으로 이동해 6대 주도업종의 순서가 철강, 비철금속, 기계, 조선, 전자, 화학으로 정렬되는 경향이 많아졌고 화학 대신 범위를 좁혀 석유화학만을 지칭하는 것이 일반적으로 되어 갔다.

이들 6업종이 주도업종으로 선정된 기준은 발표시마다 약간의 차이가 있었지만 1973년 화학공업추진위원회기획단은 ① 전후방 연관효과, ② 성장기여도 및 부가가치 유발효과, ③ 외화가득 및 절약효과, ④ 국내자원 활용도, ⑤ 외자유치성이라고 밝혔고,[105] 이는 1974년의 행정백서에서 동일하게 실렸다.[106] 즉, 1972년 6월부터 시작하여 중화학공업화

98) 중화학공업추진위원회(우해, 1973), p. 44.

99) 전 상공부 고위관리는 다음과 같은 증언을 하였다(2010. 5. 28). '당시 기본적으로 두 개의 사고가 대립되어 있었다. 하나는 청와대, 상공부가 가지고 있었던 사고로 한국의 중화학공업을 일본의 방식을 추종하여 빅푸시로 진행하는 것이었다. 이들 사고가 중심이 됨으로써 이후 일본인들이 많이 왕래하였고 일본과의 관계가 깊어졌다. 다른 한 쪽은 경제기획원, KIST 등 해외유학파들이 가지고 있던 사고로 자원과 돈, 인력 제한을 고려하여 중점적인 부분을 골라 하여야 한다고 생각한 것이었다. 이들은 비교우위를 주장하였다.' 즉, 후자들은 전자 측이 6대 중점공업이라는 지정과 주장에도 불구하고 당시의 중화학공업화가 사실상 모든 것을 포함하여 진행되고 있다고 보았고 따라서 이에 대해 비판적이었다. 오원철 대통령경제제2수석비서관 등은 이러한 비판을 잘 알고 있었고 1970년대 내내 이에 대해 신경을 썼던 것으로 보인다. 어쩌면 6대 주요 공업이 지정되었던 것은 이런 배경을 가지고 만들어졌을 수 있다. 1990년대 이후 회고록과 증언에서 오 전 수석비서관은 한국의 중화학공업화는 6개 공업을 중점적으로 하였다는 점을 강조하였고, 저자에게 전화로 직접 이 점을 강하게 지적하기도 하였다. 이는 그만큼 1960년대와 1970년대, 그리고 1980년대 중화학공업 비판에서 이 문제가 많이 거론되었기 때문이었다.

100) 〈조선일보〉(1973. 5. 25).

101) 중화학공업추진위원회기획단(중화공, 1973), pp. 6~7.

102) 日韓經濟委員會·日韓經濟協會(機械, 1973. 6), p. 4.

103) 경제기획원(경백, 1973), p. 14.

104) 경제기획원(우장, 1973).

105) 중화학공업추진위원회기획단(중화공, 1973), pp. 6~7.

106) 대한민국정부(행백, 1974), p. 154.

가 성공하기 위한 안전한 방법으로 앞에서 보았듯이 내수를 안정적으로 연계하는 전후방 연관효과가 가장 중요하게 들어졌다. 이렇게 전후방 연관효과를 우선으로 했기에 6개 주요 업종이라는 적지 않은 업종이 선택되었는데, 결국 이는 국내시장의 상호 확보로 중화학공업화가 성공하게 되는 요인의 하나가 되었다. 적지 않은 6개 업종의 추구로 비용에서 문제가 있다고 당시부터 많은 비판이 있었지만 규모의 경제를 추구하면서 상호 연관성이 높은 부문의 동시추구(Big Push type)는 부문 간 상호작용하는 시장확보로 오히려 하나씩 관련산업을 육성해 가는 형태보다 비용을 낮추는 요인이 되어 실제적인 경제적 이익이 될 수 있었다.[107)]

정부가 6월의 일본 機械工業等韓國産業長期開發計劃調査團에게 설명한 주요 공업 선정이유도 국내자원 활용도를 제외하고 부가가치와 연관효과, 국제적 수준과 성장기여도로 대체로 위의 이유와 일치한다.[108)] 다만 연관효과보다 부가가치를 먼저 강조한 것이 일본 대상 설명회가 가지는 성격을 일부 보여 준다고 할 수 있다. 산업원자재의 자립도를 높이기 위해 철강공업, 화학공업 그리고 비철금속공업이 선택되었다는 기획단의 기록도 있다.[109)] 이와 같은 것으로 철강, 비철금속, 기계, 화학은 소재·부품공업을 육성한다는 중화학공업화의 근본적인 성격상, 조선공업은 이들의 수요공업으로, 그리고 전자공업은 중화학공업으로서의 성격적 회의가 있었지만 노동집약의 공업 성격 때문에 선택하였다는 증언은[110)] 연관효과 외에 산업자립도, 고용효과가 선정이유로 중시되었음을 보여 준다. 그러나 1979년 중화학공업추진위원회기획단은 "국제수요의 규모와 중요성, 연관효과와 성장기여의 정도, 고용효과, 국제수지 개선효과 등 구체적인 선택기준들이 마련되고 이에 비추어 우선순위가 결정되는 것이다"[111)]라고 밝혀 1970년대 전반기일수록 내수연관효과가, 후반기로 갈수록 국제수요가 중요한 기준으로 거론되는 양상을 보여 준다.

이러한 주도업종의 선정과 연차적 진행은 선택과 집중이라는 의미에서 중화학공업추진위원회기획단이 선정하고 강조한 것이지만, 이 6업종이 화학(석유화학)이라고 하는 넓은 범주를 포함하고 있고 또 기계공업이 자동차공업을 포함하고 당시 금속공업을 포함하는 광의로 사용되기도 하여서 해외에서는 한국의 중화학공업화를 선택집중이 아니라 종합형(all set or full set type) 지향 혹은 동시진입전략(synchronization of entrance)이라고까지도 평가하고 있다.[112)] 심지어 일본 외무성은 "모든 것을 일거에 하지 말고 스텝바이스텝으로 중점적인 시책을 투입하는 것이 가장 중요하다"[113)]고 권고하기도 하였다. 그러나 선진국

107) K.M. Murphy, A. Shleifer, and R.W. Vishny(1989), pp. 1003~1026.
108) 日韓經濟委員會·日韓經濟協會(機械, 1973. 6), p. 4.
109) Planning Office, Heavy and Chemical Industry Promotion Council(1976), p. 11.
110) 김광모 전 중화학공업추진위원회기획단부단장 증언(2010. 2. 9).
111) 중화학공업추진위원회기획단(한공발2, 1979), p. 197.
112) R.M. Auty(1992); 服部民夫(2001a), p. 132.

의 입장에서 보면 단기간에 전부 이루어진 것으로 보이지만 한국 중화학공업화에서 업종의 단계적 접근은 실질적으로 이루어졌다.

우선 앞서 보았듯이 의의상 분명히 6개 중점 주도업종이 선정되고 발표되었다.

두 번째로 6개 업종 중에서도 기계공업이 계속된 강조에도 불구하고 실질적으로 발전이 미루어지고 철강 등 소재형과 조립가공형이 먼저 진행되었다.[114] 정부는 기계공업에 심혈을 기울이려고 하였지만 기계공업은 대부분의 중화학공업과 달리 산업공해, 공장용지, 노동력의 측면에서 선진국이 타국에 이양시키지 않고 계속 유지, 발전시켜 나가고자 하였고,[115] 이로써 한국은 기계공업의 핵심 부문 기술도입 등 출발에 많은 비용을 들여야 했으므로 자연스럽게 일반기계공업의 주요 부문은 우선순위에서 미루어질 수밖에 없었다. 이에 대해 김광모 전 기획부단장 역시 중화학공업화에서 기계공업에 가장 심혈이 기울여졌지만 기계공업에서 순서를 정하여 어느 것을 빨리 하고 어느 것을 늦게 하는가라는 것은 별도의 문제였으며 결국 순서를 정해 할 수밖에 없었다고 증언하고 있다.[116] 이는 기계공업의 한계로 이후 나타났다. 또 중화학공업화정책선언에 따른 공업구조개편론은 산업라이프사이클에 따라 순차적으로 "일본의 열도개조론 대두와 함께 검토되고 있는 중화학공업 억제를 계기로 일본의 중화학공업을 유치함이 요구된다"고 하고 미국, 일본, 서구, 동구의 생산중단시기와 한국, 대만의 출발시기를 대비하여 보고 있는데[117] 이러한 산업라이프사이클론은 결국 중화학공업화가 진행되면서 기초 기계공업이 뒤로 밀리는 한 원인이 되었다.

세 번째로 단계적인 선택과 집중은 6개 업종 내 각 공업에도 다시 이루어졌다. 장기기계공업진흥계획은 장기목표 3가지에서 기계공업 중심의 고도공업화 실현을 첫 번째로 꼽고 있는데,[118] 여기에서 말하는 기계공업 중심의 고도화 촉진이란 전체 기계공업을 의미하는 것이 아니었다. 이는 기계공업 중 "선도분야를 중점 육성"하는 것으로 ① 생산원가상 한국에 가장 유리하고 국제경쟁이 가능한 품목, ② 잠재적 노동력의 최대이용으로 수출특화산업화가 가능한 품목, ③ 공업고도화를 촉진시킴으로써 경제적 파급효과가 큰 선도적 기술제품을 지정하는 것이었다.[119] 기계공업은 우선순위가 국제경쟁력, 즉 수출에

113) 外務省アジア局(韓通, 1973), p. 95.

114) 이것 때문에 1980년대 한일 간 무역불균형을 지적할 때 일본에서는 한국이 중간재, 자본재를 해외(특히, 일본)에 의존하는 가공무역형 산업구조를 가지고 있기 때문이라는 지적이 일반적으로 있다(渡辺利夫, 1988, pp. 100~115). 이런 지적에는 당시 한국 측이 물어야 하였던 비용과 기술이전에 대한 일본 측의 입장을 별로 고려하지 않고 있는 점이 보인다. 그러나 渡辺利夫는 한국의 공업수준 향상으로 한일 무역불균형이 해소될 것이라고 보았는데 이는 단계론을 넓게 본 것이다.

115) 한국무역연구소(1974), pp. 492, 494.

116) 김광모 전 중화학공업추진위원회기획단부단장 증언(2010. 2. 10).

117) 대통령비서실(중선, 1973. 1. 30), p. 12.

118) 韓國機械工業公團(창기, 1974), pp. 3~4.

119) 한국기계공업공단(창기, 1974), p. 5.

초점이 맞추어져 있었고 그리고 노동력의 최대이용과 경제적 파급효과를 고려하고 있었다. 이는 중화학공업화의 방법론으로 정부가 선택한 기술과 기능 공급 중시(본 장 8번째), 수요의 상호 연계적 창출(본 장 4번째)과 연결된 것이기도 하였다.

나아가 네 번째로 상황에 따라 6개 업종 내에서도 우선도가 계속 논의되고 또 실제로 선택되어져 투자규모가 변경되었다. 가치판단을 배제하고 볼 때 한 예로 1976년 확정된 계획에서 "비교우위가 있는 기술 및 숙련노동집약적인 기계, 전자, 조선공업에 중점을 두어 육성하고 자본집약적인 철강, 비철, 석유화학 등은 관련산업의 국제경쟁력을 높일 수 있도록 적정 규모로 추진할 것이다"[120]라고 원칙이 결정된 것은 이를 보여 준다.

(2) 발전단계

1972년 6월 초 중화학공업화정책의 출발 검토를 대통령으로부터 지시받은 경제제2비서실은 실패하지 않을 계획, 즉 안전대처 방안으로 세 가지 방안을 생각하고 그 중 하나로 중화학공업화를 단계별로 추진할 것을 결정하였다. 그래서 당시 생각하였던 중화학공업화 10개년계획을 두 시기로 나누어서 첫 시기를 1973~1977년까지의 전반부 5개년으로 하고 2시기를 1982년까지의 후반부 5개년계획으로 나누어 하기로 하였다. 여기에는 전반부 5개년에 마무리지을 수 있는 것을 먼저 착수해서 보여 줌으로써 그 후에 어떤 대통령이 집권해도 정책변경을 못하게 하자는 의도도 포함되었다.[121]

이후 중화학공업추진위원회기획단은 한국 중화학공업의 후발성을 인식하고 완전보호단계(protection stage), 진입유도의 정부주도단계(government leading stage), 그리고 자립발전단계(self-sustaining stage)로 나누어 단계적 전략을 세웠다.[122] 그리고는 이에 맞추어 진입유도의 정부주도단계를 거쳐 1977~1981년의 제4차 경제개발5개년계획 전반부(前半部)에는 전자공업, 조선공업 등이 자립발전단계로 모두 이행할 것이며 후반부에는 석유화학공업, 철강공업, 기계공업 그리고 비철금속 부분 등 나머지 모든 중화학공업이 정부의 유도단계를 지나 자생적 단계로 들어갈 것이라고 밝혔고 이는 당겨졌다.[123]

(3) 투자사업(건설착수단계)

중화학공업추진위원회기획단은 기획단 운영의 업무내용에서 주요 6개 공업의 투자에 중점을 두되 〈표 10-2〉에서 보듯이 각 투자사업별로 1, 2차 단계별 투자를 시행하고 우선, 특히 1차 사업을 강력히 추진하겠다고 밝혔다.

이러한 단계별 투자전략은 이후 모든 계획에서 공업 간에도 그리고 각 공업별 공장건

120) 상공부중공업계획반·화학 및 경공업계획반(제41, 1976), 머리말.
121) 오원철 전 중화학공업추진위원회기획단장(한경7, 1999), p. 473.
122) 중화학공업추진위원회기획단(한공발2, 1979), pp. 164~195.
123) Planning Office, Heavy and Chemical Industry Promotion Council(1976), pp. 9~10.

표 10-2 중화학공업추진위원회기획단 운영업무 내용

분 야	구 분	사 업 명	비 고
철강공업	1차	제1제철 확장	차관 확정단계
	2차	제2제철 건설	기업성 조사 실시 중(4월 말 완)
비철금속	1차	동 및 아연 공장건설	합작 및 차관 확정단계
	2차	연 및 알루미늄 공장건설	1976년도 착수
화 학	선발	7肥 및 메탄올 공장건설	차관 확정하고 착공
	1차	울산석유화학단지 확장	추진 중
		여천석유화학단지 건설	차관 교섭 중
	2차	상기 단기확장	–
기 계	1차	10~20개 대규모 공장 입주	품목 결정
	2차	기지 완비	주요 부처 담당
조 선	1차	대형조선소 3개 건조	추진 중
		중형조선소 1개 건조	추진 중
전 자	–	입주유치	주요 부처 담당

주: 이 자료에는 "1972. 2. 28"이라는 첨필이 있는데 기획단 조직이나 구성 그리고 내용에서 보아 1974년 작성된 것이며 후에 잘못 첨필된 것임.
자료: 중화학공업추진위원회기획단(보중추3대통령결재문서, 1974. 2. 28).

설에서도 사용되었으며, 1970년대 후반부 투자계획인 제4차 경제개발5개년계획에서도 적용되어 투자사업이 1, 2단계로 나누어 진행되도록 계획되었다. 이를 정리하면 〈표 10-3〉과 같다.

공업별 예로 보아도 철강공업의 역사를 대변하는 포항종합제철의 투자건설사업은 가장 대표적인 단계별 투자사업의 성공사례로 꼽을 수 있다. 포항종합제철은 계속적인 수요예측을 통해 1970년대 완성과 확장을 계속하였고 이어 1980년대에도 1976년에 승인된 사업계획이 수정된 조강기준 850만 톤 생산시설 규모의 제4기 사업을 계속 추진하였다.[124] 투자사업의 단계별 접근은 이외에도 비철금속 등 모든 공업에서 시행되었는데 〈표 10-4〉에서 보듯이 이러한 단계별 접근에 따라 이와 관련된 사회간접자본으로서의 도로, 전력개발 등도 단계별 투자사업으로 이루어졌다.

이렇게 단계별 사업투자를 통해 각 사업들은 점차 가동률을 늘리고 규모를 확대하여 국제단위 규모에 접근하였다.[125]

124) 포항종합제철주식회사(포20사, 1989), p. 246.
125) 중화학공업추진위원회기획단(한공발2, 1979), p. 200.

표 10-3 중화학공업 추진사업 총괄(제4차 경제개발5개년계획)

업종	추진사업	사업기간
철강	포철 3기 확장, 4기 확장	1단계: 1977~1978, 2단계: 1979~1981
	포철 제2공장	–
비철금속	아연제련 건설 및 확장	1단계: 1977~1978, 2단계: 1979~1981
	동제련 건설 및 확장	1단계: 1977~1979, 2단계: 1979~1981
	연제련 건설	2단계: 1978~1980
	신동(伸銅)공장	2단계: 1977~1979
조선	대우조선 건설	1단계: 1977~1980
	죽도조선 건설 및 확장	1단계: 1977~1978, 2단계: 1979~1980
화학	울산단지 확장	1단계: 1977~1978
	여천 1단지, 2단지 건설	1단계: 1977~1979, 2단계: 1979~1981
기계	창원기지 건설	1단계: 1977~1978
	제2기계기지	2단계: 1979~1981
전자	구미 1단지 및 2, 3단지	1단계: 1977~1978, 2단계: 1979~1981

자료: 중화학공업추진위원회기획단(중화추현, 1979. 1), p. 283.

표 10-4 온산기지 내 대단위 알루미늄제련소와 수반 발전소 건설방안

구 분	건설방안 내용		
	단 계	규 모	건설기간
대단위 알루미늄제련소	1기	연 70,000M/T	1981. 12 완공
	2기	연 70,000M/T	1982. 6 완공
	3기	연 70,000M/T	1982. 12 완공
발전소	1기	500MW	1981. 9 완공
	2기	500MW	1982. 9 완공

자료: 중화학공업추진위원회기획단(온산, 1978).

(4) 재화성격과 생산방법: 조립가공에서 중간재, 기술집약으로

한국 공업화에서 중요한 방법론적 특징의 하나는 "최종재 생산에서 중간재, 원료재 생산으로 옮겨가는 방향"[126)]의 이른바 피라미드형이라고 명명된 제품단계발전을 채택한 것이었다. 한국은 중화학공업화에서 먼저 원자재와 중간재 수입을 통한 최종재 조립가공형을 발전시켰고 차차 다음 단계로 중간재와 원자재 생산을 확대하여 공업구조를 고도화

126) 중화학공업추진위원회기획단(한공발2, 1979), p. 103.

시켜 나갔다. 한국이 이렇게 초기에 수출을 위한 최종재 조립 우선이었다는 것은 미국, 일본과의 비교에서만이 아니라 한국과 같은 시기에 중화학공업화를 시작한 대만과의 수출구조 비교에서도 드러난다.[127] 이에 대해 중화학공업추진위원회기획단은 다음과 같이 밝히고 있다.

> 공업화 추진방향은…… 최종재 생산에서 중간재를 거쳐 원료재 생산으로 옮겨가는 방향을 택한 것이 사실이다.
>
> 《중화학공업추진위원회기획단(한공발2, 1979), pp. 103, 123~124》

구체적으로 가장 먼저 시작한 중화학공업의 하나인 철강공업을 보면, 포항종합제철은 철강공업의 가공순서상 다수 국가들이 그러하였듯이 제선·제강공장부터 건설하는 정상적인 포워드방식을 택하지 않고 후제품공정인 열연·후판공장부터 건설하는 방식을 택하였다.[128]

이러한 생산단계론을 채택하면서 '중화학공업화정책선언에 따른 공업구조개편론'은 중화학공업화를 통해 중간 제품을 수입가공하는 것에서 수출하는 단계로 이행해야 한다는 당위성을 분명히 하였다.

> 외국에서 중간 제품을 수입가공하여 제품을 수출하던 형태에서 중간 제품을 수출하는 여력을 가져야 한다. 특히, 개발도상국가에 대하여 이러한 형태로 전환함이 시급히 요구된다. 이렇게 될 때 우리나라와 개발도상국가와의 공업구조상의 격차가 뚜렷이 생기고 선진국의 대열에 끼게 되며 공업의 구조적 기반이 확고히 된다.
>
> 《대통령비서실(중선, 1973. 1. 30), p. 19》

중화학공업추진위원회기획단은 1976년 영문자료에서 정부는 중화학공업화계획하에서 기계공업, 조선공업, 전자공업을 주요 선도형 공업으로 선택하였는데, 이들 공업은 지금까지 다소 노동집약적인 공업들로 진행되어 왔다고 하면서 이제부터 기술집약적 공업으로 발전될 것이다고 밝혔다.[129] 이는 조립가공형에서 중간재, 기술집약적 공업으로의 단계적 발전을 의미하는 것이었다.

---

127) 한국과 대만의 중화학공업화 비교에 대해서는 조준현(2001) 참조. 대만은 한국보다 몇 달 늦은 1973년 11월 蔣經國 총통이 9대 사회간접자본사업계획을 선언하면서 석유화학, 철강, 조선을 포함한 중화학공업화가 시작되었는데 철강, 자동차, 조선보다 기계, 전기전자 등 숙련노동집약적인 산업 중심으로 진행되었다.

128) 포항종합제철주식회사(포30발, 1998), p. 40.

129) Planning Office, Heavy and Chemical Industry Promotion Council(1976), p. 11.

(5) 산업기지 개발

산업기지는 중화학공업의 핵심 전략이었다. 이러한 산업기지 건설에서 정부는 언제나 단계론적 개발을 명시하였다.

가장 먼저 공업기지로 개발된 울산은 처음부터 공업용수(강), 수송(항구), 노동력(부산까지 주요 도시 근린인접) 등의 조건으로 천혜의 공업단지로 인정되었는데 개발은 순차적인 단계로 이루어졌다. 울산공단은 석유화학단지로 처음 개발되었으나 석유화학공업의 집적이 이루어지고 인근 포항에서 제철단지가 이루어지자 다시 이러한 지역적 기반을 기초로 1972년부터 1976년까지의 3단계 공사부터 현대자동차, 현대미포조선의 조선, 기계공업단지로 복합적으로 발전하였다. 이에 따라 장생포지구, 연포 및 미포지구, 효문지구 등에 석유화학에 이어 중공업단지가 입주하여 나갔다. 울산지구는 처음 개발에 따른 시행착오로 도시배치 등 비효율성이 계속 발견되었지만 이러한 순차적인 개발로 문제점을 해결해 나가면서 대응해 나갔다.

철강기지 역시 이미 1960년대부터 건설되었지만 경상북도는 1976년 공업단지계획의 기본방향을 밝히면서 "단지조성은 용지수요와 지형을 고려하여 단계별로 조성"하고 "용지수요도에 따라 1981년까지 점진적으로 조성"하겠다고 밝혔다.[130] 이 밖에도 전자, 기계, 조선공업기지 모두 건설계획은 단계별로 작성되어 시행되었다. 화학공업기지 역시 첫 시행계획에서 '단지조성계획은 조속히 확정하고 1973년도에 착공하고 정부지원시설은 조기 완공하되 본 공업군은 1980년 말을 목표로 완성하고 단계별로 연차적으로 시행한다'고 작성되었다.[131]

(6) 자본도입과 합작

자본과 자본연계된 기술이 절대 필요하였던 한국으로서는 외자도입이 필수적이었다. 그러나 한국은 외자의 도입에 대해 단계별 접근방식을 취하였다. 이러한 방침은 이미 1972년 중화학공업화가 구상되면서 일찍부터 대통령에게 보고되어 공유되었다.

> 우리나라에서는 자금규모가 크거나 기술적으로나 경영상 복잡한 새로운 공업에 착수할 때에, 제1단계에서는 합작으로 경험을 쌓고 다음 단계에서는 100% 민족자본으로 전환하는 두 단계를 두었습니다. 지금 중화학공업계획을 수립하는데 있어서도 필요한 경우에는 합작하는 방법을 활용함으로써 안정성을 향상하도록 하겠습니다.
>
> 【오원철 전 중화학공업추진위원회기획단장(중8, 1972); 오원철(박정, 2006), p. 175】

130) 경상북도(1976. 2. 16).
131) 대통령비서실(중선, 1973. 1. 30), p. 45.

1973년 대통령은 중화학공업정책에 따른 지시를 통해 "구미전자공업단지 등 지역의 합작비율을 일시에 50:50으로 할 것이 아니라 업종별·지역별 특수성을 고려하여 2단계로 하는 방안을 검토할 것"을 지시하였다.[132] 정부는 중화학공업화에서 "기술의 모방이나 전파를 가능하게 할 뿐만 아니라 안정된 시장을 바탕으로 국제시장 정보를 얻을 수 있고 추후의 시장개척력을 길러주기도 하며 자금의 용이한 확보와 아울러 당해 부문의 선진적인 경영능력을 습득할 수 있는 이점이 크다는 점에서 초기 단계에서는 외국기업과의 합작을 택하였고, 어느 정도 경험을 쌓은 후에 적절한 시기에 이르러 국내기업으로 점차 이양하도록 하였다."[133] 실제로 '한일정화공업주식회사'가 일본 '大日精化'와 한일합작사업을 추진할 때 초기 한국인 지분 51%를 60% 이상으로 제고할 것을 경제기획원이 인가조건으로 하는 것에서[134] 보듯이 외자도입비율 축소와 한국인 경영권 확대의 단계별 전략은 중화학공업화를 통해 계속 추구되었다.

(7) 경쟁체제: 규모의 경제를 위한 단일공장에서 경쟁체제로

중화학공업 관련 공장은 초기 건설계획에서 당연히 중화학공업의 특성상 규모의 경제를 고려하여 거대 단일공장이 추진되었다. 그리고 국제경쟁규모가 되었을 때 경쟁체제로 전환하는 단계론이 제시되었다. 이는 1972년 대통령 보고에서부터 나타나고 있었다.

> 일시적으로 독점기업 육성, 정경유착, 경제독재라는 비난을 받는 한이 있더라도 국제경쟁단위공장을 건설하는 데 주력을 하겠습니다. 그리고 이들 공장이 국제규모 단위가 될 때에는 시기를 놓치지 않고 경쟁체제로 전환하도록 계획을 수립하겠습니다. 현재 건설 중에 있는 포항종합제철과 울산석유화학은 곧 완공이 됩니다. 이들 규모는 아직은 국제규모 단위가 못되지만 중화학공업 추진계획에서는 우선 이들 공장을 국제경쟁력을 가질 수 있도록 조치하고, 곧 이어서 제2의 종합제철소와 제2의 석유화학공단을 건설함으로써 경쟁체제로도 끌고 갈 예정입니다.
>
> 《오원철 전 중화학공업추진위원회기획단장(중8, 1972);
> 오원철(박정), 2006, pp. 170~171[135]》

이 밖에도 각종 법률의무 적용 등에서도 기업규모에 따라 단계적으로 시차를 두고 적용하여 나감으로써 기업들의 비용과 위험부담을 줄여주고자 하였다. 예컨대, 문교부는 중화학공업분야에 필요한 기능공 양성을 위해 기업체에서 직업훈련을 통해 기능공을 공급하

132) 대통령비서실(중지3대통령결재문서, 1973. 4. 10), p. 5.
133) 중화학공업추진위원회기획단(한공발2, 1979), p. 207.
134) 외자도입심의위원회(제100한, 1974. 10), 경제기획원 인가조건.
135) 이로 인해 "중공업의 지도적인 원칙은 일관되게 수출을 통해서 그리고 소수 독점재벌이 참여함으로써 규모의 경제를 이루는 것이었다"(J.-e. Woo, 1991, p. 132)는 지적이 가능하게 되었다.

도록 계획을 세웠는데 우선 500인 이상 기업체를 대상으로 시행하고 200인 이상 500인 미만 기업체의 경우 1977년부터 직업훈련을 실시하도록 하는 단계적 계획안을 작성하였다.[136]

이상에서 보듯이 한국의 중화학공업은 핵심 전략으로서 후발공업국에 필수적인 단계적 전략을 모든 부문에서 채택하였다. 그리고 차차 성공한 후발공업국의 특징인 종합화로 이동해 갔다. 그리고 이러한 이동은 한국 중화학공업화에서 타 공업국과 비교해 단기간에 이루어졌다.

6) 규모의 경제 추구: 동기, 원인과 결과의 수출지향, 효율성 제고의 추구

1973년 5월 24일 경제기획원은 중화학공업 건설계획을 발표하였다. 이 날 발표의 특징적인 점은 중화학공업을 대부분 수출에 역점을 두고 공장규모를 대단위 국제규모로 한다는 것이었다.[137] 이어 1973년 5월 30일 이낙선(李洛善) 상공부장관이 정유공장 건설계획을 발표하면서 실수요자 선정원칙으로 규모는 국제단위 이상이어야 한다고 밝혔듯이[138] 일관되게 규모의 경제는 모든 중화학공업계획의 각 공업별 초기계획에서 기초가 되었다.

우선 철강공업에서 '한층 더 규모의 이익이 요구되며 따라서 현재의 포항제철은 적어도 연산 500만 톤 규모로 확장하여야 규모의 이익효과를 거둘 수 있으므로 이를 목표로 확장계획되어야 한다'고 강조되었다.[139] 실제로 포항제철의 확장설계 기본방향(기본방침)은 신설설비를 국제경쟁단위로 한다는 것이었다.[140] 비철금속공업에서는 1973년 4월 4일 상공부가 1973년도 비철금속 제련사업 육성계획을 공고하면서 제련시설의 대단위화가 언급되었고 4월 7일에는 대단위 비철금속제련소 건설원칙이 확정되어 계획안에 대한 대통령 재가가 이루어졌다.[141] 기계공업에서도 기계공업의 기본지침을 보면 "다량생산체제를 구비하며 품종별 단일공장제도, 규모의 대형화가 제시되었다.[142] 1973년 9월 4일 대통령의 자동차공업 육성에 대한 지시를 보면 "자동차공업은 경제적 양산체제를 확립하여 국제경쟁력 있는 자동차공업으로의 육성을 기해야 할 것입니다"라고 하고, 지시사항에서 "자동차공업 조립공장은 더 이상 외자합작이나 신설함이 없이 기존 공장을 중심으로 육성하고…… 부품공장은 조립공장별로 난립건설하지 말 것이며 국제규격의 공장을 합병, 공동투자 또는 외국과의 합작으로 건설할 것"으로 하고 있다.[143] 조선공업에서도 1973년 "대

136) 문교부(참고자료, 1973. 9. 19), p. 17.
137) 〈조선일보〉(1973. 5. 25).
138) 〈조선일보〉(1973. 5. 31).
139) 대통령비서실(중선, 1973), p. 52.
140) 포항종합제철주식회사(포20사, 1989), pp. 227~228.
141) 국무총리기획조정실(중오, 1973. 12), p. 198.
142) 대통령비서실(중선, 1973. 1. 30), p. 33.

형의 신조선소 건설이 강력이 요구되며 부수적으로 기존 조선소의 통합 확장이 요구된다. ……. 신조선소는 100만 톤 이상의 규모로 대형화하여야 조선공업의 세계적 추세에 부응할 수 있다"라고 강조되었고, 화학공업에서도 화학공업의 방향설정에서 "기존 공업은 국제일류급으로 대규모화함으로써 한국 화학공업의 국제우위성을 부여하여야 한다"고 명시되었다.[144]

이후 "공장단위의 국제규모화, 원재료의 장기확보, 중화학공업의 동일기지 내 건설 등을 공장건설원칙으로 하여 주요 공장이 활발히 전개"되는 등[145] 중화학공업화에서 규모의 경제는 일관되게 추구되었다. 그 결과 중화학공업추진위원회기획단은 1979년 "1973년 이후 국제규모화를 지향하는 적극적인 중화학공업화정책을 추구하고 있다"고 중화학공업화를 정리하였다.[146] 김광모 전 기획단부단장 역시 중화학공업은 처음부터 수요와 공급을 고려한 적정 규모가 아니라 최대규모로 건설하고자 하였다고 증언하였다.[147]

이렇게 중화학공업화에서 일관되게 규모의 경제가 추구된 이유와 목적은 다음과 같다.

(1) 중화학공업 산업 특성과 경제성, 효율성

원래 중화학공업은 대규모 장치산업이라는 산업 특성상[148] 규모의 경제가 가장 잘 작동하며 또 경쟁을 위해 규모의 경제가 중요하다. 중화학공업화에 있어서 규모의 경제, 효율적인 운용, 경쟁력 있는 가격은 전제 조건이었다.[149] 이런 성격으로 규모의 경제추구는, 특히 중화학공업분야에서 적극 추진되게 계획되었으며[150] 또 중화학공업은 경제성과 경쟁력이 중요시되어야 하기 때문에 중화학공업 건설에 있어서는 국제단위 규모를 감안한 대형화를 기본원칙, 기본전략으로 하였다.[151] 이후 중화학공업화에서 규모의 경제를 추구한다는 것은 일본 機械工業等韓國産業長期開發計劃調査團에게도 분명히 천명되고[152] 제4차 경제개발계획에서도 채택되는[153] 등 일관되게 유지되었다. 동시에 기지건설에 있어서도 이 점이 항상 염두에 두어졌다. 상공부는 1973년 기계공업기지 건설의 기본방침 5가지를 밝혔는데 그 내용 중 "국제규모의 공장을 입주시킴을 원칙으로 한다"고 분명히 하였다.[154]

143) 대통령비서실(자동지3대통령결재문서, 1973. 9. 4).
144) 대통령비서실(중선, 1973), pp. 44, 53.
145) 경제기획원(경백, 1975), p. 56.
146) 중화학공업추진위원회기획단(한공발2, 1979), p. 125.
147) 김광모 전 중화학공업추진위원회기획단부단장 증언(2010. 2. 10).
148) 중화학공업추진위원회(우해, 1973), pp. 63~64.
149) Planning Office, Heavy and Chemical Industry Promotion Council(1976), p. 12.
150) 중화학공업추진위원회기획단(한공발1, 1979), p. 214.
151) 경제기획원(경백, 1973), pp. 14~15; 대한민국정부(행백, 1974), p. 153; 중화학공업추진위원회기획단(한공발2, 1979), p. 254.
152) 上野孝 小野田セメント取締役技術部長(1973), p. 27.
153) 백영훈 전 중화학공업추진위원회위원(1977b. 12), p. 35.

문제는 내수시장 규모이었다. 1971년 11월 13일 경제기획원은 차관기업체 중 자동차, PVC 등 12업종이 국제경쟁규모에 미달하고 있다는 조사결과를 발표하였다. 심지어 국내시장의 42%를 점유하는 '신진자동차'도 국제경쟁규모의 28%인 연산 2만 8,000대에 불과하였다.[155] 당시 내수수준은 생산의 최소효율규모(Minimum Efficiency Scale: MES)도 확보하지 못한 수준이었다. 이는 국제경쟁력이 없음을 의미하는 것이었다. 결국 중화학공업은 이를 수출산업으로 육성함으로써 시장애로를 타개하는, 한편 규모의 경제를 확보하도록 계획되었고 또 원칙으로 계속 강조되었다.[156]

> 주도업종으로 선정된 기계, 철강 및 금속, 화학 및 석유화학 등 대단위 생산시설에 의한 산업들은 국제적 경제규모의 문제가 극히 중요하게 느껴지는 산업들이라는 점에서 산업의 생산규모에 대한 문제는 충분한 거시적 판단에 기초를 두고 검토하지 않으면 안 된다. …… 중화학공업의 성공 여부는 곧 수출의 확대가능성 여부에 달려 있다고 하여도 결코 지나친 표현은 아니다. ……중화학공업에 대한 수요 면의 제약조건을 해소하는 가장 적극적인 방법은 동산업의 제품에 대한 직접 수출을 확대시키는 길임에는 의심의 여지가 없다.
>
> 《중화학공업추진위원회(우해, 1973), pp. 58~60》

수출지향과 해외자본 이용은 내수한계, 남북분단·동서냉전에 의한 시장한계, 본원적 축적의 한계, 그리고 식민지를 통과한 후발국의 한계상 한국경제에서 언제나 제기된 공통적인 수단이었다.

이에 따라 중화학공업추진위원회기획단에 의해 중화학공업은 대형화·수출화 전략으로 추진한다는 것이 분명히 공표되었다.[157] 중화학공업의 성격상 중화학공업화를 추진하는 데 있어서 동 부문의 시설을 국제규모로 건설 또는 확장하려고 하는 정부의 기본방침은 타당성을 갖는다고 인정되었다.[158]

(2) 시장한계와 수출지향

규모의 경제를 달성하기 위해서는 좁은 내수한계상 수출이 필요하지만 우선 수출을 위한 국제경쟁력을 갖추기 위해서는 시실규모의 국제난위 대규모화가 필요하였다.[159] 이

---

154) 상공부(창원, 1973. 10), p. 30.

155) 청사(일지, 1984), p. 80.

156) 중화학공업추진위원회기획단(중화공, 1973), p. 8; 국무총리기획조정실(중오, 1973), p. 9; 경제기획원(경백, 1973), pp. 14~15; 경제기획원(경백, 1974), p. 11; 국무총리기획조정실(중오, 1973), p. 9; 대한민국정부(행백, 1974), p. 153; 한국무역연구소(1974), p. 420; 김정렴 전 대통령비서실장(1995), p. 326.

157) 중화학공업추진위원회기획단(중화공, 1973), p. 8.

158) 한국무역연구소(1974), p. 457.

159) 경제기획원(경백, 1973), p. 14; Planning Office, Heavy and Chemical Industry Promotion Council(1976), p. 12; 대한민국정부(제3경, 1971), pp. 52~64; 대한민국정부(제4경, 1976), pp. 57~63.

런 점에서 중공업을 통해 후발추격에 성공한 독일과 러시아 등 후발공업국가들의 "추격전략은 설비와 사업규모에서 선발주자들을 뛰어넘는 것"이었다.[160] 1950~1960년대 일본의 중공업화 촉진정책 역시 생산규모의 확대에 있었으며[161] 1934년 '후지제철'이 '일본제강'에 합쳐진 후 1950년 '야하타철강'과 '후지제철'로 분리되었던 것이 1965년 '신일본제철'로 통합된 것도 이런 이유가 있었다.

정부는 국내시장의 협소로 판매 면에서의 애로가 예상되므로 중화학공업을 전략적 수출산업으로 육성함으로써 시장애로를 타개하는 동시에 규모의 이익을 확보할 계획이었다.[162] 여기에 더하여 처음부터 중화학공업은 경공업의 수출한계를 돌파하여 1981년에 100억 달러 수출목표를 달성하기 위한 수출산업으로 수출시장을 겨냥하여 육성된 것이어서 신규 중화학공장은 모두 대단위 국제규모 이상으로 건설할 것을 기본원칙으로 하였다.[163]

이에 따라 중화학공업은 수출주도 업종으로 개발되어야 하며 각 업종에 포함된 단위공장은 국제단위공장 개념에서 국제 최대급 단계로 발전시켜야 할 것으로 지적되었다.[164] 이는 1960년대 경쟁력을 갖춘 국제 최소단위 공장을 짓는다는 생각에서[165] 훨씬 나아간 것으로 이 배경에는 1960년대 경공업의 내수한계에 의한 수출지향 전환이라는 귀중한 경험이 있었다.[166] 중화학공업추진위원회기획단은 중화학공업 투자자금 동원을 위한 세부계획을 발표하면서 '생산규모는 수출할 수 있을 정도로 대단위일 것'을 지정하였다.[167]

이후 수출을 위한 규모의 경제달성은 계획이나 평가의 중요한 기준이 되었으며 매 계획에서 점검되었다. 중화학공업에서 기업의 외자도입원칙 6가지는 "외국인 자금에 의한 프로젝트는 국제적으로 경쟁력 있는 규모가 되어야 한다"라고 규정하였다.[168] 외자도입심의회가 대통령 결재를 요청한 서류를 보면 "시설규모와 건설비용에서 연산규모는 국제경쟁단위를 상회함"[169]이라고 의견을 내고 있다. 중화학공업추진위원회기획단은 실제로 대부분의 중화학공업들은 세계시장 경쟁력을 가지고 국내경제 연관효과도 이루어질 수 있게 지금 국제수준에 맞춰 단위생산 능력을 갖도록 건설되고 있다고 1976년 보고하고 〈표

160) J.-S. Shin and H.-J. Chang(2004), p. 29.
161) 外務省アジア局(韓通, 1973), p. 93. 사실 일본은 전전부터 일관되게 집중과 규모의 경제를 통해 기업 간의 소모적 경쟁을 억제하며 표준화를 달성하고 과학적 경영과 기술의 도입을 촉진시켰다. 1920년대에도 주요 산업에 대해 카르텔을 허용하였고, 1931년에는 주요산업통제법으로 이러한 목적을 이루었다(C. Johnson(1982), pp. 105~106; W. J. McPherson(1987), pp. 32~33; H.-J. Chang(2004), p. 95).
162) 중화학공업추진위원회기획단(한공발2, 1979), p. 254.
163) 중화학공업추진위원회기획단(한공발2, 1979), p. 157 외.
164) 대통령비서실(중선, 1973), pp. 15, 18.
165) 이병천(1999), p. 175.
166) 국내기업이 설비 적정수준 이하(sub-optimal level)에서 가동하고 있을 때 정책개입이 일어나는 새무역이론 소개와 요약에 대해서는 D. Rodrik(1993), pp. 31~33 참조.
167) 중화학공업추진위원회기획단(중화공, 1973).
168) Planning Office, Heavy and Chemical Industry Promotion Council(1976), pp. 17~18.
169) 외자도입심의위원회(제100선, 1974. 10), p. 2 검토 및 문제점.

표 10-5 국제경쟁력 규모를 갖춘 중화학공업사업

사 업	생산능력
포항제철	연산 조강 2.6백만M/T(1976), 조강 5.5백만M/T(1979)
현대조선	최대 조선 1백만DWT
옥포조선	최대 조선 1백만DWT
메탄올공장	연산 메탄올 330,000M/T
7비료공장	연산 암모니아 60만M/T, 복합비료 70만M/T, 요소 33만M/T 등
제2석유화학기지(여천)	연산 에틸렌 350,000M/T

자료: Planning Office, Heavy and Chemical Industry Promotion Council(1976), p. 12.

10-5>와 같이 사업이 국제경쟁력 규모를 갖추고 있다고 밝혔다. 제4차 경제개발5개년계획의 공업정책 역점방향은 "적정 규모화를 통한 규모이익의 추구-단위시설의 규모이익을 추구할 것이다. 단위시설의 대형화는 중화학공업만이 아니라 기존 경공업에 있어서도 필요한 것이다"[170]라고 밝히고 있다.

(3) 진입유도와 자원, 자본, 인력, 기술 등 공급병목 해결

경험이 없어 위험부담을 갖고 있던 기업들의 진입을 유도한다는 것은 중화학공업화를 위해 매우 중요한 문제였다. 이에 정부는 진입유도를 위해 집중에 의한 규모의 경제를 보다 철저히 적용하고자 하였다. 국무총리기획조정실은 수출경쟁력 강화와 함께 기업독립성 제고를 위한 규모의 경제 추구를 다음과 같이 밝히고 있다.

> 현재의 울산석유화학 콤비나트는 규모의 경제화가 보장되지 않은 단위 미달상태를 벗어나지 못해 그 제품가격이 국제시세보다 비쌀 수밖에 없다. 따라서 2차 가공제품 코스트가 높아져 내수가격이 오르고 수출경쟁력이 약화되는 문제가 발생하게 된다. 그러므로 앞으로 대단위 석유화학공장군이 건설되면 이와 같은 각종 부작용이 해소될 것이다. 또 시설의 국제규격화는 기업의 독립성을 높여 주는 이점도 있을 것이다.
>
> 【국무총리기획조정실(중오, 1973), p. 117】

한편, 초기 중화학공업화에서 관련기업들은 자원, 자본, 인력, 기술 등 공급부문에서의 후진국형 병목문제를 가지고 있었다. 이를 해결하기 위해서는 집중화, 규모의 경제를 보다 엄밀하게 적용하는 수밖에 없었다.[171] 즉, 1~2개 공장으로의 집중화는 순수한 규모

170) 상공부중공업계획반·화학 및 경공업계획반(제41, 1976), pp. 32~33.
171) 이론적으로 볼 때 집중화는 효율적인 생산기술의 활용을 위해 고정투자가 많이 소요되는 산업이나 수요가

의 경제 그 자체의 필요성 외에도 기업 차원의 현재가치 손익계산에서 볼 때 후발공업국으로서 불충분한 자원과 자본, 그리고 필요인력을 집중하여 얻기 위해서도 필요한 것이었다.[172)]

7) 공업기지화: 가장 늦은 후발공업국의 단축전략[173)]

(1) 중화학공업의 산업 특성과 공업기지 형성의 원인

중화학공업은 원래 ① 산업 간 연관도가 높고, ② 고도장치산업이므로 용수, 전력공급 등 시설보완이 필요하며, ③ 어떤 중화학공업은 공해를 발생시키므로 집중하여 관리해야 할 대처수단이 개발되어야 한다. 이런 이유 때문에 정부는 투자비용을 최소화하면서 관련 효과를 극대화하고 국토를 가장 효율적으로 쓰기 위해 산업별 특성에 따라서 적절한 입지에 공업기지를 지정하는 것을 기본전략으로 하였다.[174)] 기지화를 통해 국토의 효율적인 이용과 산업부문 간의 연관효과를 극대화하고 지원시설의 공동이용과 기능인력 확보의 용이성 등의 이점을 최대한으로 살리는 한편 아울러 공해를 배제할 수 있기 때문이었다.[175)] 또한 중화학공업의 성격상 현저히 나타나는 규모의 경제를 위한 집중화를 위해서도 공업기지는 필요하였다.[176)] 이런 점들은 중화학공업추진위원회기획단에 의해 중화학공업육성계획에서 다음과 같이 공식적으로 정리, 발표되었다.

> 중화학공업은 대부분 상호 의존성이 커서 원료, 중간재 및 완제품 사이의 생산 및 기술적 연관관계가 크며 용수, 동력 등 대규모의 사회간접자본의 지원이 필요할 뿐 아니라 이들 산업의 일부는 심한 공해산업이므로 공해의 격리와 집중 방제대책이 마련되어야 합니다. 따라서 정부는 이들 산업을 그 특성에 따라 적정한 입지를 선정하여 관련 산업을 집단적으로 유치 개발함으로써 국가적인 입지자원을 효율적으로 활용하고 산업부분 간의 관련효과를 극대화하며 지원시설의 공용, 기능노동의 확보 등 투자비를 절감하는 동시에 공해대상지의 한정과 집중 방지를 기할 것입니다.
>
> 【중화학공업추진위원회기획단(중화공, 1973), p. 10[177)]】

기복이 심해 모든 기업이 평균적으로 초과설비를 보유하는 산업에서 쉽게 발생할 수밖에 없다. 한편, 집중화가 이루어지는 경우 여기에는 제2단계 대내적 규제완화로의 이행문제, 즉 지속 여부 문제가 있다. 집중화 완화는 기존 기업의 투자성과, 시장여건의 변화, 대외경쟁력 확보 여부 등을 고려해야 하는데 여기에도 실패가능성이 큰 정책판단의 문제가 작용한다.

172) S.-C. Lee(1991, p. 436)는 핵심 프로젝트 지향 접근(key project-oriented approach)이라고 명명하고 있다.

173) 공업기지에 대한 자세한 내용은 12장과 13장에서 다루도록 한다.

174) 경제기획원(경백, 1973), pp. 14~15; 경제기획원(경백, 1974), p. 11; 국무총리기획조정실(중오, 1973), p. 9; Planning Office, Heavy and Chemical Industry Promotion Council(1976), p. 13; 김정렴 전 대통령비서실장(1995), p. 326.

175) 중화학공업추진위원회기획단(한공발2, 1979), pp. 255~256.

176) 국무총리기획조정실(중조, 1974. 5), pp. 431~433.

(2) 기지 전략과 내용

정부는 중화학공업의 국제경쟁력을 고려하여 기존 공장이 아니라 새로이 국제경쟁력이 있는 적정 규모의 공장을 건설하기 위한 새로운 공업기지의 건설이 필요하였다.[178] 이에 1973년 1월 12일 대통령은 "대규모의 공장들을 수용하기 위해서 정부는 지금부터 동해안·남해안·서해안 지방에 여러 가지 대단위 국제규모의 공업단지 또는 기지를 조성해 나갈 생각입니다"라고 천명하였다.[179] 이후 중화학공업추진위원회기획단은 중화학공업화를 대형화·수출화 전략과 함께 기지화 전략으로 추진한다고 공식화하였다.[180] 이에 대해 1973년 6월 18일부터 6월 26일까지 방한한 일본 機械工業等韓國産業長期開發計劃調査團은 남임해지대(南臨海地帶)에 중화학공업 6개 입지를 추구하는 것은 효과적이다고 밝히는[181] 등 당시 긍정적 평가가 이루어졌다.

1973년 중화학공업추진위원회는 중화학공업화를 위해 당시 종합기계공업단지로 기록된 공업기지화 전략을 밝혔다. 기지화를 통해 전문화·계열화·규격화를 실현시켜 나가며, 기지 내에서는 시설대여제도에 의하여 각 공장이 지원시설을 공동이용하도록 하고 재정·금융 면의 지원은 창구를 일원화하여 모든 기업이 혜택을 보는 단일창구제도를 실시하며, 제품유통판매에 있어서도 상호간의 이익을 도모할 수 있도록 조정해 유통의 경제성을 유지한다고 밝혔다.[182] 그래서 중화학공업화에서 공업단지는 단순히 공장단지가 아니라 '공업기지'로서, 단지 내에는 모계열기업과 하청기업과의 연관성은 물론, 주택 및 기타 복지설비의 운영 등 종합설계에 기초하여 건설되었다.[183] 즉, 단순 공장지대가 아니라 관련산업을 집단적으로 유치 개발하여 자원을 효율적으로 활용하고 투자비를 절약하여 대외경쟁력에 대응가능한 국제규모의 시설을 제공하기 위한 공업기지계획이 수립 실시되었다.[184] 이렇게 개발전략으로서 국제단위공장의 건설과 기지계획을 추진함으로써 공업기지 건설은 기업의 생산규모를 확대하고 전문화·계열화에 따른 분업체계를 고도화하며 자본 및 노동력의 한계효율과 생산성을 증대시켜 품질 및 원가 면에서도 우위성을 확보할 수 있도록 하고, 중화학공업을 국제경제의 변화에 대응하는 수출지향적인 산업으로 대외경쟁력을 확보하도록 하였다.[185]

177) 같은 원전으로 보이는 매우 유사한 내용이 중화학공업추진위원회기획단(한공발2, 1979), p. 523에도 있다.
178) 김광모 전 중화학공업추진위원회기획단부단장(김창원, 2004. 1. 28).
179) 박정희(대통령 연두기자회견, 1973. 1. 12).
180) 중화학공업추진위원회기획단(중화공, 1973), pp. 8~11.
181) 山口英治 機械工業等韓國産業長期開發計劃調査團團長(1973. 9. 25), p. 11.
182) 중화학공업추진위원회(우해, 1973), p. 100.
183) 중화학공업추진위원회기획단(한공발2, 1979), p. 96.
184) 韓國産業經濟硏究所(韓經長, 1974), p. 45.
185) 중화학공업추진위원회기획단(한공발2, 1979), pp. 522~523.

1973년 5월 30일 이낙선(李洛善) 상공부장관은 조선공업육성기본계획을 발표하면서 공업기지와 관련된 주요한 점을 언급하였는데 그것은 조선소, 정유공장 등은 정부가 지정하는 지역에 건설하여야 한다는 것과 준설비는 기업의 자기부담으로 하여야 한다는 것이었다.[186] 이 두 가지 원칙은 계속 유지되었다. 기지입주공장에게 분양대금이 부과되었으며[187] 대통령은 자동차부품공장을 난립건설하지 말고 가급적 창원기계공업기지 내에 건설하도록 지시하고 있었다.[188] 나아가 신규기업만이 아니라 기존 공업들도 산업기지로 이전하도록 정부는 종용하였는데 이는 외자도입심의위원회 안건 대통령결재문서에서 "정부의 이전종용으로 1974년부터 부산의 '금성사' 전자부문 시설 중 일부를 구미로 이전하였고 ……냉장고, 세탁기, 엘리베이터 등은 1975년 중 모두 창원으로 이전하도록 계획되었다"[189]고 한 것에서 확인할 수 있다.

정부는 항만능력 한계의 완화, 자원의 대량 확보, 공해의 최소화를 위해 비축기지를 건설하며 기존의 포항, 울산 공업단지에 이어 계획공업단지로 아산, 온산, 낙동강 하구, 거제를 지정하였다.[190] 기지화 계획을 위해 항만조성계획, 용수확보계획, 전력 등 에너지계획, 내륙수송계획, 배후지역계획을 수립하고 지가고시(地價告示)를 함으로써 지가의 급등을 방지하도록 하였다. 1973년 12월 24일에는 효율적인 기지건설을 위한 「산업기지개발촉진법(법률 2657호)」이 발효되었다. 공업기지정책은 1970년대 중반부터 일부 지역에의 과다한 공업 집중으로 지역 간 불균형 발전 등 여러 가지 사회·경제 문제가 등장하기 시작하자 이러한 문제점을 해결하기 위해서 1970년대 후반부터 이전의 거점개발전략에서 공업입지 분산전략으로 그 중심이 전환되었다.[191]

공업기지 건설은 중화학공업화 기간 내내 강조되고 추진되었으며 그 결과 해외에서는 1970년대 말 전략적 개발부문으로서의 한국 중화학공업이 현저한 발전을 이룬 원인으로 중점산업육성법과 함께 공업기지의 조성이 들어지게 되었다.[192]

8) 노동집약부문 우선과 기술·기능공급 중시: 내재적 요소 동원

중화학공업화를 위해 정부가 처음부터 일관되게 고려한 것은 한국의 풍부한 부존생산요소인 노동력을 많이 이용하는 노동집약적 생산방법의 우선채택이었고 이와 동시에 계속 고려한 것이 현실적인 제약조건인 기술·기능의 공급이었다. 이 두 가지는 결국 인적 요소

186) 〈조선일보〉(1973. 5. 31).
187) 동남지역공업단지관리공단(1996), pp. 149~195.
188) 대통령비서실(자동지3대통령결재문서, 1973. 9. 4).
189) 외자도입심의위원회(제100주, 1974. 10).
190) 중화학공업추진위원회기획단(중화공, 1973), p. 11.
191) 동남지역공업단지관리공단(1996), p. 84.
192) 日本貿易振興會機械部(韓化, 1978), p. 2.

와 관련되는 것으로 부존 생산요소로 보아도 장기적으로 한국이 스스로 책임을 져야 할 부분이었고 책임질 수 있는 것이었다.

중화학공업화를 시작할 1970년대 초 한국이 가진 장점과 비교우위 생산요소는 풍부하고 교육수준이 높은 인력이었다. 실제로 機械工業等韓國産業長期開發計劃調査團으로 한국을 방문한 '小野田시멘트(セメント)' 기술부장 上野孝는 "한국은 그 기술레벨이 상당히 높고 또 높은 레벨의 기술을 흡수할 능력이 충분히 있다. 더욱이 뛰어난 노동력이 풍부하고 나아가 저렴하며 학교교육이 성하고 또 국민교육열이 높기 때문에 금후도 뛰어난 노동력을 확보할 수 있다"[193]라고 밝히고 있다. 이에 따라 정부는 중화학공업화에서 노동·기술집약부문을 우선으로 하는 정책을 계속 추진해 나갔다. 이는 대외적으로도 자주 천명되어 1975년 5월 19일부터 3일간 열린 민간 한미경제협의회 제2차 합동회의에 참석한 남덕우 부총리는 '한국의 중화학공업은 먼저 조선, 기계, 전자 및 전기제품 등 노동집약적 부문에 집중될 것이다'라고 밝히고 있다.[194]

이렇게 노동·기술집약부문이 강조됨에 따라 정부는 중화학공업화 기간을 통해 기술·기능의 공급에 주력하였다.

우선 먼저 기술과 기능의 공급확대를 위해 중화학공업화선언에서 등장한 것이 전 국민의 과학화선언이었다. 중화학공업화의 실천을 위해서는 전 국토의 산업권화(産業圈化)와 전 국민의 과학화, 그리고 전 상품의 수출화가 성취되지 않으면 안 된다고 판단한 것이 바로 중화학공업화정책선언인 것이다.[195] 이후 과학기술진흥은 거의 매년 대통령 시정연설에서 등장, 강조되었다.[196]

두 번째로 정부는 계속 기술·기능인력의 수급을 예측하고 이에 따라 관련 인력공급에 주력하였다. 정부는 중화학공업화를 위해 계속해서 인력의 수급예측에 집착하였는데, 왜냐하면 중화학공업화 출발부터 중화학공업화의 가장 중요한 성공요인은 바로 기능·기술인력의 공급에 있다고 보았기 때문이다. 중화학공업추진위원회기획단은 1973년 초의 중화학공업정책은 추진이념이 근본적으로 바뀌어 구체적인 물동계획으로서의 성격을 갖게 되며 이 물동계획은 몇 가지 과제를 주요 내용으로 하는 새로운 장기계획이라고 보았는데, 그 과제 중 하나로 '교육제도, 훈련제도의 정비와 장래의 노동력 확보대책 등'을 들었다.[197] 이에 따라 정부는 교육을 통한 인력공급에 주력하였고 중화학공업화의 목표를 달성하기 위해서는 적절한 설비의 도입과 더불어 기술혁신과 인력개발이 수반되어야 하므로 기술도입과 연구개발 및 기술인력 양성계획을 수립하고 이를 연차적으로 시행해 나갈 것이라고

---

193) 上野孝 小野田セメント取締役技術部長(1973), p. 27.
194) 〈매일경제신문〉(1975. 5. 19).
195) 중화학공업추진위원회(우해, 1973), 서문.
196) 〈조선일보〉(1975. 10. 5; 1976. 10. 5; 1977. 10. 5; 1978. 10. 5; 1979. 11. 16).
197) 중화학공업추진위원회기획단(한공발2, 1979), pp. 93~94.

천명하였다.[198]

구체적으로 정부는 기술인력의 확보와 개발을 위해서 두뇌개발과 기술숙련체제를 혁신하였으며 기능자격제, 기능장제(技能章制)를 확립하여 국민의 1인 1기(技)의 실현을 도모하기로 하였다.[199] 또 기능공 공급을 위해 국가기술자격제도의 확대와 실업교육을 강화하였다. 1973년 12월 31일 「국가기술자격법(National technical Qualification Act)」이 제정, 공포되고 1974년 시행령이 제정되었으며 1975년 1월 1일 국가기술자격제도가 실시되었다. 1973년 5월 30일 이낙선 상공부장관은 조선공업육성 기본계획의 실수요자 선정원칙으로 "조선소 건설 및 운영에 필요한 기술자의 훈련 또는 확보계획을 수립 실시하여야 한다"를 드는 등[200] 기능훈련을 지속적으로 강조하였다.

세 번째로 중화학공업화를 위해 기술공급, 즉 연구개발 기능의 제공에 주력하였다. 이를 위해 중화학공업화 경험이 없던 기업들에 앞서 정부가 연구개발 기능을 맡아 5대 전략산업기술연구소를 설립하여 선박, 기계, 석유화학, 전자 및 해양 등 중화학공업 개발을 기술 면에서 뒷받침할 계획을 수립하였다.[201]

중화학공업화에서 미시적 생산요소인 기술과 기능이 강조되었던 것은 바로 상공부, 경제제2비서실이 중화학공업화에서 중요한 역할을 하였기 때문이었다. 중화학공업화를 담당한 경제제2비서실은 상공부 출신들이 많았다. 이들에게는 경제학자들이나 경제관료와는 달리 현실 생산에서의 생산요소, 기술·기능 제약에 대한 개념이 매우 강하였다. 이러한 상황은 김용환(金龍煥) 전 재무부장관의 "경제제2수석비서실을 설치하였던 것은 개별 프로젝트의 기술적 타당성을 별도의 전문가로 하여금 검토하게 하기 위해서였던 것 같다"[202]라는 증언에서 엿볼 수 있다.

9) 해외자원의 적극적·합리적 도입과 이용: 자본과 경험

한국의 중화학공업화는 중화학공업 선진국의 경험을 도입하고 선진국 자본과 기술을 도입하는 등 해외자원을 도입하고 이용함으로써 비용을 최소화시키고 기간을 단축시킬 수 있었다. 특히, 한국 중화학공업화계획의 모델이 된 것은 후발공업국으로 자원이 부족하면서도 단기간에 중화학공업 육성을 통해 선진국으로 성장한 독일과 일본이었다.[203]

198) 대한민국정부(행백, 1974), pp. 153~154.
199) 중화학공업추진위원회기획단(한공발2, 1979), p. 255.
200) 〈중앙일보〉(1973. 5. 30); 〈조선일보〉(1973. 5. 31).
201) 중화학공업추진위원회기획단(한공발2, 1979), p. 255.
202) 김용환 전 재무부장관(2002), pp. 115~116.
203) 전 경제기획원투자진흥국장으로 경제기획원사를 묶은 김흥기는 중화학공업 구상의 모델은 독일의 비스마르크기(19세기), 일본의 메이지유신(19세기) 등이었다고 적고 있다(김흥기 전 경제기획원투자진흥국장편(1999), p. 204). 국가에 대해서는 이의가 없지만 반드시 그 시기에 한정해 볼 수는 없을 것이다. 박대통령이 이 시기

먼저, 중화학공업화의 주요 계획과 정책수단 작성에서 일본, 독일 등 선진국의 경험을 학습해 응용하였다. 중화학공업화의 목표인 100억 달러 수출과 이를 달성하기 위한 중화학공업화 그리고 10년이라는 기간은 모두 일본의 경험을 기초로 하여 도출된 것이었다.[204] 여기에 법률과 제도의 사전 구비, 시장규모 극복을 위한 내수의 상호 연계적 창출, 부족한 자원과 자본의 해결을 위한 단계적 접근 등 중화학공업의 주요한 방법론 중 일부를 일본과 독일의 전례에서 변형하여 사용하였다.

둘째, 중화학공업화에서 우선적으로 필요하였으나 식민지 등을 통과하면서 본원적 축적의 실패로 형성하지 못하였던 자본을 적극적으로 해외에서 구하였다. 그래서 종합제철사업부터 시작하여 처음부터 '중화학공업 관련 제반 사업추진을 위한 구체적 집행계획은 외국투자가의 확고한 의사를 타진한 후에 결정하도록 할 것'이라고[205] 결정할 정도이었다. 정부는 중화학공업화를 위해 약 100억 달러 규모 외자유치를 위해 노력했으며 미국, 일본, 유럽 EC 국가들의 도움을 받았다.[206] 심지어 원칙으로 규정된 50:50의 외자참여 원칙도 필요한 자본과 기술, 그리고 시장을 위해 일부 업종에 따라 탄력적으로 운용되었으며 또 투자 측의 전환사채, 무의결권 주식발행 등을 통해 진입폭을 넓혀 주었다.[207]

외자를 국가별로 보면 공공차관의 경우는 세계은행(IBRD)을 중심으로 한 국제금융기구에 의존도가 높았으나 상업차관은 미국에서, 외국인 직접투자와 기술은 일본에서 가장 많이 도입하였다. 중화학공업에 53.7%의 많은 비중을 두었던 것은 상업차관이었다. 이를 국가별·연도별로 정리하면 〈표 10-6〉과 같다.

미국의 상업차관은 1970년대 중반까지 항공여객기 도입, 화학섬유공장 건설용 시설재 및 섬유기계 도입으로 급증하여 1973년 1억 5,200만 달러로 일본에서의 도입(6,900만 달러)의 2.2배, 1974년 2.9배, 1975년 2.6배, 1976년 4.7배 등으로 높아졌다. 중화학공업화선언 이전 1966~1972년간 미국은 일본의 1.1배에 불과하였다. 일본으로부터의 상업차관 도입은 이전 일본으로부터의 상업차관 도입에 따른 부실기업의 문제로[208] 1970년대 중반까지 억제되는 측면도 있었지만, 1977, 1978년에는 포항종합제철의 설비확장 공사, 석유화학계열 공장건설 등에 대형 상업차관이 들어옴으로써 미국을 앞질렀다. 영국, 프랑스, 서독 등 유럽 국가도 높은 비중을 차지해 상업차관의 경우 유럽지역의 합계가 일본과 미국

에 관심이 높았고 자주 언급하였지만, 1945년 패전 이후 이들 국가의 재건과정 등도 박대통령에게 큰 영향을 미쳤고 또 박대통령 스스로 이를 직접 언급하기도 하였다.

204) 대통령비서실(중선, 1973. 1. 30), p. 9.

205) 중화학공업추진위원회기획단(제14, 1973. 11. 8), 의안 4. "석유화학공업육성 추진계획에서" 2. 추진위원회의 결론.

206) 〈중앙일보〉(1973. 10. 4); 〈조선일보〉(1973. 10. 5); 중화학공업추진위원회기획단(한공발2, 1979), p. 255.

207) 기술이 필요하였던 전자공업과 기계공업 부문에서 100% 투자도 허용되었다.

208) 이는 일본 국회에서 먼저 문제가 됨으로써 국내에서 논의되었다. 이에 대해서는 日韓關係を記錄する會(1976), II.

표 10-6 국가별 상업차관 도입 추이(도착기준) (단위: 백만 달러, %)

		1973	1974	1975	1976	1977	1978	1973~1978	
								금액	비중
미국		152	305	313	218	256	304	1,548	26.4
일본		69	104	120	46	346	585	1,270	21.7
EC	서 독	13	16	41	62	55	54	241	4.1
	영 국	32	64	85	126	208	353	868	14.8
	프랑스	16	24	63	94	69	139	405	6.9
	합 계	71	105	206	348	392	594	1,716	29.3
합계		461	603	801	839	1,241	1,913	5,858	100.0

주: 기타 국가가 있어 합이 일치하지 않음.
자료: 재무부재무정책국자금시장과(외자도, 1975~1977, 1979); 한국은행(연보, 1972~1980); 재무부·한국산업은행(1993).

보다 높았다. 특히, 영국으로부터는 정부의 도입처 다변화 노력과 함께 전력설비 및 철강, 석유화학, 정유 등 중화학공업과 관련된 시설재 도입이 크게 증가하여 1973년 3,200만 달러에서 1978년에는 3억 5,300만 달러로 늘어나 미국을 추월하였다.[209]

셋째, 중화학공업화 초기 적극적으로 기술을 도입하여 응용하였고 이를 기초로 기술을 발전시켰다. 초기에는 심지어 매우 사소한 시공내용까지 해외기술에 의존하였다. 중화학공업추진위원회는 기초 및 응용과학의 장기적 바탕이 없고 막대한 연구개발투자가 어려운 한국으로서는 소재나 원료생산에 필요한 핵심적 기술능력을 확보하기 위해서도 무엇보다 기술도입에 적극성을 띠지 않으면 안 되며, 중화학공업화의 초기단계에 있고 국내기술이 낙후된 한국은 우선 과감한 기술도입 자세를 확립하여야 한다고 강조하였다.[210] 이러한 초기 기술도입의 적극성과 이를 이용한 기술개발 방식은 독일과 일본의 경우도 동일하며 한국이 이들 국가의 사례를 적극 받아들인 것이다.

자본과 기술도입을 위해 민간경제단체와 정부는 교류확대에 노력하였다. 1973년 6월 18일 일본의 '기계공업 등 한국 산업장기개발계획조사단' 방한과 1973년 7월 3일 '미국기계공업조사단' 방한 등 계속적인 해외조사단의 방문이 이루어져 협력방안이 논의되었고, 또 1973년 8월 21일부터 8월 30일까지의 경영기술 및 시장조사단(윤능선 단장 외 25명)이 일본을 방문하는 등[211] 한국 측의 적극적인 해외방문을 통한 해외기술 도입도 진행되

209) 재무부·한국산업은행(1993), pp. 158~159, 168. 싱가포르, 홍콩, 리베리아 등 기타 국가들로부터의 상업차관 비중이 1966~1972년의 8.4%에서 이후 22.6%로 급등한 것을 볼 수 있는데 이는 사실 미국, 일본, 유럽 등 선진국 은행들의 신디케이트론이나 세금혜택을 노린 유조선 도입 등으로 의미는 작다. 재무부·한국산업은행(1993), p. 169.

210) 중화학공업추진위원회(우해, 1973), p. 65.

었다.

넷째, 선진국이 노동력 부족, 환경입법 강화, 에너지 문제 등 기존 산업이 가지는 한계로 해외로 이전하고자 하였던 부분을 적극 받아들였고 이를 기술도입과 진입의 주요한 기회로 삼았다. 1970년대 초 선진국들이 탈공업화(脫工業化)의 산업방출을 함으로써 1970년대 이전까지 유지되었던 선발발전도상국, 선진국 간의 경공업과 중화학공업 간의 수직적 국제분업체제에 변화가 초래되어 '기계공업, 철강공업, 조선 및 전자공업 업종은 선발공업국으로부터 속속 이양되고 있거나 또는 이들 업종을 위해 선발공업국의 자본과 기술이 후발공업국으로 급격히 진출하고'[212] 있었다. '중화학공업화정책선언에 따른 공업구조개편론'은 일본의 열도개조론 대두와 함께 검토되고 있는 중화학공업 억제를 계기로 일본의 중화학공업을 유치함이 요구된다고 하면서 일본의 열도개조론을 소개하였다.[213] 당시 일본은 "입지, 공해 등으로 공장이 포화되어 공장건설은 해외로 전개"하고자 하고 있었고 "지리적·입지적 여건으로 한국에 대한 진출붐이 일고 있었다."[214] 일본이 한국으로 자본진출하고자 하였던 것은 1차적으로 일본의 입지, 공해문제로 과잉자본의 수출문제가 대두되었던 것에 따른 것이지만 여기에 더하여 한국은 ① 지리적·입지적으로 일본과 가장 깊은 수송네트워크를 갖추고 있어 단순 거리 이상의 의미를 역사적으로 형성하고 있었고, ② 주한미군 공유로 안정성을 확보하고 있었기 때문이었다. 장기적으로 같은 친미국가로서 ②의 요인도 중요한 고려요인이었다.

그러나 한국은 해외자원을 이용하면서도 항상 자립경제를 염두에 두고 있었고 또 4대핵공장사업 등을 통해 해외에 일방적으로 의존해서는 안 된다는 것을 배우면서 이들 해외국가 혹은 기업들을 적절히 경쟁을 통해 이용하였다. 한국은 "미국-일본의 관계를 잘 이용하면 일본 일변도의 투자 경향을 미국을 보다 적극 유치함으로써 방지할 수 있을 것"[215] 이라고 보고 이를 이용하였으며, 다른 세계은행과 아시아개발은행,[216] 영국, 서독, 벨기에, 프랑스 등 유럽에[217] 대해서도 계속 중화학공업개발계획에의 도움을 요청하고 협의함으로써 다시 일본과 미국을 자극하였다. 예컨대, 1차 금속(철강, 비철금속), 석유화학의 경우 미국과 일본이 모두 이들 공업의 국내입지가 매우 제한되었기 때문에 결국 밀어내기(push) 밖에 해결책이 없고 그래서 한국 진출을 선호하는 것을 이용하여 양국이 경쟁관계로 존재하도록 만들었다. 또 기계공업에서 한국은 미국 상무성 앳킨스(Atkins)가 단장이 된 미국 기계제작업자가 방한하도록 하는 등 대일 협상용으로 미국을 적극 이용하였고, 전자공업

211) 전국경제인연합회(전2사, 1983), p. 440.
212) 중화학공업추진위원회(우해, 1973), p. 12.
213) 대통령비서실(중선, 1973. 1. 30), pp. 12~13.
214) 중화학공업추진위원회기획단(중화투626대통령결재문서, 1973. 6. 20), 종합 7.
215) 중화학공업추진위원회기획단(중화투626대통령결재문서, 1973. 6. 20), 종합 3.
216) 金龍煥 전 재무부장관(2002), p. 116.
217) 〈조선일보〉(1974. 3. 16).

에서도 전자공업 유치단이 미국, 일본에서 동시에 활약하도록 함으로써 양국을 자극하였다.[218]

218) 중화학공업추진위원회기획단(중화투626대통령결재문서, 1973. 6. 20), 종합 10나, 종합 10다, 종합 10바.

부 록

보 론

〈보론 10-1〉 국가-민간 주도에 대한 논의와 시각

한국의 경제발전, 특히 중화학공업화 초기에 정부의 진입유도 역할은 중요하였다. 문제는 기존 다수 인식이 한국의 경제발전에서 나타난 정부의 역할을 선진공업국과 이분화시켜 절대적인 것, 전횡적인 시장무시자 혹은 현재 모든 한국 병의 원인이라는 정형화된 시각으로 보고 있다는 점이다. 그러나 무시되어 드러나지는 않았지만 이미 사실에 입각해 볼 때 그렇지 않았다는 선구적이고 독창적 연구시각들이 적지 않게 있었다.

K. S. Kim(1994, p. 347)의 '설계된 모든 중화학공업화는 민간기업에 의해 맡겨지도록 계획되었다'는 견해는 평소 산업을 직접 구체적으로 연구하고 있는 연구력에서 나온 것이라고 생각한다. "한국 정부는 자원배분에 대한 주요한 결정을 하거나 제한하는 어떤 시도도 하지 않았다. 이루어진 공업에 대해 정부는 비용과 과대평가된 환율 때문에 일어날 가능성이 있는 반(反)수출적 편향을 억제하기 위한 인센티브정책을 잘 조율하는 데에만 집중하였다. 훨씬 더 일반적으로 공업에 대한 정부정책은 선택적 개입이 아니었으며 제약하는 것보다 허용하는 것이었다"는 H. Pack and L. E. Westphal(1986, p. 98)의 시각은 타당하다. 한국 정부는 국내외 기업에 대해 어떤 형태로든 생산·투자활동을 장려하였으며, 공식적으로 금지된 제도 내 수출입 관련 기업활동도 사실 대부분 허용하였다. 그 결과 오히려 한국은 단시간에 이른바 '재벌'로 불리는 대기업집단이 성장하였다.

R. M. Auty(1994, p. 87)도 지적하고 있듯이 '한국 정부가 제공하는 모든 인센티브는 대내외적 경쟁하에서 진입기업이 변화와 혁신을 통해 경쟁력을 가지도록 하는 한정적 시기에 적용되었다.' 한국 정부는 모든 선진국에서 그러하였듯이 분명히 기업의 가장 중요한 후원자이었지만 개입, 규제는 기업의 선택이 이루어지도록 행해진 수준이었다.

대기업에 의한 시장주도가 1970년대 점점 발달하였고 1977년 이후 이는 분명해졌다. 특히, 1977년 이후 대기업의 경제주도권은 실질적·내용적으로는 완전히 확립되었다. 1977년 11월 23일 정주영 전경련회장은 인간개발원 주최 강연에서 중화학공업 건설을 효율적으로 달성하고 국가경쟁력을 높이기 위해서는 정부주도에 의한 보호육성보다 자유경쟁원리에 의한 민간주도체제가 바람직하다고 말하고 있었다(〈매일경제신문〉, 1977. 11. 23). 커지고 있는 파워로 전경련은 정부에 대해 재정·금융지원과 기업의 자유를 계속 요구하였다(J.-C. Rhee, 1994, pp. 79~80). 직접적 결과는 아니지만 단기적인 일부 부문의 중복투자는 바로 민간주도로 있었던 한국의 시장상태를 웅변적으로 보여 주는 것이다. 정부의 역할을 비판하고 이로 인한 중화학공업화의 문제를 지적한 S.-C. Lee(1991) 역시 전자공업과 자동차공업은 민간부문의 주도에 의해 이루어졌다고 예를 들 정도로 중화학공업화는 민간부문이 주도하였다.

한국의 규제와 정부개입의 정도는 타국과 비교해 절대적으로나 상대적으로 높지 않았다. 어떤 면에서는, 몇몇 특정 기업의 특정 사건을 제외하면 대기업에 대해 매우 유화적이었던 정부가 한국 정부이었다. 여기에는 여러 이유가 있었지만 출발부터 한국 정부는 기업성장과 기업도움이 필요하였고 자국과 달리 무조건 한국 정부의 개입을 악으로 본 이중적 기준의 미국 감독을 받아야 했기 때문이었다. 나아가 경제가 발전해 나가고 규모가 커질수록 정부가 대기업의 지식, 정보수준과 경쟁할 수 있는 능력이 약해질 수밖에 없었기 때문이었다. 한국만의 문제가 아니라 분명히 선진공업국 모두에게도 똑같이 있는 일이지만 대기업들은 논리적으로 결국 정부를 기업 이익에 맞게 움직이게 하였으며, 1970년대 후반에는 성장한 대기업 간 경쟁이 격화되면서 이들은 정부에 대해 각 기업 나름의 이론적인 설득을 강화하였고 이것이 정부의 지배력 약화로 이어졌다.[219] 당시 정책담당자나 기업들의 정부주도론 증언은 증언이 사용되고 있는 그들 입장이나 중화학공업화 비판내용을 볼 때 너무나 당연하므로 글자 그대로 절대시하는 것은 곤란하다.

"동아시아의 후발주자들과 비교해 보면 일본 정부의 역할은 추격의 선도자 혹은 조직가보다는 후원자의 역할이 더 컸다"라고 J.-S. Shin and H.-J. Chang(2004, p. 35)은 말하고 있는데 한국 역시 동일하다. 일본에 대해 "성장의 주동력을 민간부분으로 보고 정부의 개입을 민간의 움직임을 가속화시키는 것이었고 또 정부가 그럴 의도를 가지고 있었다"고 한 H. T. Patrick and H. Rosovsky(1976, p. 47)의 발견은 한국에도 그대로 적용가능하다. 한국에 대해 똑같이 집중력과 시간을 갖고 연구하였다면 분명히 일본을 묘사한 것과 똑같은 결론에 도달하였고 그렇게 묘사했을 것이다.

사실과 적지 않은 뛰어난 선행연구의 시각에도 불구하고 국가-민간 주도에 대한 선험적인 시각과 이분법적 시각은 이후 한국경제에 대한 대안적 해석을 이끌어내지 못하고 있으며, 심지어 한국 현대시기 연구 자체를 원천적으로 부정하는 잘못된 방향으로 유도하고 있다.

219) J.-C. Rhee(1994, p. 81)는 대기업 간 과도한 경쟁이 대기업의 정부에 대한 압력과 로비를 가져왔고 이것이 정부의 투자배분에 대한 지배를 약화시켰다고 보았다.

CHAPTER 11

전략적 선택: 규모의 경제와 경쟁효율을 위한 수출지향전략

1. 중화학공업 수출지향정책의 형성

한국은 1964년 이후 수출지상주의가 표명되어 이때부터 수출지향정책이 대거 시행되었다. 1964년 5월 3일 환율의 현실화와 단일화, 기준환율 인상과 외환증서제도 채택이 있었는데 이는 적극적인 수출지향정책으로의 전환을 의미하는 것이었다. 6월에는 '한국수출산업공단'이 설치되어 구로공업단지, 부평공업단지, 주안공업단지 등 총 112만 7,000평에 이르는 수출공업단지가 가동되기 시작하였다. 이런 노력으로 1964년 12월 5일 수출은 1억 달러를 돌파하였고 이를 기념해 대통령은 이 날을 '수출의 날'로 제정하였다.

이어 상공부의 '수출진흥종합시책'이 발표되어 1965년부터 시행되었는데 지속적인 수출증대를 위해 수출진흥에 관련된 모든 지원대책을 종합한 것으로 이는 이후 한국 수출정책의 효시가 되었다. 박대통령은 1965년 연두교서에서 '증산, 수출, 건설'이라는 3대 시책 지향점을 분명히 구호로 내걸었고 1월부터 대통령의 지시에 의해 수출진흥회의가 시작되었다. 매월 대통령이 직접 수출을 챙기는 세계사상 유례가 드문 강력한 수출진흥책이 시작된 것이다. 10월 5일에는 대통령이 자립경제의 기초를 확립하는 제1과제가 바로 수출진흥을 통한 외화획득이며 경제시책의 중요한 목표를 '수출제일주의'로 삼고 있다고 역설하였다.

이러한 대대적인 수출지향정책으로의 전환과 시행에 따라 모든 정부의 정책은 수출에 초점을 맞추었다. 수출은 지상과제로 강조되고 시간이 지날수록 더욱더 체계적으로 강조되어져 갔다. 1968년 12월에는 수출진흥특별회계가 설치되었고 1969년부터 수출진흥회의가 수출진흥확대회의로 개칭되었다(부록의 '〈자료 11-1〉 수출진흥(확대)회의(무역진흥확대회의)' 참조). 1차 수출진흥확대회의에서 대통령은 "수출은 모든 국민이 관심을 가져야 한다"고 강조하며 국민이 해외여행시 휴대카드를 지참하게 하여 해외시장 정보를 수집하는 방안도 마련하라고까지 지시하였다.[1] 1971년 6월에는 환율인상과 금리인하가 다시 뒤따랐다.

이러한 수출지향정책의 발전과 병행하여 수출에의 의지는 내재적으로 기업들에 의해 자생적으로도 일어나고 있었고 또 기업들에 의해 수출구조로의 전환이 급속히 진행되고 있었다. 기업들은 처음에 소규모이었고 국내시장의 이익폭이 커서 내수지향적이었지만 이미 1960년대 경공업이 발전해 나가면서 국내수요의 한계상 수출로 나갈 수밖에 없다는 것을 알게 되었고, 이에 따라 1960년대 중반부터 정부의 적극적 수출지향정책 기조에 힘입어 수출산업화로의 전환과 지향을 시작하였다.[2] 대만 역시 공업화가 한국보다 빨랐지만 결국 인구 1,300만으로 국내수요가 작다는 것 때문에 일찍부터 수출로 전환하였다.[3]

이러한 제반 상황과 경험은 1970년대 중화학공업화로의 전환에서도 그대로 반영되었다. 정부는 경공업의 발전에 따라 수입대체화를 위한 석유화학공업과 철강공업을 서둘렀다. 그러나 울산석유화학공업단지와 포항종합제철소 건립과정에서 우려대로 내수가 국제규모가 안 되어 수입가보다 높아지는 것이 발견되었다.[4] 현실은 수입대체를 전략상 추구할 수 없는 것이었다. '설사 수입대체 등 다소의 국내수요가 있는 업종에 있어서도 단 한 개의 중소규모 공장이 건설되기만 하면 곧 수요부족에 직면하게 되어 생산은 정체되거나 위축되어 버릴 위험이 있었고, 특히 중화학공업의 경우 국내시장만에 의존한다는 것은 거의 기대하기 힘든 것이 명백하였다.'[5] 한국이 중화학공업화를 하려면 수출을 해야 한다는 것은 가능성이나 판단의 문제가 아니라 필연성의 문제였다.

이렇게 중화학공업의 수출지향정책이 적극 추진될 수밖에 없었던 것은 시장규모 한계라는 절대적인 한계 때문이었지만, 나아가 전후 1950~1960년대를 통해 확대되고 있었던 남북문제의 본질이 바로 수직적 분업에 의한 무역구조, 즉 중화학공업제품의 수출 내 구성비중 차이에 있다는 점은 분명한 전환의 명분과 이유가 되었다. 실제로 1960년대 세계시장을 지배하고 있었던 미국, 독일, 일본, 영국의 수출에서 중화학공업이 차지하는 비율은 〈표 11-1〉에서 보듯이 매우 높았고 또 1950년대에 비해 크게 높아졌다. 특히, 한국이 중화학공업화에서 모델로 상정한 독일과 일본의 경우 1970년 수출의 중화학공업화율은

1) 경기도교육청 관리국총무과(1969), 대통령각하 지시사항.
2) "현재 한국의 국내시장은 협소하여 한국 정부의 방침으로서 수출산업에 투자유인의 중점을 두고 있다." 村上素南 日本興業銀行常務取締役(1971), p. 82.
3) 外務省經濟協力局(日, 1969), pp. 170~171.
4) 外務省經濟協力局(日, 1969), p. 168.
5) 중화학공업추진위원회(우해, 1973), pp. 29~31.

표 11-1 수출의 중화학공업화율

(단위: %)

	일 본	미 국	영 국	서 독
1955	37.8	51.2	57.7	66.7
1960	44.0	51.8	66.6	75.5
1965	62.0	54.6	65.2	75.1
1970	72.4	62.1	65.2	74.5

자료: 通商産業省(通白, 1972), 總論, p. 213.

70%를 넘어 각각 74.5%, 72.4%를 차지하고 있었고, 일본의 경우 1960년 그 비율이 불과 44.0%였으나 1960년대를 통해 중화학공업의 수출이 91.5% 상승하여 일본경제의 성장을 견인하고 있었다.

이런 제반 상황과 관찰 속에서 중화학공업화의 실천을 위해서는 전 상품의 수출화가 성취되지 않으면 안 된다고 판단하여 나타난 것이 바로 중화학공업화정책선언이었다.[6] 그리고 중화학공업추진위원회기획단이나 중화학공업을 언급하는 정부부처는 중화학공업화의 전략으로 중화학공업을 수출산업으로 육성할 것이며, 중화학공업화의 성공 여부는 바로 이 수출에 달려 있다는 점을 분명히 지적하고 이 점을 서로 공유하게 되었다.

> 중화학공업의 성공 여부는 곧 수출의 확대가능성 여부에 달려 있다고 하여도 결코 지나친 표현은 아니다. ……중화학공업에 대한 수요 면의 제약조건을 해소하는 가장 적극적인 방법은 동 산업의 제품에 대한 직접 수출을 확대시키는 길임에는 의심의 여지가 없다.
>
> 《중화학공업추진위원회(우해, 1973), pp. 59~60》

> (중화학공업화 전략) 오늘날 제품가격을 결정하는 가장 중요한 요인은 기술혁신과 설비규모인 바 생산의 적정 규모는 기술혁신을 수반하면서 점차 대형화되어 가고 있습니다. 그러나 규모의 대형화를 추구함에 있어서는 국내시장이 협소하여 판로 면에서 현실적인 애로에 봉착하게 될 것이 예상됩니다. 이와 같은 애로를 타개하기 위하여 정부는 중화학공업을 수출산업으로 육성함으로써 협소한 국내시장의 제약성을 타개하고 아울러 규모의 경제를 이룰 수 있는 시설규모의 대형화를 추구할 것입니다.
>
> 《중화학공업추진위원회기획단(중화공, 1973. 6). p. 8;
> 대한민국정부(행백, 1974), pp. 154~155》

> (규모의 대형화를 추구함에 있어서는) 국내시장의 협소로 (판로 면에서의 애로가 예상되므로 정부는) 중화학공업을 전략적 수출산업으로 육성하고 이를 통해 시장협소의 애로를

6) 중화학공업추진위원회(우해, 1973), 서문.

타개하는 한편 규모의 경제를 확보한다.

【경제기획원(경백, 1973), pp. 14~15; 경제기획원(경백, 1974), p. 11; 국무총리기획조정실 (중오, 1973), pp. 9, 166; 대한민국정부(행백, 1974), p. 153】

이렇듯 중화학공업을 수출산업으로 육성한다는 점을 분명히 함에 따라 중화학공업추진위원회기획단은 기계공업 등 중화학공업을 처음부터 수요와 공급을 고려한 적정 규모가 아니라 수출경쟁을 고려해 최대규모로 건설하고자 하였다.[7] 수출촉진책으로 1973년 9월 3일부터 상공부는 「수출검사감면허가 및 사후관리운용요령」을 새로 마련하여 KS 표시품은 허가 없이, 국제입찰에서 낙찰되어 상대국 지정 검사기관에서 검사를 받은 물품과 유상견본으로 수출하는 경우는 공업진흥청장의 허가로 수출품검사를 면제 받고 수출할 수 있도록 하였다.[8]

결국 중화학공업화와 수출지향은 목적이며 동시에 수단이 되는, 즉 선후가 없는, 분리될 수 없는 것이었다. 그래서 1972년 6월 100억 달러 수출을 위한 중화학공업화정책의 본격적 시행을 대통령에게 건의할 때, 김정렴 비서실장은 "중화학공업화를 본격화하면 수출 및 방위산업과 중화학공업 건설이 동시에 해결되니 일석삼조라고 생각합니다"라고 보고하였다. 오원철 수석비서관 역시 대통령의 중화학공업화 지시를 듣고 난 후 "박대통령에게서 지시받은 '방위산업 건설계획', '100억 달러 수출계획', '중화학공업화 건설계획'의 3개 과제를 한 시스템으로 통합하여 병기를 생산하는 중화학공업, 수출을 하는 중화학공업을 건설한다"는 수출과 중화학공업화 일체화 방침을 세웠다.[9]

이에 따라 대통령에게 '앞으로 추진될 중화학공업 건설에 있어서는 공장이 준공되자마자 수출경쟁력을 갖도록 계획되고 있다'고 보고되었고,[10] 중화학공업지침서에는 '각 업종에 포함된 단위공장은 품질·가격 면에서 수출능력이 처음부터 있게끔 계획되어야 한다'[11]라고 명시되는 등 중화학공업은 수출을 전제로 추진될 것이 분명히 되었고, 이후 실제로 준공되면 수출능력이 있는, 즉 국제경쟁력이 있는 중화학공업이 건설되었다.[12] 김광모 전 기획단부단장 역시 한국 중화학공업의 추진 의의에 대해 "모든 산업을 수출산업화하였다. 상공부는 품목별·연도별·국가별로 수출계획을 수립하였다"고 증언하고 있다.[13]

이렇게 '1980년대를 향한 중화학공업화는 1960년대까지의 그것과는 면모를 달리하는

---

7) 중화학공업추진위원회기획단(중화공, 1973), p. 8; 김광모 전 중화학공업추진위원회기획부단장 증언(2010. 2. 10).
8) 〈매일경제신문〉(1973. 9. 3).
9) 오원철 전 중화학공업추진위원회기획단장(박정, 2006), pp. 146, 148.
10) 오원철 전 중화학공업추진위원회기획단장(중8, 1972); 오원철(한경7, 1999), pp. 508, 510.
11) 대통령비서실(중선, 1973. 1. 30), p. 18.
12) 오원철 전 중화학공업추진위원회기획단장(한경7, 1999), p. 492.
13) 김광모 전 중화학공업추진위원회기획단부단장 증언(2009. 2. 3).

것이며 종래 부분적 국내시장을 대상으로 개발되던 수입대체적 유형과는 그 성격을 달리하는 것'이었다.[14] 그 결과 공업이 발전하면서 생산재 수입을 대체하기 위해 시작되어 서서히 단계를 변화시켰던 일반적인 선진국의 중화학공업화 경로보다 한국, 대만의 경로는 훨씬 단축된 비약단계를 가지게 되었다.

이제 중화학공업과 수출지향의 결합이 결정된 이상, 한국 중화학공업제품이 수출될 수 있기 위해서는 가격하락과 품질향상이 필요하였다. 물론 이는 시간이 지남에 따라 대량생산을 통한 규모의 경제실현, 기술개발 등을 통해 이룩될 수 있는 것이었다. 문제는 한국의 경우 이를 단축시키고자 하는 것이었는데 바로 이 가격하락(규모의 경제)과 품질향상(기술개발)의 두 가지를 단축하여 달성하는 가장 좋은 수단으로 목적인 수출지향 그 자체가 선택되었다. 이는 김정렴 전 대통령비서실장의 증언이나[15] '수출을 한다는 것은 국제무대에서 경쟁을 해야 하기 때문에 품질을 국제수준화할 수밖에 없고 따라서 품질향상의 해결방법은 오로지 수출을 통해서만 가능하다'라고 한 대통령보고서,[16] 그리고 '자동차의 대량생산체제를 갖추려면 해외수출은 정부나 업계의 지상과제이며 자동차를 수출전력산업으로 육성하려는 것도 이 같은 이유 때문이다'는[17] 중화학공업추진위원회기획단의 기록 등 여러 곳에서 확인된다. 실제로 중화학공업화가 수출지향 성격을 강하게 가졌기에 처음부터 국제경쟁력을 갖도록 명확히 하였고 이로 인해 중화학공업화가 1980년대 수출의 지속적 증가와 산업구조의 고도화에 기여하였다고 지적되고도 있다.[18]

이러한 제반 이유로 1970년대 중화학공업화기를 통해, 한국은 김정렴 실장이 세계은행 간담회(1993. 3. 25~26) 연설에서 밝혔듯이, 수출지향적 공업화가 국가 기본정책으로 박대통령 사망 때까지 강력히 추진되었다.[19] 특히, 日韓經濟協會『協會報』1972년 12월호의 대한상공회의소 상근부회장 김종대(金鐘大) 인터뷰에서 나타나고 있듯이, 정부는 1972년 말 1980년의 상품수출 100억 달러와 1981년의 1인당 국민소득 1,000달러를 장기정책목표로 설정하고 이것을 달성하기 위해 모든 산업을 수출산업화하고 상품을 전부 수출상품화하는 것으로 공표하고 있었다.[20] 또 한국의 경우 언제나 경제정책 결정시의 선택문제에서 국내시장을 대상으로 하는 소극적 사업보다는 고용흡수효과가 큰 수출산업의 우선순위가 높게 다루어졌다.[21] 따라서 중화학공업화의 전략으로 수출지향이 채택된 것은 다시 중화학공업화에 중요한 계기와 수단이 될 수 있었다. 중화학공업추진위원회기획단부단장을 지

14) 윤당(尹塘) 한국산업은행이사(1974), p. 21.
15) 김정렴 전 대통령비서실장 증언(2008. 11. 20).
16) 오원철 전 중화학공업추진위원회기획단장(중8, 1972); 오원철(박정, 2006), pp. 171~172.
17) 중화학공업추진위원회기획단(한공발3, 1979), pp. 580~581.
18) 민경휘(1993); 李建雨(1997).
19) 김정렴 전 대통령비서실장(2006), p. 17.
20) 日韓經濟協會(日韓, 1991), p. 75.
21) 중화학공업추진위원회기획단(한공발2, 1979), p. 202.

그림 11-1 중화학공업화정책과 경제발전

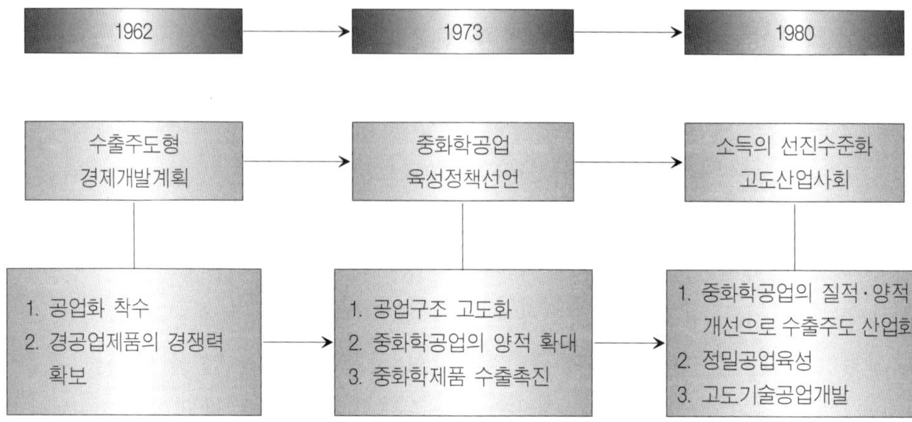

자료: 김광모 전 중화학공업추진위원회기획단부단장(한국산, 1988), p. 343.

낸 김광모 역시 1973년 중화학공업화선언 이후 중화학공업화정책이란 공업구조 고도화, 중화학공업의 양적 확대, 그리고 중화학제품 수출촉진이었다고 밝히고 있다(〈그림 11-1〉 참조).

이렇게 정부가 중화학공업화가 수출지향적으로 추진됨을 강조하고 분명히 함으로써 1973년 6월 방문 일본 조사단은 '중화학공업화계획이 아무래도 의욕적이고 내수의 보완이 없으며 수출편중의 잘못이 있다'[22]라고까지 적고 있다. 또한 '중화학공업의 기계공업, 철강공업, 석유화학공업, 비철금속 등 업종이 경쟁력이 없다고 하여도 국내시장이 협소한 우리나라에서는 수출지향적으로 진전될 것이기 때문에 중화학공업제품은 선진국에 대해서 비교우위를 갖기 어려워 후발개발도상국이 주된 수출대상 지역으로 될 것이다'라는 전망까지 나왔다.[23]

결국 1970년대 중화학공업화는 가능한 순간부터 당장 수출지향적으로 이루어질 수밖에 없었고 이것을 분명히 한 것이 바로 1973년 1월의 중화학공업화선언이었던 것이다. 이낙선 상공부장관 역시 "중화학공업화의 실천을 위해서는 전 국민의 과학화 그리고 전 상품의 수출화가 성취되지 않으면 안 된다고 판단한 것이 바로 중화학공업화정책의 선언이다"라고 명백히 하고 있다.[24] 따라서 경제기획원도 『경제백서』에서 '장기 중화학공업 육성계획에 의하면 업종의 선정에 있어서는 국제수준에 이를 잠재력을 가진 것에 우선순위를 두고 있다'라고 밝혔다.[25]

22) 日 機械工業等韓國産業長期開發計劃調査團員(1973), p. 8.
23) 한국무역연구소(1974), p. 473.
24) 상공부(980기계, 1973. 10), "서언."
25) 경제기획원(경백, 1973), p. 14.

실제로 중화학공업화선언 이후 공식적으로 중화학공업화의 내용을 미국과 한국에서 동시에 발표한 1973년 5월 24일의 발표에서 경제기획원은 중화학공업화가 수출에 역점을 두는 계획으로 짜여 있음을 밝혔다.[26] 국무총리기획조정실 역시 중화학공업화의 성격을 처음부터 국제경쟁력, 수출을 고려하고 있음을 규정하면서 앞으로 중화학공업화를 성공시킬 수 있는 이유 역시 이와 연관하여 밝혔다.

> 이미 고소득수준에 도달한 선진국에 있어서는 노동력 부족과 중노동분야의 취업기피, 고임금 등으로 애로에 봉착하고 있는 반면 우리는 비교적 저노임의 양질의 노동력을 풍부하게 보유하고 있고 앞으로 적절한 인력개발정책이 뒷받침된다면 이는 중화학공업 발전에 있어서의 유리한 경쟁요소가 될 수 있다. ……최근 중화학공업제품에 대한 세계의 수요는 날로 증가하고 있음에 반하여 공급은 이를 뒤따르지 못하고 있으므로 우리의 시장개척 전망도 비교적 밝다고 할 수 있다. 특히, 자본 및 기술집약도가 비교적 낮고 노동집약도가 비교적 높은 중화학공업분야는 선진국이 점차 사양화 추세에 있으므로 이들 분야에 대한 우리의 진출 가능성은 더욱 큰 것이다.
>
> 【국무총리기획조정실(중오, 1973), p. 8】

‘공업구조개편론’ 역시 중화학공업의 수출화를 위해서는 처음 “싼 노임을 주무기로 하여 제품을 수출하는 형태에서 기술을 가미한 제품을 수출하는 형태로 전환하여야 한다”[27]라고 하여 중화학공업 수출화를 위한 생산요소 투입의 단계론을 밝히고 있다. 이렇게 생산요소 부존조건에서의 유리성에 따른 중화학공업화 전략의 성공가능성에 대해 ‘小野田시멘트’의 기술부장 上野孝는 중화학공업계획의 공장규모를 수출지향산업으로 개발할 방침이라고 듣고 난 후 “한국은 금후도 뛰어난 노동력을 확보할 수 있다”[28]라고 긍정적 의견을 내고 있다.

수출지향이 중화학공업화의 주요 전략으로 되면서 당연히 중화학공업 주도공업의 선정도 이를 한 변수로 하여 이루어졌다.

> 주도산업은 우선 기계, 금속 및 철강, 조선 및 전자부문과 같은 방대한 연쇄효과를 창출하고 성장 및 부가가치의 형성이 크며 또한 수출가능성이 클 뿐 아니라 국내에서 충분히 개발할 수 있는 기능인력을 대량으로 흡수할 업종들을 중심으로 하여 선정될 것이며, 나아가서 철강 및 금속과 화학 및 석유화학과 같이 입지적으로 유리할 수 있는 동시에 연쇄효과, 성장기여도, 부가가치의 창출 및 수출확대가 가능한 업종을 이에 포함시켜야 할 것이다.
>
> 【중화학공업추진위원회(우해, 1973), p. 44】

26) 〈매일경제신문〉(1973. 5. 24).
27) 대통령비서실(중선, 1973. 1. 30), p. 19.
28) 上野孝 小野田セメント取締役技術部長(1973), p. 27.

그리고 역으로 중화학공업화의 계획 자체가 비교적 기술·기능 인력을 많이 사용하는 철강, 기계, 조선, 전자, 비철금속 등의 전략산업을 중심으로 하였다는 사실 역시 이들 산업의 비교우위성을 살리면서 수출경쟁에 나서게 한 중요한 이유가 되었다.[29)]

수출을 전략으로 하고 있었기에 중화학공업화에서 건설된 제철소, 공작기계공장, 자동차공장, 조선소, 전자공장, 그리고 석유화학공장 모두 선진국 최신 기술을 도입하여 선진국 수준으로 건설하였다.[30)] 한국의 중화학공업화계획은 1973년 조선건조 실적이 1만 5,000톤이었지만 8년 후 545만 톤의 건조능력을 확보한다는 등의 계획에서 보듯이 처음부터 명백히 내수를 목표로 하지 않고 수출을 목표로 작성되었다. 중화학공업화가 수출지향을 전략으로 하고 있었기에 중화학공업 입지도 임해공업으로 입지하는 것이 가장 바람직한 것으로 받아들여졌고[31)] 그렇게 하였다.[32)] 정부는 "공산품 수출총액에서 차지하는 중화학공업제품 비중을 1972년의 27%에서 1981년에는 65%로 대폭 증가시킬 계획"이라고 구체적인 중화학공업 수출수치도 목표로 제시하였다.[33)] 중화학공업을 전략수출산업으로 육성한다는 점과 중화학공업 수출목표 등은 시장에 그대로 전달되어 인용되고 공유되었다.[34)]

1970년대 중화학공업 내 투자의 비중변화를 보면 중공업투자가 1976~1979년 62.8~65.9%로 화학공업에 비해 높고 또 매년 높아지고 있다. 이는 화학공업은 경공업의 중간재 생산재 산업으로 수입대체산업적 성격이 강한 반면 중공업은 수출산업 성격이 강하였던 것이 주요한 이유였다. 실제로 화학공업은 1970년대 중반 수입대체가 급속히 일어났다. 인조섬유의 수입의존도는 1966년 94%이었지만 1974년 이후 아크릴(acrylic)과 폴리에틸렌(polyester) 섬유의 생산이 급속도로 늘어 1975년에는 수입의존도가 10%로 떨어졌다. 합성수지의 1966년 수입의존도는 90.8%이었지만 1975년에는 28.2%로 감소하였다.[35)] 나아가 중공업 중에서도 소재산업이 아니라 수출을 중심목표로 한 조선, 전자 등 조립가공산업의 투자가 늘고 있었던 것은 바로 한국 중화학공업이 수출지향적이었기 때문이었다.

1970년대 어디서나 들을 수 있었던 표어는 "수출은 국력(의 총화)," "전 산업의 수출화," "전 세계의 시장화," "무역입국," "총력수출의 해"[36)] 등이었다. 모든 기업과 공장, 공공기관 심지어 학교교실에도 "수출"이라는 표어가 걸렸다. 1970년대 거의 모든 정부정책과 백서에서 "산업구조의 고도화"가 등장하고 있는데 이는 수출제품의 부가가치율 제고, 경공업 중심 제품 수출의존구조의 변화, 균형 있는 공업구조의 확립이란 의미로 사용되었

29) 중화학공업추진위원회기획단(한공발2, 1979), p. 157.
30) 인터뷰 내용, 오원철(박정, 2006), p. 50.
31) 중화학공업추진위원회기획단(한공발2, 1979), p. 524.
32) 김광모 전 중화학공업추진위원회기획단부단장 증언(2010. 2. 10).
33) 국무총리기획조정실(중오, 1973), p. 9; 대한민국정부(행백, 1974), p. 153.
34) 한국무역연구소(1974), p. 420.
35) T. Watanabe(1978), pp. 395, 397.
36) 대한민국국회사무처(제95, 1976. 3), p. 9.

으며 이는 바로 중화학공업화, 그리고 중화학공업제품의 수출화를 의미하는 것이었다.

2. 중화학공업 수출지향정책의 내용과 진행

한국경제 한강의 기적은 정책수단의 면에서 보면 철저한 공업화 정책과 수출진흥정책에 있었다고 평가되고 있지만[37] 그러나 기본적으로 정부는 중화학공업의 진행과 수출을 민간기업에게 맡기고 있었고 어디까지나 이를 자극하는 정책에 주력하였다.

우선, 첫째 수출가능한 생산을 위해 선택된 정책원칙은 새로운 최신설비를 도입하도록 하여 국제경쟁력을 올리는 것이었다. 중화학공업추진위원회는 기계공업의 기본지침에서 국내외 수요에 대비하여 설치될 전문화 공장의 기계설비는 외국의 고성능 최신시설을 도입·설치하여야 한다고 규정하였고,[38] 중화학공업추진위원회기획단은 투자자금 세부 계획에서 생산설비는 수출경쟁력을 갖추기 위해 최신이어야 한다고 규정하였다.[39] 1974년 10월 4일 대통령은 1975년 예산안 국회 시정연설에서 수출진흥시책의 하나로 수출산업의 시설대체를 촉진하여 국제경쟁력을 강화하겠다고 밝혔다.[40]

둘째, 만성적인 금융과수요와 자본시장이 미발달되어 있는 금융후발국 시장하에서 수출지향정책으로서 역시 가장 강력한 정책이 될 수 있는 것은 금융지원이었다.

1973년 1월 30일 상공부는 제철·조선·전자·섬유공업 등 10개 주요 수출전략산업의 1973년 시설투자계획을 확정하여 내외자 총 3,511억 원을 투입한다고 밝혔는데 여기에서 정부지원은 31.3%, 1,100억 원으로 하였다.[41] 기본적으로 수출전략산업의 투자 역시 민간이 주체적 역할을 담당하도록 되어 있는 것을 알 수 있지만 중화학공업 총투자 2조 9,800억 원 중 정부투자분이 1,089억 원, 3.65%에 불과하였던 것에[42] 비하면 경공업을 포함한 수출전략산업의 정부지원비중이 높았음을 알 수 있다. 이런 이유는 1960년대 중반 이후 모든 산업의 지원제도는 수출에 기여하는 정도에서 검토되고 시행된 수출촉진적 산업정책의[43] 성격을 강하게 가지고 있었기 때문이었다. 이에 따라 당연히 1970년대 가장 장기적으로 기업에게 유리하게 유지된 정책은 수출우대정책이었지만 이것이 그 동안 한국 중화학공업화정책과 중복되는 부분이 있어 한국 중화학공업의 과잉보호라는 오해의 여지를 주

37) 外務省アジア局(韓通, 1973), p. 11.
38) 중화학공업추진위원회(우해, 1973), p. 98.
39) 중화학공업추진위원회기획단(중화공, 1973).
40) 〈조선일보〉(1974. 10. 5); 대통령비서실(박연4, 1975), p. 226.
41) 〈중앙일보〉(1973. 1. 30).
42) 경제기획원(우장, 1973), pp. 156~157.
43) 상공부(개방, 1986), p. 3.

기도 하였다.

1973년 4월 13일 심의환 상공부차관은 상공회의소 주최 춘계 기업인세미나에 참석하여 연불수출지원을 위한 재원확보, 수출입은행의 조속한 설립을 추진하고 있다고 밝혔다.[44] 연불수출기금의 확충과 수출금융기구의 설립은 시급한 문제였다. 이에 경제기획원은 1973년 작성한 1980년대 장기전망의 5가지 장기경제정책 방향에서 "100억 달러 이상의 상품수출을 하기 위해서는 지속적인 수출신장의 노력이 필요하다. ……우리의 수출상품구조도 점차 중화학공업화하지 않으면 아니될 것이다. 한편, ……원료, 기술 및 시장문제를 감안하여 기술집약적인 중화학공업을 수출산업으로 육성함으로써 경쟁력을 발판으로 한 신규 수출상품을 개발하도록 할 것이다. ……특히, 신규로 개발될 중화학공업제품의 수출을 뒷받침하고 이들의 경쟁력을 강화하기 위하여 중장기 결제방식에 의한 연불수출기금을 확충하고 이를 전담할 기구를 설치할 것이다"라고 밝혔다.[45] 1976년 6월 정부는 수출을 촉진하기 위해 특별은행법에 의한 수출입은행을 설립하였다. 1978년 10월 26일 재무부는 선박, 플랜트, 산업기계, 철도차량 등 중화학공업 수출을 촉진하기 위한 연불수출금융 융자비율을 확대하여 현행 75~80%에서 90%로 인상한다고 발표하였다.[46] 세계은행(World Bank)은 1973~1977년까지 1978년을 제외하고 항상 수출산업에 대한 금융비용이 국내산업에 대한 금융비용보다 낮았다고 하였는데[47] 이는 중화학공업이 아니라 바로 수출산업화를 위한 동기유발책 때문이었다.

셋째, 규모의 경제를 위한 최소효율규모(MES) 수준의 국제수준 규모화, 그리고 전문화·계열화를 추구하였다. 우선 중화학공업추진위원회기획단은 중화학공업화 전략과 투자자금 세부 계획을 발표하면서 생산규모는 중화학 자본재 및 중간재의 수입대체 수요를 충족시킬 수 있을 뿐 아니라 수출할 수 있을 정도로 대단위일 것이며, 이를 위해 규모의 경제를 이룰 수 있는 시설규모의 대형화를 추구할 것이라고 분명히 하였다.[48] 경제기획원 역시 중화학공업 6개 주도업종의 개발에 있어서 기본전략은, 첫째 국제경쟁력을 갖추기 위하여 규모의 국제화, 전문화 및 계열화를 기하는 것이라고 밝혀[49] 수출지향전략으로 규모의 국제화·전문화 및 계열화를 제시하였다. 특히, 이는 주로 기계공업에서 강조되었는데 1975년 3월 국회 상공위원회에서 상공부는 전문화·계열화와 국산화 촉진을 통해 기계공업의 수출증대를 달성하겠다고 보고하였다.[50]

넷째, 외국인투자 인가나, 혹은 국내금리보다 싸게 이용할 수 있었고 나아가 기술도

44) 〈중앙일보〉(1973. 4. 13).
45) 경제기획원(우장, 1973. 12), pp. 93~95.
46) 한국기계공업진흥회(한기진20, 1989), p. 795.
47) World Bank(KMa, 1987), pp. 42~43.
48) 중화학공업추진위원회기획단(중화공, 1973. 6).
49) 경제기획원(경백, 1973), pp. 14~15.
50) 대한민국국회사무처(제91, 1975. 3. 13), pp. 9~25.

입이 가능하여 기업들이 선호하였던 차관도입시 정부는 기준으로 수출을 중요시하였다. 이미 외자도입법에서는 50% 이상의 외자계 합작회사는 전량 수출산업이어야 한다는 제약을 두고 있어 韓國國土總合開發計劃調査團의 일원이 사고의 전환이 필요하다고 지적할 정도이었다.[51] 1973년 2월 26일 비상국무회의를 통과한 「외자도입법」 개정안은 수출의무 등을 제대로 시행하지 않는 외국인투자에 대한 규제조항을 신설하였고,[52] 1973년 3월 2일 태완선 경제기획원장관은 외국인투자 인가기준원칙을 발표하면서 생산품목을 전량 수출하는 기업에 대해서는 예외규정을 두어 수출을 우선시하였다.[53]

1973년 8월 한국 정부는 외국인투자 인가조건이었던 수출의무를 이행하지 않은 7개사에 대해 관세, 법인세, 물품세 등의 세금을 추징함으로써[54] 외국인투자기업들의 수출의무 실행에 대한 정부의 강력한 의지를 보여 주었다. 1974년 3월 15일 태완선(太完善) 경제기획원장관은 전량 수출 등 외자도입 인가조건을 이행하지 않는 외자도입업체의 경우 외자도입인가취소 등 제재를 가하겠다고 언명하였다.[55]

한편, 차관도입시 심의를 위한 차관사용 용도에 따른 판매계획을 보면 중화학공업 관련 기업 수출비중 등 수출조건이 자주 사용되었음을 알 수 있다.[56] '창원공업주식회사' 외자도입 검토에서도 경제기획원은 인가조건으로 '생산제품은 1차 연도 전액 수출, 이후 50% 이상 수출할 것'을 규정하였다.[57] 정부는 기업의 외자도입 원칙 6가지 중 '외국인 자금에 의한 프로젝트는 국제적으로 경쟁력 있는 규모가 되어야 하며 그 제품가격은 국제가격 수준이 되어야 한다'라고 정하여[58] 보호가 아닌 세계시장에서의 자체적인 경쟁을 유도함으로써 중화학공업제품의 수출지향과 효율성 증대를 촉진하였다.

다섯째, 재정정책 면에서 수출지향을 간접적으로 지원하였다. 경제기획원은 1973년 3월 30일 예산편성지침을 발표하면서 1974년도 경제정책의 중점을 중화학공업의 집중적 건설을 통해 수출신장 및 국제수지를 개선해 나갈 것이라고 밝혔다.[59] 이미 1973년에 수출산업지원세제가 새로 만들어졌다. 그것은 수출산업지원제도의 합리적 개선을 위해 직접세 감면제도를 준비금제도의 확충에 의한 간접지원방식으로 전환한 것으로 해외시장개척준비금제도 대상 확대,[60] 수출손실준비금제 신설, 그리고 해외투자손실준비금제 도입을

51) 藤田稔 小野田セメント企劃開發部次長(1972. 8), p. 134.
52) 〈중앙일보〉(1973. 2. 17; 1973. 2. 27).
53) 〈매일경제신문〉(1973. 3. 12).
54) 日本貿易振興會(海投1, 1973), p. 81.
55) 〈조선일보〉(1974. 3. 16).
56) 외자도입심의위원회(제99인, 1974. 9); 외자도입심의위원회(제100주, 1974. 10); 외자도입심의위원회(제100선, 1974. 10); 외자도입심의위원회(제100창, 1974. 10); 외자도입심의위원회(제100한, 1974. 10).
57) 외자도입심의위원회(제100창, 1974. 10), 경제기획원 인가조건.
58) Planning Office, Heavy and Chemical Industry Promotion Council(1976), pp. 17~18.
59) 중화학공업추진위원회기획단(한공발3, 1979), p. 421.
60) 1969년에 도입되었지만 녹색신고법인으로 적용대상이 제한되어 있다가 1973년 중화학공업화선언 이후 전

주 내용으로 하는 것이었다.[61] 1977년에는 가격변동준비금 등 수출장려의 수출준비금제도가 도입되었다. 해외시장개척준비금제도는 법인세 일부를 2년 거치 후 3년 분할 과세하였고 가격변동준비금제도는 1년 거치 후 과세하였다.[62]

여섯째, 한국, 한국 중화학공업 상품에 대한 인지도가 낮고 수출입 시장이 편중되어 있는 상황에서 신시장 개척과 시장확대 노력이 적극 모색되었다. 이는 수출경쟁력을 높이기 위한 원자재의 안정적인 공급과 수출시장의 다변화, 외자도입처의 다변화도 포함하여 추구되었다. 처음부터 수출시장을 겨냥하여 국제규모로 출발하였던 만큼 수출시장의 확보가 중화학공업화의 가장 중요한 관건이기도 하였기에[63] 정부는 수출시장의 확보에 심혈을 기울였으며 이는 1973년 6.23선언이나 매년도 예산 시정연설, 그리고 연두기자회견 등에서 강조되었다.

1973년 10월 4일 박대통령은 국회 시정연설을 통해 1974년도 10대 시정방침을 발표하면서 중화학공업의 건설촉진과 함께 경제외교의 강화에 따른 수출의 지속적 신장과 관광사업의 진흥을 10대 시정방침의 하나로 천명하여[64] 중화학공업화 촉진과 함께 수출을 위한 시장개척을 강조하였다. 심지어 대외적으로 1973년 12월 26일 동경에서 열린 제7차 한일정기각료회의에서도 한국은 이를 명확히 하여 공동성명에 '한국 측은 인플레이션이 없는 지속적 안정성장 아래 경제자립, 국민복지의 충실 및 국제협조를 이루는 것이 한국정부의 기본목표임을 설명하고 새마을운동, 농어촌 경제개발, 수출확대, 중화학공업 건설에 중점을 둔 경제정책을 개진했다'를 삽입하였다.[65] 더 나아가 1974년 1월 대통령은 연두기자회견을 통해 공산주의 국가와의 통상확대까지 선언하였다.

> 중립국이라든지 또는 우리와 이념과 체제를 달리하는 그러한 나라들과도 수교 또는 관계개선을 확대해 나갈 필요가 있다는 것입니다. ……앞으로는 이념과 체제를 달리하는 공산주의 국가들과도 상호 호혜평등의 원칙하에서 통상이라든가, 스포츠라든지, 학술, 문화 기타 다방면의 교류를 통해서 점진적으로 관계개선을 강화해 나갈 방침으로 있습니다.
>
> (“1974년 1월 18일 대통령각하 연두기자회견 전문,” 대한민국정부(행백, 1974), pp. 375～376)

1974년 10월 4일 대통령은 1975년 새해 예산안 국회 시정연설에서 수출진흥시책으로 조선, 기계 등 중화학공업 건설을 추진하여 수출산업의 기반을 계속 확충하고 원자재의

수출기업으로 대상이 확대되었다.

61) 한국산업개발연구소(한공발2, 1978), p. 580.

62) 이재희(1990), p. 195.

63) 중화학공업추진위원회기획단(한공발2, 1979), p. 157.

64) 〈조선일보〉(1973. 10. 5).

65) 합동통신사(1974), pp. 493~494; 고려대학교 아세아문제연구소 일본연구실편(자료집2, 1977), pp. 676~678.

안정공급을 촉진하며 수출시장의 다변화와 외자도입처의 다변화를 기하겠다고 밝혔다.[66)]

한편, 이러한 시장개척 노력의 일환으로 1976년 1월 27일 상공부는 해외시장 개척 세일즈단을 선정하였는데 중화학공업 업종을 우선으로 하고, 특히 조선, 기계류는 별도의 세일즈단이 구성되어 활동하였다.[67)] 1976년 10월 4일 박대통령은 1977년 예산안 시정연설에서 경제시책 중 수출에 대해 "기계, 조선 등 중화학공업 건설에 계속 박차를 가하고 수출기반을 확충한다. 그리고 기존 해외시장 심화와 새로운 시장의 확대와 개척에 주력한다"라고 밝혔다.[68)] 1977년 2월 17일 무역진흥공사가 1977년도 중점 사업계획에서 100억 달러 수출달성을 위해 중화학공업제품 수출전담반을 설치하여 기계·철강·선박·금속제품 등 중화학공업제품의 수출을 우선으로 지원하고, 특히 플랜트 수출의 시장조사와 개척에 주력하기로 하는 등[69)] 시장확대 노력은 계속되었다.

일곱째, 세계적인 경기불황과 시장축소시 한편으로 수출지원책을 시행하면서 동시에 기업들도 수출에 적극적으로 대처하도록 유도하였다.

석유파동에 따른 세계적인 불황에서 시행된 수출지원책은 대부분 중화학공업에 대한 수출지향정책이라기보다 한국경제 전체에 대한 지원정책의 성격이었고 또 이 정책수단들은 한국만이 아니라 전 세계적으로 광범위하게 행해진 것이었다. 긴급위기 사태였던 석유파동의 영향이 커지자 1974년 12월 정부는 환율을 399원에서 484원으로 21.3% 올리고 국산원자재와 수입원자재에 대한 수출지원 금융의 금리 및 융자단가의 차등적용, 수출산업이 도입하는 수입자본재에 대한 관세율 인하, 관세환불제도 강화를 내용으로 하는「국제수지개선과 경기회복을 위한 12.7 특별조치」를 발표하였다. 이러한 당근을 제시하면서 한편으로 1975년 8월 1일 상공부는 48개 대기업에 대해 내수판매 총액의 5%에 해당하는 금액을 무조건 수출하도록 하는 방침을 발표하였다.[70)] 1975년 12월 24일에는 장예준(張禮準) 상공부장관이 1976년에는 차관기업과 수입의존도 높은 내수기업도 수출의무액을 할당한다고 밝혔다.[71)] 물론 이런 조치들은 석유파동하의 세계 불황위기로 발생한 수출실적 미달 등[72)] 주변상황 악화에서 수출을 확대시키려는 그 자체에 주목적이 있는 것이었지만, 동시에 중화학공업 기업들이 투자규모를 확대하고 기술개발을 통해 수출을 추구하고 있는데 비해 일부 기업들이 쉬운 내수에 전념하여 부정적 영향을 끼치지 못하도록 하는 의미

66) 〈조선일보〉(1974. 10. 5); 대통령비서실(박연4, 1975), p. 226.
67) 한국기계공업진흥회(한기진20, 1989), p. 785.
68) 〈조선일보〉(1976. 10. 5).
69) 〈매일경제신문〉(1977. 2. 17).
70) 전국경제인연합회(전2사, 1983), p. 659.
71) 〈조선일보〉(1975. 12. 25); 청사(일지, 1984), p. 259.
72) 세계불황으로 1975년 수출계획을 달성하지 못하였다. 12월 24일 수출진흥확대회의에서 상공부는 수출실적이 54억 2,000만 달러로 목표액 60억 달러 대비 5억 8,000만 달러가 미달할 것이라고 보고하였다. 〈중앙일보〉(1975. 12. 24).

도 있었다. 정부의 수출지향 의지는 강력하여 심지어 1974년 국내기업 최초의 수출 1억 달러를 달성한 당시 '연합철강공업' 관련자가 "중화학공업제품의 수출화에 1970년대 중반 이후 소극적으로 대처함으로써 미움을 받아 결국 몰락하였다"고 증언할 정도였다.

그 결과 석유파동으로 국제시장에서의 위험이 분명해지고 높아졌지만 한국 중화학공업의 수출지향정책은 약화되지 않았다. 세계은행 역시 한국에서 "석유파동이 수입대체에 더 큰 주의를 주는 것을 정당화했다고 하지만 이러한 견해는 옳지 않았다"고 밝혔다.[73] 왜냐하면, 중화학공업화를 포기하지 않는 이상 앞에서 보았듯이 한국 중화학공업화의 수출지향은 선택의 문제가 아니었기 때문이다.

여덟째, 가장 중요한 수출지향정책의 하나로 대통령을 정점으로 하여 계속적으로 중화학공업의 수출에 대한 정부의 장려와 지원의지를 시장에 보내고 중화학공업 기업이 이에 대한 정책의지를 믿도록 유도하였다. 이를 위해 대통령과 업계의 직접적 만남, 전략수출상품 선정, 수출상품 전시회 등이 계속되었다.

정부지원을 판단하는 가장 대표변수는 바로 그 기업의 수출이었고 기업들 역시 정부의 이런 판단기준을 공정하고 객관적인 지표로 받아들이고 있었다. 매월 대통령이 직접 주재하는 수출진흥확대회의가 열려 정책점검은 물론 업계의 직접건의 기회제공과 애로해결의 기회를 제공하고 회의내용은 업계와 정부 사이에 피드백되었다(부록의 '〈자료 11-1〉 수출진흥(확대)회의(무역진흥확대회의)' 참조). 수출의 날을 정해 매년 대대적인 공개 행사와 함께 수출우수기업에게 수출기념탑을 대통령이 수여하였다. 1976년 7월 1일 대통령은 직접 '重化學輸出振興'이라는 휘호를 써서 중화학공업추진위원회기획단에 내려 보내 중화학공업 수출을 독려하였다.[74]

경제불황으로부터의 회복이 가시화되자 대통령은 1977년 예산안 시정연설을 통해 아연제련소와 동제련소를 각각 1977, 1979년에 완공, 수출도 가능하게 되며 자동차공업을 수출산업으로 육성하고 제7비료는 1977년 준공하여 연간 50만 톤의 수출 여력을 가지게 된다고 밝히는 등 폭넓은 수출의지를 강조하였다.[75] 대통령은 "우리는 중화학공업을 우리나라 산업구조의 근간으로 삼고 또 그 제품들이 우리나라 수출상품의 대종을 이루도록 부단한 노력을 기울여 나가야만 되겠습니다. 이처럼 우리가 중화학공업을 알차게 육성 발전시켜서 수출증대에 박차를 가해 나간다면 우리의 경제발전은 가속화될 것입니다"[76] 등으로, 기회가 있을 때마다 중화학공업 수출화의 당위성과 이에 대한 대통령의 정책의지를 강조하였다. 그리고 1977년 1월 12일 상공부는 11개 종합무역상사 대표에게 중화학공업제품 수출전담기구 설치 등 수출증대 방안을 시달하는 등[77] 기업의 중화학공업 수출을

73) World Bank(KMa, 1987), p. 39.

74) 오원철(박정, 2006), p. 574.

75) 〈조선일보〉(1976. 10. 5); 日韓經濟協會(協會報, 1977. 1. 1), No. 81, pp. 2~3.

76) 〈국민회의보〉(1977. 12), No. 20, p. 217.

독려하였다. 1978년 12월 11일 상공부는 수출진흥종합시책을 발표하여 1979년 150억 달러 수출을 위해 건설중장비, 섬유기계 등 기계류, 전자제품, 자동차(부품), 선박(부품) 등을 전략 수출상품으로 장려하였다.[78)]

1979년 중화학공업화에 대한 비판이 일어나는 가운데에도 박대통령은 2월 2일 상공부 연두순시에서 '중화학공업의 국제경쟁력을 비교·분석하고, 특히 외국과 비교하여 종합적인 지원체제의 개편방안을 검토하여 보고하도록' 지시하였고 이에 대해 상공부가 대통령에게 올린 보고서에서도 상공부가 추진할 작업의 내용으로 '중공업의 수출산업화 전략'이라고 분명히 명기하였다.[79)]

이런 노력으로 "우리의 성장전략은 수출주도에 의한 공업화, 특히 중화학공업화의 중점 개발육성에 두고 있으며 1978년 중에도 여기에 역점이 주어질 것은 분명하다"[80)] 등의 수출지향을 통한 중화학공업화정책의 지속성에 대한 시장신뢰가 형성되었다.

3. 중화학공업화에서의 수출계획

1) 중화학공업 전체

1973년 작성된 중화학공업추진위원회기획단의 '중화학공업 육성계획', 경제기획원의 『우리경제의 장기전망 1972~1981』, 상공부의 '중화학공업제품 수출계획' 그리고 1976년 12월의 '제4차 경제개발5개년계획 확정안'에서 수출계획을 뽑아 정리하면 〈표 11-2〉와 같다.

먼저 중화학공업추진위원회기획단과 경제기획원의 장기전망을 1971년 작성한 제3차 경제개발5개년계획과[81)] 비교해 보면 1976년 중화학공업제품/공산품 수출비중을 33.3%에서 44.0%로 크게 올린 것을 알 수 있다. 또 제3차 경제개발5개년계획은 중화학공업제품 수입대체에 무게가 실려 있지만 1973년 이후 모든 계획규모가 수출지향으로 바뀌었음을 확인할 수 있다.[82)]

중화학공업추진위원회기획단이 1973년 6월에 제시한 수출계획은 1981년 공산품 내

77) 한국기계공업진흥회(한기진20, 1989), p. 788.
78) 한국기계공업진흥회(한기진20, 1989), p. 795.
79) 대통령비서실(중화종9대통령결재문서, 1979. 3. 15).
80) 丁鼎燮(1978. 2), p. 34.
81) 대한민국정부(제3경, 1971).
82) 전 대통령 경제수석비서관 중 한 명은 1970년대 박대통령의 수출에 대한 의지를 기록하지 않으면 그 시대를 이해 못한 것이라고 하면서 3억 달러, 10억 달러, 100억 달러 수출달성을 기준으로 시기를 나누어 저자가 연구하여야 한다고 주장하였다. 이런 사실은 1970년대 청와대와 중화학공업 정책담당자들이 수출을 얼마나 중요하게 생각하고 추진하였는지 짐작하게 한다.

표 11-2 수출계획 변화

(단위: 억 달러, %)

	기획단 (1973. 6)		경제기획원 (1973. 12)		상공부 (1973)	제4차 경제개발5개년계획 (1976. 12)
	연도	목표	연도	목표	목표	목표(1981)
수출	1981	100	1976	44.07	109.7* (100)**	141.65
			1981	109.7		
중화학공업제품/ 공산품 수출	1976	44.0	1976	44	65*	50.0(전 수출의 46.0%)
	1981	65.0	1981	65		
철강, 비철금속	–	–	–	–	(10)**	철강(조강 기준) 373.7만M/T, 銅 1.21만M/T
기계공업	–	–	–	–	(17)**	14.15(전 수출의 10.0%) 1977~1981년 연평균증가율 31.5%
조선	1980	10	1981	10	(10)**	9.1(전 수출의 6.4%), 1977~1981년 연평균증가율 27.5%
	1985	29				
전자	1981	25	1981	27.4	(25)**	19.4(전 수출의 13.7%), 1977~1981년 연평균증가율 21.9%
화학	–	–	–	–	[(5)***]**	석유화학제품/수출 6.6% (1977~1981년 연평균증가율 28.1%) 기타 석유정제 2,393.7만BPSD, 비료 25만M/T, 시멘트 390만M/T

주: 1) 1973년 값은 1970년 가격, 제4차 경제개발5개년 수출금액은 FOB 기준이며 1975년 가격임.
2) *은 상공부·한국기계공업진흥회(980기계, 1973. 10)에서 1981년 값이며 **은 상공부 중화학공업제품 수출계획 1980년대 초 값, 그리고 ***은 중화학공업수출액 67억 달러에서 계산한 차액임.

자료: 중화학공업추진위원회기획단(중화공, 1973. 6); 경제기획원(우장, 1973); 상공부·한국기계공업진흥회(980기계, 1973. 10); 한국무역연구소(1974); 대한민국정부(제4경, 1976); 대한민국정부(행백, 1977).

중화학공업제품 수출비중을 65%로 하는 것이었다. 이는 1973년 상공부 수출계획, 경제기획원 장기전망에서의 중화학공업 수출계획과 모두 일치하고 공유되고 있는데[83] FOB 기준 1972년 3억 9,700만 달러 중화학공업제품 수출을 1981년 66억 6,700만 달러로 1,579.3% 늘린다는 계획이었다.[84]

1973년 부문별로 가장 자세하게 수치를 제시한 상공부의 중화학공업제품 수출계획에 의하면 1980년대 초 수출은 전자제품 25억 달러, 기계류 17억 달러, 선박 10억 달러, 그리고 철강 및 비철금속류 10억 달러로서 이들 수출총액은 62억 달러에 달하는 것으로 되어

83) 기획단이 총수출액 100억 달러로 쓰고 있으므로 공산품 수출액 내 중화학공업제품 수출비율이 65%가 넘는데 이는 전체 금액을 엄밀히 쓰지 않고 그냥 100억 달러로 쓴 데 기인하는 것이다. 109억 7,000만 달러로 쓰지 않고 100억 달러 수출로 상징적으로 그냥 쓰는 경우는 여러 자료에서 보인다.

84) 경제기획원(우장, 1973. 12), p. 143.

표 11-3 1977년 상공부 국별·부문별 수출계획 (단위: 천 달러, 전년 대비 증가 %)

		중공업국		상역국(商易局)	
		수출액	전년 대비	수출액	전년 대비
철강	철강의 판	255,000	28.8	280,000	41.4
	봉강 및 형강(型鋼)	65,000	18.2	70,000	27.3
	강관	82,000	17.1	85,000	21.4
	철강의 로프	31,000	14.8	40,000	48.1
	기타 철강제품	67,000	21.8	86,000	56.3
	합계	500,000	23.5	561,000	38.5
비철금속·금속제품	알루미늄제품	7,500	−25	12,000	20
	기타 비철금속	5,000	23.8	5,000	23.8
	금속제양식기	72,000	0	100,000	38.9
	동전(銅錢)	18,000	20	18,000	20.0
	기타 금속제품	60,650	14.1	72,000	35.5
	합계	163,150	7.2	207,000	36.0
차량	자동차 및 동 부품	30,000	36.4	40,000	81.8
	자전거 및 동 부품	10,000	−17	13,000	8.3
	철도차량	30,000	400	30,000	400
	합계	70,000	75	83,000	107.5
선박		350,000	6.1	390,000	18.2
총합계		1,083,150	16.8	1,241,000	33.8

자료: 상공부중공업국(중요, 1977. 1).

있다.[85] 정부의 목표는 1972년 기준 1981년까지 전자제품은 20배, 폴리프로필렌은 36배의 수출신장을 이루고 선박은 361만 5,000G/T, 철강재는 4,800만 톤, 자동차는 10만 대 수준의 수출을 실현하는 것이었다.[86] 그러나 1976년 말 최종 확정된 제4차 경제개발5개년계획에서는 1981년 중화학공업 수출액이 제조업 수출액에서 차지하는 비중이 50.0%로 대폭 하향되었다. 이는 공산품 수출비중을 92%로 늘리겠다는 계획하에서 나온 것이었다.[87]

이러한 하향은 계속 존재하고 있었던 중화학공업화 속도조절론을 반영하는 것이었다. 석유파동까지 통과하면서 1970년대 후반기 조절론은 커졌고 그 수출계획에 대한 정부 내

85) 한국무역연구소(1974), p. 420.
86) 대한민국정부(행백, 1974), p. 153; 중화학공업추진위원회기획단(한공발2, 1979), pp. 254~255.
87) 중화학공업추진위원회기획단(한공발1, 1979), p. 238.

인식 차이도 드러나고 있었다. 〈표 11-3〉에서 보듯이 심지어 같은 상공부 내에서도 상역국(商易局)은 중공업국보다 동일품목에서 14.6% 높은 수출계획을 내놓고 있었다.

2) 공 업 별

(1) 철강과 비철금속공업

1973년 1월 청와대비서실은 수입강재 의존을 탈피하고 귀중한 외화의 절약을 도모하며 나아가 수출을 위하여 철강공업은 절대 필요하다고[88] 하는 철강공업 육성 2단계론을 제시하면서 1973년 중화학공업 입안단계 초기부터 철강공업의 수출지향을 분명히 하였다.

정부의 철강재 수출에 대한 의욕은 높아 1981년에 480만 톤 수출까지를 목표로 하기도 하였고, 이보다 낮게 1980년 326만 톤, 1981년 382만 톤으로 추정하기도 하였다.[89] 한국산업은행은 〈표 11-4〉에서 보듯이 철강재의 수출이 1974년 80만 6,000톤, 1976년 148만 5,000톤, 1978년 233만 6,000톤, 1980년 328만 6,000톤으로 늘어나다가 1981년에는 277만 5,000톤으로 줄어들어 수출이 철강재 총생산의 34.2%, 39.4%, 42.1%, 30.0%, 22.1%가 될 것으로 예측하였다.[90] 이렇게 전망상의 차이는 있었지만 중화학공업화선언이 있었던 1973년 당시 이미 철강공업의 수출을 지향하고 있었고 또 수출을 통해 철강공업이 성장할 것으로 보고 있었던 것은 전체적으로 동일하며 분명하였다.

철강공업의 수출지향은 이후에도 지속되어 제4차 경제개발5개년계획의 철강재 수급계획에서도 그대로 확인된다.[91] 실제로 1971년까지 철강재 생산을 자극한 것은 내수였지만 1972년 이후 내수성장보다 더 높아진 수출성장이 생산을 증가시킨 주요한 촉진제였으며 일본보다 훨씬 빨리 한국은 철강의 수입에서 수입대체 그리고 수출로 이행하였다.[92]

표 11-4 철강재 수급계획 (단위: 천M/T, %)

	1974	1975	1976	1977	1978	1979	1980
총수요	3,757	4,669	5,847	7,034	8,340	9,837	11,397
(수출)	806	1,120	1,485	1,893	2,336	2,805	3,286
생산	2,355	2,787	3,771	4,509	5,555	8,705	10,955
수출비중	34.23	40.19	39.38	41.98	42.05	32.22	30.0

자료: 한국산업은행조사부(한산, 1973).

88) 대통령비서실(중선, 1973), p. 52.
89) 국무총리기획조정실(중오, 1973), pp. 9, 40.
90) 한국산업은행조사부(한산, 1973).
91) 상공부중공업계획반·화학 및 경공업계획반(제41, 1976), pp. 82~83.
92) T. Watanabe(1978), p. 388.

그 결과 1980년 세계적인 불황 속에서도 한국 철강에 대한 수출수요는 확대되어 오히려 총판매량이 증가하였고 수출시장도 일본 시장과 함께 동남아시아, 중동시장 등이 급성장하고 있었다.[93)]

이러한 사실은 철강공업 등 소재공업이 수입대체공업으로 개발되었다는 당시나 현재까지의 일부 인식이 사실과 다름을 보여 준다. 실제로 이렇게 철강공업이 현실적으로 수출지향적으로 발전하자 이미 1970년대 중반 기존 논리에 대한 의문이 제기되고 있었고 이러한 현상을 설명하는 동시병행론이 등장하기도 하였다.

> 철강공업이 수입대체산업이냐 혹은 수출전략산업이냐를 객관적으로 살펴볼 필요가 있다. ……1971년 이후 우리나라 철강공업이 급속히 성장함에 따라 수출이 급증하여 수입대체 효과보다도 수출기여도가 더 높은 것으로 나타나 수입대체와 함께 수출이 동시에 이루어지고 있음을 보여 주고 있다.
>
> 《김윤형(金胤亨)(1976), p. 16》

비철금속공업 역시 이미 중화학공업화선언 직후 지침에서 철강보다 훨씬 투자효율성이 높으며 외국에서는 공해와 관련하여 사양산업화되어 가고 있어 수출산업으로 각광을 받을 수 있으므로 처음부터 대규모화하여 수출산업화를 도모하여야 한다고 제시되었다.[94)] 비철금속이 이렇게 공해문제 때문에 선진국에서 생산이 둔화되고 있고 수요는 늘어나고 있으므로 새로운 수출산업으로서 유망시되고 또 그렇게 육성될 것이라는 점은 비철금속공업에 대한 여러 논란 속에서도 비철금속 육성의 당위성으로 계속 거론되었다.

> 향후 공해문제 때문에 선진국에서 비철금속의 생산이 둔화되고 있으므로 새로운 수출산업으로서 유망시되고 있다.
>
> 《大韓民國經濟企劃院(日本, 1973. 5), p. 27》

> 선진국에서는 공해문제로 인하여 생산이 둔화 내지 감소하고 있는 실정이므로 (비철금속공업은) 국내수요 충족은 물론 수출산업으로도 전망이 밝다. ……선발사업으로 동제련소(연산 100천 톤), 아연제련소(연산 80천 톤), 연제련소(연산 50천 톤) 및 알루미늄제련소(연산 100천 톤) 등 국제규모의 공장을 건설하고 이를 배가 확장하여 동 부문의 수요를 완전 국산공급으로 대체하고 수출 여력을 확보하도록 할 것이다.
>
> 《경제기획원(우장, 1973. 12), pp. 49~50》

> 비철금속은 세계적인 수요는 계속 증가하고 있으므로 수출전망이 밝다고 하겠다.
>
> 《대한민국정부(행백, 1974), p. 159》

93) *Christian Science Monitor*(1981. 3. 17).
94) 대통령비서실(중선, 1973. 1. 30), p. 53.

> 비철금속공업의 건설계획에는 중화학공업에 양질, 저렴한 소재를 공급한다는 목적 외에 공해로 인하여 선진국에서 비철금속공업이 퇴조되어 가는 것을 계기로 수출산업으로까지 육성하고자 하는 의도도 내포되고 있다.
>
> 《한국무역연구소(1974), p. 442》

한편, 이러한 공해산업으로서의 공업 성격 때문에 정부는 국제규모의 비철금속공업 제련소군을 한정 지역에 집중적으로 건설하여 일부 제품을 수출할 계획을 세웠다.[95] 1973년 5월 정부는 1974년 중반에 온산공업기지에서 동제련소를 착공해 1976년 말까지 완공시킨다는 마스터플랜을 세우고 실수요자를 공모하였다. 시설규모는 1차 10만 톤으로 하되 20만 톤으로의 확장을 전제로 하고 이것이 이루어지면 1976년에는 수입에서 수출로 전환되어 연간 약 8만 톤의 수출이 가능할 것이라고 보았다.[96] 정부는 국내수요 충당과 수출을 목표로 1976년까지 외화 5,500만 달러, 내자 100억 원, 합계 약 320억 원을 투입하여 연간 생산능력 10만 톤(M/T) 규모의 대단위 동제련소공장을 건설할 계획이었다.[97]

상공부가 종합적으로 작성한 1973년 8월 현재 온산비철금속공업기지 내 비철금속공업의 대단위 공장건설계획과 장기확장계획 그리고 이에 따른 수출판매계획을 정리하면 〈표 11-5〉와 같다.

정부는 온산기지 내 대단위 규모의 비철금속제련소를 1976년 말부터 1980년 6월까지에 걸쳐 순차적으로 완공하여 동제련소는 생산의 59%, 아연제련소는 생산의 73%, 연제련소는 생산의 56%, 알루미늄제련소는 생산량의 67%를 수출할 계획을 세웠다.[98] 중화학공업화정책에서 계획된 비철금속공업사업은 그 수요계획으로 볼 때 규모의 경제지향 그리고 수출지향 공업전략으로 계획된 것이었다.

표 11-5 비철금속 대단위 공장과 장기확장계획(1973. 8)

	규모(연간 생산능력, M/T)	건설기간	내수: 수출제품 판매계획
동제련소	동 100,000, 황산 240,000, 금 3,000kg, 은 10,000kg	1974. 7 ~ 1976. 12	41 : 59
아연제련소	아연 80,000, 황산 145,000, 카드륨 320	1975. 4 ~ 1977. 6	27 : 73
연제련소	연 50,000, 황산 20,000, 알루미늄 100,000	1979. 1 ~ 1980. 6	44 : 56
알루미늄제련소	알루미늄 100,000	1976. 3 ~ 1978. 9	33 : 67

자료: 국무총리기획조정실(중조, 1974. 5), p. 568.

95) 중화학공업추진위원회기획단(중화공, 1973), p. 40.
96) 국무총리기획조정실(중조, 1974. 5), p. 189.
97) 국무총리기획조정실(중오, 1973), pp. 145, 175.
98) 1978년 말 준공된 온산기지 내 대단위 아연제련소의 첫 해 아연 생산과 수출계획에서도 수출비중이 59.1%이었다. 중화학공업추진위원회기획단(중화추현, 1980), p. 38.

광범위하게 추구되고 있었던 수출지향은 신규 대단위 공장건설 목표에서만이 아니라 기존 기업에서도 동일하였다. '영풍상사(永豊商事)'는 1974년 1차 확장공사 완공으로 연산 2만 1,000톤의 생산체제를 갖추어 아연의 국내자급을 달성하자 바로 1975년 들어 대만 등지에 아연괴를 수출하며 증설에 나섰다.[99)]

(2) 기계공업

중화학공업화선언 이후 다시 보완발표된 '중화학공업화정책선언에 따른 공업구조개편론'은 기계공업구조 개선의 목표를 달성하기 위한 세 가지 요구조건으로, 첫째 고급제품생산, 둘째 염가생산, 셋째 단기완성을 들고 기본지침에 이 세 가지를 달성하기 위한 구체적인 방법들을 강구하고 있는데 그 첫째가 "고급제품, 즉 수출제품을 생산한다"는 것이었다.[100)] 기계공업의 발전은 수출지향을 통해 이룬다고 처음부터 규정한 것이다.

정부는 기계공업이 급속한 중화학공업 확대를 지지하는 선도공업일 뿐만 아니라 방위산업의 축이었기 때문에 정책방향을 이전에 수입되었던 기계의 국내생산, 즉 수입대체를 촉진하는데 두면서도 동시에 기계수출의 대폭적 증대를 통해 국제수지 개선에 선도역할을 하도록 초점을 맞추었다.[101)] 1973년 9월 17일 확정한 '장기기계공업육성(진흥)계획'은 육성 3대 목표로 "기계류 수출의 획기적 증대"를 들었다.[102)] 또 구체적인 기계공업 중심의 고도공업화 실현이란 "선도분야를 중점 육성"하는 것이었는데 그 세 가지 기준 중 두 가지가 ① 생산원가상 한국에 가장 유리하고 국제경쟁이 가능한 품목, ② 잠재적 노동력의 최대이용으로 수출특화 산업화가 가능한 품목으로 되어 있어[103)] 우선순위가 국제경쟁력, 즉 수출에 초점이 맞추어져 있었다.

동시에 기계공업 육성은 지속적으로 기계공업기지 건설계획과 병행하여 이루어져 갔는데 기계공업기지와 관련하여서도 이러한 기계공업의 수출지향은 계속 강조되었다.

상공부는 장기기계공업육성계획과 창원기계공업기지 건설계획을 만들면서 기계공업기지 건설의 기본방침 5가지 중 하나로 '기계류 수출의 전진기지화한다'[104)]라고 하여 기계공업기지를 수출지향적으로 할 것을 분명히 하였다. 이렇게 기계공업기지 건설의 목적이 수출에 있고 따라서 기계공업기지의 입주공장 선정기준도 수출이 중요 기준이 된다는 것은 1973년부터 명확히 되고 있었고 심지어 50% 수출이라는 목표까지 제시되고 있었다.

---

99) 〈매일경제신문〉(1975. 9. 27).
100) 대통령비서실(중선, 1973. 1. 30), pp. 32, 97.
101) Planning Office, Heavy and Chemical Industry Promotion Council, Government of the Republic of Korea (1976), p. 58.
102) 한국기계공업공단(창기, 1974), pp. 3~4.
103) 한국기계공업공단(창기, 1974), p. 5.
104) 상공부(창원, 1973. 10), p. 30.

(기계공업기지) 최종 제품의 50%는 수출하도록 목표한다.

《대통령비서실(중선, 1973. 1. 30), p. 37》

(창원기계공업기지는) 국제규모의 공장을 건설하여 기계류 수출의 전진기지로 하고 관련공장의 계열화에 의하여 상승효과를 높이고 행정, 지원시설 등을 집중함으로써 투자를 절감하고 공공투자를 선행시킴으로써 민간투자의 의욕을 유발하는 것을 목적으로 하고 있다. ……입주할 공장을 선정함에 있어서는 ① 상기업종에 부합하여야 함은 물론이거니와, ② 일정 기준 이상의 규모를 갖고 수출에 유망한 업체……, ③ 기술의 축적이 가능하고 재력이 풍부한 업체, ④ 원자재 외 중간자재의 확보가 보장되며, ⑤ 외국과의 합작일 경우 상대방의 명성도 등이 입주선정의 기준이 될 것이다. ……

《국무총리기획조정실(중오, 1973), p. 87》

정부의 수출지향 기계공업 수급계획, 수급목표를 정리한 것이 〈표 11-6〉이다. 정부는 구체적으로 기계공업의 수출을 1970년대 후반에는 21.3~29.0%, 그리고 1981년에는 31.0%가 되도록 계획하였다. 이를 통해 1980년에는 내수를 100% 충족하고 1981년부터 수출이 수입을 초과하도록 계획하였다. 정부의 기계공업수급계획의 특징은 기계의 수입과 수출이 양 측면에서 적극적으로 이루어지도록 계획하고 있는 것인데, 이는 여전히 취약하였던 기계공업에 필요한 기술도입을 추구하면서 동시에 수출을 지향하여야 하였기 때문이었다.

1974년 3월 15일 상공부는 창원의 기계공업기지에 15개 업종의 대단위 공장을 건설하기로 최종 확정하였는데 이때 대상으로, ① 수입대체 및 수출증대효과가 크고, ② 시장성 및 기술수준으로 보아 건설전망이 좋으며, ③ 기타 정부의 중공업 육성계획에 적합한 업종으로 하여[105] 수입대체와 동시에 수출증대효과를 우선으로 하였다. 이렇게 기계공업은 수입대체산업이라는 소극적인 의미를 뛰어넘어 100억 달러 수출을 달성하는 전략산업

표 11-6 기계공업 장기수급계획(1973)

(단위: 백만 달러, %)

	1974	1975	1976	1977	1978	1979	1980	1981
총수요	1,771	2,070	2,539	3,041	3,823	4,785	5,713	6,710
생산	844	1,048	1,400	1,901	2,572	3,458	4,314	5,244
수입	927	1,022	1,139	1,140	1,251	1,327	1,399	1,466
수출	154	207	298	435	639	895	1,252	1,626
내수	1,617	1,864	2,242	2,606	3,185	3,891	4,461	5,084
수출/생산	18.2	19.7	21.3	22.9	24.8	25.9	29.0	31.0

자료: 국무총리기획조정실(중오, 1973), p. 79.

105) 〈조선일보〉(1974. 3. 16).

으로 크게 부각되었다.[106)]

기계류의 수출지향에 따라 경제기획원은 이미 1973년에 작성한 1980년대를 위한 장기전망에서 종합기계공장이 건설되어 요소 및 요소부품 등의 자급이 이룩되고 공작기계, 중전기계 및 정밀기계 등의 생산이 증대되어 기계류의 수출이 크게 늘어날 것으로 예측했으며,[107)] 또 공작기계를 비롯한 기계류의 수요는 중화학공업화계획에 따른 설비투자의 증대와 중화학제품의 수출증대에 따라 크게 증가할 것으로 전망하였다.[108)] 또 창원기계공업단지의 건설에 의한 기계공업의 육성이 수출 100억 달러 달성에 큰 비중을 차지할 것으로 기대하였다.[109)] 1974년 2월 4일, 1,120억 원을 투입하여 총 460만 평을 조성하는 '창원종합기계공업기지' 공사가 시작되었는데 기지는 1981년 국내기계공업의 약 70% 이상을 차지하는 48억 달러를 생산하되 그 중 14억 달러를 수출하도록 계획되었다.[110)]

1975년 3월 국회 상공위원회에서 상공부는 전문화·계열화와 국산화 촉진을 통해 기계공업의 수출을 증대한다는 수출지향계획을 보고하였다. 그러나 기계공업은 중화학공업화를 통해 처음부터 가장 강조된 공업의 하나였지만 해외 기술보유국들의 기술보호 노력과 투자의 장기화에 따른 한계로 발전이 상대적으로 뒤쳐지고 있었다. 그럼에도 불구하고 수출지향을 통한 기계공업육성 의지는 계속되었다. 1976년 3월 29일 재무부는 중화학공업 수출에 대한 선별지원을 강화하기 위해 연불수출금융(延拂輸出金融) 지원기준을 발표하였는데 융자대상 품목은 선박, 철도차량, 플랜트, 산업기계로 수송기계와 일반기계공업에 중점이 맞추어진 것이었다. 연불조건은 선수금 20% 이상(선박 30% 이상)이며 대출금리 및 융자비율은 연 7% 이상, 융자액은 연불수출 선적 전후 소요액의 80%이었다. 1977년 연불수출금융이 확대되어 지원규모는 1977년 2,600억 원, 1978년 2,050억 원으로 늘어났다. 또한 1976~1977년 해외 PR을 지원하여 영문기계류 종합 카탈로그 제작 2,000부 발행에 대해 정부는 1,200만 원을 지원하였다.[111)]

1976년 12월 완성된 제4차 경제개발5개년계획은 〈그림 11-2〉에서 보듯이 기계공업의 수출(수출/생산)비율이 1973년 계획과 비교해 1976년 20.9%로 약간 낮아짐에도 불구하고 1977~1979년에 오히려 더 높아지는 것으로 목표가 작성되었다. 1979년 이후 28%대에서 정체되는 것으로 보았지만 1970년대 후반부에는 기술적 한계를 가지고 있었던 기계공업의 수출에 주력하여 기계공업의 수출비율이 1975년 23.4% 대비 1979년에는 28.3%에 달하도록 계획하였다. 이는 1975년 대비 기계수출액이 4.9배가 되는 것이며, 특히 1975년 기준

106) 동남지역공업단지관리공단(1996), p. 117.
107) 경제기획원(우장, 1973. 12), p. 101.
108) 경제기획원(우장, 1973. 12), p. 51.
109) 동남지역공업단지관리공단(1996), p. 141.
110) 중화학공업추진위원회기획단(한공발2, 1979), p. 525.
111) 한국기계공업진흥회(기육1, 1979), pp. 97~98.

그림 11-2 제4차 경제개발5개년계획 기계공업(전자, 조선 제외) 수출비율계획 (단위: %)

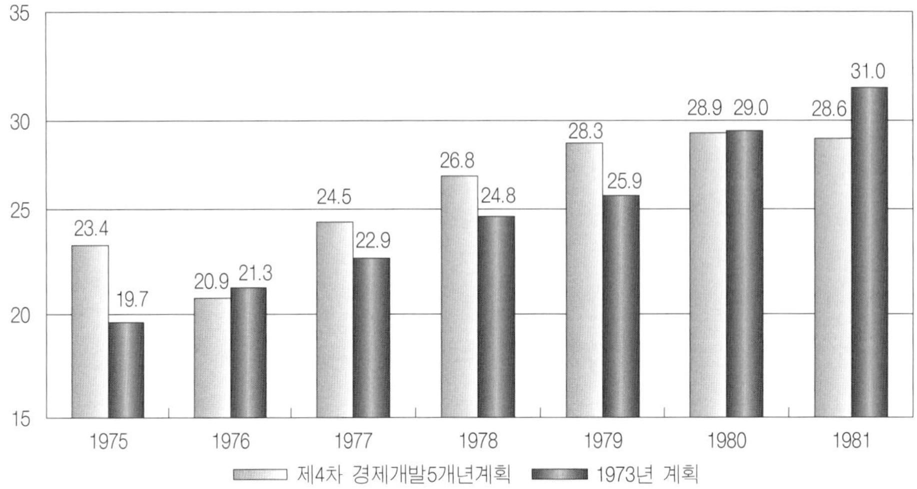

자료: 상공부중공업계획반·화학 및 경공업계획반(제41, 1976), p. 126.

수출증가가 생산증가 4.0배보다 높게 책정된 것이어서[112] 기계공업 수출에 대한 의지를 분명히 보여 주는 것이었다.

정부는 제4차 경제개발5개년계획 공업부문별 정책수단에서 "기계공업의 수출산업화 기반을 구축하며 기계류의 수출활동을 강화한다"라고 밝혔다.[113] 그리고 제4차 5개년계획 기계공업육성 정책방향 5가지 중 한 가지로 '1981년 수출 14억 달러 달성을 위한 수출기반 조성 주력'을 들었다.[114]

이후에도 1977년 10월 4일 대통령은 1978년 예산안 시정연설 중화학공업 건설내용 중 기계공업에 대해 "기계류 수요를 확대하기 위해 기계국산화 자금을 늘리는 한편, 수출금융과 수출보험을 확대하고 선진공업국가와의 합작을 통한 플랜트수출 등 해외판매활동을 강화해 나간다"고 밝혔다.[115] 1978년 들어서도 상공부는 기계류를 1981년에 자급도 70% 수준으로 제고시키고 수출기반을 구축한다고 밝혔다.[116]

자동차공업 역시 종합기계공업으로 수출지향을 통해 자동차산업만이 아니라 종합적인 기계공업의 발전, 수출화도 이루어질 것이라는 점에서 역시 수출산업화가 처음부터 고려되었다. 1973년 1월 박대통령의 중화학공업화선언으로 한국 자동차공업은 수출산업으로 탈바꿈하게 되었다.[117] 1973년 9월 4일 대통령의 자동차공업 육성에 대한 지시가 있었는

112) 경제기획원(제4경, 1976. 12); 상공부중공업계획반·화학 및 경공업계획반(제41, 1976), pp. 47~51.
113) 상공부중공업계획반·화학 및 경공업계획반(제41, 1976), p. 37.
114) 상공부중공업계획반·화학 및 경공업계획반(제41, 1976), pp. 120~121.
115) 〈조선일보〉(1977. 10. 5).
116) 김동규(金東圭) 상공부 중공업차관보(1978. 1), p. 39.

데, 여기에서 대통령은 '국제경쟁력 있는 자동차공업으로의 육성을 기해야 할 것'과 '부품공장은 수출할 수 있는 우수부품을 생산하도록 할 것'을 지시하였다.[118] 1975년 3월 국회 상공위원회 보고에서는 자동차공업의 완전 국산화를 통해 수출기반을 구축한다는 계획이 보고되었고[119] 제96회 국회 상공위원회에서는 자동차 수출확대계획이 보고되었다.[120] 1976년 이후 자동차공업의 수출지향계획은 보다 구체적으로 그리고 고부가가치형, 종합형으로 되어 갔다. 3월의 상공부 국회 보고에[121] 이어 9월의 제96회 국회 상공위원회에서도 자동차공업의 수출확대계획이 보고되었는데 상공부는 1976년 수출확대계획에서 '부품수출에서 탈피하여 엔진 등 중간제품, 완성차 등을 수출촉진'하겠다고 밝히고 있고[122] 이런 경향은 이후 계속되었다.

(3) 조선공업

이미 1970년 해리 최 보고서에서 만들어진 '대규모 조선소 건설추진 기본방안'에서부터 조선공업은 수출지향과 이를 위한 전략이 강조되어 경제기획원은 "5대 중공업사업 중 신동공장, 주물철공장, 특수강공장, 중기계공장은 수입대체적 중공업 기반의 조성이라고 할 수 있으며, 대단위 조선소의 건설은 수출지향적 중공업이라는 점에서 우리나라 중화학공업의 수출산업화를 위한 모델케이스라고 할 수 있다"[123]라고 밝혔다. 이 계획은 20만톤급 건조계획으로 해외합작시 한국이 51% 지분을 갖게 하여 경영권을 한국이 갖도록 한 계획이었는데, 이렇게 당시 한국과학기술원, 조선공업계에서 경영권 방어에 매우 강경하였던 이유도 '경영권을 외국기업에 넘겨 줄 경우 조선공업은 국제하청단계로 자리잡게 되고 독자적인 수출이 불가능하게 되기 때문'이라는 수출지향 때문이었다.[124] 상공부 역시 이미 제3차 경제개발5개년계획에서 "계획기간 중 조선공업은 국제선박수요의 증대 등을 고려하여 수출특화산업으로 중점 육성시켜 1976년에는 2억 달러 수출목표 달성과 세계 대조선국에 들 수 있도록 할 것입니다"[125]라고 조선공업의 수출지향을 분명히 하였다.

중화학공업화선언 이후 제3차 경제개발5개년계획과 기존 수출목표는 전면 수정되었고 이에 따라 1973년 3월 3일 상공부는 조선공업 수출목표의 근간이 되는 '장기조선공업진흥계획'을 발표하였다. 계획의 목표는 국내수요선복(船腹)을 자급하며 1980년까지 10억

117) 오원철 전 중화학공업추진위원회기획단장(한경7, 1999), p. 170.
118) 대통령비서실(자동지3대통령결재문서, 1973. 9. 4).
119) 대한민국국회사무처(제91, 1975. 3. 13), pp. 9~25; 〈조선일보〉(1975. 10. 5).
120) 대한민국국회사무처(제94, 1975. 9. 26), p. 39; 상공부중공업국(주업, 1975. 9. 26), p. 25.
121) 대한민국국회사무처(제95, 1976. 3), pp. 16~17.
122) 대한민국국회사무처(제96, 1976. 9. 27), p. 44.
123) 경제기획원(경백, 1973), p. 123.
124) 김재관 전 상공부차관보 증언(2009. 12. 10); 오원철 전 중화학공업추진위원회기획단장 증언(1993. 9. 15).
125) 최종명 상공부기획관리실장(1972), p. 22.

표 11-7 장기조선공업진흥계획(1973)의 조선공업육성 목표

	1973	1976	1980	1985
세계수요(백만G/T)	27.5	32.5	34.0	36.0
한국 수출선 점유비율(%)	0.7	3.7	9.4	17.2
국내선적취율(積取率)(%)	27	38	50	60

자료: 상공부(장조, 1973. 3); 국무총리기획조정실(중오, 1973).

표 11-8 상공부 '장기조선공업진흥계획' 중 수출관련 계획(1973. 3. 3)

분 류	1974	1975	1976	1977	1978	1979	1980	1981	1982	1983	1984	1985
수출량(만G/T)	38.3	71.2	121.5	166.5	251.5	286.5	321.5	361.5	456.5	526.5	571.5	616.5
수출액(억 달러)	1.30	2.39	3.78	5.48	8.28	9.38	10.48	11.78	14.68	66.28	18.23	20.10
수출비(대건조능력%)	38.7	59.3	63.9	53.7	66.2	61.0	59.0	57.4	65.2	65.8	66.5	67.0

자료: 국무총리기획조정실(중조, 1974. 5), p. 69.

달러 선박을 수출하고 1985년에는 20억 달러를 수출하는 것이었는데 이는 한국 조선공업 육성이 지향하는 수출목표가 〈표 11-7〉과 같음을 의미한다.

〈표 11-7〉에서 보듯이 상공부의 목표는 세계 선복수요에 대한 한국 수출선의 점유비율을 1973년 0.7%에서 1976년 3.7%, 그리고 1980년 9.4%에 이어 1985년에는 17.2%로 대폭 상향시키는 것이었다. 이는 세계 교역량에서 한국 수출선의 선박수출시장 점유비율이 1980년 17.1%, 1985년 31.3%가 됨을 의미한다.[126] 국내수요선복의 자급상황은 1980년에 700만 톤, 1985년에는 1,200만 톤이 되며 이렇게 되면 국내선복의 자국화물 적취율은 1980년 50%를 돌파하여 1980년 이후 해상운임에 의한 무역외수지 균형이 이루어지고 1985년에는 해상운임의 흑자도 나타나는 부수적 수출효과도 목표로 하였다.[127]

이러한 목표를 위해 상공부가 정한 구체적인 장기조선공업진흥계획에서 수출계획을 뽑아 정리하면 〈표 11-8〉과 같다. 이 계획은 1973년 5월 29일 '조선공업육성기본계획'으로 대통령의 재가를 받았다.

수출계획은 1981년 361만 5,000톤(G/T)으로 건조량의 83.8%로 잡았고 1985년에는 920만 톤으로 생산능력을 확장하면서 20억 달러의 수출을 달성하는 육성목표를 설정하였다.[128] 수출구성과 목표액은 계획이 분명히 수출중심의 조선진흥계획이라는 점을 보여 주고 있는데 실제로 설정된 수출비율은 세계에서도 가장 높은 수출비중계획의 하나이었다.

126) 전 선복수요에 대한 선박수출입량의 비율을 55%로 계산한 것이다. 국무총리기획조정실(중오, 1973), p. 65.
127) 국무총리기획조정실(중오, 1973), p. 59.
128) 司空壹·兪焄·朴英哲·Leroy P. Jones(1974), p. 79에서 이 내용을 사용하고 있다.

표 11-9 중화학공업추진위원회 선박수출계획(1973~1980) (단위: 천G/T, %)

	1973	1974	1975	1976	1977	1978	1979	1980
수 출 량	53.5	340	500	1,000	1,500	2,000	2,800	4,000
수출비율	56.0	73.3	61.0	76.0	79.0	83.3	87.5	89.0

자료: 중화학공업추진위원회(우해, 1973), p. 147.

이렇게 조선공업 육성은 전적으로 수출지향적인 목적으로 되고 있어서 〈표 11-7〉에서 보았듯이 세계수요에서 차지하는 한국선의 수출비중은 매우 높아지게 조선공업 목표가 정하여졌다.

중화학공업추진위원회는 1973년 4월에 1980년 10억 달러 선박수출을 목표로 앞으로 10년간(1972~1981) 1,652만 7,000톤(G/T)을 수출할 계획을 수립하였다.[129] 이를 연도별로 정리하면 〈표 11-9〉와 같다. 1980년에는 수출량을 400만 톤으로 하여 상공부의 '장기조선공업진흥계획' 321만 5,000톤을 더욱 상향시켰다. 수출비율(수출/생산)은 이미 1973년 56%로 50%를 넘어서고 1977년 79%, 1979년 87.5% 그리고 1980년 89%를 달성할 계획이었다.

이어 경제기획원은 5월 "조선공업은 수출전략산업이다. 이후 한국의 수출 첨탑으로 될 수 있는 전략산업으로 중점적으로 육성할 계획이다"라고 공언하였다.[130] 이런 입장은 12월 발간된 종합장기계획인 경제기획원의 장기전망에서도 그대로 반영되어 "조선공업은 종합기계공업으로서 기계, 철강 등 관련공업의 발전에 크게 기여할 중화학공업화의 선도산업임과 동시에 노동 및 기술집약산업이며 입지적인 유리성과 국제선박수요의 증대에 비추어 수출산업으로서 크게 개발될 것이다. 1981년에는 연간 10억 달러 이상의 조선수출이 가능할 것이며 조선국으로서의 기반이 이룩될 것이다"[131] 등의 전망으로 나타나고 있다. 1973년 10월 4일 대통령은 1974년 시정방침 발표를 통해 "대단위 조선소를 계속 건설하며 금년 말에 울산조선소가 준공되면 내년에 1억 3,000만 달러의 선박을 수출할 수 있게 된다"고 밝혔다.[132] 비록 산업의 노동집약적 성격이 강조된 데 따른 것이지만 당시 조선이나 전자는 관련산업이 낙후되어 있어 당분간 기술이나 부품을 해외에서 조달해야 할 산업임에도[133] 이렇게 수출을 적극 지향하였다는 것은 한국 중화학공업의 성격과 전략을 분명히 보여 준다. 이렇게 조선공업이 수출을 최우선목표로 추진되자 이에 대해 일본의 機械工業等韓國産業長期開發計劃調査團 일행은 "조선계획은 수출만을 목표로 바로 6개 대형조선소를 건설하는 것에 무리가 있는 듯하다"[134]라고 밝히기까지 하였다.

129) 중화학공업추진위원회(우해, 1973), p. 142.
130) 大韓民國經濟企劃院(日本, 1973), pp. 37~38.
131) 경제기획원(우장, 1973. 12), pp. 50~51.
132) 〈매일경제신문〉(1973. 10. 4); 〈조선일보〉(1973. 10. 5).
133) 한국무역연구소(1974), p. 460.

그림 11-3 제4차 경제개발5개년계획 선박수출비율 계획 및 전망

(단위: %)

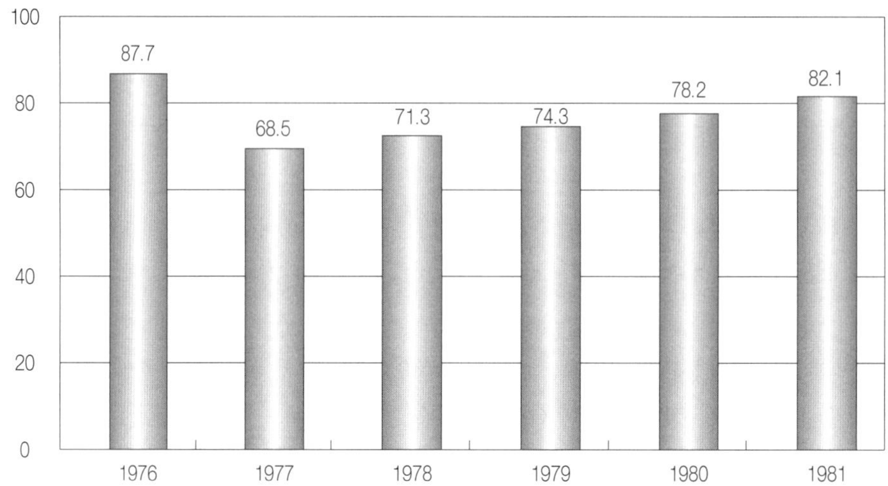

자료: 상공부중공업계획반·화학 및 경공업계획반(제41, 1976), p. 164.

그러나 석유파동은 세계 조선시장의 대대적인 침체를 가져왔다. 이에 1973년 12월 9일 상공부는 '선박장기수출계획'을 마련하였는데 여기에서 1980년 320만 톤 수출을 목표로 하였다.[135] 4월의 중화학공업추진위원회 400만 톤 수출계획보다 3월의 상공부 '장기조선공업진흥계획' 수출계획을 채택한 것이다.

1976년 들어 다시 순차적인 그러나 공격적인 선박수출계획이 만들어졌다. 정부는 제4차 경제개발5개년계획 공업부문별 정책수단에서 "연불수출금융의 공급을 확대하고 건조선형(建造船型)의 다양화 및 판매전략의 강화, 시장정보체제 및 대응력 강화를 통해 선박수출을 획기적으로 증대하도록 한다"[136]라고 밝혔다. 또한 제4차 경제개발계획 조선공업의 기본목표와 정책방향에서 "조선공업의 개발은 수출산업화하는 방향에서 이루어질 것이다"[137]라고 하여 계속적인 수출지향을 재천명하였다. 이런 위에 정부는 제4차 경제개발5개년계획의 선박수출(수출/건조)계획과 전망을 〈그림 11-3〉과 같이 제시하였다. 정부는 조선공업의 선박수출비율을 1977년 68.5%에서 매년 늘려 1981년 82.1%로 계획하였다.

이후 조선공업의 수출지향과 이를 위한 정부의 지원은 대통령의 시정연설을 통해 일관되게 계속 천명되었다. 대통령은 1977년 10월 4일 1978년 예산안 시정연설 중화학공업건설에서 선박수출을 장려하기 위해 해외시장 정보망을 넓히고 연불수출자금 공급을 늘려감으로써 선박수주를 최대한 확보하겠다고 밝혔다.[138] 이에 따라 상공부는 전자, 조선 등

134) T 機械工業等韓國產業長期開發計劃調查團員(1973), p. 9.
135) 한국기계공업진흥회(한기진20, 1989), p. 780.
136) 상공부중공업계획반·화학 및 경공업계획반(제41, 1976), p. 38.
137) 상공부중공업계획반·화학 및 경공업계획반(제41, 1976), p. 161.

을 수출선도산업으로 육성하여 1981년에 전 수출의 20%를 차지하도록 할 것이라고 밝혔다.[139] 1978년 10월의 1979년 예산 시정연설에서도 대통령은 국제조선업계의 불황에 비추어 조선소의 안정조업이 유지될 수 있도록 수출선박의 수주활동을 지원하고 계획조선을 추진하겠다고 강조하였으며,[140] 1979년의 1980년 새해 예산 시정연설에서도 역시 대통령은 연불수출자금 지원을 확대하여 선박수출에 힘쓰고 계획조선을 적극 추진하겠다고 밝혔다.[141] 이러한 대통령 및 범정부적 조선공업의 수출지향 의지가 계속적으로 천명됨으로써 유신정우회는 "조선공업은 중화학공업화의 선도산업이며 수출전략산업이다"라고 밝히고 있다.[142]

(4) 전자공업

전자공업은 이미 1969년 '전자공업진흥 8개년계획'의 1976년 전자공업 4억 달러 수출목표와 '수출전략산업으로서의 개발육성' 실천방안에서 나타나고 있듯이[143] 처음부터 수출지향 공업으로 계획이 만들어졌다. 이후 제3차 경제개발계획기간 중에도 전자제품을 수출산업으로 육성하기 위해 텔레비전, 라디오 등 가정용기기 8개 품목, 탁상용계산기 등 산업용기기 16개 품목과 직접회로, 트랜지스터 등 41개 품목의 개발이 계획되었다.[144]

중화학공업화선언으로 수출지향 전자공업의 성격은 강화되었다. 전자공업 수출목표로 25억 달러가 제시되었고 대통령비서실은 "전자공업을 수출 전략업종으로 육성하여 수출 25억 달러를 달성하려면 부품 및 제품의 신장과 신제품의 추가가 있어야 한다"[145]고 밝히면서 전자공업 육성방안으로 다음과 같이 밝혔다.

【전자공업 육성방안】

1) 생산구조

……

나) 부품의 제품화 수출을 확대한다.

다) 부품 수출을 적극 추진한다.

2) 수출구조

가) 생산의 75% 이상을 수출한다. ……

3) 신제품 개발

---

138) 〈매일경제신문〉(1977. 10. 4); 〈조선일보〉(1977. 10. 5).
139) 김동규(金東圭) 상공부 중공업차관보(1978. 1), p. 39.
140) 〈매일경제신문〉(1978. 10. 4); 〈조선일보〉(1978. 10. 5).
141) 〈매일경제신문〉(1979. 11. 15); 〈조선일보〉(1979. 11. 16).
142) 유신정우회(내한, 1978), p. 86.
143) 〈조선일보〉(1969. 6. 21); 한국전자공업협동조합(전조2, 1981), pp. 73~74.
144) 최종명 상공부기획관리실장(1972), p. 22.
145) 대통령비서실(중선, 1973. 1. 30), p. 49.

가) 컬러TV 및 녹화기 등 신규 수출상품을 개발한다.

나) 전자계산기, 각종 측정기 및 전자자동장치 등 수입대체 제품을 개발하여 수출한다.

《대통령비서실(중선, 1973. 1. 30), p. 50》

전자공업 육성방안은 생산의 75% 이상 수출이라는 수출목표를 제시하는 등 생산구조, 수출구조, 신제품 개발 모두 수출지향이 중심이 되어야 한다고 밝히고 있다. 전자계산기, 각종 측정기 및 전자자동장치 등 수입대체품목까지 개발 후 수출한다는 단계론적 수출계획도 이미 제시하고 있다.

이러한 초기 지침은 이후 정부의 구체적인 전자공업수출계획에 반영되었다. 경제기획원과 국무총리기획조정실은 가정용기기는 물론 기술수준상 수입이 불가피한 산업용 전자기기도 개발단계부터 수출과 수입대체를 병행하고, 또 수출제품의 대형화, 고부가가치화와 수출시장의 확대를 위해 지원정책을 강화하여 총수요의 52%를 수출하겠다는 수출지향 전략을 밝혔다.

지금까지 수입의존도가 높은 소재 및 관련공업제품과 트랜지스터, 집적회로(集積回路) 등 전자부품을 개발하여 국산공급하도록 할 것이며 텔레비전, 녹음기 등 가정용기기는 수출전략산업으로, 중형전자계산기, 레이더장치 등 산업용 전자기기는 수출 및 수입대체산업으로 개발할 것이다. 또한 수출시장의 확대를 위하여 외자 및 고도의 기술도입을 촉진할 것이며 외국인투자 환경조성 및 기술인력의 확보 등 지원정책을 강화할 것이다.

《경제기획원(우장, 1973. 12), pp. 52~53》

가정용 전자기기인 컬러TV, 녹화기 등의 공업을 수출특화산업으로 육성시키며 부품공업, 산업용 전자기기 및 전자재료(電子材料)공업은 수출 또는 수입대체산업으로 육성시킨다. 즉, 부품과 재료의 전문공장을 더욱 육성시키는 동시에 이제까지의 부품위주의 수출을 제품수출 위주로 전환해서 1970년대 후반기에는 전자재료 및 관련부품의 해외의존을 완전히 탈피하고 민생용기기의 고급품화 및 신규상품의 개발을 추진하여 수출시장의 확대를 꾀한다. ……그리고 제품은 수출 52%, 내수 48%를 목표로 한다.

《국무총리기획조정실(중오, 1973), pp. 98~99》

수출계획을 정리한 〈표 11-10〉에서 보듯이 전자공업육성계획에서는 전자공업제품 수출을 1976년 8억 5,000만 달러, 1981년 25억 달러로 각각 생산의 81.1%, 78.4%로 되도록 계획하였고, 심지어 경제기획원의 장기전망은 1981년 전자제품의 수출을 더욱 늘려 27억 4,000만 달러로 계획함으로써 총수요의 55.1%가 수출이 될 것으로 전망하였다.

1970년대 전자공업의 수출지향은 계속 정부, 대통령에 의해 확인되고 계획, 정책으로 발표되어 나갔다.

표 11-10 전자공업수출계획(1973) (단위: 억 달러, %)

		1972(실적)	1976	1981
전자공업육성계획	수출	1.421	8.5	25.0
	수출/생산	68.4	81.1	78.4
경제기획원 한국경제 장기전망	수출	1.421	8.48	27.4
	수출/총수요	68.6	59.4	55.1

자료: 경제기획원(우장, 1973. 12), p. 52; 한국무역연구소(1974), pp. 438~439.

중화학공업추진위원회는 1973년 4월 전자공업을 "1970년대의 주도산업으로서 생산, 수출은 물론 고용증대와 기술진보 등 경제성장에 크게 기여하게 될 것이다"[146]고 밝히고, "전자공업을 수출전략 및 수출주도산업으로 육성할 수 있는 기반을 구축해 나가고 있다"[147]라고 하여 전자공업의 수출주도산업화를 분명히 하였다. 1973년 5월 경제기획원은 "전자공업을 고도의 정밀기술을 필요로 하는 수출전략산업으로서 이를 집중적으로 육성할 계획이다"고 밝혔다.[148] 1973년 9월 25일에는 전자공업을 수출전략산업으로 계속 육성한다는 장기전자공장건설계획(1973~1981년)이 발표되었다.[149] 10월 4일에는 대통령이 1974년 시정방침 발표를 통해 "전자공업은 구미에 공단건설로 전자공업 수출기반을 확충하고 1980년대 초에 767개 공장육성으로 25억 달러를 수출하며 구미공단 내에 주로 전자부품 공장을 건설하여 현재의 제품조립 위주에서 부품 및 제품을 동시에 수출할 수 있도록 하겠다"고 직접 밝혔다.[150]

1974년 1월 10일 상공부는 1981년 수출목표 25억 달러로 하는 장기전자공업진흥기본계획을 확정하였다.[151] 기본계획은 전자제품 수출 극대화를 주요 목표의 하나로 재설정하였다.[152] 1974년 4월 20일에는 '구미수출산업공단'이 설립됨과 동시에 '한국전자공업공단'을 승계하여 전자공업기지를 수출산업화기지로 강화하였다. 1975년 10월 4일에는 1976년도 예산안 제출 대통령 시정연설이 국회에서 있었는데 여기에서 대통령은 중화학공업 관련 부문을 언급하면서 전자공업에 대해 수출전략산업으로 계속 육성한다는 것을 강조하였다.[153] 이를 이어 바로 10월 9일 상공부는 1981년 전자수출 25억 달러를 달성하기 위해 주요 부품공장을 건설하는 공장건설 5개년계획을 확정하였다.[154]

146) 중화학공업추진위원회(우해, 1973), p. 51.
147) 중화학공업추진위원회(우해, 1973), p. 129.
148) 大韓民國經濟企劃院(日本, 1973), p. 41.
149) 국무총리기획조정실(중오, 1973), p. 195.
150) 〈매일경제신문〉(1973. 10. 4); 〈조선일보〉(1973. 10. 5).
151) 한국기계공업진흥회(한기진20, 1989), p. 780.
152) 한국전자공업협동조합(전조2, 1987), p. 74.
153) 〈조선일보〉(1975. 10. 5); 日韓經濟協會(協會報, 1975. 12. 1), No. 71, pp. 3~5.

1976년에는 1981년까지 수출목표 25억 달러를 달성하기 위해 56개 중점 육성품목 대상품목별 기본계획을 수립하도록 하고 수출주도형 산업으로 육성해야 할 품목의 질적 고급화를 통한 국제경쟁력 강화에 역점을 둔 전자공업진흥기본계획이 발표되었다.[155] 전자공업기본계획은 1969년부터 이때까지 3차에 걸쳐 작성되었는데 일관되게 전자공업의 수출확대에 목표를 두고 있었다. 이러한 전자공업의 수출지향을 두고 중화학공업추진위원회 기획단은 해외용 자료를 통해 "전자공업은 한국이 다른 나라에 비해 발전에 있어 장점을 가지고 있으므로 전략적인 수출산업으로 지정하고 집중적인 발전전략을 채택하고 있다"[156]고 공개적으로 밝히고 있다.

이러한 수출지향 노력은 제4차 경제개발5개년계획에서도 계속되었다. 제4차 경제개발5개년계획 공업부문별 전자공업 정책수단에서 정부는 "최첨단기술의 수출특화 상품을 개발하고 수출특화산업으로 계속 육성"하겠다면서 전자공업의 정책방향 중 하나로 "수출시장 개척 및 판매활동을 강화하겠다"고 밝혔다.[157] 이런 정책수단과 방향 위에서 정부는 제4차 5개년계획 전자공업의 수출목표를 1975년 가격으로 19억 4,000만 달러로 책정하였는데[158] 이는 경상가격으로 30억 달러가 넘는 수출계획이었다. 확대된 수출계획은 서울경제신문 1979년 신년호에도 실리고 있는데 동 신문은 전자제품의 수출이 1986년에 41억 달러, 1991년에 94억 달러로 연평균 20.1%의 실질증가가 예상되는 유력업종이라고 밝혔다.[159] 심지어 유정회는 1986년 전자제품 수출을 경상가격으로 100억 달러, 1991년에는 200억 달러로 기록하는 등[160] 전자제품의 수출은 전 국가적으로 지향되고 적극 추진되었다.

(5) 석유 및 화학공업

1973년 9월 18일 상공부는 각각 일산 15만 배럴의 제4, 제5, 제6 정유공장 신규건설 건설사 실수요자를 가인가하였는데 5개사 신청 중 프랑스, 일본, 사우디아라비아, 쿠웨이트 등과 합작한 '범양전용선(汎洋專用船)', '선경개발(鮮京開發)', '조양상선(朝陽商船)' 3개 회사 정유공장 건설을 모두 전량 수출조건으로 가인가하였다.[161] 석유화학공업은 제1차 경제개발계획에서의 수입대체산업화에 이어 이미 제2차 경제개발계획기간부터 수출산업

154) 한국기계공업진흥회(한기진20, 1989), p. 784.
155) 한국전자공업협동조합(전조2, 1987), p. 74.
156) Planning Office, Heavy and Chemical Industry Promotion Council(1976), p. 81.
157) 상공부중공업계획반·화학 및 경공업계획반(제41, 1976), pp. 37~38, 135~137.
158) 대한민국정부(제4경, 1976. 12); 권일상(權一相) 상공부공업기획국종합계획과장(1977. 1), p. 35; 상공부중공업계획반·화학 및 경공업계획반(제41, 1976), pp. 47~51.
159) 〈서울경제신문〉(1979. 1. 1).
160) 유신정우회(내한, 1978), pp. 85~86.
161) 〈매일경제신문〉(1973. 9. 18).

으로 육성되어 왔고[162] 중화학공업화선언 이후 석유화학공업의 국제규모화를 위해 이러한 수출산업화 전략은 더욱 확장되어 추구되었다.

중화학공업화의 기본이 된 '중화학공업화정책선언에 따른 공업구조개편론'은 중화학공업화에서 석유화학공업에 대해 "앞으로는 국제단위 공장 개념에서 국제 최대급 단계로 발전시켜야 할 것이다. 더욱이 화학 및 합성섬유공장 등 선발업종으로 이미 국제경쟁력을 갖기 시작한 업종은 다수 기업, 국제 최소경제단위 시대로부터 소수 국제일류기업화 작업이 시급히 추진되어야 하겠다"[163]고 하여 단순한 내수규모나 국제단위 규모를 넘어 국제 최대급 대형화, 소수 국제일류기업화를 추진하여 결국 대규모 수출산업화할 방침을 밝혔다. 여천기지 선발사업인 비료와 메탄올공장 역시 처음부터 수출전략업종으로 개발될 계획이었다.[164] 1974년 정부는 여천지구 석유화학콤비나트가 완공되면 석유화학공업의 완전자급이 실현되고 나아가 수출도 가능하게 될 것이라고 밝혔다.[165]

그러나 실질적인 진행에서 이후 석유화학공업기지의 투자계획은 계속 순연, 연기되었고 또 취소되는 과정을 겪었다. 이에 따라 메탄올, 비료 등 일부 화학제품을 제외하고 수출계획은 약화되어져 갔다.

4. 수출지향전략의 성과

중화학공업추진위원회기획단은 1979년 "중화학부문의 중점적인 육성과 수출전략산업화 시책으로 산업구조와 수출구조는 크게 고도화되었다"[166]고 밝혔다. 수출지향정책은 많은 성과와 결과를 가져다주었다.

중화학공업화선언이 이루어지고 중화학공업의 수출지향전략으로 1974년 중화학공업의 수출신장률은 112.5%로 경공업의 21.9%, 공산품 전체의 48.0%를 압도적으로 넘어서고 있었다.[167] 제4차 경제개발5개년계획 작성을 위한 중간평가에서 1976년 정부는 1976년까지 소비재, 중간재를 넘어 일부 자본재공업까지 중화학공업화의 성과로 수출산업화가 이루어지고 있다고 평가하였다.

162) 국무총리기획조정실(중오, 1973), pp. 111~112.
163) 대통령비서실(중선, 1973. 1. 30), p. 18.
164) 大韓民國經濟企劃院(日本, 1973), p. 23.
165) 대통령비서실(한경, 1975), p. 93.
166) 중화학공업추진위원회기획단(한공발2, 1979), p. 276.
167) 대한민국국회사무처(제91, 1975. 3. 13), p. 6.

그림 11-4 수출비율(수출액/총생산액) (단위: %)

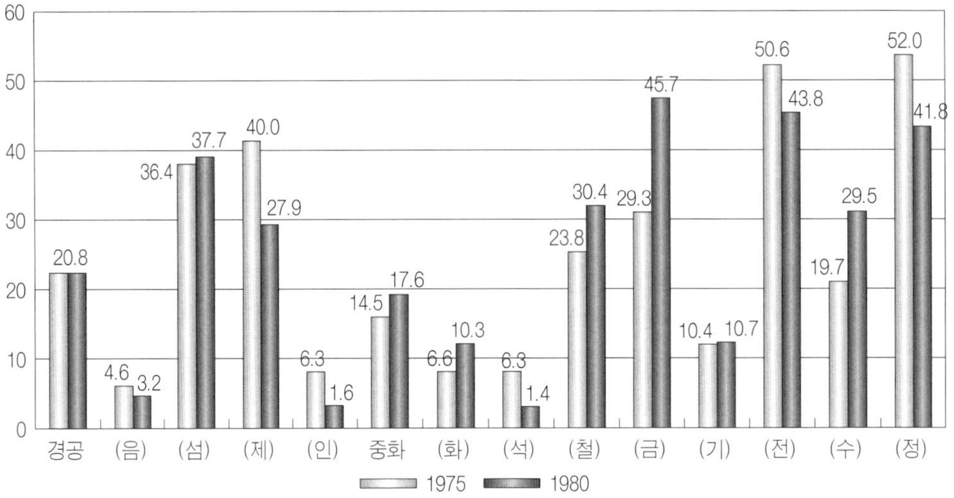

주: 경공: 경공업, 음: 음식료품, 섬: 섬유·가죽, 제: 제재·목제품, 인: 인쇄·출판, 중화: 중화학공업, 화: 기초화학제품, 석: 석유제품, 철: 철강1차제품, 금: 금속제품, 기: 일반기계, 전: 전자통신기계, 수: 수송용기계, 정: 정밀기계.

자료: 한국은행(83산연, 1985. 10), p. 21.

> 우리나라 공업은 이미 소비재 공업과 중간재 공업의 수출산업화가 명실상부하게 이루어져 진전되고 있고 부분적인 자본재 공업의 수출산업화까지도 이루어지고 있다. 1975~1976년에 걸쳐 금속제품, 전기기기, 수송장비 등 중공업의 수출비중도 40%를 넘고 있다.
>
> 【상공부 중공업계획반·화학 및 경공업계획반(제41, 1976), p. 20】

그 결과 1970년대 초 경공업부문의 수출비율(수출/생산)에 비해 중화학공업의 수출비율은 크게 뒤쳐져 있었으나 〈그림 11-4〉에서 보듯이 1975년 이 격차는 6.3%p로 좁혀졌고, 1970년대 후반에는 격차가 더 좁혀져 1980년이 되면 3.2%p차가 되고 있다.[168] 특히, 일반기계 등 예외를 제외한 중공업의 경우 1978년경이 되면 대부분 경공업 수출비율을 초과하고 있다.

각 공업별 수출비율을 보면[169] 이미 전자통신기계의 경우 1975년 50.6%를 넘고 있고 1978년 4사분기 수출비율은 산업용 화학제품 21%, 철강 27%, 비철금속공업 31%, 조립금속제품 39%, 전기기기 55%, 정밀기기 61%에 달하고 있었으며,[170] 1980년에는 철강 1차 제품이 30.4%, 금속제품 45.7%, 수송용기계가 29.5%, 정밀기계가 41.8%로 되고 있다. 다

168) 김광석(1980), C. S. Kim(1987, p. 29)에 의하면 1980년에 역전되고 있다.
169) 각 공업협회가 집계한 내용들은 이 비율보다 높다.
170) 한국산업은행조사부(한산, 1979), 上, p. 29.

그림 11-5 제조업의 성장에 미친 요소별 영향(1970~1975)

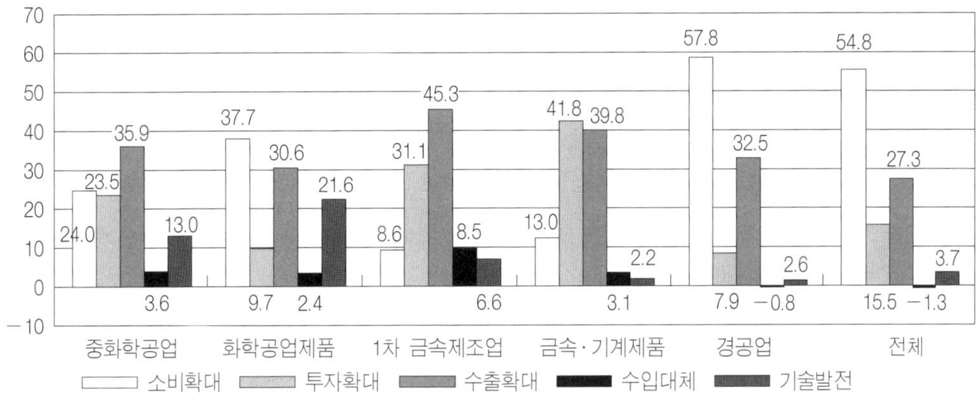

주: 기술발전은 I-O 계수의 변화로 측정한 값임.
자료: World Bank(KMb, 1987), Appendix IB.

만 기초화학제품과 일반기계의 수출비율이 낮은데 1980년의 경우 이들 공업의 수출비율은 각각 10.3%, 10.7%이었다.

이러한 수출지향전략이 한국 중화학공업화에 성공적 전략이 되었다는 것은 중화학공업화에 비판적인 자료까지를[171] 포함하여 여러 자료에서 확인가능하지만[172] 여기에서는 세계은행(World Bank)의 자료를 이용해 확인해 보자.

〈그림 11-5〉, 〈그림 11-6〉에서 보듯이 1970년대 전반기 중화학공업의 성장에 수출확대는 35.9%의 역할을 하였고 1970년대 후반에는 더욱 확대되어 중화학공업 성장의 41.3% 요인이 수출확대에 기인하는 것이었다. 즉, 수출확대가 중화학공업의 성장에 절대적 역할을 하였다. 특히, 1970년대 후반 1차 금속의 경우 수출이 성장요인의 57.2%를 차지해 압도적이었고, 경공업의 경우 수출확대가 성장에 미친 영향은 31.7%로 중화학공업에 비해 낮았다. 하지만 수입대체가 양 부분 모두에서 성장에 미친 영향은 매우 미미하였다.

중화학공업화가 한국의 100억 달러 수출달성을 위한 목적을 갖고 진행되었으므로 중화학공업화가 수출증가에 미친 수출기여율을 정리해 보면 〈표 11-11〉과 같다.

중화학공업의 총수출에의 기여율은 1972년 21.3%에서 1979년 38.1%로 16.8%p, 78.9% 상승하였으며 제조업수출에의 기여율은 동 기간 24.2%에서 44.4%로 83.5% 증가하였다. 중화학공업 수출증가가 총수출 증가에 미친 기여율을 보면 1972년 34.9%에서 1978년 40.5%, 1979년 58.9%로 대폭 상승하였다. 한국의 수출증가에 중화학공업의 역할이 동태적으

171) "1970년대에 제시되었던 수출지향적 중화학공업 육성이라는 정책목표는 타당성이 있었던 바……," 한국개발연구원(산업, 1982), p. 44.
172) 韓福相(1995).

그림 11-6 제조업의 성장에 미친 요소별 영향(1975~1980)

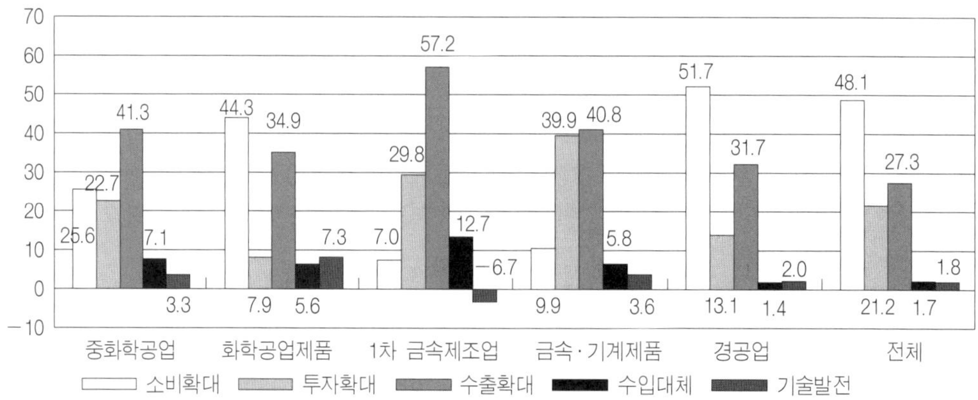

주: 기술발전은 I-O 계수의 변화로 측정한 값임.
자료: World Bank(KMb, 1987), Appendix IB.

표 11-11 중화학공업의 수출기여율과 수출증가기여율

(단위: %)

		1972	1974	1976	1978	1979
수출기여율	중화학공업제품/총수출	21.3	32.5	29.8	35.4	38.1
	중화학공업제품/제조업 수출	24.2	37.5	34.0	41.6	44.4
수출증가기여율		34.9	55.2	39.2	40.5	58.9

주: 수출증가기여율=(중화학공업수출증가/총수출증가)*100.
자료: 한국무역협회(무통-무역통계연보, 1972~1976); 한국무역협회(무통-무역통계, 1978~1980); 한국무역협회(무편-무역편람, 1973, 1975, 1977~1980); 대한상공회의소(한2, 1982).

로 대폭 확대되고 있음을 알 수 있다. 이는 중화학공업이 수출지향적이었고 방향성에서도 수출지향적이었음을 보여 준다.

또한 중화학공업 수출은 1980년대 초 세계적인 불황이 오면서 전반적인 수출에 타격을 받았을 때에도 1980년 25.2%, 1982년 14.6%, 1984년 24.1% 등으로 계속 높은 성장률을 유지하였는데 이는 경공업이 일시적으로 마이너스 수출증가율을 겪는 등 타격을 직접 받았던 것과 비교해 중화학공업 수출이 수출안정화에도 기여하고 있음을 보여 준다(〈표 11-12〉 참조).

한편, 정부가 의도하였던 대로 한국의 중화학공업화에서 처음부터 핵심 사항이었던 기술혁신에 수출지향은 중요한 원천이 되었다. 수출관계를 통해 외국의 수입업자들은 혁신으로 연결되는 매우 중요한 정보원천의 역할을 수행하였고 이러한 혁신이 생산효율성, 디자인 변경, 품질향상, 그리고 경영을 개선시키는 데 중요하였음이 122개 수출회사의 조사에서 확인되고 있다.[173]

표 11-12 불황기 제조업 내 수출증가율(1980~1984) (단위: %)

	1980	1982	1984
제 조 업	17.6	3.7	20.2
중화학공업	25.2	14.6	24.1
경 공 업	11.7	−6.1	15.1

자료: 한국은행(한국소−국민소득계정, 1984); 한국은행(한국소−신국민계정, 1986).

이렇게 중화학공업의 수출지향이 한국의 제조업 성장과 수출증가, 수출안정화에 미친 공헌도가 높았기에 중화학공업화에 대한 비판이 매우 높았던 1980년에, 그것도 중화학공업화를 부정적으로 보고 있던 국가보위입법회의에서, 상공부 기획관리실장 차상필(車相弼)은 여전히 "생산시설의 규모화와 기술혁신을 통하여 중화학공업을 오늘의 수출주도산업으로 육성해 나가겠습니다"라고 보고하였던 것이다.[174)]

173) L. E. Westphal, Y. W. Rhee, and G. Pursell(1979).

174) 국가보위입법회의(1980. 11. 5), p. 5.

부 록

1. 보 론

〈보론 11-1〉 중화학공업화와 수출지향전략

통상적으로 수출지향전략은 수입대체전략보다 우수한 전략으로 평가되고 있다.[175] 후발공업국이 경공업의 일부분을 특화한 경우를 제외하고는 수입대체 전략화에서 성공한 예는 매우 드물다. 경쟁 없는 국내시장 지향의 수입대체는 결국 수입유발적 대체를 가져와 대외수지 적자가 누적되기 때문이다. 이에 대한 실증연구로 P. Evans(1987)가 있다.

실증적으로 보아 중화학공업을 수입대체전략으로만 육성하였던 국가의 한 예로 인도를 들 수 있다. 한국도 1950~1960년대 여기에 영향을 받았다. 인도는 시장규모에 자신감을 갖고 있어 수입대체화에 주력하였지만 이런 인도 역시 경쟁에 의한 품질향상 실패로 결국 초기 중화학공업화 전체가 실패로 끝났다. 즉, 중화학공업은 수입대체전략으로 성공할 수가 없었다. 중화학공업화에 대한 이런 사례는 사실 세계에서 중화학공업화가 가장 성공적이었던 구 러시아도 예외가 아니다. 구 러시아 역시 초기 중화학공업화에서 가장 앞섰고, 특히 군수부문에서는 첨단경쟁에 의한 기술개발이 계속 이루어졌지만 가전부문 등 소비재부문에서는 첨단경쟁에 의한 기술개발이 늦어져 결국 전체적으로 실패하게 되었다. 반면 독일은 국내산업의 중화학공업 연계수요구조를 확대시켜 나가면서도[176] 처음부터 가장 선진적이며 규모가 큰 시장에의 수출지향으로 성공을 거두었다.[177]

신고전학파적 견해들은 "신고전학파의 정책 우수성이 한국의 수출지향정책 성공에 의해 입증되었다"고 주장하고 있고, 정치경제학적 견해들은 "한국의 성공은 수출확장, 선택적이고 활발한 유치산업 촉진, 자원동원에의 일치된 협력 등에 의한 동태적 우위를 확립하였기 때문에 성공하였다"고 주장하는 논리적 차이가 있지만 수출지향을 통해 한국이 성장하였다는 것에는 일치하고 있다.[178]

175) J. N. Bhagwati(1988).
176) Y. G. Park(1999).
177) 박영구(1996).
178) M. S. Alam(1989b), p. 252.

2. 자　　료

〈자료 11-1〉 수출진흥(확대)회의(무역진흥확대회의)[179]

해방 후 이루어진 공업발전에서 내수시장의 한계는 분명히 나타났다. 이에 이미 1962년 12월 수출진흥위원회가 만들어졌다. 1964년 이후 수출지상주의가 표명되어 이때부터 수출지향정책이 대거 시행되었다. 1964년 5월 3일 기준환율 인상과 외환증서제가 채택되었고 5월 6일에는「환율개정에 따른 경제시책」이 발표되었다. 동년 6월에는 '한국수출산업공단'이 설치되어 구로공업단지, 부평공업단지, 주안공업단지 등 총 112만 7,000평에 이르는 수출공업단지가 가동되기 시작하였다. 동월 24일에는 상공부의「수출진흥종합시책」이 발표되어 수출목표가 1억 500만 달러에서 1억 2,000만 달러로 상향되고 수출산업 육성, 수출세제지원 및 보상제도 확충이 이루어졌다. 9월 14일에는「수출산업공업단지개발조성법」이 만들어지고 9월 16일에는 '수출진흥기금 운용제도'가 시행되었다. 10월 5일 박정희 대통령은 자립경제의 기초를 확립하는 제1과제가 바로 수출진흥을 통한 외화획득이며 경제시책의 중요한 목표를 '수출제일주의'로 삼고 있다고 역설하였다. 이에 따라 모든 정부의 정책은 수출에 초점을 맞추게 되었다.

이러한 적극적인 수출지향정책으로 1962년 5,700만 달러, 1963년 8,300만 달러였던 수출은 1964년 12월 5일 1억 달러를 돌파하였고 이를 기념해 대통령은 이 날을 '수출의 날'로 제정하였다. 이 해 수출은 1억 2,000만 달러에 달하였다. 이후 일관되게 수출을 위한 모든 수단이 동원되었고 박대통령은 1965년 연두교서에서 '증산, 수출, 건설'이라는 3대 시책지향점을 분명히 구호로 내걸었다. 이에 따라 1965년은 다시 본격적인 수출의 해로 시작되었다. 박대통령은 1965년 상공부 초도순시에서 박충훈 상공부장관의 건의를 받아들여 수출의 애로점을 바로 시정하기 위해 수출진흥위원회를 대폭 확대한 '수출진흥회의'를 매월 개최할 것을 지시하였다.

1965년 1월부터 박대통령의 지시에 의해 매월 청와대에서 수출진흥회의가 열리기 시작하였다. 첫 수출진흥회의에서 대통령은 수출증대가 현 정부의 가장 큰 관심사라고 분명히 하였다. 이후 대통령은 부존자원이 부족한 한국의 상황에서는 수출만이 살 길이라고 강조하며 수출을 독려·촉진하기 위해 매월 수출진흥회의를 직접 주재해 수출목표와 진행상황을 확인하고 수출의 애로점을 시정하며 해외공관에 직접 전달되는 수출관련 지시를 내렸다. 수출진흥회의의 준비와 실무, 진행은 주무부서장인 상공부장관이 맡았다. '월례경

---

179) 경기도교육청관리국총무과(1969. 1. 20); 김정렴 전 대통령비서실장(1997); 오원철 전 중화학공업추진위원회기획단장(한경7, 1999); 한국무역협회(한무, 2006).

제동향보고'는 경제기획원이 보고주체였지만 수출진흥회의는 원래 수출을 위한 대책을 대통령에게 보고하는 자리였기 때문이었다.

수출진흥회의는 수출과 관련된 모든 내용을 토의·점검·결정하였는데 산업, 거시경제가 대부분 수출과 관련되어 있었으므로 사실상 수출진흥회의에서는 한국경제의 모든 문제가 토의·점검·결정·권고되었다. 그러다가 1969년부터 정부만이 아니라 경제단체장과 대학교수, 해외공관장, 심지어는 법조계 인사도 참석대상에 포함되면서 수출진흥회의는 '수출진흥확대회의'로 개칭되었다. 참석대상은 대통령, 국무총리, 각 부처 장관, 수출지원 금융기관장, 여당간부 등은 물론이고 경제4단체장과 각 산업분야별 협회대표, 업자대표, 심지어 노동계 대표 등도 참석하도록 확대되어 갔다. 점점 참석인원이 다양화되고 늘어나면서 1972년부터는 장소를 청와대에서 중앙청회의실로 변경하였다.

수출진흥확대회의는 원래 상공부가 보고하는 자리였지만, 경제단체 등 민간부문이 대거 참석하면서부터 대통령과 민간기업이 직접 만나 기업애로를 바로 듣고 해결책을 찾아나가는 장이 되었고, 이에 따라 한국의 경제정책이 현실감 있게 논의되고 제도가 단시간 내에 개선되도록 하는 매우 중요한 역할을 하였다. 기업들은 사전에 건의 의견을 조정하는 등 절제하고는 있었지만 점차 수출진흥확대회의를 해결되지 않는 문제의 매우 중요한 해결기회로 생각하고 이용하고자 하였는데, 그 이유는 대통령이 기업들에게 직접 묻고 또 발언을 유도했으며 기업의 애로사항과 건의에 대해 경청하였기 때문이다. 심지어 대통령은 회의가 끝난 후 전경련회장, 상공회의소회장, 중소기업협동조합중앙회장, 무역협회장 등을 남도록 하여 점심을 같이 하면서 기업실정을 더 묻고 듣고 하는 적극적 태도를 민간기업단체들에게 보여 주었는데, 경제단체장들은 매달 수출진흥확대회의 후 오찬만남에서 대통령에게 보고할 사항이나 건의할 사항을 사전에 상의하여 들고 왔었다.[180] 대통령은 총리 이하 경제장관들도 이 점심식사에 참석하게 하여 이러한 공식, 비공식 건의에 대해 적극 해결책을 찾아 주었고 수출진흥확대회의가 끝나면 심지어 관련 장관들이 따로 불려가 그 문제의 해결책을 찾도록 지시받기도 하였다.[181] 장관들은 다음 수출진흥확대회의에서 대통령 지시사항이 어떻게 진척되었는지 보고를 해야 했기에 정부부처들은 어떤 긍정적 형태로든 건의내용과 이에 따른 대통령 지시사항을 처리하지 않을 수 없었다. 김정렴 전 비서실장은 회고에서 "애로사항을 하나하나 검토하여 즉석에서 해결하거나 관계부처에서 협의, 다음 달 회의까지 가부를 결정, 보고하도록 진행되었다. 수출업계의 고충과 진정이 하나하나 해결되고 우리나라 수출지원제도가 하나하나 정비되어 나갔다"[182]고 밝혔다. 실제로 1976년 조사에서 1974~1976년간 매달 열린 수출진흥확대회의에 참석하는 것이 회

180) 김정렴 전 대통령비서실장 증언(2008. 11. 20).

181) 남덕우 전 재무부장관의 인터뷰, 니시노준야(2005), p. 102 인용.

182) 김정렴 전 대통령비서실장(1997), p. 126.

사의 수출에 크게 영향을 미쳤다는 기업은 응답기업 84개 중 51개사에 이르렀는데, 효과의 내용에서 1위 응답한 내용만 보면 정부기관과의 어려움이 해소되었다는 것이 21개 기업, 어떤 방침이 결정됨으로써 수출을 촉진시켰다는 것이 16개 기업, 좀더 정부지원을 받았다는 것이 13개 기업, 중요한 문제가 분명해졌다는 것이 12개 기업, 중요한 정보를 얻었다는 것이 7개 기업이었다.[183] 이런 점에서 수출진흥확대회의는 정부기관만이 아니라 경제단체장의 건의 등 민간경제계 모두의 의견과 보고를 듣는 중요한 역할을 하였다.

이러한 주요한 역할 외에도 수출진흥확대회의는 또 대통령이 공개적 장소에서 공개적 선언이 어려운 내용을 밝히고 지시하는 역할도 하였으며 나아가 부서 간의 갈등을 조정, 명확히 결정해 주는 중요한 역할도 하였다.

실제 몇 예를 들어보면 1976년 5월 26일 박대통령은 수출진흥확대회의에서 "잘 알려져 있지 않은 중소기업업체에서 좋은 기계를 생산하고 있는데 이러한 업체를 골라서 애로사항을 해결하고 정부가 조금만 지원해 주면 급속한 성장이 가능할 것"이라고 지시하여, 중소기업에 대한 전면적인 조사가 진행되었는데 이는 기업애로를 듣고 직접 찾아가 해결하라는 지시였다. 또 박대통령은 같은 날 수출진흥확대회의에서 ① 종전의 무분별한 기술도입을 지양하고 꼭 필요한 기술을 도입하되 원본(原本)기술의 도입에 치중하라, ② 기술의 일본 의존으로부터 탈피하기 위해 구미 선진국으로부터 원천적인 기술도입을 적극 추진하라고 지시하였다. 이는 대외관계상 공개적 선언이 어려운 내용이지만 간접적으로 알려질 것을 알고 복합적인 목적으로 지시한 것이다. 1976년 12월 29일 박대통령은 수출진흥확대회의에서 기술인력의 개발과 확보에 총력을 기울이고 종업원 사기고양에 노력하도록 지시하였는데 역시 현장의 소리와 이에 대한 자신의 생각을 지시한 것이다. 한편, 1977년 장예준 상공부장관의 1980년 자동차 10만 대 이상 수출목표가[184] 논쟁으로 발전하자 1978년 2월 28일 대통령은 개칭된 무역진흥확대회의에서 중화학공업과 정밀기계분야에 역점을 두어 계속 노력하라고 지시함으로써 정부부처 간 마찰을 직접 해결하였다.

1977년 1월부터 수출진흥확대회의는 수출뿐 아니라 수입도 중요한 관리대상이 되어야 한다는 점에서 '무역진흥확대회의'로 개칭되고 역할이 다시 확대되었다. 수출(무역)진흥확대회의가 진행되면서 결정된 몇 가지 주요한 내용을 보면 다음과 같다.

가. 1966년 11월 박대통령은 제10차 수출진흥확대회의에서 과학기술행정기구의 설립 검토를 지시하여 이는 과학기술처 설립으로 연결되었다.

나. 1970년 8월 24일 제8차 수출진흥확대회의에서 '구미공단'을 전자전문공단으로 확

183) Y. W. Rhee, B. Ross-Larsen, and G. Pursell(1984), Appendix A, pp. 95~96.

184) 이는 1977년 11월 25일 장예준 상공부장관이 개칭된 '무역진흥확대회의'에서 자동차수출 전략산업화 방침으로 보고한 것이다.

정하였다. 또 100억 달러 수출과 중화학공업이 제기되었고 상공부의 장기수출계획(10년 계획)이 확정되었다.

다. 1972년 12월 28일 수출진흥확대회의에서 상공부는 ① 공산품의 총수출비율을 1976년 90.4%, 1980년대 93%로 하고, ② 중화학제품의 공산품 수출 내 비중을 1976년 44%, 18억 3,000만 달러, 1980년 60.5%, 56억 3,000만 달러로 할 것을 발표하였다.

라. 1973년 8월 28일 상공부는 수출진흥확대회의에서 국내 전자공업육성시책에 따른 외국인투자 유치를 위해 100% 단독 외국인투자를 허용하겠다고 보고하였다.

마. 1973년 11월 1일 상공부, 내무부, 농수산부 등은 공장새마을운동 전개방안을 9차 수출진흥확대회의에서 대통령에게 보고하였는데 이는 정부와 민간경제단체장 합동으로 전국 공장새마을기구를 구성하여 3단계 운동을 추진하겠다는 것이었다.

바. 1975년 3월 31일 대통령은 '수출진흥확대회의'에서 상공부의 종합무역상사 육성방안을 보고받고 이를 승인하였다.

사. 1976년 5월 박대통령은 수출진흥확대회의에서 종전의 무분별한 기술도입을 지양하고 꼭 필요한 기술을 도입하되 원본(原本)기술의 도입에 치중하라고 지시하였다.

아. 1979년 1월 24일 무역진흥확대회의에서 상공부는 10대 전략산업(철강, 비철금속, 기계, 조선, 자동차, 전자, 석유화학, 시멘트, 도자기, 섬유) 육성계획을 보고하였다.

자. 1979년 7월 12일 박태통령은 '무역진흥확대회의'에서 대기업 총수들에게 더 이상 중화학공업 투자조정이 없을 것이라고 정리하였다.

이상에서 보듯이 수출(무역)진흥확대회의는 ① 한국경제의 모든 문제가 토의·점검·결정·권고되는 장소의 역할, ② 경제단체장의 건의 등 민간경제계의 의견을 듣고 문제점을 직접 해결하는 역할, ③ 대통령이 공개적 장소, 문서를 통해 공개적 선언, 지시가 어려운 내용을 지시하는 역할, ④ 정부부처 간의 갈등을 조정, 명확히 결정해 주는 역할의 4가지 주요한 역할을 하였고 이를 통해 한국의 수출증대에 절대적인 공헌을 하였다. 2006년 무역협회는 수출 1억 달러 달성(1964년)과 수출진흥확대회의 개최(1965년)를 한국 무역 10대 뉴스의 1, 2위 뉴스로 뽑았다. 한국은 2006년 12월 5일 세계 11번째로 수출 3,000억 달러를 달성하였다. 그 주요한 기초가 되었던 것은 1960~1970년대 수출진흥확대회의(무역진흥확대회의)이었다.

〈자료 11-2〉 100억 달러 수출달성[185)]

1972년 11월 7일 '월간경제동향보고'에서 박대통령은 상공부의 100억 달러 수출계획 보고에 기초하여 한국이 연평균 25%의 수출증가를 계속하면, 1980년에는 적어도 100억 달러 수출을 달성할 수 있고 1981년에는 국민소득을 1,000달러 수준으로 증가시킬 수 있다는 한국경제의 장기전망을 언급하며 이에 주력할 것을 지시하였다. 이로써 1981년 100억 달러 수출목표가 정해졌고 100억 달러 수출을 달성하기 위한 수단으로 중화학공업화가 선택되었다.

1973년 작성된 국가산업기본모델 역시 수출 100억 달러, 1인당 GNP 1,000달러를 목표로 한 것이었다. 이 목표를 위해 10개년에 달성하는 과정을 연차별로 풀이한 계획서가 바로 국가산업기본모델이 된 것이다. 10년으로 한 이유는 일본이 1957년부터 중화학공업화정책을 명백히 한 신장기경제계획을 수립하고 중화학공업정책선언을 한 후 10년 만에 100억 달러의 수출고지를 달성하였다는 일본의 사례에 따른 것이었다. 이후 실질수출증가율은 1973년 55.8%, 1974년 9.5%, 1975년 23.2%, 1976년 35.4%, 1977년 19.3%로 석유위기 때를 제외하고 고도의 수출성장률을 계속 이루었다.

그 결과 1980~1981년 목표였던 100억 달러 수출계획은 1977년 12월 22일 오후 4시 100억 1,600만 달러 수출에 도달함으로써 달성되었다. 이는 1964년 1억 달러 수출돌파에 이어 13년 만에 이룩한 쾌거였다. 1962년 이래 연평균 수출신장률은 42.4%를 기록하였고 수출시장은 33개국에서 133개국으로, 수출품목은 69개에서 1,200개로 늘어났으며 국민 1인당 274달러, 하루 평균 2,700만 달러를 수출한 것이 되었다.[186)] 100억 달러 수출의 10대 상품은 직물제의류(9.9%), 전기기기(9.2%), 수송용기기(6.8%), 직물(6.1%), 신발(4.9%), 활선어(4.8%), 쉐터류(4.4%), 베니어합판(3.2%), 섬유사(2.5%), 강판(1.7%)이었다. 즉, 10대 상품 중 공업제품이 9개였고 중화학공업제품이 3개였다. 1977년 수출 100억 달러는 세계 25위권이었다.

한국경제에서 수출 100억 달러 달성은 주요한 역사적 의의를 가지는 것이었다. 1973년 한국경제의 선진화 전략에서 선진화의 목표로 제시된 것이 1981년 국민소득 1,000달러, 수출 100억 달러이었다. 이것은 당시 한국경제가 지향해야 될 지선의 목표였지만 목표제시 당시 대내외에서 불가능하다고 대부분 평가되던 것이었다. 그러나 1973년에 수립한 수출 100억 달러, 소득 1,000달러 달성목표는 당초계획보다 3년 앞서 달성되었다.

185) 경제기획원(경백, 1973); 경제기획원(주경지표, 1973~1989); 대통령비서실(중선, 1973); 오원철 전 중화학공업추진위원회기획단장(산군, 1993. 1. 18~1994. 3. 30); 중화학공업추진위원회기획단(한공발1, 1979); 중화학공업추진위원회기획단(한공발3, 1979); 한국무역협회(한무, 2006); 한국은행(통조-통계월보, 1979. 9); 한국은행(경제통, 1973~1979).

186) 최배근(2007), p. 47.

수출 100억 달러 달성은 여러 역사적 의의를 가지는 것이었다.

우선, 첫째 한국 국민들에게 이제 우리도 잘 살 수 있고 그것도 세계시장에서 타국과 겨루어 떳떳하게 잘 살 수 있다는 자신감을 심어 주는 계기가 되었다.

둘째, 수출 100억 달러가 달성됨으로써 한국의 수출지원체제, 정책이 세계와 비교하여 올바르게 이루어지고 있다는 사후적 확인을 하게 됨으로써 보다 확고한 정책의 수립과 활용이 가능하게 되었다.

셋째, 세계에 한국 상품을 알리고 한국의 수출능력을 긍정적으로 평가하게 하는 단계적 계기가 됨으로써 이후 2006년 12월 5일 세계 11번째로 수출 3,000억 달러를 달성하는 주요한 전환점이 되었다.

CHAPTER 12
중화학공업기지 전략과 정책[1]

1. 중화학공업기지 건설의 이유와 목적

한국 중화학공업화에서 가장 중요하고 차별적인 전략 중 하나가 공업기지를 만든 것이었다. 경제기획원은 1973년 5가지 장기경제정책의 투자정책 방향에서 "중화학공업의 건설은 대규모 공업기지의 조성과 조세정책 등 합리적인 정부의 지원정책을 발전시킬 것이다"라고 밝혔다.[2] 이는 역사적인 본원적 축적에서 이루어야 했을 공업화의 초기 필수자원을 가지지 못한, 그러면서 세계에서 가장 늦은 후발공업국의 하나였던 한국이 단축된 형태로 중화학공업화를 시행하기 위한 조건을 모색하면서 한국이 만들어 낸 한국만의 전략이었다.

한국 중화학공업화를 성공시키기 위해서는 극복해야 하였던 현실문제, 즉 중화학공업화의 성공적인 시행조건과 전략으로서 중화학공업기지를 만들고자 하였던 이유는 매우 복합적인 것이었고 또 많았다. 1차적으로 무엇보다도 중화학공업화의 성공 여부를 판가름하게 될 국제경쟁력을 위한 평균비용 인하와 함께 중화학공업 특성상 중시해야 할 상호 연관효과 등 외부 경제효과의 극대화, 그리고 공해문제의 해결이 주요한 이유이었다. 그리

1) 정부 기록에서 공업단지, 공업구역 등 여러 용어가 사용되고 있지만 중화학공업화선언 이후 중화학공업추진위원회는 총괄적 기능을 갖춘다는 의미에서 공업기지를 염두에 두고 있었고 또 사용된 용어들은 공업기지를 지칭하는 것이었다. 따라서 구분의 필요가 없는 경우 일반적으로 공업기지로 쓴다. 중화학공업화선언 이전 공업단지로 최초 만들어진 것은 1964년 서울 구로동(九老洞)에 만들어진 구로공단이었으며, 1969년 울산화학단지 그리고 구미공업단지가 만들어졌다(경제기획원(경백, 1975), p. 402).

2) 경제기획원(우장, 1973. 12), p. 97.

고 중화학공업화를 위해 후발공업국으로서 부족한 기술·자본 등 대내외 자원을 집중하고, 안정성을 제고하여야 하였으며, 선발공업국 따라잡기를 위한 중화학공업화의 기간단축과 함께 문제가 확대되고 있었던 지역균형발전을 추구하여야 할 필요도 있었고 또 그렇게 하고자 하였다. 나아가 중화학공업화 자체를 위한 국내외 전시효과, 경영합리화 등 부가적인 여러 목적도 기지건설을 통해 추구할 수 있었다. 이를 구체적으로 하나씩 검토하여 보자.

1) 중화학공업의 경쟁력을 위한 평균비용 인하

한국이 중화학공업화를 성공시키기 위해 필요한 것은 품질경쟁력과 가격경쟁력을 갖추는 것이었다. 특히, 한국의 중화학공업화는 목표상으로도 전략상으로도 수출이 필요하였으므로 수출을 위해서는 품질과 가격우위가 필요하였다. 그러나 초기단계에서 한국이 추구할 수 있었던 것은 품질과 가격 중 가격우위였고 이를 위해 경쟁력 있는 수준으로의 평균비용을 낮추는 것이 절대적으로 필요하였다. 즉, 중화학공업화의 성공적인 출발 여부는 생산비용을 국제경쟁력 있는 수준으로 낮출 수 있는가에 달려 있었다.

그래서 이를 위한 최선의 방법으로 고안해 낸 것이 첫 번째가 규모(scale)의 경제를 이용하여 비용을 낮추는 것이었고 두 번째가 집적(agglomeration)의 경제를 이용하여 공업기지를 집단적으로 건설하여 비용을 낮추는 것이었다.

중화학공업은 장치산업으로서의 성격 때문에 다른 어느 산업에 비해서도 규모의 경제가 발현되는 공업이었으므로 우선 이를 이용하지 않으면 경쟁력 수준으로의 비용인하가 불가능하였다. 그런데 기존 공장을 기존 공장에서 보수, 확장하는 것은 토지한계 등 여러 한계가 있었으므로 비용제약을 극복할 수 있다면 규모의 경제를 발현시킬 수 있도록 새로운 대규모 공장을 건설하는 것이 좋았다. 이에 정부는 국제경쟁력 수준에 대응하는 국제규모의 시설을 갖추기 위하여 새로운 지역에 집단적인 공업기지를 만드는 계획을 수립하였다.[3] 또 중화학공업은 고도의 장치산업이어서 용수, 동력 등 극히 규모가 큰 사회간접자본의 지원이 요구되므로[4] 이를 공동으로 건설할 경우 기업은 착수시의 건설비용만이 아니라 이후의 '동력, 용수, 항만 등 각종 외부 시설비를 대폭 절감할 수 있어 평균비용을 낮출 수 있다'[5]는 점도 착안되었다. 그래서 중화학공업화에 대비하는 공업지대 종합기술조사에서 중화학공업화 목표연도인 1981년까지의 공업용수, 전력, 고속도로, 연계도로, 주요 항만의 기능별 개발 등 중추적인 기본 사회간접자본계획이 검토되었다.[6]

3) 경제기획원(우장, 1973. 12), pp. 47~48.
4) 중화학공업추진위원회(우해, 1973), pp. 81~82.
5) 국무총리기획조정실(80, 1975), p. 321.

초기비용에서 우선 문제가 된 것이 건설비용이었다. 이를 해결하기 위해 정부는 기지 기초를 집단적으로 건설하여 분양함으로써 개별 기업의 건설비용을 최소화하기로 하였다. 이는 1973년 5월 30일 이낙선(李洛善) 상공부장관이 '조선공업육성기본계획'을 발표하면서 방침에서 "거제도(巨濟島) 일대 대조선단지에 중형·대형조선소 등 9개소 이상, 1985년까지 14개 조선소를 건설하여 조선능력 920만 톤(G/T)을 확보하되 대형조선소를 일정 지역에 집단건설하여 정부 및 기업의 시설투자비용을 절감한다"라고[7] 밝힌 점에서 잘 나타난다.

비용문제에서 두 번째로 문제가 된 것이 기업진입을 억제하고 생산비를 대폭 올리고 있는 사회간접자본이었다. 당장 공장가동에 1차적으로 필요한 공업용수만 보아도 근본적인 수급구조에서 문제는 심각하였다. 공업용수 수요량은 1972년 9억 6,000만m^3로 생활용수 10억 7,800만m^3보다 적지만 1976년에는 15억 4,300만m^3로 생활용수 수요를 넘어서고 1981년에는 27억 6,200만m^3이 필요한 것으로 예측되었다. 즉, 전체 용수자급률은 계속적인 다목적댐 건설로 1972년 67.5%에서 1976년 74.9%, 그리고 1981년 88.4%로 높아질 것이지만 그래도 공업용수 수요가 폭등하여 용수부족현상이 계속될 것이므로[8] 결국 공업용수의 합리적 공급이 매우 긴요하게 되었다.

이는 기업 차원에서 해결할 수 있는 문제가 아니었고 도로, 전기, 항만 등 다른 사회간접자본도 동일하였다. 실제로 1974년 12월 7일 창원기계공업기지 입주업체협의회는 전력·통신·용수 등에 대한 지원을 정부에 요청하였고,[9] 또 1975년 2월 14일 중화학공업추진 차관보급실무회의 29차 회의에서 창원기계공단(昌原機械公團)은 용수를 공급할 배관시설을 1975년 말까지 설치해 줄 것을 요망하였으며,[10] 9월 17일에도 기지 내 통신지원을 체신부에 요청하고 있었다.[11] 중화학공업의 집중적인 건설을 위해서는 도로, 항만 등의 수송시설과 함께 공업기반시설의 정비충원이 필요하였던 것이다. 더욱이 낙후된 비수도권 지역의 사회간접자본시설 확충은 공업용수 및 공업용지 등의 확보를 위해 산업기지에 적합한 지역을 선정, 지정함으로써 국토의 효율적인 활용을 도모한다는 점에서도 절대적으로 필요하였다.[12]

그래서 기계공업 기본지침은 결론으로 기계공업은 국가계획 및 관리에 의한 규모의 확대, 기술의 집중화, 전문공장 설치 및 대량생산방식을 채택한 대단위 기지로 추진한다는 점을 제안하였다. 대단위 집중화를 통해 기지 내 유틸리티 지원시설 및 도로, 철도 및

6) 과학기술처(중공개2, 1973), pp. 34~37, 42~44, 76~77.
7) 〈중앙일보〉(1973. 5. 30); 〈조선일보〉(1973. 5. 31).
8) 경제기획원(우장, 1973. 12), p. 73.
9) 창원기계공업공단(창기지5, 1979), p. 361.
10) 중화학공업추진위원회기획단(중화추차, 1975. 2. 14), 제29차 회의.
11) 창원기계공업공단(창기지5, 1979), p. 364.
12) 중화학공업추진위원회기획단(한공발3, 1979), p. 368.

항만 시설은 정부가 담당하여 수행하는 기지를 만들고자 한 것이다.[13] 또 기지건설에서 건설부는 상공부 등 관계기관과 협의하여 연차별 급수소요량을 분석하고 그 대책을 마련하여 경제장관회의에 상정하도록 하고 상공부 및 체신부는 통신망 형성 및 전기배선 종합계획을 수립하도록 하였으며[14] 공단은 계속 체신부와 협의하여 통신문제를 해결하도록 하였다.[15]

나아가 금융부문의 비용인하 없이 대폭적인 생산비 인하는 불가능하므로 기지 내에 은행을 두어 기계공업 육성자금, 사업합리화자금 등 장기저리의 금융지원을 하며 국제이자율로서 자금을 쓸 수 있도록 하는 한편, 신용대부, 기계현물담보, 후취담보(後取擔保) 100% 인정 등을 주는 방안이 만들어졌다.[16] 실제로 당시 한국의 금리는 우대금리로 보아도 세계 각국과 비교해 높아 경쟁이 불가능한 상태였고 이에 1975년 2월 8일 창원기계공업기지 입주업체협의회가 세제지원, 이자율 완화, 입주업체에 대한 운영자금 지원을 요망하였으며,[17] 2월 14일 중화학공업추진 차관보급실무회의 제29차 회의에서는 창원기계공단이 세제·금융 면에서 지원을 요망하는 등[18] 금융비용 인하 필요성이 계속 건의되고 있었다.

이러한 비용인하를 위한 노력은 기지건설에서 소요자재의 낮은 가격으로의 원활한 공급까지 연결되었다. 생산비 인하를 위해 공업기지 내에서는 자재유통시 세금을 부과하지 않는다는 원칙은 이미 중화학공업화선언 직후부터 제안되고 있었다.[19] 따라서 구체적으로 이를 위해 중화학공업추진위원회는 기계공업기지의 예를 들어 다음과 같이 추진하고자 하였다.

> 소요자재는 국내외로부터 단지 내 중앙보급소를 통하여 기계공업 육성자금과 링크하여 일괄 공장에 조달하며 현재 수출업자에 대하여 실시하고 있는 수출금융지원제도와 같이 일정 기간 동안에 소요자재의 외상공급제도를 채택하여 기계생산을 지원한다. 그리고 공장에서 제품이 반출될 때마다 국가기관의 검사를 받되 검사합격품에 대하여는 자동 금수조치(禁輸措置)함으로써 기계명칭별, 규격별로 수입제한제도를 확립한다. 그러나 금형, 공구 또는 특수부품의 수입은 허용하도록 하여 제품의 고급화를 돕는다. 그뿐 아니라 원자재 및 소재를 국제가격으로 유지시키도록 정부에서 필요시마다 보조하며 아울러 단지 내 자재유통시는 세금을 부과하지 않고 단지 외 반출시에만 과세함으로써 원자재 공급의 원활을 기하고 원가

13) 대통령비서실(중선, 1973. 1. 30), pp. 35~37.
14) 중화학공업추진위원회기획단(중화추차, 1974. 11. 15), 제24차 회의록.
15) 중화학공업추진위원회기획단(중화추차, 1977. 7. 29), 제61차 회의록.
16) 대통령비서실(중선, 1973. 1. 30), pp. 35~37; 중화학공업추진위원회(우해, 1973), pp. 105~106.
17) 창원기계공업공단(창기지5, 1979), p. 362.
18) 중화학공업추진위원회기획단(중화추차, 1975. 2. 14), 제29차 회의록.
19) 대통령비서실(중선, 1973. 1. 30), p. 36.

부담을 경감시킨다.

《중화학공업추진위원회(우해, 1973), p. 105》

그 밖에 비용을 낮추기 위해서는 행정·검사기능까지 한 곳에서 갖추도록 하는 것이 필요하였다. 그래서 공업기지는 '대규모화하여 국제경쟁에 대처할 설비규모의 확대에 대비하고 산업규모의 확대, 기술의 집대성, 대량생산방식 체제가 이룩되도록 하며 행정기능, 검사기능 등을 포함한 종합기능을 부여하여 종합기지체제로 전환'하도록 처음부터 구상되었다.[20] 검사기능, 기능공양성소, 유틸리티지원, 단지관리청을 두고 수출입의 행정업무를 총괄하는 지원행정업무의 총괄기능을 두기로 한 것이다.[21] 1973년 6월 한국 측의 요청으로 중화학공업계획을 조사하기 위해 방한한 일본 '機械工業等韓國産業長期開發計劃調査團'의 山口英治 단장은 창원기계공업기지를 돌아보고, "여기에 집중적으로 입지를 생각하는 것은 지원조건의 편의 면에서의 배려 때문이라고 생각되지만 좀더 연관산업과의 연계 등에서 자유롭게 입지를 선정하여도 좋을 것이라고 생각한다"[22]고 밝히고 있는데, 이는 당시 공업기지 건설이 종합기능 지원에 큰 중점을 두고 있었던 점을 보여 준다.

이러한 지원시설, 사회간접자본의 공동건설과 공동이용을 통한 비용인하라는 공업기지 건설목적은 계속 유지되었고[23] 1970년대 중화학공업화 기간을 통해 강조되었으며 추구되었다. 1973년 6월 27일 부산 및 묵호항 개발을 위한 세계은행(IBRD) 차관 협정체결 및 10월 실시설계를 시작으로[24] 항만시설의 건설에 정부는 적극 나섰다. 1973년 10월 15일 정부는 1974년 중화학공업기지 건설에 381억 6,700만 원을 지원한다고 밝혔는데, 이는 창원기계공업기지, 온산비철금속공업기지, 호남종합화학공업기지, 미포·거제조선기지의 항만·공업용수·도로시설 지원이었다.[25] 1975년 작성된 '중화학공업 추진방향'의 지원대책 방향에서도 사회간접자본 확충을 분명히 명시해 놓았고,[26] 1976년 2월 5일 중화학공업 추진 차관보급실무회의 제42차 회의는 창원기지 내 행정기관 설치에 대해 논의하였다.[27] 제4차 경제개발5개년계획에서도 정부는 '중화학공업을 지원하기 위하여 공업단지, 공업용수, 항만시설 등 사회간접자본 시설투자에 역점을 둘 것이다'라고 밝혔다.[28]

공업기지 조성으로 중화학공업 기업들의 진입비용은 낮아졌다.

---

20) 대통령비서실(중선, 1973. 1. 30), pp. 27~28.
21) 중화학공업추진위원회(우해, 1973), pp. 105~106.
22) 日韓經濟協會(協會報, 1973. 9. 25), No. 58, p. 11.
23) 경제기획원(경백, 1973), pp. 14~15; 경제기획원(경백, 1974), p. 11; 국무총리기획조정실(중오, 1973), p. 10.
24) 대통령비서실(예부3대통령결재문서, 1973. 10. 15).
25) 〈매일경제신문〉(1973. 10. 15).
26) 대한민국정부(중추, 1975).
27) 중화학공업추진위원회기획단(중화추차, 1976. 2. 5), 제42차 회의록.
28) 경제기획원(경백, 1976), p. 408.

2) 상호 연관효과 등 외부 경제효과의 극대화

중화학공업은 그 특성상 상호 의존성, 연관효과가 높은 공업이기 때문에 원료, 중간재 및 완제품 사이의 생산이나 기술적 상호관계가 밀접하다.[29] 이러한 상호 의존성의 관련산업 집적을 원하는 산업특성상 중화학공업은 대규모 공업기지를 건설하여 집단화·집중화하는 것이 유리하고 필요하였다.[30] 그래서 '공업구역은 성격상 부합되는 업종에 따라 구분하여 구역 내 업종 상호간의 경제성 상승효과 및 투자절감효과를 거둘 수 있도록 한다'라는 원칙이 이루어졌다.[31] 나아가 기업·공업 간 계열화를 촉진하기 위하여 공업단지의 입주를 유도하고 부품의 규격을 통일하도록 하였다.[32]

이러한 상호 연관효과 등 외부 경제효과의 극대화 추구, 계열화의 추구를 위한 중화학공업기지 건설목적은 계속 공유되었고[33] 기지별로 적용되었으며 추구되었다. '중화학공업화정책선언에 따른 공업구조개편론'은 기계공업 기본지침으로 '단일창구제도, 지원시설 공동이용, 제품 상호간 유통경제성 유지의 기지화'를 통해 기계공업이 기한 내에 소기의 목적을 달성하도록 제시하였다.[34] 또 창원기계공업기지를 건설하는 목적 중 하나로 '공장을 집중 유치하여 관련공장의 계열화, 지원시설의 공유 등을 가져와 투자효율의 극대화를 기하는 것'[35]이 지적되었다. 온산(溫山), 울산(蔚山)-미포(尾浦)기지(국가공업단지) 건설이유 중 하나로 들어진 것도 산발적 개별 공장의 건설만으로 공업의 고도화를 달성하기 어렵기 때문에 독일의 루르, 일본의 한신(阪神), 케이힌(京濱)[36]지대에 비견할 중화학콤비나트를 건설하여 공업의 계열화·복합화를 유도해서 파급효과의 극대화를 도모한다'[37]는 것이었다.

중화학공업추진위원회기획단은 기계공업육성 효과를 평가하면서 "기지집중화로 인하여 기계공업 상호간 관련효과가 증대되었다"고 평가하였다.[38]

---

29) 중화학공업추진위원회(우해, 1973), pp. 81~82; 동남지역공업단지관리공단(1996), p. 102.

30) 경제기획원(경백, 1973), pp. 14~15; 경제기획원(경백), 1974, p. 11; 국무총리기획조정실(중오, 1973), pp. 10, 166.

31) 대통령비서실(중선, 1973. 1. 30), p. 28.

32) 경제기획원(우장, 1973. 12), pp. 56~57.

33) 1972년부터 1976년까지 중화학공업추진위원회 위원을 지낸 백영훈(白永勳)은 『국회보』에 "중화학공업은 상호 의존성과 연관관계가 크므로 대규모 공업단지를 조성함으로써 가공공장 및 계열공장들을 이상적으로 유치, 물동의 이점 또는 산업 간의 연관효과 등을 도모하여 경제성을 높이도록 해야 할 것이다"라고 쓰고 있다. 백영훈 전 중화학공업추진위원회위원(1977. 12), p. 35.

34) 대통령비서실(중선, 1973. 1. 30), p. 34.

35) 사공일(司空壹)·유훈(兪焄)·박영철(朴英哲)·L. P. Jones(1974. 5), p. 79.

36) 케이힌(京濱)은 일본 동경 주변의 일본 최대공업지대인 케이힌공업지대(京濱工業地帶)를 지칭하는 말이다.

37) 동남지역공업단지관리공단(1996), p. 593.

38) 중화학공업추진위원회기획단(중화추현, 1980), p. 95.

3) 공해와 환경문제의 해결

중화학공업은 일부 산업이 전형적인 공해산업이므로[39] 중화학공업화를 시작하면서부터 이미 중화학공업화를 앞서 나갔던 선진공업국에서 문제가 된 중화학공업 공해가 문제시되었다. 심지어 중화학공업화는 선진국으로부터의 공해수입이라는 비판까지 제기되고 있었다. 따라서 중화학공업화를 시작하면서 지속적인 중화학공업화를 이루기 위해서는 공해의 집중화 또는 공동방지의 마련이 절실히 요구되었다. 이에 정부는 한정된 지역에 공해기업을 집중하는 공업기지를 건설함으로써 공해문제를 최대한 방지하고자 하였다.

중화학공업이 공해발생공업으로서의 문제를 가지고 있으므로 이를 최대한으로 배제하기 위해 적절한 입지에 기지를 건설하여 집단적으로 유치·개발하기로 한다는 점은 모든 관련 문서에서 인용되고 있었고 또 그렇게 결정되었다.[40] 중화학공업의 공해문제는 기지건설의 주요한 이유와 목적이었다.

한편, 중화학공업기지를 건설하여 공해문제를 해결한다는 논의가 만들어지면서 공해문제와 관련한 중화학공업기지의 입지문제와 방법론까지 논의되었다. 공해문제의 해결을 위해 공업기지를 건설하되, 중화학공업은 수출산업과의 연관성이 중시되어야 하므로 결국 공해위험이 적은 전자공업을 제외하고 전 공업기지를 해안지역으로 격리하여 공해방지 시설을 집단으로 강구하기로 하였다. 이에 대해 오원철(吳源哲) 전 수석비서관은 다음과 같이 증언하고 있다.

> '우물물과 화장실(공해)을 떼어놓는다'는 것이 좋다는 옛 격언을 따랐다. 강 상류에 오염원이 되는 공단은 만들지 않고 바닷가에 만들며 제철과 석유화학 등 대규모 공해배출업체는 서로 합쳐 놓지 않으며 비철금속, 제련 등 악성 공해배출업체는 온산공단처럼 한 군데 모아놓고 집중 관리한다는 정책이었다. 공해문제가 거의 없는 전자공업을 제외하고 모든 공단을 바닷가로 내몰았다.
>
> 【오원철 전 중화학공업추진위원회기획단장(오당, 1991. 12), pp. 518~519】

한국은 공해공업을 집단화·집중화하되 선진국의 실패한 선례처럼 모든 공해업종을 한 장소로 하는 것이 아니라 보다 효율적 관리를 위해 각기 다른 지역에 같은 업종끼리 집단화·집중화하는 것으로 결정하였다.[41]

---

39) 중화학공업은 석유정제, 석유화학, 일반화학, 비철금속, 제지 펄프 등의 공해발생이 매우 큰 산업의 집합체이다. 과학기술처·산업기지개발공사(1974. 12), p. 121.

40) 중화학공업추진위원회(우해, 1973), pp. 81~82; 경제기획원(경백, 1973), pp. 14~15; 경제기획원(경백, 1974), p. 11; 국무총리기획조정실(중오, 1973), pp. 10, 166; Planning Office, Heavy and Chemical Industry Promotion Council(1976), p. 13; 대한민국정부(행백, 1974), pp. 156~157; 중화학공업추진위원회기획단(한공발2, 1979), pp. 255~256.

1973년 5월 24일 상공부는 중화학공장 건설계획에 대한 공해방지 대책으로 입지를 일정 지역으로 제한하겠다고 밝혔다.[42] 이어 6월 중화학공업추진위원회기획단이 중화학공업화의 공식 계획으로 발표한 중화학공업 육성계획은 기지화 계획에서 공해문제를 고려하여 다음과 같이 밝혔다.

> 정부는 이들 산업을 그 특성에 따라 적정한 입지를 선정하여 연관산업을 집단적으로 유치·개발함으로써…… 공해대상지의 한정과 집중 방지를 기할 것입니다. ……한편, 국내항만 능력의 한계를 완화하고 자원의 대량 확보를 통한 수송비의 절감 및 기초원료의 안정적 공급과 공해의 최소화를 기할 수 있도록 적정 입지를 선정하여 CTS를 건설할 것도 고려 중에 있습니다.
>
> 《중화학공업추진위원회기획단(중화공, 1973), p. 10》

정부의 공해문제 해결을 위한 중화학공업기지 건설방침은 주요 공업별 계획에서도 확인되고 있다. 비철금속제련공업 육성을 위한 기본지침은 '공장건설을 동일 단지 내에 집중화시킴으로써 공해문제를 효율적으로 통제하고 수입원료 광물의 수송비를 절감시킨다'고 밝히고 있다.[43] 또 기계공업의 기본지침은 '대도시의 공해와 연관되어 있는 기존 공장은 단지 내에 이설하도록 함으로써 공해에서 벗어날 수 있고 아울러 단지를 효율적으로 이용할 수 있는 이중효과를 가져오게 한다'고 하고 있다.[44]

이러한 정부의 중화학공업기지 건설을 통한 공해문제 해결 방침은 태완선 경제기획원장관에 의해 재차 강조되어 일본 등에도 전달되고 또 정부의 방침과 의지로 선언되고 광고되기도 하였다.

> 중화학공업 건설에 어느 정도 공해유입은 외국 예로 보아 명확하다. 공해의 피해를 극력 방지하면서 중화학공업에 나서지 않으면 안 된다. 이를 위해 정부는 종합적 국토개발계획에 따라 수개 소의 중화학공업기지를 건설, 한정된 지역 내에 공해기업을 집중시켜 공해의 확산을 방지하는 것과 동시에 동 지역 내의 각 공장에 공해방지시설을 의무지우는 것에 의해 공해의 최대한 방지를 꾀하고 있고 앞으로 모든 수단을 동원하여 공해방지에 전력을 다할 방침이다.
>
> 《태완선(太完善) 경제기획원장관(1974. 1);
日韓經濟協會(協會報, 1974. 3. 25), No. 61, p. 29》

41) 오원철 전 중화학공업추진위원회기획단장(한경7, 1999), pp. 539~540.
42) 〈조선일보〉(1973. 5. 25).
43) 대통령비서실(중선, 1973. 1. 30), p. 54.
44) 중화학공업추진위원회(우해, 1973), p. 101.

4) 부족한 자원의 집중과 기간단축

중화학공업화를 위해 1970년대 초 한국은 자금, 원자재만이 아니라 기능인력, 기술 등의 자원이나 전력과 같은 기초자원도 절대 부족하였다. 이에 부족한 자원을 집중적으로 사용하여 효율성을 높일 필요가 있었다. 정부는 입지자원의 효율적인 활용과 사업부문 간의 연관효과 극대화, 공해문제 해결 등 이상에서 본 이유에 더하여 공업기지를 통해 이러한 자원을 집중시켜 효율성을 높이고자 하였다.[45]

부족한 자금과 원자재는 생산효율성을 높인 공업기지에 우선적으로 집중하여 공급되도록 하였는데 이는 앞에서 지적하였듯이 국제경쟁력이라는 측면에서 생산비 인하를 위해 이루어진 목적도 갖고 있었다. 이와 동시에 주의가 기울여진 것이 기능·기술인력 양성과 공급이었다. 정부는 중화학공업이 기능노동의 확보가 요청되고 아울러 수출의 집중화가 요구되는 업종들이기 때문에[46] 업종별 최적 공업기지를 정하여 동종업종 및 관련산업을 집단적으로 유치·개발함으로써 국가적 입지자원을 효율적으로 활용하고 관련효과를 극대화할 수 있도록 하는 동시에 공업기지 주변에 새로운 신산업도시를 건설하도록 하였다.[47] 또한 공업기지 내 기능공 양성소를 두어 기지 내 공장에 유자격 기능공을 유사한 임금수준으로 공급하고, 특히 유자격 기능공을 위하여 수첩을 발행하여 소지하게 함으로써 기술인정제도를 확립시켜 나갔으며 나아가 공장에서 필요로 하는 기술자료설계서를 필요에 따라 제공하였다.[48]

창원공업기지의 예에서 보듯이 정부는 공업기지를 단순 공업제품의 산출지로서가 아니라 금후 한국이 필요로 하는 기술자, 기능공 등 우수한 인재를 공급할 수 있는 산업 및 교육단지로 발전시켜 나가고자 하였다.[49] 정부는 구미전자공업기지에는 금오공업고등학교를 두어 기계공작, 전자, 판금용접, 금속 등 4개 학과에서 연간 400명의 고급기능공을, 구미전자공업고등학교에서는 전자, 통신설비, 정보기술 3개 학과 연간 600명의 고급기능공을 배출하였고 또 따로 구미직업훈련원을 운용하여 기능공을 공급하였으며 철강공업기지에서도 공고와 직업훈련원이 운용되었다.[50] 정부는 공업기지에 설치되는 기계공업고등학교의 교원을 양성하고자 부산대학교 공과대학에 기계공업교육학과를 설치하기도 하였다.[51] 지속적인 고급기술자 양성을 위해서 정부는 창원기지 내 기능대학 부지를 사전에 일반대학 부지로 고려하여 20만 평 규모로 하였다.[52] 1975년 10월 17일 중화학공업추진

---

45) 창원기계공업공단(창기지5, 1979), pp. 52~53.
46) 중화학공업추진위원회(우해, 1973), pp. 81~82.
47) 동남지역공업단지관리공단(1996), p. 102.
48) 중화학공업추진위원회(우해, 1973), p. 105.
49) 동남지역공업단지관리공단(1996), pp. 139~140.
50) 한국공단연구소(총람, 1980), pp. 156, 160~161.
51) 대통령비서실(예중화3대통령결재문서, 1973. 4).

차관보급실무회의는 공단관리청의 '창원기계공업기지 내 기술인력 확보를 위한 기술훈련 및 시험검사소 추진에 따른 문제점 및 대책'을 보고받고 관계기관 회의를 소집하여 구체적인 방안을 차후 확정하도록 결정하였다.[53] 이러한 기지를 통한 기능·기술의 양성, 집중화는 당시 연구에서[54] 지적될 정도로 공업기지의 주요한 역할이었다.

나아가 '대형조선소를 일정 지역에 집단 건설하여 조선소 간의 협업과 기술인력을 조직적으로 활용하도록 함으로써 경제적 효과를 증대'시킨다는 1973년 5월의 조선공업육성 기본계획 방침에서[55] 보듯이 동일산업의 집중으로 산업연관 기술의 협력과 기술인력의 협력이 이루어지도록 유도하였다. 실제로 정주영은 회고에서 현대조선소에서 육성된 기술인력이 '대우조선'과 '삼성중공업'으로 갔다고 밝혔다.[56]

기타 공장가동에 직접 연계된 절대 생산요소이었지만 당시 부족하였던 전력자원도 공업기지에 우선적으로 안정적으로 공급하도록 조치가 취해졌다. 1974년 중화학공업추진 차관보급실무회의 제17차 회의는 공업기지 내까지의 배전선 시설은 원칙적으로 한전에서 건설하는 것으로 합의하고 있다.[57] 강수철(康守哲)씨 증언에 의하면 당시 한전의 전기는 불규칙하여 공장가동에 어려움이 많았고 그래서 전기나 수증기 공급이 중단되면 어떻게 하나 하고 걱정을 했는데, 공업기지에는 양질의 전기를 안정적으로 공급함으로써 입주업체들의 공장가동에 큰 도움을 주었고 공장이 아주 정상적으로 가동되었다고 한다.[58]

5) 지역균형 추구

1960년대 이후 고도성장의 지속으로 지역 간, 규모 간 불균형 문제가 나타나고 있었다. 인력자원도 1960년대 이후 서울로 집중되는 현상이 심화되기 시작하였다. 이에 1967년부터 공업의 지역적 편재를 지양하기 위한 공업의 지방 분산화 정책 일환으로 중소기업을 대상으로 한 각 특정 지구별 공업단지의 기본계획이 수립되어 「지방공업개발법」, 「도시계획법」, 「토지구획정리사업법」 등을 근거로 하여 광주, 전주, 대구, 춘천, 대전, 청주 등 10개의 지방공업단지가 조성되었다.[59]

1970년대 들어와서도 지역개발 혹은 지역균형개발 추구는 1971년 9월 8일 정부의 국토종합개발계획에서의 '국토의 균형적 발전과 국민경제의 능률화 및 국제사회, 국제분업

52) 중화학공업추진위원회기획단(중화추차, 1977. 3. 4), 제56차 회의록.
53) 중화학공업추진위원회기획단(중화추차, 1975. 10. 17), 제37차 회의록.
54) 사공일·유훈·박영철·L. P. Jones(1974. 5), p. 79.
55) 〈중앙일보〉(1973. 5. 30); 〈조선일보〉(1973. 5. 31).
56) 이호 중앙일보 객원기자(2007. 4. 6; 2006. 4. 11).
57) 중화학공업추진위원회기획단(중화추차, 1974. 8. 2), 제17차 회의록.
58) 〈한국경제신문〉(1993. 4. 26).
59) 산업기지개발공사(1978), p. 529.

표 12-1 중화학공업부문의 지역별 구조(1970년 가격 생산액 구성비) (단위: %)

	1970	1976	1981
수도권(서울, 경기)	42.8	29.4	28.5
강원	3.6	8.4	10.7
부산, 경남, 경북	39.6	55.8	47.5
충청남북도	6.3	1.7	6.7
전라남북도	7.6	3.4	6.4
제주	0.2	0.3	0.2
전국 합계	100.0	100.0	100.0

자료: 과학기술처(중공개1, 1972), p. 19.

의 변동에 대처하는 산업기반 확립'이라는 목적 제정에서부터 1972년 제3차 경제개발5개년계획 등에서의 지역개발 균형추구 등으로 이어지고 있었다. 〈표 12-1〉에서 보듯이 1972년 당시 지역의 균형발전이라는 목표가 가미된 공업지역별 발전계획에 따르면 1970년 42.8%에 달하는 중화학공업의 수도권 집중은 제4차 경제개발5개년계획이 끝나는 1981년에 28.5%로 대폭 완화되고 대신 중화학공업부문은 동 기간 강원도가 3.6%에서 10.7%로, 부산, 경상남북도가 39.6%에서 47.5%로 비중이 증가하는 것으로 되고 있었다. 나아가 지역 중에서도 경상남북도에 너무 집중되는 것이 참작되어 이 비중이 1976년 55.8%로 늘어난 후 1981년에는 47.5%로 줄어들고, 소외된 충청남북도와 전라남북도가 제4차 경제개발계획의 1970년대 후반에는 늘어나도록 고려하고 있었다.

이렇게 1970년대 들어와서도 지역의 균형발전과 국토의 균형적 발전이라는 시각이 계속 이어졌지만, 사실 실행 면에서 보면 이에 대한 확실한 효과를 담보할 대규모 정책수단이 만들어져 실행되지 못하였으며 또 수도권 외 지역 간 균형배분도 강조되고 있지 못하고 있었다. 실제로 1970년대 후반 주의가 주어진다고 하지만 부산, 경상남북도에 비해 전라남북도는 그 비중이 매우 낮고 심지어 1970년 7.6% 대비 1981년에 오히려 6.4%로 중화학공업 지역비중이 감소하는 것으로 되고 있었다. 김광모 전 중화학공업추진위원회기획단부단장의 증언에 의하면 당시 공업단지는 입지조건과 개발 편의 면에서 영남의 일부 지역, 예를 들어 울산공업단지와 포항공업단지 그리고 지역별 수출공업단지로 한정되어 있어 이미 이때부터 "호남 푸대접, 영남 중시"라는 말이 떠돌고 있었다고 한다.[60]

따라서 지역불균형을 보다 현실적으로 개선하고 실현시키고자 하는 의도가 바로 중화학공업기지 건설에서 초기부터 고려되었다. 즉, 공업기지 건설의 목적 중 하나로 지역 간 발전의 불균형을 최소화시키고 국토의 균형적인 발전을 도모하기 위한 것을 동시에 노리

60) 김광모 전 중화학공업추진위원회기획단부단장 증언(2009. 2. 3).

고 있었고 또 추구하였던 것이다. 이는 오원철 수석비서관이 대통령에서 공업기지(공단)의 위치선정은 "될수록 전국적으로 균형 있게 배치할 예정입니다"[61]라고 보고하고 있는 것에서 초기부터 추구되었음이 확인된다. 이 보고에 대해 박대통령은 원칙적으로 동의하고 그렇게 추진하고자 하였으며 그래서 호남과 서해안 지역이 균형발전 면에서 공업기지로 고려되었음이 김광모 당시 대통령비서관의 다음 증언에서 나타난다.

> 중화학공업화정책에 관련한 산업기지에 대하여 박정희 대통령에게 보고드릴 때 대통령으로부터 정치·사회적 면도 고려하여 호남 지역과 서해안 지역에 특별히 관심을 두고 개발하라는 말씀이 있었다고 상사로부터 전해 듣고 실무자로서 더더욱 용기를 얻었다. ……중화학공업화정책의 네 번째 특징은 산업입지를 모두 산업기지화하여 사전에 공표하였고, 특히 개발이 미약했던 호남과 서해안 지역을 국토의 균형적 발전 면에서 중점적으로 고려하였다는 것이라고 할 수 있다.
>
> 【김광모 전 중화학공업기획단부단장(김중화정, 2003. 12. 7)】

이러한 균형발전 의도는 1973년 1월 국토계획에서 "각 지역의 자원 등 특성을 기반으로 하여 각 지역에 특유산업을 고착시켜 지역의 균형된 발전을 기하고 산업의 과밀과소의 공업혼잡을 탈피해야 한다. 공업의 도시집중에서 오는 병해도시(病害都市) 현상을 막기 위하여 대도시에서 공업 및 인구는 지방으로 분산하는 대책을 처음부터 수립하여야 한다"[62]라고 명시되어졌다. 새로운 국토계획은 각 지역의 자원 등 특성을 기반으로 지역균형발전 및 지방분산을 설정하고 있는 것이다.

1973년 1월 31일 청와대에서 오원철 수석비서관은 "공업의 지방분산 문제도 방위산업을 육성할 때 해결하는 것이 좋겠습니다. 방위산업을 하고자 하는 기업에 대해 정부에서 적극적으로 지원해 주면서 방위산업의 보안문제 때문에 창원으로 가라고 권하면 그때 비로소 가능하다고 보여집니다"[63]라고 대통령에게 제안하였다. 이러한 제안은 당시 기계공업기지를 지방으로 할 때에도 방위산업 육성이라는 명분, 수단을 이용해야 할 정도로 기업들의 수도권 선호는 심각한 것이었음을 보여 준다. 이런 상황 속에서 중화학공업추진위원회는 바로 중화학공업이 지역 간, 계층 간 균형발전을 도모하도록 배치되어야 하며 균형발전에 주도적 역할을 하도록 해야 한다는 당위성을 분명히 하고 있었다.

> (중화학공업화의 추진과정에서) 공업의 도시 집중이 사전에 저지되어야 하며, 특히 중화학공업의 도시화를 막을 뿐 아니라 산업의 지역적 편중현상에서 초래되는 병해도시 현상을

61) 오원철 전 중화학공업추진위원회기획단장(한경7, 1999), pp. 508, 539~541.
62) 대통령비서실(중선, 1973. 1. 30), p. 25.
63) 오원철 전 중화학공업추진위원회기획단장(박정, 2006), pp. 218~221.

예방하고 생산, 자본, 소득 및 인구의 지방분산을 행함으로써 지역과 지역, 또는 사회계층과 사회계층 사이의 균형 있는 발전을 도모하기 위하여 국토의 효율적 이용과 산업의 적정한 배치가 요구된다. ……중화학공업은 가급 도시에서 떨어진 한지를 대상으로 하여 정착토록 함으로써 중화학공업화가 오히려 인구 및 공업 분산의 기능을 갖도록 활용하며 나아가서 농촌과 도시의 균형 있는 발전을 이끄는 데는 주도적 역할을 할 수 있게 해야 할 것이다.

《중화학공업추진위원회(우해, 1973), pp. 79~80》

공업기지화를 통해 인적 자원의 균형적인 배분도 추구되었다. 이는 매우 중요하였는데, 왜냐하면 1960년대 이후 지역경제는 인재유출(drainage)과 인재부족의 곤란을 겪기 시작하였기 때문이다. 오원철 전 중화학공업추진위원회기획단장은 증언에서 50만 명을 유치하는 지역공업기지를 8개 건설하는 400만 명 입주의 공업기지 주택건설계획이 만들어졌었다고 밝혔는데, 이 수요의 상당수는 서울에 있을 필요가 없는 생산직의 인구를 유치하는 것이었다고 말하였다.[64] 그래서 정부는 균형발전과 인구이동을 유도하기 위해 공업기지의 복지시설은 정부계획에 의거하되 기지를 국제일류의 공업공원으로 만든다는 계획도 세웠다.[65] 공업기지를 '단순한 대규모적 공업도시의 차원을 벗어나 보다 고차원적인 연구도시로서의 성격을 겸비함으로써 서울, 부산을 상회하는 환경과 보다 참신한 매력을 가진 한국의 새로운 산업기지로서 의도하였'던 것이다.[66]

이렇게 공업기지가 생산비 하락, 계열화 등 효율성 추구와 함께 지역의 균형발전이라는 목적을 가짐에 따라 정부는 공업입지의 기본방향을 다음과 같이 정하였다.

【공업입지의 기본방향】

첫째, 지역 특성을 고려한 공업의 적정 배치로 국토자원의 효율적 이용과 GNP의 극대화

둘째, 기간산업을 중심으로 공업의 계열화를 촉진하여 산업의 효율화와 노동생산성을 제고하고 나아가 투자효율과 타 산업에 대한 유발효과와 파급효과를 높임

셋째, 대도시의 공업 분산을 촉진하고 중소도시의 공업을 개발하고 인구의 과도한 집중을 억제하고 공해를 방지

넷째, 공업규모의 국제단위화에 따른 공업 원자재의 신속하고 효율적인 공급을 도모하기 위한 비축기지개발 검토

《국무총리기획조정실(중오, 1973), pp. 162~163》

공업기지는 "지역주민의 고용 및 소득을 증대하고 인구의 지역적 편재를 완화함으로써 균형 있는 경제성장을 기할 수 있게 하고 국토의 종합적인 개발계획의 일환으로 중요

64) 오원철 전 중화학공업추진위원회기획단장 증언(2007. 2. 14).

65) 중화학공업추진위원회(우해, 1973), pp. 105~106.

66) 동남지역공업단지관리공단(1996), pp. 139~140.

한 기여를 하게 되도록”[67] 계획되었다. 특히, 경제기획원 정책담당자들에게 중화학공업기지 건설에서 균형 추구는 중요하게 고려되고 있었다. 서재식(徐載軾) 전 경제기획원 예산국장은 회고증언에서 공업단지 형성의 의의로 8가지를 들었는데 그 중 5가지가 균형 추구와 관련된 것이었다.[68] 정부는 이를 위해 중화학공업기지에서의 지역균형 배치와 연관산업의 계열화 방안도 연구시켜 공개하고 있었다.[69]

6) 부가적 목적: 전시효과와 기업경영 합리화

중화학공업을 시작하면서 정부는 국내외의 회의적 반응에 부딪쳤다. 그러나 중화학공업화를 시행하기 위해서는 동원과 집중이 필요하였고 이를 위해서는 내적으로 국민적 자신감과 합의가 필요하였으며, 또 외적으로는 한국 중화학공업화에 회의적인 해외로부터 자본과 기술을 공급받아야 하였다. 정부는 중화학공업기지를 건설하면서 이 점을 고려하지 않을 수 없었다. 그래서 공업기지의 1차적인 목적은 아니었지만 이 목적을 공업기지 건설을 통해 부가적으로 이루고자 하였다.

우선, 해외로부터의 자본조달과 기술협력을 얻기 위해 한국이 보여 주기 위한 전시(demonstration)효과로서 공업기지를 건설하여 보여 주고자 하였다.[70] 둘째, 국민들에게 공업기지를 보여줌으로써 자신감과 국민적 합의를 얻고자 하였다. 1970년대 국민들은 항상 교육과 대한뉴스 등 매체를 통해 울산공업기지 등 공업기지의 건설상황을 들으면서 지냈다.

정부가 중화학공업기지를 만들면서 부가적 목적으로 입주기업들의 경영합리화를 촉구하고자 하였음도 발견된다. 정부가 해외에 공개하여 일본 무역협회가 기록한 내용에 의하면 중화학공업화기지정책은 경영합리화, 경영근대화를 꾀하기 위해 기업의 주식회사화, 기업공개에 의한 자본과 경영의 분리를 기본방침으로 한 위에 이루어진 것이었다.[71]

이상에서 보듯이 중화학공업기지 건설의 이유와 목적은 사실 중화학공업화 그 자체의 이유와 목적을 모두 포함하고 실현하기 위한 것이었고, 그만큼 중화학공업 기지건설은 한국 중화학공업화에서 주요한 내용이었으며 전력을 다한 핵심 전략이었다.

---

67) 국무총리기획조정실(80, 1975), p. 321.

68) 8가지는 ① 지역적인 균형개발시책의 추진, ② 시설의 균형적 배치(도로, 항만, 에너지 배치, 수자원 개발 등 지방의 발전에 기여), ③ 난개발을 피하고 환경보전에 만전을 기함, ④ 노동력의 균형적 배치, ⑤ 전문분업화, ⑥ 공동시설 이용의 경제성(공동시설 이용에 의하여 경제적으로 불필요한 시설을 만드는 헛수고를 줄임), ⑦ 공업의 획기적 배치가능성을 열음, ⑧ 지방금융의 활성화에 공헌이다(徐載軾 前豫算局長(1988), pp. 109~110). 여기에서 ①, ②, ④, ⑦, ⑧이 균형발전과 관계된 것이며, 나머지 중 ③은 공해문제의 해결, ⑤는 상호 연관효과 등 외부 경제효과의 극대화, ⑥은 경쟁력을 위한 평균비용 인하 등 내용과 관련하여 생각할 수 있다.

69) 국무총리기획조정실(중건3, 1975. 10), pp. 221~228.

70) 동남지역공업단지관리공단(1996), p. 593.

71) 日本貿易振興會(海投1, 1974), p. 104.

2. 중화학공업기지 전략의 형성: 공업단지에서 공업기지로의 전환

한국의 공업단지 조성은 1964년 9월 14일 공포된 「수출산업공업단지개발조성법」에 의하여 추진된, '한국수출산업공단'에 의한 구로공업단지 조성이 처음이다.[72] 1968년 12월 국토계획 기본구상이 만들어졌는데 여기에서 밝힌 공업입지의 기본방향을 보면 적정규모의 집중과 초과공업의 분산, 지역산업의 육성과 지역분산, 지역적 자주성 강화 등과 군수생산업의 적정 배치가 들어가 있다.[73] 이는 1960년대 모든 공업정책에서 지역경제 고려에 대한 가중치가 높았으며 또 방위산업요소가 기저에 주요하게 자리잡고 있었음을 보여 준다. 1970년 1월 1일 공업의 적정한 분화를 추진하여 지역 간의 경제적 격차를 완화하고 그 기회를 확대함으로써 균형 있는 국민경제의 발전을 도모함을 목적으로 「지방공업개발법」이 공포되었다.[74] 이 날 「수출자유지역설치법」도 법률 제2180호로 공포되었고 2월에는 「수출자유지역설치법시행령」이 대통령령 제4682호로, 9월에는 「수출자유지역설치법시행규칙」이 상공부령 제320호로 각각 공포되었다. 이에 의해 임해공업단지로서 마산수출자유지역이 설치되었다.

1970년 들어 최초 구상된 중공업단지는 포항이었다. 재미학자 해리 최박사(Harry Y.H. Choi)에 의해 작성되어 경제기획원장관과 상공부장관에게 제출된 최초의 중공업 연구보고서는 다음과 같은 결론을 제시하였다.

> 관련공장들이 유기적으로 결합되고 상호 보완하는 중기계공업단지가 조성되어야 한다. 다음과 같은 입지조건으로 보아서 중공업단지는 포항지구에 조성함이 타당하다.
>
> · 지원시설의 공동사용(전력, 용수 등)
> · 원료의 공동구입
> · 원료도입 및 제품 수출의 적당한 위치
> · 종합제철로부터의 강재조달 및 에너지 활용
>
> 이 단지 내에서는 새로 건설될 핵심 공장들이 종합제철과 더불어 주축역할을 하고 중소관련 공장군의 기술을 포함한 모든 면을 영도하여야 한다. 관련 공장군 형성에 있어서, 특히 외국인투자를 권장하는 배려가 요청된다.
>
> 《H. Y. H. Choi(장관보고, 1970. 5. 31), p. 155》

해리 최는 관련 종합공장군으로 그리고 외국인투자 유치지역으로서의 포항중공업단지 조성을 건의하였는데, 그 착안점은 포항종합제철, 자원의 공동이용과 항구이었다.

72) 국무총리기획조정실(중조, 1974), p. 383.
73) 산업기지개발공사(1978), p. 38.
74) 동남지역공업단지관리공단(1996), p. 259.

표 12-2 1970년의 공업지역비율(한국, 일본)

구 분	단 위	한 국	일 본
전 국토 면적(A)	km^2	98,431	369,661
공업용지 조성면적(B)	천m^2	79,112	–
공장입주 면적(C)	천m^2	63,961	1,243,230
공업지역비율(C/A)	%	0.065	0.336

자료: 과학기술처(중공개1, 1972), p. 31.

1971년 1월 11일 대통령은 중앙청 연두기자회견에서 제3차 경제개발5개년계획에서는, ① 농업부문의 중점 개발, ② 수출의 획기적 증대, ③ 중화학공업 건설 등 세 가지에 중점을 두겠다고 하면서 전 국토의 유기적 개발산업화를 위해 획기적 재편성을 하고 대규모 공업기지를 몇 군데 만들어 지역사회 개발에 역점을 두겠다고 밝혔다.[75] 중화학공업 공장부지 수요는 1981년 8,566만 3,000m^2로 1970년에 비해 274.7% 증가하여 대폭 부족할 것으로 예상되었다.[76] 이에 따라 3월에는 일본의 공업단지실태조사단이 방한하여 한국의 공업단지를 조사하는 등 공업단지 건설계획이 진행되었다.

당시 한국은 〈표 12-2〉에서 보듯이 1970년 현재 공업지역비율이 0.065%로 공해문제로 제한이 가해지고 있었던 일본의 0.336%에 비해 볼 때에도 절대공업용지 비율이 적었다.

그럼에도 불구하고 조성된 총공업용지 중 64.3%만이 공업 생산에 실질적으로 활용되고 있었으며, 미활용 공업부지 중 공장가동 준비단계에 있는 약 20%를 제외하고 나머지 면적은 유휴상태에 있었다.[77] 또 1970년 9월 24일 건설부는 지방공업단지 공장유치가 20.7%로 매우 부진하다고 발표하였고, 이어 1971년 6월 11일 11개소 내륙공업단지 입주실적이 4월 말 현재 당초입주계획인 874개의 54.6%인 477개 기업에 불과하다고 발표하였다. 건설부는 그 이유로 공업용수, 도로포장 등 시설부족과 수송불편, 그리고 지방공업육성법의 미정비를 들었다. 다시 1971년 11월 9일 정부는 9월 말 현재 전국 10개 지방공업단지의 참가기업수는 목표의 82.5%인 289개사이고 그 중 가동 중인 기업은 43.2%인 125개사에 불과하다고 밝히고 연내 완공예정인 이리, 목포, 구미 단지도 연내 완성이 곤란하다고 밝혔다.[78] 공단진행은 건설도 입주도 사회간접자본의 미비로 한계점을 드러내고 있었던 것이다. 당시 사회간접자본에 대한 투자는 산업생산부문과 비교해 볼 때 균형을 잃고 있었으며 또한 총투자에서 사회간접자본 투자가 차지하는 비중도 연도별로 심한 기복을 보이고 있는 실정이었다.[79]

75) 〈매일경제신문〉(1971. 1. 11); 〈동아일보〉(1971. 1. 11).
76) 과학기술처(중공개1, 1972).
77) 과학기술처(중공개1, 1972).
78) 청사(일지, 1984), pp. 29, 58, 79.

이에 따라 1971년 9월 8일 정부는 국토종합개발계획을 작성하였다. 이는 국토의 균형적 발전과 국민경제의 능률화 및 국제사회, 국제분업의 변동에 대처하는 산업기반의 확립을 목적으로[80] 사회간접자본의 정비방향을 제시한 것이었다. 1972년부터는 1981년까지 장기국토개발계획인 제1차 국토종합개발계획이 시작되었다. 1972년 1월 24일 국토종합개발계획법시행령 개정령이 대통령령 제5953호로 발표되었고 5월 11일에는 국토건설종합계획심의회 계획조정분과위원회가 설치되어 6월 10일부터 업무에 들어갔다.[81]

1972년 11월 10일 박대통령은 전 국토를 중화학공업권, 식량생산권, 수산진흥권 등으로 산업권화하고 모든 자원을 효율적으로 균형 있게 개발하여 1981년 실질 국민총생산을 1972년의 4배인 13조 3,000억 원으로 한다는 구상을 발표하였다.[82] 이미 당시 중화학공업 공장부지는 경공업 공장부지보다 더 크게 증가할 것으로 예측되고 있어[83] 중화학공업권에 대한 주의가 별도로 필요하였다. 1981년 국민총생산 13조 3,000억 원, 1인당 GNP 1,000달러, 수출 100억 달러, 그리고 농가소득 연간 130만 원이 되도록 하라는 박대통령의 지시에 따라 건설부는 이를 달성하기 위해 '전국토산업권화를 위한 부문별 개발계획(1972~1981)'을 발표하였다. 그 내용은 총투자 12조 원으로 전국을 4대권(大圈), 8중권(中圈)으로 분류하여 개발하는 것이었다.[84] 12월 19일 비상국무회의는 전 국토를 그 기능과 적성에 따라 용도를 구분하고 토지소유자는 이 계획의 목적과 내용에 적합하게 토지를 이용하도록 제한하는 내용의 「국토이용관리법」을 의결하여 1973년 3월 20일부터 시행하기로 하였다.[85]

이후 1970년대 공업단지는 ① 지방공업단지, ② 수출산업공업단지, ③ 수출자유지역, ④ 민간공업단지 그리고 ⑤ 중화학공업기지로 발전하여 왔다.[86] 이 중 우선 중화학공업기지가 아닌 실질 공업단지인 지방공업단지와 수출산업공업단지를 보면 중화학공업화선언이 있었던 1973년 초 지방공업단지는 전주, 광주, 대구 등 11개소가 조성되었거나 조성 중이었고 수출산업공업단지는 2개소가 건설 중이었다.[87] 수출산업공업단지와 함께 수출자유지역은 중화학공업화와 별개로 수출의 촉진필요를 위해 만들어진 것이다. 1978년까지 지방공업단지로 인천공업단지, 성남공업단지, 춘천공업단지, 원주공업단지, 청주공업단지, 대전공업단지, 전주공업단지, 광주공업단지, 목포공업단지, 대구제3공업단지가 만들어졌고

79) 과학기술처(중공개1, 1972), p. 50.
80) 佐藤日出男 野村總合硏究所社會システム硏究部部付(1972. 8), p. 147.
81) 대통령비서실(예국토2대통령결재문서, 1972. 12. 22).
82) 〈중앙일보〉(1972. 11. 10; 1972. 11. 14).
83) 중화학공업 공장부지는 1970년 전 공장부지의 10.5%이었지만 이는 1976년 48.8%, 그리고 1981년 49.0%로 늘어날 것으로 예측되었다. 과학기술처(중공개1, 1972), p. 44.
84) 〈중앙일보〉(1972. 11. 13).
85) 〈중앙일보〉(1972. 12. 20).
86) 중화학공업추진위원회기획단(한공발2, 1979), pp. 535~539.
87) 국무총리기획조정실(중조, 1974. 5), p. 386.

수출산업공업단지로 한국수출산업공업단지와 구미수출산업공업단지, 이리수출산업공업단지가 형성되었으며 수출자유지역에는 마산수출자유지역, 이리수출자유지역이 지정되었다. 이 밖에 민간공업단지로는 인천기계공업단지, 영등포기계공업단지, 한국합성수지공업단지, 한국제재공업단지가 발전하였다.[88)]

특수공업단지인 중화학공업기지는 1974년 5월 22일 정부가 원자재수급 종합대책 발표에서 1976년까지 1억 달러를 투입하여 원유, 원목, 철광석의 비축기지(CTS)를 설치하겠다고 한 비축기지나 혹은 공업용지로 지정된 일부 지역을 정지한 공업부지와 다른 것이며 공업지구(industrial area)와도 구별되는 것이다.[89)] 중화학공업기지는 넓게 보아 공업단지와 같은 공단이지만 1964~1967년에 조성된 한국 수출단지 제1단지로 시작된 수출공단 등 '공장이 모여 있는 공단'이라는 기존 개념과는 달리, 중화학공업화의 본격화가 준비되면서 '공업복합신도시'라는 종합적인 개념을 가진 것으로 새로이 만들어진 것이다. 이런 점은 이전 '공단'과 다른 차별적인 특징이었는데 중화학공업기지는 종래의 공업단지 개념보다 훨씬 넓고 복합적인 '기지'라는 개념으로 발전된 것으로 이 중화학공업기지 건설로 비로소 한국 산업발전사상 처음으로 공업기지화 계획의 등장을 보게 된 것이다.[90)] 이 내용과 의의에 대해 중화학공업추진위원회기획단부단장을 지낸 김광모는 다음과 같이 증언하고 있다.

> 중화학공업화에서는 중화학공업기지는 공업단지라는 개념을 뛰어넘어 '공업기지'라고 하였다. 공업단지와 기지의 차이점은 단지는 그야말로 공장을 건설할 수 있는 공장대지만을 마련하는 것이고 기지는 이상의 단지 외에 주거지역, 학교, 항만, 도로 등의 사회간접시설을 총망라하고 여기에 더하여 연구시설, 여타 산업 연관시설을 고려한 복합기능을 갖춘 산업단지를 말하는 것이었다. 그러므로 단지와 기지는 근본 구조와 역할이 다른 것이다.
>
> 《김광모 전 중화학공업추진위원회기획단부단장 증언((2010. 2. 10); 김광모(김중화정, 2003. 12. 7); 김광모(김창원, 2004. 1. 28)》

이런 점에서 1973년 중화학공업화선언 이후 정부 중화학공업기지 조성의 기본정책이 의도하는 바는 기존처럼 공장부지의 제공이나 공장의 확대가 아니었다. 그것은 다음 3가지를 종합적이고 체계적으로 추구하는 것이었다.

1. 중화학공업의 중·장기 산업입지 수요에 대비하여 광역권 입지조사의 체계적인 실시와 산업기지의 중점 개발

88) 산업기지개발공사(1978), pp. 102~110.
89) 동남지역공업단지관리공단(1996), p. 85.
90) 창원기계공업공단(창기지5, 1979), p. 53.

2. 기지수요구조의 예측에 입각한 사회간접자본의[91] 확충과 기지 내의 주거환경, 공공시설 등의 투자확대
3. 기지관리기구 및 감독체계의 일원화

(중화학공업추진위원회기획단(한공발2, 1979), p. 530)

오원철 전 기획단장과 김광모 전 기획단부단장은 이러한 중화학공업기지 개념이 박대통령의 지시로 만들어졌다고 증언하였다. 1972년 박대통령이 "공단을 설계할 때 주거지역의 도시계획도 실시하는 것이 좋겠어. 울산공단을 건설할 때 공장지역만 덩그라니 결정해 놓으니 후에 울산시가 도시계획을 다시 한다고 골치를 앓고 있지 않아"라고 해서 공업기지라는 새로운 단어가 탄생되었다고 말하였다.[92]

배후도시를 포함한 종합적인 공업기지로 건설한다는 방침에 따라 경제기획원은 중화학공업단지 건설에 의한 남해안 지역 산업벨트 조성과 함께 새로운 도시기능을 가지는 신산업도시를 건설하여 배후도시로 개발할 것이라고 밝혔다.[93] 첫 모델로 창원이 선정되었다.[94] 그래서 창원기계공업기지 건설계획이 구체화되어 창원기계기지와 주거시설로서의 배후도시 건설을 포함한 마스터플랜이 작성되었다.[95] 실제로 인구 30만의 배후도시, 주택지로서의 도시로 계획된 창원은 도청부지까지 확보하여 놓았던 점에서[96] 단순 공업도시가 아니라 이후 행정도시로서의 발전까지 고려되고 있었다.

기지조성에 따른 계획적인 산업도시 형성이라는 이 구상은 정부 내는 물론 정부 외에도 공유되었고 또 정부 연구과제로 공식 출간되어 공표되어졌다.[97] 이와 함께 공업신도시 건설을 위해 소련, 영국, 이스라엘 등 세계 각국의 사례들이 구체적으로 연구, 보고되었다.[98]

1974년 말 과학기술처장관과 산업기지개발공사 사장에게 최종 제출된 배후공업도시 계획은 기지로부터 5km 내외의 출퇴근 시간 15분 이내에 위치하도록 〈표 12-3〉과 같이 제시되었다.

1975년 6월 16일 중화학공업추진 차관보급실무회의 제34차 회의는 창원기지 주변의 불량주택지구의 재개발 및 주택단지 조성은 내무부가 주관하여 건설부 등 관계부처와 협

91) 원문에는 사회문제자본이라고 되어 있다.
92) 오원철 전 중화학공업추진위원회기획단장(박정, 2006), p. 188.
93) 경제기획원(우장, 1973. 12), p. 75.
94) 과학기술처 · 산업기지개발공사(1974), p. 6.
95) 김광모 전 중화학공업추진위원회기획단부단장(한국산, 1988), p. 259.
96) 김광모 전 중화학공업추진위원회기획단부단장 증언(2010. 2. 10).
97) 국무총리기획조정실(중건2, 1975. 3), pp. 426~432. 이 보고서는 "오늘날 각종 공업단지가 전국적으로 분산되어 건설되고 있으나…… 주거지역 개발은 소홀히 취급한 점이 없지 않다. ……공업단지의 규모가 어느 한계를 넘을 때에는 그 단지는 한낱 공장지역이 아니라 신흥산업도시로서 취급되어야 한다"라고 자료의 p. 428에서 밝히고 있다.
98) 국무총리기획조정실(중조, 1974. 5), pp. 442~449.

표 12-3 중화학공업을 위한 배후공업도시 계획

구 분	내 용		
위 치	공업지대로부터 5km 내외		
교통시간	15분 내외		
유 형 별	유형	업종	인구(인)
	4만 인 이하	비철금속+전자	35,000
	4~7만 인	기계 또는 조선	55,000
	7~10만 인	철강 또는 화학	100,000
	10~30만 인	기계+조선+철강	200,000
	30만 인 이상	6개 업종 종합	350,000

자료: 과학기술처·산업기지개발공사(1974. 12).

의하여 구체적인 대책을 마련하도록 하였다.[99] 그리고 1975년 10월 17일 중화학공업추진 차관보급실무회의 제37차 회의는 창원기계공업기지 상업지역 내 건축물 축조시 ① 건축선(建築線), ② 대로변과 상업지역 전면 건물 3층 이상, ③ 도시미관심의위원회 구성 등에 대해 건축법상 규제를 하기로 결정하였다.[100] 1975년 11월 21일 중화학공업추진 차관보급실무회의 제38차 회의는 산업기지개발공사(産業基地開發公社)가 창원기지에 대해 1981년까지 상업지역 등 주거지를 개발하고 계획대행하며 정부(MCC)에서는 관계기관과 협의하여 창원기지 거주지 종합계획을 수립하도록 하였다.[101]

1976년 4월 16일 중화학공업추진 차관보급실무회의 제44차 회의에서 산업기지개발공사는 1976년 공업단지 조성자금 조정(제1차) 내역을 보고하였다. 실무회의는 산업기지개발공사가 1976년 시행할 단지조성사업을 위하여 국민투자기금 지원규모를 당초 20억 원에서 30억 1,100만 원으로 증액 결정하고, 동 기지조성에 따른 조치로 ① 주택지역의 종합도시계획과 ② 제2상업지역 조성계획을 수립하여 이를 토지구획사업 형식으로 단계적으로 시행하도록 결정하였다.[102]

공업기지의 기본구조는 〈그림 12-1〉에서 보듯이 공업용지와 비공업용지로 구분되고 공업용지는[103] 다시 공업지역과 준공업지역, 그리고 비공업용지는 주택지역과 상업지역으로 구분되었다. 그런데 공업지역은 물론, 준공업지역 시설물 배치 기본계획안까지도 대통

99) 중화학공업추진위원회기획단(중화추차, 1975. 6. 16), 제34차 회의록.
100) 중화학공업추진위원회기획단(중화추차, 1975. 10. 17), 제37차 회의록.
101) 중화학공업추진위원회기획단(중화추차, 1975. 11. 21), 제38차 회의록.
102) 중화학공업추진위원회기획단(중화추차, 1976. 4. 16), 제44차 회의록.
103) 공업용지는 산업분류에 따른 용지분류에 의한 것으로 농업은 농경지, 임업은 산림지, 어업은 어업기지, 광업은 광산기지, 관광업은 관광기지, 운수업은 수송기지, 유통업은 유통단지, 그리고 공업은 공업용지로 명명하였다. 산업기지개발공사(1978), p. 73.

그림 12-1 공업기지의 구조: 1979년 창원기지 예(만 평)

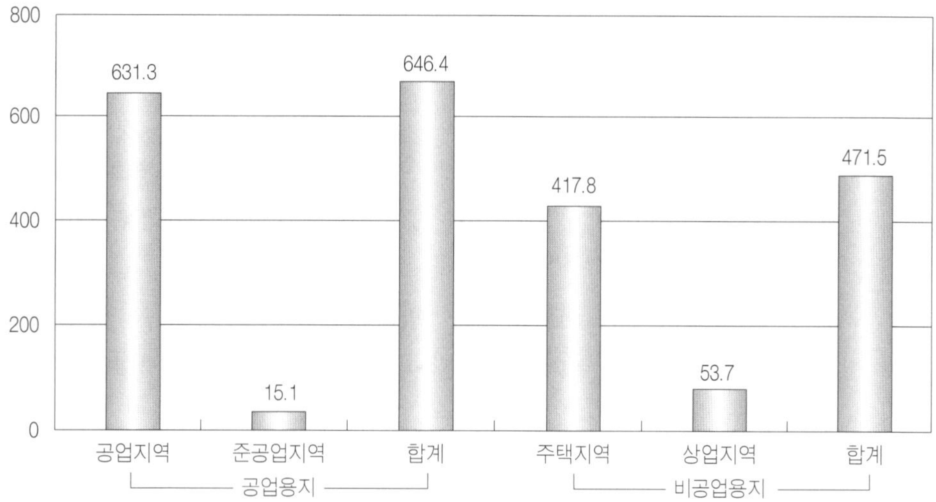

주: 1) 총 1,416만 평임.
2) 이 밖에 공공(公共)용지로 잡지(雜地)가 있음.
자료: 국무총리기획조정실(제432산, 1980), p. 228.

령 재가를 얻어 시행하기로 함으로써[104] 기지에 대한 당시 청와대와 정책담당자의 높은 관심을 알 수 있다. 실제로 대통령이 직접 참석하여 주재한 중화학공업추진위원회는 1974년 사실상의 활동을 종료하였는데 회의내용을 보면 중화학공업기지에 대한 회의가 전체의 74.7%를 차지하였다.[105]

3. 중화학공업기지 정책의 형성과 입지

중화학공업기지 추진이 발표되자 수요시장을 중심으로, 이를테면 서울, 부산, 대구, 울산, 전주, 여수, 마산 등에 부문별 기계공장을 분산건설하는 것이 이로울 것이라는 이론(異論)이 제기되었다. 그러나 정부는 모기업 중심의 대단위 집중과 기술집적의 효과를 분명히 선택하였다.[106] 따라서 중화학공업기지는 지역의 균형발전을 고려하고 있으면서도 효율성에 따른 "모기업 중심의 대단위 집중"이라는 점에서 자본규모별 형평성은 약화되었

104) 중화학공업추진위원회기획단(중화추차, 1978. 2. 3), 제67차 회의록.
105) 동남지역공업단지관리공단(1996), p. 86.
106) 창원기계공업공단(창기지5, 1979), p. 66.

다. 이러한 예는 중화학공업추진위원회기획단이 1973년 여수·광양 석유화학기지 기업유치를 그룹별 단위로 유치하고자 하는 것에서도 나타난다.[107]

이제 중화학공업정책을 실천함에 있어서 가장 선행되어야 할 작업은 중화학공업의 업종별 최적 입지지역을 선정하고 선정된 지역을 각 중화학공업의 정착에 알맞게 조성하고 활용하는 일이었다.[108] 그런데 이는 기존처럼 단지 공장부지를 마련하는 것이 아니라 앞서 보았듯이 새로이 본격화되는 중화학공업기지 건설의 목적상, 그리고 향후 중화학공업의 경쟁력상 매우 중요한 일이었으며 또한 한국 중화학공업의 전략상으로도 의미가 매우 큰 것이었다.

기지 위치에 대한 기본방침은 이미 1972년 박대통령에 의해 '지시'되어지고 그리고 이에 따라 비서실에서 논의되어 다듬어지고 있었다. 대통령의 지시는 안보상 가능한 남쪽으로 가자는 것이었다. 이는 경제제2수석비서관의 기지 위치에 관한 대통령 답변보고에서 알 수 있다.

> 첫째, 각하께서 지시하신대로 안보상 될수록 남쪽에 배치하도록 하겠습니다. 두 번째로, 공해대책에 만전을 기하겠습니다. 우선, 공업구역과 환경보호구역으로 처음부터 구분, 설정해서 공단 배치는 공업구역에 한하도록 하겠습니다. ……공단 위치는 수질오염을 사전에 방지하기 위해서 큰 강의 상류에는 배치하지 않겠습니다. 내륙지방에는 공해발생 요인이 없는 전자분야에 한하겠습니다. ……이런 이유로 우리나라의 중화학계획에서는 공업분야별로 각기 다른 지역에 배치하도록 하겠습니다. ……세 번째로, 될수록 전국적으로 균형 있게 배치할 예정입니다.
>
> 【오원철 전 중화학공업추진위원회기획단장(한경7, 1999) pp. 539~540】

대통령에게 답변보고된 기지 위치에 관한 위의 기본방침은 이후 중화학공업기지 건설의 기초가 되었다. 공업기지는 휴전선과 멀리 떨어진 지역으로 하고 그리고 공해문제 해결을 위해 하류 해안지역이 선택되도록, 공업별로 다른 지역에 배치되도록 계획이 진행되었다. 특히, 한국의 중화학공업은 발전전략상 수출을 전제로 하여야 하며 원료의 대부분을 또한 해외에 의존해야 하므로 입지상 임해공업으로 하는 것이 바람직한 것이었다.[109] 또 원료의 중량과 부피가 큰 중화학공업은 임해지역에 입지하는 것이 원칙이기도 하였다.[110]

그런데 중화학공업기지 정책이 1972년까지는 충분히 주도면밀하게 만들어지고 있지는 못하였다. 이는 1973년 4월에 대통령이 중화학공업기지와 관련하여 "건설부의 중화학

107) 중화학공업추진위원회기획단(중화공, 1973) pp. 82, 84~85.
108) 중화학공업추진위원회(우해, 1973), pp. 81~82.
109) 중화학공업추진위원회기획단(한공발2, 1979), p. 524; 김정렴 전 대통령비서실장(1995), p. 406.
110) 동남지역공업단지관리공단(1996), pp. 574~575.

표 12-4 산업입지의 과제

과 제	과제내용
생산의 사회경제적 효율성 향상	비효율적 산업의 집중현상을 억제
지역발전의 균형화	적어도 기십만 정도의 인구규모를 갖춘 기존 도시 근처 혹은 공업입지와 함께 주변에 새로운 도시건설
적정 입지의 선정	비용과 편익 분석을 통해 선정
단지조성과 토지의 합리적 이용	단순한 토목시공적인 기법으로서만 작성될 수 있는 것이 아니고 도시계획적인 안목과 기술로서 다루어져야 한다.

자료: 국무총리기획조정실(중오, 1973), pp. 179~183.

공업 건설 예정지에 대한 조사에 소요되는 자금조달에 있어서 예산이 부족할 시 특별교부세의 사용을 신청할 것"이라고 지시하고 있는 것에서 바로 알 수 있다.[111] 대통령 지시에서 보듯이 중화학공업기지 예정지조사 소요자금조차도 1973년 예산에 적절히 반영되지 못하고 있었는데 이는 1972년 중화학공업건설 기지건설이 여전히 본격적으로 구상되지 못했음을 보여 주는 것이다. 실제로 목표연도인 1981년 공업별 용지규모, 지원시설의 수요규모, 지역별 주요 인자의 부존능력 규모 추정 등 생산거점별 중화학공업 생산기반의 확충개발을 위한 기지 기본구상이 만들어져 제출된 것은 1973년 3월이었다.[112]

중화학공업기지 관련 정책은 1973년 중화학공업화선언 이후 본격적으로 이루어졌다. 정부는 공업입지정책의 목표로 ① 대도시지역의 산업시설 과밀 집중으로 인한 폐해방지, ② 낙후지역의 지역발전 촉진과 그로 인한 지역 간 균형성장, ③ 단위(單位)공업의 생산효율 증진, ④ 토지이용의 합리화 등 4가지로 정하고[113] 산업입지의 과제로 〈표 12-4〉에서 보듯이 4가지를 제시하였다.

중화학공업기지 건설의 기본방침과 공업입지정책의 목표에 입각하여 후보지로서의 공업기지 위치가 결정되자 정부는 최종적인 공업기지 입지확정 발표를 위해 정부 외 기관에 외부 용역을 주었다. 조사용역은 한국 공장건설 참여 실적이 많아 한국과 친분이 많았던 일본의 '토요엔지니어링(Toyo Engineering)'과[114] '제이지씨사(JGC Corp.)'에 맡겨졌다. 의뢰방식은 두 회사에 과업지시서를 주고 이 지시서에 따라 한국의 구상에 맞게 조사하도록 하는 것이었다. 즉, 공업입지 조사는 이미 앞에서 보았듯이 사전에 정해진 원칙과 한국의 의도에 맞게 결론이 나도록 유도되었고, 단지 국내외 이론(異論)을 해외전문가의 말을

111) 대통령비서실(중지3대통령결재문서, 1973. 4. 10).
112) 과학기술처(중공개2, 1973).
113) 국무총리기획조정실(중오, 1973), p. 183.
114) '東洋エンジニアリング'사는 '三井東壓化學'계의 회사이다(中川信夫, 1974. 1, p. 131). 이미 三井은 여러 면에서 한국에 깊이 관여하고 있었고 또 장기적 포석으로 접근하고 있었다.

빌려 무마하려는 것이었다. 실제로 김광모 전 기획단부단장은 "공장입지 조사는 「한국주요공업기지조사보고서」와 「한국공업 공업사전조사」라는 제목으로 최종보고서가 제출되었는데, 입지는 이미 결정하였기 때문에 결정된 입지가 맞는지를 형식적으로 정당화시켜 달라는 것에 지나지 않았다. 입증화 조치는 국내외의 반발을 무마하기 위해 필요하였다"[115] 라고 밝히고 있다.

공업기지 입지의 정당성을 확인하여 줄 조사용역이 이루어지고 있는 동안 1973년 1월 대통령의 중화학공업화선언이 전격적으로 이루어졌다. 대통령은 '정부는 지금부터 동해안·남해안·서해안 지방에 여러 가지 대단위 국제규모의 공업단지 또는 기지를 조성해 나갈' 것임을 밝히고 '대단위 전자부속품 생산단지도 지금 추진하고 있고 마산에 있는 수출자유지역과 같은 단지를 앞으로 2~3개 더 만들 계획'이라고 밝혔다.[116] 그 날 오후 상공부 산하에 공단운영전담기구로서 공업단지관리청 설치가 결정되어 1월 20일 출범되었다.[117] 1973년 1월 16일 상공부직제개정(대통령령 제6460호)으로 부산 및 경상남북도 상공인을 위한 상공부 부산사무소가 신설되었다.[118] 중화학공업화선언 후 중화학공업화선언에 따른 공업구조개편론은 ① 종합화학기지, ② 종합철강기지, ③ 조선기지, ④ 종합기계기지, ⑤ 전자기지, ⑥ 수출자유지역의 6개 공업입지를 선정하였다.[119] 1973년 2월 24일 대통령이 '100억 달러 수출을 달성하고 중화학공업정책을 적극 지원하기 위한 첫 단계로 온산, 창원, 여수·광양, 군산·비인 등 4개 신규공업단지 후보지에 대한 공업입지계획의 기본조사'를 결재하였다. 그 내용은 '온산(중화학수출), 창원(기계공업), 여수·광양(중화학공업), 군산·비인(庇仁)(수출자유지역) 등 4개 지구를 신규공업단지 후보지로 하여 공업입지계획 기본조사를 함으로써 단지의 개발과 지원시설의 규모를 확정하고자' 하는 것이었다.[120] 중화학공업추진위원회기획단이 밝히고 있듯이 낙동강 하류의 종합철강기지를 포함하여 5대 신규공업단지는 "중화학공업의 집적이윤의 극대에 근거를 두고 있었다."[121] 1973년 3월 18일에는 상공부 한국수출산업공단 새 이사장에 최명헌(崔明憲) 예비역준장이 임명 승인되었다.[122]

일본의 'JGC'사와 '토요엔지니어링(Toyo Engineering)'사에 의해 1972년 11월부터 약 3개월간 조사용역이 실시되었다. 이들은 후보지로 정해진 대로 여천공업단지 입지가 될 여수 일대와 온산공업단지의 입지가 될 온산만을 거쳐 창원지역 등을 답사하였다. 그리고

115) 김광모 전 중화학공업추진위원회기획단부단장(김창원, 2004. 1. 28).
116) 대통령 연두기자회견(1973. 1. 12).
117) 〈중앙일보〉(1973. 1. 13; 1973. 1. 20).
118) 대통령비서실(예상3대통령결재문서, 1973. 3. 9).
119) 대통령비서실(중선, 1973. 1. 30), p. 28.
120) 대통령비서실(예공입3대통령결재문서, 1973. 2. 22).
121) 중화학공업추진위원회기획단(한공발2, 1979), pp. 529~530.
122) 〈조선일보〉(1971. 3. 19).

조사결과 중화학공업 조사용역 최종보고서로 제출된 두 보고서는 '중화학공업추진계획(입지조사)'이라는 제목하에 1973년 3월 20일 대통령주재 관계장관회의에 상정되어 기계, 화학, 철강, 수출자유지역(비철금속 포함) 입지가 우선적으로 최종 결정되었다. 대통령은 이날 다른 지역에 대해서도 국토계획에 따라 사전에 통제하고 조정할 것을 지시하였다.

입지가 결정되자 1973년 3월 23일 박대통령은 '전 국민의 과학화를 위한 전국교육자대회'에서 국력배양의 기본은 중화학공업의 육성발전에 있으며 이것은 또한 국민의 과학화운동에 있다고 강조하고, 앞으로 울산공업센터보다 규모가 큰 6개 공업단지를 건설한다고 하는[123] 중화학공업기지 건설계획을 밝혔다. 동시에 바로 3월부터 중화학공업기지 건설계획 수립을 위한 임해 및 내륙지역의 전반적 조사가 시작되었다.[124]

1973년 5월 5일 정부는 전국 11개 공단 중 대구, 성남, 구미를 제외한 공단 8개 단지를 지방공업개발장려지구로 지정하고 단지이전업체에 소득세, 법인세, 등록세 및 취득세 등을 3~5년 면제하는 혜택을 부여하기로 결정하였다.[125] 기업이전에 따른 면세혜택은 중화학공업기지에만 선택적으로 이루어진 것은 아니었다. 이후 지방공업개발장려지구 지정 전 최초 입주업체의 공장부지 취득세에 대해서는 국무총리행정조정실에서 내무부와 협의해 감면을 추진하기로 하였다.[126]

1973년 5월 11일 국토이용관리법에 따라 토지이용 기본계획을 심의, 수립하는 건설부장관 자문기구로 20명 위원의 토지이용계획위원회가 발족되었다.[127] 이 날 5월 11일 박대통령은 공업기지계획을 확인결정하기 위해 직접 전남 광양만 일대를 시찰하였다. 마침 썰물로 경비정이 접근 못하자 "하루가 시급한 공업단지계획 결정문제를 놓고 밀물 때까지 기다릴 수 없다. 조그만 배라도 마련하라"고 대통령이 지시하여 약 3시간에 걸쳐 대통령이 광양만 일대를 지도를 펴 놓고 쌍안경으로 일일이 확인하였다.[128] 대통령은 1973년 4월 구미공업단지가 입지지정을 받지 못해 조세감면규제법 제9조 및 지방세법 제7조에 의한 면세혜택을 받지 못하고 중과세를 받자 대통령 결재문서에서 이를 상공부, 건설부가 참조하라고 직접 첨필하여 중화학공업기지가 정책적 배려를 받지 못하고 있음을 지적하기도 하였다.[129] 당시 대통령의 중화학공업과 중화학공업기지에 대한 집념이 매우 강하였고 또 서두르고 있었음을 알 수 있다.

이렇게 하여 대통령의 최종 확인재가를 받은 후 1973년 5월 24일 경제기획원은 중화학공업 건설계획에서 자원을 효율적으로 활용하고 투자비 절감과 동시에 투자의 효율성을

123) 〈중앙일보〉(1973. 3. 23).
124) 대한민국정부(행백, 1974), p. 231.
125) 한국기계공업진흥회(한기진20, 1989), p. 779.
126) 중화학공업추진위원회기획단(중화추차, 1977. 12. 9), 제65차 회의록.
127) 〈조선일보〉(1973. 5. 12).
128) 〈매일경제신문〉(1973. 5. 12); 〈조선일보〉(1973. 5. 12).
129) 대통령비서실(긴공, 1973. 4. 21).

극대화시키기 위한 산업기지를 다음과 같이 발표하였다.

① 제2제철기지: 낙동강 하구
② 종합화학기지: 여수·광양
③ 비철금속공업기지: 온산
④ 종합기계공업기지: 창원
⑤ 조선공업기지: 거제도 일대
⑥ 전자공업기지: 구미
⑦ 경공업 수출자유지역: 군산·비인(庇仁)

(〈매일경제신문〉(1973. 5. 24))

경제기획원은 발표에서 이들 공업지구는 각 업종별 최적지를 선택한 것으로 이미 동 지역에 대한 지가고시를 끝내고 지가의 이상폭등을 방지하기 위한 조치를 취하는 한편, 단지별 공장배치계획을 준비 중이고 이들을 지원하기 위하여 사회간접자본, 즉 항만, 공업용수, 전력 등 지원시설의 확충계획을 수립하여 현재 진행하고 있다고 밝혔다.[130] 중화학공업기지만이 아니라 초기 인프라스트럭처, 관련시설의 정비는 수출자유지역, 수출공업단지 등에도 진행되어 이들 공업단지에도 용지, 에너지, 용수공급 등의 편의가 도모되었는데 이는 수출과 관련되어 진행되었다.[131] 1981년경이 되면 중화학공업의 공업용수 신규수요는 경공업과 유사한 153만 3,323 MTD으로 되고 전력 신규수요규모는 816만 3,805 MWH로 경공업의 2.98배로 될 것으로 예상되었다(〈표 12-5〉 참조).

한편, 중화학공업연관 계열화에서 기초재 가공지대로 추천된[132] 군산·비인은 1973년

표 12-5 공업용수 및 공업용 전력수요규모 예상

		1970	공업용 신규수요규모	
			1976	1981
공업용수 (MTD)	계	1,766,522	1,997,210	3,300,694
	중화학공업	711,008	977,486	1,533,323
	경 공 업	1,055,514	1,029,724	1,767,371
공업용 전력 (MWH)	계	3,831,161	6,673,484	10,899,282
	중화학공업	2,197,341	5,115,356	8,163,805
	경 공 업	1,633,820	1,558,128	2,735,477

자료: 과학기술처(중공개1, 1972).

130) 大韓民國經濟企劃院(日本, 1973), pp. 10~11.
131) 日本貿易振興會(海投1, 1973), p. 81.

5월 이후 중화학공업 전문지구가 아니고 경공업 중심 수출자유지역으로 발표되었는데,[133] 1973년 10월 8일 '이리(裡里)수출자유지역'이 전북 익산군 북일면(北一面) 신흥리(新興里)·영등리(永登里)·어양리 일부 27만 9,000평으로 지정된 후[134] 온산과 함께 중화학공업 관련 수출자유지역은 이리로 되었다.[135] 5월 발표에서 경제기획원은 기지는 산업부문 간의 연관효과를 높이고 기능노동력의 확보가 가능하며 공해대상지의 한정과 공해집중 방지 등 투자효율성을 극대화하는 데 중점을 두고 선정되었다고 밝혔다.[136] 한편, 당일 상공부 역시 제2제철, 제4정유, 비철금속제련소 및 제7비료, 메탄올공장 등 새 중화학공장 건설에 대한 공해방지대책을 발표하면서 입지를 일정 지역으로 엄격히 제한하겠다고 밝혔다.[137]

이러한 입지결정은 일본 방문단에게 전달되어 대외적으로도 명확히 되었는데 정부는 1976년까지 이들 기지를 완성하겠다는 생각을 처음에 갖고 있었다. 이는 일본 機械工業等韓國産業長期開發計劃調査團이 한국 정부의 설명을 듣고 "한국 정부는 공업지대로 경인, 영등포지구, 부산, 울산, 마산지구에 더하여 군산(자유항, 경공업), 여수·광양(화학공업), 창원, 거제도 일대(기계조선), 낙동강 하구(제2제철),[138] 온산(비철금속) 등 지역별로 개발을 기도하고 있고 1976년까지 이것들을 완성하고자 하고 있다[139]라고 기록한 것에서 확인된다.

1973년 6월 27일 국무회의는 1974년 예산편성 기본운영계획 중점 사업으로 중화학공업 건설을 위한 기초지원시설의 확충을 의결하였다.[140] 1973년 6월 29일 제8차 중화학공업추진위원회에서 박대통령은 신규산업기지 조사를 지시하였다.[141] 이에 따라 1973년 7월 건설부는 공식적으로 장기적인 공업기지입지 후보지 353.02km^{2}를 발표하였고,[142] 9월부터 다음의 임해지역 13개 지역, 내륙지구 8개 지역 등 총세분 23개 지역의 신규산업기지 개발 타당성 조사가 실시되었다.

① 임해지역(13개): 인천, 영해, 고군산, 흑산(黑山)비금, 완도, 목포, 대서금산, 소안청산도, 문내, 진삼, 저구, 당동안정(塘洞安井), 진동지구

132) 과학기술처(중공개1, 1972).
133) 중화학공업추진위원회(우해, 1973), p. 168.
134) 1973년 10월 17일 이리수출자유지역을 위한 군산외항 건설계획, 급수시설계획, 진입로 건설계획이 확정되었으며 수자원공사의 이리수출자유지역단지 조성공사 착공이 있었다. 국무총리기획조정실(중오, 1973), p. 200.
135) 대한민국정부(행백, 1974), pp. 156~157.
136) 〈중앙일보〉(1973. 5. 24).
137) 〈조선일보〉(1973. 5. 25).
138) 1973년 자료를 보면 제2제철의 입지로 낙동강 하구만 기록된 것이 있고 낙동강 하구 또는 아산만이 병행된 것이 보인다. 이는 입지가 논쟁 중이었기 때문이다. 1973년 3월 KIST가 광양만과 낙동강 하구를 입지로 추천하는(포항종합제철주식회사(포20사, 1989), p. 303) 등 제2제철의 입지는 1981년 광양만으로 확정될 때까지 계속 논쟁되었다.
139) 車谷省三 日産自動車技術部總括課長(1973), p. 36.
140) 한국기계공업진흥회(한기진20, 1989), p. 779.
141) 대한민국정부(행백, 1974), p. 232.
142) 국무총리기획조정실(중조, 1974. 5), p. 432.

② 내륙지구(8개 지역): 낙산, 시산, 문평, 월길, 옥곡, 시종, 여주, 충주

【국무총리기획조정실(중오, 1973), p. 199】

조사는 우선 23개 지역의 예비조사를 실시하고 이어 항공사진 측량과 세부 물탐사를 실시하였다.[143] 그리고 조사방법은 대통령비서실 문서 등에 의하면 중화학공업지역은 외국 용역을 중심으로 하고 추가적 신규산업기지 개발 타당성 조사는 건설부가 자체적으로 실시하는 이원화로 실시되었다.[144] 대통령에게 보고한 문서에서 전체적인 조사사업 내용을 정리하면 〈표 12-6〉과 같다.

한편, 대통령 보고문서는 긴급사업 실시 설계 외 신규 산업입지 조사, 현대건설 낙동강 조사사업 등을 위한 "잔여 4억 5,400만 원은 수자원개발공사가 융자를 받아 건설부가 사용하도록 수속 중에 있으며 이는 1974년 건설부 예산으로 상환할 계획입니다"[145]라고 보고하고 있다. 공업기지 건설을 위한 예산집행이 절차상으로 서둘러지고 있지만 운용에서는 엄격하게 이루어지고 있었음을 알 수 있다.

건설부는 건설부와 직접 관련된 중화학공업기지 7곳, 임해후보지 13곳 등 중화학공업

표 12-6 중화학공업기지 조사 및 실시 설계를 위한 사업내용 (1973. 7) (단위: 백만 원)

구분	사업내역	소요사업비	비고
1. 외국 기술용역	중화학공업기지 건설 타당성 검토 및 기본계획안 제시	204(51만 달러)	금회 특별 교부금으로 시행할 사업
가. 三井 공동 Con	아산(牙山)지역	48(12만 달러)	
나. UNCC	온산(溫山)지역	48(12만 달러)	
다. 日本開發硏究所	창원(昌原)지역	48(12만 달러)	
라. Central Con	여수(麗水)·광양(光陽)지역	–	
마. 국제건설기술협회	낙동강	–	
바. Sogreah	서해안 조력(潮力)발전 가능성 및 아산지역	40(10만 달러)	
사. 일본 입지 center	종합 검토	20(5만 달러)	
2. 긴급사업 실시 설계	7비(肥)지원시설 실시 설계	100	합계 125
	거제(巨濟)공업용수 실시 설계	5	
	군산외항(群山外港) 실시 설계	20	
3. 신규산업입지 조사	전국 해안선에 亘한 임해공업단지 조성가능지역 조사	272	
4. 현대건설 낙동강 조사	낙동강 하구 개발계획안 제시	53	

자료: 대통령비서실(중지출3대통령결재문서, 1973. 7. 25).

143) 대한민국정부(행백, 1974), p. 232.
144) 대통령비서실(중지출3대통령결재문서, 1973. 7. 25); 대한민국정부(행백, 1974), pp. 231~232.
145) 대통령비서실(중지출3대통령결재문서, 1973. 7).

표 12-7 중화학공업기지 및 신규산업기지 후보지

(단위: 백만 원)

구분	기지명	투자계획		
I 중화학 공업 기지	온산비철금속 공업기지	계획 구분	공사량	개략 공사비
		총　계	–	70,792
		도시조성	450만 평	31,000
		교통시설	L=52.5km	13,000
		공업용수	350천 톤/일 완공	3,992
		항만건설	호안(護岸) 3,690m	22,800
	낙동강 하구 제2철강 공업기지	계획 구분	공사량	개략 공사비
		총　계	–	80,873
		도시조성	총계	44,865
			부지조성 7,650천 평	34,261
			도로건조 1式	3,886
			기타 1식	6,718
		공업용수	250천MTD	11,033
		항만건설	L=8,350m	24,975
	거제조선 공업기지	계획 구분	공사량	개략 공사비
		총　계	–	7,205
		도시조성	총계	2,089
			도로축조 54km	1,128
			기타 1式	961
		공업용수	16천 톤/일	1,276
		항만건설	남(南)방파제	3,840
	창원종합기계 공업기지	계획 구분	공사량	개략 공사비
		총　계	–	47,738
		도시조성	총계 398만 평	24,338
		공업용수	200천 톤/일	4,900
		항만시설	총	18,500
			호안 4,450m	14,840
			준설 1,100만m^3	1,900
			기타 1式	1,760
	여천석유화학 공업기지	계획 구분	공사량	개략 공사비
		총　계	–	201,206
		도시조성	총 1式	102,338
			부지조성 163만 평	98,778
			조사설계 1式	3,560
		공업용수	250천 톤/일	12,268
		항만시설	1식(式)	86,600

표 12-7 계 속 (단위: 백만 원)

구분	기지명	투자계획		
I 중화학 공업 기지	광양(光陽)만 복합콤비나트	계획 구분	공사량	개략 공사비
		총 계	−	161,069
		도시조성	총	76,586
			매립조성(193백만m³)	65,306
			호안(護岸) 18,800m	11,280
		공업용수	250천 톤/일	12,268
		항만시설	L＝6,515m	72,215
	아산(牙山)만 제2철강 공업기지	계획 구분	공사량	개략 공사비
		총 계	−	111,280
		도시조성	총계 450천 평	15,000
		공업용수	250천MTD	3,380
		항만건설	총 1式	92,900
			안벽시설 3,470m	19,300
			호안시설 1,200m	1,800
			기타 1식	71,800

구분	후보기지명	투자계획(개략 공사비) 도시조성:공업용수:항만건설:동력설비
II 신규 산업기지 후보지	1) 仁川임해공업기지 후보지	155,081 63.4 : 0.5 : 36.1 : 0
	2) 古群山島임해공업공업기지 후보지(전북 沃溝郡)	27,700 87.6 : 0 : 12.4 : 0
	3) 飛禽임해공업기지 후보지(서남해 목포소권도서)	10,515 22.1 : 1.4 : 76.5 : 0
	4) 龍塘임해공업기지 후보지(전남 西部門戶)	5,617 34.4 : 10.5 : 55.1 : 0
	5) 門內임해공업기지 후보지(전남 서남단 임해지역)	33,075 43.7 : 28.4 : 18.2 : 9.7
	6) 莞島임해공업기지 후보지(전남 서남단도서)	26,404 17.1 : 0.8 : 82.1 : 0
	7) 靑山임해공업기지 후보지(전남 莞島郡 최남단)	19,728 26.2 : 0.4 : 73.3 : 0
	8) 大西·錦山임해공업기지 후보지(서남단 高興반도)	59,385 52.7 : 5.6 : 41.7 : 0
	9) 晋三임해공업기지 후보지(경남 남부 晋州灣)	25,226 50.5 : 12.8 : 36.8 : 0
	10) 塘洞·安井임해공업기지 후보지(固城반도, 진해만)	5,161 72.6 : 11.4 : 16.0 : 0
	11) 鎭東임해공업기지 후보지(남해안 동부 창원군)	14,970 22.8 : 11.7 : 65.5 : 0
	12) 猪仇임해공업기지 후보지(경남 동남부 진해만)	7,371 32.7 : 13.6 : 46.0 : 7.7
	13) 寧海임해공업기지 후보지(동해 울진·포항 간)	74,856 42.3 : 5.3 : 16.9 : 53.4

자료: 건설부(중기후, 1973. 12).

기지 및 후보지를 12월에 〈표 12-7〉과 같이 공표하였다.[146] 이미 발표되었던 것이지만 정밀조사가 이루어지기 전 임해 신규산업기지 후보지명지를 보다 자세히 지역적으로 보면 고군산도(古群山島)기지 후보지(전북 옥구군(沃溝郡)), 비금(飛禽)기지 후보지(서남해상 목포소권도서), 용당(龍塘)기지 후보지(전남 서부문호(西部門戶)), 문내(門內)기지 후보지(전남 서남단 임해지역), 완도(莞島)기지 후보지(전남 서남단 도서), 청산(靑山)기지 후보지(전남 완도군 최남단), 대서(大西)·금산(錦山)기지 후보지(서남단 고흥(高興)반도) 등 전남북지역이 7군데나 되어 지역배분에 주의가 주어졌음을 알 수 있다. 여기에 서해안 인천 후보지와 동해안 영해(寧海) 후보지(동해 울진, 포항 간)도 포함되어져 있었다.

1973년 9월부터 시작된 임해지역 13개(넓게 보아 14개), 내륙 8개(넓게 보아 9개) 지역 등 23개 신규산업기지 대상지에 대한 개발 타당성 조사는 2억 3,000만 원의 조사비를 들여 1974년 1월 인천, 목포, 완도, 대서 및 금산, 당동(고성(固城)반도, 진해만), 진동(남해안 동부, 창원군), 청산, 영해의 서해안 2개 지역, 남해안 5개 지역, 동해안 1개 지역 등 8개 지역을 유망산업기지로 선정하였고 이어 이들 지역에 대한 지층탐사·수심측량·지질조사·항측 등 정밀조사를 시작하였다.[147] 김광모(金光模) 전 기획단부단장은 "중화학공업화 정책에 의한 산업기지개발계획의 내용을 자세히 들여다보면 서해안 지역과 호남 지역에 중점을 두었음을 알 수 있다. 특히, 개발이 미약하였던 호남과 서해안 지역을 국토의 균형적 발전 면에서 중점적으로 고려하였다"고 증언을 하고 있는데[148] 초기구상에서 지역안배를 위한 노력은 확인된다.

중화학공업기지에 대한 논의가 본격화되고 공개됨에 따라 문제도 발생하였다. 중화학공업기지 개발에 필요한 부지를 마련하는 과정에서 지주들이 지가의 현실화를 주장하여 차질이 빚어졌고 결국 1973년 8월 8일 정부는 중화학공업 개발예정지역에 토지수용령을 발동하여 이를 해결할 것을 검토하고 있다고 발표하였다.[149] 8월 29일에도 정부당국자는 공업기지 개발지역에서 현지 주민들의 기준지가에 의한 토지수매 불응사태가 조선소가 추진되고 있는 거제 옥포에 이어 종합기계공업단지로 추진되고 있는 창원지역에서도 최근 일어나고 있다고 밝히고, 기준지가 고시지역에서 수매분쟁이 계속될 경우 최종적으로는 토지수용법에 의거하여 토지수용령을 발동하여 해결하는 수밖에 없다고 재차 밝혔다.[150] 기지토지매입에서 잔여지역에 대하여는 새로운 방식인 녹도방식(鹿島方式)을 적용할 수 있도록 구체적인 실시방안이 수립되어 중화학공업추진위원회에 보고되었다.[151]

---

146) 국무총리기획조정실(중건3, 1975. 10), pp. 231~232는 지역별 부존능력과 노동조건, 관련 공업, 노동가능인구 및 적정 업종을 정리하고 있다.
147) 〈중앙일보〉(1974. 1. 18).
148) 김광모 전 중화학공업추진위원회기획단부단장 증언(2009. 2. 3).
149) 〈중앙일보〉(1973. 8. 8).
150) 〈중앙일보〉(1973. 8. 29).

1973년 9월 3일 건설부는 10월부터 중화학공업 건설계획에 따라 토지이용도가 높은 온산, 창원, 여수, 광양, 낙동강 하류 및 군산·비인 지역에서의 토지이용계획을 다른 지역보다 앞당겨 수립할 것이라고 발표하였다. 이러한 목적은 앞으로 공업공단 건설 등 토지이용계획에 차질이 없도록 하기 위한 것이며 정부는 연말까지 이들 지역에 대한 토지이용현황도 작성 등 기초 조사를 마치고 내년부터 항공사진 촬영, 토지형질 조사 등 정밀조사를 실시할 계획이라고 밝혔다.[152] 1973년 9월 30일 정부는 공업지역 조성사업을 발표하였다. 여기에서 중화학공업기지 건설을 위해 총 188억 4,800만 원을 투입하여 온산, 창원, 입장 및 여수 등지에 신규공단을 조성하고 이리공단의 수출자유지역 조성사업을 적극 지원한다고 밝혔다.[153]

1973년 8월과 12월 경제기획원은 '우리경제의 장기전망'을 발표하면서 중화학공업계획과 관련하여 공업기지계획 수립과 실시를 다음과 같이 공업별로 보다 구체적으로 밝혔다.

> 산업을 그 특성에 따라 적정한 입지를 선정하여 연관산업을 집단적으로 유치·개발함으로써 국토의 입지자원을 효율적으로 활용하고 투자비를 절감하여 대외 경쟁력에 대응할 수 있는 국제규모의 시설을 갖추기 위하여 다음과 같은 공업기지계획을 수립·실시할 것이다.
>
> 첫째, 철강공업의 집중 개발을 위하여 낙동강 하구 또는 아산만에 제2제철기지를 설정한다. 둘째, 온산에 비철금속기지를 설정하여 동, 아연, 연, 알루미늄 등 국제규모의 제련소 건설을 추진한다. 셋째, 종합기계공업기지를 창원에 설정하여 기계공업 중 가장 취약부문인 소재공업(素材工業), 요소부품공업의 건설을 우선적으로 추진할 것이며 관련산업의 계속적인 개발 등 중화학공업화계획의 중추사업으로 추진하도록 한다. 넷째, 수출산업으로 크게 부각되고 있는 조선공업의 개발을 위하여 거제도 일대에 조선기지를 설정한다. 다섯째, 전자공업의 집중적·효율적 육성을 위하여 현재의 구미공업단지를 중심으로 187만 평 규모의 전자공업단지를 조성한다. 여섯째, 원료 및 제품의 수송 등 입지조건이 양호한 여수·광양지역에 종합화학기지를 설정하여 석유화학공업을 비롯한 기초화학공업의 개발을 적극화한다.
>
> 【경제기획원(우장, 1973. 12), pp. 47~48】

1973년 12월 27일 건설부는 조력발전소 건설 등 중화학공업단지로 개발될 아산만 지역 595.58km²를 27일자로 기준지가고시 대상지역으로 지정, 공고하였다.[154] 이렇게 하여

151) 중화학공업추진위원회기획단(제14, 1973. 11. 8), 의안 3.
152) 〈매일경제신문〉(1973. 9. 3).
153) 한국기계공업진흥회(한기진20, 1989), p. 779.
154) 1973년 12월 27일 건설부가 기준지가고시 대상지역으로 지정한 아산만 지역은 경기도 평택군 포승면 신전포 삼각점 중심 반경 16km 이내 지역이 모두 들어가고 경기도의 화성·평택군과 충남의 아산·당진군 등 4개 군을 포함하였다. 대상지역은 경기도 화성군 우정(20.86km², 이하 괄호 안은 모두 단위 km²임)·장안(31.68)·향남(7.72)·양감면(12.64), 평택군 청북(44.45)·고덕(9.36)·팽성(30.24)·오성(55.20)·포승(38.23)·현덕면(46.27)과 충남 아산군 둔포(24.84)·영인(47.95)·인주(34.47)·음봉(12.24)·염치(15.84)·선장(.52)·신창면(8.72),

중화학공업기지는 포항에 이어 낙동강 하구나 아산에 제2종합제철, 온산에 비철금속공업, 여수·광양에 석유화학, 창원에 기계공업, 거제에 조선공업, 구미에 전자공업기지로 되었다. 정부는 기존 공업단지 구미, 포항, 울산, 이리에 이어 새로운 계획공업단지로 온산, 낙동강 하구 혹은 아산, 창원, 거제, 여수·광양을 정하고 있었다.[155] 이렇게 확정된 기지 위치는 "중화학공업기지 대상지역"으로 사용되었는데[156] 1974년 넘어와서도 철강공업 예정지로 아산만 혹은 낙동강 하구 두 지역이 계속 병행 사용되었고 조선 공업기지는 거제도에서 충무·거제도 일대로 확대되어 사용되고도 있었다.

지역균형을 고려한 임해공업기지 후보지 논의가 계속되고 있고 아산만이 기준지가고시 대상지역으로 지정되고 있지만 1973년 확정된 중화학공업기지는 동남해안에 집중되었음을 알 수 있다. 이러한 이유에 대해 김정렴 전 비서실장과 중화학공업추진위원회기획단은 '중화학공업을 육성하기 위한 임해공업개발지로서는 동남해 인접지역이 적지로 일찍부터 주목되었고 포항, 울산, 마산, 삼천포, 여수 등 동남해안에 위치한 도시들이 항만, 철도, 도로, 용수, 노동력 및 에너지 공급 등의 입지조건이 매우 유리한 곳이어서 이 벨트지역에 에너지 및 원료 등의 중간재 공급을 담당하는 제철, 정유, 석유화학, 비료, 기계 등 기간산업을 위한 공업지 조성을 추진하기로 되었다'[157]고 밝히고 있다.

4. 공업기지 관련 정책의 변화

중화학공업기지 건설을 위한 법적·제도적 장치도 만들어졌다. 1973년 9월 14일 건설부는 수출 100억 달러 달성과 1인당 국민소득 1,000달러 목표 달성을 위해서는 중화학공업을 집중적으로 육성해야 한다는 기본방침에 따라 산업기지를 법적으로 지원하기 위한 제도적 장치로 산업기지개발촉진법안을[158] 성안하여 향후 온산, 창원, 여수, 광양 등 4개 지역을 산업기지개발구역[159]으로 지정하는 한편, 산업기지개발회사를 신설하기로 하였

충남 당진군 송산(9.76)·송악(66.28)·신평(47.15)·순성(3.52)·우강면(20.654)이었다. 〈중앙일보〉(1973. 12. 27).

155) 대한민국정부(행백, 1974), p. 157.

156) 국무총리기획조정실(중조, 1974. 5), p. 419.

157) 중화학공업추진위원회기획단(한공발2, 1979), pp. 524~525; 김정렴 전 대통령비서실장(1995), p. 406.

158) 이 법이 처음 발상된 것은 이보다 훨씬 이전인 김용환 청와대경제담당수석비서관이 각 관계부처의 국장급을 착출하여 작업을 진행하던 '중화학공업계획단'이 구성되고 난 직후로, 처음 기안하여 낸 사람은 건설부 산업입지국 입지계획과장이었던 남덕현(南德鉉)이었다. 남덕현은 5.16 직후 발생한 4대 의혹사건의 3가지를 처리한 실무책임자이었다. 중화학공업추진위원회기획단(한공발3, 1979), pp. 367~374.

159) 산업기지개발구역으로 지정되면 ① 정부는 구역 전체에 대한 기지개발기본계획을 수립하게 되고, ② 그 구역 안에서 개발사업을 하고자 하는 자는 정부의 기본계획에 맞추어 사업을 시행해야 된다. 또 ③ 개발구역 안에서의 개발사업은 도시계획법·하수도법·공유수면매립법·공유수면관리법·항만법·하천법·도로법·농경

다.[160] 「산업기지개발촉진법」은 1973년 9월 21일 제정되어 국회에 10월 1일 이송된 후 11월 30일 국회에서 의결되어 1973년 12월 24일 법률 제2657호로 공포되었고 이어 산업기지개발촉진법시행령이 대통령령 제7048호로 1974년 1월 24일 공포되었다.[161] 산업기지개발촉진법은 '중화학공업을 중점적으로 추진하기 위한 산업기지, 인구 및 산업의 균형배치를 위한 특수지역과 수자원의 개발을 촉진하여 국민경제의 발전에 기여함을 목적'으로 하였고, 산업기지 건설에 필요한 일반사항, 주민이주대책, 한국수자원개발공사를[162] 흡수한 산업기지개발공사의 설립 등을 규정하였다.

이 법의 공포에 의해 1974년 창원의 종합기계공업기지, 여천(麗川)의 종합화학공업기지, 온산의 비철금속공업기지, 옥포(玉浦)·죽도(竹島)·안정(安井)·지세포(知世浦)(거제도)의 조선공업기지 등 7개 지역과 1975년 포항, 울산, 북평 3개 지역이 산업기지개발구역으로 지정되어 동남해안 중화학공업벨트가 만들어졌다.[163] 산업기지개발촉진법은 1975년 12월 31일 개정 공포(법률 제2849호)에 이어 법률 제2969호로 1976년 12월 31일 재개정 공포되었다.[164] 이때 정부는 산업기지개발촉진법 재개정안에서 인구 및 산업의 지역 간 균형배치를 위해 특수지역개발사업을 산업기지개발사업으로 시행할 수 있도록 하였다.[165] 산업기지개발촉진법은 1978년 11월 14일 다시 산업기지개발촉진법 개정안이 국회를 통과하여[166] 1990년「산업입지 및 개발에 관한 법률」의 제정으로 폐지될 때까지 1970~1980년대 산업기지 건설의 기초가 되었다.

산업기지개발촉진법 제정으로 기지개발을 보다 효율적으로 추진하기 위한 추진주체로서 산업기지개발공사(産業基地開發公社)가 만들어졌다.[167] 산업기지개발공사는 본사에 공업단지부를 두고 그 밑에 단지관리과, 사무과, 공사과를 두어 산업기지 건설사업의 기본계획 수립 및 집행, 공업단지조성사업과 관련된 용지매수 보상 및 이주대책, 공업단지의 관리 및 처분 그리고 도시개발사업과 관련된 계획 및 부담금 등 산업기지 건설사업의 설계, 시공, 감리의 업무를 하였고 창원, 여천, 온산, 구미, 반월(半月) 등 주요 중화학공업

지 조성법·농지보전 및 이용에 관한 법률·산림법·임산물 단속에 관한 법률 등에 의한 각종 인허가 사항을 대폭 생략 내지 간소화하여 건설부장관의 시행계획승인만으로 각종 인허가를 대신하게 되며, ④ 이 구역 안에서는 도시계획법에 의한 도시계획지구와 같은 통제도 받게 되어 있다. 〈중앙일보〉(1974. 3. 27).

160) 전국경제인연합회(전2사, 1983), p. 651.

161) 법제처 국가법령정보센터, http://www.law.go.kr(2010. 11. 28).

162) 수자원개발공사는 1968년 대단위 석유화학 및 연관공업을 중심으로 울산석유화학단지를 조성하였으며 1969년부터 전자 중심의 구미수출산업단지를 조성한 바 있었다. 김정렴 전 대통령비서실장(1995), p. 332.

163) 동남지역공업단지관리공단(1996), p. 86.

164) 산업기지개발공사(1978), pp. 569~578.

165) 〈동아일보〉(1976. 11. 17).

166) 〈중앙일보〉(1978. 11. 14).

167) 1974년 1월 29일 건설부장관 인가로 산업기지개발공사 정관이 제정되었고, 1974년 10월 5일 산업기지개발공사 정관의 1차 개정이 있었으며, 1976년 6월 1일 산업기지개발공사 정관의 2차 개정이 있었다. 산업기지개발공사(1978), p. 652.

지역을 중심으로 건설사무소를 설치하여 업무를 진행하였다.[168] 당시 기지건설방식은 수자원개발공사(산업기지개발공사)로 하여금 공업기지의 대지를 조성하게 한 다음 '기계공업공단(재단법인체)' 등 기지관련 기관이 인수하게 하여 운영하도록 규정하고 있었다.[169] 예컨대, 창원기계공업기지 조성은 국민투자기금을 투입하여 산업기지개발공사가 하게 하고 단지관리와 공장유치는 상공부가 '기계공업공단'을 만들어 수행하였다. 점차 산업기지개발공사는 창원기지 삼동(三東)단지와 제2단지 조성 예에서 보듯이 용지매수를 일괄 선행하되 조성은 실수요자의 요청에 따라 시행하게 되었다.[170]

1974년 2월 1일 수자원개발공사를 대폭 확장하여 자본금 1,000억 원의 정부출자로 설립된 산업기지개발공사의 역할과 의의는 컸다. 산업기지개발공사는 수자원개발공사를 이어 받은 것이지만 기능과 역할에서 기지대지조성이라는 기존의 수자원개발공사의 기능과 공업기지 건설 외에도 공업단지의 지원시설인 항만, 용수, 도로 등을 포괄적으로 담당하는 새로운 기관으로 출범하였고,[171] 따라서 공업기지와 사회간접자본 건설에 높은 관심을 가지고 있었던 박대통령의 산업기지개발공사에 대한 관심은 당연히 높을 수밖에 없었다. 그래서 산업기지개발공사의 초대사장 역시 대통령이 대통령 경제제1수석비서관이었던 김용환(金龍煥)에게 직접 물어 천거를 받아 수자원개발공사 사장을 역임한 안경모(安京模)에게 맡겼다.[172] 안경모는 대통령의 관심으로 후에 교통부장관으로까지 승진하였다. 구미전자기지는 한국수자원개발공사에 의해 착수되었지만 이후 온산기지, 창원기계공업기지, 여천화학기지 등의 중화학공업기지는 산업기지개발공사에 의해 건설되었다.[173]

산업기지개발공사의 출범으로 공업기지 건설의 관련 기구체계가 완성되었고 이들 기구의 업무분담은 〈그림 12-2〉와 같이 이루어졌다.

법과 기구, 제도라는 상부구조를 갖추면서 1974년부터는 중화학공업 유치를 위한 지원시설 등 단지조성이 착수되었다.[174] 1974년 2월 중화학공업추진위원회기획단의 제안에 의해 '산업입지기본계획심의회'가 설치되어 건설부는 기지건설 기본계획을 수립할 때 이 심의회의 의견을 종합 검토한 후 산업입지 기본계획을 확정하고 이를 중화학공업추진위원회에 상정하도록 하였다.[175]

석유파동의 영향이 확대되면서 1974년 3월 정부는 석유파동과 물가앙등으로 인한 공사비 추가부담을 추경예산(追更豫算)에 우선적으로 반영하여 공사에 차질이 없도록 조치할

168) 산업기지개발공사(1978), p. 65.
169) 국무총리기획조정실(중오, 1973), p. 87.
170) 중화학공업추진위원회기획단(중화추차, 1977. 7. 29), 제61차 회의록.
171) 중화학공업추진위원회기획단(한공발2, 1979), p. 531.
172) 김용환 전 재무부장관(2002), p. 117.
173) Planning Office, Heavy and Chemical Industry Promotion Council(1976), p. 22.
174) 대한민국정부(행백, 1974), p. 231.
175) 중화학공업추진위원회기획단(중화추차, 1974. 2. 27).

그림 12-2 산업기지 건설관련 기구와 업무분담

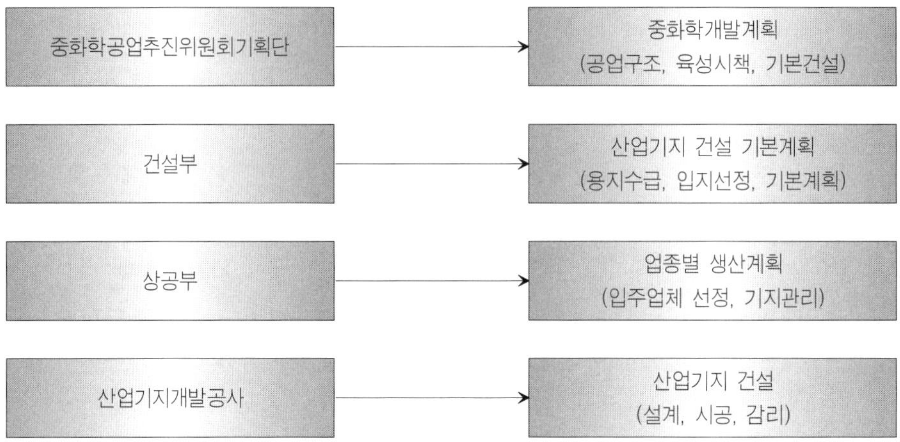

자료: 산업기지개발공사(1978), p. 65.

계획을 세우고 연내 총 310억 3,000만 원을 투입하여 제7비료단지, 창원기계공업기지, 이리수출자유지역을 완공한 후 여천석유화학단지 등 7개 산업기지를 조기개발하기로 하였다. 정부는 현재 시공 중인 단지를 당초 계획보다 앞당기고 온산비철금속단지, 제2종합제철기지 등도 가능한 조속히 착공하여 필요한 부대시설을 갖춤으로써 공업개발에 지장을 초래하지 않도록 계획하였다. 동시에 산업기지개발공사 사장 안경모로 하여금 국내산업인을 현장에 조치하여 공단처분을 촉진하며 7월경에 산업기지 건설에 관한 국제심포지엄을 개최하도록 하는 등 공단조성에 따른 신공업도시 모델을 연구개발하도록 하였다. 정부가 생각한 1974년 내 착공될 주요 공업단지는 아산만, 온산(비철금속), 창원기계공단, 여수·광양·여천(석유화학기지, 제7비료), 이리수출자유지역 등이었다.[176]

1974년 3월 27일 이낙선(李洛善) 건설부장관은 이미 중화학공업기지로 선정된 창원(종합기계공업기지), 온산(석유정제·비철금속 공업기지), 옥포·죽도·안정(조선공업기지), 여천(종합화학공업기지) 등 6개 지역 3,030만 3,000평을 산업기지개발구역으로 지정하였다고 발표하였다.[177] 이장관은 이 6개 지역은 산업기지개발촉진법(5조)에 의한 첫 구역지정이라고 밝혔는데 이는 1973년 9월 14일 건설부가 중화학공업 집중 개발을 위해 온산, 창원, 여수, 광양 등 4개 지역을 산업기지개발구역으로 지정하고자 했던 계획에 비해 거제조선공업기지까지 확장된 것이다. 이 날 지정과 함께 개발기본계획과 개발사업시행자 확정, 발표도 있었는데 발표된 개발기본계획은 1973년 3월부터 조사에 착수, 외국용역기관 등이 작성한

176) 〈매일경제신문〉(1974. 3. 23).

177) 한국기계공업진흥회(한기진20, 1989), p. 781에서는 3월 28일 산업기지개발구역 지정의 개발기본계획이 확정되었다고 되어 있는데 〈중앙일보〉(1974. 3. 27) 보도에서 보듯이 지정, 발표는 3월 27일 이루어졌다.

입지기본계획을 토대로 중화학공업추진위원회기획단 입지계획심의위의 심의를 끝낸 후 1974년 3월 26일 국무회의의 의결을 거쳐 확정한 것이다.[178] 그러나 석유파동으로 결국 1974년 5월 당초계획을 변경하여 '여천석유화학단지'의 나프타분해공장을 30만 톤 2기에서 35만 톤 1기로 축소하는 등 기지계획의 조정이 있었다.

한국 중화학공업기지는 건설과 입주를 동시에 진행한 독특한 한국식을 채택하였는데 이에 따라 1974년 6월 이후 공업기지 입주를 독려하기 위한 기지진입유도정책이 만들어져 발표되었다. 제16차 중화학공업추진 차관보급실무회의는 공장대지에 대하여 산업기지개발공사가 기계공단(機械公團)에 인도 전이라도 기계공단은 개별 입주업체에 대지사용 허가를 할 수 있도록 하였다.[179] 여천공업기지에서도 일면건설, 일면가동이 추진되었다.[180] 정부는 포항제철공업기지, 울산석유화학공업기지, 온산비철금속공업기지, 옥포조선공업기지 등 공업기지 입주기업에게는 세제·금융상의 특별조치와 동시에 기계설비 등 자본재 수입에 관세, 물품세 등을 면제하였다. 1974년 7월 16일 한국은행은 창원기지 입주업체의 담보취득에 최대편의를 제공하도록 각 은행에 지침을 내려 후취담보, 동업자 상호 연대보증 및 신용보증기금제도를 적극 활용하도록 하였고 1975년 1월 16일에는 창원공업기지 입주업체의 대출시 담보조건을 완화시켜 주었다. 1974년 6월 27일에는 구미전자공업기지에의 입주 촉진을 위해 입주기업체에게 현지관리소장 허가하에 직접 원자재 수입을 허가하고 국민투자기금을 지원하며 외국인투자 비율을 100%까지 인정하는 방안이 발표되었다.[181] 또 1974년 7월 19일 기지 내 공장건축허가권은 당시 수출공단이 하고 있듯이 공업단지관리청 사무소장이 건축허가를 낼 수 있도록 하였다.[182] 1975년 4월 14일부터 4월 26일까지 창원기계공업기지는 서울, 인천, 전주, 대전, 부산, 광주, 마산 등 전국 7개 도시의 주요 기업체 현지설명회를 개최한 데 이어 6월 23일 마산지구 상공인 설명회, 9월 25일 서울지구 상공인 투자유치 현지설명회 등 계속적인 기업유치활동을 전개하였다.[183] 10월 4일에도 창원기계공업기지 내 기지운영심의회를 개최하여 창원기지 관련업종 유치방안을 논의하였다.[184]

이러한 제반 진입유도 조치가 취해진 것은 사실 기업들이 기지로의 이전, 진입을 저울질하고 있었기 때문이었다. 건설 초기에 그 정도는 심각하였고, 특히 기계공업기지 등 기계공업에 대해서는 대기업들의 지역기계공업기지로의 진입기피가 심하였다. 1974년 말까지만 하더라도 대기업집단(재벌)급 대기업에서는 대체로 귀추를 관망하거나 외국의 합

178) 〈중앙일보〉(1974. 3. 27).
179) 중화학공업추진위원회기획단(중화추차, 1974. 7. 19), 제16차 회의록.
180) 한국공단연구소(총람, 1980), p. 136.
181) 한국기계공업진흥회(한기진20, 1989), p. 781.
182) 중화학공업추진위원회기획단(중화추차, 1974. 7. 19), 제16차 회의록.
183) 창원기계공업공단(창기지5, 1979), pp. 362~363.
184) 창원기계공업공단(창기지5, 1979), p. 364.

작처를 암중모색하는 상태를 벗어나지 못하였고, 특히 수도권에 공장을 둔 경우 더욱 그러하였다. 기지이전에 가장 선도적이었고 그렇게 선언하고 있었던 금성사의 사례까지도 이를 보여 준다.

1974년부터 부산의 '금성사'는 전자부문 시설 중 일부를 구미로 이전하였고 다시 1976~1977년 중에 음향기기 등은 모두 구미로, 냉장고, 세탁기, 엘리베이터 등은 1975년 중 모두 창원으로 이전하도록 계획하였다.[185] 그런데 '금성사'는 1974년 영등포 제2공장을 공동기술지도, 공동기술관리 필요상 제1공장과 가까운 거리에 대지 5,000평으로 건설한다고 밝히면서 만일 구미 이전이 의무화될 경우 기존 건물을 최대한 증축하던가 신규 공장을 포기하겠다고 밝히고 있다.[186]

이러한 기지로의 이전기피로 정부는 의욕과 사업능력이 있을 듯한 대기업에 대해 기지 내 땅매입을 강권하기도 하였다.[187] 그러다가 1975년 4월 초순에 대통령이 직접 창원기지를 방문하여 기계공업의 조속한 육성을 강조하고 이에 더하여 결정적으로 정부가 10여 개의 대기업을 선정하여 점검함으로써 대기업들의 경쟁적인 기지투자 참여를 크게 자극하여[188] 1975년 후반부터 국내대기업들의 창원기지 투자 열풍이 불기 시작하였다.[189]

공업기지와 관련된 제도적 정비는 공업기지 건설과 입주가 진행되면서 나타난 문제해결을 위한 공업단지관리법 제정으로 이어졌다. 1974년 12월 14일 공업단지관리법이 국회 상공위에서 통과되었고[190] 1975년 12월 31일 법률 제2843호로 공포되었다. 1977년에는 「공업배치법」이 국회를 통과하였다. 공업기지 관련법의 정비과정을 정리하면 〈표 12-8〉과 같다.

1975년 6월 서울에서 열린 제7회 한일민간합동경제위원회에서 한국 정부는 중화학공업에 대한 한국의 기본방침으로, "가능한 건설기간을 단축하고 최신의 기술을 가진 국제경쟁력을 가지고 싶으며 이를 위해 정부는 각종의 지원시설 비용을 부담하고 필요한 조치를 한다"라는 세 가지를 밝히고 네 번째로 특히 "국토의 효율적 이용과 사회간접자본의

185) 외자도입심의위원회(제100주, 1974. 10).

186) 대통령비서실(부금, 1974. 10. 10).

187) 김재관 전 상공부차관보 증언(2009. 12. 10); 김광모 전 중화학공업추진위원회기획단부단장 증언(2010. 2. 10).

188) 정부가 대기업 10개를 선정한다고 발표한 이상 대기업들에게 여기에 들어가지 못하는 것은 미래수익은 물론 우선 자존심 문제가 있었다.

189) 창원기계공업공단(창기지5, 1979), pp. 152~153. 1976년 들어와 열기가 고조되어 1977년에는 "창원으로 가는 버스를 놓쳐서는 안 된다"는 말이 나돌 정도가 되었다(창원기계공업공단(창기지5, 1979), pp. 154~160). 1978년 3월 중화학공업추진 차관보급실무회의 제69차 회의는 창원기지 추가입주문제를 논의하고 있는데 이때 상공부에서 보고한 '대우중공업'의 입주는 1차로 필요한 부분만 허가하도록 하고 전체 사업계획은 상공부에서 검토 후 결정하도록 하였으며 '대림산업'이 신청한 단지신청에 대하여는 일단 단지를 유보하여 두고 사업계획이 확정되면 입주결정하기로 하고 있다(중화학공업추진위원회기획단(중화추차, 1978. 2. 17), 제68차 회의록). 1978년에는 부지의 효율적 활용을 위해 중화학공업추진 차관보급실무회의 제71차 회의에서 향후 입주공장은 단층이 아닌 2~3층의 공장건설을 권장하도록 결정되고 있다(중화학공업추진위원회기획단(중화추차, 1978. 5. 12), 제71차 회의록.

190) 〈중앙일보〉(1974. 12. 16).

표 12-8 공업기지 관련 법의 정비과정

연월일	공업기지 관련 법과 시행령 진행 내용
1973. 9. 21	「산업기지개발촉진법」 제정
1973. 12. 24	「산업기지개발촉진법」 공포(법률 제2657호)
1974. 1. 24	「산업기지개발촉진법시행령」 공포(대통령령 제7048호)
1974. 12. 14	「공업단지관리법」 국회 통과
1975. 12. 31	「공업단지관리법」 공포(법률 제2843호)
1975. 12. 31	「산업기지개발촉진법」 개정 공포(법률 제2849호)
1976. 4. 26	「산업기지개발촉진법시행령」 개정 공포(대통령령 제8105호)
1976. 11. 10	「공업단지관리법시행령」 제정 공포(대통령령 제8277호)
1976. 11. 17	「산업기지개발촉진법」 개정안 국회에 제출
1976. 12. 20	「공업단지관리법시행령시행규칙」 제정 공포(상공부령 제498호)
1976. 12. 31	「공업단지관리법」 개정 공포(법률 제2957호)
1976. 12. 31	「산업기지개발촉진법」 재개정 공포(법률 제2969호)
1977. 4. 11	「산업기지개발촉진법 시행규칙」 공포(건설부령 제185호)
1977. 12. 15	「공업배치법」 국회 통과
1978. 11. 14	「산업기지개발촉진법」 개정안 국회 통과

자료: 전 신문(1973. 2. 1~1979. 12. 30).

집중 견지에서 공업단지화를 진행한다"고 언명하였다.[191] 1975년 12월 5일 경제장관회의는 강원도 삼척군 삼척읍·북평읍, 그리고 정선군의 일부 지역을 포함하는 동해안의 500만 평을 시멘트, 펄프, 광산용기계, 철강 등 중화학공업을 위한 산업기지개발구역으로 지정하기로 결정하였다.[192] 이는 정부가 1973년 군산외항 건설계획을 확정하고[193] 수출자유지역 급수시설, 진입로 건설계획 등 수출자유지역단지 조성, 부산, 묵호항 개발사업 등 사회간접자본 확충공사를 시작한 것과[194] 함께 정부가 지역배분을 의식하고 있었음을 엿보이게 한다. 실제로 김광모 전 기획단부단장은 천연자연항으로서의 이면부지 등 여러 문제가 있었지만 국토의 균형적 발전을 고려하여 소련, 일본과 연결될 수 있다는 가능성을 두고 강원도 삼척과 북평을 공업기지로 선택하였고, 전라도 여천도 정유공장 정도밖에 없었지만 억지로라도 만들어 보자라고 하여 공업기지로 지정하였다고 증언하여 주었다.[195]

191) 日韓經濟協會(日韓, 1991), p. 87.
192) 〈중앙일보〉(1975. 12. 6).
193) 이는 1973년 10월 17일이었다. 한국개발연구원(한반, 1995), p. 315.
194) 대통령비서실(예부3대통령결재문서, 1973. 10. 15).
195) 김광모 전 중화학공업추진위원회기획단부단장 증언(2010. 2. 10).

1976년 이후 공업기지 관리에 대한 전반적인 수정이 이루어졌다. 1976년 7월 12일 상공부는 공업단지관리청을 해체하고 상공부 국, 과로 축소하며 시도 상공업무를 강화하기 위해 상공과를 상공국으로 승격시키기로 방침을 정하였다고 밝혔다.[196] 이는 9월 30일 국무회의에서 의결되었고 12월 17일 국회에서 정부조직법 개정안으로 통과되었다.[197] 1977년 들어와 1월 7일 상공부는 현재의 공업단지관리법을 폐지하고 대신 공업배치 기준과 환경관리 내용을 규정하는 공업용지법을 제정할 방침이라고 밝혔다.[198] 3월에는 공업단지관리청이 폐지되었고 상공부 본부에 공단을 관리하는 국이 신설되었다.[199] 상공부 공업단지국에는 공단관리과, 공업입지과, 공단개발과가 편성되어 업종별 생산계획을 위한 입주업체 선정, 입지원단위 조사, 단지관리의 업무를 관장하게 되었다. 그러나 한국수출산업공단, 구미수출산업공단 및 창원기계공업공단의 경우 법인체 설립으로 입주 및 분양을 담당하고 있었으며 마산수출자유지역과 이리수출자유지역, 구미수출공업기지는 상공부 주재 관리사무소가 설치되어 관리·운영되었다. 이와 별도로 건설부는 산업입지국을 두어 밑에 입지계획과, 단지조성과, 공업용수과, 공업항과(工業港課)를 편성하여 산업기지 및 지원시설의 업무를 담당하였다.[200]

건설부는 1977년 3월 25일 수도권 인구 재배치계획에 따라 서울, 수원, 인천, 성남, 의정부, 부천, 안양 등 7개시와 경기도 내의 신도, 구리 등 2개 읍, 백석, 장흥, 서면 등 33개 면에 대해 25일부터 공장건축물의 신축을 불허한다고 밝혔다.[201] 당시 서울은 전 국토의 0.6%이었지만 인구 20%, 산업 30%, 교육기관 50%를 점유하고 있었고 더구나 수도권이 팽창일로에 있어 국토 중심부인 대전 동북방 지역으로의 수도이전이라는 획기적인 행정수도안이 나와야 할 정도였기 때문이었다.[202] 그러나 발표 이후 수도권의 반대는 매우 거세었다. 반발이 심해지자 4월 4일 국무회의는 수도권 내 기존 공업단지 안에서는 공장 신설이나 증설을 허용하기로 하였다.[203]

4월 30일 정부는 기존 공장의 입지를 조정, 재정비하고 신규공장에 대한 입지기준을 설정하기 위한 산업(공업)(재)배치법(가칭)안의 성안을 서두르는 한편, 기존의 공업단지 관련 법률을 통합하여 이를 공업단지조성 및 관리에 관한 법(가칭)으로 하는 입법을 추진하겠다고 밝혔다.[204] 9월 29일에는 공업배치법의 성안과정에서 공장유치 지역의 선정권을

196) 〈중앙일보〉(1976. 7. 12); 전국경제인연합회(전2사, 1983), p. 662.
197) 〈중앙일보〉(1976. 10. 1; 1976. 12. 17).
198) 〈중앙일보〉(1977. 1. 7).
199) 〈중앙일보〉(1977. 2. 7).
200) 산업기지개발공사(1978), p. 65.
201) 〈중앙일보〉(1977. 3. 25).
202) 중화학공업추진위원회기획단(20, 1978), II. 행정수도 건설.
203) 〈중앙일보〉(1977. 4. 5).
204) 〈중앙일보〉(1977. 4. 30).

상공부와 건설부 중 누가 갖느냐의 논쟁에서 공장이전 명령권을 갖고 있는 상공부가 아닌 건설부가 선정권을 갖기로 결정되었다. 이 날 정부는 공업용지의 효율적 이용관리를 위해 공업(재)배치법(안)을 제정, 이번 정기국회에 제출할 방침이라고 밝혔다.[205)]

1977년 10월 4일 박대통령은 1978년 예산안 시정연설 중 사회간접자본 중화학공업 관련 부문에서 ① 여천항, 창원항 등 공업기지 지원항만 건설을 1979년 완공목표로 추진해 나가고 북평(北坪)항과 포항신항(浦項新港)의 건설을 적극 추진하겠으며, ② 중화학공업 건설에 따르는 공업용지 수요의 급증에 대비하여 이미 착공된 창원, 여천, 온산 등 5개 기지를 조성해 가는 한편 반월신공업도시개발도 본격화하겠다고 밝혔다.[206)] 1977년 창원을 방문한 일본 조사단에 차수명(車秀明) 상공부 기계공업국장은 '창원기계공업기지가 가지는 의미는 기존 기지와 본질적으로 다르다'고 말하면서 해외로부터의 기술도입이 기본이지만 한국 주도에 의한 수출확대가 최대목표이고 창원기계공업기지의 성공으로 현지기술, 자본의 축적, 관련산업의 확대로 연결되어 한국 기계공업의 저력을 더욱더 강하게 만드는 것에 초점을 두고 있다고 밝혔다.[207)] 이는 당시 정부가 중화학공업기지를 단순공장의 집적이 아니라 한국 공업의 자립적 발전을 위해 추진하고 있었음을 보여 준다. 1977년 12월 10일 정부는 여천, 옥포, 죽도, 창원 등 기존 4개 기지지역 주변 478만 평을 산업기지로 추가 지정하고 대덕전문연구단지를 새로 산업기지개발구역으로 지정하였다.[208)]

1977년 12월 15일 국회 본회의는 공업배치법을 통과시켰다.[209)] 공업배치법은 '공업을 합리적으로 배치하여 적정한 공장용지를 조성하고 공장의 재배치를 촉진함으로써 과도한 공업의 집중을 방지하여 균형 있는 국민경제발전과 국민복지사회에 기여함'을 목적으로 하였다. 또한 기지입주업체의 지원제도로서 대도시로부터 이전되는 공장에게는 양도차익에 따라 양도소득세 또는 특별부가세, 법인세의 면제혜택을 주고, 지방이전사업에 대한 투자세액공제와 함께 공장설치 신고일로부터 취득세, 등록세는 5년 이내, 재산세는 5년간 면제해 주었다.[210)] 1978년 10월 4일 박대통령은 1979년 예산안 시정연설부문별 시책에서 "공업화 과정에서 토지수요가 크게 증가하고 있으므로 이에 대비하여 서남해안의 간척사업과 산지개발을 더욱 확대해 나갈 것"이라고 밝히면서 사회간접자본 중화학공업 관련 부문에서, ① 부산-마산 간 고속도로 계속추진, ② 부산항 2단계 확장공사 촉진과 제주·인천·울산·포항·창원 및 온산항 등 건설추진, ③ 광역권 통신망 확충과 국제통신종합센터 건설촉진, ④ 새로 설치된 국토개발연구원 활용으로 제2차 국토종합개발계획수립 준비착

205) 〈중앙일보〉(1977. 9. 29).
206) 〈조선일보〉(1977. 10. 5).
207) 日本經濟新聞社(追, 1978), pp. 34~35.
208) 한국기계공업진흥회(한기진20, 1989), p. 790.
209) 〈중앙일보〉(1977. 12. 15).
210) 동남지역공업단지관리공단(1996), pp. 260~261.

수, ⑤ 창원·포항·온산·여천·거제 등 5개 중화학공업기지 건설추진, ⑥ 반월지구를 비롯한 신공업도시 건설 본격화를 밝혔다.[211] 1977년 말 이후 다시 지역분산이 보다 강조되고 있음을 엿볼 수 있다. 경제성장과 산업활동 증대에 따른 임해공업기지, 내륙공업기지 등 공업입지의 확대와 지역 간의 편재발전을 예방하고 균형발전을[212] 이룩한다는 목표는 1978년 중화학공업추진위원회기획단의 '2000년대의 국토구상' 대통령 보고로 연결되었다.[213]

1978년 10월 대통령에게 보고된 1979, 1980년 각 공업기지별 조성을 위한 국민투자기금 소요규모 예정액을 보면 〈표 12-9〉와 같다.

1978년 현재 1차 완공된 임해중화학공업단지는 포항, 울산, 창원, 여천 등이고 이들은 확장을 추진 중이었으며[214] 온산, 옥포(玉浦), 북평[215] 등이 산업기지로 조성 중에 있었다. 1979년 이후 산업기지로 지정될 안정, 지세포 등 임해공업기지가 모두 완공되면 중화학공업기지의 총면적은 5,917만 3,000평에 달하게 되고 그 중에서 공업용지 면적은 38만 5,650평, 주거용지는 600만 3,000평, 기타 해면 및 녹지가 1,460만 5,000평이 되도록 계획이 세워졌다.[216] 이에 따라 1979~1980년 여천기지에 가장 많은 932억 원의 국민투자기금 투입이 이루어지고, 이 밖에 구미기지 제3전자단지 조성에 343억 원, 창원기지 추가단지 조성에 281억 6,200만 원 포함 총 337억 6,200만 원, 그리고 온산기지에 223억 원의 국민투자기금이 1979년과 1980년 투입되도록 계획이 만들어졌다.

1979년 4월 2일 상공부는 1979년부터의 「공장배치법」 시행에 따라 신규공장 신고제와 공장입지기준을 고시하였다. 1979년 8월 1일에는 '상공부공관 1331.4-122허 공업단지기본관리계획(연차별 계획)'이 「공업단지관리법」 제8조와 동 시행령 제7조에 의해 시달되었고, 9월 4일에는 이 시달에 입각하여 최초의 '창원공업단지 기본관리계획'이 입주업종, 용

211) 〈조선일보〉(1978.10.5).

212) 국토 균형발전의 지역적 균형발전으로 인구·산업 적정 배치, 교통통신 시설망의 연계화, 교육·문화·의료·복지의 기회균등이 들어 있다. 중화학공업추진위원회기획단(20, 1978), I. 구상의 배경.

213) 중화학공업추진위원회기획단(20, 1978), I. 구상의 배경.

214) 1978년 10월 13일 중화학공업추진 차관보급실무회의 제77차 회의에서 창원기지 건설 및 배후도시 건설에 관한 제반 사항을 협의조정하기 위해 중화학공업추진위원회기획단, 내무부, 상공부, 건설부, 경상남도, 산업기지개발공사, 창원기계공단, 기타 유관기관 등 범정부가 참가하는 '창원기지 건설 실무위원회'가 구성되고 매월 2회 창원에서 회의가 개최되도록 결정되는 등 기지에 대한 확장노력이 더욱 경주되었다. 중화학공업추진위원회기획단(중화추차, 1978.10.13), 제77차 회의록.

215) 1975년 12월 동해안 삼척군 북평읍 삼척항 및 정선군 일대 지역 500만 평이 북평공업기지 산업기지개발구역으로 지정되었다. 공업지역은 360만 평이며 나머지 공공용지로서 녹지 20만 평, 하천 16만 평, 기타 해면 104만 평이었다. 기존 시멘트공장 42만 8,000평 외에도 펄프, 광산용기계, 화약, 주강(鑄鋼)과 이에 연관된 연관공업을 유치할 목적으로 정부는 지원시설에 5만 톤급 및 5,000톤급 23선좌를 동시에 접안할 수 있는 항만시설과 공업용수 공급을 위한 4개 댐 건설계획을 세웠다. 건설부는 이들 지역에 대한 개발계획을 수행하기 위해 1974년 3월 27일 북평항 지역 기준지가를 고시하였다. 〈중앙일보〉(1974.3.27); 산업기지개발공사(1978), pp.102~103.

216) 중화학공업추진위원회기획단(한공발2, 1979), p.526.

표 12-9 1979, 1980년 기지조성을 위한 국민투자기금 소요계획 (단위: 사업량은 천 평, 기금은 백만 원)

			전체 규모		1979		1980		비고
			사업량	기금소요	사업량	기금소요	사업량	기금소요	
창원기지	추가단지	차룡단지	1,038	16,062	1,038	16,062	–	–	
		유통단지	257	3,200	257	3,200	–	–	*
		성주단지	360	6,800	120	2,000	240	4,800	**
		성주추가(1)	80	1,400	80	1,400	–	–	
		안민추가	150	700	–	–	150	700	
		소계	1,885	28,162	1,495	22,662	390	5,500	
	기존	제2단지	300	5,600	150	2,600	150	3,000	
	합계		2,185	33,762	1,645	25,262	540	8,500	
온산기지	비철연관단지		480	8,300	250	4,300	230	4,000	※
	추가단지		800	14,000	–	–	400	7,000	※※
	합계		1,280	22,300	250	4,300	630	11,000	
구미기지	제3전자단지		2,000	34,300	300	4,600	1,700	29,700	
여천기지	평명단지		150	3,700	150	3,700	–	–	
	율촌, 해룡단지		3,720	89,500	500	10,500	3,220	79,000	
	합계		3,870	93,200	650	14,200	3,220	79,000	
총 계			9,335	183,562	2,845	48,362	6,090	128,200	

주: 1) *: 25만 7,000평 중 철도청 5만 5,000평 시행.
2) **: 1978년 20만 평 조성.
3) ※: 입주확정 132만 평.
4) ※※: 평당조성비 2만 5,000원. 40만 평은 1981년 이후.
5) 차룡은 車龍, 성주는 聖住, 안민은 安民, 율촌, 해룡은 栗村, 海龍임.
자료: 중화학공업추진위원회기획단(중화사10대통령결재문서, 1978. 10).

지용도별 구분계획, 공장시설 등 배치계획, 연차별 입주계획 등으로 수립되어 상공부장관의 승인을 받았다.[217] 1979년 박대통령 사후 11월 15일 최규하(崔圭夏) 대통령대행은 1980년 예산 시정연설부문별 시책 사회간접자본 관련 내용에서 충북선 복선공사와 창원공업기지선공사 완공 등 1979년 예산안 시정연설부문별 시책에서 밝힌 기존 중화학공업 관련 항만, 중화학공업기지 건설 등 계속사업은 그대로 추진한다고 밝혔다.[218]

1979년 불황으로 공업기지 입주가 지연되자 지연대책이 발표되었고 1980년 9월 13일 상공부는 입주촉진을 위해 상공부 1331. 4-889호 '입주촉진에 대한 애로점 공고'를 공고하

217) 동남지역공업단지관리공단(1996), p. 261.
218) 〈조선일보〉(1979. 11. 16).

였다. 1980년 들어와 중화학공업화에 대한 비판이 계속되는 가운데 상공부 기획관리실장 차상필(車相弼)은 국가보위입법회의에서 "중화학공장기지의 조성을 위하여 금년에 100억 원을 지원하여 약 54만 평을 추가 조성할 것이다"라고 밝혔다.[219] 이렇게 중화학공업기지의 필요성이 인정되고 있었지만 2차 석유파동 불황에 따른 미분양과 중화학공업화에 대한 비판은 커져 갔다. 결국 1980년 12월 8일 제40차 경제장관협의회에서 건설부장관은 중화학공업기지 건설사업 지원방안을 제출하였는데, 여기에서 미분양토지 220만 평의 분양을 촉진하기 위해 기지별 유치업종을 특수공업에 국한시키지 않고 관련 중소기업 및 타 업종도 입주할 수 있도록 완화하였다.[220] 이는 오늘날의 공업단지 조사에서도 나타나고 있듯이[221] 기지의 효율성을 떨어뜨릴 가능성이 높은 것이었지만 중화학공업 특혜에 대한 비판이 이를 압도하였다.

1974~1981년간 정부는 공업기지 건설에 3,440억 원을 투입하였는데 이는 정부 중화학공업화계획 지출의 36%에 해당하고 연도별 중앙정부 지출의 2~5%에 해당하는 것이었다.[222]

219) 국가보위입법회의(1980. 11. 5), p. 5.
220) 동남지역공업단지관리공단(1996), pp. 302~303.
221) 이승렬·박영구·최규성·윤미례(2007).
222) K. S. Kim(1994), p. 348.
* 제12, 13장의 일부는 『지역사회연구』 제17권 제3호, 한국지역사회학회, 2009. 9에 게재된 졸고 「1970년대 중화학공업기지정책」과 『지역사회연구』 제19권 제2호, 한국지역사회학회, 2011. 6에 게재된 졸고 「공업화와 지역」의 일부를 수정·확대한 것이다.

CHAPTER 13

중화학공업기지 건설: 계획과 진행

1. 중화학공업기지 건설계획

1) 기지건설계획의 방향과 고려사항

중화학공업추진위원회는 공업기지 건설의 기본방향을 다음과 같이 제시하였다.

【공업기지 기본방향】

1. 자원으로서 공업입지의 낭비를 막음. 지역별 적성업종 선정에 신중을 기해 다른 입지가능한 자원의 유치기회를 놓치지 않도록 함.
2. 과거의 가용대지만을 위주로 한 공업단지의 형태에서 업종의 특성 및 지역적 조건에 따른 행정기능, 검사기능 등 종합적 기능까지 고려한 공업기지의 형태로 변화함과 동시에 소규모 공업지들의 벨트(belt)화로부터 대규모 전문 블록(block)을 도모함으로써 공업지역의 고도이용과 집적의 이용을 최대한으로 살린다.
3. 국가의 장기적 발전을 위한 예비자원으로서 유보공업지의 확보를 전제로 한 공업입지와 장기계획을 수립한다.
4. 각종 공해문제를 사전에 예상하여 대책과 생활환경의 오염방지를 위한 공해방지환경보호구역의 사전적 설정이 요구된다.

《중화학공업추진위원회(우해, 1973), pp. 155~156》

공업기지는 최대한 자원을 활용하고 기존의 공업단지나 공업벨트와는 다르게 행정, 검사, 연구개발 기능까지를 포함하는 종합적인 전문블록 형태의 구성으로 효율성을 가장 높이며 장기적 계획과 공해환경 대책까지 고려하도록 기본방향이 정해진 것이다.[1] 실제로 구미공업기지 내 세관, 법무부 출입국사무소, 노동청 구미출장소, 우체국, 전신전화국, 소방서, 경찰관파출소, 각급 검사소, 대한주택공사 등 지원기관이 입주하고 있듯이[2] 공업기지에는 종합적인 기능을 갖춘 곳으로 만들어졌다. 기지의 건설계획은 공업기지 건설의 필요성과 이에 따른 목적의 논의과정에서 분명히 되어 왔듯이, "처음부터 국제경쟁력을 고려하여 대규모적이고 거시적인 것이어야 하며 일정 기간에 걸쳐 국제경쟁에 대비할 수 있는 입지조건이 충분히 갖추어질 수 있는가를 사전에 검토하여야 할 뿐 아니라 미래의 국토활용과 관련하여 공해, 공업혼잡 등을 미리 예방함으로써 일본이 밟고 있는 바와 같은 국토의 재배치 문제가 가까운 장래에 대두되지 않도록 종합국토계획과 잘 조화시켜 충분한 미래예시적 공업구역계획을 세워야 할 것"[3]이었다.

이런 위에 더하여 박대통령과 청와대비서실은 공업기지 건설에 지역의 균형발전을 위한 목적도 분명히 포함된 만큼 공업기지 건설로 지역민들의 원성을 사거나 마찰을 일으키기를 바라지 않았고 오히려 지역민들로부터 인정받기를 바랐다. 따라서 공업기지 건설을 위한 정부토지수용과 계획에서 민원발생과 저항을 최소화하도록 노력하였다. 특히, 박대통령은 이 문제에 대해 과도할 정도로 일일이 신경을 쓰고 결재를 하며 지시를 하였다. 이러한 경험은 포항종합제철 건설에서 얻어진 것이기도 하였다.[4]

우선, 가장 먼저 한 것이 기지건설에서 해당 지역인을 고용하여 고용혜택을 주고 이들에게 합리화라는 명목의 합리화 임금을 지급해 보상비 부족을 보완하고자 하였다. 보상지가 조성지를 웃도는 현실에서 정부는 보상비를 줄이려고 하여 이는 문제가 되고 있었고,[5] 이에 대통령은 현지 지역인을 고용하여 "단지조성시에 보상비 등 부족이 생긴 분에 대하여는 합리화 임금을 지원할 것"을 지시하였다.[6] 대통령은 옥포조선소 건설에 따른 이주민 대책에서도[7] "기능공 훈련소를 회사 측과 연결시켜 사전계획을 수립하여 훈련시키고 이들 기능공들에게 대하여는 훈련 중이라도 정액의 급료를 지급할 수 있도록 방안을 강구할 것"을 지시하였다.[8] 물론 직접고용은 공업기지로 인한 이주주민들을 모두 소화할 수는 없었다.[9]

1) 중화학공업추진위원회(우해, 1973), p. 85; 중화학공업추진위원회기획단(한공발2, 1979), p. 529.
2) 한국공단연구소(총람, 1980), p. 156.
3) 중화학공업추진위원회(우해, 1973), pp. 83, 85.
4) 박태준 전 포항종합제철회장(회고3, 1992. 6), pp. 438~484.
5) 기지별 신조성지보다 보상지 규모가 더 컸다. 1979년 계획분까지 포함한 1979년까지의 규모를 보면 창원기지의 경우 조성지 202만 4,000평, 보상지 306만 5,000평, 온산기지의 경우 조성지 15만 평, 보상지 20만 평, 구미기지의 경우 조성지 30만 평, 보상지 40만 평, 여천기지의 경우 조성지 10만 평, 보상지 33만 평이었다. 중화학공업추진위원회기획단(중화추현, 1980), pp. 292~293.
6) 대통령비서실(중지3대통령결재문서, 1973. 4. 10), p. 5.
7) 비서실장(기대, 1973. 7).
8) 대통령비서실(대지718, 1973. 7. 16), pp. 4~6.
9) 1974년 착공예정인 온산공업단지의 김추하 온산면장은 전 지역이 공장으로 변한다고 하여도 주민의 20%가

두 번째로, 무리한 법 개정과 적용에 의한 건축불가, 강제수용 등보다 지역민들을 설득하는 노력을 강조하였다. 대통령비서실은 "단지조성을 위해 사전에 건축 영업을 못하도록 하는 법의 제정 또는 개정은 오히려 국민에게 좋지 않은 인상을 주게 되므로 당해 지역에 대한 기본계획이 확정될 때까지 가능한 한 기존 법령과 행정력으로 국민을 지도계몽함이 국민이나 국가에 유리할 것"으로 관계부처들 국장회의를 통해 결론을 내고 이를 공유하였다.[10] 창원기지 내 학교설립을 위한 토지매입에서도 산업기지개발공사는 매입지연으로 학교설립에 지장이 없도록 만반의 대책을 강구하고 우선 토지소유주의 의사와 이익을 최대한 존중하되 불가피할 경우에 대비, 법적 조치를 취하도록 하였다.[11]

세 번째로, 정부에 의한 사후적인 공권력의 강제행사보다 사전적인 대응으로 이후 마찰을 없애도록 하였다. 우선 향후 보상을 노리고 새로운 건축물이 들어오지 못하도록 문교부, 상공부, 수산청, 건설부, 체신부, 내무부, 농수산부, 산림청이 모여 사전협의하였으며, 이들 관련부서는 모두 이를 위해 당해 지역에 대한 기본계획의 조속한 확정을 요망함으로써[12] 마찰을 사전에 최소화하려고 하였다. 또 박대통령은 원래 "지가공시된 중화학공업 예정지역 내에 건물 또는 시설물을 신설할 시 건설부의 허가를 받도록" 하여 정부가 위에서 모든 민간부문 건설결정권을 갖도록 하던 것을, "건설부는 기준지가 고시 대상지역에 공공 또는 공용시설물의 설치 및 대형 건축물의 건축과 신규권리설정으로 사업추진에 지장이 없도록 필요한 조치를 취하는 것"으로 변경하도록 지시하여 실제로 수정되었다.[13] 또한 지가고시된 중화학공업 예정지역에 대한 건물, 시설물 신설로 향후 작업에 장애가 없도록 검토하라는 대통령 지시에 의해 그 대책이 실무자회의를 통해 이루어져 대통령에게 보고되었다.[14]

네 번째로, 공업기지의 이름에 대해 당연히 한국기계공업공단처럼 한국이라는 이름이 사용되도록 처음에 선호되었으나 현지이름을 붙여 지역민들의 자긍심을 심어주도록 변경하였다. 공업기지는 포항종합제철공업기지, 창원기계공업기지, 구미전자공업기지 등 모두 현지이름이 붙여졌다.[15] 박태준 전 포철회장은 최초 중화학공업기지였던 종합제철에 대해 "고려종합제철, 한국종합제철, 포항종합제철 3안을 제시한 결과 박대통령이 포항종합제철주식회사를 택하였고 이후 공업기지는 모두 지명을 붙여 작명되었다"고 증언하였다.[16] 심지어 1975년 8월 20일 '한국동제련지주(주)'도 '온산동제련(주)'으로 사명이 변경되었듯

취업하기 어려워 대부분의 주민이 생계가 막연하다고 말하고 있다. 鄭永一(르뽀, 1973. 9), p. 205.

10) 대통령비서실(회기3, 1973. 4. 12).

11) 중화학공업추진위원회기획단(중화추차, 1976. 7. 23), 제49차 회의록.

12) 대통령비서실(회기3, 1973. 4. 12).

13) 대통령비서실(부1, 1973. 4. 14).

14) 대통령비서실(회기3, 1973. 4. 12); 대통령비서실(부1, 1973. 4. 14).

15) 오원철 전 중화학공업추진위원회기획단장 증언(1993. 7. 30).

16) 박태준 전 포항종합제철회장(회고3, 1992. 6), p. 448.

표 13-1 공업단지 평당 지가 및 인건비 현지조사값

	평당 지가	노임(원/월)	
여수화학공업단지	800~1,000원 (미조성지)	남	25,000~28,000
		여	10,000
		일용	500원(일)
온산비철금속단지	1,500원	–	
거제도 조선기지	800~1,500원	–	
구미전자공업단지	4,500원(조성지)	–	
울 산 지 구	–	평균	40,000
		현대조선소	평균 1시간당 100원

자료: 鈴木正達 日本鋼管重工本部付部長(1973), pp. 17~18; 車谷省三 日産自動車技術部總括課長(1973), pp. 35~36.

이[17] 기지를 대표하는 기업의 이름도 지역명을 붙여 변경되었다.

기지건설은 시기단축을 위해 공업생산계획, 공업입지계획 및 공업입주계획, 공업용지 관리업무 등이 순차적이 아니라 병행하여 추진되도록 하였다. 그리고 6대 전략분야의 공업기지가 동시에 추진되고 있었으므로 하나의 기관이 전부 관리 불가능하다는 점에서 각각 별도의 관리공단이 수행하는 것으로 하였다.[18]

여기에 성공적인 공업기지 건설을 위해서는 성공적인 기업유치가 필수적이었고 또 처음부터 국제경쟁력을 고려하여 건설하기로 한 이상 생산비를 낮출 수 있는 조건이 필요하였다. 일단 인건비와 토지가격은 상대적으로 다른 국가에 비해 싸게 할 수 있었다. 1973년 조사된 토지 평당가격 및 인건비를 현지조사한 것을 정리하면 〈표 13-1〉과 같다.

토지의 평당 가격은 기본적으로 논, 밭, 산 등 원입지 조건에 의해 가격이 달랐지만[19] 조성 정도와 수요 측면이 크게 주도하고 있었다. 이는 구미전자공업단지는 총면적 350만 평으로 쓸모가 없던 낙동강 하천부지였지만 8km의 제방을 건설하여 부지가 조성되었고,[20] 여기에 일찍 공장이 들어서 기수요가 많아 평당 4,500원으로 타 지역과 비교해 매우 비싼 것에서 알 수 있다. 개발지가 아닌 지역에서는 온산공업지구의 평당지가 상대적으로 비싼 것을 볼 수 있는데 이는 공업지역 울산에 붙어 있어 역시 수요가 많았기 때문이었다. 거제도는 여수보다 약간 비싸 결국 토지가는 전라도 지역이 가장 쌌는데 이 역시 수요의 차이가 주요하게 작용하였다.

임금도 공급보다 수요에 의해 영향을 받는 경향을 보여 주고 있다. 울산지구가 평균

17) 한국광업제련(1987), p. 1050.
18) 동남지역공업단지관리공단(1996), p. 149.
19) 鈴木正達 日本鋼管重工本部付部長(1973), p. 18.
20) 국무총리기획조정실(중오, 1973), p. 101.

4만 원으로 가장 높다. 동시에 임금조사는 당시 기능별 배치에 따른 남녀 임금격차가 컸음도 보여 준다. 일용직 경우도 울산 조선공업지대가 높은데 이것 역시 기존 현대조선소와 울산공단에 따른 노동수요 때문이다. 지역별로 지가와 임금은 이렇게 수요에 따라 차이가 있었지만 상대적으로 타국에 비해 한국이 저렴한 것은 분명하였고 또 절대적 노동강도인 근무시간의 연장이 가능해 공기단축도 가능하였으므로 더욱 임금은 싸게 되었다. 이는 당시 조사단으로 방한한 일본 기업가들의 '일반육체근로자는 월 1만 원, 블루칼라는 월 1~2만 원으로 생각된다. 토지가격은 여수 미조성지역은 평당 1,000원, 구미전자공업단지 기조성지는 평당 4,500원으로 싸고 건축비도 평당 6~8만 원이며 공기는 일반적으로 5~7개월로 짧다'[21]라는 지적으로 바로 나타나고 있다.

특히, 초기에는 기지의 성공적 정착과 기지로의 이전, 진입을 꺼리던 기업들을 유도하기 위한 노력이 이루어졌다. 창원지구 1차 조성지의 분양가격이 평당 1만 원을 초과하지 않도록 주의가 주어졌고[22] 적정 가격이 계속 논의, 분석되고 강구되었다.[23] 결국 결정된 초기 분양가격은 낮아졌다. 여기에 세제혜택과 대지매입자금의 70%까지 국민투자기금에서의 지원을 받는 등 금융지원도 받을 수 있었다.[24] 취수 및 배수시설 등 용수공급 시설 역시 1톤 생산을 위한 단위당 시설비가 2만 원 내지 3만 원으로 계상되고 있어 일본 등 선진국의 20만 원보다 월등히 유리한 입장이었으므로 공단지역의 물값은 처음에 톤당 4원 50전~5원 정도로 계획되었다.[25]

이렇게 공업기지에 입주한 기업들은 생산비를 낮추고자 하는 정부 노력에 의해 혜택을 받았다. 그러나 여전히 전체적으로 한국 중화학공업 기업은 외국인기업에 비해 역차별을 받았고[26] 금융지원을 받았다고 하지만 국민투자기금이나 산업은행 시설자금, 기계공업육성자금 등 일부 최고 우대금리조차도 외국에 비해 높은 연 9~16%의 이자를 부담하였다.[27] 또한 기지입주기업들에게는 초기 진입유인 외의 배타적 이익점유에 대해서는 실수요자 부담원칙, 외부비경제(external diseconomy) 비용부담원칙이 강조되었다. 공업기지 건설의 모체가 된 「산업기지개발촉진법」 역시 개발손익의 조화를 위해 산업기지 건설재원을

21) 車谷省三 日産自動車技術部總括課長(1973), pp. 35~36.
22) 중화학공업추진위원회기획단(중화추차, 1974. 6. 1), 제11차 회의록.
23) 중화학공업추진위원회기획단(중화추차, 1974. 5. 24), 제10차 회의록; 중화학공업추진위원회기획단(중화추차, 1974. 6. 14), 제13차 회의록.
24) 한국공단연구소(총람, 1980), p. 168.
25) 〈중앙일보〉(1973. 8. 27).
26) 내국인은 ① 소득세, 법인세의 경우 3년 동안 면제하고 그 후 2년은 50% 감면, ② 수출업체에 대한 영업세는 전액 영구 면세를 받았다. 반면 외국인은 외자도입법 규정에 따라 ① 외국인투자분에 대한 법인세, 취득세, 재산세, 소득세는 최초 5년간 전액 면세, 이후 3년간 세액의 100분의 50 경감, ② 수출업체에 대한 영업세는 전액 영구 면세, ③ 외국인투자 원금에서 발생하는 이익배당금과 잉여금의 분배에 따른 법인세, 취득세도 최초 5년간 전액 면세, 이후 3년간 세액의 100분의 50 경감, ④ 도입 자본재에 대한 관세, 물품세 전액 면세, ⑤ 근로소득세는 외국인의 근로소득세 전액 영구 면세를 받았다. 한국공단연구소(총람, 1980), p. 168.
27) 한국은행(경제통), 1976~1981; 한국은행(통조, 1976~1981). 자세한 금융관련 내용에 대해서는 제14장 참조.

수익자 부담원칙으로 하는 것을 규정하고 있었다.[28] 그래서 공업기지를 건설하는 데 있어 항만, 공업용수, 도로 등 공업기지 지원 사회간접자본 시설의 건설은 정부의 재정자금을 투입하되, 단지 내 도로, 배수 및 전기시설 등은 수익자 입주업체의 부담을 원칙으로 진행되었다.[29] 항만도 전용항만시설이 필요한 경우 자체 민자로 건설하도록 하였고 심지어 정유공장의 경우 공용화될 항만까지도 입주자 부담으로 건설해야 한다고 하였는데, 정부는 가능한 정부투자분을 줄이기 위해 공단 건설비의 최고 70%까지를 점유하는 항만건설에 민자를 유치하는 등의 방안까지 검토하고 있었기 때문이었다.[30] 또한 입주기업은 공해방지시설을 스스로 갖추어야 한다는 점이 항상 강조되었다. 따라서 이러한 재원능력을 갖출 수 있어야 하였으므로 원칙적으로 이전기업은 업종과 자격심사에 의해 선별되어 선택되었다.[31]

공업기지 내 실수요자 부담원칙은 1973년 5월 30일 이낙선 상공부장관의 조선공업육성기본계획 발표와 정유공장건설계획 발표에서 구체적으로 볼 수 있다. 이낙선 장관은 실수요자 선정기준에서 "조선소는 정부가 지정하는 지역에 건설하여야 하며 준설비는 자기부담으로 한다"라고 명시하였고, 유공, 호남정유, 경인에너지에 이어 4번째 정유공장 건설계획에서는 "원유 및 제품의 입출하 시설은 자기부담으로 하되 정부가 필요하다고 인정할 때 공용을 허용해야 하며 원유가격 및 운임이 저렴해야 하고 한국적 유조선의 우선 사용을 보장해야 하며 공해방지시설을 완비해야 하고 탈유(脫硫)시설과 접촉개질(接觸改質)시설을 구비하여야 한다"고 발표하였다.[32]

정부투자분을 줄이려는 노력, 배타적 실수요자의 경우 비용을 수익자에게 부담시키려는 노력은 이 밖에도 다양한 사례에서 계속되었다. 산업기지개발공사는 중화학공업추진차관보급실무회의 제15차 회의에서 업무지역을 원가 이상으로 판매하여 그 수익의 약 10억 원으로 하구에 1,000톤급 바지선 5척이 접안할 부두 건설재원을 자체 염출할 수 있다고 주장하여 결국 제17차 회의에서 1차 조성지 중 업무지역 14만 7,000평은 기계공단(機械公團)에 인도하지 않고 이를 담보로 하여 하구부 개발 및 적현(赤峴)지구 조성을 우선 시행하도록 결정되었다.[33] 배전시설을 한전 부담으로 시행해 달라는 건의에 대해서도 배타적 사용문제로 중화학공업 차관보급실무회의는 상공부에서 협의 조정하도록 처리하고 있다.[34] 또 제59차 중화학공업추진 차관보급실무회의는 '대한화학기계' 인입배전선은 한전

28) 중화학공업추진위원회기획단(한공발3, 1979), p. 367.
29) 한국개발연구원(국가, 1981), p. 179.
30) 〈중앙일보〉(1973. 8. 27).
31) 김재관 전 상공부차관보 증언(2009. 12. 10).
32) 〈중앙일보〉(1973. 5. 30); 〈조선일보〉(1973. 5. 31).
33) 중화학공업추진위원회기획단(중화추차, 1974. 7. 12), 제15차 회의록; 중화학공업추진위원회기획단(중화추차, 1974. 8. 2), 제17차 회의록.
34) 중화학공업추진위원회기획단(중화추차, 1977. 5. 6), 제58차 회의록.

이 선부담으로 시공하되 추후 부담을 청구하고 완암(完岩), 안민(安民)단지 배전간선(配電幹線) 설치는 입주업체가 전력사용이 지장이 없도록 하되 시공비는 업체가 부담하도록 결정하였다.[35] 1978년 중화학공업추진 차관보급실무회의 제67차 회의에서 상공부가 '현대양행' 창원종합기계공장 건설에 대한 사회간접자본 지원시설문제에 대해 보고하면서 '현대양행' 전용접안시설(350m)을 정부부담으로 건설하는 문제를 제기하자, 차관보급실무회의는 원칙적으로 '현대양행'에서 부담하기로 하는 것을 전제로 건설부가 다시 보고할 것을 결정하였다.[36]

분양가격도 전체적으로 진입유인점을 유지하되 진입이 진행됨에 따라 차차 시장가격을 반영하도록 하였다. 그래서 1975년 1월 13일 창원기계공업기지 제5회 임시이사회는 기지건설 비용이 상승함에 따라 분양가격을 인상 조정하기로 하였고,[37] 2월 4일 중화학공업추진 차관보급실무회의 제29차 회의에서 건설부는 대지분양가격의 상향조정을 건의하였다.[38] 결국 1975년 후반부터 국내대기업들의 창원기지 투자 열풍이 불기 시작하자[39] 7월 7일 상공부는 창원기계공업단지의 입주업체 선정업무를 공업단지관리청으로 이관하고 창원단지 분양가격을 평당 8,600원에서 9,100원으로 인상하기로 결정하였으며,[40] 이어 1976년 1월 12일 창원기계공업기지는 1차 조성지 분양가를 9,100원에서 9,700원으로 다시 인상하였다.[41] 심지어 개발이익을 사회로 환수하기 위한 방안이 검토되는 과정에서 부동산에서 발생하는 개발이익의 환수방안은 물론 진입기업에 부과하는 초과이윤세 등 경제활동에 대한 개발이익 환수방법도 타국에서 존재하고 있음을 지적하는[42] 등 수익자 비용부담원칙에 충실하고자 하였다.

공업용수도 낮은 개발비에 기초하여 진입유도를 위해, 그리고 물가안정을 위해 낮게 유지되었지만 역시 진입이 이루어짐에 따라 수익자 부담원칙에 따라 인상되었다. 1976년 12월 29일 건설부는 공업용수 시설유지 및 관리비 충당을 위해 1977년에 공업용수 사용료를 지역별로 24~86%까지 인상할 방침이라고 밝혔다. 이에 따라 건설부는 1977년 포항지구는 14.2%, 울산지구는 61.3%, 마산·진해지구는 42.9% 인상하여 톤당 8원으로 통일되도록 인상하고 신규 여천공업지구 용수사용료는 톤당 12원으로 대폭 현실화하여 결정하였다.[43] 1978년 7월 10일에도 건설부는 공업용수 공급규칙을 개정하여 울산·마산·진해·

35) 중화학공업추진위원회기획단(중화추차, 1977. 6. 3), 제59차 회의록.
36) 중화학공업추진위원회기획단(중화추차, 1978. 2. 3), 제67차 회의록.
37) 창원기계공업공단(창기지5, 1979), p. 362.
38) 중화학공업추진위원회기획단(중화추차, 1975. 2. 4), 제29차 회의록.
39) 창원기계공업공단(창기지5, 1979), pp. 154~160.
40) 〈중앙일보〉(1975. 7. 7).
41) 창원기계공업공단(창기지5, 1979), p. 365.
42) 국무총리기획조정실(중조, 1974. 5), pp. 371~379.
43) 〈경향신문〉(1977. 10. 6).

포항·여천·수원·안양 등 전국 주요 공업단지의 공업용수요금을 25~87.5% 인상하였다.[44]

2) 기지건설계획의 내용과 변화

중화학공업화선언 직후 1973년 1월 17일 건설부는 산업기지 건설계획을 수립하여 대통령 연두시찰에서 보고하였다. 건설부는 방침으로 '100억 달러 수출목표 달성을 위한 기본지원시설의 구상, 수출공업단지 건설을 위한 산업입지 조사의 본격화', 그리고 계획으로 '온산(溫山), 구미(龜尾), 군산·비인(群山·庇仁), 여수·광양(麗水·光陽), 창원지역 설정'을 보고하였다.[45] 1월에 대통령에게 보고되어 만들어진 산업기지계획을 총괄하여 정리하면 〈표 13-2〉와 같다. 이 계획은 중화학공업추진위원회의 4월 중화학공업정책 공식화에서 그대로 이용되었다.[46]

초기단계의 이 기지계획에 의하면 화학공업기지는 제1화학기지로서의 울산에 이어 여수에 제2화학공업기지가 신설되고 그리고 유보된 형태로 제3화학공업기지가 북평에 계획되었다. 현실적인 제약을 고려하여 유보되고 있지만 초기계획에서 분명히 공업기지는 경상도와 전라도 그리고 강원도로 분산되어져 지역균형을 의도에 넣고 있음을 알 수 있

표 13-2 산업기지계획(총괄)

산업기지	규모*	지역
제1화학공업기지(기존, 확장)	100만 평	울산(蔚山)
제2화학공업기지(신설)	360만 평	여수(麗水)
제3화학공업기지(유보)	–	삼척(三陟)·북평(北坪)
제1수출자유지역(기존, 확장)	100만 평	마산(馬山)
제2수출자유지역(신설)/제3수출자유지역	188만 평	비인(庇仁)·군산(群山)
제1철강기지(기존, 확장)	345만 평	포항(浦項)
제2철강기지(신설, 후보)	–	낙동강 하류
전자공업기지(기존, 확장)	197만 평	구미(龜尾)
기계공업기지	466만 평	창원
조선공업기지	–	울산·부산·거제
중화학공업(製錬 포함) 수출자유지역	276만 평	온산(溫山)

주: * 규모는 과학기술처(중공개2, 1973), p. 56에서 정부 계획안에 들어 있다고 소개된 값임.
자료: 대통령비서실(중선, 1973), p. 57.

44) 전국경제인연합회(한경연, 1979), p. 720.
45) 국무총리기획조정실(중오, 1973), p. 199.
46) 중화학공업추진위원회(우해, 1973), p. 155.

다. 1973년 4월 중화학공업추진위원회는 종합화학공업기지의 입지조건으로 20만 톤(DWT) 탱커가 접안할 수 있는 최소 5만 톤의 부두, 1,000만 평 공업용지대지, 50만 톤 용수, 전력공급, 수송망을 들고 그 후보지로 울산·여수(麗水)·강릉을 들었다.[47] 역시 이 단계에서도 강릉지구(강릉, 삼척북평지구)가 계속 제3화학공업기지 후보지의 하나로 간주되고 있음을 알 수 있으며 전라·경상·강원이 한 지역씩 모두 포함되었다. 한편, 조선공업기지 지역으로 울산·부산·거제가 포함되어 있으며 온산공업기지가 제련소를 포함하여 중화학공업 수출자유지역으로 되어 있었다.

1973년 3월 20일 대통령 주재의 관계장관회의에서 기계-창원, 화학-여수(麗水)·광양(光陽), 철강-낙동강 하류, 중화학공업 수출자유지역(비철금속 포함)-온산(溫山), 경공업수출자유지역-군산·비인(庇仁) 입지가 우선적으로 최종 결정된 후,[48] 이에 따라 중화학공업추진위원회는 1973년 4월 중화학공업 6대 기지계획과 함께 '大大공업기지계획도'를 제시하였다.[49] 이를 이미 결정되어 있고 또 같은 자료에 포함되어 있는 포항철강공업기지와 거제조선공업기지를 포함하여 배치도로 나타낸 것이 〈그림 13-1〉이다. 여기에서 보면 처음 제2종합철강기지는 나중에 입지논쟁이 되는 중부지역이나 광양지역이 아닌 낙동강 하구 부산의 명지(鳴旨)로 되어 있고, 제1화학공업기지로 울산·온산, 그리고 제2화학공업기지로 여수·광양이 복합지구로 되어 있다. 수출자유지역은 온산이 중화학수출자유지역으로, 비인·군산은 마산과 함께 경공업수출자유기지로 분명히 구분되어 있다.

주요 공업기지로 명명된 중화학공업기지는 강원도와 전라도를 포함하고 있지만 〈그림 13-1〉의 지도에서 명백히 나타나듯이 동남해안에 집중되어져 있으며, 중화학공업수출지역을 포함해도 역시 중화학공업 관련기지는 동남해안에 집중되어져 있음을 알 수 있다. 이후 대통령의 지시로 서해안과 서남해안이 신규산업기지 후보지로 검토되지만,[50] 우선 결정된 지역으로 보아 서해안 쪽이 소외된 것을 보완할 필요가 있었고 이 때문에 중화학공업과 직접 관련이 없는 경공업 수출자유지역 군산·비인이 일찍부터 중화학공업화정책에 따른 공업입지로 들어가게 되었음을 충분히 〈그림 13-1〉로부터 짐작할 수 있다. 의도적인 면이 엿보이며 이는 이후에도 계속되는데 이러한 사실 자체는 당시 청와대와 정부가 지역배분 문제에 신경을 쓰고 있었음을 보여 준다. 한편, 강원도 화학공업기지와 거제조선공업지구와 창원기계공업기지 그리고 여수·광양의 화학공업기지는 계획으로 표시되어 있는데, 바로 이 계획지역은 현재 공업기지가 동남지역에 집중되어 있는 것을 그래도 동

47) 중화학공업추진위원회(우해, 1973), p. 82.
48) 대통령비서실(회중3대통령결재문서, 1973. 3. 20).
49) 중화학공업추진위원회(우해, 1973), pp. 84~85.
50) 1973년 6월 29일 제8차 중화학공업추진위원회에서 박대통령은 신규산업기지 조사를 지시하였고 이에 따라 1973년 9월부터 서남해안을 대폭 포함한 후보지 조사가 진행되었다. 대한민국정부(행백, 1974), p. 232; 대통령비서실(중지출3대통령결재문서, 1973. 7. 25).

그림 13-1 중화학공업추진위원회 주요 공업기지 배치도(1973년 4월)

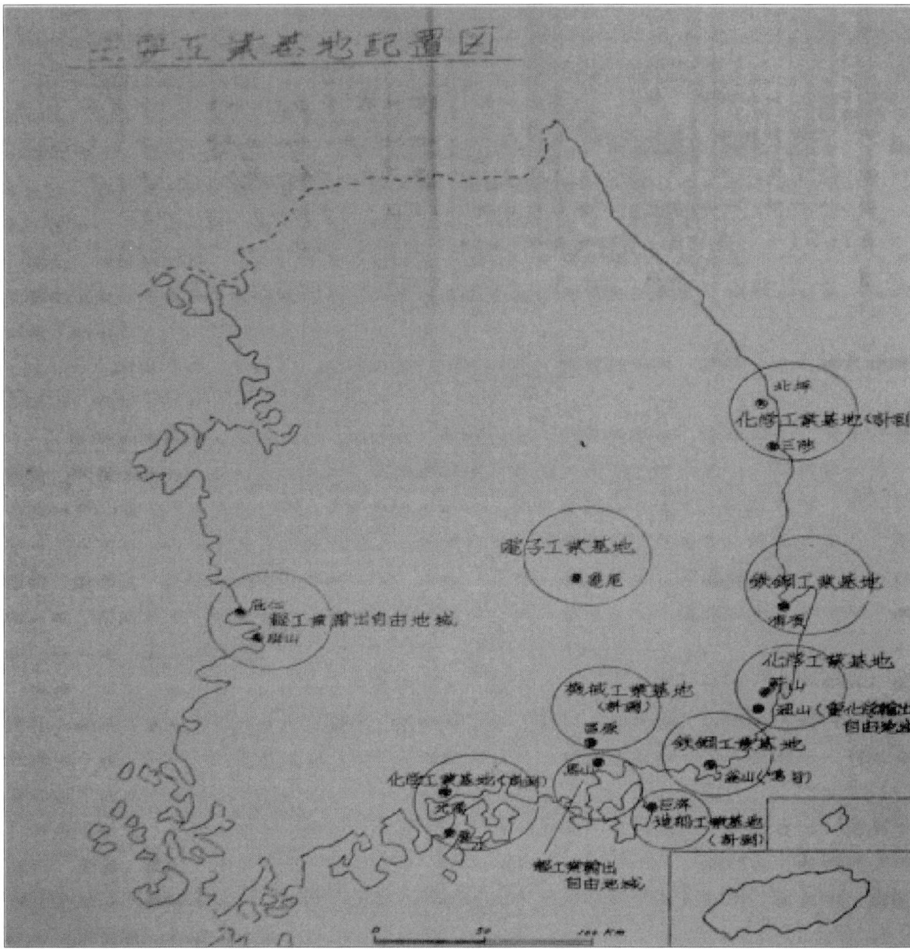

자료: 중화학공업추진위원회(우해, 1973), p. 168.

해안·남해안·전라도 지역 쪽으로 더 확대하고 있고 그러려고 노력하고 있음을 보여 준다.

1973년 9월 19일 확정된 창원종합기계공업기지 건설계획의 내용은 〈표 13-3〉과 같다. 이 시기 아파트 등 종합계획 성격이 강조되었지만 계획내용에서 이를 반영하고 있는 내용은 구체적이지 못하였다.

경제기획원은 경제개발계획을 장기계획으로 총괄 변경하면서 공업단지 조성면적이 1972년의 122km^{2}에서 1976년에 193km^2, 1981년에는 292km^{2}로 늘어날 것으로 계획하였는데,[51] 이 중 중요한 것은 중화학공업기지 건설계획이었다. 1973년 말 총괄적으로 정리된 중화학공업기지별 건설계획 내용은 〈표 13-4〉와 같았다.

51) 경제기획원(우장, 1973. 12), p. 105.

표 13-3 창원종합기계공업기지 건설계획(1973. 9)

구 분	내 용
공장용지 확보	① 1차 106만 평(1973. 11~1974. 8) ② 2차 292만 평(수요에 따라 시행) ③ 자금 17,654백만 원
간선도로 건설	① 1차 1.5km(1973년 9월 1일 착공) ② 2차 14.5km(수요에 따라 시행) ③ 자금 3,198백만 원
공업용수 대책	① 취수 및 수송시설 ② 마산지구 轉用工事 管路 10.2km ③ 펌프 660HP 2대 설치
항만시설	–
외국인아파트 건립	–

자료: 국무총리기획조정실(중오, 1973), p. 194.

표 13-4 공업기지별 계획(1973년 말)

	계획면적(천 평)	용수(일 M/T)		항만시설계획
		총량	평당 용수	
철 강	7,500	300,000	40	300천DWT급 접안가능
조 선	3,760	16,000	4	6,600~8,300m 안벽(岸壁)시설
기 계	4,600	200,000	44	2,500~3,000m 안벽(岸壁)시설
비철금속	2,400	120,000	50	5천DWT급 접안가능
화 학	1,630	120,000	74	20천DWT급 접안가능
전 자	1,500	60	0.04	–

자료: 국무총리기획조정실(중오, 1973); 국무총리기획조정실(중조, 1974), p. 424.

계획면적으로 보면 철강공업기지가 가장 넓은 750만 평으로 되어 있고 다음이 기계공업기지로 460만 평, 그리고 조선공업기지가 376만 평, 비철금속공업기지가 240만 평 등의 순서로 되어 있다. 사용용수를 보면 단지 평당 1일 용수사용량은 화학공업이 74톤(M/T)으로 가장 많고 비철금속이 50톤, 기계공업이 44톤, 철강금속공업이 40톤으로 비교적 많다. 조선공업과 전자공업은 사용용수량이 상대적으로 적다. 항만시설은 원자재 및 제품 수송필요상 철강공업기지에서 30만 톤(DWT)급 접안가능 시설이 필요하여 가장 컸으며 전자공업기지는 내륙이어서 필요가 없었다.

1974년 3월 22일 대통령 결재로 확정된 중화학공업기지 조성구역 내용을 보면 〈표 13-5〉와 같다.

1974년 확정된 중화학공업기지 조성구역 면적은 총괄 개발구역을 의미한다. 이 구역을 보면 창원기계공업기지가 1,311만 4,000평이며, 온산비철금속기지가 석유정제를 포함하여 777만 평, 여천종합화학기지가 572만 2,000평이었다. 조선기지는 대체로 1973년 공업기지 계획면적과 별 차이가 없다. 한편, 온산기지는 북측을 정유, 남측을 비철금속기지

표 13-5 확정 중화학공업기지 조성구역(1974. 3 대통령 결재)

각 기지	조성구역
창원 종합기계공업기지 개발구역	13,114천 평
여천 종합화학공업기지 개발구역	5,722천 평
온산 석유정제 및 비철금속 공업기지 개발구역	7,770천 평
옥포(玉浦) 조선공업기지 개발구역	1,206천 평
안정(安井) 조선공업기지 개발구역	1,568천 평
죽도(竹島) 조선공업기지 개발구역	923천 평
계	30,303천 평

자료: 중화학공업추진위원회기획단(보중기3대통령결재문서, 1974. 3. 21).

표 13-6 공업기지 사회간접자본 건설계획

기지	항구	용수(일 M/T)	도로(km)
포항	2,000~80,000DWT 선박을 위한 14 선착장	220,000	38.9
거제	방파제 1,385m	16,000	46.3
창원	20,000DWT 선박을 위한 8 선착장	200,000	76.8
구미	–	50,000	11.0
여천	3,000~50,000DWT 선박을 위한 12 선착장	250,000 송수관 60km	63.0
온산	방파제 3,500m	240,000	32.0

자료: Planning Office, Heavy and Chemical Industry Promotion Council(1976), p. 22.

로 조성하기로 하고 정유는 15만 배럴 2기로 123만 평, 남측 비철금속기지는 190만 평, 기타 공공용지로 76만 평이 계획되었다.[52)]

공업기지와 관련된 구체적인 사회간접자본 건설계획도 만들어졌는데 그 내용은 외부 투자유치를 위한 1976년 중화학공업추진위원회기획단 자료에서 발견할 수 있다. 이를 정리하면 〈표 13-6〉과 같다.

역시 창원기계공업기지가 규모상 도로가 가장 많이 건설계획되고 있으며 그 다음이 여천, 거제이고 온산은 울산과 연계되어 이미 기설도로가 있어 규모보다 도로건설계획이 작다.

중화학공업이 용수다소비형 공업이라는 성격에서 볼 때 공업기지 건설에서 공업용수원의 확보와 적시적량의 용수공급을 위한 공업용수도 시설은 매우 중요하다. 정부는 온산·

52) 중화학공업추진위원회기획단(보중기3대통령결재문서, 1974. 3. 21), pp. 8~9. 건설부, 「산업기지개발촉진법」에 의한 산업기지개발구역 지정.

표 13-7 기지별 공업용수도 시설계획(1978) (계획목표는 천 톤/일, 투자액은 백만 원)

기지명	공급계획 목표	소요투자액	공기		사업주체	비고
			착공	완공		
포항	320	20,645	1969. 6	1979. 12	경북지방 국토관리청	100천 톤/일: 1969. 6~1971. 12 220천 톤/일: 1974. 11~1979. 12
창원	285	8,464	1965. 6	1980. 12	부산지방 국토관리청	85천 톤/일: 1965. 6~1967. 4 200천 톤/일: 1974. 3~1980. 12
여천	250	19,125	1974. 3	1977. 12	산업기지 개발공사	250천 톤/일: 1974. 3~1977. 12*
온산	620	21,104	1962. 8	1980.12	부산지방 국토관리청	170천 톤/일: 1962. 8~1969. 12 450천 톤/일: 1969. 3~1980. 12
거제	12	3,516	1977. 10	1979. 12	부산지방 국토관리청	–
계	1,487	72,854	–	–	–	–

주: *은 1978년 이미 완성된 것임.
자료: 산업기지개발공사(1978), p. 524; 국무총리기획조정실(제422산, 1979), p. 488.

낙동강 하류·창원·구미 등 4개 지역은 낙동강수를 이용하고 여수·광양지역은 섬진강수를, 또 거제지역은 지하수를 이용할 수 있다고 낙관적으로 계획하고 있다가[53] 뒤늦게 수자원 확보문제의 중요성을 깨닫고 확장사업에 가장 신경을 많이 쓴 것이 용수확보이었다. 그래서 〈표 13-6〉에서 보듯이, 특히 용수확보 필요성이 큰 여천화학공업기지와 온산비철금속공업기지는 1973년 계획에서의 하루당 12만 톤에서 1976년 각각 25만 톤, 24만 톤 건설계획으로 대폭 확대되었다.

이후에도 공업용수 용량확대는 장기적인 면에서 필요성이 계속 강조되어 확장계획이 보완되었다. 1978년 1월 6일 건설부는 중화학공업단지의 지원시설 확충을 위해 1978년 437억 7,100만 원을 투입하여 포항·창원·북평·온산·여천·옥포 및 안정(安井) 등 7개 산업기지의 항만시설, 공업용수시설, 도로 등 각종 개발사업을 추진하기로 하였다고 밝혔다.[54] 이때의 공업용수 시설계획을 기지별로 정리하면 〈표 13-7〉과 같다.

공업용수 공급계획 목표를 보면 기존 계획을 유지하여 포항철강공업기지는 1일 10만 톤(M/T)에서 32만 톤 규모로 늘리고 창원기지 역시 일 20만 톤을 늘려 28만 5,000톤 규모로 계획하고 있는데, 온산공업기지는 늘린 일 24만 톤 확장계획에서 다시 45만 톤 확장계획으로 계획을 대폭 상향하고 있다. 반면 거제공업기지는 조선소 건설 차질로 일 1만 6,000톤에서 1만 2,000톤으로 오히려 줄고 있고 여천화학공업기지는 일 25만 톤을 그대로

53) 〈중앙일보〉(1973. 8. 27).
54) 전국경제인연합회(한경연, 1979), p. 717.

표 13-8 제4차 경제개발5개년계획 주요 지표 변화

	단위	1975(A)	1981(B)	B/A
전력시설 용량	MW	4,270	10,052	2.2
중화학공업단지	km^2	24	43	1.8
공업용수	천 톤/일	844	1,880	2.2
과학기술투자	10억 원	48.9	160.5	3.3

자료: 중화학공업추진위원회기획단(한공발1, 1979).

표 13-9 제4차 경제개발5개년계획기간 공업기지 조성계획(1977~1981)

(단위: km^2, 백만 원)

		단지조성		
		기 간	사 업 량	사 업 비
중화학공업기지	창원기계공업기지	1977~1981	8.9	40,200
	여천화학공업기지	1977~1980	2.6	9,600
	온산비철금속공업기지	1977~1978	2.6	11,850
	포항종합제철공업기지	1977~1980	1.1	4,800
	죽도조선공업기지	1977~1981	0.9	1,400
	합 계	1977~1981	16.1	67,850
지방공업기지	포항제2연관단지	1977~1981	5.5	5,600
	반월특수공업단지	1977~1981	4.1	72,300
	합 계	1977~1981	9.6	77,900
민간공업단지		1977~1981	3.0	9,000
합 계		–	28.7	94,750

자료: 산업기지개발공사(1978), p. 508.

유지하고 있다. 공업용수시설은 모두 1980년까지 완공되도록 계획되어 있는데 온산기지는 17만 톤 공급시설로 1969년 확장되고 이어 1969년부터 확장공사가 이미 진행 중이어서 일 62만 톤 규모로의 대규모 계획변경에도 불구하고 시설투자비가 규모 대비 크지 않았던 반면, 여천기지는 일 25만 톤 공급으로 계획규모가 크지 않았지만 신규공사이어서 시설투자비가 규모 대비 매우 높았다.

제4차 경제개발5개년계획에서 중화학공업기지는 1981년 $43km^2$로 1975년의 1.8배로 확장되도록 계획되었다. 제4차 경제개발5개년계획에서의 주요 지표의 변화목표를 정리하면 〈표 13-8〉과 같다.

구체적으로 이 기간 공업기지 조성계획을 정리하면 〈표 13-9〉와 같다. 제4차 경제개발계획기간 중 창원공업기지 내 $8.9km^2$의 종합기계단지를 비롯하여 여천공업기지에는 기

표 13-10 기지 배후도시 건설계획

	여천공업기지	창원공업기지
계획인구(1981년)	10만 명	30만 명
개발면적	894만 1,000평	635만 평
택지조성	24만 평	67만 3,000평
조성방법	전 면적 매수정리	전 면적 매수정리
사업비	30억 3,000만 원	198억 9,400만 원
1977년 선투자자금	24억 3,000만 원	65억 원

자료: 〈중앙일보〉(1976. 12. 28).

존 단지 외에 여천석유화학 및 연관단지 2.6km²와 온산공업기지의 정유 및 비철금속단지 2.6km² 등 중화학공업기지 16.1km²의 공업단지를 조성하고자 하였다. 이 밖에도 포항종합제철 확장에 따른 제2철강공업의 연관단지 5.5km²도 사업비 56억 원을 들여 조성할 계획이었다.

이와 함께 한편으로 기지의 성격을 분명히 하여 줄 기지 배후도시 건설계획도 구체화되어 나갔다. 내무부는 1976년 12월 27일 국무회의에 창원·여천공업기지 배후도시 개발계획을 보고하였다. 이를 정리하면 〈표 13-10〉과 같다. 도시규모는 1977년 12월 8일(발표 9일) 기지 확대지정에서도 대체적으로 유지되었다.[55)]

그러나 1978년 들어와 중화학공업기지계획은 비판되었고 이에 따라 계획완공기간이 늦추어졌다. 중화학공업추진위원회기획단은 중화학공업 입지수요가 1981년에는 98.19km², 1991년에는 328.81km²가 되어(부록의 자료 13-3의 '〈자료표 13-3-1〉 중화학공업추진위원회기획단의 중화학공업 입지수요 추정' 참조) 현재까지 책정된 공업기지는 이미 포화상태에 이르렀거나 곧 이를 것이라고 대통령에게 보고까지 하고 있었지만[56)] 중화학공업화에 대한 비판이 더 높았다. 비판 속에 온산공업기지의 완공은 1986년으로 되었으며 다른 공업기지의 완공은 1981년 완공으로 계획이 변경되었다. 연기된 중화학공업기지 건설계획을 정리하여 보면 〈표 13-11〉과 같다.

건설계획 연기와 함께 전체적으로 공업지역 규모도 동결되었다. 포항기지 공업지역은 607만 평으로 1976년 12월 지정 때 규모로 동결되었다. 포항기지는 1975년 6월 23일 울산·구미 공업기지와 함께 종합제철 260만 평, 제1연관단지 121만 평, 제2연관단지 165만 평 등 총 927만 평이 포항철강연관단지 산업기지개발구역으로 지정되었다가[57)] 1976년 12

55) 산업기지개발공사(1978).
56) 중화학공업추진위원회기획단(20, 1978), V. 산업기지.
57) 경상북도(1976. 2. 16).

표 13-11 중화학공업기지 건설계획(1978년 말)

		단지조성(천 평)		시설지원액(백만 원)	
		계획	진도(1978년 말)	계획	진도(1978년 말)
포항	1968~1981	6,070	69.7%	29,015	48.4%
창원	1974~1981	5,780	75.0	112,088	76.9
온산	1974~1986	3,990	27.6	75,823	23.5
여천	1974~1981	2,844	82.7	33,840	68.0
거제	1974~1981	1,860	71.6	34,195	78.9
합계		20,544	65.0	284,961	59.0

주: 1) 건설부 산업입지국 제출자료로 단지는 공업지역임.
2) 시설지원 절대액은 기지별 시설범위와 건설기간이 달라 다른 자료의 시설액과 직접 비교가 불가함.
3) 거제지구는 옥포, 죽도만임.

자료: 국무총리기획조정실(제421종, 1979), p. 124.

월 포항종합제철 확장에 따른 제2연관단지의 추가조성으로 343만 평이 증가된 총 1,270만 평으로 확대 지정되었는데, 이때 총면적 1,270만 평 중 47.8%인 607만 평이 공업지역, 나머지 663만 평이 녹지 및 기타 지역으로 지정되었다.[58] 온산공업기지 역시 1976년 12월 재지정된 공업지역 규모에서 변동이 없었다. 온산공업기지는 1974년 4월 총 777만 평이 산업기지개발구역으로 지정된 후 1976년 12월 주거지역의 일부 조정으로 43만 평이 축소된 734만 평으로 재지정되었다. 이 734만 평 중 공업지역이 399만 평이었고 나머지는 주거지역 69만 평과 녹지 및 기타 179만 평 그리고 나머지 87만 평이 앞으로 수요증가에 대비한 유보지역이었다.[59]

창원공업기지 공업지역은 1977년 12월 9일 건설부의 총 478만 평 산업기지개발구역 추가 지정 발표시[60] 지정된 수준을 유지하였다. 창원기지는 1976년 12월 31일 총 1,416만 평이 지정되었다가 건설부 고시 제240호로 1977년 12월 8일 1,470만 평으로 확대 지정되었는데 이때 645만 평이 공업용지, 나머지 56.1%인 825만 평이 주거, 녹지, 유보지역으로 되었다.[61] 창원기지는 1979년 말 동서 12km, 남북 8km, 총부지면적 1,470만 평 규모를 유지하면서 하구(河口)·적현(赤峴)·삼동(三東)·귀곡(貴谷)의 제1단지와 성주(聖主)·차룡(車龍)의 제2단지를 이루었다.[62]

58) 산업기지개발공사(1978), p. 101.
59) 산업기지개발공사(1978), p. 100.
60) 〈매일경제신문〉(1977. 12. 9); 〈동아일보〉(1977. 12. 9).
61) 산업기지개발공사(1978), p. 99에는 공업지역이 645만 평으로 지정되었다고 나와 있으나 중화학공업추진위원회기획단(중화추현, 1979. 1), p. 286과 중화학공업추진위원회기획단(중화추현, 1979. 1), p. 291 등을 보면 준공업지역을 포함한 공업용지이다.
62) 한국공단연구소(총람, 1980), pp. 165~169.

여천공업기지는 1976년 12월 정부가 '럭키화학', '7비(肥)단지'의 공업지역과 쌍봉(雙鳳)주거지역 등의 확장으로 572만 2,000평에서 412만 8,000평이 늘어난[63] 총 985만 평을 산업기지개발구역으로 확장하여 지정하였다.[64] 그리고 다시 정부는 1977년 12월 8일 여천공업기지의 산업기지개발구역(중화학공업기지)을 1,334만 평으로 확장 고시한 바 있었다.[65] 정부는 공업지역을 1976년 204만 평으로 한 데 이어 제4차 경제개발5개년계획기간 중 96억 원을 투입, 석유화학계열 공장용지 80만 평을 추가 조성하여 1980년에 총 284만 평으로 확장할 계획이었다.[66] 따라서 여천공업기지의 공업지역 역시 이때 확장하기로 한 규모에서 변동이 없었다.

거제조선기지는 중화학공업기지 건설계획의 일환으로 추진될 당시 옥포(玉浦)조선소 120만 6,000평, 죽도(竹島)조선소 92만 3,000평을 합하여 212만 9,000평이었다.[67] 그러다가 1974년 4월 산업기지개발구역으로 지정되고 1977년 확대되어 옥포조선소 138만 평, 죽도조선소 150만 평으로 되어 총 288만 평이 지정되었다. 이때 옥포조선소 138만 평 중 공업지역은 97만 1,000평, 나머지 40만 9,000평은 주거지역 및 해면녹지이며 죽도조선소 150만 평은 공업지역 89만 평과 주거지역 및 해면녹지 61만 평으로 구성되어 있었다.[68] 즉, 1977년 산업기지개발구역 공업지역은 합계 186만 1,000평이었다. 1977년 12월 산업기지개발구역으로 추가 지정 때[69] 창원기계공업기지, 여천석유화학공업기지와 함께 옥포·죽도 조선공업기지는 75만 평이 늘어났다. 공업지역 면적은 이후에도 계속 유지되었다. 한편, 1974년 4월 산업기지개발구역 조선공업기지로 지정된 안정(安井)공업기지는 부지에 대한 용지매수를 완료하여 기본계획 수립으로 공장건설계획을 추진한 바 있으나 일시 중단되었다.[70]

계획 총시설지원금액을 보면 창원기계공업기지가 1,121억 원으로 전체의 39.3%를 차지하고 있고, 다음이 온산비철금속공업기지로 758억 2,300만 원으로 전체의 26.6%를 차지하게 되어 있다. 평당 시설지원액은 창원 1,939만 원, 온산 1,900만 원, 여천 1,190만 원, 거제 1,840만 원, 포항 480만 원으로 역시 창원, 온산이 가장 높고 다음이 거제, 여천의 순서로 되고 있다. 지원금액의 공사진척 대비 지원실적을 보면 대체적으로 공사진행과 비슷하게 나아가고 있지만 포항기지와 여천기지는 공사진척에 비해 지원속도가 느렸다.

63) 산업기지개발공사(1978), p. 99에 의하면 527만 7,000평으로 되어 있는데 중화학공업추진위원회기획단(보중기3대통령결재문서, 1974. 3. 21) 문서와 한국공단연구소(총람, 1980) 자료 pp. 135~138을 보면 이는 572만 2,000톤의 오자이다. 이에 따라 계산폭도 잘못 기재되어 있으므로 전부 정정하였다.
64) 산업기지개발공사(1978), p. 99.
65) 한국공단연구소(총람, 1980), pp. 135~138.
66) 산업기지개발공사(1978), p. 99.
67) 중화학공업추진위원회기획단(보중기3대통령결재문서, 1974. 3. 21).
68) 산업기지개발공사(1978), p. 100.
69) 전국경제인연합회(전2사, 1983), p. 672.
70) 산업기지개발공사(1978), p. 546.

2. 기지건설계획의 실행과 진행

박대통령의 중화학공업기지 건설에 대한 관심은 초기부터 매우 높아 공업기지 관련회의가 대통령 주재로 열렸으며 기지관련 보고와 대통령 지시가 계속 이어졌다. 1973년 3월 20일 대통령 주재의 관계장관회의에서 기계, 화학, 철강, 수출자유지역(비철금속 포함) 입지가 우선적으로 최종 결정되었다. 이 날 대통령은 입지결정과 함께 기지건설에서의 주의사항에 대해 목전에 몰입하지 말고 장기적인 계획으로 진행할 것 등 다음과 같이 지시하였다.

【대통령 지시사항】

1. 중화학공업화정책에 대하여
   가. 중화학공업화정책에 따른 공업입지는 이미 선정한 다음 후보지로 결정하고 후보지가 선정되지 않은 분야는 추후 결정할 것.
   기계공업기지-창원
   화학공업기지-여수(麗水)·광양(光陽)
   철강공업기지-낙동강 하류
   중화학공업 수출자유지역(비철금속 포함)-온산(溫山)
   경공업 수출자유지역-군산·비인(庇仁)
   나. 중화학공업기지계획에 포함되어 있지 않은 지역에 대하여도 사전에 통제하여 목전의 이익과 편의에만 몰입하지 말고 앞으로의 원대한 국토계획에 따라 조정할 것.
   중화학공업에 해당되는 주요 업종의 입지는 중화학공업 추진위원회의 승인을 받도록 할 것.
   다. 공업기지 조성은 단계적으로 하되 우선 공장건설이 가능한 지역부터 착수할 것.
   라. 상공부는 어떤 공장을 어떻게 세울 것인가 구체적으로 공장건설계획을 수립할 것.
   마. 건설부는 공업기지 조성에 대한 설계 및 작업을 진행시킬 것.

《대통령비서실(회중3대통령결재문서, 1973. 3. 20)》

대통령은 중화학공업기지 건설에 대해 상공부가 공장건설계획을 수립하고 건설부가 설계 및 작업을 진행하는 이원적 형태로 하고 당장 공장건설이 가능한 지역부터 착수할 것을 지시하고 있다. 그리고 이전에 구상단계로 주장되고 있었던 온산지구(300만 평, 아연, 알루미나제련 및 동연관공업), 광양지구(600만 평, 석유정제, 석유화학, 철강공업 및 기타), 삼천포지구(350만 평, 제철 및 동연관공업), 군산지구(200만 평, 금속공업 및 기타), 제주지구(200만 평, 석유정제 및 기타)의 중화학공업 수출자유지역을[71] 비철금속을 포함한 온산으로 집중

71) 과학기술처(중공개1, 1972), pp. 88~89.

하고 군산과 비인은 경공업 수출자유지역으로 하는 지역 집중과 분담을 최종 결재하였다.

1973년 3월 26일에는 대통령 결재에 의해 입지가 확정됨에 따라 온산, 창원, 여수·광양, 군산·비인, 구미 등 5개 대단위 공업단지 조성계획이 작성되었다. 1973년 4월 3일에는 건설부가 중화학공업지역 기준지가 대상지역을 공고하였는데 대상지역은 구미, 온산, 낙동강 하구, 창원, 여수·광양(光陽), 군산·비인(庇仁) 6개 공업단지에 제주도 지역을 포함하여 총 7개 지역이었다.[72] 이어 1973년 4월 중화학공업기지 건설과 관련하여 대통령은 다시 다음과 같이 지시하였다.

> 1. 입지조사, 입지계획, 건설공장 일람표, 배치계획 작성 등 실시하여 일정표를 작성하고 긴급순위를 정하여 추진할 것. 상기 일정표는 상부의 재가를 받을 것.
> 2. 중화학공업추진위원회는 추진원칙과 일정표 작성이 끝난 후 내용 하나하나에 대한 문제를 검토하여 실무적으로 추진해 나갈 것.
> 3. 입지조성을 위한 단지매립에 있어 수자원공사가 할 수 있는 범위에 속하는 것은 수자원개발공사에 맡기도록 할 것……
> 4. 구미전자공업단지는 행정계통의 통일을 기하기 위하여 상공부 단지관리청에서 장악하도록 하고 마산관리청과 같은 단일행정 창구제도를 만드는 것을 검토할 것.
>
> 《대통령비서실(중지3대통령결재문서, 1973. 4. 10)》

대통령의 공업기지 건설관련 지시는 모든 관련 계획서를 작성 후 일정표를 만들고 긴급순위를 정해 추진하되 추진위원회가 내용 하나하나를 검토하고 기지건설은 계획, 진행 등에서 정부 내 상하 통일성을 가지도록 하라는 것이었다.

대통령의 지시를 포함하여 1973년 4월 27일, 중화학공업 산업입지 추진계획이 다음과 같이 확정되었다.

> 1. 도상계획 수립: 4~9월
> 2. 기본계획 조사실시: 5~10월
> 3. 항공 측량 및 지형도 제작: 4~6월
> 4. 실시 설계
> 5. 조사결과 검토 및 계획 확정: 5~12월
>
> 《국무총리기획조정실(중오, 1973), p. 199》

계획수립 후 바로 기본계획의 조사가 실시되어 각 중화학공업기지 예정지 지질조사 등이 이루어졌고 지역별 보고서가 작성되어 제출되었다.[73] 보고서는 "이 지역의 지질상태

72) 국무총리기획조정실(중오, 1973), p. 199.
73) 건설부(거제, 1973); 건설부(남해, 1973); 건설부(아산, 1973); 건설부(여수, 1973); 건설부(창기, 1973).

는 중화학공업단지 조성에 매우 좋은 편으로 사료되며 절토시(切土時)에 얻어진 성토재료(盛土材料)도…… 매우 양호하다고 사료된다. 뿐만 아니라 기초를 위한 지반의 지지력도 매우 좋은 상태이며 경제적으로도 값이 싼 구조물의 기초를 설계할 수 있다고 볼 수 있겠다"는 등의 결론을 보고하였다.[74] 1973년 7월 20일 건설부는 창원 339.72km², 온산 185.8km², 거제 179.6km², 여수·광양 726.72km², 구미 194.21km², 제주 73.97km²의 중화학공업단지 기준지가를 고시하였고 이어 12월 3일에는 낙동강 하류 121.51km², 군산지역 153.99km², 회덕지역 41.76km²의 중화학공업기지 3개 지역의 기준시가를 고시하였다.[75]

1973년 9월 17일에는 '중화학공업의 원활한 추진을 위해 건설부 산하 기업체 상호간의 협조체제 유지'를 목적으로 건설부 산업입지국장, 수자원공사 계획이사, 주택공사 기술이사, 도로공사 기술이사, 기타 건설부 및 경상남도 관계관들로 구성된 '중화학공업기지건설 업무협의회'가 설치되었다.[76] 이 날 9월 17일 만들어진 '장기기계공업육성계획'은 사실 창원기지 건설계획으로 창원기지 건설을 통해 1981년 기계류 생산목표 52억 달러, 1981년 기계류 수출목표 16억 달러를 달성하고 이를 위해 43개 업종 123개 품목에 대한 지정업체 322개를 집중 육성한다는 것이었다. 이러한 계획의 구체화를 위해 이틀 뒤 9월 19일에는 창원종합기계공업기지 건설계획이 최종 확정되었다.[77] 한편, 1973년 10월 9일 네덜란드 항만건설 및 매립간척 전문회사인 'HAM(Hollandsche Aaneming Maatschappij)'사가 광양(光陽)지구 중화학공업기지 건설사업 기술검토 보고서를 제출하였는데 그 내용은 총면적 820만 평, 매립 694만 평, 매립토량(埋立土量) 1억 3,690만m³의 공사량에, 사업비 125억 원, 건설기간 27개월이 소요된다는 것이었다. 이에 따라 11월 8일에는 계획제안사항에 대한 협의회가 개최되었다.[78]

1973년 10월 12일 경제기획원은 1981년까지 중화학공업 생산을 전체 제조업의 51%로 신장시키기 위해 낙동강 하구, 온산, 창원, 거제, 구미, 여수·광양 등에 특수 중화학공업공업단지를 조성한다고 발표하였다. 10월 17일에는 수자원공사의 이리 수출자유지역단지 조성공사가 착공되었고 이어 10월 22일에는 중화학공업기지 용지매수 업무지침이 시달되었는데, 사업시행자는 용지매수 및 보상금과 매수수수료(매수 및 보상금의 2/100)를 도지사에게 납부하고 시도지사는 용지매수 및 보상업무와 이주민의 이주대책을 수립, 실시하도록 하였다.[79]

그러나 1973년 12월 12일 하오 3시로 예정되었던 창원기계공업단지 기공식은 지가보

74) 건설부(남해, 1973), pp. 1~4.
75) 국무총리기획조정실(중오, 1973), pp. 200~201.
76) 국무총리기획조정실(중오, 1973), p. 200; 한국개발연구원(한반, 1995), p. 315.
77) 국무총리기획조정실(중오, 1973), p. 194.
78) 국무총리기획조정실(중오, 1973), p. 201.
79) 국무총리기획조정실(중오, 1973), pp. 200~201.

상에 불만을 가진 현지주민들의 강력한 반발로 중단, 무기 연기되었다. 이 날 공단조성 예정지 안 마산시 용지동·가음정동·남산동·연덕동 주민 300여 명은 건설부가 지정고시한 땅값·건물값은 시가의 30%에도 미달한다면서 지가의 현실화를 주장하며 기공식장에서 불도저 앞을 가로막았다. 기공승낙 사무를 위임받은 마산시는 8월부터 4개월 동안 주민들을 설득해 왔으나 12월 13일 현재 제1공구 105만 평 가운데 대지·산림 등을 합해 15.6%의 면적에 한해 기공승낙을 받았을 뿐이었다. 건설부가 지정고시한 창원공단의 토지보상가격은 평당 700원에서 1,200원까지인데 물론 지정 후 지가가 급등한 것이라고 하지만 공단에 포함되지 않은 주변 땅값은 평당 3,000원에서 1만 원을 호가한다고 주장되었다.[80] 이미 포항종합제철 건설에서도 문제가 되었고 조선공사가 거제·옥포지구의 조선소 부지 매입 과정에서도 기준지가에 대한 현지주민의 불만과 이에 따른 사업부진 문제가[81] 발생한 이후였다. 결국 이주민 문제는 관련 도와 건설부가 협의하여 진행하는 방식으로 되었다가[82] 다시 관련 도가 이주대책을 마련하여 중화학공업추진위원회에 보고하기로 하는 등 대응대책이 강화되었다.[83]

1974년 2월 4일 창원공업기지 1차 조성공사가 시작되었다. 그리고 1974년 3월 22일 대통령 결재로 중화학공업기지 조성구역이 확정되었다. 그 내용은 다음과 같다.

【중화학공업기지 조성구역 확정】

1. 중화학공업 건설의 추진과 더불어 중화학공업기지 건설사업이 이미 착수되었거나 착수될 예정으로 있으므로 기지 개발사업을 촉진하기 위하여는 조성구역 확정이 필요합니다.
2. 이를 위하여 외국용역기관이 작성한 입지기본계획을 토대로 하여 기지별로 유신정책심의위원, 도시계획위원 및 사계(斯界) 전문가로 구성된 심의위원회의 심의를 거쳐 중화학공업기획단 실무위원회의 검토를 받고 건설부는 다음과 같은 개발기본계획을 확정하였습니다.
3. 이상 확정된 중화학공업 조성구역을 산업기지개발촉진법에 의거 산업기지개발구역으로 지정하여야 하므로 절차에 의거 경제각의 및 각의의 의결을 거쳐 각하의 재가를 받고자 추진 중에 있음을 보고 올립니다.

《중화학공업추진위원회기획단(보중기3대통령결재문서, 1974. 3. 21)》

기지는 산업기지개발공사가 건설하고 이를 관련 공단에 판매하면 관련 공단은 이를 기업에게 분양하는 순서로 진행되었다. 구체적으로 기지건설계획의 진행절차를 관련 회의, 비용, 가격 등을 포함하여 기계공업기지의 예에서 순서대로 보면 다음과 같다.[84]

80) 〈중앙일보〉(1973. 12. 14).
81) 〈중앙일보〉(1973. 8. 27).
82) 중화학공업추진위원회기획단(중화추차, 1977. 8. 26), 제62차 회의록.
83) 중화학공업추진위원회기획단(중화추차, 1978. 2. 17), 제68차 회의록.
84) 동남지역공업단지관리공단(1996), pp. 149~150, 194~195.

첫 번째, 산업기지개발공사가 국민투자기금을 3년 거치 5년 상환에 연리 9%로 융자를 받아 기지를 건설한다(1974년 3월 15일 제3차 중화학공업 차관보급실무회의 결정).[85]

두 번째, 산업기지개발공사는 건설한 기지부지를 한국기계공업공단(韓國機械工業公團)에 판매한다(1974년 3월 15일 제3차 중화학공업 차관보급실무회의 결정). 이때 판매가격은 건설부장관이 정하고 대금상환은 역시 3년 거치 5년 상환을 원칙으로 하되 산업기지개발공사의 국민투자기금 상환계획에 부합하도록 한다. 판매시 한국기계공업공단이 국민투자기금 채무인계로 상계도 가능하다.

세 번째, 경제장관회의는 공단의 설립을 승인한다. 1974년 4월 3일 경제장관회의는 한국기계공업공단의 설립을 승인하였는데, 한국기계공업공단은 설립시 일반금융에서 신용대출을 받되 원리금은 1974년 추경예산 또는 1975년 예산에 반영하여 상환하고 한국기계공업진흥회가 200만 원을 출연하는 것으로 하였다(1974년 4월 11일 경제장관회의 결정).

네 번째, 한국기계공업공단은 분양매입한 땅을 그 가격대로 입주업체에게 분양하는 것을 원칙으로 하되 판매시기 차이에 따른 금리부담 등을 고려하여 조정할 수 있다. 대금상환은 3년 거치 5년 상환을 최장기로 하고 역시 산업기지개발공사의 국민투자기금에 대한 상환계획에 부합하도록 조정하되 초기 입주시는 장기로, 후기 입주시는 단기로 하였다. 단, 입주시 부지매입대금의 30%는 현금으로 납입하도록 하였다(1974년 3월 15일 제3차 중화학공업 차관보급실무회의 결정).

자기자금으로 30% 이상을 확보한다는 것을 제도화한 것은 자기자금 없이는 중화학공업 자금을 쓸 수 없도록 규제를 하였다는 뜻인데, 이는 중화학공업기지에 입주하는 기업들을 재정상 건실하게 하기 위한 조치이었다. 그 과정은 ① 사업추진체에서 자금을 신청하면, ② 상공부나 건설부가 검토한 후, ③ 중화학공업추진위원회기획단에 설치된 차관보회의에 상정하고, ④ 여기에서 통과되면 경제각료회의를 거쳐, ⑤ 국무총리와 대통령에게 보고한 후, ⑥ 국민투자기금 관리은행인 한국산업은행에 통보하여, ⑦ 한국산업은행에서 자기자금 30%가 확보된다는 검증을 받은 후 융자하도록 하였다.[86]

다섯 번째, 1974년 4월 17일 한국기계공업공단이 설립되었고 재단법인으로 등기를 완료하였다(상공부 허가 제213호, 등기번호 1334호).

1974년 3월 27일 산업기지개발구역으로 창원(종합기계공업기지), 온산(석유정제·비철금속공업기지), 옥포·죽도·안정(조선공업기지), 여천(종합화학공업기지)이 지정되었고 1975년 6월에는 울산·구미 지역이 산업기지개발구역으로 지정되었다.

1976년 3월 10일 성도경 부산지방국토관리청장은 중화학공업기지를 설계가 끝나는 대로 곧 착공하겠다고 발표하였다. 착공될 것으로 발표된 중화학공업기지는 창원기계공업

85) 중화학공업추진위원회기획단(중화추차, 1974. 3. 15).
86) 오원철 전 중화학공업추진위원회기획단장(박정, 2006), p. 533.

기지, 온산비철금속기지, 거제옥포조선소 등으로 이들 기지건설에 투입될 1976년 예산은 102억 1,678만 4,000원이었다. 이 밖에도 울산항 건설 등 항만 준설 및 건설에 1억 9,920만 원이 투입될 것이라고 밝혔다.[87] 중화학공업기지 건설은 계속사업을 제외하고도 1974년부터 본격화되고 있었지만 여전히 투자금액이 적었다. 여천, 창원, 온산, 구미 그리고 계획에 항상 함께 거론되었던 이리기지까지 포함하여 공업기지건설투자액을 국민총생산 대비 비중으로 보면 1974년 154억 2,300만 원으로 0.3%, 1975년 176억 6,800만 원으로 0.2%, 그리고 1976년 146억 9,500만 원, 0.1%로 줄고 있었다. 국내 총고정자본형성액 대비 비중과 정부기업자본형성액 대비 비중으로 각각 보면 여천공업기지 건설투자액은 1975년 0.5%, 8.0%, 1976년 0.4%, 6.7%이었고 창원공업기지는 1975년 0.2%, 3.1%, 1976년 0.1%, 1.7%이었으며 온산공업기지는 1976년 0.002%, 0.02%에 머물렀다.[88]

1977년 3월 3일 건설부는 아산만에 중화학공업기지를 건설하기 위해 연내 방조제 건설에 착수한다고 발표하였다.[89] 건설부는 1977년 3월 5일 창원·여천·포항·온산 4대 공업단지 개발지역을 확대 재조정하였고 4월 25일에는 산업기지개발촉진법 시행규칙에 따라 반월(半月)·창원·여천·구미 등 14개 산업기지를 수익징수대상지(受益徵收對象地)로 지정하였다.[90] 이어 12월 9일 다시 여천·옥포(玉浦)·죽도(竹島)·창원 4개 기지의 면적을 확대하여 478만 평을 개발구역으로 추가 지정하고 충남 대덕전문연구단지의 840만 평을 새로 산업기지개발구역으로 지정고시하였다.[91] 1977년 12월 15일에는 당동(塘洞)·안정(安井) 지구 항만개발계획이 대통령에게 보고되고 1978년 4월 사전조사에 착수되었다.[92] 전국경제인연합회는 주요 사건에 공업입지와 관련된 내용은 거의 모두 기록하고 있는데 이는 그만큼 당시 산업용지가 중요하였음을 반영하는 것이다.

1977년 말에도 여전히 공업기지에 대한 부족이 우려되고 있었다. 항상 비교대상이 되었던 일본과 비교해 볼 때 일본은 공업입지가 국토면적의 0.34%이었지만 한국은 계획총면적을 합해도 국토면적의 0.20%이었고 1977년 말까지 조성된 공업입지면적은 국토면적의 0.07%에 불과하였다.[93] 공업기지가 만들어지고 있지만 여전히 산업공해로 공업입지에 엄격한 제한이 가해지고 있었던 일본에 비해서도 한국은 국토면적 대비 공업입지비율이 절대적으로 작았고 공업입지가 작았던 것이었다.

공업기지에 대한 과수요가 우려되고 처음의 계획과 달리 현실적으로 대규모 공업기지가 동남해안 임해지역에 집중됨에 따라, 1978년 중화학공업추진위원회기획단은 2000년대

87) 〈매일경제신문〉(1976. 3. 10).
88) 산업기지개발공사(1978), p. 477.
89) 청사(일지, 1984), p. 312.
90) 전국경제인연합회(전2사, 1983), pp. 667~668.
91) 전국경제인연합회(전2사, 1983), p. 672.
92) 대통령비서실(예안8, 1978. 4. 13).
93) 중화학공업추진위원회기획단(20, 1978), V. 산업기지.

표 13-12 공업기지 조성투자액과 기지지원시설 투자 국고분 구성 내역(1973~1979) (단위: 백만 원)

		국민투자기금	자체부담액	합계	자체부담비율	
공업기지 조성투자	창원	47,880	35,561	83,441	42.6	
	여천	12,710	8,048	20,758	38.7	
	온산	7,386	5,402	12,788	42.2	
	구미	13,860	9,504	23,364	40.6	
	포항	500	14,031	14,531	96.5	
	합계	82,336	72,546	154,882	46.8	
		용수	항만	도로	철도	계
기지지원시설 투자 국고분	창원	6,640	13,150	4,345	5,110	29,245
	여천	19,125	12,662	3,401	–	35,188
	온산	19,100	15,128	4,276	4,280	42,784
	거제	3,579	8,940	2,753	–	15,272
	포항	19,150	54,744	4,354	–	78,248
	합계	67,594	104,624	19,129	9,390	200,737

주: 항목에 따라 계산상 1979년 이후 분도 일부 포함됨.
자료: 중화학공업추진위원회기획단(기단정리자료, 1979); 김광모 전 중화학공업추진위원회기획단부단장(한국산, 1988), pp. 325~326.

의 국토구상으로 임해기지를 서해안을 중심으로 건설하기로 하고 소외된 서해에 2개 지역, 그리고 남해와 동해에 1개 지역을 대상지역으로 설정하고자 하였다.[94] 여기에서 중화학공업기지로 남부기지는 제2의 기계기지를 만들어 비료, 시멘트, 석탄, 석유 등 대규모 저장비축시설과 가공공장을 입주시키고, 중부종합기지는 입지선정에 가장 제약조건이 많은 제철, 정유공장, 발전소 등 대규모 공장을 설치하고자 하였다. 그리고 서해안의 다른 한 곳인 군산·비인지구는 도시형 공업을 개발하는 방향으로 계획하고자 하였다(부록의 '〈자료 13-3〉 2000년대의 국토구상 대통령 보고 주요 내용' 참조). 상공부 역시 1978년 10월 25일 창원, 구미 등 조성작성이 늦어지고 있어 기지의 신규수요를 따라가지 못해 중화학공업 용지구득난이 심화되고 있다고 발표하고 있었다.[95] 그러나 2000년대의 국토구상은 1979년 10월 박대통령 급사로 중단되었고 다만 아산(牙山)공업단지는 1979년 12월 14일 중화학공업기지로 지정되었다.

1979년까지 기지건설에 투입된 중화학공업 기지조성투자액과 정부지원 지원시설투자액을 총정리하되 중화학공업 기지조성투자액은 국민투자기금과 자체부담액으로 이루어져

94) 중화학공업추진위원회기획단(20, 1978), V. 산업기지.
95) 〈매일경제신문〉(1978. 10. 25).

표 13-13 공업기지 내 교육 및 복지후생 시설

<table>
<tr><th colspan="2" rowspan="2"></th><th colspan="2">교육시설</th><th rowspan="2">복지후생시설</th></tr>
<tr><th>교육기관명 학과수</th><th>수용인원</th></tr>
<tr><td rowspan="8">중화학
공업기지</td><td rowspan="3">구미전자
공업기지</td><td>금오공고 4개과</td><td>1,320명</td><td rowspan="3">병원 2개소
(진료과목 15, 병상수 250)
복지회관 533평
근로여성교실 250명
수퍼마켓, 상가 2,160평</td></tr>
<tr><td>구미전자공고 3개과</td><td>2,160명</td></tr>
<tr><td>직업훈련원 4개과</td><td>540명</td></tr>
<tr><td rowspan="4">창원기계
공업기지</td><td>기능대학 3개과</td><td>240명</td><td rowspan="4">산재병원 1개 3,334평
(진료과목 15개과)
(병상수 234개)</td></tr>
<tr><td>기계공고 3개과</td><td>420명</td></tr>
<tr><td>한백직업훈련원 4개과</td><td>680명</td></tr>
<tr><td>사내직업훈련원 6개사</td><td>1,400명</td></tr>
<tr><td>여천화학
공업기지</td><td colspan="2">11개교: 1978~1986년 계획
1차 1978~1979년 초등 2, 중등 1교만</td><td>종합병원 1개소
1980~1986년 계획</td></tr>
<tr><td colspan="2" rowspan="3">한국수출산업공업단지</td><td>기계금속시험소</td><td>1,200명</td><td rowspan="3">공단의원 1개소
복지회관 4개소 1,700평
생활관 1개소 934평</td></tr>
<tr><td>피혁기능공훈련원</td><td>600명</td></tr>
<tr><td>인천직업훈련원</td><td>1,200명</td></tr>
</table>

자료: 산업기지개발공사(1978), p. 195; 국무총리기획조정실(제432산, 1980), pp. 449~450.

있으므로 이를 나누어 정리하여 보면 〈표 13-12〉와 같다. 국민투자기금액 사용은 산업기지개발공사가 요청하면 상공부가 조정작업을 하고 이어 경제기획원과 협의하여 재조정하는 순으로 이루어졌다.[96)]

전체적인 기지조성투자액은 종합기지인 창원기계공업기지가 가장 많아 전체 투자액의 53.9%를 차지하였다. 기지건설의 전체 투자자금원을 보면 국민투자기금에서 총 823억 3,600만 원, 총투자액의 53.1%를 조달하였고, 나머지 46.8%는 자체자금으로 충당하였는데 기지건설의 자체부담비율은 중화학공업 투자사업 중 가장 높았다. 이는 앞에서 지적하였듯이 정부가 수익자부담의 원칙을 관철시키려고 노력한 결과이었다. 이 중에서도 자체부담비율이 가장 높은 기지는 포항철강공업기지로 96.5%에 달하였으며 나머지는 40%대이었고 여천화학공업기지만 38.7%이었지만 큰 차이는 없었다. 공용지원시설인 사회간접자본에 대해 국고지원이 이루어진 국고분을 보면 역시 항만건설에 가장 많은 국고지원이 이루어졌으며 다음이 용수공급 부분이었다. 기지별로는 항만이 가장 중요하였던 포항철강공업기지에 가장 많은 지원시설 국고지원투자가 이루어졌다.

중화학공업기지는 이전의 공업단지와 달리 교육, 후생, 시험시설을 포함하는 기지로 추구되었다. 1979년 현재 공업기지 내 만들어진 교육 및 복지후생시설을 보면 〈표 13-13〉

96) 중화학공업추진위원회기획단(중화추차, 1975. 2. 21), 제30차 회의록.

과 같다. 한국수출산업공업단지는 지정 중화학공업기지는 아니지만 '대우자동차' 등에서 보듯이 조립금속업체가 가장 큰 비중을 차지하였다.

3. 기지건설 결과와 공업기지별 비교

1978년 말 중화학공업기지 외의 공업단지로 10개소의 지방공업단지, 대부분 외국인투자 또는 내외국인 합작투자 수출업체가 입주하고 있었던 수출산업공업단지, 마산·이리의 2개 지역에 있었던 수출자유지역, 그리고 인천·영등포·포항 제1연관단지 등으로 업종별로 집단화된 민간공업단지가 있었다.[97] 민간공업단지에는 총 2,238개 업체가 입주하여 1,766개소가 가동 중에 있었으며 184개소가 건설 중이고 245개소가 미착공, 43개소가 휴업상태이었다.[98]

중화학공업기지는 1978년 말 산업기지개발구역 10개 지역이 특수지역 5개 지역과 함께 지정되어 있었는데 1979년 아산이 추가됨으로써 11개 지역으로 늘어났다. 이들 지정 중화학공업기지 산업기지개발구역 11곳에는 1979년 말 493개 기업이 입주하였는데 1978년과 1979년 말 현황을 총괄하여 정리하면 〈표 13-14〉와 같다.

산업기지개발구역으로 지정된 중화학공업기지의 총면적은 1978년 말 7,262만 8,000평이며 이 중 창원기지가 가장 넓은 1,470만 평, 이어 울산·미포기지 1,390만 평, 여천기지 1,334만 평이다. 가장 작은 지구는 구미전자공업기지로 120만 평이었다. 그러나 공업용지 면적으로 보면 울산·미포기지가 1,146만 평으로 가장 넓고 다음이 창원공업기지 645만 평, 포항기지 607만 평이다. 주거용지는 창원기지가 470만 평으로 가장 넓고 다음 여천기지로 315만 평이었다. 창원공업기지와 여천공업기지가 종합적인 원래의 기지목적에 따른 성격을 가장 잘 갖추고 있음을 알 수 있다. 1979년 구미기지의 면적이 확대되고 새로이 아산기지가 포함됨으로써 중화학공업기지 산업기지개발구역 지정 총면적은 3억 7,572만 8,000평으로 늘어났다. 1979년까지 입주업체수는 당연히 전자공업기지인 구미기지에 204개 업체로 가장 많았고, 다음이 기계공업기지인 창원기지에 102개 업체가 입주하였으며, 여천석유화학기지에 17개, 온산비철금속기지에 14개 업체가 입주하였다.

구체적으로 1979년 말 중화학공업기지별로 입주한 주요 기업체를 정리해 보면 〈표 13-15〉와 같다. 물론 중화학공업기지별로 입주기업들의 업종이 나뉘어져 있었는데 포항철

97) 중화학공업추진위원회기획단(한공발2, 1979), pp. 535~539.

98) 1978년 말 현재 총공업단지는 3,415만 9,000평이며 이 중 분양가능 면적이 2,545만 6,000평 그리고 분양면적이 1,736만 1,000평이었다. 총고용인원은 35만 7,600명이고 생산고는 3조 1,154억 7,800만 원, 수출고는 32억 3,633만 5,000달러이었다. 국무총리기획조정실(제422산, 1979), p. 480.

표 13-14 산업기지개발구역 지정현황(1978, 1979년 말)

(단위: 만 평, 개)

구분	기지명	면적				지정일	입주업체수
		총면적	공업용지	주거용지	해면·기타		
중화학공업기지	창원	1,470	645.0	470.0	355.0	1977. 12. 8	102
	여천	1,334.0	551.0	315.0	468.0	1977. 12. 8	17
	온산	734.0	486.0	69.0	179.0	1976. 12. 31	14
	옥포(玉浦)	138.0	97.0	30.0	11.0	1977. 12. 8	1
	안정(安井)	156.8	105.4	51.4	–	1974. 4. 1	–
	죽도(竹島)	150.0	89.0	22.0	39.0	1977. 12. 8	1
	구미(龜尾)	120.0	45	20	55	1977. 4. 22	204
		430.0*	182.2*	95.8*	152.0*		
	포항	1,270.0	607.0	–	663.0	1976. 12. 31	50
	울산-尾浦	1,390.0	1,146.0	–	244.0	1975. 6. 23	104
	북평	500.0	360.0	–	140.0	1975. 12. 22	6
	아산(牙山)*	30,000.0*	15,150.0*	5,300.0*	9,550.0*	1979. 12. 14	
	계(10개) (11개*)	7,262.8	4,468.7	977. 4	2,154	–	493
		37,572.8*	19,793.5*	6,944.2*	11,801.0*		
특수지역	월성(月城)	130.0	11.8	10.8	107.4	1976. 12. 31	–
				9.0*	109.2*		
	삼천포	60.0	8.5	–	51.5	1976. 12. 31	–
	知世浦	70.0	70.0	–	–	1974. 9. 20	–
	반월(半月)	1,750.0	247.0	525.0	978.9	1977. 4. 22	–
	대덕(大德)	840.0	–	57.0	783.0	1977. 12. 8	–
	고정(高亭)*	115.0*	37.6*	–	77.4*	1979. 4. 9	
	계(5개)	2,850.0	337.3	592.8	1,919.9	–	–
		2,965.0*	374.9*	595.0*	1,999.1*		

주: 1) 입주업체수는 1979년 말 현재임.
2) 면적에서 구분되어 있지 않은 것은 1978, 1979년 말 동일한 것이며 구분되어 있는 경우 위가 1978년 값, * 표시가 있는 것이 1979년 말 값임.

자료: 중화학공업추진위원회기획단(중화추현, 1979. 1), p. 286; 경제기획원(경백, 1980), pp. 244~245; 대한상공회의소 공업입지센타(1991), pp. 40~44.

강공업기지에는 주요 철강공업기업과 시멘트기업들이 입주하였으며, 온산공업기지에는 비철금속공업기업과 함께 '동해펄프', '럭키화학' 등 화학공업기업과 '한국이란석유' 등의 석유정제기업이 입주하였다. 창원·거제·구미·여천공업기지에도 각각 기계, 조선, 전자, 화

표 13-15 중화학공업기지의 주요 기업 입주현황(1979년 말)

기지	주요 입주기업
포항철강공업기지	강원산업, 대림산업, 동국제강, 포항종합제철, 쌍용양회공업, 현대시멘트, 한국합금철공업
온산공업기지	고려아연, 동해펄프, 럭키화학, 제일물산공업, 풍산금속공업, 한국이란석유, 한국제지, 효성알루미늄
창원공업기지	금성사, 기아기공(起亞機工), 대동공업(大同工業), 대림공업, 대우중공업, 미원중기, 두산기계, 반도기계, 삼미(三美)금속, 삼성라지에타공업, 삼성전기, 삼성정밀공업, 삼성중공업, 쌍용전기공업, 쌍용중기(重機), 세방전지, 신진자동차, 제일정밀공업, 통일산업, 풍성(豊星)전기, 한독시계, 현대양행, 현대차량, 효성기계공업, 효성중공업
거제기지	대우조선, 삼성중공업
구미공업기지	극동산업, 금성사, 금성전기, 금성전선, 금성정밀, 기아금속공업사, 대우전자, 대한반도체, 대한전선, 동양나이론, 동양정밀공업, 삼성전관공업, 쌍용양회공업, 서통(瑞通), 아남반도체, 오리온전자, 한국화약, 한진금속공업
울산공업기지	고려화학, 대농유화, 대성메탄올공장, 대한석유공사, 대한알루미늄공업, 대한유화공업, 대한화섬, 대한화성(大韓化成), 동양나이론, 동양화학공업, 삼경화성(三敬化成), 삼성석유화학, 쌍용양회공업, 성신양회공업, 이수화학공업, 제일포리머, 진양(進洋), 코오롱유화, 태광산업, 풍국(豊國), 한국에탄올, 한국프라스틱공업, 한주(韓洲), 현대미포조선소, 현대엔진공업, 현대자동차, 현대자동차서비스, 현대정공, 현대중공업
여천공업기지	금호화학, 남해화학, 럭키, 럭키석유화학, 럭키콘티넨탈카본, 한국프라스틱, 한양(韓洋)화학, 호남석유화학, 호남에틸렌, 호남정유

자료: 한국공단연구소(총람, 1980).

학업체들이 집중되었고 울산공업기지는 화학, 조선, 자동차기업이 입주하고 있다.

이제 지원시설사업을 공업기지별, 사회간접자본별, 연도별로 나누어 정리하면 〈표 13-16〉와 같다. 이를 다시 건설기간별 소요자금액 실적과 계획을 구하여 공업기지별 항만, 공업용수, 도로 등 사회간접자본별로 나누어 정리하면 〈표 13-17〉과 같다.[99)]

1979년 1월 중화학공업추진위원회기획단 계획에 의하여 1981년까지의 항만, 공업용수, 도로 등 지원시설 총소요액을 보면 포항공업기지가 가장 많은 1,101억 3,300만 원에 이르고 있고 창원·여천·온산공업기지는 각각 430억 1,400만 원, 364억 1,100만 원, 437억 8,200만 원이 예정되고 있다. 그런데 1978년까지 투입된 사회간접자본 시설비 역시 포항공업기지에 677억 5,500만 원으로 가장 많고 다음이 여천 334억 1,100만 원, 온산 333억 7,000만 원 순이고 창원 180억 9,100만 원, 거제조선공업기지 111억 7,000만 원이다. 가장 많이 투입된 포항기지의 경우 항만시설에 68.2%가 쓰였고 공업용수에 25.8%가 투입되었다. 항만시설비가 창원기지 46.5%, 여천기지 38.8%, 온산기지 40.5%, 거제기지 52.2%였던 점에서 철강공업 항만건설 투입비중이 높았음을 알 수 있다.

99) 기간이 연장된 후 1980년까지 사용된 산업기지지원시설 투자현황에 대해서는 부록의 '〈자료 13-4〉 산업기지 지원시설 투자현황' 참조.

표 13-16 기지별 지원시설 사업규모 현황

		전체 계획	1978년까지	1979년 계획
포항 공업기지	항 만	2천~10만 톤급 33선좌	18선좌	2선좌
	공업용수	22만m^3/일 공급시설, 관로(管路) 29km	관로 23.5km	관로 5.5km
	도 로	23.8km	축조 23km, 포장 21km	포장 2km
창원 공업기지	항 만	2만 톤급 7선좌	1선좌	1선좌
	공업용수	20만 톤/일, 관로 53.6km	관로 48.8km	–
	도 로	교량 23.4km	13.3km	1.5km
여천 공업기지	항 만	3천~5만 톤급 8선좌	8선좌	–
	공업용수	25만m^3/일 공급시설, 관로 56.9km	관로 56.9km	–
	도 로	33.3km	16.1km	7km
온산 공업기지	항 만	방파제 2,540m	방파제 2,360m	두부일식(頭部一式)
	공업용수	45만m^3/일 공급시설, 관로 70km	관로 58km	관로 2km
	도 로	18.7km	16.6km	21km
거제 조선기지	항 만	방파제 1,385m	방파제(하) 1,158m	방파제(하) 227m
	공업용수	1.2만 톤/일 공급시설, 관로 25.5km	관로 14.5km	관로 11km
	도 로	포장 46km	포장 46km	–
북평기지	항 만	5천~5만 톤급 10선좌, 방파제 2,440m	방파제(하) 2,020m	방파제(하) 714m

자료: 중화학공업추진위원회기획단(중화추현, 1980), pp. 294~297.

그런데 1979년에 계획이 변경되어 당시 완공되지 못한 지원시설계획들은 대체로 1~2년 연장되고 새로운 시설확장계획이 일부 첨가되었다. 이에 따라 사업비는 늘어났다. 창원공업기지 항만공사처럼 1979년 일부 사업은 1980년 이후로 연기되기도 하였다.

건설된 지원시설 중 계속경비로 지출되는 것이 공업용수이다. 1978년 말 현재 울산-온산공업지구는 일 52만 톤(M/T), 창원-마산·진해지구 일 28만 5,000톤, 여천공업지구 일 25만 톤, 포항공업지구 일 10만 톤의 용수시설이 갖추어졌고 공업용수 공급혜택을 받고 있는 공장수는 총 210개로서 울산·온산공업지구 51개, 창원·마산·진해지구 140개, 여천지구 9개, 포항지구 10개 공장이었다.[100] 1978~1979년 용수 수급동향과 가격을 정리해 보면 〈표 13-18〉과 같다.

공업용수의 공급확대가 지속적으로 추진되고 있는 반면 공장의 용수수요는 1970년대 말 아직 일부 공장 미입주, 미가동으로 100% 이루어지지 않고 있었다. 실제로 이러한 공장의 미입주로 한국의 단위면적당 공업용수 사용이 일본에 비해 적었다.[101] 그래서 1978

100) 국무총리기획조정실(제422산, 1979), pp. 487~490.

표 13-17 기지별 지원시설사업 기간 및 소요자금 실적과 계획

(단위: 백만 원)

		건설기간	소요자금				1980년 이후	진도(%)
			총소요	계(-77)	계(-78)	79계획		
포항 공업기지	항 만	1968~1981	86,432	38,315	46,181	6,251	34,000	53.4
		1968~1982	132,360			6,231	79,948	39.4
	공업용수	1974~1979	19,092	11,757	17,470	1,622	–	85.5
		1974~1980	20,956				1,864	91.9
	도 로	1968~1979	4,609	2,355	4,104	505	–	89
		1968~1980	5,049			525	420	91.7
	합 계	1968~1981	110,133	52,427	67,755	8,378	34,000	–
		1968~1982	158,365				82,232	
창원 공업기지	항 만	1974~1981	25,000	5,286	8,406	3,978	12,616	33.6
		1974~1982	26,397			3,698	14,293	45
	공업용수	1974~1978	6,640	6,141	6,640	–	–	100
		1974~1980	7,500			–	860	89
	도 로	1974~1981	11,374	2,135	3,045	1,400	6,929	26.8
		1974~1981	12,215			1,436	7,734	36.7
	합 계	1974~1981	43,014	13,562	18,091	5,378	19,545	–
		1974~1982	46,112			5,134	22,887	45
여천 공업기지	항 만	1974~1978	12,662	7,518	12,662	–	–	100
	공업용수	1974~1977	19,125	19,125	19,125	–	–	100
	도 로	1974~1981	4,624	1,185	1,624	1,600	1,400	35.1
		1974~1981	5,392			1,528	2,240	55.6
	합 계	1974~1981	36,411	27,828	33,411	1,600	1,400	–
		1974~1981	37,179			1,528	2,240	–
온산 공업기지	항 만	1974~1981	21,000	10,719	13,000	990	7,010	61.9
								66.6
	공업용수	1969~1979	18,547	16,770	17,000	234	1,313	91.6
		1969~1980	22,354				5,120	80
	도 로	1975~1979	4,235	2,297	3,370	865	–	79.6
		1975~1980	4,460			888	202	83.5
	합 계	1969~1981	43,782	29,786	33,370	2,089	8,223	–
		1969~1981	47,814			2,112	12,332	–
거제 조선기지	항 만	1974~1979	8,946	3,983	5,838	1,364	1,744	65
		1974~1980	10,265				3,063	70.2
	공업용수	1977~1979	3,516	715	2,579	937	–	63.3
		1977~1980	4,125				609	84.9
	도 로	1974~1977	2,753	2,753	2,753	–	–	100
	합 계	1974~1979	15,215	7,451	11,170	2,301	1,744	–
		1974~1980	17,143				3,672	
북평 공업기지	항만 방파제	1974~1979	47,200	14,625	26,875	20,345	–	56.7
		1974~1980	63,554				16,334	69.3
	항만 海壁	–	20,700	–	–	–	–	–

주: 1) 1978년까지 완공되지 못한 사업의 경우 1979년 변경이 있어 위 칸은 1978년 말 현재 상황이고 아래 칸은 1979년 11월 말 현재 상황임. 2) 창원기지 총소요액 합, 여천공업기지 1980년 이후 사용액 합 등 오산 혹은 오식수치는 정정함. 3) 칸이 나누어져 있지 않은 것은 1978, 1979년 동일한 것임. 4) 철도는 철도청의 당연한 기간사업이며 용도가 중화학공업기지에 배타적으로 한정되지 않았다고 보아 빠져 있음.

자료: 중화학공업추진위원회기획단(중화추현, 1979. 1), pp. 335~337; 중화학공업추진위원회기획단(중화추현, 1980), pp. 294~297.

표 13-18 기지별 공업용수 수급동향과 용수가격

	1978(천 톤/일)			1979(천 톤/일)			공업용수가격 (원/톤, 1978)
	수요량	공급능력	과부족	수요량	공급능력	과부족	
포항	87	100	13	134	320	186	15
창원	180	285	105	240	285	45	15
여천	47	250	203	97	250	153	15
온산	263	520	257	364	520	156	15
거제	–	–	–	5	12	7	–

자료: 국무총리기획조정실(제422산, 1979), p. 488.

표 13-19 기지별 공업용수 사용 경제성(1978년 12월 31일 현재)

	단위당 개발비용(백만 원/m³)	연간 공업용수요금(천 원)	연간 공업용수요금/총투자액(%)
포항	5,580	261,274	1.3
창원	2,528	901,683	10.7
여천	6,618	233,161	1.2
온산	2,943	1,066,948	5.1
합계	평균 4,417	2,463,066	평균 3.6

주: 건설부 제출자료임.
자료: 국무총리기획조정실(제422산, 1979), p. 491.

년 말 포항, 창원, 여천, 온산, 거제 모두 공급능력이 수요량을 초과하고 있었으며 이에 따라 공업용수 기본가격도 톤당 15원으로 저렴하게 유지되고 있었다. 용수가격은 온산지구가 1966년 톤당 4원, 창원지구가 1968년 톤당 5.6원, 포항지구가 1972년 톤당 7.0원 등 매우 저렴하게 매겨진 것이[102] 올라 현실화되고 있었지만 여전히 용수비용이 저렴하여 사용자의 절수인식이 부족하다는 지적까지 있었다.[103]

이런 상황하에서 공업기지별 공업용수 사용의 경제성을 보면 〈표 13-19〉와 같다. 단위당 개발비용은 여천공업기지가 가장 높아 m³당 66억 원이었고, 다음이 포항기지로 55억 8,000만 원이었는데 역시 연간 공업용수요금 회수액을 총투자액으로 나눈 투자효율도 각각 1.2%, 1.3%로 가장 낮았다. 가장 경제성이 높은 기지는 창원기지로 m³당 개발비용이 25억 2,800만 원 투입되었지만 투자효율은 10.7%이었다.

101) 국무총리기획조정실(제422산, 1979), p. 496.
102) 산업기지개발공사(1978), p. 526.
103) 국무총리기획조정실(제422산, 1979), p. 495.

4. 중화학공업기지 건설의 두 얼굴: 긍정성과 한계

1) 긍 정

중화학공업기지는 한국 중화학공업화의 주요하고도 독창적인 성공전략이었다. 한국은 중화학공업기지를 통해 관련 기업의 국제경쟁력을 위한 평균비용 인하와 함께 중화학공업 특성상 중시해야 할 상호 연관효과 등 외부 경제효과의 극대화를 이루었고 후발공업국으로서 부족한 기술·자본 등 대내외 자원을 집중하고, 안정성을 제고하였다. 또한 중화학공업기지를 통해 중화학공업화의 기간을 단축하고 국내외에 충분한 전시효과를 줌으로써 추가적으로 비용을 낮추고 경쟁력을 올리는 것도 가능하였다.

이러한 현시적인 점 외에 중화학공업기지는 내용 면에서 다음의 긍정적인 면을 가지고 있었다.

첫째, 한국 지역사회에 한계적이었지만 분명히 경제적으로 긍정적 역할을 하였다. 일반적으로 사회간접자본이나 교육투자의 사회수익률은 민간투자의 수익률보다 높은 것으로 나타나고 있다. 그런데 공업기지의 건설은 사회간접자본의 건설을 동반하므로 특정 지역에 대한 보조금정책의 성격을 띠게 된다. 따라서 공업기지는 일반적인 대상을 고려하는 정책에 비해 정책상의 문제를 갖게 된다. 그것은 공업기지정책이 공평성의 문제를 야기하고 나아가, 특히 생산성이 낮은 지역의 자원이 생산성이 높은 지역으로 이동하는 것을 방해하여 자본주의 경쟁력의 가장 큰 원천인 자원의 효율적 배분을 저해함으로써 전체 효율성을 떨어뜨리게 된다는 것이다. 또 이러한 지역중심의 정책은 사실 그 지역의 다수 사람들에게 이익이 되기보다는 오히려 그 지역의 부동산 소유자에게 이익을 더 크게 배분하는 경향이 농후하다. 실질적으로 공업단지 건설계획이 발표되면 그 지역의 부동산 가격은 폭등하였고 그 곳에 소유지를 갖지 못한 주민들은 높은 주거비 상승을 경험하게 된다. 그럼에도 불구하고 세계 모든 정치인들이 그러하듯이 공업기지 건설이 대통령 혹은 정책담당자가 특정 지역에 근거를 두고 있기 때문에 그 지역에 근거한 지역지원정책의 일환으로 이루어진다면 이는 자원의 효율적 배분을 저해하는 문제를 심각하게 만들 것이며, 특히 자본이 부족한 1970년대 한국의 경우 이는 치명적인 것이 된다.

그러나 만약 지역자원에 따른 낮은 비용과 높은 외부 경제효과, 그리고 동태적이고 장기적인 국민경제의 비용인하가 분명히 확인됨에도 단기적 개별자본 차원의 손익계산이나 거대단기자금의 필요성 때문에 그 곳에 투자가 이루어지지 않는 어떤 기회의 불평등이 존재한다면, 오히려 이를 바로잡기 위한 공업기지 건설은 국민경제 차원의 자원배분 효율성에서도 합리적이다. 물론 여기에는 부동산 소유자들이 이익을 취하지 못하도록 하는 추

그림 13-2 도로포장률(포장도로/총도로 연장, %)

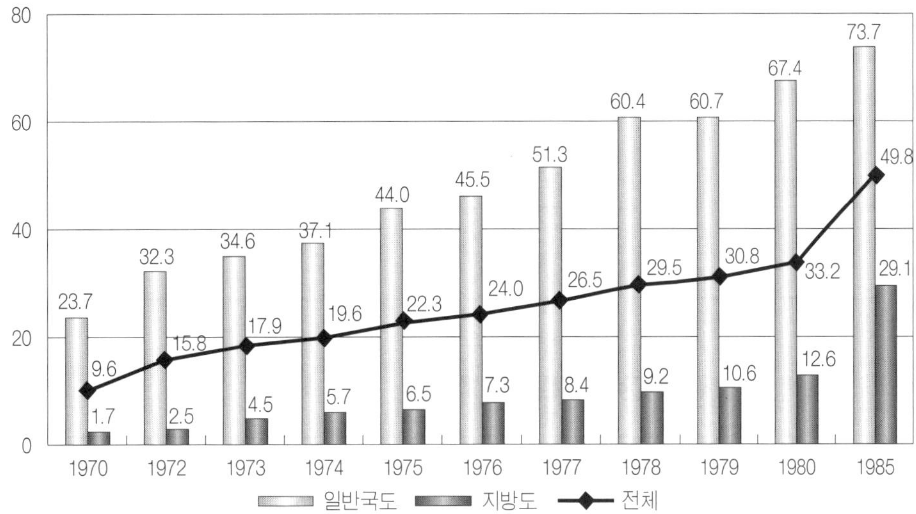

자료: 건설부(건편, 1980); 건설교통부(건편, 1994).

가적 조치가 있어야 할 것이다. 맹목적일 정도의 수도권 집중이 이루어지고 있었던 현대 한국의 경우 지역에 중화학공업기지와 연계도시, 관련 사회간접자본 건설이 진행된다는 것은 일단 이런 성격을 보여 주는 것이었다. 따라서 공업기지정책은 한국의 경우 우선 근본적으로 긍정적인 것이었다.

중화학공업화에 따른 공업기지 건설전략으로 1970년대 한국은 〈그림 13-2〉, 〈표 13-20〉에서 보듯이 공업기지와 연관된 도로, 항만, 용수, 전력 등 사회간접자본이 급속히 확대되었다.

물론 이러한 사회간접시설은 활용가능한 대도시 주위나 화물의 수출입이 되고 있는 항만 근처에 집중되어 있었고 공업입지도 서울·인천 중심의 경기지역과 부산·대구·울산을 중심으로 한 영남지역에 집중되어 있었다.[104] 그럼에도 사회간접자본의 가장 대표적 변수인 도로포장률을 보면 공단지역과 연계된 울산·포항·마산 등지의 시지역과 연계하여 국도가 급속히 정비, 확장되어 국도의 도로포장률은 1972년 32.31%에서 1978년 60.43%로 87.0% 증가하며 60%를 넘어섰다. 1979~1985년간 도로포장률 증가가 21.4%였던 것과 대조해 보아도 중화학공업화 기간을 통해 국도 정비가 매우 급속하게 이루어졌음을 알 수 있다. 또한 항만 하역능력도 중화학공업기지가 건설되면서 1970년대 급속히 증대되기 시작하여 1971년 대비 1979년 항만 하역능력은 4.0배로 증대되었다. 〈표 13-20〉에서 보듯이 항만 하역능력에서 1970년대 초 묵호가 포항, 여수보다 매우 높았고 군산과 여수, 포항이

104) 중화학공업추진위원회기획단(20, 1978), V. 산업기지.

표 13-20 주요 항만 하역능력

(단위: 천 톤)

	총계	인천	부산	포항	묵호	여수	군산	광양
1971	18,781	1,420	5,740	360	4,420	698	540	−
1976	34,000	8,720	7,000	5,025	4,500	2,998	540	−
1977	41,000	8,720	7,000	10,378	4,500	2,998	540	−
1978	65,000	8,720	14,000	22,160	6,500	2,765	540	−
1979	75,000	8,720	14,000	22,160	6,500	4,722	1,540	−
1980	82,261	9,323	14,000	22,160	6,500	1,698	1,540	4,024

자료: 통계청(통5, 1998), p. 195 표 110.

표 13-21 공업기지의 고용효과와 임금소득효과 증대

(단위: 인, %, 백만 원)

	고용효과				임금소득효과			
	1975		1976		1975		1976	
	종사자수	전국대비율	종사자수	전국대비율	임금수입	GNP 대비	임금수입	GNP 대비
여천	382	0.003	1,652	0.01	217	0.002	1,212	0.01
창원	1,151	0.01	5,854	0.05	556	0.006	3,828	0.03
구미	12,528	0.10	19,177	0.09	5,385	0.060	11,024	0.09
이리	2,878	0.02	5,404	0.04	1,325	0.020	3,352	0.03
합계	16,939	0.10	32,087	0.30	7,483	0.08	19,416	0.20

자료: 산업기지개발공사(1978), p. 478.

차이가 별로 없었으며 또 하역능력이 정체되어 있었지만 1970년대 후반 중화학공업기지가 지정된 포항, 여수·광양만의 하역능력이 급속히 확대되었다. 이러한 공업기지 연계를 위한 도로, 항만, 용수공급의 정비는 한국의 지역발전에 기여하였다.

공업기지가 건설되면서 일단 즉각적으로 지역민의 고용과 소득을 높인 것은 분명하였다. 간접적 지표로 초기 공업기지가 건설되면서 바로 나타난 고용효과를 보기 위해 공업기지별 종사자수가 전국 종사자수에서 차지하는 비율변화를 보면 〈표 13-21〉에서 보듯이 여천공업기지의 경우 1975년 0.003%에서 1976년 0.01%로, 창원공업기지의 경우 0.01%에서 1976년 0.05%로, 이리기지는 1975년 0.02%에서 1976년 0.04%로 증가하였다. 구미공업기지는 타 공업기지의 증가로 비율은 0.10%에서 0.09%로 정체하였지만 기지종사자수가 1975년 12,528명에서 1976년 19,177명으로 증대하였다. 공업기지가 미친 소득효과를 보기 위해 간접적 소득증대를 제외하고 직접적으로 기지별 종사자가 받는 임금총액의 GNP비중을 보면 1975년과 1976년에 여천공업기지가 0.002%에서 0.01%로, 창원공업기지가 0.006%

에서 0.03%로, 구미공업기지가 0.060%에서 0.09%로, 이리기지가 0.02%에서 0.03%로 증가하였다. 그런데 1975년과 1976년만 비교해도 종사자수비 대비 임금비(임금수입 GNP비율/종사자수 전국대비율)의 비율이 낮아지고 있음을 알 수 있다. 즉, 공업기지의 임금은 지역현지인 회유 등 목적으로 초기에 상대적으로 높게 책정되었지만 이는 점점 약화되고 있었음을 짐작할 수 있다.

총체적으로 보아 1970년대 추구된 지역균형발전은 성공적이었다고 평가하기 어렵지만 공업기지만으로 초점을 맞추어 보면 1970년대 이는 한정적이나마 긍정적 의의를 가진다. 중화학공업추진위원회기획단은 "종합국토개발계획을 고려한 대규모 공업기지 건설, 지방공업단지 건설 등으로 지역격차는 점차 감소되어 가는 경향에 있음"[105]이라고 대통령에게 보고하고 있는 것은 이 때문이다. 특히, '1970년대 중반까지의 거점개발전략으로 지역 간 불균형 성장문제가 유발되자 1970년대 후반기부터 정부의 공업입지정책은 이 같은 불균형을 완화시키기 위한 공업분산정책으로 그 방향이 전환되었던'[106] 것도 주요한 의의를 가진다. 또 서재식(徐載軾) 전 예산국장의 증언에서 나타나고 있듯이 울산·구미·창원 등 공업기지는 지방금융의 활성화에 크게 공헌하였다.[107]

실제로 공업기지 건설사업의 효과에서 산업기지개발공사는 국민소득과 고용효과, 생산 및 수출기여효과라는 당시 절대적인 목표에 앞서 지역사회개발의 효과를 우선으로 들었다. 산업기지개발공사는 산업기지건설이 지역사회에 미치는 영향으로, 첫째 지역인구의 이동, 둘째 지역경제력 증대, 지역경제력으로서의 자금의 집중, 지방재정의 증대, 셋째 교육·의료·문화시설 등의 건설에 따른 지역후생 및 문화 향상, 넷째 지역주민의 취업기회 증대와 유휴노동력의 출가현상(出稼現象) 감소, 다섯째 교통시설의 확대와 교통량의 증대, 여섯째 지역사회의 생산·소득구조 변화와 함께 지역산업구조의 변혁을 지적하였다.[108]

둘째, 1970년대 처음부터 공업기지를 조성하여 발전한다는 전략으로 상대적으로 저렴한 조성단가로 중화학공업기지를 조성하는 것이 가능하였고 이는 경쟁력 향상에 도움을 주었다.

1978년까지 공업기지의 조성단가는 낮았으며 1980년대 초까지 기지로 조성된 곳은 비용 면에서 성공적이었다. 이는 같은 창원기계공업기지 내 사업시행 기간별 조성단가를 조사하여 정리한 〈표 13-22〉에서 바로 확인된다.

1973년 착수하여 1978년까지 조성된 창원공업기지 1단지의 m^2당 원가는 2,200원에 불과하였지만 1974년 착수하여 1981년까지 조성된 하구단지는 m^2당 원가가 5,200원으로 급등하였고, 다시 1970년대 후반 조성이 시작된 지역은 m^2당 원가가 8,000원 대 이상으로

105) 중화학공업추진위원회기획단(20, 1978), V. 산업기지.
106) 동남지역공업단지관리공단(1996), p. 86.
107) 徐載軾 前豫算局長(1988), pp. 109~110.
108) 산업기지개발공사(1978), pp. 475~476.

표 13-22 창원 국가공업단지(기지) 조성단가 비교

	총사업비(백만 원)	조성면적(만m^2)	가용면적(만m^2)	m^2당 원가(원)	사업시행기간
제1단지	6,700	412.6	299.2	2,200	1973. 12 ~ 1978. 11
하구단지	6,282	156.4	119.1	5,200	1974. 11 ~ 1981. 3
赤峴단지	6,484	90.1	76.2	8,500	1975. 4 ~ 1983. 12
三東단지	12,628	160.6	131.0	9,600	1976. 11 ~ 1986. 11
完岩단지	6,366	90.2	78.0	8,100	1977. 3 ~ 1983. 2
安民단지	4,224	61.5	52.8	7,900	1977. 7 ~ 1983. 2
제2단지	68,361	382.1	355.8	19,200	1977. 12 ~ 1992. 12
聖住단지	29,235	198.5	160.8	18,100	1978. 11 ~ 1993. 12
車龍단지	146,298	310.7	220.5	47,100	1979. 5 ~ 1993. 12
月林, 昌谷	101,038	42.9	41.1	245,800	1990. 3 ~ 1993. 12

자료: 동남지역공업단지관리공단(1996), p. 167.

폭등하였다. 이러한 시기별 비용차이는 기지건설계획이 순연되지 않고 정상적으로 진행되었을 경우 더욱 비용경쟁력이 높아졌을 것임을 보여 주지만 그럼에도 시행된 조기착공은 분명히 경쟁력에 기여하였다.

초기부터 추진된 공업기지 조성으로 전반적으로 중화학공업은 경공업에 비해 늦게 건설되었음에도 입지에서 유리한 조건을 얻을 수 있었다. 일반적 인식과 달리 일본은 한국에 비해 인건비를 제외하고 중화학공업의 비용에서 불리하지 않았는데, 그 한 원인이 일본이 한국보다 중화학공업화를 일찍 시작하였기 때문이며 이런 불리한 점을 한국은 중화학공업기지 건설을 통해 일정 부분 만회하였다. 현재 한국의 주요한 공업기지는 여전히 1970년대 만들어진 공업기지로 유지되고 있고 이들 공업기지는 한국의 공업경쟁력에 결정적인 역할을 하고 있으며 또 시기적으로 일찍 1970년대에 만들어졌기에 한국 공업의 경쟁력에 결정적인 역할을 할 수 있었다.

셋째, 중화학공업 입지는 적정 효율성에 맞추어 결정되어 중화학공업 발전에 기여하였다. 중화학공업에 가장 중요한 요인은 공업별·시기별로 차이가 있다. 1970년대 산업별 입지 중요도를 실증조사한 결과가 〈표 13-23〉이다.

여기에서 보듯이 1970년대 석유와 화학공업의 경우 항만과 배수, 철강 및 비철금속공업은 전력, 그리고 조립금속은 도로, 나머지 기계·전자는 지가(地價)가 가장 중요한 인자로 조사되었다. 이런 점에서 볼 때 한국의 중화학공업기지는 공업별로 이러한 주요 인자를 잘 고려하였고 따라서 정당하였으며 효율성이 높았다고 평가가능하다.

표 13-23 업종별 입지중요도 조사결과

	1위 인자	2위 인자	3위 인자	4위 인자	5위 인자
화 학 물	배 수	용 수	전 력	항만	철 도
석유정제	항 만	용 수	지 가	전력	도 로
1차 철강	전 력	지 가	용 수	지내력(地耐力)	도 로
비철금속	전 력	용 수	항 만	노동력	배 수
조립금속	도 로	노 동 력	지 가	통근조건	전 력
기 계	지 가	도 로	전 력	노동력	통근조건
전기전자	지 가	노 동 력	도 로	관련기업	전 력
수송장비	지 가	전 력	도 로	노동력	용 수

자료: 한국수출산업공단(1980), p. 192.

2) 한 계

양적으로 볼 때 중화학공업화에 대한 비판과 함께 1970년대 말부터 공업기지계획이 계속 제어됨으로써 공업용지의 장기적 확보는 다시 위축되었다. 1961년 0.1%에서 1976년 0.4%로까지 증가하였던 국토면적 대비 공업용지비율은 중화학공업화 비판으로 1981년 0.3%로 다시 줄어들었다.[109]

이렇게 장기적인 수요를 내다본 공업용지 확보가 계속되지 못한 점 이 밖에 중화학공업기지 건설은 내용 면에서 볼 때 몇 가지 아쉬운 한계가 있었다. 공업기지 건설은 제12장에서 보았듯이 여러 전략적 요소를 갖고 시작되었다. 이러한 전략적 요소는 계속하여 추구되었지만 반드시 충족된 것은 아니었다. 물론 이러한 한계는 밑에서 보듯이 중화학공업기지 자체의 문제가 아니라 중화학공업화 나아가 한국 공업화, 한국경제의 문제라고 볼 수 있는 것이었다.

우선, 결과적으로 보아 기지건설은 효율성이 우선시되어 처음부터 기지건설의 주요한 목적이었던 공해, 폐수 등 환경오염 대책이 입지선정 이외에 충분하게 이루어지지 못한 채 진행되었다. 중화학공업화정책담당자들은 공해대책이 처음부터 고려되었기에 그나마 1970년대 공해문제를 최소화할 수 있었다고 증언하고 있지만,[110] 전국적이고 체계적인 공해조사가 1978년에 와서 비로소 이루어진 것은[111] 이를 단적으로 보여 준다. 보다 자세한 내용은 제27장 중화학공업화와 산업공해에서 다루도록 한다.

둘째, 지역특성화 산업과의 연관성이 낮아 지역경제와의 계열화가 미흡하였고 지역민

109) 경제기획원(경백, 1982), p. 295.
110) 김광모 중화학공업추진위원회기획단부단장 증언(2008. 11. 20).
111) 대통령비서실(예환보8대통령결재문서, 1978. 5. 4).

의 생활과 직결된 문화, 교육시설 등 지역의 장기적 경제발전 기반과의 연계성이 부족하였다. 기지건설 추구점의 하나이었던 지역의 균형개발은 중앙집중적 개발이 진행되는 가운데 지역의 장기발전전략과 특성을 고려하지 못하였다. 이미 중화학공업화선언 이전 중화학공업이 고려되면서 "공업의 지역분산에 대하여 중앙정부와 지방정부의 관련에 대해 다소 중앙집권적인 것이 지나친 감이 있다"[112]는 지적으로까지 나타났었지만 이는 크게 개선되지 못하였다. 이유는 공업기지가 지역균형 발전전략으로 계획되었고 앞서 보았듯이 지역경제에 공헌하였지만, 지역경제 문제가 우선순위상에서 주요하게 추구되지 못하였으며 중앙집중적 사고도 계속되었기 때문이었다. 따라서 공업기지정책이 지속가능한 지역경제의 성장을 위한 지역특성산업과의 연계성 확보와 확대를 추구하는 데까지 나아가지는 못한 것이다. 기업규모 면에서의 지역균형도 고려되지 못하였다. 1980년 3월 1일 건설부는 2000년까지의 장기국토개발계획 시안을 마련하였는데 여기에서 전국에 17개의 공업지대를 설치하여 지역적·기술적 경합에 의한 콤비나트를 형성하고 지역별로 지역특성을 살린 공업지대를 재정비하겠다고 밝혔다.[113]

셋째, 공업기지화를 통해 인적 자원의 균형적인 배분이 추구되었지만 진행된 것은 단순기능직의 지방분산과 고급인력의 지역임시단신거주이었다. 이는 사실 정책집행자들의 인식에서 뚜렷한 한계가 있었기 때문이었다. "저위(低位) 생산성 산업, 특히 노동집약적인 단순가공업의 지방이양"[114]이라는 당시 중화학공업추진위원회의 한 시각과 정책고위직에 있었던 인물의 '서울에는 생산직이 있을 필요가 없으므로 모두 몰아내야 한다'고 생각하였다는 증언은[115] 이를 단적으로 보여 준다. 1970년대 입지정책은 공업의 지방분산 추진을 위해 지방공업단지의 개발을 전개하고 이들 단지에는 성격상 노동집약적이며 수출 면에서 큰 비중을 차지하는 전자관련 공업 등을 유치하고자 하는[116] 것이었으며, 이들 공업기지를 움직일 중심인물들은 출신지역과 상관없이 서울에 가족을 두고 한정 기간 단신으로 근무한 사람들이었다. 지역경제에 필요한 다방면의 우수인력 분산은 이루어지지 않았고 그 결과 1960년대 말 이후 인적 자원의 균형적인 배분은 실패하였다. 오히려 계층별로 우수자원은 더욱더 서울로 집중됨에 따라 상대적 소외와 박탈감이 심화되어 갔다. 물론 이는 공업기지만의 문제는 아니었다.

넷째, 정부의 의도와 계획에도 불구하고 끝까지 공업기지가 동남해안 지역에 편중됨으로써 지역 내에서도 다시 분산, 균형의 문제가 있었다. 공업입지가 영남, 동남해안 지역에 치중된 것은 중화학공업추진위원회기획단에 의해서도 계속 인식되고 있었고 대통령

112) 藤田稔 小野田セメント企劃開發部次長(1972), p. 135.
113) 전국경제인연합회(한경연, 1981), p. 778.
114) 중화학공업추진위원회(우해, 1973), pp. 79~80.
115) 이름과 직위를 밝힐 수 없는 전 고위직 증언(2007. 2. 14).
116) 동남지역공업단지관리공단(1996), p. 136.

에게도 보고되고 있었다.[117] 이러한 편향은 김정렴 전 비서실장과 김광모 전 중화학공업추진위원회기획단부단장의 증언에서 공통으로 나타나듯이 최선의 입지를 선택하고 부족한 자원의 집중이 이루어져야 한다는 이유도 있었지만,[118] 결국 특정 지역 집중과 기피의 상호 원인, 결과의 상승적 진행을 가져왔다. 실제로 중화학공업기지는 1960년대 이후 계속 진행된 수도권 중심 발전에서 지역의 발전을 그나마 가져다준 것이었지만 그럼에도 진행과정에서 효율성이 중시되면서 1960년대 공업입지 구상이나 1972년 과학기술처 의뢰 보고서에서 이미 주장되고 있었던 중화학공업연관개발지대 구상, 그리고 1973년 중화학공업화선언 직후 지역의 균형시각보다 결과적으로 지역 간 균형에서 오히려 후퇴한 것이었다.

1960년대 만들어진 초기의 공업입지 구상을 보면 내륙공업지로 서울-수원 간, 충주지구, 대전지구, 전주지구, 대구지구, 광주지구로 나뉘어져 있었고 임해공업지로 인천지구, 강릉-묵호지구, 포항-경주지구, 울산-부산-마산지구, 진주-삼천포지구, 순천-여수지구, 목포지구, 군산지구 등으로 공업입지가 내륙과 해안, 그리고 지역별로 균형적으로 배치되도록 계획되었다.[119] 1972년 주장된 중화학공업연관개발지대 구상은 구체화된 내용을 갖지는 못하였지만 중화학공업연관개발지대 구상으로 청주·대전이 수송·기계·전기 등 성형가공조립형 공업지대, 비인·군산이 정유·화학·철강·수송 등 기초재가공장치형 공업지대, 전주가 혼합형 가공공업지대, 광주·목포가 정밀·화학·전기 등 혼합계도시형 공업지대, 광양·순천·여수가 정유·화학·비철 등 복합자원형 공업지대, 포항이 철강·비철금속 등 기간자원형 공업지대, 울산이 정유·화학·비철 등 중화학공업 복합콤비나트공업지대, 부산이 수송·철강·기계 등 중간가공장치형 공업지대, 마산·진해가 전기·기계·화학·금속 등 금속가공 공업지대, 진주·삼천포가 철강·비철 등 기간자원형 공업제2지대, 수도권이 정밀·기계·금속·전기 등 금속가공도시형 공업지대, 그리고 북평, 여주, 충주, 단양 등 전국을 지역별로 나누는 구상을 제시하였다.[120] 앞서 보았듯이 중화학공업화선언 초기에만도 중화학공업 후보지가 서남해안을 대폭 포함하여 훨씬 전국 분산적으로 검토되었다.

중화학공업화가 진행되면서 효율성이 우선시되고 안정론에 따른 중화학공업 비판이 대두된 결과, 1970년대 추진되었던 공업입지의 분산, 균형정책은 충분한 성과를 거둘 수 없었고 시간이 지남에 따라 오히려 지역 간 균형에서 후퇴까지 나타났다. 여기에 1980년대 들어와 1970년대 공업기지 건설정책이 중화학공업화 비판과 함께 후퇴하였고 이에 따라 공업기지의 지역 간 균형문제는 더욱 소외되었다. 그 결과 상공부는 1988년 12월 1일 '공업배치 기본계획'을 중간보고하였는데 이때 전국 공업입지가 수도권에 31.7%, 영남권에

117) 중화학공업추진위원회기획단(20, 1978), V. 산업기지.
118) 김정렴 전 비서실장 증언(2008. 12. 22); 김광모 전 중화학공업추진위원회기획단부단장 증언(2010. 2. 10).
119) 산업기지개발공사(1978), p. 38.
120) 과학기술처(중공개1, 1972), p. 89.

43.1% 집중되어 지역 간 불균형을 초래할 뿐 아니라 오는 2001년까지 1986년 대비 3.67배 늘어날 공업입지도 이들 지역에 집중되고 있다고 밝혔다.[121)]

121) 〈중앙일보〉(1988. 12. 1).

부 록

1. 부 표

부표 13-1 도로연장

(단위: km, 대)

	도로총연장			포장도로			고속도로
	도로연장	자동차 등록대수	km당 자동차수	포장도로	도로포장률	km당 자동차수	
1970	40,244	126,506	3.14	3,864	9.6	32.74	537
1971	40,635	140,269	3.45	5,789	14.2	24.23	641
1972	42,868	145,637	3.40	6,769	15.8	21.52	641
1973	43,581	165,307	3.79	7,820	17.9	21.14	999
1974	44,178	177,505	4.02	8,640	19.6	20.54	1,013
1975	44,905	193,727	4.31	10,000	22.3	19.37	1,142
1976	45,514	218,978	4.81	10,912	24.0	20.07	1,225
1977	45,664	275,312	6.03	12,097	26.5	22.76	1,225
1978	45,966	384,536	8.37	13,544	29.5	28.39	1,225
1979	46,333	494,378	10.67	14,278	30.8	34.63	1,225
1980	46,951	527,729	11.24	15,599	33.2	33.83	1,225

자료: 통계청(통5, 1998).

2. 자　　료

〈자료 13-1〉 중화학공업 수출자유지역 구상

정부는 중화학공업기지의 하나로 초기 중화학공업 수출자유지역을 구상하였다. 이는 초기에 마산수출자유지역처럼 경공업에서 시행한 것을 응용한 것이다. 온산(溫山)일대 부근에 위치를 정한 정부는 이를 영남중화학수출자유지역으로 부르다가 1973년 6월부터는 '온산공업기지'로 개념을 확대하고 다른 공업기지와 동등하게 분류하고 있다.[122] 정부가 구상한 중화학공업 수출자유지역 구상의 구체적 내용은 다음과 같다.

중화학공업 수출자유지역 구상[123]

(1) 중화학공업 수출자유지역 필요성

선진외국에서 공해 등 문제로 자국 내에 공장을 건설할 수 없는 중화학공업업종 중 부가가치 생산성이 있는 것을 유치하여 경공업 수출자유지역과 같은 개념으로 중화학공업 수출자유지역을 설정할 필요가 있다.

(2) 중화학공업 수출자유지역 설정의 유리한 배경

① 선진외국에 중화학업종 중 공해문제의 사회여론화와 임금수준의 상승에 따른 노동생산성의 상대적 저하 등의 이유로 사양화되어 가는 업종이 늘어나고 있으므로 이들을 국내에 유치하여 수출산업으로서의 효과를 기대할 수 있다.

② 이와 같은 중화학업종들은 대부분 국내의 공업구조상으로 볼 때 취약성을 나타내는 분야들로서 앞으로의 수요증가를 고려한 자체 보완을 하는 의미에서도 유치의 필요성은 충분하다고 하겠다.

③ 중화학공업은 대부분이 대규모의 선행적인 설비투자를 요하는 것으로 이에 필요한 막대한 자금을 외국기업의 유치에 의한 합작방식으로 대체함으로써 국내의 자금부담을 경감시킬 수 있다.

(3) 업　　종

여기에 해당하는 업종은, 첫째 내수를 동시에 고려할 수 있는 비철금속제련공장과 화

122) 중화학공업추진위원회기획단(중화공, 1973), p. 40.
123) 대통령비서실(중선, 1973), p. 54; 중화학공업추진위원회(우해, 1973), pp. 148~153.

학을 주로 한 중화학공업이다. 특히, 비철금속제련은 제철보다 훨씬 투자효율성이 높으며 외국에서는 공해와 관련하여 사양산업화되어 가고 있고 수출산업으로 각광을 받을 수 있으므로 대규모화하여 처음부터 수출산업화를 도모하여야 한다.

(4) 기본방침(기본지침)

비철금속제련공업 육성을 위한 기본지침 및 건설공장군은 다음과 같다.

① 대규모의 비철금속제련소군과 그 관련공업을 영남중화학수출자유지역 내에 건설한다.

② 공장건설을 동일 단지 내에 집중화시킴으로써 공해문제를 효율적으로 통제하고 수입원료광물의 수송비를 절감시킨다.

③ 단지 내 각 공장을 유기적으로 관련시켜 기업이윤의 상승적 효과를 이루게 한다.

④ 폐열과 폐Gas(황산제조 및 활용)의 합리적인 이용과 무기화학공업 등 연관공업 건설의 소지를 제공한다.

⑤ 공장건설을 단계적으로 추진하되 동(銅), 연(鉛), 아연, 텅스텐, 알루미늄 등의 제련소를 선발사업으로 추진한다.

⑥ 1단계 제련소 건설을 1978년까지 추진하며 2단계 확장과 연관공장 건설은 1982년까지 완료한다.

⑦ 원료광물(銅鑛石, 보크사이트 등)의 안정 확보를 위하여 해외광물개발(주로 동남아 후진국 대상) 대책을 수립한다.

(5) 입지조건

① 용지: 임해지역으로 200만 평 이상

② 용수: 공급능력 10만MTD 이상

③ 항만시설: 20,000DWT급 접안가능하도록 수심 11m 이상

④ 전력: 수전(受電) 용량 70만KW 이상

⑤ 도로: 고속도로와의 연결

⑥ 철도: 철도인입선 필요

⑦ 기타 공해와 관련한 풍향 및 풍속, 해역의 오염에 의한 양식장 및 어업권의 회수를 필요

이상의 적지로는 경남 울주군(蔚州郡) 온산면(溫山面) 일대로 이 지역은 울산공업지와 인접하여 영남화학공업기지의 권역에 포함되어 개발여건이 좋은 편이다.

(6) 건설계획

자료표 13-1-1 중화학수출자유지역 건설계획

<table>
<tr><th rowspan="2">기간
공장군</th><th>제1기</th><th>제2기</th><th rowspan="2">계열화 공업</th><th rowspan="2">비고</th></tr>
<tr><th>1978년까지</th><th>1982년까지</th></tr>
<tr><td>동제련소</td><td>신규공장규모
동괴 100,000T/연 외</td><td>배가확장 규모
동괴 200,000T/연 외</td><td>무기화학
1. 복합비료
2. 산화치탄
3. 유산반토
4. 알루미나</td><td rowspan="5">울산단지 내
유산소비공장 현황
1. 3비(肥) 1975년
360,000톤/연
2. 카프로락탐 1976년
100,000/연

동, 아연, 알루미늄 제련공장 제2기 완공 후 세계 10위 조건이 됨(1969년 기준)</td></tr>
<tr><td>아연제련소</td><td>신규공장규모
아연괴 78,000T/연 외</td><td>배가확장 규모
아연괴 150,000T/연 외</td><td>1. 전선
2. 동판·형공장</td></tr>
<tr><td>연제련소</td><td>–</td><td>신규공장규모
아연 48,000T/연 외</td><td>1. Brass
2. 도금
3. 기타 합금</td></tr>
<tr><td>알루미늄
제련소</td><td>신규공장규모
알루미늄괴 100,000T/연</td><td>배가확장 규모
알루미늄괴 200,000T/연</td><td>1. Al판공장
2. Al전지</td></tr>
<tr><td>텅스텐
제련소</td><td>텅스텐 파우더
200T/연 외</td><td>–</td><td>1. 축전지
2. 연관판(板)</td></tr>
</table>

(7) 제기될 문제

① 전진적으로 수출화 추진

② 외국기업의 투자유치를 위한 특혜조치: 조세감면, 공공요금 차감제, 연안어업권의 회수조치

③ 자본대책으로 단지조성에 내자 10억 원을 동원하며 공장건설에는 내자 540억 원, 외자 136억 원을 투입하는 것으로 계획. 구체적인 계획확정은 1973년 중에 매듭짓는 것으로 한다.

〈자료 13-2〉「산업기지개발촉진법」 성립과정과[124] 내용

1973년 중화학공업추진위원회기획단의 전신인 '계획단'이 구성되면서 산업기지개발촉진법 발상이 이루어졌다. 계획단은 각 부처에서 착출된 국장급들이 일을 하고 있었는데 이때 건설부에서 파견된 산업입지국 입지계획과장 남덕현(南德鉉)이 당시 공업단지를 만들기 위해서는 20여 가지 개별 법률에 의해 인허가 받던 것을 일괄 간소화하는 방안을 첫 기안하였다. 이를 중화학공업추진위원회기획단장이었던 김용환과 중화학공업추진위원회 위원장인 김종필 총리, 그리고 장예준(張禮準) 건설부장관 등이 동의하였다. 특히, 김총리는 남덕현 과장이 교통부 관광과장으로 있으면서 4대 의혹사건 중 워커힐건설, 새나라자동차, 빠찡코기계도입 3가지를 처리한 사람이라고 칭찬하며 적극 지원하겠다고 약속하였다. 이후 각 부처와 실무책임자들이 연속 회의가 이루어졌다.

회의를 통해 기지자금 문제는 재무부와 경제기획원이 국민투자기금에서 재원을 염출하도록 하였고, 인력확보는 건설부가 기존 수자원개발공사를 확대, 개편해 새로운 공사를 설립하도록 하였으며, 기지건설에 필요한 요식행위는 간소화하도록 결정하였다. 공사를 설립하여 맡게 한 이유는 지방차지단체가 여전히 한계가 있었고 정부가 직접 하기에는 「예산회계법」상 문제가 있었기 때문이었다.

그런데 진행 도중 각 정부기관의 이해관계는 조금씩 차이가 있었다. 농수산부는 논밭을 해치면 곤란하다고 반드시 농수산부와 협의할 것을 주장하여 해당 규정을 법안에 삽입, 명문화하였다. 교통부는 항만건설과 산업기지건설계획이 조화를 이룰 것을 주장하였고, 상공부는 새로운 기관을 설립해서 사업시행자로 하는 것을 반대하면서 업체 누구나 공업단지를 조성할 수 있도록 하자고 주장하였다. 상공부의 이 주장은 법안 통과 후 시행령 제정시까지도 계속되었다. 건설부는 상공부안 대로 아무나 허가하면, ① 부족한 전문가를 분산, ② 높은 기술수준을 요하는 기지건설이 원활하지 못할 것이라고 반박하여 결국 설득시켰다. 법제처는 법체계상 부당하다는 이의를 제기하였는데 타법의 인허가 사항을 이 법이 의제할 수 있다는 이론을 제시하였다. 이런 각 부처들의 이견은 막대한 국민투자기금의 주도권을 누가 가지는냐에 관한 복선도 깔려 있었기 때문이었다.

1973년 9월 14일 건설부는 중화학공업 집중 개발을 위한 산업기지개발촉진법안을 성안하여 온산·창원·여수·광양 등 4개 지역을 산업기지개발구역으로 지정하는 한편, 산업기지개발회사를 신설하기로 하였다. 9월 21일에는 「산업기지개발촉진법」이 제정되었고 11월 30일 「산업기지개발촉진법」이 국회에서 의결되었다. 정부 내 부처별 이견이 많이 있었던 데 비해 뜻밖에도 국회의원들의 반대는 경미하였고 오히려 야당 박용만(朴用萬) 의원은 토지보상절차를 간소화하였다고 찬성발언도 하였다. 당시 농촌에서 여전히 등기가 잘못된

124) 중화학공업추진위원회기획단(한공발3, 1979), pp. 367~374; 전국경제인연합회(전2사, 1983), p. 651.

것이 많았는데 만들어진 법안내용은 등기부상의 소유주 명의와 상관없이 면장이 진실한 소유자임을 인정하면 수용토지를 보상하게 되어 있었다. 1973년 12월 24일 법률 제2657호로 법안은 공포되었다.

산업기지개발촉진법은 ① 산업기지 건설에 필요한 일반사항, ② 주민이주대책, ③ 부칙 제2조에 의해 수자원개발공사를 흡수한 산업기지개발공사 설립 등에 관해 규정하였다. 전체 5장 58조 및 부칙으로 구성되었는데 목적과 대상, 주요 내용은 다음과 같다.[125)]

제1조(목적)

이 법은 중화학공업을 중점적으로 집중적으로 추진하기 위한 산업기지, 인구 및 산업의 균형배치를 위한 특수지역과 수자원의 개발을 촉진하여 국민경제의 발전에 기여함을 목적으로 한다.

제2조(용어의 정의)

(1) 이 법에서 '중화학공업'이라 함은 제철, 철강, 조선, 기계, 비철금속, 석유정제 및 화학, 펄프 등 국가 주요 기간산업을 말한다.

(2) 이 법에서 산업기지개발사업이라 함은 산업기지개발구역 내에서 시행하는 다음 각 호의 사업을 말한다. ① 공장용지의 조성사업, ② 공업항의 건설과 항만시설 축조사업, ③ 공업용수(지하수 및 해수를 포함한다)와 생활용수의 공급시설 사업, ④ 도로, 철도, 궤도(지하 및 공중궤도를 포함한다), 운하, 하천 및 저수지 시설과 이와 직접 관련되는 유통업무 시설사업, ⑤ 전기, 통신, 가스, 유류 및 원료 등의 수급시설사업과 하수도의 종말처리장 시설사업, ⑥ 공용의 청사, 학교, 기능공 훈련소 및 공공건축물의 건축사업, ⑦ 전 각호의 사업시행을 위한 토지구획정리사업 및 주택조성사업

제5조

중화학공업을 집중적으로 육성하기 위한 산업기지개발구역의 지정

제6조

산업기지개발 기본계획의 수립

제7조

산업기지개발사업 시행자 규정, 조성지 등의 인계, 국공유지의 처분제한 등 규정

법안의 주요 골자는 ① 건설부장관이 국무회의의 심의와 대통령의 승인을 받아 중화학공업을 집중적으로 건설할 지역을 산업기지개발구역으로 지정하는 산업기지의 개발에 관한 기본계획을 수립하고, ② 건설부장관의 사업승인으로 다른 관련 법규의 인허가를 모두 필한 것으로 간주하며, ③ 개발손익의 조화를 위해 산업기지 건설재원을 수익자 부담

125) 동남지역공업단지관리공단(1996), pp. 146~147, 530.

원칙으로 하고, ④ 사업시행자로서 '산업기지개발공사'와 실수요자를 지정한 것이다.[126] 구체적인 주요 내용을 보면 ① 재원은 선수금, 분담금, 수익자부담금, 원인자부담금(原因者負擔金), 손실자부담금 등을 징수해서 조달하고, ② 지방이전 중화학공업공장에 대해서는 다각적인 조세감면과 금융지원을 제도화하며, ③ 건설부장관이 수립하는 기본계획에는 공업용지, 공업용수시설, 도로·철도·항만 기타의 수송시설, 전력, 통신, 주택용지, 기타 산업기지에 기반이 될 주요 시설에 대한 계획을 포함하도록 하였다.

이 법에 의해 산업기지개발에 관한 모든 사업을 '산업기지개발공사'가 담당하게 되었는데 이 공사의 자본금 1,000억 원은 전액 정부에 의해 출자되도록 하였다.[127] 동 법은 1975년 12월 31일 법률 제2849호로 개정이 이루어졌고 다시 1976년 12월 31일 법률 제2969호로 개정되었다.

126) 중화학공업추진위원회기획단(한공발3, 1979), p. 367.
127) 한국무역연구소(1974), p. 425.

〈자료 13-3〉 2000년대의 국토구상 대통령 보고 주요 내용[128)]

자료표 13-3-1 중화학공업 입지수요 추정

(단위: km^2)

	1981	1991	2001
중화학공업	98.19	328.81	274.43
철 강	16.70	56.38	60.72
비철금속	3.28	14.17	17.89
기 계	19.41	61.43	42.00
전 자	7.84	33.01	32.03
조 선	2.47	8.48	4.35
화 학	48.49	155.34	117.44
경공업 등	45.32	79.00	13.32
철 도	5.04	64.50	13.32
기 타	40.28	14.50	–
합 계	143.51	407.81	287.75

포항기지는 307만 평의 포항종합제철을 중심으로 철강관련 산업이 입주하고 있음. 제1, 제2 연관단지 외에 개발할 수 있는 90만 평 정도의 여유단지가 약간 있으나 긴급수요로밖에 충당할 수 없으며 제2의 철강단지 조성이 필요함.

울산공업단지는 한국 최초의 공업단지임. 이와 인접한 온산은 비철금속공업기지로 하여 각종 비철금속과 화학펄프, 정유공장 등 공해 수반 공장이 집중 건설되고 있음. 온산기지는 앞으로 현재 확정된 비철금속 외에 1개 정유공장과 정유공장을 중심으로 한 석유화학공업을 건설할 수 있는 여유가 있으나 장기수요에 따른 입지수요는 충당할 수 없는 실정임.

전자공업단지로 예정된 구미기지는 1단지 입주완료에 이어 2단지는 조성 중임. 여타 중화학공업에 비해 낙후된 전자공업의 육성은 시급하므로 구미기지에 추가로 3단지를 조성함과 아울러 내륙공업단지에도 도시형 공업의 성격을 살려 입주시키고자 함.

한국 국력전시의 상징인 창원기계공업기지는 입주배정이 완료되어 당초 유보지로 책정되었던 지역마저 시급히 추진해야 할 단계에 이르렀음. 당초 공업지 계획지 계획면적 380만 평을 578만 평으로 증가 확정하였으나 이것도 부족하여 유보지 122만 평을 합하여 모두 700만 평의 개발계획을 수립, 추진 중에 있음. 따라서 기계공업분야에 있어서도 장기계획에 입각한 신규기지조성이 필요함.

128) 중화학공업추진위원회기획단(20, 1978), V. 산업기지

자료표 13-3-2 2000년대 국토구상의 산업기지 규모

	기지규모(천 평)			
포항기지	구분	면적		
	포항종합제철	3,070(2,672천 평 기조성, 398천 평 조성예정)		
	제1연관단지	1,212(기조성, 이미 입주 완료)		
	제2연관단지	1,670(조성 중)		
	여유단지	900		
	계	6,852		
울산·온산기지	구분	기존	여유	계
	울산	11,460	–	11,460
	온산	3,890	870	4,760
	계	15,350	870	16,220
구미기지	1단지	3,152(입주 완료)		
	2단지(仁同)	600(조성 중, 배치가 완료될 단계에 들어감)		
	3단지	3,800(추가 조성지)		
	계	7,552		
창원기지	당초계획	3,800		
	확정계획	5,780		
	추가계획	1,220		
	계	7,000		
여천·광양기지	전체 면적	30,000		
	개발계획	3,510		
	여유	26,490		
남부기지	제2기계기지의 입지로서 가장 적지. 비료, 시멘트, 석탄, 석유 등 대규모 저장비축시설과 가공공장의 입지로 적지			
군산·비인기지	대규모 항만이나 산업기지보다 도시형 공업기지로 개발			
목포기지	군산·비인과 같이 경공업과 도시형 공업을 배치			
중부종합기지	1단계	1,550		
	2단계	1,550		
	3단계	1,550		
	4단계	1,550		
	합계	6,200		

이상 말씀드린 대로 현재까지 책정된 공업기지는 이미 포화상태에 이르렀거나 곧 이를 것으로 예상되므로 2,000년대를 대비할 장기산업입지 소요에 대한 대비책을 수립할 때가 되었음.

자연의 천혜적 호조건을 가진 여천·광양은 세계굴지의 대규모 화학공업기지를 개발하도록 건설에 착수했음. 사용가능 대지 중 광양만 남쪽 연안인 여천군 삼일(三日)면부터

7비(肥), 석유화학단지를 건설 중에 있음. 후보지 약 3,000만 평 중 그 일각인 351만 평을 현재 개발하도록 계획하고 있으므로 아직 웅대한 개발의 여유가 있음. 따라서 여천-광양 지역은 화학공업에 예상되는 장기수요를 충당할 수 있도록 계속 개발하고자 함.

남부기지는 주위에 조선기지, 기계기지가 있으므로 제2의 기계기지의 입지로서 가장 적지일 것으로 판단됨. 또한 이 기지에는 비료, 시멘트, 석탄, 석유 등 대규모 저장비축시설과 가공공장의 입지로서도 적지임.

군산·비인만은 대규모 항만이나 산업기지보다 도시형 공업기지로 개발하는 방향으로 계획하고자 함. 목포지역은 군산·비인과 같이 경공업과 도시형 공업을 배치할 수 있음.

중부종합기지는 배후지대는 3억 평 정도로 어떠한 대규모 공장이라도 건설할 수 있는 입지로 판단됨. 입지선정에 가장 제약조건이 많은 제철, 정유공장, 발전소 등 대규모 공장을 설치하기에 이상적인 입지가 됨. 내륙공업단지는 중핵도시 주위에 입지하는 것이 소망스러운 형태라고 하겠음. 내륙단지는 교통의 교차점에 배치하여야 하겠음.

이상 장기입지계획을 가장 제한요소가 많은 수자원 견지에서 검토하면 문제가 없음.

현재까지 말씀드린 공업기지 개발계획을 종합하면 철강, 비철, 정유공업은 초기계획에 의한 포항, 온산기지들을 완성하고 앞으로는 이들 철강, 비철, 정유공업과 이 밖의 대규모 공장도 중부종합기지에, 화학은 현재의 여천·광양 개발계획에 의거하고, 기계는 창원기지를 마무리 지음과 동시에 남부로, 조선 및 전자는 거제, 구미를 각각 확장 개발하고, 도시형 공업은 군산·비인과 내륙공업단지를 조성 배치하는 것이 되겠음. 산업기지는 주로 임해지역을 개발연결하고 내륙단지는 그 지방의 특성에 부합되는 소규모 도시형 공업을 배치하여 일본열도개조론에 대한 전철을 밟지 않도록 하였음.

자료표 13-3-3 2000년대 국토구상의 산업기지개발

산업별	기지명	
	초기계획	장기계획
철 강	포 항	중부종합
비 철	온 산	
정 유	온 산	
화 학	여천·광양, 울산·온산	여천·광양
기 계	창원	남부
조 선	울산·거제	거제
전 자	구미	구미, 내륙단지
도 시 형	–	군산·비인, 내륙단지

〈자료 13-4〉 산업기지 지원시설 투자현황(1980년 말 현재)

중화학공업기지 건설사업은 1979년 이후 연장되었다. 기지의 공기연기는 사업비의 확대를 가져왔다. 연기된 공기와 조정된 산업기지 지원시설 총사업비, 그리고 1980년까지 투자액을 기지별로 예산에서 정리해 보면 〈자료표 13-4-1〉과 같다.

자료표 13-4-1 산업기지 지원시설 투자현황

(단위: 억 원)

		공기[1]	총사업비	기투자액[2]	비고
기완공사업	옥포	1974~1980	182	156	조선
	울산	1966~1980	102	43	석유화학, 비료
	구미	1971~1980	33	11	전자
	합계	–	317	210	–
계속사업	포항	1968~1983	1,513	828	철강
	창원	1974~1984	541	292	기계
	온산	1974~1987	532	318	비철금속
	여천	1974~1987	728	386	석유화학
	북평(I)	1974~1990	737	624	시멘트
	기타	1962~1986	875	205	–
	합계	–	4,926	2,654	–
신규사업	북평(II)	1983~	792	–	시멘트
	아산	1983~1987	4,867	37[3]	철강, 기타 중화학공업
	광양	1987~	760	–	석유화학
	합계	–	6,419	37	–
합계		–	11,663	2,900	–

주: 1) 조정된 공기.
2) 당공업기지의 사후(事後) 시작연도에서 1980년까지 예산(추경 예산 포함)의 합계.
3) 조사설계비.
자료: 경제기획원(예개, 1972~1980); 한국개발연구원(국가, 1981), p. 180.

〈자료 13-5〉 업종별·입지유형별 공장분포

1970년대 중화학공업기지는 철저히 계획입지로 만들어졌으며 전자공업을 제외하고 임해입지로 지향되었는데 1978년 당시 한국 전체 공장의 업종별·입지유형별 분포를 정리하면 〈자료표 13-5-1〉과 같다.

제조업 전체로 계획입지는 8.3%이었지만 중화학공업인 철강, 비철금속공업은 13.8%, 기계, 조선, 전자, 자동차 등 기계·장비는 11.1%로 계획입지가 높았으며 화학·고무의 경우도 9.4%이었다. 경공업의 계획입지비중은 4%에 불과하였다.[129] 또한 임해지구는 전체 공장입지의 6.5%이었는데 1차 금속과 기계·장비가 각각 8.7%, 7.1%로 높았다.

자료표 13-5-1 업종별·입지유형별 공장분포(개소, 1978년 말)

		1차 금속	기계, 장비	화학, 고무	비금속광물	전 제조업
임해	자유	62	540	152	127	1,952
	계획	36	156	62	17	389
	계	98(8.7)	696(7.1)	214(5.2)	144(5.2)	2,341(6.5)
내륙	자유	913	8,165	3,605	2,537	31,312
	계획	120	927	327	110	2,611
	계	1,033(91.3)	9,092(92.9)	3,932(94.8)	2,647(94.8)	33,923(93.5)
합계	자유	975(96.2)	8,705(88.9)	3,757(90.6)	2,664(95.4)	33,264(91.7)
	계획	156(13.8)	1,083(11.1)	389(9.4)	127(4.6)	3,000(8.3)
	계	1,131(100)	9,788(100)	4,146(100)	2,791(100)	36,264(100)

자료: 한국수출산업공단(1980), p. 38.

129) 한국수출산업공단(1980), pp. 38~39.

〈자료 13-6〉 공장토지 과다점유분 환수방침 발표: 공장의 수도권 선호와 투기적 토지수요

〈자료표 13-6-1〉에서 보듯이 한국은 공업용지의 절대비율이 당시 공장용지 확보로 골머리를 앓던 일본에 비해서도 작은 가운데에도 공업입지 원단위가 일본에 비해 높아 낮은 생산성과 함께 일부 기업들의 부동산에 대한 투기적 수요를 짐작할 수 있다.

정부 역시 이를 투기적 수요로 보고 공업용지 원단위를 확정하였으며 그 결과로 1978년 4월 19일 김동규(金東圭) 상공부 기업차관보가 직접 공장토지 과다점유분 환수방침을 발표하기에 이르렀다.

상공부는 적정 공급규모를 중화학공업기지는 330만 평, 중소기업공단은 39만 평으로 하고 수도권 기존 철강공장은 포항지구, 석유화학공장은 여천지구, 기계공장은 창원지구, 전자공장은 구미지구, 중소기업은 반월지구 등의 계열단지로 재배치할 계획이라고 밝혔다. 정부는 제정된 원단위를 우선 1978년 7월부터 섬유, 화학공업 등 121개 품목에 적용하고 1979년 중 2차로 기계·금속 등 133개 업종, 3차로 종이·인쇄 146개 업종 등 모두 400개 업종에 대해 적용하기로 하였다.[130)]

중화학공업 절대용지가 부족하여질 것이 예측되면서도 기업들의 과도한 부동산 투기에 대한 사회적 비판 고조는 오히려 공업기지 건설연기, 축소 논의를 정당화시켜 주었다.

자료표 13-6-1 한국, 일본 공업입지와 공업입지 원단위 (단위: km^2, 10억 원, m^2/백만 원)

	국토면적	공업입지	생산액	원단위
일 본	372,312	1,280	183,500	7.0
한 국	98,807	202	8,000	25.3
한국/일본	1/4	1/6	1/23	3.6

자료: 중화학공업추진위원회기획단(20, 1978), V. 산업기지.

130) 〈매일경제신문〉(1978. 4. 19); 〈매일경제신문〉(1978. 4. 20).

〈자료 13-7〉 중화학공업기지 내용(1979년 말 현재)[131]

① 포항철강공업기지 철강연관단지

<table>
<tr><th>구 분</th><th>내 용</th></tr>
<tr><td>시 작</td><td>1968년 포항종합제철 발족</td></tr>
<tr><td>진 행</td><td>1) 제1단지: 착공 1970년 4월 1일, 완공 1972년 3월
2) 제2단지: 착공 1978년 1월, 완공 1981년 말(예정)</td></tr>
<tr><td>기지개요</td><td>총부지면적 2,882,688평 규모의 철강연관산업 전용의 특수임해공업단지
단지규모(평)
<table>
<tr><th colspan="2"></th><th>1단지</th><th>2단지</th></tr>
<tr><td colspan="2">총면적</td><td>1,216,688</td><td>1,670,000</td></tr>
<tr><td colspan="2">공장가능면적</td><td>922,733</td><td>760,000</td></tr>
<tr><td rowspan="5">공공용지</td><td>도 로</td><td>72,123</td><td>–</td></tr>
<tr><td>배 수 로</td><td>19,315</td><td>–</td></tr>
<tr><td>공공시설</td><td>127,409</td><td>120,000</td></tr>
<tr><td>기 타</td><td>71,088</td><td>790,000(녹지 700,000)</td></tr>
<tr><td>합 계</td><td>289,935</td><td>910,000</td></tr>
</table></td></tr>
<tr><td>입주업체</td><td>'강원산업'을 비롯하여 가동 45개 업체, 건설 중 2개 업체, 미착공 1개 업체 총 48개 업체 입주</td></tr>
<tr><td>종업원수</td><td>남자 11,112명, 여자 589명, 합계 11,701명</td></tr>
<tr><td>교육기관</td><td>1) 포항제철공업고등학교
① 1978년 9월 설립
② 제철과, 기계, 금속, 전기 등 4개 학과 연간 720명 배출
2) 직업훈련원</td></tr>
<tr><td>공업용수</td><td>1일 100,000톤 공급시설 완비</td></tr>
<tr><td>항 만</td><td>1982년까지 대형선박 13척이 동시 접안가능한 영일만 포항항 건설</td></tr>
<tr><td>공 해</td><td>2단지 구릉지 등 원형 그대로 활용하여 공해를 최대한 감축</td></tr>
<tr><td>분 양 가</td><td>1) 조성초기 1970년부터 1973년까지 평당 1,200～2,800원으로 분양
2) 현재 1단지는 분양여지가 없음</td></tr>
</table>

131) 한국공단연구소(총람, 1980). 입주업체는 판단기준에 따라 차이가 있음.

② 비철금속공업기지

<table>
<tr><th>구 분</th><th>내 용</th></tr>
<tr><td>진 행</td><td>1) 1973년 7월 20일 건설부, 기준지가 고시(건설부 고시 제300호)
2) 1974년 4월 1일 건설부, 온산지역 산업기지개발구역 기본계획 고시(건설부 고시 제92호)
3) 1974년 11월 울주군과 산업기지개발공사, 비철금속단지 용지매수 업무위탁 계약서 체결로 보상물건 조사에 착수
4) 1975년 4월 온산공업단지 이주민에 대한 대책으로 49,000평에 달하는 德新이주단지 조성사업계획 확정
5) 1975년 6월 온산공업단지, 공장부지 매입 및 이주민 보상비를 지급하기 시작함으로써 공단건설 본격화
6) 1976년 3월 10일 건설부, 온산지역 산업기지개발구역 변경 고시(건설부 고시 제28호)
7) 1976년 12월 31일 건설부, 온산산업기지개발구역 변경 고시(건설부 고시 제218호)</td></tr>
<tr><td>기지개요</td><td>1) 단지규모(만 평)
<table>
<tr><td colspan="2">총면적</td><td>734</td></tr>
<tr><td rowspan="3">공업지역</td><td>공장건설지</td><td>442</td></tr>
<tr><td>유 보 지</td><td>44</td></tr>
<tr><td>합 계</td><td>486</td></tr>
<tr><td colspan="2">주거지역</td><td>69</td></tr>
<tr><td colspan="2">공공용지</td><td>179</td></tr>
</table>
2) 3개 단지로 구성
(1) 비철금속단지
동, 아연 2개 제련소 가동 중, 알루미늄제련소는 추진 중
(2) 석유화학단지
① 제4석유화학단지로 불림
② 내외자 총 16억 달러 투입하여 에틸렌 기준 연산 35만 톤 규모 건설, 더하여 10여 개의 계열원료공장도 건설 예
③ 여천 제3석유화학단지 계열공장이 1982년 완공 후 자급도 97% 예상되지만 장래 대비
(3) 화학단지
화학펄프 연산 10.5톤 규모의 '동해펄프'를 위시하여 '럭키화학' 등 공장건설 예정</td></tr>
<tr><td>입주업체</td><td>1) 1975년 10월 1일 '고려아연온산제련소'의 입주허가를 시작으로 현재 13개 업체가 가동 혹은 건설 중
2) 1978년 11월 24일 '고려아연온산제련소' 첫 가동</td></tr>
<tr><td>공업용수</td><td>1일 24만 톤의 공급가능 시설 갖춤</td></tr>
<tr><td>항 만</td><td>온산항은 7만 톤급 정유 및 비철금속 전용선이 접안가능 부두
유류 5,126만 톤을 포함하여 연간 약 5,480만 톤 화물 처리가능</td></tr>
<tr><td>철 도</td><td>1) 동해남부선에서 단지까지 12.7km의 온산공단선이 부설되어 있음
2) 온산공단 전용선으로 건설된 것임</td></tr>
<tr><td>교육기관</td><td>울산공업단지와 공동</td></tr>
<tr><td>배후도시</td><td>1) 창원, 반월, 여천에 이어 4번째 인공도시
2) 주거지역 69만 평, 공공용지 등 기타 지역 179만 평, 총 248만 평
3) 인구 5만의 산업도시 건설 예정
4) 공공시설 학교 4개, 면사무소, 경찰지서, 우체국 2개, 보건소, 어업조합 등 확대 개편 혹은 신설</td></tr>
</table>

주: 입주업체는 기준에 따라 13~16개로 됨.

③ 기계공업기지

<table>
<tr><th>구 분</th><th>내 용</th></tr>
<tr><td>시 작</td><td>1973년 11월 착공</td></tr>
<tr><td>진 행</td><td>1981년 12월 완공 예정</td></tr>
<tr><td>기지개요</td><td>1) 전문계열화를 통한 투자효과의 극대화를 겨냥한 세계최대규모의 기계공업 전용 임해특수공업기지
2) 1981년까지 기계류 자급률 70% 제고와 1986년 목표인 기계류 수출 255억 8,100만 달러 달성을 위한 기지
3) 기지 완성시 약 1,000사의 모체공장과 2,000여 사의 부품공장이 건설 예정
4) 동서 12km, 남북 8km, 총부지면적 1,470만 평 규모로 제1단지(河口, 赤峴, 三東, 貴谷)와 제2단지(聖主, 車龍)로 구성
5) 기지중앙 노폭 50m, 전장 12km로 남서쪽이 공장지대, 북동쪽이 배후도시
6) 총면적(천 평)
<table>
<tr><td>총 면 적</td><td colspan="2">14,700</td></tr>
<tr><td rowspan="3">공업용지</td><td>공업지역</td><td>6,853</td></tr>
<tr><td>준공업지역</td><td>151</td></tr>
<tr><td>합계</td><td>7,004</td></tr>
<tr><td rowspan="3">주거용지</td><td>주거지역</td><td>4,178</td></tr>
<tr><td>상업지역</td><td>537</td></tr>
<tr><td>합계</td><td>4,715</td></tr>
<tr><td>녹 지</td><td colspan="2">2,981</td></tr>
</table></td></tr>
<tr><td>입주업체</td><td>1) 1974년 5월 4일 소재부문의 주물업종인 '남영금속(南榮金屬)' 입주
2) 1979년 12월 말 현재 108개 주요 공장, 14개 계열공장 등 총 120개 공장이 가동 또는 건설 중
3) 내국인 104개 업체, 합작기업이 16개 업체(일본 12, 미국 3, 영국 1개사)로 총투자액은 내국인 18억 1,700만 달러, 합작 3억 5,700만 달러, 합 21억 7,400만 달러
4) 부문별 내역(공장수)
<table>
<tr><td>소재</td><td>요소부품</td><td>산업기계</td><td>정밀기계</td><td>전기기계</td><td>수송기계</td><td>기타</td></tr>
<tr><td>14</td><td>14</td><td>42</td><td>5</td><td>5</td><td>26</td><td>14</td></tr>
</table></td></tr>
<tr><td>입주대상</td><td>소재, 요소부품, 산업기계, 정밀기계, 수송기계, 기타</td></tr>
<tr><td>종업원수</td><td>남녀 합계 101,400명</td></tr>
</table>

<table>
<tr><th>구 분</th><th colspan="4">내 용</th></tr>
<tr><td rowspan="14">주요 특전</td><td rowspan="9">세제</td><td rowspan="2">내국인</td><td>소득세
법인세</td><td>3년 동안 면제하고 그 후 2년은 50%를 감면</td></tr>
<tr><td>영업세</td><td>수출업체에 대한 영업세는 전액 영구 면세</td></tr>
<tr><td rowspan="5">외국인</td><td>법인세
취득세
재산세
소득세</td><td>외국인투자분에 대한 법인세, 취득세, 재산세, 소득세는 최초 5년간 전액 면세, 이후 3년간 세액의 100분의 50 경감</td></tr>
<tr><td>영업세</td><td>수출업체에 대한 영업세는 전액 영구 면세</td></tr>
<tr><td>이익배당금,
잉여금 분배금</td><td>외국인투자 원금에서 발생하는 이익배당금과 잉여금의 분배에 따른 법인세, 취득세도 최초 5년간 전액 면세, 이후 3년간 세액의 100분의 50 경감</td></tr>
<tr><td>관세물품세</td><td>도입 자본재에 대한 관세, 물품세 전액 면세</td></tr>
<tr><td>근로소득세</td><td>외국인의 근로소득세 전액 영구 면세</td></tr>
<tr><td colspan="3" style="display:none"></td></tr>
<tr><td colspan="3" style="display:none"></td></tr>
<tr><td rowspan="4">금융</td><td colspan="2">대지매입자금</td><td>총소요자금의 70%까지 지원, 융자기간은 3년 거치 5년 분할상환, 금리는 연 13%</td></tr>
<tr><td colspan="2">기계설비
(건물 포함)</td><td>총투자액의 75%까지 지원, 금리는 1~3년간 13%, 4~8년간 14%</td></tr>
<tr><td colspan="2">운전자금</td><td>1회 운전자금의 50%까지 지원, 융자기간은 3년 이내에 상환해야 하며 금리는 우량업체 연 16%, 일반업체 연 17%</td></tr>
<tr><td colspan="2">담보</td><td>후취(後取)담보를 원칙으로 함</td></tr>
<tr><td colspan="4">* 세제의 외국인은 외자도입법 규정에 의한 조세감면이며 금융은 국민투자기금 지원규정임</td></tr>
<tr><td>교육기관</td><td colspan="4">1) 창원기계공업고등학교: 4개 학과 45학급 연간 900명 배출, 부산기계공업고등학교와 동일 운영체계. 1977년 3월 개교
2) 한백(韓白)창원기계훈련원: 기계공업 등 4개 공과 주간 400명, 야간 360명 760명(연간). 1977년 9월 1일 개원
3) 기능대학: 7개과 880명(2년). 1978년 4월 착공</td></tr>
<tr><td>연구기관</td><td colspan="4">1) 한국기계금속시험연구소: 1979년 8월 7일 개소, 9부 34실 8과
2) 한국전기기기시험연구소: 1980년 9월 개소 예정</td></tr>
<tr><td>공업용수</td><td colspan="4">1일 20만 톤 공급규모의 배수관 시설과 1일 125만 톤 규모의 정수장 시설이 완비</td></tr>
<tr><td>항 만</td><td colspan="4">1981년 연간 약 217만 톤의 해상화물을 수송할 수 있는 공업항이 건설되고 있는 창원기지 전용의 창원항은 2만 톤급 선박 7척이 동시 접안가능한 부두시설과 근대화된 하역장비를 갖춤</td></tr>
<tr><td>도 로</td><td colspan="4">공장지대에 노폭 30m, 전장 2km의 기지중로는 마산, 진해 간 국도와 해안부두를 연결</td></tr>
<tr><td>지원기관</td><td colspan="4">세관, 전신전화국, 검역소</td></tr>
<tr><td>이익금 및
원금송금</td><td colspan="4">1) 이익금 및 분배금의 송금은 영업초년부터 보장
2) 원금의 매각대금 송금은 영업개시 2년 후부터 가능</td></tr>
<tr><td>합작비율</td><td colspan="4">50:50이 원칙이나 사업내용에 따라 이상의 투자도 인정</td></tr>
</table>

④ 구미수출산업공단

<table>
<tr><th>구 분</th><th>내 용</th></tr>
<tr><td>시작</td><td>1969년 건설부 고시: 현 섬유단지인 11,000평이 공업단지 조성지역으로 지정</td></tr>
<tr><td>진행</td><td>1) 제1단지: 착공 1969년 3월, 완공 1973년 10월
2) 1977년 7월 구미전자공업기지 제2공업단지 착공
(1) 반도체 등 57개 중점 품목 신개발단지
(2) 칠곡(漆谷)군 인동(仁同)면 일대
(3) 1980년 12월 완공 예정
3) 1979년 1986년 100억 달러 수출 위해 부근 420만 평을 제3공업단지로 추가 지정</td></tr>
<tr><td>기지개요</td><td>1) 공해 없는 공업단지, 자연과 인공의 조화가 캐치프레이즈
2) 총부지면적 8,151,000평 규모
3) 일반단지(섬유), 제1공업단지(전자), 제2공업단지(仁同단지, 반도체단지)

단지 총규모(천 평)
<table>
<tr><th></th><th>총면적</th><th>공장가용면적</th><th>공공용지</th></tr>
<tr><td>제1단지</td><td>3,152</td><td>2,441</td><td>711</td></tr>
<tr><td>제2단지</td><td>699</td><td>638</td><td>61</td></tr>
<tr><td>제3단지</td><td>4,300</td><td>1,980</td><td>2,320</td></tr>
<tr><td>계</td><td>8,151</td><td>5,059</td><td>3,092</td></tr>
</table></td></tr>
<tr><td>입주업체</td><td>1) 재일교포 출신 곽태석(郭泰石), 구미공단에 '한국전자' 설립하여 첫 가동
2) 전자업종 97개 업체(그 외 섬유업종 91개 업체, 기타 17개 업체) 총 205개 업체가 가동 또는 건설 중

업종별 업체수
<table>
<tr><th rowspan="2"></th><th colspan="3">전자업종</th><th colspan="2">섬유, 기타</th><th rowspan="2">합계</th></tr>
<tr><th>기기</th><th>부품</th><th>관련</th><th>섬유</th><th>기타</th></tr>
<tr><td>제1단지</td><td>22</td><td>43</td><td>17</td><td>91</td><td>15</td><td>188</td></tr>
<tr><td>제2단지</td><td>6</td><td>8</td><td>1</td><td>–</td><td>2</td><td>17</td></tr>
<tr><td>합 계</td><td>28</td><td>51</td><td>18</td><td>91</td><td>17</td><td>205</td></tr>
</table>
투자별 업체수
<table>
<tr><th rowspan="2"></th><th colspan="3">전자업종</th><th colspan="2">섬유, 기타</th><th rowspan="2">합계</th></tr>
<tr><th>기기</th><th>부품</th><th>관련</th><th>섬유</th><th>기타</th></tr>
<tr><td>내국인</td><td>21</td><td>34</td><td>14</td><td>86</td><td>16</td><td>171</td></tr>
<tr><td>외국인</td><td>1</td><td>3</td><td>–</td><td>1</td><td>–</td><td>5</td></tr>
<tr><td>합 작</td><td>6</td><td>14</td><td>4</td><td>4</td><td>1</td><td>29</td></tr>
</table></td></tr>
</table>

<table>
<tr><th>구 분</th><th>내 용</th></tr>
<tr><td>종업원수(명)</td><td>
<table>
<tr><td></td><td colspan="3">전자업종</td><td colspan="2">섬유, 기타</td><td rowspan="2">합계</td></tr>
<tr><td></td><td>기기</td><td>부품</td><td>관련</td><td>섬유</td><td>기타</td></tr>
<tr><td>남</td><td>4,749</td><td>2,240</td><td>1,976</td><td>5,163</td><td>1,376</td><td>15,304</td></tr>
<tr><td>여</td><td>8,277</td><td>4,218</td><td>547</td><td>10,995</td><td>387</td><td>24,424</td></tr>
<tr><td>합계</td><td>13,026</td><td>6,458</td><td>2,323</td><td>16,158</td><td>1,763</td><td>39,728</td></tr>
</table>
</td></tr>
<tr><td>공업용수</td><td>1일 100,000톤의 공급시설 완비</td></tr>
<tr><td>지원기관</td><td>1) 구미수출산업공단 관리사무소 2) 세관 3) 법무부 출입국사무소 4) 노동청 구미출장소 5) 전신전화국 6) 소방서 7) 각급 검사소 8) 대한주택공사 9) 각 금융기관 10) 의료기관 11) 관광호텔</td></tr>
<tr><td>교육기관</td><td>1) 금오공업고등학교: 4개 학과 연간 400명 배출
2) 구미전자공업고등학교(국립): 전자, 통신설비, 정보기술 3개 학과 연간 600명 배출
3) 구미직업훈련원</td></tr>
<tr><td>확장계획</td><td>1) 약 430만 평 새로 개발
2) 이 중 198만 평은 공업단지, 124만 5천 평은 녹지, 12만 평은 연구소 및 공공건축용지</td></tr>
<tr><td>배후도시</td><td>430만 평 확장지 구릉지에 인구 6만 명 수용할 수 있는 배후 주거지 조성</td></tr>
<tr><td>분양가</td><td>1) 분양방법은 5년 연부제이며 연도별 평당 분양가는 다음과 같음
<table>
<tr><td>1972</td><td>1973</td><td>1974</td><td>1975. 1</td><td>1976. 10</td><td>1977</td><td>1978</td></tr>
<tr><td>3,000원</td><td>4,500</td><td>6,600</td><td>7,260</td><td>8,100</td><td>9,000</td><td>10,000</td></tr>
</table>
* 인동단지는 14,000~15,000원
2) 현재는 땅이 없어 부지를 2~3만 원 더 주고도 구할 수 없음
3) 상가지역도 당초 3,000원에서 지금은 평당 10만 원을 호가</td></tr>
<tr><td>입주자격</td><td>국내인기업체 및 외국인과의 합작기업체로 수출전망이 확실하며 전자기기 및 전자부품과 그 관련 공업체</td></tr>
<tr><td>입주절차</td><td>1) 입주지정신청
① 사업계획서 ② 추정대차대조표 ③ 기타 참고 및 증빙 서류
2) 입주자격심의
3) 대지매매계약 체결
① 대지분양신청서 ② 대지사용계획서 ③ 공장설계도 ④ 연차별 건설계획도 외 1 ⑤ 매입대지보증금불입 ⑥ 1차 연도 납입금 불입</td></tr>
</table>

주: 1단지 완공일은 정정. 경제기획원(경백, 1975); 중학공업추진위원회기획단(중화추현, 1979).

⑤ 여천화학공업기지

<table>
<tr><th>구 분</th><th>내 용</th></tr>
<tr><td>시작</td><td>1966년 3월 건설부의 여천공업단지 조성계획으로 구체화</td></tr>
<tr><td>진행</td><td>1) 1967년 2월 20일 '호남정유'를 기공, 이후 여천지방공업단지로 발전
2) 1969년 2월 20일 여천공업단지 기공식과 '호남석유' 착공
3) 건설부, 1974년 4월 1일 여천공업단지 일대 572만 평을 산업기지개발구역으로 지정 확정
4) 1974년 10월 여천공업기지(석유화학공업2단지) 조성 착공(1979년 10월 20일 완공)
5) 1976년 9월 1일 여천지구출장소 설치: 기지 내의 행정체제를 일원화함
6) 1976년 12월 31일 여천공업단지에서 여천공업기지로 변경, 계획구역도 985만 평으로 확장 고시
7) 1977년 8월 4일 '남해화학(南海化學)' 여천공장, 준공
8) 1977년 10월 22일 여천배후도시 건설의 1차사업인 쌍봉(雙鳳)지구 기공식
9) 1977년 12월 9일 산업기지개발구역이 1,334만 평으로 확장 고시됨-이로써 여천공업기지는 에틸렌 기준 15만 톤 울산석유화학공업기지에 이어 35만 톤 규모의 제2석유화학공업기지가 건설되고 계속하여 35만 톤 규모의 제3석유화학공업단지 건설이 가능하게 됨
10) 제3석유화학단지는 기지 내 유보지에 민영(합작투자 허용)을 원칙으로 1979년에 착수한다는 기본계획이 만들어져 1979년 9월 1차로 '럭키석유화학', '진양(進洋)'이 각각 공장부지를 분양받음</td></tr>
<tr><td>기지개요</td><td>1) 해면매립, 동양 최대규모 중화학공업 임해공업기지
2) 7비단지를 주축으로 한 1차 계획으로 조성된 세칭 석유화학 제2단지의 일부인 222만 평 완공
3) 16개 공장 가동 또는 건설 중
4) 2차 계획인 석유화학 3단지와 동기지의 배후도시가 될 석유화학관련 경공업단지 및 화치(花峙)단지 건설이 진행 중</td></tr>
<tr><td>입주업체</td><td>1) '호남정유'를 필두로 '대성메탄올', '남해화학', '럭키' 등 가동 8개 공장, 건설 중 8개 공장, 미착공 4개 공장 총 20개 공장 입주
2) 1982년까지 120여 공장 입주계획
3) 입주업체 선정요령은 41개 업종 대상 공고</td></tr>
<tr><td>종업원수</td><td>남녀 계 5,902명</td></tr>
<tr><td>기지조성계획</td><td>
<table>
<tr><th colspan="3" rowspan="2"></th><th rowspan="2">고시면적</th><th colspan="4">조성사업</th><th rowspan="2">유보지</th></tr>
<tr><th>조성계획</th><th>기조성</th><th>조성 중</th><th>금후계획</th></tr>
<tr><td rowspan="4">기조성</td><td colspan="2">계</td><td>1,334</td><td>703</td><td>263</td><td>50</td><td>390</td><td>631</td></tr>
<tr><td colspan="2">공업지역</td><td>551</td><td>351</td><td>222</td><td>–</td><td>129</td><td>200</td></tr>
<tr><td rowspan="2">지원시설</td><td>배후도시</td><td>315</td><td>315</td><td>4</td><td>50</td><td>261</td><td>–</td></tr>
<tr><td>기타</td><td>468</td><td>37</td><td>37</td><td>–</td><td>–</td><td>431
(해면355)</td></tr>
<tr><td rowspan="2">조 성</td><td colspan="2">제2지구</td><td>575</td><td>–</td><td>–</td><td>–</td><td>–</td><td>–</td></tr>
<tr><td colspan="2">제3지구</td><td>1,120</td><td>–</td><td>–</td><td>–</td><td>–</td><td>–</td></tr>
</table>
</td></tr>
<tr><td>공업용수</td><td>1일 25만 톤 공급가능의 60km 송수관 시설 완비</td></tr>
</table>

구 분	내 용
항만	1) 광양만의 삼일(三日)항은 '호남정유', '대성메탄올' 공장 전용부두를 비롯하여 3개 부두시설로 17만 톤의 선박이 동시접안 가능 2) 하역능력은 원유를 제외하고 연간 385만 톤의 해상화물 수송장비를 갖춤
철도	13.2km의 기지인입선 부설
도로	1) 남해고속도로와 연결되는 완전 포장된 14.9km 기지진입로 2) 3.8km의 우회도로 3) 4km의 산업도로 등 이상적인 도로망 형성되어 있음
공해	1) 북서풍의 천혜적 지형으로 자연해결 2) 각 공장은 공해방지시설 갖춤 3) 현재 자연보호운동추진본부가 설치되어 운용
배후도시	1) 창원, 반월에 이은 3번째 인공도시 2) 총 7,287만 평에 인구 30만 명 도시 건설 3) 1977년 10월 22일 착공하여 1986년까지 단계적으로 건설: 1단계는 1979년까지 쌍봉(雙鳳)면 70만 평
분양가	1978년 6월 실시 분양가 1) 상업지역 평당 70,000원 2) 업무지역 평당 35,000원 3) 주거지역 평당 28,000원

주: 1977년 12월 8일 산업기지개발구역 확장고시는 발표일 12월 9일로 정정함.

⑥ 울산공업기지

<table>
<tr><th>구 분</th><th>내 용</th></tr>
<tr><td>시작</td><td>1962년 2월 3일 울산을 특정 공업지구로 지정, 공포(閣令 제403호)</td></tr>
<tr><td>진행</td><td>1) 1966년 12월 석유화학공업 개발계획 확정
2) 1967년 7월 울산정유공장 인접지 약 100만 평을 석유화학공업단지로 지정
3) 1967년 10월 실수요자 선정 완료
4) 1968년 2월 계열화공장 추진주체 선정('충주비료'), 추진방향 결정
5) 1968년 11월 부지정리사업에 착수
6) 1969년 1월 '이수화학(梨樹化學)공업(주)', 설립
7) 1969년 8월 '한양화학(韓洋化學)(주)' 설립
8) 1969년 9월 '동서석유화학(東西石油化學)(주)' 설립
9) 1969년 11월 '석유화학지원공단((주)한주(韓洲))' 설립
10) 1969년 12월 단지조성 완료
11) '한국카프로락탐(주)', 울산석유화학공업단지에서 설립
12) 1970년 1월 「석유화학공업육성법」 공포
13) 1970년 6월 '대한유화공업(大韓油化工業)(주)' 설립
14) 1970년 10월 '삼경화성(三敬化成)(주)' 설립
15) 1970년 12월 '한국합성고무공업주식회사'('금호석유화학') 설립
16) 1972년 4월 '한남화학공업사(韓南化學工業社)' 설립
17) 1972년 10월 '울산석유화학공업단지' 합동 준공식
18) 1973년 3월 '한국에탄올(주)' 설립</td></tr>
<tr><td>기지개요</td><td>1) 주축인 석유화학공업단지(제일석유화학단지), 중화학공업단지, 기계자동차공업단지('현대자동차'를 모기업으로 계열화), 조선단지의 4단지로 구성
2) 국제규모의 화학공업공장만 28개라 석유화학공업단지라고 불림
3) 총규모(천 평)
<table>
<tr><td>총면적</td><td colspan="2">13,900</td></tr>
<tr><td rowspan="3">공업지역</td><td>석유화학지구</td><td>7,191</td></tr>
<tr><td>미포(尾浦)공업지구</td><td>4,269</td></tr>
<tr><td>합계</td><td>11,460</td></tr>
<tr><td rowspan="3">공공용지</td><td>하천, 기타</td><td>840</td></tr>
<tr><td>녹지</td><td>1,600</td></tr>
<tr><td>합계</td><td>2,440</td></tr>
</table></td></tr>
<tr><td>특징</td><td>1) 석유화학공업의 계열화 및 단지화
2) 유틸리티의 집중 공동화</td></tr>
<tr><td>입주업체</td><td>1956년 11월에 가동한 '삼양사(三養社)'를 비롯 46개의 국제규모 대단위 공장과 87개의 지원기업체 및 계열화 공장 등 123개의 공장이 입주하여 가동 중 혹은 건설 중</td></tr>
</table>

구 분	내 용
종업원수	남녀 합계 43,126명
교육기관	1) 울산공과대학: 10개 학과 연간 1,250명(야간 250명) 배출 2) 울산공과대학 병설 공업전문대학: 10개 학과 연간 1,440명(야간 480명) 배출 3) 울산공업고등학교: 5개 학과 연간 780명 배출 4) 현대공업고등학교: 6개 학과 연간 600명 배출
공업용수	1일 62만 톤 공급가능 시설을 갖춤
항만	1) 1963년 9월 25일 울산항이 개항장으로 지정(각령 제1580호) 2) 울산항에는 대소선박 20척이 동시 입항하여 접안가능
철도	경부선과 중앙선이 접속되어 있으며 25.4km에 이르는 단지인입선 4개선과 부두까지의 약 2km 철도가 부설되어 있음
공해	완전한 공해방지 설비: 정수처리 실시 후 잉여수 배출
분양가	1) 분양초기 간접보상비 포함 평당 평균 1,000원으로 분양되었으나 현시세는 20,000~30,000원(과표 18,000원) 2) 임해지역은 포화상태이며 내륙지역 분양 여지 있음

5

중화학공업화에서의 금융, 재정, 내외자

CHAPTER 14
중화학공업화와 내자, 금융, 재정

1. 중화학공업화와 내자동원

중화학공업화를 위해 1차적으로 필요한 것은 중화학공업화를 시행할 자본이었다. 그러나 불행히도 정상적인 자본축적이라는 역사적 경험을 가지고 있지 못한 전후 후발공업국에게 있어 필요자본은 부족하였고 이에 중화학공업화의 1차적 장애요인은 무엇보다 자본병목이 될 수밖에 없었다. 한국 정부 역시 이 점을 가장 먼저 인식하였고 이에 정부는 중화학공업화선언과 함께 1차적 과제로 중화학공업화를 진행하기 위한 자본충당원칙을 만들었다. 이는 중화학공업 소요자금의 내외자 조달계획과 구체적인 내자동원계획 그리고 사회간접자본계획으로 이루어졌는데, 이러한 자본충당원칙은 단순히 내부적 지침이 아니라 대외적으로도 공개되어 대내외적으로 명확하게 공표되었다. 그 내용은 다음과 같다.

【중화학공업에서의 자본충당】

가. 중화학공업 소요자금의 조달 세부 계획

1. 중화학공업을 착수하는 업체는 원칙적으로 총투자의 30% 이상을 자기자금으로 확보하도록 하여 재무구조의 취약성 및 이로 인한 부실화 요인을 사전에 방지하도록 한다.
2. 개발금융체제를 강화하고 자본시장을 육성하며 범국민적 저축운동을 전개하여 내자동원 제체를 강화한다.
3. 아울러 외자도입은 국산이 불가능하거나 시설 근대화를 위하여 필요한 시설재의 도입과 선진기술의 확보에 주안을 두고 원칙적으로 총소요자금의 60% 이내에서 조달하도록 한다.
4. 외자도입은 원칙적으로 유리한 조건의 차관도입에 우선을 둘 것이나 안전한 원료의 공급,

해외시장의 확보·개발, 선진기술의 도입 및 소요자금의 확보 등을 위하여 필요한 경우에는 직·합작투자를 인정 유도한다.

5. 외국인의 직·합작투자비율은 원칙적으로 50% 이내에서 억제한다.
6. 외국기업의 직·합작투자비율이 50% 이상이 불가피할 경우에는 외국인의 자본참여에 대한 과실회수(果實回收)를 감안하여 일정 기간이 경과한 이후 점차 내국인에게 소유주식을 이양하도록 권유한다.

나. 사회간접자본

정부사업으로 행한다.

【중화학공업추진위원회기획단(중화공, 1973), p. 14;
上野孝 小野田セメント取締役技術部長(1973. 6), p. 28】

중화학공업화를 진행하기 위한 이러한 자본충당원칙 위에서 중화학공업추진위원회기획단은 중화학공업화에 필요한 96억 달러를 조달하기 위한 중화학공업 소요자금 조달계획을 작성하였다. 이를 정리하면 〈표 14-1〉과 같다.

중화학공업 소요자금의 조달계획을 보면 원칙적인 면에서 5월 11일에 상공부장관이 발표한 '중화학건설원칙'이 기반이 되어 있음을 알 수 있다. 그리고 국내자본시장을 육성하여 내자동원제체를 강화하고 외자는 총소요자금의 60% 이내로 한다는 점이 분명히 되고 있었다. 이는 1970년대 계속 지켜졌으며 시간이 지남에 따라 오히려 강화되어 실행되었다.

중화학공업추진위원회기획단은 이러한 원칙과 계획에서 당시 한국의 중화학공업화를 위한 병목을 고려할 때 외자도입과 합작투자가 어디에서 필요하고 따라서 어떤 경우에 이

표 14-1 중화학공업 소요자금 조달계획

<table>
<tr><th>총 액</th><th colspan="2">구 분</th><th>비 중</th><th>계 획</th></tr>
<tr><td rowspan="4">총액 96억 달러</td><td rowspan="2">내외자 비중·자금동원계획</td><td>내 자</td><td>50~40%</td><td>내자동원계획
1. 개발금융체제 강화
2. 자본시장 육성
3. 범국민적 저축운동</td></tr>
<tr><td>외 자</td><td>50~60%</td><td>외자도입계획
1. 시설재 및 선진기술의 도입
2. 외국인투자
-원료, 해외시장, 선진기술의 확보
-투자비율원칙 50% 이내</td></tr>
<tr><td rowspan="2">자기자금비중</td><td>자기자금</td><td colspan="2">30% 이상</td></tr>
<tr><td>타인자금</td><td colspan="2">70% 이하</td></tr>
</table>

자료: 중화학공업추진위원회기획단(중화공, 1973), p. 15.

루어질 것인가에 대한 경우의 수도 명확히 하여 놓았다. 그것은 ① 국산이 불가능한 경우, ② 시설 근대화를 위해 필요한 시설재의 도입과 선진기술의 확보를 위해 필요한 경우 외자를 도입한다는 것이며 나아가, ③ 안전한 원료의 공급, ④ 해외시장의 확보·개발, ⑤ 선진기술의 도입, ⑥ 소요자금의 확보를 위해서는 직·합작투자도 유도한다는 것이었다. 그러면서 외국기업의 직·합작투자로 경영권이 넘어가는 것이 불가피할 경우에도 일정 기간이 경과한 이후에는 다시 점차 내국인에게 소유주식을 이양하도록 권유한다고 분명히 설정하고 있다. 이는 '중화학공업화에 장애가 되는 병목을 해결하여 줄 경우 이를 위해 적극 개방을 취하면서도 동시에 대외의존성을 줄이도록' 처음부터 중화학공업의 자본조달원칙이 그렇게 계획되었음을 의미한다.

분명히 자본부족은 1970년대 초 한국이 가진 1차적인 병목이었다. 그런데 일반적으로 현재 모든 이들이 상식적으로 받아들이고 있는 것과 달리 당시 정부는 외자보다 내자동원이 더욱 문제라고 생각하고 있었다. 중화학공업화를 위해 원칙적으로 사전에 정해진 비율 60% 이내의 '외자소요액 조달은 지난 1960년 이래 한국경제의 높은 성장 추세에 바탕을 둔 국제적인 신용의 향상과 수용태세의 최대 및 적극적인 경제외교 교섭 등으로 그 조달 전망이 낙관시되고 있으므로 결국 문제는 국내저축, 즉 내자조달에 있다'고 본 것이다. 따라서 중화학공업추진위원회기획단은 문제가 되는 '중화학공업부문의 투자소요액 2조 9,800억 원(1970년 가격)을 포함한 11조 5,520억 원의 내자를 확보하기 위해서는 당시 15% 정도인 국내저축률을 1981년까지는 27.1% 수준으로 올려야만 한다'고 정하였다.'[1] 이러한 저축률 상승을 통한 내자조달계획은 한국을 포함한 후발공업화국가의 경제안정과 외자도입에 대해 부정적 시각을 가지고 있던 자본보유 선진공업국과 국제기구에 대해서도 신뢰 측면에서 천명될 필요가 있었다. 이에 한국 정부는 한국중화학공업화계획 일본 조사단에, 1973~1981년 중화학공업부문 96억 달러를 포함한 한국의 총투자계획 중 국내충당 300억 달러를 현행 저축률 15%에서 목표연도까지 27%로 상승시켜 달성한다고 분명히 강조하였다.[2]

이러한 중화학공업 자본조달계획과 현상분석에 대한 결론, 그리고 복합적인 목적에 따라 정부는 중화학공업 건설 내자재원을 확보하는 시책에 착수하였다. 그것은 장기내자동원계획의 확립, 각종 내자동원시책의 효율적인 추진을 위한 국민투자기금법의 제정, 금융저축의 지속적 증대를 통한 일반금융의 확대, 그리고 기업공시제도를 위시한 자본시장의 적극적인 육성의 추진이었다.[3] 대통령은 1973년 10월 국회 시정연설에서 새해 10가지 시정방침 중의 하나로 '내자동원의 극대화'를 분명히 하였고 그 구체적 내용으로 ① 국민

1) 중화학공업추진위원회기획단(한공발2, 1979), pp. 258~259.
2) 鈴木正達 日本鋼管重工本部付部長(1973. 6), p. 17.
3) 국무총리기획조정실(중오, 1973), p. 13; 중화학공업추진위원회기획단(한공발92, 1979), pp. 258~259.

투자기금의 설치 및 운용, ② 1980년까지 농어촌 1조 원 저축운동 실시, ③ 증권시장 육성으로 국민대중의 지주화 유도를 밝혔다.[4)]

이에 따라, 첫째 국민투자기금이 계획되어 만들어졌다. 국민투자기금안이 최종적으로 만들어지자 김용환 기획단장은 박대통령의 신망을 받았고 1974년 9월 재무부장관으로 임명되었다. 이낙선 장관이 국세청에서 세수증대에 성공하자 상공부장관으로 발탁되었고[5)] 김용환 장관이 국민투자기금안이 성공하자 재무부장관으로 발탁된 것은 당시 한국에서 본원적 축적의 미비에 따라 내자동원이 얼마나 큰 문제이었고 또 대통령이 내자동원을 얼마나 중시하고 있었던가를 단적으로 보여 주는 것이다.

둘째, 내자동원계획으로서 금융저축의 지속적 증대를 통한 일반금융의 확대가 추구되었다. 정부는 중화학공업화에서 중화학공업 투자재원을 정부의 직접투자나 전액출자보다는 민간의 참여를 기본원칙으로 하고 있었고 그래서 중화학공업 총투자 2조 9,800억 원 중 정부투자분은 1,089억 원에 불과하게 책정하고 나머지 2조 8,700억 원, 즉 중화학공업 투자재원의 96.35%를 민간에서 담당하도록 계획하였다.[6)] 이러한 투자계획을 달성하기 위해 정부는 이자를 12~15%에서 유지하기로 하였다.[7)] 또 정부는 국무총리를 위원장으로 하는 '저축추진중앙협의회'를 설치하여 범국민저축운동을 강력히 전개하는 한편, 소비절약운동과 '농어촌 1조 원 저축운동'을 대대적으로 추진하였다.[8)] 1973년 5월에는 국민총저축률을 1981년까지 2배로 높이고 외자비중을 최대한 억제하는 장기내자동원계획도 작성되었다.[9)]

내자동원을 위한 국민저축운동은 1970년대 살았던 사람들의 가장 중요한 시대기억이 될 정도로 범국민적으로 진행되었다. 1970년대 초등학교에서 교장선생님의 칭찬을 가장 많이 받은 학생은 우등생이나 모범생이 아니라 최고 저축액을 가진 학생이었고 모든 학교의 교실에는 경쟁적인 저축막대그래프가 그려졌으며, 골목과 공장에는 저축이 애국이라는 표어가 붙여져 강제저축의 생활화가 국민교육화되었다.

셋째, 내자동원을 위해 정부는 자본시장의 기능을 강화하고[10)] 기업공개를 촉진하였다. 정부는 중화학공업 건설에 소요되는 내자를 실수요자의 주식공개 및 신주식공모로 조달하기로 하고 공모주식의 소화를 위해 1974년 중에 '중화학공업주식인수기구'를 신설하기로 계획하였다. 그리고 이를 계속 지속시키기 위해 정부는 기업공시제도의 실시와 감독기능의 강화를 서둘렀다.[11)] 주식시장의 활발한 육성은 저축증대와 함께 내자동원을 위해

4) 〈조선일보〉(1973. 10. 5).
5) 오원철 전 경제수석비서관 증언(1993. 9. 20).
6) 경제기획원(우장, 1973), pp. 156~157.
7) 鈴木正達 日本鋼管重工本部付部長(1973. 6), p. 17.
8) 국무총리기획조정실(중오, 1973), p. 13.
9) 〈조선일보〉(1973. 5. 13).
10) 중화학공업추진위원회기획단(중화공, 1973), p. 15.

정부가 적극적으로 추진한 것이었다.[12] 이후 내자동원책으로서의 저축증대와 자본시장 육성은 1970년대 내내 중화학공업화를 통해 계속 강조되었고 1979년 예산 시정연설에서까지도 "국민저축을 증대하고 자본시장을 육성하는 등 내자동원체제를 강화한다"는 것이 주요 시책으로 천명되고 있었다.[13]

2. 중화학공업화와 금융

1) 개발금융 요구와 구성

기본적으로 1970년대 한국의 금융시장, 금융제도는 여전히 미발달하여 금융수요초과가 지속되고 있었고 따라서 금융조달비용은 매우 높았다. 심지어 자본시장, 금융시장의 불완전성으로 1973년 민간기업들의 금융재원 의존구성도를 보면 높은 의존도를 보였던 은행대출의 17.6%를 사금융에 의존하는 등 고금리의 사금융시장에 대한 의존도가 높았고 또 높아지고 있었다.[14] 국내금융만이 아니라 외자도입도 도입 자체가 우선 여러 제약으로 매우 어려웠고 나아가 도입외자도 제공 측의 높은 수익률 요구, 국내에서의 관리비용 등으로 국제수준보다 높은 비용을 지불해야 하는 경우가 많았다.

이렇게 자본시장의 불완전성과 높은 비용 속에서 초기 대규모 설비투자비용이 들어가는 중화학공업은 경쟁력을 갖추고 있지 못하였던 국내기업 입장에서 출발 자체가 곤란한 것이었다. 심지어 한국에 진출하거나 진출하고자 하는, 이미 기술경쟁력을 갖추고 있던 선진공업국의 대기업조차도 한국에서의 자본시장 미발달에 따른 국내자금조달의 곤란과 고금리를 포함한 높은 조달비용 때문에 한국은 원천적으로 기업, 산업이 불가능한 곳이라고 인식할 정도이었다. 중화학공업화선언이 있었던 1973년 일본무역협회는 "한국에서는 외국에서 중단기 자금도입이 금지에 가까운 형태로 규제되고 있는 것, 또 국내금리의 만성적인 고수준(시중은행 대출금리 연 15.5%, 정기예금 연 12%), 그리고 자금부족 때문에 한국 진출기업이 골머리를 썩는 한국 내 자금조달난은 정부의 사채동결, 제도금융화 등 금융정상화의 노력에도 불구하고 근본적으로 변하고 있지 않다"라고 말하고 있었다.[15] 이러한 상황은 1970년대 내내 계속되었고 1980년대까지도 '한국은 계속적인 외자도입법의 제

11) 국무총리기획조정실(중오, 1973), p. 13.
12) 鈴木正達 日本鋼管重工本部付部長(1973. 6), p. 17.
13) 〈매일경제신문〉(1978. 10. 4); 〈조선일보〉(1978. 10. 5).
14) 이 비율은 1975년 24.9%, 1978년 33.5%로 되고 있다. 한국은행(경제통, 1983); T-W. Kwack(1986), p. 119; O. Nakazawa(1977), p. 44.
15) 日本貿易振興會(海投1, 1973), p. 80.

표 14-2 선별적 산업지원자금의 중화학공업 대출잔액 현황과 비중 (단위: 억 원, %)

	금액		구성비	
	1978	1979	1978	1979
중화학공업 일반	904.0	1,207.7	3.4	3.2
화학	1,338.9	2,223.8	5.1	13.5
비금속광물가공	555.7	792.9	2.1	2.1
1차 금속	1,263.6	2,317.7	4.8	6.1
금속, 기계, 장비	6,115.0	8,687.6	23.2	23.0
합계	10,177.1	15,229.3	38.5	40.3

주: 1) 구성비는 전체 선별적 산업지원자금 내 비중임.
2) 선별적 산업지원자금은 국민투자기금, 산업합리화자금, 기타 산업은행 대출, 수출입은행 연불수출지원(延拂輸出支援) 및 예금은행(deposit money banks) 기계공업육성자금, 농수산자금, 주택자금대출임.
3) 일반수출지원금융과 중소기업자금은 분류, 추계상의 문제가 있어 선별적 산업지원자금 전체에서 제외함.
4) 화학은 산업용화학과 석유정제를 같이 계산함.
자료: 한국은행(경제통, 1974~1981); 한국은행(국투기, 1974~1980); 한국개발연구원(국가, 1982).

정, 개정으로 해외자본도입을 유도하고 있었지만 한국에 입지한 기업들이 국내에서 충분히 자금을 조달받지 못하고 있는 문제가 해외기업의 인센티브를 손상하고 있다'고 계속 지적되고 있었다.[16)]

이러한 분명한 상황에 따라 모든 선진공업국가가 초기 공업화 단계에서 그러하였듯이 한국 역시 초기 중화학공업화를 위한 개발금융 동원에 정책적 주의가 주어졌다.[17)] 이에 따라 1970년대 중화학공업에 초점을 맞추어 지원된 선별적 산업지원자금에는 국민투자기금, 산업합리화자금(1975년 이후 중단), 한국산업은행 대출, 예금은행(deposit money banks) 기계공업육성자금과 그리고 이 밖에 수출입은행 연불수출지원(延拂輸出支援) 등이 있었다.

중화학공업화를 진행하는데 중요한 자금공급 역할을 한 선별적 산업지원자금의 1978, 1979년 중화학공업부문 대출액과 그 비중을 정리하면 〈표 14-2〉와 같다. 중화학공업에 지원된 선별적 산업지원자금은 선별적 산업지원자금의 38.5~40.3%를 차지하고 있었다.

중화학공업화선언 이후 1973~1979년 일반은행, 특수은행, 한국산업은행 전체의 중화학공업에의 대출액과 그 비중을 정리해 보면 〈표 14-3〉, 〈그림 14-1〉과 같다.

중화학공업 대출액이 1973~1979년간 전체 대출액에서 차지하는 비중은 21.0~30.8%이

16) 總合研究開發機構(1988), p. 3.
17) 1973년 경제기획원이 작성한 장기전망에서 중화학공업에의 투자액 배분을 보면 1973~1976년 24.5%로, 그리고 1977~1981년에는 21.9%로 점차 줄어들도록 계획되었다. 또 1974년 2월 9일 정부는 2,099억 원의 제조업 산업자금 내자지원계획을 확정하였는데 여기에서 성숙단계에 있었던 경공업에 비해 초기 중화학공업화를 위한 기업유인을 위해서 1,147억 원을 중화학공업부문에 지원하도록 계획하였다. 경제기획원(우장, 1973. 12), p. 20; 전국경제인연합회(전2사, 1983), p. 653.

표 14-3 중화학공업으로의 금융 대출현황

(단위: 백만 원)

	1973	1975	1977	1978	1979
일반은행	240,636	520,935	982,623	1,408,057	1,928,109
특수은행	71,029	160,082	243,562	350,523	553,938
산업은행	89,402	167,480	392,473	584,038	941,299
합 계	401,067	848,497	1,618,658	2,342,618	3,423,346
제조업 합계	970,900	1,873,079	3,114,581	4,247,550	5,937,901
총대출액	1,905,978	3,483,362	5,716,882	8,052,472	11,115,815

자료: 한국은행(경제통, 1979, 1981); 한국은행(한국소-국민계정, 1987).

그림 14-1 금융기관별 중화학공업에 대한 대출의 대출액 내 비중

(단위: %)

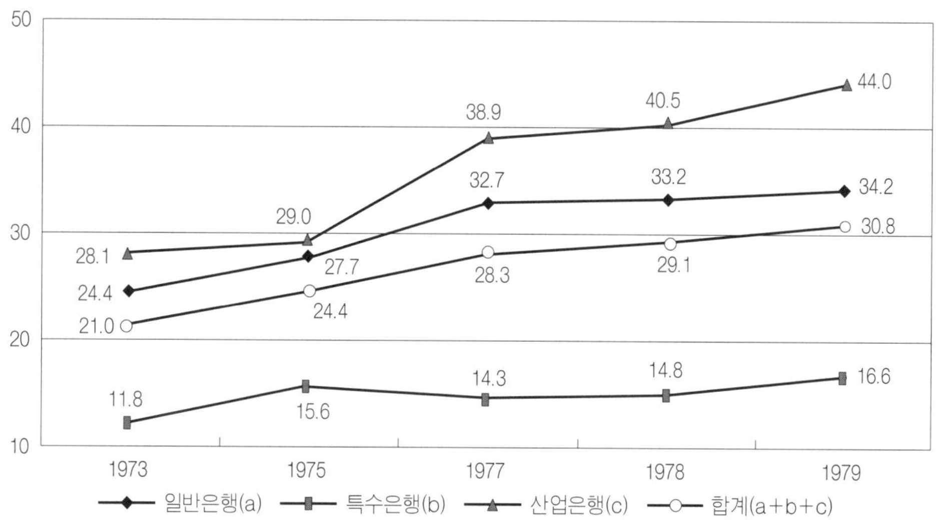

주: 1) 경상가격.
2) 연말잔액 기준.

자료: 한국은행(경제통, 1979, 1981); 한국은행(한국소-국민계정, 1987).

었다. 1979년은 비상상황에 따른 중화학공업부문 자금배분이 확대되고 있었던 상황이었으므로 사실 이전까지 전체 대출금의 30% 미만이 중화학공업부문에 배분되고 있었다. 특히, 1970년대 말로 가면서 제조업 내, 전체 대출 내 중화학공업의 대출비중이 높아지고 있는 것은 1970년대 후반 일어난 대기업집단의 단기적인 중화학공업 진입 열풍에 기인한다.[18] 물론 공업의 발전단계상 경공업의 성숙도에 따라 1970년대 후반이 되면 경공업 대출비중이 확연히 감소하고 이에 따라 중화학공업의 대출이 늘었던 것도 이유가 되었다.

18) 박영구(1995).

한국의 중화학공업 금융지원은 「기계공업진흥법」에 의한 지원과 기계공업육성자금, 국민투자기금을 통한 지원 등 많은 부분에서 이루어졌다. 그럼에도 불구하고 조립금속, 전기기기, 수송기기 등 중공업에 대한 이 지원은 외국과 비교해 보면 지원규모, 융자비율 및 금리, 융자한도 그리고 재원조달 면에서 취약한 것이었다.[19] 실제로 1970년대 기계공업진흥회 대정부 건의는 자금에 대한 내용이 가장 많았을[20] 정도로 1970년대를 통해 중공업에 대한 자금의 수급문제는 계속 문제가 되었다. 기계공업진흥기금의 조성이 부진하고 국산기계구입자금의 경우 외국기계구입시보다 구입조건이 불리하였으며 세제지원에 있어서도 기계류 구입에 대한 우대조치가 미흡하였다.[21] 만성적인 자금의 초과수요 속에서 사채유통규모는 확인되는 것만도 4,000억 원, 실제로는 1조 원이 넘는다고 추정되었다.[22] 이러한 만성적인 자금초과수요는 기업들의 비정상적인 선택도 가져와 상공부와 한국수출입은행의 공동조사에 의하면, 기업들의 수출액에 대한 수출보험가입수출액 비율은 일본 1976년 48%, 서독 1977년 21%임에도 한국은 1977년 1% 정도에 불과하였다.

2) 선별적 산업지원자금

(1) 국민투자기금

중화학공업화선언 이후 설비금융 방식 중 가장 광범위하고 강력한 정책금융제도이었던 국민투자기금은 "중화학공업 등 중요산업에 대한 자금공급을 위한 내자동원계획의 일환으로" 제정되었다. 왜냐하면, "중화학공업화정책을 추진하기 위해서는 국내저축률이 25% 이상 제고되어야 할 것으로 추정되었지만 1972년경 국내저축률은 15%선에 머물러 있었기"[23] 때문이었다.

박대통령은 1973년 초 중화학공업을 획기적으로 육성할 수 있는 방안을 마련하도록 내각에 지시하는 한편, 재무부에 중화학공업 육성에 필요한 내자동원 방안을 강구하도록 지시하였다.[24] 지시를 받은 남덕우(南悳祐) 장관과 김용환(金龍煥) 차관은 '금융제도심의관'이란 직제를 새로 설치하여 전담시키기로 결정하고 3월에 하동선(河東善)씨를 금융제도심의관으로 임명하였다. 재무부가 그 대안을 마련하고 있을 때 중화학공업추진위원회기획단이 설치되어 단장에 김용환 재무부차관이 전보발령되어 청와대로 들어감으로써 최각규(崔珏圭) 차관보가 차관으로 승진되어 내자동원 방안마련 작업을 총지휘하고 하동선 금융

19) 미국, 영국, 서독, 프랑스 등 외국의 지원에 대해서는 최형규 · 이영백(1980), pp. 334~335.
20) 한국기계공업진흥회(한기진10, 1980); 한국기계공업진흥회(한기진20, 1989).
21) 한국무역협회(무통-무역연감, 1981), pp. 502~503.
22) 〈서울경제신문〉(1979. 8. 9).
23) 김용환(金龍煥) 전 재무부장관(2002), pp. 117~118.
24) 이하 국민투자기금 성립과정은 중화학공업추진위원회기획단(한공발3, 1979), pp. 354~360과 1973년 〈매일경제신문〉, 〈중앙일보〉에서 자료를 구하였다.

제도심의관이 실무작업을 진행하였다. 이때 경제기획원과 한국개발연구원이 1981년까지의 한국 장기경제 전망을 작성하고 있었으므로 재무부에서 이에 맞추어 1차로 전체적인 계획 작성 및 추정작업을 진행하였다. 그 결과 중화학공업 육성을 위해서는 조직적인 자금동원 체제 확립이 긴요하다는 결론을 얻었다. 우선 저축률을 높이는 것이 필요하였고 동시에 자금을 중화학공업에 집중 투입하는 효율적인 자금배분책을 마련하는 것이 긴급으로 요청되었다. 이에 따라 재무부는 한국은행 및 한국산업은행 관계자들을 차출, 선진 각국의 설비금융체제에 대한 자료를 수집하도록 하고 우리 실정에 맞는 제도를 검토하였다.

여기에서 국민들의 저축을 극대화하고 저축된 자금을 중화학공업에 집중 투자하기 위해서는 기금을 조성하는 것이 소망스럽다는 일치된 견해가 나왔다. 그래서 모든 국민들이 중화학공업 건설에 출자를 함으로써 국민 스스로 중화학공업 건설의 주체임을 느끼게 하자는 뜻으로 처음에 '국민출자기금(國民出資基金)'으로 명칭이 제기되었다. 그러나 '출자'라는 개념은 주주로 직접 참여한다는 것이어서 혼란을 야기시킬 가능성이 있으므로 '국민투자기금'으로 명칭을 바꾸었다.

재무부는 경제기획원 등 관계부처와 사전협의 없이 거의 단독으로 작업을 진행하였다. 재무부가 「국민투자기금안」을 만들어 내놓자 태완선(太完善) 경제기획원장관은 재무부안은 기금을 조성하는 방법과 배분하는 방법에 모두 문제가 있다고 반론을 제기하였다. 재무부는 관계부처의 의견을 가미하여 8월 중 박대통령이 참석한 중화학공업추진위원회에서 「국민투자기금안」을 보고하였고 이 자리에서 관계부처 장관들의 반대의견이 있었으나 대통령으로부터 승인을 받았다.

박대통령의 내부 승인을 받은 재무부는 바로 「국민투자기금안」을 확정하여 경제장관회의와 국무회의의 의결을 거쳐 국회에 제출하였다. 국무회의 의결과정에서는 별다른 반대의견이 없었고 총무처에서 기금의 출연문제에 이의를 제기하여 약간의 논란이 있었을 정도였다. 국민투자기금법안이 국회 심의에 들어가자 야당의원들은 기금출연이 강제 성격을 띠고 있으며 금융자금을 일부나마 특정 기금에 위탁하여 계획사업에 투자하는 것은 관주도로 금융자금을 배분하려는 통제경제체제로의 전환을 의미한다고 반대의사를 표명하였다. 그러나 남덕우 재무부장관은 기금조성이 절대로 강제로 이루어지는 것이 아니며 저축된 재원을 가능한 한 중화학공업부문에 흘러들어가게 하는 역할을 할 뿐이라고 의원들을 설득하였다. 국민투자기금법안이 국회에 상정되자 국회의원뿐 아니라 경제계나 학계 일부에서도 강제저축제도이며 효율적인 금융자금 배분의 왜곡화를 초래할 가능성이 있다고 반론을 제기하였다. 일반인들에게서도 반대가 나타났는데 국민들은 공무원의 퇴직연금이나 국영기업체 임직원의 퇴직금을 현금으로 주지 않고 국민투자기금채권을 주는 것으로 알고 있었으며 체신저축이나 은행예금, 보험금 등도 만기가 되면 현금은 찾지 못하고 국민투자기금채권으로 받는 줄 알았기 때문이었다.

자금출연은 정부의 설명으로 국회 심의과정에서 별다른 수정이 없었지만 자금의 활용 방안은 국회에서 수정되었다. 당초 재무부는 국민투자기금을 철강, 조선, 기계, 전자, 화학 공업 등 5대 중요산업에만 활용하기로 하고 식량증산사업 등 기타 사업에 대한 지원은 대통령령에 위임, 필요한 경우 지원을 해 줄 수 있도록 하고자 하였다. 그런데 국회 심의과정에서 여야의원들은 식량증산사업을 지원대상으로 법에 명기할 것을 요구하여 이것이 지원사업 대상에 추가되었다.

정부는 '국민투자기금' 법안의 국회 심의와 동시에 국제통화기금(IMF) 및 세계은행(IBRD) 연차총회를 맞아 국제통화기금 및 세계은행 관계자들에게도 이를 설명하고 조언을 요청하였다. 예상 외로 국제통화기금 및 세계은행 관계자들은 지금까지 다른 나라에서 선례가 없는 독특한 제도로 그 성과가 크게 기대된다는 반응을 보였다. 한국 중화학공업화에 대해 부정적 시각을 갖고 있던 세계은행이어서 정부는 걱정이 있었지만 이들로부터 긍정적 반응을 얻게 되자, 정부는 국민투자기금에 대해 자신감을 갖고 국회 심의를 진행시킬 수 있게 되었다. 1973년 11월 26일 정부는 1974년도 제1회 국민투자채권 발행 동의안을 국회에 제출하였다.[25)]

마침내 1973년 12월 11일 「국민투자기금법」이 법률 제2635호로 공포되었는데 그 주요 내용을 정리하면 〈표 14-4〉와 같다. 정부는 금융기관의 저축성예금자금의 채권인수와 기금예탁금의 합계가 금융기관 저축성예금 증가액의 20%를 초과할 수 없도록 제한하고 정부, 지방자치단체, 기타 공공단체가 공업단지, 도로 또는 중요산업의 건설을 위하여 대통령령이 정하는 임야나 유휴지를 매수하는 경우에 그 대금의 전부 또는 일부를 국민투자채권으로 지급가능하도록 하였다.

그러나 1차 석유파동의 영향이 커지면서 법률 공포 직후인 12월 13일 재무부는 1974년 총 1,100억 원 규모의 국민투자기금 운용을 중화학공업 우선에서, ① 석탄증산·전력개발 등 에너지산업, ② 자원비축사업, ③ 수입의존도가 낮은 국산자재활용사업, ④ 식량증산사업, ⑤ 농가(農家) 공산품 개발사업, ⑥ 철강·비철금속·조선·화학·기계·전자공업 등으로 중화학공업을 제일 후순위로 지원순위를 변경하여 국회에 제출하였다.[26)] 1974년 기금운용계획에 나타난 융자 우선순위로 보면 국민투자기금의 성격과 목적은 완전히 변질된 것이다. 물론 이는 석유파동과 중화학공업화에 대한 대내외 반대 때문이었다.

1973년 12월 29일 국무회의는 「국민투자기금법시행령」을 의결하였다. 시행령은 1974년 1월 1일부터 시행을 규정하였으며 국민투자기금에서 투융자를 받을 수 있는 중요산업의 범위에 모법이 정한 중화학공업·식량증산사업 외에 전기업·광업·농가(農家)공산품개발사업·농어민소득증대특별사업·수산물증양식업 및 연안근해어업을 추가하였다. 시행령

25) 〈매일경제신문〉(1973. 11. 26).

26) 〈매일경제신문〉(1973. 12. 14); 〈중앙일보〉(1973. 12. 14).

표 14-4 국민투자기금법의 주요 내용(1973)

구 분	주요 내용
기금 재원	(1) 국민투자채권(국회 의결 필요) (2) 정부의 각 회계로부터의 전입금 또는 예탁금 (3) 국민투자기금의 결산상 잉여금 (4) 한국은행으로부터의 일시 차입금(당해 회계연도 내에 상환하는 조건의 자금)
국민투자채권인수·기금 예탁자금	(1) 저축증대에 관한 법률에 의한 국민저축조합의 조합원 저축 (2) 국민복지기금법에 의하여 조성된 자금 (3) 우편저금과 국민생명보험에 의하여 조성된 자금 (4) 정부, 지방자치단체, 기타 공공단체가 관리 보조 또는 출연하는 기금 중 대통령령이 정하는 자금 (5) 금융기관의 저축성 예금으로 조성된 자금 (6) 신탁회사의 불특정금전신탁에 의하여 조성된 자금 (7) 보험회사의 보험에 의하여 조성된 자금
기금 운용	(1) 중요산업의 설비자금(용지취득 또는 단지조성 자금 포함) (2) 중요산업의 운전자금 (3) 한국수출입은행법 제18조의 제1호, 제3호 및 제4호의 규정에 의한 업무를 수행하기 위한 수출지원자금 (4) 법률이 정한 특정 용지 매수자금(금융기관 거치지 않고 운용가능) (5) 기타 대통령령이 정하는 용도의 자금: 단 지원대상이 되는 중요산업은 철강, 비철금속, 기계, 화학, 전자공업, 식량증산사업과 기타 대통령령이 정하는 사업으로 한정
기금 관리	(1) 국민투자기금운용심의회 국민투자기금의 운용기준, 연도별 조달 및 운용계획 결산보고 기타 국민투자기금의 운용에 관한 중요 사항을 심의하기 위하여 국민투자기금운용심의회를 설치 (2) 국민투자기금 운용기준 국민투자기금 운용의 조건 및 원칙, 금융기관이 국민투자기금을 운용함에 있어서 준수하여야 할 사항 등을 내용으로 하는 국민투자기금 운용기준을 작성하여 국민투자기금운용심의회의 의결을 거친 후 국무회의의 심의를 거쳐 대통령의 승인을 얻어야 함 (3) 국민투자기금의 연도별 조달 및 운용계획 재무부장관은 회계연도마다 국민투자기금의 조달 및 운용계획을 작성하여 국민투자기금운용심의회의 의결을 거친 후 국무회의의 심의를 거쳐 대통령의 승인을 얻어야 함

은 또 국민투자채권을 인수하거나 투자기금에 자금을 예탁해야 할 공공기금의 범위를 공무원연금기금·군인연금기금·독립유공자사업기금·가족계획연구원기금·사립학교교원연금기금·수출보험기금·산업재해보상보험특별회계법에 의해 조성된 기금·한국개발연구원법에 의해 조성된 기금 등 모두 8종으로 확정하였다. 투자채권인수한도는 ① 국민저축조합·국민복지연금 등은 지급준비금을 제외한 자금전액, ② 금융기관은 저축성예금 증가액의 20%, ③ 불특정금전신탁은 수탁증가액 10%, ④ 손보자금은 수지차액의 40% 내로 각각 정하였다. 용지수매 때 대체지급할 수 있도록 한 채권은 100만 원 이하나 수매대전의 20%

는 현금으로 주도록 규정하였고 나아가 시행령은 또한 주식배정 우선권을 용지대금으로 채권을 인수한 자에게도 부여하고 1인당 주식 또는 사채 액면금액 10만 원까지 우선 배정하도록 하였다.[27)]

1974년 1월 동 시행령에 따라 한국은행이 재무부장관으로부터 동 기금의 조달 및 운용업무를 이행받아 업무를 개시하였다. 국민투자기금의 책임자는 재무부장관, 채권발행 및 기금의 운용관리는 한국은행 총재가 맡았다.

석유파동의 영향이 확대되면서 1974년 1월 4일 재무부는 1,100억 원 발행예정의 국민투자기금채권 발행액을 줄일 것을 검토하고 있다고 밝혔다.[28)] 그리고 열흘 뒤 1월 14일 정부는 2월 초에 국민투자기금법에 의한 국민투자채권을 금리 12%, 상환기간 3년으로 발행할 예정이라고 밝혔다. 정부는 "3월부터 대출업무를 시작하며 대출금리는 10%선을 예상하고 있고 따라서 이차는 정부예산에 계상된 30억 원의 이차보전비로 충당한다"는 구상을 밝혔다.[29)] 그러나 이 날 정부는 1차적으로 석유파동에 따른 국내외 비판과 함께 "국민투자기금을 모아 중화학 개발에 쓰자는 정부의 당초 설득력은 이미 사용대상의 우선순위 변경으로 기반을 잃었다"는 국내비판에[30)] 따라 국민투자기금의 주재원으로 예정된 국민복지연금제도의 시행을 연기한다고 발표하였다. 이후 정부는 국민복지연금제도의 1년 연기에 따라 1974년 국민투자채권 발행규모도 당초의 1,100억 원에서 850억 원으로 축소, 조정하여 국민저축조합에 135억 원, 각종 공공기금에 115억 원, 체신저축에 89억 원, 금융기관에 464억 원, 연보회사에 24억 원, 신탁회사에 23억 원을 각각 인수시키기로 하였다. 1974년 설비금융은 국민투자기금 850억 원, 산업은행 520억 원, 산업합리화자금 156억 원, 외화대부 480억 원, 일반설비금융 840억 원 등으로 하여 1973년의 2,948억 원보다 100억 원이 적은 2,846억 원이 공급되게 되었다.[31)]

1974년 2월 21일 야당이 국민투자기금법을 연말까지 정지하자고 주장하는 가운데[32)] 재무부는 총규모 900억 원의 1974년도 국민투자기금 운용계획을 발표하였다. 내용은 ① 금융기관·각종기금·신탁보험회사 등에서 900억 원을 조달하여, ② 중화학공업에 485억 원을 지원하고 한전에 170억 원, 식량증산에 100억 원을 지원하며, ③ 융자금리는 연 9%로 한다는 것이었다. 국민투자기금이 중화학공업에 지원하기로 한 485억 원은 2월 19일 경제기획원이 1974년 철강·조선·전자·석유화학 등 중화학공장 건설 소요자금 추정액 4,662억 원(외자 4억 6,000만 달러)의 10.4%에 불과한 것이었다.

27) 〈중앙일보〉(1973. 12. 29).
28) 〈매일경제신문〉(1974. 1. 4).
29) 〈매일경제신문〉(1974. 1. 14).
30) 〈중앙일보〉(1973. 12. 14).
31) 〈중앙일보〉(1974. 1. 23).
32) 〈경향신문〉(1974. 2. 21).

그림 14-2 국민투자기금의 구조(1974)

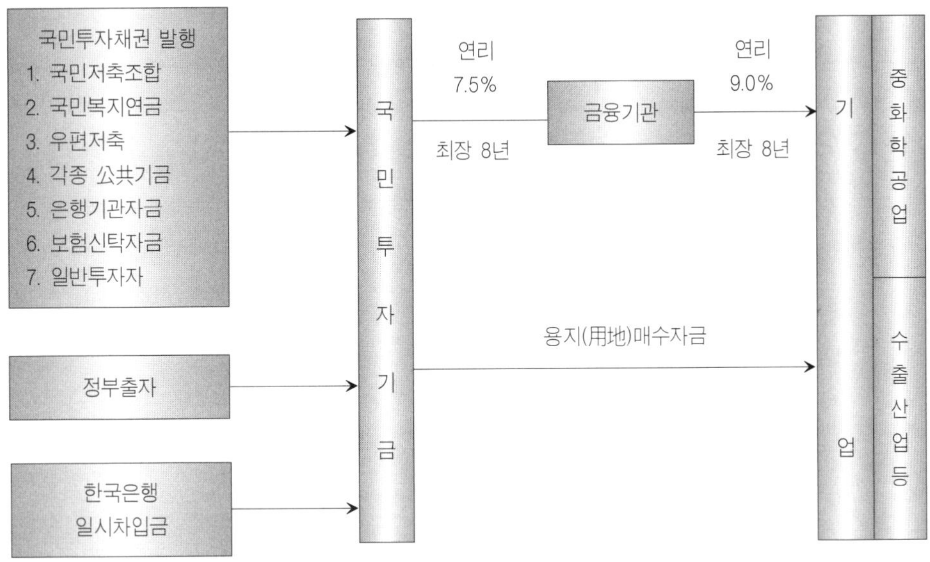

자료: 재무부(재백, 1982); 대한상공회의소(중건, 1975).

확정운용된 국민투자기금 구조를 그림으로 요약하면 〈그림 14-2〉와 같다.

국민투자기금의 재원은 국민저축조합자금, 각종 공공기금, 우편저축과 국민복지연금, 은행기관자금, 보험신탁자금, 그리고 전년도 수지와 상환금으로 충당하기로 최종 결정되었다. 최초 계획에서 투입이 계획되었던 정부의 재정으로 실제 충당된 것은 이차보전비용(利差補塡費用)뿐이었다. 당초 정부는 국민투자기금에 재정자금의 출연을 대폭 확대할 계획이었으나 대내외적 상황의 변화와 반대로 정부의 당초 의욕대로 재정출연이 되지 못하였고 그래서 정부는 연차적으로 재정자금출연을 확대해 나간다는 원칙을 세우고 시작하였다.[33] 그러나 끝까지 이차보전비용 외의 재정자금 투입은 없었다.[34]

국민투자기금은 앞서 보았듯이 목적 변경으로 중화학공업 외에 전기사업, 수출금융, 식량증산사업, 새마을사업 등 다양하게 사용되었다. 실제로 운용된 국민투자기금을 연도별 재원별로 정리하면 〈표 14-5〉와 같다.

〈표 14-5〉에서 보듯이 국민투자기금의 가장 중요한 3대 재원은 은행, 공공기금 그리고 전년도 수지와 상환금이었다. 각 금융기관은 저축성예금 증가액의 매입 최고 한도비율보다 적은 15% 정도를 국민투자기금채권 매입에 사용하였지만 역시 국민투자기금의 가장 압도적 재원은 은행이 되었다. 은행은 1974년 국민투자기금 재원의 52.1%를 충당하였고

33) 중화학공업추진위원회기획단(공발3, 1979), pp. 359~360.
34) 한국은행기금운용부(1989).

표 14-5 국민투자기금 재원

(단위: 억 원, %)

		국민저축 조합	각종 공공기금	우편저축, 국민복지연금	은행기관 자금	보험신탁 자금	전년도 수지와 상환금	총계
1974	금액	88	115	100	369	26	10	708
	비율	12.4	16.2	14.1	52.1	3.7	1.4	100
1975	금액	113	168	150	535	74	30	1,070
	비율	10.6	15.7	14.0	50.0	6.9	2.8	100
1976	금액	121	254	185	1,024	122	184	1,890
	비율	6.4	13.4	9.8	54.2	6.4	9.7	100
1977	금액	170	453	−21	1,004	181	331	2,118
	비율	8.0	21.4	−1.0	47.4	8.5	15.6	100
1978	금액	264	546	0	2,000	241	1,436	4,487
	비율	5.9	12.2	0	44.6	5.4	32.0	100
1979	금액	390	644	0	2,572	163	1,636	5,405
	비율	7.2	11.9	0	47.6	3.0	30.3	100
1980	금액	418	914	0	1,025	240	1,471	4,068
	비율	10.3	22.5	0	25.2	5.9	36.2	100

자료: 한국은행기금운용부(1989).

1975년 50.0%, 그리고 1976년에는 54.2%까지 충당하였다. 이후 은행의 충당비중은 줄어 44.6~47.6%를 유지하다가 1980년에는 25.2%로 그 비중이 크게 낮아졌다. 그 다음으로 1977년까지는 각종 공공기금의 충당비중이 13.4~21.4%로 높았으나 1978년부터는 전년도 수지와 상환금비중이 30% 이상 30.3~32.0%로 높아져 1978, 1979년 공공기금의 충당비중은 11.9~12.2%로 급속히 낮아졌다. 이 세 곳을 제외한 다른 부문의 기금충당은 적었으며 우편저축과 국민복지연금은 1974년 14.1%를 충당하였으나 1977년부터 재원을 충당하지 않았다.

국민투자기금의 대출대상은 주로 중화학공업, 전기사업, 수출금융 그리고 식량증산사업과 새마을공장사업이었고 운용계획은 국무회의 심의에서 결정하였다. 국민투자기금 중 중화학공업에 운용된 자금은 이를 정리한 〈표 14-6〉에서 보듯이 1974~1979년 8,782억 원(1974~1978년은 5,760억 원)으로 비중은 45.6%에서 최고 66.1%이었다. 동 기간 중화학공업에 투입된 것을 전부 추계해 보면 그 비중은 61.1%(1974~1978년은 58.7%)이었다.

국민투자기금의 중화학공업 지원내용을 구체적으로 보기 위해 중화학공업화 목표 100억 달러 수출이 달성된 1977년 지원실적과 1978년 지원계획을 보면 〈표 14-7〉과 같

표 14-6 국민투자기금 사용내역 (단위: 억 원, %)

	중화학공업			전기사업	수출금융	식량증산사업, 새마을공장사업	합계
	금액		비율				
	설비대출	계					
1974	307	344	54.9	170	0	113	627
1975	490	543	45.6	432	30	187	1,191
1976	809	1,007	56.5	400	100	274	1,781
1977	1,099	1,353	61.8	400	300	137	2,190
1978	2,167	2,513	62.5	1,020	297	191	4,021
1979	2,677	3,022	66.1	1,000	300	252	4,574
1980	2,257	2,667	60.8	1,200	300	217	4,384
계	9,806	11,449	61.0	4,622	1,327	1,371	18,768

주: 1) 중화학공업자금은 설비대출자금과 국내기계 구입자금대출로 나뉘며 중화학공업부문 절대액과 비율, 모두 재무부(재백, 1982)의 값보다 많게 추계되어 있으나 최종 수정값을 채택함.
2) 비율=중화학공업투입금액/전체 금액.
자료: 한국은행기금운용부(1989).

다. 1978년 계획과 대비한 1979년 운용계획 변화를 정리하면 〈표 14-8〉과 같다.

1979년 국민투자기금의 운용계획을 보면 1978년 계획에 비해 1,310억 원이 증가되었는데 이 중 중화학공업부문이 760억 원으로 전체 증가액의 58.0%에 이르고 있었다. 중화학공업부문 국민투자기금 운용계획 증가 중 가장 큰 증가항목은 국산기계구입자금에 대한 초과대하(超過貸下) 승인 200억 원, 국산기계구입자금 100억 원 등 국산기계구입자금에 대한 총 300억 원의 증가인데, 이는 1970년대 말 국산기계에 대한 정부의 대응강화를 보여준다. 이 밖에도 계획조선과 방위산업에 각각 100억 원 지원증가가 계획되었다.

1994년 12월 23일 국민투자기금의 수입과 지출을 명확히 하기 위하여 국민투자기금 계정을 한국은행에 설치하도록 국민투자기금법시행령이 개정되었고 2003년에는 국민투자기금이 폐지되었다. 한국은행금융결제국은 2003년 4월 10일 '국민투자기금 업무종료' 발표를 통해 '2003년 4월 10일(목요일)부로 「국민투자기금법」 폐지에 의거하여 국민투자기금의 청산 잔여자산 497억 원을 국고에 납입함으로써 국민투자기금이 공식 종료됨'을 선언하였다.[35)]

35) 한국은행금융결제국(2003. 4. 10).

표 14-7 중화학공업부문 국민투자기금 지원 실적과 계획

(단위: 백만 원)

					1977년 실적	1978년 계획
시설투자 실적·계획	철강공업	포항종합제철			9,000	20,000
		한국종합특수강			4,000	5,500
		합계			13,000	25,500
	비철금속공업	아연제련			5,000	*
		동제련			1,000	*
		연제련/울산알루미늄가공			–	*
		신동(伸銅)			–	–
		합계			6,000	*
	조선공업	대우조선소			1,000	*
		삼성거제조선소			1,000	*
		조공부산조선소 확장			1,000	–
		합계			3,000	*
	화학공업	석유화학	여천석유화학	호남에틸렌	2,000	*
				호남석유화학	2,000	*
				한양(韓洋)화학 외 2	–	–
				합계	4,000	*
			여천관련단지		–	–
			울산계열공장		500	*
			합계		4,000	*
		7비			1,700	–
		한이정유			1,700	*
		기계(機械)제염			1,130	–
		동해펄프/쌍용시멘트/성신양회			–	*
		합계			23,200	*
	기계공업	국산기계 구입	일반국산화		9,832	10,000
			플랜트국산화		9,986	15,000
			합계		19,818	25,000
		기계공업체 건설	대단위 종합기계공장		16,000	19,000
			종합공작기계공장		2,486	1,000
			창원입주업체		5,000	13,000
			중소기업전문공장		8,292	10,000
			자동차부품공장		–	4,000
			합계		31,778	52,500
		계획조선			19,948	25,000
		방위산업			20,099	30,000
		합계			91,643	122,500**
	전자공업				980	6,000
	총계				137,825	113,500
지원시설, 인력개발 포함 중화학공업부문 총계					152,425	246,000

주: 1) '한양화학' 외 2는 '다우케미컬(Dow Chemical)'과 '카프로락탐'임.
2) 1978년 국민투자기금 2,460억 원에는 전년 이월분 10억 원 포함.
3) *은 1978년 사업추진에 따른 695억 원 포괄운용계획 부문임.
4) **은 1978년 계획 기계공업 투자기금에는 종합특수강 55억 원 불포함(포함시 1978년 1,280억 원).
자료: 중화학공업추진위원회기획단(중화추현, 1979. 1), pp. 329~333.

표 14-8 1978년 계획 대비 1979년 국민투자기금 운용계획 변화 (단위: 억 원)

계획연도		1978	1979	증감	비고
중화학공업	국산기계구입	250	350	100	일반국산화(200)/프랜트국산화(150)
	기계공업체 건설	500	550	50	대단위 종합공장(100)/창원입주업체(130)/중소기업전문공장(150)/종합특수강 등(50)/정부지정 전문공장(120)
	계획조선	250	350	100	2, 3, 4, 5차 계획조선
	방위산업	200	300	100	방위산업 생산능력 확충
	기타 중화학	670	880	160	포철(200)/전자(100)/단지조성(300)/포괄한도(280)
	전년도 초과대하승인	–	200	200	국산기계구입자금에 대한 초과대하(超過貸下) 승인
	합계	1,870	2,630	760	–
식량증산사업		150	200	50	–
전기업		500	1,000	500	–
새마을공장		50	50	–	–
연불수출		300	300	–	–
합계		2,870	4,180	1,310	–

자료: 재무부(국기, 1978. 12. 22); 중화학공업추진위원회기획단(중화추현, 1979. 1).

(2) 한국산업은행 금융

한국에서 공업화를 위한 개발금융을 담당하는 기관으로 가장 먼저 설립된 것은 정부가 전액 출자하여 1954년 설립한 한국산업은행이었다. 한국산업은행은 중요산업의 개발에 기여하는 시설의 취득·개량 또는 보수에 필요한 1년 이상의 자금으로서 다른 금융기관이 취급하기 곤란하거나 불가능한 자금의 대출을 전담하였는데, 대출자금은 대상에 따라 산은법 18조 1호자금, 2호자금, 3호자금으로 구분된다. 1호자금 대출의 대상산업은 전력, 석탄, 조선, 철강, 통신, 기계 및 해운업 등 기간산업부문이며 2호자금 대출대상산업은 1호산업 이외의 기타 산업인데 1, 2호자금 대출은 모두 상환기간이 1년을 초과하는 시설자금으로 한정하고 있다. 3호자금 대출은 1, 2호 대출을 받은 사업체 및 정부 또는 산업은행이 출자한 사업체에 대한 대출이다.[36)]

중화학공업화선언 이후 중화학공업 금융공급에 중심 역할을 한 한국산업은행의 1973~1980년간 대출현황을 정리해 보면 〈표 14-9〉와 같다. 〈표 14-9〉에서 한국산업은행의 개발기관으로서의 성격을 분명히 확인할 수 있다. 한국산업은행의 총대출잔액 중 중화학공업부문 대출은 1973~1979년 28.1~44.0%를 차지하였는데 제조업 대출잔액 중 중화학공업

36) 한국산업개발연구소(한공발2, 1978), pp. 537~543.

표 14-9 한국산업은행 대출현황

(단위: 억 원, %)

	제조업				1차산업	3차산업	총대출액
	중화학공업			전체			
	금액	비중1	비중2				
1973	894	73.6	28.1	1,214	159	1,812	3,185
1974	1,212	75.4	28.5	1,607	184	2,466	4,257
1975	1,675	78.7	29.0	2,127	200	3,451	5,778
1976	2,567	84.6	34.7	3,033	200	4,166	7,399
1977	3,925	86.9	38.9	4,515	229	5,335	10,079
1978	5,840	89.9	40.5	6,499	298	7,638	14,435
1979	9,413	88.5	44.0	10,637	312	10,430	21,380
1980	14,627	89.5	47.1	16,341	287	14,425	31,052

주: 1) 연말잔액 기준임.
2) 제조업을 분리하기 위해 광업을 1차산업에 넣음.
3) 비중1은 제조업 내 비중이며 비중2는 총대출 내 비중임.
자료: 한국은행(경제통, 1975~1981); 한국산업은행(조월, 1979~1985).

에 대출한 비중은 73.6~89.9%에 이르고 있었다.

(3) 기계공업육성자금

기계, 조선, 전자 등 광의의 기계공업인 중공업에 초점을 맞춘 지원자금으로 예금은행(deposit money banks)을 통한 기계공업육성자금이 지원되었다. 이는 이미 1968년 4월 16일 「재정자금을 주원으로 하는 일반은행의 특수자금취급규정」이 제정된 후 제도금융화한 금융지원을[37] 정부가 1973년 이후 감독을 강화하면서 운용을 확대하고 또 엄격하게 적응한 것이다.

기계공업육성자금은 특정 자금과 국산화 자금으로 운용되었으며[38] 일반금융기관의 금융자금을 주요 재원으로 하였지만 재정자금과 국민투자기금도 특정 시기에는 이용되었다. 기계공업육성자금을 1969년 이래 1978년까지 연도별로 운용과 재원으로 나누어 정리하면 〈표 14-10〉과 같다.

1969년부터 1975년까지는 매년 100~200억 원의 기계공업자금이 지원되었다. 그러나 1971년에는 전년 대비 대폭 감소하였고 1972년에도 1970년 수준보다 낮았다. 1973년부터

37) 1969년 「기계공업육성자금융자취급규정」이 제정된 후 재무부장관은 「기계공업육성자금융자취급은행에 대한 금리보전보조금취급규정」을 발표하였다. 재무부장관(기계, 1969. 6. 23).
38) 국무총리기획조정실(중건3, 1975), p. 98.

표 14-10 기계공업육성자금 지원현황 (단위: 억 원)

	총액	부문별		재원별		
		특정자금	국산화자금	금융자금	재정자금	국민투자기금
1969	107.25	32.11	75.14	107.25	–	–
1970	137.42	53.51	83.91	137.42	–	–
1971	87.26	37.89	49.37	87.26	–	–
1972	91.87	58.03	33.84	na	na	–
1973	136.39	60.17	76.22	na	na	–
1974	147.87	100.41	47.46	na	na	na
1975	214.29	140.60	73.69	–	214.29	–
1976	1,022.00	382.00	640.00	145.00	305.00	572.00
1977	1,242.00	832.06	410.00	100.00	942.00	200.00
1978	1,480.00	580.00	900.00	248.96	975.04	246.00

자료: 국무총리기획조정실(제422산, 1979), p. 241.

중화학공업화로 증가를 보이기 시작하여 1973년 136억 3,900만 원으로 1970년 137억 4,200만 원 수준을 회복하였지만 여전히 낮았다. 이어 1974년 11억 4,800만 원, 1975년 66억 4,200만 원 증가에 머물러 1975년 214억 2,900만 원으로 200억 원을 넘겼음에도 불구하고 역시 그 증가는 미약하였다.

이렇게 1969년부터 시행된 기계공업육성자금의 운용액은 금액이 너무 작았다. 여기에 당시 기계공업이 너무 영세한데다 담보력이 약해 기계공업육성자금은 은행의 부실채권화하는 경향이 많았고 이로 인해 은행의 대출선호에 있어 항상 뒤로 밀리고 중단되는 등 문제점이 적지 않았다. 그래서 정부는 1976년 들어와 확보된 595억에 거의 같은 금액인 500억 원을 추가하여 1,000억 원으로 늘리는 계획을 추진하였다.[39] 그 결과 1976년은 1975년 대비 4.8배 급등한 1,022억 원을 지원하였고 이후 매년 20% 정도씩 육성자금 지원액을 급속히 높여갔다. 1976년 이후 공급확대된 기계공업육성자금은 만성적인 자금부족에 시달리던 기계공업기업들에게 일부나마 중요한 자금공급이 될 수 있었고, 이에 1977년 금융긴축이 실시되자 기업체들은 기계공업육성자금과 운용자금에 대해서만은 대출금지조치를 해제해 줄 것을 요청하기도 하였다.[40]

기계공업육성자금의 재정자금투입을 보면 1976년 305억 원에 머물다가 국민투자기금 지원이 572억 원에서 200억 원으로 대폭 감소한 1977년 942억 원, 1978년 975억 원으로

39) 〈중앙일보〉(1976. 6. 4).
40) 〈매일경제신문〉(1977. 10. 28).

확대되었다.

3) 금융비용: 금리

중화학공업은 공업특성상 단기간에 이윤이 기대되지 않으며 건설기간이 상대적으로 길기 때문에 초기단계에서는 장기간의 저수준 이자가 필요하다.[41)] 특히, 기계공업은 더욱 더 장기적인 발전과정이 필요하여 해외조사단 역시 한국 방문 소감에서 "기계공업의 육성에는 장기저리자금의 금융제도가 중요한 조건"[42)]이라고 지적하고 있었다. 이는 모든 선진공업 국가에서도 단계론적으로 볼 때 동일하였지만, 특히 한국처럼 "자본, 자원 및 기술이 원시적으로 결핍되어" 있는 경우 "민간기업을 유도하는 과정을 밟는 것"[43)]은 필수불가결한 것이었다. 따라서 한국에서의 초기 중화학공업에 대한 금융비용상의 고려는 전 산업에 확산효과가 나타나는 기초산업의 초기 진입을 유도하기 위해서는 반드시 필요한 것이었다.

그러나 현실은 높은 인플레이션에 따른 명목금리의 상승과 만성적인 초과금융수요로 한국은 절대적인 면에서 경쟁력 있는 세계기업 발달이 어려울 정도의 고금리를 갖고 있었다. 심지어 국제금리 비교에서 인플레이션을 반영하는 환율변화를 고려하여 볼 때에도 1960년대 국내외 금리차는 10% 이상 한국이 높았다. 국내우대금리보다 매우 쌌던 해외자금도입액이 중화학공업에 투입된 것은 30% 정도뿐이었다.[44)] 한국의 고금리, 금융결핍은 해외투자가들이 보기에 기업진입과 생존이 불가능한 수준이었다. 이는 이미 중화학공업화 선언 이전 세계은행 관계자가 한국의 기업차입금리 부담이 16%인 것을 듣고 "한국은 경제발전을 하려고 하지 않는다"고 단언한 것에서 극명히 드러난다.[45)] 이러한 점은 1970년대 초 한국을 방문한 해외조사단에 의해서도 다음과 같이 분명하고 확실하게, 우선적으로 그리고 중복적으로 지적되고 있었다.

> 한국은 우리에게는 생각할 수 없을 정도의 고금리 적용과 그럼에도 불구하고 존재하는 대규모 암금융시장(계) 아래에서 과연 정상적인 경제운영이 확보될 수 있을까 파악하기 어렵다.
>
> 【宮川浩一 日本長期信用銀行秘書室長(1971), p. 88】

> 한국 기업은 자금량의 부족과 고금리에 가장 시달리고 있는 것으로 생각된다.

41) Planning Office, Heavy and Chemical Industry Promotion Council, Government of the Republic of Korea(1976), p. 18.
42) 菅雅豊 守谷商會役員(1972), p. 127.
43) 중화학공업추진위원회기획단(한공발2, 1979), p. 196.
44) 경제기획원(7주경지표, 1983); R. A. Auty(1994), p. 129; Y. C. Park(1985), p. 323.
45) 日韓經濟委員會 · 日韓經濟協會(對韓, 1971), pp. 35~37.

【宇日佐美洵團長(1971. 7. 25), p. 5】

한국에서 가장 통감한 것은 운전자금의 부족이다. ……한국에서 사업을 할 경우 설비는 가지고 갈 수 있지만 가장 중요한 운전자금을 현지에서 조달할 수 없는 것이 투자환경의 가장 큰 병목일 것이다. ……한국산업은행처럼 정부계 금융기관이라도 연 18% 금리로 대출하고 민간금융기관은 24%로 대출하는 것을 생각하면 대출을 받아도 큰 걱정이다. 체한 중 한일합작 투자금융회사를 만들고 싶다는 요청이 있었는데 그 목적은 저리의 운전자금을 조달하고 싶다는 것일 것이다.

【柳田誠二郎團長(1971), p. 11】

한국경제가 직면하는 최대 문제의 하나는 산업자금이다. 국내자금은 고갈되어 있고 더욱이 고금리이다. 여기에 외국차관에 의존하지 않을 수 없는 사정이 있다.

【藤田稔 小野田セメント企劃開發部次長(1972), p. 134】

이렇게 외국투자가들이 비정상적으로 간주되는 높은 고금리와 자금확보의 어려움 때문에 외자의 진입조차 불가능한 것으로 의견을 제시하자 오히려 한국의 재계와 금융단 간부들이 이들 해외자본투자조사방문단에 대해 다음과 같이 내수기업 논리로 한국의 금리와 금융시장이 '비정상적'이지 않으며 성공가능하다고 설득하여야 하였다.

【외국인투자에 대한 한국 재계·금융단의 발언】

한국의 금리체계는 분명히 복잡하다. ……기업의 평균차입 금리부담은 연 17% 정도로 국제수준보다 높지만 8~10%의 물가등귀를 감안하면 실질적인 금리는 결코 높지 않다. 특히, 고도의 경제성장, 시장규모 확대 등을 생각하면 결코 비정상적이라고 생각할 수 없다. ……한국은 이렇게 8년간 고성장을 계속하여 왔다. ……사금융의 월리는 3.5~4.5%가 많고 금융질서를 이원화하고 있다. 사금융의 유통규모는 800~1,000억 원에 달하고 있다고 보여지지만 정확한 금액은 산출불가능하다.

【日韓經濟委員會·日韓經濟協會(對韓, 1971), pp. 35~37】

해외투자가들이 세계시장에서 경쟁이 불가능하고 따라서 기업투자가 불가능한 수준이라고 느낀 이러한 고금리는 1970년대 내내 계속되었다. 일반장기이자가 연 18% 이상이고 정부의 설비자금융자라고 하여도 14%에 이르렀다. 해외에서 차입은 어려웠으며 또 차입능력이 부족한 대다수의 기업들은 고금리로 채산성을 고민하지 않을 수 없었고 그래서 부품, 소재 등을 담당하는 중소기업은 크게 발전하지 못하고 있었다.[46] 자금부족은 만성적으로 사채에 의존하게 만들어 1975년 4월 23일 업계들은 금융긴축이 시행되자 사채이

46) 日本經濟新聞社(追, 1978), p. 39.

자가 오르고 있다고 정부에 바로 건의할 정도였다.

이런 속에서 초기 진입단계이었고, 특히 내수공업이 아닌 세계시장에서 타국의 기업과 경쟁하고 있는 중화학공업부문의 기업을 위해서 금융비용을 세계수준으로 맞추려고 하려는 것은 정책적으로 당위성을 가지는 것이었다. 중화학공업재라는 개방, 교역재 부분에서 금리의 차는 원천적인 비용차이를 가져오는 것이므로 최소효율규모에서 이미 높은 평균비용을 가지게 되는 초기 한국의 중화학공업 기업에게 이러한 기업 외적인 격차의 고비용을 경쟁적인 세계시장 평균시장 수준으로 맞추는 것은 필수적인 것이었다.

국내외 큰 금융비용차에 대해 정부는 개방, 교역재를 생산하고자 하는 중화학공업화계획 처음부터 의식하지 않을 수 없었고 그래서 기계공업단지 내 기계공업 등 수출을 뚜렷이 목적으로 하는 한정적인 지역만이라도 "기계공업육성자금, 사업합리화자금 등 장기저리의 금융지원을" 하되 그 목적은 "'국제이자율'로서 자금을 쓸 수 있도록 한다"라고 생각하게 되었다.[47] 중화학공업화에서 기계공업의 체질개선을 위하여 정부가 적극 지원한다는 금융금리지원은 처음부터 성격이 '특혜'나 '산업보호'가 아니라 사실 '시설 및 운영자금을 경쟁국과 같게 국제수준의' 금리로 융자해 보고자 하는 것이었다.[48]

이런 목적으로 적용된 주요 금리가 산업은행 주요 산업[49] 시설자금 대출금리와 국민투자기금 대출금리이었다. 산업은행 주요 산업 시설자금과 국민투자기금의 저금리 자금공급은 중화학공업 산업특성상 중화학공업에서 초기 대규모 설비투자가 필요한 데 맞추어 적정 금융배분과 적정 금융비용이 이루어지도록 하고, 나아가 불확실성으로 초기에 이루어지고 있지 않은 중화학공업의 투자진입을 촉진하는 단계적 초기조치이었다.

이런 조치로 취해진 한국산업은행 산업자금 주요 산업 시설자금 대출금리, 국민투자기금 대출금리 그리고 기계공업육성자금의 대출금리 변화를 보면 〈그림 14-3〉과 같다. 1973년 중화학공업화선언 이후 1980년까지 한국산업은행 주요 산업 시설자금 대출금리와 기계공업육성자금 대출금리는 같았다. 이에 비해 국민투자기금 대출금리는 앞에서 보았듯이 1974년 처음 시행당시 9.0%로 한국산업은행 주요 산업 시설자금 대출금리보다 1.0%포인트 낮게 책정되었지만, 한 해도 가기 전인 12월 7일 12.0%로 높아져 한국산업은행, 기계공업육성자금과 같이 움직이다가 1976년 8월 2일부터는 3년 이상 대출의 경우 오히려 한국산업은행, 기계공업육성자금의 우대금리보다 1% 더 높게 되어 운영되었다.[50] 즉, 국민투자기금이 다른 우대금리와 비교해 특별히 우대된 금융은 아니었다.

〈그림 14-3〉에서 보듯이 중화학공업화 초기 1973년 중화학공업 시설자금에 부여된 한국산업은행 시설자금과 기계공업육성자금 우대금리도 10.0%이었고 이것도 1974년 12월

---

47) 대통령비서실(중선, 1973), p. 37.
48) 중화학공업추진위원회(우해, 1973), p. 100.
49) 산업은행법 제18조 1호의 적용을 받는 자금을 말한다.
50) 한국은행(경제통, 1979).

그림 14-3 중화학공업 우대 대출금리(6월 말 기준) (단위: %)

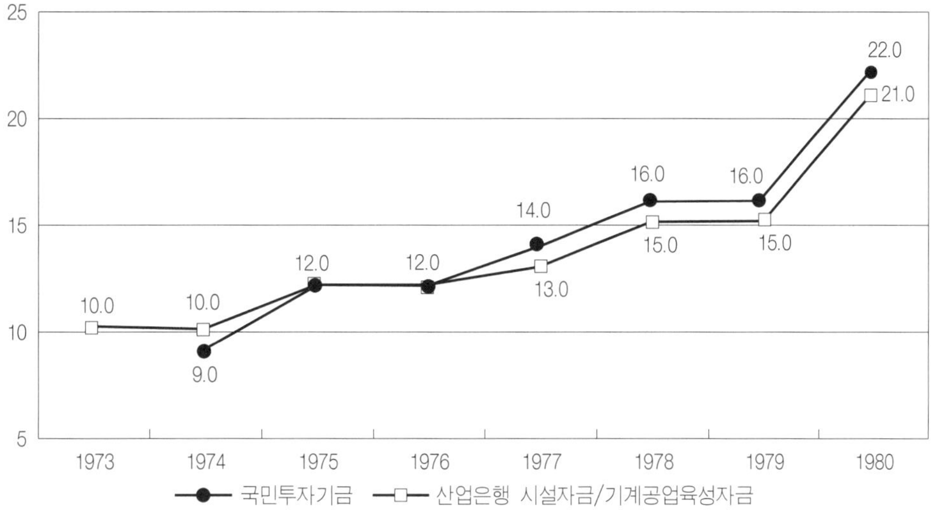

주: 1) 한국산업은행 시설자금은 주요 산업 시설자금임.
2) 국민투자기금은 1974년부터 실시됨.
3) 1977년 국민투자기금은 3년 미만은 13.0%, 3년 이상 8년 미만은 14.0%임.
4) 1978, 1979년 국민투자기금은 3년 미만은 15.0%, 3년 이상 16.0%임.
5) 1980년 국민투자기금은 3년 미만은 21.0%, 3년 이상 8년 미만은 22.0%임.
자료: 한국은행(경제통), 1976~1981; 한국은행(통조, 1976~1981).

7일에는 모두 12.0%로 상승하였다. 중화학공업화가 본격화된 1970년대 후반 중화학공업 시설자금에 부여된 한국산업은행, 기계공업육성자금, 그리고 국민투자기금의 최고 우대금리도 12% 이상 16%이었다. 실제로 재무부는 1975년 기계·전자·시멘트·철강·석유·석탄·농수산개발업 등에서의 민간설비투자 촉진 목적으로 특별설비금융 500억 원을 1월 4일부터 20일까지 금융기관에서 신청을 받아 2월 20일부터 일제히 방출하도록 시달하였는데, 그 조건은 3년 거치, 5년 분할상환에 연리 12%이었다.[51] 또 1978년 3월 2일 한국은행은 산업용기자재 할부금융 대상품목을 자동차류·공기조정기·선반류·경운기·지게차·크레인·특수차량·금전등록기·불도저·트랙터 등 10개 품목으로 하여 2일부터 융자업무를 시작하였는데 이때 이자율은 3년 이내가 15%, 초과기한은 16%이었다.[52]

결국 1970년대 한국 중화학공업에 대한 우대금리는 한국에 대해 해외금융기관이 한국 관련 변수를 고려하여 요구한 금리수준에서 보아도 매우 높은 금리이었다. 제2제철을 건설하기 위해 1973년 10월 17일 경제기획원에서 미국 수출입은행(EXIM)에 제2제철 차관

51) 재무부는 이때 설비금융 방출을 종업원지주제와 연결하여 자금의 일부를 종업원에 대한 자기회사 주식매입자금으로 우회공급하기로 하였다. 〈중앙일보〉(1974. 12. 27).
52) 〈매일경제신문〉(1978. 3. 2).

표 14-11 연도별 국내 대출금리와 리보 기준 해외차용금리(12월 기준) (단위: %)

연 도	1971	1972	1973	1974	1975	1976	1977	1978	1979
국내은행 대출이자율	22.0	15.5	15.5	15.5	15.5	17.0	15.0	18.5	18.5
리보 기준 차용이자율	5.81	6.19	10.03	10.19	6.63	5.38	7.50	12.31	14.44

자료: World Bank(KMb, 1987), p. 113.

을 신청하였는데 이때 미국이 제시한 금리는 연 6%이었고, 광양지구 매립을 위해 네덜란드 HAM사가 제공하기로 한 차관의 연이자율은 6.5%이었다.53) 1974년 당시 석유위기 때문에 높아진 한국의 위험도를 반영하여 빌려오는 국제금리도 '현대조선중공업'과 '한일정화공업', '포항종합제철'의 차관이자율 7.5%, 9.0%, 7.0%에서54) 보듯이 7.0~9.5% 수준으로, 국민투자기금이나 산업은행 우대금리보다 낮았다. 1975년 이후도 〈표 14-11〉에서 보듯이 리보(LIBOR) 기준 해외차용이자율은 1975~1977년 5.38~7.50%이었다가 1978~1979년 12.31~14.44%로 되었다. 물론 해외로부터의 차용금리와의 직접적인 명목금리 비교는 한계가 있지만 비교역재가 아닌 세계시장의 교역재, 경쟁재를 생산하는 기업에 있어 환율의 변동이 크지 않는 이상55) 명목금리가 바로 비용경쟁력에 직결된다는 것은 분명하다. 1973~1980년 세계 평균이자율은 9.3%이었고56) 미국의 우대금리 대출이자율은 1978~1979년 대폭 상승되기 이전 1977년에는 7.8%이었다.57)

이러한 상황이었기에 정부 역시 「도입기계시설 국산화 추진 요강」을 강화하여 1978년 10월 10일 제도화할 때, '우대 국산화 자금으로 사용한다고 해도 융자조건이 차관 또는 외화대부보다 금리, 상환기간 등에서 불리하다'는 점을 바로 문제점으로 지적하고 있었다.58) 1975~1977년 10.18%, 1978~1980년 8.10%에 달하였던 1970년대 후반의 낮지 않은 투자의 한계수익률(real marginal rate of return to investment)에도59) 불구하고 시장의 금리, 심지어 정책자금 우대금리조차도 이보다 높아 1970년대 세계시장 지향 기업들의 정상적인 경영은 압박이 컸었다.

한편, 한국산업은행 주요 산업 시설자금과 기계공업육성자금 그리고 국민투자기금의 중화학공업 우대 대출금리 변화를 보면 1973~1974년 10%이었다가 1975~1976년 12.0%로 상승하였고 다시 1977년 13%, 14%, 그리고 1978~1979년 15%, 16% 그리고 1980년 21,

53) 중화학공업추진위원회기획단(제14, 1973), 의안 1~의안 2.
54) 외자도입심의위원회(제100현, 1974); 외자도입심의위원회(제100한, 1974); 외자도입심의위원회(제100포, 1974).
55) 1974년 12월에 석유파동으로 대폭 환율인상이 있었지만 이후 1974년 말부터 1979년 말까지 환율은 484.0원으로 유지되었다. 한국은행(통조, 1969~1981).
56) World Bank(WR, 1988), p. 37.
57) US Department of Commerce(SCB, 1977~1986), Vol. 57~Vol. 66.
58) 중화학공업추진위원회기획단(한공발3, 1979), p. 465.
59) L. Sabin and H. Kato(1989); J. J. Stern, J.-b. Kim, D. H. Perkins, and J.-h. Yoo(1995), p. 133에서 재인용.

표 14-12 금융비용 관계지표의 국제비교

(단위: %)

	한국		일본		미국		서독	
	1977	1978	1977	1978	1973	1974	1973	1974
금융비용비율	4.8	4.8	3.2	2.8	1.0	1.1	2.2	1.9
순이자부담률	13.1	12.4	8.5	7.3	7.2	8.2	11.2	11.0
차입금의존도	47.0	48.0	39.8	39.2	18.9	19.3	26.3	26.0
총자본회전율(회)	1.28	1.25	1.31	1.32	1.45	1.47	1.09	1.20

주: 금융비용비율=금융비용/매출액=순이자부담률*차입금의존도/총자본회전율=(금융비용/장단기차입금)*(장단기차입금/총자본)/(매출액/총자본).
자료: 한국은행(경제통, 1979~1980); 大藏省(財政, 1974~1979); 通商産業省(世界, 1973~1978); 경제기획원(경백, 1980).

표 14-13 기계구입금융금리의 국제비교

(단위: %)

	한국 국산기계 구입자금 금리	외국 수출입은행 금리		
		미국	일본	영국
1978. 6	15.0~16.0	8.5	7.5~8.0	8.0~8.5
1979. 6	15.0~16.0	8.75~9.25	7.25~8.0	7.75~8.25

주: 각국 모두 대출기간 5년 이상 자금 기준.
자료: 한국은행(국투기, 1982); 한국개발연구원(산업, 1982).

22%로 일관되게 상승하고 있음을 알 수 있다. 물가상승을 반영하는 것이었다고 하지만 한편으로 이러한 일관된 방향의 변화는 우대금리 자체가 초기 진입을 위한 유도적 성격이 강하였음을 보여 주는 것이다. 한국의 정부보호를 비판하고 있었던 세계은행도 중화학공업에 대한 금융조달 비용상의 우대는 1979~1980년 이후 없어지고 있다고 지적하고 있다.[60)]

국제시장의 경쟁 교역재에 있어 금리부담률은 국제경쟁력을 결정짓는 문제와 바로 연결되는 것이었다. 이는 포항종합제철의 건설성공 가능성을 검증할 때 이미 일본 측에 의해 지적된 것이기도 하였다.[61)] 한국은 금융비용비율이 높았고, 특히 순이자부담률을 보면 〈표 14-12〉에서 보듯이 한국은 일본, 미국, 서독에 비해 매우 높았다.

자금부문별로 보아도 이는 명확하게 나타난다. 한국의 1978~1979년 우대된 기계구입금융금리도 미국, 일본, 영국과 비교해 보면 〈표 14-13〉에서 보듯이 거의 2배 수준에 가까웠다. 〈표 14-14〉에서 보듯이 철강공업에서의 톤당 자본비용 중 금리비용을 비교해 보면 한국은 43.85달러로 미국 4달러, 일본 17달러에 비해 비교가 어려울 정도로 높았다. 현시적 경쟁력이 되는 직접적인 비용에서만 아니라 근원적이고 장기적인 경쟁력을 가져다

60) World Bank(KMa, 1987), pp. 42~43; World Bank(KMb, 1987), p. 103.
61) 赤澤璋一증언, 日韓經濟協會(日韓, 1991), pp. 72~74.

표 14-14 철강공업 국가별 자본비용 비교(강재쇼트, 톤당 건설비용, 달러)

	미 국	일 본	한 국
감가상각	13.50	17.50	45.15
이자	4.00	17.00	43.86
자기자본비	35.00	32.00	82.56
계	53.00	66.50	171.57

자료: 미국 보고서에 의한 三上良悌·福西彰(1980), p. 525.

표 14-15 한국과 일본 양국의 기술개발 지원금리 비교

		한 국	일 본
융 자	금 액	70억 원(1980년)	40억 원(1978년)
	금 리	20~21%	6.05~6.55%
보 조	금 액	2억 원(1980년)	122억 원(1975년)
	시 기	기술개발 사후	기술개발 사전

자료: 송병남(1한국기계공업진흥회, 1981), p. 106.

줄 기술개발에 대한 지원금리를 비교해 보아도 한국은 20~21%로 융자가 이루어지고 있어 일본의 6.05~6.55%에 비해 매우 높았다(〈표 14-15〉 참조).

중화학공업화를 시작하면서 한국의 가장 큰 문제점의 하나로 이미 인식되어 1973년 세워진 '국제수준의 금리제공이라는 계획'에도 불구하고 1970년대 우대금리는 여전히 한국 변수를 고려한 해외에서의 차입금리보다 높았다. 정주영 회장은 방한한 일본 경단련 회장이 "일본은행 프라임레이트가 연 7.5%인데 이렇게 높은 금리로는 기업할 수 없다"고 말하며 "3~4%로의 인하를 건의할 것이다"라고 말을 하자 "한국은 해방 이후 금리가 10% 이하로 내려가 본 적이 없고 1980년에도 금리가 일본의 3배를 훨씬 넘고 있어 경쟁이 안 되겠구나 하는 생각이 들었다"고 증언하고 있다.[62]

이러한 결과 한국의 고금리는 중화학공업 기업들의 계속된 애로사항이며 해결 요청사항이었다. 중화학공업에 주어진 우대금리는 분명히 시장금리보다 낮았지만 선진공업국으로부터의 차관, 연불 등의 조건과 비교하면 높아 이용자에게서부터 이율인하 요청이 나오고 있었다.[63] 1970년대 문제를 심각하게 느끼고 있었던 기계공업진흥회의 대정부 건의는 자금지원과 함께 금리문제에 대한 내용이 계속 이어졌다. 기계공업진흥회만이 아니었다. 1975년 2월 8일 창원기계공업기지 입주업체협의회는 이자율 완화와 입주업체에 대한 운

62) 전국경제인연합회(전2사, 1983), p. 413, 정주영 증언 대담.
63) 武市威夫(1980), p. 628.

영자금 지원을 요청하였다.[64] 1976년 8월 1일 기계공업 자금융자금리가 인상되자 대한상공회의소는 1976년 8월 4일 '기계공업육성에 관한 건의'를 통해 기계공업 육성자금의 규모를 대폭 확대하고 대출금리도 현재의 연 12%에서 7%로 낮추어 줄 것을 건의하였다.[65] 심지어 1979년 이후 지원체제 개편요구에서 가장 대표적으로 등장한 것이 '금융지원조건의 국제화'이며 기계공업진흥기금과 관련하여서도 '장기저리의 국제수준화'를 지원조건으로 요구하였다.[66]

3. 중화학공업화와 재정

1) 중화학공업 관련 재정지출과 규모

정부는 처음부터 중화학공업화계획 기간 1973~1981년간 중화학공업 투자의 주체는 민간부문으로 한다고 계획하였다. 이에 따라 작성된 구체적 투자계획을 부문별·투자주체별로 보면 〈표 14-16〉과 같다.

〈표 14-16〉에서 투자주체별로 볼 때 중화학공업 투자액 2조 9,800억 원 중 3.65%만이 정부부담분이고 나머지 96.3%인 2조 8,710억 원 투자는 민간에서 담당하도록 계획되어 중화학공업에서 정부의 역할이 매우 작게 계획되었음을 확인할 수 있다. 나아가 이러한 절대적 비율만이 아니라, 경공업부문은 투자액의 12.6%를 정부가 담당하고 전 산업 투자액은 32.4%를 정부가 담당하도록 계획되어 있었던 상대적 비율로부터도 1970년대 중화학

표 14-16 부문별·투자주체별 중화학공업 투자계획(1973~1981, 10억 원, 1970년 가격)

주요 내역			합 계	정 부	민 간
총투자지출			13,457	4,360	9,098
제 조 업	전 체		4,661	321	4,339
	중화학공업	전 체	2,980	109	2,871
		금속공업	913	79	834
		기계공업	1,336	13	717
		화학공업	731	13	717
	경 공 업		1,681	212	1,469

자료: 경제기획원(우장, 1973), pp. 152~159.

64) 창원기계공업공단(창기지5, 1979), p. 362.
65) 〈중앙일보〉(1976. 8. 4).
66) 송병남(1한국기계공업진흥회, 1981), pp. 131~133.

표 14-17 제4차 경제개발5개년계획 투자계획(1975년 가격) (단위: 내자 10억 원, 외자 백만 달러)

	내 자	외 자	합 계	정 부	민 간
총 액	14,188.0	10,000.0	19,028.0	5,798.3	13,229.7
제 조 업	3,183.7	3,934.1	5,087.8	113.2	4,974.6
중화학공업	1,830.9	2,979.8	3,273.1	88.5	3,184.6

자료: 대한민국정부(행백, 1977), p. 552.

공업화 투자가 민간주도로 계획된 것임을 알 수 있다. 이미 중화학공업화를 시작하면서 대통령과 청와대 참모들은 대규모 비용이 수반되는 중화학공업은 향후 여러 부분에서 문제가 복잡해질 정부지원방식에서 벗어나야 한다는 점을 공감하고 이를 확인하고 있었으며, 전문경영인에 의한 경영에 정부가 간섭함이 없이 독립성을 보장해야 한다는 것을 분명히 인식하고 대통령 결재까지 받고 있었다.[67] 더구나 당시 미국이나 세계은행의 한국 중화학공업화에 대한 부정적 인식과, 지시에 가까운 정부역할에 대한 충고를 고려할 때 그래야만 하는 당위성이 내부적으로 인식되고 있었다.

중화학공업화 초 총계획에서만이 아니라 1970년대 후반기 들어 작성된 제4차 경제개발5개년계획의 투자계획에서도 이러한 민간투자주체의 원칙은 계속 확인된다. 〈표 14-17〉에서 보듯이 계획기간 중 정부투자비중은 전체 산업으로 보아 30.5%임에도 중화학공업부문에서 정부투자비중은 불과 2.7%에 불과하다. 이는 1973년 작성된 1973~1981년간 계획인 3.65%에서 다시 대폭 하락한 것이다. 4차 5개년계획 전체 투자액 중에서 정부의 중화학공업 투자액이 차지하는 비율은 0.5%, 정부 투자액 중에서도 정부가 중화학공업에 투자하는 비율은 1.5%에 지나지 않는다. 지방정부, 중앙정부를 망라한 총재정규모의 국민총생산에 대한 비율은 1976년 27.1%에서 1981년 27.9%로 늘어나게 되어 있었지만,[68] 중화학공업에 관한 한 정부역할은 매우 적고 또 정부가 중화학공업을 위해 재정투자지출을 늘릴 의도가 없음이 분명하게 나타나고 있다.

구체적으로 중화학공업화가 가장 정점에 있었던 1977~1978년 중화학공업부문 재정자금 예산을[69] 정리해 보면 〈표 14-18〉과 같았다.

중화학공업과 관련한 정부재정은 주요 사업 재정출자분과 재정지원금으로 이루어지

67) 경제제1수석(중화추8대통령결재문서, 1973. 8. 27).

68) 대한민국정부(행백, 1977), p. 49.

69) 중화학공업화선언 이전 1972년까지 정부예산에서 중화학공업과 관련된 재정은 ① 일반회계, ② 경제개발특별회계, ③ 재정자금운용특별회계, ④ 대충자금특별회계의 여러 부분에서 비체계적으로 운용되고 있었다. 그러다가 1973년 대충자금특별회계가 재정자금운용특별회계로 통합되고 1973년 12월 경제개발특별회계법의 개정 및 여타 특별회계법의 폐지에 따라 1974년부터 재정자금운용특별회계도 경제개발특별회계로 통합되었다. 1976년에는 경제개발특별회계가 폐지되어 일반회계 경제개발계정으로 통합되면서 이후 중화학공업부문은 일반회계의 경제개발계정과 이차보전계정에서 관리되게 되었다.

표 14-18 1977~1978년 중화학공업부문 재정자금 예산 (단위: 백만 원)

					1977년	1978년
시설투자계획	철강공업	포항종합제철			30,000	32,000
		한국종합특수강			–	–
		합계			30,000	32,000
	비철금속공업	아연제련			–	–
		동제련			–	–
		연제련			–	–
		울산알루미늄가공			–	–
		신동(伸銅)			–	–
		합계			–	–
	조선공업	대우조선소			–	–
		삼성거제조선소			–	–
		조공부산조선소 확장			–	–
		합계			–	–
	화학공업	석유화학	여천석유화학	호남에틸렌	9,204	12,039
				호남석유화학	8,430	5,025
				한양(韓洋)화학	–	–
				다우(Dow)케미컬	–	–
				카프로락탐	–	–
				합계	17,634	17,064
			여천관련단지		–	–
			울산계열공장		–	–
			합계		17,634	17,064
		7비			–	–
		한이정유			–	–
		동해펄프			1,261	3,621
		기계제염			300	–
		쌍용시멘트			–	–
		성신(星信)양회			–	–
		합계			19,195	21,815
	기계공업	국산기계 구입	일반국산화		–	–
			플랜트국산화		–	–
			합계		–	–
		기계공업체 건설	대단위 종합기계공장		–	–
			종합공작기계공장		–	–
			창원 입주업체		–	–
			중소기업전문공장		–	–
			자동차부품공장		–	–
		계획조선			–	–
		방위산업			–	–
		기타			1,000	1,100
		합계			1,000	1,100
	전자공업				–	–
	총계				50,195	54,915

표 14-18 계 속

(단위: 백만 원)

			1977년	1978년
기지지원 시설계획	창원기지	용 수	–	499
		항 만	2,923	3,120
		도 로	727	910
		철 도	–	1,700
		합 계	3,650	6,229
	여천기지	용 수	1,095	–
		항 만	2,938	5,144
		도 로	589	439
		합 계	4,622	5,583
	온산기지	용 수	2,677	230
		항 만	5,740	2,281
		도 로	534	1,073
		합 계	9,951	5,764
	거제기지	용 수	700	1,864
		항 만	1,456	1,855
		도 로	410	–
		합 계	2,566	3,719
	포항기지	용 수	3,827	5,713
		항 만	10,078	7,866
		도 로	424	1,749
		합 계	14,329	15,328
	북 평	항 만	7,335	12,250
		합 계	7,335	12,250
	합 계		42,453	48,873
창원기계공단			184	235
인력개발	공업교육		11,862	9.958
	창원직업훈련소		441	–
	합계		12,303	9,958
연구개발	연구소 건설(10개소)		6,183	7,138
	연구소 연구 및 운영비		4,588	7,804
	대덕기지 건설		1,681	–
	합계		12,452	14,942
중화학공업부문 총계			117,587	128,923

자료: 중화학공업추진위원회기획단(중화추현, 1979. 1), pp. 329 ~ 333.

는데 재정지원금에는 상공행정비, 산업기지지원금, 그리고 주요 정책사업에 대한 정부이차보전비(利差補塡費)가 포함된다. 이차보전비는 국민투자기금, 산업합리화자금 및 기계공업 육성자금의 이차보전비이다. 따라서 중화학공업 관련 재정지출을 보기 위해 중화학공업화선언 이후 1973~1980년간 이들 각 항목별 금액과 구성비를 일반회계와 특별회계에서 전부 뽑아 정리해 보면 이 금액은 〈그림 14-4〉에서 보듯이 1973~1979년간 재정의 1.2~3.1%

그림 14-4 재정상 중화학공업 관련비의 비중 (단위: %)

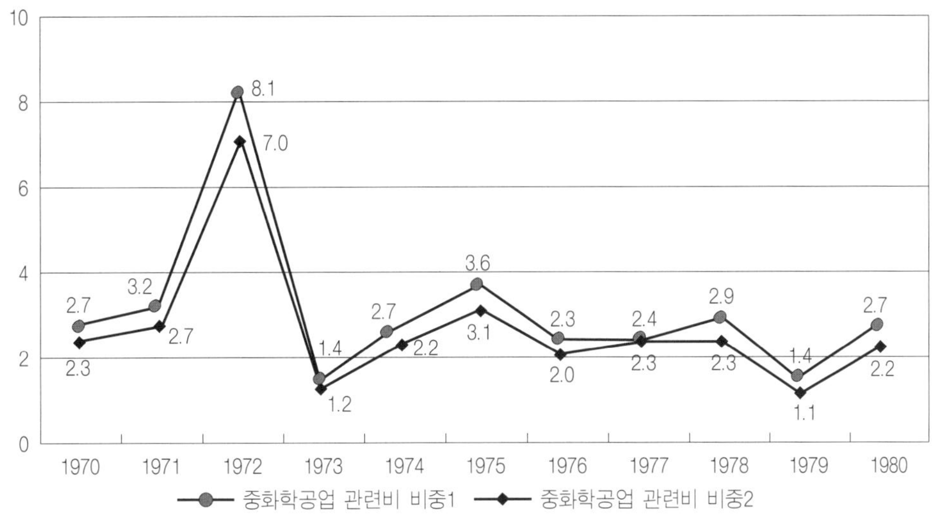

주: 1) 일반회계와 특별회계를 총괄한 것임.
2) 일반 및 특별회계에서 주요 사업 재정출자비, 일반상공행정비, 산업기지 지원시설지원비, 주요 정책사업 정부이차보전비를 총합계한 것임.
3) 중화학공업 관련비 비중1=중화학공업 관련비/중앙재정비.
4) 중화학공업 관련비 비중2=중화학공업 관련비/총재정비.

자료: 경제기획원(예개, 1972~1980); 남종현(1981); 대한민국정부(세입, 1973~1981); 재무부(결, 1973~1981); 재무부(재백, 1982).

이었다. 지방재정비를 제외하고 중앙재정비만으로 계산하면 1.4~3.6%이었다. 엄밀히 말해 중화학공업화선언 이후 1975년 한 해만 그 비중이 3.1%(중앙재정비의 3.6%)이었고, 나머지 기간은 모두 2.3%(중앙재정비의 2.9%) 이하이었다.

변화과정을 보면 중화학공업화선언 이후 1973년부터 1975년까지 진입유도를 위해 중화학공업에 대한 재정지원이 1.2%, 2.2%, 3.1%(중앙재정의 1.4%, 2.7%, 3.6%)로 늘고 있음을 알 수 있다. 중화학공업화 초기 진입유도는 필수적인 것이었다. 중화학공업화선언 이후 대기업들의 위험기피가 계속되고 거기에 석유파동까지 겹치면서 기업진입이 이루어지지 않았다. 1973년 12월 20일 전국경제인연합회는 『기업운영제문제 보고서』를 통해 자금난, 에너지파동 등을 들어 중화학공업 육성계획을 수정 혹은 지연해야 한다고 주장하였다.[70] 그러나 대기업집단들의 진입에 의해 중화학공업화가 왕성히 진행되었던 1970년대 후반에 가면 재정회계에서 중화학공업에 지원된 총액비율은 다시 줄어들었다.

70) 〈조선일보〉(1973. 12. 21; 1973. 12. 27).

2) 재정투융자

1970년대 재정투융자가 투입된 곳은 포항종합제철 확장공사, 아연제련소 건설의 비철금속기지공사, 창원기계공업기지조성과 기계공업 중점 육성업종 27개 공장 건설공사, 현대조선소 확장공사·옥포조선소 건설·죽도고려조선소 건설 등 조선기지 확장공사, 구미전자공단과 21개 공장 건설공사, 여천화학기지의 석유단지 건설, 제7비료(肥料)공장 건설, 대단위 화학펄프공장 건설, 한일(韓一)·아세아·쌍용 등 시멘트공장 확장공사, 그리고 기계제염공장 건설과 현대자동차·기아자동차·GM코리아 등 자동차 국산화율 제고 시설지원 등 다방면이었다.

재정투융자의 규모는 1973~1979년간 평균 總재정규모의 35.1%를 차지하였다.[71] 그런데 이 기간 재정투융자의 배분내역을 보면 농림수산업에 투입된 금액이 13.4~28.2%, 사회간접자본에 투입된 금액이 61.8~80.7%이었고[72] 직접 중화학공업에 투입된 비중은 〈표 14-19〉에서 보듯이 정부출자금을 전부 포함하여 0.3~8.6%이었다.[73] 그것도 1976년 한국산업은행 투입분이 일시적으로 높아져 8.6%로 중화학공업부문 비중이 높아졌고, 이를 제외하면 1973~1979년간 0.3~6.5%에 불과하였다. 중화학공업화에서 문제가 된 기계부문과[74] 문제가 발생된 특정 시기를 제외하고 1973년 이후 조선(1977년 재개)·전자·비료부문, 1974년부터는 제철·석유화학부문에서 지정된 재정투융자는 없어지거나 의미가 없어질 정도로 작았다.

재정투융자는 중화학공업보다 사회간접자본 건설과 국토의 효율적 개발 등에 집중적으로 이루어졌다. 심지어 1979년의 경우는 재정투융자가 71.8% 급등하고 있지만 중화학공업부문 재정투융자는 오히려 91.8% 대폭 감소하여 중화학공업 비중이 0.3%에 불과하게 되고 있다. 나아가 시계열로 보아도 중화학공업에 투입된 재정투융자는 1972년 29.0%, 1973~1976년 4.0~8.6%로 높았지만 1976년 8.6%를 정점으로 1977~1979년에는 3.0%, 5.7%, 0.3%로 줄어들었고,[75] 제조업 전체에 투입된 금액비중으로 보아도 1976년 11.0%를 정점으로 1977~1979년에는 5.6%, 8.1%, 2.9%로 낮아졌다.

뿐만 아니라 재정투융자의 변화를 보면 재정투융자 중 재정투자가 급속히 줄어드는 것도 나타난다. 1977년 이후 제조업부문 재정투융자비중의 급속한 감소와 함께 1960년대 재정투융자의 80%를 넘었던 재정투자비중이 10%대로 떨어지고 있다. 이는 1970년대 중

71) 재무부(재백, 1982).
72) 재무부(결, 1972~1980); 재무부(재금, 1982); 재무부(재금, 1984. 4).
73) 사회간접자본 투자의 일부가 중화학공업화를 위해 쓰였지만 용도 면에서 사회간접자본 건설은 중화학공업 기업만을 위한 것이 아닌 공공재이었다.
74) 박영구(2005a), pp. 423~425.
75) 재무부(결, 1973~1980).

표 14-19 중화학공업부문 재정투융자, 개발비와 전체 비중

(단위: 백만 원, %)

		조선공업	산업은행	기계공업	전자공업	호남비료	정밀기기	종합제철	석유화학	인천제철	중화학공업합계	제조업합계	재정투융자, 개발비 총계	비중
1972	일반	950	50,500	1,781	112	550	48	13,059	1,473	600	69,073	73,638	239,991	–
	특별	0	0	0	7,070	0	0	10,082	0	0	17,152	17,152	57,070	–
	합계	950	50,500	1,781	7,182	550	48	23,141	1,473	600	86,225	90,790	297,061	29.03
1973	일반	0	200	1,250	105	0	112	0	1,230	270	3,167	8,021	176,750	–
	특별	0	0	0	0	0	0	6,744	0	0	6,744	14,657	71,809	–
	합계	0	200	1,250	105	0	112	6,744	1,230	270	9,911	22,678	248,559	3.99
1974	일반	0	9,100	1,448	15	0	385	2,557	0	0	13,505	14,366	301,073	–
	특별	0	0	0	0	0	0	0	0	0	0	10,734	89,209	–
	합계	0	9,100	1,448	15	0	385	2,557	0	0	13,505	25,100	390,282	3.46
1975	일반	0	33,476	2,474	51	0	722	0	7,000	0	43,723	45,701	522,261	–
	특별	0	0	0	0	0	0	0	0	0	0	16,564	148,317	–
	합계	0	33,476	2,474	51	0	722	0	7,000	0	43,723	62,265	670,578	6.52
1976	일반	0	71,742	945	0	0	810	0	0	0	73,497	82,316	669,516	–
	특별	0	0	0	0	0	0	0	0	0	0	12,176	186,341	–
	합계	0	71,742	945	0	0	810	0	0	0	73,497	94,492	855,857	8.59
1977		3,071	25,000	1,726	67	0	934	0	0	0	30,798	57,142	1,022,655	3.01
1978		3,448	31,815	1,913	66	0	1,059	32,000	0	0	70,301	100,333	1,244,569	5.65
1979		2,681	0	2,291	59	0	763	0	0	0	5,794	61,545	2,138,324	0.27

주: 1) 일반은 일반재정부문, 특별은 특별회계부문임.
2) 정부출자를 포함함.
3) 결산액 기준임.
4) 비중=중화학공업부문/전체 재정투융자금액.
자료: 재무부(결, 1973~1980).

화학공업화가 진행되면서 중화학공업정책이 간접 지원정책으로 전환하고 있으며 투자주체상 민간기업의 역할 확대가 이루어지고 있음을 간접적으로 보여 준다.[76]

한편, 재정융자기금 중 중화학공업화와 직접 관련성이 있는 기금은 기록상으로 국민투자기금이다. 국민투자기금은 1974~1979년간 재정융자기금회계 총액의 79.2%, 83.2%, 89.5%, 88.6%, 86.0%, 87.1%를 차지하고, 특히 공업부문 재정융자기금의 99.0%를 차지하고 있는 것으로 나타나고 있다.[77] 그런데 국민투자기금은 원래 '국민투자채권의 발행과

76) 재무부(재백, 1982); 재무부(재금, 1984); 재무부(결, 1961, 1968~1982).

정부예산으로부터의 전입금 혹은 예탁금에 의하여 자금을 조달'하도록 되어 있었지만[78] 사실 운용된 돈은 앞서 보았듯이 재정자금이 아닌 금융기관의 돈, 즉 민간부문의 돈을 동원, 운용한 것이었고 정부가 재정으로 보전해 준 것은 이차보전비용(利差補塡費用)뿐이었다. 물론 처음에 정부는 재정자금의 출연을 대폭 확대할 계획이었으나 당초 의욕대로 출연이 되지 않았다.[79] 인플레이션과 재정적자가 문제점으로 등장하면서 1973년 이후 긴축예산편성, 긴축재정이 강조되었고,[80] 이에 정부는 농어촌 개발과 중화학공업 건설을 위한 재원조달을 금융부문으로 바꾸면서 '각 금융기관의 예금 일정 비율 이상을 국민투자기금으로 기탁하도록 강제하고 이를 저금리로 중화학공업에 집중 지원하여 재무부가 재정기능을 금융기능으로 탈취하는'[81] 기금정책으로 전환하였던 것이다.[82] 전자공업에서도 정부는 전자공업진흥법 제9조에 규정된 장기저리자금 재정자금에 의한 전자공업 육성자금을 조성하지 않고 「국민투자기금법」에 의해 금융 면의 지원을 도모하는 방법을 사용하였다.[83] 따라서 실질적으로나 형식적으로나 국민투자기금은 국가예산을 통한 사업이 아니었고 이런 이유 때문에 국회의 심의와 의결을 거치지 않고 국무회의의 심의만을 거쳐 운용계획이 결정되었다.[84] 그 결과 재정자금이 투입되는 예산 내 '자금관리특별회계'는 농수산, 사회간접자본부문에 집중되고 광공업 지원금액은 1973년 이후 거의 없었다.[85] 재정에서 지불된 이차보전비 역시 기금만이 아니라 타 금융기관을 포함한 1973~1979년간 중화학공업 총정책자금으로 계산해도 재정규모의 0.56%에 불과하였다.[86]

1970년대 후반에 가면 기업에 대한 정부기금의 역할도 절대액은 늘고 있었지만 그 비중은 감소하고 있었다. 전체 기업으로 보아 기업의 투자재원 조달에서 정부기금이 차지하는 비중은 1975년 15.5%에서 1978년 12.6%로 줄어들어 순수 금융기관 의존도가 높아졌다.[87]

---

77) 재무부(재백, 1982).
78) 경제기획원(개발, 1982), p. 149.
79) 중화학공업추진위원회기획단(한공발3, 1979), p. 359.
80) 한국재정40년사편찬위원회(1990), 2권, 경제기획원 '예산편성지침' 1973~1980.
81) 김흥기 전 경제기획원투자진흥국장편(1999), pp. 268~269, 최동규 전 장관 증언.
82) 경제기획원(개발, 1982), pp. 134, 148.
83) 1981년 4월 전자공업진흥법 개정으로 전자공업진흥기금으로 바뀌어 우선 정부 재정출연으로 존속되다가 1986년 7월 1일부터 공업발전법에 따른 공업발전기금으로 흡수통합되었다. 한국전자공업협동조합(전조2, 1981), p. 74.
84) 이 기금의 확정계획은 매년 회계연도 개시 90일 전까지 예산심의의 참고자료로 국회에 제출되고는 있다.
85) 재무부(재백, 1982).
86) 경제기획원(예개, 1973~1980); 대한민국정부(세입, 1973~1980); 재무부(결, 1973~1980).
87) 한국은행(경제통, 1983).

3) 조세지원

중화학공업화선언 이전 1972년 조세특례의 두 가지 조치가 시행되었다. 첫째는 직접 중화학공업과 관련된 조치는 아니지만 민간투자의 장려를 목적으로 1972년 특별감가상각 제도가 시행되었다. 1972년 4월 1일부터 12월 31일까지 국산기계와 국산자재를 사용하여 시설의 신설, 확장, 노후시설의 대체 등으로 투자한 것은 특별상각할 수 있도록 하고, ① 제조업, 광산업, 수산업, 건설업 기업은 보통 상각액에 80%를 가산한 액, ② 기타의 기업은 보통 상각액에 40%를 가산한 액을 특별상각으로 용인하도록 한 것이었다.[88] 둘째는 「경제의 안정과 성장에 관한 긴급명령」, 즉 「8.3조치」이었다. 이는 기업사채의 동결이 주 내용이었고 그렇게 알려져 있지만 사실 많은 부분 조세특례를 규정하고 있었다. 내국법인과 거주자가 1974년 12월 31일까지 국산 기자재를 사용하여 투자한 분에 대해서는 10%의 투자세액공제를 허용하기로 하였으며 기술개발준비금을 적립한 경우에는 그 적립한 금액을 손금으로 취급하게 하였다. 또 「8.3조치」 중 중요한 내용의 하나는 증자(增資)에 대한 조세특례인 바, 이는 자본증가를 촉진시키기 위하여 내국법인이 1974년 12월 31일까지 금전출자를 한 경우에는 1976년 12월 31일까지 사업연도의 소득금액에서 '각 연도 소득금액*{증가자본액*(그 사업연도 자본증가 후 월수/그 사업연도 월수)}/자본의 총액' 식에 의하여 계산한 금액을 공제하기로 하였다. 또 이 증자에 대한 이익배당은 1976년 12월 31일까지의 사업연도분까지 소득세를 면제하도록 하였다.[89]

1973년 들어와 수출산업지원세제가 만들어졌다. 수출산업지원제도의 합리적 개선을 위해 직접세감면제도를 준비금제도의 확충에 의한 간접지원방식으로 전환한 것으로 해외시장개척 준비금제도 대상 확대, 수출손실 준비금제 신설, 그리고 해외투자손실 준비금제 도입을 주 내용으로 하는 것이었다.[90]

1973년 9월 상공부는 창원 기계공업기지의 건설을 골자로 하는 '장기기계공업 육성계획'을 확정하여 발표하였다.[91] 1973년 당시 기계공업은 자동차공업 등을 포함하는 보다 넓은 의미로 사용되고 있었다. 이에 기초하여 10월 11일 상공부장관 공고 제7552호 「장기기계공업육성을 위한 기계공장 건설(증설 포함) 실수요자 선정 및 지원」이 공고되었다. 육성계획에 의해 만들어진 기계공업의 조세지원시책을 금융지원과 함께 정리하면 〈표 14-20〉과 같다.

한편, 1973년 9월 17일 남덕우(南悳祐) 재무부장관은 계속되는 세제개혁안 계획을 부정하면서도 새해부터 본격화되는 중화학공업화 육성과 건설에 필요한 불가피한 부분에 한

88) 한국산업개발연구소(한공발2, 1978. 8), p. 578.
89) 한국산업개발연구소(한공발2, 1978), pp. 578~580.
90) 한국산업개발연구소(한공발2, 1978. 8), p. 580.
91) 상공부(장기8, 1973); 중화학공업추진위원회기획단(한공발1, 1979), p. 478.

표 14-20 기계공업 금융, 세제 정부 지원시책(1973년)

<table>
<tr><th colspan="2">구분</th><th>금융</th><th>세제</th></tr>
<tr><td rowspan="3">중점 업종 건설지원 (322개 공장)</td><td>창원기지 내 104개 공장</td><td>1. 건설소요자금 37%(내자 52%, 자기자금 15%)를 장기저리로 지원
2. 신용대출-후취(後取)담보
3. 1회 운전자금 3년 저리로 지원</td><td rowspan="2">43개의 중점 육성업종 중 직접세 감면에 의하지 않고는 육성이 어려운 업종을 선정하여 다음처럼 소득세 및 법인세를 감면함
가. 가동일부터 3년 면제
나. 그 후 2년 50% 감면</td></tr>
<tr><td>기지 외 218개 공장</td><td>1. 건설소요자금 20%(내자 52%, 자기자금 15%)를 장기저리로 지원
2. 신용대출-후취담보
3. 1회 운전자금 3년 저리로 지원</td></tr>
<tr><td>기계공업일반(위 322개 공장 포함)</td><td>–</td><td>손실 이월기간을 1년 연장함(현행 3~4년)(녹색업체)</td></tr>
<tr><td colspan="2">국산 기계수요 창출</td><td>국산화촉진자금 장기저리 지원
* 기계류 수입을 억제하는 조치를 강화</td><td>국산기계시설 투자에 대한 투자공제율 10%를 1981. 12. 31까지 연장함(긴급명령의 시한 1974년)</td></tr>
</table>

자료: 국무총리기획조정실(중오, 1973), pp. 86~87.

해 조세감면규정을 개정할 방침이라고 밝혔다.[92] 불가피한 부분이라고 강조하고 있듯이 선진 모든 공업국가에서 그러하였듯 당시 중화학공업의 진입유도를 위해 불가피한 면은 분명히 있었다. 이에 따라 10월 17일 재무부는 중화학공업의 기간산업 및 농민저축 등에 대해 법인세, 영업세 등 제세를 감면하기로 한 조세감면규제법 개정안을 마련하였다. 그 내용을 요약하면 〈표 14-21〉과 같다.

중화학공업에 적용된 「조세감면규제법」 조세특례조항은 우선 이미 마련된 장기기계공업 육성계획의 기계공업 조세감면 내용을 담아 기계공업의 경우 진입 처음 3년은 법인세, 소득세 100% 면세, 그리고 2년간 50% 감면으로 하였고, 조선공업은 진입 5년간 법인세와 영업세를 면제하며, 석유화학공업은 조세면제를 위한 투자완료기간을 1976년까지 연장하는 것이었다. 기업의 중화학공업 진입 후 기간이 경과함에 따라 조세감면율이 감소하고 또 일정 진입해당시기가 지나면 조세감면이 종료되기로 제정된 이러한 조세감면조치는 정부가 기업의 중화학공업 진입유도를 위해 취한 조치임을 분명히 하는 것이었다. 기계공업에서 "43개 육성대상 기계업종 중 '직접세 감면에 의하지 않고는 육성이 어려운 업종에 대하여' 감면"해 주도록 한, 즉 '자율적 육성이 어려운 업종'에 대해서 조세감면을 적용한다는 것도 이러한 성격을 분명히 보여 주는 것이었다.

1974년부터 「중요산업 조세감면규제법」(4조 8항)과 「관세법」(28조 1항)에 의해 주요 12개 중화학공업을 포함하는 14개 중요산업부문의 기업들은 특별세율을 적용받았는데 여

92) 〈매일경제신문〉(1973. 9. 17).

표 14-21 재무부의 1973년 조세감면규제법 개정안

공업	조세감면 내용
조선공업	10만 톤급 이상의 조선능력을 갖춘 조선공업에 대하여 5년간 법인세, 영업세의 면제
특정 기계공업	법인세, 소득세의 3년간 면제, 그 후 2년간 50%를 감면
석유화학공업	나프타분해공업의 경우 조세면제를 위한 투자완료기간을 종래 1973년 12월 31일에서 1976년 12월 31일로 연장

자료: 한국산업개발연구소(한공발2, 1978), p. 581.

표 14-22 중화학공업에 대한 조세지원 내용

	산업	조세감면규제법	관세법
지원대상	철강	연 10만 톤 이상 제철, 제강 일관제철	연 20만 톤 이상 제철, 제강, 압연 일관제철 등
	비철	연 3만 톤 동광(銅鑛), 연 1만 톤 연광(鉛鑛)	모든 제련, 정련
	기계	22개 품목	일반기계 14개 품목 등
	조선	3,000톤급 이상 도크조선대	1,000톤 이상 철동선(鐵銅船) 등
	전자	11개 품목, 30개 부품	20개 품목, 14개 재료
	화학	나프타분해공업, 석유화학 유틸리티사업	7개 업종
지원내용	1) 직접감면: 3년간 100%, 2년간 50% 2) 투자세액 공제: 8~10% 3) 특별감가상각: 100% 위 1), 2), 3) 3개 중 택일		관세감면 70~100%

주: 투자세액공제 중 10%는 국산기계류를 사용할 경우 적용됨.
자료: 경제기획원(경백, 1981).

기에는 직접감면, 투자세액공제(投資稅額控除), 특별감가상각, 관세 등이 포함되었다(〈표 14-22〉 참조). 이는 「8.3조치」로 강화된 중화학공업의 투자 촉진을 위한 조세지원제도가 최종적으로 조세감면규제법의 중요산업에 대한 조세특례조항으로 명문화·구체화된 것이며, 또 조세감면법과 지방세법에 의해 이루어지던 면세특혜가 중요산업 여부와 상관없이 불공평하게 이루어지고 문제가 되자[93] 이를 명확히 조정한 것이다.

이 조세감면규제법에 규정된 중화학공업 지원대상은 철강, 비철금속, 기계, 항공, 조선, 전자, 나프타분해, 화학비료이었고 관세법 지원대상 중화학공업은 1차 금속, 일반화학 부품, 수송기계, 전자전기, 화학, 석유정제, 시멘트 등이었다. 이에 따라 〈표 14-22〉에서 보듯이 중화학공업분야는 중요산업으로 5년간 투자세액공제나 조세감면, 혹은 가속상각(加速償却)의 세 가지 중 한 가지를 선택할 수 있는 세제상의 유인이 있었고 관세도 70~100%까지 면제되었다. 특별감가상각은 1972년 「대통령 긴급명령」과 1975년 「법인세법」

93) 대통령비서실(긴공, 1973. 4. 21). 대통령은 이를 상공, 건설부가 참조하라고 첨필하고 있다.

에 의한 특별감가상각제도 도입으로 중화학공업만이 아니라 조건에 해당되는 모든 산업이 40~80%의 특별상각을 받을 수 있었지만 중요산업 요건에 해당되고 기업이 선택하면 100%까지 받을 수 있도록 한 것이다.

주요 중화학공업에 대해 조세지원제도가 갖추어졌으나 이는 다음의 여러 한계가 있는 것이었다.[94)]

우선, 직접세 감면에서 감면이 영업개시 후 3년간 100%, 그리고 2년 후 50% 감면제도로 이루어졌으나 기계공업의 경우 영업개시 3년간에 정상가동은 불가능하다는 한계가 있었다. 둘째, 직접세 감면 대상업종 기준이 주물 연산 1만 5,000톤 이상 등에서 보듯이 매우 비현실적이었다. 셋째, 감가상각에서 내용연수를 국산과 외국산 기계의 경우 동일하게 하였는데 이는 단계를 고려하지 않은 지나친 평등으로 오히려 역차별의 소지가 있었다. 넷째, 관세에서도 미국 등 외국을 의식해 부품에 고율의 관세를 매기고 완제품에 저율의 관세를 매기는 체제를 유지하였는데 이것도 당연히 한국의 전략과 발전단계에서 볼 때 국산화 기계와 국내제작기계에게 역차별을 주는 것이었다. 이 밖에 세제지원도 투자공제, 감가상각, 관세감면제도에서 선택하도록 이루어졌지만 필요한 시기의 필요한 업종의 지원에는 선진공업국보다도 과감한 지원확대가 이루어지지 못하였다. 또 기술개발을 위한 조세지원도 현장기업들에게는 전혀 충분하지 못하였다.[95)]

결국 문제가 분명해지자 정부는 해결책으로 우선 조세감면을 위한 적용대상을 확대하였다. 1976년 3월 4일 조세감면규제법시행령 개정안이 경제각의를 통과하였다. 기계류는 기존 24개 품목에서 광학기기·밸브·무계목강관·공기 등 4개 품목이 추가되었고, 전자제품은 세분류 51개 품목에서 스위치 및 커넥터·섀도마스크·컬러TV용 편향코일·갑판메커니즘·카트리지 등 6개 품목이 추가되었다. 그 밖에도 직접감면 대상에서 빠진 기계류와 전자제품에 대해서는 일반감가상각보다 60%가 많은 특별상각을 인정하기로 하여 기계와 전자는 어느 품목이든 세제상의 혜택을 볼 수 있도록 하였다.[96)] 그럼에도 1976년 6월 16일 경인지역 기계공업기업체 대표들이 해당 기계공업에 대해 세금감면을 취해 줄 것을 정부에 건의하는 등[97)] 소외된 기업들의 조세문제는 남아 있었다.

1976년 9월 24일 국무회의는 1977년부터 실시되는 특별소비세의 과세대상 품목과 세율을 조정하였다. 특별소비세법(전문29조 부칙)에 의하면 과세대상은 31개 품목(대분류는 29개)이며 품목별 세율은 휘발유를 현 300%에서 160%로, 냉장고·세탁기·에어컨을 65%

---

94) 송병남(1한국기계공업진흥회, 1981), p. 135.

95) 정주영 회장은 "한국은 법인세 최고세율 40%에 방위세, 주민세 합하면 53%이었어요. 그래서 결국 고금리, 고세율인데 어떻게 해서 내부유보 축적하여 확대재투자하고 재무구조를 개선할 수 있는 건지…… 생각해 보면 악전고투의 싸움을 하고 있다는 생각이 들어요. 다행히 1982년 6.28대책이 일시에 두 문제를 해결해 준 셈이 되었습니다만"이라고 밝혔다. 전국경제인연합회(전2사, 1983), p. 413 정주영 증언 대담.

96) 〈중앙일보〉(1976. 3. 5).

97) 〈조선일보〉(1976. 6. 17).

표 14-23 1976년 11월 세제개편 주요 내용

관련 항목	세제개편 관련 내용
수출지원 해외투자	① 수출지원을 위해 수출손실준비금의 손비인정 범위를 확대 ② 해외투자손실준비금의 거치·환입기간을 각 2, 3년에서 3년과 4년으로 1년씩 연장 ③ 수출상품이 해외시장 가격변동으로 손실을 볼 경우에 대비하는 가격변동 준비금제 신설
중소기업	① 중소기업 범위를 고정자산 3,000만 원 이하에서 2억 원 이하로 확대 ② 시설개체 준비금제의 신설 및 특별상각률의 인상(30~50%)
고정자산 재수선	선박, 용광로 등 특정 고정자산의 재수선비를 위하여 특별수선충당금제 신설
기업공개	① 공개의 정도에 따라 법인세율 차등화 ② 대지주의 지분율이 35% 이하인 경우에는 종전과 같이 최고 27%, 35% 초과이면 33% 세율 적용
조세감면규제법	① 중요산업 감면시한을 1976년 말에서 1981년 말까지로 연장 ② 제4차 5개년계획을 효과적으로 지원 ③ 조선공업의 감면범위를 10만 톤에서 3천 톤으로 확대 ④ 중요산업에 축산업과 방위산업을 추가 ⑤ 대도시 인구분산·공해방지를 위한 지방이전에 지방시설이전 준비제도 및 세액공제제도를 신설

자료: 〈중앙일보〉(1976. 11. 29); 한국산업개발연구소(한공발2, 1978), pp. 590~592.

에서 40%로, TV수상기를 45~65%에서 30%로 각각 인하하는 대신 이들 품목은 특별소비세 외에 13%의 부가가치세를 따로 붙이기로 하였다. 이 날 국무회의는 관세법도 개정 통과시켰는데, 그 내용은 ① 관세감면 대상을 일부 조정하여 20%의 균일세율로 점차 접근시키고 세율책정에 있어 전자·기계·조선 등은 고율로 하고 수입유발형 섬유·제지 등은 저율로 하기로 하였다.[98] 1976년 11월 29일 18개 세법이 국회를 통과하여 최대 세제개편이 이루어졌다. 세제개편의 구체적 내용을 정리하면 〈표 14-23〉과 같다. 개정된 조세감면규제법은 중화학공업 등 중요 전략산업의 1981년까지의 감면 연장과 함께 해외용역사업 감면, 대도시 인구분산·공해방지를 위한 지방시설 이전준비제도 및 세액공제제도를 신설하였다.

1977년 다시 세법이 보완되어 12월 국회를 통과하였다. 여기에서 조세감면규제법이 개편되었고 군수물자 및 군용유류에 대한 부가세 면제와 함께 산업시설의 지방이전을 촉진하기 위해 1981년까지의 이전발생 소득금액에서 5% 공제, 이전법인의 양도차익에 대한 법인세, 부가세 면제 등이 결정되었다. 또한 중소기업의 합병지원을 위해 양도소득세 면제, 중소기업 범위 확대가 이루어졌고 기술개발에 대해 소득세 및 법인세 50%를 경감하며, 자원개발을 지원하기 위해 석면, 규조토(硅藻土), 장석(長石) 채굴도 중요산업의 대상으로 추가하여 법인세와 소득세를 감면하기로 결정하였다.

98) 〈중앙일보〉(1976. 9. 25).

1978년 3월 임시국회에서 조세감면규제법이 개편되었다. 증자소득공제규정이 새로 도입되어 정부와 금융기관 이외의 자로부터 금전출자를 받아 1979년 12월 31일까지 증자한 경우 일정 금액을 소득공제하기로 하였으며, 석탄증산소득공제 및 탄광보안시설준비금의 손금산입, 중소기업의 지상배당소득계산특례 등 감면세 규정 신설 또는 보완이 이루어졌다.[99] 1979년에는 법인세 감면확대 조치가 이루어졌다.

1970년대 중화학공업화 기간 중 공업발전단계상 관세감면이 중화학공업에 집중적으로 적용되었기 때문에 중화학공업에 대한 관세감면액은 1978년 현재 화학공업 84.0억 원, 중공업 865.3억 원 등 총 949.3억 원으로 이는 전체 산업지원 관세감면액 1,279억 9,000만 원의 74.2%를 차지하였다. 이후 공업구조의 변화에 따라 관세감면액은 1979년 729억 1,000만 원, 그리고 1980년에는 377억 3,000만 원으로 급속히 줄었다.[100] 관세율을 보면 1970년대 후반 한국의 중화학공업부문 관세율은 대만보다 낮았다.[101]

1979년 들어 4월 17일 발표된 「경제안정화 종합시책」은 '중화학공업의 집중 지원체제의 구축은 경험축적시까지의 지원제도 확립으로 한다'는 점을 확인하였다.[102] 상공부는 '지원체제 개편방안 검토'에서 '선진공업국의 단계별 지원시책 변천과정 분석-대상국: 일본, 서독, 미국, 대만'[103]을 대통령에게 보고하였다. 마침내 1981년 조세개정에 의해 특정기간세금감면제(tax holiday)가 폐지되었다. 투자세액공제제도도 1981년 개정으로 기계와 전자공업에만 한정되었으며 공제율도 6%(국산기계에 대한 10%는 유지)로 낮아졌다가 1982년 다시 3%(국산기계는 5%)로 낮아졌다. 전 산업에 적용되었던 40~80%의 특별감가상각제도도 1982년 폐지되었지만 중요산업에 대한 조세특별규정에 의한 100% 특별감가상각제도는 유지되었다.

99) 한국산업개발연구소(한공발2, 1978), pp. 595~596.
100) 관세청(관세, 1981).
101) 李建雨(1997), pp. 205, 307.
102) 한국개발연구원(한반, 1995).
103) 대통령비서실(중화종9대통령결재문서, 1979. 3. 15).
* 이 장 일부는 졸저 『한국 중화학공업화 연구 총설』, 해남, 2008의 일부 제4~5장 내용을 수정·보완한 것이다.

CHAPTER 15
중화학공업화와 외자[1)]

1. 외자도입의 원칙

중화학공업화에 필요한 자금과 기술, 시장을 얻기 위한 외자도입은 중화학공업화에서 필수적인 것이었다. 그러나 정부는 중화학공업화의 촉진을 위한 외자의 이러한 현실적 긍정론을 염두에 두면서도 자립경제를 위해서는 외자를 줄여야 한다는 외자의 이상론을 항상 고려하였다. 따라서 중화학공업화에 필요한 자본도입을 확대한다는 하나의 방침과, 자립경제의 달성을 위해 주체적으로 외자를 도입하고 내자비중을 늘려나가며 외자를 통제한다는 또 하나의 다른 방침은 1970년대 중화학공업화 기간 내내 조화를 이루며 실행되었다. 이는 한국의 높은 대외의존을 항상 지적해 온 일본에도 매우 인상적으로 비추어져 日本貿易振興會는 경연양양(硬軟兩樣)이라는 용어를 사용하면서 한국의 외자정책은 국제수지 대책, 공업화 촉진과 자립경제의 달성이라는 요청의 가운데에서 硬軟兩樣이었으며 이는 1974년부터 1975년 그리고 1975년부터 1976년에 걸쳐 그 기조가 계속되고 있다고 말하고 있다.[2)] 이렇게 중화학공업화 기간 중 정부는 외자를 필요에 따라 도입하되 주체적으로 외자를 도입, 지도하고자 하는 균형된 방침을 일관되게 유지하였고 이는 다른 발전도상국과 다른 한국의 차별적이고 성공적인 공업화 경로를 만들어 내었다.

구체적으로 한국의 외자정책은 외자를 최대한 이용하되 경영과 소유권은 한국이 갖고

1) 외자는 통상적으로 외국인투자와 차관으로 나누지만 넓게 보아 차관(공공, 상업), 외국인투자 외에 뱅크론, 외화채권, 나아가 기술도입허가도 포함시킬 수 있다. 기술도입에 대해서는 제22장에서 논의한다.

2) 日本貿易振興會(海投1, 1976), pp. 90~91.

가능한 빠른 시일 안에 자립성을 제고한다는 것이었다. 이런 점에서 1970년대 중화학공업화를 외세의존적이었다거나 혹은 배타적 보호주의 정책으로 보는 것은 어느 쪽도 당시의 역사적 상황이나 실상과 다르다. 중화학공업화선언 직후 1973년 2월 15일 경제장관회의가 의결한 「외자도입법」 개정안의 개정배경과 목적 그리고 주요 내용 〈표 15-1〉은 이러한 정부의 태도를 잘 보여 준다.

정부는 외자도입법 개정을 통해 중화학공업에 실효성 있게 외자가 공급되고 또 집중되도록 하면서도 동시에 도입이 확대될 외자에 대해 효율적으로 규제하고 관리하고자 하

표 15-1 1973년 2월 15일 개정의결된 외자도입법 내용(경제장관회의)

분류	개정내용
(1) 개정배경과 목적	① 지나치게 개방되어 있는 문호를 축소 ② 차관도입에 원자재차관을 추가, 원료문제의 해결을 시도 ③ 도입된 외자의 사후관리 강화 ④ 당초 외국인 전액 투자를 전면 금지하는 방안까지 검토했었으나 같은 업종일 때 합작투자를 우선하고 전반적으로 외국인투자에 대한 규제조항을 신설하는 방향으로 낙착
(2) 간접투자 제한: 외국인투자 우대조항만 있던 것을 제한조항 신설	① 자본납입시한이나 부관(부대조건)을 지키지 않았을 때 또는 시정요구를 이행하지 않을 때 인가나 등록취소 가능 ② 외자를 인가목적 외에 사용했을 경우, 인가 또는 등록이 취소되었을 경우, 부관불이행으로 경제기획원장관의 요구가 있을 때는 이미 감면된 조세까지 추징가능 ③ 국내도착외자를 일정 기간 안에 통관, 인수하지 않을 때는 관세청장이 처분가능
(3) 과실송금규제	① 과실송금은 보장하되 출자금 횟수는 경제기획원장관이 외환사정을 고려, 5년간 송금되는 동안 매 1년에 20%까지 제한할 수 있고 투자인가 때 내외 주식비율을 조정할 수 있도록 부관에 명시할 수 있으며, 전환사채는 주식으로 전환될 때까지 차관으로 인정하기로 함 ② 대신 조세감면 대상에 직물류세를 추가하고 조항감면 시점을 설립·등기 이전에도 인정할 수 있으며 현물출자 절차를 간편화하는 혜택이 더 부여됨
(4) 원자재차관	물자 차관의 법적 근거가 없었고 단지 최초 6개월 간 소요되는 원자재를 자본재 도입에 포함하는 규정만 있었으나 개정안에서는 원자재 차관이 언제라도 가능하도록 차관내용에 추가
(5) 인가취소	① 차관이나 기술도입계약을 인가 받은 후 6개월 안에 발효시키지 못하면 인가를 취소할 수 있는 법적 근거를 신설 ② 정부지보업체에 대해 정상가동 후 5년 안에 주식공개를 의무화하였던 규정을 삭제
(6) 사후관리 강화	① 부대조건 이행상황 조사와 각종 자료 제출의 의무화 ② 시정요구 부응·허위사실 보고 및 보고의무 불이행, 외자도입과 관련한 해외외화도피 등을 처벌대상으로 추가 ③ 벌칙 강화
(7) 벌칙	① 해외외화도피에 대해 10년 이하의 징역 또는 1,000만 원 이하의 벌금에서 1년 이상의 징역 또는 1,000만 원 이상의 벌금으로 강화 ② 각 규정의 벌금액이 과거보다 최고 3배까지 인상

자료: 〈매일경제신문〉(1973. 2. 16); 〈중앙일보〉(1973. 2. 17); 법제처 국가법령정보센터(2011. 11. 6).

였다. 이에 따라 중화학공업화에 필요한 원자재 문제의 해결을 위해 원자재 차관이 언제라도 가능하도록 차관내용에 추가하는 것과 함께 외국인투자에 대한 규제조항을 신설하였다. 외자도입법 개정안은 2월 26일 비상국무회의에서 통과되었다. 출자금의 횟수는 원칙적으로 제한 없이 보장되도록 하였고 원출자액을 초과하는 배당금에 의한 재출자는 인가사항으로 규정하였다.

외자의 통제 한편으로 정부는 외자의 개방 확대를 유도하고자 하였다. 2월 16일 정부는 「공공차관의 도입 및 관리에 관한 법령」을 제정하여 공공차관에 대해 조세감면과 공과금면제 규정을 분명히 하였다. 1973년 3월 14일 경제기획원은 민간기업 육성을 위해 산업은행·중소기업은행·한국개발금융회사 등과 공동으로 7,913만 8,000달러 전화차관 도입을 추진 중이라고 발표하였다. 1973년 3월 19일 태완선(太完善) 경제기획원장관은 정부는 민간기업에 대해 앞으로 미국·일본 등 지역의 대단위 기업과의 합작투자사업을 적극 추진할 것을 권장하고 대규모 합작투자사업에 대해서는 적극 지원하겠다고 밝혔다.[3)]

이러한 양면균형원칙에서 나온 가장 중요한 외자원칙은 직접투자를 장려하되 외자의 직접투자는 50%로 제한한다는 원칙이었다. 중화학공업화에서 외자합작의 기본원칙으로 된 "합작투자에서 외국인의 주식투자비율이 50%를 넘지 않아야 한다"는 이 원칙은 사실 중화학공업화선언 이후 처음 제안된 것이 아니라 이미 훨씬 이전부터 정부 내에서 공유되면서 정제되어져 온 것이었다. 1967년 12월 18일 경제기획원은 석유화학공업 합작투자의 기본원칙을 세웠는데 이때 이미 ① 내외자 분리촉진과 확정 후 내외자 연결, ② 합작비율은 50:50, ③ 운영참여도 50:50의 완전합의제, ④ 로열티를 일부 자본화 인정, ⑤ 투자분 이상의 소요외자는 원칙적으로 상업차관으로 인정, ⑥ 1개 투자자의 2개 공장 투자 허용, ⑦ 2개 이상의 외국회사와 컨소시엄 허용, ⑧ 내자차입은 70:30, ⑨ 내자출자자가 없을 경우는 주식공모로 한다는 것 등을 정하였다.[4)] 그리고 1969년 11월 29일 상공부는 '석유화학공업육성 5개년계획(1972~1976)'을 발표할 때 "외국인투자 비율 50% 이내에서 합작투자를 장려한다"고 밝힌 바 있다.[5)] 이렇게 산발적으로 공업부문별로 지정되었던 원칙이 중화학공업화선언 후 중화학공업화가 본격화되면서 외자의 도입필요성이 높아지자 공통의 원칙으로 분명히 강조되고 확립되게 된 것이다.

1973년 2월 「외국인투자 비율 조정 혹은 외국인투자 비율에 관한 원칙」이 제정되었는데 이때 외국인투자는 내국인과 50:50 혹은 그 이하로 합작하는 것을 원칙으로 한다고 정해졌다.[6)] 이 원칙은 보다 구체화되어 1973년 3월 태완선 경제기획원장관에 의해 외국인투자 인가 기본방침으로 발표되었는데 그 주요 내용은 다음과 같다.

3) 〈중앙일보〉(1973. 3. 20).
4) 〈매일경제신문〉(1967. 12. 18).
5) 청사(일지, 1984), pp. 82~83.
6) 대통령비서실(한경, 1975), p. 33; 재무부·한국산업은행(1993), pp. 152~153.

【외국인투자 인가 기본방침(경제기획원장관, 1973년 3월 2일)】

(1) 원칙적으로 외국인투자 비율은 50 : 50으로 하는 합작투자에 한해 인가한다.

(2) 국내관련기업과 시장 및 기술 면의 직접 경합이 없고 생산품목을 전량 수출하는 기업과 투자기업이 보유하는 기술보호를 위해 다른 외국에서도 단독투자가 일반적으로 인정되는 사업 등은 예외로 취급한다.

(3) 외국인투자 인가가 불가피한 업종으로 50% 미만으로 억제가 불가능한 경우(공업정책상 유치가 소망스러운 업종이나 내국인 투자자가 없어 합작투자가 당분간 어려운 업종) 외국인 소유주식 중 30%를 3년 안에, 50%를 5년 안에 내국인에게 양도할 것을 조건으로 인가한다.

(4) 합작기업으로 자금소요액이 대규모일 경우에는 내국인 주식비율을 높이기 위해 외국인에 대해 무의결상환주식(無議決償還株式) 또는 전환사채(轉換社債) 등을 인가할 수 있다.

(5) 기존 외국인 주식지분이 50% 이상인 기업은 「기업공개촉진법」에 의거 증권시장 상장을 통한 기업공개로 단계적으로 내국인이 참여하도록 유도한다.

(6) 해외동포 투자의 경우 원금과 과실을 송금하지 않으면 내국인 투자로 인정한다.

(7) 단순노동집약사업, 단순보세가공사업, 국내부존자원을 주원료로 하는 사업 등은 내국인 50% 주식보유 혹은 지분 취득하도록 할 계획이다.

(8) 마산수출자유지역법시행령을 개정하여 현재 50% 미만인 내국인 주식참여비율 제한을 크게 완화하여 단독투자보다 합작투자를 우대한다.

《〈매일경제신문〉(1973. 3. 2)》

외국인투자는 50% 이내를 원칙으로 하고 불가피한 경우에도 단계적으로 내국인 지분을 이에 맞추어 늘리도록 한 것이다.

1973년 5월 11일 상공부장관은 「중화학건설원칙」을 공식적으로 발표하여 중화학공업 개발을 위한 외자유치원칙을 분명히 하였다. 여기에서 상공부장관은 제철, 조선, 금속, 석유화학, 정유, 비철금속, 비료 등을 대상으로 외자합작비율은 50% 미만으로 하고 합작 및 차관은 원료의 장기조달계획, 엔지니어링 및 노하우 제품의 수출보장규정을 포함하여야 한다고 밝혔다.

【중화학공업 건설원칙(상공부장관, 1973년 5월 11일)】

첫째, 중화학공업 건설의 대상은 제철, 조선, 금속, 석유화학, 정유, 비철금속, 비료로 한다.

둘째, 중화학공업의 건설규모는 국제규모로 건설한다.

셋째, 중화학공업 건설의 투자비 조달은 자기자금 30%로 한다.

넷째, 중화학공업 건설의 생산공정은 증명된 최신공정으로 하고 공해발생을 최소화한다.

다섯째, 중화학공업 건설의 원료조달은 장기수입계약, 혹은 구체적인 확보책을 마련한다.

여섯째, 중화학공업 건설의 합작 및 차관계획은 합작비율 50% 미만으로 하고 합작 및 차관은 원료의 장기조달계획, 엔지니어링 및 노하우 제품의 수출보장 규정을 포함한다.

일곱째, 중화학공업 건설의 공장입지는 정부가 지정하고 전용 부두시설 건설 및 부두시설 준설은 자기자금 혹은 정부 공동참여로 한다.

《상공부장관(중원, 1973. 5. 11)》

3월의 발표에 이어 5월 16일 태완선 경제기획원장관은 다시 합작투자 50:50 원칙과 함께 외국인투자 금액원칙도 발표하였다. 경제기획원장관은 발표에서, ① 합작투자를 적정 규모로 유도하고 국내중소기업 발전과 대규모 투자를 촉진시키기 위해 합작투자 규모를 50:50으로 하고 투자건당 규모를 5만 달러 이상으로 제한하기로 하였으며, ② 단 외국인투자 비율이 50%를 하회하고 기술도입과 수출시장 확보를 주목적으로 최소한의 투자가 불가피할 경우 건당 투자규모를 2만 달러 이상으로 신축성을 두겠다고 밝혔다. 1972년 말 현재 외국인투자 중 3만 달러 미만이 38건 7.1%, 4만 달러 미만이 67건 12.5%, 5만 달러 미만이 차지하는 비중은 101건, 18.8%이었다.[7)]

경제기획원은 외자도입과 배분의 기능을 가지고 있었으므로 경제기획원장관의 발표는 이미 공유된 기본원칙이었고, 이후 모든 외자관련 정책에서 기본원칙으로 이용되었다. 실제로 8월에 기업경영시책이 대통령에게 보고되고 결재되었는데 여기에서 합작기업에 대해 한국 측이 51%의 자금을 마련해야 한다는 원칙이 기본으로 사용되고 있었다(〈그림 15-1〉 참조).

두 번에 걸친 경제기획원장관의 발표와 함께 경제기획원이 중화학공업에 적용하고 있다고 한 외자도입원칙은 이러한 외국인투자 50% 상한의 원칙과 함께 중화학공업 소요자금을 위한 외자도입의 보다 상세하고 총괄적인 원칙을 보여 준다.

【중화학공업의 외자도입에 적용하고 있는 외자도입원칙(1973. 5)】

중화학공업은 그 규모와 소요자금이 방대하므로 그 도입에 다음의 원칙을 적용하고 있다.

(1) 소요자금의 조달은 자기자금에 대한 차입금의 비중이 최소한 30:70을 견지해야 하며 합작투자의 경우 원칙적으로 외국인 주식비율은 50% 이하로 한다.
(2) 차입금 조달을 위한 차관조건(전환사채 포함)은 상환기간 10년 이상, 연리는 프라임레이트 +1% 이내로 한다.
(3) 기술도입은 최신기술이 아니면 안 된다.
(4) 사업규모는 최소한 국제경쟁단위에 달하고 제품가격은 국제가격수준일 것이 요구된다.
(5) 기업주 또는 임주(賃主)는 경쟁방식에 의해 선정한다.
(6) 전용부두의 시설 등은 시설자의 자금으로 건설한다.
(7) 정부지원: 정부는 외자도입에 의해 건설되는 사업에 대해서는 다음의 지원을 한다.
   ① 시설의 지원
      a. 단지의 조성(적정부지 선정지원)

7) 〈매일경제신문〉(1973. 5. 16).

그림 15-1 중화학공업 추진을 위한 기업경영시책－합작기업(2개 경우)

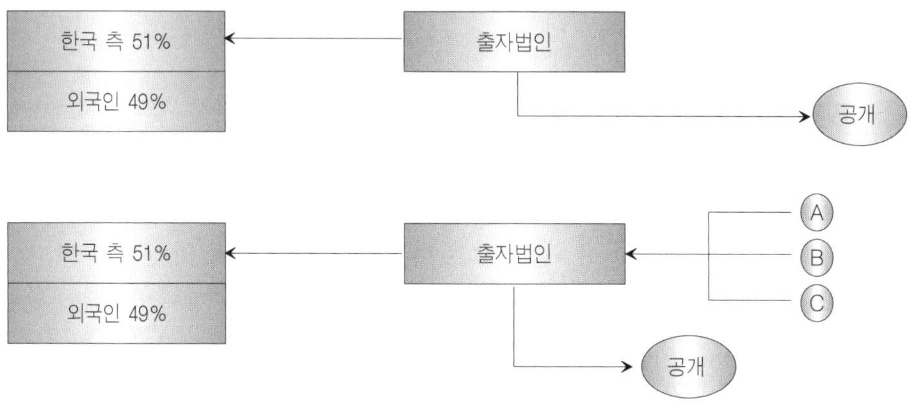

자료: 경제제1수석(중화추8대통령결재문서, 1973. 8. 27).

b. 사회간접시설의 조성

② 인력지원: 필요한 기능공의 양성지원

③ 기타 자금 및 세제상의 지원

《大韓民國經濟企劃院(日本, 1973. 5), pp. 47~48》

여기에서 경제기획원은 중화학공업에 대규모 외자가 소요되므로 원칙을 정하여 도입하고 있다고 밝히고 우선 자기자금충당원칙, 자주성 원칙하에 상환기간 10년 이상, 연리 우대금리 +1% 이내로 하여 무분별한 차관도입 억제, 국내 대비 저금리 차관의 무조건적인 도입동기 억제를 분명히 하고 있다. 그리고 기술도입도 선별적으로 최신기술만으로 하여 한국 측끼리의 경쟁에 의한 중복저가치기술 도입, 고비용 도입을 불허하고 있다. 1970년대 한국 기업의 문제는 낮은 기술정보력과 국내기업 간 과당경쟁으로 인한 자본재와 기술의 중복도입과 과도한 가격지불이었다. 사업규모는 국제단위, 가격은 국제가격 수준으로 할 것과 함께 해당기업은 경쟁으로 선정한다는 점을 분명히 하여 국내, 해외 모두 경쟁중시, 경쟁력 우선의 원칙을 분명히 하였다. 그리고 철저히 수익자 부담원칙을 정해 정부부담을 최소화하고 정부지원은 진입과 효율성을 높이기 위해 부지 등 사회간접 중심으로 한다는 점을 원칙으로 정해두고 있었다. 1973년 1월 중화학공업화선언 이후 중화학공업화 시기를 통해 이러한 외자원칙은 계속 유지되었다.

1973년 5월 21일 경제장관회의는 외자도입법 개정에 따른 「외자도입법시행령」 개정안을 의결하였는데 여기에서 외자도입조건을 강화하였다. 강화된 내용에는 차관조건을 상환기간 3년 초과에 20만 달러 이상으로 한다는 것과, 원자재 도입을 위한 물자차관은 당해 시설에 소요되는 6개월 분 이내에서 주무부 장관이 인정하는 양만 인가하기로 한다는 것 등이 있었는데, 외국인투자의 입지조건도 인가요건으로 한다는 점이 추가되었다.[8] 이

날 경제기획원은 이미 4월까지 외국인투자가 1억 달러를 넘어섬에 따라 외자도입의 질적 선별 정책도 발표하였다. 그 내용은 중고물자의 도입금지와 함께 기술도입도 분야의 최신 기술을 도입하도록 기준을 엄격히 적용하고 이를 위해 과학기술처를 통해 세계기술시장의 정보를 정밀분석하여 선별기준에 이용한다는 것이었다.[9)]

이렇게 외자에 대한 현실적 필요와 자립경제의 진전이라는 양 측면에서의 균형적인 선택은 이후 모든 계획과 각 공업별 계획에서도 유지되었다. 경제1수석은 대통령에게 "중화학공업계획의 상당한 부분이 합작기업 형태로 추진될 것을 감안하여 이 경우 기업공개에 관한 정책과 한국 측의 경영권 확보를 조화할 수 있는 방안을 강구해야 할 것"[10)]이라고 보고하여 결재를 받고 있는데, 이 역시 중화학공업화에 외자합작이 필수적이고 또 그렇게 진행되겠지만 경영권 자국유지라는 균형시각을 보여 주는 것이었다.

공업별·사례별로도 이러한 균형과 조화가 추구되었다. 심지어 해외자본 유치가 절실하였던 전자공업에서 "외국인투자를 적극 유치하여 합작투자에 의거 공장을 건설한다"는[11)] 기본전제와 함께 100% 단독 외국인투자 허용조치까지[12)] 발표되었지만, 그런 속에서도 "부품 및 원자재를 90% 이상 개발하며 해외의존을 탈피한다"[13)]는 기본전제가 포함되었다. 역시 해외자본 유치가 절실하였던 기계공업에서도 합작비율이 1973년 10월 상공부 공고 제7552호에서는 50% 이상이었던 것이,[14)] 1974년 6월 3일 경제장관회의에서는 창원 공업기지에 입주하는 기계공업에 대해 100% 단독투자까지 허용하였지만,[15)] 1975년 7월 공고에서 "외국인과의 합작투자시는 내국인투자 비율이 50% 이상을 원칙으로 한다"로[16)] 원칙론을 다시 명확히 하고 있었다. 구체적인 계약에서도 기업들의 외자도입을 필요에 의해 인정하면서도 정부인가를 받아 차관도입 계약내용이 발표되도록 계약서를 수정하게 하거나 발주 이전에 재검토 승인을 받도록 하는 등 계속 기업들의 외자도입을 정부가 합리적인 방향으로 전환시키고자 하였다.[17)] 나아가 구체적인 합작투자 사례에도 이러한 점이 지켜지도록 정부는 유도하였다. '인천합금철주식회사'에서는 70%, '선경유화주식회사'에서는 55%, '창원공업주식회사'와 '한일정화공업주식회사'에서는 각각 51% 지분을 한국이 갖도록 합작투자 계약이 이루어졌고, 심지어 '한일정화공업주식회사'의 한일합작사업의 경우 처음에 한국인 지분이 51%이었지만 내국인투자 비율을 60% 이상으로 제고할 것을 경제

8) 〈중앙일보〉(1973. 5. 22); 〈조선일보〉(1973. 5. 22).
9) 〈매일경제신문〉(1973. 5. 21).
10) 경제제1수석(중화추8대통령결재문서, 1973. 8. 27), p. 6.
11) 중화학공업추진위원회(우해, 1973), p. 129.
12) 상공부(수확, 1973. 8. 28).
13) 중화학공업추진위원회(우해, 1973), p. 129.
14) 상공부장관(기계, 1973. 10. 11).
15) 재무부·한국산업은행(1993), pp. 151~152.
16) 상공부장관(창기, 1975. 7. 1).
17) 외자도입심의위원회(제100현, 1974); 외자도입심의위원회(제100주, 1974. 10).

기획원이 인가조건으로 하였다.[18)]

2. 개방과 도입의 확대, 1973

중화학공업추진위원회기획단이 1973년 중화학공업화선언 이후 작성한 중화학공업의 자본소요계획을 보면 〈표 15-2〉와 같다.

정부는 1973년부터 1981년까지의 중화학공업부문별 투자소요계획에서 외자는 53억 500만 달러로 계획하여 중화학공업화 총투자소요액 88억 5,200만 달러의 59.9%, 예비·기타비를 포함하여도 57억 7,300만 달러로 중화학공업화 총투자소요액의 60.2%가 되도록 계획하였다. 그래서 총투자액으로 1973년부터 1981년까지 1,000달러 소득과 100억 달러 수출을 위해 투자할 총투자액 13조 1,200억 원(1970년 가격)의 12%인 1조 5,680억 원(50억 4,900만 달러)만이 해외저축으로 조달되도록 계획되었는데, 해외저축의존율 12%는 과거 1960년대 해외저축률이 40%선, 1972년 30%에 이르렀던 것과 비교하면 크게 줄어든 것이고 자립도가 대폭 향상되도록 계획된 것이었다.[19)]

공업별로 보면 가장 외자를 많이 사용하는 공업은 화학공업과 철강공업으로 중화학공

표 15-2 중화학공업부문별 투자소요계획(1973~1981)

(단위: 백만 달러, %)

구 분		외 자			내자(금액)	합계(금액)
		금 액	내외자 중 비율	중화학공업 내 비중		
공업별	철 강	1,502	69.0	26.0	674	2,176
	비철금속	222	64.3	3.8	123	345
	기 계	1,049	48.0	18.2	1,137	2,186
	조 선	416	54.2	7.2	352	768
	전 자	593	49.7	10.3	599	1,192
	화 학	1,523	69.7	26.4	662	2,185
	소 계	5,305	59.9	(91.9)	3,547	8,852
기 타		468	63.2	8.1	273	741
합 계		5,773	60.2	100.0	3,820	9,593

자료: 중화학공업추진위원회기획단(중화공, 1973), p. 15.

18) 외자도입심의위원회(제99인, 1974. 9); 외자도입심의위원회(제100선, 1974. 10); 외자도입심의위원회(제100창, 1974. 10); 외자도입심의위원회(제100한, 1974. 10).
19) 중화학공업추진위원회기획단(한공발2, 1979), p. 258; 국무총리기획조정실(중오, 1973), p. 12.

업 투입외자의 26.4%, 26.0%를 사용하도록 계획되었다. 다음이 기계공업으로 중화학공업 부문 외자도입액의 18.2%, 그리고 전자공업에 10.3% 투입이 계획되었다. 각 공업 내 내외자 투자총액 중 외자비중 역시 화학공업이 69.7%, 철강공업이 69.0%로 가장 높았다. 그러나 중화학공업 전체 외자사용비중이 3번째로 높았던 기계공업은 자체공업 내 내외자 비중 중 외자비중이 48.0%로 가장 낮았다. 즉, 기계공업은 외자사용이 많았지만 자체적인 내자비중이 그보다 훨씬 높게 계획되었다. 반면 비철금속공업의 경우 중화학공업 전체 외자 중 불과 3.8%만을 사용하도록 계획되었지만 비철금속 내 내외자 중 외자비중은 64.3%로 세 번째로 높아 내자동원계획이 취약함을 알 수 있다. 조선공업은 내외자 중 외자사용비율이 54.2%이었지만 중화학공업 총외자 사용비중이 7.2%로 역시 매우 낮았다. 조선공업이 외자를 조금 사용하도록 계획이 계속 만들어지고 있는 것은 한국 조선공업의 특징이었고 또 성공요인이었다.

이러한 계획하에서 정부는 중화학공업화에 필요한 외자조달에 문제가 없을 것이며 외자보다 내자가 더욱 문제가 된다고 자신하고 있었지만 외자의 조달은 1973년 중화학공업화선언 이전부터 계속적으로 한국을 괴롭혀 온 중심문제였다. 처음에 중화학공업개발추진단은[20] 중화학공업화에 외자 64억 달러가[21] 필요할 것으로 추계하였다.[22] 이는 1973~1981년 총투자액 400억 달러 중 해외에서의 투자분 100억 달러의 64%에 해당하는 것이었다.[23] 따라서 정부는 1973년 중화학공업화선언 이후부터 새마을사업과 중화학공업 등에 사용할 장기개발자금을 확보하고 이를 효율적으로 활용할 수 있도록 「외자도입법」을 개정하는 등 외자확보에 주의를 기울였다.

이에 따라 외자도입정책은 한국의 필요와 다국적 자본의 요구가 맞아들어 가면서 폐쇄적인 구조가 아니라 탄력적·개방적으로 운용되었다. 한국은 중화학공업화를 위해 시설재 및 선진기술의 도입이 필요하였고 원료, 해외시장의 확보를 위해 외국인투자가 필요하였기 때문에[24] 이를 위한 외자도입계획을 적극적으로 세워 운용하였던 것이다.[25] 그래서 1973년 정부는 1973~1981년 총투자액 13조 1,200억 원을 산정하면서 이 중 88%인 11조

20) 1973년 3월 3일 정부조직법 제2조 2항을 신설하여 '중화학공업개발추진위원회'를 정부중앙행정기관으로 할 수 있도록 법제화하였다. 이때 법제화된 조직이름은 '중화학공업개발추진위원회'이었다. 대통령비서실(예중추3 대통령결재문서, 1973. 3. 5).

21) 〈표 15-2〉에서 보듯이 중화학공업추진위원회기획단이 1973년 6월에 발표한 중화학공업육성계획에서는 이 금액이 57억 7,300만 달러로 되어 있다(중화학공업추진위원회기획단(중화공, 1973), p. 15).

22) 『經協』(1973. 9), No. 106, p. 11.

23) 총투자액 400억 달러의 배분은 150억 달러를 공업화 계획에 사용하고 새마을운동에 50억 달러, 사회간접자본투자에 200억 달러 사용하도록 계획되었다. 자금조달은 300억 달러는 국내자본으로 조달하고 나머지 100억 달러를 해외로부터의 15억 달러 직접투자, 85억 달러 차관(1/2은 정부, 1/2은 민간)으로 하도록 계획되었다. 村手義 富士通取締役通信海外營業部長(1973), p. 34; 車谷省三 日産自動車技術部總括課長(1973), p. 35.

24) 중화학공업의 외자비중이 단순히 타 공업이나 타 산업보다 높다고 외세의존적이었다고 지적하는 것은 1970년대 이러한 전략적 필요나 중화학공업의 산업적 성격, 발전단계를 고려하지 못한 것이다.

25) 중화학공업추진위원회기획단(중화공, 1973), p. 15.

5,520억 원을 내자로 계획하면서도[26] 철강, 비철금속, 조선, 전자, 기계, 화학 등 중화학공업부문의 투자재원 외자비중은 전체의 12%보다 높은 40.1%로 설정하였다.[27] 또한 제4차 경제개발5개년계획에서도 총투자재원의 외자의존도는 25.4%로 책정하였으나 중화학공업 투자의 외자의존도는 44.1%로 책정하였다.[28]

외자도입의 확대는 계속 추구되었다. 앞서 보았듯이 당장 중화학공업화선언 후 1973년 3월 태완선 부총리 및 경제기획원장관은 외국인투자는 50% 이하를 원칙으로 하지만 기술 등의 문제로 외국의 사례에 따른 단독투자 등을 예외로 하고 또 50% 이상 외국인투자도 조건부로 승인하겠다고 밝혔으며, 민간기업 합작투자사업 적극 권장과 대규모 합작투자사업 적극 지원 의지를 표명하였다. 이어 경제기획원장관은 5월 19일에 경제기획원에서 미국국제개발처(AID) 기술원조자금도입협정에 서명하였다.[29]

1973년 5월 25일에는 경제기획원장관이 직접 미국을 방문하여 아시아협회주최 심포지엄에서 미국 실업계가 한국에 투자사절단을 파견하도록 요청하고 한·미 민간경제협의회를 구성, 매년 한국과 미국에서 연례회의를 열자고 제의하였다. 태장관은 한국은 현재 외자조달을 위해 투자환경을 개선해 가고 있다고 하면서 미국 실업계의 적극적인 자본협력을 촉구하였다. 이어 그는 한국의 외자도입법은 동남아에서 가장 유리한 투자환경을 보장하고 있다고 말하고 외국인투자가의 재산권 보호·내국인 대우 및 원본과 과실송금에 대한 법률적 보장과 최초 5년간 완전면세, 그 후 3년간의 50% 감면 및 자본재 도입 때의 관세면제 혜택을 열거하였다. 장관은 외자기업의 노동분쟁을 정부가 직접 개입할 수 있는 노동법 등이 외국투자가들의 이익을 보장하고 있다고 덧붙였다. 경제기획원장관은 중화학공업과 제3차 경제개발5개년계획을 강조하면서 3차 5개년계획기간 중 필요한 외자 44억 달러 조달에 미국이 경협베이스로 적극 참여해 줄 것을 강조하여 요망하였다. 그러면서도 태장관은 한국은 부가가치가 높은 산업에 중점을 두고 있고 내국인과의 50:50 합작투자를 우선인가하고 있으며, 상호 보완적인 합작경영방식이 가장 효과적인 것으로 생각하고 있다고 하는 한국 정부의 조화입장을 밝혔다.[30]

이러한 노력으로 중화학공업화선언이 이루어진 1973년 외국인투자는 급증하여 '외자도입러시'라고 불릴 정도가 되었고,[31] 경제기획원은 1973년 상반기만 외국인투자가 인가기준으로 111건, 1억 6,907만 7,000달러로 이미 1972년 전체 실적보다 금액으로 44.4%나 급증하였다고 발표하였다.[32]

26) 국무총리기획조정실(중오, 1973), p. 12.
27) 사공일 · 유훈 · 박영철 · L. P. Jones(1974), p. 77.
28) 대한민국정부(제4경, 1976), pp. 162~163.
29) 〈매일경제신문〉(1973. 5. 19).
30) 〈중앙일보〉(1973. 5. 25).
31) 〈조선일보〉(1973. 6. 7).
32) 〈매일경제신문〉(1973. 7. 2).

표 15-3 외자도입법시행령 개정을 통한 외국인투자 및 기술도입 인가절차 간소화 진전 주요 내용

연월일	외국인투자 인가절차 간소화 내용
1973년 7월 11일	① 중화학공업 등 장기개발자금을 확보하고 이를 효율적으로 활용할 수 있도록 하기 위한 목적 ② 외국인투자의 인가절차 간소화를 위해 외국인투자 금액이 50만 달러 이하이며 당해 기업의 생산제품을 전량 수출하는 경우에는 외자도입심의위원회 의결을 거치지 않아도 되도록 허용
1974년 8월 15일	① 외자도입심의위원회의 의결을 거치지 않을 수 있는 외국인투자 금액범위를 50만 달러 이하에서 100만 달러 이하로 확대 ② 심의를 거치지 않는 사항을 심사하기 위해 경제기획원자문기관으로 외국인투자심사위원회 설치
1977년 3월 4일	① 차관 및 기술도입에도 운용하고자 외자사업투자심사위원회를 신설 ② 외자사업투자심사위원회는 외국인투자 금액이 100만 달러 또는 이에 상응하는 가액 이하의 외국인투자에 관한 사항, 기술도입대가가 당해 기술도입계약에 의하여 생산되는 제품의 매출액이 3/100 또는 이에 상당하는 가액 이하이며, 그 계약기간 또는 대가지불기간이 3년 이하로서 그 선불금이 3만 달러 이하인 기술도입계약에 관한 사항, 300만 달러 이상의 차관계약의 사전신고, 외자도입심의위원회의 심의의결을 받을 사업의 타당성에 관한 사항 등을 심사

자료: 재무부·한국산업은행(1993), pp. 151~152.

하반기 들어서도 1973년 7월 11일 정부는 장기개발자금, 기술을 확보하고 이를 효율적으로 활용할 수 있도록 하기 위한 목적으로 「외자도입법시행령」을 개정하여 외국인투자의 인가절차를 간소화하였다. 이러한 간소화는 〈표 15-3〉에서 보듯이 이후 대상금액 확대, 약식심사기관 신설 등으로 제도적으로도 계속 진전이 이루어졌다. 과정 등 자세한 내용은 뒤에서 다시 검토하도록 한다.

1973년 7월 31일 정부는 중화학공업계획의 지속적인 고도성장 달성을 위해 '장기외자조달계획'을 마련하였는데 여기에서 정부는 1981년까지 외자도입규모를 100억 3,200만 달러로 잡았다.[33] 8월 29일 상공부는 제7차 수출진흥확대회의에서 국내전자공업 육성시책에 따른 외국인투자 유치를 위해 100% 단독외국인투자를 허용한다고 보고하였다.[34] 10월 4일 김종필(金鍾泌) 국무총리는 미국 뉴욕플라자호텔에서 열린 한미경제협의회 미국 측 창립총회에서 남덕우 재무장관이 대독한 메시지를 통해 한국은 1981년까지 100억 달러 이상의 외국인투자가 필요하다며 대한투자 참여를 촉구하고 합작회사 운영권 장악을 고집하지 않는다고까지 언급하였다.[35]

하지만 필요에 의해 이루어진 외자도입 확대 추구와 수반하여 정부는 외자도입의 조건과 외자관리도 같이 강화하여 나갔다. 중화학공업화를 위해 초기 외자도입은 대폭 확대되었지만 정부는 계속 이 과정 속에서도 합리적 기준과 감독기능, 그리고 궁극적인 자립

33) 전국경제인연합회(전2사, 1983), p. 650.
34) 〈중앙일보〉(1973. 8. 29).
35) 〈중앙일보〉(1973. 10. 4); 〈조선일보〉(1973. 10. 5).

경제도의 제고를 고려하고 있었다.

우선 앞에서 보았듯이 1973년 3월 「외자도입법」 개정시 외국인 직접투자에 대한 관리를 강화하였다. 특히, 외자도입이 늘어나면서 이러한 관리 필요성은 높아졌다. 개정에서 정부는 외자기업이 제반 이행사항을 충실히 이행하지 않을 경우 부여한 조세감면 혜택을 박탈할 수 있도록 하였다.[36] 또 5월에는 외국인투자를 건당 5만 달러 이상으로 한다는 경제기획원장관의 발표에 이어 경제장관회의는 상환기간 3년 이상, 20만 달러 이상만 인가하도록 도입조건을 대폭 강화하는 외자도입법시행령 개정안을 의결하였다. 이런 제반 조치를 준비하는 위에 1973년 6월 28일에는 박대통령이 수출확대진흥회의에서 외자도입 대상선정을 엄격히 하여 부실합작기업과 중소기업 위축이 일어나지 않도록 하라고 지시하였다.[37] 이에 따라 다시 7월 27일 경제기획원은 상환기간 10년 미만의 중단기 상업차관 인가를 당분간 억제하겠다고 밝혔다.[38]

3. 석유파동과 외자도입 노력의 적극화, 1974~1975

1973년 민간기업에 대해 해외대기업과의 합작투자사업을 적극 추진할 것을 권장한다고 밝혔던 정부는[39] 1974년 들어와 중화학공업과 주요 기간산업의 개발에서 외국인 합작투자보다 가능하다면 차관도입을 우선으로 한다는 원칙을 마련하였다.[40] 이는 지속적으로 유지되어 온 자립경제라는 원칙이 있었기 때문이지만, 전환의 보다 직접적 계기는 1차 석유파동을 겪으면서 불거진 해외의 합작투자에 대한 소극성과 경영권 문제에 대한 갈등의 표출이었다. 여기에 직접투자의 로열티를 포함한 외국인 직접투자수익률(그 해의 이익송금액/평균잔존투자잔액), 즉 한국이 지불해야 하는 비용이 외채이자율 비용을 오히려 상회하여 비용 면에서도 직접투자보다 차관이 더 유리하다는 것을 인식하기 시작하였기 때문이었다. 한국에 대한 외국인 직접투자의 수익률이 이렇게 높아진 이유는 한국이 급속한 공업화에 따른 기술도입이 필요함에 따라 해외자본들이 직접투자에 막대한 이익을 요구하였기 때문이었다.[41]

36) 재무부 · 한국산업은행(1993), p. 152.
37) 〈조선일보〉(1973. 6. 29).
38) 〈매일경제신문〉(1973. 7. 27).
39) 〈중앙일보〉(1973. 3. 20).
40) 한국기계공업진흥회(한기진20, 1989), p. 781.
41) 일반적으로 다수의 연구들이 한국은 일본처럼 '해외의 직접투자를 억제, 규제하거나 혹은 직접투자보다 외자차입 혹은 기술특허도입을 하였다'(R. Luedde-Neurath(1984), pp. 18~25; S. Haggard and T.-j. Chen(1987); R. Mardon(1990); T. Matthews and J. Ravenhill(1994), p. 61)고 지적하고 있으나 한국 정부가 이렇게 선택한 것은

석유파동이 터지면서 외자에 대한 사후관리가 문제되자 이에 대한 여러 대안이 제시되었다. 경제기획원은 1974년 1월 14일 기획원령 제76호로 외자도입법시행규칙을 발표하였는데 여기에서 출자금은 예치 후 18개월 이내 사용 등 외자도입 사후관리 강화를 위한 절차를 명확히 하고 투자기업에 대하여 다음 해 송금계획서 신고를 매 회계연도 종료 90일 전까지 실행할 것을 의무화하였다.[42] 외자도입기업에 대한 관리도 강화하여 1974년 3월 14일 경제기획원은 차관총액의 30% 이상 자기자본원칙 등 차관도입원칙을 보다 엄격히 적용하겠다는 것을 밝히면서 이에 미달한 업체는 조속히 증자하도록 지시하였고,[43] 이어 다음 날 3월 15일에는 태완선 경제기획원장관이 다시 외자도입기업의 수출 등 조건불이행 기업에는 제재를 가하겠다고 직접 언명하였다.[44] 4월에도 정부는 다시 한 번 외자도입규정의 위반업체를 고발하는 등 외자사후관리를 강화하겠다는 방침을 밝혔다.[45]

특히, 정부와 기업은 석유파동과 함께 일본의 부정적 태도가 나타나자 일본 자본에 대한 의존을 줄이고자 하였다. 1974년 1월 18일 경제기획원은 일본 자본에 초점이 맞추어진 자본의 선별도입 강화를 위해 1973년 경제장관회의에서 의결한 대로 외국인투자 최저액을 20만 달러로 상향하고, 국내중소기업과 경합업종, 단순노동산업에 대해서는 외자도입금지원칙을 도입할 예정이라고 밝혔다. 이에 따라 경제기획원은 1974년 2월 7일 외국인투자에 관한 일반지침을 개정하여 2월 8일부터 적용한다고 발표하였다.[46] 그 내용은 ① 외국인투자의 하한선 규제한도를 5만 달러에서 전자공업 10만 달러, 기타 업종 20만 달러로 인상하여 소액투자를 억제하고, ② 내국인투자 비율 50% 이상 원칙을 계속 적용하되, ③ 최근에 일어난 에너지·원자재난과 관련, 부적격사업을 별도로 지정, 인가를 불허하기로 하고 부적격사업은 원자재, 중간재의 국내수급에 차질을 주는 사업, 해외시장에서 기존 수출과 경합되는 사업, 국내 기존 기업에 대한 자금지원을 주목적으로 하는 사업, 토지활용에 의한 수익을 주목적으로 하는 사업으로 정하였다. 그러나 동시에 자재·기술·경영면에서 당분간 국내기업에서는 건설 운영될 수 없는 대규모 장치산업·금속기계 및 전자공업, 해외시장의 확보가 당분간 국내기업에 의해서는 어렵거나 수출효율성이 낮은 사업, 국내자원의 개발·활용에 기여하는 사업 등은 우선유치사업으로 선정, 적극적인 투자유치활동을 벌이기로 하여 역시 필요한 조화를 유지하고자 하였다.

1974년 들어 석유파동에 따른 영향이 점점 확대되자 정부는 외자통제보다 불황극복을 위한 보다 적극적인 외자유치 확대에 더 무게를 두지 않을 수 없게 되었다. 1974년 6

비용상 합리적인 과정상의 선택이기도 하였다는 점이 그다지 지적되지 못하였다.

42) 日本貿易振興會(海投1, 1975), pp. 90~91.

43) 〈조선일보〉(1974. 3. 15).

44) 〈조선일보〉(1974. 3. 16).

45) 〈조선일보〉(1973. 4. 22).

46) 〈매일경제신문〉(1974. 2. 5); 〈매일경제신문〉(1974. 2. 8).

표 15-4 1974년 외국인투자 업무 개선조치

조치명	구체적 세부 조치 내용
(1) 외국인투자 인가절차 간소화	① 기획원 운영차관보를 위원장으로 하는 외국인투자심사위원회를 신설하여 100만 달러 이하 외국인투자와 기술도입은 전결 처리, 100만 달러 이상은 외심위를 거쳐 부총리가, 500만 달러 이상 투자사업은 대통령 재가로 분류 ② 사업검토기관 중복을 피하기 위해 주재관제도를 보강 ③ 100만 달러 이하 사업은 10일 이내, 1,000만 달러 이상 사업도 20일 이내 검토 마치기로 함
(2) 인가 후 사후 지원제도 도입 및 관리 효율화	기획원 운영차관보를 위원장으로 하는 지원대책위원회를 구성하여 활동
(3) 연차외자도입 계획의 수립	장기외자도입계획 및 연차별 시행계획을 수립하여 운용
(4) 100% 단독투자 특례 허용	① 구미·창원공업기지 입주하는 전자공업 및 기계공업 ② 수출자유지역 입주 전 업종 ③ 고도기술 및 경영으로 타국에서도 단독투자만 하는 다국적기업 ④ 투자처의 다변화에 기여하는 사업 ⑤ 원금회수하지 않는 교포투자
(5) 전자공업 및 기계공업의 내국인 투자에 대해서도 세제상 지원조치를 강구	
(6) 공공성 민간차관은 내인가제도 확립	

자료: 〈매일경제신문〉(1974. 6. 4).

월 3일 경제장관회의는 외국인투자 업무개선조치 방안을 의결하여 확정하였다. 외국인투자 인가절차 간소화와 사후관리 효율화 등 그 중심내용은 〈표 15-4〉와 같다. 이 날 조치에서 정부는 ① 구미·창원공업기지에 입주하는 전자공업 및 기계공업, ② 수출자유지역 입주 전 업종, ③ 투자처의 다변화에 기여하는 사업 등에 대해서는 100% 단독투자를 허용하기로 하였다. 나아가 100만 달러 이하의 외국인투자와 기술도입은 외자도입심의위원회를 거치지 않아도 되도록 더욱 간소화하기로 하였다.[47] 이와 함께 외자에 대해서는 검사인의 조사보고절차 대신 출자확인절차로의 갈음을 시행하였다.[48]

6월 경제장관회의의 결정내용은 1974년 6월 27일 발표된 구미수출공업단지 발전책에서도 다시 확인되었고[49] 8월 15일 「외자도입법시행령」 개정에도 그대로 반영되었다. 다만 8월의 시행령개정안은 제재심사위원회를 신설하고 외국투자가의 주식지분비율이 조세감면비율에 미달되는 등 조세추징 사유발생시 제재심사위원회를 거쳐 추징을 요구할 수 있는 조항을 신설하여 1973년 3월의 외자도입법개정시 규정한 조세추징 사항을 구체화함

47) 〈조선일보〉(1974. 6. 4).
48) 재무부·한국산업은행(1993), pp. 151~152.
49) 한국기계공업진흥회(한기진20, 1989), p. 781.

으로써[50] 일본 자본을 중심으로 석유파동에서 소극적으로 대처하는 외자기업에 대한 제재도 분명히 규정하였다.

1974년 9월 26일 외자도입심의위원회는 9건 1억 4,616만 달러의 차관사업과 9건 1,077만 달러의 외국인투자 사업을 인가하였다. 인가된 주요 차관사업은 ① '선경유화'의 디메틸트립타민(dimethyltryptamine: DMT)공장 건설을 위한 일본으로부터의 3,920만 달러, ② '금성사'의 전자기기공장 건설을 위해 '국제금융공사(IFC)'로부터의 현금차관 874만 2,000달러를 포함한 1,600만 달러, ③ '현대건설'의 대형크레인 도입을 위한 서독 PHD회사로부터의 468만 5,000달러 등이었으며 인가된 주요 외국인투자 사업은 ① '선경'의 디메틸트립타민 연산 12만 톤 생산을 위한 '호큘레스'(미국)·'데이징'(일본)과의 756만 달러 합작투자, ② '금성사'에 대한 '국제금융공사(IFC)'의 직접투자 159만 7,000달러(총발행주식의 11.45%) 등이었다.

나아가 1974년 10월 16일 경제기획원은 외국인투자의 절차간소화와 자유화를 검토 중이라고 밝혔다. 경제기획원은 ① 현행 외자도입법 규정에 의한 외자에 대한 일률적인 우대방식을 전략업종에만 제한 적용하고 제한업종은 외자도입지침서를 만들어 명시하되, ② 기타 업종은 국내산업과 같은 조건으로 자유롭게 영업활동을 할 수 있게 하고, ③ 차관도입 촉진을 위해 현금차관 및 물자차관 도입도 제한없이 허용할 것을 검토 중이라고 밝혔다.[51] 10월 21일에는 경제기획원이 1974년 상반기 말 외국인투자 기업체의 종업원은 15만 7,800명으로 광공업 취업자의 8%라고 발표하여[52] 외자기업의 순기능을 알렸다.

외자도입을 확대하고자 하는 노력의 하나로 1974년 경제기획원은 외국인투자 제한을 바꾸어 이전의 금지, 혹은 제한업종을 없애고 외자유치업종만을 발표하기로 하였다. 이는 종래 외국인투자가 섬유, 잡화부문에 집중되고 투자국도 한정되어 있던 것을 개선하기 위한 것임과 동시에 전자, 기계, 화학, 조선 등의 분야를 개발할 것을 목적으로 하고 있었다. 1974년 11월 한국 정부는 외자유치업종 16업종과 236품목을 발표하고 있었다.[53]

1975년에도 자본도입과 원자재 확보 노력이 계속되었다. 4월 4일 경제기획원은 외국인투자 최저한도를 완화하였다. 그래서 최저한도 20만 달러에서 기계공업은 10만 달러, 해외동포는 5만 달러, 그리고 국산원료 사용의 전량수출산업으로 해당 기술도입상 경제기획원장관이 어쩔 수 없다고 인정한 경우 5만 달러 등으로 한도가 축소 변경되었다.[54] 4월 21일 정부는 1975~1977년간 세계은행·아시아개발은행·미국·일본·유럽 등에서 총 82억 8,400만 달러를 도입한다는 계획을 발표하면서, 우선 1975년도 분으로 중화학공업 추진을

50) 재무부·한국산업은행(1993), p. 152.
51) 〈매일경제신문〉(1974. 10. 16).
52) 〈조선일보〉(1974. 10. 22).
53) 日本貿易振興會(海投1, 1974), p. 103.
54) 〈조선일보〉(1975. 4. 5); 日本貿易振興會(海投1, 1975), p. 90.

위해 미·일·유럽으로부터 8억 3,606만 달러의 상업차관 도입을 추진한다고 밝혔는데[55] 서독 등 유럽으로부터의 외자도입에 역점을 둔다는 것을 시사하였다.[56]

1975년 7월부터 정부는 그 동안 금지하여 왔던 3년 미만 단기차관을 특정 원자재 수입과 기도입된 차관원리금 상환에 한하여 한정적으로 인정하였다. 이어 종래 민간기업에 현금차관은 금지되어 있었지만 원리금 상환, 내자조달매불금(內資調達賣拂金), 수수료, 기술료, 건설공사 자재구매용 등에 현금차관 도입을 허용하였다. 외자계기업의 경우 중화학공업사업 및 기간산업에 500만 달러 이상 투자한 기업으로 내·외국인 간의 투자비율 유지 등 어쩔 수 없는 이유가 있는 경우도 인정하기로 하였다.[57] 1975년 7월 2일과 3일 양일간 '대한국제경제협의체(對韓國際經濟協議體, IECOK)' 총회가 프랑스 파리에서 열렸는데 여기에서 향후 한국은 매년 20억 달러 이상의 외자지원이 필요하다는 공동성명이 발표되었다. 8월 들어 경제기획원은 중화학공업 또는 기간산업 건설을 수행하는 민간기업으로서 총시설투자자금의 30% 이상을 부담할 수 있는 기업에 의한 내자조달용 3년 이상 현금차관, 긴급시에는 원리금 상환용의 현금차관 도입을 한시적으로 허가하기로 새로이 방침을 마련하였다.[58]

이러한 적극적인 외자도입 노력으로 1975년에 외국인투자는 42건 2억 147만 7,000달러로 1974년 167건 1억 4,323만 8,000달러에 비해 건수에서는 74.9%로 줄었지만 금액으로는 오히려 40.6% 대폭 증대하였다. 이는 1건당 투자규모가 대형화한 것이며 또 정부가 1975년 계획한 외국인투자 유치 1억 5,000만 달러를 34.3%나 초과달성한 것이다. 이는 석유파동하에서 소규모 자본 중심이었던 일본 자본 중심을 탈피하고 나아가 외자도입을 확대하고자 하였던 정부의 외자정책이 성공을 거두고 있었음을 보여 준다. 실제로 외자도입의 확대는 도입처 다변화에 의해 네덜란드 1건 4,985만 달러, 파나마 1건 1,750만 달러 등 일본 이외의 대형 투자가 영향을 미친 것에 기인하는 바가 컸었다. 문제가 되었던 영세자본이 다수였던 일본 자본은, 건수가 1974년 142건에서 24건으로 줄고 금액은 1.6% 증가한 1억 276만 8,000달러가 되어 역시 개선의 움직임을 보여 주었다. 업종별로는 화학(7건, 1억 2,122만 달러, 석유·비료 등 제외)부문에의 투자가 여수석유화학기지에서의 대형 프로젝트 등도 있어 전년 대비 4.6배로 대폭 증가하였다. 그 결과 외국인투자 금액에서 여전히 섬유, 의류가 20.4%로 1위이었지만 화학이 19.9%로 급등하였고 호텔 15.0%, 전기·전자기기 10.5%, 석유 8.7% 등의 순이 되었다. 투자규모로는 500만 달러 이상이 21건으로 금액대비 44.5%를 차지하고 100만 달러 이상 500만 달러 미만이 103건으로 개선되고 있었지만 여전히 50만 달러 이하가 전체 건수의 77.9%를 차지하고 있었다.[59]

---

55) 〈중앙일보〉(1975. 4. 21).
56) 日本貿易振興會(海投1, 1975), p. 90.
57) 日本貿易振興會(海投1, 1976), p. 90.
58) 〈경향신문〉(1975. 8. 2); 〈동아일보〉(1975. 8. 5).

그림 15-2 제조업 총자본형성 중 외국인투자의 비중

(단위: %)

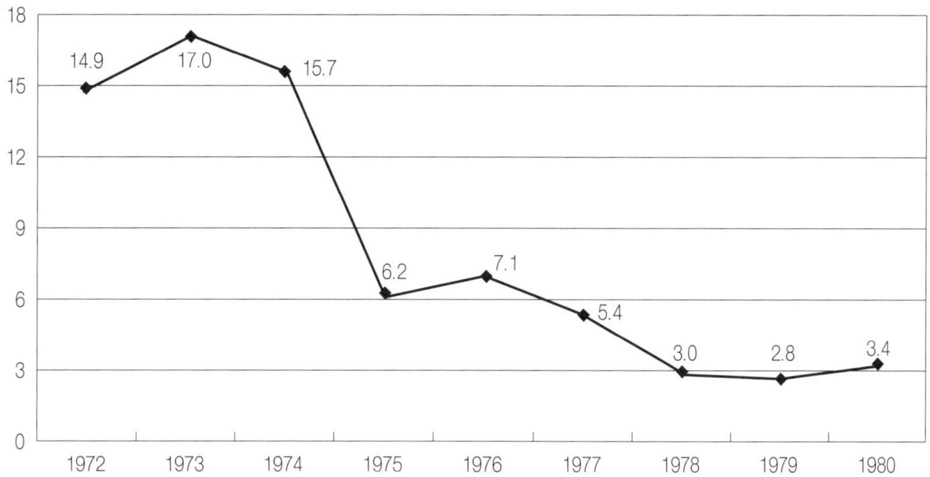

자료: 경제기획원(주경지표, 1981); 경제기획원(외국투, 1981).

그러나 석유파동을 겪으면서 당연히 해외투자자들의 태도는 소극적이고 위험기피적인 태도를 보여 주었고 이에 따라 거래비용 등 외자도입에 따른 비용상승만이 아니라 기업들은 여러 곤혹을 치루어야 하였다. 한국 정부와 기업은 이런 사태를 겪으면서 한편으로 일단 외자도입에 더 전력을 기울이고 또 성과를 거두면서도, 한편으로는 자립경제, 내재적 안정성의 중요성에 대해 자각하게 되었고 외자의존도를 줄이려고 하였다. 1975년 9월 9일 경제기획원은 외자도입 조건의 불이행을 강력 단속할 방침이며 차관조건을 어기면 인가를 취소하는 등 외자업체 사후관리를 강화하겠다고 발표하였다.[60] 또 상공부는 1975년 9월 27일 내수시장 확보를 통한 국산기계 대체, 기계국산화 촉진을 위해 시멘트, 비료, 화력발전, 정유, 포르말린 등 5개 품목의 플랜트 수입시 일정 국산화율 지정을 추진한다고 밝혔다. 기업들도 전략을 수정해 나가면서 내자비중을 늘려나가고 있었다.

이상의 변화가 1975년 반영되기 시작하여 〈그림 15-2〉에서 보듯이 제조업 총자본 형성에서 외국인투자가 차지하는 비중은 1973년 높아진 17.0%에서 석유파동으로 1974년 15.7%로 약간 줄더니 1975년 6.2%로 대폭 낮아지는 것으로 나타났다. 긍정적이었던 것은 이러한 비중변화에 영향을 미친 또 다른 요인이 석유파동을 맞으면서도 국내외 부정적인 전망을 억누르고 중화학공업 투자를 독려한 정부의 결정과 이에 동조한 기업들의 내자동원을 통한 총투자의 증가이었다는 것이다. 1970년대 중반 이러한 불황기의 투자증대 노력으로 한국은 1970년대 후반 성공적인 제조업 성장을 이룰 수 있었다.[61]

59) 日本貿易振興會(海投1, 1976), pp. 92~93.
60) 〈조선일보〉(1975. 9. 10).

4. 외자정책의 변화: 효율성과 감독의 강화, 1976~1977

1976년 들어와 3월 11일 경제기획원은 국산화 기본시책을 통해 총규모 2,640억 원의[62] 국산화 촉진자금 공급과 함께 도입기계시설 국산화 추진요강을 정하였다. 여기에서 「공공차관의 도입 및 관리에 관한 법」, 「외자도입법」에 의해 도입되는 100만 달러 이상의 기계, 설비 또는 플랜트에 대해 이미 예고한 시멘트, 화력발전, 정유, 비료, 포르말린 5개 업종 외 에탄올을 더한 6개 업종에 대한 표준국산화율을 3월 중 지정하고 이를 6월에 다시 6개 업종에 대해 확대해 나가겠다고 밝혔다.[63] 이 내용은 3월 20일 「상공부공고 76-26」의 「도입기계시설 국산화 추진 요강」으로 공식 발표되었는데, 상공부는 이 날 기계공업진흥법 제13조에 의거한 표준국산화 비율 1차 공고의 대상 6개 업종에[64] 이어 예고한 대로 곧 폴리에틸렌, 에틸렌, 부타디엔스티렌고무(Styrene Butadiene Rubber: SBR), 제철, 비철금속, 화학섬유 등 6개 업종도 표준국산화율을 고시할 것이라고 밝혔다.[65] 이렇게 자립화를 위한 노력이 이어지는 가운데 1976년 중순 들어 중화학공업화가 본격적인 궤도에 들어가고 석유파동의 영향이 약화되면서 외자정책상의 변화가 나타났다.

1976년 중화학공업추진위원회기획단은 다음과 같이 중화학공업에서의 기업 외자도입 원칙을 해외투자 안내서로 배포하였다.

【중화학공업에서 기업의 외자도입원칙(1976)】

1. 총투자액의 30% 이상은 자기자본을 확보해야 한다. 외자는 원칙적으로 60% 이하로 제한되며 외국인 차관과 투자는 국내에서 구할 수 없는 자본재와 선진기술 도입이 필요할 때 활용된다.
2. 좋은 조건의 외국인 직접투자에 우선권이 주어지지만 이것 역시 허가를 받아야 한다. 이는 원자재의 신뢰할 만한 공급처 확보, 생산물시장의 확대 혹은 선진기술의 도입을 촉진할 경우 특히 장려한다. 그러나 이 경우도 원칙적으로 외국인 지분율은 50%를 넘지 않아야 한다.
3. 첨단기술과 신기술만 도입이 허가된다.

61) 이는 19세기 말 영국과 비교한 독일의 성장요인으로도 명확히 확인된다(Y. G. Park, 1997). 동시에 이는 1980년대와 대비된다.

62) 국산화자금 460억 원, 국산화 기반확충자금 455억 원, 기타 설비자금 1,725억 원 합계 2,640억 원이다. 그런데 한국기계공업진흥회(한기진20, 1989), p. 785에 의하면 2,830억 원으로 잘못 기재되어 있다.

63) 〈매일경제신문〉(1976. 3. 11).

64) 6개 업종의 표준국산화율 지정대상과 지정 표준국산화율을 정리하면 시멘트는 110만 톤 이하에 대해 54%, 화력발전은 24만KW 이하에 대해 19%, 정유는 10만 배럴 이하에 대해 51%, 비료는 암모니아 30만 톤 이하, 요소 23만 톤 이하에 대해 38%, 포르말린은 100톤 이하에 대해 81%, 에탄올은 3만 톤 이하에 대해 57%이었다.

65) 〈매일경제신문〉(1976. 3. 20); 日本貿易振興會(海投1, 1976), p. 91.

4. 외국인 자금에 의한 프로젝트는 국제적으로 경쟁력 있는 규모가 되어야 하며 그 제품가격은 국제가격 수준이 되어야 한다.
5. 프로젝트와 외국차관의 최종 수행자는 경쟁에 의해 선출된다.
6. 항구, 정박소 등 배타적 사용을 위한 설비는 그 최종사용자의 기금으로 건설되어야 한다.

《Planning Office, Heavy and Chemical Industry Promotion Council, Government of the Republic of Korea(1976), pp. 17~18》

일단 외국인 지분율 50% 이내의 원칙과 함께 경제기획원이 1973년 5월에 정리한 외자도입원칙이 기본으로 유지되고 있다. 그런데 여기에서 눈에 띄는 것은 직접 중화학공업화를 책임지고 추진하고 있는 중화학공업추진위원회기획단이 외자와 관련하여 중화학공업화를 위해 중요하다고 생각되는 점들을 1976년 보다 분명히 정리하고 강조하고 있는 것이다. 그것은, 첫째 외자는 국내에서 구할 수 없는 자본재와 선진기술 도입이 필요할 때 활용된다는 것, 좋은 조건의 외국인 직접투자에 우선권이 주어진다는 것, 그리고 그 직접투자는 원자재의 신뢰할 만한 공급처 확보, 생산물시장의 확대 혹은 선진기술의 도입을 촉진할 경우 특히 장려된다는 것, 더하여 기술은 첨단기술과 신기술만 도입이 허가된다는 것이다. 둘째, 정부의 도움이 아닌 자기책임과 자기비용하의 국내외 대등한 자유경쟁과 국제경쟁력 확보가 강조되고 있는 점이다. 중화학공업추진위원회기획단이 강조하여 지적하고 있는 이 점들은 한국의 중화학공업화 성격을 이해하고 변화를 파악하는 데 중요하다. 한국의 중화학공업화는 기본적으로 국내외 민간기업의 자기책임과 경쟁력, 개방성을 기초로 진행되었다. 그리고 이는 중화학공업화가 진행되면서 더욱 분명해졌고 강조되었다.

중화학공업화가 초기단계를 지나고 석유파동의 영향이 약화되면서 외자정책상에 나타난 뚜렷한 변화의 하나는 바로 외국자본에 대한 역차별적 우대를 줄이려고 하는 노력이었다. 한국은 한국 기업에 대한 폐쇄적 보호가 아니라 오히려 중화학공업화를 위한 자본과 첨단기술, 선진경영기업 도입을 위해 외국인투자 기업에 대해 역차별적인 혜택을 주고 있었다. 1974년 7월 15일 한 언론이 외환은행 등 국내 3개 은행이 마산수출자유지역 내의 외자계기업에 무담보대출 등 특혜융자를 하고 있다고 보도하였듯이[66] 외자계기업은 금융융자에서도 우대받았다. 조세감면도 한국 기업보다 폭넓게 받았는데 외국인투자에 주어진 법인세는 공개법인 20~27%, 비공개법인 20~40%로 5년간 전액 감면받았으며 다음 3년간 50% 감면이 적용되었는데,[67] 한국 중화학공업 및 중요산업에 대한 법인세 감면은 3년간 100%, 이후 2년간 50%이었다. 구미(龜尾)공단의 사례를 보면 외국인투자가에게는 소득세, 법인세, 재산세 및 취득세와 이익배당금세, 잉여금배당금세 5년간 면제 외에도 영업세는 수출분에 대해 전액 면제, 외국인 종사자의 근로소득세 전액 면제, 이익배당금의 송금

66) 〈동아일보〉(1974. 7. 15).
67) 경제기획원(백), 1981; 최동규 전 경제기획원 예산국장(1992), p. 114.

과 원금송환 완전보장, 자본재·원자재에 대한 관세, 물품세, 직물류세 등 전액 면제 등의 특전이 주어져 있었다.[68] 심지어 1976년 국회에서 여당의원이 외자도입법을 개정해서 합작처에 대한 특혜 및 불평등 계약을 시정할 용의를 밝히도록 정부에 요구하기에까지 이르렀다.

이러한 역차별적 요소를 바로잡기 위해 1976년 6월 16일 조세제도심의위원회는 조세개혁답신서를 정부에 제출하였는데 여기에서 외국인투자 기업체에 대한 조세감면제를 차등방식으로 전환할 것을 제시하였다.[69] 1976년 9월 20일 정부는 현행 「외자도입법」을 전면 개정하고 외자관리와 조세감면 규정을 새로 제정하는 「투자장려법」으로 통합하며 외국인투자의 혜택을 대폭 축소하겠다고 밝혔다.[70] 10월 7일 다시 남덕우 부총리는 국회에서 외국인투자 기업에 대해 조세상의 특전을 주지 않는 내용으로 외자도입법 개정을 검토하고 있다고 밝히고 조세의 특혜는 외자·내자의 기준이 아니라 업종에 따라 동일한 대우를 받도록 할 계획이라고 말하였다.[71]

석유파동을 통과하고 난 1976년 이래 외자정책은 자립과 효율성에 비중이 더 주어지고 있었다. 그 결과 1976년 외국인투자(인가기준, 이하 동일)는 44건, 6,512만 달러로 전년 1975년 41건 1억 9,955만 달러에 비해 건수로는 큰 차이가 없었지만 금액은 67.4% 대폭 감소하였다. 국가별로 보면 일본과 미국이 줄어 일본은 건수로 27건에 투자금액 4,544만 달러로 53%, 미국은 8건에 790만 달러로 5.7% 감소하였다. 서독은 4건 283만 달러, 영국은 1건 259만 달러이었다. 1976년 외국인투자를 업종별로 보면 화학이 1/6로 줄은 가운데 전기·전자기기가 약 반 정도 비중을 점하였고 '국제금융공사(IFC)'에 의한 철강부문 투자로 금속부문은 외국인투자액이 늘었다. 형태별로는 합작이 전년 39건에서 줄은 32건, 단독투자는 2건에서 대폭 늘은 12건이었다. 50:50 원칙에도 불구하고 단독투자가 늘은 것은 컴퓨터 등 첨단기술의 투자에 대하여 100% 단독투자가 허가되고 기존 단독투자기업의 추가투자도 허용되었기 때문이다. 1976년 12월까지 외국인투자 누적은 865건 9억 5,372만 달러이었는데 국별 누계로 여전히 일본이 694건, 6억 3,390만 달러로 1위, 이어 미국이 111건, 1억 5,918만 달러를 차지하여 미국, 일본 양국이 건수의 93%, 금액의 83.2%를 차지하고 있었다.[72]

가능성을 조금씩 확인한 정부와 기업은 1977년 들어 외자비중의 하락을 통한 자립성 제고 의지를 보다 분명히 하였고 외자의 효율성 평가도 강화하면서 이를 위한 시책을 구

68) 한국무역연구소(1974), p. 440.
69) 〈중앙일보〉(1976. 6. 16; 1976. 6. 17).
70) 〈조선일보〉(1976. 9. 21). 1976년 10월 23일 경제기획원은 투자장려법과 외자도입법 개정방침을 백지화하고 이것들을 종합한 「투자기본법」을 내년에 제정하기로 방침을 변경하였다. 청사(일지, 1984), p. 293.
71) 〈동아일보〉(1976. 10. 7); 〈매일경제신문〉(1976. 10. 9).
72) 日本貿易振興會(海投1, 1977), pp. 61~62.

체화시켜 나갔다. 물론 여기에는 석유파동의 완화와 세계경제 회복의 결과가 한국경제에 주고 있는 긍정적 효과와 석유파동을 통과하면서 배운 학습효과가 주요하였지만, 이와 동시에 내자동원에도 성과가 나타나면서 더욱 외자를 줄이려는 자신감을 얻어 나갔기 때문이었다. 이미 1976년 10월 1일 재무부는 1976년 9월 말 현재 자본시장을 통한 내자동원 실적이 2,339억 원으로 1976년 목표 2,000억 원을 돌파함에 따라 목표를 2,700억 원으로 확대 조정할 방침이라고 밝히고 있었고[73] 대통령은 국회 시정연설을 통해 차관사업에 대한 내자지원을 확대하겠다고 밝혔다.[74]

1977년 1월 12일 대통령은 연두기자회견에서 투자재원의 자력조달을 강조하고 국내저축 증대라는 방법까지 제안하며 자립경제 달성을 강조하였다.

> 국민여러분에게 한 가지 당부하고 싶은 것은 투자재원의 자력조달, 즉 우리가 투자하는 재원을 외국에서 빌려 오지 않고 우리나라 안에서 조달하려면, 가장 중요한 것이 국내저축이 많이 늘어나야 하며, 그러기 위해서는 국민여러분이 저축을 많이 해 주셔야 하겠다는 것입니다. ……이렇게 해서 우리는 4차 5개년계획이 끝날 무렵에는 우리의 오랜 꿈이었던 자립경제를 기필코 달성하고자 하는 것입니다.
>
> 《대통령비서실(박연7, 1978), p. 28》

1977년 3월 1일 경제기획원은 외자사업의 사전심사 강화를 위한 「투자심사요강」을 밝히고 이를 3월 1일부터 실시한다고 발표하였다. 경제기획원은 발표에서 투자심사의 대상을 ① 100억 원 이상의 신규 재정투융자사업, ② 1,000만 달러 이상의 공공차관사업, ③ 300만 달러 이상의 상업차관(기술도입은 제외) 및 외국인투자 사업으로 하고 제품수급, 설비규모 및 가격분석에 의한 국제경쟁력, 수익성 및 투자수익률 분석, 소요자금 조달능력, 원리금 상환능력, 국민경제효과 분석 등의 내용을 심사내용으로 하여 심사를 강화하겠다고 밝혔다.[75]

이어 바로 다음 날 3월 2일 정부는 합작투자조건의 대폭적인 개선을 추진 중이라고 밝혔다. 그 내용은 우선적으로 '한국종합화학'과 미국 '스위프트'사와의 합작 '영남화학(嶺南化學)'(제3비)과 걸프 및 'IMC'와 합작한 '진해화학(鎭海化學)'(제4비)의 불공정한 계약조건 수정문제를 협의 중이라는 것이었다. '영남화학'의 경우 연간 200만 달러 이상 순익보장과 함께 1982년까지 100~110% 가동기준으로 생산량 전량을 농협이 인수한다는 조건이 있었고 '진해화학'도 1969년 계약 당시 유사한 조건이었다.[76] 한국 정부의 자신감에 기초한 합작투자조건의 개선은 적극적으로 추진되었다.[77]

---

73) 〈경향신문〉(1976. 10. 1).
74) 〈동아일보〉(1976. 10. 4).
75) 日本貿易振興會(海投1, 1977), p. 59.
76) 〈매일경제신문〉(1977. 3. 2).

이러한 외자사업의 사전심사 강화, 합작투자조건의 개선 추구 등을 추진하는 대신, 정부는 1977년부터 지원대책위원회를 활용하여 연 2회 정기적으로 외국인투자 기업의 외국인투자와 관련한 수출입, 조세 등의 제반 문제점 및 애로사항 해결을 지원하기로 하였다.[78] 당연히 여전히 외자가 필요하였던 한국의 입장에서 강온양면의 조화가 가장 기본적인 정부의 입장이었기 때문이었다.

1977년 3월 4일에는 「외자도입법시행령」이 개정되어 외국인투자 인가절차 간소화를 더욱 진전시켰지만 이와 함께 입지조건 강화, 기술도입 인가심사 강화 등도 함께 추진되었다. 즉, 외국인투자 인가시 심사사항에 공장부지의 규모를 추가하여 토지활용도를 제고하도록 하고 기술도입 계약인가시 심사사항에 생산·판매계획과 원료조달 방법, 제품가격의 적정성을 추가하여 심사를 강화하도록 하였다.[79]

이러한 시책의 강화로 외국인투자는 1976년 6,510만 달러로 1975년의 32.6%로 대폭 감소한 것에 이어 1977년에도 7,133만 1,000달러에 머물렀다(〈표 15-5〉 참조). 이는 처음 정부가 예상한 외국인투자액 1억 달러의 71.3%에 불과한 것이었다.

1977년 외국인투자를 투자국별로 보면 일본이 2,994만 8,000달러, 23건으로 1위이지만 전년 27건 4,544만 달러에 비해 건수로 14.8%, 금액으로 34.1% 감소하였다. 일본의 비중이 42%로 여전히 높지만 1976년의 비중 69.8%에 비해 대폭 하락하였다. 반면 미국은 14건 1,229만 3,000달러로 이전 대비 75.0%, 55.7%가 증가하여 외국인투자 총액에서 차지하는 비중이 1976년의 12.1%에서 17.2%로 높아졌고 영국, 서독, 프랑스, 홍콩 등이 뒤를 이었다.[80] 일본이 주요 기술을 한국에 주지 않으려고 하였던 데 대해 대안으로 한국은 미국과 유럽을 적극 선택하고자 하였고, 미국 자본들은 한국의 이러한 선택하에서 어부지리로 1970년대 후반 12.0~23.8%의 높은 수익률을 확보해 갔다.[81] 일본에 이은 미국의 이러

표 15-5 한국의 외국인투자 도입(인가액) (단위: 백만 달러)

	국가별						총액
	일본	미국	영국	서독	네덜란드	프랑스	
1974	86.4	20.7	0.02	1.0	1.3	0.8	120.7
1975	101.0	8.4	0	0.7	49.9	1.3	199.6
1976	45.4	7.9	2.6	2.8	0	0.2	65.1
1977	29.9	12.3	6.6	5.1	0.9	3.1	71.3

자료: 日本貿易振興會(海投1, 1977), p. 61; 日本貿易振興會(海投2, 1978), p. 92.

77) 〈조선일보〉(1977. 3. 3).
78) 재무부·한국산업은행(1993), p. 152.
79) 재무부·한국산업은행(1993), pp. 151~152.
80) 日本貿易振興會(海投2, 1978), pp. 90~93.

한 선택으로 결국 한국은 가능한 외국인 직접투자를 피하려고 하였고 또 유럽으로 눈을 돌리려는 동기를 더욱 강하게 갖게 되었다.

도착기준으로 보아 제조업 외국인투자 중 중화학공업에 대한 비중은 중화학공업화가 정상궤도에 오른 1977년과 1978년 95.8%, 96.4%에 이르고 있었다.[82)]

5. 새로운 단계: 개방확대와 선별적 도입, 1978~1979

대기업들의 중화학공업에의 진입이 이루어지고 중화학공업화가 목표로 한 100억 달러 수출이 1977년 달성되면서 1978년 들어 중화학공업화도 보다 높은 단계로 올라설 필요가 있었고, 국제시장에서 높아진 지위만큼 마찰을 줄이기 위한 국제적인 노력도 보여주어야 할 필요가 있었다. 이에 따라 1978년부터 중화학공업의 보다 고급화된 기술흡수를 목표로 하여 외국인투자에 대한 선별적 개방 확대가 강화되었다. 정부는 외자정책을 중화학공업과 중화학공업 관련 기업의 경쟁력을 한 단계 높이는 데 초점을 맞추었다.

우선 1978년 들어 1960년대부터 계속된 외국인투자에 주어진 세제상의 우대조치가 단계적으로 폐지되고 동시에 일부 업종의 수출의무가 완화되었다. 한국 지위의 상승과 산업경쟁력의 상승이 국제적으로 인정되고 있었고 이와 함께 이전의 우대조치를 취하지 않아도 대형외자의 진출이 증가하고 있었기 때문이다. 예컨대, 스위스 'BBC'사(발전설비), 미국의 'FMC'사(농약, 비료, 건설기기), 영국 'ICI'사, 스웨덴 'AC'사, 벨기에 'LVD'사(초경공구(超硬工具), 공기압축기) 등 유럽, 미국의 기업을 중심으로 대형 대한투자가 증가하고 있었다.[83)]

두 번째로 1978년 정부는 ① 국내 중화학공업의 건설과 각종 플랜트 수출에 관계하는 사업, ② 해외시장 개척과 국내자원의 개발과 활용에 기여하는 사업, ③ 신기술의 국내 파급효과가 큰 사업의 3가지 사업에 외자유치정책의 중점을 두고 기계, 전자, 금속, 화학공업 및 종합엔지니어링의 합작투자 장려책을 발표하였다. 이것은 노동력 이용형의 외국인투자가 이제 한국경제의 발전에 중요한 의미를 가지지 않게 되었다는 판단이 작용한 것이었다.

세 번째로 1978년 4월 20일에는 「외자도입법시행령」을 개정하여 외자도입 행정의 개선, 기술도입 및 개발, 기술도입 자유화를 촉진하였다. 이는 한편으로 한국경제의 규모 확

---

81) B. Y. Koo(1985), p. 193.
82) 경제기획원(외국투, 1981).
83) 日本貿易振興會(海投2, 1978), p. 89.

대에 따른 국제적인 요구에 부응하는 협력체제를 천명하는 것이기도 하였다.

네 번째로 외자의 다각화와 선별적 도입을 강화하였다. 외자도입의 다각화가 추구되어 1978년 9월 현재 미국, 스위스, 서독, 프랑스, 네덜란드, 영국 등 8개국과 투자보호협정, 2중과세방지협정을 체결하게 되었다. 외자도입처의 다각화는 석유파동을 겪으면서 소극적으로 입장을 바꾼 일본에 대항하여 정부가 적극 추진하고자 하였던 것이지만 1970년대 말로 갈수록 가능성이 확대되어 실현이 구체화되어 갔다.

이와 함께 외자의 선별적 도입이 강화되었다. 1978년 4월 외자도입법시행령 개정시 정부는 외자도입인가방침 변경으로 상업차관의 도입 하한선을 1,000만 달러 이상으로 상향조정하여 상업차관의 도입을 더욱 억제하면서도 필요한 중화학공업부문, 전원개발사업, 방위산업, 기타 중요산업에 대해서는 도입을 계속 허용하는 선별성을 강화하였다. 정부는 선별성의 세부 기준으로 허용용도는 시설재 도입, 허용조건은 7년 이상, 이자는 리보(LIBOR)+1.5% 이하, 수수료 1% 이하로 하였다.[84] 공업에서는 상대적으로 뒤떨어진 기계공업의 강화에 주의가 주어졌다. 정부는 제4차 경제개발5개년계획과 제5차 경제개발5개년계획 총 10년간 기계공업을 경제의 중핵산업으로 한다는 방침에 기초하여 제1단계로 1981년까지 기계류의 국산자급률을 70% 이상으로 올린다고 하는 목표를 정하였다. 그리고 금후의 중화학공업 육성의 중점 업종으로서 대형기계공업, 주단조 등의 소재공업, 광학기계 등의 정밀기계공업 등 36업종을 지정하여 이들에 대하여 외자의 적극적인 도입을 꾀하여 가려고 하였다. 이에 따라 기계공업분야에서는 중점 업종과 관련하여 주변 하청관련 산업에도 외국자본 도입의 가능성이 넓혀질 것으로 예상되었다.[85]

이런 선별적 필요에 따라 1978년 9월 현재 시행되고 있었던 외자유치분야, 투자규모, 외국인투자 비율을 정리해 보면 〈표 15-6〉과 같다. 이 규정 역시 항구적 규정이 아니라 당분간 운용되는 규정이라고 되어 있듯이 외자도입 규정은 발전단계와 필요에 의해 변화되면서 운용되고 있었다.

〈표 15-6〉에서 보듯이 외국인투자 비율을 50:50으로 한다는 기본원칙은 유지되고 있지만 50% 이상 100% 미만의 예외가 운용되고 있으며 고도의 기술 및 경영으로 타국에도 단독투자만 하는 다국적기업, 투자처 다변화에 기여할 사업, 구미창원단지에 입주하는 전자 및 기계공업, 수출자유지역 입주기업의 경우 100% 단독투자까지 허용되고 있다. 시간이 지날수록 필요성이 커지고 있는 기술도입에 중점이 두어져 전문기술용역사업의 경우 5만 달러 이상도 인가하고 합작비율도 기술파급효과가 큰 사업의 경우 50~100% 미만까지 인정하고 있으며, 심지어 고도기술을 가진 사업의 경우 100% 단독투자도 명문화하여 인정하고 있다.

84) 한국개발연구원(한반, 1995), pp. 353~354.
85) 두 번째, 네 번째, 주 84) 이후 내용은 日本貿易振興會(海投2, 1978), pp. 89~90.

표 15-6 외자의 유치분야, 투자규모, 외국인투자 비율(1978년)

<table>
<tr><th colspan="2">분 야</th><th>내 용</th></tr>
<tr><td rowspan="2">유치분야</td><td>적격사업</td><td>① 자본·기술·경영 면에서 당분간 국내기술만으로는 건설운영이 어렵다고 인정되는 대규모 장치산업과 금속·기계·전자공업
② 수출산업으로서 국내기업만으로는 당분간 해외시장 확보가 어렵거나 비효율적이라고 인정되는 사업
③ 국내자원의 개발활용에 기여하는 사업</td></tr>
<tr><td>부적격 사업</td><td>① 원자재, 중간재의 국내수급상 차질을 주는 사업
② 해외시장에서 기존 수출산업과 경합되는 사업
③ 국내 기존 사업에 자금지원을 주목적으로 하는 사업
④ 토지활용에 의한 수익을 주목적으로 하는 사업
⑤ 법령상 금지 또는 제한하는 업종</td></tr>
<tr><td rowspan="2">투자규모</td><td>원칙</td><td>최저한도 20만 달러</td></tr>
<tr><td>예외</td><td>① 전자공업: 10만 달러 이상
② 해외교포: 5만 달러 이상
③ 국산원료 사용하는 전량 수출산업: 5만 달러 이상
④ 전문기술용역사업: 5만 달러 이상</td></tr>
<tr><td rowspan="2">외국인 투자비율</td><td>원칙</td><td>① 내외국인 간 50:50 합작(내국인의 경영참여비율을 높이기 위해 필요시에는 외국인에게 무의결권주식, 주식의 액면초과 발행 등을 인정)</td></tr>
<tr><td>예외</td><td>① 50% 미만 제한
–단순노동집약산업/단순보세가공장/국내판매 주목적사업
② 50% 이상 100% 미만
–전량 수출산업 및 중요 수입대체산업으로서 타 업종에 대한 기술파급효과가 큰 사업
–소요자금, 기술축적 및 초기 위험부담 등으로 내국인과의 제휴에 상당한 기간이 소요되는 사업
③ 100%까지 가능한 사업
–고도 기술 및 경영으로 타국에도 단독투자만 하는 다국적기업
–투자처 다변화에 기여할 사업
–교포투자사업
–구미창원단지에 입주하는 전자 및 기계공업
–수출자유지역 입주기업</td></tr>
</table>

자료: 재무부·한국산업은행(1993), p. 153.

그 결과 1970년대 말로 갈수록 기술도입과 경쟁력 제고 필요성이 높아진 기계공업 부문의 외국인투자가 도착기준으로 전체 외국인투자에서 차지하는 비중은 1977년 6.1%, 1978년 6.6%, 1979년 15.3%로 늘어났다. 이는 화학공업의 외국인투자가 전 외국인투자에서 차지하는 비중이 1977년 43.1%, 1978년 30.5%, 1979년 4.6%로, 전기 및 전자공업의 동 비중은 13.7%, 11.1%, 10.2%로 감소하는 등 전 제조업의 외국인투자가 전체 외국인투자에서 차지하는 비중이 도착기준 1977년 78.1%에서 1978년 67.6%, 1979년 51.3%로 감소하는 것과 뚜렷이 대조적인 것이다.[86] 이렇게 고급기술이 체화된 고가 시설재와 기계의 도입 필요에 따라 기업 설비투자자금 중 외자비중도 늘게 되었고, 1978년 7월 10일 한국산업은행은 이 비중이 1977년 하반기 44.5%에서 1978년 상반기 47.8%로 증가한 데 이어 1978년 하반기에는 50%를 넘을 것이라고 밝혔다.[87]

전체적으로 선별적 도입의 강화는 자본형성에서 외국인투자의 비중을 낮추는 것으로 작용하였다. 그 결과 제조업 총자본형성에서 외국인투자가 차지하는 비중은 〈그림 15-2〉에서 보았듯이 1975년 6.2%로 대폭 낮아진 이후 1978년 3.0%로 다시 낮아졌고 1979년에는 2.8%로 더욱 낮게 유지되었다.[88]

6. 외자의 구성과 외자, 외자정책의 성격

1979년까지 중화학공업화정책 관련 중화학공업 주요 사업에 투자된[89] 투자액을 총괄하여 정리해 보면 〈표 15-7〉과 같은데 여기에서 외자비율은 전체적으로 39.0%에 지나지 않음을 알 수 있다. 이 비율은 계획상 불가피하다고 정부가 억제하고자 하였던 초기계획의 60%에 비해 매우 낮은 비율이었으며 1960년대 1962~1969년 간 투자액 중 외자비율 44%에[90] 비교해 보아도 낮았다.

중화학공업화정책 관련 중화학공업 주요 사업에 외자가 사용된 비중구성을 보면 95.9%가 시설설비투자에 사용되었다. 이 중 철강공업의 시설설비투자에 41.7%가 사용되었으며 화학공업 시설설비투자에는 36.8%가 사용되어 철강공업과 화학공업에 전체 외자의 78.5%가 사용되었다. 다음이 기계공업이었지만 그 액수는 전체 중화학공업에 사용된 외자투자액의 7.8%에 불과하여 격차가 컸다. 비철금속공업·조선공업·전자공업은 외자의 0.5~5.4%를 사용하였다. 한편, 지원시설과 기지건설에는 외자가 사용되지 않았다. 그리고 인력개발과 연구개발투자에 중화학공업 사용 외자의 1.7%, 2.4%가 투입되어 역시 내자 중심으로 운용되었음을 알 수 있다. 외자는 그야말로 공업성격상 시설재가 집중적으로 배치되는 철강, 화학 등 특정 공업의 주요 시설투자에 집중되어 사용되었다.

외자를 구분하여 우선 외국인투자의 산업별·공업별 도입현황을 인가기준으로 보면

86) 1977~1979년 사회간접자본의 동 비중이 17.5%, 31.5%, 47.7%로 대폭 증대하였다. 전국경제인연합회(한경연, 1980), p. 189.

87) 전국경제인연합회(한경연, 1979), p. 720.

88) 경제기획원(외국투, 1981), p. 52.

89) 자료에는 중화학공업 투자액으로 나와 있지만 상공부(80상공, 1982. 4) 자료와 비교해 보면 중화학공업화정책 관련 주요 사업을 집계한 것임을 알 수 있다.

90) 김흥기 전 경제기획원투자진흥국장편(1999), p. 192.

표 15-7 중화학공업화정책 관련 중화학공업 주요 사업의 외자와 외자비율(1973~1979)

부문별	총투자액(백만 원)	외자(천 달러)	외자비율(%)	전체 외자 중 비율(%)
1. 시설설비	3,552,804	3,158,672	43.5	95.9
철강공업	1,268,164	1,374,939	52.6	41.7
비철금속공업	199,447	177,866	43.5	5.4
조선공업	208,605	120,698	28.1	3.7
화학공업	1,095,357	1,211,995	55.0	36.8
기계공업	577,521	258,120	21.7	7.8
전자공업	203,710	15,054	3.5	0.5
2. 지원시설	200,737	–	0.0	0
3. 기지조성	154,882	–	0.0	0
4. 인력개발	98,565	56,395	27.7	1.7
5. 연구개발	128,807	79,823	30.3	2.4
합계	4,135,795	3,294,890	39.0	100.0

주: 중화학공업화정책 관련 주요 사업을 집계한 것임.
자료: 중화학공업추진위원회기획단(기단정리자료, 1980); 김광모 전 중화학공업추진위원회기획단부단장(한국산, 1988), p. 312.

〈표 15-8〉과 같다.

전체 외국인투자 중 중화학공업의 비중은 1972~1976년 63.5%에서 이후 1977~1978년 43.6~45.8%로 줄어들었다. 1979년 52.3%로 다시 늘어났는데 이는 외국인투자 총액 자체가 대폭 하락한 것에 기인하며 중화학공업의 외국인투자액도 1978년 대비 10.5% 감소한 것이다. 외국인투자는 당연히 성숙산업인 경공업보다 새로이 진행되는 중화학공업에 집중되어 있었는데 비료·석유·요업 등을 포함하여 제조업 내 비중은 1978년 94.2%까지 늘어났다가 중화학공업화에 대한 비판과 함께 1979년 70.1%로 하락하였다.

외국인투자를 중화학공업 업종별로 보면 1972~1976년까지 화학공업, 전기·전자부문이 1억 4,614만 달러, 8,329만 달러로 제조업 전체 외국인 직접투자의 34.0%, 19.4%를 차지할 정도로 높았다. 그러나 1970년대 말로 갈수록 기술도입의 필요성이 커진 기계공업의 외국인투자 비중이 늘어나 1977년 기계공업의 외국인투자 인가액은 850만 달러로 전기 및 전자공업의 외국인투자 도입분을 앞지르게 되었고 1978년에는 2,305만 달러, 제조업 외국인투자 도입분의 33.7%에 달해 1,765만 달러의 전기·전자공업, 1,371만 달러의 화학공업 외국인투자분을 앞질러 제조업 내 외국인투자공업 1위가 되었다. 기계공업의 제조업 외국인투자 도입분의 비중은 1976년까지 7.3%에 불과하였었다. 그러다가 1979년에는 컴퓨터 등 첨단기술 도입의 필요성이 커진 전기·전자공업의 외국인 직접투자액이 2,366만

표 15-8 외국인투자의 산업별·공업별 도입현황(인가기준) (단위: 건, 천 달러)

	1972~1976		1977		1978		1979	
	건	금액	건	금액	건	금액	건	금액
농림수산업	19	5,221	6	3,671	2	864	2	1,314
광업	7	1,451	1	210	0	50	2	410
제조업	395	429,567	22	32,174	34	68,321	31	82,170
식품	3	1,729	1	50	0	0	3	16,566
섬유·의류공업	44	57,656	0	635	0	0	1	534
제재·목재업	2	263	0	0	0	0	1	850
화학공업	56	146,143	3	10,307	7	13,714	5	8,673
의약	3	2,082	0	0	0	0	2	4,025
비료	2	21,325	0	0	0	0	0	150
석유	1	15,407	0	0	0	662	0	0
요업	12	4,379	0	600	1	1,242	0	418
금속공업	34	30,049	1	1,223	6	4,546	3	4,264
기계공업	62	31,567	10	8,502	9	23,048	10	16,445
전기·전자	123	83,293	4	8,134	6	17,651	3	23,655
운수장비	4	27,300	0	0	1	3,527	0	0
기타	49	8,374	3	2,723	4	3,931	3	6,590
사회간접자본	33	133,044	9	29,930	7	71,464	7	26,257
합계	454	569,283	38	65,985	43	140,699	42	110,151

주: 경제기획원(외국투, 1981)과 약간의 차이가 있으나 후년도 수정된 자료를 사용함.
자료: 경제기획원(경백, 1982), pp. 195~196.

달러로 다시 제조업 내 1위가 되었다. 이러한 변화는 한국의 외국자본 합작투자의 큰 요인이 기술도입에 있었음을 보여 준다.

차관의 산업별·공업별 사용구성을 정리해 보면 〈표 15-9〉와 같다. 1976~1978년 도입차관의 51.8%는 사회간접자본에 쓰였으며 중화학공업에 쓰인 것은 34.4%이었다. 1979년까지 확장해 계산하면 섬유공업이 전체 차관의 3.3%를 사용하였는데 석유정제를 포함한 전 화학공업이 6.8%, 그리고 금속공업이 16.5%를 사용하였을 뿐 모두 섬유공업보다 차관사용이 적었다.

1976~1978년 제조업차관의 90.3%를 차지하고 있었던 상업차관의 1970년대 말 3년 1977~1979년 변화를 정리하면 〈표 15-10〉과 같다. 여기에서 상업차관도입 억제로 전기·전자기기제조업은 1978, 1979년 계속하여 상업차관액이 감소하고 있고, 운수장비제조업의

표 15-9 산업별·공업별 차관도입 현황(확정, 1976~1978)

(단위: 백만 달러, %)

	금 액			구 성 비		
	공공차관	상업차관	합 계	공공차관	상업차관	합 계
농림수산업	607.6	31.6	639.2	12.5	0.6	6.4
광업	20.0	0	20.0	0.4	0.0	0.2
제조업	403.1	3,761.6	4,164.7	8.3	73.2	41.6
섬유공업	0.1	333.2	333.3	0.0	6.5	3.3
제지·제재업	–	22.7	22.7	–	0.4	0.2
화학공업	–	879.9	879.9	0.58	17.1	8.8
시멘트·유리·요업	–	321.4	321.4	–	6.3	3.2
금속공업	17.0	1,630	1,647	0.3	31.7	16.5
기계공업	80.0	250.3	330.3	1.6	4.9	3.3
전기·전자기기	–	143.7	143.7	–	2.8	1.4
운수장비	–	118.6	118.6	–	2.3	1.2
기타	306.0	59.3	365.3	6.3	1.2	3.7
사회간접자본	3,833.4	1,342.3	5,175.7	78.8	26.1	51.8
합계	4,864.1	5,135.5	9,999.6	100.0	100.0	100.0

주: 화학공업에 석유정제가 포함되고 음식료품제조업은 상업차관 250만 달러만 있어 제외함.
자료: 경제기획원(경백, 1977~1979).

상업차관 도착액도 1979년 감소하였으며, 석유정제업을 제외한 화학공업 상업차관액도 1979년 대폭 줄어 1977년 절대액보다 적어지고 있음을 알 수 있다. 그러나 상대적으로 낙후되어 외자도입의 필요성이 커지고 있었던 기계공업부문은 상업차관 도입액이 1978, 1979년 계속 증가하고 있다. 정부는 1979년 4월 24일에는 다시 「외자도입법시행령」을 재개정하여 「기술도입자유화」 조치를 확대하였다.[91]

외자의 성격을 간접적으로 보기 위해 한국에 투자한 외국인투자 기업들의 투자동기를 조사해 보면 〈표 15-11〉과 같다.

화학·석유부문은 국내시장 확보와 저렴하고 양질의 노동력을 이용하는 것이 29%, 27%로 가장 중요한 동기가 되고 있다. 기계공업 역시 국내시장 확보와 양질, 저렴한 노동력 이용이 각각 32%, 31%로 유사하였다. 전기·전자공업의 경우 저렴하고 양질의 노동력을 바라고 들어온 동기가 35%로 압도적으로 높아 그 다음 국내시장 확보의 21%에 비해 큰 차를 보이고 있다. 이러한 성격은 전기·전자공업만큼 뚜렷한 특징을 보이는 것은 아니지만 역시 조립금속공업에서도 나타나고 있다. 반면 운수장비의 경우 국내시장 확보가 39%

91) 한국개발연구원(한반, 1995), p. 366.

표 15-10 경제기획원 집계 산업별·공업별 상업차관 도입 (단위: 백만 달러, %)

	1977		1978		1979	
	금액	구성비	금액	구성비	금액	구성비
농수산업	9.3	0.7	5.7	0.3	12.3	0.1
제조업	892.6	71.9	1,305.9	67.7	1,066.4	67.7
식품음료업	0.6	0.0	1.8	0.1	0.3	0.0
섬유업	95.8	7.7	135.8	6.9	161.7	8.4
제지 및 제재업	10.7	0.9	20.0	1.0	20.9	1.3
화학공업	176.9	14.2	396.4	20.5	148.4	9.4
석유정제업	21.3	1.7	55.5	2.9	60.1	3.2
시멘트·유리·요업	63.9	5.1	84.3	4.4	101.6	6.4
금속·기계공업	440.3	35.4	509.0	26.4	559.5	35.5
전기·전자기기공업	28.4	2.3	22.4	1.2	4.5	0.3
운수장비제조업	53.4	4.3	83.9	4.3	33.2	2.1
기타 제조업	1.6	0.1	0.4	0.0	161.2	1.0
사회간접자본 및 기타	340.2	27.4	618.2	32.0	507.7	32.2

주: 도착기준임.
자료: 전국경제인연합회(한경연, 1980), p. 187.

로 저렴·양질의 노동력 이용의 22%에 비해 압도적이어서 해외자본의 운수장비 진출은 범역사적으로 국내시장을 지향하고 있음을 분명히 보여 준다. 제1차 금속의 경우 역시 자급률이 낮은 국내시장을 겨냥하여 진출하고 있음을 알 수 있다. 특징적인 것이 석유·화학공업 중에서 석유정제공업이다. 이 부문 외국인기업의 투자동기는 고투자수익이 55%로 압도적이었다. 이는 당시 다국적 석유기업들의 수익추구 행태를 그대로 한국에서도 보여 주는 것이며 다국적 석유기업들이 한국에서도 정상이윤 이상의 높은 수익률을 얻고 있었음을 짐작할 수 있다.

그런데 여기에서 외자·외자정책과 관련하여 특징적인 두 가지 성격을 간접적으로 발견할 수 있다. 첫째, 전 공업에서 한국의 외자기업에 대한 세제상 특전이 외자기업들의 주요한 한국 투자동기가 되지 못하고 있었다는 것이다. 이는 한국의 세제상 특전이 없었다는 것이 아니며 정확히 말하자면 한국의 세제상 혜택이 타국과 비교해 차별적으로 좋은 조건이 아니었다는 것을 보여 주는 것이다. 이는 본 장에서 지적한 대로 외자도입에서의 균형 추구라는 독자적이고 성공적인 한국 외자정책의 성격 때문이며 이런 점 역시 기존의 한국 중화학공업화에서 외자에 대한 인식에 일정한 수정이 필요함을 보여 준다. 둘째, 공업입지에 대한 이유도 전 공업에서 낮게 나와 이것이 외자기업들의 주요한 한국 투자동기

표 15-11 외국인투자 기업의 투자동기(1979년 조사)

(단위: %)

	고투자수익	국내시장 확보	저렴·양질 노동력	공업입지	세제상 특전	노사문제·사회안정
음식료품	22	16	38	11	9	4
섬유·의류	21	16	41	9	11	1
목제품	17	50	33	–	–	–
제지품	13	33	25	–	13	17
화학·석유	20	29	27	10	13	–
(석유정제)	55	14	14	–	18	–
비금속광물	23	11	35	20	10	2
제1차 금속	16	33	22	14	14	2
조립금속	16	24	29	17	12	2
기계	13	32	31	9	11	3
전기·전자	18	21	35	9	15	2
운수장비	20	39	22	15	5	–
과학측정기구	16	16	35	10	15	6
기타	16	14	38	17	16	–
합계	18	23	33	11	13	2

주: 상기 6개 항목의 투자동기를 순위대로 기록한 것을 가중치를 주어 합산하여 다시 이를 퍼센트화한 것임.
자료: 경제기획원(외국투, 1981), p. 24.

가 되지 못하고 있었다는 것이다. 1970년대 선진국의 공해, 토지확보 등의 문제가 한국으로의 자본투자 동기가 되고 있었지만 역시 기존의 인식과 달리 이 점이 한국 중화학공업화에서의 외자 성격이나 외자정책의 주요한 변수가 되지 못하였으며, 또 한국이 수동적 입장이 아닌 능동적 입장에서 선진국의 상황을 이용하였을 가능성을 확인할 수 있다.

부 록

1. 자 료

〈자료 15-1〉 1973년 5월 외자도입법시행령 개정안의 주요 내용

(1) 차관조건을 상환기간 3년 초과에 20만 달러 이상으로 함.

(2) 원자재 도입을 위한 물자차관은 차주가 실수요자이고 당해 시설에 소요되는 6개월분 이내에서 주무부 장관이 인정하는 양만 인가하기로 함: 지금까지 자본재 도입에 6개월 소요분 원자재를 일괄 인가하거나 관계규정을 수용해서 인가하던 것을 별도로 독립시켜 인가할 수 있는 범위를 규정함.

(3) 외국인투자의 입지조건을 인가요건으로 추가함: 지금까지 차관도입에만 100만 달러 이상은 건설부장관, 그 이하는 주무부 장관의 인가를 받도록 했었으나 최근의 외국인투자 러시와 함께 산업공해가 우려되어 외국인투자도 입지조건을 인가사항으로 함.

(4) 전량 수출조건인 50만 달러 이하의 외국인투자와 로열티(기술사용료)가 매출액의 3% 이하이면서 지불기한이 3년 내인 기술도입 계약은 외자도입심의위원회를 거치지 않고 사후 보고하도록 함.

(5) 외자가 도착된 후 1개월 이내에 도착보고서를 내도록 규정하고 일정 기간 안에 경제기획원장관과 관계 경제장관이 협의하여 처분하도록 요청을 하지 않는 경우 기관장이 체화물자를 처분할 수 있도록 함.

(6) 주식의 매각이나 지분의 변경사항이 있을 때는 경제기획원장관에게 신고하도록 함.

(7) 외자기업의 조세감면을 신고사항에서 신청사항으로 바꿈.

(8) 기술도입계약은 대가지불 또는 계약기간 1년을 초과하는 것만 인정하고 단순한 용역제공은 제외하기로 함.

〈매일경제신문〉(1973. 5. 22); 〈중앙일보〉(1973. 5. 22).

〈자료 15-2〉 외자도입인가방침 발표(1977)

1970년대 외자도입이 증가하면서 원리금상환 증가, 국가신인도 문제가 커지자 외자도입을 합리화하기 위한 조치가 1977년 취해졌다. 이 조치는 현금 및 물자 차관의 도입을 규제함으로써 외자도입을 조정하고 불리한 조건의 자본재 차관도입을 개선하면서 동시에 통화증발 요인을 억제하고자 하는 것이었다. 외자도입인가방침은 자본재차관 인가방침 등 3가지로 나뉘어 다음과 같이 발표되었다.

(1) 자본재차관 인가방침

첫째, 자본재차관 인가의 우선지원업종은 중화학공업, 전원개발, 수출산업, 관광호텔업 및 기타 중요사업으로 제한한다.

둘째, 차관금액은 300만 달러 이상(외국인투자 업체는 제외)으로 크게 인상하고 착수금은 자기자금 또는 국내외화출자금으로 지불하도록 한다.

셋째, 상환기간은 거치기간을 포함하여 7년이 초과되도록 한다. 다만 국제관례상 장기차관을 공여하지 않는 젖소, 중고선박 등 특수자본재는 예외로 한다.

(2) 현금차관 인가방침

첫째, 자본재 도입을 수반하지 않는 현금차관은 원칙적으로 허용하지 않는다.

둘째, 기술료 지불, 이미 도입한 차관을 유리한 조건으로 대체하기 위한 차관, 재정투자기관사업, 중화학공업사업, 전원개발사업 및 관광호텔사업을 위한 국산 기자재 구매자금은 국내자금지원이 어렵다고 판단되는 경우 예외로 현금차관을 허용한다. 단 허용조건은 차관액 3백만 달러 이상, 상환기간 5년 이상, 이자율 리보(LIBOR)+2% 이하, 수수료 1.5% 이하(약정수수료 제외)인 경우에 한한다.

(3) 물자차관 방침

첫째, 물자차관은 원칙적으로 허용하지 않는다.

둘째, 국제시세의 변동이 예상되는 원자재로서 비축이 타당시되는 품목, 장기원자재공급계약에 의하여 도입되는 품목, 방위산업에 소요되는 품목, 기타 국민생활에 긴요한 물자의 경우 외화대출 연지급수입 및 국내금융으로 지원할 수 없거나 지원이 불충분한 경우 물자차관을 허용한다. 이때 허용조건은 차관액 3백만 달러 이상, 상환기간 3.5~5년, 이자율 리보(LIBOR)+2% 이하, 수수료 1.5% 이하(약정수수료 제외)인 경우에 한한다.

〈자료 15-3〉 1961~1979년 투자재원의 조달(경상가격 기준)

연 도	총투자(10억 원)	국내저축(10억 원)	해외저축(10억 원)	투자재원자립도(%)
1961	38.7	8.4	25.3	34.6
1962	45.5	11.6	38.0	16.5
1963	91.1	43.7	52.4	42.5
1964	100.6	62.6	49.1	51.2
1965	120.9	59.4	51.5	57.4
1966	223.9	122.8	87.6	60.9
1967	280.7	145.8	112.9	59.8
1968	427.7	249.3	184.3	56.9
1969	621.3	405.9	229.6	63.1
1970	719.1	465.2	249.6	65.3
1971	831.4	506.2	353.2	57.5
1972	873.8	633.1	211.5	75.8
1973	1,341.0	1,233.5	198.9	85.2
1974	2,274.3	1,501.8	910.8	60.0
1975	2,881.8	1,823.4	1,023.0	64.5
1976	3,378.2	3,062.2	320.5	90.5
1977	4,645.0	4,278.3	101.9	97.8
1978	7,137.7	6,044.4	753.5	89.4
1979	10,293.5	7,728.4	2,221.7	78.4

주: 통계상 불일치가 있어 총투자=국내저축+해외저축이 되지 않음.
자료: 경제기획원(외국투, 1981).

〈자료 15-4〉 외국인투자 기업 송금실적(천 달러)

연 도	과실송금액	출자금회수액	합 계
1965~1972	29,807	3,933	33,740
1973	15,375	4,166	19,541
1974	26,842	6,129	32,971
1975	23,979	5,919	29,898
1976	37,741	4,444	42,185
1977	49,289	10,990	60,279
1978	44,079	11,750	55,829
1979	54,691	90,885	145,576
1980	46,813	90,208	137,021

자료: 경제기획원(경백, 1982).

〈자료 15-5〉 주요 중화학공업의 외자사업(백만)

	차관도입자	추진사업	차관공여처	협약액(확정)	협약연도
공공 차관	포항 종합제철	종합제철공장 3, 4, 5차	청구권 JEXIM(일본)	￥14,100	1973～1975
	한국 중공업	기간산업기계공장	IBRD(국제)	U$80	1977
상업 차관	포항 종합제철	제2, 3, 4기 설비확장 공사 및 기존 설비 개보수, 현금차관 등	일본, 프랑스, 서독, 홍콩, 오스트리아, 호주, 벨기에, 인도, 미국	￥219,129, U$269, SFr32, DM275, FFr561, BFr1,330, A$4,352, ￡22	1973～1978
	대우조선	옥포조선소 건설 및 기자재 도입	영국, 스웨덴, 덴마크, 핀란드	U$30, Skr3	1978
	대우 중공업	디젤엔진공장 건설	홍콩	DM72	1974
	현대 자동차	종합자동차공장 건설	프랑스, 영국, 일본, 호주, 바하마	U$5, FFr56, ￥1,160, ￡20, A$6	1974, 1975
	온산 제련소	대단위 동제련소 건설	벨기에, 영국, 핀란드	BFr1,185, ￡13, U$45	1974, 1975
	쌍용양회	제1, 2단계 시멘트공장 증설	독일, 프랑스, 영국, 홍콩, 남아공, 룩셈부르크, 홍콩	FFr261, DM24, ￡4, BFr346, RD5, SFr100, DFi8, U$63	1976～1978
	삼성 석유화학	TPA공장 건설	미국, 싱가포르, 덴마크	U$50	1977
	호남 에틸렌	나프타분해공장 유틸리티 도입 등	영국, 일본, 홍콩, 싱가포르	U$37, ￡13, ￥25,537	1976, 1978
	한양(韓洋) 화학	저밀도폴리에틸렌 등 3개 석유화학계열공장	영국	￡34, U$24	1976
	한국다우 케미컬	전해공장 건설	영국	￡34, U$37	1976
	동서(東西) 화학	제2AN모노머공장 건설	일본, 파나마	￥7,033, U$3	1976
	동해(東海) 펄프	대단위 화학펄프공장 건설	서독, 핀란드	U$33, DM24	1977

주: 협약액은 본건 추진사업과 관련하여 협약한 비교적 대규모 차관을 나타내며 동기 중 차주가 협약한 총액은 아님.
자료: 재무부·한국산업은행(1993), pp. 165～166, 171～172.

박영구(경제학박사)

- 한국경제학회(*The Korean Economic Review*, 『경제학연구』), 한국경상학회, 한국응용경제학회, 한국지역사회학회 편집위원 역임 및 재임
- 한국국민경제학회(현 한국경제통상학회) 편집위원장, 한국경제발전학회 회장단, 한국경제연구학회, 경제사학회, 한국지역사회학회 이사 역임 및 재임
- 한국은행(부산), 부산광역시, 부산상공회의소, 행정안전부 국가기록원, 통계청 통계개발원, CBS (부산) 자문교수 및 전문위원 역임
- 현재, 부산외국어대학교 경제학과 교수, E-mail: parkyg@bufs.ac.kr

주요 논저

"The Features and the Development Strategies of German Industrial Technology from the 19th Century to the Beginning of the 20th Century," *The Korean Economic Review*, Vol. 12, No. 2, 1996.

"Depression and Capital Formation: The United Kingdom and Germany, 1873-96," *The Journal of European Economic History*, Vol. 26, No. 3, 1997.

"Market Division and Industrial Structure: Strategies for the Competitive Edge of the German Steel Industry in the Nineteenth Century," *The Korean Economic Review*, Vol. 15, No. 2, 1999.

『후발공업국의 발전전략과 산업경쟁력: 19세기 독일의 경쟁력 우위 원천과 시사점』, 부산외국어대학교 출판부, 1999.

『시장의 지배자들: 열강들의 성장과 퇴보, 세계경제 200년사』(공저), 매일경제신문사, 2001.

『근대부산의 제조업, 1900-1944: 통계와 발전』, 부산발전연구원, 2005.

『현대부산의 제조업, 1945-2000: 통계와 발전』, 부산발전연구원, 2005.

『농촌지역 노동시장과 고용기회』(공저), 한국노동연구원, 2007.

『한국 중화학공업화 연구 총설』, 대한민국학술원 우수학술도서, 해남, 2008.

『한국전쟁과 부산경제: 경부성장축의 강화』(공저), 해남, 2010.

한국의 중화학공업화: 과정과 내용 (I)

2012년 5월 21일 초판인쇄
2012년 5월 31일 초판발행

저 자 박 영 구

발행인 노 현 철

발행처 도서출판 해남
서울특별시 서대문구 충정로3가 227-1 우리타워 6층
전화 739-4822 팩스 720-4823
e-mail haenam30@dreamwiz.com
website www.hpub.co.kr
등록 1995. 5. 10 제1-1885호
ISBN 978-89-6238-047-7 93320
978-89-6238-046-0(세트)

저자와 협의하에 인지생략